普通高等教育“十一五”国家级规划教材

中国轻工业“十四五”规划教材

北京市高等教育精品教材

现代食品微生物学

（第三版）

主 编 刘 慧

中国轻工业出版社

图书在版编目（CIP）数据

现代食品微生物学/刘慧主编. —3 版. —北京：中国轻工业出版社，2023.4

普通高等教育“十一五”国家级规划教材　中国轻工业“十四五”规划教材　北京市高等教育精品教材

ISBN 978-7-5184-4262-1

Ⅰ.①现…　Ⅱ.①刘…　Ⅲ.①食品微生物—微生物学—高等学校—教材　Ⅳ.①TS201.3

中国国家版本馆 CIP 数据核字（2023）第 024516 号

责任编辑：伊双双
文字编辑：邹婉羽　　责任终审：许春英　　整体设计：锋尚设计
策划编辑：伊双双　　责任校对：吴大朋　　责任监印：张　可

出版发行：中国轻工业出版社（北京东长安街 6 号，邮编：100740）
印　　刷：三河市国英印务有限公司
经　　销：各地新华书店
版　　次：2023 年 4 月第 3 版第 1 次印刷
开　　本：787×1092　1/16　印张：32.75
字　　数：830 千字
书　　号：ISBN 978-7-5184-4262-1　定价：68.00 元
邮购电话：010-65241695
发行电话：010-85119835　传真：85113293
网　　址：http://www.chlip.com.cn
Email：club@chlip.com.cn
如发现图书残缺请与我社邮购联系调换
201196J1X301ZBW

《现代食品微生物学》编写人员

第三版编写人员

主　编　刘　慧

副主编　张红星　金君华　张华江

修订者（按编写章序排序）

刘　慧（北京农学院）
张华江（东北农业大学）
易欣欣（北京农学院）
高文庚（运城学院）
张红星（北京农学院）
高秀芝（北京农学院）
郭　娜（吉林大学）
金君华（北京农学院）
张铁华（吉林大学）
庞晓娜（北京农学院）
杨晓雪（东北农业大学）
陈　俐（北京农学院）
熊利霞（北京农学院）
谢远红（北京农学院）

主　审　李平兰（中国农业大学）

第二版编写人员

主　编　刘　慧

副主编　张红星　李铁晶

修订者（按编写章序排序）

刘　慧（北京农学院）
李铁晶（东北农业大学）
易欣欣（北京农学院）
贺小贤（陕西科技大学）
高文庚（运城学院）

张红星（北京农学院）
高秀芝（北京农学院）
刘一倩（北京农学院）
张铁华（吉林大学）
殷文正（内蒙古农业大学）
熊利霞（北京农学院）
郑　艳（沈阳农业大学）
岳喜庆（沈阳农业大学）
许喜林（华南理工大学）
主　审　李平兰（中国农业大学）

第一版编写人员
主　编　刘　慧
参编者（按编写章序排序）
刘　慧（北京农学院）
李铁晶（东北农业大学）
贺小贤（陕西科技大学）
高秀芝（北京农学院）
刘一倩（北京农学院）
徐文生（北京农学院）

第三版前言 | Preface

由刘慧主编的普通高等教育“十一五”国家级规划教材《现代食品微生物学》第二版修订教材自2011年5月出版以来，作为我国高等院校食品科学与工程、食品质量与安全专业主干课程教材一直被长期广泛使用，深受广大师生的青睐并获得高度评价。为了适应新世纪“十四五”教学、科研和生产实践发展的需要，以及适应酿酒工程专业对酿酒微生物教学内容的需求，更好配合食品微生物学课程的教学改革、精品教材建设与精品课程建设，有必要对《现代食品微生物学》再次进行修订。新版编写的指导思想及创新特点（即在编排形式上力求创新、在内容上有所更新、在文字表达上把好质量关）与第二版相一致，以“基本”和“新”为原则，将近年来有关食品微生物学的新理论、新技术、发展新动态，以及编著者30余年来积累的科研实践经验及成果不断充实到教材中，使第三版教材内容更加新颖、实用。

此次修订教材在第二版基础上，进一步将体系优化完整、内容布局合理、知识更新先进、理论系统易懂、概念清晰易记，教材内容更加强调了基础性与先进性、理论性与实践性、可教性与可学性的有机统一。第三版教材的一个特色是，在每章结尾设有学习的“重点与难点”“课程思政点”，以方便读者轻松掌握各章节知识点，并将食品安全思政教育理念融入教材中，强化学生食品安全责任意识，培养良好职业道德。其次，进一步扩充区分常见食品微生物特性的对比列表内容，同时将有些章节繁冗的内容以列表中简练的语言和对比方式展现出来，以便初学者理解、记忆和掌握。

本书由第二版的15章扩展为16章，将第十章微生物与食品的腐败变质中有关食品中常见微生物及其特性的内容另设一章，并保留微生物与食品的腐败变质相关内容，使每章主题内容更加集中，编排上突出重点；在第十三和十四章节中增加了许多现行有效的食品安全国家标准，有助于学生从了解食品微生物指标的限量要求中认知控制食品微生物安全的重要性。

本教材内容由浅入深、循序渐进、逻辑性强、简练清晰、语言流畅、通俗易懂、深度和广度适中，并在增加教学案例、设计性理念基础上注重举一反三，以激发学生的学习兴趣和创新思维。

根据第三版编写的宗旨和指导思想，除上述总体变化之外，本次修订对每章内容都进行了逐句校正、修订和增减，主要修改内容如下。

绪论：增加了未培养微生物及微生物不可培养的原因。修改了微生物五大共性特点（明确体积小、比表面积大为其基本特点）、细菌学家科赫的四大贡献等内容；新增微生物学的发展简史列表，简要描述五个发展时期的特点和代表人物的贡献；将“古生菌”改为“古菌”。

第一章：修改了细菌细胞形态与大小，脂多糖与磷壁酸的功能，核质体、质粒的定义，核糖体，聚-β-羟基丁酸酯，糖被的化学组成、功能和应用，芽孢化学组成的重要特点，芽孢的萌发，芽孢的耐热性与抗不良环境原因（芽孢对太空环境的抗性案例），芽孢耐热机制，研究细菌芽孢的意义（有益芽孢杆菌在食品中的应用）；放线菌的应用、放线菌的繁殖方式；酵母菌细胞形态与大小、细胞核、生活史；霉菌的无性繁殖、霉菌的培养特征；病毒的定义与基本特点，病毒的结构及化学组成，病毒粒子衣壳的对称体制，噬菌体的定义、形态分类与结构，毒性噬菌体的增殖，温和噬菌体与溶源性细菌，一步生长曲线，噬菌体的危害与防治等内容；增加了病毒的群体形态；删减了伴孢晶体、霉菌的卵孢子、支原体、衣原体、立克次氏体等内容；重写了亚病毒；新增了酵母菌和细菌的菌落特征，根霉、毛霉、曲霉和青霉的细胞形态、繁殖方式与菌落特征，有包膜病毒（新型冠状病毒）和无包膜病毒（噬菌体）的抵抗力比较列表；将“啤酒酵母”改为“酿酒酵母”。

第二章：增加了优化发酵培养基配方设计思路和方法，分离和筛选细菌、酵母菌、霉菌、乳酸菌选择培养基设计思路及案例，乳酸菌鉴别培养基的设计思路及案例，沙门氏菌选择培养基的设计思路及案例，产蛋白酶和淀粉酶微生物鉴别培养基的设计等内容。

第三章：修改了微生物的呼吸作用，不同呼吸类型的微生物，乳酸菌的同型和异型乳酸发酵，混合酸发酵，甲基红试验、VP 试验、硫化氢试验、吲哚试验的原理及 IMViC 的含义与应用，微生物对淀粉、果胶、纤维素、几丁质、蛋白质、氨基酸、脂肪的分解原理，微生物次生代谢与次生代谢产物等内容；新增了 3 种微生物的呼吸作用的比较、5 种微生物的呼吸类型的比较、同型乳酸发酵和异型乳酸发酵的比较、4 种淀粉酶水解作用的比较列表；将“次级代谢”改为“次生代谢”。

第四章：修改了细菌群体的生长规律（典型生长曲线），耐糖微生物，分批培养与连续培养，影响热对微生物致死作用的因素，消毒的定义及方法，商业灭菌定义，防腐方法，巴氏消毒法，高压蒸汽灭菌法，高锰酸钾、过氧化氢、氯气、过氧乙酸、二氧化氯等消毒剂，抗生素在选择培养基中的应用等内容；增加了微生物的高密度培养（灌流培养系统高密度细胞的连续培养技术），温度、A_w、高渗透压、电离辐射对食品保藏的意义，食品级过氧化氢-活性胶质银离子消毒剂，生物酶消毒剂等内容；新增了细菌的典型生长曲线各期特点比较列表。

第五章：修改了经典转化实验，细菌素质粒，诱发突变机制，原生质体融合技术新进展，准性杂交育种，菌种的保藏方法（明确最常用的高效菌种保藏方法），常用冻干保护剂种类、选择原则、保护机制、优化保护剂配方的方法等内容；增加了饰变的定义，太空诱变及常压室温等离子体诱变机制与育种（空间诱变技术应用案例），常压室温等离子体诱变技术或空间诱变技术联合高通量筛选技术等内容；新增了微生物各种基因重组方式的比较列表；将章节标题“微生物的遗传”改为“微生物的遗传与育种”。

第六章：修改了传染病的定义、感染途径，免疫系统定义，免疫细胞，抗原和抗体的性质，菌体抗原，抗体的基本结构，人类的免疫球蛋白分类，酶联免疫吸附法原理，胶体金标记技术原理等内容；增加了免疫系统生理功能，纳米免疫磁珠技术联合 ELISA/胶体金层析快速检测技术（检测沙门氏菌案例和单增李斯特氏菌案例），纳米磁珠定义、作用及其应用等内容；新增凝集反应与沉淀反应的比较列表；重写了生物素-亲和素系统在 ELISA 中的应用内容。

第七章：修改了微生物与生物环境间的相互关系案例（维生素 C 发酵、沼气发酵）、微生物间的共生案例（地衣）、微生物与植物间的共生案例（根瘤菌）、微生物与动物间的共生案例（瘤胃微生物）、拮抗、捕食、微生物在地球生物化学循环中的作用等内容；增加生态位的定义、酸乳发酵中德氏乳杆菌保加利亚亚种和嗜热链球菌的互生案例、活性污泥法处理污水新技术案例等内容；新增固氮菌与纤维素分解菌互生时对纤维素分解作用的影响列表。

第八章：修改了生物分类学的发展概况、三域学说及其发展、种的定义、双名法命名及其命名规则与书写格式、伯杰氏原核生物分类系统、微生物经典分类鉴定方法（生理生化特征）、分子分类鉴定方法（16S rDNA 或 18S rDNA 序列同源性分析、rDNA 转录间隔区序列分析）等内容；增加了菌株和种的区别、管家基因序列同源性分析、基因组全序列杂交等内容；删减了 DNA 的碱基组成、DNA-rRNA 杂交、核酸探针等内容。

第九章：修改了食品中微生物的污染来源（土壤、水、动物、人）、防止乳制品原料的污染、设备消毒剂、化学防腐剂、天然生物防腐剂等内容；增加了凝固型酸乳加工过程中防止微生物污染的举一反三案例，低温等离子体新型非热加工杀菌技术（定义、杀菌机制、杀菌特点、应用范围、产生等离子体的方法、应用杀菌效果案例），气调包装技术保鲜食品（定义、方法、原理、应用效果案例），单辛酸甘油酯防腐剂，其他天然生物防腐剂（植物乳杆菌素、罗伊氏菌素、苯乳酸等）内容；将章节标题“食品中微生物的污染来源及控制”改为“食品微生物污染的控制与食品保藏技术”。

第十章：修改了假单胞菌、产碱杆菌、黄杆菌、埃希氏菌、肠杆菌、变形杆菌、弧菌、气单胞菌、不动杆菌、莫拉氏菌、节杆菌、芽孢杆菌、梭菌等的特性、危害与应用，毛霉、根霉、曲霉、青霉、木霉、地霉、红曲霉等的发酵应用，链球菌与乳球菌的应用，乳杆菌分类及其应用、植物乳杆菌特性与应用、双歧杆菌生理特性等内容；增加了克罗诺杆菌属（阪崎肠杆菌）特性与危害，枯草芽孢杆菌纳豆亚种的特性与应用，产风味物质的枯草芽孢杆菌、地衣芽孢杆菌、丁酸梭菌、克氏梭菌、异常毕赤酵母、异常汉逊酵母等在酿造白酒中的应用，产风味物质的变异微球菌、肉葡萄球菌、汉逊德巴利酵母等在发酵肉制品中的应用，产虾青素的海洋红酵母的应用，肠球菌的特性、应用与危害；益生菌的定义及其包括的种类、功能作用，菌-肠-（脑/肝/肺等）轴系列学说，T/CIFST 009—2022《食品用益生菌通则》对益生菌活菌数量的规定，副干酪乳杆菌、罗伊氏乳杆菌、布氏乳杆菌、动物双歧杆菌、酒酒球菌等的特性与应用，益生元的定义及其种类等内容。

第十一章：修改了饮料酒、发酵酒、蒸馏酒和配制酒的定义，啤酒生产菌种及其发酵优良菌株特性与发酵机制，葡萄酒生产菌种优良特性与发酵机制，红葡萄酒酿造中的苹果酸-乳酸发酵，黄酒酿造的酒药与乌衣红曲，白酒的定义，酸乳的类型、发酵机制，凝固型普通酸乳，搅拌型酸乳，饮料型酸乳，开菲尔工艺要点，柠檬酸发酵机制，红曲色素功能与应用，面包高活性干酵母及生产工艺要点，生产 SCP 的常用酵母菌及工艺要点等内容；增加了啤酒发酵副产物的形成与控制（双乙酰和酯类生成机制及其控制措施等），白酒的分类，乳品直投发酵剂的制备（生产发酵乳品对直投发酵剂的特性要求、防止酸乳后酸化措施、干粉发酵剂特点），杀菌型酸乳与功能性酸乳工艺要点，酱油酿造，红曲色素制曲设备改进，蔗糖异构酶的用途及来源等内容；重写了大曲、小曲和麸曲中的主要微生物菌群及其作用内容；新增了大曲、小曲和麸曲中的主要微生物菌群多样性列表；删减了嗜酸菌乳、双歧杆菌酸乳等内容。

第十二章：修改了细菌的直接涂片计数法，酵母菌的血球计数板计数法，平皿菌落总数测定法，还原试验法，浊度测量法，电阻抗测量法，大肠菌群检测的原理与方法，粪大肠菌群检测意义，嗜冷菌、耐热菌数量常规测定方法，酵母菌与霉菌数量的测定等内容；增加了活菌计数的快速检测方法——叠氮溴化丙锭-实时定量 PCR 技术的基本原理与特点，嗜冷菌、耐热菌、嗜热菌数量快速测定方法，好氧菌的芽孢检验方法，乳酸菌数量的测定方法等内容；新增了亚甲蓝褪色时间与生乳的细菌总数对应表列表；删减了活菌计数的改进方法、肠球菌、亚甲蓝还原试验表等内容。

第十三章：修改了食品中蛋白质的分解，不同种类微生物分解食品营养成分一览表，嗜冷菌和嗜热菌的种类，生乳中污染微生物的种类，生乳的巴氏杀菌常规方法，生乳的灭菌，巴氏杀菌乳中污染微生物的种类，巴氏杀菌乳中微生物的数量（引入国家标准），乳粉的菌数超标的原因，乳粉中微生物的种类与数量（引入国家标准），鲜肉中污染微生物的种类，鲜肉的腐败变质，鲜蛋的天然防御机能，液蛋制品的腐败变质，果蔬冷藏中的微生物，糕点中微生物的种类和变质现象（引入国家标准）等内容；增加了对生乳的微生物限量要求（引入国家标准），生乳的巴氏杀菌改进方法，NY/T 939—2016《巴氏杀菌乳和 UHT 灭菌乳中复原乳的鉴定》判断 UHT 灭菌乳和巴氏杀菌乳热处理强度，低温肉制品、发酵肉制品中的微生物及其腐败变质（引入国家标准），控制微生物引起鲜蛋腐败变质措施，干蛋制品和冰蛋制品的腐败变质（引入国家标准），控制微生物引起果蔬腐败变质措施（新型气调包装保鲜技术，引入国家标准），豆类、豆浆、豆腐中的微生物及其腐败变质与控制，坚果的腐败变质与控制（引入国家标准）等内容。

第十四章：修改了常见食物中毒的分类、沙门氏菌血清型及菌株数量、中毒原因与机制，5 种类型致泻 *E. coli* 血清型菌株种类、中毒机制，金黄色葡萄球菌的致病因素、肠毒素与酶的关系、中毒机制与症状，肉毒梭菌致病因素、中毒机制，副溶血性弧菌致病因素，唐菖蒲伯克霍尔德氏菌（椰毒假单胞菌酵米面亚种）抗原构造、致病因素（引入国家标准）、中毒机制与症状、引起中毒的食品与污染途径，单增李斯特氏菌血清型菌株数量及种类、致病因素、中毒机制与症状、预防中毒措施，空肠弯曲菌的致病因素、中毒机制与症状、传播途径，小肠结肠炎耶尔森氏菌中毒原因、引起中毒的食品与传播途径，志贺氏菌抗原构造、中毒原因，变形杆菌致病因素、中毒机制与症状、引起中毒的食品与传播途径，蜡样芽孢杆菌致病因素、中毒原因与症状、引起中毒的食品与污染途径，产气荚膜梭菌致病因素、中毒原因，主要产毒霉菌及其毒素类别，产黄曲霉毒素的霉菌、黄曲霉毒素定义、种类和结构、毒性机制（引入国家标准）、致癌机制、预防措施、去毒素方法，伏马菌素定义、分类、理化性质、毒性（引入行业标准），Biolog 鉴定系统鉴定微生物原理与特点、黄曲霉毒素的常规检测方法（引入国家标准）和快速检测技术等内容；增加了沙门氏菌血清学分型方法，椰毒假单胞菌酵米面亚种生物学特性，克罗诺杆菌属（阪崎肠杆菌）食物中毒，基因检测法——分子生物学菌种鉴定技术（细菌 16S rDNA 的 PCR 鉴定原理与操作步骤、实时荧光定量 PCR 技术和环介导等温扩增技术检测原理）等内容；重写了脱氧雪腐镰刀菌烯醇（引入国家标准）、T-2 毒素（引入行业标准）、玉米赤霉烯酮（引入国家标准）、黄绿青霉素、桔青霉素、赭曲霉毒素（引入国家标准）、展青霉素（引入国家标准）、杂色曲霉毒素与交链孢霉毒素食物中毒等内容；删减了各种细菌性食物中毒的治疗措施、黄曲霉毒素中毒急救处理、各种黄曲霉毒素的半数致死剂量（鸭口服）列表、丁烯酸内酯和青霉酸毒素食物中毒、金黄色葡萄球菌快速检测方法等内容；按国家标准将“致病性大肠埃希氏菌”改为“致泻大肠埃希氏菌”。

第十五章：修改了结核分枝杆菌的染色特点、传播途径，布鲁氏杆菌传播途径，炭疽芽孢杆菌传播途径，红斑丹毒丝菌传播途径，钩端螺旋体传播途径等内容；增加了结核分枝杆菌的抗酸染色法内容；重写了诺如病毒（形态与结构、抵抗能力、传播途径、防治措施）内容；删减了对传染性病原菌的治疗内容。

第十六章：修改了国内食品微生物学检验程序与采样方法（引入国家标准）、GMP 标准（引入国家标准）、ISO 9000 等系列标准（引入国家标准）、HACCP 的七个基本原理等内容；增加了样品的采集，包括采样原则、采样方案、三级采样方案（引入国家标准）内容；新增了部分预包装食品中致病菌检验的采样方案、限量标准及检验方法列表；简化了国际食品微生物检验的采样方案；删减样品的采集（固体样品、液体样品）内容。

附录部分增加了常用微生物的中文-拉丁文学名对照表。

本教材由刘慧担任主编，张红星、金君华、张华江担任副主编，李平兰任主审。编写人员分工如下：绪论由刘慧、易欣欣修订；第一章第二节由张华江、刘慧修订，第三节、第四节由刘慧修订，第五节由张华江、刘慧修订，第六节由刘慧修订；第二章第一节至第三节由刘慧修订，第四节由刘慧、熊利霞修订；第三章由刘慧修订；第四章第一节由刘慧、金君华修订，第二节由刘慧修订，第三节由刘慧、高文庚修订；第五章第一节由刘慧修订，第二节由刘慧、杨晓雪修订，第三节由高秀芝修订，第五节由刘慧修订；第六章由刘慧、张红星修订；第七章由高秀芝、刘慧修订；第八章第一节由郭娜修订、张铁华修订，第二节由刘慧修订，第三节由金君华修订；第九章第一节、第二节由刘慧修订，第三节由刘慧、高文庚修订；第十章第一节、第二节由刘慧、庞晓娜修订，第三节由金君华、刘慧修订；第十一章第一节由刘慧、庞晓娜修订，第二节至第四节由刘慧修订；第十二章第一节由刘慧、金君华修订，第二节、第三节由刘慧、杨晓雪修订；第十三章第一节由刘慧修订，第二节由刘慧、陈俐修订，第三节由庞晓娜、刘慧修订；第十四章第一节由刘慧修订，第二节、第三节由刘慧、熊利霞修订，第四节由谢远红、刘慧修订；第十五章由刘慧修订；第十六章第二节由刘慧、熊利霞修订，第四节由高秀芝修订。本书修订初稿完成后，刘慧对各章节进行了校正、修订和增减修改，并完成了对全书章节的多次校对修改、统稿、插图编排和文字排版工作。

本教材自 2019 年伊始修订工作历经 3 年时间，倾注了编者的心血和智慧，以达精益求精、突出教材特色之目的。编者在这里对家人们和所在校、院领导的大力支持深表感谢。本书引用了一些著作者的插图，在此一并致谢。

由于作者水平和能力有限，本书仍有许多不当或错漏之处，恳请广大读者和同行多加指正。

刘　慧

第二版前言 | Preface

由刘慧主编的《现代食品微生物学》自2004年7月问世以来，作为我国高等院校食品科学与工程、食品质量与安全专业基础课教材一直长期广泛使用，深受广大师生和学校领导的一致好评。2004年12月该教材荣获北京市高等教育精品教材奖，2007年12月被遴选为普通高等教育“十一五”国家级规划教材。为了适应新世纪“十一五”满足“十二五”教学、科研和生产实践发展的需要，更好地配合《食品微生物学》的教学改革和课程建设，有必要编写《现代食品微生物学》第二版。新版编写的指导思想及创新特点（即在编排形式上力求创新、在内容上有所更新、在文字表达上把好质量关）与第一版相一致，以“基本”和“新”为原则，将近几年有关食品微生物学方面的最新理论、新技术、新成果、发展新动态，以及科研实践经验不断充实到教材中，使本书第二版内容日臻完善。

此次修订进一步优化了原版教材的体系，章节结构和内容布局更为合理，更新和删减内容适当，叙述详略得当，并使教材前后思路统一，内容不重复，格式较为一致，努力保持基础性与应用性、理论性与实践性、先进性与系统性、可教性与可学性的有机统一。本版最大一个特色是，在第十章中增加了大量的形式统一的绘制表格，以对比方式描述微生物主要生物学特性的异同，并配合大量的微生物形态图，以便初学者容易理解、记忆和掌握。本书由原版的16章缩减为15章，使章节结构更加紧凑，它们组成紧密关联的总论和各论两大部分：第一章至第八章的总论部分阐述《普通微生物学》的基础知识，第九章至第十五章的各论部分阐述食品微生物学的应用知识。本教材内容简练清晰、逻辑性强、语言流畅、通俗易懂、循序渐进、深度和广度适中，符合学生的认知规律，并注重启发性，有利于激发学生的学习兴趣和多种能力的培养。根据该版编写的宗旨和指导思想，除上述的总体变化外，每章节都进行了逐句校正、修订和增减，主要修改内容如下。

第一章：增加了“古生菌生理特征、极端嗜盐菌在高盐环境中生长机理、乳酸菌胞外多糖的生理功能及其应用”等内容，修改了“荚膜的化学组成、鞭毛的化学组成与结构、芽孢化学组成的重要特点、接合孢子、病毒的特点及定义、形态结构与功能”、一步生长曲线、亚病毒”等内容，精简了“质粒、细菌繁殖方式”等内容，删减了“放线菌的代表属、锁状联合的形成过程、λ噬菌体与P_1噬菌体、病毒的种类与分类命名”等全部内容。

第二章：修改了“培养基的类型及应用”中的部分内容，删减了“微生物细胞的化学组成、膜泡运输”全部内容。

第三章：将化能异养微生物能量代谢与发酵类型合并，即在介绍每一代谢途径过程中融入了相应的发酵类型，增加了“微生物的合成代谢、微生物次级代谢的调节、代谢工程”等内容，修改了“典型和非典型异型乳酸发酵途径、微生物的呼吸作用、微生物的分解代谢、微生物代谢的调节”等内容，删减了“自养微生物的生物氧化、ATP的产生、分支代谢途径的调节、初级代谢、微生物的酶”全部内容。

第四章：增加了“火焰灭菌法”部分内容，修改了“微生物的连续培养、温度对微生物生长的影响、电离辐射、高压蒸汽灭菌法、滤过除菌法、抗生素对微生物的作用机理、商业灭菌与巴氏消毒定义”等内容。

第五章：增加了“微生物基因组、基因工程技术在代谢工程育种中的应用、灭活亲株原生质体融合、常用保护剂及其保护机理”等内容，修改了“遗传物质存在的七个水平、“原核微生物的质粒、表型变化的突变类型、基因突变的特点、移码突变的诱变机制、原生质体融合”等内容，精简了“确定最适的诱变剂量、转化、转导、接合”等内容，删减了“基因突变自发性和不对应性的实验证明、自发突变与定向培育”全部内容。

第六章：增加了“感染、宿主的非特异性免疫与特异性免疫、特异性免疫应答、胶体金标记技术”等内容，修改了“抗原的性质、菌体抗原、免疫荧光技术、免疫酶技术、放射免疫测定”等内容，精简了“基因工程抗体、血清学反应的一般特点、影响血清学反应的因素”内容，删减了“补体结合试验”全部内容。

第七章：增加了“微生物分子生态学定义及研究意义、产甲烷的发酵工艺”等内容，修改了“微生物生态学、生态系统、活性污泥、COD和BOD”的定义以及“微生物与生物环境间的相互关系、微生物与地球生物化学循环、微生物与污水处理”等内容，删减了“微生物在生态系统中的角色、悬浮细胞法、生物膜法、固体废弃物的处理、气态污染物的处理、微生物与生物农药、微生物与环境污染的监测”全部内容。

第八章：增加了“系统树及三域学说”的内涵解释、原核生物分类系统、16S rRNA序列分析、rDNA内转录间隔区序列分析”等内容，修改了“生物分类学的发展概况、分类单元及其等级、分类单元的命名、微生物的分类系统、数值分类、化学分类”等内容。

第九章：增加了“阳离子型表面活性消毒剂、防止交叉污染、高压CO_2杀菌”等内容，修改了“加强食品企业卫生管理、栅栏技术、电离辐射保藏食品、臭氧杀菌、高静压杀菌、高压脉冲电场杀菌、利用防腐剂保藏食品”等内容，精简了“加强食品生产卫生、加强环境卫生管理”等内容。

第十章：将“食品中常见微生物的类群”内容合并到“微生物与食品的腐败变质”中，将常见的细菌、酵母菌、霉菌和乳酸菌的形态与培养特征、理化特征等内容绘制形式统一的表格，以对比方式比较各类微生物主要特性的异同；增加了乳酸菌产生物活性物质及其益生作用与应用内容，绘制了鲜乳、消毒乳、鲜肉、鲜蛋、粮食、罐藏食品中污染微生物种类的表格，修改了“食品内环境因素、酸性和低酸性食品pH界限划分”内容，删减了“微生物引起食品腐败变质的鉴定、腐败变质罐藏食品的微生物学分析”全部内容。

第十一章：增加了“食源性疾病定义、食物中毒的调查处理、椰毒假单胞菌酵米面亚种中毒机理、食物中毒治疗措施、黄曲霉毒素B_1免疫胶体金检测卡”等内容，修改了“沙门氏菌抗原构造、大肠杆菌和蜡样芽孢杆菌的致病因素”，以及“镰刀菌、黄变米、赭曲霉、展青霉、青霉酸毒素、酶联荧光免疫技术筛检原理、API-20E生化反应数值编码表、Biolog系统的鉴定原理”等内容，删减了“黄曲霉毒素的允许残留标准”等全部内容。

第十二章：将人畜共患病的病原菌的生物学特性格式统一，增加了“病原菌的预防与治疗措施”，修改了“病毒的形态与结构、传播途径”等内容。

第十三章：增加了“大肠杆菌/大肠菌群计数测试片基本原理、大肠菌群在 LST 和 BGLB 培养基中的生长特性、粪大肠菌群检测意义”等内容，根据 GB/T 4789.39—2008 修正了“菌落总数、大肠菌群、粪大肠菌群定义及其检测方法”，修改了“活菌计数测试片、螺旋接种、最可能数测定、还原试验、浊度测量、ATP 生物发光、鲎试剂测定、电阻抗测量、放射测量”及“嗜冷菌、耐热菌、霉菌和酵母菌检测方法”，删减了“ATP 生物发光技术常规检测方法及其快速检测仪、电阻抗测量与放射测量检测方法”等全部内容。

第十四章：将第一版“微生物酶及其代谢产物的应用”一节内容分列为新版三节内容，并将第一版“氨基酸发酵”改为“味精发酵”，合并到调味品发酵中；修改了“饮料酒、凝固型酸奶、双歧杆菌酸奶、开菲尔、酱油、食醋、柠檬酸、维生素 C、黄原胶、红曲色素、酶制剂生产菌种特性、发酵机理、发酵条件”等内容，删减了“柠檬酸菌种扩大培养方法及发酵条件的控制、液体法红曲色素生产工艺、菌种在面包制作中的作用”全部内容。

第十五章：增加了“食品微生物学检验、GMP 和 SSOP 标准”等内容，重新编写了“预测食品微生物学、ISO 9000 系列标准”等内容，修改了“食品微生物质量指标、食品微生物学指标、HACCP 体系的产生与发展、基本原理”等内容，删减了“食品微生物安全性指标、用食品微生物作为食品质量控制的标准、在食品加工厂建立和执行 HACCP 体系、食品工业中实施 HACCP 体系的特点和益处”的全部内容。

本教材由刘慧任主编，张红星、李铁晶任副主编，李平兰任主审，修订人员具体分工为：绪论、第四章的第二节和第三节、第九章的第一节和第二节、第十章的第一节、第二节和第三节、第十一章的第三节和第四节、第十三章的第一节、第十四章的第一节和第二节由刘慧修订；第一章、第十二章由李铁晶、刘慧修订；第二章由易欣欣修订；第三章由贺小贤、刘慧修订；第四章的第一节由高文庚修订；第五章、第六章由张红星、刘慧修订；第七章由高秀芝、刘慧修订；第八章由刘一倩、刘慧修订；第九章的第三节由张铁华修订；第十章的第四节和第五节由殷文正、刘慧修订；第十一章第一节、第二节由熊利霞修订；第十三章的第二节和第三节由郑艳修订；第十四章的第三节和第四节由岳喜庆修订；第十五章由许喜林修订。本书修订初稿完成后，由刘慧对每章节进行了逐句校正、修订和增减修改，并完成了对全书章节的多次校对修改、仔细统稿、插图编排等工作。

本教材自 2008 年起修订工作历经 3 年时间，倾注了编者的心血和智慧，以达精益求精、突出教材特色之目的。在这里对北京农学院教务处董跃娴老师、编者所在校院领导和中国轻工业出版社的大力支持深表感谢。本书引用了一些著作者的插图，在此一并致谢。

由于作者水平和能力有限，本书仍有许多不当或错漏之处，恳请广大读者和同行多加指正。谢谢！

刘　慧

第一版前言 | Preface

在新世纪里，随着生命科学研究的不断深入和迅猛发展，食品微生物在农畜产品的深加工、食品安全生产等方面都起着巨大作用。特别是我国改革开放进一步加大力度和加入WTO后，农畜产品以及食品的生产、加工、监测对食品微生物学知识的要求越来越高。为了满足教学、科研和生产实践的需要，更好地配合食品微生物学的教学改革和课程建设，编著者根据自己18年讲授《食品微生物学》课程的经验与科研实践，在1996年编著的《食品微生物学》教材和总结十几所院校多年教学和科研成果的基础上，借鉴了近年来国内外同类教材的优点，参考大量科技文献资料，编撰了这本《现代食品微生物学》。本书可作为高等院校食品科学与工程专业的教科书，也可作为其他相关专业如食品质量与安全、制药工程、制剂专业的教科书和发酵工程、生物化工本科生的参考书，同时也可作为从事食品微生物和发酵工作者的必备资料。本教材在编撰过程中突出以下特点。

① 在编排形式上力求创新。本教材从总体上分为现代食品微生物学总论和各论。总论部分介绍普通微生物学课程的基础知识，各论部分介绍食品微生物学课程的应用知识，将两门课程的教学内容有机结合起来，目的是使学生更清晰地掌握食品微生物学的基础理论和基本实践技能，并使编排形式紧凑，简练，以便更好地扩展和加深两部分的微生物学所要研究的内容。同时在内容取舍和编排上突出重点，尽量删除陈旧的内容。

② 在内容上有所更新。在整个编撰过程中，以“基本”和“新”为原则，将有关食品微生物学方面的最新理论、新技术、新成果、发展新动态融入教科书的每一章节中，使学生便于了解本学科的前沿发展，并尽力做到理论与生产实际相结合，体现课程改革的精神。

③ 在文字表达上把好质量关。本教材编撰力求语言简练、内容精炼、层次分明、表达严谨、图文并茂，避免概念表达不清、内容庞杂、不易被学生掌握记忆等缺点。并注意总论和各论前后章节相关内容的衔接，尽量避免重复。

本教材由刘慧主编。参编人员具体撰写分工为：北京农学院刘慧编写绪论、第一章的第二节、第四节、第六节，第二章、第四章、第六章的第二节、第四节、第五节，第八章的第三节，第九章到第十五章；东北农业大学李铁晶编写第一章的第一节、第三节、第五节、第七节；陕西科技大学贺小贤编写第三章；北京农学院高秀芝编写第五章、第七章；北京农学院刘一倩编写第六章的第一节、第三节、第八章的第一节、第二节；北京农学院徐文生编写第十六章。本书初稿完成后，由刘慧改写和重写了部分章节，并主要完成了对全书章节的多次校对修改、仔细统稿、插图编排和文字排版工作。高秀芝参与了第六章、第八章的校对修改工作。李铁晶为第二章至第四章的编写内容提供了部分参考资料。插图的收集工作主要由各章节编写者负责完成。

本教材编写历经3年时间，倾注了编者的智慧和精力，熬过了一个个不眠之夜，现在终于可以出版了。在这里非常感谢我的父母和爱人在我紧张写书之日给予我时间、精神、物质方面的大力支持和帮助，同时也要对北京农学院教务处董跃娴老师、编者所在校系领导和中国轻工业出版社的大力支持深表感谢。本书引用了一些著作者的插图，在此一并致谢。

由于编著者水平有限，缺点和错误在所难免，恳请广大读者和同行专家提出宝贵意见。

刘 慧

目录 | Contents

第一篇　现代食品微生物学总论

第二篇　现代食品微生物学各论

第一篇
现代食品微生物学总论

INTRODUCTION

绪论

一、微生物简介

1. 微生物及其主要类群

微生物是形体微小、结构简单、大多数肉眼看不到、必须借助显微镜才能观察到的一类低等生物的总称。它包括属于原核微生物的细菌、放线菌、蓝细菌、古菌、立克次氏体、支原体、衣原体和螺旋体，属于真核微生物的真菌（酵母菌、霉菌和蕈菌）、单细胞藻类和原生动物，以及属于非细胞微生物的病毒（脊椎动物病毒、无脊椎动物病毒、植物病毒、噬菌体、真菌病毒、藻类病毒和原生动物病毒等）和亚病毒（卫星病毒、类病毒和朊病毒等）。

2. 微生物在生物界中的分类地位

1977 年我国学者王大耜等在 1969 年魏塔克（Whittaker）提出的生物分类五界系统基础上增加一个病毒界，提出将所有生物分为六界，即原核生物界、真菌界、原生生物界、病毒界、植物界和动物界。据此，微生物分别属于原核生物界、真菌界、原生生物界和病毒界。由此可见，微生物在生物界中占有极其重要的地位。生物的分类如图 0-1 所示。

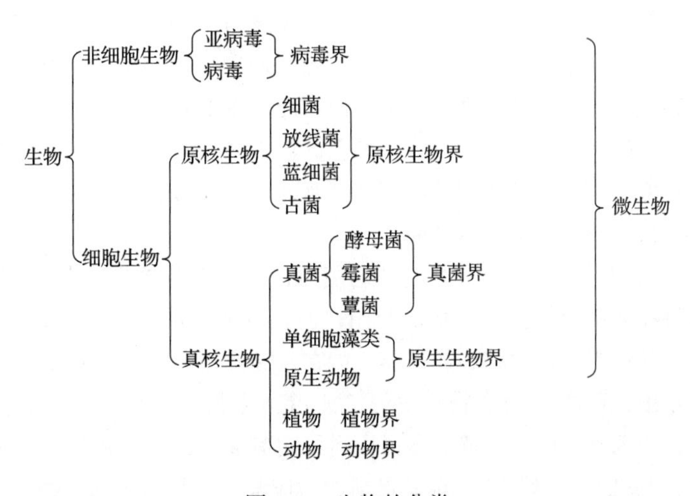

图 0-1　生物的分类

3. 微生物的特点

微生物与动植物一样具有生物最基本的特征——新陈代谢、生长发育、衰老死亡，有生命周期。除此之外，还有其自身的五大共性特点：体积小，比表面积大；繁殖快，代谢旺；食谱杂，易培养；适应强，易变异；种类多，分布广。

（1）体积小，比表面积大　微生物虽然体积极其微小，但其比表面积大。比表面积是单位体积所占有的物体表面积，即比表面积=表面积/体积。例如，细菌中的球菌体积为 0.50μm^3，表面积为 3.0μm^2，则比表面积为 6；真核生物细胞体积为 4190μm^3，表面积为 1257μm^2，则比表面积为 0.3。如此一个细菌细胞的较大的比表面积，即决定了环境物质的交换面和环境信息的交换面亦较大，由此决定了微生物对营养物质吸收多，对代谢废物排泄多，进而使其繁殖速率快，代谢旺盛，转化物质的速度较快。所以说，“体积小、比表面积大”是微生物五大共性的最基本特点。

（2）繁殖快，代谢旺　微生物的繁殖速率惊人。细菌一般每 20~30min 即分裂 1 次，细胞数目比原来增加 1 倍，例如 1 个大肠杆菌在适宜条件下 20min 即分裂 1 次，那么 1h 后就是 2^3 个，24h 后就是 2^{72} 个，即 4.7×10^{23} 个细菌。但实际上由于受空间、营养物质、代谢产物、生物拮抗及环境条件的限制，微生物的几何级数分裂速率只能维持数小时。发酵工业利用微生物繁殖快的特点可在短时间内获得大量菌体和发酵产物。例如，利用酿酒酵母生产蛋白质，一般每 8~12h 即“收获”1 次，而农作物一般要 1 年才收获 1 次。

微生物代谢旺盛表现为代谢能力强和代谢类型多。微生物的比表面积大，能迅速与周围环境进行物质交换，使其代谢速率最大，转化速率亦最快，因此具有很强的合成与分解能力。例如，1kg 酿酒酵母 1d 能消耗几千千克的葡萄糖转变为酒精，大肠杆菌每小时可消耗自重 2000 倍的葡萄糖，乳酸菌发酵乳糖每小时可产生自重 1000 倍的乳酸，产朊假丝酵母合成蛋白质的能力是大豆的 100 倍。此种特性为微生物快速生长繁殖和产生大量代谢产物提供了充分的物质基础，从而使微生物有可能更好地发挥“活的化工厂”的作用。发酵工业利用微生物高效率的生物化学转化能力将基质快速转化为发酵产品。微生物代谢类型之多是动植物所不及的，它们几乎能分解地球上的一切有机物，既能分解天然气、石油、纤维素、木质素等初级有机物，又能分解氰化钾、酚、聚氯联苯、双对氯苯基三氯乙烷（DDT）等有毒物质，也能合成次生代谢产物等各种复杂有机物。微生物有多种产能方式，有的利用分解有机物或无机物的氧化获得能量，有的利用光能进行光合作用，有的利用化学能进行化能合成作用，有的能进行有氧呼吸、无氧呼吸或发酵等而产能。有的具有固定分子态氮或利用复杂有机氮化物的能力，有的具有抗热、冷、酸、碱、高渗、高压、高辐射剂量等极端环境的特殊能力。不同微生物可产生不同的代谢产物，如氨基酸、有机酸、抗生素和酶等，在生产实践中可应用此特点获得种类繁多的发酵产品。

（3）食谱杂，易培养　微生物利用物质的能力很强。凡是能被动植物利用的物质，如蛋白质、糖类、脂肪和无机盐等微生物均能利用，而且有的还能分解动植物不能利用的物质，如纤维素、石油、塑料等。微生物容易培养，能在常温常压下利用简单的营养物质，甚至工农业废弃物生长繁殖，积累代谢产物。发酵工业借微生物这一特点利用可再生资源，如秸秆、米糠、麸皮、废糖蜜、酒糟、蔗渣等为原料，制造食品、医药和化工原料。

（4）适应强，易变异　微生物有极其灵活的适应性，这是高等动植物不可比拟的。为了适应多变的环境条件，微生物在长期进化中产生了许多灵活的代谢调控机制，并有很多种诱导酶（占细胞蛋白质总量的 10%）。一些极端微生物都有相应特殊结构蛋白质、酶和其他物质，使之适应极端恶劣环境。例如，海洋深处的某些硫细菌可在 100℃ 以上的高温下正常生长，一些嗜盐细菌能在浓度为320g/L的盐水中正常活动。此外，微生物为了保护自己形成了一些细胞特殊结构。例如，在菌体外附着荚膜可免受干燥和寄主吞噬细胞的吞噬，细菌的休眠体芽孢、蓝细菌的静息孢子、放线菌的分生孢子和真菌孢子均比其营养细胞有较强的抗不良环境能力。微生物的个体一般都是单细胞、简单多细胞或非细胞的生物，其比表面积大，使之与外界接触面大而受环境条件影响大，一旦环境条件激烈变化，则多数微生物死亡，少数个体发生变异（基因突变）而存活下来，但由于微生物繁殖快，数量多，即使变异频率十分低（一般为10^{-10}~10^{-5}），也容易产生大量变异后代。此种变异涉及细胞的形态结构、代谢途径、生理生化以及代谢产物的质或量等性状的变化。人类利用微生物容易变异的特点实施诱变育种，筛选正突变菌株，即可在短时间内获得优良菌种，提高产品质量和产量。如利用产黄青霉生产青霉素，1943年其发酵液效价仅为20单位/mL，如今早已超过了5万单位/mL。微生物易发生变异的特性还常导致菌种衰退以及对抗生素的耐药性。

（5）种类多，分布广　微生物在自然界是一个十分庞杂的生物类群。据统计，已发现的微生物种类有20万种以上。据估计，人类已发现的微生物种类仅占自然界中微生物总数的10%，而人类至多仅开发利用了已发现微生物种类的1%。更大量的微生物资源还有待于人类发掘。微生物在自然界的分布极为广泛。由于微生物体积小而重量轻，可以随风飘荡，走遍天涯，以致达到“无孔不入”的地步。地球上不论在动植物体内外，还是土壤、空气、沙漠、温泉、河流、深海、冰川、盐湖、高山、油井、地层下都有大量与其相适应的各类微生物聚居。利用微生物分布广的特点可以从各种场所分离筛选生产菌种，开发菌种资源。如从土壤中筛选生产抗生素的放线菌，从果园土壤中筛选生产乙醇的酵母菌等。

微生物的这些特点使其在工业生产中正起着愈加显著的作用。有的直接利用菌体或其内含物，有利用酶及其代谢产物。微生物已被广泛用于生产食品、药物、化工原料、生物制品、饲料、农药等，也有的被用于纺织、制革、石油发酵、细菌冶金、石油开采。近年来也有利用微生物生产塑料、树脂等高分子化合物。基因工程、固定化酶、固定化细胞等先进技术的应用，进一步发掘了微生物在工农业生产中的巨大潜力。

4. 可培养微生物与未培养微生物

采用传统的分离纯化技术以纯粹培养方法获得的微生物纯培养物，称为可培养微生物。迄今为止，仅有数千种原核微生物被分离纯化。这意味着可培养细菌可能仅占自然界中细菌种类的1%或者更少。自然界中的多数细菌难以在实验室复苏和培养，称为未培养微生物。使用传统分离纯培养方法对不同生境微生物可培养性的测定来看，海水中微生物可培养的为0.001%~0.1%，淡水中约为0.25%，土壤中约为0.3%。由此可见，目前绝大部分自然环境微生物很难或不能通过传统分离纯培养方法得到其纯培养物。

未培养微生物无论是其物种类群，还是新陈代谢途径、生理生化反应与代谢产物等，均存在着大量超出传统认知的新颖性和多样性，比可培养微生物具有更为丰富和多样化的、可供人类开发利用的微生物资源。利用现代分子生物学技术研究未培养微生物（如应用宏基因组学对微生物的物种组成或群落多样性测序分析），能够克服传统纯培养技术的不足。微生物能否被培养取决于是否找到适宜的方法。而培养组学是一种通过高通量培养技术对微生物的物种组成进行广泛分析的新方法。即组合多种培养条件，培养、分离和鉴定未培养微生物。有许多因素影响环境微生物在人工培养基上的复苏。微生物不可培养的原因是共同协作的自然生存方式（如互生依赖关系）崩溃、生存环境的营养条件极度变化、缺乏各种生长因子等活性物质和中断环境信息交换，以及生态位（一个种群在生态系统中时空位置及其与相关种群之间的功能关系与作用）发生巨变等。而今，充分研究、开发和利用未培养微生物资源，将为人类开辟一个新的微生物世界。

二、微生物学及其发展简史

微生物学是研究微生物及其生命活动规律和应用的科学，其研究内容包括微生物的形态结构、生理生化、生长繁殖、遗传变异、分类鉴定、生态分布，以及微生物与生物环境间的相互关系，理化环境因素对微生物生长的影响，并将其应用于发酵工业、农业、医药卫生、生物工程和环境保护等实践领域。其根本任务是发掘、利用、改善和保护有益微生物，控制、消灭或改造有害微生物。随着微生物学的不断发展，已形成了基础微生物学和应用微生物学。

人类在长期生产实践中利用微生物，认识微生物，研究微生物，改造微生物，使微生物学的研究工作日益得到深入和发展。微生物学的发展过程可分为五个时期（表0-1）。

表0-1 微生物学发展简史

分期	年代	特点	代表人物
史前期	约8000年前—1676年	人们只是利用微生物的有益作用发酵制作调味品、酿酒和面包等，但未发现微生物的存在，认知处于朦胧阶段	各国劳动人民
初创期	1676—1861年	发现微生物的存在，并进行形态描述，开始了微生物的形态学描述时期	微生物学先驱：列文虎克
奠基期	1861—1897年	开始建立微生物学，开创了寻找病原菌的黄金时期，从形态学描述发展到生理学研究的新水平	微生物学奠基人：巴斯德 细菌学奠基人：科赫
发展期	1897—1953年	用无细胞酵母汁（酒化酶）发酵葡萄糖产生酒精成功，开创了生物化学研究的新阶段；普通微生物学开始形成	生物化学奠基人：毕希纳
成熟期	1953年—至今	微生物研究进入分子生物学水平，微生物学的基础理论和独特实验技术推动了生命科学各领域飞速发展	分子生物学奠基人：沃森、克里克

1. 史前期（朦胧时期）

在人类首次见到微生物个体之前，虽然还未知自然界有微生物存在，但是在长期的生产实践和日常生活中已利用微生物的有益作用生产果酒、食醋、酱、面包等产品。在工业方面，远在4000多年以前的龙山文化时期我国劳动人民就会利用微生物制曲、酿酒，并以其工艺独特、历史悠久、经验丰富、品种多样的4大特点闻名世界，这是我国人民在史前期的重大贡献。当时埃及人也已学会烤制面包和酿造果酒。2500年前春秋战国时期，我们的祖先已发明制酱和食醋。公元7世纪（唐代）食用菌的人工栽培是我国劳动人民的首创，比西欧（最早是法国）早11个世纪。

2. 初创期（形态学描素时期）

人类对微生物的利用虽然很早，并已推测自然界存在肉眼看不见的微小生物，但由于科学技术条件的限制，无法用实验证实微生物的存在。显微镜的发明揭开了微生物世界的奥秘。17 世纪下半叶，荷兰人安东尼·列文虎克（Antony van Leeuwenhock，1632—1723）用自制能放大 200~300 倍的简单显微镜观察到了污水、牙垢、雨水、腐败有机物中的微小生物，发现了细菌、酵母菌和原生动物，并对它们进行了形态描素，为微生物的存在提供了有力证据，开始了微生物的形态学描素时期，并一直持续到 200 多年后的 19 世纪中叶。

3. 奠基期（生理学研究时期）

19 世纪中叶，以法国人路易·巴斯德（Louis Pasteur，1822—1895）和德国人罗伯特·科赫（Robert Koch，1843—1910）为代表的科学家才将微生物的研究从形态学描述推进到生理学研究阶段，揭示了微生物是造成葡萄酒发酵酸败和人畜传染病的原因，并建立了接种、分离、培养和灭菌等一整套独特的微生物学基本研究方法，从而奠定了微生物学的基础，同时开辟了医学和工业微生物等分支学科。

（1）巴斯德的主要贡献　巴斯德原是化学家，曾在化学领域做出重要贡献，后来转向微生物学研究领域，为微生物学的建立和发展做出了卓越贡献，主要表现在下列 4 个方面。

①彻底否定了“自然发生”学说：该学说认为一切生物是自然发生的。当时由于技术问题，如何证实微生物不是自然发生的仍是一个难题。巴斯德在前人工作的基础上进行了著名的曲颈瓶试验。取一个曲颈瓶和直颈瓶，内盛有机汁液（肉汁），两者同时加热以杀死瓶中原有微生物，而后长久置于空气中。结果曲颈瓶中没有微生物发生，而直颈瓶中出现大量微生物使肉汁变质。前者之所以肉汁不变质（保持无菌状态），是因为空气中带菌尘埃不能通过弯曲长管进入瓶内。由此证明了肉汁变质是由于外界微生物侵入的结果，并不是自然发生的。从此，将微生物的研究从形态描述进入生理学研究的新阶段。

②证明发酵是由微生物引起的：他认为一切发酵都与微生物生长繁殖有关，并历经辛苦分离到了许多引起发酵的微生物，证实了酒精发酵由酵母菌引起，乳酸发酵、醋酸发酵和丁酸发酵都由不同细菌引起，还研究了 O_2 对酵母菌的生长和酒精发酵的影响，并提出了巴斯德效应，为建立工业微生物学、酿造学、食品微生物学奠定了基础。

③创立了巴氏消毒法：他认为酒的变质是有害微生物繁殖的结果，为解决当时法国酒的变质问题，于 1864 年他创造了科学的巴氏消毒法（60~65℃，30min），一直沿用至今，仍广泛用于食品制造业的消毒工作。与此同时他证实了家蚕软化病由病原微生物引起，并解决了“蚕病”的实际问题，推动了病原学的发展，并深刻影响医学的发展。

④接种疫苗预防传染病：琴纳医生虽早在 1798 年发明了接种牛痘苗预防天花，但不知其免疫过程的机制。1877 年巴斯德发现将鸡霍乱病原菌经过减毒可使机体产生免疫力，以此预防鸡霍乱病。随后，他又研究了牛、羊炭疽病和狂犬病，首次制成炭疽疫苗、狂犬疫苗，并创造了接种疫苗方法，从而开创了免疫学，为人类防治传染病做出了重大贡献。

（2）科赫的主要贡献　科赫曾是德国医生，为著名的细菌学家，其功绩主要在于以下 4 个方面。

①发明了固体培养基：由于自然生境的各种细菌混杂在一起，难以研究单种细菌的特性。科赫受到马铃薯切面上长出不同颜色微生物的启发，发明了固体培养基，先以明胶为凝固剂，之后找到了较理想的凝固剂琼脂，并设计出制作平板用的玻璃平皿，沿用至今。

②创造了细菌染色方法：细菌无色而透明，折光率低，不易在显微镜下识别。科赫用甲苯胺蓝染料对细菌染色，使其与视野背景形成明显的色差，便于观察到细菌形态。

③发现了许多病原菌：科赫证明了炭疽病、霍乱病和肺结核病由炭疽杆菌（*Bacillus anthracis*）、霍乱弧菌（*V. cholera*）和结核杆菌（*m. tuberculosis*）引起，并分离培养出相应的病原菌。

④提出了证明某种病原体引起某种疾病的科赫法则：a. 病原体必须来自患病机体；b. 从患病机体中分离、纯培养后必须得到该病原体；c. 用该纯培养物接种到敏感动物体内必须引发相同的疾病；d. 从被感染的敏感动物体内能分离到与原来相同的病原体。这一法则至今仍指导对动植物病原菌的确定。

由于巴斯德和科赫的杰出贡献，微生物学作为一门独立的学科开始形成。此后，李斯特（J. Lister）用杀菌药物防止微生物侵入手术伤口，发明了消毒（无菌）外科操作技术；埃尔里赫（P. Ehrlish）用化学药剂控制病原菌，开创了化学治疗法。20 世纪以来，由于工农业生产发展的需要和为了研究、解决许多生物学理论及技术问题，微生物成为重要的研究对象和研究材料，使微生物学进入了高速发展时期，相继建立了微生物学各分支学科，如食品微生物学、酿造学、工业微生物学、农业微生物学、环境微生物学、医学微生物学、畜牧兽医微生物学、细菌学、真菌学、病毒学、微生物生理学、微生物遗传学、微生物生态学、分子微生物遗传学、分子微生物生态学等。

4. 发展期（生物化学研究时期）

1897 年德国人爱德华·毕希纳（Eduard Büchner）对酵母菌“酒化酶”进行生化研究，发现了磨碎的酵母菌仍能发酵葡萄糖产生酒精，并将此具有发酵能力的物质称为酶。如此真正认识了发酵的本质是酶的作用。此外，他还发现微生物的代谢统一性，并开展广泛寻找微生物的有益代谢产物，开始了生物化学研究阶段。1929 年英国医生弗莱明（A. Fleming）发现青霉素能抑制细菌生长。此后开展了对抗生素的深入研究，并用发酵法生产抗生素。青霉素的发现建立了微生物工业化培养技术，推动了抗生素工业的发展。

5. 成熟期（分子生物学研究时期）

进入 20 世纪，由于电子显微镜的发明，同位素示踪原子的应用，生物化学、生物物理学等边缘学科的建立，推动了微生物学向分子水平的纵深方向发展。同时微生物学、生物化学和遗传学的相互渗透，又促进了分子生物学的形成。

20 世纪 30 年代：发明了电子显微镜，为微生物学等学科提供了重要的观察工具。1939 年考雪（C. Kausche）等首次用电镜观察到了烟草花叶病毒。

20 世纪 40 年代：1941 年比德耳（C. Beadle）和塔图姆（E. Tatum）分离并研究了脉孢霉的一系列生化突变类型，促进了微生物遗传学和微生物生理学的建立，推动了分子遗传学的形成。1944 年埃弗里（O. T. Avery）等人通过肺炎链球菌转化实验，证明储存遗传信息的物质是脱氧核糖核酸（DNA），第一次确切地将 DNA 和基因的概念联系起来，开创了分子生物学的新纪元。

20 世纪 50 年代：1953 年沃森（J. Watson）和克里克（F. Crick）提出了 DNA 分子双螺旋结构模型及核酸半保留复制学说。1958 年克里克（F. Crick）提出遗传信息传递的“中心法则”，为分子生物学和分子遗传学奠定了基础。

20 世纪 60 年代：1961 年雅各布（F. Jacob）和莫诺（J. Monod）通过对大肠杆菌乳糖代

谢的调节机制的研究，提出了操纵子学说，并指出基因表达的调节机制。1965 年尼伦伯格（M. Nirenberg）等用大肠杆菌的离体酶系证实了三联体遗传密码的存在，提出遗传密码的理论，阐明了遗传信息的表达过程。1963 年莫诺等提出调节酶活力的变构理论。

20 世纪 70 年代：1970 年史密斯（H. Smith）等人从流感嗜血杆菌 *Rd* 的提取液中发现并提纯了限制性内切酶。1973 年科恩（S. Cohen）等人首次将重组质粒成功转入大肠杆菌中，开始了基因工程研究。基因工程是获得新物种的一项崭新技术，为人工定向控制生物遗传性状、根治疾病、美化环境、用微生物生产稀有的多肽类药物及其他发酵产品展现了极其美好的前景。1975 年密尔斯坦（C. Milstein）等人建立生产单克隆抗体技术。1977 年桑格（F. Sanger）等人对 ϕX174 噬菌体的 5373 个核苷酸的全部序列进行了分析。

20 世纪 80 年代：1982—1983 年布鲁希纳（Prusiner）发现了朊病毒。1983—1984 年穆利斯（Mullis）建立了聚合酶链式反应（PCR）技术，实现了目的基因在体外扩增。

20 世纪 90 年代：1995 年、1996 年和 1997 年分别完成了流感嗜血杆菌、詹氏甲烷球菌、大肠杆菌、酿酒酵母的全基因组测序工作，为“人类基因组作图和测序计划”的完成做好了技术准备。对微生物基因组的研究促进了生物信息学时代的到来。

20 世纪 80 年代以来，分子微生物学应运而生，出现了一些新的概念。较突出的有：生物多样性、进化、三域学说，细菌染色体结构和全基因组测序，细菌基因表达的整体调控和对环境变化的适应机制，细菌的发育及其分子机制，细菌细胞之间和细菌同动植物之间的信号传递，分子技术在微生物原位研究中的应用等。微生物不仅广泛应用于生产实践，而且成为生命科学研究的理想材料，如转化、转导、接合、代谢阻遏、遗传密码、转录、转译、信使核糖核酸（mRNA）、转运核糖核酸（tRNA）等概念大多以微生物为研究材料发现和证实。微生物学的基础理论和独特实验技术推动了生命科学各领域飞速发展。其独特而先进的实验技术有：显微镜使用技术和制片染色技术、无菌操作技术、消毒灭菌技术、纯种分离和克隆化技术、纯种培养技术、突变型标记及筛选技术、菌种保藏技术、原生质体制备和融合技术及 DNA 重组技术等。

21 世纪，微生物学将进一步向地质、海洋、大气、太空等领域渗透，使更多的边缘学科得到发展，如地质微生物学、海洋微生物学、大气微生物学、空间微生物学和极端环境微生物学等。微生物学的研究技术和方法也将会在吸收其他学科的先进技术的基础上，向自动化、定向化和定量化发展。21 世纪，微生物产业除了广泛利用和发掘不同生境（包括极端环境）的自然菌种资源外，基因工程菌将成为工业生产菌，生产外源基因表达的产物。尤其在药物生产上，结合基因组学在药物设计上的新策略，将出现以核酸［DNA 或核糖核酸（RNA）］为靶标的新药物（如反义寡核苷酸、肽核酸、DNA 疫苗等）大量生产，人类将完全征服癌症、艾滋病以及其他疾病。此外，微生物与能源、信息、材料、计算机的结合将开辟新的研究领域，生产各种各样的新产品，例如，降解性塑料、DNA 芯片、生物能源等，在 21 世纪将出现一批崭新的微生物工业，为全世界的经济和社会发展做出更大贡献。

三、食品微生物学研究的对象、内容与学习目的

1. 食品微生物学研究的对象

食品微生物学研究的主要对象包括细菌、酵母菌、霉菌、放线菌等四大类微生物中的某些类群；原核微生物的病毒——噬菌体在食品发酵生产中有较大危害，因而也是食品微生物

学研究的范畴。随着现代食品科学的发展，食品研究的范畴不断拓宽，食品微生物学研究的微生物类群也不断增多。例如，为了开发人类可持续发展的食品及营养物质资源，人们研究培养螺旋蓝细菌等作为营养保健食品，其他能进行光合作用的单细胞藻类也逐渐成为食品微生物学研究的对象。

2. 食品微生物学研究的内容

食品微生物学是专门研究微生物与食品之间相互关系的一门科学，它隶属于应用微生物学范畴，融合了普通微生物学、工业微生物学、医学微生物学、农业微生物学等与食品有关的部分内容，同时又渗透了生物化学、免疫学、机械学和化学工程的有关内容。其研究内容包括：① 研究与食品有关的微生物的形态特征、生理生化特性、遗传学特性、免疫学特性及生态学特点等生命活动规律；② 研究食品微生物的污染来源、污染途径及食品在生产、加工、贮藏、运输、销售等各环节控制污染的方法；③ 研究微生物引起食品腐败变质的机制及其现象；④ 研究利用有益微生物的代谢活动为人类制造食品的发酵技术；⑤ 研究控制腐败微生物生长的栅栏技术，防止食品发生腐败变质；⑥ 研究如何控制病原微生物的生长和产生毒素，防止食物中毒与食源性传染病的发生；⑦ 研究如何采用现代微生物检验技术（分子生物学、免疫学、酶学、电化学、生物工程技术及电子技术）快速、准确地检测食品中的微生物数量和检验食品中的病原微生物，以充分发挥防腐保鲜措施的效能和保证食品安全性。总之，食品微生物学的主要任务在于，为人类提供既有益于健康、营养丰富，而又保证生命安全的食品。

3. 学习食品微生物学的目的

食品微生物学是一门实践性较强的专业核心基础课程，其学习目的是为了掌握食品微生物学的基本知识、基础理论和基本实验技能。熟练掌握检测食品中微生物数量和大肠菌群数的操作技术及检验病原菌的基本方法，掌握一些有益微生物（如乳酸菌、酵母菌等）的分离、纯化与筛选方法，了解发酵食品的制作原理和方法，掌握生产菌种的保藏、活化与发酵剂的制备方法，能够熟悉和识别与食品有关的有益菌、腐败菌和病原菌的形态特征、生理生化特性、免疫学特性、遗传学特性、生态学特点，从而在食品生产、加工与贮藏过程中，充分利用有益菌的代谢作用，增加食品数量和提高产品质量，控制腐败菌和病原菌污染和生长的有害活动，以防止食品发生腐败变质和防止因食物中毒而引起的病害。

重点与难点

（1）微生物简介；（2）微生物的五大共性（特点）；（3）微生物学发展史中五个时期的代表人物及其科学贡献。

课程思政点

巴斯德不畏权威，不怕困难，勇于挑战，否定了“自然发生”学说，创立了巴氏消毒法和接种疫苗的方法。学习微生物学的同时应学习他严谨的治学态度，勇于创新和对科学不懈追求的精神。此外，微生物是一把十分锋利的双刃剑，在给人类带来巨大利益的同时也带来“残忍”的破坏。学习食品微生物学应培养辩证思维，正确看待微生物与人类的关系，辩证认识微生物的有益性和有害性。

复习思考题

1. 什么是微生物？它包括哪些类群？
2. 什么是未培养微生物？它不可培养的原因是什么？
3. 简述微生物的五大特点，并列举它们在生产实践中的应用。
4. 简述微生物学发展史中五个时期的代表人物及其科学贡献。
5. 什么是食品微生物学？其研究内容和学习目的是什么？

第一章

微生物形态与结构

CHAPTER 1

第一节 概 述

在有细胞构造的微生物中，按其细胞尤其是细胞核的构造和进化水平上的差异，可将它们分为原核微生物和真核微生物两大类。

一、原核微生物

原核微生物是指一大类细胞核无核膜包裹，只有称作核区的裸露 DNA 的原始单细胞生物，包括细菌（曾称真细菌）和古菌（曾称古生菌）两大域。真细菌的细胞膜含由酯键连接的脂类，细胞壁含有肽聚糖（无壁的支原体除外）。细菌、放线菌、蓝细菌、支原体、立克次氏体和衣原体等均属于真细菌。古菌细胞膜含由醚键连接的类脂，细胞壁不含肽聚糖，而是由假肽聚糖或杂多糖、蛋白质、糖蛋白构成。

二、真核微生物

凡是细胞核具有核膜、核仁、能进行有丝分裂、细胞质中存在线粒体或同时存在叶绿体等细胞器的微小生物，称为真核微生物。真菌（包括酵母菌、霉菌、蕈菌或担子菌）、单细胞（显微）藻类、原生动物均属于真核微生物。真核微生物细胞与原核微生物细胞相比，其形态更大、结构更为复杂、细胞器的功能更为专一。真核微生物已发展出许多由膜包裹的细胞器，如内质网、高尔基体、溶酶体、微体、线粒体和叶绿体等，尤其是已进化出有核膜包裹着的完整的细胞核，其中存在的染色体由双链 DNA 长链与组蛋白和其他蛋白密切结合，以更完善地执行生物的遗传功能。

三、原核微生物与真核微生物（特点）的比较

1. 细胞核

原核生物的核区无核膜包裹，呈裸露松散存在，故称原核。核区内只有一条环状双链 DNA 构成的基因体（染色体）不与任何蛋白质结合。真核生物的细胞核有核膜包裹、形态较固定，故称真核。核内 DNA 与组蛋白结合形成染色体，又由多条染色体组成基因群体。

2. 细胞膜

原核细胞的细胞膜形成大量折皱，向内陷入细胞质中，折叠形成管状或囊状结构的中间体，它们是能量代谢与许多合成代谢的场所。真核细胞的细胞膜不内陷，细胞质中有各种细胞器，如线粒体和叶绿体等，它们都有一层膜包围。而这些膜与细胞膜没有关系。

3. 核糖核蛋白体

核糖核蛋白体又称核糖体，是蛋白质合成场所，分布于细胞质中。原核细胞中核糖体较小，沉降系数为70S；而真核细胞中核糖体较大，沉降系数为80S。在原核细胞蛋白质合成中，DNA的转录和翻译在细胞质中同时进行；在真核细胞蛋白质合成中，DNA的转录在细胞核中进行，而翻译则在细胞质中进行。

4. 繁殖

原核细胞一般以二等分裂进行无性繁殖，而真核细胞则是有性和无性繁殖兼有。此外，尚有其他一些不同点。原核微生物与真核微生物的比较见表1-1。

表1-1　原核微生物与真核微生物的比较

项目		原核微生物	真核微生物
细胞形态		细菌：单细胞；放线菌：菌丝体	酵母菌：单细胞；霉菌：菌丝体
细胞大小		较小（通常直径<2μm）	较大（通常直径>2μm）
细胞壁		多数为肽聚糖	葡聚糖、甘露聚糖、几丁质、纤维素等
细胞膜中固醇		无（支原体例外）	有
细胞膜含呼吸或光合组分		有	无
细胞器		无	有
细胞核	结构	原核（拟核），无核膜和核仁	真核，有核膜和核仁
	DNA	核内只有一条由不与组蛋白相结合的DNA构成的环状染色体	核内有一条至数条线状染色体，DNA与组蛋白结合，形成复合体
	组蛋白	少	有
	有丝分裂	无	有
	减数分裂	无	有
生理特征	氧化磷酸化部位	细胞膜	线粒体
	光合磷酸化部位	细胞膜	叶绿体
	生物固氮能力	有些有	无
	化能合成作用	有	无
	营养类型和呼吸类型	细菌：自养型、异养型 专性好氧、兼性厌氧、专性厌氧 放线菌：多数异养型，少数自养型；多数好氧，少数厌养或微好氧	酵母菌：异养型，未见自养型 好氧、兼性厌氧，未见专性厌氧 霉菌：异养型，未见自养型 专性好氧，未见专性厌氧
	生长pH	中性或微碱性	偏酸性

续表

项目		原核微生物	真核微生物
细胞质	线粒体	无	有
	内质网	无	有
	溶酶体	无	有
	叶绿体	无	有
	真液泡	无	有
	高尔基体	无	有
	微管系统	无	有
	流动性	无	有
	核糖体	在细胞质中，沉降系数为70S	在细胞质中，沉降系数为80S，在线粒体和叶绿体中沉降系数为70S
	间体	部分有	无
	贮藏物	聚-β-羟基丁酸酯（PHB）等	淀粉、糖原等
	鞭毛结构	简单、细	复杂、粗（为9+2型结构）
	鞭毛运动方式	旋转马达式	挥鞭式
	遗传重组方式	转导、转化、接合、原生质体融合等	有性杂交、准性杂交、原生质体融合等
	繁殖方式	一般为无性繁殖（二等分裂）	无性繁殖和有性繁殖，方式多种

第二节　细　　菌

细菌是以二等分裂方式繁殖为主的单细胞原核微生物。它形体微小，结构简单，无典型细胞核，只有核质体，无核膜和核仁，无细胞器，不能进行有丝分裂。各种细菌的形态与结构不尽相同，即使同一种细菌，可因不同菌龄、温度、营养素等而有所不同。一般所叙述的形态结构是细菌在适宜培养条件下，生长旺盛时期相对恒定的形态与结构特征。

一、细菌细胞形态和大小

1. 细菌的细胞形态

细菌的基本形态有球形、杆形与螺旋形，分别称为球菌、杆菌与螺旋菌（图1-1）。自然界存在的细菌中，杆菌最为常见，种类最多；球菌次之，而螺旋菌最少。各种细菌的形态和排列如图1-2所示。

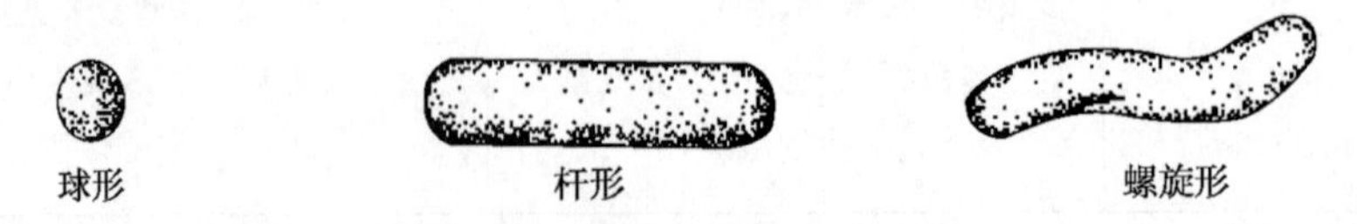

图1-1　细菌的三种基本形态

（1）球菌（Coccus） 球状细菌统称为球菌。大多呈现比较有规则的球形，有的略长呈矛头状、肾状或扁豆状。按其分裂方式和分裂后的排列形式不同，可将球菌分为单球菌、双球菌、四联球菌、八叠球菌、链球菌和葡萄球菌等。

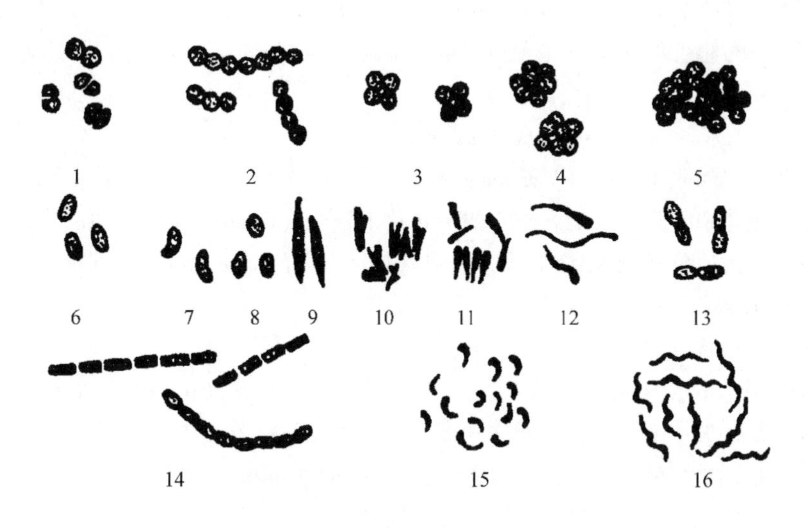

图1-2 各种细菌的形态和排列

球菌：1—双球菌 2—链球菌 3—四联球菌 4—八叠球菌 5—葡萄球菌

杆菌：6—单杆菌，钝圆端 7—单杆菌，菌体稍弯 8—球杆菌 9—杆菌，尖端

10—分枝杆菌，成丛排列 11—棒状杆菌，八字形和栅栏样排列

12—变成长丝状的杆菌 13—双杆菌 14—链杆菌，钝圆端和平截端

螺旋菌：15—弧菌 16—螺菌

①单球菌：球菌在分裂后，分散而单独存在。例如尿素微球菌（*Micrococcus ureae*）。

②双球菌：在一个平面上分裂，分裂后成对排列，接触面扁平。菌体变成肾状、扁豆状。如肺炎链球菌（*Streptococcus pneumoniae*）（曾称肺炎双球菌）呈矛头状，钝端相连，尖端相背。脑膜炎奈瑟菌（*Neisseria meningitidis*）（曾称脑膜炎双球菌）呈肾状，接触面为扁平状。

③链球菌：在一个平面上连续分裂，分裂后连成3个以上链状排列。如嗜热链球菌（*Streptococcus thermophilus*）、乳酸乳球菌（*Lactococcus lactis*）（曾称乳酸链球菌）。

④四联球菌：球菌先后向两个互相垂直的平面上分裂，分裂后4个球菌黏附呈“田”字状，如四联微球菌（*Micrococcus tetragenus*）。

⑤八叠球菌：球菌在三个相互垂直的平面上分裂，分裂后8个球菌重叠排列黏附呈立方状，如尿素八叠球菌（*Sarcina ureae*）。

⑥葡萄球菌：在数个不规则的平面上分裂，分裂后若干球菌黏附聚集在一起，呈葡萄串状排列，如金黄色葡萄球菌（*Staphylococcus aureus*）。

在细菌制片时，由于取材不同，其排列有所差别。如在液体中生长的葡萄球菌很少成堆，大多数为分散或呈短链状；而液体中的链球菌则都连在一起形成长链。相反，在固体培养基中，链球菌则以短链聚集成堆，类似葡萄球菌状。在鉴别时应加以注意。

（2）杆菌（Bacillus） 杆状细菌统称为杆菌。不同杆菌的形态差别很大。一般同一种杆菌的形态相对稳定。在观察杆菌形状时，要注意菌体长和宽的比例、形状、菌体两端形状以及菌体排列情况。

按菌体长宽比例分为：

①长杆菌，有的长如丝状，如嗜酸乳杆菌（*Lactobacillus acidophilus*）。

②短杆菌，如扩展短杆菌（*Brevibacterium linens*）。

③球杆菌，短粗近似球状，如大肠埃希氏菌（*Escherichia coli*，简称大肠杆菌）。

按菌体形状分为：

①直杆状，如枯草芽孢杆菌（*Bacillus subtilis*）。

②稍弯曲状，如假单胞菌（*Pseudomonas*）。

③梭状，菌体中间膨大，如丙酮丁醇梭状芽孢杆菌（*Clostridium acetobutylicum*）。

④分枝状，菌体分枝呈 Y 或 V 状，如双歧杆菌（*Bifidobacterium*）、结核分枝杆菌（*Mycobacterium tuberculosis*）。

按菌体两端形状分为：

①两端钝圆，多数细菌的菌体两端钝圆，如蜡样芽孢杆菌（*Bacillus cereus*）。

②两端平截，少数细菌的菌体两端平截，如炭疽芽孢杆菌（*Bacillus anthracis*）。

③两端尖细，呈纺锤状，如肉毒梭菌（*Clostridium botulinum*）。

按菌体排列情况分为，单杆菌、双杆菌和链杆菌。

此外，还有的分裂后排列呈八字状，如北京棒状杆菌（*Corynebacterium pekinense*）；栅栏状，如微杆菌（*Microbacterium*）。根据芽孢有无，可以分无芽孢杆菌和芽孢杆菌。图 1-3 所示为不同细菌的分裂和排列示意图。

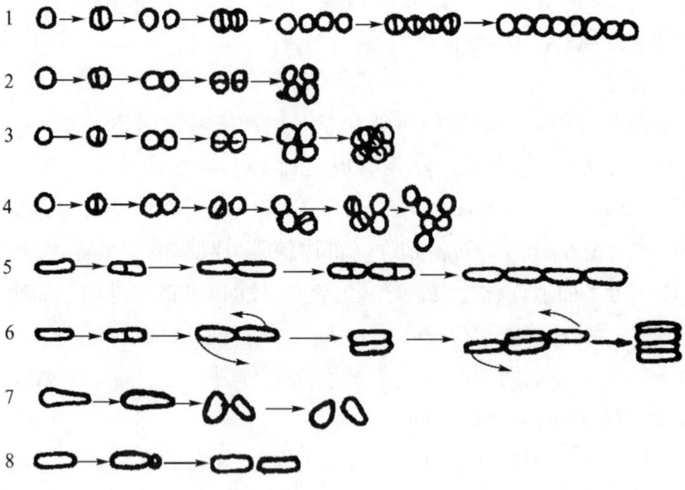

图 1-3　细菌的分裂和排列示意图

1—双球菌或链球菌　2—四联球菌　3—八叠球菌　4—葡萄球菌　5—双杆菌或链杆菌
6—栅栏状排列杆菌　7—折断分裂成八字状排列杆菌　8—出芽繁殖杆菌

（3）螺旋菌（Spirillar bacterium）　菌体呈弯曲状或扭转呈螺旋状圆柱形，两端钝圆或细尖，与螺旋体不同（螺旋体是螺旋超过 6 环，体长而柔软的螺旋状细菌），螺旋菌的细胞比较坚韧（硬）。螺旋菌可分为两类。

①弧菌：菌体短，螺旋不足一环，呈弧状或逗点状，如霍乱弧菌（*Vibrio cholerae*）。

②螺菌：菌体较长，有两个及两个以上弯曲，捻转呈螺旋状，如红色螺菌（*Spirillum rubrum*）、迂回旋螺菌（*Spirillum volutans*）。

细菌在适宜环境下有典型的形态。当环境条件发生改变时，如改变其培养条件、化学药物的作用等，可引起不规则形态的发生，且可出现细胞壁的缺陷和多形性菌。

2. 细菌的大小

细菌的个体很小，必须用显微镜才能见到。测定细菌大小的单位通常为微米（μm）。球菌的个体大小以其直径表示，杆菌、螺旋菌的个体大小则以宽度×长度表示。其中螺旋菌的长度是以其菌体两端的直线距离来计算。不同种类的细菌大小差异很大，大的可长达80μm，小的只有0.2μm，而大多数常见的细菌则在几微米之间（表1-2）。一般球菌的平均直径为1μm左右，杆菌长为1~5μm，宽0.5~1.0μm。

表1-2　几种细菌的大小比较　单位：μm

细菌种类	直径或宽	长
葡萄球菌（*Staphylococcus*）	0.5~1.5	—
链球菌（*Streptococcus*）	0.5~2.0	—
流感嗜血杆菌（*Haemophilus influenzae*）	0.2~0.4	1.5
山羊布鲁氏杆菌（*Brucella melitensis*）	0.5~0.7	0.6~1.5
大肠埃希氏菌（*Escherichia coli*）	0.5~1.0	1.0~4.0
破伤风梭菌（*Clostridium tetani*）	0.3~0.5	2.0~5.0
炭疽芽孢杆菌（*Bacillus anthracis*）	1.0~3.0	5.0~10.0
嗜酸乳杆菌（*Lactobacillus acidophilus*）	0.6~0.9	1.5~6.0

细菌的大小以生长在适宜温度和培养基中的青壮龄培养物为标准。不同种细菌大小不一，同种细菌也因菌龄和环境因素的影响，大小有所差异。但在一定范围内，各种细菌的大小相对稳定且具有特征，可以作为鉴定细菌的依据之一。在实际测量菌体大小时，培养条件、制片时固定的程度、染色方法和显微镜的使用等，对测量结果都有一定影响。经过干燥固定的菌体的长度，一般比活菌要缩小1/4~1/3；若用衬托染色法，其菌体要大于普通染色法，甚至比活菌体还大。菌龄不同，菌体的大小亦不相同，如幼龄，代谢活跃的杆菌比老的杆菌大几倍；休眠的或濒死的细菌通常近圆形；而生长迅速的球菌往往出现短杆状；培养4h的枯草芽孢杆菌比24h的长5~7倍。此外，培养基中渗透压增加也可导致菌体变小。因此，测量细菌的大小时，各种因素和操作都应一致，以减少其误差。

二、细菌细胞结构

细菌是单细胞微生物，形体虽小，但其结构较为复杂，应用超薄切片和电子显微镜技术以及组织化学等方面的研究，对细胞的结构包括超微结构已有了进一步了解。细菌细胞可分为基本结构（一般结构）和特殊结构（图1-4）。

1. 细菌的基本结构

细菌的基本结构是指几乎所有细菌都具有的细胞结构。它包括细胞壁、细胞膜、细胞质

（细胞浆）、核质体、核蛋白体（核糖体）和内含物等。

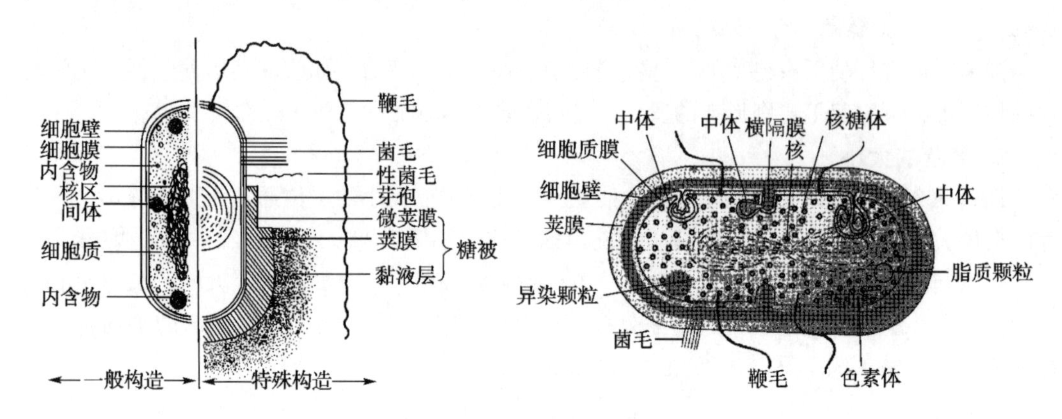

图 1-4 细菌细胞构造模式图

（1）细胞壁 细胞壁包在细胞膜外表面，是一层无色透明、质地坚韧而富有弹性的结构。细胞壁厚度为 10~80nm，占细胞干重的 10%~25%。通过特殊染色方法或质壁分离法，可在光学显微镜下看到细胞壁的存在，或用电子显微镜观察细菌的超薄切片，细胞壁结构清晰可见。

①细胞壁的主要功能：

a. 维持菌体固有形状。各种形态的细菌失去细胞壁后，均变成球形。用溶菌酶除去细菌细胞壁后剩余的部分称为原生质体或原生质球。原生质体的结构与生物活性并未因失去细胞壁而发生改变，因而细胞壁并不是细菌细胞的必要结构。

b. 提供足够的强度，具有保护作用，使细胞免受机械性外力或渗透压的破坏。细菌在一定范围的高渗溶液中，原生质收缩，但细胞仍可保持原来形状；在低渗溶液中，细胞膨大，但不致破裂，这些都与细胞壁具有一定坚韧性及弹性有关。

c. 起渗透屏障作用，与细胞膜共同完成细胞内外物质变换。细胞壁有许多微孔（1~10nm），可允许可溶性小分子及一些化学物质通过，但对大分子物质有阻拦作用。

d. 协助鞭毛的运动。细胞壁是某些细菌鞭毛的伸出支柱点。如果将细胞壁去掉，鞭毛仍存在，但不能运动，可见细胞壁的存在是鞭毛运动的必要条件。

e. 细胞壁的化学组成与细菌的抗原性、致病性，以及对噬菌体的特异敏感性有密切关系。细胞壁是菌体表面抗原的所在地。革兰阴性菌细胞壁上有脂多糖，具有内毒素的作用，与致病性有关。

f. 与横隔膜的形成有关。细胞分裂时，其中央部位的细胞壁不断向内凹陷，形成横隔，即将原细菌细胞分裂为两个子细胞。此外，细胞壁还与革兰染色反应密切相关。

②细胞壁的化学组成：细胞壁的化学组成相当复杂。由于细胞壁的化学成分不同，用革兰染色（Gram stain）法将所有细菌分为革兰阳性菌（G^+菌）与革兰阴性菌（G^-菌）两大类。两大类细菌细胞壁的化学组成与结构有很大差异（图 1-5）。

a. G^+菌细胞壁化学组成：G^+菌的细胞壁较厚（20~80nm），其主要成分是肽聚糖（又称黏肽）和磷壁酸。肽聚糖有 15~50 层，含量很高，一般占细胞壁干重的 40%~90%；磷壁酸含量也较高（占 10%~50%）；一般不含类脂，仅抗酸性细菌含少量类脂（占 1%~4%）。

肽聚糖：G^+菌肽聚糖仅由肽聚糖骨架（双糖单位）、四肽侧链（四肽尾）和交联桥（肽

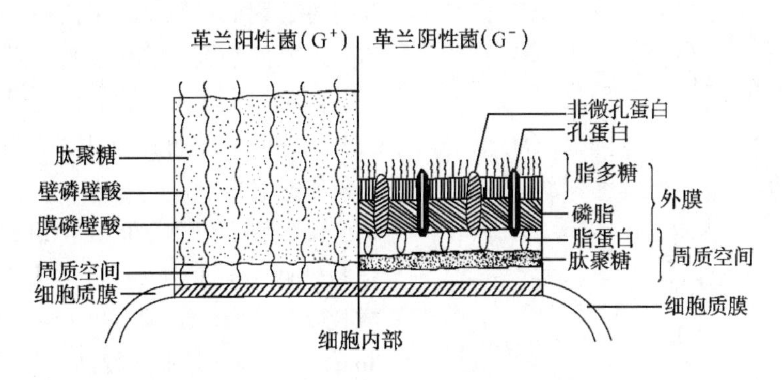

图 1-5　革兰阳性菌与革兰阴性菌细胞壁构造的比较

桥）三部分组成。肽聚糖是真细菌细胞壁所特有的一类大分子复合物，它是由 *N*-乙酰葡萄糖胺（NAG）和 *N*-乙酰胞壁酸（NAM）通过 β-1,4 糖苷键交替连接成的多糖链（骨架），并与氨基酸短肽构成的四肽侧链和交联桥一起构成坚韧而具有弹性的三维空间多层网状结构（图 1-6）。一般每条多糖链含 10~65 个双糖单位，其长度随菌种不同而异，如金黄色葡萄球菌中的多糖链只含有 9 个双糖单位。四肽侧链和交联桥的组成及其连接方式，以及四肽侧链中氨基酸的种类和顺序，交联桥的有无及其交联度，也都随菌种不同而异。以典型的金黄色葡萄球菌为例，四肽侧链由 L-丙氨酸、D-谷氨酸、L-赖氨酸、D-丙氨酸形成的四肽，从纵向连接在胞壁酸分子上，再由甘氨酸五肽（肽桥或交联桥）从横向将两个相邻的四肽侧链中的 L-赖氨酸与 D-丙氨酸相连接（图 1-7）。其交联桥的交联度达 70%以上。

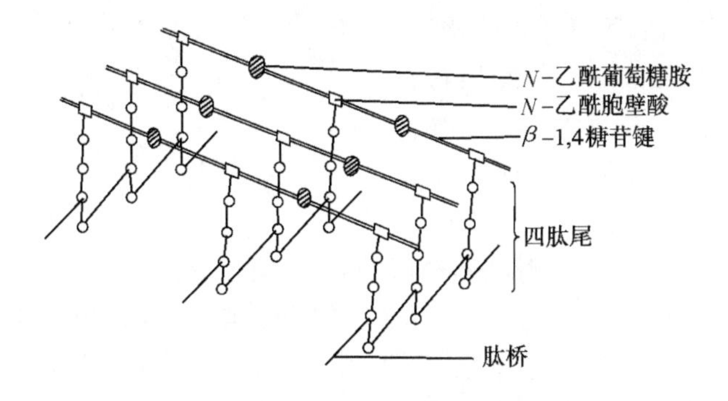

图 1-6　G^+菌肽聚糖的立体结构（片段）

磷壁酸：磷壁酸即垣酸，是多聚磷酸甘油或多聚磷酸核糖醇的衍生物。金黄色葡萄球菌等细菌的磷壁酸以核糖醇磷酸为亚基组成，在核糖醇上还含有丙氨酸和 *N*-乙酰葡萄糖胺。根据磷壁酸在细胞壁中的存在方式，可分为壁磷壁酸和膜磷壁酸（又称脂磷壁酸）。磷壁酸以约 30 个或更多的重复单位构成长链，插于肽聚糖中。其中壁磷壁酸长链的一端与肽聚糖上的胞壁酸连接，另一端则游离于细胞壁之外；膜磷壁酸长链一端与细胞膜中的糖脂相连，另一端穿过肽聚糖层而达到细胞壁表面（图 1-5）。

磷壁酸的主要生理功能有：① 与细菌的某些代谢活动有关。因其呈酸性，带有负电荷，故可吸附环境中的 Mg^{2+}等阳离子，提高这些离子的浓度，保证细胞膜上某些合成酶维持高活性，也可能参与某些酶活性表达。② 磷壁酸抗原性很强，决定 G^+菌的菌体抗原（O 抗原）

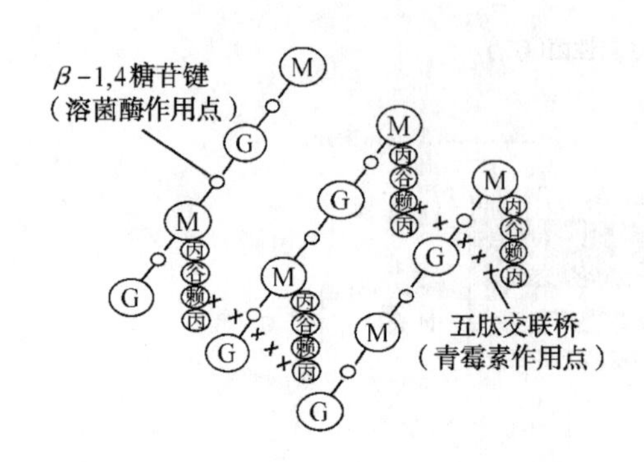

图 1-7 金黄色葡萄球菌的肽聚糖结构
M—N-乙酰胞壁酸 G—N-乙酰葡萄糖胺
丙谷赖丙—四肽侧链 x—甘氨酸五肽

特异性，因而可用于鉴定菌种。③ 与致病性有关。某些细菌的膜磷壁酸有类似菌毛的作用，能黏附在宿主细胞表面，保证 G^+致病菌与其宿主间的粘连。④ 为某些噬菌体提供特异的吸附受体。

b. G^-细菌细胞壁的化学组成：G^-细菌的细胞壁较薄（10～15nm），其结构与化学组成比 G^+ 菌复杂。肽聚糖层较薄（仅 2～3nm），由 1～2 层肽聚糖网状分子组成，仅占细胞壁干重的 5%～20%；在肽聚糖的外层还有由外膜蛋白（脂蛋白、孔蛋白、非微孔蛋白等）、磷脂（脂质双层）和脂多糖三部分组成的外膜，构成多层结构，约占细胞壁干重的 80%以上；不含有磷壁酸。

肽聚糖：G^-细菌肽聚糖的多糖链（双糖单位）与 G^+菌相同。以典型的大肠杆菌为例，差别在于：ⅰ. 四肽侧链由 L-丙氨酸、D-谷氨酸、*m*-二氨基庚二酸（*m*-DAP）、D-丙氨酸构成，即四肽侧链中的 *m*-DAP 取代了 L-赖氨酸（图 1-8）；ⅱ. 无交联桥，两个相邻的四肽侧链的连接是通过甲四肽侧链的 D-丙氨酸与乙四肽侧链的 *m*-DAP 之间直接交联，交联度只有 25%，其网状结构较疏松，机械强度较弱，不及 G^+菌坚韧。

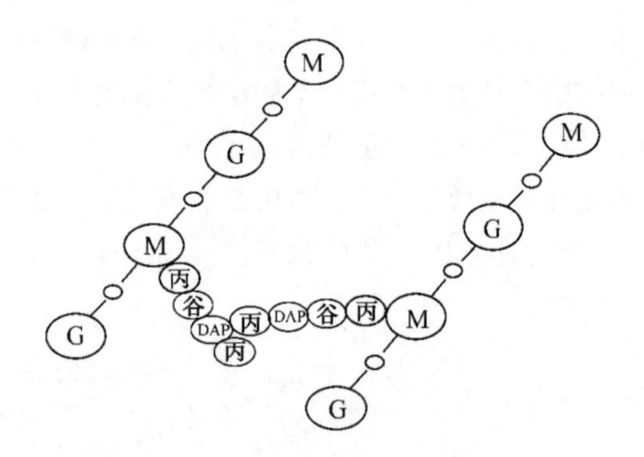

图 1-8 大肠杆菌的肽聚糖结构

外膜（外壁层）：外膜为 G^-菌细胞壁所特有的结构，位于肽聚糖层的外表面，厚 8～10nm，呈不规则的波浪形。其结构、化学组成与细胞膜相似，在磷脂双层中镶嵌有脂多糖和蛋白质。外膜具有控制细胞膜的通透性，提高 Mg^{2+}等阳离子浓度，决定细胞壁抗原多样性等作用。下面重点介绍脂多糖和外膜蛋白。

脂多糖：脂多糖简称 LPS，是位于 G^-菌细胞壁外层中的一类脂多糖类物质。它是由类脂 A、核心多糖和 O-特异性多糖（又称 O-特异性侧链或 O 抗原）三部分组成（图 1-9）。习惯上将脂多糖称为细菌内毒素。

脂多糖主要功能：ⅰ. 是 G^-菌致病物质的基础，类脂 A 为 G^-菌内毒素的毒性中心，对哺乳动物有很高毒性。ⅱ. 具有吸附 Mg^{2+}、Ca^{2+}等阳离子的能力，以提高它们在细胞表面的浓度。ⅲ. O-特异性多糖的多个寡糖链种类、序列及空间构型的变化决定了 G^-菌的菌体（O）抗原特异性，因而可用于鉴定菌种。ⅳ. 是许多噬菌体在细菌细胞表面的吸附受体。

外膜蛋白：指嵌合在 LPS 和磷脂双层外膜上的 20 余种蛋白质。目前发现的功能清楚的外膜蛋白主要有脂蛋白、孔蛋白和非微孔蛋白（表面蛋白）。ⅰ. 脂蛋白：由脂质与蛋白质构成，一端的蛋白质部分以共价键连接于肽聚糖中的四肽侧链的 *m*-DAP 上，另一端脂质部分则以非共价键连接于外膜层的磷脂上。其功能是稳定外膜并将之固定于肽聚糖层。ⅱ. 孔蛋白：它是一种三聚体跨膜蛋白，由三个相对分子质量为 3.6×10^4 的蛋白质亚基组成，中间有直径约 1nm 的孔道横跨外膜层，可允许相对分子质量小于 900 的亲水性营养物质通过，如糖类（尤其是双糖）、氨基酸、二肽、三肽和无机离子等，以及控制某些抗生素的进入，使外膜层具有分子筛功能。ⅲ. 非微孔蛋白：它是镶嵌于磷脂双层外膜上的一种表面蛋白，具有特异性运输蛋白或受体的功能，可将一些特定的较大分子物质输入细胞内。此外，有些外膜蛋白与噬菌体的吸附或细菌素的作用有关。

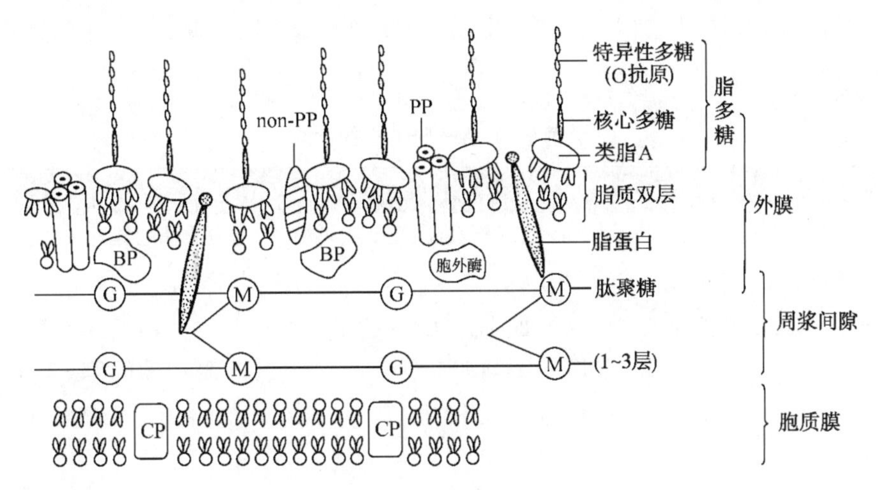

图 1-9　G⁻细菌细胞壁结构模式图

CP—载体蛋白　BP—营养结合蛋白　PP—孔蛋白　non-PP—非微孔蛋白（表面蛋白）

③细胞壁与革兰染色：1884 年，丹麦细菌学家汉斯·克里斯蒂安·革兰（Hase Christian Gram）创立了一种细菌鉴别染色法，即革兰染色法。该方法先用草酸铵结晶紫液初染，再加碘液媒染，使细菌体着色，继而用乙醇脱色，最后用沙黄（蕃红）复染。细菌用此法染色可分为两大类：一类是经乙醇处理不脱色，而保持其初染的深紫色，这样的细菌称为革兰阳性菌（用 G^+表示）；另一类经乙醇处理即迅速脱去原来的紫色，而染上沙黄的红色，这样的细菌称为革兰阴性菌（用 G^-表示）。革兰染色对鉴别区分细菌为 G^+菌或 G^-菌有重要意义。

革兰染色原理：细菌细胞壁的结构及其化学组成决定了革兰染色反应。由于 G^+菌细胞壁肽聚糖层较厚，且其含量高，交联度高，不含有类脂或含量很低，脱色处理时，因乙醇的脱水作用引起细胞壁肽聚糖层网架结构中的孔径缩小，通透性降低，结晶紫与碘的复合物被保留在细胞内，细胞不被脱色，再用沙黄复染仍保留最初的紫色；反之，G^-菌肽聚糖层薄，且其含量低，交联度低，而外膜层类脂含量高，脱色处理时，G^-菌的外膜经乙醇的脱脂作用，溶解了外膜层中的类脂而变得疏松，此时薄而松散的肽聚糖网不能阻挡结晶紫与碘的复合物的渗出，因此细胞退成无色，再用沙黄复染菌体呈红色。

G^-菌的革兰染色反应比较稳定，而 G^+菌的革兰阳性反应常因某种条件而改变。例如有些 G^+菌，幼龄比老龄呈现较强的革兰阳性反应；老龄培养或死亡的 G^+菌呈革兰阴性反应；染色过程中，脱色过度将使 G^+菌呈现革兰阴性反应。

④细胞壁与溶菌酶的溶菌作用及青霉素的杀菌作用：破坏细胞壁肽聚糖的结构或抑制其合成的物质，都能损害细胞壁而使细菌变形或杀死细菌。溶菌酶之所以有溶菌作用，是因为

它能破坏肽聚糖骨架，即专一水解*N*-乙酰葡糖胺、*N*-乙酰胞壁酸之间的β-1,4 糖苷键（图1-8），切断它们之间的连接，引起细菌细胞壁裂解。因此，溶菌酶对G^+菌与G^-菌同样有效。青霉素（或头孢霉素）能与细菌合成细胞壁过程中所需的转肽酶结合，使之形成青霉噻唑酰基酶，从而抑制肽聚糖合成最后阶段的转肽反应，即抑制五肽交联桥与四肽侧链 D-丙氨酸残基之间的连接（图1-7），使细菌难以合成完整的细胞壁，导致细菌死亡。人和哺乳动物的细胞无细胞壁结构，亦无肽聚糖，故溶菌酶和青霉素对人、哺乳动物细胞无毒性作用。

⑤G^+菌与G^-菌细胞壁的差异：G^+菌与G^-菌不仅在细胞壁化学组成和结构上存在较大的差别，而且在染色反应、生理特性及致病性等方面也有明显不同，表1-3所示为这两类细菌的一些特性的比较。

表1-3　　G^+菌与G^-菌一些特性的比较

项　目	G^+菌	G^-菌
革兰染色反应	呈结晶紫的颜色（紫色）	呈复染液的颜色（红色）
细胞壁机械强度	较坚韧，大	较疏松，小
肽聚糖厚度、层数、含量	厚（20~80nm），15~50层，占细胞干重的40%~90%	薄（2~3nm），1~2层，占细胞干重的5%~20%
肽聚糖结构	三维空间（立体结构）	二维空间（平面结构）
磷壁酸含量	多数含有（10%~50%）	无
二氨基庚二酸	无	有
脂多糖（LPS）含量	无	11%~22%
类脂和脂蛋白含量	一般无或较低（1%~4%）	有
外膜	无	有
五肽交联桥	有	无
细胞壁对溶菌酶抗性	弱	强
对青霉素抗性	敏感	不敏感
对链霉素、氯霉素、四环素敏感性	不敏感	敏感
碱性染料的抑菌作用	强	弱
对干燥的抵抗力	抗性强	抗性弱
芽孢	有的可产生	不产生

⑥缺细胞壁细菌：虽然细胞壁是细菌细胞的基本结构，但在自然界长期进化中和在实验室菌种的自发突变中都会产生少数缺壁细菌；此外，还可用人工诱导方法通过抑制新生细胞壁的合成或对现有细胞壁进行酶解，而获得人工缺壁细菌。

a. L型细菌：因其1935年在英国利斯特（Lister）研究所发现，故以研究所名称的第一个字母命名。L型细菌是专指那些在实验室或宿主体内通过自发突变而形成的遗传性稳定的细胞壁缺损菌株。

b. 原生质体：是指在人工条件下用溶菌酶除尽原有细胞壁或用青霉素等抑制新生细胞壁

合成后，所留下的仅由细胞膜包裹着的脆弱细胞。通常由 G^+菌形成。原生质体必须生存于高渗环境中，否则因不耐受菌体内的高渗透压而胀裂死亡。不同菌种或菌株的原生质体间易发生细胞融合，因而可用于基因重组育种。

c. 原生质球：是指经溶菌酶或青霉素处理后，还残留了部分细胞壁（尤其是 G^-菌的外膜）的原生质体。通常由 G^-菌形成。原生质球在低渗环境中仍有抵抗力。

d. 支原体：是在长期进化过程中形成的、适应自然生活条件的无细胞壁的原核微生物。因其细胞膜中含有一般原核生物所没有的固醇（别称甾醇），故即使缺乏细胞壁，其细胞膜仍有较高的机械强度。

（2）细胞膜　细胞膜又称质膜或细胞质膜，是一层紧贴于细胞壁内侧，紧包住细胞质及其内含物的柔软而富有弹性的半渗透性膜。细菌的细胞膜可以用质壁分离、选择性染色（可用中性或碱性染料）、原生质体破裂等方法或电子显微镜观察到。在电子显微镜下观察用四氧化锇染色的细菌细胞的超薄片，细胞膜呈两暗层夹一亮层的“三明治”式结构，厚5~10nm。

①细胞膜的化学组成：细胞膜主要由磷脂（占20%~30%）、蛋白质（占50%~70%）以及少量的糖类（占1.5%~10%）组成。原核生物的细胞膜不含胆固醇等固醇，这是与真核细胞膜的重要区别（支原体例外）。

a. 磷脂：磷脂分子由磷酸（或结合有带正电荷基团的磷酸）、甘油、脂肪酸组成。两个脂肪酸分子通过酯键分别连接在甘油的两个羟基上，甘油的第三个羟基被磷酸酯化，从而形成磷脂。两个非极性的脂肪酸链形成磷脂分子的疏水端，称疏水尾；带正电荷基团的磷酸残基形成磷脂分子的亲水端，称亲水头。细胞膜由两层磷脂分子整齐地对称排列。磷脂的种类及其含量因菌种而异。磷脂中的脂肪酸有饱和与不饱和两种。磷脂双分子层在常温下呈液态，其流动性高低取决于饱和与不饱和脂肪酸的相对含量和类型。如低温微生物的细胞膜中含有较多不饱和脂肪酸，而高温微生物的细胞膜富含饱和脂肪酸，从而保持细胞膜在不同温度下的正常生理功能。

b. 蛋白质：根据蛋白质在细胞膜上存在的部位不同，可将其分为两类：一类以不同深度嵌插在膜内，称整合蛋白或内嵌蛋白。整合蛋白均为两性分子，非极性区插入膜内，极性区朝向膜的表面。它们通过很强的疏水或亲水作用与膜牢固结合，不容易被分离开。另一类蛋白质黏附在膜内、外两侧的表面，称周边蛋白或膜外蛋白。周边蛋白与细胞膜结合较为松弛，容易被分开。从生理功能看，膜蛋白除了作为膜的结构成分外，它们皆属于具有特殊作用的酶蛋白（如呼吸酶、合成酶）和载体蛋白（渗透酶）。

②细胞膜的结构：目前学术界普遍认同的细胞膜的结构是由辛格（Singer）和尼科尔森（Nicolson）（1972）提出的细胞膜液态镶嵌模型。该模型的中心内容是细胞膜具有流动性和镶嵌性。其要点是：a. 膜的基本结构是磷脂双分子层，两层磷脂分子的亲水头朝向膜两侧表面，疏水尾相向，埋藏在膜的内层，双层的磷脂分子整齐对称排列；b. 磷脂双分子层通常呈液态，具有流动性，磷脂分子和蛋白质分子在膜中的位置不断发生变化；c. 蛋白质以不同程度镶嵌在磷脂双分子层中，周边蛋白存在于膜的内侧或外侧表面作横向运动（“漂浮”运动），而整合蛋白存在于膜的内部或由一侧嵌入膜内或穿透全膜作横向移动（犹如沉浸海洋的“冰山”移动）；d. 膜两侧各种蛋白质的性质、结构以及在膜的位置不同（穿过全膜的，不对称地分布在膜一侧或埋藏在膜内的），因此，具有不对称性。细菌细胞膜的镶嵌模式如图1-10所示。

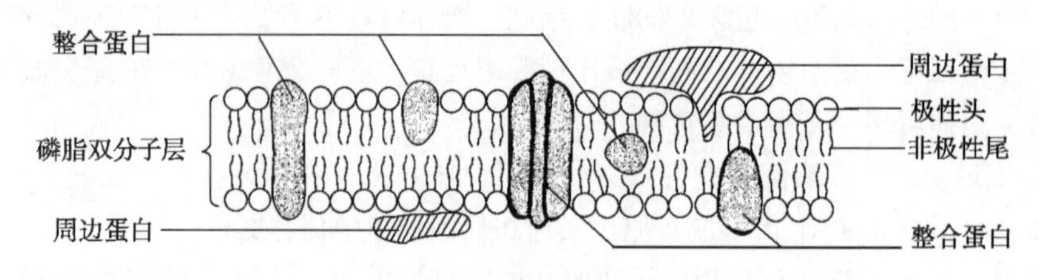

图 1-10　细胞膜镶嵌模式图

③细胞膜的功能：a. 选择性地控制细胞内、外物质（营养物质和代谢废物）的运送、交换。因为细胞膜上有转运系统（渗透酶等），能选择性地携带各种物质穿过细胞膜。b. 维持细胞内正常渗透压。c. 是合成细胞壁和荚膜（肽聚糖、磷壁酸、脂多糖、荚膜多糖等）的基地。因为细胞膜中含有合成细胞壁所需要的脂质载体与有关细胞壁和荚膜的合成酶。d. 是细菌产生代谢能量的主要场所。由于原核生物的呼吸链与细胞膜结合，则细胞膜上含有呼吸酶系与腺嘌呤核苷三磷酸（ATP）合成酶，如还原型辅酶Ⅰ（NADH）脱氢酶、琥珀酸脱氢酶、细胞色素氧化酶等电子传递系统及氧化磷酸化酶系，因此，细菌的细胞膜相当于真核细胞的线粒体内膜。e. 与鞭毛的运动有关，因为鞭毛基体着生于细胞膜上，并提供其运动的能量。f. 作为细胞内部的最后一道屏障，防止原生质流失。

④间体：间体又称中体、中间体、中介体，是由细胞膜内褶形成的一种管状、层状或囊状结构。一般位于细胞分裂部位或其邻近。多见于 G^+细菌，每个细菌有一至数个间体，而少见于 G^-细菌。间体的功能尚不完全清楚，普遍认为：a. 与横隔壁的形成和细胞分裂有关。由于间体常位于细胞分裂部位，当细菌细胞分裂时，促进横隔壁的形成，将菌体一分为二，各自带一套核质体进入子代细胞。b. 与 DNA 的复制及其相互分离有关。因为间体是细菌 DNA 复制时的结合位点。c. 与细菌的呼吸作用有关。间体扩大了细胞膜的表面积，相应增加了呼吸酶（如细胞色素氧化酶、琥珀酸脱氢酶等呼吸酶系）的含量，可为细菌提供大量能量，故有人称之为“拟线粒体”。d. 与细胞壁的合成和芽孢的形成有关。

（3）细胞质和内含物　细胞质又称细胞浆，是细胞膜内除核质体之外的一切无色、透明、黏稠的胶状物质和一些颗粒状物质的总称。原核生物的细胞质不流动，这是与真核细胞的明显区别。

①细胞质的化学成分：化学成分随菌种、菌龄、培养基的成分不同而异。基本成分是水（约占 80%）、蛋白质、核酸、脂类和少量的糖类、无机盐等，这些成分或以可溶性状态存在，或以某种方式结合成一些种类不同、大小不一的颗粒状结构。此外，细胞质中有许多细胞内含物和多种酶类及中间代谢产物。

②细胞质的内含物：细胞质中形状较大的颗粒状结构被称为内含物。主要包括核糖体、各种贮藏物、质粒等。不同种类细菌的内含物有较大差别。

a. 核糖体：核糖体又称核蛋白体，是分散于细胞质中核糖核蛋白的颗粒状结构。电镜观察细菌超薄切片，可见核糖体直径 18~20nm，常以单个游离状态或排列成链状的多聚核糖体分布在细胞质中。它由 60%的核糖体核糖核酸（rRNA）和 40%的蛋白质组成，沉降系数*为

---

* 沉降系数是指物质在离心力作用下的沉降速度，以漂浮单位 S（Svedberg unit）表示。沉降系数与颗粒大小、分子形状及相对分子质量成正比。

70S（其中大亚基50S，小亚基30S）。细胞内核糖体的数量与细菌的生长速率成正相关，生长旺盛时核糖体数量可达（1.0~7.0）×10^4个，而缓慢生长的菌体中，其数量可减至2000个左右。一般每个细胞平均约含1.5×10^4个核糖体。

核糖体是细胞合成蛋白质的场所或“车间”。细胞中的多聚核糖体是由一条mRNA分子与3个甚至上百个单个核糖体成串排列而成，每个核糖体可以独立完成一条肽链的合成，所以这种多聚核糖体在一条信使核糖核酸（mRNA）链上可同时合成几条肽链，从而提高翻译效率。

原核生物与真核生物细胞的核糖体的区别在于：ⅰ. 分布的部位不同。前者核糖体常以游离状态或多聚核糖体状态分布于细胞质中，后者核糖体既以游离状态存在于细胞质基质中，又可以结合在内质网、线粒体、叶绿体等细胞器中，甚至细胞核内都有核糖体。ⅱ. 大小各不相同。前者核糖体沉降系数为70S（其中大亚基50S，小亚基30S）；后者细胞质基质和内质网核糖体的沉降系数为80S（其中大亚基60S，小亚基40S）；叶绿体、线粒体与细胞核内的核糖体为70S。链霉素、四环素等抗生素能与原核生物核糖体的30S小亚基结合，氯霉素与原核生物核糖体的50S大亚基结合，干扰细菌的蛋白质合成，从而杀死细菌，但对人体细胞毒副作用较小，因此，可用于治疗细菌性疾病。

由于细胞质中核糖体含量高，生长旺盛的幼龄细菌含量更高，故有较强的嗜碱性，易被碱性染料均匀着色。在老龄细菌中，核糖核酸被作为氮源、磷源利用，含量减少，出现空泡，细菌的着染力减弱。一般G^+菌的细胞质比G^-菌的嗜碱性更强。

b. 贮藏物：颗粒状内含物大多是细胞的贮藏物质，颗粒的多少随菌龄及培养条件的不同有很大变化。贮藏物是一类由不同化学物质累积而成的较大的不溶性颗粒，其成分有糖类、脂类、含氮化合物以及无机物等，主要功能是贮存营养物和代谢产物。在某些营养物质过剩时，细菌就将其聚合成各种贮藏颗粒；当营养缺乏时，它们又被分解利用。常见的贮藏物有聚-β-羟基丁酸酯、糖原、淀粉粒、异染颗粒、硫粒、藻青素和藻青蛋白等。

聚-β-羟基丁酸酯：聚-β-羟基丁酸酯（PHB），是许多细菌特有的碳源与能源类贮藏物，并具有降低细胞渗透压的作用。PHB是一种类脂物，不溶于水，可溶于氯仿，易被脂溶性染料如苏丹黑着色，在细胞内羟基丁酸呈酸性，而聚合成PHB后就成为中性脂肪酸酯，从而维持细胞的中性环境，避免内源酸性物质抑制菌体生长或自毁。当碳源丰富而氮源不足时，有些细菌细胞内贮藏的PHB可达干重的60%。至今已发现60个属以上的细菌能合成并贮存PHB，常见的有固氮菌属（如棕色固氮菌）、肠杆菌属、假单胞菌属、根瘤菌属、产碱杆菌属、微球菌属、螺菌和芽孢杆菌属（如巨大芽孢杆菌），其中生产PHB的菌种主要是产碱杆菌、固氮菌和假单胞菌。PHB无毒、易降解，被认为是生产医用塑料器皿，外科用的手术针及缝线，以及生物降解塑料的良好原料。此外，在细菌细胞质中还发现由多种不同单体结构组成的高分子聚酯——聚羟基脂肪酸酯（PHA）。PHA具有良好的生物相容性和生物降解性，使其可以作为植入体内的组织工程材料和药物控制释放载体等生物医学材料。

异染颗粒：异染颗粒是细菌的磷源（磷元素）和能量的贮藏物，同时可以降低细胞渗透压。因用蓝色染料（如亚甲蓝或甲苯胺蓝）染色后不呈蓝色而呈紫红色，故而得名。异染颗粒的主要成分是多聚偏磷酸盐，一般在含磷丰富的环境中形成。根据异染颗粒的形状、位置及染色特性等在菌种鉴定上有一定意义。例如，嗜酸乳杆菌和保加利亚乳杆菌在个体形态上难以区分，但后者有异染颗粒，用亚甲蓝染色即可区别。异染颗粒最早在迂回旋螺菌（*Spirillum volutans*）中发现，也存在于结核分枝杆菌、鼠疫耶尔森氏菌（*Yersinia pestis*）、白喉棒状杆菌（*Corynebacterium diphtheriae*）等细胞中。

糖原和淀粉粒：糖原（又称肝糖粒）和淀粉粒是细菌主要的碳源和能源的贮藏物，为葡萄糖的多聚体，也具有降低细胞渗透压的作用。它们通常均匀分布于细胞质中，体积很小，只能在电镜下识别。当细胞中大量存在糖原或淀粉粒时，用稀碘液染色，借助光学显微镜可见糖原呈红褐色，而淀粉粒呈蓝色。肠道细菌，如大肠杆菌、克雷伯氏菌、产气肠杆菌等常积累糖原，而多数蓝细菌和芽孢杆菌属及多数其他细菌则以淀粉粒为贮藏物质，当培养环境中的碳氮比高时，会促进碳素颗粒状贮藏物质的积累。

硫粒：硫粒又称硫滴，它是某些化能自养的硫细菌硫源和能源的贮藏物。当某些硫细菌如贝氏硫菌属（*Beggiatoa*）和丝硫菌属（*Thiotrix*）、紫硫菌属和发硫菌属（*Thiothriac*）等自养菌生活在含有 H_2S 的环境时，细胞内就会积累折光性较强的硫粒贮存硫元素。当环境中缺少 H_2S 时，它们能通过进一步氧化硫来获取能量。

藻青素和藻青蛋白：通常存在于蓝细菌，如柱形鱼腥蓝菌（*Anabaena cylindrica*）中，它们属于内源性的氮素贮藏物，同时还具有贮藏能源的作用。藻青素由含精氨酸和天冬氨酸残基（1∶1）的分支多肽构成。藻青蛋白为蓝细菌特有的辅助光合色素，其作用是将捕获的光能传给叶绿素。

③细胞质的功能：细胞质构成细菌的内部环境，含有丰富的可溶性物质和各种内含物，在细菌的物质代谢及生命活动中起重要作用。细胞质中还含有多种酶系统，是细菌合成蛋白质、脂肪酸、核糖核酸的场所，同时也是营养物质进行同化和异化代谢的场所，以维持细菌生长所需要的环境。

（4）核质体　核质体又称核质、核区、原核、拟核或核基因组，是指原核生物所特有的无核膜结构、无固定形态的原始细胞核。因细菌属于原核生物，无核膜包裹，不具典型的核，因此是结构不完全的拟核，实际上是一个裸露在细胞质中的染色体。在高分辨率电镜下可见核质体为一巨大紧密缠绕的环状双链 DNA 丝状结构，无核膜，分布在细胞质的一定区域内，所以称其为核区。用富尔根（Feulgen）染色法在光学显微镜下可见到紫色、形态不固定的核区，核区多呈球形、棒状、哑铃状或带状。在正常情况下，一个细胞内只含有一个核。快速生长的细菌细胞中，由于 DNA 的复制先于细胞分裂，一般有 2~4 个核，而生长缓慢的细菌细胞中则只有 1~2 个核。细菌除在 DNA 复制的短时间内呈双倍体外，一般均为单倍体。

①核质体的化学成分：其化学成分是一个大型的环状双链 DNA 分子，一般不含组蛋白或只有少量组蛋白与之结合。DNA 由四种碱基、核糖、磷酸组成，长度 0.25~3.00mm。例如，大肠杆菌细胞长度约 2μm，其 DNA 丝的长度却是 1.1~1.4mm，相对分子质量为 3×10^9，含有 4.7×10^6bp（碱基对），足可携带 4288 个基因，可满足其生命活动的全部需要。

②核质体的生理功能：一为核质体是蕴藏（负载）遗传信息的主要物质基础。二为通过复制将遗传信息传递给子代。在细胞分裂时，核质体直接分裂成两个而分别进入两个子细胞中。三为通过转录和翻译调控细胞新陈代谢、生长繁殖、遗传变异等全部生命活动。

（5）质粒：质粒是游离并独立存在于染色体以外，能进行自主复制的细胞质遗传因子，通常以共价闭合环状（简称 CCC）的超螺旋双链 DNA 分子存在于微生物细胞中。质粒分布于细胞质中，从细胞中分离的质粒大多有三种构型，即 CCC 型、开环（简称 OC）型和线（简称 L）型，其大小范围一般为 1~1000kb。每个细菌体内可含 1~2 个或多个质粒。有关质粒的种类和主要特性在本书第五章第一节中介绍。

2. 细菌的特殊结构

不是所有细菌都具有的细胞构造称为特殊构造，包括糖被、鞭毛、菌毛和芽孢等，这些特殊结构在细菌分类鉴定上有重要作用。

（1）糖被　包被于某些细菌细胞壁外的一层厚度不定的透明黏液性胶状物质称为糖被。糖被按其有无固定层次、层次厚薄又可细分为以下4种类型。①荚膜：它是某些细菌分泌的具有一定形状，固定于细胞壁表面的一层较厚的黏液性物质。其厚度因菌种不同或环境不同而异，一般可达0.2μm。产生荚膜的细菌一般每个细胞外包围一个荚膜（图1-11）。②微荚膜：它是细胞壁表面形成的一层较薄的黏液性物质，其厚度小于0.2μm。③黏液层：它是细胞壁表面结构松散、无明显边缘、不固定于细胞壁上、可以扩散到周边基质中的黏液性物质。④菌胶团：有的细菌，例如动胶菌属（*Zoogloea*）的细菌产生有一定形状的大型黏胶物，称为菌胶团。它实质上是多个细菌细胞包围在一个共同荚膜之中。

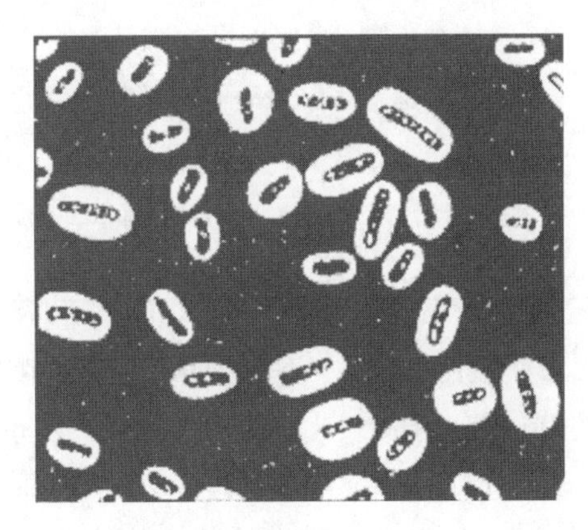

图1-11　细菌的荚膜形态

①荚膜的化学组成：荚膜的化学组成因菌种而异，多数为多糖，少数为多肽或蛋白质，也有多糖与多肽复合型的（表1-4）。此外，荚膜含有大量水分（约占90%）。多糖按组分不同可分为同质多糖和异质多糖，前者是由一种单糖（葡萄糖或果糖等）组成的聚合物，如葡聚糖、果聚糖、聚半乳糖等，后者是由不同单糖的重复单元组成的聚合物，如黄原胶等。在实验室用碳素墨水负染色（又称背景染色）后，在光学显微镜下，荚膜和菌体呈现一个个透明小区。荚膜不是细菌必要的细胞结构，用稀酸、稀碱或专一性的酶处理均可去除，但并不影响其生存。

表1-4　不同细菌荚膜的化学组成

	菌　名	组　成	分解产物
G^+菌	巨大芽孢杆菌（*Bacillus megaterium*）	多糖、多肽	D-谷氨酸、氨基酸
	炭疽芽孢杆菌（*Bacillus anthracis*）	多肽（聚D-谷氨酸）	D-谷氨酸
	肠膜明串珠菌（*Leuconostoc mesenteroides*）	同质多糖（葡聚糖）	葡萄糖
	变异链球菌（*Streptococcus mutans*）	同质多糖（果聚糖）	果糖
	若干链球菌（*Streptococcus* spp.）	异质多糖（透明质酸）	—
	嗜热链球菌THS（*Streptococcus thermophilus* THS）	异质多糖	葡萄糖、半乳糖
	鼠李糖乳杆菌GG（*Lactobacillus rhamnosus* GG）	异质多糖	葡萄糖、半乳糖、鼠李糖
	副干酪乳杆菌KL1（*Lactobacillus paracasei* KL1）	异质多糖	葡萄糖、鼠李糖
G^-菌	胶（木）醋酸杆菌（*Acetobacter xylinum*）	异质多糖（纤维素）	葡萄糖

续表

菌 名	组 成	分解产物
大肠杆菌（*Escherichia coli*）	酸性异质多糖	半乳糖、葡萄糖醛酸
痢疾志贺氏菌（*Shigella dysenteriae*）	多糖-多肽-磷酸复合物	—
棕色固氮菌（*Azotabacter vinelandii*）	异质多糖（海藻酸）	—
鼠疫耶尔森氏菌（*Yersinia pestis*）	蛋白质	氨基酸
甘蓝黑腐病黄单胞菌（*Xanthomonas campestris*）	酸性异质多糖（黄原胶）	葡萄糖、甘露糖、葡萄糖醛酸

②荚膜的功能：一是保护作用。保护菌体免受干燥的损害；保护致病菌免受宿主白细胞的吞噬；防止细胞受化学药物（如抗生素等）和重金属离子的毒害，以及噬菌体的侵袭。二是贮藏养料。当营养缺乏时，作为碳源和能源被细菌利用。三是表面黏附作用。例如唾液链球菌（*S. salivarius*）和变异链球菌分泌己糖基转移酶，使蔗糖转变成果聚糖（荚膜），它可使细菌黏附于牙齿表面，细菌发酵糖类产生乳酸，引起龋齿；肠毒素性大肠杆菌的毒力因子是肠毒素，但仅有肠毒素的产生并不足以引起腹泻，还要依靠其酸性多糖荚膜（K 抗原）黏附于小肠黏膜上皮才能引起腹泻。四是堆积某些代谢废物。五是荚膜是某些致病菌的毒力因子，与致病力有关。如有荚膜的 S 型肺炎链球菌毒力强，失去荚膜后致病力降低。六是荚膜为主要表面抗原，具有特异的抗原性，同种细菌的荚膜因其组分不同而得以分型，用于菌种的鉴定、分型。例如肺炎链球菌可根据多糖成分的不同分为 70 多个血清型。方法是以细菌与各型诊断血清混合，若型别相同，即可见荚膜膨大，称为荚膜膨胀试验。

产生荚膜的细菌所形成的菌落通常光滑透明，称光滑型（S 型）菌落。不产生荚膜的细菌所形成的菌落通常表面粗糙，称粗糙型（R 型）菌落。糖被的有无、厚薄除与菌种的遗传特性相关外，也与环境条件密切相关。细菌生长在含糖量高的培养基上容易形成荚膜，如肠膜明串珠菌只有在碳源丰富而氮源缺乏的培养基中易形成荚膜；有些病原菌，如炭疽杆菌只在宿主体内才形成荚膜，在人工培养基上不形成荚膜。已失去荚膜的细菌通过寄主又可恢复荚膜；某些链球菌在生长早期形成荚膜，后期则消失。

③荚膜的应用与危害：在食品工业中，利用甘蓝黑腐病黄单胞菌（又名野油菜黄单胞菌）的黏液层提取胞外杂多糖——黄原胶，作为食品较理想的增稠剂等（详见第十一章第三节）；一些益生乳酸菌，如副干酪乳杆菌（*L. paracasei*）、长双歧杆菌（*B. longum*）、嗜热链球菌（*S. thermophilus*）等在生长代谢过程中能分泌一种荚膜多糖或黏液多糖，统称为胞外多糖（Exoysaccharides，EPS）。近年来研究发现乳酸菌产生的胞外 EPS 具有抗氧化、免疫调节及降血压等主要生理功能。有研究表明，某些益生乳酸菌 EPS 对人结肠癌细胞 HCT-8、人骨肉瘤细胞 U2OS、宫颈癌细胞海拉（Hela）等多种癌细胞的增殖有抑制作用。此外，EPS 还具有改善发酵乳流变学特性、黏度和质地，防止乳清析出的作用，故利用高产 EPS 的益生乳酸菌替代添加的稳定剂或增稠剂，既可以提高产品稳定性，又可以生产功能性发酵乳制品。在制药工业中，利用肠膜明串珠菌将蔗糖合成大量的荚膜物质葡聚糖的特性，提取葡聚糖用于制备右旋糖酐，作为代血浆的主要成分，亦可用于生产葡聚糖生化试剂。在环保领域，EPS 可以作为高效染料废水色素吸附剂，提高环境效益。但是，肠膜明串珠菌是制糖工业的

有害菌，常在糖液中繁殖，使糖液变得黏稠而难以过滤，因而降低了制糖产量。产荚膜细菌的污染还可造成面包、牛乳、酒类及饮料等食品的黏性变质。

（2）鞭毛 某些细菌在细胞表面着生有一根或数十根细长、波浪状弯曲的丝状物，称为鞭毛。鞭毛长度可超过菌体若干倍，一般为 10~20μm，甚至可达 70μm，直径为 0.01~0.02μm，因此必须借助电子显微镜才能观察到。在光学显微镜下需采用鞭毛染色法，利用染料对鞭毛成分的特殊亲和力，使鞭毛加粗后才能观察到。此外，还可利用以下方法判断细菌有无鞭毛。①在暗视野中，对水浸片或悬滴标本进行观察，根据细菌有无规则运动判断。②根据半固体琼脂（含 3~4g/L 琼脂）穿刺接种培养现象判断。若在其穿刺线周围有呈混浊的扩散生长菌区，即可判断有鞭毛。③根据菌落形态判断。一般而言，如果细菌在固体培养基平板上生长的菌落形状大而薄，边缘不圆整，呈扩散生长，说明该菌有鞭毛；反之，若菌落圆形、边缘整齐、隆起度较高，则说明无鞭毛。

①鞭毛的化学组成：细菌鞭毛主要由相对分子质量为（1.5~4.0）$\times10^4$ 的鞭毛蛋白组成，这种鞭毛蛋白是一种良好的抗原物质（H 抗原）。此外，也含有少量的糖类和脂类。经研究证明，鞭毛蛋白的氨基酸组成与动物的横纹肌中的肌动蛋白相似，这可能与鞭毛的运动有关。

②鞭毛的结构：细菌的鞭毛结构由基体、鞭毛钩、鞭毛丝三部分组成。

a. 基体：基体又称基粒，位于鞭毛的根部，嵌埋在细胞壁和细胞膜中。G^-细菌和 G^+细菌的基体组成有所不同。大肠杆菌等 G^-细菌鞭毛的基体由一根中心圆柱和两对同心环组成（图 1-12）。一对是 M 环与 S 环，附着于细胞膜上，其中 M 环嵌入细胞膜上，S 环与周质空间相连；另一对是 P 环与 L 环，分别连接在细胞壁的肽聚糖和外膜的脂多糖部位。枯草芽孢杆菌等 G^+菌，因细胞壁无外膜，鞭毛结构较简单，除了基体只有一对 M 环与 S 环而无 P 环与 L 环外，其他均与 G^-菌相同。

b. 鞭毛钩：指鞭毛伸出菌体之外，并与鞭毛丝连接的部分，呈 90°钩状弯曲构造，由蛋白质亚基组成。其功能是使鞭毛在运动时起旋轴的作用。

c. 鞭毛丝：伸出菌体之外，呈纤丝状，由三股球状鞭毛蛋白亚基（直径为 4.5nm）链沿着中心孔道作螺旋状缠绕而成为中空的管状结构。每周有 8~10 个蛋白亚基。

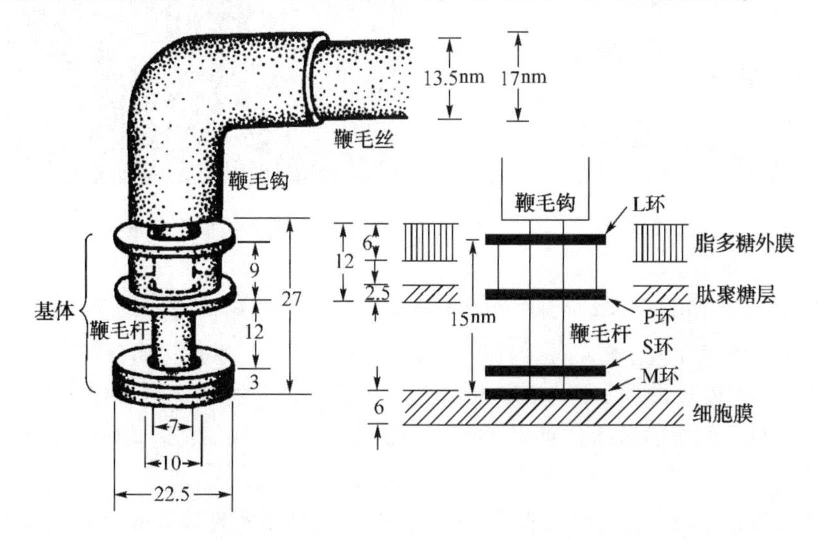

图 1-12 革兰阴性菌鞭毛的构造 （单位：nm）

原核生物的鞭毛结构比较简单。相比之下，真核生物的鞭毛结构却较复杂，它们都是“9+2”型结构（即具有9对外周微管和2根中央微管），并有一外膜包裹着的复杂鞭毛。

③鞭毛的类型：细菌鞭毛的有无、鞭毛数量及着生方式由细菌的遗传特性决定，这些特性也是细菌分类、鉴定的重要依据。所有的弧菌和螺菌、多数的杆菌，球菌中的动球菌属（*Planococcus*）、微球菌属（*Micrococcus*）中的尿素微球菌（*M. ureae*）都有鞭毛。根据鞭毛在菌体表面着生位置和数目，可将其着生方式分为三个主要类型（图1-13）。

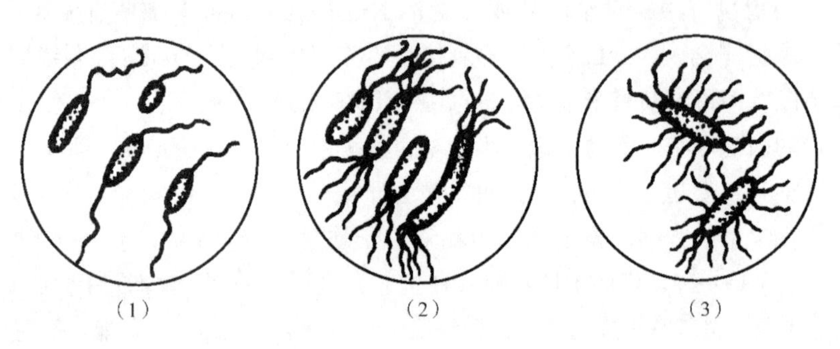

图1-13 细菌鞭毛的位置和数量

（1）单毛菌 （2）丛毛菌 （3）周毛菌

a. 单生鞭毛：在菌体一端或两端着生一根鞭毛，如霍乱弧菌（*Vibrio cholerae*）等（图1-14）；两端各着生一根鞭毛，如鼠咬热螺旋体（*Spirochaeta morsusmuris*）作快而旋转式直线运动。

b. 丛生鞭毛：在细菌的一端或两端着生一丛鞭毛，如荧光假单胞菌（图1-15）、铜绿假单胞菌等；两端各着生一丛鞭毛，如红色螺菌（*Spirillum rubrum*）等，常作摇摆运动。

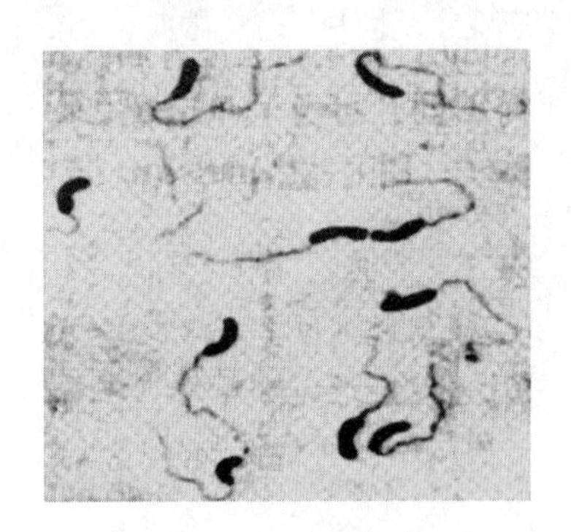

图1-14 霍乱弧菌鞭毛

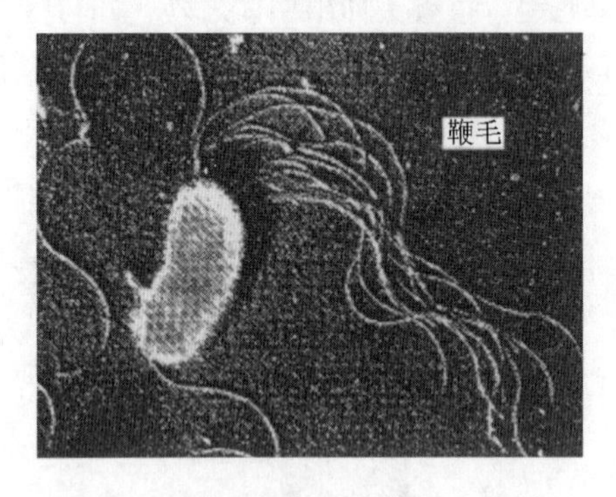

图1-15 荧光假单胞菌鞭毛（电镜）

c. 周生鞭毛：在菌体细胞周围均可着生鞭毛，如普通变形杆菌（图1-16）、大肠杆菌、伤寒沙门氏菌、产碱杆菌、枯草芽孢杆菌、丙酮丁醇梭菌等，常作慢而翻转式运动。

鞭毛的运动速度极快，一般为20~80μm/s。如铜绿假单胞菌每秒可移动55.8μm，是其体长的20~30倍。细菌的运动是通过鞭毛丝的高速旋转而实现，其运动所需能量由细胞膜中的呼吸链供给。

④鞭毛的功能：鞭毛的生理功能是运动，这是原核生物实现趋性的最有效方式。根据引起趋性环境因子的种类，分为趋向性、趋避性、趋化性、趋光性、趋磁性和趋氧性。

趋向性是细菌借鞭毛运动趋向有利环境的特性；趋避性是细菌借鞭毛运动避开不利环境的特性；有鞭毛的细菌具有接受环境信号的受体分子，如果信号是化学物质，则表现为趋化性，例如 G^-菌的受体分子存在于壁膜间隙；G^+菌的受体分子是胞壁蛋白。光合细菌也能借鞭毛运动表现出趋光性。在水体沉积物中的有些细菌，如磁性水生螺旋菌（*Aqu. magnetotacticum*）具有趋磁性，沿地球磁场方向运动。

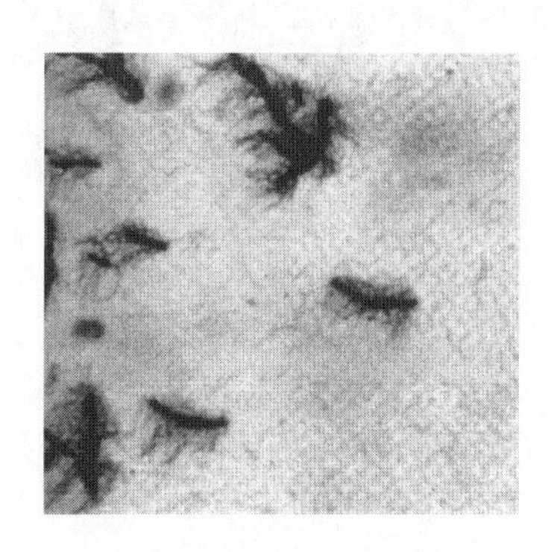

图 1-16　普通变形杆菌鞭毛

有些原核生物无鞭毛也能运动。如黏细菌、蓝细菌依靠向体外分泌的黏液而在固体基质表面缓慢地滑动；螺旋体（*Spirochaeta*）在细胞壁与膜之间有上百根纤维状轴丝，通过轴丝的收缩发生颠动、滚动或蛇形前进。

（3）菌毛　菌毛又称纤毛，是长在菌体表面的一种比鞭毛更细、短直、中空、数量较多的蛋白质丝状物。菌毛的结构较鞭毛简单，无基体等复杂构造，着生于细胞膜或紧贴细胞膜的细胞质中，穿过细胞壁后伸展于体表，直径一般为 3~10nm，由许多菌毛蛋白亚基围绕中心作螺旋状排列，呈中空管状。许多 G^-菌、少数 G^+菌和部分球菌着生菌毛。每菌一般有 250~300 根菌毛。其数目、长短与粗细因菌种而异。如大肠杆菌每菌有 100~200 根菌毛（图 1-17）。

菌毛的功能是使菌体附着于物体表面。有菌毛者尤以 G^-致病菌居多，它们借助菌毛使其黏附于宿主呼吸道、消化道或泌尿道等的上皮细胞上，进一步定殖和致病。例如，淋病奈氏球菌（*Neisseria gonorrhoeae*）能黏附于人体泌尿生殖道的上皮细胞，引起性疾病。大量实验证实菌毛的黏附作用与致病力有关，此类菌失去菌毛，同时也失去致病力。

（4）性毛　性毛又称性菌毛，其构造和成分与菌毛相同，但比菌毛粗而长，略弯曲，中空呈管状（图 1-17）。性菌毛一般多见于 G^-菌的雄性菌株中，每菌仅有一至少数几根。性菌毛由质粒携带的一种致育因子的基因编码，故性菌毛又称 F 菌毛，带有性菌毛的细菌称为 F^+菌或雄性菌。性菌毛能在雌雄两株菌接合交配时，向雌性菌株传递 DNA 片段。即雄性菌通过性菌毛与雌性菌接合，将雄性菌中质粒的 DNA 输入雌性菌中，使雌性菌获得了某些遗传性状，如耐药性与致病性（毒性）的转移，这是某些肠道致病菌容易产生耐药性的原因之一。此外，有的性菌毛还是 RNA 噬菌体特异性的吸附受体（位点）。

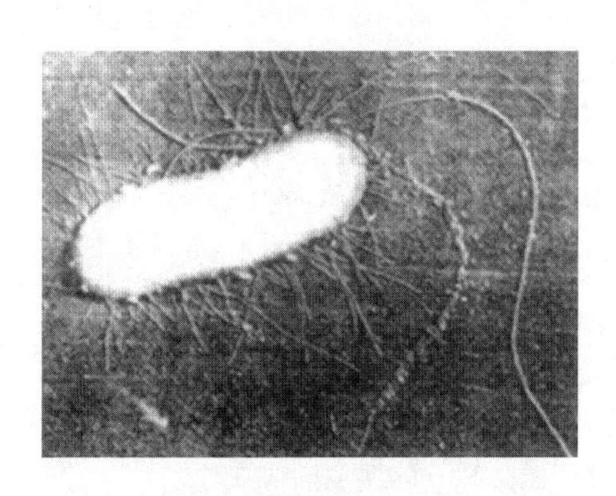

图 1-17　大肠杆菌菌毛（×4000）
（极端一根粗长者为性菌毛）

（5）芽孢　某些细菌在其生长发育后期，细胞质脱水浓缩，在细胞内形成一个圆形或椭圆形，对不良环境条件具有较强抗性的休眠体，称为芽孢。由于细菌芽孢的形成都在胞内，故又称为内生孢子，以区别于放线菌、霉菌等形成的外生孢子。带有芽孢的菌体称孢子囊，未形成芽孢的菌体称营养体或繁殖体。由于一个营养细胞仅能形成一个芽孢，而一个芽孢萌发后仅能生成一个新营养细胞，故芽孢不具有繁殖功能。产生芽孢的细菌一

般都是 G^+杆菌，主要是好氧性芽孢杆菌属和厌氧性梭状芽孢杆菌属。

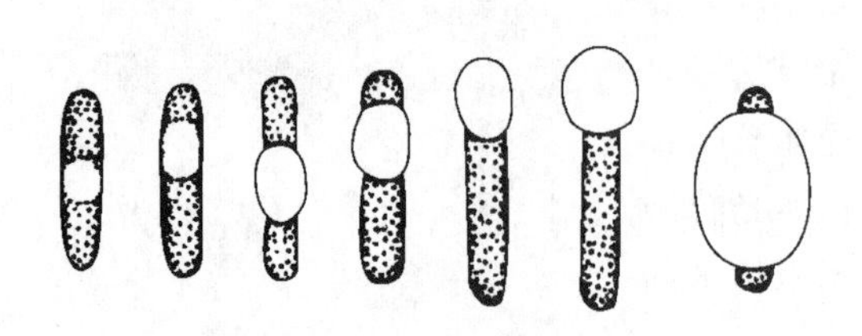

图 1-18 细菌芽孢的各种类型

①芽孢的类型：芽孢的形状、大小和在菌体内的位置因菌种不同而异，是细菌分类鉴定的依据之一。根据芽孢在菌体内的位置不同，可分以下三种类型（图 1-18）：一是中央芽孢：芽孢位于细胞中央，或近于中央，它又分为两种，芽孢直径小于菌体宽度，如枯草芽孢杆菌［图 1-19（1）］；芽孢直径大于菌体宽度，呈梭状，如丙酮丁醇梭菌。二是近端芽孢：芽孢靠近细胞末端，如肉毒梭菌［图 1-19（2）］。三是顶端芽孢：芽孢位于细胞末端，它又分为两种，芽孢直径小于菌体宽度，如己酸乙酯菌；芽孢直径大于菌体宽度，呈鼓锤状，如破伤风梭菌［图 1-19（3）］。

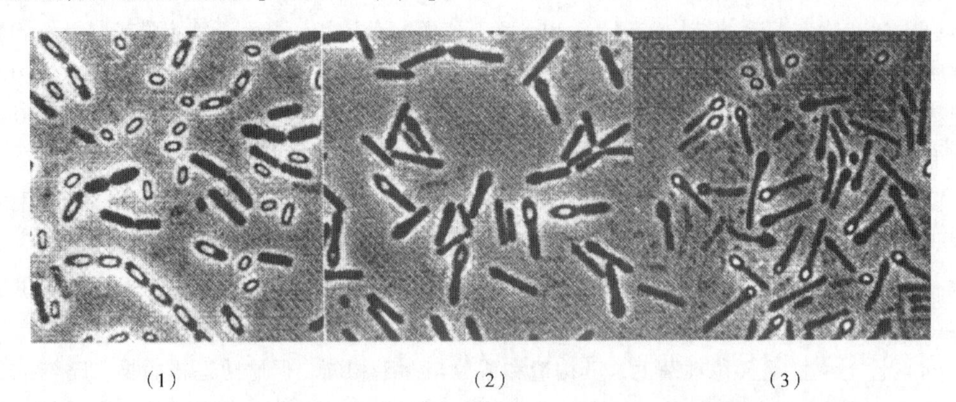

（1） （2） （3）

图 1-19 细菌芽孢在光学显微镜下的形态及其在胞内的位置

（1）枯草芽孢杆菌 （2）肉毒梭菌 （3）破伤风梭菌

②芽孢的构造、化学组成及其特点如下。

a. 芽孢的构造与化学组成：在光学显微镜下，芽孢是折光性很强的小体。因芽孢壁厚而致密，不易着色，必须用芽孢染色法才可见芽孢的外形。利用扫描电镜可以见到各种芽孢的表面特征，如光滑、脉纹等；利用切片技术和透射电子显微镜，能看到成熟芽孢的核心、内膜、初生细胞壁、皮层、外膜、外壳层及外孢子囊等多层结构。细菌芽孢的构造如图 1-20 所示，其构造与化学组成如下：

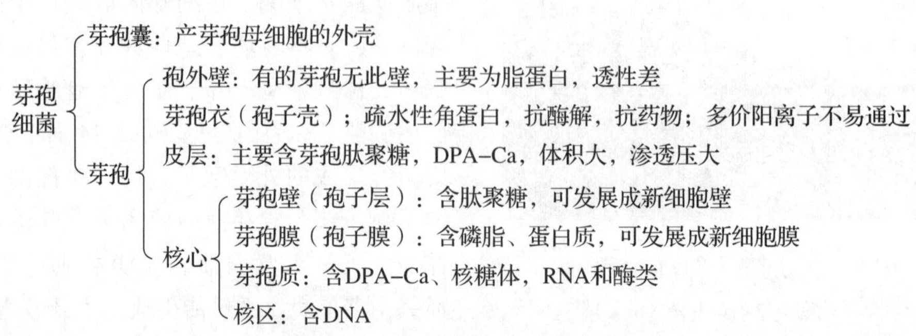

b. 芽孢化学组成的重要特点：

第一，含有芽孢特有的2,6-吡啶二羧酸（DPA），它以钙盐（DPA-Ca）的形式存在于芽孢皮层和芽孢质中，占芽孢干重5%~15%。DPA-Ca的堆集造成细胞质缩小至最小体积。

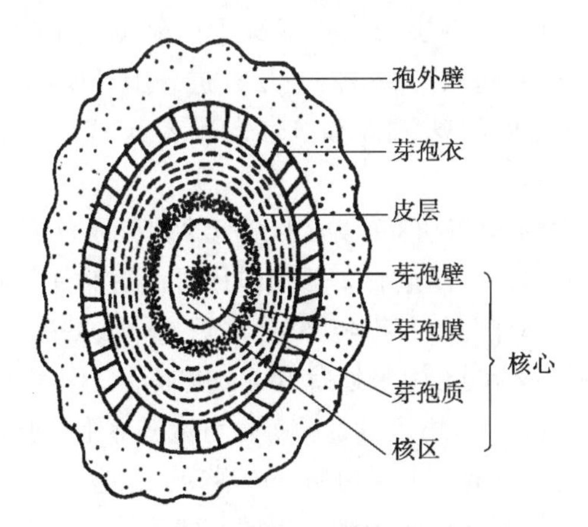

图1-20　细菌芽孢构造的模式图

第二，芽孢皮层中含有大量的芽孢特有的芽孢肽聚糖，不含磷壁酸。皮层在芽孢中占很大体积（36%~60%），渗透压高达2.0MPa左右。

第三，芽孢核心的含水量极低，平均为40%；芽孢皮层含水量约70%，多为结合水；而营养细胞含水约80%。在芽孢形成过程中，细胞质收缩，水分降低。

第四，芽孢中酶的相对分子质量比营养细胞的正常酶小。相对分子质量低的蛋白质由于其分子中氢键的作用较强而更具有稳定性与耐热性。

第五，芽孢衣的厚度约3nm，层次很多（3~15层），主要含疏水性的角蛋白及少量磷脂蛋白。芽孢衣对溶菌酶、蛋白酶和表面活性剂具有很强的抗性，对多价阳离子和水的透性很差。

③芽孢形成：细菌能否形成芽孢除了由遗传特性决定外，还与环境条件有关。产芽孢的条件因菌种而异。好氧性芽孢杆菌形成芽孢时必须有游离氧存在；厌氧性芽孢杆菌须在无氧条件下形成芽孢。多数芽孢杆菌是在不良环境条件下形成芽孢，如营养素（碳源、氮源或磷酸盐）缺乏、不适宜生长的温度、pH或有害代谢产物积累过多等。但有些菌种却相反，需要在适宜的条件下才能形成芽孢，如苏云金芽孢杆菌在富含有机氮源、温度和通风等适宜的条件下，在幼龄细胞中形成芽孢。又如：炭疽芽孢杆菌在30~32℃容易产生芽孢，若长期培养于40℃，可失去形成芽孢的能力。

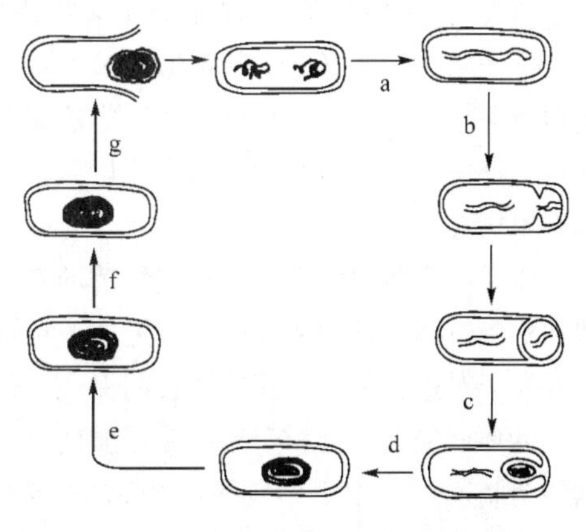

图1-21　细菌芽孢形成过程

细菌只有在营养素耗尽、生长停滞时期才形成芽孢；若在生长末期加入新鲜的营养物质，芽孢的形成即被抑制，因此芽孢形成的能量由内源代谢提供。芽孢的形成过程分为7个阶段（图1-21）：a. 轴丝形成。核物质聚集，形成一个位于中央的束状（轴丝状）染色质。b. 双层横隔壁形成。在细胞的一端细胞膜借间体内陷而形成。细胞发生不对称分裂，束状染色质同时被分为两部分。c. 前芽孢形成。细胞中较大部分的细胞膜围绕较小的部分延伸，直至将较小的部分完全包围到较大部分中为止，形成具有双层膜结构的前芽孢。d. 皮层形成。在上述两层膜间形成芽孢肽聚糖和 DPA-Ca 的复合物，部分细菌芽孢此时形成孢外壁。e. 芽孢衣形成。在皮层外进一步形成以角蛋白为主的芽孢衣。f. 芽孢成熟。此时已具有芽孢的特殊结构和抗性。g. 芽孢释放。芽孢囊壁溶解，释放出芽孢。

④芽孢的萌发：由休眠状态的芽孢变成营养细胞的过程称为芽孢的萌发。萌发过程主要分活化、发芽和生长两个阶段。一是活化：活化作用可由短时间加热或用低 pH、还原剂的处理而引起。例如，枯草芽孢杆菌的芽孢经 7d 休眠后 60～70℃ 处理 5min 即可促进其发芽。有的芽孢在 80～85℃，5min 或 100℃ 沸水处理 10min 也有活化作用。加入称为萌发剂的特殊化学物质，如 L-丙氨酸、肌苷、乳酸、葡萄糖等也可激活芽孢使其发芽。二是发芽和生长：芽孢发芽时通透性增加，与发芽有关的蛋白酶开始活动，芽孢衣上的蛋白质被降解，外界阳离子不断进入皮层，随之皮层膨胀，芽孢壁产生的溶菌酶使芽孢皮层的肽聚糖溶解和消失。水分进入核心，使之膨胀、各种酶类活化，开始合成细胞壁，核心迅速合成 DNA、RNA 和蛋白质，芽孢核心延伸到细胞外，长出芽管，细胞瞬间拉长，长成营养细胞。芽孢表面有接受营养物质的结合受体，当结合受体被破坏后，芽孢不能萌发。

⑤芽孢的耐热性与抗不良环境原因：芽孢核心含水量低（40%），含有特殊的 DPA-Ca 和耐热性的酶，使其具有极强的抗热性；芽孢具有多层次厚而致密的芽孢衣，使其具有极强的抗干燥、辐射、酶解、化学药物渗透和静水压等不良环境的能力。嗜热解糖梭菌的营养细胞在 55℃ 短时间即死亡，而其芽孢在 132℃ 处理 4.4min 才被杀死 90%。芽孢抗辐射能力也比营养细胞强数倍，将包被于泥土中的枯草芽孢杆菌的芽孢以航天器搭载暴露于舱外太空 2 周，其孢子返回地面仍可存活，证明芽孢对干燥、高真空度（10^{-7}～10^{-4}Pa）、微重力（$10^{-5}g$）、极端温差（-150～120℃）、强辐射及弱磁场等极端空间环境具有很强耐受性。芽孢休眠能力惊人，在普通条件下可保持活力数年至数十年之久。

⑥芽孢耐热机制：芽孢耐热性与 DPA-Ca 的有无相关。利用拉曼光谱分析技术检测芽孢 DPA-Ca 的释放情况与其耐热性的关系。芽孢形成过程中，随着 DPA-Ca 的形成而具耐热性；当芽孢萌发时 DPA-Ca 释放到细胞外培养基中（DPA-Ca 特征吸收峰消失），耐热性随之丧失，其折光率亦随之降低。芽孢形成过程中产生的大量 DPA 与 Ca^{2+} 螯合形成 DPA-Ca，后者与蛋白质等生物大分子结合后形成稳定的耐热性凝胶。芽孢中相对分子质量较低的酶蛋白具有对热的稳定性，与 DPA-Ca 结合后增强其抗热凝固变性能力，随着核酸与耐热蛋白结合后亦具有耐热性。

⑦研究细菌芽孢的意义：研究细菌的芽孢具有重要的理论与实践意义。a. 芽孢的有无、形状和着生位置等是细菌分类、鉴定中一项重要的形态学指标。b. 芽孢是最好的菌种保存形式，有利于对这类菌种的筛选和长期保藏。例如，利用凝结芽孢杆菌和枯草芽孢杆菌的芽孢的抗不良环境能力，延长产品活菌保质期，目前被广泛用于生产益生菌饼干、糖果、巧克力及其活菌制剂。c. 由于芽孢具有很强的耐热性，针对食品、医药或物品的灭菌以能否杀灭一些代表菌的芽孢作为主要指标。例如，在罐头食品生产中，对鲜肉中的肉毒梭菌灭菌不彻底，会引起该菌在肉类罐头中繁殖并产生肉毒毒素。已知其芽孢在 pH 7.0 时要在 100℃ 水中

煮8h后才能致死，因此要求肉类罐头必须在121℃维持20min以上或115℃，30~40min灭菌。在发酵工业或实验室中，常以能否杀死耐热性最强的嗜热脂肪芽孢杆菌的芽孢为灭菌标准。此菌的芽孢在121℃，12min才能杀灭。由此规定湿热灭菌要在121℃维持15~30min才能保证培养基或物品的彻底灭菌。

三、细菌的繁殖方式

细菌一般进行无性繁殖，多数细菌以二等分裂方式繁殖称为裂殖。如果裂殖形成的两个子细胞大小相同称为同形裂殖。其分裂过程可分为以下3步（图1-22）。①核分裂。首先细胞染色体DNA附着在细胞膜的DNA结合位点（间体）上进行环状DNA的双向复制。染色体复制后，随着细胞的生长而移向细胞两极，与此同时，细胞赤道附近的细胞膜从外向内环状推进，然后闭合形成一个垂直于长轴的横隔膜，将细胞质分成两部分，两个“细胞核”隔开。②形成横隔壁。随着细胞膜向内凹陷，细胞壁也向内生长，将横隔膜分为两层，每层分别成为子细胞的细胞膜；随后横隔壁也形成两层，成为两个子细胞的细胞壁。③子细胞分离。横隔壁形成后，子细胞相互分离成两个独立的菌体，呈单个游离状态存在。有些细菌在横隔壁形成后暂时不发生分离，成为双球菌、双杆菌、链状菌等。一些球菌因分裂面的变化（双向、三向和多向分裂），成为四联球菌、八叠球菌、葡萄球菌等。

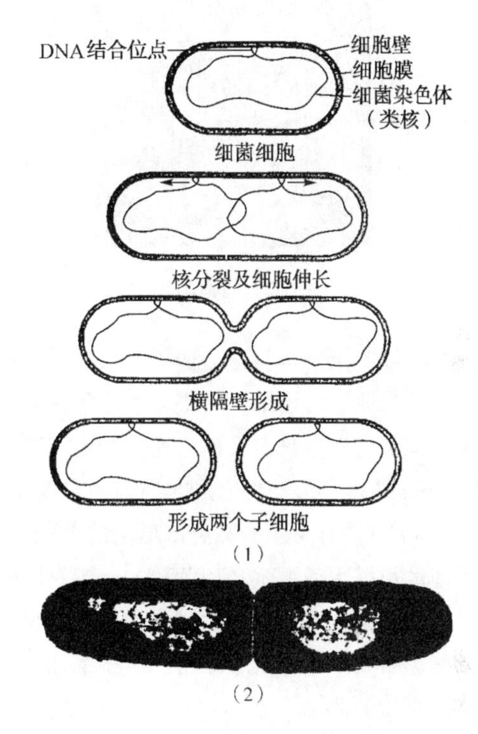

图1-22 细菌的二等分裂繁殖
（1）分裂3个阶段 （2）*E. coli* 同形裂殖（电镜）

四、细菌的培养特征

1. 细菌的菌落特征

将单个微生物细胞或多个同种细胞接种于固体培养基表面（有时为内部），经适宜条件培养，以母细胞为中心在有限空间中大量繁殖，扩展成一堆肉眼可见的、有一定形态构造的子细胞群落，称为菌落（图1-23）。如果菌落由一个单细胞发展而来，则它就是一个纯种细胞群，称纯无性繁殖系，或称克隆。挑取单个菌落是一种常用的菌株分离纯化手段。在适宜培养条件下，24h内每个菌落的细菌数目可达几十亿个（图1-24）。如果将某一纯种细胞大量密集接种于固体培养基表面，菌体生长形成的各菌落连接成片，则称菌苔。

各种细菌形成的菌落具有一定特征（图1-25），如菌落大小、形状（圆形、假根状、不规则状等）、边缘情况（整齐、波形、裂叶状、锯齿形等）、隆起情况（扩展、台状、低凸、凸面、乳头状等）、光泽（闪光、金属光泽、无光泽等）、表面状态（光滑、皱褶、颗粒状、龟裂状、同心环状等）、质地（油脂状、膜状、黏稠、脆硬等）、颜色（正反面或边缘与中央部位的颜色）、透明程度（透明、半透明、不透明）等。菌落特征对细菌的分类、鉴定有重要意义。菌落主要用于微生物的分离、纯化、鉴定、计数等研究和选种、育种等实际工作中。

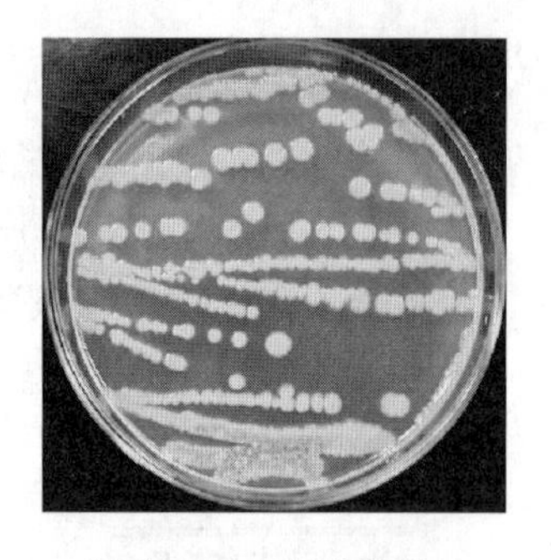

图1-23　细菌菌落

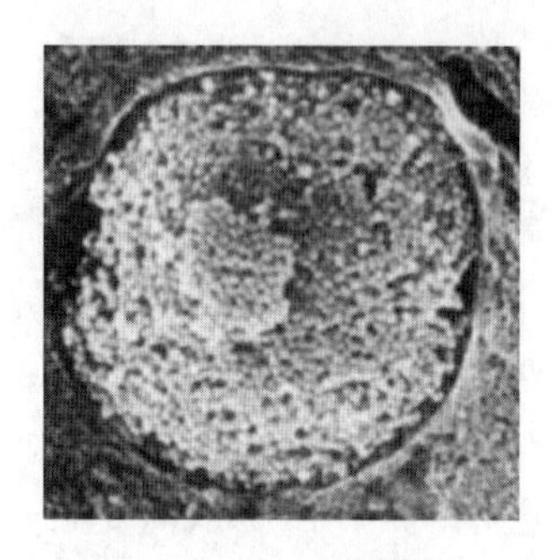

图1-24　菌落电镜扫描

个体细胞形态与构造上的差别会密切反映在菌落特征上，这对产鞭毛、荚膜和芽孢的种类来说尤为明显。例如，无鞭毛、不能运动的球菌可形成较小、较厚、边缘圆整的菌落。而有鞭毛细菌的菌落具有大而扁平、形状不规则和边缘多缺刻的特征，如蕈状芽孢杆菌（*Bacillus mycoides*）；运动能力强的细菌还出现树根状甚至能移动的菌落，如普通变形杆菌（*Proteus vulgaris*）。有荚膜的肺炎链球菌的菌落为光滑湿润型（S型菌落），而其无荚膜的突变株菌落却是粗糙干燥型（R型菌落）。产芽孢的细菌，因芽孢折光率高而使菌落干燥、不透明，并因其细胞分裂后常呈链状排列使菌落表面粗糙、有皱褶，又由于产芽孢的细菌一般都有周生鞭毛，因此形成了既干燥粗糙、多皱褶、不透明，又外形及边缘不规则的独特菌落。此类个体（细胞）形态与群体（菌落）形态间的相关性规律，对微生物学实验和研究工作有一

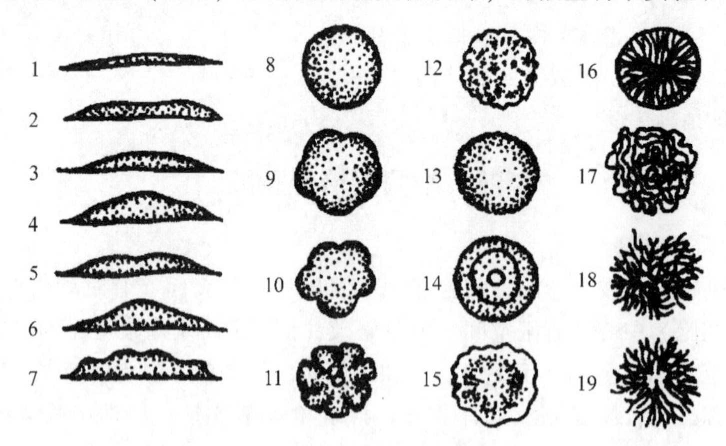

图1-25　细菌的菌落特征

隆起形状：1—扁平　2—隆起　3—低凸起　4—高凸起　5—脐状　6—草帽状　7—乳头状

表面结构形态及边缘形状：8—圆形、边缘完整　9—不规则、边缘波浪状　10—不规则颗粒状、边缘叶状　11—规则、放射状、边缘叶状　12—规则、边缘扇边状　13—规则、边缘齿状　14—规则、有同心环、边缘完整　15—不规则、毛毯状　16—规则、菌丝状　17—不规则、卷发状、边缘波状　18—不规则、呈丝状　19—不规则、根状

定参考价值。此外，个体细胞生理特性的差别也与菌落特征相互联系。例如，有些细菌分泌水溶性色素，可扩散至培养基中，使菌落附近培养基也有颜色；有些细菌分泌脂溶性色素，色素存在于细胞内，则菌落有色而培养基无颜色变化。总之，细菌的菌落特征是由细胞形态、构造、排列方式、代谢产物、好氧性和运动性所决定，同时也受培养条件尤其是培养基成分的影响。

2. 细菌的斜面培养特征

采用直线划线法将菌种接种于试管斜面上，于适宜条件培养 3~5d，可观察到斜面菌苔的生长程度、形状、光泽、质地、透明度、颜色、隆起和表面状况等培养特征（图 1-26）。

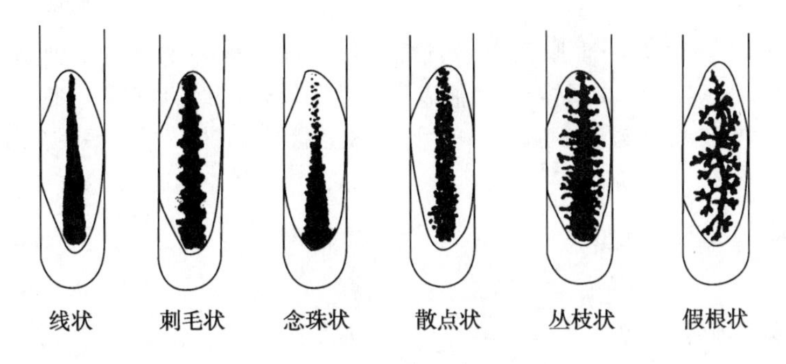

图 1-26　斜面生长形态

3. 细菌的液体培养特征

采用液体接种方法将菌种接种于试管液体培养基中，于适宜条件培养 1~3d，可观察到液体培养特征，包括表面状况（如菌膜、菌醭、菌环等）、混浊程度、沉淀情况、有无气泡、色泽等。细菌在液体培养基中生长时，会因其细胞特征、比重、运动能力和好氧性的不同，形成不同的培养特征：多数表现为混浊，部分表现为沉淀，一些好氧性细菌则在液面上大量生长，形成菌膜、菌醭或菌环等（图 1-27）。

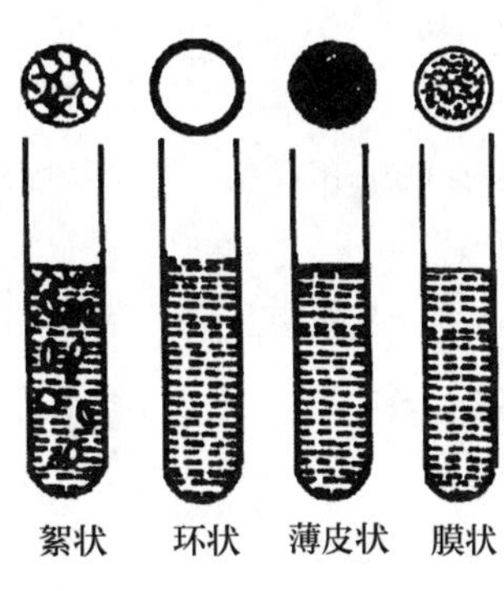

图 1-27　营养液体表面生长

第三节　古　　菌

古菌曾称古生菌或古细菌，是一个在生物进化谱系上很早就与细菌和真核生物相互独立的生物类群，主要包括一些独特生态类型的原核生物。它们大多是嗜极菌，多数生活于极端环境中，包括极端厌氧的产甲烷菌，极端嗜盐菌、嗜酸嗜热菌、嗜热菌、嗜压菌和热原体属（*Thermoplasma*）等。它们虽然在大小、形态及细胞结构等方面与细菌相似，但在某些细胞结构、细胞壁的化学组成、细胞膜类脂组分、核糖体的 RNA 碱基顺序，以及许多生理特性等方面都与细菌有较大差别（表 1-5）。

表 1-5　　细菌、古菌与真核生物细胞的主要特征区别

项目	细菌	古菌	真核生物细胞
细胞大小（直径）	通常 1μm 左右	通常为 0.1~15.0μm	通常为 1μm 或更大
细胞结构	原核，无核膜、核仁	原核，无核膜、核仁	真核，有核膜、核仁
基因组	一个环状染色体 有质粒	一个环状染色体 有质粒	线状染色体 仅酵母菌有质粒
细胞壁	一般有，常含有胞壁酸	一般有，无胞壁酸和 D-氨基酸	动物细胞无细胞壁，植物、真菌细胞有细胞壁
细胞膜中类脂组分	甘油脂肪酸、固醇（支原体）；甘油以酯键连接脂肪酸	聚异戊二烯甘油醚、胡萝卜素；甘油以醚键连接异戊二烯	甘油脂肪酸、通常有固醇；甘油以酯键连接脂肪酸
核糖体大小	70S	70S	80S（细胞器中为 70S）
蛋白质合成开始时的氨基酸	甲酰甲硫氨酸	甲硫氨酸	甲硫氨酸
操纵子	有	有	无
mRNA 剪接、加帽、加尾	无	无	有
二羟尿嘧啶	一般有	无（仅一个例外）	一般有
RNA 聚合酶	一种 （含 4 亚基）	多种 （每种含 8~12 亚基）	3 种 （每种含 12~15 亚基）
核糖体对白喉杆菌毒素敏感性	不敏感	敏感	敏感
对利福平抗生素敏感性	敏感	不敏感	不敏感
对氯霉素、链霉素、卡那霉素	敏感	不敏感	不敏感
对茴香霉素敏感性	不敏感	敏感	敏感
对多烯类抗生素敏感性	不敏感（支原体例外）	不敏感	敏感
化能自养型	有	有	无
产甲烷	不能	能	不能
生物固氮	能	能	不能
S^0 还原成 H_2S	能	能	不能
叶绿素光合作用	有	无	有

一、古菌的细胞形态

古菌形态包括球状、杆状、叶片状、多角形、盘形、三角形或方形（图 1-28）等多种形状，也存在单细胞、多细胞的丝状体和聚集体。其单细胞的直径为 0.1~15.0μm，丝状体长度可达 200μm。有的古菌有鞭毛，例如詹氏甲烷球菌（*Methanococcus janaschii*）在细胞的

一端生有多条鞭毛。古菌的菌落颜色有红色、紫色、粉红色、橙褐色、黄色、绿色、绿黑色、灰色和白色。

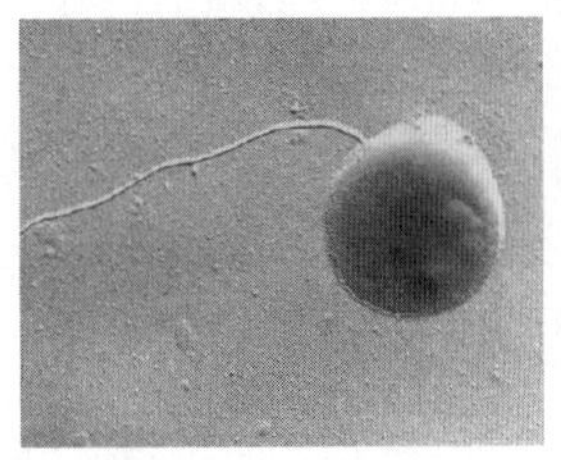
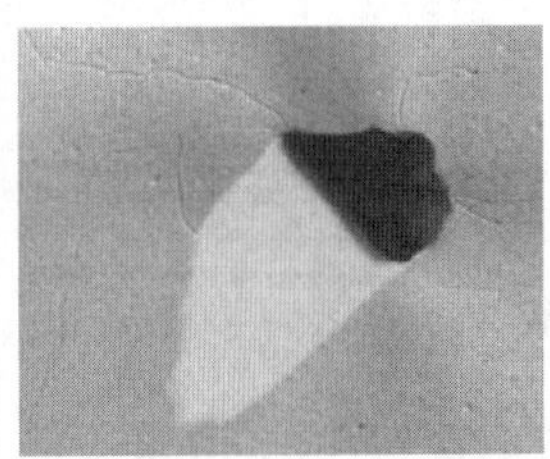
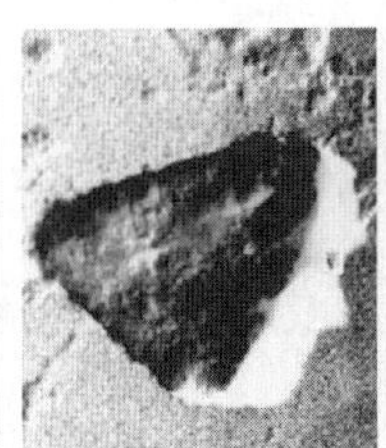
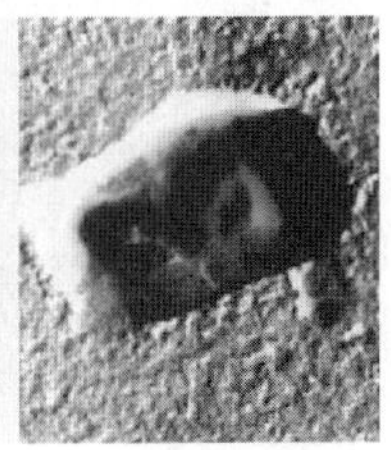

图 1-28 古菌的细胞形态

二、古菌细胞结构

尽管古菌具有原核微生物的基本性质，但深入研究后发现，它们具有特殊的细胞壁和细胞膜。有些古菌能生活在多种极端环境中，可能与其特殊细胞结构、化学组成及体内特殊酶的生理功能等相关。

1. 细胞壁

在古菌中，除热原体属（*Thermoplasma*）无细胞壁外，其余都具有与细菌功能相似的细胞壁。但其细胞壁中无肽聚糖（对青霉素不敏感），而是由假肽聚糖或杂多糖、蛋白质、糖蛋白构成细胞壁的骨架。其主要成分因菌种而异。例如，甲烷杆菌属（*Methanobacterium*）的细胞壁由假肽聚糖组成，其多糖骨架是由 *N*-乙酰葡萄糖胺和 *N*-乙酰塔罗糖胺糖醛酸以 β-1,3 糖苷键（不被溶菌酶水解）交替连接而成，连在后一氨基糖上的肽尾由 3 个 L-氨基酸（Lys、Glu、Ala）组成，缺乏 D-氨基酸和胞壁酸；少数产甲烷菌的细胞壁由蛋白质组成；盐球菌属（*Halococcus*）的细胞壁由硫酸化多糖组成；盐杆菌属（*Halobacterium*）的细胞壁由糖蛋白组成。在古菌同一目中，由于细胞壁类型不同，革兰染色有阳性或阴性反应。

2. 细胞膜

古菌细胞膜与细菌、真核微生物有明显差异。其细胞膜上存在独特的聚异戊二烯甘油醚类脂（甘油以醚键连接异戊二烯）。类脂中的甘油与烃链通过醚键而不是酯键连接；组成其烃链的是异戊二烯的重复单位，而不是脂肪酸；古菌细胞膜中有独特的单分子层膜或单、双分子层混合膜；古菌细胞膜上还含有独特的脂类。

在生物代谢方面，古菌有独特的辅酶，如产甲烷菌含有 F_{420}、F_{430} 和辅酶 M（COM）及 B 因子；古菌代谢途径单纯，未发现古菌具有 CO_2 固定作用的卡尔文循环。

3. 细胞质

细胞膜内包裹的细胞质与细菌的内含物基本相同，如细胞质中悬浮着 DNA，无细胞器、70S 核糖体等。但是古菌的 RNA 聚合酶亚基数为 8～12 个（对利福平不敏感），这与真核生物相似。此外，与多数真核生物一样，细胞质中的 rRNA 和 tRNA 有内含子，蛋白质合成的起始氨基酸为甲硫氨酸（细菌是甲酰甲硫氨酸），核糖体对氯霉素不敏感。古菌比细菌进化缓慢，保留了较原始的特性，表现在古菌 16S rRNA 有较强的保守性。古菌的 16S rRNA 图谱不同于其他细菌和真核生物。

4. 核质体（原核）

古菌是原核生物，没有核膜，其DNA以环状形式存在，但与细菌不同的是许多古菌的DNA有内含子（基因的非编码序列称内含子，又称沉默DNA，为基因中的非翻译区），DNA与组蛋白结合，这些与真核生物相似。

三、古菌的繁殖

古菌的繁殖有二等分裂、芽殖、缢裂、断裂等多种方式。

四、古菌的生理特征

古菌包括好氧菌、厌氧菌和兼性厌氧菌，其中严格厌氧是古菌的主要呼吸类型；营养方式有化能无机营养型、化能有机营养型或兼性营养型；古菌喜高温（嗜热菌），但也有中温菌。古菌多数生活于地球上的极端环境或生命出现初期的自然环境中，存在于超高温（100℃以上）、高酸度（pH 1.0以下）、高碱度（pH 11.5以上）、无氧或高盐的热液或地热环境中。有些菌种也作为共生体存在于动物消化道内。这些都为研究生物的系统发育、微生物生态学及微生物的进化、代谢等许多重要问题提供了实验材料，为寻找全新结构的生物活性物质（如特殊酶蛋白）等展示了应用前景。

（1）极端嗜热菌　如热网菌属（*Pyrodictium*），能在100℃以上的温度环境中生活，最适温度为80℃以上，大多分离自温泉、陆地或海底的火山口，以及海底的硫磺热泉、海底裂缝热流的喷出口。迄今为止已分离出50多种嗜热细菌。多数极端嗜热菌为专性厌氧菌，以硫作为电子受体，通过化能有机营养或化能无机营养的厌氧呼吸产生能量。

（2）极端嗜盐菌　如盐杆菌属（*Halobacterium*）和盐球菌属（*Halococcus*），最少需在含90g/L NaCl环境中才能生长，多数适宜生长的盐浓度为200~300g/L，生活于死海和盐湖中，甚至在晒盐场上的盐结晶里生存。极端嗜盐菌在高盐环境中生长机制：嗜盐菌有一种浓缩、吸收外部K^+而向胞外排放Na^+的能力，在Na^+占优势的高盐环境中，可防止过多的Na^+进入细胞，从而保持细胞中的低Na^+浓度。此外，盐杆菌的细胞壁糖蛋白含有高量酸性氨基酸，形成负电荷区域，吸引带正电荷的Na^+，使Na^+束缚在细胞壁表面，以维持细胞的完整性。当外环境中的Na^+被降低或移入低盐溶液时，由于赖以维持细胞稳定性的Na^+的减少，会导致盐杆菌的细胞壁破裂而死亡。多数极端嗜盐菌为专性好氧菌，也有兼性厌氧菌，生长时需要镁离子。

（3）产甲烷细菌　如甲烷杆菌属（*Methanobacterium*），是一类专性厌氧菌，通常生长于无氧的水底淤泥、反刍动物的瘤胃及白蚁和海洋生物的消化道内，中温种的最适生长温度为37~45℃，高温种的最适生长温度为55℃或更高，能在利用H_2还原CO_2生成甲烷时获得能量。与其他古菌不同的是：所有产甲烷细菌均需金属镍作为产甲烷辅酶F_{430}的成分（镍四吡咯），此外，铁和钴也是其所需重要的微量元素。

第四节　其他原核微生物

一、放 线 菌

放线菌（Actinomycetes）因其菌落呈放射状而得名。它是一类能形成分枝菌丝和分生孢子的原核生物。由于它与细菌十分接近，而且至今发现的放线菌中多数呈 G^+ 反应，因此，也可将放线菌定义为一类呈丝状生长、以孢子繁殖的 G^+ 菌。

由于放线菌有分枝状的菌丝，与霉菌类似，曾被认为是“介于细菌与真菌之间的微生物”。但是，随着电子显微镜的应用和现代生物研究技术的发展，已经确认放线菌是一类具有丝状分枝细胞的细菌，属原核微生物的范畴。其主要根据：①有原核；②菌丝直径 1μm 左右，与细菌相仿；③细胞壁的主要成分是肽聚糖；④有的放线菌具有与细菌相同类型的鞭毛；⑤放线菌噬菌体的形状与细菌的相似；⑥最适生长 pH 与多数细菌的最适生长 pH 相近，一般呈微碱性；⑦DNA 重组方式与细菌相同，（G+C）的摩尔分数为 60%～72%，与有些细菌相同；⑧核糖体为 70S；⑨对溶菌酶敏感；⑩凡细菌所敏感的抗生素，放线菌也同样敏感。

放线菌多数为腐生菌，少数为寄生菌。腐生的放线菌广泛分布于自然界中，特别是中性或偏碱性、含水量较低、有机物丰富、通气较好的土壤中最多，每克土壤中其孢子数可达 10^7 个左右。泥土所特有的“泥腥味”主要由放线菌的代谢产物引起。

放线菌与人类关系极为密切。其最突出的特性是产生抗生素，临床常用的抗生素除青霉素和头孢霉素类外，多数都是放线菌的代谢产物。已知链霉菌属（*Streptomyces*）有 1000 多个种。据统计链霉菌属产生的抗生素占放线菌目的 90%以上，许多常用的抗生素均由链霉菌产生，如灰色链霉菌（*S. griseus*）产生链霉素，龟裂链霉菌（*S. rimosus*）产生土霉素，红霉素链霉菌（*S. erythreus*）产生红霉素等。此外，抗肿瘤的丝裂霉素（自力霉素）、抗真菌的制霉菌素、抗结核的卡那霉素等都是链霉菌的次生代谢产物。诺卡氏菌属（*Nocardia*）有 100 余个种，能产生 30 多种抗生素，如对结核分枝杆菌和麻风分枝杆菌有特效的利福霉素等。小单孢菌属（*Micromonospora*）有 30 余个种，也是产抗生素较多的一个属，如生产庆大霉素的绛红小单孢菌（*M. purpurea*）和棘孢小单孢菌（*M. echinospora*），有的能生产利福霉素、氯霉素等 30 余种抗生素。链孢囊菌属（*Streptosporangium*）有 15 余个种，其中有的种用于生产广谱抗生素，如粉红链孢囊菌（*S. roseum*）产生的多霉素（polymycin）可抑制 G^+ 菌、G^- 菌、病毒和肿瘤；绿灰链孢囊菌（*S. viridogriseum*）产生的绿菌素（sporaviridin），对细菌、霉菌、酵母菌均有抑制作用。

放线菌还是酶类（葡萄糖异构酶、蛋白酶等）和维生素 B_{12}、氨基酸和核苷酸的产生菌。如小单孢菌属中有的种能积累维生素 B_{12}。在非豆科植物根瘤中的共生固氮菌即是放线菌中的弗兰克氏菌属（*Frankia*）。由于放线菌有很强的分解纤维素、石蜡、琼脂、角蛋白和橡胶等复杂有机物的能力，故它们在自然界物质循环和提高土壤肥力等方面具有重要作用。例如有些诺卡氏菌可用于石油脱蜡、烃类发酵及污水处理中分解腈类化合物；“5406”菌肥由链霉菌属的泾阳链霉菌（*S. jingyangensis*）制成，其代谢产物对农作物生长有促进作用。

能引起人类、动植物疾病或病害的放线菌只有极少数，如放线菌属（*Actinomyces*）中的衣氏放线菌（*A. israelii*）寄生于人体，可引起后颚骨肿瘤和肺部感染；牛型放线菌（*A. bovis*）可引起牛颚肿病。诺卡氏菌属（*Nocardia*）的某些种能引起人和动物的诺卡氏菌病。还有少数放线菌能引起植物病害。

1. 放线菌细胞形态与结构

（1）放线菌的个体形态　放线菌种类很多，下面以链霉菌属为例，阐述其形态构造。链霉菌的细胞呈丝状分枝，菌丝直径 0.2~1.4μm。在营养生长阶段，菌丝内无隔膜，通常呈多核的单细胞状态。放线菌菌丝细胞的结构与细菌基本相同，即有细胞壁、细胞膜、细胞质与核质体。放线菌细胞壁的主要成分是肽聚糖，不含几丁质和纤维素。多数放线菌为好氧菌，只有少数为厌氧菌，生长最适温度为 30~32℃，寄生菌则适宜在 37~40℃生长，高温放线菌属可在 50~65℃下生长，多数适宜在中性偏碱的 pH 7.5~8.5 环境中生长。放线菌孢子具有较强的耐干燥能力，但不耐高温，60~65℃处理 10~15min 即失去活力。

根据放线菌的菌丝体形态与功能的不同，可将其分为基内菌丝（营养菌丝）、气生菌丝和孢子丝及孢子 3 个部分（图 1-29）。

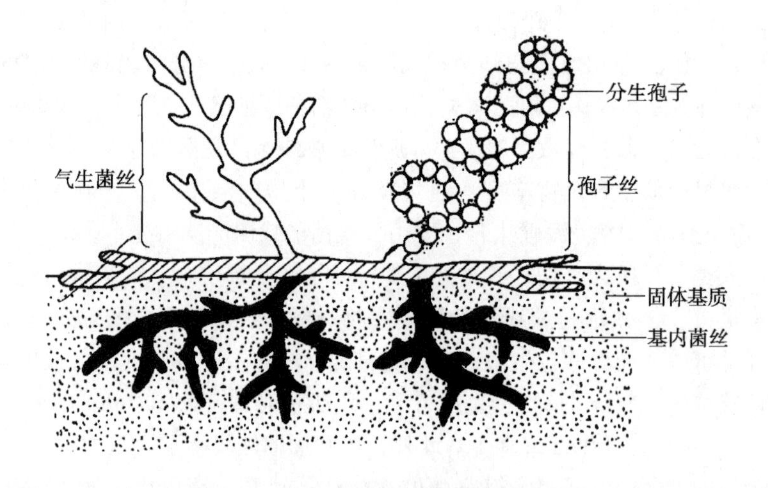

图 1-29　链霉菌形态构造模式图

①基内菌丝：又称营养菌丝或一级菌丝，匍匐于培养基表面或生长于培养基之中吸收营养物质的菌丝称基内菌丝。其直径为 0.8μm 左右，一般颜色较淡，有的无色，有的产生黄、橙、红、紫、蓝、绿、褐、黑等水溶性或脂溶性色素。

②气生菌丝：又称二级菌丝，当营养菌丝发育到一定阶段，长出培养基表面伸向空间，则称为气生菌丝。其功能是繁殖后代，传递营养物质。一般颜色较深，比基内菌丝粗 1~2 倍，直形或弯曲状而有分枝，有的产生色素。

③孢子丝及孢子：气生菌丝生长到一定阶段，大部分分化出可形成孢子的菌丝称孢子丝。孢子丝的形态和在气生菌丝上的排列方式随菌种而异。链霉菌孢子丝的形态多样，有直形、波曲状、钩状、螺旋状，着生方式有互生、轮生或丛生等，可作为放线菌分类、鉴定的重要依据。孢子丝生长到一定阶段，即产生成串的分生孢子。孢子的形态多样，有球形、椭圆形、柱形、瓜子形、梭形和半月形等。孢子颜色有白、灰、黄、橙、红、蓝、绿等。在电子显微镜下观察其表面纹饰，有的光滑，有的有小疣或呈褶皱状、棘状、毛发状、鳞片状。

目前发现，凡直或波曲的孢子丝都产生表面光滑的孢子；螺旋状的孢子丝则有的产生表面光滑的孢子，有的产生刺状或毛发状的孢子。因此，孢子表面的结构特征也可作为鉴别菌种的重要依据。放线菌的各种孢子丝形态见图 1-30，各种孢子形态见图 1-31。

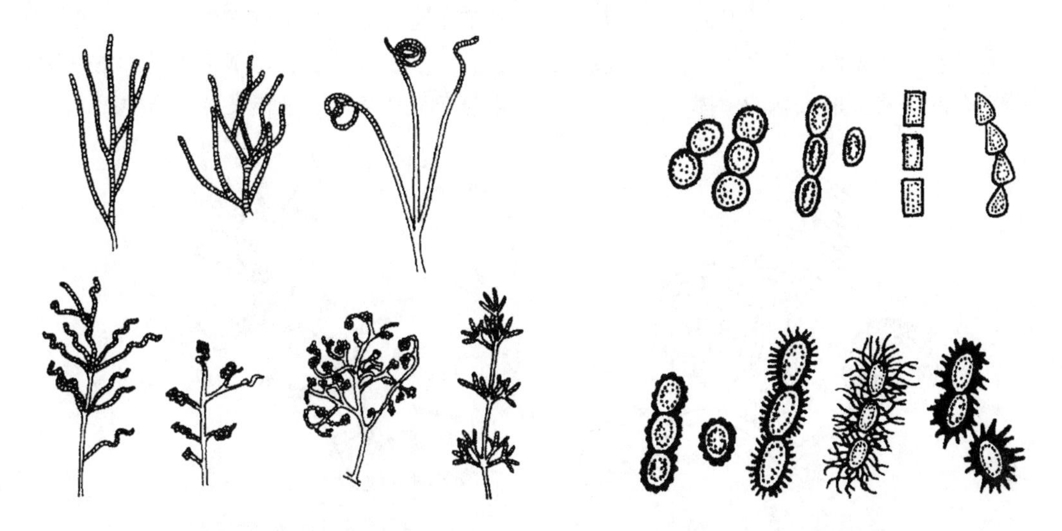

图 1-30　放线菌的各种孢子丝形态

图 1-31　放线菌的各种孢子形态

（2）放线菌的菌落特征　放线菌的菌落由菌丝体构成。菌落局限生长，较小而薄，多为圆形，边缘有辐射状、质地致密干燥、不透明、表面呈紧密的丝绒状或有多皱褶，其上有一层色彩鲜艳的干粉（粉状孢子）。着生牢固，用接种针不易挑起，这是因为营养菌丝深入培养基内，气生菌丝又紧贴在基质表面交织成网状的缘故。菌落初期较光滑，后期产生孢子后，菌落表面呈絮状、粉末状或颗粒状。菌丝和孢子常具有色素，使菌落正面和背面的颜色不同。正面是气生菌丝和孢子颜色，背面是基内菌丝或其分泌水溶性色素的颜色。将放线菌接种于液体培养基内静置培养，在瓶壁液面处形成斑状或膜状菌落，或沉于瓶底不使培养基混浊，若振荡培养可形成由短菌丝构成的球状颗粒。

2. 放线菌的繁殖方式

放线菌主要通过形成无性孢子进行无性繁殖。其主要繁殖方式是形成分生孢子，少数放线菌可形成孢囊孢子，某些放线菌偶尔也产生厚壁孢子。放线菌形成孢子的方式主要有以下两种。

（1）形成分生孢子　多数放线菌当菌丝生长到一定阶段，一部分气生菌丝分化形成孢子丝，孢子丝逐渐成熟产生许多横隔膜，形成大小相近的小段，而后在横隔膜处断裂形成许多柱形孢子，即为分生孢子（图 1-32）。横隔断裂形式有两种：一种是由细胞膜内陷并形成横隔膜；另一种是细胞壁和细胞膜同时内陷，将孢子丝隔成分生孢子链。

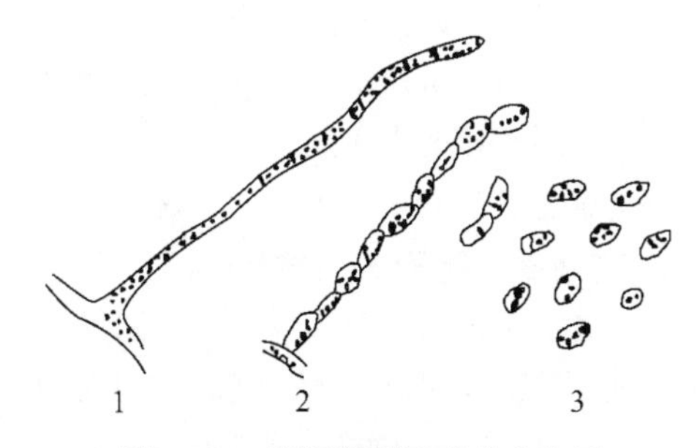

图 1-32　横隔断裂形成分生孢子

1—孢子丝形成横隔　2—横隔断裂形成分生孢子
3—成熟的孢子

（2）形成孢囊孢子　链孢囊菌属（*Streptosporangium*）和游动放线菌属（*Actinoplanes*）等少数类群的放线菌可在气生菌

丝或营养菌丝上形成孢子囊，而后在囊内形成孢囊孢子，孢子囊成熟后，释放出大量孢囊孢子。粉红链孢囊菌（*S. roseum*）孢子囊形成过程见图 1-33。

此外，小单孢菌属（*Micromonospora*）中多数种的孢子形成是在营养菌丝上作单轴分枝，在每个枝杈顶端形成一个球形或椭圆形孢子，此种孢子也称分生孢子（图 1-34）。

孢子在适宜条件下吸水萌发，生出芽管，芽管进一步生长分枝，形成菌丝体。放线菌也可借菌丝断裂片段形成新的菌体。这种繁殖方式常见于液体培养及液体发酵生产中。

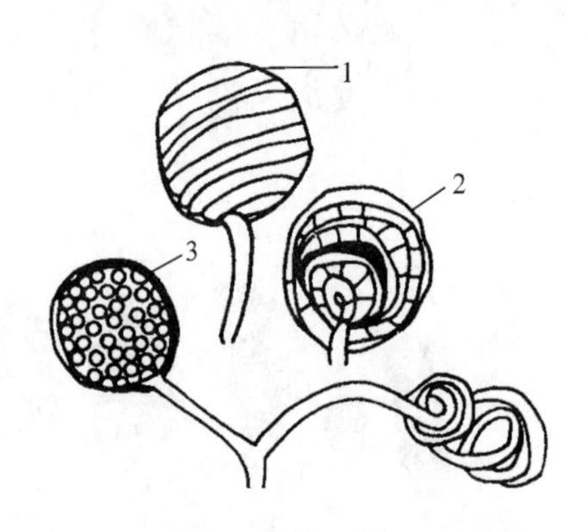

图 1-33　粉红链孢囊菌孢子囊形成过程
1—孢子囊形成初期　2—孢子囊内形成隔膜
3—孢子囊成熟，孢囊孢子不规则排列

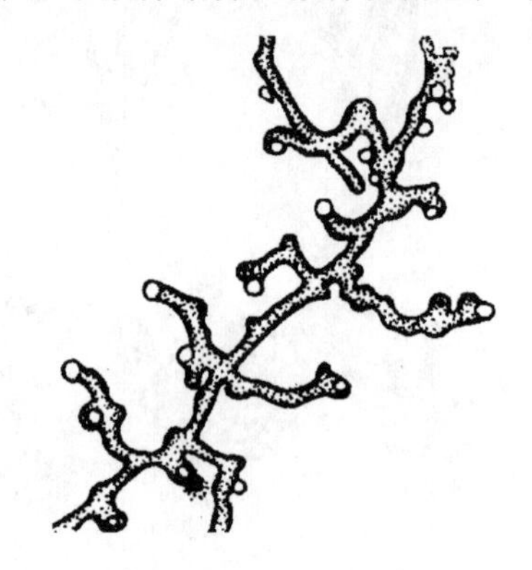

图 1-34　小单孢菌的分生孢子

二、蓝　细　菌

蓝细菌（Cyanobacteria）曾称蓝藻、蓝绿藻，是地球上最早（距今 35~33 亿年）出现的产氧光合自养菌。自从发现这类微生物的细胞核与细菌一样是原核，而不像其他藻类的细胞核是真核之后，研究人员将之归属于原核生物界，并改称蓝细菌。蓝细菌具有丰富的遗传多样性，其中海洋蓝细菌是地球上数量最多的光合微生物类群。

蓝细菌自地球的热带到两极都有分布，普遍生长于淡水、海水和土壤中。它们利用少量湿气和日光生活，能耐受极端的环境条件，如高温和干燥，在温泉、盐湖、贫瘠的土壤、干旱的沙漠、岩石表面及植物树干中也能生长。蓝细菌属于光能自养型生物。营养要求简单，具有光合作用，多数还有固氮作用，可以固定大气氮作为代谢的氮源，因此，在有空气、阳光、水分和少量无机盐类的环境中能够生长。同时，由于菌体外面包有胶质层可以保持水分，故其忍耐干燥能力极强。目前已知固氮蓝细菌达 120 多种，它们在岩石风化、土壤形成及保持土壤氮素营养水平等方面有重要作用，有地球“先锋生物”之称。

1. 蓝细菌细胞形态与结构

蓝细菌的个体形态分为球形、椭圆形、杆状的单细胞和不分枝或有假分枝的链丝状体两大类（图 1-35）。蓝细菌的细胞一般比细菌大，大小差别十分明显，其直径或宽度为 3~10μm，大的如巨颤蓝细菌（*Oscillatoria princeps*）的细胞可长达 60μm。蓝细菌的细胞有几种特化形态，即异形胞、静息孢子、内孢子和链丝段等。有些丝状体蓝细菌有一种比营养细胞大、色浅、壁厚的细胞，称为异形胞（图 1-35，6），它是适应在有氧条件下进行固氮作用的细胞。异形胞与邻近营养细胞有孔道相通，这有利于细胞间的物质交换。

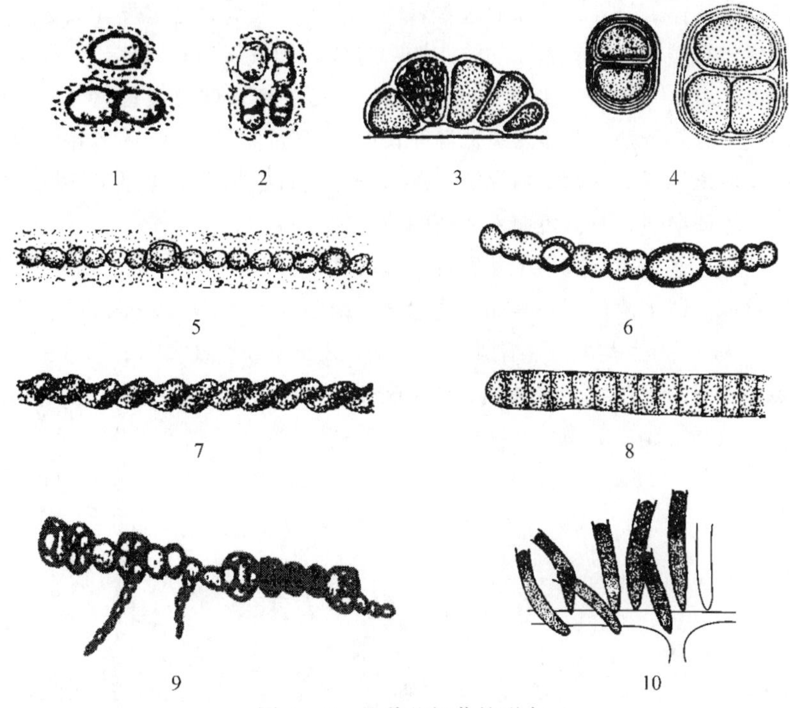

图 1-35　几种蓝细菌的形态

1—黏杆蓝菌属（*Gloeotheca*）　2—黏球蓝菌属（*Gloeocapsa*）　3—皮果蓝菌属（*Dermocarpa*）
4—色球蓝菌属（*Chroococcus*）　5—念珠蓝菌属（*Nostoc*）　6—鱼腥蓝菌属（*Anabaena*）
7—螺旋蓝菌属（*Spirulina*）　8—颤蓝菌属（*Oscillatoria*）　9—费氏蓝菌属（*Fischerella*）
10—管孢蓝菌属（*Chamaesiphon*）

蓝细菌为 G^-菌，其细胞结构与 G^-菌相似。细胞壁有内、外两层，外层为脂多糖层，内层为肽聚糖层，并含有二氨基庚二酸。蓝细菌虽无鞭毛，但能借助黏液作滑行运动。许多蓝细菌还能向细胞壁外分泌胶黏物质（胞外多糖），形成荚膜（包裹球形、椭圆形或杆状单细胞）、鞘衣（包裹丝状体）、黏液层（松散）或菌胶团（将许多细胞聚集一起）等不同形式。例如念珠蓝菌属（*Nostoc*）的丝状体常卷曲在坚固的胶鞘中，雨后常见的地木耳就是其中一个种；鱼腥蓝菌属（*Anabaena*）的丝状体外包有胶鞘，且许多丝状体包在一个共同的胶鞘内，形成不定型的胶团，在水体中大量繁殖可发生“水华”。

蓝细菌的光合作用部分称类囊体，以平行或卷曲的方式贴近于细胞膜附近。在类囊体的膜上含有光合作用的色素，如叶绿素、β-胡萝卜素、类胡萝卜素、藻胆素（藻蓝素和藻红素）和光合电子传递链的有关组分。藻胆素为蓝细菌特有的辅助光合色素，它与蛋白质共价结合成为藻胆蛋白，聚集在类囊体外表面构成藻胆蛋白体，呈盘状构造。此外，许多蓝细菌还有气泡，以利于细胞浮于水体表面和吸收光能，细胞内还含有能固定 CO_2 的羧酶体。蓝细菌细胞内含有各种贮藏物，如糖原、聚磷酸盐、PHB 以及蓝细菌肽（氮源贮藏物，其中天冬氨酸和精氨酸量之比为 1∶1）等。蓝细菌一般还含有二个至多个双键的不饱和脂肪酸，而其他细菌通常只含有饱和脂肪酸及只有一个双键的不饱和脂肪酸。

2. 蓝细菌的繁殖方式

蓝细菌通过无性方式繁殖。单细胞类群的蓝细菌以裂殖方式繁殖；丝状体类群的蓝细菌除能通过裂殖使丝状体加长外，还能通过含有两个或多个细胞的链丝段（又称连锁体，由长细胞链断裂而成的短链段，具有繁殖功能）脱离母体后长成新的丝状体。少数类群，如管孢蓝菌属（*Chamaesiphon*）（图 1-35，10）能在细胞内形成许多球形或三角形的内孢子，并以释放成熟的内孢子方式繁殖。在干燥、低温和长期黑暗等条件下，一些有异形胞的丝状体类群在细胞链中间或末端形成壁厚、色深的静息孢子，具有抵御干旱等不良环境能力。静息孢子属于休眠体，当环境适宜时，可萌发成新的菌丝体。

在人类生活中，蓝细菌可被用于开发食品和保健食品，还可作为水田的生物肥源，具有较大经济利用价值。蓝细菌食用种类如发菜念珠蓝细菌（*Nostoc flagelliforme*）、普通木耳念珠蓝细菌（*N. commune*）、盘状螺旋蓝细菌（*Spirulina platensis*）、最大螺旋蓝细菌（*S. maxima*）等。盘状螺旋蓝细菌的蛋白质含量高达 50%～60%，脂肪含量 6%～7%，还含有多种矿物质和维生素，现已被开发成螺旋藻功能性食品。

第五节 真　　菌

真菌（Fungus）是一类单细胞或多细胞异养真核微生物。它包括单细胞真菌——酵母菌，丝状真菌——霉菌，大型子实体真菌——蕈菌或担子菌（蘑菇、木耳、灵芝等）。真菌特点：①无叶绿素，不能进行光合作用。②一般具有发达的菌丝体。③多数霉菌细胞壁含有几丁质（*N*-乙酰葡萄糖胺的多聚物），其次是纤维素；酵母菌细胞壁主要含有甘露聚糖和葡聚糖。④营养方式为异养型。⑤以产生大量无性和（或）有性孢子的方式进行繁殖。⑥陆生性较强。安斯沃思（Ainsworth）分类系统（1983 年第 7 版）将真菌界分成真菌门和黏菌门，真菌门又分成鞭毛菌亚门、接合菌亚门、子囊菌亚门、半知菌亚门和担子菌亚门。

一、酵　母　菌

酵母菌（Yeast）不是分类学上的名称，而是一类以出芽繁殖为主要特征的单细胞真菌的统称。一般认为，酵母菌具有以下 5 个特征：①个体一般以单细胞状态存在；②多数以出芽方式繁殖，也有的进行裂殖或产子囊孢子；③能发酵糖类产能；④细胞壁常含甘露聚糖；⑤喜在含糖量较高、酸度较大的水生环境中生长。罗德（Lodder）分类系统（1970 年）将酵母菌分为四大类，即子囊酵母、黑粉菌目酵母类、掷孢酵母类和无孢酵母类。克雷格万・里杰（Kregervan Rij）的酵母分类资料（1984 年）显示，已知的酵母菌有 500 多种，共有 56 个属，分属于子囊菌亚门、担子菌亚门及半知菌亚门。

酵母菌与人类关系极其密切。酵母菌及其发酵产品极大改善和丰富了人类生活。例如乙醇和酒精饮料的生产、馒头和面包的制造、甘露醇和甘油的发酵、维生素和有机酸的生产、石油和油品的脱蜡均离不开酵母菌；从酵母菌体中可以提取核酸、麦角固醇、辅酶 A、细胞色素 C、凝血质和维生素 B_2 等生化药物；酵母菌以通气方式培养可生产大量菌体，其蛋白质含量可达干酵母的 50%，且蛋白质中含有丰富的必需氨基酸，常用于生产饲用、药用或食用单细胞蛋白（Single Cell Protein，SCP）。由于酵母菌的细胞结构与高等生物单个细胞的结构基本相同，并且具有世代时间短，容易培养，单个细胞能完成全部生命活动等特性，因此，近年来酵母菌已成为分子生物学、分子遗传学等重要理论研究的良好材料。例如，酿酒酵母（*Saccharomyces cerevisiae*）中的质粒可作为外源 DNA 片段的载体，并通过转化而完成组建“工程菌”等重要基因工程研究。

酵母菌也给人类带来危害。腐生型酵母菌能使食品、纺织品及其他原料腐败变质。少数嗜高渗酵母，如鲁氏酵母（*Saccharomyces rouxii*）、蜂蜜酵母（*S. mellis*）可使蜂蜜、果酱腐败；有的酵母菌是发酵工业的污染菌，影响发酵产品的产量和质量。有的酵母菌与昆虫共生，如球拟酵母属（*Torulopsis*）存在于昆虫肠道、脂肪体及其他内脏中。也有少数种（约 25 种）为寄生菌，引起人或其他动物的疾病。例如，白假丝酵母（*Candida albicans*，曾称白色念珠菌）可引起人的皮肤、黏膜、呼吸道、消化道及泌尿系统等多种疾病，如鹅口疮、阴道炎等；新型隐球酵母（*Cryptococcus neoformans*）可引起慢性脑膜炎和轻度肺炎等。

酵母菌通常分布于含糖量较高和偏酸性环境中，如水果、蔬菜、花蜜及植物叶子上，尤其在葡萄园和果园的上层土壤中分布较多，而在油田和炼油厂附近土层中分离到能利用烃类的酵母菌。

1. 酵母菌细胞形态与大小

（1）酵母菌的形态　酵母菌细胞形态通常呈球形、卵圆形或椭圆形，少数呈圆柱形或香肠形、柠檬形、尖顶形、三角形、长颈瓶形等（图 1-36、图 1-37）。在一定培养条件下，有的酵母菌（如假丝酵母），在进行一连串的出芽繁殖后，如果子细胞与母细胞不立即分离，其间以极狭小的面积相连，这种藕节状的细胞串称假菌丝（图 1-38）。此种假菌丝与霉菌的真菌丝不同。霉菌的真菌丝是细胞相连的横隔面积与细胞直径一致的竹节状。

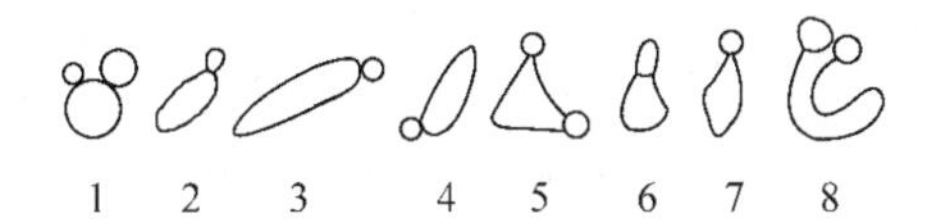

图 1-36　酵母菌的各种形状

1—球形　2—卵圆形　3—长形　4—尖顶形
5—三角形　6—长颈瓶形　7—柠檬形　8—弯曲形

图 1-37　典型的酿酒酵母细胞形态

1—子细胞　2—出芽痕

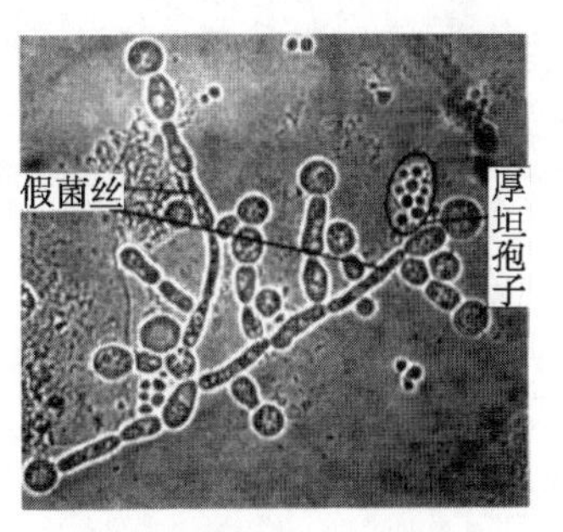

（1）

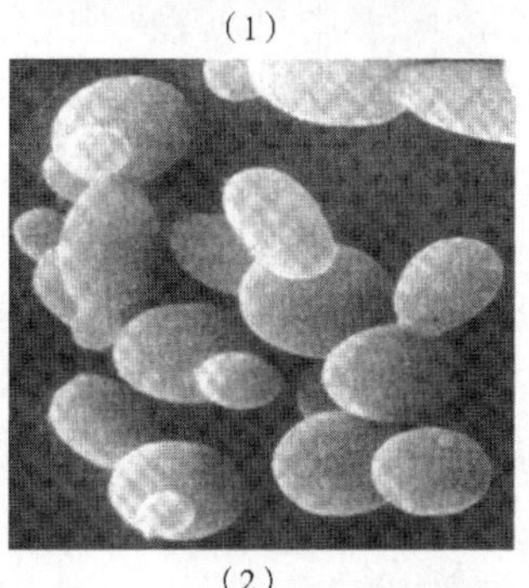

（2）

图 1-38　白假丝酵母细胞形态

（1）在人体组织中呈假丝状
（2）在普通培养基中呈卵圆形

（2）酵母菌的大小　酵母菌为单细胞，其细胞直径一般比细菌粗10倍，为（2~5）μm×（5~30）μm，有些种长度达20~50μm，最长者达100μm。例如，典型的酿酒酵母（*Saccharomyces cereviseae*，又称啤酒酵母）细胞大小为（2.5~10.0）μm×（4.5~21.0）μm，长者可达30μm，故在400倍的光学显微镜下，酵母菌的形态清晰可见。各种酵母菌有其一定的形态和大小，但也随菌龄、环境条件（如培养基成分）的变化而有差异。一般成熟的细胞大于幼龄细胞，液体培养的细胞大于固体培养的细胞。有些种的细胞大小、形态极不均匀，而有的种则较均匀。

2. 酵母菌细胞结构

酵母菌具有典型的细胞结构，有细胞壁、细胞膜、细胞核、细胞质及其内含物。细胞质内含有线粒体、核糖体、内质网、微体、中心体、高尔基体、纺锤体、液泡及贮藏物质等。此外，有些种还有出芽痕（诞生痕），有些种还具有荚膜、菌毛等特殊结构。正在芽殖的酿酒酵母细胞结构如图1-39所示。

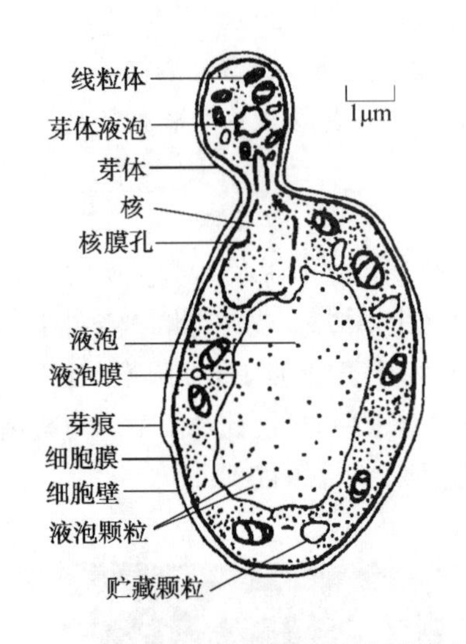

图1-39　正在芽殖的酿酒酵母细胞结构

（1）细胞壁　位于细胞的最外侧，包围细胞膜，保持细胞的形态，是一种坚韧的结构。细胞壁厚25~70nm，约占细胞干重的25%，其化学成分主要为葡聚糖和甘露聚糖，共占细胞壁干重的75%以上，此外还含有蛋白质（占8%~10%），脂类（占8.5%~13.5%）、几丁质和无机盐等成分。

电子显微镜下酵母菌细胞壁的结构呈“三明治”状（图1-40）。外层为甘露聚糖，它结合了5%~50%的蛋白质，形成甘露聚糖-蛋白质复合物，内层为葡聚糖。它们都是复杂的分枝状聚合物。中间夹有一层蛋白质分子，大部分与多糖类结合形成糖蛋白。其中有些蛋白质是以与细胞壁相结合的酶的形式存在，如葡聚糖酶、甘露聚糖酶、蔗糖酶、碱性磷酸酶和酯酶等。据试验，维持细胞壁机械强度的物质主要是位于内层的葡聚糖成分，将它除去后细胞壁完全解体。此外，细胞壁上含有少量类脂和以环状形式分布在芽痕周围的几丁质。几丁质含量随菌种而异。酿酒酵母含几丁质1%~2%，假丝酵母含几丁质超过2%，而裂殖酵母属（*Schizosaccharomyces*）一般不含几丁质。

用玛瑙螺（Helix pomatia）的胃液制得的蜗牛消化酶，内含纤维素酶、甘露聚糖酶、葡萄糖酸酶、几丁质酶和酯酶等30余种酶，它对酵母菌的细胞壁具有良好的水解作用，因而可用于制备酵母菌的原生质体，也可用于水解酵母菌的子囊壁，将子囊中抗一般酶水解的子囊孢子分离出来。

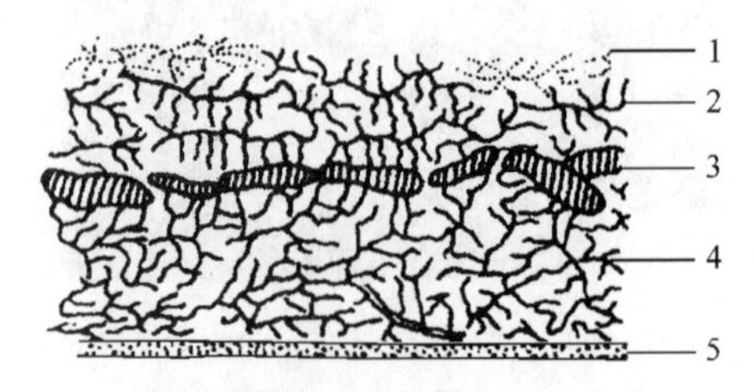

图1-40　酿酒酵母细胞壁的化学结构

1—磷酸甘露聚糖　2—甘露聚糖
3—蛋白质　4—葡聚糖　5—细胞膜

有些酵母菌，如汉逊酵母属（*Hansenula*）中的碎囊汉逊酵母（*H. capsulata*）的细胞壁外有荚膜。其化学成分为磷酸甘露聚糖。少数子囊菌的酵母菌细胞表面有发丝似的结构称为真菌菌毛。其化学成分是蛋白质，起源于细胞壁下面，可能与有性繁殖有关。

细胞壁除了维持菌体固有形态外，在细胞壁上还存在着许多种酶及雌、雄两性的识别物质，因而它们对物质的通透性及细胞间的识别反应等方面有重要作用。此外，菌体抗原活性也存在于细胞壁上，从而成为血清学分类法的基础。

（2）细胞膜　细胞膜厚约 7.5nm，结构与细菌的细胞膜相似，也是一种三层结构（图 1-41）。由上、下两层磷脂分子以及镶嵌在其间的固醇和蛋白质分子构成。

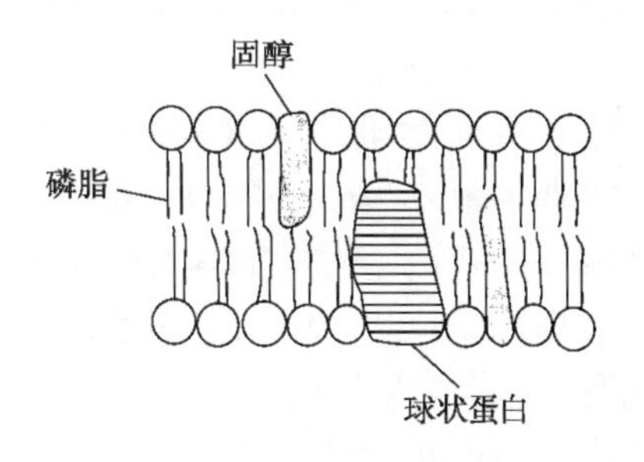

图 1-41　酵母菌细胞膜的三层结构

细胞膜的化学成分主要是蛋白质（约占干重 50%，其中含有可吸收糖和氨基酸的酶）、类脂（约占 40%，其中含有甘油磷脂，甘油的单、双、三酯，固醇等）和少量糖类（甘露聚糖等）。在酵母细胞膜上所含的各种固醇中，尤以麦角固醇居多。它经紫外线照射后，可形成维生素 D_2。据报道，发酵酵母（*Saccharomyces fermentati*）细胞膜的总固醇含量可达细胞干重的 22%，其中的麦角固醇达细胞干重的 9.66%。细胞膜中含固醇的性质是真核微生物与原核微生物的重要区别之一。

（3）细胞核　酵母菌的细胞核是形态完整、由核膜包裹的真细胞核，与细菌的“拟核”存在显著的差别。活细胞中的细胞核可用相差显微镜观察，呈直径为 2μm 左右的球形，大多位于细胞中央与液泡相邻。也有的因液泡增大，将核挤向一边，使细胞核常变为肾形。细胞核中主要包括核膜、染色质、核仁等结构。核膜是一种双层膜，在细胞的整个生殖周期中保持完整状态，外层与内质网紧密相接。核膜上有许多直径为 40~70nm 的核孔，是细胞核与细胞质间进行物质交换的选择性通道，以便核内制造的 mRNA 转移到细胞质中，为蛋白质的合成提供模板等。核内有新月状的核仁和半透明的染色质部分。染色质是细胞处于分裂时期，由 DNA、组蛋白、其他蛋白质及少量 RNA 组成的复合组织。当细胞进行有丝分裂或减数分裂时，在细胞分裂中期，染色质丝经盘绕、折叠、浓缩后变成在光学显微镜下可见的棒状或线状结构，即为染色体。染色体数目因种而异，如单倍体酿酒酵母染色体数是 16，而单倍体非洲粟酒裂殖酵母染色体数是 3。核仁是核糖体 RNA 的合成场所。

细胞核是储存遗传信息并进行复制和转录的主要场所，并控制生长、繁殖及遗传和变异。真核微生物 DNA 的含量比原核微生物高 10 倍左右。

在酵母菌的线粒体和环状的“2μm 质粒”中也含有 DNA。酵母菌的线粒体内含有一个环状双链 DNA 分子，长 25μm（10^4kb），占细胞总 DNA 量的 15%~23%，能相对独立地进行复制，具有编码若干呼吸酶的基因，其相对分子质量为 5×10^7，是高等动物线粒体中 DNA 相对分子质量的 5 倍。酿酒酵母中的“2μm 质粒”为闭合环状超螺旋 DNA 分子，长约 2μm（6kb），占细胞总 DNA 量的 3%，存在于细胞核中，但不与核基因组整合，其复制受核基因组的控制。每个酵母细胞核中约含 30 个 2μm 质粒，该质粒可作为酵母菌转化的外源 DNA 片段的载体，并由此组建“工程菌”。

（4）细胞质与内含物　细胞质是细胞进行新陈代谢的场所，也是代谢物贮存和运输的环境。它是一种透明、黏稠、胶体状水溶液。幼小细胞的细胞质稠密而均匀，老龄的细胞则出现较大的液泡和各种贮藏物质。细胞质的内含物主要包括核糖体、线粒体、内质网、中心体、高尔基体、纺锤体、微体、液泡及贮藏物质（肝糖粒、脂肪粒、异染颗粒）等。

①核糖体：酵母菌的核糖体沉降系数为80S，由60S和40S大小亚基组成。它可游离于细胞质中，也可附在内质网膜上。多数核糖体形成多聚核糖体。

②线粒体：在原核生物中，氧化磷酸化作用在细胞膜上进行，电子传递链中的酶及载体也分布在膜或间体上；而酵母菌等真核生物的生物氧化则集中在线粒体上。

线粒体是位于细胞质内的杆状或球状的细胞器，大小为（0.5~1.0）μm×（1.5~3.0）μm，一般每个细胞可有1~20个线粒体，有的可达数百个。线粒体具有双层膜系统，内膜向内卷曲折叠形成嵴，在嵴的两侧均匀分布着圆形或多面形的基粒，它是线粒体上传递电子的基本功能单位，其中富含参与电子传递和氧化磷酸化的酶系。嵴间充满液体的空隙称为基质，其中含有三羧酸循环的酶系，是进行氧化磷酸化、产生ATP的场所。酵母菌只有在有氧代谢时才形成线粒体；在厌氧或葡萄糖含量过高（50~100g/kg）时，线粒体的形成被阻遏，只能形成简单无嵴的、没有氧化磷酸化功能的线粒体。由此说明线粒体是酵母菌进行氧化磷酸化产生能量的场所。此外，线粒体中还有环状双链DNA及70S的核糖体。酵母菌出芽生殖前期，线粒体变成丝状，并可分枝，然后分裂进入子细胞和母细胞。

③内质网：细胞质中存在由不同形状、大小的双层膜系统相互密集或平行排列而成的内质网。内质网外与细胞膜相连，内与核膜相通。一般认为内质网具有提供化学反应的表面、运输细胞内的物质作用，还有合成脂类和脂蛋白的功能，供给细胞质中所有细胞器的膜。内质网有两种类型：膜外附着核糖体的称为粗糙型内质网，这是蛋白质的合成场所；另一种表面没有附着核糖体的，称为光滑型内质网。

④液泡：多数成熟的酵母菌，尤其是球形、椭圆形酵母中只有1个位于细胞中央的液泡；长形的酵母菌有的具有2个位于细胞两端的液泡。细胞染色后，在光学显微镜下可见透明区域的液泡，电镜下可见其由单层膜（液泡膜）包围。生长旺盛的酵母菌的液泡中不含内含物，而老龄细胞可见液泡中有各种颗粒，如异染颗粒、肝糖粒、脂肪粒等。此外，液泡内还含有糖类、脂类、盐类、氨基酸、中间代谢物、金属离子及水解酶类（可使细胞自溶，如蛋白酶、酯酶、核糖核酸酶等）。液泡的功能：a. 贮藏营养物质和水解酶类；b. 是离子和代谢产物的交换、贮藏场所；c. 调节细胞的渗透压。液泡在细胞生长的中后期出现。幼龄酵母细胞质均匀，液泡很小；老龄细胞液泡较大，这一点可作为衡量细胞成熟的标志。

⑤微体：白假丝酵母等少数酵母中还有由一层约7nm单位膜包裹、直径约3μm的圆形或卵圆形的细胞器，称为微体。其功能是可能参与甲醇和烷烃的氧化。

⑥贮藏物质：

a. 异染颗粒，在老龄酵母细胞中形成颗粒较大，折光性强，对碱性染料有极大亲和力。其主要成分是聚磷酸盐，可作为细胞的高能磷酸盐的营养贮藏物。

b. 脂肪粒，多数酵母细胞含有可被脂溶性染料染色的脂肪粒球体。如用苏丹黑或苏丹红可将其染成黑色或红色。有些酵母菌，如脂圆酵母、黏红酵母生长在含有限量氮源的培养基中时，能大量积累脂肪物质，其含量高达细胞干重的50%~60%，故可用于生产脂肪。

c. 肝糖粒，肝糖粒是酵母菌贮藏糖类物质的主要形式之一。酵母菌的肝糖含量因菌种和培养条件不同而有很大变化。

d. 海藻糖，海藻糖属非还原性双糖，是酵母细胞贮存糖类的第二种形式。其含量很不稳定，由极少（可忽略不计）到高达细胞干重的16%，主要与细胞生长时期相关。

3. 酵母菌的繁殖方式和生活史

酵母菌有无性和有性两种繁殖方式，以无性繁殖为主。芽殖是酵母菌最常见的无性繁殖方式，少数酵母菌繁殖方式为裂殖和产生无性孢子。有性繁殖主要是产生子囊孢子。凡能进行有性繁殖的酵母菌称为真酵母，只能进行无性繁殖的酵母菌称假酵母。酵母菌的繁殖方式对菌种的分类、鉴定极为重要。现将酵母菌的几种有代表性的繁殖方式表解如下：

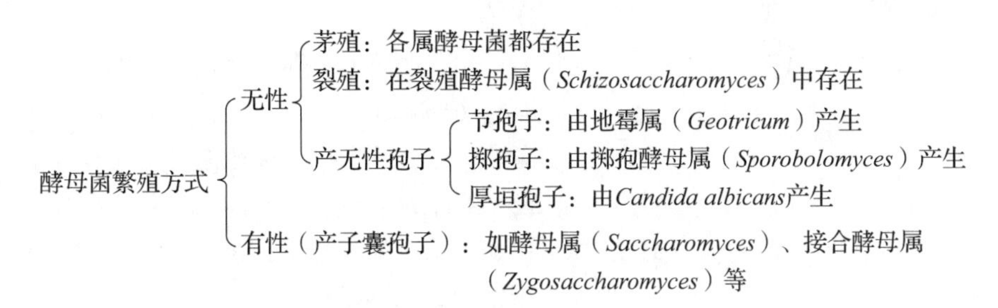

（1）无性繁殖 ①芽殖：芽殖是成熟的酵母细胞上长出一小芽，芽细胞长到一定程度脱离母细胞继续生长，再出芽产生新个体，如此循环往复（图1-42）。不同酵母菌在母细胞上出芽的部位不同。如果在母细胞的各个方向出芽称多边芽殖。多数酵母菌为多边出芽，细胞呈圆形、椭圆形或香肠形。如果在母细胞的两端出芽称两端芽殖。产子囊的尖形酵母为两端出芽，细胞常呈柠檬形。如果在母细胞的三个方向出芽称三端芽殖，此种情况较少，细胞呈三角形。如果总在母细胞的一端出芽称一端芽殖，此时细胞呈瓶形。

酵母菌的出芽过程：在母细胞形成芽体的部位，由于水解酶对细胞壁多糖的分解，使细胞壁变薄，细胞表面向外突起，逐渐冒出小芽，称为芽体。而后，母细胞核分裂成两个子核，其中一个随母细胞的增大部分及延长的细胞质和细胞器（如线粒体等）进入芽体，最后芽体从母细胞得到一套完整的核物质、线粒体、核糖体和液泡等细胞物质。当芽体长大到接近母细胞的大小时，即成为子细胞。子细胞与母细胞相连部位形成了一隔壁层；最后，子细胞与母细胞在隔壁层处分离，成为独立的细胞（新个体）。于是，在母细胞的细胞壁上留下了出芽痕，而在子细胞相应位置上留下了诞生痕。由于是多重出芽，酵母细胞表面有多个小突起。根据母细胞表面留下芽痕的数目，即可确定某细胞曾产生的芽体数。由于出芽数目受营养基质和环境条件的影响，因而限制了每个细胞出芽数量，一般酵母菌可以产生9~43个芽体。例如，1个酿酒酵母细胞通常可产生20个芽体，有时多达40余个。

当环境条件适宜，生长繁殖迅速时，有的酵母菌出芽形成的子细胞仍不脱离母细胞，并在子细胞上长出新芽，如此继续出芽，细胞成串排列，成为具发达分枝或不分枝的假菌丝，如产朊假丝酵母（*Candida utilis*）、热带假丝酵母（*C. tropicalis*）等芽殖时可形成假菌丝。

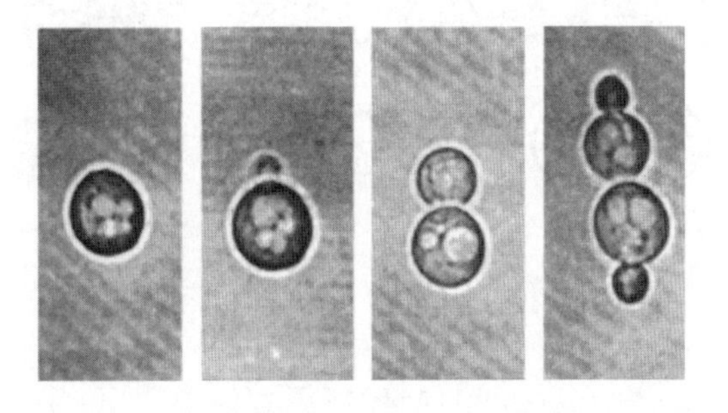

图1-42 酿酒酵母的芽殖过程

②裂殖：酵母菌的裂殖与细菌的裂殖相似（图1-43）。其过程是细胞伸长，核分裂为二，细胞中间形成隔膜，然后两个子细胞分离，末端变圆，形成两个

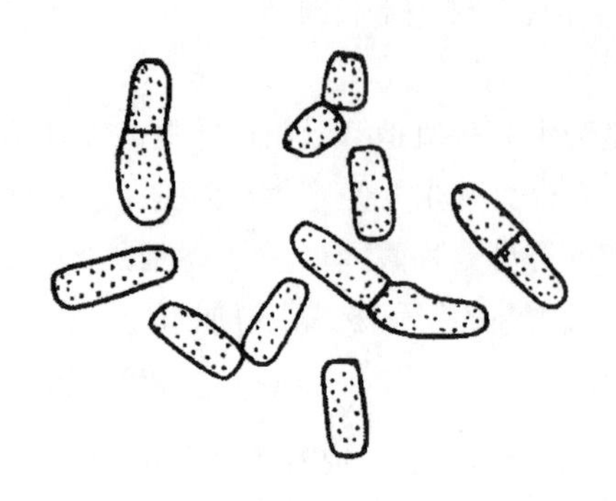

图 1-43　酵母菌的裂殖（细胞分裂）

大小相等、各具有一个核的子细胞。进行裂殖的酵母菌种类很少，常见的有裂殖酵母属（*Schizosaccharomyces*）的八孢裂殖酵母（*S. octosporus*）等。在快速生长时期中，细胞可以没有形成隔膜而核分裂，或者形成隔膜而子细胞暂时不分开，形成细胞链，类似于菌丝，但最终细胞仍然会分开。

③产生掷孢子等无性孢子：掷孢子是掷孢酵母属（*Sporobolomyces*）等少数酵母菌产生的无性孢子，外形呈肾状。这种孢子是在卵圆形营养细胞上生出的小梗上形成的。孢子成熟后，通过一种特有的喷射机制将孢子射出。因此，如果用倒置培养皿培养掷孢酵母并使其形成菌落，则常因其射出掷孢子而可在皿盖上见到由掷孢子组成的菌落模糊景象。

此外，有的酵母菌如白假丝酵母等还能在假菌丝的顶端产生厚垣孢子。

（2）有性繁殖　是指通过两个具有性差异的细胞相互接合，形成新个体的繁殖方式。酵母菌以产生子囊孢子的形式进行有性繁殖。其形成过程：当酵母菌发育到一定阶段，两个性别不同的单倍体细胞接近，各自伸出一根管状原生质突起，随即相互接触，接触处细胞壁溶解形成接合管，两个细胞内细胞质通过管道发生融合，此过程称为质配；随后两个单倍体的核移到接合管中融合，形成二倍体核，此过程称为核配；两个细胞通过接合过程，发生质配、核配而形成的融合细胞称为接合子；二倍体的接合子可在接合管的垂直方向出芽，然后将二倍体的核移入芽内；此二倍体芽从接合管道脱落后，开始二倍体营养细胞的出芽繁殖，可以生长繁殖多代。由此可见，酵母菌的单倍体和二倍体细胞都可以独立存在。在合适条件下，接合子（二倍体细胞）的核进行减数分裂，成为4个或8个核（一般形成4个核），以核为中心的原生质浓缩，在其表面形成一层孢子壁即为子囊孢子。原有的接合子（二倍体细胞）即成为子囊（图1-44、图1-45）。子囊破裂散出子囊孢子，在适宜条件下，子囊孢子可萌发成单倍体营养细胞。

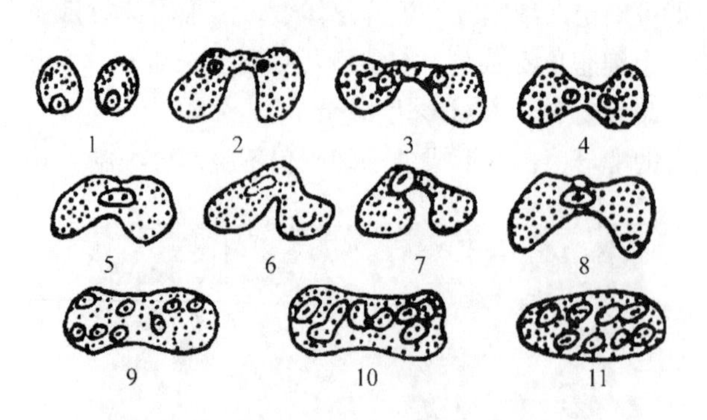

图 1-44　酵母菌子囊孢子形成过程（有性繁殖）
1~4—两个细胞接合　5—接合子　6~9—核分裂
10、11—核形成孢子

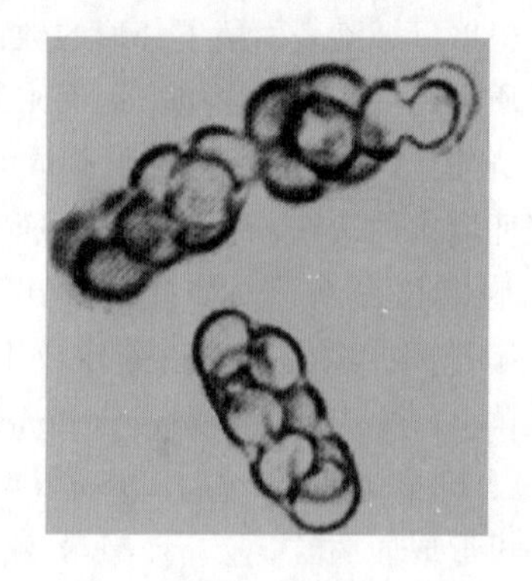

图 1-45　子囊与子囊孢子（电镜）

酵母菌形成子囊孢子需要一定的条件。生长旺盛的幼龄细胞容易形成孢子，老龄细胞不易形成。此外，还需要适宜的培养基和良好的生长条件。酵母菌产生的子囊孢子的形状和数目因菌种不同而异，如球形、椭圆形、半球形、帽子形、柑橘形、柠檬形、肾形、镰刀形、纺锤形、针形等。孢子表面有平滑的、刺状的；孢子的皮膜有单层的、有双层的。在一个细胞内产生的孢子一般为2~4个或8个。这些都是酵母菌分类、鉴定的重要依据。

（3）酵母菌生活史的三个类型　个体经一系列生长、发育阶段后产生下一代个体的全部过程称为该生物的生活史或生命周期。各种酵母菌的生活史可分以下三个类型。①营养体既可以单倍体（n）也可以二倍体（$2n$）形式存在，酿酒酵母为此种类型的典型代表［图1-46（1）］；②营养体只能以单倍体（n）的形式存在，八孢裂殖酵母为此种类型的典型代表［图1-46（2）］；③营养体只能以二倍体（$2n$）形式存在，路氏酵母（*Saccharomyces ludwigii*）为此种类型的典型代表［图1-46（3）］。下面重点介绍第一种类型。

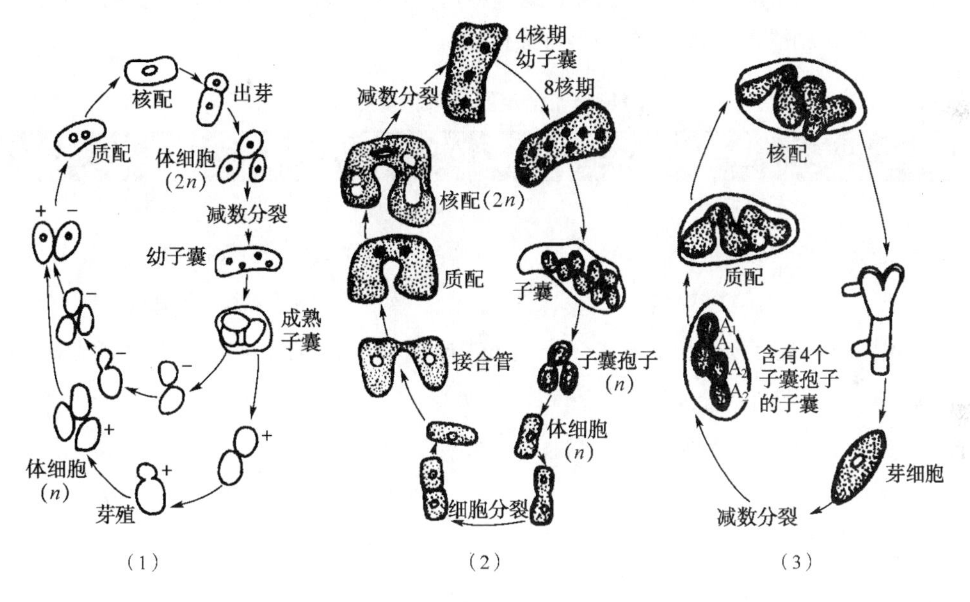

图1-46　酵母菌的三种生活史

（1）酿酒酵母　（2）八孢裂殖酵母　（3）路氏酵母

第一种类型特点：①一般情况下都以营养体状态进行出芽繁殖；②营养体既可以单倍体形式存在，也能以二倍体形式存在；③在特定条件下进行有性繁殖。由图1-47中可见其生活史的全过程：①子囊孢子在合适条件下发芽产生单倍体营养细胞；②单倍体营养细胞不断进行出芽繁殖；③两个性别不同的营养细胞彼此接合，在质配后即发生核配，形成二倍体营养细胞；④二倍体营养细胞并不立即进行核分裂，而是不断进行出芽繁殖；⑤在特定条件（例如在含醋酸钠的McClary培养基、石膏块、胡萝卜条、Gorodkowa培养基或Kleyn培养基上）下，二倍体营养细胞转变成子囊，细胞核进行减数分裂，形成4个子囊孢子；⑥子囊经自然破壁或人为破壁（如加蜗牛消化酶溶壁，或加硅藻土和石蜡油研磨等）后，释放出单倍体子囊孢子。通常酿酒酵母的二倍体营养细胞体积较大、生活能力强，故广泛应用于发酵工业生产、科学研究或遗传工程实践中。由于酿酒酵母的二倍体细胞常以芽殖为主要繁殖方式，其有性繁殖能力已发生退化，只有在特定条件下才产生子囊孢子，继而发育成单倍体细胞，故在发酵生产中常以酵母菌的有性繁殖来判断是否被野生酵母菌污染。例如，啤酒生产中若发现酵母菌有形成子囊孢子的能力，则可判断生产菌种已被野生酵母菌污染。因为酿酒酵母已失去或只有很弱的产子囊孢子的能力。

4. 酵母菌的培养特征

（1）酵母菌的菌落特征　多数酵母菌为单细胞的真菌，其细胞均呈粗短形状，在细胞间充满着毛细管水，故在麦芽汁琼脂培养基上形成的菌落与细菌相似。酵母菌的菌落表面光滑、湿润、黏稠，质地柔软，容易用接种针挑起，多数呈乳白色或奶油色，少数为橘黄色、粉红或红色（如黏红酵母、玫瑰色掷孢酵母等），多数不透明，一般有酒香味。酵母菌的菌落比细菌大而厚（凸起），这是由于酵母菌个体细胞比细菌大，细胞内颗粒较明显，细胞间隙含水量相对较少，以及酵母菌不能运动等特点所致。有的酵母菌的菌落因培养时间较长，会因干燥而皱缩。此外，凡不产生假菌丝的酵母菌的菌落更为隆起，边缘圆整；而能产大量假菌丝的酵母菌的菌落较平坦，表面和边缘较粗糙。这些菌落特征都是鉴定酵母菌的重要依据。表 1-6 所示为酵母菌和细菌的菌落特征比较。

表 1-6　酵母菌和细菌的菌落特征比较

项目	酵母菌	细菌
菌落大小	菌落较大	多数较小或中等（芽孢杆菌、梭菌等较大）
菌落厚度	菌落较厚	多数较薄（球菌等较厚）
质地情况	柔软、黏稠	柔软或脆硬、黏稠或不黏稠
表面情况	多数光滑、湿润	光滑湿润（S 型菌落）或粗糙干燥（R 型菌落）
边缘形状	圆形、边缘整齐	圆形、不规则状、波浪状、根状、叶状等
隆起程度	多数凸起	扁平、隆起、凸起、台状、脐状、草帽装等
光泽情况	多数有光泽	有或无光泽、闪光或金属光泽等
透明程度	不透明	不透明、半透明、透明
菌落颜色	多数为乳白色（少数橘红、粉红等）	多数为灰白色（少数乳白色、棕色、黄色、黄绿柠檬色、金黄色、粉红色、橘红色、红色、黑色等）

（2）酵母菌的液体培养特征　在液体培养基中，不同酵母菌的生长情况各异。有的生长于培养基的底部并产生沉淀；有的在培养基中均匀悬浮生长；有的则在培养基表面生长并形成菌膜、菌醭或壁环，其厚度因种而异。有假菌丝的酵母菌所形成的菌醭较厚，有些酵母菌形成的菌醭很薄，干而变皱。菌醭的形成与特征具有分类、鉴定意义。上述生长情况反映了酵母菌对氧气需求的差异。

二、霉　菌

霉菌（Mould 或 Mold）不是分类学上的名称，而是一些丝状真菌的统称。凡是生长在固体营养基质上，形成绒毛状、蜘蛛网状、棉絮状或地毯状菌丝体的真菌，统称为霉菌。霉菌意即“发霉的真菌”，通常指那些菌丝体比较发达而又不产生大型子实体的真菌。在安斯沃思（Ainsworth）分类系统（1983 年第 7 版）中，霉菌分属于鞭毛菌亚门、接合菌亚门、子囊菌亚门和半知菌亚门，约有4万多种。在地球上，几乎到处都有霉菌的踪迹。

霉菌与工农业生产、医疗实践、环境保护和生物学基本理论研究等方面都有密切关系，是人类认识和利用最早的一类微生物。①发酵工业中的应用。生产酒精、有机酸（柠檬酸、葡萄糖酸、延胡索酸等）、抗生素（青霉素、头孢霉素、灰黄霉素等）、酶制剂（糖化酶、蛋白酶、纤维素酶等）、维生素（维生素 B_1、维生素 B_2 等）、生物碱（麦角碱、胆碱等）、真菌多糖等；此外，利用某些霉菌对类固醇化合物的生物转化以生产类固醇激素类药物。②生产各种传统食品。如酿造酱油和食醋、制酱、腐乳、干酪等。③农业中的应用。用于发酵饲料、植物生长刺激素（赤霉素）、杀虫农药（白僵菌剂）等的生产。④基本理论研究。霉菌作为基因工程的受体菌，在理论研究中具有重要价值。如粗糙脉孢霉（*Neurospora crassa*）作为研究遗传学的理想材料而应用于生化遗传学，它在多种氨基酸的生物测定方面也有应用。⑤环境保护。广泛利用腐生型霉菌具有分解各种复杂有机物（尤其是纤维素、半纤维素和木素）的能力，使数量巨大的动植物尤其是植物的残体重新转变为生态系统中绿色植物的养料，在自然界物质转化中具有重要作用。此外，霉菌在污水处理方面也有应用。

霉菌也给人类带来危害。①引起工农业产品的霉变。造成食品、谷物、果蔬、纺织品、皮革、木器、纸张、光学仪器、电工器材和照相胶片等发霉变质。②引起植物病害。引起植物传染性病害的主要病原微生物是霉菌。③引起人和动物疾病。不少致病真菌可引起人和动物的浅部病变（如皮肤癣菌引起的各种癣症）和深部病变（如既可侵害皮肤、黏膜，又可侵犯肌肉、骨骼和内脏的各种致病真菌），在目前已知的约5万种真菌中，被国际确认的人、畜致病菌或条件致病菌已有200余种（包括酵母菌在内）。④引起食物中毒。霉菌能产生真菌毒素达100多种，其中有14种毒素对实验动物致癌，严重威胁人和动物的健康。目前已知毒性最强的是由黄曲霉产生的黄曲霉毒素，可诱发实验动物肝癌。在霉变的花生、大米、玉米中黄曲霉毒素含量最多，易引起食物中毒。

1. 霉菌细胞形态

（1）菌丝　菌丝是霉菌营养体的基本单位，它是由细胞壁包被的一种管状细丝，直径一般为3~10μm，与酵母菌宽度相似，但比细菌或放线菌的细胞粗十倍至几十倍。菌丝是由霉菌的孢子萌发而形成。幼龄菌丝一般无色透明。霉菌的菌丝分为无隔膜菌丝和有隔膜菌丝。

①无隔膜菌丝：菌丝内无隔膜，整个菌丝就是一个长管状的单细胞，细胞质内含有多个细胞核［图1-47（1）］。在菌丝生长过程中只有细胞核的分裂和菌丝长度的增加，而无细胞数目的增多。接合菌亚门和鞭毛菌亚门的霉菌菌丝属于此种类型，如接合菌亚门、接合菌纲、毛霉目中的根霉属（*Rhizopus*）、毛霉属（*Mucor*）、犁头霉属（*Absidia*）等。只有菌丝在产生生殖器官或有机械损伤时，才在其下面产生隔膜。但也有例外，某些种类的老菌丝上有时也形成隔膜。

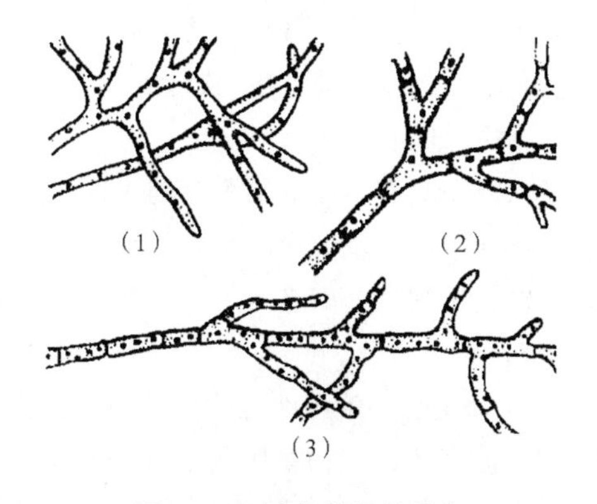

图1-47　霉菌菌丝的形态

（1）无隔膜菌丝　（2）、（3）有隔膜菌丝

②有隔膜菌丝：菌丝内有隔膜，将菌丝分隔成多个细胞，整个菌丝由多个细胞组成，每两节中间的一段菌丝称菌丝细胞，每个细

胞内含有一个或多个细胞核［图1-47（2）、（3）］。隔膜上有一个或多个小孔相通，使细胞之间的细胞质相互流通，进行物质交换。在菌丝生长过程中，细胞核的分裂伴随着细胞数目的增多。子囊菌亚门（除酵母外）、担子菌亚门和多数半知菌亚门的霉菌菌丝属于此种类型，如分属于半知菌亚门、丝孢纲、丝孢目中的青霉属（*Penicillium*）、曲霉属（*Aspergillus*）和木霉属（*Trichoderma*）等。

（2）菌丝体的分化及其特化形态　当霉菌孢子落在适宜的固体营养基质上后，就发芽产生菌丝，菌丝继续生长并向两侧分枝。由许多分枝菌丝相互交织而成的群体称为菌丝体。霉菌菌丝体在功能上有一定的分化，密布于营养基质内部主要执行吸收营养物功能的菌丝体称为营养菌丝体；伸出培养基长在空气中的菌丝体则称为气生菌丝体；部分气生菌丝体生长到一定阶段，可以分化成为具有繁殖功能，产生生殖器官和生殖细胞的菌丝体，称为繁殖菌丝体。在长期进化过程中，为了适应环境和自身生理功能的需要，霉菌菌丝体可分化出许多功能不同的特化形态，如营养菌丝体可形成假根、匍匐菌丝、吸器、附着胞、附着枝、菌核、菌索、菌环、菌网等；气生菌丝体可形成各种形态的子实体。

①匍匐菌丝：又称匍匐枝，是根霉属的霉菌营养菌丝分化形成的具有延伸作用的匍匐状菌丝，其功能是固着和吸收营养物质。每隔一段距离在其上长出伸入基质的假根和伸向空间生长的孢子囊梗，新的匍匐菌丝再不断向前延伸，以形成蔓延生长的菌苔。

②假根：是根霉属的霉菌匍匐枝与固体基质接触处分化形成的根状菌丝，其功能是固着和吸收营养物质。在显微镜下假根的颜色比其他菌丝要深。

③吸器：由专性寄生性真菌如锈菌、霜霉菌和白粉菌等从营养菌丝上产生出来的旁枝，侵入细胞内分化成指状、球状、丝状或丛枝状结构，用以吸收寄主细胞的养料。

④菌核：是由霉菌的菌丝团组成的一种外层色深、坚硬的休眠体。其内层疏松，大多呈白色。它对外界不良环境有较强抵抗力，在适宜条件下可萌发出菌丝，生出分生孢子梗、菌丝子实体等。

⑤子实体：子实体是指在其内部或表面产生无性或有性孢子，具有一定形状和构造的菌丝体组织。它是由真菌的气生菌丝和繁殖菌丝缠结而成的产生孢子的结构，其形态因种而异。结构简单的子实体有：曲霉属和青霉属等产生无性分生孢子的分生孢子头（或分生孢子穗）；根霉属和毛霉属等产生无性孢囊孢子的孢子囊；担子菌产生有性担孢子的担子。结构复杂的子实体有：菌丝交织产生无性孢子的分生孢子器（壳状等）、分生孢子座（垫状）和分生孢子盘等结构；能产生有性孢子的子囊果（包括闭囊壳、子囊壳、子囊盘）。

2. 霉菌细胞结构

丝状真菌具有典型的细胞结构（图1-48），其菌丝细胞的结构与前述的酵母菌细胞十分相似（图1-49），都是由细胞壁、细胞膜、细胞核、细胞质及其内含物等组成。细胞质内含有线粒体、核糖体、内质网、高尔基体和液泡及贮藏物质等。此外，有些霉菌还有膜边体等特殊结构。

（1）细胞壁　位于细胞的最外侧，包裹细胞膜，保持细胞的形态、坚韧性。霉菌的细胞壁较薄，但在老龄时，细胞壁加厚出现双层结构，厚10~25nm，约占细胞干重的30%。其主要化学成分是几丁质、纤维素、葡聚糖、甘露聚糖，此外，还有蛋白质、脂类、无机盐等。其化学成分因菌种不同而各异。除少数低等水生霉菌细胞壁中含有纤维素外，多数霉菌的细胞壁由几丁质组成（占细胞干重的2%~26%）。几丁质与纤维素结构很相似，它是由数百个

N-乙酰葡萄糖胺分子以*β*-1,4 糖苷键连接而成的多聚糖。几丁质和纤维素分别构成了高等和低等霉菌细胞壁的网状结构，它包埋于基质（葡聚糖及少量蛋白质等填充物）中。霉菌等真菌的细胞壁可被蜗牛消化液中的酶溶解，得到原生质体。

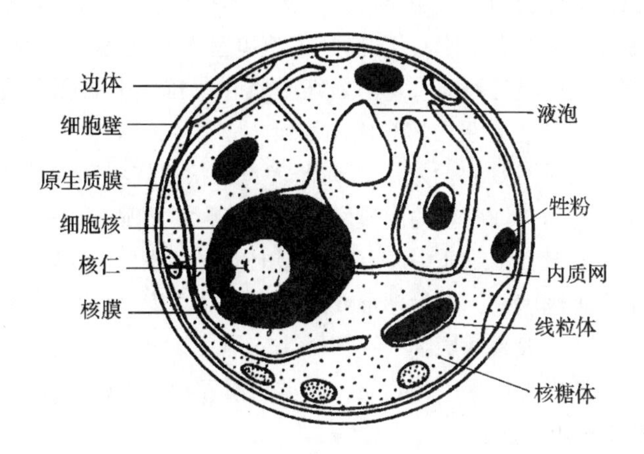

图 1-48　丝状真菌典型的细胞结构

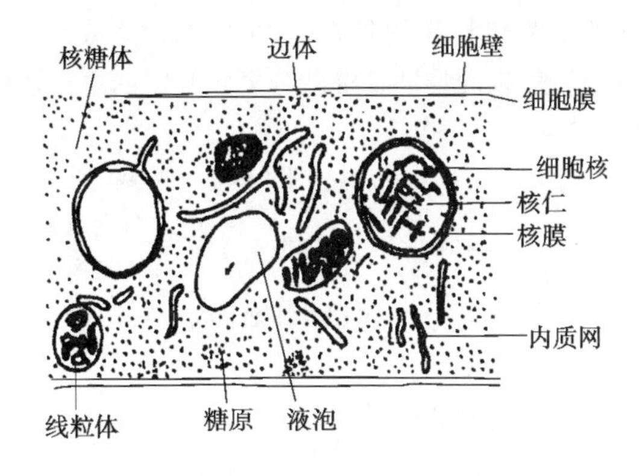

图 1-49　霉菌菌丝细胞的超显微镜结构示意图

（2）细胞膜　细胞膜厚 7～10nm，其结构和功能与酵母菌细胞相同，具有典型的三层结构，为流体镶嵌模型的单位膜，有物质转运、能量转换、激素合成、核酸复制等作用。

（3）膜边体　膜边体是菌丝细胞中一种特殊的膜结构，位于细胞壁和细胞膜之间。由单层细胞膜包围而成管状、囊状、球状、卵圆状或为多层折叠旋回的小袋，袋内贮藏有颗粒，这种小袋称为膜边体。其功能尚不完全清楚。

（4）细胞核　细胞核通常为椭圆形，直径为 0.7～3.0μm，有核膜、核仁和染色体。双层的核膜厚度为 8～20nm，其上有许多直径为 40～70nm 的核膜孔，核仁直径约 3nm。在有丝分裂时，核膜、核仁不消失，这是与其他高等生物的不同之处。不同真菌细胞核的数目变化很大，如有的真菌细胞内有 20～30 个核，而担子菌的单核或双核菌丝细胞只有 1 个或 2 个核，在菌丝顶端细胞中常找不到核。

（5）细胞质与内含物　在细胞质中存在着核糖体、线粒体、内质网、液泡和贮藏物质等。幼龄菌丝的细胞质均匀而透明，充满整个细胞；老龄菌丝的细胞质黏稠，出现较大的液泡，内含许多贮藏物质，如肝糖粒、脂肪滴及异染颗粒等。

①线粒体：霉菌线粒体的结构和功能与酵母菌基本相同。它是酶的载体，是细胞呼吸产生能量的场所，能为细胞运动，物质代谢、活性物质运输提供足够的能量。

②核糖体：霉菌核糖体的结构和功能与酵母菌基本相同。霉菌的菌丝细胞中有两种核糖体，即细胞质核糖体和线粒体核糖体。细胞质核糖体呈游离状态，有的与内质网及核膜结合；线粒体核糖体存在于内膜的嵴间。它们是细胞质和线粒体中的微小颗粒，由 rRNA 和蛋白质组成，直径为 20~25nm，是蛋白质合成的场所。

③内质网：霉菌的内质网具有两层膜，有管状、片状、袋状和泡状等，多与核膜相连，而很少与原生质膜相通。幼龄细胞里的内质网比老龄细胞中明显。内质网是细胞中各种物质运转的一种循环系统，同时，细胞质中所有细胞器上的双层膜由内质网提供。

④液泡：液泡常靠近细胞壁，多为球形或近球形，少数为星形或不规则形。大多数真菌的液泡都有明显的结构，一般有两层膜。

⑤贮藏物质：细胞质中有许多贮藏物质，如类脂质、异染颗粒和肝糖粒、淀粉粒等。

3. 霉菌的繁殖方式和生活史

在自然界中，霉菌以产生各种无性或有性孢子进行繁殖，一般以无性繁殖产生无性孢子为主要繁殖方式。根据孢子的形成方式、孢子的作用及自身特点，可将霉菌的繁殖方式分为多种类型。由于不同种属的霉菌产生孢子的方式、孢子的形态或产生孢子的器官不同，所以霉菌孢子的形态特征和产孢子器官的特征是霉菌分类、鉴定的主要依据。

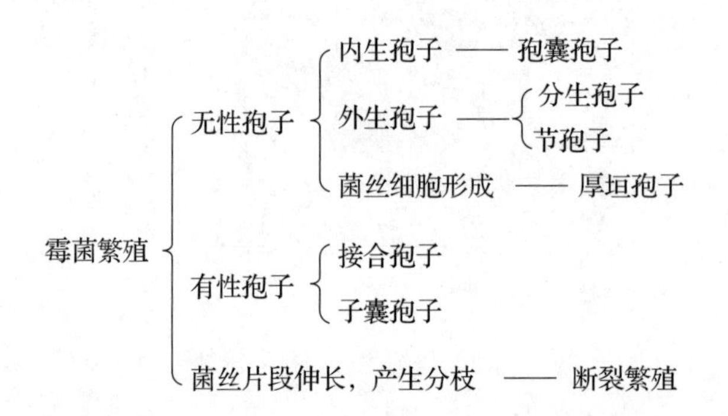

（1）无性繁殖　霉菌的无性繁殖是指不经过两个性细胞结合，而直接由菌丝分化产生子代新个体的过程。无性繁殖所产生的孢子称为无性孢子。霉菌常见的无性孢子有孢囊孢子、分生孢子、节孢子和厚垣孢子等。无隔膜菌丝的霉菌一般形成孢囊孢子（如毛霉、根霉等）和厚垣孢子；有隔膜菌丝的霉菌多数产生分生孢子（如曲霉、青霉等）和节孢子，少数能产生厚垣孢子。

①孢囊孢子：孢囊孢子是无隔膜菌丝的霉菌中最常见的一类无性孢子，是接合菌亚门和鞭毛菌亚门霉菌的无性繁殖方式。生在孢子囊内的孢子称孢囊孢子，又称内生孢子。霉菌生长到一定阶段，气生菌丝或孢子囊梗顶端膨大，并在下方生出隔膜与菌丝分开而形成孢子囊。孢子囊逐渐长大，在囊中的核经多次分裂形成许多核，每一核外包以原生质和由原生质分化的孢子壁，即成为孢囊孢子。原来膨大的细胞壁就成为孢囊壁。孢子囊下端连接的菌丝叫孢子囊梗；孢子囊梗伸向孢子囊的横隔膜的凸起部分叫囊轴，孢子囊梗也有分枝，而分枝的顶端也产生孢子囊。孢子囊成熟后破裂，孢囊孢子飞散出来［图 1-50（1）］，遇适宜条

件即可萌发成新个体。

孢子囊的形状随菌种而异，有圆球形、梨形或长筒形。接合菌亚门、毛霉目中的毛霉属、根霉属、梨头霉属等有球形、半球形或锥形的囊轴；而某些种类孢子囊无囊轴，称小型孢子囊。

孢囊孢子按其运动性可分为两类：一类是接合菌亚门、毛霉目的陆生霉菌所产生的无鞭毛、不能游动的孢囊孢子称为不动孢子，可在空气中传播；另一类是多数鞭毛菌亚门、水霉目的水生霉菌在菌丝顶端产生棒状的孢子囊，孢子囊中产生的具鞭毛、在水中能游动的孢囊孢子称为游动孢子，可随水传播［图 1-50（2）］。游动孢子产生在由菌丝膨大的孢子囊内，孢子通常为圆形、洋梨形或肾形，具 1 根或 2 根鞭毛，鞭毛的亚显微结构为 9+2 型，即鞭毛内部有 9 根周围纤丝，包围着 2 根中心纤丝，与细菌的鞭毛在结构上有差异。

②分生孢子：分生孢子是有隔膜菌丝的霉菌中最常见的一类无性孢子，是大多数子囊菌亚门和全部半知菌亚门霉菌的无性繁殖方式。因为孢子着生于菌丝细胞外，故又称外生孢子，其形状、大小、结构、产生和着生方式随菌种而异。分生孢子有球形、卵形、柱形、纺锤形、镰刀形等不同形状。

a. 分化不明显的分生孢子梗：红曲霉属（*Monascus*）、交链孢霉属（*Alternaria*）等的分生孢子着生在未明显分化的菌丝或其分枝的顶端，单生、成链或成簇排列。其产生孢子的菌丝与一般菌丝无明显区别，分生孢子梗的分化不明显［图 1-50（3）、（4）］。

b. 分化明显的分生孢子梗：曲霉属（*Aspergillus*）和青霉属（*Penicillium*）具有分化明显并产生一定形状的分生孢子梗。曲霉的分生孢子梗顶端膨大成囊状，称为顶囊。顶囊表面四周或上半部着生一层或两层呈辐射状排列的小梗，小梗末端形成分生孢子链。青霉的分生孢子梗顶端多次分枝成帚状，分枝顶端着生小梗，小梗上串生分生孢子［图 1-50（5）、（6）］。

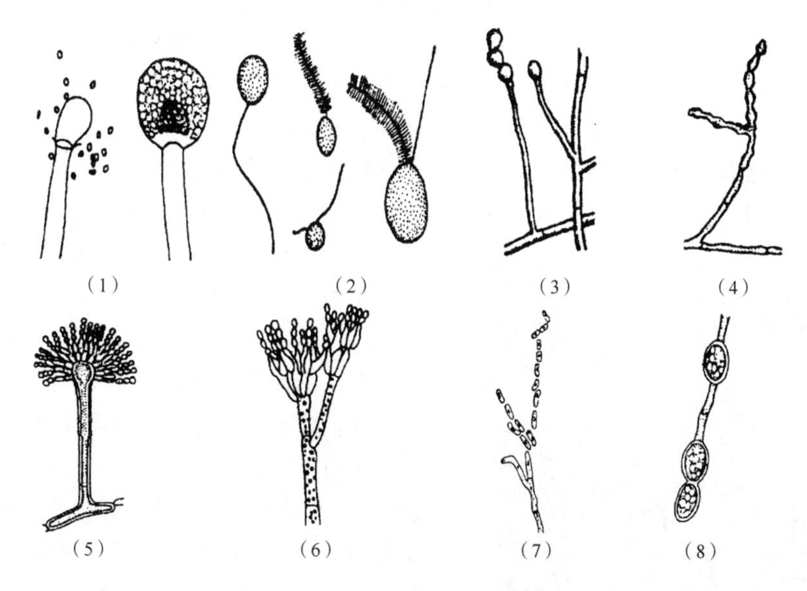

图 1-50　常见霉菌的无性孢子

（1）孢囊孢子　（2）游动孢子　（3）~（6）分生孢子　（7）节孢子　（8）厚垣孢子

③节孢子：节孢子是由菌丝断裂形成的孢子。其形成过程：菌丝生长到一定阶段，菌丝内出现许多横隔膜，然后从横隔膜处断裂，产生许多短柱形、筒形或两端呈钝圆形的节孢子。如地霉属（*Geotrichum*）中白地霉（*G. candidum*）幼龄菌体为完整的多细胞丝状，老龄菌丝内横隔膜处断裂，形成成串的节孢子［图 1-50（7）］。此种孢子在适宜环境中又能萌发产生新的菌丝体。

④厚垣孢子：厚垣孢子又称厚膜（壁）孢子，它是由菌丝中间（少数在顶端）的个别细胞膨大，原生质浓缩和细胞壁加厚形成的休眠孢子。其形成过程：在菌丝中间或顶端的个别细胞膨大，原生质浓缩、变圆，类脂物质密集，然后在四周生出厚壁或者原来的细胞壁加厚，形成圆形、纺锤形或长方形的厚垣孢子［图 1-50（8）］，它是霉菌抵抗热与干燥等不良环境的一种休眠体，寿命较长，菌丝体死亡后，上面的厚垣孢子生存下来，当条件适宜时能萌发成菌丝体。毛霉属中的总状毛霉（*M. recemosus*）常在菌丝中间部分形成厚垣孢子。

（2）有性繁殖　霉菌的有性繁殖是指经过两个性细胞结合，一般经质配、核配和减数分裂而产生子代新个体的过程。有性繁殖所产生的孢子称有性孢子。霉菌常见的有性孢子有接合孢子和子囊孢子。一般无隔膜菌丝的霉菌产生接合孢子（如毛霉、根霉等），有隔膜菌丝的霉菌产生子囊孢子（如曲霉等）。

霉菌有性孢子的形成过程一般分为 3 个阶段。①质配：两个性细胞接触后细胞质发生融合，但两个单倍染色体的核不立刻融合，称双核细胞；②核配：质配后双核细胞中的两个核融合，产生二倍染色体的双倍体接合子核；③减数分裂：双倍体核通过减数分裂，细胞核中的染色体数目又恢复到单倍体状态。

霉菌形成有性孢子有不同方式：①经核配以后，含有双倍体核的细胞直接发育形成有性孢子，如接合孢子，此种孢子的核处于双倍体阶段，萌发时才进行减数分裂；②经核配以后，双倍体的核进行减数分裂，然后再形成有性孢子，如子囊孢子，此种孢子的核处于单倍体阶段；③两个性细胞结合经质配形成双核细胞后，直接侵入寄主组织，形成休眠体孢子囊，囊内的双核在萌发时才进行核配和减数分裂。霉菌的有性繁殖不如无性繁殖普遍，大多发生在特定条件下，在一般培养基上不常见，而在自然条件下较常见。

①接合孢子：接合孢子是接合菌亚门、毛霉目中的霉菌典型的有性孢子，它是由菌丝生出形态相同或略有不同的配子囊接合而成。接合孢子的形成过程：两个相邻的菌丝相遇，各自向对方生出极短的侧枝称为原配子囊。原配子囊接触后，顶端各自膨大并形成横隔即为配子囊。配子囊下面的部分称为配子囊柄。相接触的两个配子囊之间的横隔消失，其细胞质与细胞核相融合，同时外部形成厚壁即为接合孢子囊。其内有 1 个接合孢子，在适宜条件下萌发成新的菌丝体。含有双倍体核的接合孢子在萌发前或萌发时进行减数分裂。图 1-51 所示为桃吉尔霉菌（*Gilbertella persicaria*）成熟接合孢子囊的扫描电子显微镜图片。霉菌接合孢子的形成可分为同宗配合与异宗配合两种方式。同宗配合是雌雄配子囊来自同一个菌丝体，甚至在同一菌丝的分枝上也会接触形成接合孢子［图 1-52（1）］，如有

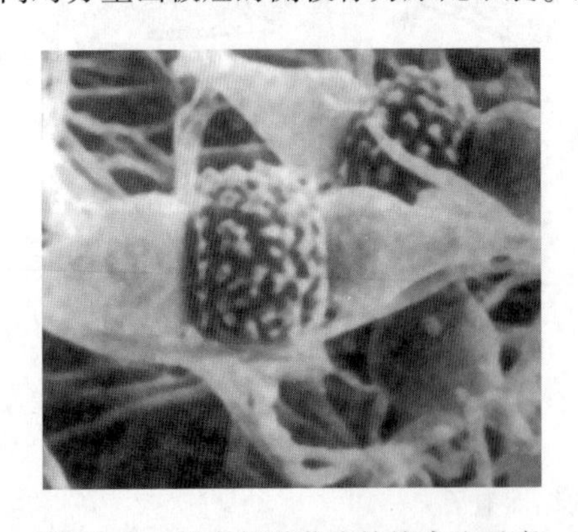

图 1-51　桃吉尔霉菌成熟接合孢子囊

性根霉（*R. sexualis*）、接霉（*Zygorhynchus*）。异宗配合是两种不同质菌系的菌丝（即同种菌两种不同品系或菌株的菌丝）相遇后形成接合孢子［图 1-52（2）］，如黑根霉（*R. nigricans*）、高大毛霉（*Mucor mucedo*）等。这种有亲和力的菌丝在形态上并无区别，但在生理上有差异，通常用"+"和"-"符号来代表。例如，将 *R. nigricans* As3. 2045"+"菌株与 *R. nigricans* As3. 2046"-"菌株以八字划线接种于同一个 PDA 琼脂平板中，经 28～30℃培养 2～4d 即可形成接合孢子。

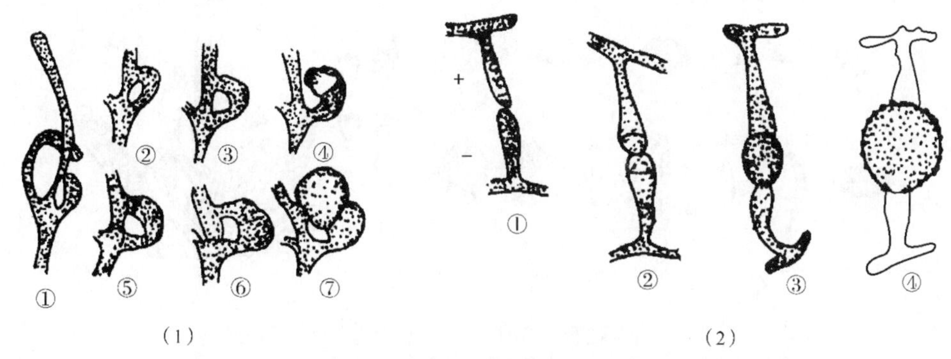

图 1-52　接合孢子的形成过程

（1）同宗配合　（2）异宗配合

②子囊孢子：子囊孢子是子囊菌亚门的主要特征。在子囊中形成的有性孢子称子囊孢子。子囊是一种囊状结构，有圆球形、宽卵形、棒形和圆筒形等多种形状，因种而异（图 1-53）。霉菌形成子囊孢子的过程较复杂，首先是同一或相邻的两个菌丝形成两个异型配子囊，即较大的产囊器和较小的雄器，两者配合，经过一系列复杂的质配与核配后，形成子囊。然后，子囊中的二倍体细胞核经三次分裂，其中一次为减数分裂形成 8 个子核，每一子核又变成单倍体，并被周围原生质环绕产生孢子壁，形成子囊孢子。典型的子囊中通常含有 8 个子囊孢子，其数量因种而异，但总为 2^n 个。子囊和子囊孢子发育过程中，在多个子囊的外部由菌丝体形成共同的保护组织，整个结构成为一个子实体，称为子囊果。子囊果按其外形分为 3 种类型（图 1-54）：a. 闭囊壳：为完全封闭式的圆球形，它是子囊菌亚门、不整囊菌纲的红曲霉属，以及极少部分青霉属和曲霉属所具有的特征；b. 子囊壳：为有孔口的烧

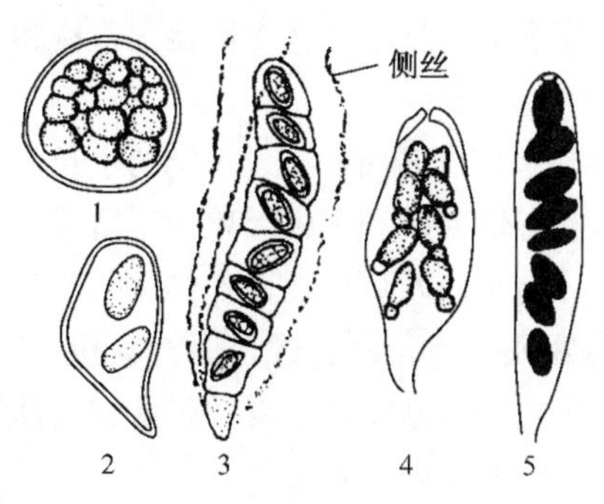

图 1-53　各种类型的子囊

1—球形　2—宽卵形有柄　3—有分隔

4—棍棒形　5—圆筒形

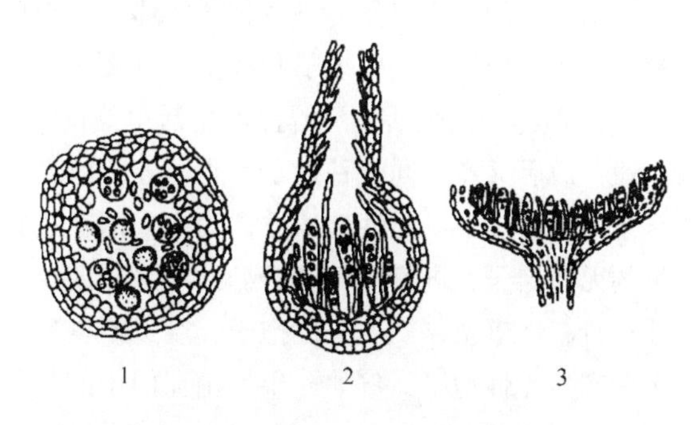

图 1-54　子囊果的类型

1—闭囊壳　2—子囊壳　3—子囊盘

瓶形，它是核菌纲真菌的典型特征；c. 子囊盘，为开口式呈盘状，子囊平行排列于盘上，它是盘菌纲真菌的特有构造。子囊果成熟后，子囊顶端开口或开盖射出子囊孢子，也有子囊壁溶解放出子囊孢子。在适宜条件下，子囊孢子萌发成新的菌丝体。

子囊孢子的形态有多种类型，其形状、大小、颜色、纹饰等差别很大，多用来作为子囊菌亚门霉菌的分类、鉴定依据（图 1-55）。

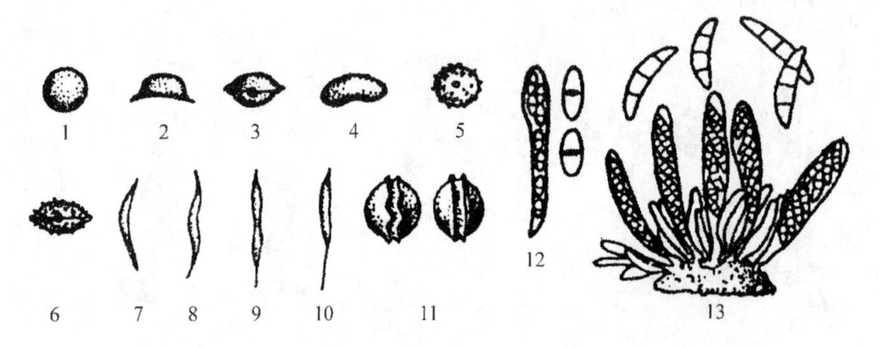

图 1-55　各种类型的子囊孢子

1—球形　2—礼帽形　3—土星形　4—肾形　5—球形痣面　6—卵形，具中央突起，痣面
7—镰刀形　8—弓形　9—针形　10—针形具鞭毛　11—双凸镜形，具赤道冠
12—子囊孢子由 2 个细胞组成　13—子囊孢子由 4 个细胞组成

③担孢子：担孢子是大型子实体真菌——担子菌（蘑菇、木耳等）产生的有性孢子，它是一种外生孢子，经过两性细胞质配、核配后产生。因为它着生于担子上，故称担孢子。在担子菌中两性器官多已退化，而是由未经分化的菌丝接合后只进行质配，并不立即发生核配，由此产生双核菌丝，在双核菌丝的 2 个核分裂之前可以产生钩状分枝而形成锁状联合（图 1-56 上），这有利于双核同时分裂，以使每个细胞具有两个不同的子核。双核菌丝的顶端细胞膨大成为担子，担子内两核发生核配，形成 1 个二倍体的细胞核，此核经过二次分裂，其中一次为减数分裂，于是产生 4 个单倍体的子核；而后担子顶端长出 4 个小梗，小梗顶端稍微膨大，4 个子核分别进入小梗的膨大部位，发育形成 4 个外生的单倍体的担孢子（图 1-56 下）。

担子菌的特化菌丝形成各种子实体，如蘑菇，香菇等子实体呈伞状，由菌盖、菌柄和菌褶等组成，菌褶处着生担子和担孢子（图 1-57）。

（3）霉菌的生活史　霉菌的生活史是指霉菌从一种孢子萌发开始，经过一定的生长发育阶段，最后又产生同一种孢子为止所经历的过程，它包括有性繁殖和无性繁殖两个阶段。在霉菌的生活史中以无性繁殖方式为主。即在适宜条件下，孢子萌发后形成菌丝体，并产生大量的无性孢子，进行传播和繁殖。当菌体衰老，或营养物质大量消耗，或代谢产物积累时，才进行有性繁殖，产生有性孢子，度过不良环境后，再萌发产生新个体。有的霉菌在生活史中只产生无性孢子，例如，半知菌亚门中的某些青霉、交链孢霉等。

霉菌典型的生活史，即菌丝体（营养体）在适宜条件下产生无性孢子，孢子萌发形成新的菌丝体，如此重复多次，这是霉菌生活史中的无性繁殖阶段；霉菌生长发育的后期，在一定条件下开始进行有性繁殖阶段，即从菌丝体上形成配子囊，经过质配、核配形成双倍体的细胞核后，经过减数分裂产生单倍体孢子，孢子萌发形成新的菌丝体（图 1-58）。

4. 霉菌的培养特征

（1）霉菌的菌落特征　霉菌的细胞呈丝状，在固体培养基上有营养菌丝和气生菌丝的分化，其菌落特征与细菌和酵母菌不同，而与放线菌接近。霉菌的菌落比细菌大几倍到几十倍。有少数霉菌，如根霉、毛霉、脉孢菌等在固体培养基上呈扩散性（蔓延性）生长至整个

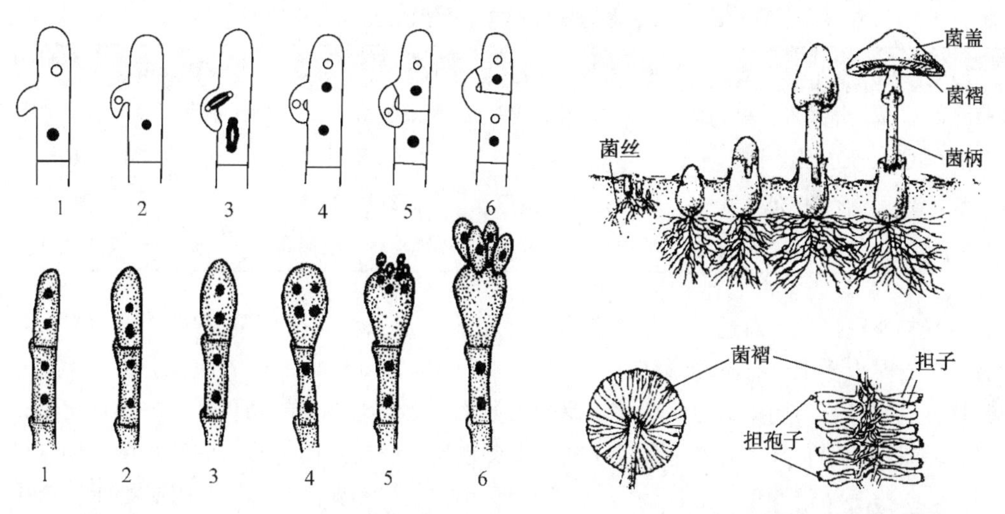

图 1-56　锁状联合（上）和担孢子的形成（下）　　图 1-57　担子菌的子实体结构及其形成过程

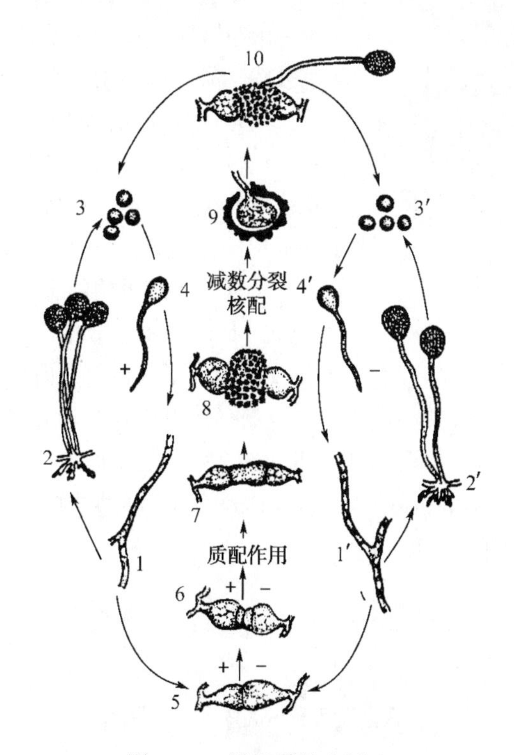

图 1-58　黑根霉的生活史

1—菌丝　2—假根、孢子囊梗和孢子囊　3—孢囊孢子　4—孢囊孢子萌发　5—原配子囊　6—配子囊　7—原接合孢子囊　8—成熟接合孢子囊　9—接合孢子萌发　10—芽生孢子囊

培养皿基质，看不到单独菌落。多数霉菌，如曲霉、青霉等在固体培养基上呈局限性生长，菌落直径为1～2cm。其菌落的组织状态（质地）一般比放线菌疏松，呈现或紧或松的蜘蛛网状、棉絮状、绒毛状和地毯状等；菌落与培养基的连接紧密，不易用接种针挑取。表1-7所示为根霉、毛霉、曲霉和青霉的细胞形态、繁殖方式与菌落特征比较。

表1-7　根霉、毛霉、曲霉和青霉的细胞形态、繁殖方式与菌落特征比较

项目	根霉	毛霉	曲霉	青霉
细胞形态	无隔膜菌丝，单细胞	无隔膜菌丝，单细胞	有隔膜菌丝，多细胞	有隔膜菌丝，多细胞
无性繁殖方式	形成孢囊孢子	形成孢囊孢子	形成分生孢子	形成分生孢子
有性繁殖方式	形成接合孢子	形成接合孢子	形成子囊孢子	尚未发现
菌落特征	蜘蛛网状，扩散生长	棉絮状，扩散生长	绒毛状，局限生长	地毯状，局限生长

菌落最初常呈浅色或白色，当长出各种颜色的孢子后，相应呈现黄、绿、青、棕、橙、黑等各色，这是由于孢子有不同形状、构造与色素所致。有些霉菌的营养菌丝分泌水溶性色素，使培养基也带有不同的颜色。菌落正反面的颜色、边缘与中心的颜色常不一致。菌落正反面颜色差别的原因是气生菌丝分化的子实体的颜色比分散在固体基质内的营养菌丝的颜色深；而菌落中心与边缘颜色不同的原因是处于菌落中心的气生菌丝生理菌龄较大，发育分化和成熟也越早，颜色一般也较深；位于边缘的气生菌丝较幼小，一般颜色较浅。有的菌落由于菌丝组合的不同及颜色等特点，可出现同心圆或辐射纹（图1-59）。同一种霉菌，在不同成分的培养基上和不同条件下培养生长，其菌落特征有所变化，但各种霉菌在一定培养基上和一定条件下形成的菌落大小、形状、颜色等却相对稳定，故菌落特征是鉴定霉菌的重要依据之一。

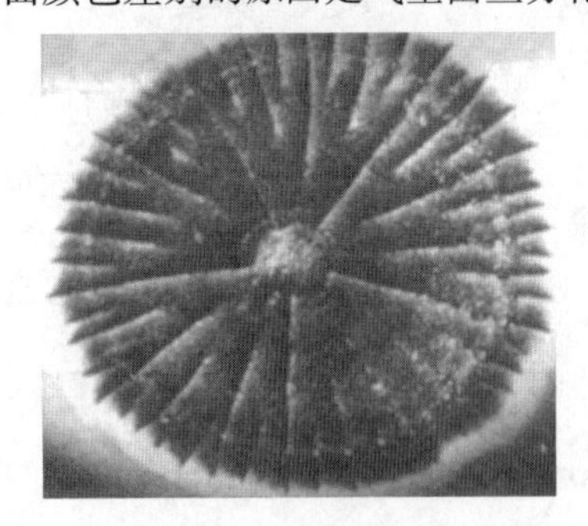

图1-59　产黄青霉的菌落

（2）霉菌的液体培养特征　霉菌在液体培养基中进行通气搅拌或振荡培养时，往往会产生菌丝球的特殊构造。此时，菌丝体相互紧密纠缠形成球状颗粒，均匀悬浮于培养液中，有利于氧的传递以及营养物和代谢产物的输送，对菌丝的生长和代谢产物形成有利。例如，用黑曲霉（*Aspergillus niger*）的高产菌株进行柠檬酸发酵或是对双孢蘑菇（*Agaricus bisporus*）进行液体培养时最易见到菌丝球。静止培养时，菌丝常生长在培养液表面，培养液不混浊。

第六节　病　　毒

在食品工业中，病毒不像细菌和真菌那样对食品品质有直接作用。但是，在食品卫生等方面则显得十分重要，例如，诺如病毒、轮状病毒、肝炎病毒等。如果说这些病毒与食品的安全性有关的话，噬菌体的危害则主要体现在发酵工业中。在利用微生物生产发酵食品过程

中，以及在乳酸发酵、乙酸发酵、氨基酸发酵等过程中，发酵菌种若受到相应噬菌体的感染，发酵作用将会减慢甚至停止，不积累代谢产物，菌体很快消失，整个发酵生产受到破坏。人类传染病有 80%由病毒引起，而恶性肿瘤约 15%由病毒感染而诱发。因此，掌握病毒的特性，认识病毒的传染和发病特点，对控制病毒带给人类的危害，防止病毒对食品造成污染，以及减少发酵食品生产中因噬菌体污染而造成的经济损失均有一定意义。

病毒在分子生物学和分子遗传学等方面研究产生了巨大影响，例如，在分子生物学研究中，人们将噬菌体作为基因载体应用于遗传工程上。此外，人们利用噬菌体对细菌作用的专一性，进行细菌分型鉴定或治疗某些细菌性疾病。

一、病　　毒

1. 病毒的定义与基本特点

（1）病毒的定义　病毒（Virus）是一类由核酸与蛋白质等少数几种成分组成的超显微、专性活细胞内寄生的非细胞生物。由于病毒是一类非细胞生物，故单个病毒个体不能称为“单细胞”，这样就产生了病毒粒子（Virus particle）的概念。病毒粒子专指成熟的、结构完整的、有感染性的单个病毒。由于病毒对寄主感染具有专一性，人们通常根据寄主种类将病毒分为噬菌体（如细菌噬菌体、放线菌噬菌体和蓝细菌噬菌体等）、植物病毒、脊椎动物病毒、无脊椎动物病毒（如昆虫病毒等），以及真菌病毒、藻类病毒和原生动物病毒等。

在病毒学研究工作中，又发现了比病毒更小、更简单的特殊病毒致病因子——亚病毒（亚病毒因子），故将非细胞生物分成真病毒（简称病毒）和亚病毒两大类。真病毒至少含有核酸与蛋白质两种组分；亚病毒只含有核酸或蛋白质一种成分，包括类病毒、卫星病毒、卫星 RNA 和朊病毒等。

（2）病毒（包括噬菌体等）的基本特点

①形体极其微小。病毒的直径多数在 100nm 左右（17~400nm），是细菌的千分之一，一般都能通过细菌过滤器，只能在电子显微镜下观察到。

②不具有细胞结构。其化学成分仅有核酸和蛋白质，而且每一种病毒只含 DNA 或 RNA 一种核酸。

③缺乏完整的酶系统和独立的产能代谢系统。病毒只能利用寄主（又称宿主）活细胞内的酶类、产能代谢与生物合成机构合成自身的核酸与蛋白质组分，并以核酸和蛋白质等“元件”的装配实现大量增殖。

④超级专性寄生。即有严格的寄主专一性，病毒只能在特定的寄主活细胞内增殖。

⑤病毒以感染态和非感染态两种形式存在。在寄主活细胞内借助生物合成机构大量复制，呈感染态；在离体条件下以无生命生物大分子状态存在，并长期保持其感染活力。

⑥对一般抗生素不敏感，但对干扰素敏感。

⑦有些病毒的核酸还能整合到寄主细胞的基因组中，并诱发潜伏性感染。

⑧病毒（包括噬菌体）可因基因突变而改变寄主特异性。例如，噬菌体通过理化因素作用引起基因突变，而不会寄生于原来的寄主细胞；或因某个寄主细胞基因突变，而不被原来噬菌体侵染，可以抗噬菌体的感染。

2. 病毒的形态与大小

（1）病毒的大小　病毒粒子的体积极其微小，小病毒直径只有 10nm，大病毒直径超过

250nm。根据其大小大致分为4个级别，即大型病毒、中大型病毒、中小型病毒和小型病毒等（图1-60）。大型病毒直径为200~300nm，如痘病毒；中大型病毒直径为150~200nm，如副流感病毒、单纯疱疹病毒等；中小型病毒直径为80~120nm，如流行性感冒病毒、腺病毒和逆转录病毒等；小型病毒直径为20~30nm，如口蹄疫病毒、脊髓灰质炎病毒等；最小的病毒为菜豆畸矮病毒，其直径只有9~11nm。

（2）病毒的形态　病毒粒子的形态根据外形特征可分为5种：球形或近球形、杆形或丝形、砖形或菠萝状、弹形、蝌蚪形。杆形多见于植物病毒，如烟草花叶病毒、苜蓿花叶病毒等；蝌蚪形多见于微生物病毒——噬菌体，如T偶数噬菌体和λ噬菌体等；球形、砖形和弹状多见于人和动物病毒。如腺病毒、疱疹病毒、脊髓灰质炎病毒等呈球形；天花病毒、牛痘病毒呈砖形；狂犬病病毒、水泡性口膜炎病毒呈弹形。各种病毒的形态如图1-60所示。

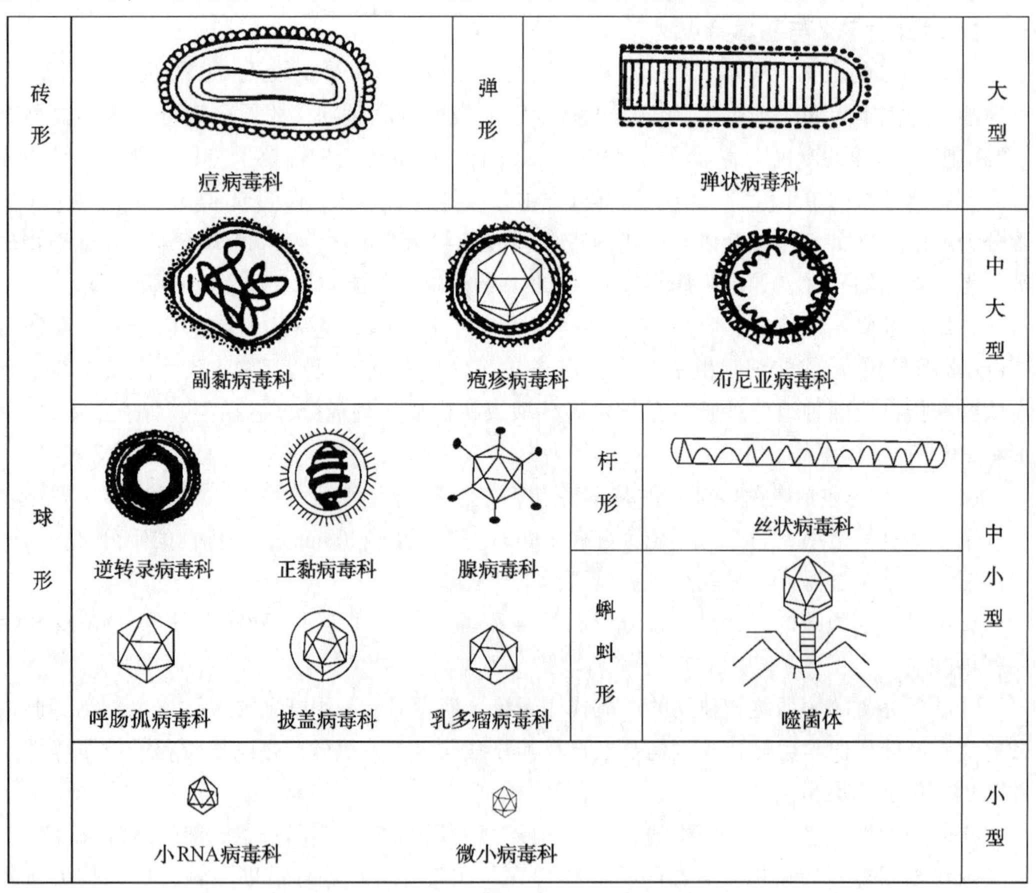

图1-60　各种病毒的形态与大小比较模式图

（3）病毒的群体形态　单个的病毒粒子无法在光学显微镜下见到，但其大量聚集并感染寄主细胞发生病变时，就形成了具有一定大小、形态、构造和染色特性，并能用光学显微镜加以识别的特殊“群体形态”。例如，存在于动植物细胞核或/和细胞质中，内含有1到几个病毒粒子的包涵体，以及由昆虫病毒在宿主细胞核或细胞质内形成的多角体（多角形的包涵体）；有的还肉眼可见，如在固体培养基上由噬菌体裂解菌苔中的寄主细胞而形成的噬菌斑；由动物病毒在寄主单层细胞培养物上形成的空斑；由植物病毒在植物叶片上形成的枯斑（病斑）等。病毒的这些“群体形态”可应用于病毒的分离、纯化、鉴定和计数等许多研究工作中。

3. 典型病毒粒子的结构与功能

病毒的结构可分为存在于所有病毒中的基本结构和仅为某些病毒所特有的特殊结构。病毒粒子的结构模式图如图 1-61 所示。

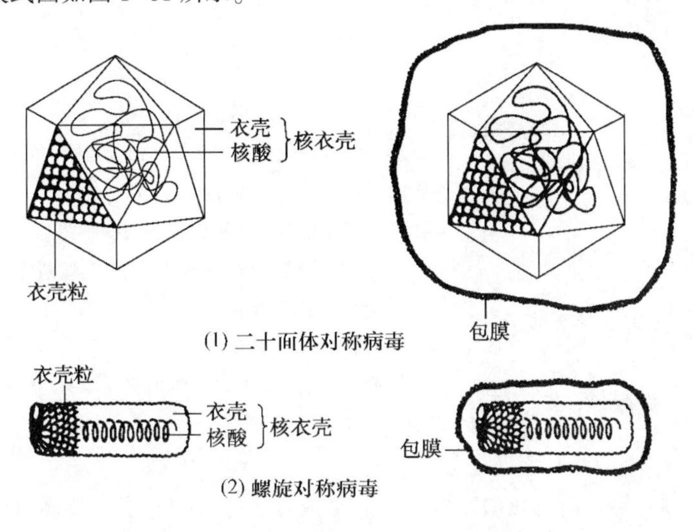

图 1-61　病毒粒子的结构模式图

（1）基本结构　病毒粒子由基因组和蛋白衣壳组成的核衣壳构成。

①基因组：核酸构成了病毒的基因组，基因组构成了病毒的核心，是病毒遗传变异的物质基础，具有编码病毒蛋白、控制病毒性状、决定病毒增殖及感染寄主细胞的功能。大部分病毒的遗传物质为 DNA，少数为 RNA。

②蛋白衣壳：蛋白衣壳包围于病毒核酸外面，是由病毒基因组编码的蛋白质外壳。蛋白衣壳由一定数量的衣壳粒组成。每个衣壳粒由一条或几条多肽链折叠形成的蛋白质亚基构成，电镜下可见衣壳粒呈特定的排列形式。蛋白衣壳是病毒粒子的主要支架结构和抗原成分，对核酸有保护作用，如保护病毒核酸免受核酸酶和其他不利理化因素的破坏等。

（2）特殊结构　在某些病毒核衣壳之外，尚有包膜、刺突等辅助结构。

①包膜：包膜（Envelope）是包裹在核衣壳外面的一层较为疏松、肥厚的膜状结构。根据病毒有无包膜，可将其分为有包膜病毒和无包膜病毒（又称裸病毒）。有包膜病毒在寄主细胞核内或细胞质内装配核衣壳，然后以出芽方式释放时即包上核膜或细胞质膜，因此包膜由成熟的病毒从核膜或细胞质膜成分衍生而来。其基本结构是类脂双层膜，类脂成分来自寄主细胞膜。包膜的内表面由病毒基因编码的基质蛋白构成，起到稳定包膜的作用。由于病毒包膜的类脂来源于寄主细胞，其种类和含量均具有对寄主细胞的特异性，即类脂具有对寄主细胞的亲嗜性，故可决定病毒的寄主专一性和特定的侵入部位。有包膜的病毒易被乙醚、氯仿、乙醇和胆汁等脂溶剂破坏而灭活，可以此鉴定病毒有无包膜。

②刺突：有的包膜表面还长有由糖蛋白构成的包膜突起，一些无包膜的病毒（如腺病毒）表面也有向外凸出的突起。这些有包膜病毒的包膜突起和无包膜病毒突起统称为刺突（Spike）。包膜糖蛋白中的糖类来自于寄主细胞的组分，其蛋白质则由病毒基因编码表达。

刺突能与寄主细胞表面的受体结合，使病毒黏附于靶细胞表面，并构成病毒的表面抗原，与病毒的分型、致病性和免疫性等有关，赋予病毒某些特殊功能。

4. 病毒粒子衣壳的对称体制

病毒粒子衣壳的对称体制包括二十面体对称、螺旋对称，以及由这两种对称结合的复合对称。衣壳的对称体制可作为病毒分类与鉴定的重要依据之一，若干代表性病毒的对称体制如下。

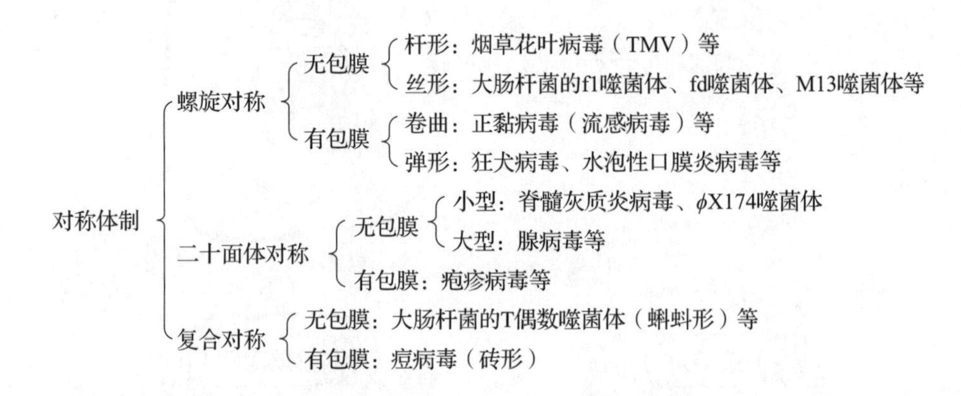

（1）二十面体对称　病毒核酸浓集在一起形成球形或近似球形，使多数球形病毒的衣壳都是二十面体对称。二十面体对称是指病毒衣壳上的衣壳粒有规律地“包被”在核酸分子的外面，并排列组合成对称的二十面体（有20个等边三角形面，12个顶角）。腺病毒为此种对称的典型代表［图1-62（1）］。

（2）螺旋对称　病毒核酸呈盘旋状，衣壳粒沿核酸走向呈螺旋对称排列，形成杆形的核衣壳。螺旋对称是指病毒衣壳上的衣壳粒以病毒核酸分子为轴心逆时针方向旋转装配。多数杆形或丝形和弹形病毒的衣壳属于螺旋对称，烟草花叶病毒（TMV）为此种对称的典型代表［图1-62（2）］。TMV外形呈直杆状，长300nm，宽15nm，中空内径为4nm，衣壳粒以逆时针方向作螺旋状排列，共围130圈，每圈长2.3nm。

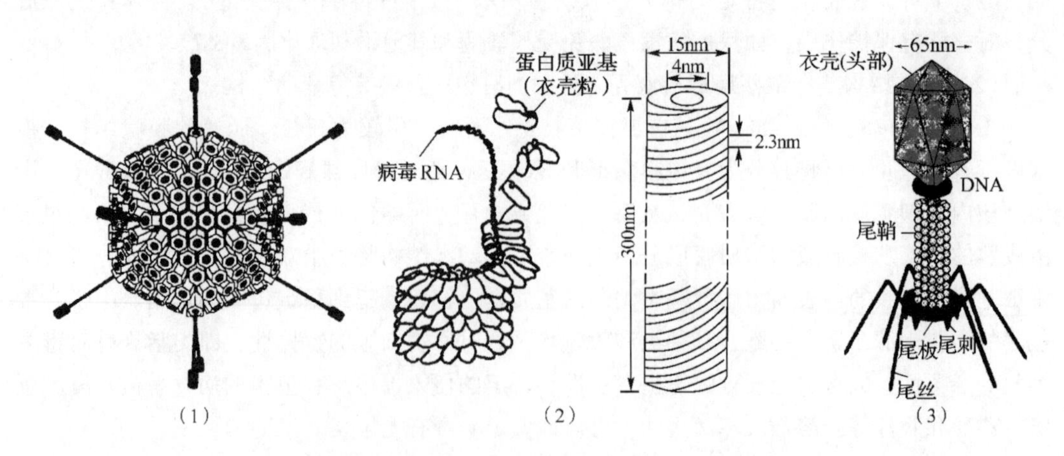

图1-62　衣壳对称体制的典型病毒结构示意图

（1）二十面体对称（腺病毒）　（2）螺旋对称（烟草花叶病毒）　（3）复合对称（大肠杆菌T偶数噬菌体）

（3）复合对称　病毒的衣壳既有二十面体对称，又有螺旋对称，称为复合对称。砖形病毒和蝌蚪形病毒的衣壳多属于复合对称。大肠杆菌的T偶数噬菌体（即T2噬菌体、T4噬菌体和T6噬菌体）为复合对称的典型代表［图1-62（3）］，它由二十面体对称的头部和螺旋对称的尾部构成。

5. 病毒的化学组成

（1）病毒核酸　核酸含量因病毒种类而异，通常为1%～50%，一般形态结构复杂的病毒，其核酸含量较多。病毒核酸有多种类型：①有DNA和RNA之分。一种病毒体内仅含一种类型的核酸，即DNA或RNA，据此可将病毒分为DNA病毒和RNA病毒两大类。②有单链（ss）DNA或RNA和双链（ds）DNA或RNA之分。③有线状和环状之分。④有闭环和缺口环之分。⑤基因组有单分子、双分子或三分子之分。⑥单链RNA病毒又有正链RNA和负链RNA之分。正链RNA的碱基序列与mRNA序列一致，具有mRNA的功能（活性），可直接作为mRNA翻译、合成蛋白质，故正链RNA病毒具有侵染性；负链RNA的碱基序列与mRNA序列互补，不能作为mRNA，只有依靠宿主细胞的转录酶（RNA聚合酶），以负链RNA为模板转录成正链RNA（负链RNA的互补链）后，才能作为mRNA合成蛋白质，故负链RNA病毒没有侵染性。

据此，病毒的核酸分为以下6种类型：①线状单链DNA（ssDNA）；②环状单链DNA；③线状双链DNA（dsDNA）；④环状双链DNA；⑤线状单链RNA（ssRNA）；⑥线状双链RNA（dsRNA）。动物病毒多数为线状的dsDNA和ssRNA，植物病毒以线状的ssRNA为主，噬菌体以线状的dsDNA居多，真菌病毒多为线状的dsRNA（目前已发现有ssRNA）。

（2）病毒蛋白质　蛋白质含量随病毒种类而异，如狂犬病毒的蛋白质含量约占整个病毒粒子的96%，而大肠杆菌T3噬菌体和T4噬菌体则只占40%。病毒蛋白质多数包围于核酸外面，构成蛋白衣壳，保护病毒核酸免受破坏。无包膜病毒蛋白质决定感染宿主细胞的特异性，因其与易感寄主细胞表面受体具有特异亲和力，故可促使病毒粒子的吸附。此外，蛋白质还决定病毒的抗原性，作为表面抗原能刺激机体产生相应抗体。

病毒蛋白质还构成一些毒粒酶，根据其功能大致分为两类：一类是参与病毒侵入、释放等过程的酶，如T4噬菌体的溶菌酶、流感病毒的神经丝氨酸酶等；另一类是参与病毒大分子合成的酶，如反（逆）转录病毒粒子中存在的反转录酶，所有dsRNA病毒和负链RNA病毒粒子中存在的依赖RNA的RNA聚合酶，以及一些dsDNA病毒粒子中存在的依赖DNA的RNA聚合酶等。这些毒粒酶在病毒的侵入、大分子合成、释放过程中发挥作用。

（3）脂类和糖类　少数有包膜的大型病毒除含有蛋白质和核酸外，还含有脂质和糖类等其他成分。有包膜病毒的包膜内含有来自于宿主细胞膜的脂质化合物，其中50%～60%为磷脂，其余多为胆固醇。脂质构成了病毒包膜的类脂双层膜。病毒所含的糖类主要有葡萄糖、龙胆二糖、岩藻糖、半乳糖等，由这些糖类组成的寡糖侧链以糖苷键与多肽链骨架的氨基酸残基连接，形成病毒的包膜糖蛋白，并构成了包膜突起（刺突）。糖蛋白是包膜病毒的主要表面抗原，能刺激机体产生相应抗体。包膜糖蛋白多为病毒吸附蛋白，与易感寄主细胞受体相互作用启动病毒感染，有些病毒的包膜糖蛋白还介导病毒的侵入。

6. 病毒的一般增殖过程

病毒的增殖是基因组在寄主细胞内自我复制与表达的结果，又称病毒的复制。病毒是以其基因组为模板，借寄主细胞DNA聚合酶（多聚酶）或RNA聚合酶（多聚酶），以及其他必要因素，指令细胞停止合成细胞的蛋白质与核酸，转为复制病毒的基因组，经转录和转译出相应的病毒蛋白，然后装配成新的病毒粒子，最终释放出子代病毒。各种病毒的增殖过程基本相似，一般可分为吸附、穿入（侵入）、脱壳、生物合成、装配与成熟、释放 6 个阶段，称为复制周期。

（1）吸附　病毒表面蛋白的吸附位点与寄主细胞膜上特定的病毒受体发生特异性结合的过程，称为吸附。吸附过程决定于两个条件。一是吸附温度，以决定病毒感染的真正开始，促使与酶反应相似的化学反应；二是病毒对组织的亲嗜性和病毒感染寄主的范围，以决定病毒吸附位点与细胞上受体的特异性。细胞表面能吸附病毒的物质结构称为病毒受体，如呼吸道上皮细胞和红细胞表面的糖蛋白是流感病毒的受体；肠道上皮细胞的脂蛋白是脊髓灰质炎病毒的受体。吸附过程一般可在几分钟至几十分钟内完成。

（2）穿入　病毒吸附于寄主细胞膜上，可通过几种方式使核衣壳进入细胞内的过程称为穿入。有包膜病毒多数通过吸附部位的酶作用及病毒包膜与细胞膜的同源性等，发生包膜与寄主细胞膜的融合，使病毒核衣壳进入细胞质内。无包膜病毒一般通过细胞膜以胞饮方式将核衣壳吞入。即病毒与细胞表面受体结合后，细胞膜折叠内陷，将病毒包裹其中，形成类似吞噬泡的结构使病毒原封不动地穿入细胞质内，此过程称为病毒胞饮。噬菌体吸附于细菌后，可能由细菌表面的酶类帮助噬菌体脱壳，使噬菌体核酸直接进入细菌细胞质内。

（3）脱壳　穿入细胞质中的核衣壳脱去衣壳蛋白，使基因组核酸裸露的过程称脱壳。脱壳是病毒能否复制的关键，病毒核酸如不暴露出来则无法发挥指令作用，病毒就不能进行复制。脱壳必须有特异性水解病毒衣壳蛋白的脱壳酶参与。多数病毒的脱壳依靠寄主细胞溶酶体酶的作用。

（4）生物合成　病毒基因组核酸一经脱壳释放，即利用寄主细胞提供的低分子物质合成大量病毒核酸和结构蛋白，此过程为生物合成。病毒核酸在寄主细胞内主导生物合成的程序是：复制病毒自身的核酸、转录成 mRNA 和 mRNA 转译病毒蛋白质。病毒 mRNA 转译病毒蛋白质是基于寄主细胞的蛋白质合成机构。

（5）装配与成熟　由病毒在寄主细胞内复制生成的基因组与翻译成的蛋白质（壳粒、包膜突起）装配组合，形成成熟的病毒粒子。除痘类病毒外 DNA 病毒均在细胞核内装配成核衣壳，RNA 病毒与痘类病毒则在细胞质内装配。

（6）释放　成熟病毒向细胞外释放有下列两种方式。

①破胞释放：无包膜病毒的释放通过细胞破裂完成。当一个病毒感染细胞时，经复制周期可增殖数百至数千个子代病毒，最后寄主细胞破裂而将病毒全部释放至胞外。

②出芽释放：有的有包膜病毒在细胞核内装配成核衣壳，移至核膜处出芽获得细胞核膜成分，然后进入细胞质中穿过细胞膜释出而又包上一层细胞膜成分，由此获得内外两层膜构成包膜。有些病毒在细胞核内装配成核衣壳后，通过细胞核裂隙进入细胞质，然后由细胞膜出芽释出，获得细胞膜成分构成包膜。

7. 噬菌体

噬菌体（Phage）是寄生于原核微生物（细菌、放线菌、蓝细菌等）细胞内的一种病毒。其基本特性与前述的病毒特点相同，具有严格的寄主特异性，必须在活的寄主细胞内增殖，引起寄主菌裂解，而且只含有 DNA 或 RNA 其中一种核酸，也能通过细菌滤器等。噬菌体已成为重要的研究生物的复制和探索生命现象本质的工具，而广泛应用于分子生物学和基因工程领域。在病毒学中发现最多和研究最深入的是大肠杆菌噬菌体。噬菌体广泛存在于自然界中，如土壤、腐烂有机物、粪便、污水、尤其是发酵废液中大量存在。

（1）噬菌体的形态分类　噬菌体的形态分蝌蚪形、球形和丝形（丝杆或线形）3种，根据其结构不同又可分为A、B、C、D、E、F六种类型（表1-8）。多数噬菌体呈蝌蚪形。

表1-8　噬菌体的形态分类及其特征

类型	形状	形态图	头部	尾部	核酸类型	噬菌体举例
A	蝌蚪形		二十面体	可收缩的长尾、有尾鞘	dsDNA	大肠杆菌T2噬菌体、T4噬菌体、T6噬菌体；枯草芽孢杆菌SP50噬菌体、枯草芽孢杆菌PBS1噬菌体
B	蝌蚪形		二十面体	非收缩的长尾、无尾鞘	dsDNA	大肠杆菌T1噬菌体、T5噬菌体、λ噬菌体；β-白喉杆菌噬菌体、γ-白喉杆菌噬菌体
C	蝌蚪形		二十面体	非收缩的短尾、无尾鞘	dsDNA	大肠杆菌T3噬菌体、T7噬菌体；枯草芽孢杆菌φX29噬菌体、Nf噬菌体；鼠伤寒沙门氏菌P22噬菌体
D	球形		二十面体，顶角有较大衣壳粒	无尾	ssDNA	大肠杆菌φX174噬菌体、φR噬菌体、S13噬菌体
E	球形		二十面体，顶角有较小衣壳粒	无尾	ssRNA	大肠杆菌f2噬菌体、MS2噬菌体、M12噬菌体、QB噬菌体、fr噬菌体
F	丝形		不分头尾	无头无尾	ssDNA	大肠杆菌f1噬菌体、fd噬菌体、M13噬菌体；铜绿假单胞杆菌pf1噬菌体、pf2噬菌体

（2）噬菌体的结构　以蝌蚪形大肠杆菌T4噬菌体为例（图1-63）进行说明。噬菌体由头部、颈部和尾部3部分构成。

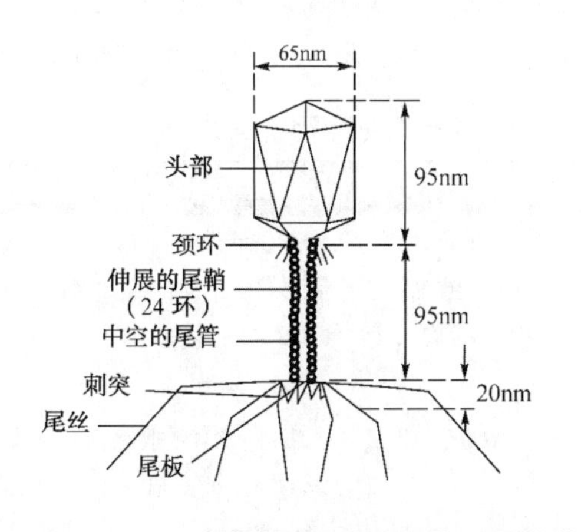

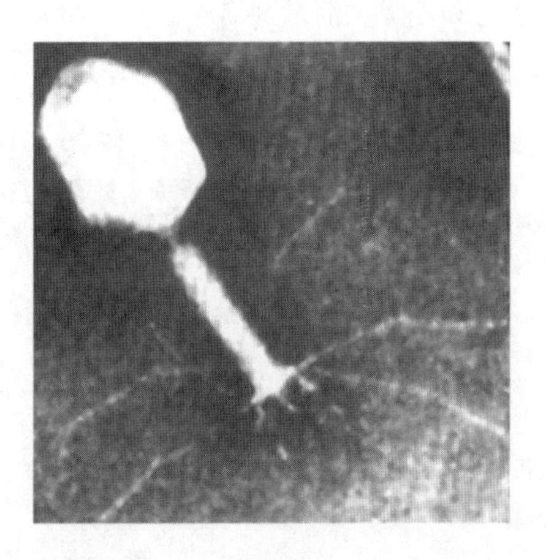

图1-63　大肠杆菌T4噬菌体结构模式图（右：电镜图）

①头部：头部（长95nm，宽65nm）由线状dsDNA和衣壳构成。衣壳由8种蛋白质组成，并由212个衣壳粒有规律地对称排列，呈椭圆形二十面体对称。头部内藏有由线状dsDNA构成的核心，长度约50μm，由1.7×10^5bp（碱基对）组成。

②颈部：头、尾相连处有一构造简单的颈部。颈部由颈环和颈须构成。颈环为一个六角形的盘状构造（直径37.5nm），其上长有6根颈须，用于裹住吸附前的尾丝。

③尾部：尾部由尾鞘、尾管、尾板（基板或基片）、尾丝和刺突（尾刺）5部分构成。尾鞘（长95nm）由144个衣壳粒缠绕成的24环螺旋组成，呈螺旋对称。中空的尾管（长95nm，直径8nm，其中心孔道直径2.5～3.5nm）也由24环螺旋组成，是头部核酸（基因组）注入寄主细胞时的必经之路。尾板是一个有中央孔的六角形盘状物（直径为3.5nm），其上长有6个短直的刺突和6根细长的尾丝。刺突（长20nm）有固着细胞表面的功能，而尾丝（长140nm，直径2nm）折成等长的两段，具有专一吸附在敏感寄主细胞表面相应受体上的功能。

大肠杆菌T4噬菌体通过尾丝吸附于寄主大肠杆菌细胞表面的特异性受体后，刺激尾板的构象变化，中央孔开口，分泌和释放溶菌酶并溶解部分细胞壁，继而尾鞘蛋白收缩，将尾管插入寄主细胞内，注入头部的核酸，而蛋白质外壳留在外面。

（3）噬菌体的化学组成　噬菌体主要由核酸和蛋白质组成。蛋白质构成头部衣壳和尾部的尾鞘。头部衣壳包裹噬菌体的核酸，起保护作用。多数噬菌体的核酸为双链DNA，仅少数为单链DNA或RNA。其基因组为3000～200000bp，特殊之处在于某些噬菌体的碱基中含有稀有碱基，如大肠杆菌T2噬菌体的DNA中含5-羟甲基胞嘧啶，而不含胞嘧啶；某些枯草芽孢杆菌噬菌体的DNA中含尿嘧啶或羟甲基尿嘧啶，而不含胸腺嘧啶。这些特殊的碱基作为噬菌体DNA的天然标记而与寄主菌的DNA相区别。

（4）噬菌体的抗原性与抵抗力　噬菌体的头、尾部蛋白质均具有抗原性，能刺激动物产生抗噬菌体抗体，抗体与相应噬菌体结合后，使噬菌体丧失感染寄主菌的能力，但对已吸附的噬菌体无作用。

有包膜病毒（如新型冠状病毒）和无包膜病毒（如噬菌体）对理化因素的抵抗力各不相同（表1-9），而且噬菌体的抵抗力比一般细菌的繁殖体强，加热70～80℃，30min仍不失活。噬菌体在低温下能长期存活，经反复冻融并不减弱其裂解能力。大多数噬菌体能抵抗乙醚、氯仿和乙醇。消毒剂需作用较长时间才能使其失活，如在5g/L升汞（氯化汞）、5g/L苯酚中经3～7d作用不丧失活性。但对紫外线较敏感，一般照射10～15min丧失活性。

表1-9　比较有包膜病毒（新型冠状病毒）和无包膜病毒（噬菌体）的抵抗力

病毒种类	举例	对热抵抗力	对有机溶剂抵抗力	低温	对紫外线照射
有包膜病毒	新型冠状病毒	56℃，30min有效灭活	乙醚、75%（体积分数）乙醇、含氯消毒剂（84消毒液）、过氧乙酸和氯仿等脂溶剂均可有效灭活	-60℃可保存数年	不敏感，一般1h以上灭活
无包膜病毒	噬菌体	70～80℃，30min不失活	耐受乙醚、乙醇、氯仿，抵抗消毒剂	长期存活，反复融冻不失活	敏感，一般照射10～15min失活

（5）毒性噬菌体的增殖　根据噬菌体与寄主菌的关系，可将噬菌体分为两类。一类在寄主菌细胞内复制增殖，产生许多子代噬菌体，并最终使寄主菌细胞裂解，这类噬菌体被称为毒（烈）性噬菌体。另一类感染寄主菌后不立即增殖，而是将其核酸整合到寄主菌核酸中，随寄主菌核酸的复制而同步复制，并随细菌的分裂而传代，这类噬菌体被称为温和噬菌体。毒性噬菌体感染寄主细胞后进行大量增殖并最终引起细菌裂解，其增殖过程包括吸附、侵入、复制、装配（成熟）和释放（裂解）5个阶段（图1-64）。从吸附到寄主菌细胞裂解释放子代噬菌体的过程，称为噬菌体的复制周期（或溶菌周期）。毒性噬菌体的增殖实际上是噬菌体基因组复制与表达的结果，这是一种完全不同于其他微生物的繁殖方式。

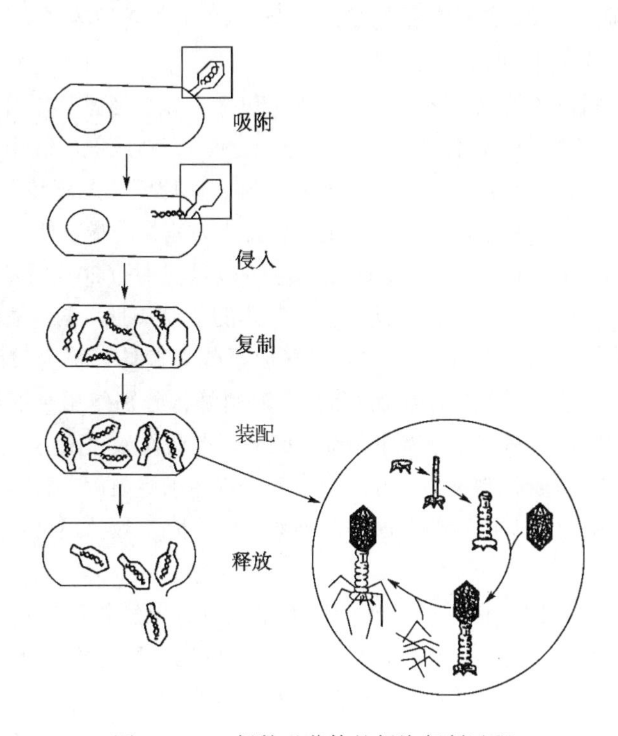

图1-64　T偶数噬菌体的侵染复制过程

①吸附：噬菌体能否感染寄主细胞，取决于噬菌体能否吸附在寄主细胞壁表面的受体上。寄主细胞壁上具有吸附噬菌体的特殊结构称为受体。吸附是噬菌体的受体与敏感寄主细胞的特异性受体发生结合的过程。其结合具有高度的特异性，如痢疾志贺氏菌噬菌体只能感染痢疾志贺氏菌而不能感染伤寒沙门氏菌。蝌蚪形噬菌体借助尾丝尖端的蛋白质与寄主细胞特异性受体部位（G^+菌细胞壁的磷壁酸、G^-菌的外膜脂多糖或脂蛋白等）接触，触发尾丝张开吸附于寄主细胞受体上，随即将刺突、尾板固着于细胞表面。球形噬菌体则依赖其表面结构吸附于细菌的性菌毛、鞭毛等；丝形噬菌体以其顶端吸附于性菌毛的顶端。吸附过程不仅与内在因素（如噬菌体的数量、感染寄主细胞的特异性受体等）有关，而且还受环境因素（如温度、pH、色氨酸和生物素等辅助因子及阳离子种类和浓度等）的影响，如Ca^{2+}、Mg^{2+}、K^+、Na^+等能促进噬菌体的吸附，而一些抗生素、有机酸、表面活性剂及染料等却阻碍其吸附过程。

②侵入：当噬菌体吸附于细菌细胞壁的受体后，张开的尾丝刺激尾板的构象变化，中央

孔开口，尾管端分泌和释放少量溶菌酶，将细胞壁上的肽聚糖水解成一小孔，然后尾鞘蛋白收缩（尾鞘收缩时，其衣壳粒发生复杂的移位效应，紧缩成原长度的一半），露出尾管，将尾管插入寄主细胞内注入头部的核酸，而蛋白质壳体（衣壳、尾鞘、尾丝、刺突等）留在细胞外。从吸附到侵入的时间很短，只有几秒到几分钟，如大肠杆菌 T4 噬菌体只需 15s。当噬菌体侵入后，寄主细胞表面变成粗糙状态，细胞壁和细胞膜对物质的通透性增大，常有细胞质漏出；细胞质染色不均匀，有破碎的细胞出现，代谢活动随之失常。

③复制：当噬菌体核酸（DNA）进入寄主菌细胞后，操纵寄主细胞的代谢机能，并利用寄主细胞的整套合成机构（如核糖体、tRNA、酶、ATP 等），以其 DNA 为模板转录 mRNA，在菌体的核糖体上翻译合成噬菌体的结构蛋白与合成 DNA 所需的酶类等，同时以其 DNA 为模板复制大量的子代噬菌体 DNA。

④装配：当子代噬菌体的核酸与蛋白质壳体（包括衣壳、尾鞘、尾管、尾板、尾丝、刺突等部件）合成后，在寄主菌细胞质内按一定程序装配成完整成熟的噬菌体。其装配过程大致分为 4 步：蛋白质衣壳包裹 DNA 聚缩体而形成头部；由尾板、尾管和尾鞘装配成尾部；头部与尾部相互衔接；最后单独装配的尾丝与尾部相接成为完整的噬菌体。

⑤释放（裂解）：当子代噬菌体粒子成熟并达一定数量时（20~1000 个），寄主菌细胞突然裂解，释放出大量子代噬菌体，完成毒性噬菌体的复制周期。T 偶数噬菌体、ϕX174 噬菌体等大多数噬菌体是以裂解寄主菌细胞方式释放子代噬菌体，称为破胞释放。其裂解原因：成熟的噬菌体粒子能诱导产生脂肪酶/酯酶和溶菌酶，分别作用于细胞膜磷脂、细胞壁肽聚糖上，产生溶解效应，从而导致寄主菌细胞裂解。有些丝形噬菌体（如 M13 噬菌体或 fd 噬菌体）以出芽方式释放子代噬菌体，并不会引起寄主菌细胞裂解，称为出芽释放。噬菌体裂解细菌的现象在液体培养基中可使混浊的菌悬液浊度下降，液体澄清；在固体培养基上出现菌落的噬菌斑。

噬菌体增殖所需时间因噬菌体的种类、培养基成分、温度等不同而异，最短为数十分钟，最长可达 5h 以上。例如，大肠杆菌 T 系噬菌体在合适温度等条件下仅需 15~25min。平均每一寄主菌细胞裂解后产生的子代噬菌体数称为裂解量。一个寄主菌细胞可释放数十到数百个成熟噬菌体，如 T2 噬菌体裂解量为 150 左右（5~447），T4 噬菌体裂解量约为 100。

（6）温和噬菌体与溶源性细菌　温和噬菌体感染相应寄主菌后，既不立即增殖，也不引起细胞裂解，而是将其基因组整合到寄主菌的核酸中，并随寄主菌核酸的复制而同步复制，此即称为溶源性（溶源化或溶源现象）。整合在寄主菌核酸中的噬菌体基因组称为原噬菌体（或前噬菌体）；染色体上带有温和噬菌体基因组的细菌称为溶源性细菌。溶源性细菌有如下特点。

①自发裂解：多数溶源性细菌不发生裂解现象，能够正常繁殖，并将原噬菌体传至子代菌体中。只有极少数（发生率为 10^{-5} 左右）溶源性细菌（如芽孢杆菌、大肠杆菌、假单胞菌、棒状杆菌、沙门氏菌、葡萄球菌、弧菌、链球菌、变形杆菌、乳杆菌等）的原噬菌体脱离寄主菌的 DNA，并在寄主菌体内增殖产生成熟噬菌体，导致寄主菌细胞裂解，这种现象称为溶源性细菌的自发裂解。也就是说极少数溶源性细菌中的温和噬菌体变成了毒性噬菌体。

②诱发裂解：用低剂量的紫外线照射，或用 X 射线、丝裂霉素 C、氮芥等其他理化因素处理，能够诱发大部分甚至全部溶源性细菌大量裂解，释放出噬菌体粒子，这种现象称为诱发裂解。故温和噬菌体既有溶源周期，又有溶菌周期，而毒性噬菌体只有溶菌周期。

③复愈：有极少数溶源性细菌中的原噬菌体消失了，成为非溶源性细菌，此时既不会发生自发裂解现象，又不会发生诱发裂解现象，称为溶源性细菌的复愈。

④对同源噬菌体的感染具有免疫性：由于溶源性细菌核酸中本身携带有原噬菌体，则溶源性细菌对该原噬菌体或同源噬菌体不敏感，有特异性免疫力。这些噬菌体虽然可以进入溶源性细菌，但不能增殖，也不能导致溶源性细菌裂解。如含有 λ 原噬菌体的溶源性细菌对 λ 原噬菌体的毒性有免疫性。

⑤溶源性转变：噬菌体 DNA 整合到细菌基因组中而改变了细菌的基因型，使溶源性细菌相应性状发生改变，称为溶源性转变。例如，白喉棒状杆菌不产生毒素，当其被 β-白喉棒状杆菌温和噬菌体感染而溶源化后，由于后者带有毒素蛋白的结构基因（tox^{+}），可编码毒素蛋白，因而变成产白喉外毒素的致病菌，细菌失去该噬菌体即丧失产毒能力。此外，一些肉毒梭菌神经毒素的产生，某些金黄色葡萄球菌溶血素的产生，以及某些沙门氏菌属、志贺氏菌属等的抗原结构和血清型别也都与细菌的溶源性转变有关。

溶源性细菌的检测方法：将待测溶源菌于合适的液体培养基中培养，并在对数生长期进行紫外线照射，诱导原噬菌体复制；将少量经照射的溶源菌与大量的敏感指示菌（敏感的非溶源性菌株，易受溶源菌释放出的噬菌体感染发生裂解者）相混合，然后与营养琼脂混匀倒入平板，经培养后溶源菌长成菌落。当溶源菌中部分细胞发生诱发裂解或自发裂解释放出噬菌体粒子时，则会感染溶源菌菌落周围的敏感指示菌，并反复侵染形成噬菌斑。由于溶源菌对自身原噬菌体的感染具有免疫性，最后形成了中央是未裂解的溶源菌的菌落，四周为非溶源菌的透明裂解圈所形成的独特噬菌斑（图 1-65）。也可将溶源菌加到指示菌的液体培养物中，培养后观察菌液能否变清。

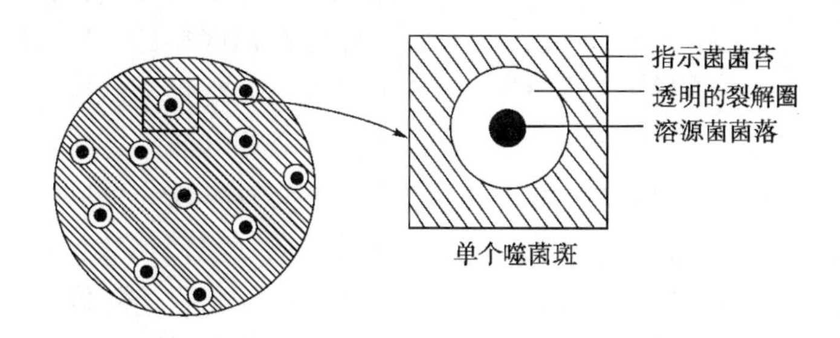

图 1-65　溶源菌及其独特噬菌斑的形态模式图

温和噬菌体有 3 种存在形式：一为游离态，指成熟后被释放并有侵染性的游离噬菌体；二为整合态，指已整合到寄主菌基因组上的原噬菌体状态；三为营养态，指原噬菌体自发或经外界理化因子诱导后，脱离寄主菌核基因组而处于积极复制、合成和装配的状态。常见的温和噬菌体有大肠杆菌 λ 噬菌体、Mu-1 噬菌体、P1 噬菌体和 P2 噬菌体等。

（7）噬菌体效价的测定　涂布有敏感寄主细胞的固体培养基表面接种相应噬菌体的稀释液，其中每一噬菌体粒子由于先感染和裂解一个细胞，然后以此为中心，再反复感染和裂解周围大量的细胞，结果在菌苔上形成一个具有一定形状、大小、边缘和透明度的噬菌斑。因每种噬菌体的噬菌斑的特征不同，故可作为该噬菌体的鉴定指标，也可用于纯种分离和计数。据测定，一个直径仅 2mm 的噬菌斑含噬菌体粒子数高达 10^7～10^9 个。

噬菌体效价表示每毫升试样中所含有的具感染性的噬菌体粒子数，又称噬菌斑形成单位数（Plaque forming units，pfu），其效价单位为 pfu/mL。每一个噬菌斑由一个噬菌体增殖并裂解噬菌斑内的细菌后形成，实验时将噬菌体经一定倍数稀释，通过噬菌斑计数可测知一定容积中噬菌体的数量。测定噬菌体效价的方法很多，较常用且较精确的方法为双层平板法。其主要操作步骤为：预先分别配制含 20g/L 和 10g/L 琼脂的底层培养基和上层培养基。先在平皿中倾入一层底层培养基（7~8mL），待凝固后，再将预先溶化并冷却到 45℃以下，将加有较浓的敏感寄主菌（对数期菌液 0.2mL）和一定体积待测噬菌体样品（合适稀释液 0.1mL）的上层培养基（3mL）在试管中摇匀后，立即倒于底层培养基上，而后在 37℃培养 10 余小时后，即可计数双层平板上的噬菌斑数量。此法优点：由于增加了底层培养基，可弥补培养皿底部不平的缺陷，因而使所有噬菌斑都位于近乎同一平面上，且大小一致，边缘清晰，无重叠现象；又因上层培养基中琼脂较稀，故可形成形态较大、特征较明显及便于观察和计数的噬菌斑。

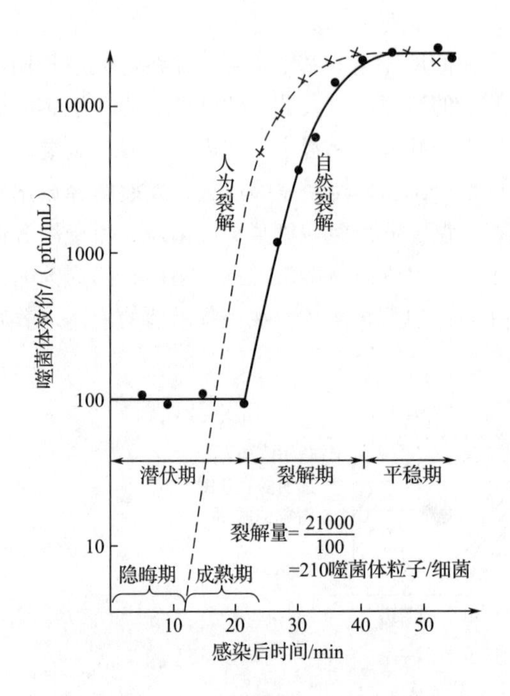

图 1-66 T4 噬菌体的一步生长曲线

（8）一步生长曲线 描述毒性噬菌体生长规律的实验曲线称为一步生长曲线，如图 1-66 所示。该曲线反映出 3 个重要特征参数：潜伏期、裂解期的长短和裂解量的多少。一步生长曲线的实验方法如下：先将适量噬菌体接种于对数生长期的敏感细菌培养液中，通常噬菌体和细菌的混合比例为 1∶10，避免几个噬菌体同时侵染一个细菌细胞。经数分钟吸附后，混合液中加入一定量的该噬菌体的抗血清，以中和尚未吸附的噬菌体，然后用培养基进行高倍稀释，以终止抗血清的作用及防止发生第二次吸附和感染，随即在适宜温度下培养。其间每隔数分钟取样，采用双层平板法连续测定噬菌体效价。以感染后的时间为横坐标，噬菌体效价为纵坐标，绘制获得一步生长曲线。

①潜伏期：噬菌体的核酸侵入寄主细胞后至第一个成熟噬菌体粒子释放前的一段时间称为潜伏期。它又分为两阶段，即隐晦期与成熟期。

a. 隐晦期：指在潜伏期的前期寄主细胞内的噬菌体正处于核酸复制与蛋白质衣壳合成的阶段。此时人为（用氯仿等）裂解寄主细胞后，其裂解液尚无侵染性。

b. 成熟期：又称胞内积累期，指在潜伏期的后期（隐晦期之后）寄主细胞内的噬菌体处于装配噬菌体粒子的阶段。此时人为裂解寄主细胞后，其裂解液呈现侵染性。

②裂解期：紧接在潜伏期后寄主细胞迅速裂解，每毫升溶液中噬菌体粒子的数量（噬菌体效价）急剧增多的一段时间称为裂解期。由于噬菌体裂解寄主细胞的突发性，理论上其裂解期应瞬间出现，但事实上群体寄主细胞每个裂解时间不同步，故出现了较长裂解期。

③平稳期：指感染后的寄主细胞已全部裂解，每毫升溶液中噬菌体粒子的数量（噬菌体

效价）在最高处达到稳定的一段时间称为平稳期。在此期中，每个寄主细菌释放新的噬菌体粒子的平均数即称为裂解量。

（9）噬菌体的危害与防治措施及其应用

①噬菌体的危害：噬菌体与食品发酵工业关系密切。在食品发酵工业中，噬菌体的危害是污染生产菌种，造成菌体裂解，发生倒罐事件，经济损失极其严重。例如，生产谷氨酸的北京棒状杆菌，生产酸乳的乳酸菌，生产食醋的醋酸菌，生产丙酮、丁醇的丙酮丁醇梭菌，生产链霉素的灰色链霉菌，以及生产淀粉酶或蛋白酶的细菌等，若受到相应噬菌体感染则出现异常发酵。异常发酵常表现为发酵缓慢，菌体因细胞裂解而数量下降，发酵液变得澄清，pH 异常，不能积累发酵产物等，严重的造成倒罐、停产。故在食品发酵工业中，必须采取防治措施，减少由噬菌体造成的损失。

②噬菌体的防治措施：一般来说，造成噬菌体污染必须具备有噬菌体、活菌体、噬菌体与活菌体接触的机会和适宜的环境等条件。由于噬菌体寄主活菌体大量存在，以及噬菌体有时也能脱离寄主在环境中长期存在，故活菌排放发酵废液是造成噬菌体污染的主要根源；同时噬菌体对干燥抗性较强，可通过空气传播污染发酵各个环节，因此要采取综合措施有效防治噬菌体污染。a. 搞好发酵工厂的环境清洁卫生和生产设备、用具的消毒杀菌工作；b. 妥善处理好发酵废液，对排放或丢弃的活菌液要严格灭菌后才能排放；c. 严格无菌操作，防止菌种被噬菌体污染，对空气过滤器、管道和发酵罐要经常严格灭菌；d. 定期轮换生产菌种和使用抗噬菌体的生产菌株。由于噬菌体对寄主专一性较强，一种噬菌体通常只侵染同种菌的个别菌株，因此一旦发现生产菌种被噬菌体污染，可通过轮换同种生产菌的不同菌株，或选育和使用抗噬菌体的生产菌株，每隔一定时间轮换使用 1 次等办法，可以达到防治噬菌体的目的。

噬菌体的防治是一项系统工程，从培养基的制备、培养基灭菌、种子培养、空气净化系统、环境卫生、设备、管道、车间布局及职工责任心等诸多方面，分段检查把关，才能做到根治噬菌体的危害。

③噬菌体的应用：

a. 用于细菌鉴定和分型，由于噬菌体裂解细菌具有种与型的高度特异性，即一种噬菌体只能裂解和它相应的该种细菌的某一型，故可用已知型的噬菌体对某细菌进行鉴定与分型。例如利用噬菌体将金黄色葡萄球菌分为 132 个噬菌体型，将伤寒沙门氏菌分为 96 个噬菌体型。也可利用已知噬菌体鉴定未知细菌，如霍乱弧菌、鼠疫耶尔森氏菌、枯草芽孢杆菌等的鉴定就可采用噬菌体溶菌法。噬菌体分型法在流行病学调查上，特别是追查传染源，判定传播途径具有重要作用。

b. 用于诊断和治疗疾病，利用噬菌体裂解相应细菌这一特性可将已知噬菌体加入被检材料中，如出现噬菌体效价增长，就证明材料中有相应细菌存在。鉴于细菌耐药现象给人类带来的困惑，在疾病治疗中可使用噬菌体裂解耐药性细菌，如铜绿假单胞菌、葡萄球菌、链球菌、大肠杆菌、痢疾志贺氏菌、克雷伯氏菌等病原菌，获得了肯定的治疗效果。

c. 作为分子生物学研究的重要实验工具，由于噬菌体结构简单，基因数目较少，易于获得大量突变体，噬菌体变异或遗传性缺陷株又容易辨认、选择和进行遗传性分析，使之成为分子生物学研究的重要工具。在生物技术方面，利用温和噬菌体能将其核酸整合到寄主细胞核酸中的特点，赋予寄主细胞某种新的性状。因此，温和噬菌体作为外源基因的载体，将不同核酸片段传递到受体细胞中，改变受体细胞的遗传性状，广泛用于基因工程上。如大肠杆菌 K12k 噬菌体含有双链 DNA，与外源基因重组后转入大肠杆菌，能在菌体细胞内扩增外源基因或表达外源基因产物。

二、亚 病 毒

亚病毒（Subvirus）是病毒学的一个新分支，突破了原先以核衣壳为病毒粒子基本结构的传统认识，将只含有核酸或蛋白质一种成分的分子病原体或是由缺陷病毒构成的功能不完整的病原体，统称为亚病毒。缺陷（缺损）病毒因其基因组有缺损，在寄主细胞内复制时还需要其他病毒基因组或病毒基因的辅助活性，否则即使在活细胞内也不能复制。目前已发现的亚病毒主要有类病毒、卫星病毒、卫星 RNA 和朊病毒等。

1. 类病毒

类病毒（Viroid）是一类只含 RNA 一种成分、专性寄生于活细胞内的分子病原体。它无蛋白衣壳，仅有一条裸露的闭合环状 ssRNA 分子，能感染寄主细胞并依赖宿主细胞的酶系进行复制，是目前已知的最小可传染致病因子，只在植物中发现。类病毒只含有不具有独立侵染性的小分子 RNA 组分，通常由 246～399 个核苷酸分子组成，相对分子质量很小，为（0.5～1.5）$\times 10^5$。类病毒抗热性较强，对脂溶剂也有抗性。

所有类病毒 RNA 均无 mRNA 活性，其基因组不具有编码自身衣壳蛋白的能力，也不具有编码核酸聚合酶的能力，因此只能利用植物寄主细胞核内的 DNA 依赖的 RNA 聚合酶Ⅱ进行复制，并直接干扰寄主细胞的核酸代谢。类病毒复制过程中产生的负链 RNA 可与细胞核内低分子 RNA 形成碱基对，使细胞核内低分子 RNA 失去作用，阻碍了正常 RNA 的连接，从而导致细胞高分子合成系统障碍而致病。

迄今已鉴定的类病毒达 20 多种，每种类病毒都有一定的植物寄主范围。典型的是于 20 世纪 70 年代发现的引起马铃薯纺锤形块茎病的类病毒。此外，类病毒还能引起番茄簇顶病、柑橘裂皮病、菊花矮化病、酒花矮化病、黄瓜白果病、椰子死亡病等，引发叶子褪绿、缩叶、矮化、畸形、减产或死亡等严重植物病害。

2. 卫星病毒

卫星病毒（Satellite virus）是一类基因组有缺损，必须依赖形态较大的专一辅助病毒才能复制和表达的小型伴生病毒。它有蛋白衣壳，基因组由小分子线状 ssRNA 或线状 ssDNA 或线状 dsDNA 组成。在植物病毒中首先发现一大一小的烟草坏死病毒（TNV）与卫星病毒（STNV）之间的伴生现象。STNV 无独立感染宿主能力，其线状 ssRNA（相对分子质量为 4×10^5）所含遗传信息仅具有编码衣壳蛋白的能力，必须依赖辅助病毒（TNV）才能复制，但与辅助病毒基因组之间无核酸序列的同源性，因而不能整合到有独立感染能力的辅助病毒基因组上。

后来在动物病毒和噬菌体中陆续发现了多种卫星病毒。例如，腺联病毒（AAVs）的卫星病毒（AAV-2），其基因组为线状 ssDNA（3675 个核苷酸），在其感染宿主（人体）细胞时不必依赖辅助病毒，可以独立完成吸附、侵入、脱壳的起始阶段，此时若与辅助病毒共同感染宿主，则 AAV-2 的 DNA 即可复制和转录，通过 mRNA 翻译和表达产生有感染力的卫星病毒。相反，此时若无辅助病毒存在，则 AAV-2 只能整合到宿主基因组上并以前病毒形式进入潜伏期（此时对宿主无致病性）。又如，大肠杆菌 P2 噬菌体的卫星噬菌体（P4噬菌体），其基因组为一条线状dsDNA（约11400个核苷酸），在其感染宿主时虽可复制自身的DNA，但若缺乏专一的辅助噬菌体P2与其发生共感染，借以提供全套编码衣壳蛋白等的晚期基因，则不能产生子代卫星噬菌体。同样，此时若无辅助噬菌体P2存在，则P4噬菌体只能整合到宿主基因组上并以前噬菌体形式使寄主细胞发生溶源现象而成为溶源性细菌。

3. 卫星RNA

卫星RNA（Satellite RNA）是一类包裹于某专一辅助病毒的衣壳内，基因组有缺损的、必须完全依赖辅助病毒才能复制的小分子RNA病原因子。它无蛋白衣壳，一般仅由裸露的小分子线状或环状ssRNA组成（后来发现少数种类是DNA，故有人将卫星RNA改称为卫星核酸）。卫星RNA对宿主既无独立的侵染能力，又无mRNA活性，其基因组不具有编码自身衣壳蛋白的能力，必须依赖辅助病毒的协助才能复制。卫星RNA的核酸复制时会干扰辅助病毒的核酸复制，降低后者的增殖量，从而能改变辅助病毒在宿主中引起的症状，减轻由辅助病毒引起的植物病害。因此，可利用卫星RNA进行植物生物防治。例如，将卫星RNA的cDNA转入植物中，成功培育出抗相应病毒的转基因植物，用于预防植物病毒的病害。

4. 朊病毒

朊病毒（Prion）是一类不含核酸，只含有很强传染性蛋白质的病原因子。它是1982年美国布鲁希纳（Prusiner）命名的一组引起中枢神经系统慢性退化性疾病的病原体。能引起宿主体内现成的同类蛋白质分子（PrP^c）发生与其相似的感应性构象变化，从而可使宿主致病。

至今已发现与哺乳动物脑部相关的10余种中枢神经系统疾病都是由朊病毒所引起的。已知引起的疾病有：库鲁病（人的震颤病）、克雅氏病（CJD）、格斯综合征（GSS）、致死性家族型失眠症（FFI）、大耳鹿慢性消瘦病（CWD）、猫海绵状脑病（FSE）、传染性雪貂白质脑病（TME）、羊瘙痒病（Scrapie）和牛海绵状脑病（BSE）等。BSE俗称疯牛病，病原体为羊瘙痒病朊病毒蛋白PrP^{sc}。这些疾病的共同特征是：潜伏期长（许多研究者认为该类疾病的潜伏期可达数年到数十年），严重影响中枢神经的功能，包括引起脑细胞减少，大脑海绵状病变，神经胶质细胞和异常淀粉样蛋白质增多，从而引起认知和运动功能的严重衰退，被感染哺乳动物表现为丧失自主控制力、痴呆、麻痹、消瘦并最终死亡。

朊病毒是一类小型蛋白质颗粒，由约250个氨基酸组成，如羊瘙痒病朊病毒蛋白PrP^{sc}的相对分子质量仅为（3.3~3.5）$\times 10^4$。它与真病毒的主要区别为：①呈淀粉样颗粒状；②不含有核酸成分；③朊病毒蛋白由宿主细胞内的基因编码；④无免疫原性；⑤抗逆性强。对γ射线、紫外线、蛋白酶、消毒剂（乙醇、过氧化氢、高锰酸钾、碘、甲醛）和高温抵抗力强。经120~130℃处理4h后仍具有感染性，用16g/L的氯、2mol/L NaOH及医用甲醛溶液等处理均不能使之失活。

目前已知，朊病毒的发病机制都是因存在于宿主细胞内的一些正常形式的细胞朊蛋白（PrP^c）发生折叠错误后变成了致病朊蛋白（PrP^{sc}）而引起的。在宿主细胞蛋白质合成过程中，致病的PrP^{sc}作用于翻译后的正常PrP^c，修饰PrP^c发生相应的构象变化，从而转变成大量折叠异常的PrP^{sc}。因此，PrP^c和PrP^{sc}均来源于宿主中同一编码基因，并具有相同的氨基酸序列和一级结构，不同之处是两者的三维结构相差甚远，属于同分异构体。PrP^c具有43%的α螺旋和3%的β折叠，而PrP^{sc}约有34%的α螺旋和43%的β折叠。多个β折叠使PrP^{sc}

的溶解度降低，并对蛋白酶抗性增强。

初步研究表明，朊病毒可通过食物链传染给人，借食物进入消化道，再经淋巴系统侵入大脑。至今世界上对此类人畜共患的疯牛病尚无治疗方法，一般患者在发病后半年内死亡。因此，疯牛病的出现引起全世界尤其是欧盟各国的恐慌。目前对此疫病处理的对策是将病牛宰杀，并用温度超过1000℃的焚化炉处理，防止病原因子扩散，同时禁止用动物肉、骨粉制品尤其是动物的脑和脊髓喂养动物，以避免疫病的传播。

重点与难点

（1）G^+菌和G^-菌细胞壁结构和化学组成的差异；（2）革兰染色原理与方法；（3）溶菌酶和青霉素的杀菌机制；（4）荚膜的组成、功能、应用与危害；（5）芽孢耐热性及其抗不良环境的原因；（6）区分酵母菌和细菌的细胞结构；（7）区分酵母菌和霉菌的细胞结构；（8）细菌、酵母菌和霉菌繁殖方式、菌落特征；（9）病毒（噬菌体）的基本特点；（10）毒性噬菌体的增殖过程；（11）溶源性细菌的特点；（12）噬菌体的防治措施。

课程思政点

学习病毒（噬菌体）的基本特点、一般增殖过程，以及对理化因素的抵抗力，正确认识病毒的传染性、抗性及传播途径，对有效控制新冠肺炎疫情具有重要意义。抗疫斗争中，中国共产党和国家始终把人民的生命安全和身体健康放在第一位，向世界彰显了中国特色、中国力量和中国效率，充分体现了中国特色社会主义制度的优越性。

复习思考题

1. 原核微生物与真核微生物主要有哪些种类？简述它们的主要区别。
2. 细菌细胞有哪些主要结构？它们的功能是什么？
3. 比较G^+菌和G^-菌的细胞壁结构和化学组成的异同。
4. 简述革兰染色原理、操作要点，并指出其中的关键步骤。革兰染色有何意义？
5. 简述荚膜的组成与功能、应用及危害。
6. 分析芽孢抗不良环境的原因，其耐热机制是什么？研究芽孢有何实践意义？
7. 放线菌为何属于原核微生物？简述其细胞形态与繁殖方式。
8. 为什么蓝细菌是光合原核微生物？
9. 古菌中的极端嗜盐菌为何能在高浓度食盐环境中生长？
10. 比较酵母菌和细菌的细胞结构、化学组成及菌落特征有何异同？
11. 酵母菌繁殖方式有哪几种？简述出芽繁殖和子囊孢子的形成过程。
12. 酵母菌和霉菌的细胞结构、化学组成有何异同？
13. 霉菌的繁殖方式有哪几种？孢囊孢子和分生孢子是怎样形成的？
14. 根霉、毛霉、曲霉和青霉的细胞形态、繁殖方式与菌落特征有何异同？从菌落特征分析，引起柑橘腐败的常见霉菌是哪一种？

15. 病毒（噬菌体）有哪些基本特点？简述其结构、化学组成与衣壳的对称体制。

16. 简述大肠杆菌T偶数噬菌体的结构与化学组成。

17. 简述毒性噬菌体的增殖过程。

18. 溶源性细菌有哪些特点？

19. 噬菌体对食品发酵工业有何危害？如何防治？

20. 名词解释：原核微生物、真核微生物、细菌、酵母菌、霉菌、放线菌、病毒、亚病毒、噬菌体、毒性噬菌体、温和噬菌体、溶源性细菌、溶源性转变、原生质体、原生质球、细胞壁、磷壁酸、脂多糖（LPS）、异染颗粒、芽孢、糖被、鞭毛、菌落、S型菌落、R型菌落、一步生长曲线、噬菌斑、噬菌体效价。

CHAPTER 2

第二章 微生物的营养

微生物的营养是微生物生理学的重要研究领域，主要研究内容是阐明营养物质在微生物生命活动过程中的生理功能，以及微生物细胞从外界环境摄取营养物质的具体机制。微生物在生命活动中，需要不断从外部环境中吸收所需要的各种物质，通过新陈代谢，获得能量，合成细胞物质，同时排出代谢产物，使机体正常生长繁殖。凡能满足微生物机体生长繁殖和完成各种生理活动所需要的物质称为营养物质。营养物质是微生物生命活动的物质基础，而微生物获得与利用营养物质的过程称为营养。本章主要研究营养物质在微生物生命活动中的生理功能，微生物细胞从外界环境中摄取营养物质的机制，以及如何人工科学配制培养基。

第一节 微生物需要的营养物质

营养物质是微生物生存的物质基础，而营养是微生物维持和延续其生命形式的一种生理过程。微生物所需要的营养物质因种类和个体的不同而有千差万别，有的在基础营养液中就可生长繁殖，有的不在基础营养液中加一定的生长因子就不发育。微生物需要的化学元素主要由相应的有机物和无机物提供，小部分可以由分子态的气体提供。根据营养物质在微生物细胞中生理功能的不同，可将它们分为碳源、氮源、能源、无机盐、生长因子（生长因素）和水六大类营养要素。

一、水　　分

水是微生物细胞的重要组成成分，细胞中水分一部分约束于原生质胶体系统中成为细胞物质的组成成分，另一部分处于自由流动状态，是活细胞中各种生化反应的介质，也是最基本的溶剂。水在细胞中的主要生理功能：①作为细胞原生质胶体的主要成分。②具有溶剂与运输介质的作用，即营养物质必须先溶解于水中才能被微生物吸收和利用，以及营养物质的吸收和代谢产物的排出都必须通过水来完成。③参与细胞内一切生化反应，并作为代谢过程的内部介质。④水是热的良导体，有利于散热，可调节细胞的温度。⑤水的比热高，能有效吸收代谢过程中放出的热，降低热能，使菌体温度不致过高。因此，水是微生物生长不可缺少的物质。在发酵生产和科研实践中配制培养基所用的水为去离子水、纯净水和蒸馏水，一般常用前两种。

二、碳　源

在微生物生长过程中，凡是为微生物提供碳素来源的营养物质称为碳源。其主要生理功能是构成微生物细胞物质和代谢产物，并为微生物生命活动提供能量。碳源物质在细胞内经过一系列复杂的化学变化，成为微生物自身的细胞物质（如糖类、脂类、蛋白质等）和代谢产物。同时，大部分碳源物质在细胞内生化反应过程中还能为机体提供维持生命活动所需的能源。因此，碳源物质通常也是能源物质。但是有些以 CO_2 作为唯一或主要碳源的微生物，其生长所需的能源则并非来自碳源物质。

微生物能够利用的碳源种类很多（表 2-1），既有简单无机碳化物，如 CO_2 和碳酸盐等，也有复杂的有机物，如糖类及其衍生物、脂类、醇类、有机酸、烃类、芳香族化合物等。

表 2-1　　微生物利用的碳源物质

种类	碳源物质	备注
糖类	葡萄糖、果糖、麦芽糖、蔗糖、淀粉、半乳糖、乳糖、甘露糖、纤维二糖、纤维素、半纤维素、几丁质、木素等	单糖优于双糖，己糖优于戊糖，淀粉优于纤维素，同质多糖优于异质多糖和其他聚合物
有机酸	乳酸、柠檬酸、延胡索酸、低级脂肪酸、高级脂肪酸、氨基酸等	与糖类比效果较差，有机酸较难进入细胞，进入细胞后会导致 pH 下降。当环境中缺乏碳源物质时，氨基酸可被微生物作为碳源利用
醇类	乙醇	在低浓度条件下被某些酵母菌和醋酸菌利用
脂类	脂肪、磷脂	主要利用脂肪，在特定条件下将磷脂分解为甘油和脂肪酸加以利用
烃类	天然气、石油、石油馏分、石蜡油等	利用烃的微生物细胞表面有一种由糖脂组成的特殊吸收系统，可将难溶的烃充分乳化后吸收利用
CO_2	CO_2	为自养微生物所利用
碳酸盐	$NaHCO_3$、$CaCO_3$、白垩等	为自养微生物所利用
其他	芳香族化合物、氰化物、蛋白质、肽、核酸等	利用这些物质的微生物在环境保护方面有重要作用。当环境中缺乏碳源物质时，这些物质可被微生物作为碳源而降解利用

多数微生物（如异养微生物）都以有机物作为碳源和能源，其中糖类是微生物最好的碳源。但微生物对不同糖类的利用也有差别。例如，在以葡萄糖和乳糖或半乳糖为碳源的培养基中，大肠杆菌首先利用葡萄糖，然后利用乳糖或半乳糖。凡是能被微生物直接吸收利用的碳源（如葡萄糖）称为速效碳源。反之，不被微生物直接吸收利用的碳源（如乳糖或半乳糖）称为迟效碳源。其次是脂类、醇类和有机酸等。有些微生物能利用酚、氰化物、农药等有毒的碳素化合物，如某些霉菌和诺卡氏菌可利用氰化物，热带假丝酵母可以分解塑料，某些梭状芽孢杆菌可以分解农药六六六。这些微生物正被用于处理“三废”，消除污染，并生产单细胞蛋白等。自然界中几乎所有的有机物，即使是高度不活泼的、有毒的有机物都可以

被微生物分解利用。

有少数微生物（如自养微生物）能利用 CO_2 或碳酸盐作为唯一碳源或主要碳源，将 CO_2 逐步合成细胞物质和代谢产物。这类微生物在同化 CO_2 过程中需要日光提供能量，或者从无机物的氧化过程中获得能量。

葡萄糖、蔗糖、麦芽糖和乳糖是实验室中常用的碳源。发酵工业中为微生物提供的碳源主要是糖类物质，如饴糖、谷类淀粉（玉米、大米、高粱米、小米、大麦、小麦等）、薯类淀粉（甘薯、马铃薯、木薯等）、野生植物淀粉，以及麸皮、米糠、酒糟、废糖蜜、造纸厂的亚硫酸废液等。为了解决发酵工业用粮与人们食用粮、畜禽饲料用粮的矛盾，以纤维素、石油、CO_2 和 H_2 等作为碳源和能源来培养微生物的节粮代粮研究工作已广泛开展，并取得了显著成绩。

三、氮　　源

氮元素是组成微生物细胞内的蛋白质和核酸的重要成分。在微生物生长过程中，凡是为微生物提供氮素来源的营养物质均称为氮源。其生理功能是用于合成细胞物质和代谢产物中的含氮化合物，一般不提供能量。只有少数自养细菌，如硝化细菌能利用铵盐、硝酸盐作为氮源和能源。某些厌氧细菌在厌氧和碳源物质缺乏条件下，也可利用氨基酸作为能源。

微生物能够利用的氮源种类相当广泛，从分子态氮到复杂的含氮有机化合物等都能被不同微生物所利用。氮源物质包括蛋白质及其不同程度的降解产物（胨、多肽、氨基酸等）、尿素、尿酸、铵盐、硝酸盐、亚硝酸盐、分子态氮、嘌呤、嘧啶、脲、胺、酰胺、氰化物等（表 2-2）。不同微生物对氮源的利用差别很大。固氮微生物能以分子态氮作为唯一氮源，也能利用化合态的有机氮和无机氮。多数微生物（如腐生细菌、肠道菌、动植物致病菌、放线菌、酵母菌和霉菌等）都能利用较简单的化合态氮，如铵盐、硝酸盐、氨基酸等，尤其是铵盐和硝酸盐几乎可被所有微生物吸收利用。蛋白质需要经微生物产生并分泌到胞外的蛋白酶水解后才能被吸收利用，如一些霉菌和少数细菌具有蛋白质分解酶，能以蛋白质或蛋白胨作为氮源。有些寄生型微生物只能利用活体中的有机氮化物作为氮源。

表 2-2　　微生物利用的氮源物质

种类	氮源物质	备注
蛋白质	蛋白质及其不同程度降解产物（胨、肽、氨基酸等）	大分子蛋白质难进入细胞，一些真菌和少数细菌能分泌胞外蛋白酶，将大分子蛋白质降解利用，而多数细菌只能利用相对分子质量较小的降解产物
氨和铵盐	NH_3、$(NH_4)_2SO_4$ 等	容易被微生物吸收利用
硝酸盐	KNO_3、$NaNO_3$ 等	容易被微生物吸收利用
分子氮	N_2	固氮微生物可利用，但当环境中有化合态氮源时，固氮微生物就失去固氮能力
其他	嘌呤、嘧啶、脲、胺、酰胺、氰化物	大肠杆菌不能以嘧啶作为唯一氮源，在氮限量的葡萄糖培养基上生长时，可通过诱导作用先合成分解嘧啶的酶，然后再分解并利用嘧啶

实验室中常用的氮源有硫酸铵、硝酸盐（硝酸铵、硝酸钾、硝酸钠）、尿素及牛肉膏、蛋白胨（包括鱼蛋白胨、胰蛋白胨、大豆蛋白胨、棉籽蛋白胨等）、酵母浸粉、多肽（包括大豆肽、豌豆肽、小麦低聚肽、玉米低聚肽、乳清蛋白肽、蛋清蛋白肽等）、氨基酸等。发酵工业中常用酵母浸粉、鱼粉、蚕蛹粉、黄豆饼粉、花生饼粉、玉米浆、棉籽粕等作为氮源。凡是能被微生物直接吸收利用的氮源称为速效氮源，例如铵盐、硝酸盐、尿素等水溶性无机氮化物易被细胞吸收后直接利用；玉米浆、牛肉膏、蛋白胨、酵母浸粉等的蛋白质降解产物——氨基酸也可通过转氨作用直接被机体利用。饼粕中的氮主要以大分子蛋白质的形式存在，需进一步降解成小分子的肽和氨基酸后才能被微生物吸收利用，故属迟效氮源。速效氮源有利于菌体的生长，迟效性氮源有利于代谢产物的形成。发酵工业中，将速效氮源与迟效氮源按一定比例制成混合氮源加入培养基中，可以控制微生物的生长时期与代谢产物形成期的长短，达到提高产量的目的。

四、能　源

能源是指为微生物的生命活动提供最初能量来源的营养物质或辐射能。异养微生物的能源就是碳源。化能自养微生物的能源是还原态的无机物质，如 NH_4^+、NO_2^-、S、H_2S、H_2、Fe^{2+}等，能利用这种能源的微生物包括亚硝酸细菌、硝酸细菌、硫化细菌、硫细菌、氢细菌和铁细菌等。光能营养型微生物的能源是辐射能。微生物的能源谱归纳如下。

能源
- 化学物质（化能营养型）：
  - 有机物：化能异养微生物的能源（同碳源）
  - 无机物：化能自养微生物的能源（不同于碳源）
- 辐射能（光能营养型）：光能自养和光能异养微生物的能源

辐射能（光能）仅供给能源，是单功能；还原态无机养料如 NH_4^+、NO_2^- 是双功能的营养物质，既作能源又作氮源；有机物有的是双功能，有的是三功能，如氨基酸类是三功能营养物质，可同时作为能源、碳源和氮源。

五、无　机　盐

无机盐是指为微生物生长提供的除碳源、氮源以外的各种必需矿物元素。其生理功能：①构成细胞的组成成分，维持生物大分子和细胞结构的稳定性；②参与酶的组成，作为酶活性中心的组分，以及作为酶的辅助因子和激活剂；③调节并维持细胞渗透压、pH 和氧化还原电位；④作为某些化能自养微生物的能源物质和无氧呼吸时的氢受体。

凡是微生物生长所需浓度在 $10^{-4} \sim 10^{-3}$mol/L（培养基中含量）范围内的矿物元素称为主要元素，包括磷、硫、镁、钙、钠、钾、铁等金属盐类。它们各自的生理功能见表 2-3。凡是微生物生长所需浓度在 $10^{-8} \sim 10^{-6}$mol/L（培养基中含量）范围内的矿物元素称为微量元素，包括锌、锰、钼、硒、钴、铜、钨、镍、硼等。微量元素有的参与酶蛋白的结构组成（如钼、钴等），有的作为许多酶的激活剂（如铜、锰和锌等）。微生物在生长过程中缺乏微量元素会导致细胞生理活性降低，甚至停止生长。各种微量元素的生理功能见表 2-4。由于微生物对微量元素的需要量极微，无特殊原因，培养基中不必另外加入。值得注意的是，许多微量元素都是重金属，过量供应反而有毒害作用，故供应的微量元素一定控制在正常浓度范围内，而且各种微量元素之间要有恰当的比例。

表 2-3　　无机盐及其生理功能

元素	化合物形式（常用）	生理功能
磷	KH_2PO_4、K_2HPO_4	核酸、核蛋白、磷脂、辅酶、ATP 等高能分子的成分，作为缓冲剂调节培养基 pH
硫	$(NH_4)_2SO_4$、$MgSO_4$	含硫氨基酸（胱氨酸、半胱氨酸、甲硫氨酸等）、维生素（维生素 B_1、生物素）、辅酶 A、谷胱甘肽的成分，调节细胞氧化还原电位，硫和硫化物作为某些自养菌的能源
镁	$MgSO_4$	己糖磷酸化酶、异柠檬酸脱氢酶、核酸聚合酶等活性中心组分，叶绿素和细菌叶绿素成分，有稳定核糖体、细胞膜的作用
钙	$CaCl_2$、$Ca(NO_3)_2$	某些酶的辅助因子和激活剂，维持酶（如蛋白酶）的稳定性，调节原生质胶体状态，芽孢和某些孢子形成所需，建立细菌感受态所需
钠	NaCl	细胞运输系统组分，维持细胞渗透压，维持某些酶的稳定性
钾	KH_2PO_4、K_2HPO_4	某些酶的辅助因子和激活剂，维持细胞渗透压，调控细胞膜透性，参与细胞内物质运输系统的组成。某些嗜盐细菌核糖体的稳定因子
铁	$FeSO_4$	细胞色素和某些酶（固氮酶、过氧化氢酶、过氧化物酶、细胞色素氧化酶）的组分，某些铁细菌的能源物质，合成叶绿素、白喉毒素所需

表 2-4　　微量元素与生理功能

元素	生理功能
锌	存在于乙醇脱氢酶、乳酸脱氧酶、碱性磷酸酶、醛缩酶、RNA 与 DNA 聚合酶中，肽酶、脱羧酶的辅助因子
锰	存在于超氧化物歧化酶、黄嘌呤氧化酶、柠檬酸合成酶中，对许多酶有活化作用
钼	存在于硝酸盐还原酶、固氮酶、甲酸脱氢酶中
硒	存在于甘氨酸还原酶、甲酸脱氢酶中
钴	存在于谷氨酸变位酶、维生素 B_{12} 中，肽酶的辅助因子
铜	存在于细胞色素氧化酶、抗坏血酸氧化酶、酪氨酸酶中
钨	存在于甲酸脱氢酶中
镍	存在于脲酶中，为氢细菌生长所必需

六、生长因子

生长因子又称生长因素，通常指微生物生长不可缺少、本身又不能合成或合成量不足以满足机体生长需要的微量有机化合物。某些微生物在有碳源、氮源、无机盐的合成培养基中仍不能正常生长，如果加入少量的某种组织（或细胞）的浸提液便生长良好，表明这种组织（或细胞）中含有这些微生物必需的生长因子。各种微生物需求的生长因子的种类和数量不尽相同（表 2-5）。根据生长因子的化学结构及其在机体内的生理作用，可将其分为维生素、氨基酸、嘌呤和嘧啶三大类。

表 2-5 某些微生物生长所需要的生长因子

微生物	生长因子	需要量
弱氧化醋酸杆菌（*Acetobacter suboxydans*）	对氨基苯甲酸（PABA）	0~10ng/mL
	烟酸（维生素 B_3、维生素 PP）	3μg/mL
丙酮丁醇梭菌（*Clostridium acetobutylicum*）	对氨基苯甲酸（PABA）	0.15ng/mL
Ⅲ型肺炎链球菌（*Streptococcus pneumoniae*）	胆碱	6μg/mL
肠膜明串珠菌（*Leuconostoc mesenteroides*）	吡哆醛（维生素 B_6）	0.025μg/mL
金黄色葡萄球菌（*Staphylococcus aureus*）	硫胺素（维生素 B_1）	0.5ng/mL
白喉棒状杆菌（*Corynebacterium diphtheriae*）	β-丙氨酸	1.5μg/mL
破伤风梭状芽孢杆菌（*Clostridium tetani*）	尿嘧啶	0~4μg/mL
阿拉伯糖乳杆菌（*Lactobacillus arabinosus*）	烟酸（维生素 B_3）	0.1μg/mL
	泛酸（维生素 B_5）	0.02μg/mL
	甲硫氨酸	10μg/mL
粪肠球菌（*Enterococcus faecalis*）	叶酸（维生素 B_9）	200μg/mL
	精氨酸	50μg/mL
德氏乳杆菌（*Lactobacillus delbrueckii*）	酪氨酸	8μg/mL
	胸腺核苷	0~2μg/mL
干酪乳杆菌（*Lactobacillus casei*）	生物素（维生素 B_7、维生素 H）	1ng/mL
	麻黄素	0.02μg/mL

（1）维生素　维生素是最早被发现的生长因子。虽然一些微生物能合成维生素，但许多微生物仍然需要外界提供维生素才能生长。其主要生理功能是作为酶的辅基或辅酶的成分，参与新陈代谢。微生物生长旺盛时所需要的维生素浓度大约是 0.2μg/mL。

（2）氨基酸　许多微生物缺乏合成某些氨基酸的能力，必须在培养基中补充这些氨基酸或含有这些氨基酸的短肽才能使微生物正常生长。不同微生物合成氨基酸的能力相差很大。有些细菌，如大肠杆菌能合成自身所需的全部氨基酸，不需外源补充；而有些细菌，如伤寒沙门氏菌（*Salmonella typhi*）能合成所需的大部分氨基酸，仅需补充色氨酸；还有些细菌合成氨基酸的能力极弱，如肠膜明串珠菌（*Leuconostoc mesenteroides*）需要 17 种氨基酸和多种维生素才能生长。一般而言，G^-菌合成氨基酸的能力比 G^+菌强。微生物需要氨基酸的量为 20~50μg/mL。

配制培养基时必须将所需氨基酸的浓度控制在一定范围内，或供给短肽满足其对氨基酸的需要，以免氨基酸之间因浓度不协调产生不良影响。培养基中一种氨基酸浓度过高，会影响对其他氨基酸的吸收，这叫氨基酸的不平衡。

（3）嘌呤和嘧啶　嘌呤和嘧啶也是许多微生物所需要的生长因子。其主要生理功能是作为合成核苷、核苷酸和核酸的原料，以及作为酶的辅酶或辅基的成分。多数微生物，尤其营养要求严格的乳酸菌生长需要嘌呤和嘧啶。有些微生物不仅缺乏合成嘌呤和嘧啶的能力，而且不能将它们正常结合到核苷酸上。因此，对这类微生物需要供给核苷或核苷酸才能正常生长。微生物生长旺盛时需要嘌呤和嘧啶的浓度为 10~20μg/mL。

不同微生物合成生长因子的能力差别较大。各种动物致病菌和乳酸细菌等许多微生物需要多种生长因子。自养菌和某些异养菌（如大肠杆菌）不需要添加生长因子也能生长。有的微生物在代谢活动中能分泌大量的维生素等生长因子。如阿舒假囊酵母（*Eremothecium ashbyii*）能分泌维生素 B_2，常用作维生素 B_2 的产生菌。

如果对某些微生物生长所需生长因子的本质还不了解，通常在培养时，培养基中要加入酵母浸粉、牛肉膏和动植物组织液等天然物质以满足需要。在天然有机物培养基中，常有足够量的生长因子存在，而在人工合成培养基中，应予以供给。在实验室及发酵生产中制备培养基时常用酵母浸粉、牛肉膏、麦芽汁、肝浸液、玉米浆等天然物质作为生长因子。

第二节　微生物的营养类型

营养类型是根据微生物生长所需要的主要营养要素，即碳源和氮源的不同而划分的微生物类型。由于微生物种类繁多，其营养类型比较复杂，人们就在不同层次和侧重点上对微生物营养类型进行划分（表 2-6）。根据碳源、能源和电子（氢）供体性质的不同，可将绝大部分微生物分为光能无机自养型、光能有机异养型、化能无机自养型和化能有机异养型四大类型（表 2-7）。

表 2-6　　微生物的营养类型（Ⅰ）

划分依据	营养类型	特点
碳源	自养型（Autotrophs）	以 CO_2 为唯一或主要碳源
	异养型（Heterotrophs）	以有机物为碳源
能源	光能营养型（Phototrophs）	以光为能源
	化能营养型（Chemotrophs）	以有机物氧化释放的化学能为能源
电子（氢）供体	无机营养型（Lithotrophs）	以还原性无机物为电子（氢）供体
	有机营养型（Organotrophs）	以有机物为电子（氢）供体

表 2-7　　微生物的营养类型（Ⅱ）

营养类型	能源	电子（氢）供体	基本碳源	实例
光能无机自养型（光能自养型）	光能	无机物（H_2、S、H_2S、或 H_2O）	CO_2 或碳酸盐	蓝细菌、紫硫细菌、绿硫细菌、藻类
光能有机异养型（光能异养型）	光能	有机物	CO_2 及简单有机物	红螺菌属的细菌（即紫色无硫细菌）
化能无机自养型（化能自养型）	化学能（无机物氧化）	无机物（H_2、S、NH_4^+、H_2S、Fe^{2+}、或 NO_2^-）	CO_2 或碳酸盐	硝化细菌、硫化细菌、铁细菌、氢细菌、硫磺细菌等
化能有机异养型（化能异养型）	化学能（有机物氧化）	有机物	有机物	大多数原核微生物和全部真菌（单细胞藻类除外）、原生动物

一、无机自养型微生物

无机自养型微生物（简称自养微生物）具有高度的合成能力，能在完全是无机物的环境中生长繁殖。它们具有完整的酶系统，能以 CO_2 或碳酸盐为碳源，被同化为菌体内能量较高的有机碳化合物，这一过程需外界供应能量来实现。根据微生物需要的能源不同，又可将之分为光能无机自养型和化能无机自养型两大类。

1. 光能无机自养型

这类微生物利用光能和以无机碳化合物（CO_2 或碳酸盐）作为唯一碳源或主要碳源，以 H_2S 或 $Na_2S_2O_3$ 等还原态无机化合物作为氢供体，使 CO_2 还原成细胞物质，合成细胞内含碳有机物，可在完全无机物的环境中生长。蓝细菌、紫硫细菌、绿硫细菌等属于这种营养类型。它们含有叶绿素或细菌叶绿素等光合色素（含镁的卟啉色素），可将光能转变成化学能腺嘌呤核苷三磷酸（ATP），将 CO_2 合成有机物质，供机体直接利用。

蓝细菌含叶绿素，其光合作用与高等绿色植物一样，在光能作用下以 H_2O 为氢供体，同化 CO_2，并释放出 O_2。

$$CO_2 + H_2O \xrightarrow[\text{叶绿素}]{\text{光}} [CH_2O] + O_2$$

紫硫细菌和绿硫细菌含细菌叶绿素，以 H_2S、S 和 $Na_2S_2O_3$ 等还原态硫化物作为氢供体，它们在严格厌氧条件下进行不放氧的光合作用，利用 H_2S 生长的反应式如下：

$$CO_2 + 2H_2S \xrightarrow[\text{光合色素}]{\text{光}} [CH_2O] + 2S + H_2O$$

产生的硫元素或是积累在细胞内，或是分泌到细胞外。

2. 化能无机自养型

这类微生物利用无机物氧化所产生的化学能为能源，以无机碳化合物（CO_2 或碳酸盐）作为唯一碳源或主要碳源，利用电子供体如 H_2、H_2S、S、Fe^{2+} 或 NO_2^- 等使 CO_2 还原成细胞物质，合成细胞内含碳有机物，可在完全无机物的环境中生长。硫化细菌、硝化细菌、氢细菌和铁细菌等均属于这种营养类型，它们广泛分布于土壤和水中，在自然界物质循环中起重要作用。这类细菌在氧化无机物时需要消耗氧，因此必须在有氧条件下进行。

铁细菌能通过铁的氧化获得能量，它们常存在于含铁量高的酸性水中，将亚铁离子氧化成高铁离子，放出能量。例如氧化亚铁硫杆菌（*Thiobacillus ferrooxidans*）具有将硫或硫代硫酸盐氧化生成硫酸和将亚铁氧化成高铁的能力，目前已用于尾矿或低品矿藏中铜等金属元素的浸出，其氧化黄铁矿的化学过程是：

$$2FeS_2 + 5O_2 + 2H_2O \longrightarrow 2FeSO_4 + 2H_2SO_2$$

$$2FeSO_4 + H_2SO_4 + 1/2O_2 \longrightarrow Fe_2(SO_4)_3 + H_2O$$

生成的 $Fe_2(SO_4)_3$ 是强氧化剂和溶剂，可以溶解铜矿（CuS），从中浸出铜元素。

二、有机异养型微生物

有机异养型微生物（简称异养微生物）的合成能力很差，不能单独利用 CO_2 作为碳源，还需要提供含碳有机物作为碳源才能生存。例如，所有的腐生型和寄生型微生物（包括全部病原菌）以淀粉、纤维素、双糖、单糖和有机酸等作为碳源。氮源有的来自含氮无机物，如硫酸铵、硝酸铵；有的来自含氮有机物，如蛋白质、蛋白胨和氨基酸。根据微生物需要的能源不同，又可将之分为光能有机异养型和化能有机异养型两大类。

1. 光能有机异养型

这类微生物利用光能和含碳有机物，不能单独以 CO_2 作为唯一碳源或主要碳源。其菌体内具有光合色素，可以光能作为代谢能源，以简单的含碳有机物作碳源和氢供体，利用光能将 CO_2 还原成细胞物质，合成细胞的有机物。人工培养此类型菌时，通常要供应生长因子。湖泊和池塘淤泥中的红螺菌属（*Rhodospirillum*）中的一些细菌属于这种营养类型。它们在含有机物、无机硫化物和有光、缺氧的条件下，能利用有机酸、醇等简单有机物作氢供体，将 CO_2 还原成细胞物质，同时积累其他有机物。若以异丙醇作氢供体，则积累丙酮。

$$2(CH_3)_2CHOH + CO_2 \xrightarrow[\text{光合色素}]{\text{光}} 2CH_3COCH_3 + [CH_2O] + H_2O$$

光能无机自养型与光能有机异养型微生物的主要区别在于氢供体和电子供体的来源不同。前者可单独利用 CO_2 作为唯一碳源或主要碳源，并以无机物作为氢供体，使 CO_2 还原成细胞物质；而后者虽然能利用 CO_2，但必须在低分子有机物同时存在时才能迅速生长繁殖，并以简单有机物作为氢供体，将 CO_2 还原成细胞物质。

2. 化能有机异养型

这类微生物利用有机物氧化（氧化磷酸化）所产生的化学能（ATP）为能源，以有机碳化合物，如糖类、醇类和有机酸等作为碳源。因此，同一有机物既是碳源又是能源。目前已知多数细菌、放线菌、全部的真菌（单细胞藻类除外，包括酵母菌、霉菌、蕈菌）、原生动物，以及已知所有的病原菌均属于这种营养类型。它们在自然界分布广、种类多、数量大，几乎能利用全部的天然有机物和各种人工合成的有机聚合物。

根据化能有机异养型微生物利用有机物的性质和栖息场所的不同，可将其分为腐生型和寄生型两类。腐生型是利用无生命的有机物（如动植物尸体和残体）作为生长的碳源和能源。寄生型是寄生在活的寄主机体内吸取营养物质，离开寄主就不能生存。在腐生型和寄生型之间还存在中间过渡类型，即兼性腐生型与兼性寄生型。如结核分枝杆菌、痢疾志贺氏菌就是以腐生为主、兼营寄生的兼性寄生菌。寄生菌和兼性寄生菌多数是有害微生物，可引起人、畜、禽、农作物的病害。腐生菌虽不致病，但可使食品、粮食和衣物、饲料甚至工业制品发霉变质，有的还产生毒素引起食物中毒。腐生菌和兼性腐生菌在自然界物质循环中起重要作用。

上述 4 种营养类型的划分并非绝对。在自养型和异养型之间，光能型和化能型之间都存在中间过渡类型，即兼性自养型和兼性光能型。异养型微生物并非绝对不能利用 CO_2，只是不能以 CO_2 为唯一或主要碳源进行生长，而且在有机物存在情况下也可将 CO_2 同化为细胞物质。同样，自养型微生物也并非不能利用有机物进行生长。

第三节　微生物对营养物质的吸收方式

环境中的营养物质只有吸收到细胞内才能被微生物逐步利用。微生物在生长过程中不断产生多种代谢产物，必须及时排到细胞外，以免在细胞内积累产生毒害作用，这样微生物才能正常生长。所有微生物细胞没有专门的摄食器官和排泄器官，但都具有一种保护机体完整性，且能限制物质进出细胞的透过屏障或称渗透屏障。透过屏障主要由细胞膜、细胞壁等组成。细胞壁对营养物质的吸收有一定影响，如G^+菌因细胞壁结构较紧密，相对分子质量大于10000的葡聚糖难以通过。霉菌和酵母菌细胞壁只能允许相对分子质量较小的物质通过。与细胞壁相比，细胞膜的功能对营养物质的吸收与代谢产物的排出起重要作用。微生物的细胞膜对跨膜运输的营养物质具有选择性，一般只直接吸收水溶性和脂溶性的小分子物质，而大分子的营养物质，如多糖、蛋白质、核酸、脂肪等，必须经相应的胞外酶水解成小分子物质才能被微生物细胞吸收。

根据物质运输过程的特点，目前一般认为，除原生动物以膜泡运输吸收营养物质外，其他各大类有细胞的微生物对营养物质的吸收主要有单纯扩散、促进扩散、主动运输、基团转位4种方式。

一、单纯扩散

单纯扩散又称被动扩散。此种扩散的推动力是细胞膜内外物质浓度的差，在无载体蛋白参与下，单纯依靠分子自由运动通过细胞膜，并以高浓度区向低浓度区扩散，直到细胞膜内外的浓度相等为止（图2-1）。单纯扩散并不是细胞吸收营养物质的主要方式。单纯扩散仅限于吸收小分子物质，如水、溶于水的气体（O_2、CO_2）和极性小分子（如尿素、乙醇、甘油、脂肪酸等）及某些氨基酸、离子等。

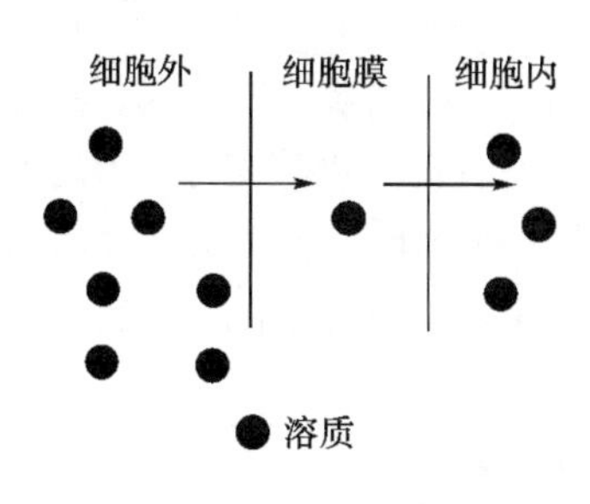

图2-1 单纯扩散示意图

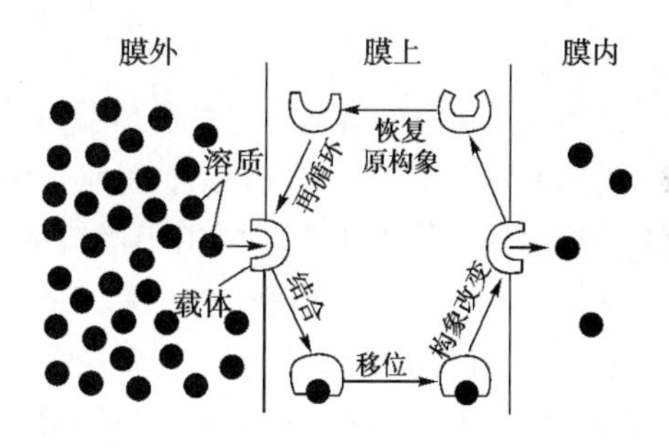

图2-2 促进扩散示意图

◡：载体；●：被运输的物质

二、促进扩散

促进扩散是指溶质在运输过程中，必须借助存在于细胞膜上的特异性载体蛋白（又称渗透酶，有类似于酶的作用，多数是诱导酶）的协助，但不消耗能量的一类运输方式。借助载体蛋白自身构象的变化，在不消耗能量的条件下，可加速将膜外高浓度的溶质扩散到膜内，直至膜内外该溶质浓度相等为止（图2-2）。通过促进扩散进入细胞的营养物质主要有氨基酸、单糖、维生素及无机盐等。促进扩散多见于真核微生物中，如酵母菌对葡萄糖的转运，而在原核微生物中较少见，但最近发现甘油可通过促进扩散进入大肠杆菌、沙门氏菌、志贺氏菌等肠道细菌中。

三、主动运输

主动运输是指一类需提供能量，并通过细胞膜上特异性载体蛋白构象的变化而将膜外环境中低浓度的溶质运入膜内的一种运输方式。营养物质在膜外侧与载体蛋白形成载体溶质复合物，进入膜内侧在能量参与下，载体构型发生变化，与结合物的亲和力降低，营养物质被释放出来，载体重新利用（图2-3），主动运输与促进扩散区别在于：主动运输过程中的载体蛋白构型变化需要消耗能量，而促进扩散不需要能量。微生物细胞对糖类（乳糖、葡萄糖、半乳糖、阿拉伯糖、蜜二糖等）、氨基酸（丙氨酸、丝氨酸、甘氨酸等）、核苷、乳酸和葡萄糖醛酸，以及某些阴离子（PO_4^{3-}、SO_4^{2-}）和阳离子（Na^+、K^+）等都是通过主动运输吸收。例如大肠杆菌利用β-半乳糖苷渗透酶与乳糖结合后，转运到膜内，在代谢能量的作用下，乳糖与酶的亲和力降低，使乳糖在细胞内释放，结果胞内乳糖浓度高于胞外浓度。

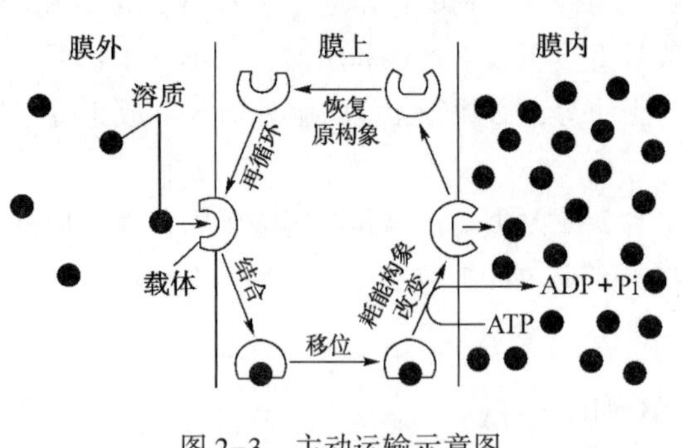

图2-3 主动运输示意图

：载体；●：被运输的物质

四、基团转位

基团转位是指一类既需特异性载体蛋白的参与又需耗能的一种物质运输方式。其特点是有一个复杂的运输系统来完成物质的运输，溶质分子在运输前后发生化学变化，因此不同于一般的主动运输。基团转位主要用于运输糖和糖的衍生物（如乳糖、葡萄糖、甘露糖、果糖、麦芽糖、*N*-乙酰葡萄糖胺）、丁酸、核苷酸、嘌呤、嘧啶等，主要存在于厌氧和兼性厌氧的大肠杆菌、鼠伤寒沙门氏菌、金黄色葡萄球菌和乳酸杆菌等细菌中。

大肠杆菌对葡萄糖和金黄色葡萄球菌对乳糖吸收的研究结果表明，这些糖在运输过程中发生了磷酸化作用，并以磷酸糖的形式存在于细胞质中，磷酸糖中的磷酸来自磷酸烯醇式丙酮酸（PEP）。因此，又将基团转位称为磷酸烯醇式丙酮酸-磷酸糖转移酶运输系统（PTS），简称磷酸转移酶系统。PTS一般由4种不同的蛋白质组成：酶Ⅰ、酶Ⅱ、酶Ⅲ（又称因子Ⅲ）和HPr。HPr是一种低分子质量的可溶性热稳定载体蛋白质。酶I和HPr是两种非特异性细胞质蛋白，主要起能量传递作用，存在于所有以基团转位方式运输糖的系统中；而酶Ⅱ与酶Ⅲ对糖具有特异性，能被各种底物诱导产生。酶Ⅱ是一类结合在细胞膜上的特异性诱导酶，对特定的糖起作用；酶Ⅲ只在少数细菌中发现。在糖的运输过程中，磷酸烯醇式丙酮酸上的磷酸基团通过酶Ⅰ、HPr和酶Ⅲ逐步磷酸化，最后在酶Ⅱ作用下，将酶Ⅲ携带的磷酸转移到糖上，生成磷酸糖释放于细胞质中（图2-4）。

上述是微生物细胞（除原生动物外）对营养物质吸收的4种方式。微生物代谢产物从细胞内排出方式，与营养物质进入的方式相类似。有关这4种运输营养物质方式的比较见表2-8。

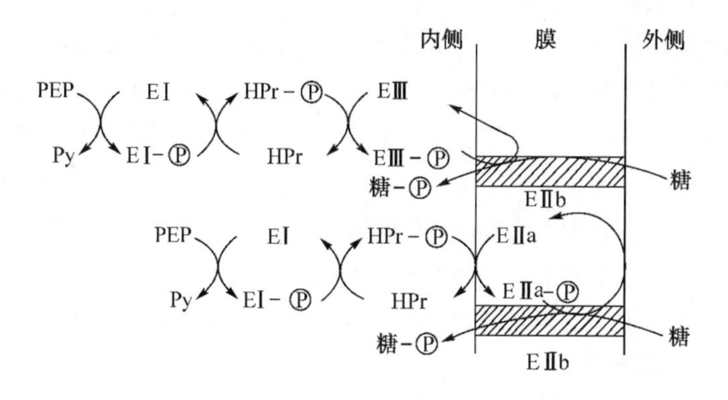

图 2-4　磷酸转移酶系统输送糖的示意图

EⅠ—酶Ⅰ　EⅡ—酶Ⅱ　EⅢ—酶Ⅲ

HPr—热稳定性蛋白　P—磷酸　PEP—磷酸烯醇式丙酮酸　Py—丙酮酸

表 2-8　4 种运输营养物质方式

项目	单纯扩散	促进扩散	主动运输	基团转位
特异载体蛋白	无	有	有	有
运输速率	慢	快	快	快
溶质运输方向	由浓至稀	由浓至稀	由稀至浓	由稀至浓
平衡时内外浓度	内外相等	内外相等	内部浓度高	内部浓度高
运输分子	无特异性	有特异性	有特异性	有特异性
代谢能量消耗	不需要	不需要	需要	需要
运输前后溶质	无化学变化	无化学变化	无化学变化	有化学变化
载体饱和效应	无	有	有	有
运输对象举例	H_2O、CO_2、O_2、甘油、乙醇、少数氨基酸、盐类等	PO_4^{3-}、SO_4^{2-}、糖（真核微生物）	氨基酸、乳糖等糖类，K^+、Ca^{2+}等无机离子	葡萄糖、甘露糖、果糖、嘌呤、核苷、脂肪酸等

第四节　培　养　基

培养基是人工配制的适合不同微生物生长繁殖或积累代谢产物的营养基质。任何培养基都应具备微生物生长所需要的六大营养要素，应根据微生物的营养类型、培养目的，选择价格便宜、来源广泛的材料配制培养基，以满足科研与生产需要。

一、配制培养基的原则

1. 根据培养目的需要选择适宜的营养物质

由于微生物营养类型复杂，不同微生物有不同的营养需求。因此，要根据不同微生物的营养需求选择适宜的营养物质，配制针对性强的培养基。

自养微生物有较强的合成能力，能以简单的无机物如 CO_2 和无机盐合成复杂的细胞物质。因此，培养自养微生物的培养基应由简单的无机物组成。例如，培养化能自养型的氧化硫硫杆菌（*Thiobacillus thiooxidans*）的培养基组成：CO_2（来自空气），$(NH_4)_2SO_4$ 0.4g/L，$MgSO_4 \cdot 7H_2O$ 0.5g/L，$FeSO_4$ 0.01g/L，KH_2PO_4 4g/L，$CaCl_2$ 0.25g/L，S 10g/L，H_2O，pH 7.0，灭菌温度121℃，灭菌时间20min。在该培养基配制过程中并未专门加入其他碳源物质，而是依靠空气中和溶于水中的 CO_2 为氧化硫硫杆菌提供碳源。培养其他化能自养型微生物与上述培养基成分基本类似，只是能源物质有所改变。对光能自养型微生物，除需要各类营养物质外，还需光照提供能源。

异养微生物的合成能力较弱，不能以 CO_2 作为唯一碳源或主要碳源，故应在培养基中至少添加一种有机物。不同种类的异养型微生物对营养要求差别很大，其培养基组成也相差很远。例如，培养大肠杆菌的培养基组成比较简单：葡萄糖 5g/L，$NH_4H_2PO_4$ 1g/L，$MgSO_4 \cdot 7H_2O$ 0.5g/L，K_2HPO_4 1g/L，NaCl 5g/L，H_2O，pH 7.0~7.2，灭菌温度121℃，灭菌时间20 min。有些异养型微生物的培养基成分非常复杂，如培养肠膜明串珠菌，要在培养基中添加多达33种生长因子，因而通常采用天然有机物提供生长因子。

2. 注意营养物质的浓度与配比要合适

微生物只有在营养物质浓度及其比例合适时才能良好生长。营养物质浓度过低不能满足其生长需要，过高又抑制其生长。例如，适量的蔗糖是异养微生物的良好碳源和能源，但高浓度蔗糖则抑制菌体生长。金属离子是微生物生长所不可缺少的矿质养分，但浓度过大，尤其是重金属离子，反而抑制其生长，甚至产生杀菌作用。

从微生物菌体成分分析可知，微生物细胞中的不同成分或元素之间有较稳定的比例，此外，异养微生物中，碳源还兼作能源，而能源的需要量又很大。这两个关键点是确定培养基中营养物的浓度和比例的重要依据。从微生物细胞的化学组成可知：①水分含量最高；②碳源的含量其次；③氮、磷、硫、钾、镁的含量又次之；④生长因子的含量最少。在多数化能异养菌的培养基中，各营养物质间在量上的比例大体符合以下规律：水>碳源+能源>氮源>磷、硫>钾、镁>生长因子。各营养物质之间的配比，特别是碳氮比直接影响微生物的生长繁殖和代谢产物的积累。碳氮比是指碳源和氮源含量之比（C/N）。严格而言，C/N 是指在培养基中所含的碳源中碳原子物质的量与氮源中的氮原子物质的量之比值。为方便计算和测定，人们常以培养基中还原糖与粗蛋白的含量之比来表示。不能将 C/N 理解为某碳源的质量与某氮源的质量之比，因不同种类的碳源或氮源，其中的含碳量或含氮量差别很大，从以下5种常用氮源化合物的含氮质量占其总质量的百分比，即可知其中的道理。

氮源名称：	氨	尿素	硝酸铵	硫酸铵	碳酸铵
含氮量（质量分数/%）：	82	46	35	29.2	21

一般来说，真菌需 C/N 较高的培养基，细菌特别是动物性病原菌需 C/N 较低的培养基。如果为了获得菌体，则培养基的营养成分特别是含氮量应高些，以利菌体蛋白质的合成。如果为了获得代谢产物，一般要求 C/N 应高些，使微生物不至于生长过旺，有利于代谢产物的积累。一般发酵工业用培养基的 C/N 为 100：(0.5~2)。通常菌体的数量与代谢产物的积累量成正比。为了获得较多代谢产物，必须先培养大量菌体。例如酵母菌发酵生产乙醇，在菌

体生长阶段要供应充足的氮源，在发酵积累乙醇阶段则要减少氮素供应，以限制菌体过多生长，降低葡萄糖的消耗，提高乙醇产率。谷氨酸产生菌发酵生产谷氨酸的情况较特殊，培养基 C/N 为 4/1 时，菌体大量繁殖，谷氨酸积累量较少；当 C/N 比为 3/1 时，菌体繁殖受到抑制，积累大量谷氨酸。

3. 控制培养基的条件

（1）控制培养基的 pH　配制培养基必须根据微生物的特点调节 pH。各大类微生物要求的适宜生长 pH 范围不同。如霉菌与酵母菌一般为 5.0~6.0，细菌为 6.5~7.5，放线菌为 7.5~8.5。培养基的 pH 与其 C/N 有极大关系。C/N 高的培养基，例如培养各种真菌的培养基，经培养后其 pH 明显下降；相反，C/N 低的培养基，例如培养一般细菌的培养基，经培养后，其 pH 明显上升。这是由于营养物质的消耗与代谢产物的积累，改变了培养基的 pH，若不及时控制，将导致菌体生长停止。其中发生 pH 改变的可能反应有如下情况：

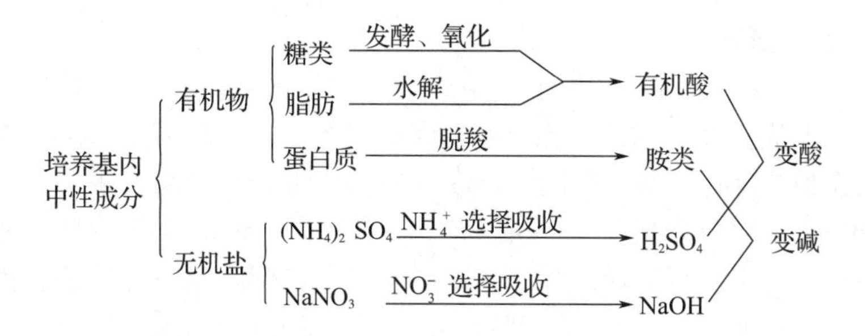

因此，在培养微生物和发酵生产过程中，为了维持培养基 pH 的相对恒定，常采用“治标”和“治本”两种措施进行调节。前者根据表面现象直接、快速但不能持久地调节；后者根据内在机制间接、缓效，但能发挥较持久作用的调节。其调节方法简要归纳如下。

“治标”：过酸时加 NaOH、Na_2CO_3 等碱中和；过碱时加 H_2SO_4、HCl 等酸中和。

“治本”：过酸时加适当氮源，如尿素、Na_2NO_3、NH_4OH 或蛋白质等，并提高通气量；过碱时加适当碳源，如糖、乳酸、醋酸、柠檬酸和油脂等，并降低通气量。

此外，还可在培养基中加入缓冲物质调节 pH，常用的缓冲物质有以下两类。

①磷酸盐类：K_2HPO_4 和 KH_2PO_4 是常用的缓冲剂。它们只能在一定范围（pH 6.0~7.6）内起调节作用。K_2HPO_4 溶液呈碱性，KH_2PO_4 溶液呈酸性，两者等摩尔浓度混合溶液的 pH 为 6.8。如果微生物代谢活动产生酸性物质使培养基的酸度增加，则弱碱盐变为弱酸盐。

$$K_2HPO_4 + H^+ \longrightarrow KH_2PO_4 + K^+$$

如果培养基的碱性增强，则弱酸盐变为弱碱盐：

$$KH_2PO_4 + K^+ + OH^- \longrightarrow K_2HPO_4 + H_2O$$

②碳酸钙：$CaCO_3$ 在中性条件下溶解度极低，且几乎不解离，因而不会影响培养基的 pH 变化。当微生物生长产酸使培养基的 pH 下降时，$CaCO_3$ 不断解离，游离出 CO_3^{2-}，CO_3^{2-} 不稳定，与 H^+ 形成 H_2CO_3，最后释放出 CO_2，在一定范围内缓解了培养基 pH 的降低。若微生物（如乳酸菌）产生大量的乳酸，可在培养基中加入 10~50g/L 的 $CaCO_3$ 中和。

$$CO_3^{2-} \underset{-H^+}{\overset{+H^+}{\rightleftharpoons}} HCO_3^- \underset{-H^+}{\overset{+H^+}{\rightleftharpoons}} H_2CO_3 \rightleftharpoons CO_2 + H_2O$$

此外，氨基酸、肽、蛋白质都属于两性电解质，也有缓冲剂的作用。因此在实验室中常以蛋白胨、牛肉膏、氨基酸为天然缓冲系统配制培养基。

（2）调节氧化还原电位（Eh） 各种微生物对培养基的Eh要求不同。适宜好氧微生物生长的Eh值一般为+0.3~+0.4V，厌氧微生物只能在+0.1V以下生长。因此，培养好氧微生物必须保证氧的供应，可在培养基中加入氧化剂提高Eh。发酵生产上常采用振荡培养箱、机械搅拌式发酵罐等专门的通气设备创造有氧条件。培养厌氧微生物又必须除去培养基中的O_2，可采用加入维生素C、巯基乙酸、半胱氨酸、谷胱甘肽、Na_2S、铁屑等还原剂降低Eh值。发酵生产上常采用深层静置发酵法创造厌氧条件。

（3）调节渗透压 多数微生物能耐受较大范围渗透压的变化。培养基中营养物质的浓度过大，会使渗透压过高，使细胞发生质壁分离而抑制微生物生长。低渗溶液则使细胞吸水膨胀易破裂，因此，配制培养基时要掌握营养物质的浓度。常在培养基中加入适量的NaCl以提高渗透压。

4. 原料来源的选择力求节约

配制培养基还应遵循力求节约的原则，尽量选用价格便宜、来源方便的原料。特别是在工业发酵中，培养基用量大，更应注意利用低成本的原料，降低产品成本。例如废糖蜜（制糖工业中含有蔗糖的废液）、乳清废液（乳品工业中含有乳糖的废液）、豆制品工业废液、纸浆废液（造纸工业中含有戊糖、己糖、短小纤维的亚硫酸纸浆）、各种发酵废液及酒糟、酱渣等发酵废弃物，以及大量的农副产品如麸皮、米糠、玉米浆、豆饼、豆渣、花生饼、棉籽粕、葵花籽饼、菜籽饼、酵母浸粉等都可以作为发酵工业的良好原料。

5. 灭菌处理

为了避免杂菌污染，获得微生物纯培养物，培养基必须及时严格灭菌。通常采用高压蒸汽灭菌。一般培养基用0.1MPa（121℃）维持15~30min即可彻底灭菌。长时间的高温灭菌会使某些不耐热的物质破坏，如使糖类物质形成氨基糖、焦糖。因此，含糖培养基常用0.05MPa（110℃）灭菌20~30min。某些对糖类要求更高的培养基，可先将糖过滤除菌或间歇灭菌，再与其他已灭菌的成分混合。长时间高温灭菌也会使磷酸盐、碳酸盐与钙、镁、铁等阳离子形成难溶性化合物而产生沉淀。为了防止这类沉淀发生，可将这些物质分别灭菌，冷却后再混合；也可在培养基中加入少量螯合剂［0.1g/L乙二胺四乙酸（EDTA）］，使金属离子形成可溶性络合物，防止沉淀的产生。高压蒸汽灭菌一般使培养基pH降低0.2~0.3，应在配制培养基时加以调节。

6. 优化发酵培养基配方设计思路和方法

培养基的配方组成对微生物菌体的生长繁殖、代谢产物的合成，乃至产品的质量和产量都有较大影响。为了满足发酵生产和科研试验需要，往往通过正交试验设计或响应面试验设计优化发酵培养基配方，给微生物提供赖以生长繁殖和产物合成所需的各种适宜营养成分，以达到增加微生物菌体生物量或代谢产物合成量（如胞外多糖的产量、蛋白酶的活力、细菌素的效价等）的目的。例1，为提高发酵液中产蛋白酶凝结芽孢杆菌Liu-g1的活菌数量，采用单因素试验和正交试验优化培养基的碳源、氮源和无机盐，得到优化培养基配方为：玉米淀粉10g/L、大豆粕10g/L、碳酸钙2g/L。在此优化条件下其活菌数量是优化前的28.9倍。例2，为提高发酵液中动物双歧杆菌A12的活菌数量，采用单因素试验、最陡爬坡试验和响应面试验优化MRS培养基配方，得到乳糖、胰蛋白胨和玉米浆为该菌生长最佳碳源、氮源和生长因子。即以 20g/L 乳糖和 10g/L 胰蛋白胨替代 MRS 培养基配方中的葡萄糖和蛋白胨，另加入 80g/L 玉米浆和 2.5g/L L-半胱氨酸盐酸盐，在此优化条件下其活菌数是优化前的 7.3 倍。

二、培养基的类型及应用

培养基的种类很多，划分的方法如下。

1. 根据微生物的种类

根据微生物的种类不同，培养基可分为细菌、放线菌、酵母菌、霉菌和乳酸菌培养基。在实验室中，培养异养型细菌一般用牛肉膏蛋白胨培养基，培养自养型细菌用无机合成培养基，培养放线菌用高氏 1 号合成培养基，培养酵母菌一般用麦芽汁培养基（或 YEPD 培养基、PDA 培养基、孟加拉红培养基），培养霉菌一般用 PDA 培养基（或孟加拉红培养基、查氏培养基），培养乳酸菌一般用 MRS 培养基。

2. 根据培养基的成分

根据培养基组成物质的化学成分是否完全清楚，培养基可分为天然培养基、合成（组合）培养基、半合成培养基 3 类。

（1）天然培养基　是指含有化学成分尚不清楚或化学成分不恒定的天然有机物的培养基。如牛肉膏（含有糖类、含氮有机物、维生素、无机盐等营养物质）、酵母浸粉（富含 B 族维生素、含氮有机物和糖类等）、蛋白胨（主要有含氮有机物）、豆芽汁、马铃薯、玉米粉、麸皮、牛乳、血清、胡萝卜汁、番茄汁等制成的培养基。常用的营养肉汤培养基、豆芽汁培养基、麦芽汁培养基、马铃薯培养基等均属于天然培养基。此类培养基适合于一般实验室中的菌种培养，发酵工业中生产菌种的培养和某些发酵产物的生产。

（2）合成培养基　又称组合培养基，它是由化学成分完全清楚的物质配制而成的培养基。高氏 1 号培养基和查氏培养基就属于此种类型。此类培养基一般适用于对微生物营养、代谢、分类、鉴定、生物的测定和菌种选育、遗传分析等方面的研究工作。

（3）半合成培养基　又称半组合培养基，是指在天然培养基的基础上适当加入已知成分的化学试剂的培养基。例如在牛肉膏、蛋白胨天然有机成分中加入氯化钠，制成培养细菌的牛肉膏蛋白胨培养基；又如在马铃薯培养基中加入葡萄糖或蔗糖，制成培养真菌的 PDA 培养基。此外，在合成培养基的基础上添加某些天然成分，使之更充分满足微生物对营养物质的要求，亦属于半合成培养基。

3. 根据培养基的物理状态

根据培养基的物理状态不同，培养基可分为固体培养基、半固体培养基和液体培养基。

（1）固体培养基　在液体培养基中加入凝固剂，使之成为固体状态的培养基。理想的凝固剂是琼脂。琼脂是由红藻（海产石花菜）提取的复杂多糖，化学成分是多聚半乳糖硫酸酯，凝固点为 40℃，熔点为 96℃，制备固体培养基的用量为 15~20g/L，常用 17g/L。

用天然有机物如马铃薯块、胡萝卜条、麸皮、米糠、棉籽壳等制成的培养基属于不加凝固剂的固体培养基。在营养基质上覆盖滤纸或微孔滤膜，或将滤纸条一端插入培养液，另一端露出液面，也都具有固体培养基的性质。固体培养基为微生物生长提供了一个营养表面，在其上生长的微生物可以形成单个菌落。因此，固体培养基常用于微生物的分离、鉴定、活菌计数和菌种保藏等。食用菌栽培和工业发酵也常使用固体培养基。

（2）液体培养基　未加任何凝固剂呈液态的培养基称为液体培养基。液体培养基组分均匀，微生物能充分接触和利用培养基各部分的养料，使其发酵率高，操作方便，适用于大规模的工业生产和实验室进行微生物生理代谢等基础理论的研究工作。

（3）半固体培养基　在液体培养基中加入少量（2~5g/L）的琼脂制成半固体状态的培养基。此种培养基常用于观察细菌的运动特征、菌种保藏、厌氧菌培养、菌种鉴定和噬菌体效价的测定等方面。

4. 根据培养基的用途

根据培养基的特殊用途不同，培养基可分为基础培养基、加富培养基、选择培养基和鉴别培养基等。

（1）基础培养基　各种微生物的营养要求虽不相同，但多数微生物需要的基本营养物质相同。按一般微生物生长繁殖所需要的基本营养物质配制的培养基即成为基础培养基。牛肉膏蛋白胨培养基就是最常用的基础培养基，它可作为一些特殊培养基的基本成分，再根据某种微生物的特殊要求，在基础培养基中添加所需营养物质。

（2）加富培养基　又称营养培养基，即在基础培养基中加入某些特殊营养物质（如血液、血清、动植物组织液等）制成的一类营养丰富的培养基。此种培养基主要培养某些营养要求苛刻的异养微生物，还可用于富集和分离某种微生物。在加富培养基中，某种微生物的生长速率较快，其细胞数量逐渐富集而占优势，其他微生物逐渐被淘汰，从而达到分离该种微生物的目的。因此，加富培养基具有相对的选择性，常用于菌种筛选。

从某种意义上讲，加富培养基类似于选择培养基。但两者区别在于：加富培养基是用来增加所要分离的微生物的数量，使其生长占优势，从而分离到该种微生物；选择培养基抑制不需要的微生物的生长，使所需要的微生物增殖，从而分离到所需要的微生物。

（3）选择培养基　它是根据某种或某类微生物的特殊营养要求或对某种化合物的敏感性不同而设计的一类培养基。利用此种培养基可以将某种或某类微生物从混杂的微生物群体中分离出来。

①据某些微生物的特殊营养需求设计的选择培养基：例如，利用以纤维素或石蜡油作唯一碳源的选择培养基，分离出能分解纤维素或石蜡油的微生物；利用以蛋白质为唯一氮源的或缺乏氮源的选择培养基可以分离到能分解蛋白质或具有固氮能力的微生物；将PDA培养基中的葡萄糖以乳糖替代，可从藏灵菇（含有乳酸菌和酵母菌）中分离出利用乳糖的酵母菌（乳糖发酵性酵母），而藏灵菇中乳酸菌因有复杂营养要求，在PDA培养基中不长。

②利用微生物对某种化学物质的敏感性不同设计的选择培养基：在培养基中加入某种化合物，可以抑制或杀死其他微生物，分离到能抗这种化合物的微生物。例如，在牛肉膏蛋白胨培养基中加入1.5g/L纳他霉素或5g/L山梨酸钾，可以抑制霉菌和酵母菌的生长而分离培养出细菌；若在PDA培养基或孟加拉红培养基中加入0.1g/L的氯霉素，可以抑制细菌的生长而分离培养出霉菌和酵母菌；如在培养基中加入结晶紫、煌绿或牛（猪）胆盐可以抑制G^+菌的生长，可以分离得到G^-菌；多数G^+的乳酸菌不耐受胆盐，在含有2~3g/L牛胆盐的MRS固体培养基上能生长的菌落，即为耐受胆盐的乳酸菌；在培养基中加数滴10%的酚，以抑制细菌和霉菌的生长，可以从混杂的微生物群体中分离出放线菌。在食品检验中常采用兼有鉴别作用的选择培养基分离检出肠道致病菌。例如，在亚硫酸铋（BS）培养基中含有亚硫

酸钠、柠檬酸铋铵和煌绿，能抑制 G^+ 菌和包括大肠菌群、变形杆菌在内的多数 G^- 菌的生长，但不影响沙门氏菌的生长；同时该培养基中含有的硫酸亚铁能与沙门氏菌产生的 H_2S 反应生成 FeS 沉淀，使典型沙门氏菌产生具有金属光泽的棕色到黑色菌落，据此可与其他 G^- 菌区别而得以分离检出。

现代基因克隆技术中也常用选择培养基，在筛选含有重组质粒的基因工程菌株过程中，利用质粒具有对某种（某些）抗生素的抗性选择标记，在培养基中加入相应抗生素，就很容易淘汰非重组菌株，以减少筛选目标菌株的工作量。

（4）鉴别培养基　是根据微生物的代谢特点在培养基中加入某种试剂或化学药品，通过培养后的显色反应区别不同微生物的培养基。例如，在蛋白胨水培养基中分别加入各种糖和溴甲酚紫指示剂，根据细菌发酵不同的糖类产酸（溴甲酚紫指示剂由紫色变为黄色）产气（杜氏小导管内充盈气体）情况，可将不同肠道细菌鉴定到种。又如检测食品中大肠菌群的伊红-亚甲蓝培养基（EMB），含有乳糖及伊红、亚甲蓝（又称为美蓝）染料，由于大肠杆菌能分解乳糖产生混合有机酸，使菌体表面带 H^+，易染上酸性染料伊红，又因伊红与亚甲蓝结合，故使大肠杆菌在 EMB 平板上呈现紫黑色具有金属光泽的菌落，而其他产气肠杆菌、沙门氏菌等肠杆菌科的细菌无此种菌落特征而得以鉴别。又如在 100mL MRS 固体培养基中加入 3g 碳酸钙或 16g/L 的溴甲酚紫指示剂 0.1mL，可根据乳酸菌发酵葡萄糖产生乳酸特性，如菌落周围有溶解碳酸钙的透明圈或由紫色变为土黄色的产酸圈，即初步鉴定为乳酸菌。

属于鉴别培养基的还有：明胶培养基能鉴别液化明胶的蛋白分解菌，淀粉琼脂培养基可鉴别产淀粉酶的细菌（平板上菌落周围有淀粉水解圈），脱脂乳粉琼脂培养基用于鉴别产蛋白酶的细菌（平板上菌落周围有蛋白水解透明圈），硝酸盐肉汤培养基可检查微生物是否具有硝酸盐还原作用，醋酸铅培养基用于检查微生物是否产生 H_2S 等。鉴别培养基主要用于微生物的分类与鉴定，分离和筛选产生某种代谢产物的菌种。

（5）其他　按用途划分的培养基还有分析培养基、还原性培养基、组织培养物培养基、产孢子培养基、种子培养基、发酵培养基等。

重点与难点

（1）微生物所需要的营养物质及其功能；（2）四种微生物营养类型的异同；（3）微生物四种运输营养物质方式的区别；（4）选择培养基与鉴别培养基的设计思路与方法。

课程思政点

学习和掌握微生物的营养理论及其规律，是认识、利用和深入研究微生物的必要条件，尤其对有目的地选用、改造和设计符合微生物生理要求的培养基，以便进行科学研究或用于生产实践具有极其重要的作用。

复习思考题

1. 简述微生物所需要的营养物质及其功能。
2. 简述微生物的四种营养类型，并举例说明。多数微生物属于哪种营养类型？
3. 比较微生物四种吸收营养物质方式的异同。
4. 实验室和发酵工业常用哪些营养物质提供碳源和氮源？
5. 如何巧妙利用速效碳（氮）源与迟效碳（氮）源促进和维持微生物的生长？
6. 配制培养基的原则是什么？如何优化发酵培养基的配方？
7. 牛肉膏蛋白胨培养基常用于培养哪一种类微生物？如何配制？写出操作要点，并指明每种成分提供哪些营养物质？（配方：牛肉膏 5g、蛋白胨 10g、氯化钠 5g、琼脂 17g、蒸馏水 1000mL，pH 7.4）
8. 设计一种培养基从藏灵菇中分离 1 株产酸能力高的乳酸菌，并说明设计原理。
9. 设计一种培养基从藏灵菇中分离 1 株发酵乳糖的酵母菌，并说明设计原理。
10. 设计一种培养基从牛粪中分离 1 株产丙酸的微生物，并说明设计原理。
11. 设计一种培养基从土壤中分离 1 株分解苯的微生物，并说明设计原理。
12. 分析伊红-亚甲蓝（EMB）培养基鉴别大肠杆菌的原理是什么？
13. 名词解释：化能异养菌、碳源、氮源、生长因子、速效碳（氮）源、迟效碳（氮）源、单纯扩散、促进扩散、主动运输、基团转位、培养基、天然培养基、合成培养基、基础培养基、加富培养基、选择培养基、鉴别培养基。

第三章 CHAPTER 3

微生物的代谢

代谢是细胞内发生的各种化学反应的总称，它主要由分解代谢与合成代谢两个过程组成。分解代谢是指细胞将大分子物质降解成小分子物质，并在这个过程中产生能量。合成代谢是指细胞利用简单的小分子物质合成复杂大分子物质的过程，在这个过程中要消耗能量。合成代谢所利用的小分子物质来源于分解代谢过程中产生的中间产物或环境中的小分子营养物质。合成代谢与分解代谢既有明显的差别，又紧密相关。分解代谢为合成代谢的基础，它们在生物体中偶联进行，相互对立而统一，决定着生命的存在与发展。合成代谢为吸收能量的同化过程，分解代谢为释放能量的异化过程。

微生物代谢是从分解环境中的营养物质开始，通过呼吸作用合成自身所需的营养成分、细胞结构成分、酶系及各种生命活动所需的能量。微生物的代谢活动与食品关系较为密切。食品中含有丰富的营养物质，如碳水化合物、蛋白质、脂肪和无机盐等，可为微生物提供一切营养物质。如果环境条件适宜，腐败或病原微生物就能在食品中大量生长繁殖，通过它们的代谢活动使食品营养成分分解或产生毒素，引起食品腐败变质或食物中毒。同时人们利用一些有益微生物的代谢活动，生产新的发酵食品、药品和饲料等。

第一节　微生物的能量代谢

一、微生物的呼吸作用

微生物生命活动需要的能量来源于微生物的呼吸作用。微生物的呼吸作用是在细胞内酶的催化下，将某种营养物质或在同化过程中合成的某些物质氧化，并释放能量，以供给细胞生长所需要的物质和能量。因此，呼吸作用包括一系列生物化学反应和能量转移的生物氧化还原过程，亦被称为“能量代谢”或“生物氧化”。

既然微生物的呼吸是氧化和还原过程，在生物氧化过程中，则无论在有氧或无氧情况下，必须有一部分物质被氧化，同时另一部分物质被还原。在微生物细胞中，生物氧化的方式有三种：①物质中加氧，如葡萄糖加氧被彻底分解为 CO_2 和 H_2O；②化合物脱氢，如乙醇脱氢为乙醛；③失去电子，如 Fe^{2+}失去电子变成 Fe^{3+}。

根据最终电子受体（氢受体）的不同，可将微生物的呼吸作用（生物氧化）分为有氧呼吸、无氧呼吸与发酵三种类型。

1. 有氧呼吸

有氧呼吸是指微生物在氧化底物时，以外源的分子氧作为最终电子受体的生物氧化过程。许多异养微生物以有机物作为氧化基质进行有氧呼吸获得能量。以葡萄糖为基质的有氧呼吸可分为两个阶段。第一阶段是葡萄糖在细胞质中经糖酵解途径（EMP 途径）生成丙酮酸；第二阶段是在有氧条件下，丙酮酸进入三羧酸循环（TCA 循环），通过一系列氧化还原反应最后转化为 CO_2 和 H_2O。在 EMP 途径和 TCA 循环中，脱氢酶使基质脱氢，脱下的氢或释放的电子经过呼吸链的传递，将电子和氢传递给 O_2，氧化酶使分子状态的氧活化，成为氢受体，最终产物为 CO_2 和 H_2O。于是葡萄糖被彻底氧化，O_2 被还原，终产物为 CO_2 和 H_2O，完成氧化磷酸化产生大量 ATP，总反应式为：

$$C_6H_{12}O_6+6O_2+38ADP+38Pi \longrightarrow 6CO_2+6H_2O+38ATP$$

在电子传递过程中有 ATP 生成。EMP 途径和 TCA 循环中形成的 NADH 和 $FADH_2$ 通过电子传递链将电子传递给氧或其他氧化型物质，并将氧化过程中释放的能量与 ADP 的磷酸化偶联起来合成 ATP，为微生物的生命活动提供能量。有氧呼吸中的呼吸链又称电子传递链，由存在于线粒体上的一系列能接受氢或电子的中间传递体：脱氢酶、辅酶Ⅰ、黄素蛋白、铁硫蛋白、辅酶 Q 及一类细胞色素所组成。真核生物呼吸链位于线粒体内膜上，原核生物呼吸链与细胞膜、间体结合。

2. 无氧呼吸

无氧呼吸是以外源的无机氧化物（少数为有机氧化物）作为最终电子受体的生物氧化过程。在无氧呼吸过程中，从底物脱下的氢和电子经过部分呼吸链的传递，最终由氧化态的无机氧化物（如 NO_3^-、NO_2^-、SO_4^{2-}、$S_2O_3^{2-}$、CO_2 等）或有机氧化物（如延胡索酸等）接受氢（电子），并完成氧化磷酸化产生 ATP，但与有氧呼吸相比，产生的能量相对较少。例如，硝酸盐还原细菌，在无氧条件下葡萄糖被彻底氧化时，以 NO_3^- 作为呼吸链的最终电子受体，在硝酸盐还原酶作用下，将 NO_3^- 还原成 NO_2^-，NO_2^- 在亚硝酸盐还原酶作用下可再进一步还原成 NO、N_2O，直至 N_2。这是一种异化硝酸盐还原作用，又称反硝化作用。

3. 发酵

（1）狭义的发酵概念　是指在无氧条件下，微生物在能量代谢中最终电子受体是被氧化基质本身所产生的，而未被彻底氧化的中间代谢产物。即有机物既是被氧化的基质，又作为最终电子受体，而且作为最终电子受体的有机物是基质未被彻底氧化的中间产物，如乙醛、丙酮酸等。在此种发酵过程中，一般由底物脱下的电子和氢交给 NAD（P），使之还原成 NAD（P）H_2，后者将电子和氢未经呼吸链的传递而直接交给作为最终电子受体的某一内源氧化性中间代谢产物（有机物），完成底物水平磷酸化产生 ATP。由于发酵作用对有机物的氧化不彻底，发酵结果是积累有机物，故产生能量较低。3 种微生物的呼吸作用的比较如表 3-1 所示。

表 3-1　　3 种微生物的呼吸作用的比较

项目	有氧呼吸	无氧呼吸	发酵（狭义）
呼吸链（电子传递链）	全部需要	部分需要	不需要

续表

项目	有氧呼吸	无氧呼吸	发酵（狭义）
电子受体/氢受体	活化 O_2	氧化态的无机或有机氧化物（NO_3^-、SO_4^{2-}、延胡索酸等）	未被彻底氧化的中间代谢产物（乙醛、丙酮酸等）
终产物	H_2O	还原后的无机或有机氧化物（NO_2^-、SO_3^{2-}、琥珀酸等）	还原后的中间代谢产物（乙醇、乳酸等）
产能机制	氧化磷酸化	氧化磷酸化	底物水平磷酸化
产生的 ATP	大量	中量	较少
微生物呼吸类型	好氧菌、兼性厌氧菌、微好氧菌	厌氧菌、兼性厌氧菌、微好氧菌	厌氧菌、兼性厌氧菌、耐氧菌

（2）广义的发酵概念　在有氧或无氧条件下，利用好氧或兼性厌氧、厌氧微生物的新陈代谢活动，将有机物氧化转化为有用的代谢产物，从而获得发酵产品和工业原料的过程。它包括好氧呼吸、厌氧呼吸和发酵三个方面的过程。因此，微生物中的狭义发酵和工业生产中广义发酵概念的涵义是有区别的。

二、不同呼吸类型的微生物

在呼吸和发酵过程中，根据微生物的呼吸作用不同，所含的呼吸酶系统是否完全，作为最终电子受体的物质是否是氧，以及微生物与分子氧的关系不同，可将它们分成耐氧菌、专性厌氧菌、兼性厌氧菌、微好氧菌和专性好氧菌五种呼吸类型。

（1）耐氧菌　在有氧条件下进行厌氧生活（可以说是耐氧的厌氧菌），生长不需要氧，分子氧对它们无毒；它们没有呼吸链，细胞内有超氧化物歧化酶（SOD）和过氧化物酶，但无过氧化氢酶；靠专性发酵获得能量。

（2）专性厌氧菌　只能在无氧或低氧化还原电位的环境下生长，分子氧对它们有毒；它们缺乏完整的呼吸酶系统，即细胞内缺乏 SOD 和细胞色素氧化酶，多数还缺乏过氧化氢酶；靠发酵或无氧呼吸、循环光合磷酸化或甲烷发酵等提供所需能量。在液体培养专性厌氧菌时，培养基内需加入还原性物质并充入 N_2；在琼脂平板培养时，容器中需放入厌氧产气袋（吸收 O_2 同时产生 CO_2）。

（3）兼性厌氧菌　在有氧或无氧条件下均能生长，但有氧情况下生长得更好；它们具有好氧菌和厌氧菌的两套呼吸酶系统，细胞含 SOD 和过氧化氢酶；在有氧时靠有氧呼吸产能，无氧时通过发酵或无氧呼吸产能。例如，酿酒酵母在有氧时进行有氧呼吸，得到大量菌体细胞，在无氧时进行乙醇发酵而用于酒类酿造。

（4）微好氧菌　在低氧分压（1~3kPa）条件下才能正常生长，它们具有完整的呼吸酶系统，通过呼吸链并以氧为最终氢受体而产能。在摇瓶培养时，菌体生长于液面以下数毫米处。

（5）专性好氧菌　必须在高浓度分子氧的条件下才能生长，它们具有完整的呼吸酶系统，细胞 SOD 和过氧化氢酶，通过呼吸链并以分子氧作为最终氢受体，在正常大气压下进行有氧呼吸产能。大规模培养好氧菌时，应采用摇瓶振荡或通气搅拌供给氧气。表 3-2 所示为 5 种微生物的呼吸类型的比较，不同微生物在半固体培养基中的生长情况模式如图 3-1 所示。

表 3-2　　5 种微生物的呼吸类型的比较

项目	耐氧菌	专性厌氧菌	兼性厌氧菌	微好氧菌	专性好氧菌
呼吸链（呼吸酶系统）	无呼吸链	缺乏完整的呼吸酶系统	具备有氧、无氧两套呼吸酶系统	有完整的呼吸酶系统	有完整的呼吸酶系统
生长与氧气的关系	生长不需要氧，氧无毒害	生长不需要氧，氧有害或致死	有氧无氧均可生长	生长需要少量氧	生长需要氧，无氧不能存活
超氧化物歧化酶	有	无	有	有	有
过氧化氢酶	—	无	有	有	有
过氧化物酶	有	—	—	—	—
产能方式	发酵产能	发酵或无氧呼吸产能	有氧呼吸为主，兼营发酵或无氧呼吸产能	有氧呼吸为主，兼营厌氧呼吸产能	有氧呼吸产能
列举微生物	乳杆菌属一部分种，如嗜酸乳杆菌、德氏乳杆菌保加利亚亚种、德氏乳杆菌乳酸亚种、鼠李糖乳杆菌等，以及雷氏丁酸杆菌	双歧杆菌属、梭菌属、拟杆菌属、瘤胃球菌属、消化球菌属、韦荣氏球菌属、脱硫弧菌属、甲烷杆菌属等，甲烷细菌是极端厌氧菌	乳酸菌中的链球菌属、乳球菌属、明串珠菌属、片球菌属、肠球菌属等及乳杆菌属一部分种，如副干酪乳杆菌、植物乳杆菌等，酵母菌、肠杆菌科的各属细菌、硝酸盐还原菌、人和动物病原菌	弯曲菌属、发酵单胞菌属、氢单胞菌属，以及乳杆菌属、梭菌属和拟杆菌属中的少数种	多数细菌，包括假单胞菌属、醋酸杆菌属、产碱杆菌属、莫拉氏菌属、不动杆菌属、短杆菌属、节杆菌属、微杆菌属、微球菌属、芽孢杆菌属等，以及放线菌和霉菌

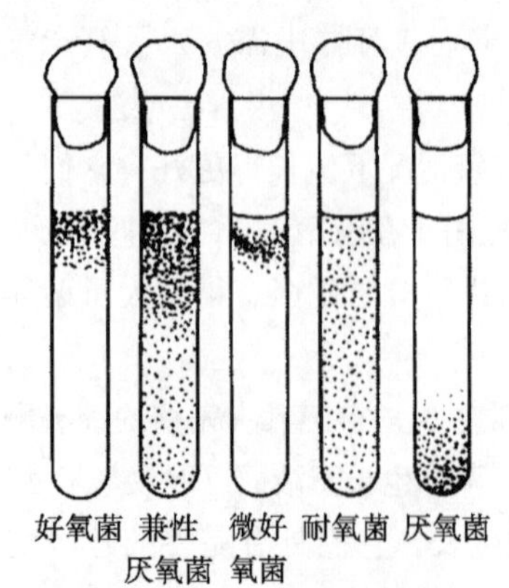

图 3-1　不同微生物在半固体琼脂柱中的生长状态模式图

自然界中多数微生物都是好氧菌或兼性厌氧菌，厌氧菌的种类相对较少，但近年来在实际生产中已发现越来越多的厌氧菌。厌氧菌的氧毒害机制从 20 世纪初已陆续有人提出，但直到 1971 年在麦考德（McCord）和弗里多维奇（Fridovich）提出 SOD 的学说后，才有了更深的认识。他们认为，厌氧菌因缺乏 SOD，故易被生物体内产生的超氧阴离子自由基毒害致死。

超氧自由基（$\cdot O_2^-$）是活性氧的形式之一，因有奇数电子，故带负电荷。它既有分子性质，又有离子性质，其反应力极强，性质极不稳定，在细胞内可破坏各种重要生物高分子和膜，也可形成其他活性氧化物，故对生物体十分有害。在体内 $\cdot O_2^-$ 可由酶促反应或非酶促反应形成。

生物在长期进化过程中，逐渐形成了消除 $\cdot O_2^-$ 等各种有害活性氧的机制。好氧菌因为细胞中有 SOD，剧毒的 $\cdot O_2^-$ 就被歧化成毒性稍低的 H_2O_2，而后被 H_2O_2 酶分解为无毒的 H_2O 和 O_2。厌氧菌因为不能合成 SOD，又无 H_2O_2 酶，故无法使 $\cdot O_2^-$ 歧化成 H_2O_2 而被 $\cdot O_2^-$ 毒害致死。多数耐氧菌都能合成 SOD，且有过氧化物酶，故剧毒的 $\cdot O_2^-$ 可先歧化成有毒的 H_2O_2，然后被过氧化物酶还原成无毒的 H_2O。即：

$$2\cdot O_2^- + 2H^+ \xrightarrow[\text{好氧菌和耐氧菌}]{SOD} O_2 + H_2O_2 \rightarrow \begin{cases} \xrightarrow[\text{好氧菌}]{\text{过氧化氢酶}} H_2O + \frac{1}{2}O_2 \\ \xrightarrow[NADH_2 \rightarrow NAD\text{（耐氧菌）}]{\text{过氧化物酶}} 2H_2O \end{cases}$$

已有实验证明，对于兼性厌氧的 *E. coli*，如果使之发生缺乏 SOD 的突变，它即成为“严格厌氧菌”，即 *E. coli* 短期接触氧被毒害致死。

SOD 能清除生物体内的 $\cdot O_2^-$ 而受到医药界的极大关注。实验证明，外源 SOD 具有保护 DNA、蛋白质和细胞膜的作用，使它们免遭 $\cdot O_2^-$ 的破坏。对治疗类风湿性关节炎、白内障、膀胱炎、皮肤炎、红斑狼疮等疾病疗效较好，对辐射有保护作用。此外，还发现 SOD 具有防治人体衰老、抗癌、治疗肺气肿以及解除苯中毒等一系列疗效。同时，不管何种给药方式，均无发现任何副作用。因此，它是一种很有前途的药用酶。

目前通过直接从动物血液或微生物中提取，或是用遗传工程等手段将 SOD 基因导入受体菌等方法开发新型的药用酶。研究用化学修饰的方法提高 SOD 在体内的稳定性，延长 SOD 在体内的半衰期（未修饰的 SOD 在体内的半衰期仅 6min），抑制 SOD 注射时出现的局部刺激反应，以尽快达到临床使用的要求和目的。

三、化能异养微生物能量代谢及发酵类型

微生物在生命活动过程中主要通过生物氧化反应获得能量。生物氧化是发生在活细胞内的一系列氧化还原反应的总称。多数微生物是化能异养微生物，只能通过降解有机物而获得能量。这里以葡萄糖作为微生物氧化的典型底物，它在生物氧化的脱氢阶段中，可通过 EMP 途径、HMP 途径、ED 途径、TCA 循环等完成脱氢反应，并伴随还原力［H］和能量的产生。葡萄糖在厌氧条件下经 EMP 途径产生丙酮酸，这是多数厌氧和兼性厌氧微生物进行葡萄糖无氧降解的共同途径。丙酮酸以后的降解，因不同种类微生物具有不同的酶系统，使之有多种发酵类型，可产生不同的发酵产物。在此主要介绍与食品发酵工业关系密切的几种发酵类型，即由 EMP 途径、HMP 途径、PK 途径、双歧途径、ED 途径、TCA 循环等代谢途径产生的主要发酵产物，如酒精、甘油、乳酸、丙酸、丁酸、柠檬酸、谷氨酸等发酵类型。

1. EMP 途径

EMP 途径（Embden - Meyerhof - Parnas pathway）又称糖酵解途径或二磷酸己糖途径。生物体内葡萄糖被降解成丙酮酸的过程称为糖酵解，这是多数微生物共有的基本代谢途径。糖酵解产生的丙酮酸可进一步通过 TCA 循环继续彻底氧化。通过 EMP 途径，1 分子葡萄糖

经 10 步反应转变成 2 分子丙酮酸，产生 2 分子 ATP 和 2 分子 $NADH_2$。其总反应式为：

$$C_6H_{12}O_6+2NAD^++2ADP+2Pi \longrightarrow 2CH_3COCOOH+2NADH_2+2ATP+2H_2O$$

在 EMP 途径终反应中，$2NADH_2$ 在有氧条件下，可经呼吸链的氧化磷酸化反应产生 6ATP，而在无氧条件下，则可将丙酮酸还原成乳酸，或将丙酮酸脱羧成乙醛，后者还原为乙醇。

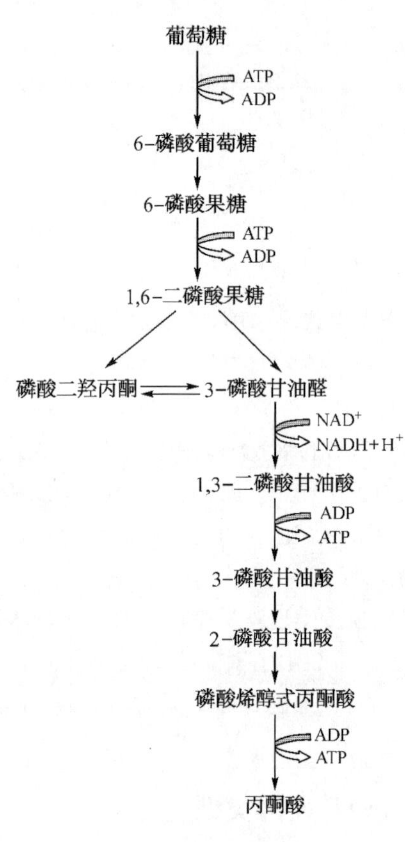

图 3-2 EMP 途径

EMP 途径如图 3-2 所示。整个 EMP 途径可分为两个阶段。第一阶段不涉及氧化还原反应，消耗 ATP，生成 3-磷酸甘油醛和磷酸二羟丙酮；第二阶段发生氧化还原反应，合成 ATP 与 2 分子丙酮酸。EMP 途径的特征性酶是 1,6-二磷酸果糖醛缩酶，它催化 1,6-二磷酸果糖裂解生成两个三碳化合物，即 3-磷酸甘油醛和磷酸二羟丙酮。其中磷酸二羟丙酮在磷酸丙糖异构酶作用下转变为 3-磷酸甘油醛。2 个 3-磷酸甘油醛经磷酸烯醇式丙酮酸在丙酮酸激酶作用下生成 2 分子丙酮酸。

EMP 途径是连接 TCA 循环、HMP 途径和 ED 途径等其他重要代谢途径的桥梁，同时也为生物合成提供了多种中间代谢物。此外，还可通过 EMP 途径的逆过程合成单糖。

由 EMP 途径中的关键产物丙酮酸出发有多种发酵途径，并可产生多种重要的发酵产品，下面介绍乙醇、甘油、乳酸、丙酮和丁醇等常见的几种发酵类型。

（1）酵母菌的酒精发酵

①第一型发酵：酵母菌在无氧和酸性条件下（pH 3.5~4.5），经 EMP 途径将葡萄糖分解为丙酮酸，丙酮酸再由丙酮酸脱羧酶作用形成乙醛和 CO_2，乙醛作为 $NADH_2$ 的氢受体，在乙醇脱氢酶的作用下还原为乙醇。

$$C_6H_{12}O_6+2NAD^++2Pi+2ADP \longrightarrow 2CH_3COCOOH+2NADH_2+2ATP+2H_2O$$

$$2CH_3COCOOH \longrightarrow 2CH_3CHO+2CO_2$$

$$\underset{\text{乙醛}}{2CH_3CHO}+2NADH_2 \longrightarrow \underset{\text{乙醇}}{2CH_3CH_2OH}+2NAD^+$$

总反应式为：$C_6H_{12}O_6+2ADP+2Pi \longrightarrow 2CH_3CH_2OH+2CO_2+2ATP$

酵母菌是兼性厌氧菌，在有氧条件下丙酮酸进入三羧酸循环彻底氧化成 CO_2 和 H_2O。如果将氧气通入正在发酵葡萄糖的酵母发酵液中，葡萄糖分解速率下降并停止产生乙醇。这种抑制现象首先由巴斯德观察到，故称为巴斯德效应。在正常条件下，酵母菌的酒精发酵可按上式进行，如果改变发酵条件，还会出现其它发酵类型。

②第二型发酵：当在 pH 为 7.0 的发酵液中加入 30g/L 亚硫酸氢钠时，它可与乙醛生成

难溶的硫化羟基乙醛，迫使磷酸二羟丙酮代替乙醛作为氢受体，生成α-磷酸甘油。后者在α-磷酸甘油脱氢酶的催化下，再水解脱去磷酸生成甘油，使乙醇发酵变成甘油发酵。

③第三型发酵：在偏碱性条件下（pH 7.6），乙醛不能作为氢受体被还原成乙醇，而是两个乙醛分子发生歧化反应，一分子乙醛氧化成乙酸，另一分子乙醛还原成乙醇，使磷酸二羟丙酮作为 $NADH_2$ 的氢受体，还原为α-磷酸甘油，再脱去磷酸生成甘油，这称为碱法甘油发酵。这种发酵方式不产生能量。

$$2\text{葡萄糖} \longrightarrow 2\text{甘油}+\text{乙酸}+\text{乙醇}+CO_2$$

应注意的是采用该法生产甘油时，必须使发酵液保持碱性，否则由于酵母菌产酸使发酵液 pH 降低，使第三型发酵回到第一型发酵。由此可见，发酵产物会随发酵条件变化而改变。酵母菌的乙醇发酵已广泛应用于酿酒和酒精生产。

（2）乳酸菌的乳酸发酵

①同型乳酸发酵：葡萄糖经乳酸菌的 EMP 途径，发酵产物只有乳酸，称同型乳酸发酵。葡萄糖经乳酸菌的 EMP 途径氧化，脱下的氢或释放的电子传至 NAD^+，使之形成还原型 $NADH_2$，丙酮酸作为 $NADH_2$ 的氢受体，在乳酸脱氢酶作用下还原为乳酸。

$$C_6H_{12}O_6+2NAD^++2Pi+2ADP \longrightarrow 2CH_3COCOOH+2NADH_2+2ATP+2H_2O$$

$$\underset{\text{丙酮酸}}{2CH_3COCOOH}+2NADH_2 \longrightarrow \underset{\text{乳酸}}{2CH_3CHOHCOOH}+2NAD^++2ATP$$

$$\text{总反应式为：}C_6H_{12}O_6+2ADP+2Pi \longrightarrow 2CH_3CHOHCOOH+2ATP$$

乳酸乳球菌、嗜热链球菌、德氏乳杆菌保加利亚亚种（曾称保加利亚乳杆菌）、德氏乳杆菌乳酸亚种、嗜酸乳杆菌、干酪乳杆菌、副干酪乳杆菌、植物乳杆菌、鼠李糖乳杆菌、粪肠球菌等乳酸菌可通过 EMP 途径进行同型乳酸发酵。以牛乳为原料，利用嗜热链球菌和德氏乳杆菌保加利亚亚种的同型乳酸发酵，可以生产纯正乳酸芳香风味的普通酸乳。以淀粉为原料，经糖化后，利用德氏乳杆菌进行同型乳酸发酵可以生产纯乳酸。

②异型乳酸发酵：葡萄糖经乳酸菌的 PK 途径或双歧途径，发酵后除产生乳酸外，还有乙醇（或乙酸）和 CO_2 等多种发酵产物，称异型乳酸发酵。有关 PK 途径和双歧途径内容将在本节后续阐述。明串珠菌属中的肠膜明串珠菌肠膜亚种、葡聚糖亚种和乳脂亚种，乳杆菌属中的短乳杆菌、发酵乳杆菌、甘露乳杆菌、番茄乳杆菌等乳酸菌可通过 PK 途径进行异型乳酸发酵。双歧杆菌属中的两歧双歧杆菌、长双歧杆菌、短双歧杆菌、婴儿双歧杆菌、乳双歧杆菌等乳酸菌可通过双歧途径进行异型乳酸发酵。此外，根霉亦可进行异型乳酸发酵。同型乳酸发酵和异型乳酸发酵的比较如表 3-3 所示。

表 3-3　同型乳酸发酵和异型乳酸发酵的比较

项目	同型乳酸发酵	异型乳酸发酵	
底物	葡萄糖	葡萄糖	葡萄糖
发酵产物	乳酸	乳酸、乙醇（或乙酸）、CO_2	乳酸、乙酸
代谢途径	EMP 途径	PK 途径	双歧途径

乳酸发酵广泛应用于食品和农牧业中。泡菜、酸菜、酸牛乳、干酪以及青贮饲料等都是利用乳酸发酵的发酵制品。由于乳酸菌的代谢活动，积累乳酸，酸化环境，抑制其他微生物

的生长，能使蔬菜、牛乳、青贮饲料等得以保存。

（3）丙酸发酵　葡萄糖经 EMP 途径生成丙酮酸，丙酮酸羧化形成草酰乙酸，后者还原成苹果酸、琥珀酸，琥珀酸再脱羧产生丙酸。丙酸菌发酵产物中还常有乙酸和 CO_2。丙酸菌多见于动物肠道和乳制品中。工业上常用傅氏丙酸杆菌和薛氏丙酸杆菌等发酵生产丙酸。丙酸菌除利用葡萄糖外，也可利用甘油和乳酸进行丙酸发酵。

（4）丁酸型发酵　能进行丁酸型发酵的微生物主要是专性厌氧的丁酸梭菌、丙酮丁醇梭菌和丁醇梭菌。

①丁酸发酵：丁酸梭菌能进行丁酸发酵。其葡萄糖发酵产物是以丁酸为主，还可产生乙酸、CO_2 和 H_2 等。葡萄糖经 EMP 途径产生的丙酮酸在辅酶 A 参与下生成乙酰 CoA，再生成乙酰磷酸，在乙酸激酶的催化下，可将磷酸转移给二磷酸腺苷（ADP），生成乙酸和 ATP。由 2 分子丙酮酸产生的 2 分子乙酰 CoA 还可缩合生成乙酰乙酰 CoA，并进一步还原生成丁酸。

丁酸发酵在自然界中的土壤、污水，以及腐败有机物中普遍存在。含碳有机物在厌氧条件下分解一般都产生丁酸，如纤维素、果胶质的厌氧分解，食品和饲料的腐败而发生强烈的气味都是丁酸发酵的结果。

②丙酮丁醇发酵：丙酮丁醇梭菌能进行丙酮丁醇发酵，它是丁酸发酵的一种。其葡萄糖的发酵产物是以丙酮、丁醇为主，还有乙酸、丁酸、CO_2 和 H_2。丙酮和丁醇是重要的化工原料和有机溶剂。丙酮丁醇梭菌具有淀粉酶，发酵生产可以淀粉为原料。淀粉分解为葡萄糖，葡萄糖经 EMP 途径降解为丙酮酸，丙酮酸生成乙酰 CoA，进而合成丙酮和丁醇。丙酮来自乙酰乙酸的脱羧，而丁醇来自丁酸的还原。在丙酮丁醇发酵过程中，前期发酵主要产丁酸、乙酸，后期发酵随着 pH 下降，转向积累大量的丙酮、丁醇。

③丁醇发酵：丁醇梭菌能进行丁醇发酵。其葡萄糖主要发酵产物是丁醇、异丙醇、丁酸、乙酸、CO_2 和 H_2。异丙醇由丙酮还原而成。

（5）混合酸发酵及甲基红试验和 VP 试验

①混合酸发酵：能积累多种有机酸的葡萄糖发酵称为混合酸发酵。多数肠杆菌科细菌，如大肠杆菌、产气肠杆菌、伤寒沙门氏菌等能进行混合酸发酵。葡萄糖经 EMP 途径分解为丙酮酸，在不同酶的作用下丙酮酸分别转化成甲酸、乙酸、乳酸、琥珀酸、CO_2 和 H_2 等。

$$\underset{\text{丙酮酸}}{CH_3COCOOH} + CoASH \longrightarrow CH_3COSCoA + \underset{\text{甲酸}}{HCOOH}$$

②甲基红试验：大肠杆菌发酵葡萄糖产生丙酮酸，丙酮酸再被分解为有机酸（如甲酸等），由于产酸量较多，使培养基 pH<4.2，加入甲基红指示剂呈红色，为阳性反应；而产气肠杆菌分解葡萄糖产生有机酸量少，或产生的有机酸转化为非酸性产物，使培养基 pH>6.0，此时加入甲基红指示剂呈黄色，为阴性反应。

③VP 试验：产气肠杆菌也能进行混合酸发酵，不过分解葡萄糖产生的丙酮酸又缩合、脱羧生成乙酰甲基甲醇（3-羟基丁酮），而后进一步还原为 2,3-丁二醇。乙酰甲基甲醇在碱性条件下被氧化成双乙酰（2,3-丁二酮），双乙酰与培养基蛋白胨中精氨酸的胍基反应，生成红色化合物，故产气肠杆菌 VP 试验阳性，而大肠杆菌无此反应，VP 试验阴性。

混合酸发酵对肠杆菌科细菌有菌种鉴定意义。在食品卫生检验中常以大肠杆菌、产气肠杆菌等菌群的存在作为食品被粪便污染的指示菌，故基于混合酸发酵的甲基红试验、VP 试验，以及结合吲哚试验和柠檬酸盐试验，均是肠杆菌科细菌常用的生化反应鉴定方法，统称为 IMViC 试验（I—吲哚试验、M—甲基红试验、V—VP 试验、iC—柠檬酸盐利用试验）。

2. HMP 途径

HMP 途径（Hexose-Monophosphate-Pathway pathway）又称单磷酸己糖途径或磷酸戊糖支路。这是一条能产生大量 $NADPH_2$ 形式还原力和重要中间代谢产物的代谢途径。葡萄糖经 HMP 途径而不经 EMP 途径和 TCA 循环可以得到彻底氧化。

HMP 途径可概括为三个阶段：①葡萄糖分子通过几步氧化反应产生 5-磷酸核酮糖和 CO_2；②5-磷酸核酮糖发生同分异构化而分别产生 5-磷酸核糖和 5-磷酸木酮糖；③上述各种磷酸戊糖在没有氧参与的条件下，发生碳架重排，产生了磷酸己糖和 3-磷酸甘油醛，后者可通过以下两种方式进行代谢。一种方式是进入 EMP 途径生成丙酮酸，再进入 TCA 循环进行彻底氧化。许多微生物利用 HMP 途径将葡萄糖完全分解成 CO_2 和 H_2O。另一种方式是通过二磷酸果糖醛缩酶和果糖二磷酸酶的作用而转化为磷酸葡萄糖。HMP 途径如图 3-3 所示。

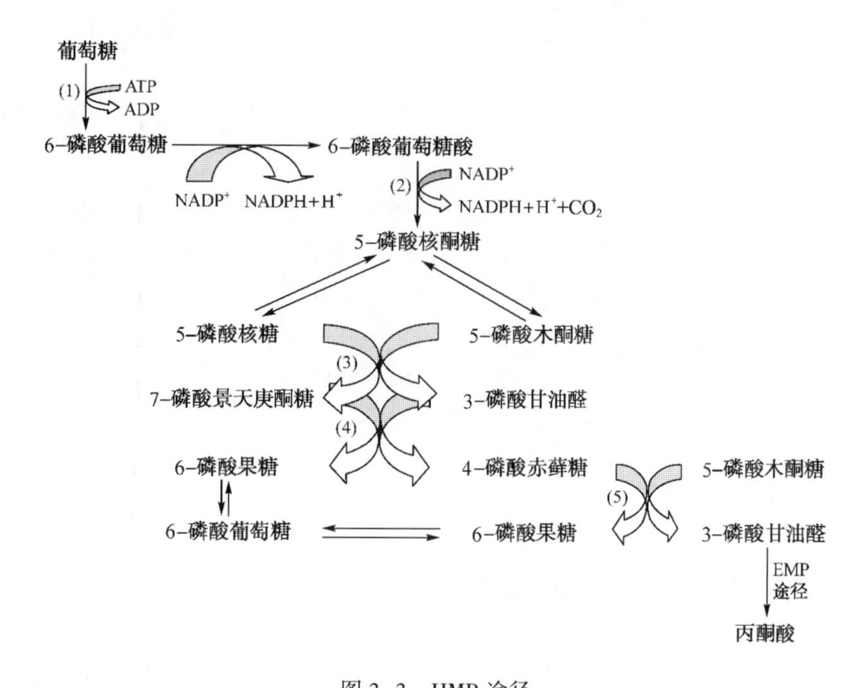

图 3-3　HMP 途径

（1）己糖激酶　（2）磷酸葡萄糖酸脱氢酶

（3）、（5）转酮醇酶（转羟乙醛基酶）　（4）转醛醇酶（转二羟丙酮基酶）

HMP 途径一次循环需要 6 分子葡萄糖同时参与，其中有 5 分子 6-磷酸葡萄糖再生，用去 1 分子葡萄糖，产生大量 $NADPH_2$ 形式的还原力。其总反应式为：

$$6\ 6\text{-磷酸葡萄糖}+12NADP^{+}+6H_2O \longrightarrow 5\ 6\text{-磷酸葡萄糖}+12NADPH_2+6CO_2+6Pi$$

具有 HMP 途径的多数好氧和兼性厌氧微生物中往往同时存在 EMP 途径。单独具有 HMP 途径或 EMP 途径的微生物少见。HMP 途径和 EMP 途径中的一些中间产物可以交叉转化和利用，以满足微生物代谢的多种需要。

HMP 途径为生物合成提供了多种碳骨架，产生多种重要发酵产物，例如核苷酸、若干氨基酸、辅酶和乳酸等。HMP 途径中的 5-磷酸核糖可以合成嘌呤、嘧啶核苷酸，进一步合成核酸；5-磷酸核糖也是合成辅酶（NAD、NADP 和 CoA）与辅基（FAD、FMN）的原料；4-磷酸赤藓糖是合成芳香族氨基酸（如苯丙氨酸、酪氨酸、色氨酸）的前体物；3-磷酸甘油醛可进入 EMP 途径，通过丙酮酸进一步生成乳酸。

3. PK 途径

PK 途径（Phospho-Pentose-Ketolase pathway）又称磷酸戊糖解酮酶途径。该途径是 HMP 途径的变异途径，从葡萄糖到 5-磷酸木酮糖均与 HMP 途径相同，然后又在这条途径的关键酶——磷酸戊糖解酮酶的作用下，生成乙酰磷酸和 3-磷酸甘油醛，两者进一步代谢分别产生乙醇和乳酸。肠膜明串珠菌肠膜亚种分解葡萄糖的典型异型乳酸发酵途径如图 3-4 所示。

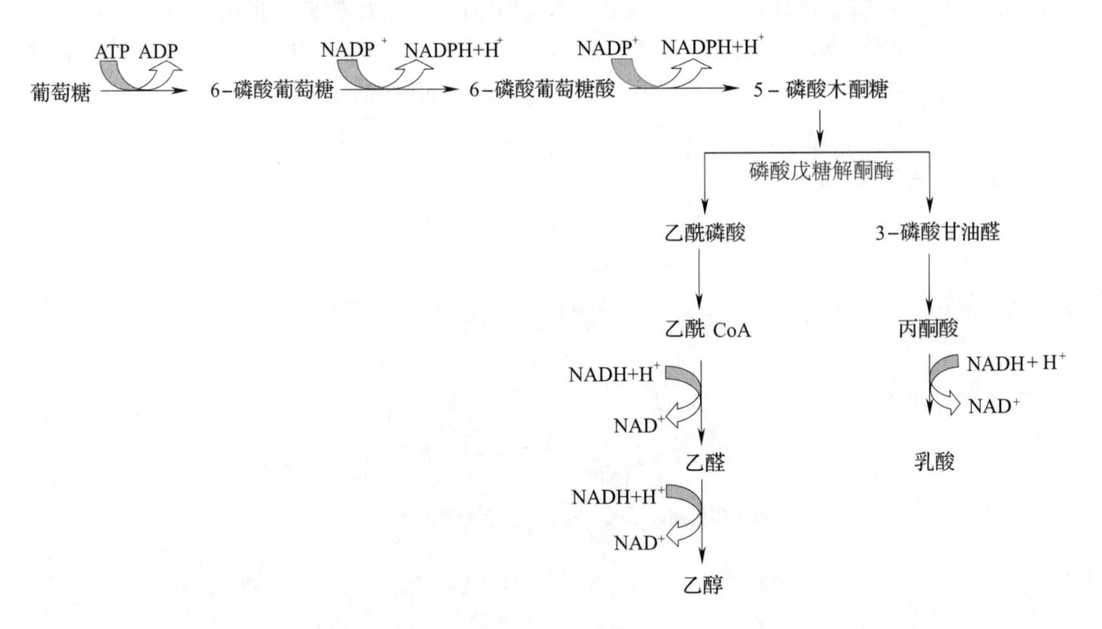

图 3-4 PK 途径

通过 PK 途径可将 1 分子葡萄糖发酵产生 1 分子乳酸，1 分子乙醇和 1 分子 CO_2，并且只产生 1 分子 ATP 和 1 分子 H_2O。其总反应式为：

$$C_6H_{12}O_6+NADH_2+ADP+Pi \longrightarrow \underset{\text{乳酸}}{CH_3CHOHCOOH}+\underset{\text{乙醇}}{CH_3CH_2OH}+NAD^++ATP+CO_2+H_2O$$

同一种乳酸菌利用不同糖类虽然都进行异型乳酸发酵，但其产物稍有差异。例如，肠膜明串珠菌肠膜亚种通过 PK 途径利用葡萄糖时发酵产物为乳酸、乙醇、CO_2，而利用核糖时的发酵产物为乳酸和乙酸，利用果糖的发酵产物为乳酸、乙酸、CO_2 和甘露醇等。不同种乳酸菌利用同种糖类虽然都进行异型乳酸发酵，但其产物亦稍有差异。例如，发酵乳杆菌分解葡萄糖时发酵产物为乳酸、乙醇和 CO_2，而短乳杆菌分解葡萄糖时发酵产物为乳酸、乙酸和 CO_2。

4. 双歧途径

双歧杆菌分解葡萄糖的非典型异型乳酸发酵途径，是 EMP 途径的变异途径。双歧杆菌既无醛缩酶，也无 6-磷酸葡萄糖脱氢酶，但有活性的磷酸解酮酶类，这是双歧途径的关键酶。在双歧途径中（图 3-5），从 2 分子葡萄糖到 2 分子 6-磷酸果糖均与 EMP 途径相同，其中1分子6-磷酸果糖在第一个关键酶——6-磷酸果糖磷酸酮酶（磷酸己糖解酮酶）的作用下裂解生成4-磷酸赤藓糖和乙酰磷酸，乙酰磷酸由乙酸激酶催化为1分子乙酸；另1分子6-磷酸果糖则与4-磷酸赤藓糖反应生成5-磷酸木酮糖，5-磷酸木酮糖在第二个关键酶——5-磷酸木酮糖磷酸酮酶（磷酸戊糖解酮酶）的催化下分解成2分子3-磷酸甘油醛和2分子乙酰磷酸，2分子3-磷酸甘油醛在乳酸脱氢酶催化下生成2分子乳酸，而2分子乙酰磷酸由乙酸激酶催化为2分子乙酸。

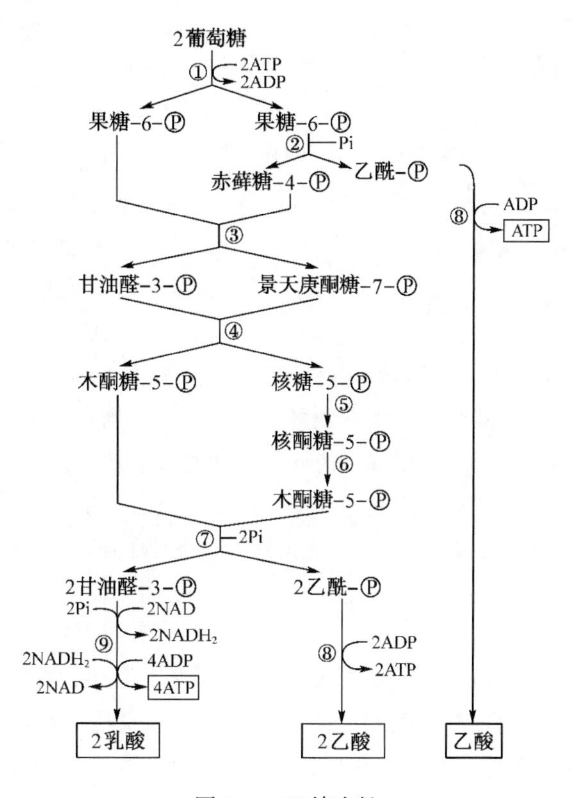

图3-5　双歧途径

①己糖激酶和6-磷酸葡萄糖异构酶　②6-磷酸果糖磷酸酮酶　③转醛醇酶　④转酮酶　⑤5-磷酸核糖异构酶　⑥5-磷酸核酮糖-3-表异构酶　⑦5-磷酸木酮糖磷酸酮酶　⑧乙酸激酶　⑨乳酸脱氢酶

通过双歧途径可将2分子葡萄糖发酵产生2分子乳酸和3分子乙酸，并产生5分子ATP，总反应式为：

$$2C_6H_{12}O_6+5ADP+5Pi \longrightarrow 2CH_3CHOHCOOH+3CH_3COOH+5ATP$$

乳酸　　　　乙酸

5. ED途径

ED途径（Enrner-Doudoroff pathway）又称为2-酮-3-脱氧-6-磷酸葡萄糖酸（KDPG）裂解途径。它是少数缺乏完整EMP途径的细菌所特有的、利用葡萄糖的替代途径。在ED途径中，6-酸葡萄糖首先脱氢产生6-磷酸葡萄糖酸，继而在脱水酶和醛缩酶作用下，产生1分子3-磷酸甘油醛和1分子丙酮酸，然后3-磷酸甘油醛进入EMP途径转变成丙酮酸。1分子葡萄糖经ED途径最后生成2分子丙酮酸、1分子ATP、1分子$NADPH_2$和1分子$NADH_2$。其总反应式为：

$$C_6H_{12}O_6+ADP+Pi+NADP^++NAD^+ \longrightarrow 2CH_3COCOOH+ATP+NADPH_2+NADH_2$$

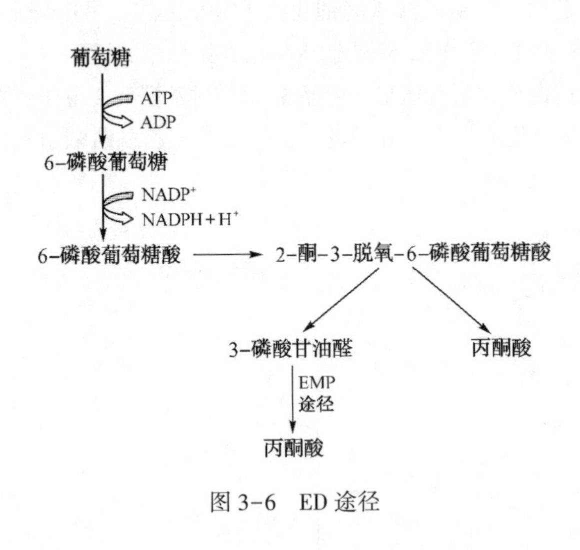

图 3-6　ED 途径

ED 途径如图 3-6 所示，其特点是：①葡萄糖经快速反应获得丙酮酸（仅 4 步反应）；②6 碳的关键中间代谢产物是 KDPG；③特征性酶是 KDPG 醛缩酶；④特征性反应是 KDPG 裂解生成丙酮酸和 3-磷酸甘油醛；⑤产能效率低，1 分子葡萄糖经 ED 途径分解只产生 1 分子 ATP。

ED 途径在 G^- 菌中分布较广，特别是假单胞菌和某些固氮菌中较多存在，如嗜糖假单胞菌、荧光假单胞菌、铜绿假单胞菌、林氏假单胞菌和运动发酵单胞菌等。由于 ED 途径可与 EMP 途径、HMP 途径和 TCA 循环等各种代谢途径相连接，因此，可以相互协调，以满足微生物对还原力、能量和不同中间代谢产物的需要。例如，通过与 HMP 途径连接可获得必要的戊糖和 $NADPH_2$ 等。此外，对微好氧菌（如运动发酵单胞菌）来说，在 ED 途径中产生的 2 分子丙酮酸可脱羧生成乙醛，乙醛进一步被还原生成 2 分子乙醇。此种由 ED 途径发酵产生乙醇的过程与酵母菌经 EMP 途径生产乙醇不同，称为细菌酒精发酵。不同细菌进行乙醇发酵的途径也各不相同。

6. 三羧酸循环

三羧酸循环（Tricarboxylic acid cycle）简称 TCA 循环。是指由糖酵解途径生成的丙酮酸在有氧条件下，通过一个包括三羧酸和二羧酸的循环逐步脱羧、脱氢、彻底氧化生成 CO_2、H_2O 和 $NADH_2$ 的过程。它是生物体获得能量的有效途径，在多数异养微生物的氧化代谢中起关键作用。

如图 3-7 所示，TCA 循环共分 10 步：3C 化合物丙酮酸脱羧后，形成 $NADH_2$，并产生 2C 化合物乙酰 CoA（$CH_3COSCoA$），它与 4C 化合物草酰乙酸经 TCA 循环的关键酶——柠檬酸合成酶作用，缩合形成 6C 化合物柠檬酸。通过一系列氧化和转化反应，6C 化合物经过 5C 化合物阶段又重新回到 4C 化合物——草酰乙酸，再由草酰乙酸接受来自下一个循环的乙酰 CoA 分子。TCA 循环的总反应式为：

$$CH_3COSCoA+2O_2+12\ (ADP+Pi) \longrightarrow 2CO_2+H_2O_2+12ATP+CoA$$

TCA 循环中的某些中间代谢产物是生物合成各种氨基酸、嘌呤、嘧啶和脂类等前体物，例如乙酰 CoA 是合成脂肪酸的起始物质；α-酮戊二酸可转化为谷氨酸；草酰乙酸可转化为天门冬氨酸，而且上述这些氨基酸还可转变为其他氨基酸，并参与蛋白质的生物合成。TCA 循环也是糖类、脂肪、蛋白质有氧降解的共同途径，例如脂肪酸经 β-氧化途径生成的乙酰 CoA 进入 TCA 循环彻底氧化成 CO_2 和 H_2O；又如丙氨酸、天冬氨酸、谷氨酸等经脱氨基作用后，可分别形成丙酮酸、草酰乙酸、α-酮戊二酸等，它们均可进入 TCA 被彻底氧化。因此，TCA 实际上是微生物细胞内各类物质的合成和分解代谢的中心枢纽。

TCA 循环不仅为微生物的生物合成提供各种碳架原料，而且也与微生物发酵产物，如柠檬酸、谷氨酸、苹果酸、琥珀酸、延胡索酸等的生产密切相关。下面主要介绍由 TCA 循环产生的两个有代表性的发酵产物——柠檬酸和谷氨酸。

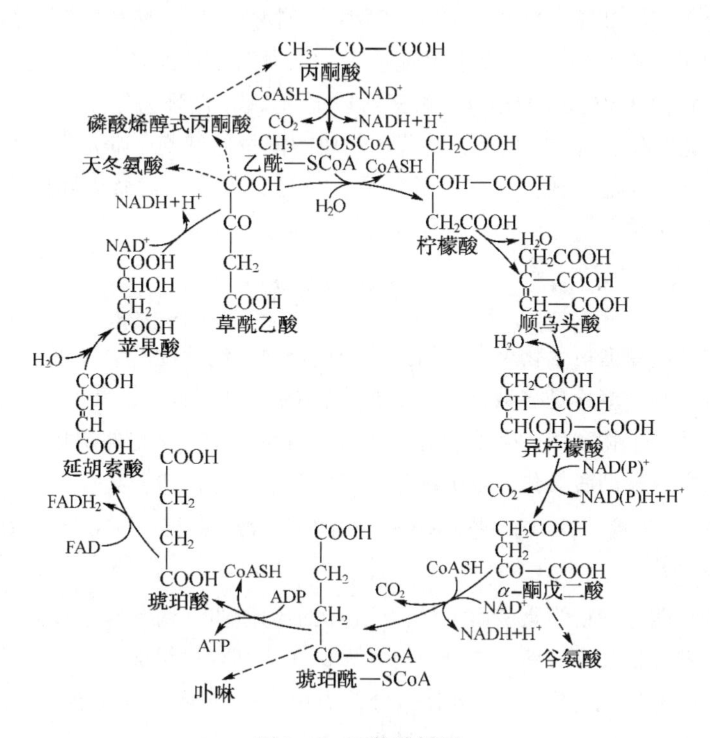

图 3-7　三羧酸循环

虚线表示可用于各种生物合成中间代谢物

（1）柠檬酸发酵　葡萄糖经 EMP 途径生成丙酮酸，在有氧条件下丙酮酸一方面氧化脱羧生成乙酰 CoA，另一方面羧化生成草酰乙酸，乙酰 CoA 与草酰乙酸在柠檬酸合成酶的作用下缩合生成柠檬酸。细胞的正常代谢途径中，中间产物一般不会超常积累。利用黑曲霉生产柠檬酸时，通过菌体内顺乌头酸酶的活力极低或失活以阻断 TCA 循环，从而大量积累柠檬酸。

（2）谷氨酸发酵　TCA 循环中产生的 α-酮戊二酸，在谷氨酸脱氢酶作用下，在有 NH_4^+ 存在时，被还原氨基化生成谷氨酸。谷氨酸的生物合成途径包括 EMP、HMP、TCA、乙醛酸循环和 CO_2 固定反应等多个途径。利用北京棒状杆菌丧失或仅有微弱的 α-酮戊二酸脱氢酶活力，使 α-酮戊二酸不能继续氧化，从而大量积累谷氨酸。

第二节　微生物的分解代谢

微生物的代谢活动与动植物食品的加工和贮藏有密切关系。食品中含有大量的淀粉、纤维素、果胶质、蛋白质、脂肪等物质，可作为微生物的碳素和氮素来源的营养物质。如果环境条件适宜，微生物就能在食品中大量生长繁殖，造成食品腐败变质，同时人们利用有益菌的代谢活动生产发酵食品、药品和饲料等。

微生物对大分子有机物的分解一般分为3个阶段：第一阶段将蛋白质、多糖、脂类等大分子营养物质降解成氨基酸、单糖及脂肪酸等小分子物质；第二阶段将第一阶段的分解产物进一步降解更简单的乙酰CoA、丙酮酸和能进入TCA循环的中间产物，在此阶段会产生能量（ATP）和还原力（NADH及$FADH_2$）；第三阶段通过TCA循环将第二阶段的产物完全降解成CO_2，并产生能量和还原力。由于分解代谢释放的能量供细胞生命活动之用，因此只有进行旺盛的分解代谢，才能合成大量的细胞物质，可见分解作用对微生物的生长和代谢十分重要。

一、多糖的分解

多糖是由单糖或单糖衍生物聚合成的大分子化合物，包括淀粉、纤维素、半纤维素、几丁质和果胶质等。其中淀粉是多数微生物都能利用的碳源，而纤维素、半纤维素、几丁质、果胶质等只被某些微生物利用。微生物对多糖的利用都是先分泌胞外酶将其水解，其水解产物按不同方式发酵或被彻底氧化。微生物分解多糖的简要过程如下：

多糖⟶双糖⟶单糖⟶丙酮酸⟶有机酸、醇、醛等⟶CO_2和H_2O等

1. 淀粉的分解

多数微生物都能以淀粉为碳源而生长。淀粉是葡萄糖通过糖苷键连接而成的一种大分子物质。淀粉有直链淀粉和支链淀粉之分。前者为α-1,4糖苷键组成的直链分子，后者除由α-1,4糖苷键连接成直链外，还有许多分枝，分枝点由α-1,6糖苷键结合。一般天然淀粉中，直链淀粉含量为10%~20%，支链淀粉含量为80%~90%，淀粉的分解是借微生物产生淀粉酶的作用。微生物产生的淀粉酶种类很多，分为液化型淀粉酶和糖化型淀粉酶。

（1）液化型淀粉酶　又称α-淀粉酶，该酶可从淀粉分子内部任意水解α-1,4糖苷键，但不能水解α-1,6糖苷键，以及靠近分枝点的α-1,4糖苷键。α-淀粉酶可将直链淀粉水解成麦芽糖，作用于支链淀粉时产物除麦芽糖外还包括低聚糖和小分子极限糊精及少量葡萄糖。淀粉被α-淀粉酶水解后，黏度下降，表现为液化，故α-淀粉酶称之为液化型淀粉酶。

（2）糖化型淀粉酶　包括β-淀粉酶、葡萄糖苷酶和异淀粉酶。食品发酵工业所指的糖化型淀粉酶为葡萄糖苷酶，简称糖化酶，俗称糖化剂。

①β-淀粉酶：又称淀粉-1,4-麦芽糖苷酶，该酶从淀粉或糊精分子的非还原末端水解α-1,4糖苷键，每次分解出一个麦芽糖分子。但因该酶不能水解α-1,6糖苷键，也不能越过此键继续水解α-1,4糖苷键，因此该酶可将直链淀粉水解成麦芽糖，将支链淀粉水解成麦芽糖和β-极限糊精。

②葡萄糖苷酶：又称淀粉-1,4-葡萄糖苷酶、α-1,4-葡萄糖水解酶或葡萄糖淀粉酶，该酶从淀粉或糊精分子的非还原末端开始水解α-1,4糖苷键，依次分解出一个个葡萄糖单元，当遇到支链淀粉分枝点时也能缓慢（低效）水解α-1,6糖苷键，之后再水解α-1,4糖苷键，将支链淀粉全部转化为葡萄糖。因此葡萄糖苷酶可将直链淀粉和支链淀粉全部水解成葡萄糖。

③异淀粉酶：又称淀粉-1,6-葡萄糖苷酶，该酶专门水解α-1,6糖苷键，故能水解支链淀粉，切下整个侧枝，形成长短不一的直链淀粉，亦能水解含有α-1,6糖苷键的极限糊精。

因此，异淀粉酶分别与α-淀粉酶和β-淀粉酶配合使用，可使淀粉糖化完全。异淀粉酶如与葡萄糖苷酶协同作用，可加速淀粉糖化过程，提高糖化率。

微生物的液化酶和糖化酶可用于酶法水解淀粉质原料生产葡萄糖，制酒曲（大曲、小曲、麸曲、麦曲、酒药等）、酿酒（白酒、黄酒等）及生产酒精和酿造食醋，用作食品发酵中的糖化剂。微生物来源的淀粉酶制剂已实现工业化生产。4 种淀粉酶水解作用的比较如表3-4 所示。

表 3-4　4 种淀粉酶水解作用的比较

项目	α-淀粉酶	β-淀粉酶	葡萄糖苷酶	异淀粉酶
底物	淀粉	淀粉或糊精	淀粉或糊精	支链淀粉
产物	低聚糖、小分子极限糊精、麦芽糖、葡萄糖	麦芽糖、β-极限糊精	葡萄糖	直链淀粉
微生物来源	枯草芽孢杆菌 BF-7658 产中温α-淀粉酶，地衣芽孢杆菌产高温α-淀粉酶；此外，鲁氏毛霉、米曲霉沪酿 3.042、米曲霉 As384、黄曲霉 As3.800、黑曲霉 As3.4309、根霉和红曲霉也产生此酶	根霉、米曲霉产大量β-淀粉酶；此外，巨大芽孢杆菌、多黏芽孢杆菌、假单胞菌及某些放线菌也产生此酶	根霉（米根霉、白曲根霉、华根霉、黑根霉、中国根霉等）、曲霉（黑曲霉 As3.4309、宇佐美曲霉 As3.758、甘薯曲霉 As3.324 等）、红曲霉等	发酵工业常用产气肠杆菌 10016 生产异淀粉酶；此外，黑曲霉、米曲霉也产生此酶

2. 纤维素的分解

纤维素是植物细胞壁的主要成分，是葡萄糖通过β-1,4 糖苷键组成的直链大分子化合物。人和动物不能消化纤维素，而有些微生物具有分解纤维素的能力。纤维素只有在纤维素酶作用下或分泌纤维素酶的微生物存在下才被分解生成葡萄糖。纤维素酶是一类纤维素水解酶的总称，或称纤维素酶的复合物。根据其作用方式不同可分为 C_1 酶、Cx 酶（又分为 Cx_1 酶、Cx_2 酶两种）和纤维二糖酶（β-葡萄糖苷酶）三类。

（1）C_1 酶　C_1 酶主要作用于天然纤维素，使之转变成水合非结晶纤维素。

（2）Cx 酶　又称β-1,4-葡聚糖酶，它能水解溶解的纤维素或膨胀、部分降解的纤维素，但不能作用于结晶的纤维素。Cx_1 酶是β-1,4-葡聚糖内切酶，可以任意水解水合非结晶纤维素分子内部的β-1,4 糖苷键，生成纤维糊精、纤维二糖和葡萄糖；Cx_2 酶是β-1,4-葡聚糖外切酶，它从水合非结晶纤维素的非还原性末端作用于β-1,4 糖苷键，逐一切断β-1,4 糖苷键生成葡萄糖。它对纤维寡糖的亲合力强，能迅速水解内切酶作用后产生的纤维寡糖。

（3）纤维二糖酶　又称β-葡萄糖苷酶，它能水解纤维二糖、纤维三糖和短链的纤维寡糖生成葡萄糖。

$$\text{天然（棉花）纤维素}\xrightarrow{C_1\text{ 酶}}\text{水合非结晶纤维素}\xrightarrow{Cx_1\text{、}Cx_2\text{ 酶}}\text{葡萄糖+纤维二糖}\xrightarrow{\text{纤维二糖酶}}\text{葡萄糖}$$

细菌的纤维素酶结合于细胞膜上，已观察到它们分解纤维素时，细胞需附着在纤维素上。真菌、放线菌的纤维素酶系胞外酶，分泌到培养基中，可通过过滤或离心分离得到。

分解纤维素的微生物种类很多。好氧细菌中有纤维黏菌属（*Cytophaga*）、生孢嗜纤维菌属（*Sposocytophaga*）、纤维弧菌属（*Cellvibrio*）、纤维单胞菌属（*Cellulomonas*）、芽孢杆菌属（枯草芽孢杆菌、地衣芽孢杆菌、解淀粉芽孢杆菌）等；厌氧菌如梭菌属中常见的热纤梭菌（*Clostridium thermocellum*）。真菌中分解纤维素的有木霉、葡萄穗霉、曲霉、青霉、根霉等属。放线菌中有诺卡氏菌、小单孢菌及链霉菌等属中的某些种。其中绿色木霉、康氏木霉、木素木霉和里氏木霉，以及某些放线菌和细菌为生产纤维素酶的常用菌种。酵母菌中的扣囊复膜酵母和葡萄汁有孢汉逊酵母，以及乳酸菌中的酒酒球菌能分泌β-葡萄糖苷酶，有助于白酒和葡萄酒的增香酿造。

3. 半纤维素的分解

在植物细胞壁中，除纤维素以外的多糖统称为半纤维素，包括各种聚己糖和聚戊糖。半纤维素根据其结构可概括为两类：一类是同聚糖，仅包含一种单糖，如木聚糖、半乳聚糖、甘露聚糖等；另一类是异聚糖，包括两种以上的单糖或糖醛酸，几种不同的糖同时存在于一个半纤维素分子中。最常见的半纤维素是木聚糖，它约占草本植物干重的一半，也存在于木本植物中。与纤维素相比，半纤维素容易被微生物分解。但由于半纤维素的组成类型很多，因而分解它们的酶也各不相同。例如，木聚糖酶催化木聚糖水解成木糖，阿拉伯聚糖酶催化阿拉伯聚糖水解成阿拉伯糖等。生产半纤维素酶的微生物主要有曲霉、根霉与木霉等属。半纤维素酶通常与纤维素酶、果胶酶混合使用，从而可以改善植物性食品的质量，提高淀粉质原料的发酵利用率及果汁饮料的澄清效果等。

4. 果胶物质的分解

果胶物质广泛存在于高等植物，特别是水果和蔬菜的组织中，是构成细胞间质和初生壁的重要组分，在植物细胞组织中起“黏合”作用。果胶物质是由D-半乳糖醛酸通过α-1,4糖苷键连接而成的直链状的高分子聚合物。大部分D-半乳糖醛酸上的羧基可被甲醇酯化形成甲酯，不含甲酯的果胶物质称为果胶酸。果胶物质包括果胶质和果胶酸。天然果胶质常称为原果胶（不可溶果胶），在原果胶酶作用下，它被转化成水可溶性的果胶，再进一步被果胶甲酯水解酶（果胶酯酶）催化去掉甲酯基团，生成果胶酸，最后被聚半乳糖醛酸酶（果胶酸酶）水解，切断α-1,4糖苷键，生成半乳糖醛酸。后者进入糖代谢途径被分解释放能量。由此可见，分解果胶质的酶是多酶复合物，是指分解果胶质的多种酶的总称。它可分为果胶酯酶和聚半乳糖醛酸酶两种。

$$\text{原果胶}\xrightarrow{\text{原果胶酶}}\text{可溶性果胶}\xrightarrow{\text{果胶甲酯水解酶}}\text{果胶酸}\xrightarrow{\text{聚半乳糖醛酸酶}}\text{半乳糖醛酸}\longrightarrow\text{糖代谢}$$

分解果胶的微生物主要是一些细菌和真菌。例如梭菌属中的费新尼亚梭菌、蚀果胶梭菌和芽孢杆菌属中的浸麻芽孢杆菌，以及毛霉属、根霉属、曲霉属、葡萄孢霉属、枝孢霉属（蜡叶枝孢霉）和镰刀菌属等都是分解果胶能力较强的微生物。食品工业上已利用微生物生产果胶酶，用于果汁澄清、橘子脱囊衣等加工处理。

5. 几丁质的分解

几丁质又称甲壳素、甲壳质，是一种由*N*-乙酰葡萄糖胺通过β-1,4糖苷键聚合而成的较难分解的含氮多糖类物质。它是真菌细胞壁、昆虫体壁和节肢动物甲壳的主要成分，一般生物都不能分解与利用它，只有某些细菌如芽孢杆菌属（枯草芽孢杆菌、地衣芽孢杆菌、巨大芽孢杆菌、溶几丁质芽孢杆菌、环状芽孢杆菌等）、沙雷氏菌属（黏质沙雷氏菌、液化沙雷氏菌)、假单胞菌属（斯氏假单胞菌）等，某些放线菌如灰色链霉菌、红色链霉菌等，个别霉菌如木霉属及曲霉属中的米曲霉、溜曲霉等能合成与分泌几丁质酶，将几丁质水解生成几丁二糖，再通过几丁二糖酶将几丁二糖进一步水解生成 *N*-乙酰葡萄糖胺。后者进一步分解生成葡萄糖和氨。这些降解的产物被微生物吸收和利用，生物转化为菌体蛋白而用作生物饲料。此外，几丁质酶对细胞壁富含几丁质的霉菌生长有较好拮抗作用。

二、含氮有机化合物的分解

蛋白质、核酸及其不同程度的降解产物通常作为微生物生长的氮源或生长因子（氨基酸、嘌呤、嘧啶等）。由于蛋白质是由氨基酸以肽键结合组成的大分子物质，不能直接透过菌体细胞膜，故微生物利用蛋白质时，须先分泌蛋白酶至细胞外，将蛋白质水解成短肽后进入细胞，再由细胞内的肽酶将短肽水解成氨基酸后才被利用。

1. 蛋白质的分解

蛋白质在有氧环境下被微生物分解的过程称为腐化，这时蛋白质可被完全氧化，生成简单化合物，如 CO_2、H_2、NH_3、CH_4 等。蛋白质在厌氧环境中被微生物分解的过程称为腐败，此时蛋白质分解不完全，分解产物多数为中间产物，如氨基酸、有机酸等。

蛋白质的降解分二步完成：首先在微生物分泌的胞外蛋白酶作用下水解生成短肽，然后短肽在肽酶作用下进一步被分解成氨基酸。根据肽酶作用部位的不同，分为氨肽酶和羧肽酶。氨肽酶作用于有游离氨基端的肽键，羧肽酶作用于有游离羧基端的肽键。肽酶是一种胞内酶，在细胞自溶后释放到环境中。微生物分解蛋白质的一般过程为：

$$\text{蛋白质}\xrightarrow[\text{细胞外}]{\text{蛋白酶}}\text{短肽}\xrightarrow[\text{细胞内}]{\text{肽酶}}\text{氨基酸}\longrightarrow\text{有机酸、吲哚、胺、}H_2S\text{、}NH_3\text{、}CH_4\text{、}H_2\text{、}CO_2\text{ 等}$$

微生物分泌蛋白酶种类因菌种而异，其分解蛋白质的能力也各不相同。一般真菌分解蛋白质能力强，并能分解天然蛋白质，而多数细菌不能分解天然蛋白质，只能分解变性蛋白及蛋白质的降解产物，因而微生物分解蛋白质的能力是微生物分类依据之一。

分解蛋白质的微生物种类很多，好氧的如芽孢杆菌属（枯草芽孢杆菌、地衣芽孢杆菌、凝结芽孢杆菌、马铃薯芽孢杆菌等)、假单胞菌属（荧光假单胞菌等)、微球菌属（变异微球菌、藤黄微球菌等)、黄杆菌属等，兼性厌氧的如葡萄球菌属（肉葡萄球菌、木糖葡萄球菌等)、变形杆菌属（普通变形杆菌等)、沙门氏菌属、沙雷氏菌属（黏质沙雷氏菌）等，厌氧的如梭菌属（生孢梭菌、腐化梭菌、肉毒梭菌、致黑梭菌等)。放线菌中不少链霉菌均产蛋白酶。真菌如毛霉属、根霉属、曲霉属、青霉属、红曲霉属等均具蛋白酶活力。有些微生物只有肽酶而无蛋白酶，因而只能分解蛋白质的降解产物，例如大肠杆菌和多数乳杆菌属的细菌等不能水解蛋白质，但可以利用蛋白胨、肽和氨基酸等，故蛋白胨是多数微生物的良好氮源。

在食品发酵工业中，传统调味品，如酱油、酱类、豆腐乳等的制作也都利用了微生物对蛋白质的分解作用。例如，利用米曲霉沪酿 3.042 分泌的蛋白酶生产酱油和酱类，利用五通桥毛霉 As3.25 和雅致放射毛霉 As3.2778 制作豆腐乳。此外近代工业还利用枯草芽孢杆菌、栖土曲霉、黑曲霉等生产蛋白酶制剂。

2. 氨基酸的分解

微生物利用氨基酸除直接用于合成菌体蛋白质的氮源外，还可被微生物分解生成氨、有机酸、胺等物质作为碳源和能源。氨被利用合成各种必需氨基酸、酰胺类等，有机酸可进入三羧酸循环或进行发酵作用等。此外，氨基酸的分解产物对许多发酵食品，如酱油、腐乳、干酪、发酵香肠等的挥发性风味组分有重要影响。

不同微生物分解氨基酸能力不同。例如，大肠杆菌、变形杆菌和绿脓假单胞菌几乎能分解所有氨基酸，而乳杆菌属、链球菌属则分解氨基酸能力较差。由于微生物对氨基酸的分解方式不同，形成的产物也不同。微生物对氨基酸的分解方式主要是脱氨基作用、脱羧基作用和脱巯基作用。

（1）脱氨基作用　由于微生物类型、氨基酸种类与环境条件不同，脱氨作用方式主要有氧化脱氨、还原脱氨、氧化-还原脱氨（Stickland 反应）、水解脱氨、分解脱氨 5 种。

①氧化脱氨基作用：在有氧条件下，氨基酸在氨基酸氧化酶的作用下，脱氨生成 α-酮酸和氨。它是好氧菌和兼性厌氧菌进行脱氨的一种方式。例如，丙氨酸氧化脱氨生成丙酮酸，丙酮酸可通过 TCA 循环而继续氧化。

$$\underset{\text{丙氨酸}}{CH_3CHNH_2COOH}+1/2O_2 \xrightarrow{\text{氨基酸氧化酶}} \underset{\text{丙酮酸}}{CH_3COCOOH}+NH_3$$

②还原脱氨基作用：在无氧条件下，氨基酸在氨基酸脱氢酶作用下以还原方式脱氨生成短链脂肪酸（碳原子数小于 6 的脂肪酸称为短链脂肪酸，如甲酸、乙酸、丙酸、丁酸、戊酸等）和氨。它是专性厌氧菌和兼性厌氧菌进行脱氨的一种方式。例如，大肠杆菌可使甘氨酸还原脱氨生成乙酸，梭状芽孢杆菌可使丙氨酸还原脱氨生成丙酸。

$$\underset{\text{丙氨酸}}{CH_3CHNH_2COOH}+2H \xrightarrow{\text{氨基酸脱氢酶}} \underset{\text{丙酸}}{CH_3CH_2COOH}+NH_3$$

③氧化-还原脱氨基作用（Stickland 反应）：当培养基中的碳源和能源物质缺乏时，有些专性厌氧菌，如生孢梭状芽孢杆菌在厌氧条件下通过此反应获得能量。在 Stickland 反应中，一种氨基酸作为氢供体氧化脱氨，另一种氨基酸作为氢受体还原脱氨，生成相应的有机酸、α-酮酸和氨，并释放能量。这是一类氧化脱氨与还原脱氨相偶联的特殊发酵。这种偶联反应并不是在任意两种氨基酸之间就能发生。丙氨酸、缬氨酸、异亮氨酸、亮氨酸等优先作为氢供体；而甘氨酸、羟脯氨酸、脯氨酸和鸟氨酸等优先作为受氢体。例如，以丙氨酸作为供氢体，甘氨酸作为受氢体时，生成 3 分子乙酸，并放出 NH_3。

$$\underset{\substack{\text{丙氨酸}\\\text{（氢供体）}}}{CH_3CHNH_2COOH}+2\,\underset{\substack{\text{甘氨酸}\\\text{（氢受体）}}}{CH_2NH_2COOH} \longrightarrow 3\underset{\text{乙酸}}{CH_3COOH}+3NH_3+CO_2$$

④水解脱氨基作用：在厌氧条件下，氨基酸在水解酶作用下水解脱氨生成羟酸与氨。例如，丙氨酸可经水解脱氨生成乳酸（乳酸是一个含有羟基的羧酸，又称羟酸）和氨。

$$\underset{\text{丙氨酸}}{CH_3CHNH_2COOH}+H_2O \xrightarrow{\text{水解酶}} \underset{\text{乳酸}}{CH_3CHOHCOOH}+NH_3$$

羟酸脱羧生成一元醇，或有的氨基酸在水解脱氨的同时又脱羧，生成少一个碳原子的一元醇。例如，丙氨酸水解脱氨和脱羧后生成乙醇、氨和二氧化碳。

$$\underset{\text{丙氨酸}}{CH_3CHNH_2COOH}+H_2O \longrightarrow \underset{\text{乙醇}}{CH_3CH_2OH}+CO_2+NH_3$$

吲哚试验是基于氨基酸水解脱氨的原理，常用于肠杆菌科细菌的生化反应鉴定。例如，大肠杆菌、变形杆菌等能产生色氨酸水解酶，分解蛋白胨中的色氨酸产生吲哚（又称靛基质）、丙酮酸和氨。吲哚与对二甲基氨基苯甲醛试剂反应，生成红色的玫瑰吲哚，呈阳性反应。而产气肠杆菌不产生色氨酸水解酶，因此它的吲哚试验呈阴性反应。

⑤分解脱氨基作用：又称减饱和脱氨，氨基酸在直接脱氨的同时，在 α,β-碳原子上减饱和，生成不饱和脂肪酸和氨。例如，L-天冬氨酸在L-天冬氨酸裂解酶催化下，分解脱氨生成延胡索酸（又称反丁烯二酸）和氨。

$$\underset{\text{L-天冬氨酸}}{COOH—CH_2—CHNH_2—COOH} \xrightarrow{\text{天冬氨酸裂解酶}} \underset{\text{延胡索酸}}{COOH—CH=CH—COOH}+NH_3$$

（2）脱羧基作用　许多腐败细菌和真菌细胞内具有氨基酸脱羧酶，可以催化相应的氨基酸脱羧，生成减少一个碳原子的胺和 CO_2。一元氨基酸脱羧生成一元胺，二元氨基酸（结构式中含有2个氨基）脱羧生成二元胺。如酪氨酸脱羧形成酪胺，精氨酸脱羧形成精胺，色氨酸脱羧形成色胺，组氨酸脱羧形成组胺。其通式如下：

$$R—CHNH_2—COOH \xrightarrow{\text{氨基酸脱羧酶}} R—CH_2—NH_2+CO_2$$

二元胺对人体有毒，是食物中毒的原因之一。如鸟氨酸脱羧生成腐胺，赖氨酸脱羧生成尸胺，这些胺称为肉毒胺，肉类蛋白质腐败后常生成二元胺，故不宜食用。

$$\underset{\text{赖氨酸}}{H_2N(CH_2)_4CHNH_2COOH} \xrightarrow{\text{赖氨酸脱羧酶}} \underset{\text{尸胺}}{H_2N(CH_2)_4CH_2NH_2}+CO_2$$

有机胺在有氧条件下可被氧化成有机酸，在厌氧条件下可被分解成各种醇和有机酸。

氨基酸脱羧酶具有高度的专一性，在实验室或生产中可用来测定氨基酸的含量和测定脱羧酶的活力。例如，谷氨酸被谷氨酸脱羧酶脱羧后，产生 γ-氨基丁酸和 CO_2，在谷氨酸生产上用微量测压仪测定 CO_2 气体的量，据此计算发酵液中谷氨酸的含量。

（3）脱巯基作用　硫化氢试验是基于含硫氨基酸脱巯基的原理，常用于细菌的分类鉴定。例如，沙门氏菌、变形杆菌、枯草芽孢杆菌等细菌能将含硫氨基酸（半胱氨酸、胱氨酸和甲硫氨酸）经脱巯基作用，分解产生 H_2S、NH_3、丙酮酸等。如果预先在含有蛋白胨的细菌培养基内加入醋酸铅或硫酸铁，接菌培养后若培养基内出现黑色硫化铅或硫化亚铁沉淀物，该菌的硫化氢试验即为反应阳性。

$$\underset{\text{半胱氨酸}}{CH_2SHCHNH_2COOH}+H_2O \longrightarrow \underset{\text{丙酮酸}}{CH_3COCOOH}+H_2S+NH_3$$

$$H_2S+Pb(CH_3COO)_2 \longrightarrow PbS\downarrow+2CH_3COOH$$

3. 核酸的分解

核酸的分解是指核酸在一系列酶的作用下，分解成构件分子——嘌呤或嘧啶、核糖或脱氧核糖的反应。核酸是由许多核苷酸以3,5-磷酸二酯键连接而成的大分子化合物。异养微生物可分泌水解酶类分解食物或体外的核蛋白与核酸类物质，以获得各种核苷酸。核酸分解代谢的第一步是水解连接核苷酸之间的磷酸二酯键，生成低级多核苷酸或单核苷酸。作用于核酸的磷酸二酯键的酶，称为核酸酶。水解核糖核酸的酶称核糖核酸酶（RNase）；水解脱氧核糖核酸的酶称脱氧核糖核酸酶（DNase）。核苷酸在核苷酸酶的作用下分解成磷酸和核苷，核苷再经核苷酶作用分解为嘌呤或嘧啶、核糖。

$$核苷酸+H_2O \xrightarrow{核苷酸酶} 核苷+H_3PO_4$$

$$核苷+H_2O \xrightarrow{核苷酶} 核糖+碱基$$

$$核苷+H_3PO_4 \xrightarrow{核苷磷酸解酶} 1-磷酸核糖+碱基$$

有些微生物能利用嘌呤或嘧啶作为生长因子、碳源和氮源。微生物对嘌呤或嘧啶继续分解，生成氨、二氧化碳、水及各种有机酸。

三、脂肪和脂肪酸的分解

脂肪和脂肪酸作为微生物的碳源和能源，一般被微生物缓慢利用。但如果环境中有其他容易利用的碳源与能源物质时，脂肪类物质一般不被微生物利用。在缺少其他碳源与能源物质时，微生物能分解与利用脂肪进行生长。由于脂肪是由甘油与三个长链脂肪酸通过酯键连接起来的甘油三酯，因此，它不能进入细胞，细胞内贮藏的脂肪也不可直接进入糖的降解途径，均要在脂肪酶的作用下进行水解。

（1）脂肪的分解　脂肪在微生物细胞合成的脂肪酶作用下（胞外酶对胞外的脂肪作用，胞内酶对胞内脂肪作用），水解成甘油和脂肪酸。

脂肪酶广泛存在于细菌、放线菌和真菌中。如细菌中的假单胞菌属（如荧光假单胞菌）、沙雷氏菌属（如黏质沙雷氏菌）、芽孢杆菌属（枯草芽孢杆菌、地衣芽孢杆菌、凝结芽孢杆菌等）、黄杆菌属、微球菌属（变异微球菌、藤黄微球菌）等，放线菌中的小放线菌，霉菌中的毛霉属（爪哇毛霉）、根霉属、曲霉属、青霉属、红曲霉属、地霉属（如白地霉）、木霉属（里氏木霉）等都能分解脂肪和高级脂肪酸。一般真菌产生脂肪酶能力较强，而细菌产生脂肪酶的能力较弱。脂肪酶目前主要用于油脂、食品工业中，常被用做消化剂并用于乳品增香、制造脂肪酸等。

（2）脂肪酸的分解　多数细菌对脂肪酸的分解能力很弱。但是，脂肪酸分解酶属于诱导酶，在有诱导物存在情况下，细菌也能分泌脂肪酸分解酶，将脂肪酸氧化分解。如大肠杆菌有可被诱导产生分解脂肪酸的酶系，使含6~16个碳的脂肪酸靠基团转位机制进入细胞，随后进行脂肪酸的β-氧化分解（碳链断裂发生在羧基端的β-碳原子上而得名）生成乙酰CoA，后者直接进入TCA循环被彻底氧化成CO_2和H_2O，或以其他途径被氧化降解。

（3）甘油的分解　甘油可被微生物迅速吸收利用。甘油在甘油激酶催化下生成α-磷酸甘油，后者再由α-磷酸甘油脱氢酶催化产生磷酸二羟丙酮。磷酸二羟丙酮可进入EMP途径生成丙酮酸，丙酮酸进入TCA循环被彻底氧化成CO_2和H_2O，或经其他途径被进一步氧化。

第三节　微生物的合成代谢

微生物的合成代谢包括初级代谢物（如糖类、脂类、蛋白质、氨基酸、核酸、核苷酸等）的合成代谢与次生代谢物（如毒素、色素、抗生素、激素等）的合成代谢。本节重点介绍单糖、氨基酸与核苷酸的生物合成。

一、单糖的合成

微生物在生长过程中，需不断从简单化合物合成糖类，以构成细胞生长所需的单糖和多糖。糖类的合成对自养和异养微生物的生命活动均十分重要。单糖的合成途径主要有卡尔文循环（光合菌、某些化能自养菌）、乙醛酸循环（异养菌）、EMP 逆过程（自养菌、异养菌）、糖异生作用、糖互变作用。下面简要介绍由 EMP 逆过程及糖异生作用合成单糖。

1. 由 EMP 逆过程合成单糖

单糖的合成一般通过 EMP 途径逆行合成 6-磷酸葡萄糖，而后再转化为其他糖，故单糖合成的中心环节是葡萄糖的合成。EMP 途径中大多数的酶促反应是可逆的，但由于己糖激酶、磷酸果糖激酶和丙酮酸激酶三个限速酶催化的三个反应过程都有能量变化，因而其可逆反应过程另有其他酶催化完成。

（1）由丙酮酸激酶催化的逆反应由两步反应完成　丙酮酸激酶催化的反应使磷酸烯醇式丙酮酸转移其能量及磷酸基生成 ATP，这个反应的逆过程就需吸收等量的能量，因而构成“能障”。为了绕过“能障”，另有其他酶催化逆行过程。首先由丙酮酸羧化酶催化，将丙酮酸转变为草酰乙酸，然后再由磷酸烯醇式丙酮酸羧激酶催化，由草酰乙酸生成磷酸烯醇式丙酮酸。这个过程中需消耗两个高能键［一个来自 ATP，另一个来自三磷酸鸟苷（GTP）］，而由磷酸烯醇式丙酮酸降解为丙酮酸只生成 1 个 ATP。

$$丙酮酸 \xrightarrow[丙酮酸羧化酶]{ATP \to ADP+Pi} 草酰乙酸 \xrightarrow[磷酸烯醇式丙酮酸羧激酶]{GTP \to GDP+Pi} 磷酸烯醇式丙酮酸$$

（2）由己糖激酶和磷酸果糖激酶催化的两个反应的逆行过程　己糖激酶（包括葡萄糖激酶）和磷酸果糖激酶所催化的两个反应都要消耗 ATP。这两个反应的逆行过程：1,6-二磷酸果糖生成 6-磷酸果糖及 6-磷酸葡萄糖生成葡萄糖，分别由两个特异的果糖-2-磷酸酶和葡萄糖-6-磷酸酶水解己糖磷酸酯键完成。

$$1,6\text{-}二磷酸果糖 \xrightarrow{果糖\text{-}2\text{-}磷酸酶} 6\text{-}磷酸果糖$$

$$6\text{-}磷酸葡萄糖 \xrightarrow{葡萄糖\text{-}6\text{-}磷酸酶} 葡萄糖$$

由 EMP 途径的逆反应过程合成葡萄糖的总反应式：

$$2\,丙酮酸+4ATP+2GTP+2NADH+2H^{+}+6H_2O \longrightarrow 葡萄糖+2NAD^{+}+4ADP+2GDP+6Pi+6H^{+}$$

2. 由糖异生作用合成单糖

非糖物质转变为葡萄糖或糖原的过程称为糖异生作用。非糖物质主要有生糖氨基酸（甘氨酸、丙氨酸、苏氨酸、丝氨酸、天冬氨酸、谷氨酸、半胱氨酸、脯氨酸、精氨酸、组氨酸、赖氨酸等）、有机酸（乳酸、丙酮酸及三羧酸循环中各种羧酸等）和甘油等。糖异生的途径基本上是 EMP 途径或糖的有氧氧化的逆过程。例如，异养菌以乳酸为碳源时，可直接氧化成丙酮酸，后者经 EMP 途径的逆反应过程合成葡萄糖。代谢物对糖异生具有调节作用。糖异生原料（如乳酸、甘油、氨基酸等）的浓度高，可使糖异生作用增强。乙酰 CoA 的浓度高低决定了丙酮酸代谢流的方向，如脂肪酸氧化分解产生大量的乙酰 CoA，可抑制丙酮酸脱氢酶系，使丙酮酸大量积蓄，为糖异生提供原料；同时又可激活丙酮酸羧化酶，加速丙酮酸生成草酰乙酸，使糖异生作用加强。

二、氨基酸的合成

微生物细胞内能生物合成所有的氨基酸，其生物合成主要包括氨基酸碳骨架的合成，以及氨基的结合两个方面。合成氨基酸的碳骨架主要来自糖代谢（EMP 途径、HMP 途径和 TCA 循环）产生的中间产物，而氨有以下几种来源：①直接从外界环境获得；②通过体内含氮化合物的分解得到；③通过固氮作用合成；④硝酸盐还原作用合成。此外，在合成含硫氨基酸时，还需要硫的供给。氨基酸的合成主要有三种方式：①氨基化作用：指 α-酮酸与氨反应形成相应的氨基酸。例如，谷氨酸的生物合成就是 α-酮戊二酸在谷氨酸脱氢酶的催化下，以 $NAD(P)^+$为辅酶，直接吸收 NH_4^+，通过氨基化反应合成的。②转氨基作用：在转氨酶（又称氨基转移酶）催化下将一种氨基酸的氨基转移给酮酸，生成新的氨基酸的过程。例如，在转氨酶催化下谷氨酸的氨基转移给丙酮酸，使前者生成 α-酮戊二酸，后者生成丙氨酸。③以糖代谢的中间产物为前体物合成氨基酸：21 种氨基酸除了通过上述两种方式合成外，还可通过糖代谢的中间产物，如 3-磷酸苷油醛、4-磷酸赤藓糖、草酰乙酸、3-磷酸核糖焦磷酸等经一系列生化反应而合成。根据前体物的不同，可得到不同种氨基酸，氨基酸的生物合成如图 3-8 所示。

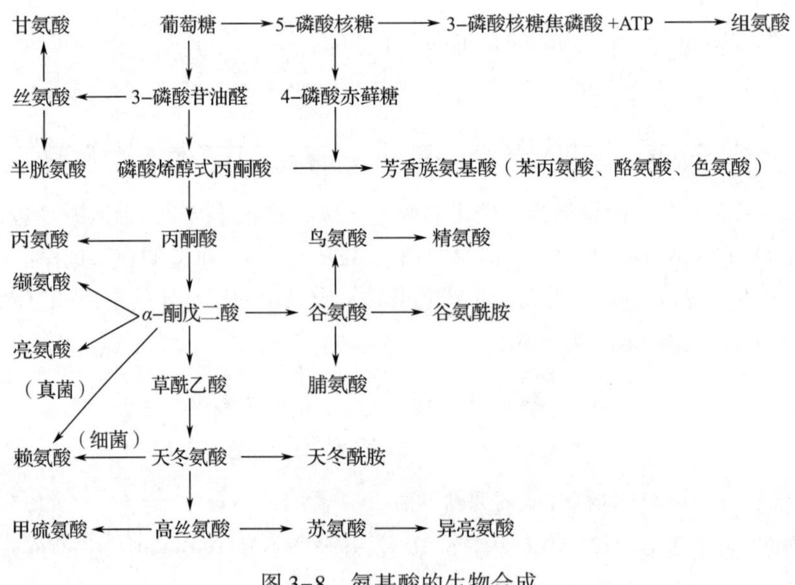

图 3-8　氨基酸的生物合成

三、核苷酸的合成

核苷酸是核酸的基本组成单位，由碱基、戊糖、磷酸所组成。根据碱基成分可将核苷酸分为嘌呤核苷酸和嘧啶核苷酸。嘌呤核苷酸的全合成途径由磷酸核糖开始，然后与谷氨酰胺、甘氨酸、CO_2、天冬氨酸等代谢物质逐步结合，最后将环闭合起来形成次黄嘌呤核苷酸（IMP），并继续转化为腺嘌呤核苷酸（AMP）和鸟嘌呤核苷酸（GMP）。

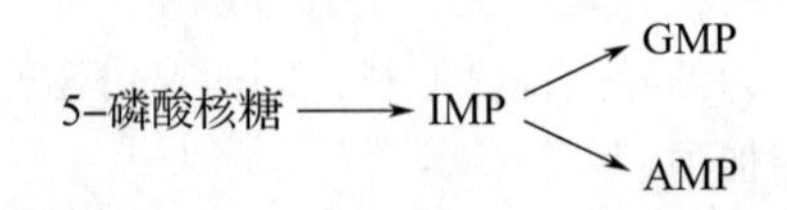

从 IMP 转化为 AMP 和 GMP 的途径，在枯草芽孢杆菌中，分出两条环形路线，GMP 和 AMP 可以互相转变；而在产氨短杆菌中，从 IMP 开始分出的两条路线不是环形的，而是单向分支路线，GMP 和 AMP 不能相互转变。当核苷酸的全合成途径受阻时，微生物可从培养基中直接吸收完整的嘌呤、戊糖和磷酸，通过酶的作用直接合成单核苷酸，所以称为补救途径。嘌呤碱基、核苷和核苷酸之间还能通过分段合成相互转变。

嘧啶核苷酸的生物合成是由小分子化合物全新合成尿嘧啶核苷酸（UMP），然后再转化为其他嘧啶核苷酸。

氨甲酰磷酸 + 天冬氨酸 ⟶ 乳清酸 —(5-磷酸核糖焦磷酸)⟶ UMP —(2ATP → 2ADP)⟶ UTP —(ATP → ADP，NH_3)⟶ CTP

脱氧核苷酸的生物合成是由核苷酸糖基第二位碳上的—OH 还原为 H 而成，是一个耗能过程。不同微生物的核苷酸脱氧过程可在不同水平上进行。大肠杆菌脱氧过程是在核糖核苷二磷酸的水平上，而赖氏乳杆菌在核糖核苷三磷酸的水平上进行。DNA 中的胸腺嘧啶脱氧核苷酸是在形成尿嘧啶脱氧核糖核苷二磷酸后，脱去磷酸，再经甲基化生成。

第四节　微生物代谢的调节

一、微生物产生的酶类

1. 常见的微生物酶类

微生物在生命活动过程中，对各种营养物质分解、氧化和物质合成途径繁简不一，所需要的酶系统也不相同。根据酶的催化反应和各种酶的作用性质，常见的微生物所产生的酶主要分为以下几大类。

（1）水解酶类　此类酶是由微生物体内产生而分泌到细胞外的酶，能将基质中大分子的有机物分解成小分子化合物。在所有分解过程中，都有水分子的直接参与，故将这种酶类称为水解酶。如β-淀粉酶能将淀粉水解为麦芽糖；麦芽糖酶催化麦芽糖水解为 2 个分子的葡萄糖；乳糖酶能水解乳糖生成葡萄糖和半乳糖；蛋白酶能将蛋白质水解成多肽，最后分解为氨基酸；脂肪酶能将脂肪水解为甘油和脂肪酸；脲酶能水解尿素为氨和二氧化碳。

目前一些水解酶被广泛应用于工业、医药、食品等方面。例如利用淀粉酶、糖化酶水解淀粉制造淀粉水解糖、葡萄糖等。利用蛋白酶水解蛋白质制造蛋白胨、氨基酸，食品工业生产中用于生产腐乳等。在医药上可用淀粉酶、蛋白酶、脂肪酶等作为助消化剂。

（2）裂解酶类　又称为裂合酶类，它能催化一种化合物，通过裂解、脱羧、脱氨等作用生成另外几种化合物，在细胞内物质转化和能量转化反应中起重要作用。例如，醛缩酶可催化裂解 1,6-二磷酸果糖为磷酸二羟丙酮和 3-磷酸甘油醛；又如，羧化酶能催化丙酮酸脱羧生成乙醛和二氧化碳；天冬氨酸酶能将天冬氨酸脱氨生成延胡索酸。

（3）氧化还原酶类　此类酶主要在细胞内催化氧化还原反应。微生物细胞内各种有机物所含的能量是通过该酶类所催化的一系列的氧化还原反应而释放出来，从而使微生物维持正常的生命活动。氧化还原酶包括氧化酶类和脱氢酶类。氧化酶主要有细胞色素酶、细胞色素氧化酶、多酚氧化酶等。脱氢酶类有乙醇脱氢酶、乳酸脱氢酶等。很多氧化还原酶都是双成分酶，由主酶和辅酶组成全酶。例如乙醇脱氢酶，其辅酶是 $NADH_2$（辅酶Ⅰ），能催化乙醛还原生成乙醇，其反应为：

$$CH_3CHO \xrightarrow[NADH_2 \quad \rightarrow \quad NAD^+]{\text{乙醇脱氢酶}} CH_3CH_2OH$$

（4）转移酶类　此类酶能催化一种化合物上的基团，转移到另一种化合物的分子上，如磷酸基、醛基、酮基、氨基等的转移。例如，谷氨酸生产菌的细胞中存在氨基转移酶，可将氨基酸与 α-酮戊二酸生成谷氨酸。

$$\alpha\text{-酮戊二酸+氨基酸} \xrightarrow{\text{氨基转移酶}} \text{谷氨酸+}\alpha\text{-酮酸}$$

此类酶也可称之为“激酶”，如己糖激酶（磷酸基转移酶），可催化 D-葡萄糖转化为 6-磷酸葡萄糖。

（5）异构酶类　此类酶能催化同分异构体分子之间的相互转化，如磷酸己糖异构酶催化 6-磷酸葡萄糖转变成 6-磷酸果糖。

（6）合成酶类　此类酶能催化两种化合物结合而形成新的物质的反应，一般是有三磷酸腺苷（ATP 或其他高能键）参加的合成反应。例如柠檬酸缩合酶催化草酰乙酸和乙酰 CoA 缩合形成柠檬酸的反应，就是由高能硫酯键水解释放大量的能量推动合成柠檬酸。

2. 微生物的胞内酶和胞外酶

（1）胞内酶　由菌体细胞产生后并不分泌到细胞外而在细胞内部引起催化作用的酶。此酶种类很多，如氧化还原酶、转移酶、裂解酶、异构酶与合成酶等。由于胞内酶不容易从细胞中分离得到，工业生产所用的微生物酶制剂只有少数是胞内酶。

（2）胞外酶　由菌体细胞内产生后分泌到细胞外面进行催化作用的酶。胞外酶是一种较简单的蛋白质，主要是单成分的水解酶类，如淀粉酶、蛋白酶、脂肪酶、果胶酶等。此类酶能催化基质中不易透过细胞膜的大分子物质水解成小分子化合物，而被细胞吸收。工业生产上微生物酶制剂大多是胞外酶。此类酶常采用添加表面活性剂等方法增加其产量。

3. 微生物的固有酶和适应酶

（1）固有酶　又称组成酶，它是由微生物细胞在含有营养物质的培养液中能固定产生的酶。不论营养基质中有无此种酶的作用底物存在，都不影响此种酶的合成。因为固有酶的生成是由酶合成的基因所决定的。酶的产量可因环境因素而稍有增减，但不因环境中缺少底物而停止产生。可通过优化发酵工艺条件，提高基因的表达量，来提高酶的产量。

（2）适应酶　又称诱导酶，它不是微生物所必需有的酶，在一般情况下并不产生，只有环境中有诱导物存在时才能产生，这种性质的酶即称为适应酶。诱导物可以是酶的作用底物或是底物结构相似物。如大肠杆菌，当培养基中含有阿拉伯胶糖时，才产生阿拉伯胶糖酶，当这种糖不存在时，相应的酶就不会产生。

二、微生物代谢的调节

微生物代谢的调节主要有两种类型，一是酶合成的调节，二是酶活性的调节。微生物的各种代谢及其代谢产物由酶控制，而酶又由基因控制，这样形成了基因决定酶，酶决定代谢途径，代谢途径决定代谢产物；反过来，代谢产物又可以反馈调节酶的合成或活性及其基因的表达。在微生物代谢过程中，指令系统是基因，作用系统是酶，调控系统是代谢产物，影响因素是外界环境条件。微生物代谢的调节主要依靠酶合成调节与酶活性调节方式控制参与调节的有关酶的合成量和酶的活性。

1. 酶合成的调节

酶合成的调节是通过调节酶的合成量进而调节代谢速率的调节机制。酶的合成受基因和代谢物的双重控制。一方面酶的生物合成受基因控制，由基因决定酶分子的化学结构；另一方面酶的合成受代谢物（酶反应底物、产物及其结构类似物）的控制和调节。当有诱导物时，酶的生成量可以几倍甚至几百倍地增加。相反，某些酶反应的末端产物充当了阻遏物，使酶的合成量大大减少。

（1）诱导作用　凡能促进酶生物合成的现象叫诱导，该酶称为诱导酶。它是细胞为适应外来底物或其结构类似物而临时合成的一类酶，例如 *E. coli* 在含乳糖培养基中所产生的β-半乳糖苷酶和半乳糖苷渗透酶等。能促进诱导酶产生的物质称为诱导物。它可以是酶的底物，也可以是底物结构类似物或是底物的前体物质。有些底物类似物比诱导物的作用更强，如异丙基-β-D-硫代半乳糖在诱导β-半乳糖苷酶生成方面比乳糖的诱导作用要大1000倍。

（2）阻遏作用　凡能阻碍酶生物合成的现象叫阻遏。阻遏可分为末端代谢产物的阻遏和分解代谢物的阻遏两种。

①末端代谢产物的阻遏：是指代谢途径末端产物的过量积累而引起的阻遏。例如，在 *E. coli* 合成色氨酸中，色氨酸超过一定浓度，有关色氨酸合成的酶就停止合成。

②分解代谢物的阻遏：是指培养基中同时存在两种分解代谢底物（两种碳源或氮源）时，微生物细胞利用快的那种碳源（或氮源）会阻遏利用慢的那种碳源（或氮源）的有关酶合成的现象。分解代谢物的阻遏并非是快速利用的碳源（或氮源）本身直接作用的结果，而是碳源（或氮源）在其分解过程中所产生的中间代谢物所引起的阻遏作用。例如，将 *E. coli* 培养在含有乳糖和葡萄糖的培养基上，优先利用葡萄糖，并于葡萄糖耗尽后才开始利用乳糖。其原因是葡萄糖分解的中间代谢产物阻遏了分解乳糖酶系的合成。

总之，在代谢途径中某些中间代谢物或末端代谢物的过量积累均会引起阻遏关键酶在内的一系列酶的生物合成，从而更彻底地控制代谢和减少末端产物的合成。

（3）酶合成的调节机制　酶合成的诱导和阻遏现象可以通过莫诺（Monod）和雅各布（Jacob）（1961）提出的操纵子假说解释。操纵子由细胞中的操纵基因和临近的几个结构基因组成。

结构基因能够转录遗传信息，合成相应的信使 RNA（mRNA），进而再转移合成特定的酶。操纵基因能够控制结构基因作用的发挥。细胞中还有一种调节基因，能够产生一种胞质阻遏物，胞质阻遏物与阻遏物（通常是酶反应的终产物）结合时，由于变构效应，其结构改变和操纵基因的亲和力变大，而使有关的结构基因不能转录，因此，酶的合成受到阻遏。诱导物也能与胞质阻遏物结合，使其结构发生改变，减少与操纵基因的亲和力，使操纵基因回复自由，进而结构基因进行转录，合成 mRNA，再转译合成特定的酶。如图 3-9 所示。

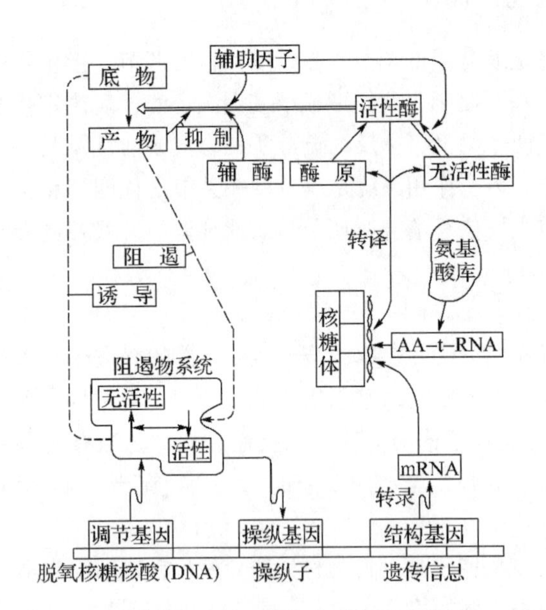

图 3-9　酶的生物合成的调节

2. 酶活性的调节

酶活性的调节是通过改变已有酶的催化活性来调节代谢速率的调节机制。这种调节方式分为激活和抑制两种。

（1）激活作用　激活是指在分解代谢途径中较前面的中间产物激活参与后面反应的酶的活性，以促使反应加快。例如，粪肠球菌的乳酸脱氢酶活力被 1,6-二磷酸果糖所促进；粗糙脉孢霉的异柠檬酸脱氢酶活力被柠檬酸所促进。

（2）抑制作用　抑制主要是反馈抑制，当代谢途径中某末端产物过量时可反过来抑制该途径中的第一个酶（调节酶）的活性，以减慢或中止反应，从而避免末端产物的过量积累。例如大肠杆菌在合成异亮氨酸时，当末端产物异亮氨酸过量而积累时，可反馈抑制途径中第一个酶——苏氨酸脱氨酶的活性，从而 α-酮丁酸及其以后的一系列中间代谢物都无法合成，最后导致异亮氨酸合成的停止，避免末端产物过量积累。细胞内的 EMP 途径和 TCA 循环的调节也是通过反馈抑制进行的。

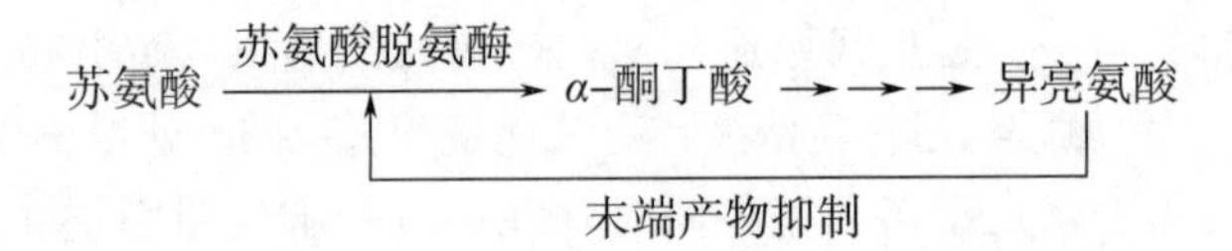

反馈抑制是酶活性调节的主要方式，其特点是使酶暂时失去活性，当末端产物因消耗而浓度降低时，酶的活性又可恢复。因而，酶活性的调节比酶合成的调节要精细、快速。

（3）酶活性的调节机制

①变构调节：是指某些末端代谢产物与某些酶蛋白活性中心以外的某部分可逆地结合，使酶构象改变，从而影响底物与活性中心的结合，进而改变酶的催化活性。能够在末端产物的影响下改变构象的酶，称为变构酶。末端产物与活性中心的结合是可逆的，当末端产物的浓度降低时，末端产物与酶的结合随之解离，从而恢复了酶蛋白的原有构象，使酶与底物结合而发生催化作用。

变构酶的作用程序：专一性的代谢物（变构效应物）与酶蛋白表面的特定部位（变构部位）结合⟶酶分子的构象变化（变构转换）⟶活性中心修饰⟶抑制或促进酶活性。

②修饰调节：又称共价修饰，在某种修饰酶催化下，调节酶多肽链上一些基团可与某种化学基团发生可逆的共价结合，从而改变酶的活性。在共价修饰过程中，通过不同酶的催化作用，使酶蛋白某些氨基酸残基上增、减基团，酶蛋白处于有活性（高低活性）和无活性

（或低活性）的互变状态，从而导致调节酶的活化或抑制。修饰调节是微生物代谢重要的调节方式，有许多处于分支代谢途径，对代谢流量起调节作用的关键酶属于共价调节酶。目前已知有多种类型的可逆共价调节酶：磷酸化/去磷酸化；乙酰化/去乙酰化；腺苷酰化/去腺苷酰化；甲基化/去甲基化等。例如：

原核细胞中：低活性状态←—（腺苷酰化）酶←—谷氨酰胺合成酶—→（去腺苷酰化）酶—→高活性状态

真核细胞中：低活性状态←—（去磷酸化）酶←—丙酮酸脱氢酶—→（磷酸化）酶—→高活性状态

共价修饰与变构调节区别：共价修饰对酶活性调节是酶分子共价键发生了变化，即酶的一级结构发生了变化；而在变构调节中酶分子只是单纯的构象变化。此外，共价修饰对调节信号具有放大效应，其催化效率比变构酶调节要高。

除上述调节之外，酶活性还受到多种离子和有机分子（抑制剂或激活剂）的影响，尤其是特异的蛋白质激活剂和抑制剂在酶活性的调节中起重要作用。

3. 代谢调节的实际应用

（1）增加酶制剂的产量　酶合成和调节机制的研究成果可用于增加酶制剂的产量。酶的生成受终产物和分解代谢产物的阻遏。因此，培养基的成分对受阻遏的酶的生成非常重要。为了提高酶的产量，应当避免采用含有大量可迅速利用的碳源（如葡萄糖）的培养基或丰富的合成培养基。

（2）增加抗生素的产量　在许多抗生素的发酵中都发现了抗生素的积累受分解代谢物阻遏的现象。葡萄糖的分解产物能抑制青霉素、头孢霉素 C、赤霉素、土霉素、新霉素、杆菌肽，以及所有芽孢杆菌合成的多肽抗生素等很多抗生素的合成。一般认为，这是由于葡萄糖分解产物的积累阻遏了次级代谢物合成酶，从而抑制了抗生素的产生。在青霉素发酵中，发现能迅速利用的葡萄糖并不利于青霉素的合成，而缓慢利用的乳糖却有利于提高青霉素的产量。乳糖并不是合成青霉素的特异前体，它的价值在于缓慢利用。目前青霉素发酵已采用定时流加限量的葡萄糖液或糖蜜，代替价格较高的乳糖。由于限制了葡萄糖的浓度，就使分解代谢产物的浓度维持在较低水平上，不会产生分解物阻遏作用。此外，在一些抗生素生产中，使用混合碳源、定时流加麦芽糖液、液化淀粉等，解除分解代谢物的阻遏作用，增加抗生素的产量。

（3）增加氨基酸的产量　微生物细胞膜对细胞内外物质的运输具有高度选择性。细胞内的代谢产物积累到一定浓度，就会自然通过反馈阻遏限制它们的进一步合成。采用提高细胞膜渗透性的各种方法，使细胞内的产物迅速渗透到细胞外，以解除末端产物的反馈抑制。在谷氨酸发酵中，通过控制生物素的浓度亚适量，达到控制细胞膜渗透性的目的。生物素是脂肪酸生物合成中乙酰 CoA 羧化酶的辅基，此酶可催化乙酰 CoA 羧化，并生成丙二酰单酰 CoA，进而合成细胞膜磷脂的主要成分——脂肪酸。因此，控制生物素的含量就可以改变细胞膜的成分，进而改变膜的渗透性，增加谷氨酸向细胞外的分泌，提高谷氨酸的产量。

第五节　微生物的次生代谢

一、次生代谢与次生代谢产物

一般将微生物从外界吸收各种营养物质，通过分解代谢与合成代谢，生成维持生命活动的物质和能量的过程，称为初生代谢。初生代谢产物是指微生物生长繁殖所必需的代谢产物。如醇类、氨基酸、脂肪酸、核苷酸，以及由这些化合物聚合而成的高分子化合物（多糖、蛋白质、脂类和核酸等）。与食品有关的微生物初生代谢产物有酸类、醇类、氨基酸和维生素等。次生代谢是相对于初生代谢而提出的一个概念，是指微生物在一定生长时期，以初生代谢产物为前体物质，通过支路代谢合成一些对自身生命活动无明确功能的物质的过程。由次生代谢产生的与微生物生长繁殖无关的产物即为次生代谢产物。它们大多数是分子结构比较复杂的化合物，如抗生素、生物碱、毒素、色素、激素等。与食品有关的次生代谢产物有抗生素、毒素、色素等。在食品发酵工业中，利用有益菌类产生的初生代谢产物——酸类、醇类、氨基酸和维生素等可制造各种发酵食品，提高食品营养价值和适口性。在食品原料生产、加工和贮藏保鲜过程中，控制致病菌和变质菌类的生长，防止其产生毒素、色素、激素等次生代谢产物，可预防食物中毒的发生和食品腐败变质。

（1）抗生素　抗生素是微生物在次生代谢过程中产生的（以及通过化学、生物或生物化学方法由其所衍生的），以低微浓度选择性地作用于他种生物机能的一类天然有机化合物。已发现的抗生素大部分为选择性地抑制或杀死某些种类微生物的物质。抗生素主要来源于微生物，特别是某些放线菌、细菌和真菌。如灰色链霉菌产生链霉素、金色链霉菌产生金霉素、纳他链霉菌（*Streptomyces natalensis*）产生纳他霉素（Natamycin）等。霉菌中点青霉和产黄青霉产生青霉素、荨麻青霉产生灰黄霉素等。一些细菌如枯草芽孢杆菌产生枯草菌素、乳酸乳球菌（曾称乳酸链球菌）产生乳酸链球菌素（Nisin）等。

抗生素主要通过抑制细菌细胞壁合成、破坏细胞质膜、改变细胞膜的通透性或作用于呼吸链以干扰氧化磷酸化、抑制蛋白质与核酸合成等方式抑制或杀死病原微生物。因此，抗生素是临床、农业和畜牧业生产上广泛使用的化学治疗剂。此外，在工业发酵中抗生素用于控制杂菌污染；在微生物育种中，抗生素常作为高效的筛选标记。

近年来，利用一些细菌和放线菌产生的次生代谢产物研发的高效无毒的天然生物防腐剂主要有乳酸链球菌素、枯草菌素、聚赖氨酸、纳他霉素、植物乳杆菌素、罗伊氏菌素等。为了确保天然生物防腐剂的使用安全和使用效果，有人提出天然生物防腐剂必须符合以下条件：①必须无毒，无致癌性，对人体无过敏性；②有广谱抗菌作用，并保持性质稳定；③能被降解成无害的物质，或对于一些需要烹调的食品能在烹调过程中被降解；④不应被食品中的成分或微生物代谢产生的成分所钝化；⑤不会刺激抗性菌株的出现；⑥在商业条件和贮藏方法上必须有效。有关天然生物防腐剂在食品防腐保藏中的应用将在第九章第三节中介绍。

（2）毒素　某些微生物在次生代谢过程中能产生对人和动物有毒害的物质，称为毒素。细菌产生的毒素可分为外毒素和内毒素两种，而霉菌只产生外毒素，为真菌毒素。细菌外毒素是某些病原细菌（主要是 G^+菌）在生长过程中合成并不断分泌到菌体外的毒素蛋白质；真菌毒素是某些产毒霉菌在适宜条件下产生的能引起人或动物病理变化的次生代谢产物。外毒素的毒性较强，但多数不耐热（金黄色葡萄球菌肠毒素、黄曲霉毒素除外），加热到70℃毒力即被减弱或破坏。能产生外毒素的微生物包括病原细菌和霉菌中的某些种。例如，破伤风梭菌、肉毒梭菌、白喉棒状杆菌、金黄色葡萄球菌、链球菌等 G^+菌，霍乱弧菌、绿脓假单胞菌（又称铜绿假单胞菌，简称绿脓杆菌）、鼠疫杆菌等 G^-菌，以及黄曲霉、寄生曲霉、青霉、镰刀菌等。内毒素即是 G^-菌细胞壁的脂多糖（LPS）部分，只有在菌体自溶时释放出来。内毒素的毒性较外毒素弱，但多数较耐热，在加热80~100℃，1h才被破坏。能产生内毒素的病原菌包括肠杆菌科的细菌（如致泻大肠艾希氏菌、沙门氏菌、志贺氏菌等）、布鲁氏杆菌等。

（3）色素　许多微生物在培养中能合成一些带有不同颜色的次生代谢产物，称为色素。色素或积累于细胞内，或分泌到细胞外。根据它们的性质可分为水溶性色素和脂溶性色素。有的微生物产生的水溶性色素使培养基着色，如绿脓假单胞菌产生的蓝绿色绿脓菌素和绿色荧光素，荧光假单胞菌产生的黄绿色荧光素等，红曲霉产生的水溶性紫红色素还可用作食品着色剂。有的产生脂溶性色素，使菌落呈各种颜色，如黏质沙雷氏菌的红色素，金黄色葡萄球菌的金黄色素等。还有一些色素，既不溶于水，也不溶于有机溶剂，如霉菌的黑色素和褐色素等。霉菌和放线菌产生的色素更多。由于不同菌种产生的色素不同，可用来作为鉴定微生物种类的依据之一。

（4）激素　某些微生物能产生刺激植物生长或性器官发育的一类生理活性物质，称为激素。目前已经发现微生物能产生15种激素，如赤霉素、细胞分裂素、生长刺激素等。生长刺激素是由某些细菌、真菌、植物合成，能刺激植物生长的一类生理活性物质。已知有80多种真菌能产生吲哚乙酸。例如，真菌中的茭白黑粉菌能产生吲哚乙酸；赤霉菌（禾谷镰刀菌的有性世代）所产生的赤霉素是目前广泛应用的植物生长刺激素。

二、次生代谢的调节

（1）次生代谢与初生代谢的关系　次生代谢与初生代谢关系密切，初生代谢的关键性中间产物往往是次生代谢的前体物。例如，葡萄糖降解过程中的乙酰CoA是合成四环素、红霉素的前体物。次生代谢一般在菌体对数生长的后期或稳定期进行，但也会受到环境条件的影响。质粒与次生代谢关系密切，其遗传物质控制着多种抗生素的合成。

（2）初生代谢对次生代谢的调节　次生代谢的调节过程也有酶活性的激活和抑制及酶合成的诱导和阻遏。由于次生代谢一般以初生代谢产物为前体物，因此次生代谢必然受到初生代谢的调节。如青霉素的合成会受到赖氨酸的强烈抑制，而赖氨酸合成的前体α-氨基己二酸可以缓解赖氨酸的抑制作用，并能刺激青霉素的合成。这是因为α-氨基己二酸是合成青霉素和赖氨酸的共同前体。如果赖氨酸过量，它会抑制这个反应途径中的第一个酶，减少α-氨基己二酸的产量，从而进一步影响青霉素的合成。

（3）碳、氮代谢产物的调节　次生代谢产物一般在菌体对数生长后期或稳定期合成。这是因为在菌体生长阶段，被快速利用的碳源或氮源的分解产物阻遏了次生代谢酶系的合成。因此只有在对数生长后期或稳定期，这类碳源或氮源被消耗殆尽之后，解除阻遏作用，次生代谢产物才得以合成。如葡萄糖分解物阻遏了青霉素环化酶的合成，使它不能将α-氨基己二酸-半胱氨酸-缬氨酸三肽转化为青霉素 G。

（4）诱导作用及产物的反馈阻遏或抑制　次生代谢也有诱导作用。例如，巴比妥虽不是利福霉素的前体物，也不参与利福霉素的合成，但能促进将利福霉素 SV 转化为利福霉素 B 的能力。同时，次生代谢产物的过量积累也能像初生代谢那样，反馈阻遏关键酶的生物合成或反馈抑制关键酶的活性。例如，青霉素的过量积累可反馈阻遏合成途径中第一个酶的合成量；霉酚酸（又称麦考酚酸）的过量积累能反馈抑制合成途径中最后一步转甲基酶的活性。

第六节　代 谢 工 程

生物化学家在长达数十年的研究中，已确定了相当数量的细胞代谢途径，并绘制出了较完整的代谢网络图，这为代谢工程的实施奠定了基础。由于生物细胞自身固有的代谢途径对于实际应用而言并非最优，因此人们需要对之进行功利性的修饰，途径工程的基本理论及其应用战略就是在这一发展背景下形成的。1974 年，查克拉巴蒂（Chakrabarty）等人在恶臭假单胞菌（*Pseudomonas putida*）和绿脓假单胞菌（*Pseudomonas aeruginosa*）两个菌种中分别引入几个稳定的重组质粒，从而提高了两者对樟脑和萘等复杂有机物的降解活性，这是途径工程技术的第一个应用实例。在此之后的十几年中，人们更加注重途径工程的应用方法和目的，通常表现在对细胞内特定代谢途径进行功利性改造，并积累了多个成功范例，但未能形成自己的基本理论体系。1991 年，由美国加州理工学院化学工程系贝利（Bailey）教授首先提出用“代谢工程”的术语来描述利用 DNA 重组技术对细胞的酶反应、物质运输，以及调控功能进行遗传操作，进而改良细胞生物活性的过程。这被认为是代谢工程或途径工程向一门系统学科发展的转折点。近年来，虽然众多学者对这一学科的名称及定义有多种精确的界定，但其基本内涵达到了公认的一致，并以代谢工程或途径工程冠名。

一、代谢工程的含义

代谢工程是基因工程的一个重要分支，是一门全新的微生物育种技术，其主要目标是通过定向性地组合细胞代谢途径和重构代谢网络，达到改良生物体遗传性状的目的。

代谢工程（Metabolic Engineering）利用 DNA 重组技术对细胞物质代谢、能量代谢及调控网络信号进行修饰与改造，进而优化细胞生理代谢，提高或修饰目标代谢产物以及合成全新的目标产物的新兴学科。

途径工程（Pathway engineering）是一门利用分子生物学原理系统分析细胞代谢网络，并通过 DNA 重组技术合理设计细胞代谢途径及遗传修饰，进而完成细胞特性改造的应用性学科。

然而，由于代谢工程或途径工程的基本原理和技术建立在多学科相互渗透的基础之上，人们往往从完全不同的学科理论体系出发，采取完全不同的研究路线，实现改造或重构细胞代谢途径之目的。因此，有必要以研究内容、方法和路线上存在的差异区分代谢工程和途径工程。

代谢工程注重以酶学、化学计量学、分子反应动力学及现代数学的理论和技术为研究手段，在细胞水平上阐明代谢途径与代谢网络之间局部与整体的关系、胞内代谢过程与胞外物质传输之间的偶联，以及代谢流流向与控制的机制，并在此基础上通过工程和工艺操作达到优化细胞性能之目的。

途径工程侧重于利用分子生物学和遗传学原理分析代谢途径各所属反应在基因水平上的表达与调控，并借助于DNA重组技术扩增、删除、植入、转移、调控编码途径反应的相关基因，进而筛选出具有优良遗传特性的工程菌或细胞。

二、代谢工程遵循的原理

代谢工程必须遵循下列基本原理：①涉及细胞物质代谢规律及途径组合的生物化学原理，它提供了生物体的基本代谢图谱和生化反应的分子机制。②涉及细胞代谢流及其控制分析的化学计量学、分子反应动力学、热力学和控制学原理，这是代谢途径修饰的理论依据。③涉及途径代谢流推动力的酶学原理，包括酶反应动力学、变构抑制效应、修饰激活效应等。④涉及基因操作与控制的分子生物学和分子遗传学原理，它们阐明了基因表达的基本规律，同时也提供了基因操作的一整套相关技术。⑤涉及细胞生理状态平衡的细胞生理学原理，它为细胞代谢机能提供了全景式的描述，因此是一个代谢速率和生理状态表征研究的理想平台。⑥涉及发酵或细胞培养的工艺和工程控制的生化工程和化学工程原理，化学工程对将工程方法运用于生物系统的研究无疑是最合适的渠道。从一般意义上来说，这种方法在生物系统的研究中融入了综合、定量、相关等概念。更为特别的是，它为速率过程受限制的系统分析提供了独特的工具和经验，因此在代谢工程领域中具有举足轻重的意义。⑦涉及生物信息收集、分析与应用的基因组学、蛋白质组学原理，随着基因组计划的深入发展，各生物物种的基因物理信息与其生物功能信息汇集在一起，为途径设计提供了更为广阔的表演舞台，是代谢工程技术迅猛发展和广泛应用的最大推动力。

三、代谢工程的设计思路

细胞是生命运动的基本功能单位，其所有的生理生化过程（即细胞代谢活性的总和）是由一个可调控的、大约有上千种酶催化反应高度偶联的代谢网络，以及选择性的物质运输系统来实现。在大多数情况下，细胞内生物物质的合成、转化、修饰、运输和分解各过程需要经历多步酶催化的反应，这些反应又以串联的形式组合成为途径，其中前一反应的产物恰好是后一反应的底物。代谢网络均由若干个串联和并联的简单子途径组成，其中各子途径的并联交汇点称为节点（Node）。代谢工程强调整体的代谢途径而不是个别酶反应。

代谢工程操作的设计思路主要体现如下：①提高限制步骤的反应速率，如1989年斯卡尔（Skalrwl）等人利用代谢工程手段成功提高头孢霉素的产量；②改变分支代谢流的优先合成，如1987年萨诺（Sano）及我国吴汝平等人通过改变分支代谢流优先合成提高氨基酸的产量；③构建代谢旁路，如艾瑞蒂多（Ariatidou）等人通过构建代谢旁路降低微生物中的乙酸积累；④引入转录调节因子，如2000年范德（Vander）等人在长春花悬浮细胞中引入转录调节因子导致吲哚生物碱的大量生成；⑤引入信号因子；⑥延伸代谢途径，如1998年辛泰尼（Shintaini）等人克隆广生育酚甲基转移酶通过延伸代谢途径，使广生育酚转化成α-生育酚；⑦构建新的代谢途径合成目标产物，如植物合成医药蛋白脑啡肽、抗原、抗体等；⑧代谢工程优化的生物细胞；⑨创造全新的生物体。

代谢工程研究的基本程序通常由代谢网络分析（靶点设计）、基因操作和效果分析三方面组成。靶点设计包括鉴定目标代谢途径、绘制细胞代谢图谱、代谢网络代谢流的定量分析、待修饰基因靶点的确定、待阻断途径靶点的确定、待导入途径靶点的确定；基因操作包括对靶基因或基因簇的克隆、表达、修饰、敲除、调控及重组基因在目标细胞染色体 DNA 上的稳定整合；效果分析包括代谢流分析、工程菌或细胞遗传稳定性试验、细胞培养工艺工程控制。

代谢工程研究技术的主要内容包括三个方面：①微点阵、同位素示踪和各种常规的及现代高新生化检测技术；②结合遗传信息学、系统生物学、组合化学、化学计量学、分子反应动力学、化学工程学及计算机科学的分析技术；③涉及几乎所有的分子生物学和遗传学的操作技术。

四、研究微生物代谢工程的意义

研究代谢工程的主要目的是通过重组 DNA 技术构建具有能合成目标产物的代谢网络途径或具有高产能力的工程菌（细胞株、生物个体），并使之应用于生产。新兴的代谢组学及代谢工程为传统产业的改造和生物高技术的发展带来了前所未有的机遇，已经成为国际生命科学技术研究最重要的热点之一。

目前，微生物代谢工程已进入一个借助于系统生物学、基因组学和功能基因组学技术平台，系统开展微生物代谢途径和基因表达调控网络研究的新阶段。我国发展微生物代谢工程的目标，将以改造我国传统生物技术产业为技术切入点，解决制约传统产业水平低下的关键技术问题，促进传统产业的升级和结构调整；将以系统生物学和功能基因组学为技术依托，选择具有重要工业应用价值的生物能源、生物材料、生物医药和生物化工原料为研究载体，建立构建高效细胞工厂的共性技术平台，在发展技术的同时为国民经济培育新的产业增长点；将以保护环境和恢复生态为重要应用领域，开发功能强、能够修复石油、农药、辐射污染场地的环保微生物制剂，推动环境生物技术产业的发展，为我国实施可持续发展战略提供重要的技术支撑。有理由相信，根据微生物代谢工程技术绘制的细胞工厂的蓝图，人类将创造多样化的细胞工厂，在社会的可持续发展中将扮演极其重要的角色。

重点与难点

（1）区别三种微生物的呼吸作用；（2）比较五种微生物的呼吸类型；（3）酵母菌的酒精发酵和乳酸菌的乳酸发酵；（4）鉴定肠杆菌科的细菌 IMViC 试验原理；（5）大分子有机物的分解（糖化酶、蛋白酶、脂肪酶等的水解作用）；（6）氨基酸的分解；（7）次生代谢及其产物。

课程思政点

通过学习微生物的代谢，有意识控制其危害，充分利用其有益代谢活动为人类造福。微生物的代谢离不开酶的催化作用。中国科学院院士张树政教授（1922—2016）在国家最需要的关键时期，攻坚克难，没有条件就自制仪器，研究出了我国第一个糖化酶制剂。由张树政教授开创并由其学生继续完成的黑曲糖化酶的应用取得了重大经济效益，并获得国家科学技术进步一等奖等多个国家级奖项，在中国糖工程领域做出了卓越贡献。

复习思考题

1. 列表比较有氧呼吸、无氧呼吸和发酵的异同，并举例说明狭义发酵。
2. 试从狭义和广义两个方面解释发酵概念。
3. 列表比较五种微生物的呼吸类型的异同，并举例说明。
4. 氧对厌氧菌毒害的机制是什么？
5. 比较酵母菌的乙醇发酵和甘油发酵的异同。
6. 试比较乳酸菌的同型乳酸发酵和异型乳酸发酵的异同。
7. 甲基红试验、VP 试验、吲哚试验和硫化氢试验的原理是什么？它们对鉴定肠杆菌科的细菌有何意义？
8. 列表比较淀粉、蛋白质、脂肪的分解酶、作用底物、产物及酶的来源的异同。
9. 简述微生物对氨基酸的脱氨基作用。微生物对氨基酸的脱羧基和脱巯基作用会产生哪些代谢产物？
10. 如何利用代谢调节提高微生物发酵产物的产量？
11. 与食品有关的初生代谢产物和次生代谢产物有哪些，各有何实际意义？
12. 名词解释：同型乳酸发酵与异型乳酸发酵、耐氧菌与厌氧菌、专性好氧菌与兼性厌氧菌、胞内酶与胞外酶、固有酶与诱导酶、蛋白质的腐败与腐化、酶的诱导与酶的阻遏、反馈抑制与反馈阻遏、初生代谢与次生代谢、初生代谢产物与次生代谢产物。

第四章 微生物的生长

微生物在适宜条件下，不断从环境中吸收营养物质转化为构成细胞物质的组分和结构，当个体细胞的同化作用超过了异化作用，即大分子的合成超过大分子分解时，细胞原生质的总量（质量、体积、大小）增加则称为生长。生长达到一定程度（体积增大），由于细胞结构的复制与再生，细胞便开始分裂，这种分裂若伴随着个体数目的增加，即称为繁殖。如果异化作用超过同化作用，即大分子分解超过大分子合成，细胞便趋于衰亡。在个体、群体形态、生理上都会发生一系列由量变到质变的变化过程，称为发育。由此可见，微生物的生长与繁殖是两个不同，但又相互联系的概念。生长是一个逐步发生的量变过程，繁殖是一个产生新的生命个体的质变过程。高等生物的生长与繁殖两个过程可以明显分开，但对低等单细胞生物而言，由于个体微小，这两个过程紧密联系而很难划分。因此在研究微生物生长时，常将这两个过程放在一起讨论，这样微生物生长又可定义为在一定时间和条件下细胞数量的增加，这是微生物群体生长的定义。

在微生物的研究和应用中，只有群体生长才有意义。凡提到“生长”时，一般均指群体生长，这一点与研究大型生物有所不同。微生物的生长繁殖是其自身的代谢作用在内外各种环境因素相互作用下的综合反映，因此，有关生长繁殖数据即可作为研究各种生理、生化和遗传等问题的重要指标。同时有益菌在生产实践中的各种应用，以及控制腐败菌、病原菌引起食品腐败和食物中毒的发生，也都与其生长繁殖紧密相关。本章重点介绍微生物的生长繁殖规律与影响其生长的环境因素，以及控制其生长繁殖的方法。

第一节　微生物的生长繁殖

微生物的个体生长包括细胞结构的复制与再生、细胞的分裂与控制。除某些真菌外，肉眼看到或接触到的微生物已不是单个个体，而是成千上万个单个微生物组成的群体。随着群体中各个个体的进一步生长、繁殖，就引起了这一群体的生长。群体的生长可用其质量、体积、细胞浓度或密度等作为指标来测定。个体和群体之间有以下关系：

个体生长⟶个体繁殖⟶群体生长

群体生长=个体生长+个体繁殖

单细胞的细菌和酵母菌生长是以群体细胞数目的增加为标志。霉菌和放线菌等生长主要表现为菌丝伸长和分枝，其细胞数目的增加并不伴随着个体数目的增多。因此，其生长常以菌丝长度、体积和质量的增加来衡量，只有形成孢子使其个体数目增加才称为繁殖。

一、细菌的生长繁殖

1. 细菌生长繁殖的条件

（1）营养基质　细菌的生长要满足六大营养要素，即适宜的水分、碳源、能源、氮源、矿物质，以及必需的生长因子等。如果营养物质不足，机体一方面降低或停止细胞物质合成，避免能量的消耗，或者通过诱导合成特定的运输系统，充分吸收环境中微量的营养物质以维持机体的生存；另一方面机体对细胞内某些非必要成分或失效的成分，如细胞内贮存的物质、无意义的蛋白质与酶、mRNA 等进行降解，以重新利用。例如在氮源、碳源缺乏时，机体内蛋白质降解速率比正常条件下的细胞增加了 7 倍，同时减少 tRNA 合成和降低 DNA 复制的速率，导致生长停止。

（2）温度　细菌在生长过程中均有其各自的最低、最适和最高生长温度范围，它们在最适温度下生长最快，超过最高或低于最低生长温度就会停止生长，甚至死亡。多数细菌最适温度在 20~40℃。

（3）氢离子浓度（pH）　培养基的 pH 对细菌的生长繁殖影响很大。多数细菌生长的最适 pH 为 6.5~7.5。细菌生长过程中由于分解各种营养物质产生的酸性或碱性代谢产物使培养基变酸或变碱而影响其生长，因此需要向培养基内加入一定量的缓冲剂。

（4）渗透压　细菌在一定浓度的等渗溶液中才能生长繁殖。如将细菌置于高渗或低渗溶液中，则因失水或膨胀而死亡。但一般细菌比其他生物对渗透压的改变有较大适应力。

（5）呼吸环境　根据细菌呼吸类型的不同，选择适宜的呼吸环境。如好氧菌在厌氧环境中就不能生长。有些细菌需要在环境中加入一定浓度的 CO_2 或 N_2 才能生长或旺盛生长。

2. 细菌群体的生长规律（典型生长曲线）

研究细菌群体生长规律通常采用分批培养的方法。将少量单细胞纯培养物接种于恒定容积新鲜液体培养基中，在适宜条件下培养，定时取样测定细菌数量，以细菌数量的对数值或光密度（OD）值为纵坐标，以培养时间为横坐标，绘制成的曲线称为生长曲线。有关生长曲线的制作方法详见刘慧主编《现代食品微生物学实验技术（第二版）》实验 12。

每种细菌都有各自的典型生长曲线，但它们的生长过程都有共同规律。根据细菌生长繁殖速率的不同，可将曲线大致分为迟缓期、对数期、稳定期与衰亡期 4 个阶段（图 4-1），表 4-1 所示为细菌的典型生长曲线各期特点比较。

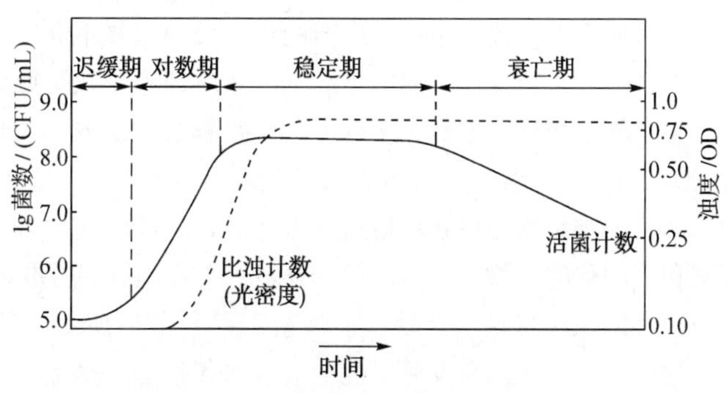

图 4-1　细菌的典型生长曲线

表 4-1　　细菌的典型生长曲线各期特点比较

项目	迟缓期	对数期	稳定期	衰亡期
细胞分裂速度	分裂迟缓	分裂快速上升，以几何级数 2^n 增加	分裂快速下降	分裂停止
生长速率常数 世代时间	R 为零 新生细胞数不增加	R 最大 新生细胞数 > 死亡数，世代时间最短且稳定	R 等于零 新生细胞数 = 死亡数，世代时间逐渐延长	R 为负数 新生细胞数 < 死亡数，世代时间进一步延长
代谢活力	合成代谢活跃，容易产生各种诱导酶	酶活力高且稳定，代谢旺盛	代谢活力减退	代谢活力明显降低，菌体死亡伴随自溶，有些 G^+ 菌染色反应变为阴性
细胞形态	形态变大或增长	个体形态和化学组成、生理特性保持一致	形态、生理特性改变	形态改变（多形态，膨大或不规则状），有时畸形
对外界抵抗力	对高温、低温、高渗、抗生素等敏感	抵抗力较强，灭菌不如迟缓期容易	—	—
贮藏物质	贮藏物质消失，蛋白质和 DNA、RNA 尤其是 rRNA 含量增高	—	开始积累贮藏物质，形成芽孢和积累许多发酵产物并达高峰	释放芽孢，进一步合成、释放抗生素、细菌素、色素、毒素和激素等次生代谢产物
各期应用	低温延长迟缓期，有利于食品贮藏；此期杀菌或灭菌效果更好	作为研究菌体代谢、生理及发酵种子的理想材料；以对数期的种子接种可缩短迟缓期	活菌数最高并相对稳定，有利于收获菌体物质或代谢产物	利用积累或释放一些代谢产物的特点，适时收获抗生素或细菌素等次生代谢产物

（1）迟缓期　又称延迟期、调整期、停滞期或适应期。将少量细菌接种于新鲜液体培养基后，在开始培养一段时间内，因代谢系统适应新的环境，细胞并不立即分裂繁殖，细胞数目没有增加，生长速率常数为零，这段时期称迟缓期。生长速率常数是微生物每 60min 的分裂代数，表示微生物生长繁殖快慢的参数，R 越大，繁殖越快。例如，大肠杆菌每 20min 分裂 1 次，则世代时间为 20min，生长速率常数为 3。

产生迟缓期的原因：细菌细胞接触新环境后，需要经过一段时间的自身调整，诱导合成必需的酶、辅酶或某种中间代谢产物，以适应新的环境，为细胞分裂做准备。

迟缓期的长短与菌种的遗传特性、菌龄、接种量和移种前后所处的环境条件等因素有关，短的几分钟，长的可达几小时。在发酵工业上，采取各种措施尽量缩短迟缓期具有重要意义。丰富培养基营养成分，使发酵培养基和种子培养基的成分尽量接近；采用最适菌龄（对数期）的健壮菌种；加大接种量都可缩短迟缓期，提高设备利用率。

（2）对数期　又称指数期。细菌细胞经过迟缓期的调整后，细胞数以几何级数增加，即以 $2^0 \rightarrow 2^1 \rightarrow 2^2 \rightarrow 2^3 \rightarrow 2^4 \rightarrow \cdots \rightarrow 2^n$ 增长，生长速率常数最大，这段时期称对数期。在对数期中有繁殖代数、生长速率常数和世代时间 3 个重要参数，三者的相互关系和计算方法如下：

①繁殖代数（n）：如果在时间 t_1 时菌数为 x_1，经过一段时间到 t_2 时，繁殖 n 代后菌数为 x_2，则 $x_2 = x_1 \cdot 2^n$，以对数表示：$\lg x_2 = \lg x_1 + n\lg 2$，由此可推出 n 的计算公式（4-1），t_1，t_2 的单位为 h。

$$n = (\lg x_2 - \lg x_1)/\lg 2 = 3.322(\lg x_2 - \lg x_1) \tag{4-1}$$

②生长速率常数（R）：表示细胞每 60min 的分裂代数，由公式（4-2）可计算。R 越大，繁殖越快。

$$R = n/(t_2 - t_1) = 3.322(\lg x_2 - \lg x_1)/(t_2 - t_1) \tag{4-2}$$

③世代时间（t）：又称增代时间，简称代时，表示细胞每分裂一次所需要的时间，由公式（4-3）可计算，单位 min。

$$t = 1/R = (t_2 - t_1)/3.322(\lg x_2 - \lg x_1) \tag{4-3}$$

由公式（4-1）、公式（4-2）、公式（4-3）可见，在一定时间内，菌体细胞分裂次数（n）愈多，代时（t）愈短，分裂速度愈快。不同细菌对数期的代时差别极大，如大肠杆菌为 12.5~17.0min，枯草芽孢杆菌为 26~32min，嗜酸乳杆菌 66~87min，结核分枝杆菌 792~932min；多数种类细菌的代时为 20~30min。同一种细菌其生长速率受培养基的营养成分、营养物浓度、培养温度及其他环境因素的影响，代时也不同。培养基营养丰富，培养温度适宜，代时较短；反之则长。这一规律对发酵生产实践、食品保藏和预防食品变质及食物中毒等都有重要参考价值。

如何延长单细胞微生物生长的对数期对提高发酵生产力非常重要。一是以对数期的末期（生长曲线的拐点）菌种或其发酵剂接种，减少迟缓期时间，进而缩短发酵周期。二是采用连续发酵的措施尽量延长对数期。有关连续发酵内容本节后续讲解。

（3）稳定期　又称恒定期或最高生长期。细菌细胞从生长曲线的拐点（对数期的末期）伊始，活菌数保持相对稳定并达到最高水平，菌体产量也达到最高点，生长速率常数等于零，此段时期称稳定期。

产生稳定期的原因：①在一定容积的培养基中，细菌的活跃生长引起培养液营养物质尤其是生长限制因子（凡处于较低浓度范围内可影响生长速率和菌体产量的某营养物称生长限制因子）的不断消耗；②营养物的比例失调，例如 C/N 比例不合适等；③酸、醇、毒素或 H_2O_2 等有害代谢产物的累积；④其他环境条件的改变，如 pH、氧化还原电位等物理化学条件不适宜，限制了菌体细胞按对数期高速率生长。

稳定期持续时间长短决定于菌种与环境条件。工业生产上通过补充营养物质（补料）或取走代谢产物；调节适宜温度和 pH；对好氧菌增加通气、搅拌或振荡等措施延长稳定期，以积累更多的代谢产物。

稳定期的生长规律对生产实践有重要指导意义。稳定期是发酵生产收获的重要时期，延长稳定期可以获得更多的菌体物质或代谢产物。例如，对以生产菌体或与菌体生长相平行的代谢产物（如 SCP、乳酸、酒精等）为目的的发酵生产而言，此期是产物的最佳收获期；对维生素、碱基、氨基酸等物质的生物测定而言，此期是最佳测定时期；此外，通过对稳定期产生原因的研究，还促进了连续培养原理的提出和工艺、技术的创建。

（4）衰亡期：稳定期过后如继续培养，细菌死亡率逐渐增加，死亡数大大超过新生数，总活菌数急剧下降，生长速率常数为负数，此段时期称衰亡期。

产生衰亡期的原因：主要是外界环境对细菌细胞继续生长越来越不利，从而引起细胞内的分解代谢明显超过合成代谢，继而导致大量菌体死亡。发酵工业中，利用此期细胞积累或释放一些代谢产物的特点，可根据不同需要适时加以收集。

研究生长曲线对研究工作和生产实践有指导意义。在研究细菌的代谢和遗传时，需采用生长旺盛的对数期的细胞；在发酵生产方面，使用的发酵剂最好是对数期的种子接种到发酵罐内，几乎不出现迟缓期，控制延长在对数期，可在短时间内获得大量培养物（菌体细胞）和发酵产物，缩短发酵周期，提高生产率。

单细胞微生物主要包括细菌和酵母菌，上述细菌的典型生长曲线对描述单细胞的酵母菌群体的生长规律同样适用。

二、真菌的生长繁殖

1. 真菌生长繁殖的条件

（1）营养基质　真菌对营养要求不高，一般只要供给碳源和氮源即可生长繁殖。多数真菌是异养菌，能利用多种碳水化合物，如单糖、双糖、淀粉、维生素、木素、有机酸和无机酸等，并能利用多种含氮有机物，如蛋白质及其水解产物（蛋白胨，氨基酸），也可从含氮无机物中获得氮源，如硫酸铵、硝酸盐、氮化物等。

（2）温度　真菌的生长温度一般比细菌低，多数真菌最适生长温度为 25~30℃。部分真菌在 0℃以下停止生长，但某些真菌在 0℃以下可生长繁殖，引起冷藏食品的腐败或霉坏。

（3）湿度　真菌生长繁殖要求的湿度较高，除水分外，空气的湿度对真菌生长影响很大，因为多数真菌在高湿度下才能形成繁殖器官，相对湿度在 90%以上，便于真菌的繁殖。

（4）pH　环境中的酸碱度是真菌生长繁殖的重要条件，多数真菌喜在酸性环境中生长。它们在 pH 3~6 生长良好，而在 pH 2~3 和 pH6~10 也可生长。

（5）呼吸环境　多数丝状真菌是好氧菌，在有充足氧气的环境才能生长繁殖，但酵母菌是典型的兼性厌氧菌，既可在有氧时进行生长繁殖，又能在无氧条件下进行发酵。

丝状真菌于液体培养中的生长方式在发酵生产中十分重要，因为它影响发酵中通气性、生长速率、搅拌能耗和菌丝体与发酵液的分离难易等。在液体培养基中丝状真菌基本以均匀的菌丝悬浮的方式生长，但多数情况以松散的菌丝絮状或堆积紧密的菌丝球的沉淀方式生长。接种量的大小、接种培养物是否凝聚以及菌丝体是否易于断裂等综合因素决定着丝状真菌是丝状悬浮生长还是沉淀生长。丝状真菌生长通常以单位时间内细胞的物质量（主要是干重）的变化表示。

2. 丝状真菌的群体生长规律（非典型生长曲线）

将少量丝状真菌纯培养物接种于一定容积的深层通气液体培养基中，在最适条件下培养，定时取样测定菌丝细胞物质的干重。以细胞物质的干重为纵坐标，培养时间为横坐标，即可绘出丝状真菌的非典型生长曲线。丝状真菌的非典型生长曲线与细菌的典型生长曲线有明显差别。前者缺乏对数生长期，与此期相当的只是培养时间与菌丝干重的立方根呈直线关系的一段快速生长期。根据丝状真菌生长繁殖后的细胞干重的不同，可将曲线大致分为生长迟缓期、快速生长期和衰亡期3个阶段（图4-2）。

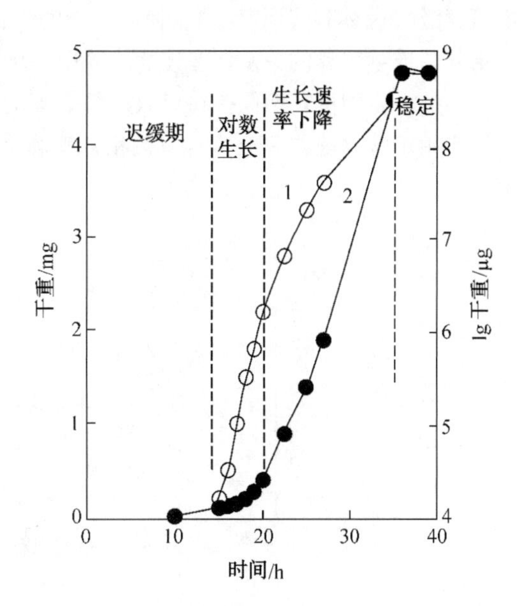

图4-2　丝状真菌通气液体培养的生长曲线

1—对应线性纵坐标（左）

2—对应对数纵坐标（右）

（1）生长迟缓期　造成生长迟缓的原因有两种：一种是孢子萌发前的真正的迟缓期，另一种是生长已开始但却无法测量。对真菌细胞的生长迟缓期的特性缺乏详细研究。

（2）快速生长期　此时菌丝体干重迅速增加，其立方根与时间呈直线关系。因为真菌不是单细胞，其繁殖不以几何倍数增加，故无对数生长期。真菌的生长常表现为菌丝尖端的伸长和菌丝的分枝，因此受到邻近细胞竞争营养物质的影响。尤其在静置培养时，许多菌丝在空气中生长，必须从其邻近处吸收营养物质供生长需要。在快速生长期中，碳、氮、磷被迅速利用，呼吸强度达到顶峰，代谢产物（如酸类）可出现或不出现。静置培养时，在快速生长期的后期，菌膜上将出现孢子。

（3）衰亡期　真菌生长进入衰亡期的标志是菌丝体干重下降。一般在短期内失重很快，以后则不再变化，但有些真菌发生菌丝体自溶。这是由于其自身所产生的酶类催化几丁质、蛋白质、核酸等分解，同时释放氨、游离氨基酸、有机磷和有机硫化合物等所致。处于衰亡期的菌丝体细胞，除顶端较幼细胞的细胞质稍稠密均匀外，多数细胞都出现大的空泡。

此期生长的停止由下列两种因素之一所决定。一是在高浓度培养基中，可能因为有毒代谢产物的积累阻碍了真菌生长。如在高浓度碳水化合物的培养基中可积累有机酸，而在含有机氮多的培养基中则可能积累氨；多数次级代谢物质如抗生素等，也是在生长后期合成。二是在较稀释的营养物质平衡良好的培养基中，生长停止的主要因素是碳水化合物的耗尽。当生长停止后，菌丝体的自溶裂解的程度因菌种的特性和培养条件而异。

丝状微生物包括丝状真菌和放线菌。上述丝状真菌的非典型生长曲线对描述放线菌群体的生长规律同样适用。

三、微生物的连续培养

1. 分批培养与连续培养的概念

（1）分批培养　分批培养如用于发酵生产又称为分批发酵，是指培养基一次性加入容器中，在特定条件下微生物的生长只完成一个生长周期（从迟缓期到衰亡期）的培养方法。

（2）连续培养　连续培养如用于发酵生产又称为连续发酵，是指当微生物以分批培养方式培养至对数期的后期时，在培养容器中以一定速度连续流入新鲜培养基，同时以相同速度流出培养液（菌体和代谢产物），使微生物的生长保持在对数期的培养方法。图 4-3 所示为分批培养与连续培养的关系。在连续培养中，培养容器中的细胞数量和营养状态达到动态平衡，其中的微生物可长期保持在对数期的平衡生长状态与恒定的生长速率。连续培养方法已较广泛应用于酵母菌的 SCP 生产，酒精、啤酒、乳酸、丙酮和丁醇的发酵，以及石油脱蜡等发酵生产中。

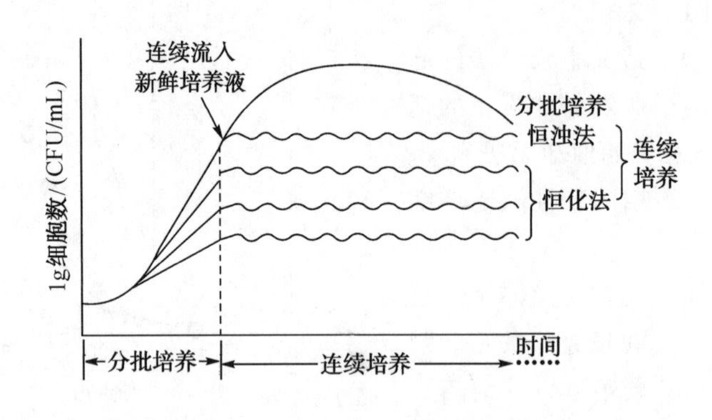

图 4-3　分批培养与连续培养的关系

2. 连续培养装置的类型

连续培养器的类型表解如下：

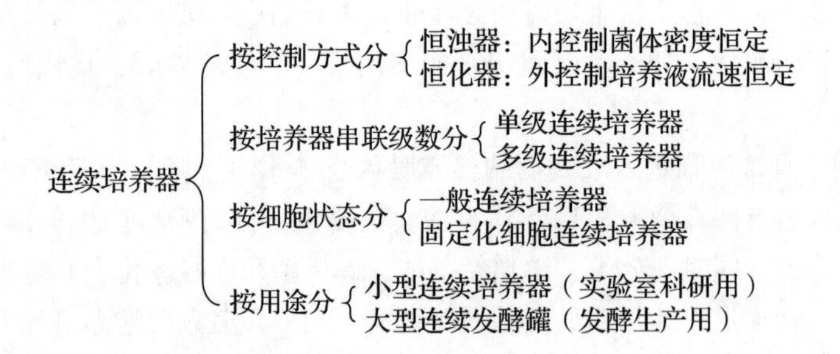

以下仅对控制方式中恒化器和恒浊器两类连续培养器的原理及其应用作一简单介绍。

（1）恒化器　恒化器是通过控制培养基中某种限制性营养物质的浓度和培养基的流速恒定，以保持菌体细胞生长速率恒定的连续培养装置［图 4-4（1）］。培养基中某种限制性营养物质（又称限制性因子）必须是细胞生长所必需的营养物质，如氨基酸、氨和铵盐等氮源，或是葡萄糖、麦芽糖等碳源。通过控制限制性因子，如葡萄糖，在较低的一定浓度范围内，而其他营养物质浓度均较高，从而保持细胞生长速率恒定。恒化器连续培养可获得低于最高菌体产量的稳定细胞浓度的菌体，主要用于研究与微生物生长速率相关的各种理论。

（2）恒浊器　恒浊器是通过光电系统不断调节培养液的流速，以控制培养基的浊度恒定，进而保持菌体细胞浓度（或密度）恒定的连续培养装置［图 4-4（2）］。当培养基的流速低于细胞生长速率时，菌体浓度增高，超过预定值时通过光电系统的调节，加快培养液流速，使培养液浊度下降，反之亦然，以此达到恒定细胞浓度的目的。在发酵生产中，为了获得大量菌体或与菌体生长相平行的某些代谢产物（如乳酸、乙醇）时，均可利用恒浊器的连续发酵。恒化培养与恒浊培养的比较见表 4-2。

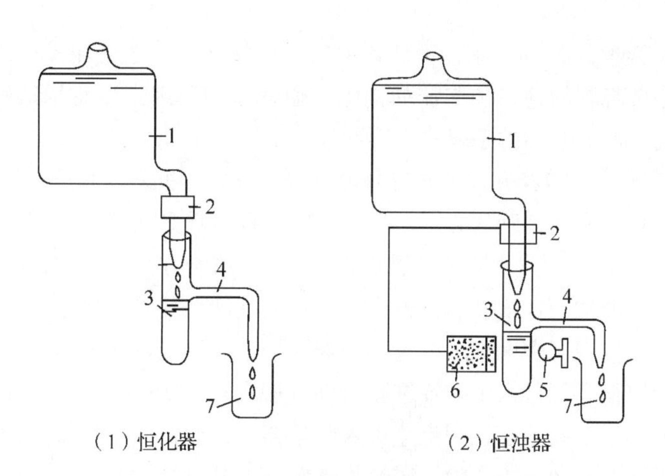

图 4-4　实验室连续培养装置结构示意图

1—无菌培养基贮存容器　2—流速控制阀　3—培养基　4—排出管　5—光源　6—光电池　7—流出液

表 4-2　　恒化培养与恒浊培养的比较

装置	控制对象	控制目的	生长限制因子	培养液流速	产物	应用范围
恒化器	培养基中生长限制因子的浓度恒定	细胞生长速率恒定	有	恒定	一定量菌体	实验室为主
恒浊器	培养基的浊度恒定	细胞浓度恒定	无	不恒定	大量菌体或代谢产物	生产为主

3. 连续培养的特点

微生物能在连续培养中以恒定的速率生长，有利于研究生长速率（或营养物质）对细胞形态、组成和代谢活动的影响，可筛选出新的突变株；连续培养在生产上可缩短发酵周期，减少非生产时间（包括简化装料、灭菌、出料、清洗发酵罐等单元操作），提高设备利用率，便于自动化生产，减轻劳动强度。缺点：营养物质利用率和产物浓度一般低于分批培养，且容易污染杂菌，以及菌种容易发生变异而导致衰退。

四、微生物的高密度培养

高密度培养如用于发酵生产又称为高密度发酵，是指微生物在液体培养过程中，通过优化生长环境、培养模式及优选生物反应器等措施提高细胞密度（或浓度）的培养方法。通常情况下高密度发酵之后的细胞浓度高于普通发酵，可用每 100mL 发酵液中冻干后的菌体（或离心后菌泥）质量（g/100mL），即菌体收得率（%）评价高密度发酵优劣；亦可用平板菌落计数法测定发酵液中的活菌数量（CFU/mL）或以细菌总数生物传感器在线检测判断高密度发酵情况。不同培养模式达到细胞高密度数值有一定差异，即使同一培养模式达到某一细胞高密度数值亦因其种类和特性不同而有较大差异。近年来实现微生物的高密度培养（发酵）主要采取以下方法。

（1）优化生长环境　为了提高发酵液中细胞数量或菌体收得率，首先优化微生物生长的物理和化学环境，包括发酵培养基的种类及配方组成（碳源种类及浓度、氮源种类及浓度、碳氮比、速效/迟效碳源、速效/迟效氮源、生长因子、无机盐等），物理和化学发酵工艺参数（包括接种量、温度、时间、pH、溶解氧浓度、搅拌转速、通气流量、罐压等），以及发酵过程中累积代谢废弃物的移除和泡沫的消除。通常采用单因素多水平试验结合正交试验/响应面法优化培养基配方及发酵条件。

（2）优化培养模式　培养方式主要有分批培养、补料分批培养和连续培养。其中后两种流加培养方式是获得高密度细胞的必要手段。补料分批培养是在分批培养过程中，间歇或连续地补（流）加一种新鲜培养基或某一种碳源/氮源的培养方法。例如，副干酪乳杆菌分批培养过程中通过适量流加一定浓度的红糖水可以提高其活菌数量。将生物反应器联合新一代的灌流培养系统可以实现高密度细胞的连续培养。当生物反应器中的微生物培养至对数期的后期时，将培养液以循环泵打入中空纤维膜组件（膜孔径 0.2μm）中，其中一部分被中空纤维膜截留细胞的滤出液以蠕动泵控制流速进入收集器中，而被中空纤维膜浓缩细胞的培养液通过回流控制阀返回至生物反应器中，同时将新鲜培养基以蠕动泵控制与滤出液相同的流速进入生物反应器中。其优点：一是利用人工智能的灌流培养系统连续补充营养液，同时不断移出有害物质，可为微生物优化生长环境，获得高质量的产物；二是利用中空纤维膜细胞截留装置可以实现高密度细胞培养。

（3）优选生物反应器　可用于高密度培养的生物反应器类型，包括通用搅拌发酵罐连接带有外置式或内置式细胞截留装置的反应器，如中空纤维膜反应器、透析膜反应器和陶瓷膜反应器等。此外，在生物反应器底部安装进气微孔分布器，并与高效低剪切搅拌叶（如气体分散作用叶轮）配合使用，有助于提高好氧发酵的活菌数量。当无菌空气通过孔径为 30μm 的微孔分布器后，分布器产生大量的微小气泡被高效搅拌叶密集分散至整个发酵液中，如此可在缓慢搅拌转速条件下仅通过适当调节通气流量，即可明显提高溶解氧浓度，并能避免标准环形分布器（如孔径 1.2mm）形成的大气泡对细胞的损伤；同时采用弯曲的圆弧叶片作为高效搅拌桨叶，其较低的剪切力和搅拌转速可减少细胞损伤，从而提高菌体存活率。

第二节　环境因素对微生物生长的影响

微生物通过新陈代谢与环境因素相互作用。当环境条件适宜时，微生物能正常新陈代谢，生长繁殖；当环境条件不太适宜时，其代谢活动就会发生相应改变，引起一些变异（如形态变异）；环境条件改变过于激烈，可导致其主要代谢机能障碍，生长受到抑制，甚至死亡。因此，掌握微生物与环境的相互关系，一方面创造有利条件，促进有益菌的生长繁殖，另一方面创造不利条件，抑制腐败菌或杀灭病原菌。对微生物生长有影响的环境因素，可分为物理、化学、生物三类，本章重点介绍理化因素对微生物生长的影响。有关生物因素对微生物生长的影响详见第七章第一节。

一、物理因素对微生物生长的影响

物理因素包括温度、干燥、渗透压和辐射等，尤其是温度和干燥对食品保藏很重要。

1. 温度

温度的变化影响各类微生物的代谢过程，从而改变其生长速率。这种影响具体表现在：

①影响酶的活性。每种酶都有最适的酶促反应温度，温度变化影响酶促反应速率，进而影响细胞物质合成，最终影响生长速率。一般温度每升高 10℃，酶促反应速率增加一倍。②影响细胞膜的流动性。温度高，流动性大，有利于营养物质的运输；反之，温度低，流动性降低，不利于物质运输，因此温度变化影响营养物质的吸收与代谢产物的分泌。③影响物质的溶解度。物质只有溶于水才能被机体吸收或分泌，除气体外，温度上升，物质的溶解度增加；温度降低，物质的溶解度降低，最终影响微生物的生长。④影响机体生物大分子的活性。核酸、蛋白质等对温度较敏感，随着温度的升高遭受不可逆的破坏。

（1）微生物的温度类群　根据最适生长温度范围不同，可将微生物分为低温型（专性嗜冷菌、兼性嗜冷菌）、中温型（嗜温菌）和高温型（嗜热菌、超嗜热菌）三个生理类群。每个类群又可分为生长温度三基点，即最低、最适和最高生长温度（表 4-3）。

表 4-3　　微生物的生长温度　　单位：℃

微生物类型	生长温度		
	最低	最适	最高
专性嗜冷微生物（Psychrophiles）	-10	5~15	15~20
兼性嗜冷微生物（Psychrotrophiles）	-5~0	10~20	25~30
嗜温微生物（Mesophiles）	10~20	20~40	40~45
嗜热微生物（Thermophiles）	45	50~60	80
超嗜热微生物（Hyperthermophiles）	65	80~95	100 以上

从整体来看，微生物可以在-10~95℃范围内生长，极端温度下限为-30℃，极端上限为 105~150℃。微生物在温度三基点内都能生长，但生长速率常数不同。只有在最适生长温度时，其生长速率常数最高，代时最短。当低于或高于最低或最高生长温度时，微生物就停止生长，甚至死亡。温度对三类微生物生长速率常数的影响见图 4-5。

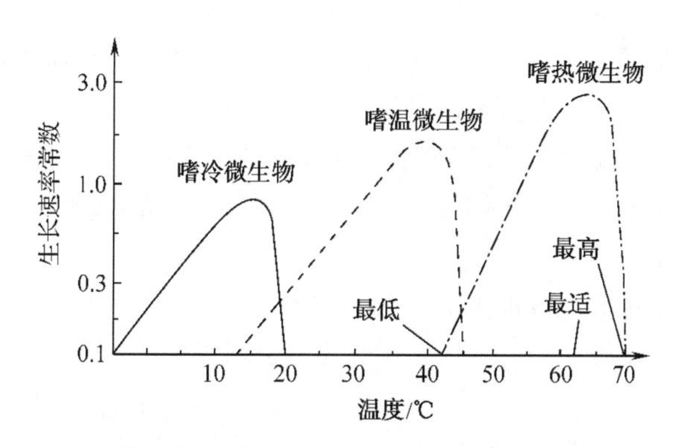

图 4-5　温度对三类微生物生长速率常数的影响

①嗜冷微生物：又称低温型微生物。在-10~20℃（最适在 10~15℃生长）能够生长的微生物称为嗜冷微生物。嗜冷微生物可分为专性嗜冷菌和兼性嗜冷菌两种。前者最适生长温度为 15℃左右或更低，最高生长温度为 20℃，最低温度为 0℃以下，甚至在-12℃还能生长。此类菌分布于地球两极地区；后者最适生长温度为 20℃左右，最高生长温度为 30℃或更高。

此类菌分布于海洋、深湖、冷泉和冷藏食品中。如假单胞菌、乳杆菌和青霉等兼性嗜冷菌于低温（0~7℃）生长，引起冷藏食品变质。

嗜冷微生物能在低温下生长机制：a. 低温下酶活性更高，催化作用更有效，而温度在30~40℃时会失去酶活性；b. 细胞膜中不饱和脂肪酸含量较高，在低温下细胞膜仍保持半流动状态而能履行正常功能，即保证膜的通透性，有利于营养物质运输。

②嗜温微生物：又称中温型微生物。在10~45℃能够生长（最适在20~40℃生长）的微生物称为嗜温微生物。嗜温微生物可分为室温菌和体温菌两种。前者最适生长温度约为25℃，土壤微生物和植物病原菌均属于室温菌，它们在腐生环境中生长；后者最适生长温度约为37℃，温血动物和人体中的病原菌，以及引起食品腐败变质菌类和发酵工业用菌种均属于体温菌，它们在寄生环境中生长。嗜温微生物最低生长温度不能低于10℃，若低于10℃不能启动蛋白质合成过程，许多酶功能受到抑制，从而抑制嗜温微生物的生长。

③嗜热微生物：又称高温型微生物。在45℃或45℃以上（最适在50~60℃生长）能够生长的微生物称为嗜热微生物。嗜热微生物可分为专性嗜热菌和兼性嗜热菌两种。前者在37℃不能生长，55℃生长良好；后者在37℃能够生长，55℃生长良好。此类微生物主要分布于温泉、堆肥、发酵饲料、日照充足的土壤表面等中。例如，芽孢杆菌属和梭状芽孢杆菌属中的部分菌类、高温放线菌属等都是在55~70℃中生长的类群。有的细菌可在近100℃的高温中生长。在罐头工业中嗜热菌常给食品杀菌带来麻烦，但在发酵工业中，如能筛选到嗜热菌作为生产菌种，可以缩短发酵时间，防止杂菌污染。工业上常用的德氏乳杆菌就属于此类，其最适生长温度为45~50℃。

嗜热微生物能在高温下生长机制：a. 菌体内的酶和蛋白质更抗热，尤其蛋白质对热更稳定。如嗜热脂肪芽孢杆菌（*Batilas stearothermophius*）的 α-淀粉酶经加热70℃持续24h后仍保持酶的活性。b. 能产生多胺、热亚胺和高温精胺，能稳定核糖体结构和保护大分子免受高温的损害。c. 核酸也具有较高的热稳定性结构，其鸟嘌呤（G）+胞嘧啶（C）的含量变化很大。tRNA在特定的碱基对区含较多的G+C，因而有较多的氢键，可增强热稳定性；d. 细胞膜中含有较多的饱和脂肪酸与直链脂肪酸，可形成更强的疏水键，从而能在高温下仍保持膜的半流动状态而能履行正常功能。e. 在较高温度下嗜热菌的生长速率较快，合成生物大分子物质迅速，能及时弥补被热损伤的大分子物质。

嗜热微生物的生长曲线独特，其延迟期和对数期非常短。它们生长速率较快，有些嗜热菌在高温下代时仅10mim，进入稳定期后迅速死亡。故嗜热微生物的生理代谢比嗜温或嗜冷微生物代谢要快得多。

（2）微生物生长速率和温度的关系　微生物生长速率与温度的关系常以温度系数 Q_{10} 来表示，即温度每升高10℃微生物的生长速率与未升高温度前微生物的生长速率之比。即公式（4-4）：

$$\text{温度系数}\ Q_{10} = \frac{\text{在}(T+10)℃\ \text{的生长速率}}{\text{在}\ T℃\ \text{的生长速率}} \tag{4-4}$$

多数微生物的温度系数 Q_{10} 值为1.5~2.5，即在一定温度范围内，温度升高10℃，微生物生长速率增快1.5~2.5倍。

（3）低温对微生物的影响　微生物对低温有很强的抵抗力。多数微生物所处环境温度降到最低生长温度时，新陈代谢活动减弱到最低程度，最后处于停滞或休眠状态。这时，微生物的生命活动几乎停止，但仍能在较长时期内维持生命；有少数微生物在低于生长温度时（如冰冻情况）会迅速死亡。同时，也有少数嗜冷菌能在一定低温条件下缓慢生长。当温度上升到该微生物生长最适温度时，又开始正常生长繁殖。

①冰冻对微生物影响的原理：微生物在冰冻温度下，细胞内的游离水形成冰晶体，对细胞膜与细胞壁有机械的物理械刺伤作用，特别是游离水被冰冻，使细胞脱水浓缩引起细胞质黏度增大，电解质浓度增高，细胞质的 pH 和胶体状态发生改变，也可引起细胞质内蛋白质部分变性等，甚至导致细胞死亡。因此冰冻可引起部分微生物死亡，但一部分仍存活而处于休眠状态，缓冻后仍可复苏存活。实践上常在-70~-40℃冰冻条件下保存菌种。在冻藏菌种时，应采用一些措施预防细胞损伤，如加入甘油、血清或脱脂牛乳等保护剂，降低脱水的有害作用，防止冰晶体过大，保护细胞膜结构。设计合理的降温曲线可以减轻冰晶体对细胞膜的机械损伤。

实验室中常利用冰晶体损伤微生物细胞的特性进行细胞破碎。细菌等微生物细胞历经三次以上的反复冻融过程可达到较好的破壁效果。

②影响冰冻对微生物作用的因素：

a. 冷冻方式和温度，冰冻分为快速冰冻和缓慢冰冻两种方法。速冻即在 30min 内迅速将温度降到-20℃左右，缓冻是指食品在 3~72h 内将温度下降到所需要的低温。

一般认为缓慢冰冻可导致细胞内的游离水形成冰晶体，造成菌体细胞死亡，尤其在大约为-2℃时活菌数下降最多。而在快速冰冻时细胞质内的水结成均匀的玻璃胶状，并且在迅速融化时，玻璃胶状水也不形成结晶状态，对菌体损害不大，故速冻和速融可保存微生物的生命力，但反复冻融对微生物细胞具有更大的破坏力。

由于从正常的生长温度迅速降至0℃左右，导致菌体尤其是处于对数生长期的菌体细胞大量死亡或损伤的现象，称为冷休克。冷休克现象较常见于一些酵母菌、G^-菌中，如食品中常见的埃希氏菌属、假单胞菌属、沙门氏菌属和沙雷氏菌属等 G^-菌易引起冷休克，而 G^+菌敏感性较低。此外，细菌对冷休克的敏感程度还与培养温度密切相关。如铜绿假单胞菌在30℃培养后快速降温至-2℃，则残留菌数在 10min 后为 50%，而在 10℃培养时则对冷休克不敏感。冷休克机制可能有两个原因：一是细胞膜受到损伤，使细胞内的镁离子等不能保持在细胞内；二是由于冷休克使 DNA 中可能产生一条链的断裂，DNA 连接酶不起反应，故 DNA 断处不能连接。

b. 微生物的特性，不同微生物对低温抵抗力各异。G^+球菌比 G^-杆菌有较强抗冰冻能力，如葡萄球菌属较沙门氏菌属有较强抵抗力。细菌的芽孢和真菌的孢子有较强抗性。

c. 冷冻基质条件，微生物在冰冻时受所处的基质成分、浓度、pH 等因素的影响。它们在高酸度、多水分的冰冻食品中加速死亡。如食品中有糖、盐、蛋白质、胶体物和脂肪等物质存在时，对微生物有保护作用。但这种保护作用也随冰冻时间的延长而逐渐减弱。

冷冻真空干燥法（简称冻干法）即采用迅速冷冻和抽真空除水的原理将待冻干样品置于玻璃容器（安瓿瓶或小瓶）内，迅速于-70℃冷冻，然后用抽气机除去玻璃容器内的气体，使已经冰冻的样品中的水分因升华作用迅速干燥，而后在真空状态下严封瓶口，可使样品长时间保存。微生物菌种、菌苗、补体、诊断血清和噬菌体制剂等都可采用冻干保存。

（4）高温对微生物的影响

①高温对微生物影响的原理：微生物对高温比较敏感，如果超过其最高生长温度，一般

会立即死亡。高温对微生物的致死作用主要因蛋白质、核酸与酶系统等重要生物高分子的氢键受到破坏，导致菌体蛋白质凝固变性，核酸发生降解变性失活，破坏细胞的组成，热溶解细胞膜上类脂质成分形成极小的孔，使细胞内容物泄漏，从而导致死亡。

②耐热微生物定义：不同微生物对热的敏感程度不同，部分微生物对热的抵抗能力较强，在较高温度下尚能生存一段时间。凡是在巴氏杀菌的温度下（63℃，30min）尚能残存，但不能在此温度下正常生长的微生物，称为耐热微生物。与食品有关的耐热菌主要有芽孢杆菌属、梭状芽孢杆菌属、乳杆菌属、链球菌属、肠球菌属、微球菌属、节杆菌属和微杆菌属等的一些种。

③微生物耐热性大小的表示方法：不同微生物因细胞结构的特点和细胞组成性质的差异，它们的致死温度各不相同，即它们的耐热性不同。食品工业中，微生物耐热性的大小常用以下几种数值表示。

a. 热致死温度（Thermal Death Point，TDP）：是指在一定时间内（一般为10min）杀死悬浮于液体样品中的全部微生物所需要的最低温度。

b. 热力致死时间（Thermal Death Time，TDT）：是指在特定条件和特定温度下，杀死样品中一定数量微生物（通常为99.99%）所需要的最短时间。

测定热致死时间的方法很多，常用方法是将一定数量的细菌或芽孢混悬液置于一系列密闭容器内，将容器置于一定温度的油浴内加热，在不同时间间隔内，分别单独取出容器，迅速在冷水内冷却，而后将容器内的混悬液接种于培养基内，将培养基置于适宜温度下培养，以是否出现菌落确定热致死时间。几种微生物的热致死时间见表4-4。

表4-4　几种微生物的热致死时间

菌名	伤寒沙门氏菌	金黄色葡萄球菌	大肠杆菌	嗜热链球菌	保加利亚乳杆菌
温度/℃	60	60	57.5	70~75	71
时间/min	4.3	18.8	20~30	15	30

c. *D* 值：在一定温度下，加热使活菌数减少90%（或减少一个对数周期）所需要的时间，即为 *D* 值，单位为min。测定 *D* 值时的加热温度，在 *D* 的右下角注明。例如某种细菌的混悬液含菌数为 10^5CFU/mL，在100℃的水浴中，活菌数降低至 10^4 CFU/mL时所用的时间为10min，该菌的 *D* 值为10min，即 $D_{100}=10$min（图4-6）。如果加热温度为121℃，其 *D* 值常用 *D*r 表示。几种微生物的 *D* 值和 *D*r 值见表4-5。

表4-5　几种微生物的 *D* 值和 *D*r 值　单位：min

菌名	*D* 值	菌名	*D*r 值
鼠伤寒沙门氏菌	$D_{55}=10$	嗜热脂肪芽孢杆菌	4.0~5.0
大肠杆菌	$D_{60}=5\sim30$	热解糖梭菌	3.0~4.0
金黄色葡萄球菌	$D_{63}=7$	致黑梭菌	2.0~3.0
枯草杆菌芽孢	$D_{100}=20$	生孢梭菌	0.10~1.5
酵母菌	$D_{50\sim60}=10\sim15$	凝结芽孢杆菌	0.91~0.97
霉菌	$D_{60}=5\sim10$	肉毒梭菌（A、B型）	0.10~0.20

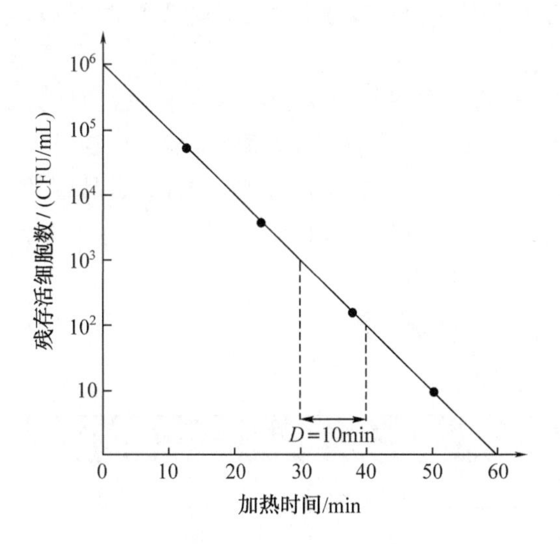

图 4-6　测定 D 值的残存活细胞曲线

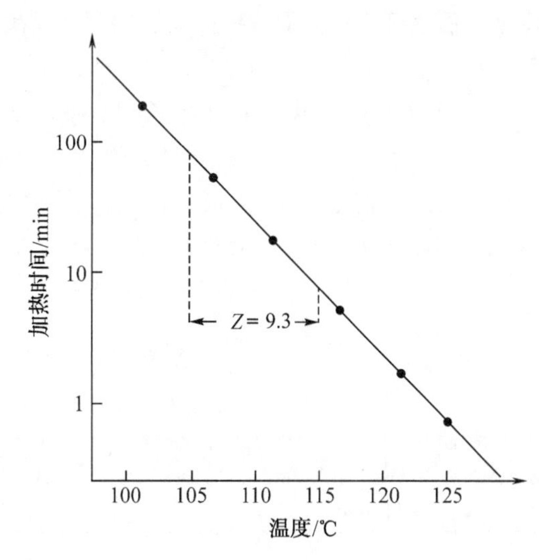

图 4-7　测定 Z 值的热致死时间曲线

d. Z 值：在热致死时间曲线中，缩短 90%（或减少一个对数周期）热致死时间所需要升高的温度数（℃），即为 Z 值（图 4-7）。例如 105℃时，TDT 为 90min，而在 9min 内用 115℃加热处理才达到同样效果，此时 Z 值为 115-105=10。

e. F 值：在一定基质中，温度为 121℃条件下加热杀死一定数量微生物所需要的时间（min），即为 F 值。

④影响热对微生物致死作用的因素：

a. 微生物的种类，不同种类微生物对热抵抗力差异较大，这与它们的细胞结构及其生物学特性有关。一般抗热力的规律：嗜热菌>嗜温菌>嗜冷菌，芽孢菌>非芽孢菌，细菌芽孢>营养细胞，球菌>无芽孢杆菌，G^+菌>G^-菌，霉菌>酵母菌，霉菌孢子>菌丝体。同种微生物不同菌龄对热抵抗力亦不相同。在相同条件下，对数期的菌体细胞比稳定期抗热力小；幼龄菌比老龄菌对热敏感。多数繁殖体与病毒经 60~65℃，10min 杀死。但芽孢耐热，有的经 80~90℃几分钟杀死。嗜热脂肪芽孢杆菌最耐热，经 121℃，12min 才能杀死。

b. 微生物的数量，菌数越多，加热杀死最后一个微生物所需时间也越长，抗热力越强。因为微生物聚集在一起，受热致死的周围菌体对内部菌体形成保护膜，同时菌体能分泌一些具有保护作用的耐热蛋白质，在单位容积内，菌数越多，分泌的保护性物质也多，抗热性也就增强。此外，食品中耐热菌和嗜热菌的芽孢越多，所需杀菌温度越高，时间越长。

c. 基质水含量，水含量高低与热致死作用有密切关系，随着水分的减少而抗热力增大；水分含量高的食品，杀菌效率也高。例如枯草芽孢杆菌的芽孢在 120℃蒸汽中不到 10min 死亡，而在无水甘油中则需 170℃，30min 才能杀死。同一种菌在干热环境比在湿热环境中抗热力大，因为菌体蛋白质在湿热有水分条件下较在干热空气中更易凝固变性。

d. 基质的成分，一般基质中含有的脂肪、糖类、蛋白质等物质对微生物有保护作用，而且随这些物质的增多微生物抗热力增大。长链脂肪酸较短链脂肪酸保护作用大。糖类可以降低食品的水分活度。提高食品中的糖浓度，使原生质部分脱水，阻止蛋白质凝固，则微生物的耐热性随之提高。有些盐类如氯化钠可以增强微生物对热的抵抗力，例如食盐浓度在

40g/L 以上时，细菌的耐热性随浓度增加而提高。但盐浓度高于 80g/L 时细菌耐热性随盐浓度增加而逐渐降低。而有些盐类，如钙、镁离子可促使水分活度增大，从而降低了微生物对热的抗性。

e. 基质的 pH，微生物在生长适宜的 pH 时对热抗性最强，多数微生物生长适宜 pH 为 7.0，故 pH 在 6.0~8.0 时抗热性较强，不易死亡。pH<6.0 或 pH>8.0 都能减弱微生物对热的抵抗力。特别是 pH<6.0 时，微生物易死亡。因此，酸性高的食品比接近中性的食品容易杀菌。例如肉制品的 pH 为 5.2~6.8，肉毒梭菌芽孢的耐热性变化不大，而当 pH 为 4.5 时，其耐热性显著下降。枯草杆菌芽孢的抗热力与 pH 的关系见表 4-6。

表 4-6　　枯草杆菌芽孢的抗热力与 pH 的关系

（在 1/15mol/L H_3PO_4 溶液中加热 100℃）

pH	4.4	5.6	6.8	7.6	8.4
生存时间/min	2	7	11	11	9

f. 基质中的抑制性物质，例如，SO_2、$NaNO_3$ 和一些具有抗热性的抗生素等存在可以减弱微生物的抗热力。

g. 加热的温度和时间，随着温度的升高，微生物抗热力越弱，越容易死亡。加热时间愈长，热致死作用愈大。在一定高温范围内，温度愈高，杀菌所需的时间愈短。

h. 加热的体积和形状，加热灭菌效果与食品的体积成反比。同样体积的食品随容器形状不同加热效果也不同，如长圆形的容器比短粗的杀菌效果好。

i. 灭菌方式，摇动式灭菌比静置式灭菌的效果要好，因为摇动式灭菌能促进温度均匀分布。

（5）温度对食品保藏意义　利用高温杀死食品中的变质菌和病原菌，防止食品腐败和食物中毒的发生；利用低温抑制微生物生长或冰冻引起微生物死亡，可以延长食品保质期。

2. 水分

（1）水分活度的概念　水分是微生物生命活动的必要条件。微生物细胞组成不能缺少水分，因为细胞内所进行的各种生物化学反应均以水分为溶媒，在缺水环境中微生物的新陈代谢受到阻碍，最终造成死亡。有关水在微生物细胞中的生理功能参见本书第二章第一节。

由于食品中的绝对含水量包括游离状态和结合状态存在的水分，前者能被微生物利用，而后者不能利用，故食品中含有的水分不用绝对含水量（%）表示，而是利用水分活度（也称水分活性）表示在食品中可被微生物实际利用的自由水或游离水的含量。水分活度用 A_w 表示。其定义是：在相同温度和压力下，食品的蒸气压与纯水蒸气压之比。即公式（4-5）：

$$A_w = \frac{p}{p_0} \tag{4-5}$$

式中　p——在一定温度下基质（食品）水分所产生的蒸气压；

p_0——在与 p 相同温度下纯水的蒸气压。

如果 p 也是纯水的蒸气压，则 $A_w=1$，说明纯水的 A_w 为 1；如果完全无水分的食品，则 $p=0$，此时 $A_w=0$。因此 A_w 最大值为 1，最小值为 0。

水溶液与纯水的性质是不同的。纯水中加入溶质后，溶液分子之间的引力增加，冰点下降，沸点上升，蒸气压下降，溶液中溶质越多，蒸气压下降越低。如果用可溶性物质加入培养基或食品中，配制各种不同 A_w 的培养基，然后分别接种微生物，在培养过程中观察微生物生长状况，凡是 A_w 低的基质，微生物生长不良。若基质的 A_w 低于微生物生长的最低 A_w 时，微生物就停止生长。

（2）微生物生长需要的水分活度　不同种类的微生物生长的最低 A_w 有较大差异（表 4-7），即使同一类群的菌种，其生长繁殖的最低 A_w 也各不相同。

表 4-7　　微生物生长需要的最低 A_w

微生物	最低 A_w	范围
多数细菌	0.90	0.90~0.99
多数酵母菌	0.87	0.87~0.91
多数霉菌	0.80	0.80~0.87
嗜盐性细菌	0.75	—
耐高渗透压酵母	0.60	0.60~0.65
干生性（耐旱）霉菌	0.65	0.65~0.75
假单胞菌	0.97	—
大肠杆菌	0.96	—
枯草芽孢杆菌	0.95	—
产气肠杆菌	0.95	—
肉毒梭菌	0.93	—
金黄色葡萄球菌	0.86	—

各种微生物生长繁殖的 A_w 范围在 0.99~0.60。A_w 接近 1 的食品内，微生物会很好生长，当 A_w 低于一定界限时，微生物的生长会受到抑制。如表 4-6 所示，在细菌、酵母菌和霉菌三类微生物中，细菌对 A_w 要求较高，除嗜盐细菌以外，A_w 均大于 0.90，当 A_w 低于 0.90 时几乎不能生长。多数酵母菌生长所需要的 A_w 在 0.87~0.91，但个别耐高渗酵母［如鲁氏酵母（*Saccharomyces rouxii*）］在 A_w 为 0.60 还能生长。多数霉菌所需要的 A_w 比细菌和酵母菌低，其最低 A_w 为 0.80，个别霉菌（如双孢旱霉）在 A_w 为 0.65 时还能生长。随着 A_w 的降低，微生物的代谢活动减弱，当 A_w 降至小于 0.65 时，一般微生物停止生长繁殖。

（3）环境相对湿度影响食品的 A_w　如果环境的相对湿度（Relative Humidity，RH）低，将导致食品表面干燥，降低 A_w；反之，如果相对湿度高，将会增加其表面湿度，提高 A_w。当食品的 A_w 与环境的相对湿度平衡时，此时食品的 A_w 可由公式（4-6）计算。

$$A_w = RH/100 \tag{4-6}$$

（4）A_w 对食品保藏意义　新鲜食品，如鱼、肉、乳、水果和蔬菜等含有较多的水分，它们的 A_w 均在 0.98~0.99，适于多种微生物生长繁殖。若将食品的 A_w 降至低于 0.65，除少数真菌（如某些曲霉）外，多数微生物停止生长繁殖，处于休眠状态，严重时引起脱水、蛋白质变性，导致死亡，这就是利用干燥保藏食品，防止腐败变质的原理。生产中常用加糖、加盐，冰冻、脱水干燥等方法降低 A_w，延长食品的保质期。例如，乳粉的 A_w 为 0.20，咸蛋

的 A_w 为0.87，蛋粉的 A_w 为0.40，咸肉和熏肉的 A_w 为0.87，因为低 A_w 抑制微生物的生长，从而延长了这些食品的保藏期。

（5）微生物生长所需要的 A_w 的可变性　微生物生长所需要的 A_w 界限非常严格，在其所需的最低营养要求能够满足时，尤其在营养条件非常充足时，微生物生长的最低 A_w 一般不会变动。但在某些因素的影响下，微生物生长最低 A_w 会有一定变动幅度。

①环境温度影响微生物生长的最低 A_w：在最适温度时，霉菌孢子出芽的最低 A_w 可以低于非最适生长温度的 A_w。根据海恩策勒（Heintzeler）的研究，温度变动10℃微生物生长最低 A_w 通常变动0.01~0.05。

②有氧与无氧环境影响微生物生长的最低 A_w：兼性厌氧菌，如金黄色葡萄球菌在无氧环境下，其生长最低 A_w 是0.90，在有氧环境下最低 A_w 为0.86。若霉菌在高度缺氧环境中，即使处于最适的 A_w 也不能生长。

③适宜pH环境使微生物的最低 A_w 稍偏低：如表4-8所示，在相同温度和基质（甘油或食盐）条件下，肉毒梭菌于pH 7.0比pH 6.0基质中生长的最低 A_w 略低。

表4-8　　一些环境因素对肉毒梭菌生长的最低 A_w 的影响

肉毒梭菌菌型	pH 7.0			pH 6.0		
	甘油	食盐		甘油	食盐	
	30℃	20℃	30℃	30℃	20℃	30℃
A	0.93	0.97	0.96	0.94	0.98	0.97
B	0.93	0.97	0.96	0.94	0.97	0.96
C	0.95	0.98	0.98	0.95	0.98	0.98

④某些有害物质的存在影响微生物生长的最低 A_w：环境中有 CO_2 时，有些微生物在低 A_w 范围内不能生长。根据Heintzeler的研究发现，培养基的pH、培养温度以及调节 A_w 的不同溶质，对肉毒梭菌生长的最低 A_w 均有影响。

（6）高渗透压食品的 A_w　渗透压对微生物的影响亦可由 A_w 的改变来认识。由表4-9可见，通过加糖或加盐提高渗透压的食品，其浓度愈高，食品的 A_w 愈小。能引起高糖食品变质的微生物只是少数酵母和丝状真菌，它们生长的最低 A_w 都比较低，但生长缓慢，因而引起食品变质过程亦缓慢。但由于霉菌是好氧菌，可用厌氧方法控制其生长。

表4-9　　食盐、食糖的质量分数与 A_w 的关系（在25℃条件下）　　单位:%

A_w	0.995	0.990	0.980	0.940	0.900	0.850	0.800
食糖	8.51	16.4	26.1	48.2	58.4	67.2	-
食盐	0.872	1.72	3.43	9.38	16.2	19.1	23.1

3. 渗透压

微生物细胞膜为半渗透性单位膜，能调节细胞内外渗透压的平衡，从而使微生物在不同渗透压环境中发生不同渗透现象。①如果将微生物细胞置于等渗溶液（8.5~9.0g/L NaCl溶液）中，则微生物的代谢活动正常进行，细胞保持原形。②如将微生物细胞置于低渗溶液中，因有压力差，水分迅速进入细胞内，使细胞吸水而膨胀，因有细胞壁的保护，很少发生细胞破裂现象。但在 5×10^{-4}mol/L $MgCl_2$ 低渗溶液中，细胞易膨胀破裂而死亡。生产实践上利用低渗原理破碎细胞。③如将微生物置于高渗溶液中，细胞内的水分渗透到细胞外，则细胞原生质因脱水收缩而发生质壁分离现象，造成细胞代谢活动呈抑制状态甚至导致细胞死亡。总体来说，低渗对微生物的作用不太明显，而高渗对其生长有明显影响。

食品中形成渗透压的物质主要是食盐和食糖。根据微生物能否在一定浓度食盐中生长，以及对食盐和食糖的耐受性，可将之分为嗜盐微生物、耐盐微生物和耐糖微生物。

（1）嗜盐微生物　凡是能在 2%（质量分数）以上食盐溶液中生长的微生物称为嗜盐微生物。根据在不同食盐浓度的食品中的生长情况将之分为以下 3 种类型。

①低度嗜盐细菌：此类菌适宜在含 2%～5%（质量分数）食盐的食品中生长，如多数嗜冷细菌，假单胞菌属、无色杆菌属、黄杆菌属和弧菌属中的一些种，多发现于海水和海产品中。

②中度嗜盐细菌：此类菌适宜在含 5%～18%（质量分数）食盐的食品中生长，如假单胞菌属、弧菌属、无色杆菌属、芽孢杆菌属、四联球菌属（如嗜盐四联球菌）、八叠球菌属和微球菌属中的一些种，其中最典型的是盐脱氮微球菌和腌肉弧菌（*Vibrio costicolus*）。

③高度嗜盐细菌：此类菌适宜在含 20%～30%（质量分数）食盐的食品中生长，如盐杆菌属、盐球菌属和微球菌属中的一些种，它们都能产生类胡萝卜素，常引起腌制鱼、肉、菜发生赤变现象和盐田的赤色化。此类菌又称极端嗜盐菌，只有当 NaCl 近于饱和时才能生长。嗜盐菌特异性地需要 Na^+，因为它们的细胞壁靠 Na^+稳定，许多酶的活性也需要 Na^+。

除个别菌种外，嗜盐细菌生长速率都较缓慢，嗜盐杆菌的代时为 7h，嗜盐球菌为 15h。

（2）耐盐微生物　能在 10%（质量分数）以下和 2%（质量分数）以上食盐浓度的食品中生长的微生物。如芽孢杆菌属和球菌类几个属中的一些种。它们与嗜盐菌不同，虽能耐较高浓度的盐分，但高盐分并不是其生长所必需的。如葡萄球菌能在 100g/L 的 NaCl 溶液中生长，但其正常生长并不需要如此高浓度的盐分。

（3）耐糖微生物　能在含高浓度糖的食品中生长的微生物。少数细菌（如肠膜明串珠菌等）、多数酵母菌和霉菌耐受高糖。常见耐糖酵母有鲁氏酵母、罗氏酵母（*S. rosei*）、蜂蜜酵母、意大利酵母、异常汉逊酵母、汉逊德巴利酵母、膜醭毕赤酵母等；耐糖霉菌有灰绿曲霉、匍匐曲霉、咖啡色串孢霉、白地霉、芽枝霉和青霉等。耐受高糖的酵母菌常引起糖浆、果酱、浓缩果汁等食品的变质；耐受高糖的霉菌常引起高糖分食品、腌制品、干果类和低水分粮食的变质。

渗透压对食品保藏有重要意义。多数细菌不耐高渗，虽有少数细菌能适应较高渗透压，但其耐受力远不如霉菌和酵母菌（多数霉菌和少数酵母菌能耐受较高渗透压）。生产实践中，利用一般微生物不耐高渗的原理，采用盐腌和糖渍法保存食品。例如，以 5%～30%（质量分数）食盐浓度腌渍蔬菜，以 30%～60%（质量分数）糖浓度制作蜜饯，以及用 60%（质量分数）的糖浓度制成炼乳等。虽然霉菌在高渗食品中可以缓慢生长引起食品变质，但霉菌是好氧菌，可以结合真空包装抑制其生长。

4. 辐射

辐射是能量通过空间或某一介质进行传递的过程。辐射主要有紫外线、电离辐射等。

（1）紫外线　紫外线波长范围为 130～400nm，其中以 200～300nm 紫外线杀菌作用最强，因为蛋白质和核酸分别在波长约280nm和260nm处有较高吸收峰，它们因分子结构被破坏而变性失活。紫外线杀菌机制是诱导核酸形成胸腺嘧啶二聚体，导致DNA复制和转录中遗传密码阅读错误，妨碍蛋白质和酶的合成，轻则发生细胞突变，重则造成死亡。此外，紫外线还可使分子氧变为臭氧，臭氧不稳定，分解放出氧化能力极强的新生态［O］，与生物体活性成分发生氧化反应，破坏细胞物质结构而将其致死。

紫外线穿透能力很差，不能透过不透明物体，即使一层玻璃也会滤掉大部分紫外线，因而只能用于物体表面或室内空气的灭菌。不同种类和生理状态的微生物对紫外线抗性有较大差异。一般抗紫外线的规律是：干细胞>活细胞（湿细胞），芽孢和孢子>营养细胞，G^+球菌>G^-杆菌，产色素菌>不产色素菌。紫外线对灭活病毒特别有效，但对其他微生物细胞因有DNA修复机制，灭活作用受到影响（参见第五章第二节“物理诱变剂”部分）。

使用紫外灯杀菌时，根据$1W/m^2$计算剂量。若以面积计算，30W紫外灯对$15m^2$的房间消毒，照射20~30min，有效距离为1m左右。紫外线对生物组织有刺激作用，人的皮肤和眼睛接触紫外线后，引起红肿疼痛症状，臭氧损害呼吸道黏膜，在使用时要注意防护。

（2）电离辐射　电离辐射主要有X射线、α射线、β射线、γ射线。由于这些波长极短（<100nm）和能量较高的射线均能引起被作用物质的电离，故称电离辐射。

α射线是带有阳电荷的氦原子核的一股射流，具有很强的电离作用，但穿透力很弱。

β射线是中子变成质子时放出带负电荷的射线，电离作用不太强，但穿透力比α射线强。

γ射线是由放射性同位素钴（^{60}Co）、铯（^{137}Cs）、磷（^{32}P）等发射出的高能量、波长极短的电磁波，穿透力较强，射程较远，可致死所有生物。电离辐射对微生物的致死作用并不是对细胞组分的直接破坏，而是辐射诱发细胞内物质电离，产生反应活性高的游离基，后者再与细胞内的生物大分子反应而使细胞失去活力。其作用机制是引起环境和细胞中吸收能量的水分子发生电离，产生H^+和OH^-离子，后者再与液体中的氧分子结合，产生具强氧化性的过氧化物（如H_2O_2），作用于细胞蛋白质、酶、DNA，使蛋白质和酶的巯基（—SH）氧化，发生交联和降解作用，导致细胞蛋白质变性，酶失活，DNA和RNA发生较大损伤和突变，直接影响DNA复制和蛋白质的合成，从而造成细胞损伤或死亡。

采用适当剂量辐射可以杀灭食品中的病原菌和变质菌类，采用高剂量照射可以杀灭食品中的一切微生物，从而延长食品保质期。电离辐射优点在于被灭菌食品的温度不升高，能较好保留食品原有的品质与质量（包括色泽、香气、滋味、质构、营养、功能和安全），故又称冷杀菌技术，现已用于不耐热食品的杀菌处理。电离辐射除了用于食品杀菌外，还用于农产品杀虫、抑制发芽、改良品质等。

辐射剂量以戈瑞（Gy）表示，即每千克被辐射物质吸收1J的能量为1Gy。根据食品保藏的目的不同，所采用的辐射方法有三种：

辐射消毒：采用适当剂量辐射，杀灭食品中的病原菌，相当于巴氏杀菌。

辐射防腐：采用适当剂量辐射，杀死变质菌类，延长食品保藏期。

辐射灭菌：采用高剂量辐射，杀灭食品中的一切微生物。

辐射杀菌的D值与热力杀菌的D值概念不同。前者表示杀灭食品中90%的微生物所需要的辐射剂量，或菌数减少一个对数周期所需要的辐射剂量。表4-10所示为几种微生物的辐射杀菌D值。

表 4-10 几种微生物的辐射杀菌 D 值

微生物	基质	D 值/kGy
肉毒梭菌 A 型	食品	0.40
枯草芽孢杆菌	缓冲液	2.0~2.5
鼠伤寒沙门氏菌	缓冲液（在有氧情况下）	0.20
大肠杆菌	肉汁	0.20
假单胞菌	缓冲液（在有氧情况下）	0.04
粪肠球菌	肉汁	0.05
耐辐射小球菌	牛肉	2.5
米曲霉	缓冲液	0.43
酿酒酵母	缓冲液	2.0~2.5

影响辐射效果的因素很多，主要是微生物的种类，一般抗电离辐射的规律是：G^+菌>G^-菌，芽孢>营养细胞，酵母菌>霉菌，霉菌=细菌营养细胞，病毒>其他微生物类群。非孢子菌、孢子菌和病毒的辐射致死剂量分别为 0.5~10kGy，10~50kGy 和 10~200kGy。

此外，微生物的数量、辐射时间、氧气、食品的组分和水分、食品的物理状态和包装等都会影响辐射杀菌效果。一般微生物在干燥条件下比在含水环境中更耐电离辐射，而且在有 O_2 情况下辐射杀菌作用要强于无 O_2 情况。在厌氧条件下，同种微生物则需较高剂量灭活。同种微生物在不同的基质中所要求的致死剂量差异很大，因此在辐射处理不同食品时，杀死微生物所需的辐射剂量差别很大。

二、化学因素对微生物生长的影响

影响微生物生长的化学因素有很多，除了在第二章论述的营养物质外，主要还有氢离子浓度和氧化还原电位。

1. 氢离子浓度

（1）微生物生长的 pH 范围　氢离子浓度可表示为环境或培养基中的 pH。与温度的三基点相类似，各类微生物存在最低、最适和最高生长 pH（表 4-11）。

表 4-11 微生物生长的 pH 范围

微生物种类	最低 pH	最适 pH	最高 pH
细菌	3.0~5.0	6.5~7.5	8.0~10.0
放线菌	5.0	7.5~8.5	10.0
酵母菌	2.0~3.0	5.0~6.0	7.0~8.0
霉菌	1.0~3.0	5.0~6.0	7.0~9.0

根据微生物最适生长 pH 不同，可将之分为嗜碱和嗜酸微生物。凡是最适生长 pH 偏于碱性范围内的微生物，称嗜碱微生物，例如硝化细菌、尿素分解菌、根瘤菌和放线菌等；有的不在碱性条件下生活，但能耐碱条件，称耐碱微生物，如链霉菌等。凡是最适生长 pH 偏于酸性范围内的微生物，称嗜酸微生物，例如硫杆菌属、霉菌和酵母菌等；其中有的不在酸性

条件下生活，但能耐酸条件，称耐酸微生物，如乳杆菌、醋酸杆菌、肠杆菌和假单胞菌等。嗜酸微生物在酸性环境中，细胞膜可以阻止 H^+ 进入细胞。嗜碱微生物在碱性条件下，可以阻止 Na^+ 进入细胞。

一般而言，多数酵母菌和霉菌喜在偏酸性环境（pH 5）生活，而多数放线菌则喜在偏碱性环境（pH 8）生活，多数细菌喜在近中性环境（pH 7 左右）生活，即有霉菌>酵母菌>细菌适应低 pH 的能力。在最适 pH 时，微生物生长繁殖最旺盛；在最低或最高 pH 环境中，微生物虽能生存和生长，但生长非常缓慢且容易死亡。

（2）pH 对微生物的作用　①影响微生物对营养物质的吸收。pH 引起细胞膜电荷的变化，影响膜的渗透性和膜结构稳定性，以及影响营养物质的溶解度和解离状态（电离度或离子化程度）。②影响代谢反应中各种酶的活性。只有在最适 pH 时，酶才能发挥最大催化作用，从而影响微生物的正常代谢活动。③不同 pH 还可引起代谢途径的变化。④pH 的变化引起细胞一些成分的破坏。细胞内的叶绿素、DNA 和 ATP 易被酸性 pH 破坏，而 RNA 和磷脂则对碱性 pH 敏感。⑤影响环境中有害物质如消毒剂的电离度，从而影响消毒剂对微生物的毒性。不利的 pH 环境使细胞对很多消毒剂更为敏感。

同一种微生物由于环境 pH 不同，可能积累不同的代谢产物，它们在不同的生长阶段和代谢过程中，也有不同的最适 pH 要求，这对发酵生产中的 pH 控制尤为重要。例如黑曲霉于 pH 2.0~2.5 发酵以产柠檬酸为主，只产极少量的草酸；于 pH 2.5~6.5 以菌体生长繁殖为主；而在 pH 7.0 左右时，则以合成草酸为主，柠檬酸的产量很低。又如，丙酮丁醇梭菌于 pH 5.5~7.0 以菌体生长繁殖为主，而于 pH 4.3~5.3 才发酵产生丙酮丁醇。再如，酿酒酵母在酸性条件下（pH 3.5~4.5）发酵以产乙醇为主，一般不产甘油，但若在偏碱性条件下发酵（pH 7.6）则以产甘油为主。

2. 氧化还原电位

氧化还原电位又称氧化还原电势（Eh）。环境中 Eh 与氧分压有关，环境中氧气越高，Eh 越高；Eh 也受 pH 的影响，pH 低时，Eh 高；pH 高时，Eh 低。标准氧化还原电位（Eh′）是 pH=7 时测得的氧化还原电位。电子从一种物质转移到另一种物质，在这两种成分之间产生的电位差可用仪器测量。常用伏特（V）为单位表示 Eh 的强度。氧化能力强的物质具有较高的 Eh，还原能力强的物质具有较低的 Eh。在自然环境中，Eh′上限是+0.82V（环境中存在高浓度 O_2），Eh′的下限是-0.42V（富含 H_2 的环境）。

不同微生物生长所需要的 Eh 各异。一般好氧菌在 Eh+0.1V 以上均可生长，以 Eh 为+0.3~+0.4V 时为适宜；厌氧菌在 Eh+0.1V 以下生长，如厌氧梭菌需要大约-0.2V 才能生长，有一部分厌氧菌可在-0.05V 生长；兼性厌氧菌在+0.1V 以上进行有氧呼吸，在+0.1V 以下时进行发酵；微好氧菌如乳杆菌和乳球菌等，在 Eh 稍偏低时，在+0.05V 左右生长良好。

好氧菌在代谢活动时不断消耗培养基质中的 O_2，并产生抗坏血酸、硫化氢、含巯基（—SH）化合物等还原性物质而使 Eh 下降。如 H_2S 可使 Eh 降至-0.30V。向培养基中加入高铁化合物等氧化剂和通入氧气或空气，维持适当的 Eh，以培养好氧菌；向培养基中加入还原剂，如抗坏血酸、硫化氢、铁、含巯基的二硫苏糖醇、半胱氨酸和谷胱甘肽等可以降低 Eh，以培养厌氧菌。

食品中的 Eh 高低受食品成分的影响，也受空气中氧气的影响。肉组织中含有的巯基化合物（半胱氨酸、谷胱甘肽等）及水果、蔬菜中含有的还原糖（葡萄糖、果糖等）、抗坏血酸等还原性物质可降低 Eh。例如，整块肉的表面 Eh 为+0.3V，深层 Eh 在-0.2V 左右，而搅碎的肉 Eh 为+0.2V，故能在表面生长的为好氧菌，深部为厌氧菌。植物的汁液 Eh 在+0.3～+0.4V，故植物性食品易被好氧菌引起变质。由于霉菌是专性好氧菌，可采用缺氧方法防止食品和粮食的霉变。在密闭容器中加入除氧剂（铁粉、辅料和填充剂）或真空包装或充入 N_2，能抑制好氧菌的生长，但不能抑制厌氧菌和兼性厌氧菌的生长。

第三节　有害微生物的控制

有害微生物包括引起食品或工农业产品腐败的细菌，引起霉变的霉菌，引起人类食源性疾病的病原菌，以及使人和动植物患其他各种疾病的病原菌等。它们通过气流、水流、接触（人与人、人与动植物、人与物、生物之间）等方式，传播到合适的基质（培养基、食品及其原料、生化试剂、生物制品或药物）或生物对象（微生物细胞、动植物组织或细胞纯培养物）上而造成种种危害。因此必须采取有效措施杀灭或抑制这些有害微生物。下面介绍几个有关的容易混淆的术语。

1. 消毒

消毒是采用较温和的理化条件，仅杀死物体表面或内部所有病原微生物，而对被消毒的物体基本无害的措施。消毒具有防止感染或传播的作用。消毒分为化学方法消毒和物理方法消毒。

（1）化学方法消毒　能迅速杀灭病原菌的化学药物称为消毒剂。一般消毒剂在常用浓度下只能杀死微生物的繁殖体，对芽孢则无杀灭作用。用消毒剂对皮肤、水果、饮用水、食品生产设备和用具的消毒措施属于化学方法消毒。化学消毒剂高浓度时具有杀菌作用，低浓度时具有抑菌作用。

（2）物理方法消毒　用 100℃以下温度对啤酒、牛乳、果汁和酱油等进行的巴氏消毒（又称巴氏杀菌）属于物理方法消毒。

2. 灭菌

灭菌是指采用强烈的理化条件杀死物体内外部所有微生物的措施，如高温灭菌、辐射灭菌等。灭菌后的物体不再有存活的微生物，包括病原菌、非病原菌、芽孢和孢子，以及污染的杂菌和生产用菌。灭菌实质上可分杀菌和溶菌两种，前者指菌体虽死，但形体尚存；后者则指菌体杀死后，其细胞发生溶解、裂解而消失的现象。

3. 商业灭菌

商业灭菌是从商品角度出发对某些食品提出的灭菌方法。食品经过杀菌处理后，将病原菌、产毒菌和腐败菌杀死，按照所规定的微生物检验方法，无活的微生物检出或仅能检出极少数非病原微生物，并且它们在食品保藏过程中不能生长繁殖。这种灭菌方法称为商业灭菌。

在食品工业中，常用“杀菌”这个名词，它包括上述的消毒和商业灭菌，如牛乳的杀菌是指巴氏消毒，罐藏食品的杀菌是指商业灭菌。

4. 防腐

防腐是采用某种理化因素或生物因素防止或抑制微生物生长繁殖的一种措施。防腐方法很多，例如，低温、高温、干燥、隔氧（充 N_2）、高渗（盐腌或糖渍）、高酸、辐射等都是抑制食品腐败和霉变的主要手段，而添加化学或生物防腐剂亦为有效的食品保藏措施。能抑制或防止微生物生长繁殖的化学或生物添加剂称为化学或生物防腐剂。有关防腐剂保藏食品的内容详见第九章第三节。

5. 抑制

抑制是在亚致死剂量因子作用下导致微生物生长停止，但在移去这种因子后生长仍可以恢复的生物学现象。

6. 无菌

无菌是指没有活菌的意思。无菌操作是防止微生物进入机体或其他物品中的操作技术。微生物实验或发酵生产的发酵剂制备都要严格进行无菌操作；食品的包装和检验等要求在无菌条件下进行，防止微生物再污染。

一、常用加热灭菌的方法

加热是消毒和灭菌方法中应用最广泛、效果较好的方法。热致死作用主要是由于高温引起蛋白质、酶、核酸和脂类等生物大分子发生降解或改变其空间结构等，使其破坏或凝固变性，失去生物学活性，导致微生物细胞死亡。加热灭菌分干热灭菌法和湿热灭菌法两类，根据具体情况选择应用。在实践中行之有效的灭菌或消毒的方法主要有以下几种。

1. 干热灭菌

（1）火焰灭菌法　直接利用火焰烧灼将微生物烧死。该法灭菌彻底、迅速。但由于火焰损伤或烧毁某些物品，使用范围受限。主要用于实验室接种环（针）、玻璃棒、试管或三角瓶口、棉塞和某些金属器械灭菌，也用于发酵罐接种时在接种口周围的环火保护。为了充分将接种环灭菌，节省冷却时间，可先将接种环（塑料柄除外）浸入 95%（体积分数）乙醇中，于火焰充分烧灼后，再次浸入 95%（体积分数）乙醇中冷却，将接种环迅速通过火焰后即可进行接种操作。

（2）加热空气灭菌法　主要在干燥箱中利用电加热空气，使空气的温度在 100℃以上进行灭菌。通常 150~160℃保持 1~2h 或 140℃保持 3h，能将所有微生物（包括芽孢）全部杀死。主要用于玻璃器皿、金属用具及其他耐干燥、耐热物品的灭菌。

2. 湿热灭菌

湿热灭菌法就是利用水蒸气的热量将物品灭菌。同样温度下，湿热灭菌比干热灭菌更有效。这是由于一方面水蒸气穿透力强，易于传导热量，使被灭菌的物品外部和深层的温度能在短时间内达到一致水平；另一方面蛋白质的含水量与其凝固温度成反比，因此湿热更易破坏蛋白质的氢键结构，从而加速其变性凝固。此外，由于蒸汽在被灭菌的物品表面凝结，释放出潜热，能迅速提高灭菌物品的温度，缩短灭菌所需的时间。总之，湿热灭菌具有经济和快速等特点，广泛用于培养基和发酵设备等的灭菌。湿热灭菌常用的方法有：煮沸灭菌、间歇灭菌、巴氏杀菌和高压蒸汽灭菌等。

（1）煮沸消毒法　将物品在水中 100℃煮沸 15~20min 即可杀死所有微生物的繁殖体（营养体），但不能杀死芽孢。若要杀死芽孢一般要煮沸 1~2h 或在水中加 20~50g/L 石炭酸或10~20g/L的碳酸钠。该法适用于饮用水、食品、器材、器皿和衣服等小型物品灭菌。

（2）间歇灭菌法　又称丁达尔灭菌法，是在灭菌器或蒸笼中利用100℃流通蒸汽将物品热处理30min，杀死繁殖体，但不能杀死芽孢。冷却后置于室温或恒温箱内（28~37℃）过夜，待其中芽孢萌发形成繁殖体，再重复以上两次杀菌过程，连续三次灭菌，即可杀死全部微生物（包括芽孢）。此法用于不耐高温的基质，如含糖培养基、牛乳培养基等的灭菌。

（3）巴氏消毒法　又称巴氏杀菌法。是指在100℃以下杀死食品中所有病原菌和多数腐败菌营养体的措施，其目的是杀死其中的病原菌（如牛乳中的结核分枝杆菌、布鲁氏杆菌、沙门氏菌等），并尽可能减少食品营养成分和风味的损失。根据巴氏消毒的具体温度和时间可有两种方法：①低温长时杀菌法（简称LTLT）：采用63℃，30min或72℃，15min进行加热处理；②高温短时杀菌法（简称HTST）：采用72℃，15~30s或80~85℃，10~15s加热处理，有利于大批量原料的连续杀菌。此法用于不耐高温的食品，如牛乳、酱油、食醋、果汁、啤酒、果酒和蜂蜜等的杀菌。

（4）超高温瞬时灭菌法（简称UHT）　采用130~150℃，2~3s进行连续杀菌。此法特点是既可杀死全部微生物包括细菌芽孢，又可最大限度减少营养成分的破坏。UHT广泛用于各种果汁、牛乳、花生乳、酱油等液态食品的杀菌。

（5）高压蒸汽灭菌法　常压下水的沸点为100℃，当高压锅或发酵罐内的蒸汽压力超过常压时，水的沸点即超过100℃，如此可在短时间内杀死全部微生物包括细菌芽孢。一般采用0.1MPa（121℃）维持15~30min。罐头工业中要根据食品的种类和杀菌对象、罐装量的多少等决定杀菌条件。实验室中常用于培养基、各种缓冲液、玻璃器皿、金属器械和工作服等的灭菌。

采用0.1MPa长时间的高压灭菌能破坏培养基中的营养成分。一是含糖、蛋白质和多肽类的培养基在高温时容易发生美拉德反应（还原糖的羰基与氨基酸、多肽和蛋白质的氨基之间发生羰氨反应），产生氨基糖、焦糖和黑色素，导致培养基褐变，破坏糖类和氨基酸等成分；二是在高温情况下，培养基中的Ca^{2+}、Fe^{2+}等成分易与碳酸盐、磷酸盐发生沉淀反应，破坏维生素、氨基酸、蛋白质、糖等营养成分。因此，对不耐热物品和含糖培养基要降低灭菌温度。例如，对含糖培养基宜采用0.05MPa（110℃）灭菌20~30min，而对脱脂乳培养基宜采用0.07MPa（115℃）灭菌20~30min。

（6）连续加压灭菌法　是指将培养基在发酵罐外利用流动式连续灭菌器，按需要连续不断地加热、保温和冷却，然后送入发酵罐的过程。培养基和发酵罐分别单独灭菌。一般采用135~140℃加热5~15s，然后维持罐内继续保温5~8min。此法既达到了灭菌目的，又减少了营养物质的损失，与加压实罐分批式灭菌法（培养基在发酵罐内一同灭菌，121℃，30min）相比，减少了升温、加热灭菌和冷却过程所需时间，提高了发酵罐的利用率，且劳动强度低，适合自动化操作。

（7）滤过除菌法　其原理是将液体通过含有微细小孔的滤器，只允许小于孔径的物质通过，大于孔径的物质不能通过。实验室常用蔡氏（Seitz）滤器和滤膜滤器进行除菌，前者用金属制成，中间夹石棉滤板，常用EK号石棉除菌；后者由硝酸纤维素制成滤膜，装于滤器上，常用0.22μm孔径的滤膜除菌。此法主要用于一些不耐热的血清、毒素、维生素、氨基酸、抗生素、药液、酶液、培养液等除菌。一般不能除去病毒、支原体和L型细菌。

二、常用控菌的化学方法

化学物质可以作为微生物的营养物质被利用，也可抑制微生物的代谢活动，还可以破坏微生物的细胞结构和各种生命活动，具有杀菌或抑菌作用。

具有抑制或杀灭微生物作用的化学物质种类很多，生产或实验室常用的抗微生物制剂主要包括化学表面消毒剂、生物酶消毒剂和抗生素等几类。

1. 化学表面消毒剂

化学表面消毒剂的种类繁多，包括酸类、碱类、氧化剂、重金属盐类、有机化合物等，其作用原理各不相同（表4-12）。选择化学消毒剂的原则：杀菌力强，价格低廉，能长期贮存，无腐蚀作用，对人和其他生物无毒性或刺激性较小的化学物质。

表4-12 常用的表面消毒剂及其应用

类别	名称	浓度	作用原理	杀菌对象	应用范围
酸类	乳酸	0.33~1.0mol/L	破坏细胞膜和蛋白质	病原菌、病毒	房间熏蒸消毒
	醋酸	5~10mL/m^3	破坏细胞膜和蛋白质	病原菌	房间熏蒸消毒
碱类	石灰水	10~30g/L	破坏细胞结构、酶系统	细菌、芽孢、病毒	粪便或地面
	生石灰乳	50~100g/L	破坏细胞结构、酶系统	细菌、芽孢、病毒	粪便或地面
	烧碱	20~30g/L	破坏细胞结构、酶系统	细菌、芽孢、病毒	食品设备用具
	火碱	10~40g/L	破坏细胞结构、酶系统	细菌、芽孢、病毒	食品设备用具
氧化剂	高锰酸钾	1g/L	氧化蛋白质活性基团	细菌繁殖体	皮肤、果蔬、餐具
	过氧化氢	3%（体积分数）	氧化蛋白质活性基团	细菌、厌氧菌	皮肤、伤口、食品
		20%（体积分数）以上	氧化蛋白质活性基团	细菌芽孢	食品包装材料
	过氧乙酸	2~5g/L	氧化蛋白质活性基团	细菌、真菌、病毒、芽孢	皮肤、塑料、食品包装材料
	臭氧	约1mg/L	氧化蛋白质活性基团	细菌、真菌、病毒	食品、饮水
	氯气	0.2~0.5mg/L	氧化蛋白质破坏细胞膜	多数细菌、病毒	饮用水、游泳池水
	漂白粉	5~12g/L	氧化蛋白质破坏细胞膜	多数细菌、芽孢	饮水、果蔬
		100~200g/L	氧化蛋白质破坏细胞膜	多数细菌、芽孢	地面、厂房
	二氧化氯	20g/L	氧化蛋白质破坏细胞膜	细菌、霉菌、病毒	饮水、食品设备
	碘酒	25g/L	酪氨酸卤化，酶失活	细菌、霉菌、病毒	皮肤、伤口
醇类	乙醇	70%~75%（体积分数）	脱水、蛋白质变性、溶解脂类破坏细胞膜	细菌繁殖体	皮肤、医疗器械
醛类	甲醛	0.5%~10%（体积分数）	破坏蛋白质氢键、氨基	细菌繁殖体、芽孢	熏蒸接种室（箱）
酚类	石炭酸	30~50g/L	蛋白质变性、损伤细胞膜	细菌繁殖体	地面、家具、器皿

续表

类别	名称	浓度	作用原理	杀菌对象	应用范围
	煤酚皂（来苏儿）	20~50g/L	蛋白质变性、损伤细胞膜	细菌繁殖体	皮肤、器械、地面
表面活性剂	新洁尔灭	0.5~1.0g/L	蛋白质变性、破坏细胞膜	细菌、真菌、病毒	皮肤、手术器械
	杜灭芬	0.5~1.0g/L	蛋白质变性、破坏细胞膜	细菌、真菌、病毒	皮肤、金属
重金属盐类	升汞	1g/L	与蛋白质、巯基结合失活	所有微生物	非金属物品、器皿
	红汞	20g/L	与蛋白质、巯基结合失活	所有微生物	皮肤黏膜、小伤口
	硫柳汞	0.1~1.0g/L	与蛋白质、巯基结合失活	所有微生物	皮肤、生物制品
	硝酸银	1~10g/L	蛋白质沉淀、变性	所有微生物	皮肤、眼睛发炎
	硫酸铜	1~5g/L	与蛋白质巯基结合失活	所有微生物	杀植物真菌、藻类
染料	龙胆紫	20~40g/L	与蛋白质的羧基结合	革兰阳性菌	皮肤、伤口
气体	环氧乙烷	600mL/L	有机物烷化、酶失活	病原菌、细菌芽孢	手术器械、毛皮

（1）酸类　强酸（如盐酸、磷酸）通过 H^+ 产生杀菌效应，但因腐蚀性强，不宜作消毒剂；一般有机酸（如乳酸、醋酸等）电离度比无机酸小，但其杀菌作用要比无机酸强。其原因是酸类对微生物的作用，不仅决定于 H^+ 浓度，而且与酸游离的阴离子和未电离的分子本身有关，因而有机酸的杀菌作用决定于整个分子和部分解离的阴离子。食品工业已广泛利用有机酸防腐和消毒，并可增进某些食品的风味，如酸乳发酵、酸渍蔬菜等。乳酸的杀菌作用强于苯甲酸、酒石酸或盐酸。0.6%（体积分数）浓度的乳酸能杀死伤寒沙门氏菌，2.25%（体积分数）浓度能杀死大肠杆菌，7.5%（体积分数）浓度能杀死金黄色葡萄球菌。利用 0.33~1.0mol/L 乳酸熏蒸或喷雾房间对病毒有杀死作用。醋酸有破坏微生物细胞膜和蛋白质的作用，利用 5~10mL/m^3 醋酸对房间熏蒸消毒，可防止和控制呼吸道传染。

常用的酸类食品化学防腐剂包括：苯甲酸及其钠盐、山梨酸及其钾盐、丙酸及其钙盐、脱氢醋酸及其钠盐等等，其杀菌机制和应用参见第九章第三节“食品保藏技术”部分。

（2）碱类　碱类具有杀菌和去油污作用，其杀菌能力决定于电离后的 OH^- 浓度，浓度愈高，杀菌力愈强。氢氧化钾的电离度最大，杀菌力最强；氢氧化铵的电离度小，杀菌力也弱。其杀菌机制：OH^- 在室温条件下可水解蛋白质和核酸，使微生物的细胞结构和酶系统受到破坏，同时还可分解菌体中的糖类，引起细胞死亡。G^+ 菌、G^- 菌、芽孢和病毒对碱类敏感。食品工业中常用 10~30g/L 石灰水、50~100g/L 生石灰乳、20~30g/L 烧碱（Na_2CO_3）溶液、10~40g/L 火碱（NaOH 或 KOH）等作为环境、冷库、机械设备与用具等的消毒剂。

（3）氧化剂　氧化剂的杀菌力主要是氧化作用。氧化剂不稳定释放游离氧或新生态氧作用于蛋白质结构中的氨基、羧基或酶的活性基团，导致细胞代谢障碍而死亡。常用的强氧化剂有：高锰酸钾、过氧化氢、氯气、漂白粉、过氧乙酸、二氧化氯、臭氧、碘酒等。

①高锰酸钾：能释放游离氧与蛋白质、酶结合，氧化其活性基团而使其失活。1g/L 高锰

酸钾能杀死除结核杆菌以外的所有细菌的繁殖体，20~50g/L 的溶液于 24h 内杀死芽孢。酸性溶液中杀菌力增强，但有机物存在时，高锰酸钾被还原成二氧化锰而降低杀菌效果。可用 1g/L 高锰酸钾对皮肤、容器、果蔬表面消毒，但应现用现配制，久置失效。

②过氧化氢：过氧化氢遇有机物分解释放新生氧，使蛋白质活性基团被氧化而失活，具有杀菌、除臭和清洁作用。过氧化氢无毒，3%（体积分数）浓度几分钟能杀死一般细菌，故常用 3%（体积分数）浓度消毒皮肤伤口。按照现行国家标准，过氧化氢可在各类食品加工过程中使用，残留量不需限定。常采用 20%（体积分数）以上浓度对食品包装材料消毒。如采用 35%（体积分数）以上浓度对包装瓶杀菌，可完全杀灭细菌。但过氧化氢不稳定，作用效果时间极短，杀死细菌的作用时间较长，且受有机物的影响，杀菌作用减弱。

③氯气：氯原子侵入细胞，取代蛋白质氨基中的氢而使其发生变性。氯气在水中生成次氯酸，次氯酸再分解产生新生态氧［O］，氧化蛋白质和酶，破坏细胞膜。氯对细菌营养细胞和芽孢、病毒、真菌均有杀灭作用，但对芽孢的杀灭作用较弱。水中保持 0.2~0.5mg/L 浓度的氯气对生活饮水、饮料用水和游泳池水具有杀菌作用。

$$Cl_2 + H_2O \longrightarrow HCl + HOCl \longrightarrow 2HCl + [O]$$

④漂白粉：即为次氯酸钙（$CaOCl_2$），含有效氯 280~350g/L。浓度为 5~12g/L 时，5min 内可杀死多数细菌，用于消毒饮用水、果蔬和用具。饮用水中余氯含量达 0.2mg/L 以上有消毒效果。50g/L 的溶液可在 1h 内杀死芽孢。用于环境消毒必须加大剂量和提高浓度。

⑤过氧乙酸（CH_3COOOH，PAA）：PAA 是一种高效广谱杀菌剂，能分解产生醋酸、过氧化氢、水和氧，快速杀死细菌、酵母、霉菌和病毒。PAA 适用于各种塑料、玻璃制品、棉布、人造纤维等制品的消毒及食品包装材料如超高温灭菌乳、饮料的利乐包等的灭菌，也适用于水果、蔬菜、禽蛋表面的消毒。PAA 2g/L 消毒皮肤，3~5g/L 消毒餐具和注射器，35g/L 浓度对灌装设备杀菌，可完全杀灭细菌。PAA 虽有强杀菌力，且几乎无毒，但因有较强腐蚀性和刺激性而使用受到局限。

⑥二氧化氯：ClO_2 溶液为氯气和漂白粉的换代产品，对细菌（含芽孢杆菌）、霉菌、病毒、藻类都有迅速、彻底的杀灭作用。其杀菌机制：氧化蛋白质和酶的活性基团，破坏细胞膜和酶的结构。采用 ClO_2 消毒后的器具无需清洗即可使用。其消毒效果在 pH 6.0~10.0 范围内，具有持续效果长、用量省、作用快等特点。目前我国常以 20g/L 浓度的 ClO_2 广泛用于生活用水、食品加工设备、管道和用具的消毒。

⑦碘酒：碘与蛋白质中的酪氨酸发生卤化反应和氧化反应而使酶蛋白失活。25g/L 的碘溶解于 70%~75%（体积分数）酒精中配成碘酊，即成为皮肤、小伤口和医用器械的有效消毒剂。10g/L 的碘酒或 10g/L 的碘甘油液可杀死一般细菌、真菌和病毒。

（4）有机化合物　常用的杀菌剂有醇类、酚类和醛类等能使蛋白质变性的有机化合物。

①醇类：乙醇杀菌机制：a. 脱水剂。乙醇侵入菌体细胞，解脱蛋白质表面的水膜，使其失去活性，引起代谢障碍。b. 蛋白质变性剂。乙醇能破坏蛋白质肽键而使其变性。c. 脂溶剂。溶解细胞膜脂类而破坏细胞膜。无水乙醇杀菌能力低，其原因是高浓度乙醇接触菌体后迅速脱水，引起菌体表面蛋白质凝固而形成保护膜，阻止乙醇分子继续渗入。将无水乙醇稀释至 70%~75%（体积分数）有较强杀菌作用。如果在 70%（体积分数）乙醇中加入 1%（体积分数）硫酸或 10g/L 氢氧化钠，可以增加其杀菌效果。70%（体积分数）的乙醇常用

于皮肤、医疗器械、玻璃棒、载玻片的消毒。

②酚类及其衍生物：酚又称石炭酸，其杀菌作用是使蛋白质变性，破坏细胞膜的通透性，使细胞内含物溢出导致细菌死亡。20~50g/L 的酚溶液能在短时间内杀死细菌繁殖体，杀死芽孢需更长时间。病毒和真菌孢子对酚有抵抗力。30~50g/L 的酚消毒地面、家具和器皿。媒酚皂液（来苏儿）是肥皂乳化的甲酚，杀菌效力比酚大 4 倍，常用 20g/L 的来苏儿消毒皮肤，50g/L 的来苏儿消毒医疗器械和地面，适用于医院的环境消毒，不适于食品加工场所和用具的消毒。

③醛类：甲醛气体溶于水成甲醛溶液，又称福尔马林。37%~40%（体积分数）的甲醛溶液对细菌和真菌都有杀菌效力。其杀菌机制：甲醛破坏蛋白质的氢键，并与菌体蛋白质的氨基结合，引起蛋白质变性而致死。0.1%~0.2%（体积分数）的甲醛溶液能杀死细菌的繁殖体，5%（体积分数）浓度能杀死芽孢。一般用 10%（体积分数）溶液熏蒸无菌室、接种箱空间和物体表面消毒。熏蒸的要求是：6g 甲醛/m^3 熏蒸 8~12h，可以采用加热或加入高锰酸钾的方法促进甲醛蒸发。甲醛对人体有害，且有较强的刺激性，不适宜对食品生产场所的消毒。

（5）表面活性剂　具有降低液体表面张力效应的物质称为表面活性剂。根据表面活性剂的解离特性，可分成 3 大类：①阴离子型表面活性剂：包括肥皂、十二烷基磺酸钠、十二烷基硫酸钠、乙醇基硫酸等，其亲水部分在水中电离产生阴离子残基。②阳离子型表面活性剂：如季铵盐类化合物，在水中电离产生阳离子残基。③非离子型表面活性剂：由脂肪酸、脂肪醇或羟基酚类化合物的极性末端与乙烯的氧化产物聚合而成，在水中不电离，主要作为乳化剂。

肥皂的杀菌作用很弱，主要用作清洁剂，它使物质表面的油脂乳化，形成无数小滴，靠机械作用在除去物体表面污物的同时，除去表面微生物。

新洁尔灭、杜灭芬、清毒净等为季铵盐类化合物，杀菌谱广，能杀死 G^+菌、G^-菌、真菌的营养细胞和病毒，但对芽孢杆菌仅有抑制作用。其水溶液不能杀死结核杆菌、绿脓假单胞菌。其杀菌机制：化合物的正电荷与菌体表面负电荷结合，破坏细胞膜结构，改变细胞膜的通透性，促使细胞内含物外溢，抑制酶活性，并引起菌体蛋白变性。杀菌作用易被有机物和阴离子表面活性剂（如肥皂）降低。

新洁尔灭兼有杀菌和清洁作用，且有低毒、无刺激、无腐蚀、可溶、性能稳定等特性而被广泛使用，可用于皮肤消毒以及饮食和食品工厂的设备消毒。常将 50g/L 的新洁尔灭原液稀释使用，以 0.5g/L 创面消毒，1g/L 皮肤和手术器械等的消毒。对设备消毒通常要求浓度为 150~250mg/L，温度可大于 40℃，消毒时间大于 2min。

（6）重金属盐类　重金属盐类对微生物都有毒害作用。其杀菌机制：重金属离子容易与微生物细胞蛋白质结合而使其发生变性或沉淀，并能与酶的—SH 结合而使酶失活，影响其正常代谢。汞、银、铜等盐类有很强的杀菌作用。微生物浸在 1~5g/L 这些金属盐溶液中，几分钟即死亡。实验室中常用 1g/L 汞溶液进行物体表面和非金属器皿的消毒。由于对金属有腐蚀作用，对人及动物有剧毒，因此在使用上受到限制。用含汞的有机化合物，如硫柳汞、米他酚等代替升汞，可杀死多数细菌而毒性低，常用于皮肤、手术部位的消毒和生物制品如血清和疫苗的防腐保存。重金属盐类对人体有毒害作用，严禁用于食品加工中的防腐或消毒。

银离子作为一种抗菌材料被广泛应用于医疗、化妆品和塑料包装材料及厨房用具等。银离子抗菌可能与其作用于细菌细胞壁肽聚糖结构，干扰细胞壁合成、损伤细胞膜、抑制蛋白质和核酸合成、干扰细菌呼吸作用等有关。近年来，我国为了制备安全高效杀菌、生态型消毒剂，在食品级过氧化氢溶液中加入活性胶质银离子（胶态微粒银离子）稳定剂，不仅克服过氧化氢的不稳定性，增强其杀菌效力，而且水中银离子含量控制在 4μg/L（WHO 规定水中银离子含量控制在 100μg/L）无毒害、无残留。其杀菌机制：穿透和破坏微生物细胞壁与细胞膜，进入细胞内部使蛋白质、酶和 DNA 等功能成分失活，从而导致细胞死亡。该消毒剂具有广谱杀菌能力，对病原菌、真菌、霉菌孢子、病毒等有杀灭作用，可用于食品生产设备、管道、生产用具及包装容器的清洗和杀菌，且杀菌后无需冲洗即可使用；用之清洗水果和蔬菜可杀死表面微生物而延长保鲜期；将之按比例和浓度添加到饮用水中可完全消除病原菌；亦可将之作为手和皮肤创伤的消毒剂。

（7）影响消毒剂消毒作用的因素　影响消毒剂作用的因素很多，主要有以下几个方面。

①药物的特异性：某些药物只对一部分微生物有抑制或杀伤作用，而对另一些微生物则效力很差或无作用。因此，在选择消毒剂时要考虑药物特性才能达到消毒目的。

②药物的浓度：消毒剂的消毒效果一般与浓度成正比。在配制消毒剂时，要选择有效而又安全的杀菌浓度，才有较强的杀菌效果。微生物的种类、数量和不同生长阶段（对数期和迟缓期）对消毒剂的敏感程度有差异，从而影响消毒剂的杀菌效果。

③有机物的存在：有机物尤其是蛋白质能与许多消毒剂结合，并覆盖于菌体表面，具有机械保护作用，故在消毒皮肤和伤口时，要洗净后再消毒。对于痰、粪便和畜舍的消毒，应选用受有机物影响较小的消毒剂。

④温度：一般温度升高消毒剂杀菌效果好。每升高 10℃金属盐类的杀菌作用增加 2~5 倍，石炭酸杀菌作用增加 5~8 倍。

⑤pH：酸碱度对微生物和消毒剂均有影响。pH 的改变引起菌体细胞膜电荷的变化。在碱性溶液中，菌体带较多负电荷，阳离子去污剂的杀菌作用较大；在酸性溶液中，则阴离子去污剂的杀菌作用较强。同时，pH 也影响消毒剂的电离度，一般未电离的分子较容易通过细胞膜，杀菌效果较好。

⑥接触时间：微生物与消毒药物接触时间愈长，死亡数目愈多，其消毒效果愈好。

⑦消毒剂的物理状态：只有消毒剂的溶液进入菌体内才有杀菌效果，因而固体消毒剂必须溶于水中，气体消毒剂必须溶于菌体周围液层中才有杀菌作用。

2. 生物酶消毒剂

生物酶消毒剂是利用特定的酶类裂解或破损微生物细胞壁、细胞膜或各种病毒的外壳蛋白或裂解其遗传物质，以杀灭有害微生物。目前具有杀灭微生物作用的酶类主要有几丁质酶、过氧化物酶、核酶、噬菌体裂解酶、溶葡萄球菌酶、溶菌酶等，其中溶葡萄球菌酶、溶菌酶已量化生产，用于手、皮肤和黏膜的消毒。生物酶的杀菌作用常表现为粗提酶要比纯化酶效果好。采用不同酶类复配成复合生物酶消毒剂可克服单一酶类消毒剂杀菌谱单一的缺点，实现多靶处理，提高杀菌效果和扩大使用范围。例如，将溶菌酶、蛋白酶和脂肪酶等复配成复合生物酶消毒剂兼清洁剂，水解和清除食品和饮料加工设备、管道与过滤膜中残余有机物和微生物。该方法具有安全、高效、节能及深度清洁和杀菌等优点，可以降低不合格产品批次出现概率，延长食品保质期。

3. 抗生素

抗生素是生物在次生代谢过程中产生的（以及通过化学、生物或生物化学方法由其所衍生的），以低微浓度选择性地作用于他种生物机能的一类天然有机化合物。它是由微生物或其他生物在生命活动中合成的次生代谢产物或由其半合成的人工衍生物，具有抑制或干扰他种生物（包括病原菌、肿瘤细胞等）生长或杀死他种生物的作用。图 4-8 所示简要说明了作用于细菌的某些抗生素及其作用的主要部位。

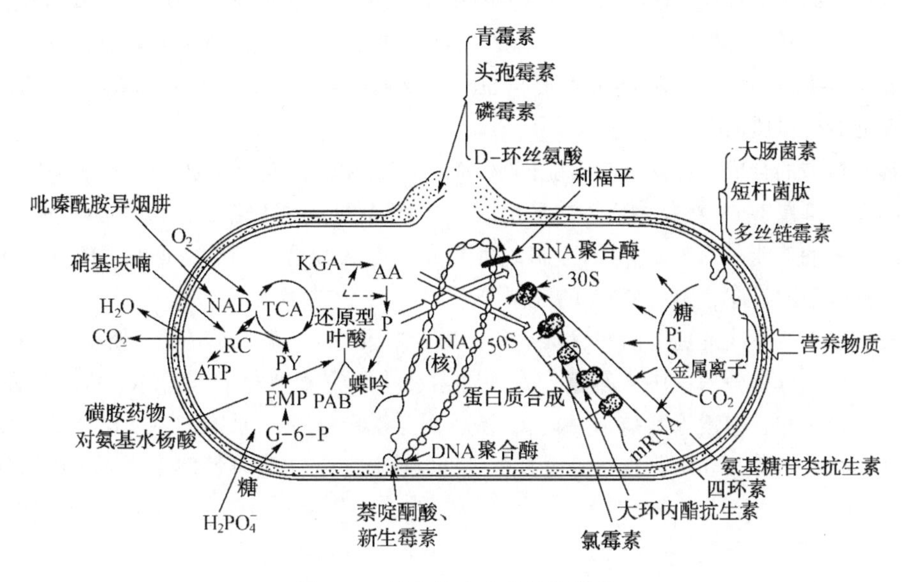

图 4-8　某些抗生素的作用部位

AA—氨基酸　KGA—α-酮戊二酸　TCA—三羧酸循环　PY—丙酮酸　RC—呼吸链　P—嘌呤或嘧啶

临床上常用的抗生素有青霉素、链霉素、灰黄霉素、红霉素、氯霉素、新生霉素、卡那霉素、多黏菌素、利福平等。青霉素能抑制或杀死溶血性链球菌、肺炎链球菌、炭疽芽孢杆菌、破伤风梭菌、放线菌和螺旋体等；链霉素能抑制或杀死结核分枝杆菌、多种 G^-菌等。实验室利用抗生素抑制或杀死细菌或真菌的特性，常用其制备选择性培养基，以达到分离真菌或细菌的目的；或利用某些抗生素抑制 G^+菌或 G^-菌的特性制备选择性培养基，而分离筛选出 G^-菌或 G^+菌。抗生素对微生物的作用机制如下。

①抑制细胞壁的合成：有些抗生素能抑制细胞壁的合成，但它们杀菌机制各有所差异。例如，青霉素、头孢霉素等抗生素。其中青霉素等主要作用于细胞壁中 *N*-乙酰胞壁酸上的短肽与另一条短肽的相连处（肽桥），抑制肽尾与肽桥之间的转肽作用，阻止肽聚糖肽链之间的交联，从而抑制细胞壁肽聚糖的合成，导致细菌因失去细胞壁的保护而在高渗或低渗溶液中死亡。但是，当细胞壁合成以后，青霉素等抗生素即无效，而对那些正在生长繁殖的细菌有效。相反，由于 G^-菌细胞壁肽聚糖缺乏肽桥，从而表现出对青霉素等抗生素不敏感。又如，D-环丝氨酸不仅通过抑制 D-丙氨酸消旋酶（催化 *N*-乙酰胞壁酸上的短肽 L-丙氨酸与 D-丙氨酸相互转化的一种酶）阻止细菌细胞壁肽聚糖的合成，而且通过抑制 D-丙氨酸-D-丙氨酸连接酶（一种合成细胞壁途径中的关键酶）来发挥抗菌作用。

②影响菌体细胞膜的通透性：细胞膜的主要功能是选择性运输菌体代谢所需的各种营养

物质，并排出废物。例如，多黏菌素可与 G^- 杆菌细胞膜中带负电荷的多价磷酸根基团结合，使细胞膜上的蛋白质释放，膜通透性增高，导致细胞内含物如氨基酸、核苷酸、K^+ 外漏而使细菌死亡。又如制霉菌素 A 和两性霉素 B 的结构相类似，它们可与真菌细胞膜上的固醇基团结合，损伤细胞膜的通透性，导致细胞内重要物质漏失而使真菌死亡。

③抑制蛋白质的合成：许多抗生素能与菌体核糖体的 30S 小亚基或 50S 大亚基结合，抑制菌体蛋白质合成。例如，链霉素、庆大霉素、卡那霉素等氨基糖苷类抗生素与 30S 小亚基结合，促进密码子的错误翻译，抑制肽链的延伸；四环素、金霉素与 30S 小亚基结合，抑制氨基酰-tRNA 与核糖体结合；氯霉素与 50S 大亚基结合，抑制氨基酰-tRNA 与核糖体结合；红霉素、螺旋霉素等大环内酯类抗生素与 50S 大亚基结合，使核糖体在 mRNA 上的位移受阻，从而抑制蛋白质的合成。

④抑制核酸的合成：许多抗生素能抑制 DNA 或 RNA 的合成。如放线菌素 D 与 DNA 中的鸟嘌呤结合，抑制 RNA 聚合酶活力，阻止依赖于 DNA 的 mRNA 合成；灰黄霉素抑制真菌有丝分裂纺锤体的功能，抑制 DNA 的合成；利福平与 RNA 聚合酶结合，抑制 mRNA 合成；新生霉素干扰核酸的代谢，阻碍 DNA 的复制。

各种抗生素有不同的抗菌谱。青霉素和红霉素主要抗 G^+ 菌；链霉素和新霉素以抗 G^- 菌为主，也抗结核分枝杆菌；庆大霉素、万古霉素和头孢霉素兼抗 G^+ 菌和 G^- 菌；而氯霉素、四环素、金霉素和土霉素等能抗 G^+ 菌、G^- 菌、立克次氏体和衣原体，为广谱型抗生素；制霉菌素 A、两性霉素 B 和灰黄霉素等对真菌有抑制作用。对于病毒性感染，至今尚未找到特效抗生素。

重点与难点

（1）比较细菌典型生长曲线各期特点及应用；（2）区别分批发酵与连续发酵；（3）高密度发酵；（4）冰冻和高温对微生物致死作用与应用；（5）渗透压、A_w、pH、Eh 对微生物的作用与应用；（6）紫外线与 γ 射线致死微生物的原理与应用；（7）巴氏杀菌与商业灭菌。

课程思政点

学习理化环境因素对微生物生长的影响，既要学会创造有利条件（如适宜的营养基质，最佳的培养温度、pH、渗透压、氧气浓度等）促进有益菌的生长，生产优质发酵产品；又要学会创造不利条件（如高温加热、低温冷冻、低 A_w、高渗透压、低 pH、防腐剂和杀菌剂等）抑制食品中腐败菌的生长，杀灭病原菌，延长保质期和杜绝食物中毒的发生。望读者将所学食品微生物学知识灵活运用于食品加工及发酵中，生产出营养、健康、安全的美食。

复习思考题

1. 比较典型的生长曲线各期特点及各期特点应用？并说明发酵剂最好选用哪个时期的种子？指出其在生长曲线的位置。研究生长曲线有何意义？

2. 如何缩短单细胞微生物生长的迟缓期和延长对数期？对数期的微生物有何应用？
3. 比较连续培养中恒化培养与恒浊培养的异同。连续发酵有何优缺点？
4. 如何实现微生物的高密度发酵？
5. 简述冰冻和高温对微生物致死作用的原理及其对食品保藏的意义。
6. A_w 对微生物生长有何影响？降低 A_w 对食品保藏有何意义？
7. 高渗透压对微生物生长有何影响？提高食品的渗透压对食品保藏有何意义？
8. 简述紫外线杀菌作用与 γ 射线辐照致死微生物的原理及其对食品保藏的意义。
9. pH 对微生物生长有何影响？降低 pH 对食品保藏有何意义？
10. 氧化还原电位（Eh）对微生物生长有何影响？降低 Eh 对食品保藏有何意义？
11. 高压蒸气灭菌对培养基常带来哪些不利影响？如何避免？
12. 为什么湿热灭菌比干热灭菌效果好？
13. 列表说明食品常用的表面化学消毒剂的浓度、作用原理、杀菌对象和应用范围。
14. 名词解释：生长曲线、生长速率常数、世代时间、分批发酵与连续发酵、高密度发酵、嗜热菌与耐热菌、嗜冷菌、水分活度、巴氏杀菌与商业灭菌、间歇灭菌法与高压蒸汽灭菌法、消毒与灭菌、防腐与抑制、耐盐微生物与嗜盐微生物、热力致死时间与热致死温度、消毒剂与防腐剂。

第五章

微生物的遗传与育种

微生物遗传学是研究和揭示微生物遗传变异规律的一门科学。遗传性和变异性是微生物最基本的属性之一。所谓遗传性就是在一定环境条件下，微生物性状相对稳定，能把亲代性状传给子代，维持其种属性状，从而保持了物种延续。在某些条件下，由于微生物遗传物质的结构变化，引起某些相应性状发生改变的特性，称为变异性。这种变异性是可遗传的。遗传性和变异性的关系：遗传中有变异，变异中有遗传；遗传和变异是一对既互相对立，又同时并存的矛盾；没有变异，生物界就失去进化的材料，遗传只能是简单的重复；没有遗传，变异不能积累，生物也就不能进化。

遗传型（基因型）是指某一生物个体所含有的全部遗传因子即基因组所携带的遗传信息；而表型（表现型）是指某一生物个体所具有的一切外表特征和内在特性的总和，是其遗传型在合适环境条件下通过代谢和发育而得到的具体体现。表型是由遗传型所决定，但也与环境有关。遗传性变异与饰变有着本质区别。饰变是指外表的修饰性改变，即一种不涉及遗传物质结构的改变，而只发生在转录、翻译水平上的表型变化。饰变引起的表型改变只与环境有关，而遗传型并未改变。其特点是具有暂时性、不可遗传性，群体中全部个体都发生同样变化。例如“橘生淮南则为橘，生于淮北则为枳”即为饰变。遗传性变异是遗传物质改变，导致表型改变。其特点是具有遗传性、群体中极少数个体发生突变（自发突变率通常为 10^{-9} ~ 10^{-6}）。

研究微生物的遗传变异具有重大的理论与实践意义。对微生物遗传变异特性的深入研究，特别是随着各种微生物基因组全序列测定的完成，使人们在基因组水平全面深刻认识微生物遗传变异规律及其多样性，从而有目的定向利用丰富的微生物资源，创造出更多生产性能优良菌种，使之在相同发酵或培养条件下，达到优质高产，更好地造福于人类。

第一节　遗传的物质基础

20 世纪 50 年代前后，人们利用微生物为研究对象，用三个著名经典实验证明了 DNA 和 RNA 为生物遗传物质基础。

一、三个经典实验

1. 经典转化实验

1928 年细菌学家格里菲斯（Griffith）以肺炎链球菌（*Streptococcus pneumoniae*）（曾称肺

炎双球菌）为研究对象进行转化实验。肺炎链球菌有两种不同菌株。一种为有荚膜的致病菌株，菌落表面光滑，称S型菌株，可导致人患肺炎和小鼠患败血症致死；另一种为无荚膜的非致病菌株，菌落表面粗糙，称R型菌株。将加热杀死的S型菌株注入小鼠体内，小鼠不死亡，从小鼠体内未分离出该菌株；但是将加热杀死的S型菌株与少量活的R型菌株一起注入小鼠体内，小鼠意外死亡，并从死小鼠体内分离出活的S型菌株。对这一现象合理解释：在S型菌株细胞内可能存在一种具有遗传转化能力的物质，它能通过某种方式进入R型菌株细胞，使R型菌株获得表达S型菌株荚膜性状的遗传特性。1944年，艾佛里（Avery）、麦克利奥特（MacLeod）和麦克卡蒂（McCarty）从加热杀死的S型 *S. pneumoniae* 细胞中提纯了几种有可能作为转化因子的成分（DNA、蛋白质、荚膜多糖等），分别加入到R型菌株的培养液中，结果发现，只有加入S型菌株的DNA才能将R型菌株转化为S型，而且DNA纯度越高，其转化效率也越高。如果用DNA酶分解S型菌株的DNA，则不能使R型菌株发生转化。这有力说明了S型菌株转移给R型菌株的并不是遗传性状（指荚膜多糖）本身，而是以DNA为物质基础的遗传信息，由此证明了DNA是生物的遗传物质。

2. 噬菌体感染实验

1952年赫尔希（Hershey）和蔡斯（Chase）发表了证实DNA是噬菌体的遗传物质基础的著名实验——噬菌体感染实验（图5-1）。首先，将大肠杆菌（*E. coli*）培养在以放射性^{32}P作为磷源或以放射性^{35}S作为硫源的组合培养基中，从而制备出含^{32}P-DNA核心的噬菌体或含^{35}S-蛋白质外壳的噬菌体。继而将这两种不同标记的病毒分别与其宿主大肠杆菌混合。如图5-1两组实验所示，在噬菌体感染过程中，^{35}S标记的实验组多数放射活性留在宿主细胞外面，其蛋白质外壳未进入宿主细胞；^{32}P标记的实验组多数放射活性进入宿主细胞里面。由此可知，进入宿主细胞的是DNA。虽然只有噬菌体的DNA进入宿主细胞，但却有自身的增

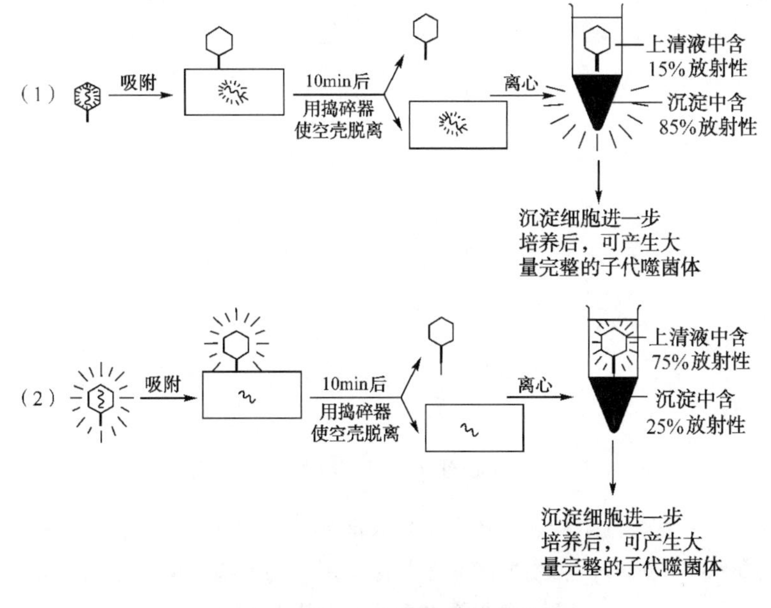

图5-1 *E. coli* 噬菌体的感染实验

（1）^{32}P-DNA核心的噬菌体　（2）^{35}S-蛋白质外壳的噬菌体

殖、装配能力，最终产生一大群既有 DNA 核心，又有蛋白质外壳的完整子代噬菌体。这充分证明，在噬菌体的 DNA 中，存在着包括合成蛋白质外壳在内的整套遗传信息。

3. 植物病毒的拆分和重建实验

为了证明核酸是遗传物质，弗伦克尔-康拉特（H. Fraenkel-Conrat）（1956 年）用含 RNA 的烟草花叶病毒（TMV）进行著名的植物病毒的拆分和重建实验。将 TMV 置于一定浓度的苯酚溶液中振荡，使其蛋白质外壳与 RNA 核心相分离。结果发现裸露的 RNA 也能感染烟草，并使其患典型症状，而且在病斑中还能分离到完整的 TMV 粒子。当然，由于提纯的 RNA 缺乏蛋白质外壳的保护，故感染频率比正常 TMV 粒子低些。实验中，还选用了另一株与 TMV 近缘的霍氏车前草花叶病毒（HRV），其外壳蛋白的氨基酸组成与 TMV 只存在 2~3 个氨基酸的差别。图 5-2 所示为其实验过程：①用表面活性剂处理 TMV，得到它的蛋白质；②用弱碱处理 HRV，得到它的 RNA；③通过重建获得杂种病毒；④TMV 抗血清使杂种病毒失活，HRV 抗血清不使它失活，证实杂种病毒的蛋白质外壳来源是 TMV，病毒重建成功；⑤杂种病毒感染烟草产生 HRV 所特有的病斑，说明杂种病毒的感染特性是由 HRV 的 RNA 所决定，而不是二者的融合特征；⑥从病斑中再分离得到的子病毒的蛋白质外壳是 HRV 蛋白质，而不是 TMV 的蛋白质外壳。以上实验结果说明杂种病毒的感染特征和蛋白质特性是由它的 RNA 所决定，而不是由蛋白质所决定，遗传物质是 RNA。

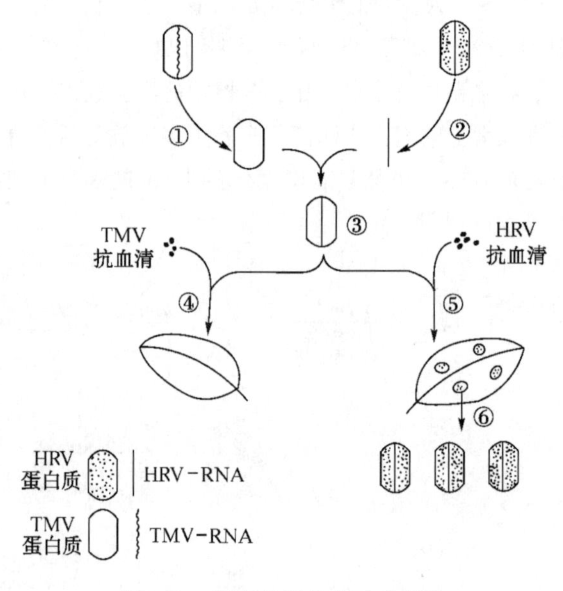

图 5-2　病毒的拆分和重建实验

二、遗传物质存在的七个水平

（1）细胞水平　真核微生物和原核微生物大部分 DNA 集中于细胞核或核质体中。

（2）细胞核水平　真核微生物的细胞核与原核微生物的核质体都是该种微生物遗传信息的主要装载者，被称为核基因组、核染色体组或简称基因组。除核基因组外，在真核微生物（仅酵母菌的 2μm 质粒例外，在核内）与原核微生物的细胞质中，多数还存在一类 DNA 含量少、能自主复制的核外染色体。原核生物的核外染色体通称为质粒。

（3）染色体水平　不同微生物的染色体数目差别很大，如米曲霉单倍体染色体数为 7，大肠杆菌为 1，酿酒酵母为 16。原核微生物如细菌一般为单倍体（1 个细胞中只有 1 套染色体），真核微生物如酿酒酵母的营养细胞及霉菌的接合子为二倍体（1 个细胞中含有 2 套功能相同的染色体）。

（4）核酸水平　多数微生物的遗传物质为双链 DNA，只有少数病毒如大肠杆菌 ΦX174 和 fd 噬菌体等为单链 DNA。双链 DNA 有的呈环状（如原核微生物和部分病毒），有的呈线状（部分病毒），而有的细菌质粒 DNA 则呈超螺旋状（麻花状）。真核微生物的 DNA 与缠绕的组蛋白同时存在，而原核微生物的 DNA 却单独存在。

（5）基因水平　基因是生物体内具有自主复制能力的最小遗传功能单位。其物质基础是一条以直线排列、具有特定核苷酸序列的核酸片段。众多基因构成了染色体，每个基因在 1000～1500bp。从基因功能上看，原核生物的基因是通过操纵子和其调节基因而发挥调控基因表达作用，每一操纵子又包括结构基因、操纵基因和启动基因（又称启动子）。结构基因是决定某一多肽链结构的 DNA 模板；操纵基因与结构基因紧密连锁并通过与相应阻遏物的结合与否，控制是否转录结构基因；启动基因既是 DNA 多聚酶的结合部位，又是转录的起始位点。操纵基因和启动基因不能转录 mRNA。调节基因能调节操纵子中结构基因的活动。调节基因能转录出自己的 mRNA，并经转译产生阻遏物（阻遏蛋白），后者能识别并附着在操纵基因上。由于阻遏物和操纵基因的相互作用可使 DNA 双链无法分开，阻碍了 RNA 聚合酶沿着结构基因移动，使结构基因不能表达。

（6）密码子水平　遗传密码是指 DNA 链上决定多肽链中各具体氨基酸的特定核苷酸排列顺序。遗传密码的信息单位是密码子，每一密码子由 mRNA 上 3 个连续核苷酸序列（三联体）组成，除决定特定氨基酸的密码子外，还有不代表任何氨基酸的“无意义密码子”（如 UAA、UAG 和 UGA 仅表示转译中的终止信号）。

（7）核苷酸水平　核苷酸单位（碱基单位）是一个最低突变单位或交换单位。基因是遗传的功能单位，密码子是信息单位。在多数生物的 DNA 中，均只含腺苷酸（AMP）、胸苷酸（TMP）、鸟苷酸（GMP）和胞苷酸（CMP）4 种脱氧核苷酸，但也有少数例外。

三、微生物的基因组

基因组（Genome）是指存在于细胞或病毒中的所有基因，它通常是指单倍体细胞的全部一套基因。由于现在发现许多非编码的 DNA 序列具有重要功能，因此目前基因组的含义实际上是指细胞中编码基因与非编码基因的 DNA 序列组成的总称，包括编码蛋白质的结构基因、调控序列，以及目前功能尚不清楚的 DNA 序列。不同生物的 DNA 长度，即基因组的大小各不相同，一般可用 bp（Base pair，碱基对）、kb（Kilo bp，千碱基对）和 Mb（Mega bp，百万或兆碱基对）为单位表示基因组大小。真核与原核微生物的基因组都比较小，最小的大肠杆菌 MS2 噬菌体只有 3000bp，3 个基因（通常以 1000～1500bp 为 1 个基因计）。微生物基因组随细菌、古菌、真核微生物的种类不同而表现出多样性，下面分别以大肠杆菌、詹氏甲烷球菌和酿酒酵母为代表介绍常见微生物的基因组。

1. 大肠杆菌的基因组

大肠杆菌基因组为双链环状的 DNA 分子，其长度是菌体长度的 1000 倍，所以 DNA 分子是以紧密缠绕成较致密的不规则小体（拟核）形式存在于细胞中，其上结合有类组蛋白蛋白质和少量 RNA 分子，在细胞中基因组执行着复制、重组、转录、翻译以及复杂的调节过程。1997 年由威斯康星（Wisconsin）大学的布拉特纳（Blattner）等人完成了大肠杆菌全基因组的测序工作。

大肠杆菌基因组大小为 4.7×10^6bp，4288 个基因，与其他原核生物的基因数基本接近，说明这些微生物的基因组 DNA 绝大部分是可编码的序列，不含有内含子。大肠杆菌总共有 2584 个操纵子，基因组测序推测出 2192 个操纵子，如此多的操纵子结构可能与原核基因表达大多采用转录调控有关。此外，由 16S rRNA、23S rRNA、5S rRNA 这 3 种 RNA 组建了核糖体，它们在核糖体中的比例为 1∶1∶1。多数情况下结构基因在基因组中是单拷贝的，但是编码 rRNA 的基因 *rrn* 是多拷贝的，大肠杆菌有 7 个 rRNA 操纵子，7 个 *rrn* 操纵子中就有 6 个分布于 DNA 的双向复制起点 *oric* 附近，这有利于 rRNA 的快速装配，以便在急需蛋白质合成时短时间内大量生成核糖体。原核生物基因组存在一定数量的重复序列，但与真核生物相比少得多，而且重复的序列亦较短，一般为 4~40bp。

2. 酿酒酵母的基因组

1996 年由欧洲、美国、加拿大和日本共 96 个实验室的 633 位科学家共同首次完成了酿酒酵母这一真核生物的全基因组的测序工作。该基因组大小为 13.5×10^6bp，5800 个基因，分布在 16 个不连续的染色体中，其 DNA 与 4 种主要组蛋白（H_2A、H_2B、H_3、H_4）结合构成染色体。染色体 DNA 上有着丝粒和端粒，没有操纵子结构，但有内含子序列。酿酒酵母的基因组最显著的特点是高度重复，如 tRNA 的基因在每个染色体上至少有 4 个，多则 30 多个，总共约有 250 个拷贝（大肠杆菌约 60 个拷贝），rRNA 的基因只位于Ⅻ号染色体的近端粒处，每个长 9137bp，有 100~200 个拷贝。此外，酿酒酵母基因组中有许多较高同源性的 DNA 重复序列。如此高度重复的序列是酿酒酵母一种进化策略，如果少数基因突变或失去功能，则可不影响其生命活动，并能适应复杂多变的环境。

真核微生物与原核微生物的基因组差别较大。前者一般无操纵子结构，但存在大量非编码序列和高度重复序列，由于基因有许多内含子（非编码序列），从而使编码序列变成不连续的外显子（可编码序列）状态；后者有操纵子结构，但绝大多数原核微生物不含有内含子，遗传信息的编码序列是连续的，而且重复序列较少。

3. 詹氏甲烷球菌的基因组

詹氏甲烷球菌于 1982 年被发现，它生活于 2600m 深、260atm（26MPa）、94℃的海底火山口附近。1996 年由美国基因组研究所与其他 5 个单位共 40 人联合首次完成了第一个古菌——詹氏甲烷球菌的全基因组的测序工作，根据对该菌全基因组序列分析结果完全证实了 1978 年由伍斯等人提出的三域学说（详见本书第八章第一节）。

詹氏甲烷球菌基因组（染色体）为双链环状的 DNA 分子，其基因组大小为 1.66×10^6bp，1738 个基因，具有 1682 个可以编码蛋白质的碱基序列（ORF），功能相关的基因组成操纵子结构，并有 2 个 rRNA 操纵子，37 个 tRNA 基因，基本不含有内含子，没有核膜。因此，古菌的基因组在结构上与细菌相似。但是古菌负责信息传递功能的基因（复制、转录和翻译）却类似于真核生物，尤其是蛋白质合成的起始氨基酸为甲硫氨酸，以及 RNA 聚合酶在亚基组成和亚基序列类同于真核生物的 RNA 聚合酶Ⅰ和Ⅱ，其启动子结构亦类同于真核生物。此外，古菌尚有 5 个组蛋白基因，使其 DNA 能与组蛋白结合，以及古菌的氨酰 tRNA 合成酶基因、复制起始因子等均与真核生物相似。由此可见，古菌同时兼有细菌与真核生物基因组结构特征，它所存在的特有基因可能会有许多新奇的蛋白质编码，这为开发新的药物、生物活性物质（如特殊酶蛋白）等开拓了应用前景。

四、原核微生物的质粒

（1）质粒定义　质粒是游离并独立存在于染色体以外，能进行自主复制的细胞质遗传因子，通常以共价闭合环状（简称 CCC）的超螺旋双链 DNA 分子存在于微生物细胞中。

（2）质粒的主要特性　①可自主复制和稳定遗传。质粒能在细胞质中自主复制，并能将质粒转移到子代细胞中，可维持许多代。②为非必需的基因。质粒携带某些核基因组中所缺少的基因，控制细菌获得某些对其生存非必需的性状，失去质粒的细菌仍可存活。但在特殊条件下赋予细菌特殊功能，使其达到生长优势。例如抗药性质粒和降解性质粒，能使宿主细胞在相应药物或化学毒物环境中生存，并在细胞分裂时稳定传给子代细胞。③可转移。某些质粒可以较高的频率（$>10^{-6}$）通过细胞间的接合、转化等方式，由供体细胞向受体细胞转移。④可整合。在一定条件下，质粒可以整合到染色体 DNA 上，并可重新脱落下来。⑤可重组。不同质粒或质粒与染色体上的基因可以在细胞内或细胞外进行交换重组，并形成新的重组质粒。⑥可消除。如果质粒的复制受到抑制而核染色体的复制仍继续进行，则引起子代细胞不带质粒。质粒消除可自发产生，也可用一定浓度的吖啶橙染料或丝裂霉素 C、溴化乙锭、利福平、重金属离子以及紫外线或高温等处理消除细胞内的质粒。

（3）质粒的种类　根据质粒所编码的功能和赋予宿主的表型效应，可将其分为以下几类。

① F 质粒：又称致育因子（F 因子），其大小约 100kb，这是最早发现与大肠杆菌接合作用有关的质粒。携带 F 质粒的菌株称为 F^+ 菌株（相当于雄性），无 F 质粒的菌株称为 F^- 菌株（相当于雌性）。F 质粒整合到宿主细胞染色体上的菌株称之为高频重组菌株（简称 Hfr 菌株）。由于 F 质粒能以游离状态（F^+）和以与染色体相结合状态（Hfr）存在于细胞中，所以又称之为附加体。当 Hfr 菌株上的 F 质粒通过重组回复成自主状态时，有时可将其相邻的染色体基因一起切割下来，而成为携带某一染色体基因的 F 质粒，如 F-*lac*、F-*gal* 等，因此将这些携带不同染色体基因的 F 质粒统称为 F′，常用 F′表示带有 F′质粒的菌株。

②抗性质粒：又称抗性因子（R 因子），简称 R 质粒，主要包括抗药性和抗重金属二大类。带有抗药性质粒（如 R1 质粒）的细菌对氯霉素、链霉素、磺胺、氨苄青霉素和卡那霉素具有抗性，R 质粒能使细菌对金属离子（如碲、砷、汞、镍、钴、银、镉等）呈现抗性。

③细菌素质粒：Col 质粒含有编码大肠杆菌素的基因，其编码的产物是一种细菌蛋白，只杀死其他近缘且不含 Col 质粒的菌株。由 G^+ 菌产生的细菌素也由质粒基因编码，例如植物乳杆菌 Zhang-LL 产生的植物乳杆菌素为Ⅱa 类细菌素，由 pZL3 质粒上的 *pepA* 基因编码。乳酸乳球菌（旧称乳酸链球菌）产生的乳酸链球菌素（Nisin）、植物乳杆菌产生的植物乳杆菌素及枯草芽孢杆菌产生的枯草菌素，均能强烈抑制某些 G^+ 菌的生长，故可用作食品的生物防腐剂。

④毒性质粒：许多致病菌携带的毒性质粒均含有编码毒素的基因。例如，致病性大肠杆菌含有编码肠毒素的质粒，产生的肠毒素能引起人腹泻；苏云金杆菌含有编码 δ 内毒素（伴孢晶体）的质粒，产生的 δ 内毒素对多种昆虫有强烈毒杀作用；根瘤土壤杆菌携带一种 Ti 质粒（又称诱瘤质粒），是引起双子叶植物患冠瘿瘤的致病因子，经过人工改造的 Ti 质粒可广泛用于转基因植物载体；发根土壤杆菌携带一种 Ri 质粒，是引起双子叶植物患毛根瘤的致

病因子。Ri 质粒在功能上与 Ti 质粒有广泛的同源性，也可用于转基因植物载体。

⑤代谢质粒：又称降解性质粒，它携带有编码降解某些复杂有机物的酶的基因。带有代谢质粒的细菌（如假单胞菌）能将有毒化合物，如苯、农药、辛烷和樟脑等降解成能被其作为碳源和能源利用的简单物质，从而使它在污水处理等方面发挥重要作用。每一种具体的质粒常以其降解的底物而命名。如二甲苯（XYL）质粒、辛烷（OCT）质粒、樟脑（CAM）质粒等。此外，代谢质粒还包括一些能编码固氮功能的质粒，例如根瘤菌中与结瘤和固氮有关的所有基因均位于共生质粒中。

⑥隐秘质粒：上述质粒均具有某种可检测的遗传表型，但隐秘质粒不显示任何表型效应，它们的存在只有通过物理方法，例如用凝胶电泳检测细胞抽提液等方法才能发现。

（4）质粒在基因工程中的应用　少数质粒（如 F 因子或 R 因子等）可在不同菌株间发生转移，并可表达质粒所携带的基因信息。根据这一特性，通过转化作用，利用细菌质粒作为基因的载体，将人工合成或分离的特定基因片段导入受体细菌中，使受体细菌产生人们所需的代谢产物，故质粒已成为重要的基因载体而应用于基因工程中。

第二节　基因突变和微生物育种

一、基因突变

基因突变简称突变，泛指细胞内（或病毒粒子内）遗传物质的分子结构或数量突然发生了稳定的、可遗传的变化。基因突变可自发或诱导产生。狭义的突变专指基因突变（点突变），包括一对或几对碱基的缺失、插入或置换；而广义的突变则包括基因突变和染色体畸变。染色体畸变又包括染色体的缺失、重复、插入、倒位和易位。

1. 基因突变的类型

（1）碱基变化与遗传信息的改变　不同碱基变化引起遗传信息的改变不同，主要有以下四种类型。

原序列	5′—AUG	CCU	UCA	AGA	UGU	GGG—3′	
	Met	Pro	Ser	Arg	Cys	Gly	
同义突变	5′—AUG	CCU	UCA	AGA	UGU	GGA—3′	
	Met	Pro	Ser	Arg	Cys	Gly	
错义突变	5′—AUG	CCU	UCA	GGA	UGU	GGG—3′	
	Met	Pro	Ser	Gly	Cys	Gly	
无义突变	5′—AUG	CCU	UCA	AGA	UGA	GGG—3′	
	Met	Pro	Ser	Arg	stop		
				缺失一个碱基 A			
移码突变	5′—AUG	CCU	UCA	AG↑U	GUG	GG—3′	
	Met	Pro	Ser	Ser	Val		

同义突变是指虽然某个碱基的变化引起密码子改变，但因密码子的简并性（一个氨基酸

可由多个密码子编码）使产物氨基酸并未变化。错义突变是指碱基的变化引起了产物氨基酸的变化。例如编 A 氨基酸的密码子变成编 B 氨基酸的密码子。无义突变是指某个碱基变化后，代表某种氨基酸的密码子变成终止密码子（UAA、UAG、UGA），使蛋白质合成提前终止。例如三联密码子中，1 对碱基的突变使原编码氨基酸的密码变成非氨基酸密码。移码突变是指由于缺失或插入了 1~2 个碱基，使得此处之后的碱基序列发生了改变，其后翻译的氨基酸序列亦全部变化。

（2）表型变化　从筛选菌株的实用目的出发，常用的表型变化的突变类型可分为以下几种。

①营养缺陷型：野生型菌株是指发生营养缺陷突变前的原始菌株，简称野生型。如果以 A 和 B 两个基因表示其对这两种营养物质的合成能力，则野生型菌株的遗传型应是［A^+B^+］。突变型菌株是指野生型菌株发生突变后形成的带有新性状的菌株，简称突变株。营养缺陷型突变株是指野生型菌株因发生基因突变而丧失了某种（或某些）酶，随之失去了合成某种（或某些）生长因子（如碱基、维生素或氨基酸）的能力，因而成为必须从培养基或周围环境中获得这些生长因子才能正常生长的菌株，简称营养缺陷型。A 营养缺陷型的遗传型用［A^-B^+］表示，而 B 营养缺陷型的遗传型用［A^+B^-］表示。此类菌株可在加有相应营养物质的基本培养基平板上生长并检出。例如，大肠杆菌的野生型菌株有合成色氨酸的能力，在缺乏色氨酸的基本培养基上能正常生长。如果该菌株成为色氨酸营养缺陷型，则无法再在基本培养基上正常生长，而必须添加色氨酸才能生长。营养缺陷型经回复突变或重组后产生的菌株称原养型菌株，简称原养型。其营养要求在表型上与野生型相同，遗传型均用［A^+B^+］表示。营养缺陷型作为重要选择性遗传标记而广泛用于遗传工程的研究和育种工作中。

②抗性突变型：指野生型菌株因发生基因突变而产生对某种化学药物或致死物理因子的抗性变异类型。抗性突变型作为重要选择性遗传标记，在加有相应药物或用相应物理因子处理的培养基平板上，只有抗性突变株能生长，从而较容易地被分离筛选。

③条件致死突变型：指某菌株经基因突变后，在某一条件下具有致死效应，而在另一条件下没有致死效应的突变类型。常见的条件致死突变型是温度敏感突变型，用 Ts 表示。例如，大肠杆菌的某些菌株在 42℃下是致死的，但能在 37℃下生长繁殖。引起 Ts 突变的原因：基因突变使某些重要蛋白质的结构和功能发生改变，导致在某一特定温度下具有功能，而在另一温度（较高温度）下丧失功能。条件致死突变型亦可作为选择性标记。

④形态突变型：是指形态发生改变的突变型，包括引起微生物个体形态、菌落形态以及噬菌斑形态的变异，一般属非选择性突变。例如，细菌的鞭毛或荚膜的有无，霉菌或放线菌的孢子有无或颜色变化，菌落表面光滑、粗糙以及噬菌斑的大小或清晰度等的突变。

⑤抗原突变型：指由于基因突变引起的细胞抗原结构发生的变异类型。

⑥产量突变型：指由于基因突变引起的代谢产物产量有明显改变的突变类型。若突变株的产量显著高于原始菌株称正突变，该突变株称正突变株，反之则称负突变。

2. 突变率

某一细胞在每一世代中发生某一性状突变的几率称突变频率（突变率）。突变率可用每单位群体细胞在繁殖一代（即分裂 1 次）过程中产生突变株的数目表示。例如，10^{-6} 的突变率意味着 10^6 个细胞在分裂成 2×10^6 个细胞过程中，平均产生 1 个突变株。

$$突变率=突变细胞数/分裂前群体细胞数\times100\%$$

据测定，一般自发突变率为10^{-9}~10^{-6}，转座突变率为10^{-4}，无义突变或错义突变的突变率约10^{-8}。由于突变频率很低，因此要筛选出突变株犹如大海捞针，所幸的是可以利用检出营养缺陷型的回复突变株（即野生型菌株的表型）或抗药性突变株的方法达到目的。

3. 基因突变的特点

基因突变一般有以下7个共同特点：①自发性。指即使不经诱变剂处理也能自发地产生突变。②不对应性。指发生的突变与环境因子之间无直接对应关系。即抗药性突变并非由于接触了某种药物（如链霉素）所引起，而是接触之前就已自发地随机产生了，链霉素只是起着筛选抗药性突变株的作用。③稀有性。通常自发突变的频率很低（10^{-9}~10^{-6}）。④独立性。引起各种性状改变的基因突变彼此独立，互不干扰。⑤诱变性。自发突变的频率可通过理化因子等诱变剂的诱变作用而显著提高（提高10~10^{5}倍），但不改变突变的本质。⑥稳定性。突变是遗传物质结构的改变，因而突变后的新性状可以稳定遗传。⑦可逆性。野生型菌株的某一性状某次发生的突变称为正向突变，这一性状也可发生第二次相反的突变称回复突变。回复突变的频率与突变频率相等。例如，野生型菌株可以通过突变成为突变型菌株；相反，突变型菌株会再次发生突变使表型回复到野生型状态。

4. 诱发突变机制

诱发突变是指通过人为的理化因子等诱变剂的作用来显著提高自发突变的频率。凡是能使突变率显著高于自发突变率的物理、化学和生物因子统称为诱变剂。诱变剂的种类很多，作用于DNA方式多样，引起DNA结构变化亦不同，其诱变机制主要为引起碱基的置换、移码突变和染色体畸变等（表5-1）。

表5-1　物理和化学诱变剂作用机制

诱变剂	与DNA碱基的原发反应	遗传效应
碱基类似物	掺入作用	AT↔GC转换
羟胺	与胞嘧啶起反应	GC→AT转换
亚硝酸	A、G、C氧化脱氨作用	AT↔GC转换
	DNA与DNA交联	染色体畸变
烷化剂	烷化碱基（主要是G）	AT↔GC转换
	烷化磷酸基团	AT→TA颠换
	脱去烷化的嘌呤	GC→CG颠换
	脱氧核糖-磷酸骨架断裂	染色体畸变
吖啶类	碱基对间的插入作用	移码突变
紫外线	形成嘧啶水合物	GC→AT转换
	形成胸腺嘧啶二聚体	移码突变
X射线、γ射线、质子、中子、重离子等高能粒子辐射	碱基的羟基化与降解	AT↔GC转换
	DNA降解	移码突变
	脱氧核糖-磷酸骨架断裂	染色体畸变
电子、离子、光子、激发态中性粒子等形成的等离子体射流	DNA结构多样性损伤	转换、颠换、移码突变
	DNA双链或单链断裂	染色体畸变
E. coli Mu温和噬菌体	结合到一个基因中间	移码突变

（1）碱基的置换　又称点突变，它只涉及一对碱基被另一对碱基所置换。置换又可分为两类。一类是转换，即指嘌呤与嘌呤或是嘧啶与嘧啶之间发生的置换；另一类是颠换，即指嘌呤与嘧啶之间发生的置换。化学诱变剂能使碱基直接和间接地发生置换，其机制如下。

①直接引起置换：诱变剂直接与碱基发生化学反应，因而使DNA复制时碱基对发生转换而引起变异。此类诱变剂有亚硝酸、羟胺和烷化剂（硫酸二乙酯、甲基磺酸乙酯、甲基亚硝基脲、亚硝基胍、环氧乙酸、氮芥等）。例如亚硝酸（HNO_2）的作用机制主要是氧化脱去碱基上的氨基，从而可将A（腺嘌呤）、C（胞嘧啶）、G（鸟嘌呤）分别变成次黄嘌呤(H)、尿嘧啶（U）、黄嘌呤（X）等，在复制时H、U、X可分别与C、A、C配对，在前面两种配对中可引起碱基对的转换而造成突变。此外，亚硝酸还会引起DNA双链间的交联，而导致DNA结构上的缺失作用，即诱发染色体的畸变作用。

②间接引起置换：诱变剂是碱基类似物，通过代谢掺入到DNA分子中，间接引起碱基对的转换，造成复制上的错误而引起突变。此类诱变剂有：5-溴尿嘧啶（5-BU）、5-氨基尿嘧啶（5-AU）、8-氮鸟嘌呤（8-NG）和2-氨基嘌呤（2-AP）等。例如5-BU是T（胸腺嘧啶）的代谢类似物，当机体缺乏T时，5-BU较易掺入到DNA中，引起突变。突变机制：5-BU和T有类似的结构式，当细菌生长于含有5-BU的培养液中，细胞内新合成的DNA中就有一部分T被5-BU取代，因而导致突变。但5-BU的结构以两种状态存在于DNA中。当5-BU以酮式状态存在于DNA中，仍正常与A配对，此时并未发生碱基对的转换；当它以烯醇式状态出现于DNA中，在DNA复制时与之配对的是G，而不是A，因而引起碱基对的转换。

（2）移码突变　指诱变剂引起DNA分子中的一个或少数几个核苷酸碱基的增加（插入）或缺失，造成突变点以后的全部遗传密码的转录和转译发生错误，从而引起微生物遗传性状的改变。此类诱变剂有：吖啶类染料（原黄素、吖啶黄、吖啶橙、α-氨基吖啶等）、溴化乙锭及系列ICR类化合物（由一些烷化剂与吖啶类相结合的化合物）。其诱变机制：吖啶类化合物是一种平面型三环分子，其结构与一个嘌呤—嘧啶碱基对十分相似，故能嵌入到两个相邻的DNA碱基对之间，造成双螺旋的部分解开，从而导致在DNA复制过程中会使DNA链上增加或缺失一个碱基，其结果引起了移码突变。碱基的置换和移码突变均属于DNA分子的微小损伤。

（3）染色体畸变　是指某些理化因子可导致DNA链上发生较大的损伤。此类诱变剂有：X射线、γ射线、亚硝酸和烷化剂等。发生在一条染色体内的畸变有缺失、重复、插入、倒位和易位。所谓缺失是指失去一小段染色体，如果缺失较大，可引起致死效果；重复是指有一段染色体重复了两次；倒位是指断裂下来的一小段染色体旋转180°后，重新插入到原来染色体的位置上，从而使其基因顺序与其他的基因顺序方向相反；易位是指断裂下来的一小段染色体再顺向或逆向插入到同一条染色体的其他部位。染色体间畸变则是发生在两个非同源染色体之间彼此交换了片段，即为互相易位。

（4）太空诱变及常压室温等离子体诱变机制

①太空诱变：又称空间诱变。太空环境存在强辐射、微重力、弱磁场和高真空等极端物理条件的诱变因素，可引起微生物遗传性状发生变异。空间诱变机制比较复杂，目前普遍认为主要发挥突变作用的是空间辐射和微重力。宇宙太空环境中的γ射线、X射线、质子、中

子、重离子等高能粒子辐射可引起DNA单链、双链的断裂及DNA与DNA交联而引起染色体畸变等；在宇宙强辐射环境存活下来的突变或未突变微生物，还会受到空间微重力作用，进而引起其遗传物质发生改变，表现在形态与结构、生长与代谢、发酵特性、功能特性、毒性与耐药性、基因与蛋白质表达，以及抗逆环境特性与生存能力等诸多方面发生不同程度的变化，但目前对其遗传效应的分子机制尚不十分清楚。

②常压室温等离子体诱变：常压室温等离子体（简称ARTP）诱变机制是利用高纯氦气（工作气体纯度≥99.999%）激发形成的等离子体射流富含各种高能量、高浓度的活性粒子，如电子、离子、光子、激发态中性粒子等，后者透过微生物的细胞壁和细胞膜作用于DNA、蛋白质等生物大分子物质，引起DNA结构的多样性损伤，如碱基的转换和颠换、移码突变，以及DNA双链和单链的断裂而导致染色体缺失或插入等，利用损伤的细胞启动DNA多种修复机制，如SOS修复机制，形成大量碱基错配位点，导致遗传物质和代谢途径的改变。但目前关于等离子体对细胞的作用机制尚需进一步认识。

5. 自发突变机制

自发突变是指没有人工参与下（不经诱变剂处理）微生物自然发生的突变。称它为自发突变决不意味着这种突变没有诱变因素，目前了解较多的有以下三种机制。

（1）射线和环境因素的诱变效应　低剂量的诱变因素、长时期综合诱变效应常使微生物发生自发突变。如宇宙空间中各种短波的辐射或高温以及自然界普遍存在的低浓度诱变物质的作用等均可引起微生物自发突变。

（2）微生物自身有害代谢产物的诱变效应　微生物在培养过程中，菌体本身产生有害的代谢产物（H_2O_2、酸、碱），可作为内源性诱变剂对菌体自身遗传物质产生影响。

（3）互变异构效应　在上述关于5-溴尿嘧啶诱变机制的讨论中，已知只有5-溴尿嘧啶的分子结构由酮式转变为烯醇式时，才能引起突变。由于A、T、G、C四种碱基的第6位上不是酮基（T、G），就是氨基（C、A），所以T和G可以酮式或烯醇式（互变异构）状态存在；而C、A则可以氨基式或亚氨基式（互变异构）状态存在。因为平衡一般倾向于酮式或氨基式，故DNA双链结构中，一般总是以A∶T和G∶C碱基配对出现。只是在偶然情况下，T和G会以稀有的烯醇式出现时，因而在DNA复制到达这一位置的瞬间，通过DNA多聚酶的作用，在其相对位置上就不出现A和C，而是G与T；同理，如果C和A以稀有的亚氨基形式出现时，在DNA复制到达这一位置的瞬间，则在新合成的DNA单链的与C和A相应的位置上就不出现G和T，而是A和C。这可能就是发生相应的自发突变的原因。据统计，碱基对发生自发突变的概率为10^{-9}～10^{-8}。

二、诱变育种

诱变育种是指利用物理、化学等各种诱变剂处理均匀而分散的微生物细胞，显著提高基因的突变率，而后采用简便、快速、高效的筛选方法，从中筛选出少数符合育种目的的优良突变株，以供科学实验或生产实践使用。在诱变育种过程中，诱变和筛选是两个主要环节，由于诱变是随机的，而筛选则是定向的，相比之下，筛选更为重要。

从生产角度来看，诱变育种除能大幅度提高有用代谢产物的产量外，还有可能达到减少杂质、提高产品质量、扩大品种和简化工艺等目的。从方法上讲，它具有简便易行、条件和设备要求较低等优点，至今仍有较广泛的应用。

1. 诱变育种的基本程序

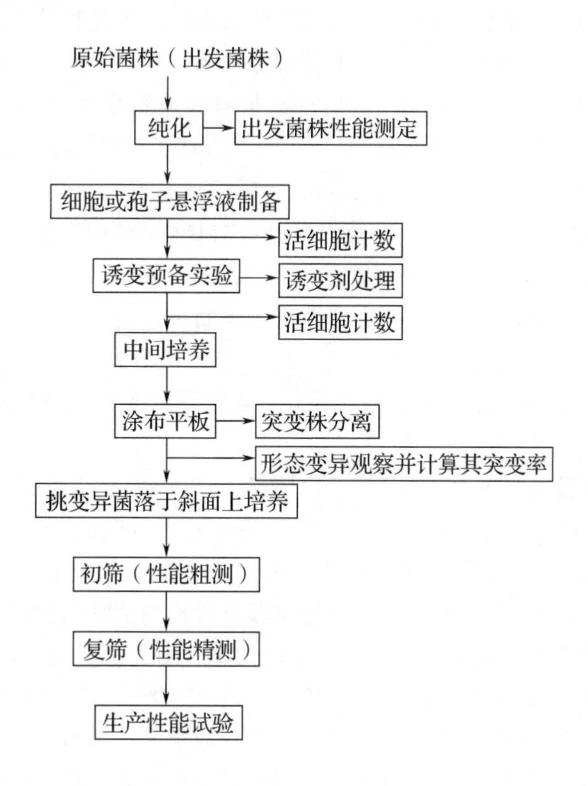

2. 诱变育种中的几个原则

（1）挑选优良的出发菌株　出发菌株为诱变育种的原始菌株。选好合适的出发菌株有利于提高育种效果。①选用生产实践中选育出来的自发突变菌株；②选用本身能少量积累所需产品或其前体的菌株；③选用已发生过其他突变，如代谢产物变化的菌株；④选用对诱变剂敏感性较高的增变变异株，对诱变剂的敏感性显著高于原始菌株；⑤选用经几次诱变处理能提高产量或效价的菌株等等。

（2）单孢子（或单细胞）悬浮液的制备　采用生理状态一致的单细胞或单孢子悬浮液，可使细胞均匀接触诱变剂，减少分离性表型延迟现象的发生，并防止长出不纯菌落。诱变的细胞最好达到同步培养和对数生长期的状态，此时菌体细胞的 DNA 正迅速复制，容易造成复制错误而提高突变率。由于某些微生物细胞是多核的，即使处理其单细胞，也会出现不纯菌落。故应尽量处理单核细胞，如酵母菌和球菌，幼龄霉菌或放线菌刚成熟的孢子或细菌的芽孢等；又由于一般 DNA 都以双链状态存在，而诱变剂通常仅作用于某一单链的某一序列。因此，突变后的性状无法反映当代的表型，而要通过 DNA 的复制和细胞分裂后才表现出来，于是出现了不纯菌落。这种遗传型虽已突变，但表型却要经 DNA 复制、分离和细胞分裂后才表现出来的现象，称为表型延迟。上述两类不纯菌落的存在，也是诱变育种工作中初分离的菌株经传代后会很快出现生产性能“衰退”的原因之一。

悬浮液可以用生理盐水（物理诱变）或缓冲液（化学诱变）制备，以减少 pH 的变化造成的影响。为了确定悬浮液的浓度，在处理前对菌悬液进行活菌计数，一般真菌孢子或酵母菌细胞的浓度大约为 10^6 个/mL 为宜。放线菌孢子或细菌不超过 10^8 个/mL。

（3）选择简便有效的诱变剂

①物理诱变剂：物理诱变剂包括非电离辐射的紫外线、激光和离子束等，能够引起电离辐射的X射线、γ射线和快中子等。其中尤以紫外线（UV）操作最简便，波长在250~270nm处诱变效果最好，在260nm左右的紫外线被核酸强烈吸收，引起DNA结构变化。其作用机制：a. DNA链或氢键的断裂：DNA链的断裂破坏了核糖和磷酸间的键联，而氢键的断裂使两条链分离；b. DNA分子内或分子间的交联；c. 核酸与蛋白质的交联；d. 产生胞嘧啶水合物；e. 形成胸腺嘧啶二聚体：嘧啶对紫外线要比嘌呤敏感100倍，经紫外线照射后，在同一链的中间或两链之间易形成折叠式结构胸腺嘧啶二聚体（T—T为化学键，而不是氢键）。若在一条链上形成相邻的T—T，则可造成氢键断裂，破坏腺嘌呤的正常掺入，从而阻碍碱基的正常配对。如果两条链之间形成T—T，则造成两条DNA单链交联，并使氢键断裂，从而阻碍DNA的复制，或引起碱基序列的变化。最终导致复制突然停止或错误复制，轻者引起基因突变，重者造成死亡。

紫外线照射时一般用15W的紫外灯，照射距离为30cm，在无可见光（只有红光）的接种室或箱体内进行。取5mL单细胞悬液置于直径为6cm培养皿中，在无盖条件下直接照射，同时以电磁搅拌棒均匀搅动悬液。照射时间一般不短于20s，但不超过20min。

有些微生物经低剂量紫外线照射后，如果被紫外线损伤的细胞立即暴露于可见光下，大部分受损的DNA可以复原，这种现象称为光复活作用。DNA修复机制：光复活由基因*phr*编码的光解酶Phr进行。Phr酶在黑暗中专一识别嘧啶二聚体，并与之结合形成复合物，当有光照时，酶利用光能将二聚体重新分解成单体，酶释放出来，从而使一部分细胞恢复活力而避免突变或死亡。因此，微生物细胞被紫外线诱变后不能立即见日光。据此原理，实践中利用致死剂量的紫外线与日光灯（300~500W）反复交替处理，可以增加菌种的变异幅度，能提高诱变率几倍到几十倍。

此外，微生物受损的DNA还可进行暗修复作用，又称为切除修复，这是与可见光无关的完全修复。它是先除去含嘧啶二聚体的DNA单链片段，再填补切去的空缺。这个过程需4种酶协同作用。a. DNA内切酶专一识别损伤区域并在嘧啶二聚体5′-端一侧附近切开缺口；b. 外切DNA酶从5′-P至3′-OH方向切除二聚体；c. DNA聚合酶Ⅰ沿5′→3′方向以DNA的另一条完好链为模板，重新合成一段缺失的DNA链；d. DNA连接酶将新合成的链与原DNA链连接起来。

近年来，常压室温等离子体（简称ARTP）诱变技术在微生物育种中取得了良好效果。与其他传统诱变技术相比，其显著特点：辉光放电（即放电空间不存在高强度的丝状放电）均匀、活性粒子浓度高、操作简便、设备简单、条件温和、安全性高、诱变快速，一次诱变操作（几分钟内）可以获得2万个以上突变体，且正突变菌株数量较多（占总突变数量的10%~65%），所获得的突变株遗传稳定性较好，在高效进化育种领域具有较大应用潜力。目前我国自主研制成功了ARTP诱变育种仪，广泛用于原核微生物（细菌、放线菌等）、真核微生物（霉菌、酵母、藻类、大型真菌等）的诱变育种。

我国空间诱变技术在食品微生物育种中应用初显成效。例如，将酿造葡萄酒的酿酒酵母（*S. cerevisiae*）通过太空诱变（由“天宫二号”和“神舟十一号”飞船搭载到太空）后，高通量选育出适应于酿造啤酒的正突变菌株。其显著优点：a. 抗逆性增强，能耐受啤酒低温发酵温度12~17℃（地面菌株进行葡萄酒发酵温度为25~30℃）；b. 发酵性能优良，较比地面菌株细胞活力和生物量高、降糖快、产酒精能力强；c. 产生双乙酰峰值低，还原双乙酰能力强；d. 产酯能力较强，提高了酿酒酵母产果香和酒香优良特性，发酵过程产生大量酯类物质，可赋予精酿啤酒愉悦的花香和果香。

②化学诱变剂：常用的有甲基磺酸乙酯（EMS）、硫酸二乙酯（DES）、氮芥、亚硝基胍、甲基亚硝基脲（NMU）等。后两种因有显著的诱变效应，故称之为“超诱变剂”。化学诱变剂的种类、浓度和处理方法有多种，实际工作中可参考有关书籍和文献。

③艾姆氏试验：有些化学物质引起 DNA 结构损伤并对生物具有致突变、致畸变和致癌变（简称“三致”）作用。由于癌变效应主要出现于人类等高级哺乳动物中，以及产量性状等非选择性突变难以检出，故根据生物化学统一性的原理，人们设计选用了细菌为模型，以了解各种有害物质引起人类和动物“三致”的原因。艾姆氏试验（Ames test）是一种利用细菌营养缺陷型的回复突变来检测环境或食品中是否存在化学致癌剂的简便有效方法。艾姆氏试验测定潜在化学致癌物的方法如下：a. 将不同浓度的试验药品与从小鼠肝脏抽提的酶混合。这是因为许多化学药品本身在动物体外无诱变作用，而必须在肝脏中与酶接触，经代谢变化后才有诱变作用。b. 将上述混合物适当保温，以圆滤纸片吸取不同浓度的试样制成试验滤纸片。c. 将鼠伤寒沙门氏菌的组氨酸缺陷型突变株涂布于基本培养基平板上，再将不同浓度的滤纸放入平板中央，同时做一空白对照。d. 经培养后在基本培养基上滤纸片周围长出的菌落即为营养缺陷型的回复突变株，而营养缺陷型突变株在空白对照平板上滤纸片周围未长菌落。分析计算试验药品是否具有诱变作用，以及最有效的诱变浓度。

供试验用的营养缺陷型突变株应具备两个条件：①不含 DNA 修复酶，使其在诱变时无法修复因碱基变化而引起的突变，使试验结果较准确；②大部分为点突变的营养缺陷型菌株。因此只要根据营养缺陷型突变株在诱变剂（化学药品）的作用下是否回复突变而成为原养型菌株的现象，即可了解该化学药品是否为致癌物。试验结果表明，化学物质对细菌的诱变性与其对动物的致癌性成正比，即 95%左右的致癌物质有诱变剂作用，而 90%左右的非致癌物质无诱变剂作用。

目前，艾姆氏试验已广泛用于检测食品、饮料、药物、饮水和环境等试样中的致癌物，此法具有快速（约 3d）、准确（符合率>85%）和费用低等优点；而采用动物试验检测药物的致癌性具有周期长、费用高和人工需要量大等缺点。

（4）确定最适的诱变剂量　各类诱变剂的剂量表达方式有所不同，如 UV 的剂量指强度与作用时间之乘积；化学诱变剂的剂量则以在一定外界条件下，诱变剂的浓度与处理时间来表示。在育种工作中，常以杀菌率表示诱变剂的相对剂量。杀菌率的计算：取等量被处理菌体与未被处理菌体分别在完全培养基上培养，计数各自长出的菌落，按下式计算：

$$杀菌率 = (未被处理的菌落数 - 被处理的菌落数) / 未被处理的菌落数 \times 100\%$$

在实际工作中，突变率往往随诱变剂量的增高而提高，但达到一定剂量后，再增加剂量突变率反而下降。据有关研究结果表明，正突变较多出现于偏低剂量中，而突负变则较多出现于偏高剂量中。因此，目前在产量性状诱变育种中，大多倾向于采用较低剂量。例如，以 UV 为诱变剂时，以前采用杀菌率为 90.0%~99.9%的剂量，近来倾向于采用杀菌率为 70%~80%，甚至 30%~70%的剂量。特别是对经过多次诱变的高产菌株，因容易出现负突变，更应采用低剂量处理。

（5）利用复合处理的协同效应　诱变剂的复合处理常表现明显的协同效应，获得更高的突变率。复合处理的方法包括同一诱变剂的重复使用，两种或多种诱变剂的先后使用，以及两种或多种诱变剂同时使用等。例如，上海酒精二厂将糖化菌“沪轻研Ⅱ号”经^{60}Co、乙烯亚胺和DES的复合处理，获得新种“东酒1号”，其糖化能力比原菌株提高20%。

（6）利用和创造形态变异、生理变异与产量间的相关指标　为了确切知道某一突变株产量性状的提高程度，必须进行大量的培养、分离、分析、测定和统计工作，工作量十分浩大。如果能寻找到形态或生理变异与产量变异之间的相关性，则可大大提高初筛效率。

利用鉴别培养基或其他特殊方法，可有效将原先不易直接辨认的生理生化变异性状或产量性状转化为可见的“形态”性状直接测定。例如，在琼脂平板培养基上，通过观察和测定某突变菌落周围蛋白酶水解酪蛋白透明圈的大小，淀粉酶变色圈（用碘液显色）的大小，以显示酶的活力大小；柠檬酸变色圈（在厚滤纸片上培养，以溴甲酚绿作指示剂）的大小，抗生素抑菌圈的大小，指示菌测定生长因子的生长圈的大小，纤维素酶对纤维素水解圈（用刚果红染色）的大小，以及外毒素的沉淀反应圈的大小等，都是在初筛工作中创造“形态”指标以估计某突变株代谢产物和产量的成功方法。

（7）设计高效筛选方案　在微生物群体细胞经诱变处理产生的突变株中，绝大多数属于负突变株，只有极少数是正突变株。如何从大量的变异株中，挑选产量较高的正突变株，又要花最少的工作量，则必须设计简便、高效的科学筛选方案。筛选方案最好做到不仅可提高筛选效率，还可使某些眼前产量虽不高，但有发展后劲的潜在优良菌株不致被淘汰。根据实际工作经验，常将筛选工作分为初筛与复筛两步进行。初筛以量为主，准确性要求不一定高，只要定性测定即可，以尽可能选留较多有生产潜力的菌株。复筛以质为主，通过初筛比较，精确测定少量潜力大的菌株的代谢产物量，从中选出最好的菌株。

近年来，研究发现采用常压室温等离子体诱变技术或空间诱变技术联合高通量筛选技术，可快速获得生长和发酵性能优良的突变菌株。目前我国自主研制成功了专用于高通量筛选突变株的微生物微滴恒化器。其原理：利用生物芯片（每块芯片的通量为200个微液滴）生成含有微生物、培养基和化学因子的油包水的微液滴；在芯片上通过感应器对微滴进行自动补料与调节培养条件，并在线检测每个微液滴（体积约2μL）中微生物的生长状况（OD值），根据所测OD值的变化筛选出正突变菌株。其特点：通量高、平行性好、方便快捷，智能化操作，定时定量自动更换培养基和添加化学因子，可实现连续培养和在线检测。

（8）创造新型筛选方法　对产量突变株生产性能的测定方法一般也分成初筛和复筛两个阶段。初筛以粗测为主，可在琼脂平板上或摇瓶培养后测定。平板法的优点是快速、简便、直观，缺点是平板上固态培养的结果并不一定反映摇瓶或发酵罐中液体培养的结果。当然，也有十分吻合的例子，如用圆的厚滤纸片（吸入液体培养基）法筛选柠檬酸产生菌宇佐美曲霉（*Aspergillus usamii*）的效果很好。复筛以精测为主，常采用摇瓶培养法或台式自控发酵罐进行放大试验，在接近生产条件的情况下进行生产性能的精确测定。

3. 突变株的筛选方法

（1）抗药性突变株的筛选　梯度平板法是定向筛选抗药性突变株的一种有效方法，通过制备琼脂表面存在药物浓度梯度的平板，在其上涂布诱变处理后的细胞悬液，经培养后再从其上选取抗药性菌落等步骤，就可定向筛选到相应抗药性突变株。在筛选抗代谢药物的抗性菌株以取得相应代谢物的高产菌株方面，此法能达到定向培育的效果。例如，异烟肼（商品名为雷米封）是吡哆醇的结构类似物或代谢拮抗物，定向培育抗异烟肼的吡哆醇高产突变株的方法（图5-3）：先于培养皿中加入10mL溶化的普通琼脂培养基，皿底斜放，待凝。再将平皿放平，倒入第二层含适当浓度的异烟肼的10mL琼脂培养基，待凝固后涂布大量诱变处理的酵母菌细胞，经培养后，即可出现如图5-3（2）所示的结果。根据微生物产生抗药性的原理，推测可能产生了分解异烟肼酶类的突变株，也可能产生了合成更高浓度的吡哆醇，以克服异烟肼的竞争性抑制的突变株。结果发现，多数突变株属于后者。这表明通过利用梯度平板法筛选抗代谢类似物突变株的手段，可达到定向培育某代谢产物高产突变株的目的。据报道，用此法曾获得了吡哆醇产量比出发菌株高7倍的高产酵母菌。

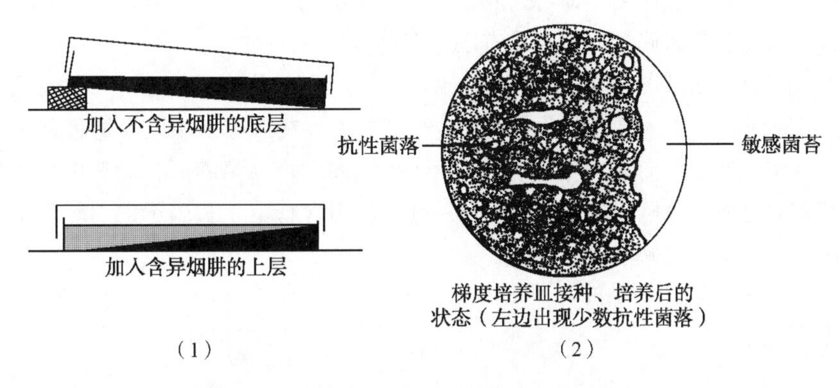

图5-3　用梯度平板法定向筛选抗性突变株

（2）营养缺陷型突变株的筛选　营养缺陷型突变株即可作为杂交（包括半知菌的准性杂交、细菌的接合和各种细胞的融合等）、转化、转导、转座等遗传重组的基因标记菌种，又可作为氨基酸、维生素或碱基等物质的生物测定试验菌种；此外，利用该突变株还可了解生物体内合成氨基酸和核苷酸等物质的代谢途径，并可用之直接作为发酵生产氨基酸、核苷酸等有益代谢产物的生产菌种。

①筛选营养缺陷型突变株的三类培养基：

a. 基本培养基（MM），仅能满足某微生物的野生型菌株生长所需要的最低营养成分的组合培养基，称为基本培养基。不同微生物所需MM的成分繁简不一，不能误认为凡是MM的成分均是简单的，尤其是不含生长因子的培养基。

b. 完全培养基（CM），凡可满足一切营养缺陷型菌株营养需要的天然或半组合培养基，称完全培养基。一般可在MM中加入一些富含氨基酸、维生素、核苷酸和碱基类的天然物质（如蛋白胨、酵母膏等）配制而成。

c. 补充培养基（SM），凡只能满足相应的营养缺陷型突变株生长需要的组合或半组合培养基，称补充培养基。它是在MM中再添加某一营养缺陷型突变株所不能合成的某相应代谢物或生长因子所组成，因此可专门筛选相应的营养缺陷型突变株。

②营养缺陷型突变株的筛选方法：营养缺陷型突变株的筛选一般要经过4个环节，即诱变、淘汰野生型（浓缩）、检出（分离）和鉴定营养缺陷型。

第一步，诱变剂处理：方法见前文。

第二步，淘汰野生型：又称浓缩，在诱变后，野生型细菌仍占多数，营养缺陷型菌株通常只有百分之几至千分之几，故只有淘汰大量野生型菌株，“浓缩”极少数营养缺陷型，才能检出目的菌株。常用的浓缩方法有抗生素法和菌丝过滤法。

a. 抗生素法：有青霉素法和制霉菌素法等数种。青霉素法适用于细菌，其原理：青霉素能抑制细菌细胞壁的生物合成，因而能杀死正常生长繁殖的野生型细菌，但无法杀死正处于休止状态的营养缺陷型细菌，从而达到“浓缩”后者的目的。制霉菌素法则适合于真菌，其原理：制霉菌素可与真菌细胞膜上的固醇结合，抑制固醇的生物合成，引起膜的渗漏。由于它只能杀死正常生长繁殖的野生型酵母菌或霉菌，故可“浓缩”营养缺陷型菌株。

b. 菌丝过滤法：该法只适于丝状菌。其原理：在 MM 中野生型菌株的孢子能萌发长成菌丝，而营养缺陷型的孢子则不能。因此，将诱变剂处理后的孢子在液体 MM 中培养一段时间后，再过滤，如此重复数次后，即可去除大部分野生型菌株。

第三步，检出营养缺陷型：常用的有以下四种方法。

a. 夹层培养法：先在培养皿内倒一薄层不含菌的 MM，待凝后加上一层含有诱变处理菌液的 MM，待凝固后再加一层不含菌的 MM。经培养后，在皿底上用记号笔将首次出现的菌落逐一做好标记，然后再向皿内倒入一薄层第四层 CM。再经培养后，会长出形态较小的新菌落，它们多数是营养缺陷型突变株（图 5-4）。若用含特定生长因子的 MM 作第四层，即可直接分离到相应的营养缺陷型突变株。

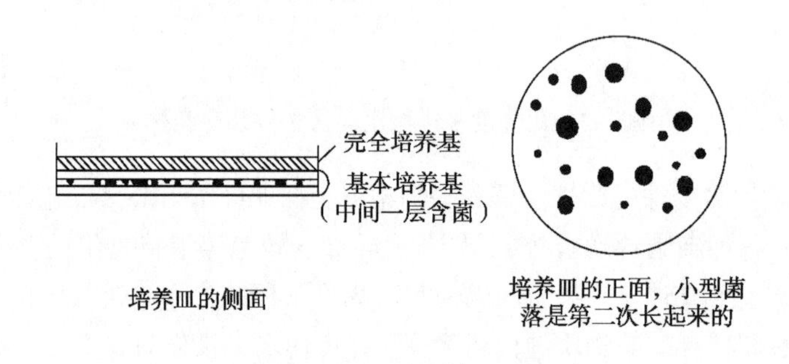

图 5-4　夹层培养法及其结果

b. 限量补充培养法：将诱变处理后的细菌接种于含微量（<0.1g/L）蛋白胨的 MM 平板上，野生型细菌迅速长成较大正常菌落，而营养缺陷型则因生长缓慢，只形成微小菌落，因而可识别检出。若要获得某一特定营养缺陷型，只要在 MM 中加入微量的特定生长因子即可。

c. 逐个检出法：将诱变剂处理后的细菌涂布于 CM 平板上，待长出菌落后，用灭菌牙签将这些菌落逐个并按一定次序分别点种于 MM 和另一 CM 平板上，使两个平板上的菌落位置严格对应。再经培养后，如果在 CM 平板的某一部位长出菌落，而在 MM 的相应位置上却不长，则说明此菌株是营养缺陷型。

d. 影印平板法：将诱变剂处理后的细菌涂布于 CM 平板上，待长出菌落后，将 CM 平板倒扣于“印章”式影印接种工具上（包有一层灭菌丝绒布的木质圆柱体，直径应略小于培养皿），由内向外均匀轻敲平板，则 CM 平板中的菌落全部印于丝绒布上，再将 MM 平板扣于丝绒布上。使全部菌落转印到另一 MM 平板上。经培养后，如果在 CM 平板上的某一部位长有菌落，而在 MM 的相应部位却不长，则说明该菌落即是营养缺陷型。

第四步，鉴定营养缺陷型：常用生长谱法。生长谱法是指在混有供试菌的平板表面点加微量营养物，视某营养物的周围有否长菌，据此确定该供试菌的营养要求。其具体操作：将生长在完全培养液中的营养缺陷型细胞经离心和无菌水洗涤后，配成 10^7 ~ 10^8 个/mL 的菌悬液，取0.1mL与MM均匀混合后倾注于培养皿内，待凝固和表面干燥后，在平皿背面划几个区，按区加上不同的微量待鉴定营养缺陷型所需要的营养物粉末（用滤纸片法也可），如氨基酸、维生素、嘌呤或嘧啶等。经培养后，如果某一营养物的周围有生长圈，则说明此菌即是该营养物的缺陷型突变株。如果需要两种不同营养物的缺陷型，则可在这两类物质扩散圈的交界处看到混浊生长区域。用类似方法可测定双重或多重营养缺陷型。

第三节　基因重组和杂交育种

两个不同性状个体内独立基因组的遗传基因，通过一定途径转移到一起，经过遗传分子间的重新组合，形成新的稳定基因组的过程，称为基因重组或遗传重组，简称重组。重组是遗传物质在分子水平上的杂交，与一般在细胞水平上进行的杂交有明显区别，但是细胞水平上的杂交，必然包含了分子水平上的重组。在原核微生物中，基因重组可通过转化、转导、接合与原生质体融合来实现；而在真核微生物中，基因重组可通过有性杂交、准性杂交、原生质体融合与转化来实现。微生物的遗传基因几种主要重组方式的比较见表5-2。

表5-2　　微生物各种基因重组方式的比较

重组类型	基因重组范围	供体与受体关系	微生物类型
转化	个别或少数基因重组	细胞间不接触（受体细胞直接吸收供体DNA片段）	原核微生物及真核微生物
转导	个别或少数基因重组	细胞间不接触（供体细胞DNA片段通过缺陷温和噬菌体携带入受体细胞）	原核微生物
接合	部分染色体基因重组	细胞间暂时接触沟通（供体菌核基因组片段或F质粒通过性菌毛传递给受体菌）	原核微生物
原生质体融合	部分染色体基因重组	细胞间接触（遗传性状不同的两种菌的原生质体通过人工方法融合）	原核微生物及真核微生物
有性杂交	整套染色体基因重组	性细胞间接触（遗传性状不同的两性细胞间接合）	真核微生物
准性杂交	整套染色体基因重组	体细胞间接触（遗传性状不同的两体细胞间接合）	真核微生物

一、原核微生物的基因重组

原核微生物的基因重组方式主要有转化、转导、接合和原生质体融合。下面分别介绍原核微生物的4种遗传重组方式。

1. 转化

（1）转化定义　处于自然或人工感受态的受体菌细胞直接吸收供体菌的同源或异源的游

离 DNA 片段，而获得后者部分遗传性状的现象称为转化。通过转化方式而形成的杂种后代称转化子。

（2）转化微生物的种类　在原核微生物中主要有肺炎链球菌、嗜血杆菌、芽孢杆菌、奈瑟氏球菌、根瘤菌、葡萄球菌、假单胞菌和黄单胞菌等；在真核微生物中有啤酒酵母、粗糙脉孢霉和黑曲霉等。肠杆菌科的细菌如大肠杆菌（*E. coli*）等很难进行转化，为此在较低温度下用 $CaCl_2$ 处理 *E. coli* 的球状体，可使细胞壁通透性增加而发生低频率的转化。有些真菌在制成原生质体后也可实现转化。

（3）感受态　两个菌种或菌株间能否发生转化，有赖其亲缘关系，以及受体细胞是否处于感受态。感受态是指受体细胞最易吸收外源 DNA 片段并能实现转化的一种生理状态。感受态出现的时间随菌种不同而异，如肺炎链球菌的感受态出现在对数生长期后期，而芽孢杆菌属的一些种出现在对数生长期末和稳定期。在具有感受态的微生物中，感受态细胞所占比例和维持时间也不同，如枯草芽孢杆菌的感受态细胞仅占群体的20%左右，感受态可维持几小时，而在肺炎链球菌群体中，100%都呈感受态，但仅能维持数分钟。外界环境因子如环腺苷酸（cAMP）及 Ca^{2+} 等可以提高感受态水平。

感受态因子是指细菌生长到一定阶段向胞外分泌的一种小分子蛋白质，它与细胞表面受体相互作用，诱导一些感受态特异蛋白质表达，其中一种是细胞壁自溶素，它的表达使细胞表面的膜连 DNA 结合蛋白与核酸酶裸露出来，使其具有与 DNA 结合的活性。

（4）转化因子　转化因子的本质是离体的供体 DNA 片段。在不同微生物中转化因子的形式不同。有的 G^- 细菌细胞只吸收 dsDNA 形式的转化因子，但进入细胞后须经酶解为 ssDNA 才能与受体菌的基因组整合；而在有些 G^+ 细菌如链球菌属或芽孢杆菌属中，dsDNA 的互补链必须在胞外降解成 ssDNA 形式的转化因子才能进入细胞。除 dsDNA 或 ssDNA 外，质粒 DNA 也是良好的转化因子，但它们通常并不能与核基因组发生重组，转化的频率通常为 0.1%~1.0%，最高为 20%。

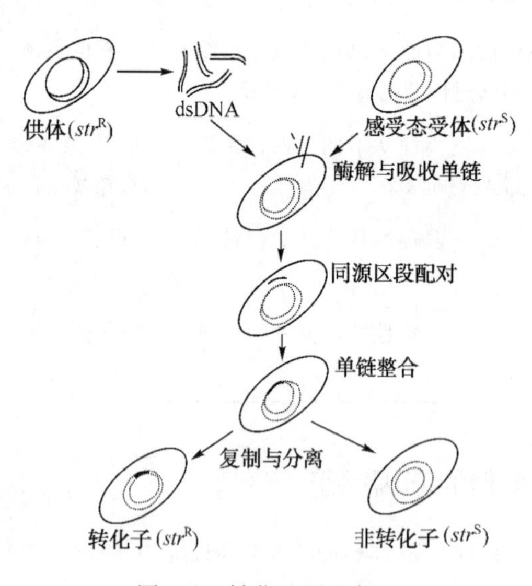

图 5-5　转化过程示意图

（5）转化过程　肺炎链球菌抗链霉素菌株转化过程（图 5-5）：①供体菌（str^R，有抗链霉素的基因标记）的 dsDNA 片段与感受态受体菌（str^S，有链霉素敏感型基因标记）的膜连 DNA 结合蛋白相结合后，吸附于细胞表面的几个特定位点上，其中一条链被核酸酶切开和降解；②另一条链与感受态特异的 ssDNA 蛋白结合后进入细胞，并使其与受体菌核基因组上的同源区段配对、重组、整合，形成一小段杂合 DNA 区段；③受体菌核基因组进行复制，于是杂合区也跟着得到复制；④细胞分裂后，形成一个转化子（str^R）和一个非转化子（str^S）的子代。如此对链霉素敏感的受体菌

（*str*^{S}）就转化成抗链霉素的转化子（*str*^{R}）。

（6）转染　指用提纯的病毒核酸（DNA 或 RNA）感染其宿主细胞或其原生质体，可增殖出一群正常病毒后代的现象。用于转染的病毒核酸不能作为供体基因，被感染的宿主也不能作为受体菌形成转化子，这是转化与转染的本质区别。

2. 转导

通过缺陷温和噬菌体的媒介，将供体细胞的小片段 DNA 携带到受体细胞中，通过交换与整合，使后者获得前者部分遗传性状的现象，称为转导。通过转导方式而获得部分新性状的重组细胞，称为转导子。转导现象在鼠伤寒沙门氏菌、大肠杆菌、芽孢杆菌、变形杆菌、假单胞菌、志贺氏菌、根瘤菌等原核微生物中陆续被发现，转导的种类有以下几种。

（1）普遍转导　通过极少数完全缺陷温和噬菌体对供体菌基因组上任何小片段 DNA 进行“误包”，而将其遗传性状传递给受体菌的现象，称为普遍转导。普遍转导又可分为以下两种：

①完全普遍转导：简称完全转导，P22 噬菌体介导的完全普遍转导过程如图 5-6 所示。a. P22 噬菌体感染供体细胞后可增殖出两种类型的子代病毒，一种是含病毒 DNA 的颗粒，另一种是含供体细胞（宿主）DNA 的转导颗粒或转导噬菌体；b. 由后者感染受体细胞后，将供体 DNA 导入受体细胞，通过同源重组（同源区段的碱基配对）和双交换而整合到受体菌核基因组中，形成遗传性状稳定的转导子。这种转导噬菌体“错”将供体细胞（宿主）DNA 包裹进去的“错装”概率很低，仅为 $10^{-8}\sim10^{-6}$。

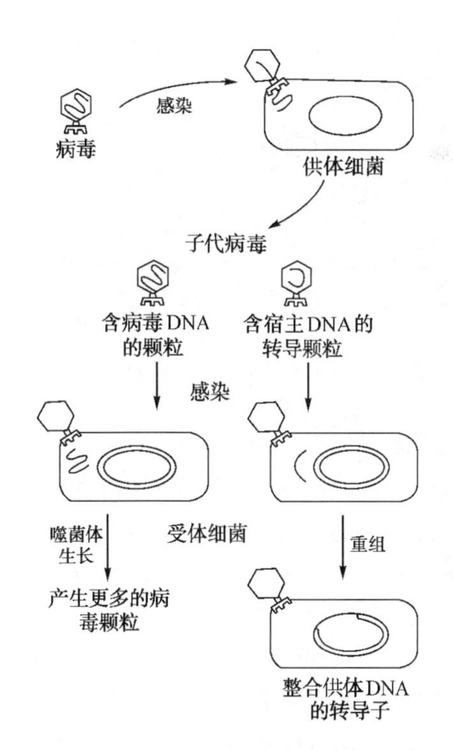

图 5-6　P22 噬菌体完全普遍转导示意图

②流产普遍转导：简称流产转导，受体菌经转导噬菌体的媒介而获得了供体菌 DNA 片段，在受体菌中这段外源 DNA 不发生配对、交换、整合，也不迅速消失，而只是转录、翻译（性状表达），这种现象就称流产转导。受体菌在发生流产转导并进行细胞分裂后，只能将这段外源 DNA 分配到一个子细胞中，另一个子细胞仅获得外源基因经转录、转译而形成的少量酶，因此，会在表型上仍轻微地表现出供体菌的某一特征，且每经过一次分裂，就受到一次“稀释”（图 5-7）。因此仅能在选择性培养基平板上形成一个微小菌落（其中只有一个细胞是转导子），从而显示流产转导的特征。

（2）局限转导　指通过部分缺陷的温和噬菌体将供体菌的少数特定基因携带到受体菌中，并与后者的基因组整合、重组，形成转导子的现象。*E. coli* 的 λ 噬菌体和 ϕ80 噬菌体具有局限转导的能力。根据转导子出现频率的高低可将局限转导分为以下两种。

①低频转导（LFT）：是指通过一般溶源菌释放的噬菌体所进行的转导，因其只能形成极少数（$10^{-6}\sim10^{-4}$）转导子，故称低频转导。以 *E. coli* K12 的 λ 噬菌体为例（图 5-8）。当

λ噬菌体感染其宿主（供体菌）后，噬菌体的环状DNA打开，以线状形式整合到宿主核基因组的特定位点上，同时使之溶源化和获得对同种噬菌体的免疫性。如果该溶源菌因UV等因素诱导而发生裂解时，就有极少数（10^{-6}~10^{-4}）λ前噬菌体因发生误切（不正常切离）而将整合位点两侧之一的发酵半乳糖的*gal*基因或合成生物素的*bio*基因连接到噬菌体DNA上（同时噬菌体也留下相对应长度DNA给宿主），通过噬菌体的衣壳将这段特殊DNA片段误包，即可形成具有局限转导能力的部分缺陷噬菌体——$\lambda_{d\,gal}$噬菌体（指带有供体菌*gal*基因的λ缺陷噬菌体）或$\lambda_{d\,bio}$噬菌体（指带有供体菌*bio*基因的λ缺陷噬菌体），当它感染宿主（受体菌）并整合在宿主核基因组上时，可形成一个获得了供体菌的*gal*或*bio*基因的局限转导子。

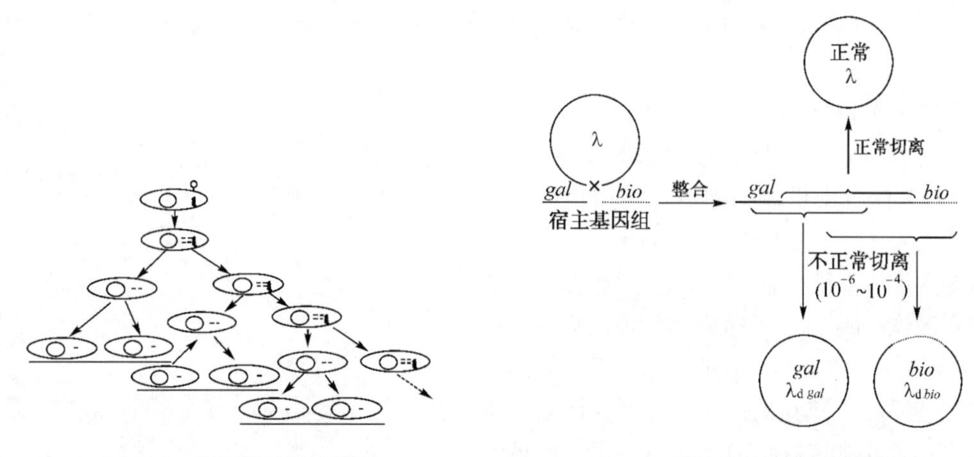

图5-7　流产转导示意图　　图5-8　低频转导裂解物的形成

②高频转导（HFT）：在局限转导中，若对双重溶源菌进行诱导，就会产生含50%左右的局限转导噬菌体的高频转导裂解物（HFT lysate），用这种裂解物去转导受体菌，即可获得高达50%左右的转导子，故称这种转导为高频转导。例如，当以不能发酵乳糖的*E. coli*作受体菌，用高m. o. i（感染复数）的LFT裂解物进行感染时，则凡感染有$\lambda_{d\,gal}$噬菌体的任一细胞，几乎都同时感染有正常λ噬菌体。这时，$\lambda_{d\,gal}$与λ噬菌体可同时整合在一个受体菌的核基因组上，这种同时感染有正常噬菌体和缺陷噬菌体的受体菌就称双重溶源菌。当双重溶源菌受UV等因素诱导而复制噬菌体时，其中正常λ噬菌体的基因可补偿缺陷$\lambda_{d\,gal}$噬菌体的不足，因而两者同样获得了复制。这种存在于双重溶源菌中的正常噬菌体被称作助体（或辅助）噬菌体。所以，由双重溶源菌所产生的裂解物，因含有等量的λ和$\lambda_{d\,gal}$噬菌体粒子，具有高频率的转导功能，故称高频转导裂解物。如果用低m. o. i的HFT裂解物去感染另一*E. coli gal*$^-$（不能发酵半乳糖）受体菌，就可高频率地将后者转导成能发酵半乳糖的*E. coli gal*$^+$转导子，即为高频转导。

③溶源转变：当正常的温和噬菌体感染其宿主而使之发生溶源化时，因噬菌体基因整合到宿主的核基因组上，而使宿主获得了除免疫性之外的新遗传性状的现象，称溶源转变。例如，原来不产毒的白喉杆菌被β噬菌体感染而发生溶原转变时，会变成产毒素的致病菌株。当噬菌体从宿主消失时，其产毒能力随即丧失。溶原转变与局限转导存在本质区别。a. 这是一种不携带任何外源基因的正常噬菌体，而不是缺陷噬菌体；b. 是噬菌体的基因而不是供体

菌的基因提供了宿主的新性状；c. 新性状是宿主细胞溶源化时的表型，而不是经遗传重组形成的稳定转导子；d. 获得的新性状可随噬菌体的消失而同时消失。

3. 接合

（1）接合定义　供体菌（雄性）通过性菌毛与受体菌（雌性）直接接触，将 F 质粒或其携带的不同长度的核基因组片段传递给后者，使后者获得若干新遗传性状的现象，称为接合。通过接合而获得新遗传性状的受体细胞，称为接合子。

（2）接合微生物的种类　接合现象在细菌和放线菌中普遍存在。其中属于 G^- 菌的大肠杆菌、沙门氏菌、志贺氏菌、沙雷氏菌、弧菌、固氮菌和假单胞菌等最普遍；放线菌中以链霉菌和诺卡氏菌最常见。此外，接合还可发生在不同属的一些菌种间，如大肠杆菌与痢疾志贺氏菌间。其中大肠杆菌的接合现象研究得最清楚，它含有决定性别的 F 质粒（即 F 因子）。F 质粒既是合成性菌毛基因的载体，也是决定细菌性别的物质基础。

（3）*E. coli* 的四种接合型菌株　根据 F 质粒在细胞内的存在方式，可将 *E. coli* 分成四种不同接合型菌株（图 5-9）。

①F^+ 菌株：即“雄性”菌株，指细胞内存在一至几个 F 质粒，并在细胞表面着生一至几条性菌毛的菌株。当 F^+ 菌株与 F^- 菌株（无 F 质粒，无性菌毛）接触时，通过性菌毛的沟通和收缩，F 质粒由 F^+ 菌株转移至 F^- 菌株中，同时 F^+ 菌株中的 F 质粒也获得复制，使两者都成为 F^+ 菌株。这种通过接合而转性别的频率几乎可达 100%。F 质粒传递的过程：在 F 质粒的一条单链 DNA 特定位点上产生裂口，以“滚环模型”方式复制 F 质粒。即在断裂的单链 B 逐步解开的同时，留存的环状单链 A 边滚动边以自身作模板合成一互补单链 A′，同时含裂口的单链 B 以 5′端为先导，以线形方式经过性菌毛而转移到 F^- 菌株中。在 F^- 中线形外源 DNA 单链 B 合成互补双链 B-B′，经环化后形成新的 F 质粒，如此 F^- 菌株则转为 F^+ 菌株。

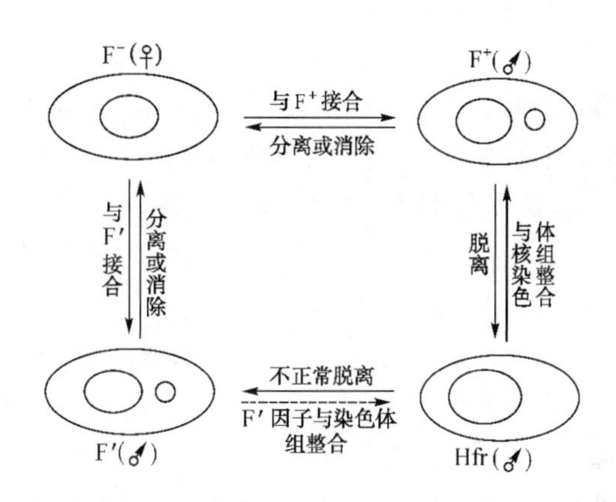

图 5-9　F 质粒的 4 种存在方式及相互关系

②F^- 菌株：即“雌性”菌株，指细胞中无 F 质粒和细胞表面也无性菌毛的菌株。它可通过与 F^+ 菌株或 F′菌株的接合而接受供体菌的 F 质粒或 F′质粒，从而使 F^- 菌株转变成“雄性”菌株；也可通过接合获得来自 Hfr 菌株的一部分或一整套核基因组 DNA。

③Hfr 菌株：在 Hfr 菌株（高频重组菌株）细胞中，因 F 质粒已由游离态转变成在核基因组特定位点上的整合态，故 Hfr 菌株与 F^- 菌株相接合后，发生基因重组的频率要比单纯用 F^+ 菌株与 F^- 菌株接合后的频率高数百倍。当 Hfr 与 F^- 菌株接合时，Hfr 的 DNA 双链中的一条单链在 F 质粒处断裂，由环状变成线状，F 质粒中与性别有关基因位于单链 DNA 末端。整段线状单链 DNA 以 5′端引导，等速地通过性菌毛转移至 F^- 细胞中，在无外界干扰情况下，这一转移过程需约 100min。在实际转移过程中，较长的线状单链 DNA 常发生断裂。位于 Hfr 染色体前端的基因，进入 F^- 细胞的几率就越高，其性状在接合子中出现的时间也就越早，反之亦然。由于 F 质粒上决定性别的基因位于线状单链 DNA 的末端，能进入 F^- 细胞的机会极少，

故 F^- 菌株转变为 F^+ 菌株的频率极低，而其他遗传性状的重组频率却很高。

Hfr 菌株的染色体向 F^- 菌株转移的接合过程：a. Hfr 与 F^- 细胞配对。b. 通过性菌毛使两个细胞直接接触，并形成接合管；Hfr 的 DNA 在起始子（i）部位开始复制直至 F 质粒插入的部位结束；供体 DNA 的一条单链通过性菌毛进入受体细胞。c. 发生接合中断，F^- 成为部分双倍体，即供体细胞（Hfr）的单链 DNA 片段合成了另一条互补的 DNA 链。d. 外源双链 DNA 片段与受体菌（F^-）的染色体 DNA 双链间进行双交换，从而产生了稳定的接合子。

④F′菌株：当 Hfr 菌株细胞内的 F 质粒因不正常切离而脱离核基因组时，可重新形成游离的、但携带整合位点邻近一小段基因的特殊 F 质粒，称 F′质粒或 F′因子。凡携带 F′质粒的菌株称为初生 F′菌株，其遗传性状介于 F′与 Hfr 菌株之间；通过 F′菌株与 F^- 菌株的接合，可使后者也成为 F′菌株，即为次生 F′菌株，它既获得了 F 质粒，同时又获得了来自初生 F′菌株的若干原属于 Hfr 菌株的遗传性状，故它是一个部分双倍体。F 质粒可整合在 *E. coli* 核基因组的不同位置上，故可分离到一系列不同的 F′质粒，从而可用于绘制细菌的环状染色体图谱。

4. 原生质体融合

原生质体融合是将遗传性状不同的两个细胞（来自种内、种间、属间和科间的细胞）的原生质体通过人工方法融合为一个新重组子的技术。兼有双亲遗传性状的稳定重组子称为融合子。此项技术能使来自不同菌株的多种优良性状组合到一个重组菌株中，其重组频率达到 10^{-1}，而诱变育种只有 10^{-6}。原生质体融合育种技术同时兼有诱变育种和基因工程育种的优点，在细菌、放线菌、酵母菌、霉菌，以及高等植物、动物与人体细胞中均有广泛应用。原生质体融合育种的主要步骤如下。

（1）选择两株具有遗传标记的亲株　供融合用的两个亲株要求性能稳定，带有遗传标记，以便检出融合后的重组子。所用标记从高产菌株考虑宜采用营养缺陷型和抗药性菌株。

（2）原生质体的制备　将两个亲株分别活化培养，经离心洗涤，制成菌悬液后用适当的脱壁酶处理得到相应的原生质体。由于各种微生物的细胞壁化学组成不同，所用脱壁酶亦不同。例如，细菌和放线菌主要用溶菌酶，有些细菌的细胞壁不易被溶菌酶水解，可在培养基中加入青霉素、甘氨酸、乙二胺四乙酸（EDTA）和蔗糖等提高脱壁效果；酵母菌采用蜗牛酶或纤维素酶；霉菌无性孢子采用蜗牛酶、几丁质酶或纤维素酶脱壁。为防止原生质体在低渗透压溶液中破裂失活，须将之置于高渗缓冲液或培养基中。

（3）原生质体融合　为了提高原生质体的融合率，可通过化学因子诱导或电场诱导进行融合，将形成的原生质体（包括球状体）进行离心收集后，在助融剂聚乙二醇（PEG）和 Ca^{2+} 作用下或借助电融合技术（直流电脉冲）等因素诱导融合。此外，融合频率受各种阳离子及其浓度的影响，也与融合液的 pH 有关。例如 Ca^{2+} 存在时，融合液 pH9 可得到较高的融合率；而缺乏 Ca^{2+} 时，于低 pH 融合率较低。PEG 的助融机理：PEG 可使原生质体的膜电位下降，然后原生质体通过 Ca^{2+} 交换而促进相互集结凝集。此外，PEG 的脱水作用扰乱了分散在原生质体膜表面的蛋白质和脂质的排列，提高了脂质胶粒的流动性，从而促进了原生质体的相互融合。在融合时两个亲本的基因组由接触到交换，从而实现基因重组，再生的细胞菌落中就有可能获得具有优良性状的重组菌株。

（4）原生质体的再生　将融合后的原生质体以高渗溶液稀释后涂布于再生培养基上，使其重新长出细胞壁，并经过细胞分裂形成菌落，再将菌落影印接种于各种选择培养基平板上培养，检验是否为稳定的融合子，即证明是否发生核融合而非异核体。同时对检出的融合重组子进行有关生物学性状及生产性能指标的测定，进一步筛选出符合育种要求的优良菌株（图 5-10）。一般各种微生物细胞壁的再生率为 3%～80%，可采取增加培养基渗透压或添加高于 0.3mol/L 的蔗糖提高再生率。为避免原生质体破裂，涂布的原生质体悬液浓度不宜太高，涂布前先去除培养基表面的冷凝水。

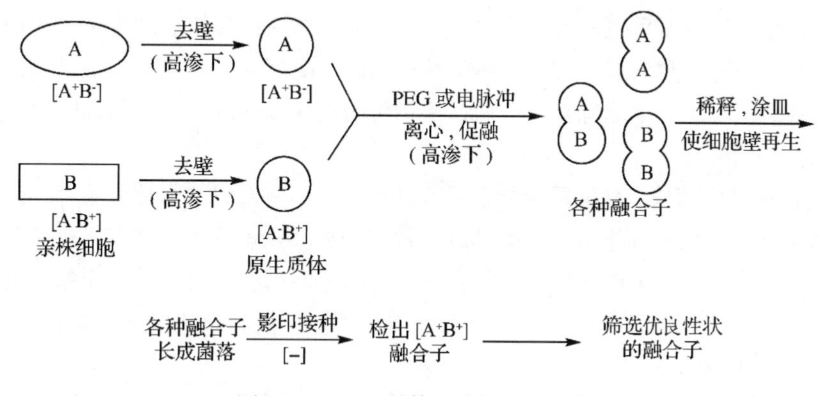

图 5-10　原生质体融合操作示意图

（5）融合子的选择　融合子的检出主要依靠两个亲本的选择性遗传标记，在基本培养基［-］上，通过两个亲本的遗传标记互补而检出融合子。但是，由于原生质体融合后会产生两种情况，一种是真正的融合，即产生杂合二倍体或单倍重组体；另一种是暂时的融合，形成异核体。两者均可以在选择培养基上生长。因此，要获得真正融合子，必须在融合子再生后，进行几代自然分离、选择才能确定。由于对亲株标记繁琐费时，实践中可在非遗传性标记情况下，灭活亲株（单亲株或双亲株）原生质体融合可以形成有生物活性的融合子，例如，在枯草芽孢杆菌中用链霉素灭活，在巨大芽孢杆菌中用热灭活，在天蓝链霉菌中用紫外线灭活，而后将灭活双亲株原生质体用 PEG 或电融合，即可从融合子中筛选高产优质菌种。此外，在制备双亲原生质体时，分别向脱壁酶液中加入两种荧光色素，将融合后的荧光原生质体悬浮液置于带有显微操作器和荧光装置的立体显微镜下，观察到双亲染色的两种荧光色素，即可判断为融合子，并直接用显微操作器检出。

原生质体融合技术的关键环节是准确检出具有优良性能的融合子，而这个选择通常是上述几种方法相互配合使用。

近年来，随着原生质体融合技术的发展，采用该技术培育优良菌种已取得显著成效。例如，通过产细菌素植物乳杆菌的原生质体融合，可以增加其细菌素产量，提高其抑菌活性；将德氏乳杆菌保加利亚亚种与抗噬菌体的嗜热链球菌进行融合，可以得到发酵酸奶性能优良且具有抗噬菌体特性的融合子；将酿酒酵母与克鲁维酵母进行融合，可获得高温（45℃）下产乙醇的融合子；将嗜杀酵母（分泌嗜杀因子：毒素蛋白）与葡萄酒酵母进行融合，可以获得发酵葡萄酒性能优良且具有杀死野生酵母特性的融合子；将不同优良性状的两株米曲霉融合后，可以得到孢子成熟时间短与中性蛋白酶活力高的融合子。

二、真核微生物的基因重组育种

在真核微生物中，基因重组主要有有性杂交、准性杂交、原生质体融合与转化等。由于后两种在原核微生物的基因重组中已讨论，故在此仅介绍有性杂交和准性杂交。

1. 有性杂交育种

有性杂交指不同遗传型的两性细胞间发生接合，核融合后经过减数分裂而进行的染色体重组，进而产生新遗传型后代的育种技术。在真核微生物中，有的能产生单倍体的有性孢子进行有性杂交，通过减数分裂中的染色体交换和随机分配而导致基因重组。其重组结果，可将几种优良性状汇集于一个菌株上。下面以酿酒酵母（*S. cerevisiae*）为例说明有性杂交育种的一般步骤。

（1）获得单倍体菌株　酿酒酵母能产生有性孢子，但一般以二倍体细胞存在。将两个亲本菌株分别接种到产孢子培养基（醋酸钠或石膏块培养基）斜面上，使其产生子囊，经减数分裂后，每个子囊内形成4个单倍体的子囊孢子。用蒸馏水洗下子囊，再用蜗牛酶处理或机械法（加硅藻土和石蜡油后在匀浆管中研磨）破坏子囊，离心收集，将子囊孢子涂布平板，即可得到由单倍体细胞形成的菌落。

（2）杂交与分离　将两个亲本的单倍体细胞通过混合离心与混合培养等方式使之密集接触，即得到二倍体的杂交细胞。表5-3所示为二倍体细胞与单倍体细胞有明显差别，因而很易识别。经形态检查分离得到二倍体细胞，进行必要的生产性能测定，筛选出具有优良性状的杂种。如果两个亲本均带有特定的遗传标记，将更加方便分离和鉴别杂种细胞。

表5-3　酿酒酵母的双倍体和单倍体细胞的比较

项目	双倍体	单倍体
细胞	大，椭圆形	小，球形
菌落	大，形态均匀	小，形态变化较多
液体培养	繁殖较快、细胞较分散	繁殖较慢，细胞常聚集成团
在产孢子培养基上	形成子囊	不形成子囊

在生产实践上利用有性杂交培育优良菌株的实例很多。例如，酒精酵母和面包酵母同属于酿酒酵母一个种，但菌株间的差异很大。酒精酵母产酒精率高，而对麦芽糖和葡萄糖发酵力弱；面包酵母则与其相反。通过杂交，就可育出既能高产酒精，又对麦芽糖和葡萄糖有很强发酵能力的优良杂种菌株。

2. 准性杂交育种

准性生殖是指同种不同菌株的体细胞间发生接合，核融合后不经过减数分裂就能导致低频率的基因重组并产生重组子的过程。准性杂交与有性杂交的区别见表5-4。应用于发酵工业中的许多霉菌尤其在尚未发现有性生殖的半知菌类中都有准性杂交现象，可以此作为育种手段之一。下面以产灰黄霉素的荨麻青霉（*Penicillium urticae*）为例简介准性杂交育种步骤。其主要原理见图5-11。

表 5-4 准性杂交与有性杂交的比较

项目	准性杂交	有性杂交
参与接合的亲本细胞	体细胞	性细胞
独立生活的异核体阶段	有	无
接合后双倍体的细胞形态	与单倍体基本相同	与单倍体明显不同
双倍体变为单倍体的途径	有丝分裂	减数分裂
接合发生的频率	低（偶尔发现）	高（正常出现）

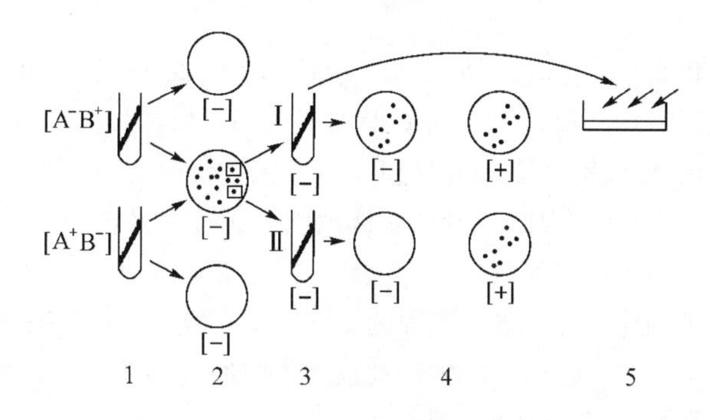

图 5-11 荨麻青霉的准性杂交原理

1—选择两个互补的营养缺陷型 2—强制异核 3—分离单菌落 4—检验稳定性 5—促进变异

（1）选择亲本 准性杂交的重组频率很低，为了有效分离重组子，通常借助营养缺陷型作为准性杂交亲本，例如亲本甲选为 A^-B^+ 营养缺陷型，亲本乙选为 A^+B^- 营养缺陷型。此两株菌在缺乏 A 和 B 两种营养素的基本培养基［-］上不能生长，但二者形成的异核体或杂合二倍体菌株却能在基本培养基［-］上生长，以此将杂交细胞分离出来。

（2）强制异核 即用人工方法强制两个营养缺陷型的亲本菌株形成互补的异核体。方法是将亲本甲（A^-B^+）和亲本乙（A^+B^-）的分生孢子（$10^6 \sim 10^7$ 个/mL）混合均匀后涂布于基本培养基［-］平板上，同时将两个亲本的分生孢子分别涂布于基本培养基［-］平板上作对照，经培养后若前者只长出少量菌落而后者不长，即为异核体或杂合二倍体菌落。而后将平板上长出的单菌落移种到基本培养基［-］的斜面上。

（3）检出杂合二倍体 强制异核过程所形成的异核体占多数，只有少数为杂合二倍体。为了将杂合二倍体检出，将孢子密集涂布于基本培养基［-］平板上培养。由于异核体在形成分生孢子时，两个核又重新分离，使两个亲本各自产生单倍体孢子，故异核体的分生孢子不能在基本培养基［-］上萌发和生长，只有杂合二倍体的分生孢子能在基本培养基［-］上形成菌落。将长出的菌落再用基本培养基［-］分离纯化数次，即可获得纯粹的杂合二倍体菌株。

（4）促进杂合二倍体变异和筛选高产菌株 由于杂合二倍体的生产性能一般较差，故将之以紫外线、γ 射线或氮芥等理化因子处理，以促使其发生染色体交换和基因突变，通过有丝分裂分离，产生单倍体杂合子，再经过生产性能的测试，筛选出较理想的高产菌株。

第四节　微生物与基因工程

自20世纪70年代以来，随着分子生物学、分子遗传学与核酸化学等基础理论的发展，产生了基因工程，这一遗传育种新领域。由于DNA的特异切割、DNA的分子克隆和DNA的快速测序这三项关键技术的建立，为基因工程技术的发展奠定了坚实基础。

一、基因工程的定义

基因工程又称遗传工程，也称体外DNA重组技术，是20世纪70年代初发展起来的遗传育种新领域。它是根据需要，用人工方法取得供体DNA的基因，经过切割后在体外重组于载体DNA上，再导入受体细胞，使其复制和表达，从而获得新表现型的一种分子水平的育种技术。这种使DNA分子进行重组，再在受体细胞内无性繁殖的技术又称为分子克隆。利用这种分子水平的杂交技术可以完成超远缘杂交，并且更具定向性。通过基因工程改造后获得新性状的菌株称为工程菌。近年来，工程菌已应用于发酵生产中，利用基因工程菌可以大量发酵生产胰岛素、干扰素、疫苗、抗体等贵重的药用蛋白。本节仅对基因工程技术作一基础性介绍，具体内容可参考相关专著。

二、基因工程的基本操作

基因工程的基本操作步骤包括：目的基因（即外源基因或供体基因）的分离，DNA分子的切割与连接，优良载体的选择，目的基因与载体的体外重组，重组载体导入受体细胞，重组受体细胞的筛选和鉴定，外源基因在“工程菌”或“工程细胞”中的表达，“工程菌”或“工程细胞”的大规模培养，检测以及实验室和一系列生产性能试验等。

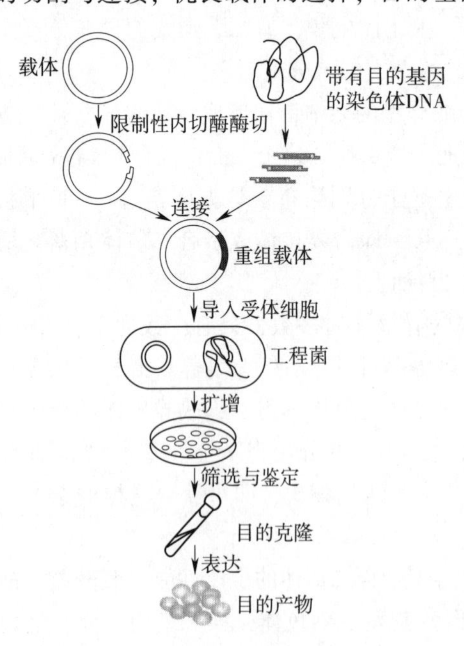

图5-12　基因工程的基本操作步骤

基因工程的操作步骤，如图5-12所示应包括以下几个主要内容。

1. 目的基因的取得

目的基因指将要被引入受体细胞的基因，其来源主要有：①从适当的供体细胞（各种微生物、动物或植物）DNA中分离；②通过反转录酶的作用，由mRNA合成互补DNA；③由化学合成方法合成具有特定功能的目的基因；④从基因文库中获取。基因文库指汇集了某一基因组所有DNA序列的重组DNA群体。

目的基因的分离提取通常包括去垢剂［如十二烷基硫酸钠（SDS）］溶解细胞，用酚和蛋白酶去除蛋白质，核糖核酸酶去除 RNA，以及乙醇沉淀等步骤。但从总体 DNA 中分离特异的目的基因则相当困难，主要有物理分离法、互补 DNA 分离法和“鸟枪”法等。提取的 DNA 要求有一定的纯度和生物学活性。

目的基因除需有完整的所需信息外，还要有黏性末端。黏性末端是指位于双链 DNA 两端的单链部分，它可用限制性内切酶作用 DNA 获得。目的基因获得的简单过程为：用限制性内切酶处理基因源，用凝胶电泳等方法分离出带黏性末端的目的基因。目的基因也可以利用聚合酶链式反应（简称 PCR 技术）在体外扩增，然后再用限制性内切酶处理。

2. DNA 分子的切割与连接

DNA 分子的切割由专一性很强的限制性核酸内切酶来完成，获得带有特定基因并露出黏性末端的 DNA 单链部分。在分子克隆中应用的主要是Ⅱ类限制性内切核酸酶，其相对分子质量较小，在 DNA 上有各种不同的识别顺序，被称为分子手术刀。DNA 片段的连接主要通过限制性内切酶产生的黏性末端、末端转移酶合成的同聚物接尾，以及合成的人工接头等，利用 DNA 连接酶来实现。

3. 优良载体的选择

载体指可将目的基因导入受体细胞的 DNA。作为载体必备的条件：①具有独立的自主复制能力，在共价连接了外源 DNA 片段后仍能自主复制，即载体本身就是一个单独的复制子，并能在受体细胞内大量增殖；②必须有限制性内切核酸酶的单一切割位点，使目的基因能定向整合到载体 DNA 的一定位置上，并在酶作用后不影响其自主复制能力；③在宿主中能以多拷贝形式存在，有利于插入的外源基因的表达，并能在宿主中稳定遗传；④与目的基因有互补的黏性末端；⑤必须有供选择的遗传标记，便于及时高效地选择出阳性“工程菌”或“工程细胞”；⑥容易分离和纯化，可导入受体细胞。目前符合上述条件者主要有松弛型细菌质粒和 λ 噬菌体（原核受体细胞）、SV40 病毒（动物）和 Ti 质粒（植物）。互补黏性末端的获得可用同一限制性内切酶分别处理目的基因和载体，则两者的黏性末端互补。

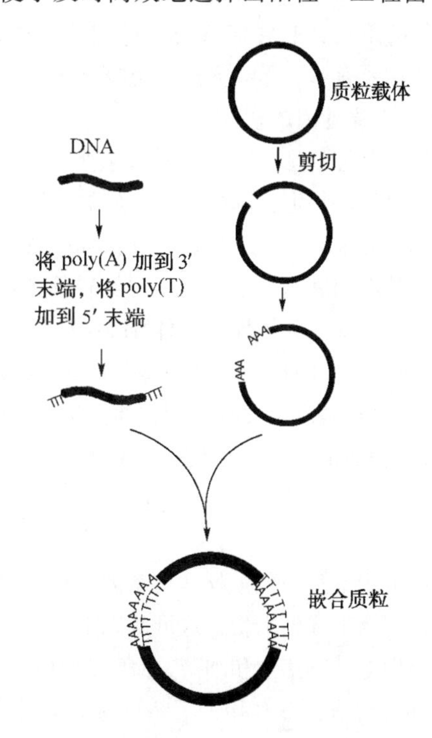

图 5-13　目的基因与载体 DNA 的重组连接

4. 目的基因与载体 DNA 的体外重组

采用限制性内切核酸酶处理，或人为在目的基因和载体 DNA 的 3′和 5′末端分别接上 poly（A）或 poly（T），就可使参与重组的两个 DNA 分子产生一段有互补黏性末端的 DNA 单链，而后将两者置于较低温度下（5～6℃）混合“退火”。由于同一种限制性内切核酸酶所切断的双链 DNA 片段的黏性末端都有相同的核苷酸组分，故当两者混合时，黏性末端上碱基互补的片段就会因氢键作用而彼此吸引，重新形成双链，此时在外加连接酶的作用下，目的基因就与载体 DNA 片段接合并被“缝补”（共价结合），形成一个完整的具有复制能力的环状重组载体（图 5-13），完成了目的基因与载体 DNA 的重组。

5. 重组载体导入受体细胞

重组的 DNA 分子只有在细胞内环境中才可复制，故要将重组载体导入细胞内才能实现克隆基因的大量表达。将外源重组载体导入受体细胞途径包括转化、转导或转染、显微注射和电穿孔等。以质粒作为重组载体时，可采用感受态细胞转化法；以噬菌体或病毒 DNA 作为重组载体时，则可用转导或转染法等。转化和转导主要适用于细菌和酵母菌，而显微注射和电穿孔则主要应用于动物和植物。由于细菌繁殖迅速，培养容易，一般以细菌作受体细胞。以转化为例：大肠杆菌是一个极其重要的遗传工程受体菌，在一般情况下，*E. coli* 既不存在感受态，也不能发生转化。经研究发现 $CaCl_2$ 能促进大肠杆菌对质粒 DNA 或 λ-DNA 的吸收，从而实现大肠杆菌的 $CaCl_2$ 转化方法。

目前使用最广泛的受体菌有大肠杆菌（*E. coli*）和枯草芽孢杆菌（*Bacillus subtilis*）、啤酒酵母（*S. cerevisiae*）等一些遗传背景比较清楚的微生物。

6. 重组受体细胞的筛选和鉴定

目前准确分离纯净的基因单位还较困难，重组后的“杂种质粒”的遗传性状是否符合设计的目的需求，以及它能否在受体细胞内正常复制和表达等问题还需要仔细检查，根据载体的特征和目的基因性状等，从大量个体中设法筛选出具有所需性状的基因工程菌，并在鉴定后繁殖利用。

对于重组受体细胞的选择，一般分为筛选重组受体克隆和对克隆的基因进行鉴定或测序两步进行：①根据载体的遗传标记等选择出含有重组分子的转化细胞；②进一步根据外源 DNA（目的基因）的遗传特性进行鉴定。重组受体细胞的鉴定通常有 3 种方法：重组受体表型特征的鉴定、重组 DNA 分子结构特征的鉴定和外源基因表达产物的鉴定。鉴定转化细胞的方法主要有：遗传学方法、免疫化学方法和核酸杂交方法等。

7. 外源基因的表达

生物遗传信息是以基因形式储存于 DNA 分子上，而 DNA 的基本功能就是将装载的遗传信息转变为由特定氨基酸顺序构成的多肽或蛋白质分子，从而决定生物的遗传表型。这种将 DNA 遗传信息转录成 mRNA，在按 mRNA 信息翻译成氨基酸，进而合成各种功能蛋白质的过程称为基因的表达。基因表达主要涉及转录和翻译两个环节。

将体外重组载体导入受体细胞中（微生物或动物、植物细胞），使供体目的基因复制（无性繁殖），由此获得基因克隆（Clone，意为无性繁殖系）。控制适当条件，使导入的基因在细胞内得到表达，即能产生人们需要的产品，或使生物体获得新的遗传性状。此外，基因还可通过 DNA 聚合酶链式反应（PCR）在体外进行扩增。

三、微生物与基因工程的关系

微生物本身和微生物学在基因工程中占据重要地位，甚至无法取代，可以说一切基因工程操作都离不开微生物，这可从以下 5 个方面得到充分证实。①载体：充当目的基因的载体主要由病毒、噬菌体和细菌、酵母菌中的质粒改造而成；②工具酶：基因工程中具有“解剖刀”和“缝衣针”作用的千余种特异工具酶，多数从微生物中分离纯化获得；③受体：作为基因工程中的受体细胞，主要使用容易培养和能高效表达目的基因各种性状的微生物细胞和微生物化的高等动、植物单细胞株；④微生物工程：为了大规模表达各种基因产物，实现商品化生产，常将外源基因表达载体导入大肠杆菌或酵母菌中以构建“工程菌”或“工程细胞株”，而要它们进一步发挥其应有的巨大经济效益，就必须让它们大量生长繁殖和发挥生物化学转化作用，这就必须通过微生物工程（或发酵工程）的协助才能实现；⑤目的基因的主要供体：尽管基因工程中外源基因的供体生物可以是任何生物对象，但由于微生物在代谢多样性和遗传多样性等方面具有独特优势，尤其是嗜极菌（即生长于极端条件下的微生物）的重要基因（如抗高温、高盐、高酸、高碱、低温等基因）的优势，为基因工程提供了极其丰富而独特的外源基因供体库。

四、基因工程技术在代谢工程育种中的应用

诱变育种技术虽然行之有效，但因其非定向性、随机性、低效性，使其应用受到限制。而代谢工程育种是利用基因工程技术对微生物代谢网络中特定代谢途径进行有精确目标的基因操作，改变微生物原有的调节系统，使目的代谢产物的活性或产量大幅度提高的一种育种技术。根据微生物不同代谢特征，一般采用改变代谢途径、扩展代谢途径以及构建新的代谢途径等方法进行基因工程育种工作。①改变代谢途径：利用诱变育种技术筛选高丝氨酸缺陷型可以获得能过量产生赖氨酸的突变株。为了使赖氨酸产生菌转变成苏氨酸产生菌，利用基因工程技术将高丝氨酸脱氢酶基因转入赖氨酸产生菌棒状杆菌中表达，其结果使原本不产苏氨酸的棒状杆菌，其赖氨酸产量由65g/L下降至4g/L，而苏氨酸产量达到52g/L。②扩展代谢途径：是指利用基因工程技术引入外源基因后，使发酵生产菌原有代谢途径向后延伸，产生新的末端产物，或使原代谢途径向前延伸，可以利用新的原料合成代谢产物。例如，采用新二步发酵法生产维生素C的菌种是草生欧文氏菌和棒状杆菌，前者可将L-葡萄糖转化为2,5-二酮基葡萄糖酸（2,5-DKG），后者产生的2,5-DKG还原酶将2,5-DKG转化为维生素C的前体物质2-酮基-L-古龙酸（2-KLG）。但用两株菌进行串联发酵耗能大，转化效率低，成本高。利用基因工程技术将棒状杆菌中的2,5-DKG还原酶基因转入欧文氏菌中表达，使其代谢途径向后延伸，从而实现了由L-葡萄糖到2-KLG的一步发酵，再经化学转化为维生素C。又如，酿酒酵母不能直接利用淀粉转化为乙醇，如果能将淀粉酶基因转入酿酒酵母中表达，使其代谢途径向前延伸，利用新的原料淀粉生产乙醇，则可简化工艺，降低成本。③构建新的代谢途径：利用基因克隆技术，使细胞中原来无关的两条代谢途径连接起来，构建新的代谢途径，产生新的代谢产物。例如，我国学者将麦迪霉素丙酰基转移酶基因转入螺旋霉素产生菌中表达，获得了一种杂合抗生素4″-丙酰螺旋霉素。这不仅扩大了抗菌谱，而且也为获得新产品开拓了新的研究途径。

五、基因工程技术在发酵与制药工业中的应用

基因工程技术在微生物发酵工业中得到了广泛研究和应用。例如，利用基因工程技术改造传统工业发酵菌种，以改良菌种性状和提高产量。传统工业发酵菌种生产的发酵产品有抗生素、氨基酸、有机酸、酶制剂、醇类和维生素（尤其是维生素C）等，其数量大、应用广，对全球经济影响很大。此类生产菌种经过长期的诱变或重组育种，生产性能很难再大幅度提高。要打破这一局面，必须采用基因工程手段才能解决。目前在氨基酸、酶制剂等领域已有大量成功的例子。例如，我国已完成利用基因工程菌生产L-甲硫氨酸的中型试验。用基因工程菌从海水中富集铀也已用于生产。有人设想并正在试验用基因工程技术提高各种氨

基酸发酵菌的产量；将纤维素或木素分解酶基因重组到酵母菌体内，使酵母菌能直接利用廉价的稻草或木屑生产酒精。

基因工程技术对制药工业有很大促进作用。将高等生物的基因克隆到大肠杆菌中，由大肠杆菌发酵生产人胰岛素、人生长激素和干扰素等高附加值药物产品已工业化生产。例如，1978 年已获得能产生胰岛素的大肠杆菌，并于 1984 年开始发酵生产胰岛素。过去提取 3~4g 胰岛素，需动物胰脏 100kg，现在只需几升大肠杆菌发酵液就能得到。再如，1977 年获得产生动物激素的大肠杆菌新菌株，使生产激素成本大大降低。这种激素由哺乳动物的下丘脑产生，50 万头羊的下丘脑只能提取 5mg，现在只需 10L 工程菌的发酵液即可得到。

第五节 菌种的衰退、复壮和保藏

在生物进化过程中，遗传性的变异是绝对的，而其稳定性却是相对的；退化性的变异是经常性的、大量的，而进化性的变异却是个别的。在自然条件下，个别的适应性变异通过自然选择就可保存和发展，最后成为进化的方向。当人们筛选一株适合于生产的优良菌种，并欲使菌种在长期生产中保持良好的生产性能，便于长期使用，就必须适当地采用最佳保藏方法，减少菌种的衰退与死亡。掌握好菌种衰退的某些规律和采取相应的措施，能使衰退的菌种复壮。

一、菌种的衰退与复壮

1. 菌种的衰退

用于生产实践的优良菌种，如果不经常认真进行纯化、复壮和育种，大量自发突变菌株就会随之泛滥，最后导致菌种的衰退，造成持续的低产和产品质量不稳定。

（1）衰退现象　衰退是指由于自发突变使某种微生物原有一系列生物学性状发生量变或质变的现象。如果群体细胞中衰退细胞在数量上占优势，则表现菌种生产性能的下降。

①菌落和细胞形态改变：每一种微生物在一定培养条件下都有一定的形态特征，如果典型的形态特征逐渐减少，则表现为衰退。

②生长速率变慢或产生的孢子变少：某些放线菌或霉菌在斜面上多次传代后产生“光秃”型，出现孢子减少或不长孢子的衰退，从而造成生产上用孢子接种的困难，同时也不利于菌种选育和保藏。

③生产性能下降：由于基因发生负突变，导致生产菌种对代谢产物的生产能力下降。例如，黑曲霉的糖化力，抗生素生产的发酵单位降低，各种发酵代谢产物的产量降低，以及酸乳菌种乳酸菌的活力或产乳酸能力下降等，都是明显的菌种衰退现象，可直接影响有关产品的产量和质量。

④对生长环境的适应能力减弱：对外界不良条件包括低温、高温或噬菌体侵染等抵抗能力的下降等。如抗噬菌体菌株变为敏感菌株，原来能利用某种物质的能力降低等。

（2）衰退原因　菌种衰退的主要原因是有关基因的负突变，其次是培养条件的改变和育种后未经分离纯化。

①有关基因的负突变：菌种衰退是一个由量变到质变的逐步演化过程。即使在正常情况

下，菌种也会发生低频率（一般 $10^{-9} \sim 10^{-6}$）的自发突变。开始时群体细胞中只有个别细胞发生基因负突变，但是随着传代次数增加，群体中这种负变个体的比例就逐步增大，最后发展为优势群体，从而使整个群体细胞表现严重的衰退。如果控制产量的基因发生负突变，则表现为产量下降；如果控制孢子生成的基因发生负突变，则产生孢子的能力下降。

②培养条件的改变：培养条件包括温度、pH、培养基组分等。如果菌种在不适宜的培养条件下长期生长，则不易保持其优良性状。例如在产腺苷酸的黄嘌呤缺陷型的培养基中，加入黄嘌呤、鸟嘌呤、组氨酸和苏氨酸可以降低其回复突变的频率。又如，在保藏菌种过程中，其基因突变率是随温度的降低而减少。

由此可见，菌种衰退的原因，不仅取决于有关基因的负突变，而且也取决于其所处的培养条件的改变。但必须指出，由培养条件的改变而导致菌种在形态和生理上的性状变异是不稳定的，属于非遗传的环境性变异，是一种饰变（指外表的修饰性改变，即一种不涉及遗传物质结构的改变，而只发生在转录、转译水平上的表型变化）。它们只是表型发生改变，而基因型并未改变。因此，当培养条件恢复正常，则菌种失去变异的性状，而恢复其正常的原有性能。例如，产生维生素 B_2 的阿舒假囊酵母（*Eremothecium ashbyii*），如果长期培养在不含豆渣的培养基上，对合成维生素 B_2 的能力就会衰退，若继续传代培养于豆渣培养基上又能得到恢复。

③育种后未经分离纯化：如果菌落是由一个以上的孢子或细胞繁殖而成，而其中只有一个是高产突变孢子或细胞，经传代后，会使高产细胞数逐渐减少，导致产量降低。即使菌落由一个孢子或细胞形成，但许多微生物为多核细胞，经诱变后，几个核的变异状态不相一致，传代过程中因核的分离会促使性状表现多样化，产量也会随之变化。即使是单核细胞，如果双链 DNA 上仅一条链上的某个位点发生突变，而另一条链未发生突变，在进一步传代后也会产生性状分离，形成不纯的菌株。如果其中有一个是负突变的孢子或细胞，则很快导致产量下降。

（3）防止衰退的措施　采用下列几种方法防止菌种衰退或推迟衰退的时间。

①控制传代次数：意即尽量避免不必要的移种和传代，并将必要的传代次数降低到最低水平，以降低基因自发突变率。为此，任何较重要的菌种都应采用一套相应的良好菌种保藏方法，以减少传代次数，防止衰退细胞在群体中占优势。

②采用有效的菌种保藏方法：生产性能是发酵工业生产菌种的主要性状，即使在较好保藏条件下，这种性状仍容易衰退。因此有必要研究和采用更有效的菌种保藏方法以防止菌种的衰退。例如，利用低温 0~4℃（定期移植低温保藏法），-70℃（甘油悬液法），甚至 -196℃（液氮保藏法）可有效防止基因自发突变。此外，对于不同种类的微生物应有各自的良好保藏方法，以提高其存活率，而降低自发突变率。

③创造良好的培养条件：尽量创造适合原菌种生长的良好条件，能在一定程度上防止衰退。例如，在赤霉素生产菌的培养基中，加入糖蜜、天冬酰胺、谷氨酰胺、5′-核苷酸或甘露醇等丰富营养物时，有防止衰退效果。

④利用不易衰退的细胞接种传代：在放线菌和霉菌中，由于其菌丝细胞常含多个细胞核，甚至由异核体组成，因此若用菌丝接种易出现离异或衰退。而孢子一般是单核细胞，用其接种就不会发生此类现象。在实践上，用灭菌的棉团轻巧地对放线菌进行斜面移种，即可避免接入菌丝。

⑤防止诱变处理后的退化：a. 采用高剂量的紫外线处理出发菌株，有利于得到较多的纯菌落。这是因为高剂量处理可使 DNA 链中的一条链上某一位点发生突变的同时，对另一条链造成完全失活而不能复制，如此可提高纯种产生的几率。b. 筛选高产变异株的同时，配合分离纯化，及时淘汰低产的分离株。c. 选育不退化的稳定性较好的菌株。

2. 菌种的复壮

狭义的复壮是指在菌种已发生衰退情况下，通过纯种分离和测定典型性状、生产性能等指标，从已衰退的群体中筛选出少数尚未退化的个体，以达到恢复原菌株固有性状的措施；而广义的复壮应是在菌种典型特征或生产性状尚未衰退前，就经常有意识地采取纯种分离和生产性状的测定工作，以期从中筛选到自发的正突变个体。

（1）分离纯化　在衰退菌种的群体细胞中，一般还存在着仍保持原有典型性状的个体，通过分离纯化，设法将这种细胞挑选出来即可恢复原菌株的典型性状，达到复壮效果。常用的分离纯化方法有以下两种。

①菌落纯：采用平板划线分离法、平板表面涂布法和琼脂培养基倾注法，在适宜条件下培养，可以获得单菌落。

②细胞纯：该法为较精细的单细胞或单孢子分离方法，可以达到菌株纯的水平。常用的方法有：a. 单胞（孢）直接挑取法，即借助显微操作器直接挑取单细胞或孢子，移植到培养基上培养。b. 菌丝尖端切割法，即对不产孢子的丝状菌用无菌小刀取菌落边缘的菌丝尖端或用无菌毛细管插入菌丝尖端，以截取单细胞进行分离移植。

（2）宿主复壮　对于因长期在人工培养基上移种传代而衰退的病原菌，可接种到相应的昆虫或动、植物宿主体中，通过此种活的“选择性培养基”一至多次选择，就可从典型的病灶部位分离到恢复原始毒力的复壮菌株。

（3）淘汰已衰退的个体　有人发现，若对泾阳链霉菌（*Streptomyces jingyangensis*）“5406”农用抗生菌的分生孢子采用-30～-10℃的低温处理5～7d，使其死亡率达到80%左右，结果会在抗低温的存活个体中留下未退化的个体，从而达到了复壮效果。

（4）诱变育种　采用对衰退菌株具有更大杀伤力的诱变剂，如高剂量的紫外线和低剂量亚硝基胍联合处理，进行诱变育种，从中筛选高产而不易衰退的稳定性较好的生产菌种。

以上综合了在实践中对衰退菌种复壮的初步经验。但是，在使用复壮方法之前，首先要仔细分析和判断所用生产菌种究竟是衰退，还是污染，或是属于一般性的饰变。如果是衰退或污染，只要采用纯种分离即可解决。若为饰变，只须将之培养于合适的培养条件即可恢复原有性能。只有对症下药，才能使复壮工作奏效。

二、菌种的保藏

菌种是一种极其重要而珍贵的生物资源，菌种保藏是一项十分重要的基础性工作。菌种保藏机构的任务是在广泛收集实验室和生产用菌种、菌株、病毒毒株（有时还包括动、植物的细胞株和微生物质粒等）的基础上，将它们妥善保藏，使之不死亡、不衰退，不污染、不降低生产性能，以供科研和生产单位之用。为此，国际上一些较发达国家都设有国家级的菌种保藏机构。例如，中国普通微生物菌种保藏管理中心（CGMCC）、中国工业微生物菌种保藏管理中心（CICC）、美国典型菌种保藏中心（ATCC）、英国的国家典型菌种保藏所

（NCTC）及日本的大阪发酵研究所（IFO）等均为国家代表性菌种保藏机构。

1. 菌种保藏原理

用于长期保藏的原始菌种称为保藏菌种或原种。菌种保藏基本原理：首先应挑选典型菌种或典型培养物的优良纯种，最好采用它们的休眠体（如芽孢、孢子等）；其次是根据微生物的生理生化特性，人工创造一个有利于休眠的良好环境条件，如低温、干燥、缺氧、缺乏营养素，以及添加保护剂或酸度中和剂等，使微生物处于代谢活动不活泼，生长繁殖受到抑制的休眠状态。

干燥和低温是有利于菌种保藏的重要因素。微生物生长温度的低限约为-30℃，而酶促反应低限为-140℃，因此，低温须与干燥结合才有良好保藏效果。细胞体积大小和细胞壁的有无影响细菌对低温的敏感性，一般体积大和无壁者较敏感。真空冷冻干燥所用的预冻温度和冷冻速度对菌种活力影响较大。细胞内的水分在低温缓慢冷冻条件下会形成破坏细胞结构的冰晶体，而速冻可减少冰晶体的产生，降低菌种死亡率。在实践中发现，较低温度的预冻更有利于菌种存活，如液氮（-196℃）和-80～-70℃的预速冻效果显著好于-25℃。此外，真空冷冻干燥时添加适当保护剂不仅提高菌种存活率，而且可维持冻干菌粉在贮藏期间的活菌稳定性。

（1）常用保护剂种类与选择原则　①渗透保护剂：如甘油等；②半渗透保护剂：如海藻糖、蔗糖、麦芽糖、乳糖、果糖、葡萄糖、棉籽糖、山梨醇、甘露醇、肌醇等；③非渗透保护剂：如脱脂乳、血清白蛋白、酪蛋白、大豆蛋白、酵母粉、大豆肽、豌豆肽、小麦低聚肽、玉米低聚肽、乳清蛋白肽、蛋清蛋白肽、核桃肽、β-环糊精、麦芽糊精、葡聚糖、透明质酸钠、可溶性淀粉、纤维素等；④抗氧化保护剂：如维生素C、谷氨酸钠等。其中保护效果较好的有甘油、海藻糖、蔗糖、脱脂乳、麦芽糊精、透明质酸钠、维生素C、谷氨酸钠等。保护剂种类较多，应根据不同保护菌种对象，选择安全无毒、吸湿性弱、不易分解、容易干燥和复水，以及菌种存活率较高和成本较低的保护剂。一般情况下使用单一保护剂的冻干菌种存活率较低，故需要采用单因素试验和响应面试验设计（或正交试验设计）优化复合保护剂配方，使得冻干后的菌种存活率达到90%以上。

（2）保护机制　①甘油的羟基与胞内蛋白质形成氢键，以取代由水分子形成的氢键，从而保持蛋白质原有结构的稳定性。甘油还可与菌体表面自由基联结，避免菌体暴露于介质中。②糖类和醇类的羟基与蛋白质中的极性基团或与细胞膜磷脂中的磷酸基团形成氢键，从而保护细胞膜和蛋白质结构的完整和功能稳定。③脱脂乳等高分子保护剂包裹于菌体表面形成保护层，减轻细胞壁被冰晶体机械损伤而引起的胞内物质泄漏，同时避免菌体暴露于氧气和介质中。④抗氧化保护剂可减轻过氧化物自由基对细胞的损伤作用，保护细胞结构和功能不被破坏。不同保护剂对不同菌种的保护效果各异，而且各类保护剂的保护机制各有千秋，一般复配的保护效果要优于单一保护剂，故实践中通常以脱脂乳为基础保护剂，通过试验获得复配保护剂的最优组合配方。使用复配保护剂时，通常按一定比例与离心收集的菌泥混合，先于-80～-70℃预速冻，再于真空条件下冷冻干燥为冻干菌粉；或直接于-80℃条件下快速冷冻，即为冷冻菌液。保护剂与菌泥的混合比例会影响菌种存活率。若保护剂添加量较多，则影响菌体细胞的通透性和渗透压；若保护剂添加量较少，则菌体细胞暴露于介质中而造成冻伤，细胞膜通透性增大；此外，冻干菌粉的水分活度（A_w）直接影响其活菌稳定性，一般 $A_w<0.1$ 时，可延长菌种在常温下的活菌保质期。

2. 常用的菌种保藏方法

一种良好的菌种保藏方法，首先应保持原菌优良性状长期稳定，同时还应考虑方法的通用性、操作的简便性和设备的普及性。表 5-5 所示为 7 种常用菌种保藏方法的比较，国内外菌种保藏机构常采用冷冻真空干燥法和液氮保藏法保藏所有菌种，两者结合不仅减少传代次数，从而使菌种变异率低，而且使菌种存活率高。微生物学实验室、科研机构和食品发酵生产企业则常用甘油保藏法和冷冻真空干燥法保藏实验工作菌种和生产菌种。

表 5-5　　7 种常用菌种保藏方法的比较

方法	主要措施	适宜菌种	保藏期	评价特点
斜面低温保藏法	低温（4℃）	各大类	1~6 个月	简便，菌种存活率高，但传代多易变异
半固体穿刺保藏法	低温（4℃），避氧	细菌、酵母菌	6~12 个月	简便，但对丝状真菌和放线菌的保藏不适用
液体石蜡保藏法	低温（4℃），阻氧	酵母、霉菌、放线菌	1~2 年	简便，但对无芽孢的细菌存活率低
甘油保藏法	低温（-70℃），保护剂［25% ~ 50%（体积分数）甘油］	细菌、酵母菌	1~10 年	较简便，但对霉菌和放线菌不适用
沙土管保藏法	干燥，低温（4℃）、缺乏营养素	产孢子微生物	1~10 年	简便有效，但对弧菌、假单胞菌和酵母等不适用
冷冻真空干燥法	干燥，低温（-70℃ 预冻、-55℃冷冻），无氧，保护剂	各大类	5~15 年	操作复杂、高效，菌种存活率高，变异率低，但对不产孢子的霉菌不适用
液氮保藏法	超低温（-196℃），保护剂	各大类	>15 年	操作简便、高效，对只产菌丝体的霉菌特适用，但费用高

重点与难点

（1）诱发突变机制；（2）太空诱变与常压室温等离子体诱变机制与育种；（3）艾姆氏试验的原理；（4）营养缺陷型突变株筛选的四个环节；（5）原生质体融合与遗传育种；（6）菌种衰退与复壮；（7）菌种保藏原理和常用保藏方法。

课程思政点

利用微生物容易发生遗传变异的特点，通过现代微生物育种手段，高通量筛选具有一定益生功能特性和优良发酵性能的正突变株，可以改善产品品质，提高产品产量。编者带领科研团队从航天器搭载返回的太空诱变菌种中选育出具有降血糖和降血脂作用的空间植物乳杆菌等专利菌株。利用这些发酿优良菌株，与某生物企业合作研发了太空育种风味发酵乳和太空益生菌冻干闪释片等功能性食品，实现了航天生物科技成果的落地转化。

复习思考题

1. 如何证明核酸是遗传物质的基础？请列举一个实验说明。
2. 基因突变的特点是什么？研究质粒有何实践意义？
3. 试述诱发突变与自发突变机制、太空诱变与常压室温等离子体诱变机制与育种。
4. 诱变育种工作中应注意的几个原则是什么？
5. 采用什么试验来检验某食品是否含有致癌物质？其原理是什么？
6. 如何进行营养缺陷型突变株的筛选？
7. 试举出一种方法将营养缺陷型菌株从其与野生型菌株的混合菌液中检出。
8. 原核微生物与真核微生物各有哪些基因重组方式？
9. 简述转化的一般过程。
10. 原生质体融合的基本操作是什么？
11. 基因工程的基本原理和操作是什么？
12. 菌种衰退的原因有哪些？为何传代次数过多菌种容易衰退？如何采取措施复壮？
13. 简述菌种保藏的基本原理，比较菌种保藏方法的特点。并指出其中哪种方法效果较好。
14. 简述冻干保护剂的保护机制，并列举较常用的冻干保护剂。如何优化保护剂配方？
15. 名词解释：遗传性与变异性、基因型与表现型、饰变、基因、质粒、基因突变、染色体畸变、移码突变、转换、颠换、自发突变、诱发突变、诱变剂、营养缺陷型、基因重组、转化与转导、接合、原生质体融合、有性杂交与准性杂交、基因工程。

CHAPTER 6

第六章 微生物与免疫

免疫是人和动物机体的一种保护性反应，其作用是“识别”和排除抗原性“异物”，以维持机体生理的平衡和稳定。免疫学是研究机体自我识别和对抗原性异物排斥反应的一门科学。近年来，免疫学已经发展到食品科学、食品营养学和食品安全研究的很多领域。由于免疫反应具有严格的特异性和较高的敏感性，因此可作为食品安全与卫生的一种重要监测手段。利用血清学反应广泛用于检测食品蛋白质成分、动植物的天然有毒成分，食品传播的细菌及其毒素、真菌毒素、病毒，以及对传染病的诊断，病原微生物的鉴定和抗原成分分析等方面。总之，掌握免疫学基础知识及其实验技术对食品安全检测具有重要意义。

第一节 感　　染

一、感染的概念及感染途径

1. 感染的概念

感染又称传染，是机体与病原微生物（病原体）在一定条件下相互作用而引起的病理过程。一方面病原体侵入机体损害宿主的细胞和组织，另一方面机体的免疫系统杀灭、中和、排除病原体及其毒性产物，两者较量的强弱决定着感染过程的发展和结局。由各种病原体引起的能在人与人、动物与动物或人与动物之间相互传播的一类疾病称为传染病。传染病的基本特征是有病原体、传染性、免疫性、流行性、地方性和季节性。

2. 感染途径

感染分内源性与外源性感染。内源性感染是指当滥用或长期用抗生素或机体免疫功能低下（如放射治疗引起）时，由宿主体内的正常菌群引起的感染。外源性感染是来源于宿主体外的病原体的感染。病原体可以通过空气、土壤、水源、食物、接触与垂直等传播。病原体一般通过以下几种途径感染。

（1）呼吸道感染　病原体（如结核分枝杆菌、白喉棒状杆菌、呼吸道病毒、肺炎支原体等）通过患者的唾液、痰液及带病原体的尘埃传播引起的感染。

（2）消化道感染　病原体（如伤寒和副伤寒沙门氏菌、痢疾志贺氏菌、霍乱和副霍乱弧菌等）通过患者排泄物污染的食品、水源的传播引起的感染。此外，苍蝇、蟑螂等昆虫是主要传播媒介。

（3）创伤感染　病原体（如葡萄球菌、链球菌、破伤风梭菌、炭疽芽孢杆菌、病毒等）通过损伤皮肤或外表黏膜进入体内引起的感染。

（4）接触感染　病原体（如布鲁氏杆菌、淋球菌、沙眼衣原体等）通过侵入完整的皮肤或正常黏膜引起的感染。

（5）垂直感染　病原体（如疱疹病毒、乙肝病毒、人类免疫缺陷病毒等）由亲代通过胎盘或产道直接传播给子代引起的感染。

二、微生物的致病性

1. 细菌的致病性

能使宿主致病的细菌称为致病菌（或病原菌），反之为非致病菌。在一般条件下不致病，但在条件改变情况下引起宿主致病的细菌，称为条件致病菌或机会致病菌。病原菌致病力的强弱称为毒力，其侵袭力和毒素构成毒力的基础。

（1）侵袭力　病原菌突破宿主防线，并能于宿主体内定居、繁殖、扩散的能力，称为侵袭力。例如，G^-菌通过菌毛定殖于黏膜上皮细胞，积聚毒力或继续侵入机体内部；细菌的荚膜具有抗吞噬和体液杀菌物质的能力，有助于病原菌在体内存活。此外，细菌产生的侵袭性酶（如血浆凝固酶、透明质酸酶等）亦有助于病原菌的感染过程。

（2）毒素　有关细菌的外毒素和内毒素概念已在第三章第五节中介绍。外毒素的毒性作用较强，通常为蛋白质，具有较强免疫原性，按其作用部位可分为细胞毒素、神经毒素和肠毒素三大类。细胞毒素作用于全身组织的特定部位，如白喉毒素；神经毒素作用于神经系统，如肉毒毒素、破伤风毒素；肠毒素直接作用于肠黏膜，如金黄色葡萄球菌肠毒素、霍乱毒素等。内毒素（即G^-菌细胞壁脂多糖）相对毒性较弱，作用于白细胞、血小板、补体系统、凝血系统等，引起发热、白细胞增多、血压下降及微循环障碍等。

2. 病毒的致病性

病毒在宿主细胞增殖并干扰核酸与蛋白质代谢，后果分 3 种类型。

（1）杀细胞感染　指病毒在宿主细胞内复制成熟后借细胞裂解死亡而大量释放，释放的病毒侵入其他细胞，开始又一次感染周期，当细胞死亡达到一定数量而造成组织损伤或毒性产物积累到一定程度时，机体出现症状即显性感染。

（2）稳定状态感染　相对毒力较低的病毒在相对易感染性较低的细胞中存活较长一段时间，随细胞增殖而传给子代细胞。此类病毒在增殖过程中引起宿主细胞膜组分改变或诱发自身免疫反应，造成对宿主的免疫损伤。

（3）整合感染　指病毒的基因组整合于宿主细胞染色体，或以质粒形式存在于细胞质内，通常不增殖。此类病毒长期潜伏，是引起人类恶性肿瘤的原因之一。

3. 真菌的致病性

不同真菌可通过不同方式致病，大体有以下 4 种情况。

（1）致病性真菌感染　一些外源性真菌感染可引起皮肤、皮下和全身性疾病。如皮肤癣菌引起的手足癣、甲癣、头癣等。

（2）条件致病性真菌感染　一些内源性真菌在机体免疫力降低时发生的感染。如白假丝酵母菌（曾称白念珠菌）是人的体表及腔道中的正常菌群，当机体免疫力低下时可引发鹅口疮等。

（3）真菌变态反应性疾病　有些真菌（如曲霉、青霉、镰刀菌等）本身不致病，但对某些过敏体质者可引起变态反应性疾病。例如荨麻疹、哮喘、过敏性鼻炎。

（4）真菌毒素中毒　有关真菌毒素概念详见第三章第五节。产毒霉菌污染粮食、油料作物的种子、食品等在适宜条件下产生真菌毒素，人食入了含有真菌毒素的食物而引起的疾病。

第二节　宿主的非特异性免疫与特异性免疫

一、宿主的非特异性免疫

非特异性免疫又称天然免疫，是机体的一般生理防卫功能，可防卫任何外界异物侵入机体而不需要特殊的刺激或诱导，是由先天遗传而来的免疫。它主要包括生理屏障、体液因素和细胞因素等。

1. 生理屏障

（1）表面屏障　健康机体的皮肤作为阻挡微生物侵入的物理屏障；汗腺分泌物中的乳酸有一定杀菌作用；黏膜分泌的黏液有化学性屏障作用，并可用机械方式（如纤毛运动等）排出微生物和其他异物颗粒；多种分泌性体液含有杀菌成分，如溶菌酶、胃酸等。

（2）局部屏障　体内某些器官具有特殊结构，可阻挡微生物和大分子异物进入，具有保护该器官维持局部生理环境恒定作用。例如，血脑屏障能阻挡血中病原菌及其产物向脑内自由扩散，从而保护中枢神经系统的稳定。

（3）互生菌群　人的体表和与外界相通的腔道中存在大量的正常菌群，通过表面部位竞争营养物质或产生细菌素、酸类等抑制病原菌的生长。

2. 体液因素

（1）补体系统　包括20多种蛋白质成分，主要由肝细胞和巨噬细胞产生，通常以无活性形式存在于正常血清和体液中。补体系统在一定条件下被一系列酶促级联反应激活后，可引起细胞膜不可逆的损伤，导致细胞（如 G^-菌、红细胞与有核细胞等）破裂而死亡，对机体抵抗病原菌、清除病变衰老的细胞和癌细胞有重要作用。此外，补体成分还有免疫调节功能，参与机体特异性免疫。

（2）干扰素　是宿主细胞在病毒等多种诱生剂刺激下产生的一类糖蛋白。α 和 β 干扰素分别由白细胞和成纤维细胞产生；γ 干扰素主要由 T 淋巴细胞产生，又称免疫干扰素。

（3）溶菌酶　是一种相对分子质量为 1.47×10^4 的不耐热的碱性蛋白，主要来源于吞噬细胞并可分泌到血清及各种分泌液中，作用于细菌细胞壁肽聚糖而使细胞裂解。

3. 细胞因素

（1）吞噬细胞　分为大、小吞噬细胞两类。大吞噬细胞为居留于各组织中的巨噬细胞和其前体——血液中的单核细胞；小吞噬细胞主要为血液中的中性粒细胞。吞噬细胞将入侵机体的病原体吞噬后，多数情况下被杀死，并被其溶酶体中的水解酶（蛋白酶、多糖酶、核酸酶、脂肪酶等）、溶菌酶等消化分解，而不被消化的残渣排出体外。此外，吞噬细胞不仅有加强杀菌促进炎症作用，还有免疫调节功能。

（2）自然杀伤细胞　自然杀伤细胞（NK 细胞）属于淋巴细胞，主要分布于外周血和脾，通过释放穿孔素、颗粒酶及肿瘤坏死因子而直接杀伤靶细胞（如病原菌感染细胞、肿瘤细胞）。由于 NK 细胞活性较其他杀伤细胞更早出现，因此在抗感染和抗肿瘤中起重要作用。

4. 炎症

炎症是机体受到有害刺激（如病原菌感染等）时所表现的一系列局部和全身性防御应答，可视为非特异性免疫的综合作用结果。其作用是清除有害异物、修复受伤组织、保持自身稳定。

二、宿主的特异性免疫

特异性免疫又称获得性免疫，是机体接受抗原性异物刺激（如微生物感染、接种疫苗）而产生的，针对性排除或摧毁、灭活相关抗原的防御能力。根据发挥免疫作用的途径不同，将特异性免疫分为 B 细胞介导（抗体介导）的体液免疫和 T 细胞介导的细胞免疫。

1. 免疫系统

免疫系统是机体执行免疫应答及免疫功能的重要系统，它是特异性免疫的物质基础，具有自身的运行机制，并可与其他系统相互配合、相互制约，共同维持机体在生命过程中总的生理平衡与稳定。其生理功能：①免疫防御，即识别、排斥和清除外源性抗原异物，抗病原体感染；②免疫自稳，即识别和清除自身衰老、残损和死亡的细胞，维持机体正常内环境稳定；③免疫监视，即识别和清除异常突变或异常增殖的肿瘤细胞或被病毒感染的细胞，抑制恶性肿瘤发生或持续的病毒感染。免疫系统由免疫器官、免疫细胞和免疫分子组成。

（1）免疫器官　按其功能分为中枢免疫器官和周围免疫器官。中枢免疫器官是免疫细胞发生和分化的场所，包括骨髓、胸腺。骨髓是成血干细胞（包括免疫祖细胞）发生的场所；胸腺是 T 淋巴细胞发育的场所。周围免疫器官是免疫细胞居住和发生免疫应答的场所，包括淋巴结、脾脏与黏膜相关淋巴组织（主要有扁桃体、阑尾、肠系膜淋巴结）。

（2）免疫细胞　免疫细胞主要包括淋巴细胞、粒细胞、肥大细胞、单核/巨噬细胞、树突状细胞。广义上还包括红细胞、血小板及其各类细胞的祖细胞。它们均来自于骨髓多能造血干细胞。淋巴细胞分为 T 淋巴细胞、B 淋巴细胞和第三类（非 T 非 B）淋巴细胞。T 淋巴细又分为 $CD4^+$和 $CD8^+$T 淋巴细胞两个亚类，前者为 T 辅助细胞，后者为杀伤性 T 细胞和抑制性 T 细胞，主要介导细胞免疫。B 淋巴细胞又分为 B_1 和 B_2 淋巴细胞两个亚类，主要介导体液免疫。第三类淋巴细胞主要包括 NK 细胞和 K 细胞（杀伤细胞）。血液中的粒细胞根据对染料的亲和性分为中性、嗜酸性和嗜碱性粒细胞，中性粒细胞（又称多形核白细胞）是血中主要的吞噬细胞。肥大细胞位于皮下疏松结缔组织和黏膜内，能分泌多种细胞因子，有重要免疫调节作用。血液中的单核细胞和全身各组织中的巨噬细胞是同一骨髓干细胞的不同发育阶段，前体干细胞分化为单核细胞入血，仅停留 1～2d 后进入全身各组织发育成熟为巨噬细胞。巨噬细胞有较强吞噬杀伤能力，又有加工提呈抗原的能力，还能分泌补体成分、细胞因子、酶类等百余种活性产物，在非特异性免疫和特异性免疫中有重要作用。其特异性免疫功能可以激活 B 淋巴细胞产生抗体，发挥体液免疫功能，同时还能激活 T 淋巴细胞发挥细胞免疫功能。树突状细胞分布于表皮、血液及淋巴组织中，是专业提呈抗原的细胞，在特异性免疫应答中有重要作用。红细胞表面带有大量补体片段 C3b 的受体 CR1，病原颗粒通过 C3b 结合到红细胞上，经血液循环到达肝、脾而被吞噬清除。由于血液循环红细胞的数目远大于白细胞，因此通过红细胞的免疫黏附是机体清除病原体的主要途径之一。

（3）免疫分子　免疫分子包括膜表面免疫分子和体液免疫分子两大类。

①膜表面免疫分子：包括膜表面抗原受体、主要组织相容性抗原、白细胞分化抗原和黏附因子。BCR 和 TCR 分别是 B 细胞和 T 细胞的特异性膜表面抗原受体，能识别不同的抗原并与之结合，启动特异性免疫。主要组织相容性抗原参与 T 细胞对抗原的识别及免疫应答中各类免疫细胞间的相互作用，也限制 NK 细胞不会误伤自身组织。白细胞分化抗原是各类白细胞在发育分化过程中表达的膜表面分子。黏附因子是介导细胞与细胞、细胞与基质相互结合的分子，有参与活化信号转导、细胞迁移、炎症、修复、生长发育等作用。

②体液免疫分子：包括抗体、补体和细胞因子。细胞因子是由免疫细胞分泌的相对分子质量较低的多肽。包括白细胞介素、干扰素、肿瘤坏死因子、集落刺激因子等，具有调节细胞功能，其中有的具有细胞毒性（如肿瘤坏死因子）和抗病毒功能（如干扰素），直接参与免疫应答的效应过程。补体和抗体分别是非特异免疫和特异免疫的主要体液成分。

2. 抗原

凡是能刺激有机体（人或动物体）产生抗体，并能与相应抗体发生特异性结合的物质，称为抗原（Antigen，Ag）。这一概念包括两个基本内容：一是抗原刺激有机体产生特异性免疫反应的能力，称之为免疫原性；另一是抗原与相应抗体在体内或体外发生特异性结合反应的能力，称为反应原性。免疫原性和反应原性统称为抗原性。

（1）抗原的性质　主要有异物性、特异性、相对分子质量大、化学结构复杂等特性。

①异物性：抗原必须是非己物质，而且生物种系差异越大，抗原性越强。例如，微生物及其某些代谢产物（如外毒素等）对机体是异物，具有良好抗原性。

②特异性：抗原刺激机体产生相应抗体并能与之特异性结合。例如，鸡卵蛋白刺激兔机体产生的抗体，只能与鸡卵蛋白反应，而不能与其他蛋白质反应。这种特异性是由抗原表位决定的。抗原表位（又称抗原决定基或抗原决定簇）是抗原分子中决定抗原特异性的基本结构或一些具有化学活性的基团。它是与抗体特异性结合的基本单位，通常由 5~15 个氨基酸残基、5~7 个多糖残基或核苷酸残基组成。表位的数量称为抗原的价，多数抗原均为多价，即抗原有多个表位与抗体特异性结合。

③相对分子质量大：抗原相对分子质量一般在 1×10^4 以上。相对分子质量越大，抗原性越强。例如，蛋白质的相对分子质量在 7×10^4 以上，抗原性最强，在机体内不易被分解和排除，停留时间长，利于刺激机体产生抗体。多糖和类脂因相对分子质量不够大，只有与蛋白质结合才有抗原性。

④化学结构复杂：免疫原性的形成还要求蛋白质分子的化学结构复杂。极性基团越多或含支链氨基酸越多，以及带芳香族氨基酸多的蛋白质抗原性越强。直链结构的物质一般缺乏免疫原性，多支链或带芳香族氨基酸物质容易成为免疫原。例如，明胶虽相对分子质量达 1×10^5，但因其由直链氨基酸构成，又缺乏芳香族氨基酸，故免疫原性微弱。若在明胶分子中连上 2%的酪氨酸，就能明显增加其免疫原性。

（2）抗原的种类　按来源可分为天然抗原与人工抗原，按抗原性的完整与否及其在机体内刺激抗体产生的特点，可分为完全抗原和不完全抗原。

①完全抗原：完全抗原既有免疫原性又有反应原性，是能刺激机体产生抗体，并与产生的抗体在体内或体外发生反应的抗原。如细菌、病毒、外毒素、血清白蛋白、花粉蛋白、肌肉蛋白等都属于完全抗原。

②不完全抗原或称半抗原：不完全抗原只有反应原性而无免疫原性，它不能单独刺激机体产生抗体，若与蛋白质或胶体颗粒结合，形成大分子复合物成为完全抗原，才可刺激机体产生抗体。例如，各种低分子质量的药物、脂类和多糖等都属于不完全抗原。青霉素进入人体后与体内蛋白质结合就有抗原性。

（3）细菌抗原　细菌抗原主要有以下几种（图 6-1）。

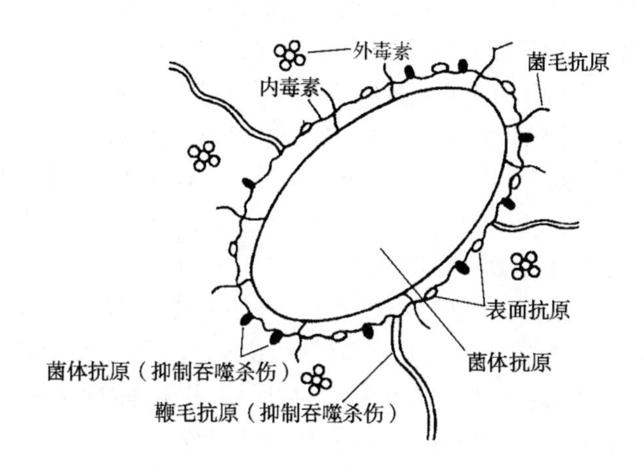

图 6-1　细菌的抗原

①菌体抗原：存在于细胞壁上，亦称 O 抗原，G^-菌 O 抗原成分为脂多糖最外层的 O-特异性多糖，由多个寡糖链组成，即为抗原表位，决定抗原特异性。G^+菌 O 抗原成分为磷壁酸。细菌的 O 抗原由数种抗原成分组成，近缘关系的细菌之间 O 抗原可能部分或全部相同，故可根据 O 抗原的组成不同对某些细菌分群，例如根据 O 抗原不同将沙门氏菌属分成 A、B、C_1、C_2、C_3、D、E_1、E_4、F 等群。G^-菌 O 抗原具耐热性，100℃处理 1~2.5h 仍保持抗原性。O 抗原刺激机体产生的抗体以 IgM 为主，与相应的抗血清反应时呈颗粒状凝集。

②鞭毛抗原：存在于鞭毛中，亦称 H 抗原，系由蛋白质组成，具有不同的种和型特异性，故通过对 H 抗原构造的分析，可作菌型鉴别。H 抗原不耐热，60~80℃处理 15~40min 或经乙醇处理即被破坏。据此，在制备 O 抗原时常用煮沸法消除 H 抗原。H 抗原刺激机体产生的抗体以 IgG 为主，与相应的抗血清做玻片凝集试验呈絮状反应。

③表面抗原：系包围在细菌细胞壁最外面的抗原，故称表面抗原。表面抗原随菌种和结构的不同可有不同的名称。如肺炎链球菌的表面抗原称为荚膜抗原；大肠杆菌、痢疾志贺氏菌的表面抗原称为包膜抗原或 K 抗原，沙门氏菌属的表面抗原则称为 Vi 抗原等。

④菌毛抗原：存在于菌毛中的抗原，也具有特异的抗原性。

⑤外毒素和类毒素：细菌外毒素具有很强的抗原性，能刺激机体产生抗毒素抗体。外毒素经 0.3%~0.4%（体积分数）甲醛溶液处理后可失去毒性，但仍保持抗原性，即成为类毒素。

3. 抗体

抗体（Antibody，Ab）是由抗原刺激有机体（人或动物）产生的具有特异性的免疫球蛋白。它是由 B 细胞识别抗原后增殖分化为浆细胞所产生的一类糖蛋白，能与相应抗原表位结合，是介导体液免疫的重要免疫分子。将具有抗体活性或化学结构与抗体相似的球蛋白统称为免疫球蛋白（Ig）。免疫球蛋白可分为分泌型（sIg）和膜型（mIg）两类，前者主要存在于血清和组织液中，占全部机体血清的 20%~25%，具有抗体的各种免疫功能；后者是 B 细胞膜表面抗原受体 BCR。含有免疫球蛋白的血清，称为免疫血清或抗血清。

（1）抗体的性质

①免疫球蛋白是一类糖蛋白，具有蛋白质的通性。凡能破坏球蛋白的各种理化因素均能使之灭活；能被多种蛋白酶水解；可在乙醇、三氯乙酸或中性盐类中沉淀，生产上常用 500g/L 饱和硫酸铵或硫酸钠从免疫血清中提取抗体球蛋白。

②抗体在体外（试管内）可与相应抗原发生特异性结合出现可见反应，在体内如与病原菌结合，并在其他防御机能协同作用下杀灭病原菌，起到抗感染作用。但某些抗体在机体内与相应抗原相遇时，能引起变态反应，如青霉素过敏等。青霉素过敏是半抗原与机体组织蛋白质结合后成为完全抗原，刺激机体产生 IgE 抗体，当机体再次接触青霉素时，相应抗原与该抗体结合即触发的变态（过敏）反应。

③由不同细胞克隆产生的抗体具有组成的不均一性和结构多样性。组成的不均一性体现在血清中的免疫球蛋白主要为 γ 球蛋白，也有少量 β 球蛋白和 α_2 球蛋白；结构的多样性表现在抗体分子多肽链氨基端（*N* 端）的可变区（V 区），其氨基酸残基种类和序列是多变的。

（2）抗体的基本结构　Ig 单体分子由 4 条多肽链组成，结构上呈"Y"型（图 6-2）。其中 2 条长链称为重链（H 链），由大约 440 个氨基酸残基组成，相对分子质量为（5.0~7.5）$\times10^4$；2 条短链称为轻链（L 链），由大约 220 个氨基酸组成，相对分子质量约为 2.5×10^4。4 条多肽链通过数量不等的链间二硫键（—S—S—）相连。

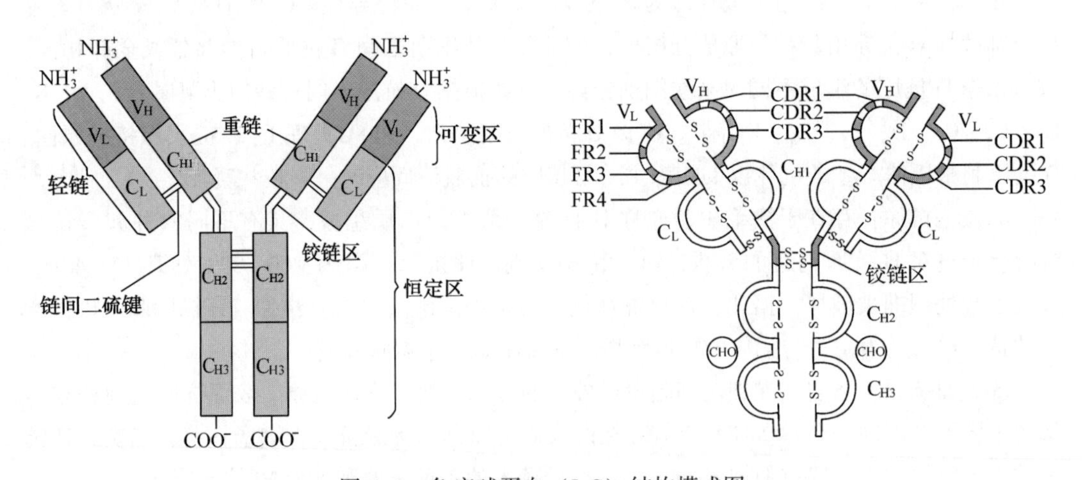

图 6-2　免疫球蛋白（IgG）结构模式图

在 Ig 分子多肽链的氨基端（*N* 端），于 L 链 1/2 和 H 链 1/4 处，氨基酸种类和序列变化较大，称为可变区（V 区）。H 链和 L 链的 V 区分别以 V_H 和 V_L 表示。V_H 和 V_L 内各含有 3 个氨基酸残基种类和序列特别多变的部位，称高变区（HVR）。高变区是 Ig 分子与抗原表位互补结合的部位，亦称为互补决定区（CDR）。即抗原抗体结合是通过 Ig 分子 CDR 识别抗原并与抗原表位特异性结合。高变区外的 V 区部位称骨架区或构架区（FR），大约占整个 V 区的近 75%，其氨基酸序列变化很少（约 5%）。FR 的功能是支持 CDR，并维持 V 区三维结构的稳定性。在 Ig 分子多肽链的羧基端（*C* 端）其余部分的氨基酸种类和序列相对稳定，称为稳定区或恒定区（C 区）。C_{H1} 和 C_{H2} 区之间连接的部位称铰链区，具有一定延展性。

根据 V_H/V_L 氨基酸序列同源程度的差异，可将 Ig 分为类和亚类。人类的免疫球蛋白分为 IgG、IgA、IgM、IgD 和 IgE 五类。IgG 又分为 IgG1、IgG2、IgG3 和 IgG4 四个亚类；IgA 分为 IgA1 和 IgA2 两个亚类。IgG、IgD、IgE 和血清型 IgA 呈单体结构，每一个 Y 字形的 Ig 单体分子能结合 2 个抗原表位，称之为两价；二聚体分泌型 IgA 为 4 价；五聚体 IgM 理论上为 10 价，但由于立体构型的空间阻位，一般只能结合 5 个抗原表位。抗体作为一种球蛋白，对异种动物又是很好抗原。因此，抗体既是抗体，又是抗原。利用此种特性可以制备抗免疫球蛋白抗体（或称抗抗体），用于免疫荧光技术和免疫酶技术中（间接法）。

（3）抗体的种类　抗体的分类不相一致，目前提倡较多的分类方法有以下几种。

①根据抗体获得方式分类：

a. 免疫抗体指动物患传染病后或经人工注射疫苗后产生的抗体。

b. 天然抗体指动物先天就有的抗体，而且可以遗传给后代。

c. 自身抗体指机体对自身组织成分产生的抗体。该抗体是引起自身免疫病因之一。

②根据抗体作用对象分类：

a. 抗菌性抗体指细菌或内毒素刺激机体产生的抗体，如凝集素等可凝集细菌。

b. 抗毒性抗体指细菌外毒素刺激机体产生的抗体，又称抗毒素，有中和毒素能力。

c. 抗病毒性抗体指病毒刺激机体产生的抗体，具有阻止病毒侵害细胞的作用。

d. 过敏性抗体指异种动物血清进入机体后产生的使动物发生过敏反应的抗体。

（4）人工制备抗体　目前可通过传统方法用抗原免疫动物或通过细胞融合技术和基因工程技术分别制备多克隆抗体、单克隆抗体和基因工程抗体。

①多克隆抗体（PoAb）：传统方法是将抗原免疫动物，由动物体内 B 细胞产生抗体。由于多数天然抗原具有多种抗原表位，每一种表位可激活具有相应抗原受体的 B 细胞产生针对某一抗原表位的抗体。因此，将抗原注入机体后，刺激多个 B 细胞克隆所产生的抗体是针对多种抗原表位的混合抗体，故称之为多克隆抗体。其特点是来源广泛、制备容易，但由于多克隆抗体是多种不同抗原表位特异性抗体的混合，因此，它不是针对某一特定表位，特异性不高，常出现交叉反应；同时也不易大量制备，故其应用受到限制。

②单克隆抗体（McAb）：1975 年英国的科勒（Kohler）及米尔斯坦（Milstein）发明和建立了可产生单克隆抗体的杂交瘤细胞和单克隆抗体技术（图 6-3）。他们用 B 淋巴细胞增殖分化的浆细胞（来自脾脏，有抗原特异性，能产生抗体，但短寿）与骨髓瘤细胞（无抗原特异性，但长寿，能在体外无限繁殖）利用原生质体融合技术进行细胞融合，获得既能在体外培养又能产生单一抗体的杂交瘤细胞。由该细胞产生的单克隆抗体，在结构和组成上高度均一，其抗原特异性和同种型（指同一种属所有个体的 Ig 分子共有的抗原表位，为非遗传标志）表现一致，易于体外大量制备和纯化，因此，单克隆抗体具有纯度高、特异性强、效价高、无或少血清交叉反应，制备成本低等特性，已广泛用做临床诊断试剂或生化治疗剂。单克隆抗体可用于：a. 对微生物病原体的鉴定。包括细菌性、病毒性、寄生虫性传染病的临床

疾病的诊断，以及食品、环境等可能污染物的病原体的检验，动植物病原体的检测及快速筛查与鉴定。b. 特异性抗原或与肿瘤相关蛋白质的检测和鉴定。通过检测与肿瘤相关的蛋白质，如癌胚抗原、甲胎蛋白等，对肿瘤进行早期诊断以及治疗后的疗效评价。c. 疾病的被动免疫治疗和生物导向药物的制备。将肿瘤治疗药物结合到抗肿瘤的特异性单克隆抗体上，制成的“生物导弹”，利用抗体与肿瘤的特异性结合能力，使药物集中到肿瘤部位，以减少药物的毒副作用和增强药物疗效。d. 检测血液中的药物含量。包括检测违禁药物，检测治疗药物如庆大霉素、头孢霉素等抗生素的浓度，以确定最佳用药量。e. 分离某些昂贵的生物活性物质。单克隆抗体技术的建立仍有许多问题亟待解决，其中关键问题之一是鼠源抗体可引起人抗小鼠抗体（HAMA）的产生。

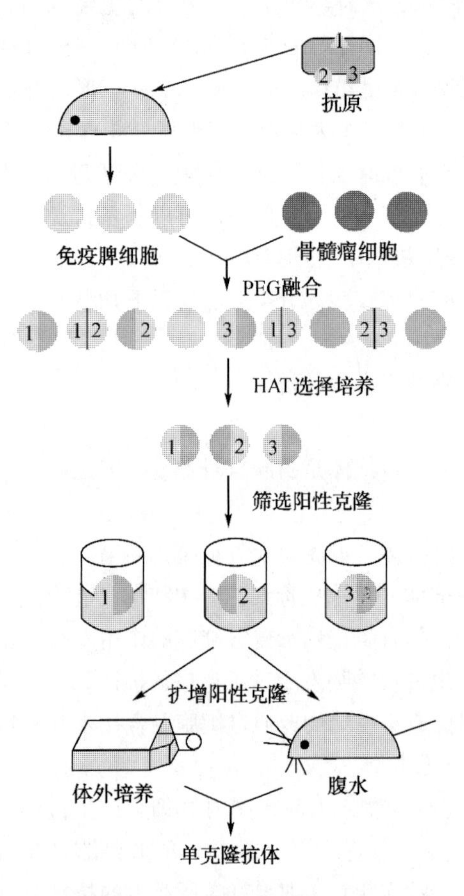

图 6-3　单克隆抗体制备示意图

1、2、3—三种抗原

③基因工程抗体：又称重组抗体，它是在充分认识 Ig 基因结构与功能的基础上，应用 DNA 重组和蛋白质工程技术，按人们的意愿在基因水平上对 Ig 分子进行切割、拼接或修饰，重新组装成的新型抗体分子。它保留了天然抗体的特异性和主要生物活性，去除或减少了无关结构，并赋予新的生物活性。迄今已成功构建多种基因工程抗体，如人-鼠嵌合抗体、人源化抗体、单链抗体（ScFv）、双特异性抗体（BsAb）及噬菌体抗体等。

4. 特异性免疫应答

特异性免疫应答是机体免疫系统受抗原刺激后，淋巴细胞（B 细胞、T 细胞）特异性识别抗原、发生活化、增殖、分化，进而表现一定生物学效应的全过程。

（1）B 细胞介导的体液免疫　人类 B 细胞来源于多能造血干细胞，于骨髓中发育成熟。成熟的 B 细胞居留于脾和淋巴结的生发中心及黏膜相关淋巴组织，并部分参与淋巴细胞再循环。当机体感染病原体（抗原）时，B 细胞通过其特异性膜表面抗原受体 BCR（mIg）与相应抗原结合，在抗原刺激下活化分化为浆细胞，大量合成并分泌抗体，其特异性与该 B 细胞的 mIg 相同，从而可与相应抗原结合，通过直接中和、调理吞噬、激活补体等途径发挥免疫防御作用。由 B 细胞分泌抗体介导的免疫应答称为体液免疫。

（2）T 细胞介导的细胞免疫　T 细胞来源于多能造血干细胞，于胸腺内发育成熟。成熟的 T 细胞居留于脾和淋巴结，并主要参与淋巴细胞再循环。当机体感染病原体（抗原）时，机体通过抗原提呈细胞（如树突状细胞、单核/巨噬细胞、B 细胞）吞噬（吞饮）、降解、提呈抗原肽段给 T 细胞，被 T 细胞特异性膜表面抗原受体 TCR 识别。但也有极少数超抗原（如金黄色葡萄球菌肠毒素）不需加工提呈抗原即可被T细胞识别。在抗原肽段刺激下活化杀伤性T细胞（细胞毒性T细胞），分泌穿孔蛋白并将带抗原的靶细胞膜穿孔，注入颗粒酶并引起蛋白质与核酸降解，靶细胞死亡。由活化T细胞介导产生的特异性杀伤或免疫炎症称为细胞免疫。

第三节　血清学反应及应用

血清学反应是指抗原与相应抗体之间在体内或体外发生的特异性结合反应。体内反应有吞噬、溶菌、杀菌及中和毒素等种类；体外反应有凝集反应、沉淀反应、补体结合反应及中和反应等种类。因抗体主要存在于血清中，在抗原或抗体的检测中多用含有抗体的血清（抗血清）做试验，故体外抗原抗体反应亦称为血清学反应。

一、血清学反应的一般特点

（1）特异性与交叉性　一种抗原只能与它相应的抗体结合。例如，白喉抗毒素只能与相应的白喉外毒素结合，而不能与破伤风外毒素结合。但较大分子的蛋白质常含有多种抗原表位，如果两种不同的抗原分子上有相同的抗原表位，或抗原、抗体间构型部分相同，皆可出现交叉反应，如肠炎沙门氏菌血清能凝集鼠伤寒沙门氏菌。

（2）可逆性　抗原抗体的结合犹如酶与底物的结合，是分子表面非共价键的物理结合，在一定条件下可发生解离。两者分开后，抗原或抗体的性质不变。

（3）定比性　抗原表位数量一般较多，因而是多价的；而抗体仅以Ig单体形式存在，故是双价的。因此，抗原抗体的结合是抗原-抗体-抗原-抗体这样顺次结合，只有当两者比例合适时，聚集成较大的复合物才能出现可见反应。若抗体或抗原过剩，都不能形成较大复合物。在进行血清学试验时，须将抗原或抗体做适当稀释（固定一种成分，稀释另一种成分），形成适当比例后，才可形成较大复合物，出现可见反应。

（4）阶段性　第一阶段为抗原表位与抗体的CDR部位特异性结合发生抗原抗体反应，形成复合物，但不被肉眼所见。其特点是反应快，数秒钟至数分钟内完成。第二阶段为电解质中和抗原抗体复合物表面上的大部分电荷，使复合物聚集成较大颗粒，出现可见反应。其特点是反应较慢，数分钟乃至十几小时完成，同时受电解质、pH和温度的影响。

（5）敏感性　血清学反应不仅具有高度特异性，而且还有高度敏感性，不仅可用于定性，还可用于定量和定位。其敏感程度大大超过目前所应用的化学方法。

二、影响血清学反应的因素

（1）电解质　适当浓度的电解质能中和抗原抗体表面大部分负电荷，抵消排斥力而相互聚集，出现凝集或沉淀现象。在血清学反应中，常用8.5g/L的NaCl作为电解质溶液。

（2）温度　在一定温度条件下可以增加抗原抗体碰撞结合机会，加快反应速率。一般在37℃水浴中保持一定时间，即出现可见反应。

（3）pH　pH过高或过低可直接影响抗原抗体的理化性质，当pH低达3时，因接近细菌抗原的等电点，将出现非特异性酸凝集，造成假象。此外，过高或过低的 pH 还会使抗原抗体复合物重新解离。故大多数血清学反应的适宜 pH 为 6~8。

（4）杂质异物　反应中如存在与反应无关的蛋白质、类脂、多糖等非特异性物质时，往往会抑制反应的进行，或引起非特异性反应。

三、主要血清学反应

1. 凝集反应

颗粒性抗原（如细菌或红细胞等）与相应抗体结合，在有适量电解质存在时，形成肉眼可见的凝集团块，称为凝集反应。其颗粒性抗原称凝集原，抗体称凝集素。此类反应可分为直接凝集反应和间接凝集反应。

（1）直接凝集反应　是抗原与抗体直接结合而发生的凝集，如细菌、红细胞等表面的结构抗原与相应抗体结合时出现的凝集。

①玻片法：本法为定性试验，用已知抗体检测未知抗原。鉴定分离菌种时，取已知抗血清滴加玻片上，挑取未知细菌菌落混匀于抗血清中，如两者相对应，数分钟后即出现细菌凝集块。该法简便快速，除鉴定菌种外，还用于菌种分型，测定红细胞的 ABO 血型等。

②试管法：本法为定量试验，用已知抗原测定受检血清中有无某种抗体及其相对含量。操作时将待检血清用生理盐水做连续的二倍稀释，然后于各试管中加入等量抗原悬液，于37℃放置一定时间后观察凝集程度，判定血清中抗体效价（也称滴度）。发生明显凝集现象的最高血清稀释度即为该血清中的抗体效价，以表示血清中抗体的相对含量。此法常用于检测患传染病的人或家畜血清中有无相应抗体，以诊断是否患有某种传染病。

（2）间接凝集反应　利用某些与免疫无关的均一的小颗粒物质，如红细胞、聚苯乙烯乳胶，活性炭等作为载体，将可溶性抗原（或抗体）吸附于表面，如与相应的抗体（或抗原）结合，在有适量电解质存在时，发生凝集现象。其特点是反应敏感，可检测极微量抗原或抗体。根据所用载体不同，常用的间接凝集反应有间接血球凝集反应、碳凝集反应、乳胶凝集反应等。此外，还有间接凝集抑制反应。

2. 沉淀反应

可溶性抗原（如血清蛋白、细菌培养滤液、细菌浸出液、组织浸出液等）与相应抗体结合，在有适量电解质存在下，形成肉眼可见的沉淀物，称为沉淀反应。其可溶性抗原称为沉淀原，抗体称为沉淀素。凝集反应与沉淀反应的比较见表 6-1。沉淀反应可分为环状法、絮状法和琼脂扩散法。

表 6-1　凝集反应与沉淀反应的比较

项目	凝集反应	沉淀反应
抗原的溶解性	颗粒性抗原	可溶性抗原
单个抗原体积	大	小
单位体积内抗原与抗体结合的总表面积	小	大
出现反应现象所需抗体量	少	多
做血清学试验时需要稀释	抗血清	抗原

（1）环状法 将已知抗血清注入内径为2~3mm小试管底部，沿管壁缓慢加入经适当稀释的抗原溶液，使两种溶液成为界面清晰的两层。数分钟后在两液交界处出现乳白色沉淀环，即为阳性反应。本法常用于对未知抗原的定性试验，如诊断炭疽芽孢杆菌的耐热多糖类抗原［阿斯科利（Ascoli）氏试验］、血迹来源鉴定、肉的种类鉴定（究竟是何种动物的肉类）等。

（2）絮状法 在凹玻片上滴加抗原与相应抗体，如出现肉眼可见的絮状沉淀物，即为阳性反应。如诊断梅毒的康氏反应就是一种絮状沉淀反应。

（3）琼脂扩散法 又称免疫扩散试验，分为单向扩散和双向扩散两种类型。

①单向扩散：将适当浓度的抗体预先与琼脂混匀，倾注于平板，待琼脂凝固后打孔，孔中加入抗原。抗原从孔中向四周边扩散边与琼脂中抗体结合，一定时间后，在两者比例恰当处生成乳白色沉淀环。沉淀环的大小与抗原和抗体浓度相关。若抗体浓度一定，沉淀环的大小与抗原浓度有关，抗原浓度越高，沉淀环的直径越大。此法主要用于定量测定标本中各种免疫球蛋白和各种补体成分的含量。

②双向扩散：将溶化琼脂倾注于平皿内或玻片上，凝固后，在琼脂板上按梅花形或方阵形等图形打出多个小孔，中间打一大孔，分别滴入抗原与抗体，如果抗原和抗体相对应，浓度和比例较适当，则一定时间后在抗原和抗体孔之间出现清晰白色沉淀线（图6-4）。此法常用于分析溶液中的多种抗原成分。不同抗原由于化学结构、相对分子质量、带电情况各异，在琼脂内扩散速率不同，因而会分离开，并与抗体在比例适合处形成沉淀线，而且一对相应的抗原和抗体只能形成一条沉淀线。因此，根据沉淀线的数目即可推知样品中有几种抗原成分，并根据沉淀线融合情况，还可鉴定两种抗原是完全相同还是部分相同。

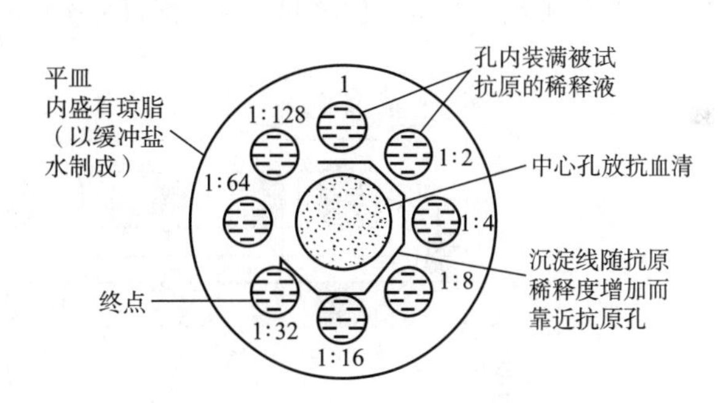

图6-4 琼脂双向扩散示意图

3. 免疫电泳

免疫电泳（IE）是将琼脂扩散和电泳技术相结合的血清学检验方法。其特点是特异性强，灵敏性和分辨力高，用于分析抗原或抗体纯度。常用的有对流免疫电泳、火箭电泳、双向免疫电泳和琼脂免疫电泳等几种类型。

（1）对流免疫电泳 这是一种将双向扩散与电泳技术结合而成的方法。其原理：抗原与抗体分别置于凝胶板电场负、正极附近的小孔中，通电后，抗原向正极移动，抗体向负极移动，结果在两孔间合适的抗原、抗体浓度处形成一条沉淀线。此法快速、灵敏，可用于乙型肝炎表面抗原（HBsAg）和甲胎蛋白（AFP）等的检测。

（2）火箭免疫电泳 又称电泳免疫扩散，这是一种将单向扩散与电泳技术相结合的方法。抗原在含定量抗体的琼脂中向一个方向泳动，两者比例合适时，在较短时间内生成如火箭状或锥状的沉淀线（图6-5），故称火箭电泳。在一定浓度范围内，沉淀峰的高度与抗原含量成正比，可用于AFP等的定量测定。

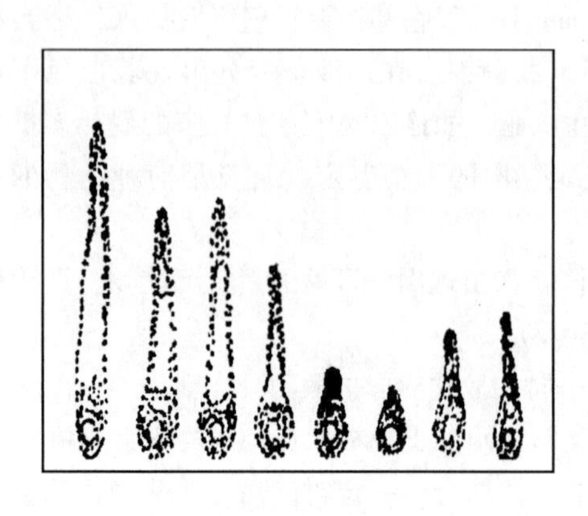

图 6-5　火箭电泳结果示意图

（3）双向免疫电泳　这是一种将火箭电泳与血清免疫电泳相结合的方法。先将血清用电泳分离出各成分，然后切下凝胶板转移至另一已加有抗血清的凝胶上，进入垂直方向的第二次电泳，形成呈连续火箭样的沉淀线（图 6-6）。

（4）琼脂免疫电泳　这是一种先进行琼脂平板电泳再做双向琼脂扩散的血清学检验技术。先将抗原样品在琼脂凝胶中电泳，样品中的不同抗原成分因不同迁移率而彼此分离成区带，然后沿电泳方向挖一条平行的抗体槽，加入抗血清做双向扩散，已分离成区带的各抗原成分在琼脂凝胶中扩散，遇到相对应抗体，在两者比例适合处形成可见的弧形沉淀线（图 6-7）。根据沉淀线的数量、位置和形状，即可分析样品中所含抗原成分和含量。

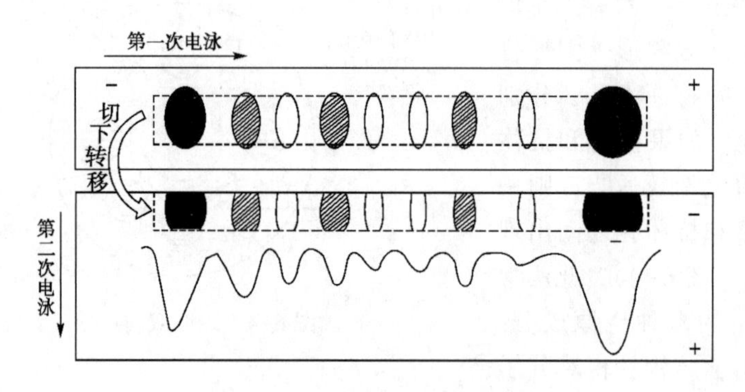

图 6-6　双向免疫电泳示意图

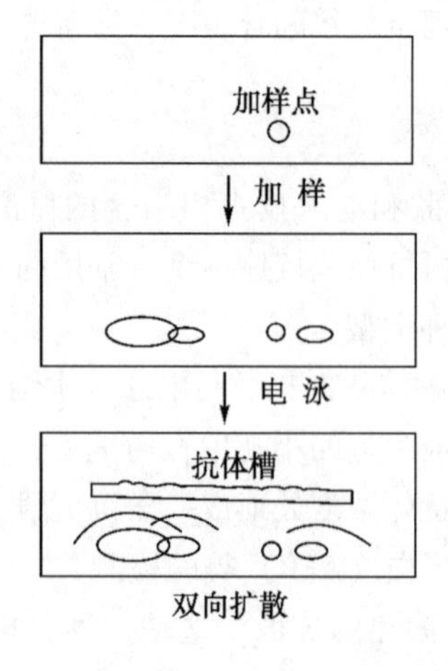

图 6-7　琼脂免疫电泳示意图

四、现代免疫学技术

现代免疫学技术包括免疫标记技术、免疫定位分析、免疫亲和层析和免疫生物传感器技术等，其中尤以免疫标记技术发展最快，应用最广。免疫标记技术是先将某些小分子物质，如荧光素、酶、放射性同位素或电子致密物质、胶体金等作为标记剂，将之结合到抗原或抗体上，再进行正常抗原抗体反应。其优点是特异性强、灵敏度高、反应速率快、容易观察，可用于定性、定量分析及分子定位。下面介绍几种主要的免疫标记技术。

1. 免疫荧光技术

免疫荧光技术又称免疫荧光抗体法。其原理：在一定条件下以化学方法将荧光素与抗体结合，制成荧光素抗体，但不影响抗体的免疫活性。如果标本中的抗原与荧光素抗体结合着染后，在荧光显微镜下成为发出荧光的可见物，即可达到检出抗原的目的（图 6-8）。目前常用的荧光素有异硫氰酸荧光素（FITC）和罗丹明（RB200），两者与抗体结合后，在蓝紫光激发下，分别发出黄绿色和橙红色荧光。该技术主要有直接法、间接法和标记法。

（1）直接法　用特异荧光抗体直接滴加于标本上，若有相应抗原存在，即与荧光抗体结合，形成抗原-荧光标记抗体复合物（图 6-8 直接法），在荧光显微镜下即可见到发出荧光的抗原形态。本法操作简便、特异性高、非特异性荧光染色因素少；缺点是敏感度偏低，每检查一种抗原需制备相应的特异荧光抗体。本法可在亚细胞水平上直接观察并鉴定微生物及组织、细胞中的蛋白质。

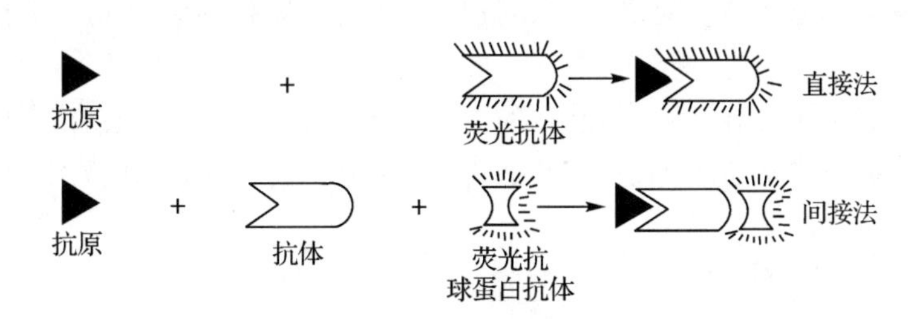

图 6-8　免疫荧光抗体法中直接法和间接法示意图

（2）间接法　本法有抗原、抗体、荧光标记抗抗体三种成分参加反应，其中有两种抗体相继作用。第一抗体为针对被检测抗原的特异抗体，第二抗体为针对第一抗体的抗抗体（抗免疫球蛋白抗体）。抗抗体是抗体（为一种蛋白质）作为抗原刺激机体所产生，将之标记荧光素制成荧光标记抗抗体。其原理如图 6-8 间接法所示，形成的抗原-抗体-荧光标记抗抗体复合物，在荧光显微镜下见到具有一定形态特征的荧光现象。本法灵敏度高，只需要制备一种荧光标记抗抗体就可对多种不同抗原进行检测；缺点是操作较繁琐，参加反应因素较多，受干扰机会大，常有非特异性荧光出现。

（3）标记法　本法用 FITC 和 RB200 分别标记不同的抗体，对同一标本作荧光染色，若有两种相应抗原存在时，能同时发出黄绿和橙红两种荧光。

2. 免疫酶技术

免疫酶技术又称酶免疫测定法。其原理：酶与抗原或抗体结合，制成酶标抗原或抗体，既保持抗原或抗体特异性，又不影响酶本身活性，进行抗原抗体反应后，在酶与其相应底物作用下，产生可见不溶性有色产物而进行测定的方法。目前常用辣根过氧化物酶（HRP）标记抗体，其次用碱性磷酸酶等。HRP 是一种糖蛋白，主要成分是酶蛋白和铁卟啉，其底物为邻苯二胺（OPD）或二氨基联苯胺（DAB），HRP 催化 H_2O_2 氧化 OPD 生成黄色产物，DAB 经氧化产生棕褐色沉淀物。本法用于组织切片、细胞培养标本等组织细胞抗原的定性定位，也可用于可溶性抗原或抗体的测定。下面介绍几种具体方法。

（1）酶联免疫吸附法　是免疫酶技术常用的方法，简称 ELISA。其原理：先将可溶性抗原（抗体）吸附于聚苯乙烯等固相载体表面，成为固相抗原或抗体，添加被 HRP 标记的抗体（抗原），使之与抗原（抗体）结合后，再加入 HRP 的底物 OPD/H_2O_2，进行免疫酶反应，产生明显黄色产物，以酶标仪测定 OD 值，其所生成的颜色深浅与待测的抗原（抗体）含量成正比。酶联免疫吸附法优点：①灵敏度高、特异性强。这与 HRP 催化能力极强有关，可检出 1ng/mL 抗原或抗体含量。②酶标抗体制备容易，且高度稳定而有效期长。③操作简便。酶标仪的应用使操作程序规范化和自动化，并提高了稳定性。④应用范围广泛。在免疫学方面用于检测多种病原菌抗原或抗体、血液及其他体液中微量蛋白成分、细胞因子等；在食品加工领域用于测定蛋白质及各种生物活性成分，如异黄酮半抗原；在食品安全方面用于检测果蔬农药残留、动物食品抗生素残留及食源性病原菌及其毒素，如沙门氏菌及其肠毒素、大肠杆菌及其肠毒素和志贺毒素、金黄色葡萄球菌及其肠毒素、单核细胞增生李斯特氏菌（*Listeria monocytogenes*，简称单增李斯特氏菌）及真菌毒素等。

①双抗体夹心法：本法用于检测抗原，操作步骤如下（图 6-9 夹心法）。

a. 将特异性抗体吸附于固相载体上，形成固相抗体，洗涤除去未结合的抗体和杂质。

b. 加待检标本（抗原），使之与固相抗体结合成抗原抗体复合物，洗涤除去未结合部分。

c. 加酶标抗体，使固相免疫复合物上的抗原与酶标抗体结合，洗涤未结合的酶标抗体。

d. 加底物，夹心式复合物中的酶催化底物成为有色产物，以酶标仪测定 OD 值。

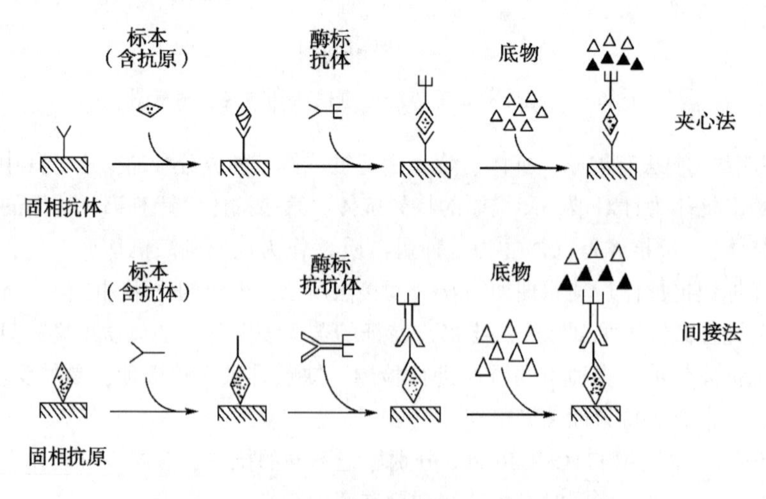

图 6-9　双抗体夹心法测抗原和间接法测抗体示意图

②间接法：本法用于检测抗体，操作步骤如下（图 6-9 间接法）。

a. 将特异性抗原吸附于固相载体上，形成固相抗原，洗涤除去未结合的抗原和杂质。

b. 加稀释的待检血清，使之与固相抗原结合成抗原抗体复合物，洗涤除去未结合部分。

c. 加酶标抗抗体，使之与固相复合物中的待检血清结合，洗涤未结合的酶标抗抗体。

d. 加底物显色，颜色深度代表标本中待检抗体的量，以酶标仪测定 OD 值。

本法利用酶标记的抗抗体检测能与固相抗原相结合的待检抗体，只要更换不同的固相抗原，利用一种酶标抗抗体即可检测各种与抗原相应的抗体。

③斑点酶免疫吸附法：本法原理与上述两法相同，其不同之处：a. 用硝酸纤维薄膜取代微量酶标板；b. 最终显色反应是不溶于水的有色沉淀物，例如，碱性磷酸酶的底物不能用对硝基酚磷酸盐，而要用氮蓝四唑（NBT）等，最终可从薄膜上沉淀物颜色的有无或多少确定结果。此法优点：灵敏度高（比普通 ELISA 高 10～100 倍），与放射免疫测定法相当。

④生物素-亲和素系统在 ELISA 中的应用：生物素即维生素 H，亲和素又称抗生物素抗体，常用链霉亲和素［由亲和素链霉菌（*Streptomyces avidinii*）分泌的一种蛋白质］取代蛋清亲和素（从鸡蛋清中提取的一种碱性糖蛋白）。1 个分子亲和素由 4 个亚基组成，可与 4 个分子生物素特异性结合，两者结合具有高度亲和力，且抗体、抗原和 HRP 均能与生物素偶联而不影响其生物学活性。由于抗原（抗体）分子可偶联多个生物素，且 1 个亲和素分子可结合 4 个生物素分子，连接更多生物素化（标记）的抗原（抗体）分子，形成一种类似晶格的复合物，从而组成一个生物放大系统，提高 ELISA 检测灵敏度。例如，在 ELISA 双抗体夹心法中的酶标抗体可用生物素化的抗体替代，而后连接亲和素-生物素·HRP 结合物，借助形成的抗体·生物素-亲和素-生物素·HRP 复合物，以放大反应信号，追踪靶抗原，通过酶催化底物显色，可检出相应的抗原含量。桥联法 ABC-ELISA 夹心法检测抗原的原理如图 6-10 所示。

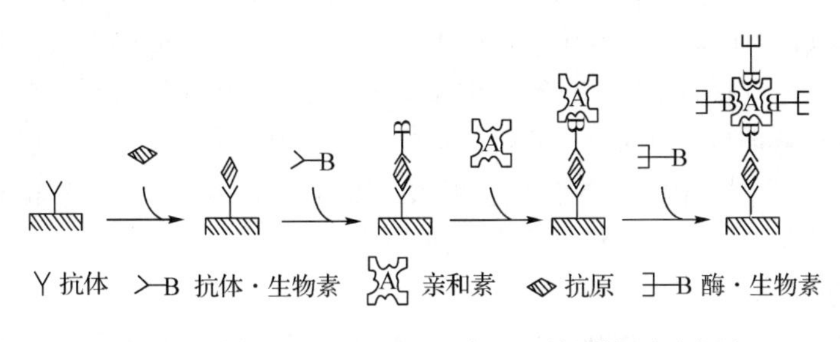

图 6-10　桥联法 ABC-ELISA 夹心法检测抗原示意图

⑤纳米免疫磁珠技术在 ELISA 中的应用：纳米磁珠是内部有一个磁核（磁性 Fe_3O_4），外壳为聚合物（或氧化硅）构成的纳米微球（粒径一般为 100nm 左右）。微球表面分布着许多活性基团，可以与细胞、细菌、蛋白质、核酸、酶等生化物质发生偶联，利用微球的超强顺磁性，在外磁场作用下能迅速聚集，离开磁场能够均匀分散，从而实现被检样品的富集与分离。纳米磁珠可用于细胞分离、细菌检测、蛋白质纯化、核酸提取、免疫沉淀反应、免疫胶体金层析检测等。将纳米磁珠偶联抗体制成纳米免疫磁珠，用之捕获富集靶抗原，联用 ELISA 可检测样品中的抗原浓度。例如，利用纳米免疫磁珠技术联合 ELISA 可快速检测鼠伤寒沙门氏菌（*Salmonella typhimurium*）。将活化后的 180nm 磁珠与链霉亲和素偶联，获得链霉亲和素磁珠，再与生物素化的鼠伤寒沙门氏菌单克隆抗体结合，形成磁珠·亲和素-生物素·抗体的纳米免疫磁珠。而后以纳米免疫磁珠捕集样品中的菌体（靶抗原），按照 ELISA 双抗体夹心法步骤操作，形成鼠伤寒沙门氏菌单克隆抗体-靶抗原-酶标单克隆抗体复合物，

加底物显色，用数据处理软件以菌体浓度为横坐标，酶标仪测定靶抗原的OD_{450nm}为纵坐标自动生成标准曲线和对应的线性方程，以此快速检测食品中鼠伤寒沙门氏菌的浓度。由于采用亲和素-生物素纳米免疫磁珠能高效捕集靶抗原，捕获效率为99%，故可提高检测灵敏度，使鼠伤寒沙门氏菌最低测定浓度由10^3~10^4CFU/mL降至50CFU/mL。

（2）酶标记免疫定位

①免疫组织化学：又称酶标免疫组织化学，其原理与上述斑点酶免疫吸附法相同，不同之处为用组织切片或细胞样品代替固相抗原。

②免疫印迹：免疫印迹是在DNA印迹基础上发展而来的蛋白质检测技术。其原理：将待测样品中几种相对分子质量不同的蛋白质经十二烷基硫酸钠-聚丙烯酰胺凝胶电泳（SDS-PAGE电泳）分离成不同条带后，转移至固相介质如硝酸纤维膜上，而后用酶标记的抗体对条带进行显色和鉴定，以揭示特异抗原的存在。本法广泛用于蛋白质样品分析研究。

3. 放射免疫测定

放射免疫测定（RIA）是用放射性同位素（^{125}I、^{131}I等）标记抗原或抗体进行免疫学检测。其优点：灵敏度极高，检测下限在1pg/mL~1ng/mL水平，广泛用于激素、核酸、病毒抗原、肿瘤抗原等微量物质测定。但需特殊仪器及防护措施，并受同位素半衰期的限制。在食品安全方面，用于检测食品中的病原菌及其毒素，具体方法有放射免疫分析法和放射免疫测定自显影法。其中较常用的是固态RIA技术。方法：先将抗体吸附于固态物质（如聚丙烯、聚苯乙烯和溴乙酰纤维素）表面，再与有^{125}I放射性标记物的抗原结合，洗去游离的标记抗原，进行放射性定量测定。例如，科林（Collins）等人采用与溴乙酰纤维素相结合的浓缩抗体，检测火腿、牛乳、羊肉中的金黄色葡萄球菌肠毒素A和金黄色葡萄球菌肠毒素B，可在3~4h内完成，肠毒素检测准确度为0.01μg/mL。此外，尚可用直接法或间接法鉴定食品中的病原菌。前者在混合微生物的检测中需要制备每一种微生物的标记抗体，后者只需要准备一种标记抗抗体即可。方法：先将待检抗原（病原菌细胞）用微孔滤膜过滤，使之截留于其上，再以^{125}I标记的同源抗体冲洗微孔滤膜，则可在8~10min内得到检验结果。如果使用同源抗体的混合物时，一次操作可鉴定多种细菌。

4. 免疫电镜技术

免疫电镜技术（IEM）是将血清学标记技术与电子显微镜相结合，在免疫反应高度特异、敏感、快速、简便的基础上，用电子显微镜进行超微结构水平上的抗原定位方法。其基本原理：用电子致密物质标记抗体，而后与含有相应抗原的生物标本反应，在电镜下观察到电子致密物质，从而准确显示抗原所在位置。本法用于检测细菌、病毒等的超微结构。

5. 胶体金标记技术

胶体金标记技术是以胶体金标记抗原或抗体进行定性或半定量的快速免疫检测。胶体金标记蛋白质原理：采用柠檬酸三钠还原法以氯金酸（$HAuCl_4$）制备各种不同粒径和颜色（如2~5nm呈橙黄色，10~20nm呈酒红色，30~80nm呈紫红色）的胶体金颗粒，其表面带有大量负电荷，因静电相斥作用，使其在水中形成稳定悬浮的胶体金溶液。在碱性条件下，胶体金可与带正电荷基团的蛋白质产生静电吸引而牢固结合，并对后者生物活性无明显影响。其方法分为液相胶体金标记技术和固相胶体金标记技术。

液相胶体金标记技术又称免疫金染色法（IGS），它仅以较高浓度的胶体金标记多量的抗原或抗体，而且当金颗粒过大时，胶体金不稳定。免疫金银染色法（IGSS）可以克服以上缺点。其原理：先用胶体金标记剂做免疫金染色，再加入含银的物理显影液，则银离子靠电荷吸引，大量吸附于金颗粒周围，使显色结果呈现金属银的蓝黑色，同时将显色信号进一步放大。此法可节省大量抗原或抗体及胶体金用量，用较低浓度、小颗粒的胶体金就能吸附更多的银离子，可显著提高灵敏度，而且胶体金稳定。

固相免疫胶体金标记技术常用有胶体金免疫层析法和胶体金免疫渗滤法。前法原理：将胶体金标记的抗体包被在层析用 NC 硝酸纤维素试纸条上，于加样孔中滴入含有待测抗原的样品，抗原与金标抗体专一性结合形成的复合物通过毛细管虹吸作用向另一端迁移。后法原理：将抗原与胶体金标记的抗体顺次滤过有一定孔径的 NC 硝酸纤维素膜，此过程中抗原与抗体专一性结合。两种方法最终通过胶体金聚集产生的颜色变化作为结果判断依据。为了减少胶体金用量，通过银染加强显色效果（胶体金本身呈淡红色，银染后呈蓝黑色）。

胶体金标记技术优点：快速（15min 之内完成）、准确率和灵敏度高（检测下限 10~10^3pg/mL），操作简便，成本低，便于携带，无需特殊检测仪器，适合基层和现场使用。目前该技术已广泛用于检测特定蛋白、病原体、真菌毒素及其快速诊断试剂盒的制备。例如，用胶体金标记赭曲霉毒素单克隆抗体，可以制备赭曲霉毒素胶体金免疫层析试纸条，用于现场大量快速检测粮食、饲料和食品中的赭曲霉毒素。又如，采用纳米免疫磁珠技术联合胶体金层析可快速检测单增李斯特氏菌。将活化后的 180nm 磁珠与链霉亲和素偶联，再与生物素化的单增李斯特氏菌单克隆抗体结合，形成纳米免疫磁珠。而后以纳米免疫磁珠捕集样品中的菌体（抗原），将待测抗原富集液滴入胶体金免疫层析试纸条加样孔中，结合垫上胶体金标记的单增李斯特氏菌单克隆抗体与样品垫中的抗原结合，形成的抗原-金标抗体复合物向加样孔另一端迁移，在层析膜的 T 线处与单增李斯特氏菌多克隆抗体结合，形成抗体-抗原-金标抗体复合物（双抗体夹心法原理），而未与抗原结合的游离金标抗体继续向一端迁移，在层析膜的 C 线处与羊抗鼠 IgG 结合形成金标抗体-抗抗体（抗 IgG 抗体）复合物，5~15min 后在 T 线和 C 线处显示两条红色条带，表示检测样品结果为阳性，只一条 C 线显红色，表示为阴性样品。该法最低检测浓度为 50CFU/mL，特别适于快速筛查食品中的病原菌。有关免疫胶体金标记技术详见刘慧主编《现代食品微生物学实验技术（第二版）》实验 18。

重点与难点

（1）抗原及抗体的性质；（2）区别凝集反应与沉淀反应；（3）ELISA 原理及双抗体夹心法；（4）胶体金标记蛋白质的原理；（5）纳米免疫磁珠技术联合胶体金层析快检技术。

课程思政点

作为食品加工、检验工作者或研究者，学习体外抗原抗体反应原理，掌握免疫学技术，对快速检测食品中的致病菌及其毒素、真菌毒素、抗生素残留等有害物具有重要意义。

复习思考题

1. 抗原和抗体各有哪些性质？
2. 简述抗原抗体反应（血清学反应）的种类和一般特点。
3. 比较沉淀反应和凝集反应的异同。
4. 免疫标记技术主要有哪几种？各自原理是什么？
5. 简述酶联免疫吸附法（ELISA）的原理和特点及双抗体夹心法的操作步骤。
6. 简述纳米免疫磁珠技术在 ELISA 中的应用，并举例说明。
7. 简述胶体金标记蛋白质的原理及其应用，并举例说明。
8. 简述如何利用纳米免疫磁珠技术联合胶体金层析快速检测微生物，并举例说明。
9. 名词解释：感染、免疫系统、抗原与抗体、凝集反应与沉淀反应、血清学反应。

第七章 微生物的生态

生态学是一门研究生物有机体与其栖居环境间相互关系的科学。生态系统是指在一定空间内生物群落（指在一定区域内或一定生境中所栖息的各种生物种群的自然组合）与非生命环境通过物质循环和能量流动的互相作用、互相依存而构成的生态学功能单位。生态位是指一个种群在生态系统中时空位置及其与相关种群之间的功能关系与作用。微生物是生态系统的重要成员，特别是作为系统中有机物的分解者，对生态系统乃至整个生物圈（指地球上所有生物存在的范围）的能量流动、物质循环发挥着独特而不可替代的作用。微生物生态学是研究微生物与其周围生物和非生物环境之间相互关系的科学。微生物分子生态学是由分子生物学与微生物生态学交叉而形成的学科，主要研究微生物群落结构与功能及其多样性，目的是开发微生物资源，阐明微生物群落与其生境的关系，揭示群落结构与功能的联系，从而指导微生物群落功能的定向调控。本章主要介绍微生物与生物环境间的相互关系、微生物与生物地球化学循环、微生物与污水处理等方面内容，有关微生物在自然界中的分布详见第九章第一节。

第一节 微生物与生物环境间的相互关系

微生物在自然界某一具体环境中并不是单独存在。对某种微生物来说，其他微生物或高等生物就构成了它的生物环境。微生物间的相互关系是既复杂又多样。以甲乙两个种群为例，理论上可将微生物种群间相互作用关系归纳为 8 种类型（表 7-1）。

表 7-1　　微生物种群间相互作用的关系

关系名称	作用结果		作用特点
	种群甲	种群乙	
互惠共生	增加	增加	种群相互有利，为专性的紧密结合
协同共栖	增加	增加	种群相互有利，为非专性的松散联合
竞争关系	减少	减少	两者需要相同的生长条件，进而相互损害
寄生关系	增加	减少	甲生活于乙体内，危害乙生长
拮抗作用	无影响	减少	甲抑制乙生长

续表

关系名称	作用结果		作用特点
	种群甲	种群乙	
捕食关系	增加	减少	甲以乙为食
偏利共栖	增加	无影响	利甲但不损乙
中性共栖	无影响	无影响	两者均不受影响或无紧要影响

下面简单介绍微生物间和微生物与他种生物间最典型和重要的 5 种相互关系。

一、互　　生

两种可单独生活的生物，在共同生活时，通过各自的代谢活动而有利于双方，或偏利于一方的生活方式，称为互生。这是一种“可分可合，合比分好”松散的相互关系。

（1）单方有利的互生　在动物皮肤上生存一种微球菌，靠皮肤分泌的物质生活，但一般对动物无害；在人的牙垢中有一种螺旋菌，靠牙垢中的养料为生，但通常不影响人体健康；许多种光合细菌能氧化 H_2S，使其失去毒性，其他细菌得以生长。这些均说明了一种生物的存在，有利于另一种生物的生存。

（2）双方有利的互生　好氧性自生固氮菌与纤维素分解菌共同生活时，二者相互受益（表 7-2）。固氮菌可利用纤维素分解细菌降解土壤中的纤维素，以生成的各种含碳有机物（如有机酸）作为碳源和能源，进行大量繁殖和固氮作用；而纤维素分解细菌既可避免自身累积的有机酸代谢产物引发的中毒，又可从固氮菌的固氮作用中得到氮素来源。当好氧与兼性厌氧微生物共同生活在一种基质时，即呈现互生关系。

表 7-2　　固氮菌与纤维素分解菌互生时对纤维素分解作用的影响

试验项目	纤维素含量/g		分解率/%
	试验前	试验后	
纤维弧菌（*Cellvibrio* sp.）	1.82	1.53	15.93
固氮菌（*Azotobacter* sp.）+纤维弧菌（*Cellvibrio* sp.）	1.82	1.32	27.47

人体肠道中的正常菌群与人之间是互生关系，内容详见第九章第一节。

发酵工业常用互生现象生产发酵产品。混菌培养，又称混合发酵，这是在深入研究微生物纯培养基础上的人工“微生物生态工程”，是一种将两种或数种微生物混合在一起培养，以获得更好发酵生产性能的培养方法。微生物互生现象在发酵工业中的应用举例如下。

①酸乳发酵：德氏乳杆菌保加利亚亚种（曾称保加利亚乳杆菌）和嗜热链球菌在混合发酵酸乳过程中保持良好的互生关系。前者在发酵时分解蛋白质产生的缬氨酸、甘氨酸和组氨酸等刺激后者生长，而后者在生长时产生的甲酸又被前者利用，故而使两种菌迅速繁殖，快速发酵乳糖产生乳酸，3~4h 即可凝乳，而单一菌发酵至少需要 8~12h 乳凝。

②维生素 C 发酵：1970 年我国学者发明了用二步发酵法（指反应中有两步由微生物发酵，其余各步仍为化学转化反应）生产维生素 C 的新工艺。据报道 2020 年我国维生素 C 产量达 21.3 万 t，占全球产量的 75%以上。利用两种菌协同进行第二步的混合发酵，氧化葡萄

糖酸杆菌为产酸菌，单独发酵其生长差及产酸能力较低；巨大芽孢杆菌为伴生菌，不产酸，但两者混合协同参与发酵，则可不断转化维生素 C 的前体物质 2-酮基-L-古龙酸。

③沼气发酵：产氢产乙酸细菌群是产氢产乙酸细菌（如互营单胞菌属、互营杆菌属、梭菌属、暗杆菌属等）与产甲烷细菌（如甲烷杆菌属、甲烷球菌属、甲烷八叠球菌属、甲烷螺菌属等）形成的互生共养菌。产氢产乙酸细菌分解乙醇、丙酸、丁酸等物质生成 H_2、CO_2 和乙酸等，为产甲烷细菌提供了生长和产甲烷基质。上述反应只有在乙酸浓度和氢分压很低（$<5.1\times10^4$Pa）时才能顺利进行。而产甲烷细菌能及时消耗环境中的乙酸和 H_2 转化为 CH_4 和 CO_2，从而促使了产氢产乙酸细菌的继续降解。

二、共　　生

两种或多种生物共同紧密生活在一起，形成相互依赖，互相有利的关系，甚至达到单独者难以生存，这种生存方式称为共生。它们合二为一，在生理上相互分工，互换生命活动的产物，在组织上和形态上产生了新的结构。两种生物的互利关系已从代谢产物的相互利用，发展到结构和功能方面的相互利用及密不可分的程度。共生是互生关系的发展。根据微生物共生对象的不同，将微生物的共生分为三种类型。

1. 微生物间的共生

地衣是微生物间共生最典型的代表，包括菌藻共生或菌菌共生。前者是真菌（一般为子囊菌，极少数是担子菌）与绿藻共生，后者是真菌与蓝细菌共生。它又包括生理上的共生和结构上的共生。绿藻或蓝细菌进行光合作用，将水和无机养分合成有机养料，供给自身和真菌的需要；而真菌则以其产生的有机酸分解岩石，从而为藻类或蓝细菌提供矿质元素。地衣是形成有固定形态的壳状（生于岩石上）、叶状（生于草地和树皮上）和枝状（生于树枝和直立土地上）结构，真菌菌丝无规则缠绕于藻类细胞，或二者组成一定的层次排列。2016 年美国地衣学家托比·斯普利比尔（Toby Spribille）运用分类学和分子生物学技术，研究发现地衣是三种生命体的完美结合，构成地衣的是一种由三种生物共生的生命复合体，即由两种真菌（子囊菌和担子菌）和一种绿藻或蓝细菌构成的复合有机体。地衣能忍受干旱、寒冷、贫瘠和紫外线等极端环境，从赤道到两极、从森林到荒漠均有分布，约有 6%的陆地表面被地衣覆盖，有极好的生态价值。全世界地衣有 500 多个属、25000 余个种，我国约有 2000 个种。五彩斑斓的地衣可用于制作天然染料，并在食品、医药等领域具有开发应用价值。

2. 微生物与植物间的共生

（1）根瘤菌与植物间的共生固氮　根瘤菌与豆科植物的共生固氮作用是微生物与植物之间最重要的互惠共生关系。共生固氮将大气中不能被植物利用的氮转变为可被其合成其他氮素化合物的氮。专性好氧的根瘤菌和植物根经过一系列的相互作用过程形成具有固氮能力的成熟根瘤。根瘤菌固定大气中的气态氮为植物提供氮素养料，而豆科植物根的分泌物能刺激根瘤菌的生长，并为根瘤菌提供稳定的生长条件。此外，研究发现放线菌目中的弗兰克氏菌属（*Frankia*）可与多种非豆科植物（多为木本双子叶植物如桤木属、杨梅属和美洲茶属等）共生形成放线菌根瘤，这些根瘤也具有较强的共生固氮能力。

（2）菌根菌与植物间的共生菌根　一些真菌和植物根以互惠关系建立起来的共生体称为菌根。陆地上 97%以上的绿色植物都具有菌根。它具有改善植物营养、调节植物代谢和增强植物抗病能力等功能。有些植物，如兰科植物的种子若无菌根菌的共生就不会发芽，杜鹃科植物的幼苗若无菌根菌的共生就不能存活。菌根可以分为两大类，外生菌根和内生菌根。

①外生菌根：外生菌根存在于30余科植物中，尤其以木本的乔木、灌木居多，如松、苏铁、山毛榉科、桦木科植物。能形成外生菌根的真菌主要是担子菌，其次是子囊菌，它们一般可与多种宿主共生。外生菌根的主要特征是真菌在根的表面形成致密的菌套，少量菌丝进入根的表皮层细胞的间隙中，并包围表皮层细胞，以增强两者的接触和物质交换面积，这种特殊的菌丝结构称作哈蒂氏网。

②内生菌根：内生菌根常见和重要的一种类型是丛枝状菌根（Arbuscular Mycorrhiza，AM）。丛枝状菌根虽是内生菌根，但在根外也能形成一层松散的菌丝网，当其穿过根的表皮而进入皮层细胞间或细胞内时，即可在皮层中随处延伸，形成内生菌丝。在自然界中，内生菌根发育在草本植物中较多，兰科植物具有典型的内生菌根，此外许多树木也能形成内生菌根，约80%陆生植物包括大量的栽培植物（小麦、玉米、棉花、烟草、大豆、甘蔗、马铃薯、番茄、苹果、柑橘和葡萄等）都具有AM。

3. 微生物与动物间的共生

（1）微生物与昆虫的共生　多种微生物和昆虫都有共生关系，例如，在白蚁、蟑螂等昆虫的肠道中含有大量的细菌和原生动物与其共生。以白蚁为例，其后肠中至少生活着100种细菌和原生动物，数量极大（肠液中含细菌为$10^7 \sim 10^{11}$个/mL，原生动物为10^6个/mL），它们在厌氧条件下分解纤维素供白蚁营养，而微生物则可获得稳定的营养和其他生活条件。

（2）瘤胃微生物与反刍动物的共生　瘤胃微生物是微生物与反刍动物（包括牛、羊、鹿和骆驼等）之间的共生作用的结果。反刍胃由瘤胃、网胃、瓣胃和皱胃4部分组成。瘤胃实际上是一个天然发酵器。牛瘤胃容积可达100L以上，其内生长约有200种细菌（每克内容物含细菌$10^9 \sim 10^{13}$个）、24个属的原生动物（每克内容物含以纤毛虫为主的厌氧原生动物$10^4 \sim 10^6$个）和6个属的厌氧真菌。瘤胃中强烈分解纤维素的细菌有产琥珀酸丝状杆菌（*Fibrobacter succinogenes*）、白色瘤胃球菌（*Ruminococcus albus*）及溶纤维丁酸弧菌（*Butyrivibrio fibrisolvens*）等；多种厌氧真菌，常见的如胡里希考玛脂霉（*Neocollimastix hyricyensis*）等能够分解木质素、半纤维素和果胶。瘤胃是草料暂存、分解和加工的场所。反刍动物吃进草料后，草料就与唾液混合进入瘤胃，于是瘤胃微生物开始生长繁殖。反刍动物为瘤胃微生物提供纤维素和无机盐等养料、水分、适宜的温度和pH，以及搅拌和厌氧环境，而瘤胃微生物将饲料中的纤维素、果胶等其他复杂含碳有机物分解成葡萄糖和纤维二糖等，进而分解成有机酸（乙酸、丙酸和丁酸等）被瘤胃壁吸收进入血液。同时瘤胃中产生大量的菌体蛋白通过瓣胃和皱胃的蛋白酶消化分解，生成氨基酸和维生素等被反刍动物吸收利用。

三、拮　抗

一种生物在生命活动过程中，产生某种代谢产物或改变其他条件，从而抑制其他生物的繁殖，甚至毒害或杀死其他生物的现象，称为拮抗关系。生物间的拮抗关系很普遍。根据拮抗作用的选择性，拮抗关系可分为非特异性拮抗关系和特异性拮抗关系两大类：

（1）非特异性拮抗关系　生物产生的代谢产物仅是改变其生长的环境，如渗透压、氧气、酸度等，造成不适合其他微生物生长的环境，这称为非特异性拮抗。此类拮抗关系表现在对其他生物的抑制作用没有选择性。例如，在酸菜、泡菜、酸乳制品和青贮饲料的制作过程中，乳酸菌旺盛繁殖，发酵糖类产生大量乳酸，使周围环境中的pH急剧下降，致使多数不耐酸的腐败细菌无法生存而趋向死亡。又如酵母菌在厌氧条件下，发酵葡萄糖生成酒精和CO_2，当酒精大量累积时，其他杂菌即被抑制。

(2) 特异性拮抗关系　许多微生物能够产生具有特异性的代谢产物——抗生素或细菌素，可选择性地抑制或杀死其他微生物，这称为特异性拮抗。此类拮抗仅能对某一种或几种微生物有抑制或杀死作用，如青霉素仅对葡萄球菌等G^+菌有特异性抑制作用。能产生抗生素的微生物包括细菌、霉菌和放线菌，尤以放线菌的种类最多。又如，乳酸链球菌素（Nisin）对某些G^+菌尤其是芽孢杆菌和梭菌有抑制或杀死作用。能产生细菌素的微生物主要是乳酸菌中的乳球菌属、乳杆菌属和双歧杆菌属的个别种，以及芽孢杆菌属中的个别种。

微生物间的拮抗现象普遍存在于自然界中。人们早已利用这种拮抗作用治疗疾病。我国在两千年前就已利用发霉的豆腐治疗疮、痢疾等病。如今，微生物间的拮抗关系已广泛用于抗生素的筛选、食品的保藏、医疗保健和动植物病害防治等许多方面。

四、寄　　生

一种生物生活在另一种生物体内，从中摄取营养物质而进行生长和繁殖，并且在一定条件下使后者受到损害或被杀死，这种关系称为寄生关系。营寄生生活的生物称为寄生物，被寄生的生物称为寄主或宿主。

各种寄生物对寄主的寄生程度各不相同，一般分为3类。①专性寄生：寄生物只能依靠活的宿主才能生存，例如病毒，这类寄生物称为专性寄生物；②兼性寄生：寄生物以腐生为主，兼营寄生；③兼性腐生：寄生物以寄生为主，兼营腐生。后两类寄生物称为兼性寄生物。根据与微生物的寄生对象不同，可将寄生关系分为三种。

1. 微生物间的寄生

微生物间寄生的典型例子是噬菌体与其宿主菌的关系。毒性噬菌体在寄主细胞内迅速增殖，最终引起寄主细胞裂解；温和噬菌体可将其核酸整合到寄主细胞核酸上，随寄主复制而复制，并不引起寄主细胞裂解。而细菌与细菌之间的寄生现象，虽然少见，但也存在。例如，蛭弧菌（*Bdellovibrio*）可以寄生于多种G^-菌（如大肠杆菌、栖菜豆假单胞菌、鼠伤寒沙门氏菌）细胞内，它不能分解碳水化合物，但分解蛋白质能力极强，因而只能利用多肽和氨基酸作为碳源和能源，并具有直接从寄主吸收、利用完整的核苷酸的能力。蛭弧菌的生活史有两个阶段：①蛭弧菌能在体外自由生活和运动，但不能增殖；②蛭弧菌长有一根鞭毛，能在特定寄主细菌细胞膜外的周质空间内生长繁殖。此两种形式相互交替进行。

2. 微生物与植物间的寄生

微生物可以寄生于植物，引起植物病害，例如烟草花叶病毒引起烟草发生花叶病。寄生于植物的病原微生物主要是真菌、细菌和病毒，其中真菌最重要。按寄生的程度来分，凡必须从活的植物细胞或组织中获取其所需营养物才能生存者，称为专性寄生物，例如真菌中的白粉菌属（*Erysiphe*）、霜霉属（*Peronospora*）以及全部植物病毒等；另一类是除寄生生活外，还可生活在死植物或培养基中，这就是兼性寄生物。由植物病原菌引起的植物病害，对人类危害极大，应采取各种手段进行防治。

3. 微生物与动物间的寄生

寄生于人体和动物的病原微生物主要有细菌、病毒、真菌、立克次氏体、衣原体、支原体等，其中以细菌和病毒最为重要。其中研究得较深入的是人体和高等动物的病原微生物；

另一类是寄生于有害动物尤其是多数昆虫的病原微生物，包括细菌、病毒和真菌等，可用于制成微生物杀虫剂或生物农药，例如用苏云金芽孢杆菌（*Bacillus thuringiensis*）制成的细菌杀虫剂，以球孢白僵菌（*Beauveria bassiana*）制成的真菌杀虫剂和以各种病毒多角体制成的病毒杀虫剂等。有的寄生于鳞翅目昆虫的真菌，如冬虫夏草（*Cordyceps sinensis*），含虫草酸等多种有益物质，可作为名贵中药。

五、捕　　食

捕食又称猎食，是指一种生物以其他生物为食的关系。前者称为捕食者，后者称为被食者。捕食者从被食者中得到营养。微生物间的捕食关系主要指原生动物（变形虫、纤毛虫等）吞食细菌、放线菌、真菌的孢子和单细胞藻类的现象，它是水体生态系统中食物链的基本环节，在污水净化中具有重要作用。此外，黏细菌和黏菌也直接吞食细菌；黏细菌也常侵袭藻类、霉菌和酵母菌；真菌也能捕食线虫和其他原生动物，如少孢节丛孢菌（*Arthrobotrys oligospora*）利用菌丝分枝特化形成的菌网或菌套巧妙捕食土壤线虫。

捕食关系在控制种群密度、组成生态系统食物链方面有重要意义。人类利用捕食关系防治某些危害严重的农业、林业、牧业的虫害和病害。

第二节　微生物与地球生物化学循环

自然界中物质的循环受两个主要生物过程控制。一是物质的生物合成作用，二是物质的矿化分解作用。这两个过程既矛盾又统一，构成了自然界的物质循环。微生物群落是生物地球化学循环的主要驱动者，靠此循环得以繁衍和进化发展，并维持着自然界的生态平衡。本节主要介绍微生物在碳、氮、硫、磷 4 种元素循环过程中的同化和分解作用。

一、碳素循环

碳素是生物体最重要的元素之一，是细胞结构的骨架物质，占细胞干重的 40%～50%。自然界中碳素以多种形式存在，包括大气中的 CO_2、有机物中的碳和很少参与循环的岩石与化石燃料中的碳。碳素循环是最重要的物质循环（图 7-1）。

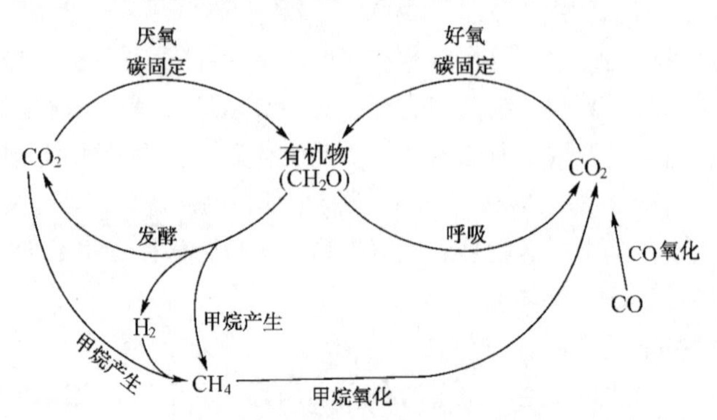

图 7-1　碳素的生物地球化学循环

微生物在碳素循环中的作用有以下几个方面。

（1）同化 CO_2　光能自养微生物通过光合作用将大气或水体中的 CO_2 转化成有机碳；化能自养微生物利用氧化无机物产生的化学能同化 CO_2。

（2）分解有机碳　有机碳的分解主要依靠异养微生物的作用。在好氧条件下，好氧菌能分解简单有机物和生物多聚物（淀粉、果胶、蛋白质等）转化成 CO_2 和 H_2O；在厌氧条件下，厌氧菌或兼性厌氧菌能发酵有机碳化物产生 CO_2、H_2O 和中间产物。微生物能使大量的生物多聚物得到分解，腐殖质、蜡质和许多人造化合物只有微生物才能分解。

此外，碳的循环转化中除了最重要的 CO_2 之外，还有 CO、烃类物质等。藻类能产生少量的 CO 并释放到大气中，而一些异养和自养微生物能固定 CO 作为碳源（如一氧化碳细菌）。烃类物质（如甲烷）可由产甲烷细菌所产生，也可被甲烷氧化细菌所利用。

二、氮素循环

氮素是构成生物体的必需元素，构成细胞中蛋白质和核酸，占生物体干物质的 12%~15%，在自然界中存在的形式分为有机态氮、无机态氮和气态氮（N_2）。氮素循环（图 7-2）由 6 种氮化合物（主要有 NH_3、硝酸盐、亚硝酸盐、有机氮化物、N_2O 和分子态氮）的转化反应所组成，包括固氮作用、氨化（脱氨）作用、硝化作用、同化硝酸盐还原和异化硝酸盐还原（反硝化作用）。氮是生物有机体的主要组成元素，氮素循环是重要的生物地球化学循环。微生物在氮素循环中起着不可替代的作用。

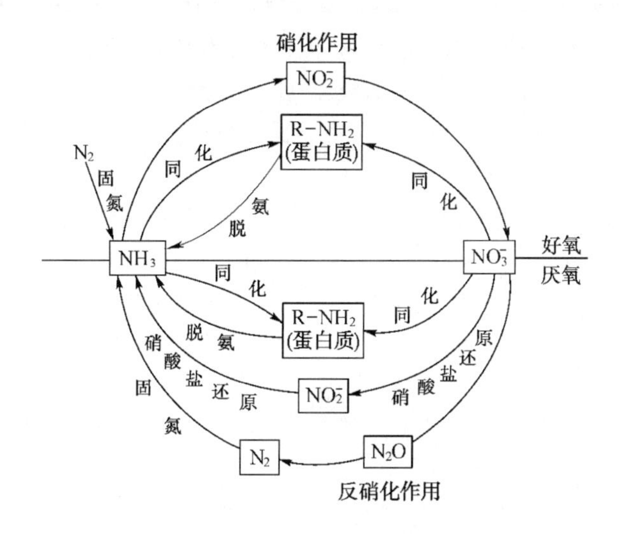

图 7-2　氮素的生物地球化学循环

（1）固氮作用　固氮是大气中 N_2 被转化成 NH_3 的生化过程。据测算，每年全球有约 2.4×10^8t 的氮被固定，其中 85%是生物固氮。生物固氮是只有微生物或有微生物参与才能完成的生化过程。生物固氮为地球上的所有生物提供了最重要的氮素来源。具有固氮能力的微生物有 80 余属（1992 年）和 100 多个种，它们大多是原核微生物，包括细菌、放线菌、蓝细菌。自生固氮菌主要有固氮菌属（*Azotobacter*）、巴氏固氮梭菌（*Clostridium pasteurianum*）、丁酸梭菌（*Cl. butyricum*）、克雷伯氏菌属（*Klebsiella*）和蓝细菌；共生固氮菌中与豆科植物共生固氮的根瘤菌属（*Rhizobium*）和固氮根瘤菌属（*Azorhizobium*），以及与非豆科植物共生固氮的弗兰克氏菌属（*Frankia*）；联合固菌主要是螺菌属、芽孢杆菌属等。

（2）氨化作用　又称脱氨作用，是指有机氮化合物（蛋白质、尿素、核酸等）转化成 NH_3 的过程。微生物、动物和植物都具有氨化能力，可发生在好氧和厌氧环境中。将氨化能力强的微生物称为氨化微生物，主要有多种芽孢杆菌、荧光假单胞菌、普通变形杆菌等。

（3）硝化作用　是指在好氧条件下经硝化细菌作用将 NH_3 氧化成硝酸盐的过程。硝化作用分两阶段进行。第一阶段由亚硝化细菌将氨氧化成亚硝酸盐；第二阶段由硝化细菌将亚硝酸盐进一步氧化为硝酸盐。此反应要在通气良好、pH 近中性的土壤或水体中才能进行。

（4）硝酸盐还原作用　包括同化硝酸盐还原和异化硝酸盐还原。同化硝酸盐还原是在有氧或无氧条件下微生物将硝酸盐还原成亚硝酸盐和 NH_3，NH_3 又作为微生物的氮源被同化成氨基酸的过程。异化硝酸盐还原（反硝化作用，又称脱氮作用）是葡萄糖在无氧条件下被彻底氧化时，以 NO_3^- 或 NO_2^- 作为呼吸链的最终电子受体，分别在硝酸盐还原酶或亚硝酸盐还原酶作用下，将硝酸盐或亚硝酸盐还原成气态氮化物（NO、N_2O、N_2）的过程。一些化能异养和化能自养微生物可进行反硝化作用，如脱氮假单胞菌、脱氮硫杆菌和地衣芽孢杆菌等。反硝化作用的效应是造成土壤中氮的严重损失，从而降低氮肥效率。

三、硫素循环

硫是生物重要营养素之一，大约占生物体干物质的 1%。生物圈中含有丰富的硫，以单体硫、硫化氢、硫酸盐和有机硫的形式存在。生物地球化学循环包括还原态无机硫化物的氧化、H_2S 的释放（脱硫作用）、同化硫酸盐还原与异化硫酸盐还原（反硫化作用）。硫素的生物地球化学循环如图 7-3 所示。微生物参与硫素循环的各个过程，并在其中起重要作用。

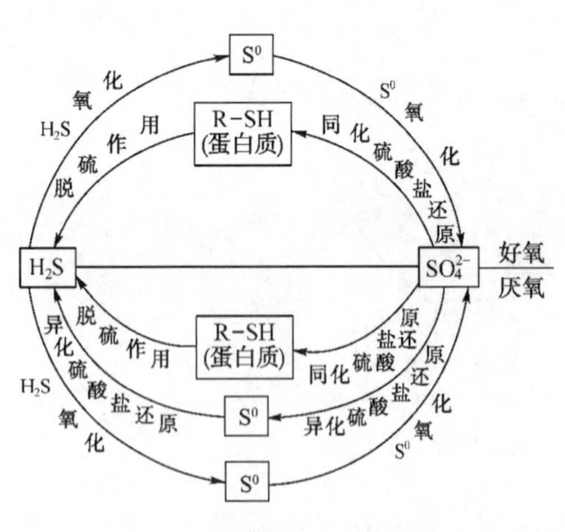

图 7-3　硫素的生物地球化学循环

（1）硫的氧化作用　又称硫化作用，是指还原态的无机硫化物（S、H_2S、FeS_2、$S_2O_2^{2-}$ 和 $S_4O_6^{2-}$ 等）被微生物氧化成硫酸的过程。具有硫氧化能力的微生物一般可分为两个不同的生理类群，包括好氧或微好氧的化能自养硫氧化菌（如硫杆菌、发硫菌、贝氏硫细菌等）和光能自养硫细菌（如红硫菌、绿硫菌等）。此外，异养微生物（如曲霉、节杆菌、芽孢杆菌、微球菌等）也具有氧化能力。

（2）硫酸盐还原作用　包括同化硫酸盐还原和异化硫酸盐还原。同化硫酸盐还原是将硫酸盐还原产物 H_2S 在细胞内被结合到细胞组分中的过程。异化硫酸盐还原（又称反硫化作用）是指硫酸盐还原菌在无氧环境中以 SO_4^{2-} 作为呼吸链的最终电子受体，将硫酸盐还原成 H_2S 的过程。此类菌主要包括脱硫杆菌、脱硫球菌和脱硫弧菌等专性厌氧菌。

四、磷素循环

磷也是生物体的重要组成成分，遗传物质的组成和能量贮存都需要磷。微生物参与磷素循环的所有过程，但在这些过程中，微生物不改变磷的价态，因此微生物所推动的磷循环可看成是一种转化。土壤中的磷主要以不溶性的磷酸盐和含磷有机物存在，两者均不能直接被植物利用，必须经微生物分解为可溶性磷酸盐方可被吸收利用。磷的生物地球化学循环包括以下三种基本过程。

（1）有机磷转化成溶解性无机磷　又称有机磷的矿化，是指通过土壤中微生物的作用，将生物体中的有机磷转化成植酸盐、核酸及其衍生物和磷脂等物质，然后再经腐生微生物的分解，形成植物可利用的溶解性无机磷的过程。

（2）不溶性无机磷的可溶化　又称磷的有效化，微生物分解土壤中的有机磷化物产生磷酸，很容易进一步形成钙、镁等难溶性盐，但由于微生物代谢过程中产生大量的酸，包括有机酸和无机酸（硝酸、硫酸），它们的存在促使无机磷化物的溶解。

（3）可溶性无机磷的有机化　又称无机磷的同化，是指微生物将无机磷变成有机磷的同化作用。水中可溶性无机磷浓度过高时，会导致水体的富营养化，此时如氮素营养适宜，就促使蓝细菌、绿藻和原生动物等大量繁殖，海水中的“赤潮”原因就在于此。

微生物在自然界中既能充当生产者，也能充当分解者，在整个地球生物化学循环中占重要地位。如果生态环境发生不良变化，相应的环境中包括微生物在内的生物类群的种类可能都会随之发生改变，而这种改变很可能会造成自然环境的生态失衡。

第三节　微生物与污水处理

在自然生态环境（土壤、水和空气）中存在着大量微生物，它们具有将有机物经氧化、还原、转化、分解等途径最终转化为无机物的巨大能力，在自然界的碳、氢、氮、氧、硫、磷等元素的物质循环中起着不可替代的作用。人们在实践中发现可以采用各种方法强化微生物的这些功能，在人工创造的环境中，使微生物在最适条件下分解人类生活和工农业生产中排放的大量废弃物——废水、废气、废渣，甚至有毒物质。用微生物处理废弃物已经成为保护环境的最有效方法。本节主要介绍微生物在污水处理中的作用。

一、微生物处理污水的原理

自然界中的污水来源分为工业废水、生活污水和农业污水。工业废水包括有机污水（如屠宰场、造纸厂、食品加工和发酵工厂等的废水）和有毒污水（如农药、炸药、石油化工、电镀、印染、制革等的废水），其中含有高浓度的有机物或各种有毒物质，如农药、炸药、多氯联苯、多环芳烃、酚、氰、丙烯腈等；生活污水含有大量种类繁多的有机物、无机物、有毒物质、不卫生的物质，还有微生物，尤其能引发传染病的病原微生物，它们随各种洗涤水和粪便水等渗入地下或流入自然水体，进入地表水或地下水，使水质受到污染，从而导致生活用水丧失可饮用性，水生生物遭受毒害，水产资源受到破坏。

在废水排放到环境中之前的处理，主要控制废水中的化学需氧量（COD）和生化需氧量（BOD）、总悬浮物、总氮（TN）等，使经处理后排放的废水 COD 和 BOD 指标达到排放标准。COD 和 BOD 通常用于表示污水中有机物含量的指标。COD 为化学需氧量，是指采用强氧化剂（常用 $K_2Cr_2O_7$）与 1L 污水中有机物和氨进行化学氧化时所消耗氧的毫克数，它表明废水的污染程度。BOD 为生化需氧量，常用 BOD_5，即“五日生化需氧量”表示，指在 20℃下，1L 污水中有机物（主要是有机碳源）和氨被微生物氧化五日内所消耗氧的毫克数，它反映污水进行生物化学处理的程度。COD 值总是大于 BOD 值。

微生物在污水处理中发挥主要作用，在采用物理、化学和生物的处理污水方法中，最根本、有效和简便的方法就是生物处理法。生物处理法是指依据水体自净原理，在一定设置条件下，充分利用各种微生物群落的代谢作用，强化对污物的好氧或厌氧分解转化过程，使污水得到净化。当高 BOD 污水进入污水处理系统后，使污水中的有机物或毒物不断被氧化分解、转化或吸附、沉淀，进而达到消除污染物和分层效果。其原理表解如下：

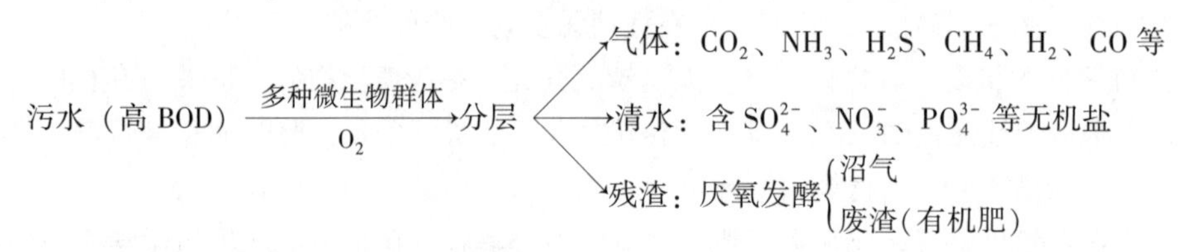

二、微生物处理污水的方法

1. 需氧处理法

需氧处理是在有氧条件下，污水中有机物被好氧和兼性厌氧微生物氧化分解，生成 CO_2、N_2、NO_2^- 和 NO_3^- 等的过程。根据污水处理系统中微生物所处的状况可分为：悬浮细胞法、活性污泥法、生物膜法等。目前在城市生活污水和各种工业废水处理中最普遍应用的是活性污泥法，而在特殊行业废水处理中最常使用的是效率较好的生物膜法。在此主要介绍活性污泥法。

活性污泥是一种由微生物群体与污水中有机物、无机物、胶状物、悬浮物和吸附物质凝聚而成的绒絮状泥粒（或凝絮团），在污水处理中具有很强的吸附、氧化分解和利用有机物或毒物的能力。微生物群体主要包括细菌（如生枝动胶菌属、球衣菌属、白硫菌属、硫丝菌属、假单胞菌属、芽孢杆菌属、产碱杆菌属、黄杆菌属、棒状杆菌属、埃希氏菌属等）、酵母菌、霉菌、原生动物（如纤毛虫、变形虫、鞭毛虫等）和藻类等。在污水处理中分解有机物的微生物主要是细菌，其次是原生动物。活性污泥中的细菌大多以菌胶团形式存在，少数为游离状态。菌胶团是由许多细菌（主要为短杆菌）及其分泌的多糖类物质黏合在一起的团块，能黏附污水中悬浮的颗粒。

活性污泥净化污水能力极高，在大分子沉淀物和小分子的有机物被分解的同时，许多病原菌、病毒和寄生虫卵也被杀死，对生活污水的 BOD_5 去除率可达 95%左右，悬浮固体去除率亦达 95%左右。采用活性污泥法将有机物从废水中除去的过程可分为微生物细胞内的营养吸收；活性污泥的增殖；由于细菌的呼吸作用而产生的氧化三个阶段。

目前活性污泥法常用的有完全混合曝气法和推流式曝气法两种。完全混合曝气法是指流入曝气池的废水一进入曝气池就迅速与池中已有混合液充分混合，使浓度较高的废水得到较好的稀释，以使曝气池中各处的水质基本相同，充氧均匀。其简要流程如图 7-4 所示。

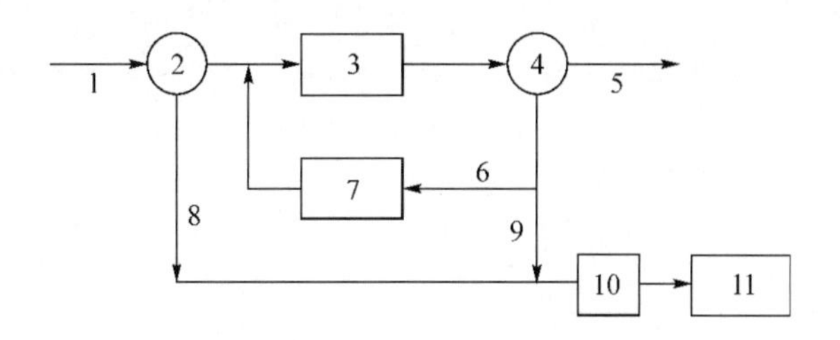

图 7-4　完全混合曝气法流程

1—原污水　2—初次沉淀池　3—曝气池　4—二次沉淀池　5—处理后污水　6—回流污泥
7—再生池　8—生污泥　9—剩余污泥　10—污泥浓缩池　11—脱水设备或污泥消化池等

污水经初次沉淀去除各种大块颗粒之后送至曝气池（又称好氧反应池），同时回流一定量的污泥（作接种用），两者于曝气池中在通入压缩空气和搅拌作用下充分混合。于是，一部分有机物被处理成无机物（即矿化），另一部分转化为微生物细胞物质。即污水中的有机物和毒物被活性污泥中的好氧微生物群体降解、氧化或吸附，微生物群体也同时获得了营养物质进行生长繁殖。经一段滞留时间后，多余的水以溢流方式连续流入二次沉淀池。在沉淀池中由于没有通气和搅拌，经处理后的清水不断流出沉淀池的同时，大部分活性污泥沉淀于池底，其中一部分再返回曝气池，以维持池中较高的微生物密度和活性。产生的活性污泥除一部分回流利用外，其他多余部分再经厌氧消化和填埋或干燥处理。干燥后的处理物可以用作农业肥料。

完全混合曝气法是利用多种天然微生物进行混合培养的连续培养器。其特点：①设备简单、充氧率高。只要控制好进水流速，就能使曝气池工作点维持在微生物生长曲线上的某一点（即维持某一个比生长速率），便于计算机优化控制而实现监控自动化。②曝气区内耗氧速率均匀。③因废水进入曝气池即被池中原有的混合液（已处理一定时间，BOD 较低的水）稀释，因此，本法多用于 BOD 较高和水质不太稳定的废水处理。为保证顺利运转，还应保持适宜的温度（20~40℃）和配制合理的营养物浓度（一般 BOD_5 ∶ N ∶ P = 100 ∶ 5 ∶ 1）。如果污水中具有某种特定的有毒物质，最好再补充接种具有相应分解能力的优良菌种。此外，对完全混合式曝气池的控制，可采用连续培养动力学的有关原理来推算废水在曝气池中的停留时间等参数，并对过程进行控制，以保证出水的质量。

BC（Biological and Chemical）高浓度活性污泥法是一种污水处理新技术，结合生化处理和化学药剂辅助处理，稳定维持活性污泥系统中比一般工艺更高浓度的活性污泥，从而达到比一般工艺更高水平的总磷和总氮去除效果，同时能够有效去除其他污染物。通过运行其小型污水处理装置有助于实现高浓度活性污泥技术在污水处理中的应用。

2. 厌氧处理法

厌氧处理即为沼气发酵，是指在厌氧条件下，污水中有机物被专性厌氧和兼性厌氧微生物分解为 CH_4、H_2、N_2、CO_2 等的过程。沼气是一种混合可燃气体，主要成分是 CH_4。

沼气（甲烷）发酵过程中有机物的分解可分为水解、产酸和产甲烷三个阶段（图 7-5）。

①水解阶段：由专性厌氧和兼性厌氧的水解性或发酵性细菌（如芽孢杆菌属、梭菌属、变形杆菌属、葡萄球菌属等）将纤维素、半纤维素、淀粉等多糖类水解成双糖或单糖，进而

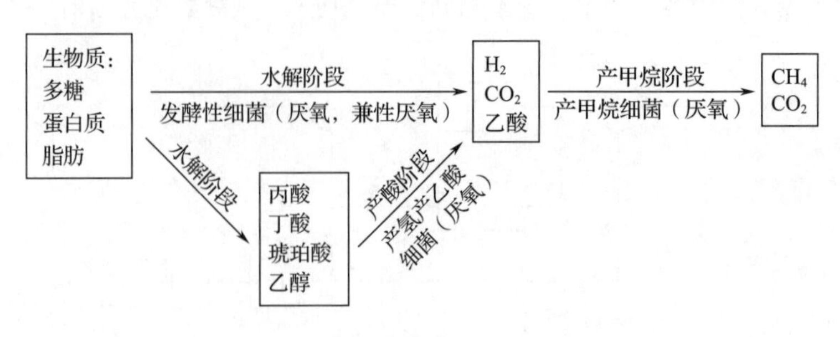

图 7-5　甲烷形成的三个阶段

形成丙酮酸；将蛋白质水解成多肽或氨基酸，进而形成有机酸和氨；将脂类水解成甘油和脂肪酸，进而形成乙酸、丙酸、丁酸、琥珀酸、乙醇、H_2 和 CO_2 的过程。

②产酸阶段：由厌氧的产氢产乙酸细菌群（如互营单胞菌属、互营杆菌属、梭菌属、暗杆菌属等）将水解阶段产生的各种有机酸进一步分解成乙酸、甲酸、乙醇、甲醇，以及 H_2、CO_2、NH_3 的过程，为产甲烷阶段做准备。

③产甲烷阶段：由严格厌氧的产甲烷菌群（如甲烷杆菌属、甲烷球菌属、甲烷八叠球菌属、甲烷螺菌属和甲烷丝菌属等）利用一碳化合物（CO_2、甲醇、甲酸、甲基胺或 CO）、乙酸和 H_2 产生 CH_4 和 CO_2 的过程。在此过程中，H_2 和 CO_2 合成 CH_4 和 H_2O；乙酸产生 CH_4 和 CO_2；甲醇和甲酸分别产生 CH_4、CO_2 和 H_2O。

甲烷细菌适宜生长 pH 为 7.0~8.0，最适发酵温度为 36~38℃ 和 51~53℃，前者为中温发酵工艺，后者为高温发酵工艺。高温发酵与中温发酵相比具有微生物生长活跃，有机物分解速率快，产气率高，滞留时间短，处理有机物能力强几倍等特点，还能有效杀灭各种病原菌和寄生虫卵，具有较好的卫生效果。但要维持消化器的高温运行，能量消耗较大。一般情况下，采用高温发酵工艺处理经高温工艺流程排放的酒精废醪、柠檬酸废水和轻工食品废水等。中温发酵与高温发酵相比，虽然消化速率和产气率低些，但维持中温发酵的能耗较少，产气速率较快，可保证常年稳定运行。为减少维持发酵装置的能量消耗，常采用近中温发酵工艺，其发酵料液温度为 25~30℃。此外，发酵装置外罩太阳能吸热房，采用闷晒式太阳能增温技术，可减少冬季增温能耗。目前我国常采用中温或近中温发酵工艺处理畜禽养殖场粪污水。

重点与难点

（1）微生物与生物环境间的关系（互生、共生、拮抗）；（2）微生物在自然界碳素循环和氮素循环中的作用；（3）活性污泥法处理污水的原理。

课程思政点

学习生物环境因素对微生物生长的影响，明确人体肠道中的正常菌群与人之间是互生关系，由此用益生菌类产品调节肠道微生态菌群平衡，对改善肠道健康及发挥其他益生功能具有重要作用。在生态系统中，当生物遭遇逆境或多变的环境时，顺应环境生存下来者，则能找到属于自己的生态位。生态位是生态学中对人生的意义影响极大的一种思维。只有找对适合自己的领域（生态位），才能在这个地球社会更好生存，做事更易成功！

复习思考题

1. 微生物与生物环境间有何关系？
2. 简述微生物与他种生物之间的互生关系，并举例说明。
3. 简述微生物与他种生物之间的共生关系，并举例说明。
4. 简述微生物与他种生物之间的拮抗关系，并举例说明。
5. 肠道微生物与人类之间是何种关系？若人类肠道缺乏有益微生物能否正常生存？
6. 微生物在自然界碳素循环和氮素循环中有何作用？
7. 活性污泥法处理污水的原理是什么？
8. 名词解释：互生、共生、拮抗、活性污泥、微生物生态学、生态系统、生态位。

CHAPTER 8

第八章 微生物的分类与鉴定

生物分类学是研究生物分类理论和方法的学科。生物分类的原则：①根据表型特征（形态学、生理生化学、生态学等）的相似程度分群归类，这种表型分类重在应用，不涉及生物进化或不以反映生物亲缘关系为目标；②按照生物进化谱系相关性水平分群归类，其目标是探寻各种生物之间的进化关系，建立反映生物进化谱系的分类系统。微生物分类学是研究微生物分类理论和方法的学科。现代微生物分类学已从传统的微生物分类方法（根据表型特征推断微生物的进化谱系）发展到按其亲缘关系和进化规律进行分类的微生物系统学。本章主要介绍微生物在生物界的地位、微生物的分类与命名，以及微生物分类鉴定的方法。

第一节 微生物在生物界的地位

一、生物分类学的发展概况

随着科学发展和人类对自然界的认识，使生物的分界不断深化，微生物的含义及其在生物界所处的位置也逐步改变。对于生物究竟应分几界问题，在人类发展的历史上存在着一个由浅入深、由简至繁、由低级至高级、由个体至分子水平的认识过程。生物的分界历经两界、三界、四界、五界，甚至六界等过程，最后又提出了“三域”学说（图 8-1）。

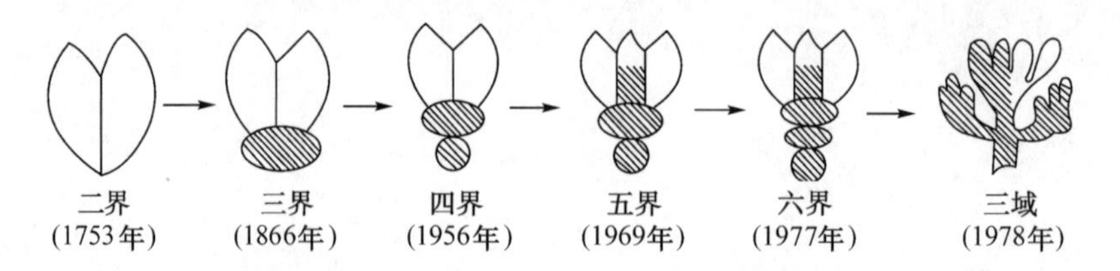

图 8-1 生物界级学说发展的示意图（阴影部分表示微生物）

传统分类认为界是最高级的分类单位。1753 年瑞典植物学家卡 · 林奈（Corlous Linnaeus）以生物能否运动为标准，将生物划分为植物界和动物界，并将细菌、真菌等归入植物界。19 世纪前后由于显微镜的发明和使用，发现许多单细胞生物兼有动、植物两种属性的中间类型。1860 年英国生物学家约翰 · 霍格（John Hogg）曾提出过原始生物界。1866 年德国动物学家赫克尔（Haeckel）将原生生物（包括细菌、藻类和原生动物等）的单细胞生物另立为界，提出原生生物界、植物界、动物界的三界系统。1938 年美国人科帕兰（H. F. Copeland）提出了四界系统，直至 1956 年日臻成熟，即植物界、动物界（除原生动物外）、原始生物界（原生动物、真菌和部分藻类）和菌界（细菌、蓝细菌）。随着电子显微镜技术的发展，生物学家发现细菌、蓝细菌的细胞结构无核膜、核仁与膜结构形成的细胞器，从而与其他真核细胞生物有显著差别，应另立为一界。1969 年美国人魏塔克（R. H. Whittaker）将生物划分为五界系统，即原核生物界（细菌、放线菌和蓝细菌等）、真菌界、原生生物界（包括原生动物、单细胞藻类和黏菌等）、植物界和动物界。这五界系统纵向显示由原核生物到真核单细胞生物再到真核多细胞生物的三个进化阶段，横向显示光合式营养（光合作用）、吸收式营养和摄食式营养三个进化方向。1949 年贾恩（Jahn）等提出六界系统，包括后生动物界、后生植物界、真菌界、原生生物界、原核生物界和病毒界。1977 年我国著名微生物学家王大耜也在 Whittaker 五界系统的基础上提出增加一个病毒界（无细胞结构）。1996 年美国瑞雯（P. H. Raven）等则提出包括动物界、植物界、原生生物界、真菌界、真细菌界、古细菌界的六界系统。

二、三域学说及其发展

要按照生物的亲缘关系进行分类，最艰难的任务是如何确定生物类群之间的进化关系。

20 世纪 70 年代以前，生物类群之间的亲缘关系主要根据形态结构、生理生化、行为习性等表型特征，以及少量的化石资料来判断。虽然微生物分类学家根据少量表型特征推测各类微生物的亲缘关系，提出过许多分类系统，但都随着科学技术的进步不断被否定。20 世纪 70 年代以后，研究微生物的系统发育主要以分析蛋白质、RNA 和 DNA 分子序列，作为判断各类微生物乃至所有生物的进化关系。大量研究表明，在众多生物大分子中，最适合揭示各类生物亲缘关系的是 16S rRNA。用 rRNA 分子计时器进行微生物进化关系的分析，需要对所比较的微生物进行培养，然后提取纯化 rRNA，测定 rRNA 序列，获得各相关微生物的序列资料，输入计算机进行分析比较，由计算机分析微生物之间系统发育的关系。

1978 年美国伊利诺伊大学伍斯（C. R. Woese）等人对大量微生物和其他生物的 16S rRNA 和 18S rRNA 序列进行同源性比较后，惊奇地发现嗜极菌——产甲烷菌、嗜盐菌、嗜热菌、嗜压菌和嗜酸嗜热菌等具有既不同于其他细菌，也不同于真核生物的序列特征，而它们之间具有许多共同的序列特征，并能在地球早期严酷自然环境极端条件下生存。于是，提出将生物划分为三个域（域是一个比界更高的界级分类单元）：细菌域（原称真细菌域）、古菌域（原称古生菌域或古细菌域）和真核生物域。此三个域与以往其他系统最大差别是：将原核生物分成细菌域和古菌域，并与真核生物一起构成整个生命世界的三个域。1981 年伍斯等根据某些代表生物的 16S rRNA（或 18S rRNA）序列比较，首次构建了一个涵盖整个生命界的生物进化谱系树，用之概括各种（类）生物之间的亲缘关系（图 8-2）。谱系树中用树根表示生物类群的亲疏和共同的起源及进化方向，分枝的末端与分枝的连接点称为结（节点），代表生物类群，分枝末端的结代表仍生存的种类，树根的结代表地球上最先出现的生命。

目前，三域学说已获国际学术界的基本肯定。大体认为：现在的一切生物均由一个共同祖先——一种小细胞慢慢进化而来。首先分化出细菌和古菌两个分枝，而后在古菌分枝上吞噬了一些其他生物如蓝细菌和α-变形菌（相当于 G^- 菌）等，经过长期的内共生之后，两者逐渐进化形成一种新的生物——真核生物。这表明古菌和真核生物之间的关系较与细菌更密切。此外，古菌分枝的结点离根部最近，其分枝距离也最短，这表明它是现存生物中进化变化最少、最原始的一个类群。而真核生物则离共同祖先最远，它们是进化程度最高的生物种类。由此可见，古菌在分类地位上与细菌和真核生物并列，并且在进化谱系上更接近真核生物，在细胞构造上与细菌较为接近，同属原核生物。近年来，随着对微生物基因组测序工作不断完成，三域学说遇到了许多新的挑战。其主要原因：①认为 16S rRNA 和 18S rRNA 分子进化难以代表整个基因组的分子进化；②许多真核生物的基因组和它们所表达的功能蛋白与细菌更为接近，而不是古菌。

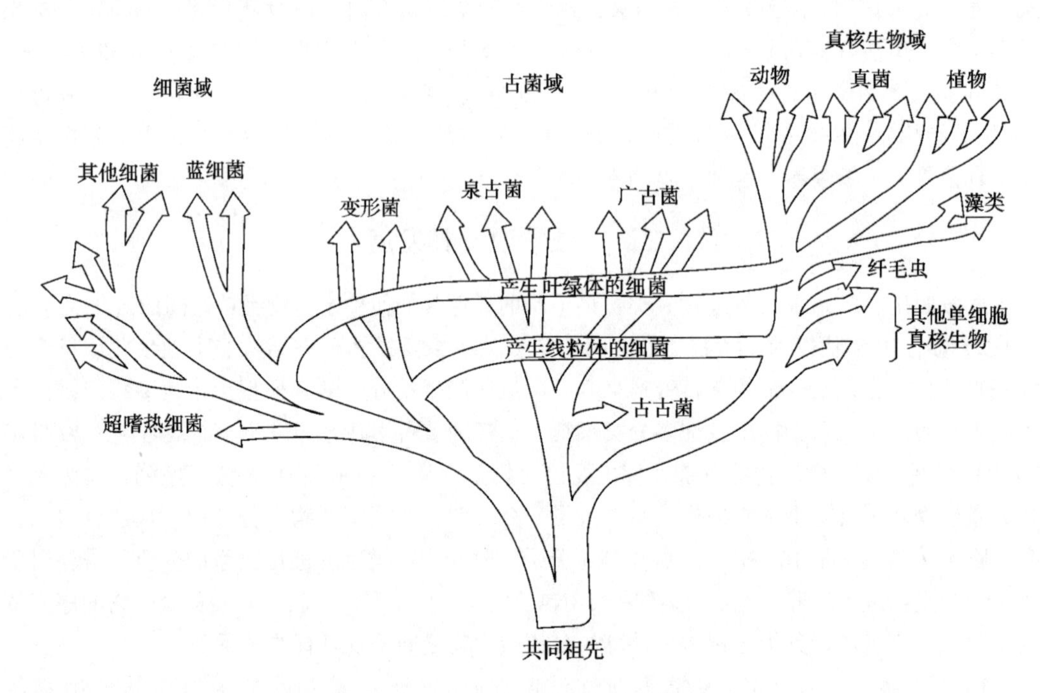

图 8-2　三域学说及其生物进化谱系树

第二节　微生物的分类与命名

微生物分类学包括分类、命名和鉴定三个独立和相关的分类学领域。分类是根据微生物的相似性和亲缘关系，将微生物归入不同的类群（分类单元）；命名是根据国际生物命名法规给微生物分类单元以科学的名称；鉴定则是确定一个新的分类微生物属于已经命名的分类单元的过程。因此，概括来说，微生物分类学是对各类微生物进行鉴定、分群归类，按分类学准则排列成分类系统，并对已确定的分类单元进行科学命名的学科。其目的是探索微生物的进化谱系，揭示微生物的多样性及其亲缘关系，并以此为基础建立多层次能反映微生物界亲缘关系和进化发展的“自然分类系统”。

一、微生物的分类与命名法则

1. 分类单元及其等级

分类学家根据生物之间异同的程度与亲缘关系的远近，以不同的分类特征为依据，将生物逐级分类。分类单元是指具体的分类群，微生物的7个基本分类单元由上而下依次是：

界 Kingdom（拉丁语：Regnum）
门 Division（拉丁语：Divisio）
纲 Class（拉丁语：Classis）
目 Order（拉丁语：Ordo）
科 Family（拉丁语：Familia）
属 Genus（拉丁语：Genus）
种 Species（拉丁语：Species）

在系统分类中，种是最基本的分类单元。把相似或相关的种分为一个属，又将具有某些共同特征或相关的属归为一个科，再把科归为目，以此类推，从而构成一个完整的分类系统。1990年伍斯建议在界之上使用“域（Domain）”，将“域”作为分类单元的最高等级。为了更充分反映各主要分类单元之间的差异，可在各单元之间增加“亚等级”，即亚界（Subkingdom）、亚门（Subdivision）、亚纲（Subclass）、亚目（Suborder）、亚科（Subfamily）、亚属（Subgenus）等名称。

（1）属（Genus） 属是介于种与科之间的分类单元。通常将具有某些共同特征或密切相关的种归为一个属。在系统分类中任何一个已命名的种都归属于某一个属。当某一个种与其他相关属的种具有重要区别时，也可鉴定为只有一个种的属。一般而言，微生物属间的差异比较明显，但属的划分无客观标准。因此，属水平上的分类也会随着分类学的发展而变化，属内所含种的数目也会因新种的发现或种的分类地位的改变而变化。

（2）种（Species） 种（或物种）是生物分类中最基本的分类单元和分类等级。在种以下分亚种、型、菌株。关于微生物种的概念，各分类学家说法不一。有学者认为，种是一大群表型特征高度相似、亲缘关系极其接近，且与同属内的其他物种有明显差异的菌株的总称。伯杰氏（Bengey）给“种”下的定义：凡是与典型培养菌有高度相似的其他培养菌统一起来划分成为一个“种”。也就是说从自然界中分离得到某一微生物的纯种，必须与已知的种内某个“标准菌株”或“典型菌株”或“模式种”所记载的特征（如形态学特征、生理生化特征等）高度相似，才能鉴定为同一个种。

（3）亚种（Subspecies） 亚种是分类单元中最低的分类等级，一般指其某一明显而稳定的特征与模式种不同外，其余鉴定特征都相同的菌株。

（4）型（Type或Form） 常指亚种以下的细分。当同种或同亚种不同菌株之间的性状差异不足以分为新的亚种时，可以细分为不同的型。例如，根据抗原结构差异分成不同的血清型；按对噬菌体裂解反应的差异分成不同噬菌型等。现在对表示“型”的词作了修改，用“-var”代替“-type”。如生物型（Biovar）、形态型（Morphovar）、致病型（Pathovar）、噬菌型（Phagovar）和血清型（Serovar）等。

（5）培养物（Culture） 是指一定时间一定空间内微生物的细胞群或生长物。如微生物的斜面培养物、摇瓶培养物等。如果某一培养物是由单一微生物细胞繁殖产生的，就称之为该微生物的纯培养物。

（6）菌株（Strain）　又称品系（病毒称毒株）。将同种微生物的不同来源的纯培养物或纯分离物均可称为某菌种的一个品系或菌株。它表示任何由一个独立分离的单细胞（或单个病毒粒）繁殖而成的纯遗传型群体及其一切后代。从自然界中分离得到的任何一种微生物的纯培养物都可以称为一个菌株或品系。用实验方法（如人工诱变）所获得的某一菌株的变异型，也可以称为一个新的菌株。菌株是微生物分类和研究工作中最基础的操作实体，对菌株名称的确定常用字母加编号表示（字母表示实验室、地名、人名或特征等的名称，编号表示序号等数字），例如枯草芽孢杆菌 As1. 398 和枯草芽孢杆菌 BF 7658 分别代表枯草芽孢杆菌的两个菌株，As1. 398 和 BF7658 分别为菌株的编号。在此注意种和菌株的区别，枯草芽孢杆菌是种，而枯草芽孢杆菌 BF 7658 为菌株。

（7）群（Group）　群是指一组具有某些共同性状的生物。微生物由一个种变成另外一个种，其间要产生一系列过渡类型，因此自然界中有些微生物种类和介于它们之间的种类统称为一个“群”。如大肠杆菌和产气肠杆菌两个种有明显区别，但尚有两种细菌之间的中间类型，因此将这两种菌和介于它们之间的中间类型统称为大肠菌群。

2. 分类单元的命名

微生物学名是国际上对某一菌种统一使用的科学名称，是按“国际命名法规”来命名，并为国际学术界公认的通用正式名称。所有正式分类单元（包括亚种和亚种以上等级的分类单元）的学名，必须用拉丁词或拉丁化的词命名。

（1）属名　属名用一个单数名词或作名词用的形容词来表示，可以是阳性、阴性或中性，首字母要大写。例如，芽孢杆菌属（*Bacillus*，阳性）、梭菌属（*Clostridium*，中性）。

（2）种名　微生物的种名采用林奈（1753 年）创立的双名法命名。所谓双名法就是用属名和种名两个部分作为一种生物的学名。其命名规则是：属名用拉丁词或拉丁化的名词，首字母要大写；种名用拉丁词或拉丁化的形容词或名词所有格，放在属名之后，首字母不大写。中文译名与此相反，种名在前，属名在后。例如：*Staphylococcus aureus*，前一个词是属名，是一个拉丁语的名词，为“葡萄球菌”的意思；第二个词为种名，是拉丁语的形容词，为“金黄色的”意思，这两个词构成“金黄色葡萄球菌”的学名。此外，由于微生物种类繁多，有时发生同物异名或同名异物情况，为了避免混淆，可在种名之后附以命名人的姓和命名年代。

种名采用的双名法的简明命名组成如下：

$$\text{学名}=\underbrace{\textit{属名}+\textit{种名}}_{\text{斜体字}}+\underbrace{\text{(首次定名人)}+\text{现名定名人}+\text{现名定名年份}}_{\text{正体字(可省略)}}$$

例如：大肠埃希氏菌的学名为：*Escherichia coli*（Migula）Castellani et Chalmers 1919。

有时只泛指某一属的微生物，而不特指某一具体的种，可在属名后加上 sp.（单数）或 spp.（复数）。例如 *Streptomyces* sp.（一种链霉菌），*Micrococcus* spp.（某些微球菌）。若一篇文献连续出现同一属时，则可将属名缩写成一个、两个或三个字母，并在其后加一个点。例如，*Bacillus subtilis*（枯草芽孢杆菌）可缩写成 *B. subtilis* 或 *Bac. subtilis*。

（3）亚种名　亚种名采用三名法命名，即属名、种名和亚种名构成。其命名组成如下：

$$\text{学名}=\underbrace{\textit{属名}+\textit{种名}}_{\text{斜体字}}\;\underbrace{+\;\text{subsp.}}_{\text{正体字加点}}\;\underbrace{+\textit{亚种名}}_{\text{斜体字}}$$

例如：德氏乳杆菌保加利亚亚种的学名为：*Lactobacillus delbrueckii* subsp. *bulgaricus*。

（4）属级以上分类单元的名称　亚科、科以上分类单元的名称，是用拉丁词或其他词源拉丁化的阴性复数名词（或当作名词用的形容词）命名，首字母都要大写且采用正体字。其中细菌目、亚目、科、亚科、族和亚族等级的分类单元名称都有固定的词尾（后缀）。属、种和亚种等级的分类单元的学名在正式出版物中应用斜体字印刷，以便识别。

（5）新种名称　新种是指权威性的分类、鉴定手册中从未记载过的一种新分离并鉴定过的微生物。当发现者按《国际命名法规》对它命名并在规定的学术刊物，如国际系统细菌学杂志（IJSB）上发表时，应在其学名之后加上所属新分类等级的缩写词，如新属“gen. nov.”、新种“sp. nov.”等。例如，我国学者自行筛选到的谷氨酸发酵新菌种，在正式发表时就标为“*Corynebacterium pekinense* sp. nov. As 1. 299”（北京棒状杆菌 As 1. 299，新种）。在新种发表前，其模式菌株的培养物应存放于永久性而可靠的菌种保藏机构中，并允许科学研究和生产使用。

二、微生物的分类系统

1. 伯杰氏原核生物分类系统

《伯杰氏鉴定细菌学手册》简称《伯杰氏手册》，最初由美国宾夕法尼亚大学的细菌学教授伯杰（D. Bergey）（1860—1937）及其同事为细菌的鉴定而编写。该书自 1923 年问世以来，已经先后修订出版 11 个版本，其内容有较大变动，增加了许多新科、新属和新种。自 20 世纪 80 年代末以来，由于 16S rRNA、DNA、蛋白质序列分析技术日臻完善，为细菌的分类系统积累了丰富的新资料。2001 年伊始，《伯杰氏系统细菌学手册（第 2 版）》分成 5 卷陆续出版发行。其内容将原核生物分为古菌域和细菌域，相当于伍斯三域学说中的古菌域和细菌域。古菌域包括 2 门、9 纲、13 目、23 科、79 属，共 289 个种；细菌域包括 25 门、34 纲、78 目、230 科、1227 属，共 6740 个种。因此，至今所记载过的整个原核微生物共有 7029 种。具体的古菌域包括泉古菌门（包括热变形菌纲）和广古菌门（包括甲烷杆菌纲、甲烷球菌纲、甲烷微菌纲、盐杆菌纲、热原体纲、热球菌纲、古球菌纲、甲烷火菌纲）；细菌域常见的主要包括变形菌门（α-变形菌纲、β-变形菌纲、γ-变形菌纲、δ-变形菌纲、ε-变形菌纲）、厚壁菌门（包括梭菌纲、柔膜菌纲、芽孢杆菌纲）、拟杆菌门（包括拟杆菌纲、黄杆菌纲）、放线菌门（包括放线菌纲）、蓝细菌门（包括蓝细菌纲）、丝状杆菌门（包括丝状杆菌纲）、酸杆菌门（包括酸杆菌纲）、绿菌门（包括绿菌纲）和浮霉状菌门（包括浮霉状菌纲）等，共有 20 个门。

《伯杰氏系统细菌学手册（第 2 版）》更多地根据生物进化谱系资料，采用核酸序列资料对细菌分类进行较大调整，内容极其丰富。不仅记载了细菌鉴定方面的内容，而且还增加了细菌的生态分布、细菌分离的方法、菌种保存和特殊性状的测定，还专题讨论了近代发展起来的一些细菌分类方法，如数值分类、核酸技术在细菌分类中的应用、遗传学方法、血清学和化学分类等。这些方法的建立，使细菌分类学能更好地阐明其亲缘关系，为建立细菌分类的自然分类系统探索出可行途径。

2. 菌物的分类系统

菌物的分类系统较多，目前普遍采用的是安斯沃思（Ainsworth）分类系统（1983 年第 7 版）。该系统将菌物界分成黏菌门和真菌门，真菌门又分成 5 个亚门，即鞭毛菌亚门、接合菌亚门、子囊菌亚门、半知菌亚门和担子菌亚门。从20世纪90年代初起，我国学术界已认同以“菌物”代替过去含义不够确切的“真菌”的建议。目前认为菌物与真菌两者之间的关系是：菌物界是广义的真菌，包括黏菌门、假菌门和真菌门（即狭义的真菌）。Ainsworth系统在1995年出版的《安·贝氏菌物词典（第8版）》中，又将菌物列入真核生物域的三个界中，即原生动物界、假菌界和真菌界。其中真菌界包括4个门、一个类，即子囊菌门、接合菌门、担子菌门、壶菌门和有丝孢真菌类（即原来的半知菌类）。

（1）霉菌的分类系统　霉菌不是分类学上的名称，而是一些丝状真菌的统称。凡是生长在固体营养基质上，形成绒毛状、蜘蛛网状或棉絮状菌丝体的真菌，统称为霉菌。在Ainsworth分类系统（1983年第7版）中，霉菌在真菌分类中分属于真菌门的4个亚门，即鞭毛菌亚门、接合菌亚门、子囊菌亚门和半知菌亚门。

①鞭毛菌亚门：本亚门的无性繁殖孢子产生鞭毛，适于水中游动，因而称为鞭毛菌。其中包括腐生和寄生。主要特征为单细胞，菌丝无隔多核，孢子囊中产生大量的孢子囊孢子。水生菌产生带有鞭毛的游动孢子，陆生菌产生不游动孢子。有性繁殖产生接合孢子或卵孢子。属低等真菌，它们主要分布在水生的动、植物体上。

②接合菌亚门：菌丝无隔多核，细胞壁多为几丁质，有性繁殖产生接合孢子，无性繁殖产生孢囊孢子。本亚门分2纲、7目、24科、115属，约610种。其中有些菌种可引起有机质腐烂，有些种是酿造工业中的重要菌种或是产生真菌毒素的菌种。

③子囊菌亚门：菌丝有隔、呈多细胞，细菌壁大多为几丁质，少数为纤维素。子囊菌的无性孢子有多种，如分生孢子、芽孢子等，分生孢子有多种类型。有性繁殖产生子囊孢子。有的菌丝分化成子囊果、子座子等。子囊菌亚门是比较高级的真菌，是真菌中一个比较大的类群，已知有4万多种，分布广泛，与人类关系密切。

④半知菌亚门：有隔菌丝体，从菌丝体上形成分化程度不同的分生孢子梗和分生孢子。在自然环境条件下，仅产生无性孢子，很少产生有性孢子，无完全的生活循环。因为只了解其生活史的一半，故称为半知菌或不完全菌。本亚门种类多，已知有1825属、15000种，在数量上仅次于子囊菌亚门，有腐生和寄生，与人类关系密切。

（2）酵母菌的分类系统　酵母菌不是分类学上的名称，而是一类以出芽繁殖为主要特征的单细胞真菌的统称。虽然酵母菌在真菌分类中分属于子囊菌亚门、担子菌亚门和半知菌亚门，但由于研究酵母的分类方法较研究一般丝状真菌特殊，除了根据繁殖（无性和有性）特点、形态和培养等特征外，还必须根据其生理生化特征，如发酵各种糖的能力，利用各种碳水化合物的能力，能否利用硝酸盐及其代谢产物和酸的形成等，因而逐渐形成了自己独特的分类系统，以适应生产和科学研究之需要。酵母菌的分类以荷兰科学家罗德（Lodder）分类系统（1970年）比较全面和实用。在Lodder（1970年）分类系统中，酵母菌分属于39个属，370多个种。根据酵母菌是否为有性繁殖，能否形成子囊孢子和掷孢子、担孢子、冬孢子，以及孢子的数目、形状等特征，将其分为四大类：①子囊酵母类：能产生子囊孢子，属于子囊菌纲的内孢霉科、酵母菌科和蚀精霉科，共有22个属，179个种，通常称为“真酵母”。②黑粉菌目酵母类：能产生冬孢子和担孢子，属于担子菌纲的黑粉菌科，共有2个属，7个种。③掷孢酵母类：能产生掷孢子，属于担子菌纲的掷孢子酵母科，共有3个属，14个种。④无孢酵母类：有性繁殖已经丧失或未被发现，不产生子囊孢子、冬孢子和掷孢子，属于半知菌类的隐球酵母科，共有12个属，170个种。

1984年，Lodder的《酵母分类学研究（第3版）》又根据酵母菌的细胞壁和间隔的细微构造、（G+C）摩尔分数和DNA同源性等特征，对多种酵母菌的分类进行了大幅度改变。

目前酵母分类最权威的著作是由克雷格万·里杰（Kregervan Rij）于1984年编辑并出版。此书将过去的球拟酵母属归入假丝酵母属中，而将酵母属归入接合酵母纲和有孢圆酵母属中。

第三节　微生物分类鉴定的方法

多相分类是指利用微生物多种不同的信息，包括表型的、基因型的和进化谱系的信息，综合起来研究微生物分类和系统进化的过程。多相分类几乎包括现代分类中所有方面，如传统分类、数值分类、化学分类、分子分类等，被认为是目前研究各级分类单元的最有效手段，可用于所有水平上的分类单元的描述和定义。在此简要介绍几种常用的分类方法。

一、传统分类

传统分类也称描述分类，主要指以形态特征、培养特征及生理生化特征等表观分类学指征，对微生物分类单元进行的描述分类。虽然传统分类不能确切说明微生物的遗传进化地位和关系，但它却是人们认识微生物和研究生物进化的基础。随着现代科学技术的发展，传统分类已受到了现代系统分类学的冲击，但它仍然是多相分类研究的基础。微生物的传统分类鉴定步骤有：①获得该微生物的纯培养物；②测定一系列必要的鉴定指标；③查找权威性的菌种鉴定手册。其分类鉴定的依据包括以下几方面。

1. 形态学特征

微生物的形态学特征始终被用作微生物分类和鉴定的重要依据之一。形态学特征分为个体形态和群体形态。个体形态包括细菌的细胞大小、形状、排列方式、分枝、有无鞭毛、芽孢和荚膜及其形状和着生位置、染色反应等方面；酵母菌营养细胞的形态、大小、出芽方式、子囊孢子形态及大小等；霉菌的菌丝构造，孢子的形状、大小、排列、颜色等。群体形态指在固体培养基上的菌落形态和在半固体或液体培养基中的生长情况等。

2. 生理生化特征

测定生理生化特征要比直接分析基因组容易得多，而且在鉴定大量原核生物的属和种时，仅仅根据形态学特征难以区分和鉴别。因此，生理生化特征则成为细菌分类鉴定的重要特征。其主要鉴定内容包括以下几方面。

①营养特征：微生物对碳源、氮源、能源和生长因子等的利用能力不同。如能否利用多糖、双糖、单糖、脂肪酸、醇及二氧化碳作为碳源和能源，能否利用蛋白质、蛋白胨、氨基酸、铵盐、硝酸盐或大气中的游离氮。有的还需要供应某些生长因子才能生长。

②代谢产物：不同微生物因生理生化特性差异而产生不同的代谢产物。因此，可以根据代谢产物的种类、产量、颜色变化和显色反应等鉴别菌种。如通过检查微生物能否产生有机酸、乙醇、CO_2和H_2S等，能否分解色氨酸产生吲哚，能否分解糖产生乙酰甲基甲醇，能否使硝酸盐还原产生亚硝酸或氨，能否产生色素、抗生素等进行鉴别。

③酶活性：不同微生物产生酶的种类不同，由酶催化的反应特性也不同，因此可根据氧化酶、接触酶（H_2O_2 酶）、脲酶、凝固酶、氨基酸脱羧酶和色氨酸水解酶以及胞外水解酶类等产酶种类和反应特性鉴别菌种。常用淀粉水解、酪素水解、明胶液化、油脂水解和滤纸崩解等生化试验检测菌种是否产生淀粉酶、蛋白酶、脂肪酶和纤维素酶，以及测定酶的活性。

④在牛乳培养基中生长的反应：不同细菌对牛乳中乳糖和蛋白质的分解利用各异。有些使牛乳中的乳糖发酵产酸，过多的酸使牛乳的蛋白质凝固；有些具有蛋白酶，可将酪蛋白分解为蛋白胨（又称胨化）；另一些细菌则将牛乳中的含氮物质分解成氨而使牛乳变碱性。因此，利用牛乳鉴定细菌，可观察牛乳中是凝固还是胨化，是产酸还是产碱。

3. 生态学特征

生态学特征主要包括微生物对生长温度（最适、最低和最高温度）、pH、水分、渗透压（是否耐高渗，是否有嗜盐性等）的适应性，需氧性（好氧、微好氧、耐氧、厌氧和兼性厌氧），以及宿主的种类，与宿主的关系（互生、共生、寄生）等。此外，微生物在自然界的分布情况，有时也作为分类的参考依据。

4. 血清学反应

血清学反应具有特异性强、灵敏度高、简便快速等优点，在微生物分类鉴定中，常用已知菌种、型或菌株制成抗血清（抗体），根据抗体是否与待鉴定的对象（抗原）发生特异性反应来鉴定未知菌种、型或菌株。常用血清学试验有凝集反应、沉淀反应、免疫电泳、免疫荧光抗体技术、酶联免疫吸附试验、免疫组织化学等，其中采用火箭电泳自显影、放射免疫测定、免疫酶测定等技术能对抗原或抗体进行超微量测定。目前血清学反应主要用于对种内（以及个别属内）不同菌株血清型的划分。由于血清学反应只对抗原大分子表面结构进行比较，其结果可能受分子上每一个抗原位点的影响，故血清学反应主要适用于抗原结构同源程度高（蛋白质同源序列70%以上）的微生物种内血清型的分类鉴定。

5. 噬菌体分型

噬菌体有严格的寄主特异性，它不仅对种有特异性，而且对同种细菌的不同型也有特异性。可利用这些特性，用已知专一性噬菌体对未知相应细菌进行种的鉴定，并可进一步将细菌的种分型。例如，葡萄球菌、肺炎链球菌和伤寒沙门氏菌均可用相应的噬菌体分型。方法是通过观察处于对数生长期的带菌平板上产生的噬菌斑的形状、大小，在液体培养基中是否使培养液由混浊变为澄清等，以此作为鉴定依据。

二、数值分类

数值分类是借助计算机技术对被分类菌株按大量表型性状的相似程度进行统计、归类，将菌株间所有的分类性状进行两两对比，求其相似系数而进行分类。在比较不同的菌株时，都要采用一套共同的可比特征进行实验，包括形态、生理、生化、生态和血清学反应等实验，一般要求选择不少于50个实验特征，否则影响分类结果的可信度。收集实验中获得的被分类菌株有关分类性状的大量数据，采用计算机运算处理数据，并根据相似系数大小进行检索，相似系数小者为同属，相似系数大者为同种。此种方法与传统分类法得到的结果基本一致，而且可以解决一些传统分类中的疑难问题，因而在分类研究中不断得到应用。

三、化学分类

化学分类是利用分析比较细胞化学组分的异同进行分类的方法。此法首先用于放线菌分类中，近年来对 18 个属的放线菌细胞壁进行了分析，根据细胞壁的氨基酸组成，分为 6 个细胞壁类型，又根据细胞壁糖的组成，将其分为 4 个糖类型，在此基础上结合形态特征提出了相应的科属检索表。此外，还有通过分析细胞膜的枝菌酸、磷酸类脂及甲基奈醌等组分对细菌或放线菌进行属的分类。在分析细胞脂肪酸组分时，应在高度标准化的培养条件下收获稳定期细胞，然后分析比较稳定的分类指征——脂肪酸甲基脂组分，对其定性或定量分析的结果，可在属与属以上水平或种与种以下水平进行分类。

由于蛋白质氨基酸顺序间接地反映基因的序列，故可通过对某些同源蛋白质氨基酸序列的比较，分析不同生物的亲缘关系。序列相似性越高，其亲缘关系越近。在测定氨基酸序列时，应选择适当的蛋白质分子，如细胞色素和其他电子传递蛋白、组蛋白、转录和翻译的蛋白，以及许多代谢酶等进行微生物的分类研究。由于测定氨基酸序列繁琐，可采用全细胞蛋白聚丙烯酰胺凝胶电泳（SDS-PAGE）分析，根据产生特征性的蛋白电泳图谱（或称蛋白质“指纹”图）的相似性，鉴定到种和种以下水平。又因全细胞蛋白图谱分析仍较为复杂，可将核糖体蛋白（一般原核生物的核糖体蛋白含有 50 多种组分，其变化也较其他蛋白质保守）图谱作为分类指征。通过比较核糖体蛋白种类、测定 AT-L30 蛋白的相对电泳迁移率和氨基酸序列进行分类鉴定。

四、分子分类

微生物的分子分类鉴定主要以聚合酶链式反应（PCR）技术、核酸分子探针杂交及全序列杂交技术为基础，对微生物的目标 DNA 进行分类鉴定。核糖体 RNA（rRNA），管家基因（*groES*、*rpoA* 和 *pheS* 等）等保守性生物大分子广泛且稳定存在于生物细胞中，核酸序列中既有高度保守区又有可变区，可以利用这些序列信息对菌种进行分类鉴定。在此基础上，微生物的基因组全序列杂交技术对进一步从分子水平上鉴定种的特异性，具有更准确的优势。

1. 核糖体 DNA 的种、属特异性序列扩增

根据细菌的核糖体 DNA（rDNA）的高度保守区设计引物进行 DNA 扩增。由于不同种、属细菌的可变区位置不同，因此被引物扩增出的 DNA 片段的长度具有种、属特异性。根据扩增得到特异性片段的长度来鉴定微生物。

2. 16S rDNA 或 18S rDNA 序列同源性分析

由于原核生物细胞中的 16S rDNA 和真核生物细胞中的 18S rDNA 的碱基序列都十分保守，不受微生物所处环境条件变化的影响，故可通过分析比较微生物种之间 16S rDNA（细菌）或 18S rDNA（真菌）的同源性，揭示细菌或真菌的种属亲缘关系。16S rDNA 是细菌 16S rRNA 的编码基因（即 rRNA 是 rDNA 的转录产物），长约 1.5kb。利用细菌的通用引物扩增 rDNA 基因，产物序列测定后，输入 NCBI（美国国立生物技术信息中心）数据库中对其进行同源性分析，通常情况下当 16S rDNA 序列同源性大于 99%时，可认为它们属于同一个种。其鉴定原理及鉴定步骤详见第十四章第四节食物中毒病原菌的检测技术。

3. rDNA 转录间隔区序列分析

转录间隔区序列（Internally Tanscribed spacer Sequence，ITS）是指位于 rDNA 操纵子序列

中位于编码不同沉降系数 rRNA 之间的序列。该序列通常比 rRNA 序列显示出更多的变异，可广泛用于生物进化谱系分析和/或鉴定种和菌株。可以采用种、属特异性 ITS 片段扩增，探针杂交或 ITS 序列分析对微生物进行分类鉴定。

4. rDNA 扩增片段的碱基差异分析

利用细菌的通用引物扩增 rDNA 基因，结合序列检测比对技术，或结合温度梯度凝胶电泳（TGGE），或结合变性梯度凝胶电泳（DGGE）分析 rDNA 片段碱基序列差异。如采用序列检测比对技术，序列测定后，输入 GenBank 数据库中对其进行同源性分析，若 16S rDNA 序列同源性大于 99%，则认为它们属于同一个种。如采用凝胶电泳技术，可根据 rDNA 扩增产物碱基序列不同，以及其电泳条带在变性凝胶停留位置的差异特性，对微生物进行分类。

5. 管家基因序列同源性分析

管家基因也称看家基因，是细胞在各种不同环境中都必须稳定表达的一类基因，其基因表达的产物是维持细胞基本生命活动所必需的。由于其序列的高度保守性和持续表达性，管家基因常被用于微生物的分类分析，有效提高不同菌种之间鉴定的准确性。例如，常用于乳酸菌分类学研究的管家基因包括 *groES*、*rpoA*、*pheS* 和 *recA* 等。对乳杆菌属中种的系统分类学研究表明，*pheS* 基因序列在乳杆菌属中种之间的差异性较大，一般会超过 10%，甚至相同的种不同菌株之间的差异最大可达 3%。

6. 基因组全序列杂交

DNA 同源性分析是确定微生物分类地位、建立自然分类系统的最直接的方法。而 DNA/DNA 杂交是分析 DNA 同源性的一种有效手段。利用 DNA/DNA 杂交可以在种水平上进行微生物分类学研究。通常在最适复性条件下，DNA/DNA 同源性在 70%以上即可判断测试菌株属于同一个种；同源性为 20%~70%，测试菌株可能属于同一个属。例如，得乐森瑟力埃（Delcenserie）等从法国工厂原料干酪中分离得到一些菌株，革兰阳性，有果糖-6-磷酸解酮酶活性，产乳酸，DNA 的（G+C）摩尔分数为 55.3%~56.4%，经鉴定为双歧杆菌属。其中有的菌株与嗜冷双歧杆菌（*Bifidobacterium psychraerophilum*）有较高相似性，均能在厌氧、低温（5℃）条件下生长，16s rDNA 基因序列相似率达 99.8%，但 DNA 杂交率只有 31%。与嗜冷双歧杆菌不同的是，这些菌株不能发酵 L-阿拉伯糖、D-木糖和棉籽糖，遂提议将其列为双歧杆菌属的一个新种，命名为 *Bifidobacterium crudilactis*。

重点与难点

（1）三域学说内容；（2）微生物的双名法；（3）经典（传统）的微生物分类鉴定方法；（4）16S rDNA 序列同源性分析技术。

课程思政点

掌握经典和现代的微生物分类鉴定方法，尤其是分子生物学技术中的 16S rDNA 或 18S rDNA 序列同源性分析十分必要。伍斯等用该技术发现了古菌。由此延伸到作为微生物工作者，从陆地到海洋充分挖掘微生物菌种资源，做好菌种筛选和鉴定工作尤为重要。

复习思考题

1. 五界分类系统是谁提出的？其内容是什么？有何特点？
2. 三域学说是谁提出的？其内容是什么？这一学说的三个域是如何进化而来的？
3. 微生物的双名法的构成是什么？其命名规则是什么？如何正确书写微生物学名？
4. 菌种与菌株有何区别？举例说明。
5. 微生物分类鉴定工作中有哪些经典方法？其内容是什么？
6. 微生物分类鉴定工作中有哪些新技术？实验室较常采用哪种分子生物学技术？
7. 名词解释：属、种、亚种、型、菌株、培养物、双名法。

第二篇
现代食品微生物学各论

第九章

食品微生物污染的控制与食品保藏技术

在食品周围环境中，存在一个数量庞大、种类繁多的微生物世界。如果食品卫生状况差，这些微生物就可能通过直接或间接污染途径侵入食品，造成对食品的污染，并不断利用食品中丰富的营养成分生长繁殖，最终导致食品腐败变质，或引起食物中毒的发生。反之，若生产食品的各环节卫生状况良好，虽然周围环境存在较多微生物，却难以对食品造成污染。要做到这一点，首先要明确食品中微生物可能污染的来源及途径，才有针对性地在食品生产各环节采取有效措施，预防和控制食品中微生物的污染，保证产品的卫生质量。

第一节　食品微生物的污染来源及污染途径

一、食品微生物的污染来源

1. 土壤

土壤是微生物最适宜的生长环境，它为微生物提供了丰富的营养物质与适合微生物生长繁殖的理想条件。首先，土壤提供了丰富的营养物质。土壤中有动植物分解物，为微生物提供碳源和氮源以及矿物质、维生素、水分。其次，土壤为微生物提供了适宜的生长环境。土壤的 pH 接近中性，适合多数微生物生长。尽管有偏酸或偏碱性土壤，但也生存着相应的微生物。土壤中氧气虽少，但可满足好氧微生物的需要，即使有缺氧的土壤，也适合厌氧微生物的生长。因此，土壤是微生物天然培养基。土壤中微生物的种类和数量非常多，是人类利用微生物资源的主要来源，也是食品中微生物污染最重要的来源。

（1）土壤中微生物的种类、数量与分布　土壤中的微生物以细菌最多，占土壤微生物总量的 70%~90%，放线菌和真菌次之，藻类和原生动物则比较少。

①种类：土壤中的细菌多数为杆菌和球菌的异养微生物，它们多数是中温型的好氧菌和兼性厌氧菌，少数为自氧菌。土壤中的细菌以形成芽孢的休眠体占优势，营养体也以代谢不旺盛的状态存在。土壤中与食品有关的细菌主要有嗜热脂肪芽孢杆菌、A 型与 B 型肉毒梭菌、大肠杆菌、假单胞菌属、不动杆菌属、产碱杆菌属、黄杆菌属、节杆菌属、棒状杆菌属、微球菌属等。土壤中的放线菌与食品有关的是链霉菌，霉菌大多以孢子形式存在，而酵母菌数量较少，主要存在于含糖的果园、养蜂场的土壤中。

②数量与分布：不同土壤中微生物的数量有较大差别。表层土壤中微生物的数量较深层土壤中多，即离土壤表面10~20cm处的数量较多；肥沃土壤较贫瘠土壤中多，即在肥沃土壤中每克土壤含几十亿个微生物；而贫瘠土壤中每克土壤含几百万至几千万个微生物。

（2）土壤中的病原微生物　来自于人和动物的病原菌进入土壤后，可以生存一个时期，但由于土壤中的养料与生长条件不适宜，以及其他微生物的拮抗作用，生存时间不太长，多数病原菌迅速死亡。一般无芽孢病原菌生活时间较短，如沙门氏菌属的细菌只存活数天至数周；有芽孢病原菌存活时间较长，如炭疽芽孢杆菌、肉毒梭菌可存活数年或更长时间。

2. 水

水也是微生物广泛生存的第二个理想天然环境。因为水中有微生物生存的有机物，所以江河、湖海和下水道中均有微生物存在，甚至温泉中也可找到微生物。水是食品重要的微生物污染源。水中微生物主要来自于土壤、空气、人畜排泄物、下水道生活污水、污物、工业污水和动植物尸体等。

（1）水中微生物种类、数量与分布　水中微生物的种类和数量受有机物含量的影响，也受水的类型和环境的影响。地下水与泉水有厚土层的过滤作用，营养物含量少，菌数则少；湖泊、河水、池塘与水库，如水源靠近城镇，受污水、废物和粪便的污染，有机物含量较多，菌数则高；如水源远离城镇，水中含有机物少，菌数亦较少。水中与食品有关的微生物主要有芽孢杆菌属、梭菌属、艾希氏菌属（主要为大肠杆菌）、假单胞菌属、产碱杆菌属、不动杆菌属、莫拉氏菌属、黄杆菌属、气单胞菌属、棒状杆菌属、变形杆菌属、克雷伯氏菌属、微球菌属和肠球菌属（主要为粪肠球菌）等。

（2）水中病原微生物　水受带菌的人和动物排泄物（粪便）的污染，有时可发现病原菌，主要有伤寒沙门氏菌、痢疾志贺氏菌、霍乱弧菌与副溶血性弧菌等。水中还可发现病毒。

3. 空气

由于空气中营养物质缺乏，且受阳光紫外线辐射与干燥的影响，故不利于微生物生存。

虽然空气不是微生物适宜繁殖场所，但仍然存在一定数量和不同种类的微生物。它主要来自于土壤、水、人和动物。土壤飞起的尘埃，水面吹起的水滴，人和动物体表干燥脱落物与呼吸道排泄物等在进入空气过程中，将微生物带入空气。人在谈话、咳嗽时产生的气溶胶（带有空气中微生物尘埃颗粒的液滴）也是空气中微生物的来源。

（1）空气中微生物的种类、数量与分布　空气中微生物种类不固定，受环境条件的影响，其生存能力受空气相对湿度、氧气、日光与营养物的影响。当空气相对湿度>90%时，微生物生存最好；相对湿度为40%~80%时，微生物大量死亡。光照可使微生物数量减少。

进入空气中的微生物一般停留时间不长，其中一部分随尘埃落至地面，一部分因干燥和缺乏营养物质而死亡，而另一部分存活时间较长的微生物主要是：对干燥抵抗力较强的细菌芽孢、霉菌与酵母的孢子、微球菌属、葡萄球菌属、四联球菌属等细菌，它们在数量上占优势。此外，空气中微生物的种类还受地面活动的影响。在污水处理厂空气中主要有芽孢杆菌属、黄杆菌属、克雷伯氏菌属、链球菌属、微球菌属等。在乳品厂附近空气中主要是链球菌属。而葡萄园和果园的空气中主要是酵母菌。

空气中微生物的数量随地方不同而差异较大。尘埃多的地方，如繁华街道、畜舍、公共场所、交通拥挤的地方、人口众多的地方、居民生活区，以及接近地面的空气中微生物数量较多，空气污浊；而尘埃较少的地方，如高山、海洋、湖泊、森林、市郊、农村田野，以及下雨和下雪之后的空气中微生物数量较少，空气清新。森林中有植物杀菌素，对当地的空气具有杀菌作用。城市里树木可阻滞90%的灰尘，使空气中的细菌数量减少2/3~8/9倍。由此可见，灰尘的多少与细菌数量之间关系密切。故在食品加工厂区进行绿化，不仅可以美化环境，而且还可防止各种细菌（包括病原菌）通过空气污染食品，危害人体健康。

（2）空气中病原微生物　空气中的病原菌来自地面与患病者的呼吸道。由于空气并不是微生物理想繁殖场所，故微生物在空气中只存活较短时间。一般病原菌在空气中易死亡，只有结核分枝杆菌、肺炎链球菌、葡萄球菌、炭疽芽孢杆菌等可存活一段时间。

4. 动物

动物体表上的皮肤、黏膜与外界沟通的孔道，如口腔、鼻咽腔、肠道、泌尿生殖道等，由于经常与外界接触，均有微生物存在，主要来自于土壤、空气和动物所接触的环境。动物是食品重要的微生物污染源。如在冷藏牛肉上的细菌主要来自动物的皮肤、毛和蹄子等。

（1）动物带有的微生物种类、数量与分布　微生物的种类和数量在畜禽的不同部位差异较大。畜禽动物除了自身存在正常的微生物区系，还受到土壤、空气、水、饲料、畜舍铺垫物、分泌物和排泄物的污染，使其体表存在大量微生物。如污染大量粪便的体表含有许多球菌和大肠杆菌。畜禽肠道内细菌的数量非常多，兼性厌氧菌和厌氧菌的数量每克内含物可达10^6~10^{11}个，主要有艾希氏菌属（主要为大肠杆菌）、肠球菌属、乳杆菌属、拟杆菌属等细菌。在畜禽的口腔中含有葡萄球菌属、链球菌属、乳杆菌属等细菌。在正常情况下，畜禽肌肉内的细菌主要来自淋巴结过滤外来的细菌，可使其内细菌数量达10^5个/g。在畜禽屠宰之后的胴体因受各种不洁环境的污染，其肌肉内细菌数量增加。

（2）动物带有的病原微生物　健康动物的肌肉基本无菌，但患病时肌肉可有相应病原菌。患传染病家畜的皮毛带有各种病原菌，如炭疽芽孢杆菌、布鲁氏杆菌、结核分枝杆菌、口蹄疫病毒、痘病毒等。此外，苍蝇和鼠类也是病原菌的重要传播媒介。苍蝇的爪上带有大量沙门氏菌、志贺氏菌、弧菌、大肠杆菌等病原菌。鼠类也是沙门氏菌传播的污染源。

5. 人

人的胚胎在发育时是无菌的，但生后与外界接触，受到环境微生物的污染而带菌。

（1）人体带有的微生物种类、数量与分布

①皮肤：正常人体皮肤上有稳定的微生物区系。例如，手和手臂上的细菌主要有葡萄球菌属、产碱杆菌属、棒状杆菌属、芽孢杆菌属和铜绿假单胞菌等细菌。手掌上的细菌是暂时的，而手背上的细菌是固有的，常存在葡萄球菌。水洗可除去皮肤上的细菌，但不能完全除去。皮肤上的毛有相当数量的微生物。毛上没有固定的微生物区系，但能够滞留和传播细菌。

②肠道：人体胃液中有盐酸，使其pH 3.0，不适合多数微生物生长。而肠道呈碱性（pH 8.0），且有被消化的食物，适合微生物大量繁殖。人体大肠中生活着60~400种微生物，占粪便干重的1/3，其细菌数量为10^{11}~10^{14}个/g。目前肠道中只有10%~25%种类的微生物被研究清楚。厌氧菌是肠道正常菌群的主体（约占99%），主要有乳杆菌属、双歧杆菌属、拟杆菌属和梭菌属等的细菌，其次是兼性厌氧菌，如大肠杆菌、产气肠杆菌、变形杆菌、粪产碱杆菌、铜绿假单胞菌、葡萄球菌、粪肠球菌和韦荣氏球菌等。

人摄入的食物和抗菌药物对肠道正常微生物菌群有明显影响。所谓人体正常微生物菌群是指人在正常的生理状态下，人的体表和体腔中存在一定种类和数量的有益微生物种群。在一般情况下，正常菌群与人体保持和谐的平衡状态，在菌群内部各微生物间也相互制约，维持稳定、有序的相互关系，这就是微生态平衡。肠道正常菌群与人体是互生关系，但在特殊情况下转为寄生关系。肠道正常菌群对宿主具有很多有益作用。a. 排阻、抑制外来病原菌。正常菌群在小肠下端和大肠的内壁上定殖，在空间上可以排斥其他病原菌的侵入和寄生，增强人体抵抗病原菌的能力。b. 提供维生素等营养物。肠道中的微生物可以合成人体不可缺少的氨基酸和维生素，如泛酸、生物素和叶酸等。c. 助消化和排毒。正常菌群能产生淀粉酶、蛋白酶等有助消化的酶类，分解有毒或致癌物质（亚硝胺等），产生有机酸、降低肠道 pH 和促进肠道蠕动。d. 刺激机体的免疫系统并提高其免疫力等。实践证明，人的肠道如果缺乏了这些微生物，就不能维持正常生活。

（2）人体带有的病原微生物　正常菌群的微生态平衡是相对的、可变的和有条件的。一旦宿主的防御功能减弱，正常菌群生长部位改变或长期服用抗生素或磺胺类药物之后，就会抑制或杀死正常菌群，引起正常菌群失调，而致病菌或条件致病菌趁机侵入体内，引起人的继发感染。例如，原先某些非致病的正常菌群如大肠杆菌、脆弱拟杆菌、白假丝酵母就趁机转移或大量繁殖，成为条件致病菌。由它们引起的感染称为内源感染。若肠道中的大肠杆菌一旦侵入泌尿系统，则引起尿路感染。又如，大肠中数量最多的拟杆菌属在外科手术后，若消毒不当就会引起腹膜炎；皮肤上化脓性球菌在人体健康时是非致病的，但当皮肤受伤时即可引起化脓感染。

6. 设备和用具

食品加工厂的生产设备由金属、橡胶和塑料制成。这些材料本身没有微生物生长所需要的营养物质，但设备和用具在加工食品过程中，食品颗粒或汁液残留于设备、管道、用具的内表面，微生物即在其上生长，使菌数升高，成为食品的重要污染源之一。

7. 包装材料和容器

包装食品的材料和容器在制造和运输过程中带有灰尘和一些微生物，既成为食品微生物的污染源之一。如果包装材料不符合卫生标准，使经过杀菌的食品受到再次污染，则导致食品卫生质量不合格。因此，包装材料与容器在使用之前，应采用含杀菌剂的溶液杀菌或紫外线辐射灭菌，以尽量减少对食品的污染。包装材料与容器最好一次性使用，可明显减少微生物数量，而且要有一定坚固性，不应在食品贮藏与运输时发生破漏现象。

8. 原料和辅料

（1）原料　食品来源于动物和植物原料，包括乳、肉、蛋、水果、蔬菜等。目前我国蔬菜栽培主要利用人畜的粪便作为肥料，故蔬菜被肠道致病菌和寄生虫卵的污染相当严重。水果虽然多数生长在树上，但在收获、运输过程中可被多种微生物甚至肠道致病菌污染。水果表皮破损程度与污染程度有密切关系。表皮破损的水果检出大肠杆菌的数量就高。动物性食品原料的病原菌主要来源于病畜禽与健康带菌者。除原料本身存在一定种类和数量的微生物外，在加工、贮运、销售等各个环节均会因不洁环境造成不同程度的污染。

（2）辅料　加工食品的品质还受辅料的影响。辅料虽占食品原料总量的一小部分，但它们带有大量微生物。调料里的菌数较高，如胡椒、花椒、大料、辣椒等的菌数可达 10^8CFU/g，主要有需氧和兼性厌氧的芽孢与大量的霉菌，以及其他营养体的细菌。在生姜上可检出细菌的营养体数量为 4.8×10^7CFU/g，需氧菌的芽孢数量为 2.6×10^7CFU/g，厌氧菌的芽孢数量为

7.2×10^5CFU/g，酵母菌和霉菌数量为 1.2×10^7CFU/g。

作为辅料的调料、淀粉、面粉、糖等均含有耐热菌，常引起加热处理过的食品发生变质，特别是形成芽孢的耐热菌常给罐头杀菌带来麻烦。例如，糖中含有较多的芽孢菌，故制作罐头所用的糖应检查需氧嗜热平酸菌和厌氧嗜热菌的芽孢数量，以减少罐头食品热处理后发生变质。面粉中需氧嗜热菌的芽孢数量为10~1200CFU/g，需氧菌数为 $10^2\sim10^3$CFU/g。一般情况下菌数高的样品检出变质菌和病原菌的概率也大，但亦有例外。

二、食品微生物的污染途径

1. 通过土壤污染

水果、蔬菜、谷物、豆类等植物性食品的原料表面，污染有来自于田园土壤中的微生物。它们均可随果实进入食品厂而污染车间的空气、用具，最后对半产品和成品质量产生影响。如有人检测从田里采摘的番茄菌数，结果是：酵母菌 1.8×10^6CFU/g，霉菌 7.6×10^4CFU/g，细菌 2.4×10^4CFU/g。粮食和豆类等原料极易受到土壤、淤泥沉积物、尘土中的肉毒梭菌的污染，而易引起食物中毒的发生。肉毒梭菌食物中毒91%是由植物性食品引起。面粉受来自于土壤的枯草芽孢杆菌污染，危害食品较大。如果污染严重，将使面团发酵时液化呈黏丝状，若烘烤温度不高或时间不够，则夹生的面包会残留较多的芽孢菌，而引起面包变质。用污染较严重的面粉加工方便面，虽经蒸煮、油炸高温处理，但当面粉中芽孢数量较多时，采用同样的杀菌条件，杀死效果就差，最终产品中仍可检出芽孢菌。

2. 通过水污染

水在食品加工方面作用最大。用水洗涤食品的原料、生产用具、设备与容器，清洗房间、地面、保持工作人员的个人卫生，用水冷却杀菌后的罐头，用水加工食品，因此水质好坏对食品卫生质量影响较大。应特别注意食品加工用水的品质。有些水适于饮用，但不一定适于食品加工。如果水污染较严重，不符合国家水质卫生标准，即成为微生物污染食品的途径之一。水中存在变质菌，特别是嗜冷性假单胞菌能在水中极微量的营养物质条件下生长，使工厂贮水池中菌数可达 $10^5\sim10^6$CFU/g。在乳品厂常因使用含嗜冷菌较多的水清洗设备和加工食品，而引起冷藏乳制品变质。在罐头食品加工中，用水冷却灭菌后的罐头，常使有漏孔的罐头受到污染而引起变质。如果水中有病原菌，还可引起食物中毒。此外，某些食品厂水源不足或水的成本高，采用循环水时更应注意水的品质，防止对食品的污染。如用循环水漂洗的橘子制成罐头胖听率高达32%，而用清水漂洗胖听率则只有5%。

3. 通过空气污染

食品加工厂空气中的微生物主要来自于原料的搬运、粉碎、设备的清洗和喷粉干燥等，以及工作人员的走动带起较脏地面的灰尘，操作人员卫生差，在讲话、咳嗽或打喷嚏时所产生的气溶胶，均可直接或间接将微生物带至食品中。因此，只要食品暴露于空气中的时间越长，则污染越严重。如此半产品在杀菌之前不能存放太久，否则将增加受空气污染的机会，致使菌数增高，用相同的条件杀菌不易彻底。对于杀菌之后的半产品最好不暴露于空气中，否则再次受到空气中微生物的污染。因此，加工食品应在封闭条件下操作，从而可减少食品被空气中微生物污染的几率。

4. 通过人和动物污染

工作人员以手接触食品成为微生物污染的途径之一。如果食品从业人员患有某些疾病，接触食品的手又不注意清洗消毒，修剪指甲，则很容易将病原菌和变质菌带到食品中。如志贺氏菌和葡萄球菌食物中毒主要由人污染食品而引起。因此，食品从业人员应定期检查健康状况，并在食品加工过程中尽量减少手工操作，特别是不能用手接触已灭菌的食品。

有些动物也成为污染食品的微生物来源。在食品加工的地方也正是某些动物活动频繁的场所，如老鼠、苍蝇、蟑螂等消化道与皮肤上带有大量微生物，通过活动传播至食品。老鼠是沙门氏菌的带菌者，如果食品中有沙门氏菌，很可能与老鼠接触食品有关。

畜禽屠宰过程中有两个重要的污染源是皮毛和粪便。毛皮和粪便中大量的细菌污染胴体和内脏，便成为鲜肉的变质菌类。

5. 通过用具与杂物污染

用于食品的一切用具，如运输工具、生产设备、包装材料或容器等都有可能成为媒介，使食品受到微生物污染。所有用具在使用之后未经清洗杀菌，生长有一定种类和数量的微生物。它们接触食品，既是盛放食品的容器，又是微生物的接种工具。如盛放食品的容器、运输工具用过后未经彻底清洗和杀菌而连续使用，造成杀菌和运输后的食品污染。停工后的设备未经清洗杀菌或杀菌不彻底，则加工食品通过这样的设备越多，造成污染的机会也越多。故对设备和用具进行彻底清洗和杀菌，可以明显减少食品中微生物的数量。

第二节　食品微生物污染的控制

控制食品微生物的污染是食品微生物学的主要研究目标。其目的是防止和延缓食品变质，减少和杜绝食物中毒的发生。防止微生物污染食品的措施是综合性的。首先，要求原料中的微生物数量降至最低程度。其次，要求在食品加工过程中和加工后的食品贮藏、运输、销售等环节防止微生物的污染和控制其生长繁殖。此外，还要注意食品内部固有酶的活动，如脂肪氧化酶的活动使食品变质。

一、防止食品原料的污染

加工食品的原料优劣直接影响成品质量。没有优质的原料，就没有优质的产品。为了获得符合微生物学标准的原料，应做到以下几点：①食品加工者应了解原料来源，并指导和控制原料生产情况；②严格把好原料验收质量检验关，杜绝可能造成微生物污染的原料入厂；③最好采用本厂生产的优质原料，使原料的微生物数量降至最低程度；④加强原料的卫生管理，控制原料较低贮藏温度、湿度等条件，以控制微生物的生长。下面重点介绍几种动物性及植物性食品原料的微生物污染的控制。

1. 防止乳制品原料的污染

我国乳制品原料主要来自奶牛。在牧场除了要加强对疫病的防治，注意奶牛健康外，还要加强饲养管理和榨乳卫生。由于人工挤奶时容易将奶牛的屎尿带入原料乳（生乳）中，使其菌落总数大幅度提高，故建议采取机械化挤奶，并建立原料乳生产的绿色（清洁卫生）通道。即原料乳采用挤奶杯（器）榨乳后直接泵入真空罐中，再以贮奶罐低温冷藏（1~4℃），冷罐车低温运输（1~6℃）至乳品厂原料验收间，如此实施全程冷链可抑制微生物的生长繁殖，使生乳中细菌的菌落总数≤2×10^6CFU/g（mL），符合 GB 19301—2010《食品安全国家标准　生乳》中的生乳验收标准。

2. 防止肉制品原料的污染

为了保证肉及其制品的卫生质量，应选用健康畜禽个体屠宰加工。为此，最好做到自繁自养，建立无病害畜禽群体；加强饲养场卫生管理，定期接种预防疫苗；饲养不要过密，以减少传染病扩散；要从非疫区购入畜禽，并坚持检疫。屠宰前的临时畜禽圈舍要消毒，并使畜禽在圈舍集中时间不超过 2~3d。由于屠宰过程中重要的污染源是粪便，畜禽宰前 8~10h 应停水、停食，可减少粪便的污染。宰后的内脏要单独处理，以防污染胴体。同时加强屠宰、运输和销售过程中的卫生工作，并使鲜肉从加工到消费处于冷链（0~4℃）状态。

3. 防止蛋制品原料的污染

为了获得品质优良的蛋及其制品，应避免采用含结核分枝杆菌、鸡白痢沙门氏菌、鸡伤寒沙门氏菌等病原菌的饲料喂养禽类，以防止病原菌污染禽蛋。同时在产蛋、收购和运输过程中要防止环境中微生物的污染。新产的蛋要尽量保持清洁和干燥，防止受禽粪、巢内铺垫物、不洁包装材料中微生物的污染。严禁以水清洗或磨擦禽蛋，否则因蛋壳表面的蛋孔暴露而被微生物污染，而且收集后的禽蛋应低温、干燥贮藏。

4. 防止果蔬制品的污染

果蔬在收获时，由于相互接触以及与容器磨擦，或在运输中造成机械损伤，易使微生物侵入其内部大量繁殖，冷藏或冷冻果蔬可抑制微生物的繁殖。在用水（特别是污水）浸泡、清洗果蔬时，水中微生物污染了果蔬表面更易引起腐败。为此，清洗果蔬时采用消毒剂或杀菌剂可杀死细菌，加工果蔬时用热水或碱液清洗，以及去皮可减少微生物的数量。

二、加强食品企业卫生管理

1. 加强食品生产卫生

食品生产的每个环节要有严格而明确的卫生要求，如此才能加工出符合要求的产品。

（1）食品厂址的选择要合理　在实施卫生操作规范过程中，生产地点的选择至关重要。

①厂区不能建于化工厂、捕捞厂等附近，以防有毒、有害气体和不良气味进入食品。

②厂区不能建于害虫、垃圾较多的地方，以防止食品受到病原菌的污染。

③厂区要排水性能好，以防积水带有病原菌，以及吸引鸟类、鼠类、昆虫等带来危害。

④厂区要留有发展空间，以防因生产规模扩大，造成过分拥挤及卫生管理困难。

⑤厂区有不合理的设施并确认是污染源的，应坚决改造或拆迁。

⑥厂区应绿化环境，净化空气，但车间旁不得种植能为鸟类提供食宿的树木。

⑦建厂时还应考虑如何提高水的利用率，并配备足够的废弃物处理设施。

（2）生产食品的车间要清洁卫生　综合以下措施减少车间环境中的微生物数量。

①车间应完善防尘、防蝇和防鼠设施。

②设备应安装在便于维修、清洗消毒和检查的地方，避免不卫生的隐患和死角。

③地面定时清洗除尘，并保持干燥；墙壁贴瓷砖，地面铺地砖，并涂有抑霉防腐剂。

④车间要安置风帘除尘、除菌，安置紫外灯对空气杀菌，并定期抽检空气落菌情况。

（3）设备清洗杀菌要彻底　生产班次前后对所有设备和用具进行彻底清洗和消毒。

①设备的清洗：清洗目的是除去食品残渣、汁液和污物，以免积垢和繁殖大量微生物。

目前小型工厂仍采用手工清洗设备，而现代大型食品工厂采用自动和半自动操作清洗设备，如原位自动清洗系统（简称CIP系统）可按预定程序自动清洗与杀菌。

a. 传统CIP过程：

新鲜水预冲洗 → 冷碱水（NaOH）冲洗 → 循环水洗涤 → 酸液（HCl）冲洗 → 循环水除去残液 → 热水或含消毒剂的水洗涤杀菌。采用传统的酸碱交替CIP时，对酿酒设备清洗效果较好，但对乳品设备（尤其是板式热交换器的管道、浓缩罐）清洗效果较差，且清洗时间较长。原因是：CIP的碱洗不能有效去除牛乳石、水垢、有机污垢、脂肪等重污。如何减少CIP清洗时间，增强清洗效果即成为我国清洗剂工业需要解决的问题。

b. 改良CIP过程：

35℃水预冲洗 → 8g/L的热碱水（70~80℃）+添加剂冲洗（25~45min）→ 35℃水冲洗 → 排水 → 高温消毒（90~95℃）。在改良CIP清洗流程中，为了增强清洗效果，在碱水中加入具有螯合有机物与络合钙离子的添加剂，如表面活性剂、螯合剂和络合剂等，以一次性碱液清洗替代传统CIP的酸碱液交替清洗。例如，在8g/L的NaOH溶液中加入EDTA和表面活性剂制成的清洗剂，使用浓度为0.7%~2.5%（质量分数），能有效去除在牛乳热处理后沉积在设备上的蛋白质和钙盐污垢，特别适用于乳品加工中对HTST设备、巴氏杀菌器、蒸发器及冰淇淋的贮存罐和混料缸的单步CIP清洁。

虽然CIP系统的一次性投入较大，但是使用费大大减少（可循环使用清洗剂），并可缩短清洗时间，提高设备使用安全性，且特别适用于清洗管道、发酵罐、板式热交换器、集成式机器和均质机等。清洗时要注意冷热水的使用，如有脂肪性物质要用热水，而蛋白类污物宜用冷水冲洗。用清水冲洗可除去表面结合不牢的污物，对不易除去的污物还需采用其他措施，如清洗剂、高压洗涤喷射、手工刷洗和机械刷拭等方法达到彻底清洗目的。

食品厂采用的理想清洗剂应具有便宜、无毒、不结块、易溶解、性质稳定、无腐蚀性、无刺激性，最好兼有杀菌作用等特点。食品卫生法允许使用的清洗剂种类如下：

a. 碱性清洗剂：强碱性清洗剂有NaOH和KOH等。我国常以20~30g/L的NaOH为清洗剂。NaOH可有效去除蛋白质和油脂产生的污物，因而适用于清除重型污物，但有较强腐蚀性，加入硅酸盐可减少NaOH腐蚀性，并提高其渗透性和漂洗效果。

b. 酸性清洗剂：强酸性清洗剂有HCl和H_3PO_4等。我国常以20~30g/L的HCl为清洗剂。HCl可有效去除表面结垢的物质和溶解矿物质沉积物，但有较强腐蚀性，一般不用于手工清洗中。磷酸的腐蚀性相对较低，并能与许多表面活性剂互溶，可用于手工和重垢清洗过程中。但大量使用磷酸会造成水体污染，引起“赤潮”或“水华”现象。

c. 阳离子型表面活性剂：季铵盐类化合物，如新洁尔灭、杜灭芬兼有清洗和杀菌作用，可降低水相表面张力，提高水的渗透能力和湿润能力，从而去除污垢。

②设备的杀菌：杀菌目的是杀死设备上残留的病原菌和多数非病原菌。

a. 加热杀菌：常用蒸汽、70~80℃的热水喷洗和热空气对设备进行杀菌。

b. 消毒剂杀菌：将消毒剂加入清洗液中，在清洗设备的同时兼有杀菌作用。常用消毒剂有20~30g/L的NaOH、35g/L的过氧乙酸、20g/L的ClO_2和35%（体积分数）以上的H_2O_2（包装容器杀菌）等，以及食品级过氧化氢-胶质银离子消毒剂和生物酶消毒剂。后两者为近年来我国新研发的生态安全、高效杀菌的消毒剂（详见本教材第四章第三节）。

消毒剂的杀菌效果决定于消毒剂的浓度、接触时间、溶液 pH、温度、微生物的种类和数量。不能以提高消毒剂的浓度代替日常消毒工作，这样既不经济，又对设备腐蚀性较大。

（4）食品加工工艺要合理　生产过程要尽量缩短设备流程，并尽可能实现生产连续化，自动化和封闭化。避免半产品堆积或存放时间过长，或手工接触食品操作，以减少污染。

（5）严格执行正确的巴氏杀菌操作规程　食品杀菌程序应按有效的杀菌温度和时间正确执行，否则温度不够或时间不足，均影响杀死病原菌和全部繁殖体的效果。

（6）防止杀菌后再次污染　食品杀菌后，使用未清洗杀菌或杀菌不彻底的设备、用具和包装材料；用未消毒的人手接触食品；加入未杀菌的辅料；没有无菌包装等都可能造成杀菌后污染。因此，对杀菌后的食品应采用无菌包装工艺。例如，将消毒乳的整卷包装材料连续输至一个设备内，先用20%（体积分数）以上的 H_2O_2 杀菌，再用滤过除菌的热风吹去残液，继而在不断吹送无菌热风条件下，进行容器成型、装填食品和密封。

（7）防止交叉污染　生产过程中要防止生、熟食品，食品与非食品，内、外包装，清洁与非清洁用具、设备，清洁区与非清洁区人员，清洁区与非清洁区空气的交叉污染。

（8）生产用水质量要符合饮用水的卫生标准　许多食品造成的微生物污染都是因水不卫生而引起。要定期检测水源质量，对未达卫生标准的饮用水，须净化和消毒才可使用。

上述内容为食品从原料到成品的加工过程中防止微生物污染的通用措施，包括防止食品原料的污染（即上述防止乳、肉、蛋、果蔬制品原料的污染）和加强食品生产卫生［即上述（1）～（8）条］。若防止某一具体食品在加工过程中的微生物污染，则在采取通用措施基础上举一反三，从生产工艺流程中分析具体的危害因素和关键控制点，并有针对性地提出防止微生物污染的措施。例如，在凝固型酸乳加工过程中，除了防止原料乳的微生物污染之外（即上述防止乳制品原料的污染），还要加强酸乳生产卫生［即上述（1）～（8）条］，其中对原料乳严格执行正确的巴氏杀菌及防止杀菌后再次受到微生物污染是关键控制点。具体操作：一是采取 90℃，维持 5～10min 进行严格巴氏杀菌；二是接种过程中防止空气杂菌污染，接种后分装发酵液在无菌环境下进行，分装酸乳的容器采用 35%（体积分数）以上的 H_2O_2 灭菌或使用一次性无菌酸乳杯；使用清洗和杀菌彻底的设备、用具等。如果生产搅拌型风味酸乳，发酵后加入的酸乳辅料（如草莓酱、黄桃果粒等）应杀菌彻底。

2. 加强食品贮藏卫生

食品贮藏场所要保持清洁卫生，要无尘、无蝇、无鼠和虫害，要注意贮藏场所的温度、湿度、气体等条件，温度以较低为宜，最好有冷库贮藏，空气相对湿度在 70%以下。此外，所用容器要清洗消毒，并保持包装材料完整密封。为了延长食品保质期和预防食物中毒的发生，要综合采取各种食品保藏技术以控制微生物的生长，有关内容在本章第三节介绍。

3. 加强食品运输卫生

食品是否受到污染或变质与运输时间长短、包装材料的质量和完整、运输工具的卫生情况和食品的种类有关。首先，应检验成品已符合食品卫生标准方可出厂，严格控制超标的食品出厂。其次，对于即食熟食品要用清洁卫生的专用工具运输；对于生熟食品、食品与非食品应分开运输，防止与生食品或非食品发生交叉污染；对于易变质的食品应低温运输；防止包装材料破损，并尽量采用箱式密闭运输，以减少再污染。

4. 加强食品销售卫生

食品在销售过程中，要做到及时进货，防止积压；对过期食品要及时返货，出货时保证先进先出；对于裸露散装食品要尽量减少直接用手售货，而多用工具售货；对于易变质的食品应低温销售；要注意食品包装的完整性，防止破损，并要注意防尘、防蝇与防鼠。

5. 加强食品从业人员卫生

食品加工人员、服务员、售货员等要养成遵守卫生制度的良好习惯，如勤理发、剪指甲、洗澡，勤换衣帽、口罩等，以保持整洁与清洁。特别是食品从业人员接触食品的手必须经常清洗（尤其是便后），并用消毒剂消毒，最好带消毒过的手套操作。常用的皮肤消毒剂有1g/L新洁尔灭溶液、2g/L过氧乙酸溶液、1g/L高锰酸钾溶液、70%～75%（体积分数）的乙醇等。临床研究表明，含有润湿剂的酒精能有效控制并除去暂存和常居细菌，而且不会导致手部过敏。表9-1所示为食品生产者个人卫生准则。

表9-1 食品生产者个人卫生准则

食品生产者个人卫生准则
1. 勤洗手，在下列情况下要洗手： ——上厕所之后；接触生的食物之后；梳头和摸头之后； ——进入食品车间和接触食物、设备之前； ——吃饭、抽烟、咳嗽和捏鼻子之后；接触变质的食物、垃圾及化学药品之后
2. 保持指甲短而干净，但不准在生产食品场所剪手指甲
3. 若有伤口，一定要包扎好
4. 保持头发干净，带防护帽，防止头发及头皮屑进入食物
5. 在食品生产车间，要穿干净的工作服（包括鞋子）
6. 工作时禁止下列行为： ——不准抽烟、嚼口香糖、吃带壳的坚果、品尝食品； ——不准对着食品吐痰、打喷嚏和咳嗽； ——不得戴金银饰品； ——不得穿工作服走出车间等

卫生防疫部门必须和食品生产企业与主管部门密切配合，定期对食品从业人员进行健康检查和带菌检查，必须持健康证上岗。我国规定对患有痢疾、伤寒、传染性肝炎等消化道传染病（包括无症状带菌者），活动性肺结核，化脓性或渗出性皮肤病等人员不得接触食品。对患有上述传染病的职工须调离接触食品的工作岗位，待治愈或带菌消失方可恢复工作。主管卫生质量部门应定期对直接接触食品的工作人员的双手进行取样检查菌数，以监督手的卫生状况。因为不洁的手接触杀菌后的食品，将成为微生物再污染的主要因素之一。

三、加强食品卫生检测

食品生产企业要对每批产品进行微生物学检验。对不合格食品除了采取适当处理外，更重要的是要查明不合格原因，找出解决对策，以便生产出符合卫生质量要求的食品。同时要不断改进微生物检验技术，提高化验员检验技能和缩短检验时间，做到快速准确地反映食品卫生质量。卫生防疫部门应经常定期抽样检验产品，以监督食品的卫生质量。

四、加强环境卫生管理

加强环境卫生管理，是保证和提高食品卫生质量的重要环节之一。如果环境卫生清洁，则含菌量下降；反之，含菌量高，便增加对食品污染的机会。

（1）做好粪便卫生管理工作　粪便中含有肠道致病菌、寄生虫卵和病毒等，目前对粪便无害化处理方法有：堆肥法、沼气发酵法、药物处理法、粪尿混合封存法和发酵沉卵法。

（2）做好污水卫生管理工作　生活污水中含有大量有机物和肠道病原菌，工业污水含有各种有毒物质，目前主要采取活性污泥法和沼气发酵法处理污水（详见第七章第三节）。

（3）做好垃圾卫生管理工作　有机垃圾含有大量微生物（包括致病菌、非致病菌）、寄生虫卵等，可利用堆肥过程中产生的高温和微生物之间的拮抗作用进行无害化处理。

第三节　控制微生物生长与食品保藏技术

一、影响微生物生长的因素

1. 内在因素

动植物食品本身固有的因素称为内在因素，它包括食品的营养成分、pH、水分、渗透压、氧化还原电位（Eh）、抗微生物成分与生物结构。有些食品中含有抗菌物质，如大蒜中的大蒜素油、芥菜中的芥子油（异硫氰酸烯丙酯）、藿香中的丁子香酚和麝香酚、姜黄中的姜黄素、牛乳中的乳铁蛋白和乳过氧化物酶系统（由乳过氧化物酶、硫氰酸盐和过氧化氢酶三部分组成）、鸡蛋清中的溶菌酶和伴清蛋白等都具有抗菌能力。有些食品外层的生物结构具有抵抗微生物的侵入作用，如种子皮、水果皮、坚果壳、动物皮毛和蛋壳等。如果水果和蔬菜的外层损坏了，则很快腐败。坚果壳一旦破碎就会受到霉菌的侵入。若蛋壳完好无损，能防止几乎所有微生物的侵入。

2. 外在因素

影响食品中微生物生长繁殖的一些贮藏环境因素称为外在因素，它包括温度、相对湿度、气体及其浓度，以及其他微生物的存在及其活性。食品中有些微生物能产生抗生素、细菌素、H_2O_2、有机酸（如乳酸）等拮抗物质，对病原菌和食品腐败菌有抑制或致死作用。

3. 内外在因素的联合作用——栅栏技术

栅栏技术又称跳越技术或障碍技术、组合保藏或联合方法，即利用多种内、外在因素或保藏技术控制食品微生物的生长，其实质是阻止腐败菌的生长和芽孢的发芽。微生物必须“跳越”一系列的栅栏才能生长，已知有许多内、外在因素都可用作食品保藏的栅栏，以控制食品中微生物的生长。例如，能够抑制肉毒梭菌的芽孢发芽和生长的内、外在因素是：pH<4.6，A_w<0.94，100g/L NaCl，120mg/kg $NaNO_2$，贮藏温度<10℃，以及具有大量的好氧微生物。有关栅栏技术效应在本节食品防腐保藏技术理论进展中详细介绍。

二、食品防腐保藏技术

食品防腐保藏是指采用各种物理学、化学和生物学方法，使食品在尽可能长的时间内保持营养价值，色、香、味和良好的感官性状。引起食品污染和腐败变质的有物理、化学和生物因素，其中由微生物引起的食品腐败最主要。因此，食品防腐保藏的目的是控制微生物的生长，防止食品发生腐败变质，杜绝病原菌引起的食物中毒。人类在长期实践中创造了许多传统和现代保藏方法，因而要采取综合保藏技术，达到延长食品货架期之目的。

1. 利用加热保藏食品

（1）基本原理　利用高温对菌体蛋白质、核酸和酶系统等产生破坏作用，使蛋白质凝固变性，以杀死腐败菌和病原菌。加热杀菌的食品经无菌真空包装后再低温贮藏。

（2）常用加热杀菌的方法

①煮沸、烘烤或油炸　此法用于家庭和食品工业中。缺点：未能杀死全部微生物。如烘烤炉的温度虽达到200℃左右，但食品中心温度只达到100℃左右，不能杀死芽孢和耐热菌。

②巴氏杀菌和高温灭菌　采用巴氏杀菌可杀死食品中无芽孢的病原菌（结核分枝杆菌、布鲁氏杆菌等）、酵母菌、霉菌、多数腐败细菌，而采用超高温瞬时灭菌可杀死全部病原菌、腐败菌和芽孢。有关巴氏杀菌和超高温瞬时灭菌的具体方法详见第四章第三节。此外，罐头（非酸性食品）杀菌采用0.1MPa高压蒸汽处理20~30min，可达到商业灭菌要求。

③微波杀菌：目前常用915MHz和2450MHz两个频率进行微波杀菌，其杀菌机制：a. 热效应：在微波磁场作用下，食品吸收微波能量以及细胞中的分子被极化并作高频振荡的加速运动，由此产生的热效应导致蛋白质结构变化而有杀菌作用。b. 非热生化效应：微波产生大量的电子、离子使细胞生理活性物质发生变化；电场引起细胞膜的电荷分布发生改变，导致膜功能障碍；微波导致细胞DNA和RNA的氢键松弛、断裂和重新组合，诱发基因突变。微波杀菌具有加热均匀、穿透能力强、加热时间短、热能利用率高、对食品的品质影响很小等特点，因此能保留更多的活性物质和营养成分，适用于人参、香菇、猴头菌、花粉、天麻以及中药、中成药的干燥和灭菌。微波还可应用于乳、肉、蛋及其制品、果菜、布丁和面包等一系列产品的杀菌、灭酶保鲜和消毒。目前国外已有微波牛乳消毒器，在2450MHz的频率下升至200℃，维持0.13s，消毒乳的细菌总数和大肠菌群未超标准。

④远红外线加热杀菌：远红外线是指波长为2.5~1000μm的电磁波，目前常用3~10μm的电磁波进行加热杀菌。它具有热辐射率高、热损失少、加热速度快、传热效率高、食品受热均匀、食物营养成分损失少等特点，其加热杀菌直接由表面渗透到内部，因此已广泛用于食品的烘烤、干燥、解冻，以及坚果类、粉状、块状、袋装食品的杀菌和灭酶。

⑤欧姆加热杀菌：一般采用50~60Hz的低频交流电，利用电极将电流直接导入食品，由食品本身介电性质所产生的热量直接杀菌。欧姆加热杀菌具有不需要传热面，热量在固体产品内部产生，适用于各类含大颗粒固体食品与高黏度物料的杀菌。

2. 利用低温保藏食品

（1）基本原理　在低温条件下，食品本身的酶活性被抑制，化学反应延缓，食品中微生物的生长繁殖速率减慢或完全受到抑制。在冻结条件下，一部分微生物并不死亡，而是处于休眠状态，但大部分微生物由于菌体蛋白质变性和絮凝，以及冰晶体对细胞膜和细胞壁机械的物理损伤等作用而死亡，从而使食品在有效保藏期内不发生变质。

微生物处于最低生长温度时，生长更加缓慢，但仍在进行代谢活动，当温度低于0℃时仍有一些微生物能够生长。食品中的嗜冷菌是指在0~7℃下生长良好，于此温度下用固体培养基上培养7~10d内，出现可见菌落的微生物。如假单胞菌属、无色杆菌属、产碱杆菌属、微球菌属等嗜冷细菌能在-4~7.5℃下生长。酵母菌、霉菌比细菌更有可能在低于0℃下生长，这与真菌能在低 A_w 下生长情况相一致。一种红酵母在-34℃时仍能生长，细菌和霉菌有的也能在-12℃以下生长，故冻藏食品也不宜久贮。微生物对低温的抵抗力与微生物的种类、生长繁殖阶段、贮藏温度、贮藏时间，以及食品的种类和性质均有密切关系。

（2）常用低温保藏的方法　食品低温保藏有三个明显的温度范围。即冷却、冷藏和冷冻温度。可根据贮藏食品的温度、食品种类和性质的不同，分为普通贮藏、冷藏和冻藏等。

①普通贮藏：冷却温度在室温和冷藏温度之间，通常为10~15℃。嗜冷菌能在此温度范围内缓慢生长，故此法只适于水果和蔬菜的保存，如马铃薯、甘蓝、芹菜、黄瓜、番茄、苹果、柑橘和橙子等作短期贮存。贮藏期间酶和微生物仍可引起贮藏食品腐烂。

②冷藏：冷藏温度在0~7℃之间，可抑制微生物生长繁殖，尤其可抑制食物中毒病原菌的生长和产毒（表9-2），但嗜冷菌在0~7℃时缓慢生长引起食品变质。故冷藏只适用于乳、肉、蛋、水产、水果、蔬菜等作有限期内保存，保藏有效期较短。冷库或贮藏室的贮藏温度、相对湿度、气体组成等因素对贮藏效果均有影响，可根据不同的食品要求确定。

表9-2　食物中毒病原菌的生长和产生毒素的最低温度

菌名	金黄色葡萄球菌	沙门氏菌	肉毒梭菌A型	肉毒梭菌B型	肉毒梭菌C型	肉毒梭菌E型
生长/℃	6.7	6.7	10	10	15	3.3
产生毒素/℃	18	—	10	10	10	3.3

③冻藏：冻藏温度指低于0℃的温度。由于-18℃以下几乎抑制所有微生物的生长，故在此温度下可较长时期保藏食品。但有些微生物在冻藏温度下仍非常缓慢生长。缓慢冻结和解冻可促进微生物的死亡，但也使解冻食品在质地、风味上与原食品有较大差异。目前采用速冻法即在30min内下降至-20℃左右，可减少对食品品质的影响。冷冻食品一般于4℃条件下解冻，如于室温缓慢解冻并久置，则微生物就会恢复生长而引起食品变质。

3. 利用干燥保藏食品

（1）基本原理　微生物的生长和一切代谢活动都需要水的参与。通过干燥，使食品的 A_w 降低至一定程度，引起食品腐败和食物中毒的微生物由于得不到利用的水分而生长受到抑制，同时食品本身的酶活性也受到抑制，从而达到长期保藏目的。

通常将含水量在15%以下，A_w 0.00~0.60的食品称为干燥、脱水或低水分含量食品。而将含水量在15%~50%，A_w 0.60~0.85的食品称为半干燥食品。半干燥食品同样具有一定的货架稳定期。例如，当 $A_w<0.83$ 时可抑制金黄色葡萄球菌的生长和产毒，当 $A_w<0.7$ 时还可有效防止霉菌生长和产毒。与 $A_w<0.70$ 相对应的谷物安全水分含量为<13%，花生安全水分含量为<9%。当 A_w 为0.65时，几乎所有微生物不生长，从而延长食品保藏期。

（2）食品干燥的方法　主要有自然干燥和人工干燥。

①自然干燥：是在日晒、风吹或阴干的自然条件下，将新鲜食品脱水干燥的方法。大部分干果，如葡萄、李子、无花果等水果可采用此法干燥，但干燥速率较慢，占地面积大。

②人工干燥：是将新鲜食品先进行适当预处理，而后采用先进的技术和设备进行干燥的方法。常压干燥有喷雾干燥、滚筒薄膜干燥、蒸发干燥、冷冻干燥、微波干燥等；真空干燥有减压蒸发干燥、冷冻真空干燥等；冷冻真空干燥特别适用于对热和氧气敏感的食品以及具

有生物活性的食品。该法干燥速率较快，占地面积小，产品质量和耐贮藏性较高。

4. 利用非热加工技术保藏食品

非热加工技术（冷杀菌技术）是相对于加热杀菌而言，指无需对物料加热，杀菌过程中食品温度并没有升高或升高得很少，因而既避免了食品营养和功能成分因高温而被破坏，又保持了食品固有色泽、香气、滋味、质构等品质的一种措施。

常用的非热加工技术有电离辐射、高静压、高压脉冲电场、高压脉冲磁场、高压二氧化碳、超声波、紫外线、臭氧等技术，主要用于食品杀菌与钝酶。

（1）利用电离辐射保藏食品　辐射保藏食品就是利用γ射线辐射食品，借以延长食品保藏期，提高食品卫生质量的技术。

①辐射保藏食品的方法：γ射线是一种较强而先进的杀菌剂，在实际应用时要有严格的安全保护处理系统和^{60}Co源。辐射处理食品可以采用连续式或分批式。图9-1所示为连续式辐射处理示意图，将待灭菌的物品通过传送带经过^{60}Co辐射区即可达到灭菌目的。其特点：自动化程度高，处理量大，一般专业辐射处理机构主要采用此种形式。

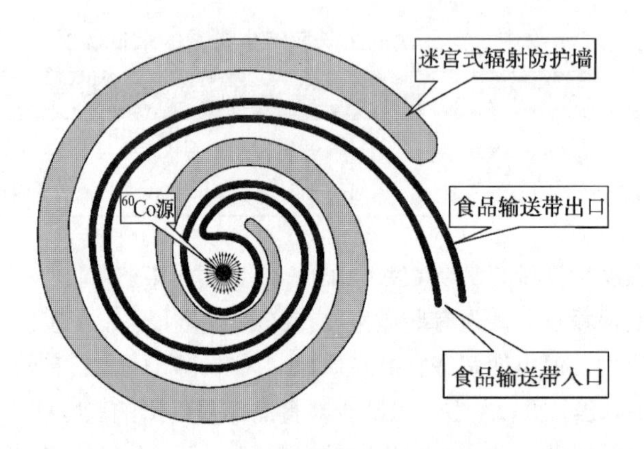

图9-1　食品辐射处理示意图

②辐射保藏食品的效果：一是消毒灭菌。辐射能杀死食品中的病原菌和其他微生物。例如用2.0~2.5kGy的剂量辐射包装的禽肉，可有效杀灭沙门氏菌和空肠弯曲杆菌；又如用20kGy的剂量辐射调味料，可杀死其中的霉菌和芽孢杆菌。二是杀灭害虫。利用0.1~1.0kGy的辐射剂量杀死食品内外部的害虫，可用于粮食防虫。三是促进生物化学反应。辐射能加速酒的陈化（陈酿），加快柿子脱涩等。四是抑制新陈代谢和生长发育，延迟某些植物的生理进程。例如抑制马铃薯、洋葱发芽、蘑菇开伞等，推迟水果、蔬菜的过度成熟。目前我国利用γ射线消毒装置对水果、蔬菜、鲜肉、禽蛋、马铃薯、洋葱等进行辐射保藏工作。表9-3列举了一些食品辐射保藏的辐射剂量与保藏效果。

表9-3　γ射线辐射处理食品的剂量与效果

食品种类	剂量/kGy	效果
粮食	0.10~1.0	达到灭菌预期效果
鱼类罐头	15~20	完全灭菌
熏制鱼	50	完全灭菌、长期保藏

续表

食品种类	剂量/kGy	效果
树莓	0.03~0.04	微生物数量显著减少，延长保藏时间 3~4d
杨梅汁	2.0	杀灭霉菌
番茄	3.0~4.0	防止腐烂，延长保藏时间 4~12d
鸡肉	0.002~0.007	灭菌保藏
牛肉	0.035~0.045	灭菌保藏
猪肉	0.035~0.04	灭菌保藏
火腿	0.03~0.042	灭菌保藏
鲜猪肉	0.015	保藏两个月

③辐射剂量的选择及其应用：食品的辐射剂量分为 3 类。

a. 低剂量的辐射：辐射剂量为 1kGy 以内，多用于抑制发芽、杀虫和延缓成熟。

b. 中等剂量辐射：辐射剂量为 1~10kGy，多用于减少非孢子病原菌的数量。

c. 高剂量的辐射：辐射剂量为 10~50kGy，多用于商业灭菌和消灭病毒。

根据辐射食品的灭菌目的分为完全灭菌、针对性灭菌和选择性灭菌 3 种。

a. 针对性灭菌：采用 10kGy 以下的中等辐射剂量杀死某些特定病原菌，达到辐射消毒的目的。如对热敏感的食品、冷冻食品和禽蛋的辐射可以杀死引起食物中毒的沙门氏菌。

b. 选择性灭菌：采用适当剂量主要杀死公共卫生学意义的特定微生物或杀死食品中的腐败变质菌，达到辐射防腐的目的，延长食品的保藏期。

c. 完全性灭菌：采用 10kGy 以上的高剂量杀灭食品中所有微生物，以达到辐射灭菌的目的。主要用于室温下能稳定贮藏的食品，辐射灭菌食品的品质比热消毒效果好。但用高剂量处理食品时要在低温（-30℃）下进行，否则容易产生异味。例如，几种肉制品达到辐射灭菌目标需要的剂量是：牛肉为 47kGy，鸡肉为 45kGy，火腿为 37kGy，猪肉为 51kGy，罐头牛肉为 25kGy，猪肉香肠为 24~27kGy，均于-30±10℃冷冻条件下辐射。

④辐射保藏食品的优点：一是射线穿透力强。可处理包装和冻结的食品，杀灭深藏于食品（谷物、果实或冻肉）内部的害虫、寄生虫和微生物。二是辐射几乎不产生热。对食品的色、香、味、营养和质地一般无明显影响，可保持食品新鲜。三是辐射为物理过程，无残留物。四是改善一些食品的品质，提高质量和产量。如缩短脱水蔬菜的复水和烹调时间，改善干果复水能力，改善大豆可消化性，对酒类饮料有陈酿作用等。五是节约能源。辐射处理食品可节约能源 70%以上。六是辐射处理食品能连续化进行。

（2）臭氧杀菌臭氧（O_3）由氧气转化而产生，分解后仍转变成氧气，具有高杀菌效率和低残毒特性，被认为是一种安全广谱杀菌剂。臭氧有较强的氧化性，可引起细胞活性物质的氧化、变性、失活，对各类微生物有强烈杀菌作用。如绿脓假单胞菌在 15℃、相对湿度 73%、臭氧浓度 0.08~0.6mg/kg 条件下 30min 的死亡率可达 99.9%；用浓度为 0.3mg/kg 的臭氧水处理大肠杆菌和金黄色葡萄球菌 1min 的杀灭率均达到 100%；用浓度为 10mg/L 臭氧对灌装车间的空气处理 30min，杀菌效果良好。真菌如毛霉、曲霉、青霉、镰刀菌和枝孢霉等也有较强杀灭作用。但芽孢对臭氧的抗性较营养细胞强。

臭氧发生设备通常采用紫外辐射或电晕放电。电晕放电法是通过交变高压电场使空气电离，将氧分子转变成臭氧。目前臭氧较多应用于饮用水杀菌处理（生产纯净水），一般臭氧投加量为1~3mg/L，维持时间10~15min。臭氧对果蔬表面微生物有杀灭作用，同时氧化破坏果蔬产生的乙烯，从而可延缓果蔬后熟。但臭氧应用于果蔬保鲜还要与气调库配合。

（3）高静压杀菌　又称超高压技术，其杀菌机制：物料在高压处理时被压缩，细胞内的气泡破裂，细胞壁脱离细胞膜，破坏细胞壁和细胞膜的通透性；高压可使生物高分子的立体结构中非共价键结合部分（氢键、离子键和疏水键等）相互作用而发生变化，导致菌体蛋白质变性、酶失活，抑制DNA复制，从而导致微生物死亡。

影响高静压杀菌效果的因素有压力大小、加压时间、施压方式、处理温度、微生物种类、食物本身的组成和添加物、基质pH、A_w等。不同生长期的微生物对高静压的抗性不同。一般对高静压的抗性规律：延迟期>对数期的微生物，G^+菌>G^-菌，真菌孢子和细菌芽孢>营养细胞。一般在300MPa以上的压力下作用15min可杀灭多数细菌、酵母和霉菌。600MPa条件下可有效杀死食品中的致病菌、腐败菌及一些细菌的芽孢。有人试验采用45~65℃加热20min或微波预处理，再以300MPa处理，对细菌的芽孢有协同灭菌效果。高静压杀菌一般是将食品物料以某种方式包装后，放入传压介质（通常是水）中，在100~1000MPa压力下作用一段时间，不仅能达到灭菌目的，而且能较好保持食品固有营养成分、色泽、风味、质构和新鲜程度。目前该技术已应用于肉及其制品（牛肉、鸡肉、火腿肠等）、水产品（鱼肉、甲壳类）、果蔬酱（草莓、番茄、猕猴桃、苹果和芒果等）、果蔬汁（胡萝卜、苹果、柑橘、蒜等）、乳制品、米饭等食品杀菌及保鲜中。

（4）高压脉冲电场杀菌　利用脉冲电场或脉冲磁场杀菌是近年来出现的新型杀菌技术。脉冲电场的产生来自电容的充电和放电特性。图9-2所示为一种可以产生矩形脉冲的食品杀菌装置电路原理图，它可以产生10kV/cm以上的脉冲电场，脉冲周期以微秒（μs）计。

杀菌容器的外部有两个极板，相当于在电路上加上一个大的电容。当电路通电后，高压电流对电路中的电容充电；切断电源时，电容在电路中放电，并在极板上建立高压电场。利用自动控制装置可以对电路进行连续的充放电，在杀菌容器中产生高压脉冲电场。常用LG振荡电路产生高压脉冲电场，其强度为15~100kV/cm，脉冲为1~100kHz，放电频率为1~20Hz。由于脉冲周期极短，且一般数十个脉冲周期即可产生明显的生物学效应，故食品通常经数十毫秒处理即可完成杀菌过程。

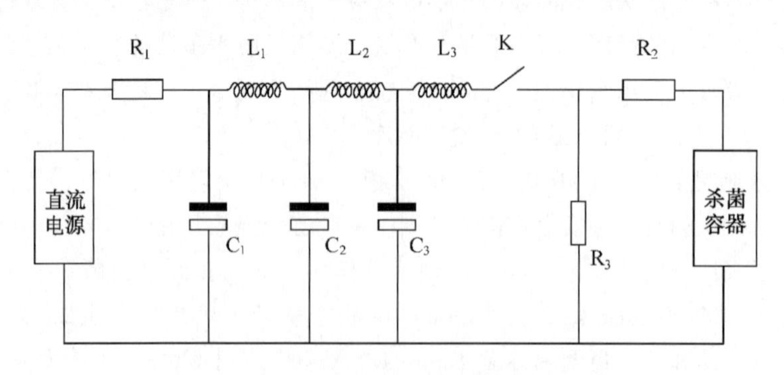

图9-2　脉冲电场发生与杀菌装置示意图

脉冲电场杀菌机制目前尚未完全明确。许多学者提出了各种假说，其中细胞膜穿孔使细胞发生崩溃的假说被认为更有说服力。脉冲电场杀菌是电化学效应、冲击波空化效应、电磁效应和热效应等综合作用结果，并以电化学效应和冲击波空化效应为主要作用。它可使细胞膜穿孔，液体介质电离产生臭氧，微量的臭氧可有效杀灭微生物。高压放电杀菌的效果取决于电场强度、脉冲宽度、电极种类、液体食品的电阻、pH、微生物种类以及原始污染程度等因素。目前高压脉冲电场技术已成功用于牛乳、果蔬汁等食品的杀菌。

（5）高压 CO_2 杀菌　又称高密度 CO_2 杀菌技术，它是一种结合压力和 CO_2 作用的新型非热杀菌技术。其杀菌机制：高压促使高密度的 CO_2 溶解于菌体细胞的液体介质中，引起细胞内部 pH 下降，导致细胞关键酶的结构变化而发生钝化；CO_2 与 HCO_3^- 对细胞代谢有直接抑制效应，同时打破细胞内部电解质平衡；由于细胞膜通透性的改变，引起细胞和细胞膜的主要成分损失等，从而导致微生物死亡。

高压 CO_2 杀菌效果与微生物种类、CO_2 浓度、温度、时间、压力、卸压速率、介质种类、添加剂种类（如氯化钠、吐温-80、蔗糖硬脂酸酯）等参数有关。由于压力、温度、时间等参数的改变，可以引起 CO_2 的分子扩散特性和菌体细胞的生物活性改变，因此提高压强、温度与延长处理时间均能提高灭菌效果。不同微生物种类对高压 CO_2 的抗性不同。一般对高压 CO_2 的抗性规律：孢子>酵母菌>G^+菌>G^-菌。采用高压 CO_2 技术处理果蔬汁（柑橘、椰子、胡萝卜、西瓜等），不仅对其中的致病菌、腐败菌的营养体等有较好杀灭效应，而且能较好保持果蔬汁的色泽、滋气味、维生素 C 等感官和营养品质。

（6）超声波杀菌　频率为 2×10^4Hz 以上的超声波具有强烈的生物学效应。其破碎细胞（杀菌）原理是基于空穴作用：超声波处理微生物悬液时，由于超声波换能器的高频率振动，引起换能器周围水溶液的高频率振动，当换能器和水溶液的高频率振动不同步时能在溶液内产生空穴，空穴内处于真空状态，只要悬液中的微生物接近或进入空穴区，由于细胞内外压力差，导致细胞破裂，内含物外溢而使微生物死亡。此外，由于超声波振动，机械能转变成热能，导致溶液温度升高，使细胞产生热变性，抑制或杀死微生物。

超声波对微生物的致死效应与超声波的频率、处理时间、微生物种类、细胞大小、形状和数量等因素有关系。一般高频率比低频率杀菌效果好。微生物对超声波的一般抗性规律是：G^+球菌>G^-杆菌，非丝状菌>丝状菌，酵母菌>细菌，细菌芽孢>营养体，小体积细胞>大体积细胞，病毒和芽孢具有较强的抗性。当细菌芽孢同时采用超声波和热处理时，芽孢的耐热性会显著下降。以嗜热脂肪芽孢杆菌来研究超声波降低芽孢耐热性的机制表明：超声波改变了芽孢水合状态，从而影响芽孢中吡啶二羧酸钙盐、脂肪酸和小分子化合物的释放，因而降低了耐热性。超声波可用于食品杀菌、食具的消毒和灭菌等。用超声波处理牛乳，经 15~16s 消毒后可保持 5d 不发生腐败；消毒乳再经超声波处理，冷藏保存 18 个月未发现变质。

（7）低温等离子体杀菌　为近年来开发的新型非热加工技术。等离子体是指空气（或氧气、氮气、氩气和氦气等）通过一定电压和功率的放电装置（设备）被电离时产生电子、正负离子、中性粒子（原子、分子）、光量子等微小粒子构成的离子化气体状物质。这些微小粒子的正负电荷总数正好相等，总体表现为电中性，故称为等离子体。一般气体放电产生的电子温度可达上万度，而离子和中性粒子产生的温度却低至室温，故称为低温等离子体。等离子体杀菌是空气在两平行电极之间的高频电磁场所产生的高能电子、带电离子、激发态中性粒子，以及具有强氧化活性的自由基和高能紫外光量子等活性粒子通过氧化、分解、轰击共同作用的结果。其杀菌机制：①受带电粒子干扰，细菌或病毒表面电荷不能正常分布，其正常生理活动被破坏而死亡。②产生大量的活性粒子，如 OH 自由基、HO_2 自由基、活性氧原子等作用于细菌细胞壁的肽聚糖产生氧化性刻蚀；活性氧原子降解胞外蛋白，对膜蛋白和脂质（如多不饱和脂肪酸）等组分造成氧化降解损伤，以及带电粒子轰击破坏细胞膜产生刻蚀作用，导致细胞膜破裂及细胞膜通透性增加而使胞内蛋白质等内容物泄漏而失活。③活性粒子击穿细胞膜后，与胞内蛋白质、核酸等物质发生化学反应，破坏细胞电解质平衡，甚至击穿细胞核而死亡。④产生的高能紫外光量子被胞内核酸吸收，其结构被破坏后产生致死效应。但在距离 30cm 远之后，紫外线的杀菌作用显著下降。基于上述杀菌机制，低温等离子体对细菌的营养体与芽孢、霉菌与孢子、酵母菌和病毒等多种微生物均有良好消杀作用。其特点：方便、实用和安全，且杀菌时间短、效率高、成本低，产生的等离子体射流温度接近室温，不会破坏产品营养素及风味品质，且能耗低、无化学残留，适用范围广。目前主要应用于食品的消毒灭菌，生鲜水产品、肉品和果蔬杀菌保鲜，食品成分改性，微生物毒素（如肠毒素）、农药残留及多种废气和污染物的降解，以及高阻隔薄膜食品包装材料的改性制备等多种领域。还用于车间、仓储空间消杀及畜禽防疫。

产生等离子体的方法主要包括：滑动弧放电法、辉光放电法、介质阻挡放电法、射频放电法、电晕放电法等。其消杀效果与微生物种类、染菌载体、等离子体处理菌体的时间（放电时间）、放电功率、电压、气体种类、气体流量、温度、湿度等多种因素有关。例如，滑动弧放电低温等离子体的消杀效率与放电功率、处理时间密切相关，亦与放电气体种类有关。适宜的放电功率可以提高活性粒子的浓度而增强其杀菌效果，而适当延长放电时间可达到灭菌效果。空气、氧气和氮气放电等离子体分别对沙门氏菌、金黄色葡萄球菌和枯草芽孢杆菌杀灭效果好，而氮气和氩气放电等离子体消杀大肠杆菌效果好。但是 60s 辉光放电等离子体处理会加快肉制品尤其是鲜肉的脂质氧化，故对此类食品杀菌时间应控制为 30s。此外，较低电压处理不能杀灭果实全部微生物，较高电压处理对果实损伤又较大，而适宜电压处理（如 90kV，40s）后于 4℃条件贮藏能有效抑制果实腐烂，延缓后熟衰老。

5. 利用发酵与腌渍保藏食品

利用乳酸菌在食品中发酵糖类产生乳酸，可以抑制其他有害菌的生长，不仅赋予食物特殊风味、质地，提高产品适口性，而且延长了食品保藏期。例如酸乳、酸酪乳、干酪、酸泡菜等食品均由乳酸发酵而制成。乳酸抑菌作用已被实验证实，用 0. 2mol/L 乳酸纯培养液（pH 约 2. 5）2min 处理肉类表面，可使肠道病原菌减少 2 个以上数量级。

利用食盐、糖、蜂蜜等盐腌、糖渍食品，可以降低食品 A_w，从而抑制腐败菌的生长。利用腌渍保存的食品有蜜饯、果脯、果酱、浓缩甜果汁、酱腌菜、腌腊肉制品、咸肉、咸鱼、咸蛋等。在许多情况下发酵与腌渍互相结合。例如在乳酸发酵中对含糖少的果蔬可通过加入适量的糖来启动发酵。又如在泡菜、酱腌菜的天然乳酸发酵中加入一定浓度的食盐能抑制许多病原菌和腐败菌的生长，而有利于乳酸菌的繁殖。一般情况下，发酵与腌渍食品若不被微生物尤其是霉菌污染，则可保存数月不变质，如进一步制成罐头则保存期更长。

6. 真空包装、气调包装保藏（鲜）食品和气调贮藏食品

（1）真空包装保藏食品　真空包装食品可以降低 Eh，造成缺氧或无氧环境。当 Eh 在 +0. 1V 以下时，可抑制好氧菌的生长，但不能抑制厌氧及兼性厌氧菌的生长，为此真空包装食品还要结合冷藏。例如，真空包装的乳、肉、蛋类制品在销售前应置于 4℃条件贮藏，可抑制厌氧及兼性厌氧菌的生长或产毒。

(2) 气调包装保鲜食品　气调包装（简称 MAP）是一种新型果蔬保鲜技术。鲜切果蔬用不同专用包装材料进行包装，将不同体积分数的 O_2、CO_2 或/和 N_2 充入包装袋内，联用低温贮藏与控制相对湿度等手段达到延长食品保鲜期之目的。4℃贮藏环境下适宜的低浓度 O_2 和高浓度 CO_2（不超过 10%）的气调包装能有效降低并维持恰当的果蔬呼吸强度，减缓叶绿素等营养物质的降解、维生素 C 的损失及水分的流失，降低果蔬损耗率。MAP 既控制果蔬腐烂，又有效抑制微生物的生长。例如，将鲜切生菜采用 3% O_2 和 10% CO_2 气体比例及双向拉伸聚丙烯薄膜（BOPP）或聚乙烯（PE）包装材料进行气调包装，4℃条件下生菜保鲜期由 4 ~5d 延长至 14d。又如，将油菜采用体积分数分别为 5%，8%和 87%的 O_2、CO_2 和 N_2 及 PE 包装材料进行气调包装，4℃条件下油菜保鲜期由 8d 延长至 35d。采用气调包装联合低温贮藏，不仅减少果蔬腐烂，而且还可抑制霉菌生长和产毒。将果蔬气调包装后，联用等离子体杀菌技术以杀灭空气中的微生物，可有效延长果蔬保鲜期。此外，将装入肉制品包装袋内的空气抽除，充入 CO_2 和 N_2 等混合气体，不仅保持肉品的色泽，而且延长了货架期。将 O_3 充入某些食品保藏的空间，每升几毫克的浓度即可延长保藏期。

(3) 气调贮藏食品　对于果蔬、粮食等植物性食品宜采用降低空气中的 O_2 含量和提高 CO_2 浓度不超过 10%（体积分数）的气体中低温（4℃）贮藏，称之为气调贮藏。气调贮藏的 CO_2 能够维持水果抵御真菌侵染的天然抵抗力，可阻止各种真菌引起水果腐烂。一般 CO_2 抑菌作用随着温度的降低而增加，这是由于低温下能增加 CO_2 溶解度之缘故。G^- 菌要比 G^+ 菌对 CO_2 更加敏感，其中假单胞菌最敏感，而乳酸菌和厌氧菌最有抗性。

7. 利用防腐剂保藏食品

(1) 化学防腐剂　目前食品加工中常用的化学防腐剂有山梨酸和丙酸及其盐类、脱氢醋酸及其钠盐、乳酸、苯甲酸、硝酸盐等。这些防腐剂主要的抑菌机理：①作用于微生物的细胞膜，使膜的通透性增加，导致胞内物质泄漏。②抑制微生物细胞中某些关键酶类的活性。③破坏微生物细胞遗传物质或影响其功能。可根据食品种类和杀菌作用对象等，选择适宜的防腐剂，并注意使用范围及其使用量要严格遵守国家卫生法规和标准，在食品标签上标明添加剂的名称和添加量。表 9-4 列出目前被公认安全的化学防腐剂。

表 9-4　我国食品常用的被公认安全的防腐剂

防腐剂种类	最大允许/(g/kg)	抑制微生物的种类	应用范围
丙酸/丙酸盐	2.5	霉菌	面包、糕点、酱油、食醋、豆制品、生湿面制品
山梨酸/山梨酸钾	1.0	酵母菌和霉菌	酱油、食醋、果酱、糖果、糕点、面包等
苯甲酸/苯甲酸钠	1.0	酵母和霉菌	酱油、食醋、果蔬汁饮料、果酱、酱及酱制品等
对羟基苯甲酸酯	0.25	酵母和霉菌	酱油、酱料、食醋、果蔬汁饮料、果酱、蚝油等

续表

防腐剂种类	最大允许/（g/kg）	抑制微生物的种类	应用范围
SO_2/亚硫酸盐	0.1~0.35	霉菌和细菌	葡萄酒、果酒、蜜饯、水果干、腐竹、饼干等
双乙酸钠	1.0	霉菌	豆干类、原粮、熟制水产品、膨化食品等
亚硝酸钠	0.15	梭菌	腌腊肉制品、西式火腿、肉灌肠类、发酵肉制品
脱氢醋酸/钠盐	0.30	真菌、部分细菌	腌渍的食用菌和藻类、发酵豆制品、果蔬汁等
单辛酸甘油酯	0.5~1.0	细菌、酵母菌、霉菌	糕点、生湿面制品、焙烤食品馅料、肉灌肠类
乳酸链球菌素	0.50	部分 G^+菌、芽孢杆菌、梭菌	乳制品、预制肉制品、熟肉制品、熟制水产品
纳他霉素	0.30	酵母菌和霉菌	干酪、糕点、肉灌肠类、西式火腿、果蔬汁等
ε-聚赖氨酸盐酸盐	0.3	部分细菌、酵母菌	肉制品、小麦粉及其制品、果蔬、豆类、坚果等
溶菌酶	0.5	细菌	发酵酒、干酪和再制干酪（按生产需要适量使用）

①苯甲酸及其钠盐：苯甲酸作为真菌抑制剂，在酸性食品中（pH 4.5 以下）能完全抑制酵母菌和霉菌生长的最低浓度为 0.5~1.0mg/g，抑菌的最佳 pH 为 2.5~4.0，pH 接近中性时基本无效。未解离分子态的苯甲酸及其钠盐的抑菌活性较离子态高，而且抑菌活性随 pH 的降低而提高。因为未解离状态的苯甲酸有利于进入菌体细胞，改变细胞质的环境，从而影响菌体的生理功能。其抑菌机制：a. 抑制细胞膜对底物分子（如氨基酸）的摄取，从而降低了蛋白质的合成速率；b. 抑制细胞呼吸酶的活性，尤其较强抑制乙酰 CoA 的缩合反应。

②山梨酸及其钾盐：山梨酸作为真菌抑制剂，在 pH 6.0 以下对酵母菌和霉菌有明显抑制效果，且在 pH 4.0~6.0 山梨酸盐比苯甲酸钠更有效，通常在 pH>6.5 时无效。此外，山梨酸对好氧性嗜冷腐败细菌（尤其是假单胞菌）和引起食物中毒的沙门氏菌、金黄色葡萄球菌、副溶血性弧菌有抑制作用，而对厌氧梭菌和乳酸菌作用较弱。分子态山梨酸的抑菌活性大于离子态山梨酸，其抑菌机制与苯甲酸相同。GB 2760—2014《食品安全国家标准　食品添加剂使用标准》中规定：熟肉制品中山梨酸钾最大使用量为 0.075g/kg，肉灌肠类中的最大使用量为 1.5g/kg。

③丙酸及其钙盐或钠盐：丙酸主要作为霉菌抑制剂，在较高 pH 下（pH 6.0）仍有较强的抑霉作用，并有效抑制引起面包发黏的枯草芽孢杆菌、马铃薯芽孢杆菌，但对酵母菌的生长基本无影响。由于丙酸的解离速率较慢，通常用于低酸食品中。其抑菌机制与苯甲酸和山

梨酸相似，但防腐效果低于苯甲酸和山梨酸。

④对羟基苯甲酸酯：对羟基苯甲酸甲（乙、丙、丁、庚）酯作为真菌抑制剂，在 pH 4~8 时能有效抑制真菌生长，抑制细菌也比山梨酸和苯甲酸能力强。据报道，对羟基苯甲酸丙酯可延缓 A 型肉毒梭菌的芽孢萌发和毒素的产生；对羟基苯甲酸庚酯能有效抑制乳酸菌的生长。其抑菌机制：破坏细胞膜，使细胞内的蛋白质变性，抑制呼吸酶的活性。

⑤脱氢醋酸及其钠盐：脱氢醋酸作为真菌及部分细菌抑制剂，其杀菌效果随酸度的增高而加强，但在 pH 6.0 时也有效，其抑菌作用比苯甲酸强 2~10 倍，能有效抑制霉菌和酵母菌生长，高剂量时才对细菌有效，但对梭状芽孢菌属和乳酸菌无效。GB 2760—2014《食品安全国家标准　食品添加剂使用标准》中规定：腌渍的蔬菜（包括酸菜）中脱氢醋酸钠最大使用量为 1.0g/kg，熟肉制品中的最大使用量为 0.5g/kg。

⑥亚硝酸钠：亚硝酸钠作为梭菌抑制剂，其抑菌活性随 pH 和氧浓度的降低而增加，当基质 pH<7 时，才有明显抑菌活性。加入氧清除剂——抗坏血酸、异抗坏血酸和半胱氨酸可增强亚硝酸钠对肉毒梭菌的抑制作用。此外，亚硝酸钠对干酪中的丁酸梭菌、生孢梭菌和产气荚膜梭菌亦有抑制效果。亚硝酸钠常用于肉灌肠、腊肉、烟熏鱼和罐藏腊肉等肉制品的生产中。其作用是保持肉的红色和有利于风味的形成，抑制厌氧产毒菌（如肉毒梭菌）的芽孢发芽。其抑菌机制：亚硝酸钠对梭菌芽孢的磷酸裂解酶系（即含铁氧还蛋白、氢化酶等铁-硫酶系）有抑制作用。亚硝酸钠可与铁氧还蛋白结合，阻止细胞内由丙酮酸代谢合成为 ATP，表现为细胞内 ATP 水平降低和基质中丙酮酸的积累，从而抑制芽孢的生长。但乳酸菌对亚硝酸钠有抵抗作用，其原因是细胞内缺少铁氧还蛋白。

亚硝酸钠在食品中添加的安全性问题已被人们广泛关注。因为亚硝酸钠容易与仲胺发生亚硝基化反应产生具有致癌作用的亚硝胺。其反应通式如下：

$$R_2NH_2 + HONO \xrightarrow{H^+} R_2N—NO + H_2O$$

当亚硝酸与二甲胺反应时就会产生致癌力极强的二甲基亚硝胺。叔胺和季胺在酸性条件下也可与亚硝酸反应生成亚硝胺。现已证实，乳杆菌、肠球菌和梭菌等在中性 pH 时可促进此种反应进行，但异抗坏血酸对亚硝胺的形成有抑制作用。从蔬菜、肉制品等食物中摄取亚硝酸钠和仲胺，或在烹煮腌肉制品过程中生成的亚硝胺均对人体有害，因此希望最大限度地减少亚硝酸钠的使用量。

⑦SO_2 与亚硫酸盐：亚硫酸盐包括 SO_2、亚硫酸钾（钠）、亚硫酸氢钾（钠）、焦亚硫酸钾（钠），它作为霉菌和部分细菌的抑菌剂，可强烈抑制霉菌、好氧细菌，但抑制酵母菌稍弱。其杀菌活性与 pH、溶解度、温度有关。在酸性条件下杀菌能力强，且随温度和浓度升高而增强。SO_2 在低 pH 时是醋酸杆菌和乳酸菌的抑制剂。亚硫酸盐还可使玉米中黄曲霉毒素 B_1 和黄曲霉毒素 B_2 含量降低。在实际应用中提供 SO_2 的盐类主要为焦亚硫酸钾（钠），又称偏重亚硫酸钾（钠），当它溶于水时首先生成 HSO_3^-，而 HSO_3^- 和 SO_3^{2-} 与 SO_2 处于动态平衡状态，其平衡位置与 pH 有关。在低 pH 时，分子态的 SO_2 所占比例增加，被菌体吸收后形成 SO_3^{2-}，SO_3^{2-} 能与葡萄糖、核苷酸中的碱基、蛋白质中的二硫键、巯基、羰基发生反应，其抑菌机制是综合作用的结果。主要作用：通过抑制许多基本酶系、呼吸酶系和辅酶（基）、电子载体的活性，而影响菌体中间代谢过程和能量的产生，从而抑制微生物的生长；抑制 DNA 复制与蛋白质的生物合成。已经证实，亚硫酸盐无致癌作用，但偶尔诱发哮喘。

⑧单辛酸甘油酯：单辛酸甘油酯（GMC）是一种新型无毒高效广谱防腐剂，对细菌、酵母菌和霉菌均有抑制作用。它为无色液体，能分散于60℃左右热水中，可溶于乙醇及热的油脂中，主要用作食品、化妆品和医药工业中的防腐剂和乳化剂。GMC随食品进入人体后，在脂肪酶作用下分解为甘油和脂肪酸，最后彻底氧化分解为CO_2和H_2O。其安全性和杀菌能力优于苯甲酸钠和山梨酸钾，且杀菌效果不受pH影响。GB 2760—2014《食品安全国家标准 食品添加剂使用标准》中规定：肉灌肠类中GMC最大使用量为0.5g/kg。

（2）天然生物防腐剂 现有的某些化学防腐剂损害人体健康，故研发对人体无毒、高效、经济实用的天然防腐剂是食品工业亟待解决的问题。目前国内外已研制出几种天然生物防腐剂，有的已产业化批量生产并推广使用。

①乳酸链球菌素（Nisin）：又称乳酸链球菌肽，是乳酸链球菌（现称乳酸乳球菌）产生的次生代谢产物——多肽化合物，由34个氨基酸残基组成，相对分子质量为3500，可被人体消化道中α-胰凝乳蛋白酶降解为氨基酸，因而它不会影响肠道正常菌群的存活。乳酸链球菌素难溶于水，而易溶于0.02mol/L HCl。其溶解度和对热稳定性与溶液pH有关。一般随pH的下降，稳定性增强，溶解度提高，在碱性条件下失活。pH 2时，即使加热至115.6℃仍有抑菌效果，121℃处理30min仍不失活。用115.6℃热处理，pH 5时失活40%，pH 6时则失活90%，因此乳酸链球菌素防腐必须提供稳定的酸性环境，但在牛乳等食品中，因蛋白质的保护作用，乳酸链球菌素对热较稳定。

乳酸链球菌素已在50多个国家（包括我国1990年卫生部正式批准使用）作为公认的抗细菌生物防腐剂，对某些G^+菌如单增李斯特氏菌、金黄色葡萄球菌、微球菌、溶血链球菌、明串珠菌、乳酸杆菌、棒状杆菌，尤其是芽孢杆菌和梭菌有抑菌或杀菌作用，而对G^-菌和真菌无效。其抑菌机制：①当细菌的芽孢萌发膨胀时，抑制芽孢质膜和芽孢壁的合成，阻止芽孢萌发。②破坏营养细胞的细胞膜，使其成为多孔状态，轻者导致胞内氨基酸、ATP等重要物质渗出，重者导致细胞溶解。乳酸链球菌素虽然只对某些G^+菌有抑菌作用，但与螯合剂EDTA二钠配合可抑制大肠杆菌、沙门氏菌、志贺氏菌等G^-菌的生长。它与山梨酸配合，既降低后者使用量，又具有互补和促进抑菌作用。此外，乳酸链球菌素与热处理联合使用可相互增效，在降低乳酸链球菌素使用量的同时，明显提高热处理效果，降低食品杀菌温度，从而可减少对食品营养成分及其色、香、味的破坏。GB 2760—2014《食品安全国家标准 食品添加剂使用标准》中允许乳酸链球菌素用于乳及乳制品、预制肉制品、熟肉制品、蛋制品、熟制水产品、其他杂粮制品、方便米面制品、饮料类、食用菌和藻类、醋、酱油、酱及酱制品、面包、糕点等食品防腐。

②纳他霉素（Natamycin）：又称匹马霉素（Pymaricin）或田纳西菌素（Tennecetin）、游霉素，是由纳他链霉菌（*Streptomyces natalensis*）以葡萄糖为底物发酵产生的次生代谢产物。其相对分子质量为665.7，属于多烯大环内酯类有机化合物，纯品为白色结晶，难溶于水，在中性pH下溶解度最低，而在$pH<3$或$pH>9$时溶解度增大。溶于稀盐酸、稀碱液、丙二醇、甘油和冰醋酸中。纳他霉素混悬液对热稳定，100℃处理1~3h仍有活性，但紫外线和氧化剂可将之破坏或分解失活。纳他霉素混悬液的活性在pH 5~7最高，多数食品的pH为4~7可保持其活性稳定。因为纳他霉素难溶于水和油脂，一般很难被人或动物的胃肠道吸收，大部分（90%）随粪便排出，故是一种安全、高效的抗真菌生物防腐剂。

纳他霉素能专性抑制酵母菌（除白假丝酵母外）和霉菌的生长及霉菌毒素的产生，但对细菌、病毒和其他微生物（如原虫等）无效。其抑菌机制：纳他霉素与酵母或霉菌细胞膜上的固醇（多为麦角固醇）及其他固醇基团结合，阻遏固醇的生物合成，从而使细胞膜畸变，最终导致细胞内容物渗漏。故纳他霉素对正在繁殖的活细胞抑制效果很好，对休眠细胞和真菌孢子则需提高浓度。由于细菌的细胞膜无固醇，因此对纳他霉素不敏感。纳他霉素在食品中的抑制活性远高于山梨酸，如对酵母和霉菌最低有效抑制浓度（MIC）通常为1~15μg/mL，而山梨酸为500μg/mL。GB 2760—2014《食品安全国家标准　食品添加剂使用标准》中允许纳他霉素用于干酪、肉制品（熏烤烧肉类、油炸肉类、西式火腿类、发酵肉制品类、肉灌肠类）、糕点、果蔬汁、蛋黄酱、沙拉酱等食品防腐。由于纳他霉素溶解度低，用其混悬液浸泡食品或直接喷洒于食品表面即可延长食品保质期。

③溶菌酶（Lysozyme）：溶菌酶广泛存在于动物组织、鲜乳、禽蛋等天然食品中。其中以鸡蛋清中最丰富，其含量占蛋清蛋白总量的3.4%~3.5%，是工业上生产溶菌酶的主要来源。近年来，我国已成功采用微生物发酵法工业化生产溶菌酶。溶菌酶是一种碱性蛋白酶，含有129个氨基酸，溶于食品级盐水，在酸性溶液中较稳定。溶菌酶能水解细菌细胞壁中的肽聚糖，引起细胞破裂，内容物逸出而死亡，但对霉菌和酵母菌无效。其最适作用条件为pH 6~7，温度50℃，pH 3时能耐100℃，45min，如果与其他抗菌物质如酒精、植酸、聚磷酸盐等配合使用效果更好。GB 2760—2014《食品安全国家标准　食品添加剂使用标准》中允许溶菌酶用于发酵酒、干酪和再制干酪及其类似品等食品防腐。

④ε-聚赖氨酸（PLL）：它是由淀粉酶产色链霉菌产生的次生代谢产物，经离子交换树脂吸附、解吸、提纯而获得ε-聚赖氨酸及其盐酸盐。PLL是由L-Lys构成的多肽类化合物，可被消化成单体的Lys而被人体利用。PLL对某些G^+菌，如微球菌、保加利亚乳杆菌和嗜热链球菌有抑制作用；与醋酸复合使用对芽孢杆菌抑制作用增强；对某些G^-菌，如大肠杆菌、沙门氏菌等也有抑制作用；对酵母有效，但对霉菌无效。PLL无毒，安全性高，易溶于水，在pH中性至微碱性有抑菌作用，对热稳定，120℃处理10min仍有抑菌作用。如与甘氨酸、苹果酸、醋酸、乳酸等复合使用可降低其使用量。GB 2760—2014《食品安全国家标准　食品添加剂使用标准》中允许ε-聚赖氨酸及其盐酸盐用于大米及其制品、小麦粉及其制品、杂粮制品、肉及肉制品、调味品、焙烤食品、熟肉制品、饮料类、果蔬、豆类等食品防腐。

⑤壳聚糖：壳聚糖即脱乙酰甲壳素（$C_{30}H_{50}N_{19}$），可由天然虾、蟹壳、昆虫外壳、真菌细胞壁等材料中所含的甲壳素经脱乙酰化后获得，是自然界中产量仅次于纤维素的黏多糖。壳聚糖呈白色粉末状，不溶于水，溶于稀盐酸、稀醋酸溶液中，形成黏稠的液体。它具有良好的成膜性，可被均匀涂抹在基质表面，从而阻挡微生物对基质的侵入。它对大肠杆菌、金黄色葡萄球菌、枯草芽孢杆菌等有较好抑制作用，且还能抑制生鲜食品的生理变化。壳聚糖不仅被摄食后对人体有一定的保健功能，而且常作为果蔬、鲜蛋的涂膜保鲜剂。

⑥乳铁蛋白：从牛的初乳中提取纯化的乳铁蛋白对G^-菌有抑制作用。它通过与菌体所需的Fe^{2+}结合而抑制G^-菌的繁殖，但对G^+菌无效。因此可作为冷藏食品的天然防腐剂。

⑦其他天然生物防腐剂　近年来发现一些新型天然抑菌物质，比如细菌素（又名抗菌肽）、罗伊氏菌素和苯乳酸等，其中研究比较成熟的细菌素有枯草菌素、植物乳杆菌素和片球菌素等。随着对其提取工艺和抑菌机制等深入研究，未来这些天然新型抑菌物质可被开发成新型生物防腐剂而应用于食品工业。

a. 枯草菌素（Subtilin）：是由枯草芽孢杆菌的个别菌株在有氧条件下发酵产生的短肽类

化合物，一般由32个氨基酸残基组成，可被蛋白酶K降解。它对某些G^+菌（如蜡样芽孢杆菌、金黄色葡萄球菌、藤黄微球菌、单增李斯特氏菌、酿脓链球菌、粪肠球菌等）、G^-菌（如大肠杆菌、沙门氏菌、副溶血性弧菌等）和霉菌（如黑曲霉、扩展青霉、白边青霉等）具有广谱抗菌活性。枯草菌素通常对酸、碱和热较稳定，在pH 3~10时具有抑菌活性，在pH 5~8时抗菌活性最高，121℃热处理15~30min仍有抑菌活性。其抑菌机制与乳酸链球菌素相似。在罐头食品中枯草菌素添加量为5~20mg/kg即可有效抑制细菌芽孢的萌发和生长；在低温肉制品中添加枯草菌素可有效抑制单增李斯特氏菌的生长；将枯草菌素粗提液喷洒于苹果、梨和柑橘表面，可抑制水果腐烂而延长保鲜期。

b. 植物乳杆菌素（Plantaricin）：是由植物乳杆菌的一些菌株在适宜发酵条件下产生的一类小分子蛋白质或多肽。植物乳杆菌素有Plantaricin W、Plantaricin Q7、Plantaricin NC8、Plantaricin Zhang-LL等，它们的分子结构、相对分子质量、抑菌谱特性和稳定性有一定差异。例如plantaricin Zhang-LL为Ⅱa类细菌素，相对分子质量为4680，可被胰蛋白酶、蛋白酶K和链霉蛋白酶降解，对酸、碱和热稳定性较好，在pH 2~8时具有抑菌活性，100℃热处理90min仍有抗菌活性。它对某些G^+菌（如单增李斯特氏菌、蜡样芽孢杆菌、金黄色葡萄球菌、粪肠球菌等）具有抑菌活性，其中对单增李斯特氏菌抑菌作用较强。其杀菌机制：细菌素直接作用于单增李斯特氏菌的细胞壁而引起破裂，进而作用于细胞膜产生孔洞，导致细胞内容物泄漏而死亡。在冷却猪肉馅和巴氏杀菌乳中添加该细菌素可有效抑制单增李斯特氏菌的生长；将该细菌素与乳酸链球菌素按适合比例复配加入冷鲜肉中，以及用该复合抑菌剂制成的PVDC保鲜膜包装冷鲜肉，均对单增李斯特氏菌有协同抑菌效果；将该细菌素与亚硝酸钠复配，联合热处理（60℃，2min），同样对火腿中的单增李斯特氏菌有协同增效抑菌作用。此外，该细菌素还可延长草莓的保鲜期。

c. 罗伊氏菌素：是由罗伊氏乳杆菌的一些菌株在厌氧条件下发酵甘油产生的非蛋白质类物质，是由小分子水溶性的3-羟基丙醛的单体、水合物和环状二聚物组成的混合物，其抑菌活性不被蛋白酶破坏。它对某些G^+菌（如单增李斯特氏菌、金黄色葡萄球菌、梭菌等）、G^-菌（如大肠杆菌、沙门氏菌、志贺氏菌、弧菌等），以及酵母菌、霉菌和原生动物均有广谱抗菌活性，甚至能抑制病毒的复制。近年来有将罗伊氏菌素应用于乳制品、肉制品加工方面的抑菌研究报道。

d. 苯乳酸：主要由植物乳杆菌、副干酪乳杆菌等乳酸菌的一些菌株在适宜发酵条件下代谢产生的一种小分子有机酸——苯乳酸，系统名为2-羟基-3-苯基丙酸。它对某些G^+菌（如金黄色葡萄球菌、粪肠球菌、单增李斯特氏菌等）、G^-菌（如大肠杆菌、沙门氏菌、产酸克雷伯氏菌等），以及多种霉菌（如黑曲霉、黄曲霉、扩展青霉、娄地青霉、灰色葡萄孢霉等）具有广谱抑菌活性。苯乳酸易溶解于水，其水溶液对酸、碱和热稳定，在较宽pH范围内仍有抑菌活性，121℃热处理保持20min活性不被破坏。苯乳酸通常存在于蜂蜜、酸面团和泡菜等食品中。将高产苯乳酸的植物乳杆菌按适宜接种量添加至普通酸乳（事先接入少量青霉孢子）中，发酵后4℃冷藏和25℃贮存28d，均未见霉斑腐败现象，证明其作为新型生物防腐剂在食品工业具有良好应用前景。

有许多化学物质都具有杀菌或抑菌功能，但由于食品的特殊属性和食品保鲜的要求，能真正适用于食品的化学保鲜剂很有限。在生产实践中，为保证产品质量，延长货架期，常采用多种有效食品保藏方法配合，才能达到理想的食品防腐保鲜效果。

三、食品防腐保藏技术理论进展

1. 栅栏因子、效应与栅栏技术

随着人们对食品防腐保藏研究的深入，对保藏理论也有了更新的认识，研究人员一致认为，没有任何一种单一的保藏措施是完美无缺的，必须采用综合保藏技术。目前保藏研究的主要理论依据是栅栏因子理论。该理论认为，食品要达到可贮性与卫生安全性，其内部必须存在能够阻止食品所含腐败菌和病原菌生长繁殖的因子，这些因子通过临时和永久性地打破微生物的内平衡（微生物处于正常状态下内部环境的稳定和统一），才能抑制微生物的腐败和产毒，保持食品品质。能够阻止食品中腐败菌和病原菌生长的因子称为栅栏因子。这些因子及其交互效应决定了食品的微生物稳定性，这就是栅栏效应。在实际生产中，运用不同的栅栏因子，加以科学合理地组合，发挥其协同作用，从不同的侧面抑制引起食品腐败的微生物，形成对微生物的多靶攻击，从而改善食品品质，保证食品的卫生安全性，这一技术即为栅栏技术。

2. 栅栏技术与微生物的内平衡

食品防腐中一个值得注意的现象就是微生物的内平衡。微生物的内平衡是微生物处于正常状态下内部环境的稳定和统一，并且具有一定的自我调节能力，只有其内环境处于稳定的状态下，微生物才能生长繁殖。例如，微生物内环境中 pH 的自我调节，只有内环境 pH 处于一个相对较小的变动范围，微生物才能保持其活性。如果在食品中加入防腐剂破坏微生物的内平衡，微生物就会失去生长繁殖的能力。在其内平衡重建之前，微生物就会处于延迟期，甚至死亡。食品防腐是通过临时或永久性打破微生物的内平衡来实现。

将栅栏技术应用于食品防腐，各种栅栏因子的防腐作用可能不仅仅是单个因子作用的累加，而是发挥这些因子的协同效应，使食品中的栅栏因子针对微生物细胞中的不同目标进行攻击，如细胞膜、酶系统、pH、A_w、Eh 等，这样就可以从多方面打破微生物的内平衡，从而实现栅栏因子的交互效应。在实际生产中，这意味着应用多个低强度的栅栏因子将会起到比单个高强度的栅栏因子更有效的防腐作用，更有益于食品的保质。这一“多靶保藏”技术将会成为很有前途的研究领域。

对于防腐剂的应用而言，栅栏技术的运用意味着使用小量、温和的防腐剂，比大量、单一、强烈的防腐剂效果要好得多。如乳酸链球菌素在通常情况下只对 G^+菌有抑制作用，而对 G^-菌效果较差。然而，当将乳酸链球菌素分别与螯合剂 EDTA 二钠、柠檬酸盐、磷酸盐等配合使用时，由于螯合剂结合了 G^-菌的细胞膜磷脂双分子层的镁离子，细胞膜被破坏，导致膜的渗透性增强，使乳酸链球菌素易于进入细胞质，加强了对 G^-菌的抑制作用。

3. 食品中的防腐保藏栅栏因子

食品防腐中最常用的栅栏因子很多。例如，高温处理、低温冷藏、降低 A_w、调节 pH、降低 Eh、应用乳酸菌等竞争性或拮抗性微生物以及应用亚硝酸盐、山梨酸盐等防腐剂。

4. 栅栏技术与食品的品质

从栅栏技术的概念上理解食品防腐技术，似乎侧重于保证食品的微生物稳定性，然而栅栏技术还与食品的品质密切相关。食品中存在的栅栏因子将影响其可贮性、感官品质、营养品质、工艺特性和经济效益。同一栅栏因子的强度不同，对产品的作用也可能是相反的。例如在发酵香肠中，需要降低 pH 才能有效抑制腐败菌，但过低则对感官品质不利。因此，在实践中各种栅栏因子应科学合理地搭配组合，其强度应控制在一个最佳范围内。

重点与难点

（1）控制微生物污染的措施；（2）控制微生物生长的栅栏技术；（3）非热加工技术；（4）食品防腐保藏原理与保藏技术；（5）低温等离子体的杀菌机制；（6）气调包装保鲜技术。

课程思政点

通过学习控制食品中微生物污染和生长的原理，深刻认识在食品加工和贮藏过程中控制腐败菌和致病菌的污染和生长的重要性。某乳业曾因员工疏于清洁管理，设备滋生金黄色葡萄球菌，产生肠毒素而引起消费者食物中毒。故加强食品企业卫生管理，尤其是确保设备及用具被完全清洗和杀菌十分重要。食品从业人员要树立良好的职业道德规范，建立维护食品安全责任意识。

复习思考题

1. 食品中的微生物污染来源有哪几方面，其污染途径是什么？
2. 肠道正常微生物菌群对人体有何生理作用？
3. 食品从原料到成品的加工过程中如何防止微生物的污染？
4. 酸乳从原料到成品的加工过程中如何防止微生物的污染？
5. 根据肉灌肠制品生产流程分析可能污染微生物的原因，提出控制微生物污染的措施。
6. 食品内在因素和外在因素如何影响微生物的生长？
7. 控制微生物生长的栅栏技术主要有哪些？试述食品保藏技术及其原理。
8. 列举几种非热杀菌方法并简述其原理。
9. 简述低温等离子体的杀菌机制。有哪些因素影响其消杀效果？
10. 如何采用气调包装技术进行果蔬保鲜？其优点是什么？
11. 列表说明食品工业常用天然生物防腐剂种类、限量、抑菌对象和应用范围。
12. 名词解释：人体正常微生物菌群、食品内在因素、食品外在因素、栅栏技术、栅栏因子、栅栏效应、非热加工技术。

第十章 食品中常见微生物及其特性

CHAPTER 10

食品中的微生物有的是有益菌，引起食品令人满意的变化，提高适口性；有的是变质菌，引起食品在味道、气味、颜色、质地和外观上发生变化，失去食用价值；有的是致病菌，引起食源性疾病和食物中毒的发生。本章主要介绍食品中常见的细菌、酵母菌、霉菌及乳酸菌等那些占优势的菌类、食品变质菌类、食物中毒菌类和有益菌类的形态特征、生理生化特征、抵抗能力、分布及其在食品中的应用或危害等特性。

第一节 食品中常见的细菌

污染食品的细菌种类很多，特性各异，常使食品发生不同性质的变化。现将食品中常见的细菌按《伯杰氏鉴定细菌学手册》，根据革兰染色反应、形态与氧气的关系等，以属的特性为重点内容加以介绍。

一、革兰阴性需氧杆菌

这一类群细菌包括假单胞菌属、醋酸杆菌科的醋酸杆菌属和葡萄糖酸杆菌属、盐杆菌科的盐杆菌属和盐球菌属，以及产碱杆菌属和黄杆菌属等。

1. 假单胞菌属（*Pseudomonas*）

①形态特征：细胞呈直的或稍弯曲的杆状（图 10-1），端生丛鞭毛、单生、能运动，为 G^-专性好氧菌。

②生化特征：H_2O_2 酶和氧化酶阳性，能量代谢为呼吸型，多数种产生耐热蛋白酶和脂肪酶，同时在 0℃下产酶量及活性最大；个别种如斯氏假单胞菌（*Pseudomonas Stutzeri*）产几丁质酶。

图 10-1 假单胞菌（×1000）

③生理特征：营养要求简单，多数菌种在不含维生素、氨基酸的合成培养基中生长良好。适宜生长温度 25~30℃，一些种为嗜冷菌，能在 5℃低温下生长良好。

④抵抗能力：菌体不耐热，巴氏杀菌可杀死，对

干燥抵抗力差，不耐盐亦不耐酸。

⑤分布与危害：该菌分布于土壤、水及冷藏食品中。部分菌种产生水溶性荧光色素、氧化产物和黏液，影响食品风味。该属菌是乳类、肉类、蛋类、鱼贝类和果蔬等冷藏食品的重要腐败菌。本属重要种的特性列举见表 10-1。

表 10-1　　假单胞菌属重要种的特性比较

种名	特性	危害
绿脓（铜绿）假单胞菌（*P. aeruginosa*）	产生绿色荧光素、绿脓菌素、杀细菌素	引起人尿道感染、乳房炎、胃肠炎
荧光假单胞菌（*P. fluorescens*）	产生黄绿色荧光素、黏液，低温下分解蛋白质和脂肪能力强，为嗜冷菌	引起冷藏肉类、蛋类、乳及乳制品变质
恶臭假单胞菌（*P. putida*）	产生荧光色素、细菌素，为嗜冷菌	引起冷藏食品变质
生黑色腐败假单胞菌（*P. nigrifaciens*）	在动物食品上产生黑色素	引起动物食品变质
生红色腐败假单胞菌（*P. putrefaciens*）	产生红褐色或粉红色色素，为嗜冷菌	引起冷藏食品变质
菠萝软腐病假单胞菌（*P. ananas*）	分泌果胶酶	引起菠萝果实腐烂，组织变黑并枯萎
边缘假单胞菌（*P. marginalis*）	在 0~5℃生长良好，分泌果胶酶	引起洋葱、莴苣、白菜等软腐病

该属与食品腐败有关的菌种还有，草莓假单胞菌（*P. fragi*）、类蓝假单胞菌（*P. syncyanea*）、类黄假单胞菌（*P. synxantha*）、腐臭假单胞菌（*P. taetrolens*）、腐败假单胞菌（*P. putrefaciens*）、生孔假单胞菌（*P. lacunogenes*）、黏假单胞菌（*P. myxogenes*）等。

2. 醋酸杆菌科（Acetobacteraceae）

（1）醋酸杆菌属（*Acetobacter*）

①形态特征：细胞呈直杆状，单生、成对或链状排列（图 10-2），无芽孢，周生或侧生鞭毛，为 G^- 专性好氧菌。多数菌株菌落呈灰白色，少数呈褐色或粉红色。

②生化特征：氧化能力较强，能将乙醇氧化为乙酸，并将乙酸彻底氧化成 H_2O 和 CO_2。

图 10-2　醋酸杆菌（×1000）

③生理特征：生长最好碳源是乙醇、甘油和乳酸，有些菌株能合成纤维素，如在泡菜汁中生长，液面形成一层纤维素薄膜。适宜生长温度 30~35℃。

④应用与危害：该属菌为生产食醋、葡萄糖酸和维生素 C 的重要菌种。食醋生产菌株主要有沪酿 1.01 巴氏醋酸杆菌（*A. pasteurianus*）、As1.41 恶臭醋酸杆菌（*A. rancens*）。

该属菌引起粮食、果蔬、酒类、果汁变质，如纹膜醋酸杆菌引起葡萄酒、果汁变酸。

（2）葡萄糖酸杆菌属（*Gloconobacter*）

①形态特征：细胞呈杆状，单生、成对或链状排列，有或无运动性，为 G^- 专性好氧菌。菌落呈灰白色，不产生色素。

②生化特征：能将乙醇氧化为乙酸，但不能将乙酸氧化成 H_2O 和 CO_2。

③生理特征：适宜生长温度 25~30℃，最适 pH 5.5~6.0，pH 3.6 也能生长。

④应用与危害：氧化葡萄糖酸杆菌（*G. oxydans*）是生产维生素 C 的重要菌种。该菌分布于果蔬、蜂蜜、苹果汁、醋和软饮料中，可导致含酒精饮料（啤酒、葡萄酒）变酸。

3. 盐杆菌科（Halobacteriaceae）

盐杆菌科包括盐杆菌属（*Halobacterium*）和盐球菌属（*Halococcus*），具有极端嗜盐特性，最少需在含 90g/L NaCl 环境中才能生长，多数适宜生长的盐浓度为 200~300g/L，能在盐渍食品和咸肉中生长，引起腌制鱼、肉、蛋变质。有关它们的嗜盐机制详见本书第一章古菌部分。

4. 产碱杆菌属（*Alcaligenes*）

①形态特征：细胞呈杆状、球杆状或球状，单生、周生鞭毛，可运动，为 G^- 专性好氧菌。菌落呈灰黄色、棕色或黄色。

②生化特征：氧化酶阳性，能量代谢为呼吸型，个别种有 NO_3^- 或 NO_2^- 时能厌氧呼吸。

③生理特征：不能发酵糖类产酸，能利用各种有机酸和氨基酸为碳源，并能利用有机盐（如柠檬酸盐）和酰胺产生碱性化合物（如碳酸盐）。适宜 20~37℃生长，个别种为嗜冷菌。

④分布与危害：存在于原料乳、水、土壤、腐朽物质、饲料及人和动物的肠道内。该属菌能分泌蛋白酶和脂肪酶，引起乳及乳制品、肉类、蛋类等食品发黏而变质。

5. 黄杆菌属（*Flavobacterium*）

①形态特征：细胞呈直杆或弯曲状，端生鞭毛，可运动，为 G^- 好氧菌。利用植物中的糖类产生脂溶性的黄色素，使菌落呈黄色、橙色或黄绿色。

②生化特征：分解糖类产酸不产气；分泌对热稳定的蛋白酶和脂肪酶。

③生理特征：营养要求严格，需外源 B 族维生素，适于 30℃生长，一部分为嗜冷菌。

④应用与危害：该属中的短黄杆菌，现称短稳杆菌（*Empedobacter brevis*），其高浓度的细胞悬浮液是一种生物性无化学残留的鳞翅目害虫杀虫剂，经口吸入虫体内，可导致植物害虫病变而死亡。该菌分布于水、土壤和医院环境。该属菌能引起冷藏乳、肉、鱼、禽、蛋、豆浆的腐败变色，在 4℃低温下引起乳与乳制品变黏和产酸。

二、革兰阴性微需氧杆菌

这一类群中与食品有关的主要是弯曲菌属（*Campylobacter*）。

①形态特征：细胞呈多形态，弯曲呈弧形、S 形或螺旋状，一端或两端生单根鞭毛，无芽孢、有荚膜，为 G^- 微需氧菌。血琼脂平板上菌落 1~2mm、微凸起、半透明、圆形。

②生化特征：氧化酶阳性，不能利用葡萄糖，不产生吲哚，能还原 NO_3^- 为 NO_2^-。

③生理特征：营养要求严格，在含有 5~15g/L NaCl 的蛋白胨培养基中生长，最适生长的气体环境为 5% O_2、10% CO_2 和 85% N_2，最适生长温度 37~42℃。

④抵抗能力：不耐热，70℃，10min 可被杀死，对冷冻较敏感。

⑤分布与危害：食入含有空肠弯曲菌（*C. jejuni*）的食物后，引起细菌性肠炎的食物中毒。

三、革兰阴性兼性厌氧杆菌

该菌群包括肠杆菌科的 15 个属和 6 个无编号的新属，弧菌科的弧菌属和气单胞菌属。

1. 肠杆菌科（Enterobacteriaceae）

①形态特征：细胞呈短杆状或球杆状（图 10-3、图 10-4、图 10-5），多数单生，有（或无）荚膜，无芽孢，多数有（或无）周生鞭毛，为 G^- 兼性厌氧小杆菌。

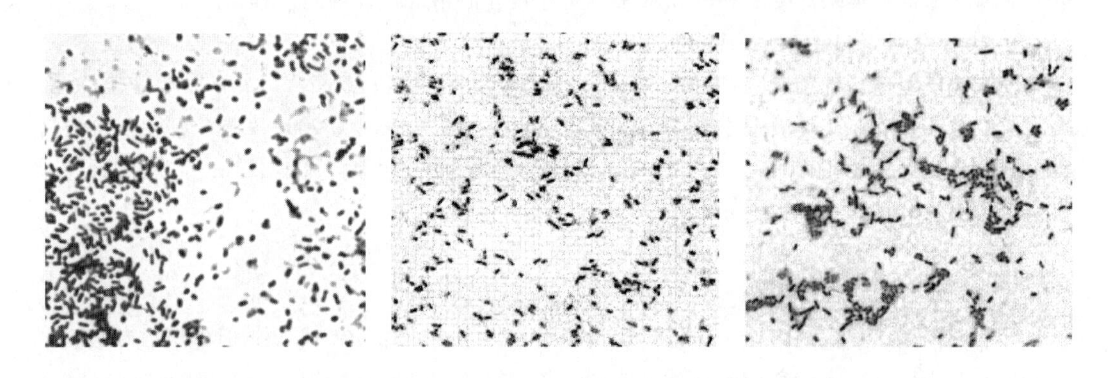

图 10-3　大肠杆菌（×1000）　图 10-4　普通变形杆菌（×1000）　图 10-5　伤寒沙门氏菌（×1000）

②菌落特征：在普通营养平板上菌落呈圆形、光滑湿润、扁平（微隆起或凸起）、有光泽、灰白色（克罗诺杆菌属为黄色）、半透明（或透明）、中等大小。变形杆菌在普通营养平板上菌落呈“迁徙生长”，20℃时呈波浪状花纹。*E. coli* 于伊红-亚甲蓝（EMB）平板上典型菌落呈紫黑色具有黄绿金属光泽。

③生化特征：生化特性多样（表 10-2），氧化酶阴性，多数能发酵糖类产酸产气。

表 10-2　肠杆菌科各属细菌的主要生化特性

菌属名称	触酶试验	氧化酶试验	硝酸盐还原试验	发酵乳糖产生酸	柠檬酸盐利用试验	甲基红试验	VP 反应试验	靛基质反应试验	硫化氢生成试验	尿素分解试验	赖氨酸脱羧酶试验	苯丙氨酸脱羧酶试验
埃希氏菌属（*Escherichia*）	+	−	+	+	−	+	−	+	−	−	+	−
肠杆菌属（*Enterobacter*）	+	−	+	+	+	−	+	−	−	$-^{+}$	$-^{+}$	−
沙门氏菌属（*Salmonella*）	+	−	+	−	+	+	−	−	+	−	+	−
柠檬酸杆菌属（*Citrobacter*）	+	−	+	+	+	+	−	$-^{+}$	$+^{-}$	$+^{-}$	−	−
变形杆菌属（*Salmonella*）	+	−	+	−	−	+	−	$+^{-}$	$+^{-}$	+	$-^{+}$	+
志贺氏菌属（*Salmonella*）	$+^{-}$	−	+	−	−	+	−	$+^{-}$	−	−	−	−
克雷伯氏菌属（*Klebsiella*）	+	−	+	$+^{-}$	+	−	+	−	−	$+^{-}$	$+^{-}$	−

续表

菌属名称	触酶试验	氧化酶试验	硝酸盐还原试验	发酵乳糖产生酸	柠檬酸盐利用试验	甲基红试验	VP反应试验	靛基质反应试验	硫化氢生成试验	尿素分解试验	赖氨酸脱羧酶试验	苯丙氨酸脱羧酶试验
哈佛尼亚菌属（*Hafnia*）	+	−	+	−	−	$+^-$	$+^-$	−	−	−	+	−
爱德华氏菌属（*Edwardsiella*）	+	−	+	−	−	+	−	+	+	−	+	−
耶森氏菌属（*Yersinia*）	+	−	+	−	−	+	−	$+^-$	−	$+^-$	−	−

注：“+”为90%以上菌株阳性；“−”为90%以上菌株阴性；“$+^-$”为大多数菌株阳性；“$-^+$”为大多数菌株阴性。

④生理特征：营养要求简单，适宜35~37℃生长（除欧文氏菌属、耶尔森氏菌属之外），最适生长pH 7.2~7.4。

⑤抵抗能力：不耐热，巴氏杀菌可被杀死（除克罗诺杆菌属之外）。此外，一般*E. coli*耐胆盐、耐干燥、不耐寒冷，对青霉素不敏感，而对氯气敏感。但是*E. coli* O157：H7具有耐酸、耐低温及耐热特性。沙门氏菌耐胆盐和煌绿染料、耐干燥、耐冷冻，不耐高浓度（90g/L）食盐，不耐亚硝酸盐。小肠结肠炎耶尔森氏菌耐低温，于4℃缓慢生长；抗冻性强，于−18℃菌数只略有减少。志贺氏菌对磺胺、四环素和氨苄青霉素等具有耐药性，但对酸较敏感。

⑥分布与危害：肠杆菌科多数细菌存在于人和动物肠道内、水和土壤中。其中一部分是人和动物病原菌，一些是植物病原菌，还有一些是食品腐败菌。肠杆菌科重要的属列举见表10-3。

表10-3　　　　肠杆菌科各属细菌的主要特性比较

属名及种数	重要的代表种	特性	分布与危害
埃希氏菌属（*Escherichia*）包括5个种	大肠埃希氏菌（*E. coli*）简称大肠杆菌	①发酵乳糖、葡萄糖产酸产气。 ②IMViC呈“++−−”典型模式，非典型模式为“−+−−”。 ③EMB平板菌落紫黑色有金属光泽。 ④有组氨酸脱羧酶，能产生组胺。 ⑤*E. coli* O157：H7的MUG为阴性，而其他*E. coli*的MUG试验阳性。 ⑥部分菌株可在15℃甚至4℃繁殖	①人、动物肠道正常寄居者。在自然界的水中和粪便中存活时间较长。 ②肠道致病菌：产肠毒素、志贺毒素等。有的大肠杆菌引起菌痢、急性胃肠炎、出血性结肠炎、过敏性食物中毒。 ③腐败菌：引起乳、肉、蛋及其制品变质。 ④为大肠菌群主要成员

续表

属名及种数	重要的代表种	特性	分布与危害
肠杆菌属 (*Enterobacter*) 包括13个种	产气肠杆菌 (*E. aerogenes*) 阴沟肠杆菌 (*E. cloacae*)	①发酵乳糖、葡萄糖产酸产气。 产生的气体体积比 $H_2:CO_2=2:1$。 ② IMViC 呈 "− − + +" 模式。 ③EMB平板呈棕红色黏液状菌落。 ④部分菌株可在4℃繁殖	①人、动物肠道正常寄居者。 ②条件致病菌：引起肠道、呼吸道感染。 ③腐败菌：引起冷藏食品变质。 ④为大肠菌群主要成员
柠檬酸杆菌属 (*Citrobacter*) 包括9个种	弗氏柠檬酸杆菌 (*C. freundii*)	①利用柠檬酸盐为唯一碳源，延缓发酵乳糖，发酵葡萄糖。 ②部分菌株可在4℃繁殖	①人、动物肠道正常寄居者。 ②条件致病菌：引起腹泻、肠道外感染。 ③腐败菌：引起冷藏食品变质。 ④为大肠菌群主要成员
克雷伯氏菌属 (*Klebsiella*) 包括7个种	肺炎克雷伯氏菌 (*K. pneumoniae*)	①发酵乳糖、葡萄糖产酸产气。 ② IMViC 呈 "− − + +" 模式。 ③部分菌株可在4℃繁殖	①人和动物肠道、呼吸道正常寄居者。 ②条件致病菌：引起腹泻、大叶性肺炎。 ③腐败菌：引起粮食和冷藏食品变质。 ④为大肠菌群主要成员
沙门氏菌属 (*Salmonella*) 分6个亚属 2610个血清型菌株	伤寒沙门氏菌 (*S. typhi*) 猪霍乱沙门氏菌 (*S. choleraesuis*) 鼠伤寒沙门氏菌 (*S. typhimurium*)	①不发酵乳糖，发酵葡萄糖产酸产气，能分解蛋白质产生 H_2S。 ②IMViC 呈 "− + − −" 或 "−+−+"。 ③EMB 平板呈无色透明菌落。 ④所有菌株均有内毒素，个别菌株产肠毒素	①分布土壤、水、动物体表、设备、饲料、食品中，常污染乳、蛋、尤其肉类。 ②肠道致病菌：伤寒沙门氏菌引起肠道传染病（伤寒病）；猪霍乱沙门氏菌、鼠伤寒沙门氏菌、肠炎沙门氏菌常引起人食物中毒（急性胃肠炎）。 ③腐败菌：引起冷藏蔬菜、肉制品变质

续表

属名及种数	重要的代表种	特性	分布与危害
变形杆菌属(*Proteus*) 包括 4 个种	普通变形杆菌(*P. vulgaris*) 奇异变形杆菌(*P. mirabilis*)	①细胞呈多形态，短杆状、幼龄呈丝状或弯曲状。 ②分泌蛋白酶和脂肪酶；分解蛋白质能力强，产生 H_2S 和组胺。 ③部分菌株为嗜冷菌	①分布人和动物肠道、土壤和水中。 ②致病菌：在人肠道内繁殖引起感染，有的种产生肠毒素，引起急性胃肠炎。 ③重要腐败菌：引起冷藏乳、肉、蛋类等动物性食品变质
志贺氏菌属(*Shigella*) 包括 4 个群（种）	痢疾志贺氏菌(*S. dysenteriae*) 宋内志贺氏菌(*S. sonnei*)	①不发酵乳糖，发酵葡萄糖产酸不产气，不利用柠檬酸或丙二酸为唯一碳源。 ②宋内志贺氏菌呈粗糙型菌落	肠道致病菌：痢疾志贺氏菌（A 群）可引起典型细菌性痢疾；福氏志贺氏菌（B 群）、鲍氏志贺氏菌（C 群）、宋内志贺氏菌（D 群）引起食物中毒
克罗诺杆菌属(*Cronobacter*) 包括 7 个种 原名阪崎肠杆菌	阪崎克罗诺杆菌(*C. sakazakii*)	①细胞呈短杆状，多数单生，无芽孢，有周生鞭毛，有运动能力。 ②适宜生长温度为 25～36℃，生长温度范围为 6～45℃，具有嗜热性。 ③对热抵抗力较强，巴氏杀菌不被杀死；因其细胞内含有大量海藻糖，可保护细胞耐受干燥和高渗透压；耐寒冷、耐酸碱、抗紫外线及一些消毒剂。 ④能够产生黄色素	①分布人和动物肠道、土壤、水、家庭环境及婴儿配方乳粉、干酪、腌肉、蔬菜中，乳粉在干燥和罐装环节易被该菌污染。 ②条件致病菌：对一般健康成人无危害，对婴幼儿和新生儿致病，可通过婴幼儿配方乳粉等食品为媒介，引起新生儿脑膜炎、败血症和坏死性小肠结肠炎，死亡率高达 80%，已被世界卫生组织确定为引起婴幼儿死亡的致病菌之一
爱德华氏菌属(*Edwardsiella*) 包括 3 个种	迟钝爱德华氏菌(*E. tarda*)	①不发酵乳糖，发酵葡萄糖。 ② IMViC 呈“＋＋－－”模式。 ③分解含硫氨基酸产生 H_2S	①存在于粪便内。 ②条件致病菌：引起肠炎、肺部感染、外伤感染、菌血症。
耶尔森氏菌属(*Yersinia*) 包括 11 个种	小肠结肠炎耶尔森氏菌(*Y. enterocolitica*)	①发酵葡萄糖产酸不产气。 ②生长温度－2～45℃，最适 22～29℃生长，一部分为嗜冷菌。 ③于 25～30℃，pH 7～8 产肠毒素	①污染乳类、肉类、蛋类、豆腐及其制品，海产品和蔬菜等，耐低温，抗冻性强。 ②致病菌：引起急性胃肠炎，以小肠、结肠炎为多见

续表

属名及种数	重要的代表种	特性	分布与危害
欧文氏菌属（*Erwinia*）包括 15 个种	解淀粉欧文氏菌（*E. amylovora*）胡萝卜软腐病欧文氏菌（*E. carotovora*）	①产深浅不同的红色素。②有的产果胶酶	①有的是人、动物肠道正常寄居者。②植物病原菌：有的引起植物癌瘤和枯萎。③重要腐败菌：有的引起果蔬软腐病
沙雷氏菌属（*Serratia*）包括 10 个种	黏质沙雷氏菌（*S. marcescens*）异名灵杆菌、黏质赛氏杆菌	①利用柠檬酸盐和醋酸为碳源。②多数产蛋白酶，脂肪酶、明胶酶和几丁质酶。分解蛋白质能力强。③多数产粉红色素或红色色素	①致病菌：有的引起肠道外感染。②腐败菌：常引起肉类、鱼类、蛋类变质
哈佛尼菌属（*Hafnia*）只有 1 个种	蜂房哈佛尼菌（*H. alvei*）	①不发酵乳糖，发酵葡萄糖。②一部分为嗜冷菌，于 4℃ 繁殖	①分布水、土壤、人和动物粪便内。②为蜜蜂等昆虫的病原菌。③条件致病菌：导致医院感染。④腐败菌：引起冷藏肉及蔬菜变质

注：I—吲哚试验　M—甲基红试验　V—VP 试验　iC—柠檬酸盐利用试验　MUG—4-甲基伞形酮-β-D-葡萄糖醛酸苷试验。

2. 弧菌科（Vibrionaceae）

①形态特征：细胞呈杆状或弧状，球杆状或丝状（图 10-6、图 10-7、图 10-8），端生单鞭毛，无芽孢，无（或有）荚膜，G^-兼性厌氧菌。副溶血性弧菌在含有 30~35g/L NaCl 的普通营养平板上形成隆起、灰白色、半透明或不透明、表面粗糙、不规则的扩散菌落，霍乱弧菌于普通营养平板生长良好，也能在无盐培养基上生长，但有 NaCl 能刺激生长。

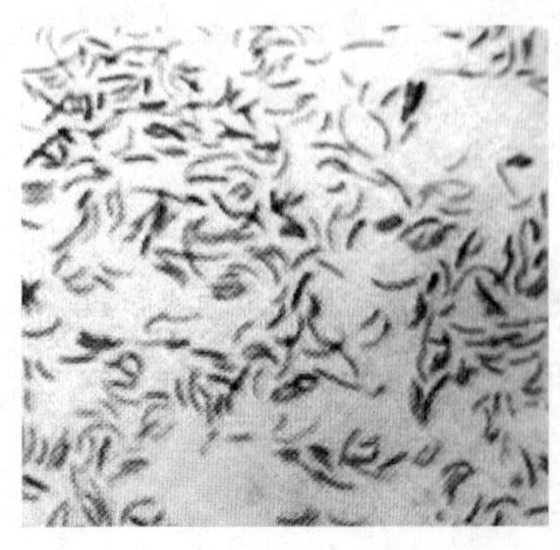

图 10-6　副溶血性弧菌（×1000）

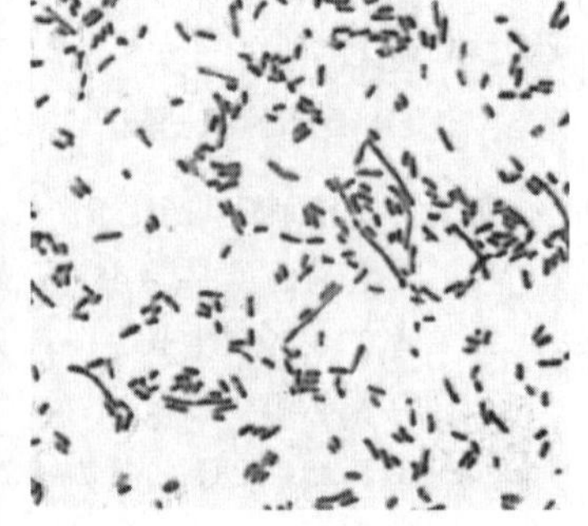

图 10-7　霍乱弧菌（×1000）

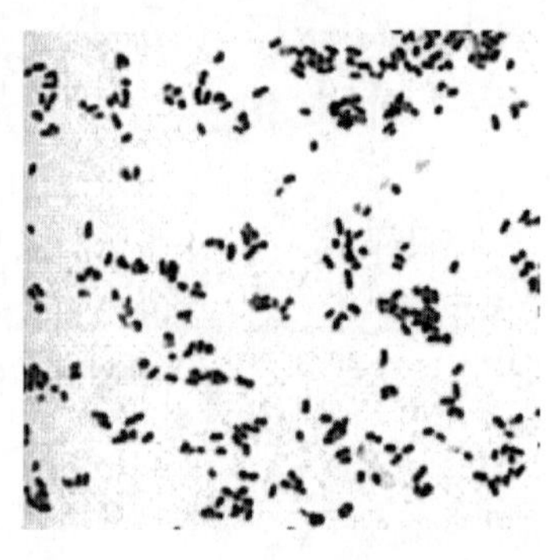

图 10-8　嗜水气单胞菌（×1000）

②生化特征：氧化酶阳性（麦氏弧菌除外）。

③生理特征：营养要求不高，多数种有嗜盐特性，生长需 20~40g/L NaCl 或海水，最适生长温度 30~37℃，为嗜温或嗜冷菌；最适 pH 7.4~8.0，pH<6 时停止生长。

④抵抗能力：不耐热，巴氏杀菌可杀死。此外，副溶血性弧菌可耐受 1g/L 浓度的胆盐，能耐受 150g/L NaCl 环境，不耐寒冷，对酸很敏感，于普通食醋中 5min 即死亡。霍乱弧菌耐冰冻，于冰内存活 4d，耐碱而不耐酸，不耐干燥，对庆大霉素有耐药性。

⑤分布与危害：分布于土壤、淡水、海水和鱼贝类中。有几个种是人类、鱼类、鳗和蛙等的病原菌，其中弧菌属（*Vibrio*）有两个重要的病原菌是霍乱弧菌（*V. cholerae*）和副溶血性弧菌（*V. parahaemolyticus*）。该科中与食品密切相关的属的特性比较见表 10-4。

表 10-4　　弧菌属与气单胞菌属主要特性比较

属名及种数	特性	分布与危害
弧菌属（*Vibrio*） 有近 40 个种，其中 12 个种与人类感染有关	①细胞呈杆状或弧状，无荚膜。 ②能发酵葡萄糖产酸不产气，不发酵乳糖。 ③一些菌适于高盐中生长，个别耐受 230g/L NaCl。 ④适宜生长温度 30~37℃	①分布于淡水、海水、海鱼贝类体表和肠道、浮游生物、腌腊和盐渍食品中。 ②重要病原菌：引起急性胃肠炎、霍乱病。 ③腐败菌：引起海产品、盐渍食品变质
气单胞菌属 （*Aeromonas*） 现另立气单胞菌科 包括已命名的 11 个种	①细胞呈球杆状或丝状，有微荚膜。 ②菌落呈淡黄色、表面光滑、圆形。 ③能发酵葡萄糖产酸产气，不发酵乳糖。 ④一些菌株产褐色水溶性色素和耐热脂肪酶。 ⑤适宜生长温度 30℃，部分种为嗜冷菌	①分布于海水和淡水中。 ②病原菌：引起鱼类、蛙类和禽类疾病。某些菌株引起人胃肠炎、肠外感染。 ③腐败菌：引起海产品、冷藏牛乳变质。 ④个别菌株可降解纤维素和几丁质为单糖

四、革兰阴性需氧球杆菌

这一类群与食品有关的主要是不动杆菌属和莫拉氏菌属，其属的特性比较见表 10-5。上述两属细菌为嗜冷菌，并与假单胞菌联合，常共同存在于冷藏鲜肉上引起变质。

表 10-5　　不动杆菌属与莫拉氏菌属主要特性比较

属名及种数	特性	分布与危害
不动杆菌属 （*Acinetobacter*） 包括 7 个种	①细胞幼龄呈短杆状，老龄呈球状，成对或链状排列，无鞭毛，无芽孢，G^-专性好氧菌	①分布于水、土壤、乳、肉、蛋及其制品中，是人和动物胃肠道、呼吸道、皮肤等正常菌群

续表

属名及种数	特性	分布与危害
不动杆菌属（*Acinetobacter*）包括7个种	②氧化酶阴性，可分解葡萄糖产酸。 ③营养要求不严格，适宜37℃生长，为嗜冷菌	②条件致病菌：有的种引起各种感染和医院感染。 ③腐败菌：个别种分泌蛋白酶及对热稳定的低温脂肪酶，引起冷藏鲜乳、鲜肉、鲜蛋变质
莫拉氏菌属（*Moraxella*）2个亚属包括7个种	①细胞形态同上，可形成荚膜，G^-专性好氧菌。 ②氧化酶阳性，不分解任何糖类。 ③对营养要求严格，只能利用有限的有机酸和醇类为碳源，适宜生长温度37℃，为嗜冷菌	①分布于海水、淡水、冷藏食品中，是人和动物黏膜上的正常菌群。 ②条件致病菌：有的种引起医院感染，肺炎等。 ③腐败菌：个别种分泌蛋白酶和低温脂肪酶（0℃时仍保留一定活性），引起冷藏鲜肉变质

五、革兰阳性不形成芽孢杆菌

此类群中与食品有关的是棒状杆菌属、节杆菌属、微杆菌属、短杆菌属、丙酸杆菌属。

1. 棒状杆菌属（*Corynebacterium*）

①形态特征：细胞一端或两端膨大，呈棒状的短杆菌，有时微弯曲，单生或八字形、栅栏状。一般不运动，无芽孢，G^+好氧或兼性厌氧菌。于肉汁琼脂平板上形成圆形、光滑湿润、有光泽、边缘整齐、微隆起、淡黄色或草黄色、半透明的菌落。

②生化特征：H_2O_2酶（触酶）阳性，能发酵葡萄糖、麦芽糖、蔗糖产酸不产气。

③理特征：营养要求不严格，有氧较比无氧条件下生长良好，适宜25~37℃生长，最适生长pH 7~8。

④应用与危害：北京棒状杆菌As1. 299、钝齿棒状杆菌As 1. 542、天津棒状杆菌T6-13是我国生产谷氨酸的菌种。该属菌主要分布在土壤、水和动植物上。有的种引起蔬菜和肉类制品腐败，有的种是病原菌，如白喉棒状杆菌（*C. diphtheriae*）可引起人的白喉病。

2. 短杆菌属（*Brevibacterium*）

①形态特征：细胞呈短而不分枝的直杆状，无芽孢，多数不运动，G^+好氧菌。

②生化特征：多数能发酵葡萄糖产酸，分解蛋白质能力强。

③生理特征：扩展短杆菌能在含80g/L NaCl的基质中生长，参与一些干酪的成熟过程。

④分布与应用：黄色短杆菌As1. 582（No617）和黄色短杆菌As1. 631是我国生产谷氨酸的菌种。该属菌主要分布于乳制品、鱼和植物体中。

3. 节杆菌属（*Arthrobacterium*）

①形态特征：细胞呈杆状或球状，且球杆交替出现，运动或不运动，G^+专性好氧菌。

②生化特征：触酶阳性，不水解纤维二糖，液化明胶，有的菌株产β-半乳糖苷酶。

③生理特征：营养要求简单，适宜20~30℃生长，多数能在10℃生长，为嗜冷菌。

④分布与应用：该属菌主要存在于土壤、肉与肉制品、乳制品及其加工废液中。该属菌能高效降解尼古丁、苯胺、聚乙烯醇、甲基对硫磷等，生物处理废水中的重金属。

4. 微杆菌属（*Microbacterium*）

①形态特征：该属菌细胞呈小杆状或球状，单生、成对或直角或 V 字形，无芽孢，无鞭毛，G^+好氧菌。

②化特征：触酶阳性，乳微杆菌（*M. lacticum*）能发酵葡萄糖产生 L（+）-乳酸。

③生理特征：适宜生长温度为 30℃。

④抵抗能力：对热抗性强，耐巴氏杀菌，常使杀菌后的牛乳菌数升高。

⑤分布与危害：该属菌主要存在于猪肉、牛肉、禽肉、禽蛋及乳制品中。

5. 丙酸杆菌属（*Propionibacterium*）

①形态特征：细胞呈分枝的杆状，有时呈球形，无芽孢，无鞭毛，G^+兼性厌氧菌。

②生化特征：能发酵葡萄糖产生丙酸、乙酸和 CO_2。

③生理特征：最适生长温度 30~37℃，某些菌株可在含 65g/L NaCl 的环境中生长。

④分布与应用：该属菌存在于乳酪、乳制品中，如丙酸杆菌参与瑞士干酪的成熟。

6. 李斯特氏菌属（*Listeria*）

①形态特征：细胞呈直的或稍弯曲的小杆状，单生、短链或 V 字形成对排列（图 10-9），有时老龄菌呈丝状，无荚膜，25℃形成周生鞭毛，37℃时鞭毛很少或无，G^+好氧或兼性厌氧菌。于普通营养平板上菌落初期光滑、扁平、灰白色、透明，后期蓝灰色；在血琼脂平板上菌落较小、圆形、光滑，周围有狭窄的β-溶血环。

②生化特征：触酶阳性，氧化酶阴性，发酵葡萄糖产生 L（+）-乳酸。

③生理特征：营养要求不高，适宜 30~37℃生长，生长极限温度为 3℃和 45℃，生长 pH 4.5~9.6。

④抵抗能力 不耐热，55℃，30min 或 60~70℃，10~20min 可被杀死；耐酸不耐碱；耐低温，在冷藏条件下（4℃）生存和繁殖；能抵抗亚硝酸盐食品防腐剂；在 100g/L NaCl 中可生长。对化学杀菌剂及紫外线照射较敏感，75%（体积分数）酒精 5min、1g/L 新洁尔灭 30min、紫外线照射 15min 均可杀死。对氨苄西林、红霉素等敏感，但对磺胺、多黏菌素 B 等具耐药性。

图 10-9 单增李斯特氏菌（×1000）

⑤分布与危害：主要存在于软干酪、冰淇淋等乳制品以及即食食品中。该属中单核细胞增生李斯特氏菌（*L. monocytogenes*），简称单增李斯特氏菌，能引起食物中毒。

六、革兰阳性球菌

这一类群包括微球菌科的微球菌属和葡萄球菌属，链球菌科的链球菌属，乳球菌属、明串珠菌属、片球菌属、四联球菌属、酒球菌属和肠球菌属等。微球菌属和葡萄球菌属的特性比较见表 10-6，其形态见图 10-10 和图 10-11。有关其他 7 个属的主要特性详见本章第三节。

表 10-6　　微球菌属与葡萄球菌属主要特性比较

特性	微球菌属（*Micrococcus*）	葡萄球菌属（*Staphylococcus*）
形态特征	球形，单生、成对或四联排列，G^+专性好氧菌	球形，成对或葡萄串状，G^+兼性厌氧菌
菌落特征	普通营养平板上形成圆形、凸起、有光泽、不透明、光滑湿润的小菌落，有的菌株产黄、粉红、橙、橘红或红色的色素	普通营养平板上形成圆形、隆起、有光泽、不透明、光滑湿润的小菌落；有的呈灰白色，有的菌株产柠檬色、金黄色色素；血琼脂平板上菌落周围有透明溶血环
生化特征	触酶和氧化酶阳性，分泌蛋白酶和脂肪酶，分解蛋白质和脂肪能力较强	触酶和卵磷脂酶阳性，氧化酶阴性，致病性菌株能产生耐热核酸酶、血浆凝固酶、肠毒素、溶血毒素等
生理特征	最适生长温度25~37℃，有些种为嗜冷菌。多数在pH 5时被抑制，而在pH 8.5时能生长	最适生长和产肠毒素条件：温度35~37℃，pH 7.4~7.6，A_w0.83，20% CO_2 环境
抵抗能力	耐热，巴氏杀菌不被杀死。 耐干燥，在脱水食品上能存活。 高耐盐性，可在50g/L NaCl环境中生长。 但对酸较敏感	耐热，巴氏杀菌不被杀死（70℃ 1h，80℃ 30min灭活）；耐低温，于冷冻食品不易死；耐干燥，空气中存活数月；耐酸，pH 4.5也能生长；耐高渗，在含有50%~66%（质量分数）蔗糖或15%（质量分数）以上食盐食品中才被抑制；耐40%（质量分数）的胆汁
分布与危害	分布于土壤、水、灰尘、人及动物的体表、不洁的容器和用具。 腐败菌：引起冷藏乳类、肉类、鱼类、水产制品、大豆制品变质	分布于人、动物的鼻黏膜和皮肤。 致病菌：致病性金黄色葡萄球菌产生的肠毒素引起人食物中毒，感染人或动物后引起化脓性疾病、肺炎、败血症、心内膜炎等
应用	利用非致病性的变异微球菌、藤黄微球菌等分解蛋白质和脂肪产生游离氨基酸和脂肪酸等特性，通常与葡萄球菌、乳杆菌、片球菌复合使用，用作干香肠发酵剂，利于风味物质形成	血浆凝固酶阴性的木糖葡萄球菌、肉葡萄球菌等能分泌蛋白酶和脂肪酶，水解肌肉蛋白为肽和游离氨基酸，并产生酮、酸、酯类、乙偶姻等风味物质。将之作为干香肠发酵剂，可嫩化肉质，改善风味
代表种	藤黄微球菌（*M. luteus*）	金黄色葡萄球菌（*S. aureus*）

图 10-10　藤黄微球菌（×1000）

图 10-11　金黄色葡萄球菌（×1000）

七、革兰阳性形成芽孢杆菌

这一类群包括芽孢杆菌科的芽孢杆菌属和梭状芽孢杆菌属。

1. 芽孢杆菌属（*Bacillus*）

①形态特征：细胞呈直的大杆状，单生、成对或短链状排列，多数有鞭毛，芽孢直径小于菌体宽度，芽孢多呈椭圆形，多数为 G^{+}好氧菌（嗜热脂肪芽孢杆菌为兼性厌氧菌）。

②生化特征：触酶阳性，能发酵葡萄糖产酸不产气。

③生理特征：对营养要求简单；最低生长温度-5～25℃，最高 45～75℃生长，适宜 30～37℃生长，最适生长 pH 6.7～7.2。故芽孢杆菌属的一些种为嗜冷菌，一些种为嗜热菌。

④抵抗能力：芽孢耐热，于 100℃，3h 或干热 120℃，1h 被杀死，嗜热脂肪芽孢杆菌的芽孢于 0.1MPa，20min 才被杀死。有的能在 250g/L NaCl 环境中生长；有的能在酸性或碱性环境中生长，如嗜酸芽孢杆菌生长 pH 为 2，而嗜碱芽孢杆菌 pH 为 7.5～8.0。

⑤应用与危害：分布于土壤、植物、腐殖质及食品上。枯草芽孢杆菌 BF-7658 生产中温 α-淀粉酶（淀粉液化温度 80～90℃）、枯草芽孢杆菌 As1.398 生产蛋白酶、枯草芽孢杆菌 JIM-21 生产肌苷；地衣芽孢杆菌生产耐高温 α-淀粉酶（淀粉液化温度 100～105℃），苏云金芽孢杆菌生产细菌杀虫剂。此外，多种芽孢杆菌（如地衣芽孢杆菌、枯草芽孢杆菌、解淀粉芽孢杆菌等）存在于酱香型白酒大曲中能分泌大量 α-淀粉酶、蛋白酶和纤维素酶等。它们在高温大曲中代谢产生的吡嗪类等风味化合物与白酒的酱香密切相关。炭疽芽孢杆菌引起人和动物败血症，蜡样芽孢杆菌引起食物中毒。有的引起贮藏食品变质。本属重要种的特性列举见表 10-7。

表 10-7　芽孢杆菌属重要种的特性比较

种名	特性	分布、危害与应用
枯草芽孢杆菌（*B. subtilis*）	①菌体两端钝圆大杆状（图 10-12），芽孢位于菌体中央或近中央，周生或侧生鞭毛，无荚膜。 ②普通营养平板上形成不规则状、表	①腐败菌：引起发酵面团液化呈黏丝状、禽肉表面产生黏液，酱油制曲时曲子发黏、有刺鼻氨味，引起鲜乳或消毒乳黏稠。

续表

种名	特性	分布、危害与应用
枯草芽孢杆菌 （*B. subtilis*）	面干燥粗糙或有波纹、无光泽、灰白色、不透明菌落。 ③分解蛋白质和淀粉，产酸而不产气。 ④个别菌株分泌细菌素，可抑制 G^+ 菌生长	②为生产中温淀粉酶、中性蛋白酶、5′-核苷酸酶及氨基酸、核苷、肌苷等的菌种。 ③为生产饲用微生态制剂的菌种
枯草芽孢杆菌纳豆亚种 （*B. subtilis* subsp. *natto*） 又名纳豆枯草芽孢杆菌 （*B. subtilis natto*）	①菌体两端钝圆大杆状，芽孢圆形或椭圆形，位于中央或近中央，有鞭毛，G^+ 好氧菌。 ②普通营养平板上形成不规则状、表面皱褶中间呈火山口状、无光泽、灰白色、不透明菌落。 ③与枯草芽孢杆菌不同的是生长时需要生物素，最高、最适、最低生长温度分别为 45～55℃，37℃，5～20℃；生长 pH 为 7.0~7.5。 ④个别菌株产纳豆激酶（丝氨酸蛋白酶）、淀粉酶、脂肪酶、凝乳酶、纤维素酶、几丁质酶等。 ⑤芽孢抗逆性强，具有耐酸碱、耐胆盐、耐高温、耐挤压的高度稳定性	①可从发酵豆酱、纳豆中分离得到。 ②是制作纳豆的发酵剂菌种，产生的纳豆激酶具有溶解血栓纤维蛋白、降低血黏度作用。 ③个别菌株能产生 γ-聚谷氨酸，有很好的保湿和吸水特性、生物兼容性和可降解性，用于药物载体、医药黏合剂、食品的水凝胶。 ④个别菌株产生活性抗菌物质（细菌素、多黏菌素、杆菌肽等），作为生产微生态制剂菌种，因其生物夺氧和抗肠道致病菌作用，调节肠内菌群平衡；其细菌素可作为天然生物防腐剂，延长食品保鲜期
蜡样（状）芽孢杆菌 （*B. cereus*）	①菌体两端较平切（图 10-13），芽孢位于中央或稍偏一端，周身鞭毛，无荚膜。 ②普通营养平板上形成扩散状、表面稍干燥、边缘不整齐、无光泽，灰白色、不透明菌落。 ③产生淀粉酶、凝乳酶，卵磷脂酶，产生肠毒素（腹泻毒素和呕吐毒素）	①分布于土壤、尘埃、污水、植物和空气中，污染乳及乳制品、畜禽肉类制品、调味汁、果蔬、生米及米饭、甜点心、豆腐。 ②致病菌：引起腹泻或呕吐型食物中毒。 ③腐败菌：引起牛乳发生甜凝乳，鱼类罐藏食品腐败；引起米饭发酵
巨大芽孢杆菌 （*B. megaterium*）	①多数菌株产生黄、乳黄、粉红、褐色色素。 ②最高、最适、最低生长温度分别为 40~45℃，28~37℃，0~4.5℃。 ③分泌淀粉酶、蛋白酶和几丁质酶。 ④高温大曲中产双乙酰和乙偶姻等增香成分	①污染鲜乳、消毒乳、干酪、肉类等食品。 ②腐败菌：引起浓缩乳凝固，并产生干酪味和气体，引起肉类罐头变质胀罐。 ③为工业生产葡萄糖异构酶的菌种

续表

种名	特性	分布、危害与应用
凝结芽孢杆菌 (*B. coagulans*) 异名嗜酸热芽孢杆菌 (*B. thermoacidophilus*)	①菌体两端钝圆大杆状（图 10-14），端生芽孢，无鞭毛，G^+好氧或兼性厌氧菌。 ②在 PCA 平板上形成边缘不整齐、无光泽、扁平、灰白色、不透明菌落。 ③有氧条件下发酵葡萄糖、乳糖，产乳酸、乙酸和 CO_2；厌氧条件下主要产乳酸，但不产气。 ④兼性嗜热菌，适宜 45～55℃ 生长，生长温度范围 18～60℃，能在 pH 3.5～4.5 的基质中生长。 ⑤个别菌株能分泌中性蛋白酶、淀粉酶、纤维素酶和脂肪酶等	①污染高酸性罐头食品、浓缩乳罐头。 ②腐败菌：引起高酸性罐头食品（如番茄酱）平酸变质（外观正常，无胀罐现象）；浓缩乳罐头凝结，并有乳清析出。 ③个别菌株产生细菌素（抗菌肽），对 G^+ 菌、G^- 菌和酵母菌有广谱抑菌活性。 ④为生产微生态制剂、益生菌制剂的菌种，因菌体抗逆性强，且耐高温（100℃处理 10min 存活率达 95%以上）、耐受胃酸和胆盐、易贮存，常用于生产益生菌饼干、巧克力、糖果等，可延长产品活菌保质期
地衣芽孢杆菌 (*B. licheniformis*)	①菌体呈两端钝圆的大杆状，单生，芽孢椭圆形，位于近中央，有鞭毛，G^+好氧菌。 ②普通营养平板上形成边缘不整齐、表面粗糙皱褶、扁平、无光泽、灰白色、不透明大菌落。 ③能发酵糖类产生乳酸，分泌耐热淀粉酶、耐热碱性蛋白酶、脂肪酶活性高，还产纤维素酶、果胶酶、几丁质酶、乳糖酶、β-葡聚糖酶等。 ④适宜 30℃ 生长，产酶和产芽孢最适温度为 35～37℃，适宜 pH 6.0～7.8 生长。 ⑤个别菌株能代谢产生多种抗菌物质，如细菌素、多黏菌素、杆菌肽、苯乙酸等	①生产酶制剂：耐高温淀粉酶、蛋白酶等。 ②生产地衣芽孢杆菌活菌胶囊（整肠生）。 ③生产饲用微生态制剂，其分泌各种水解酶类可促进动物对饲料消化吸收；通过其生物夺氧机制促进有益厌氧菌生长而拮抗肠道致病菌生长，故能调整肠内菌群失调。 ④该菌是酱香型白酒高温大曲中特有的增香细菌，可发酵产生吡嗪类风味化合物。 ⑤利用该菌水解力较强的蛋白酶发酵大豆分离蛋白生产大豆多肽，制成肽类饮料
嗜热脂肪芽孢杆菌 (*B. stearothermophilus*)	①菌落圆形或不规则状、表面光滑或粗糙、半透明或不透明。菌体和芽孢耐热性很强。 ②发酵糖类产酸（乳酸、甲酸、醋酸等）不产气。 ③专性嗜热菌，适宜 50～65℃ 生长，有的高于 70℃还能生长；适宜 pH 6.8～7.2 生长，pH≤5.0 的基质中不生长。	①污染低酸性罐头食品，淀粉类食品。 ②腐败菌：该菌为专性嗜热平酸菌的典型代表，引起低酸或中酸性蔬菜、肉罐头食品的平酸腐败（一种产酸不产气的腐败类型）和淀粉类食品的腐败

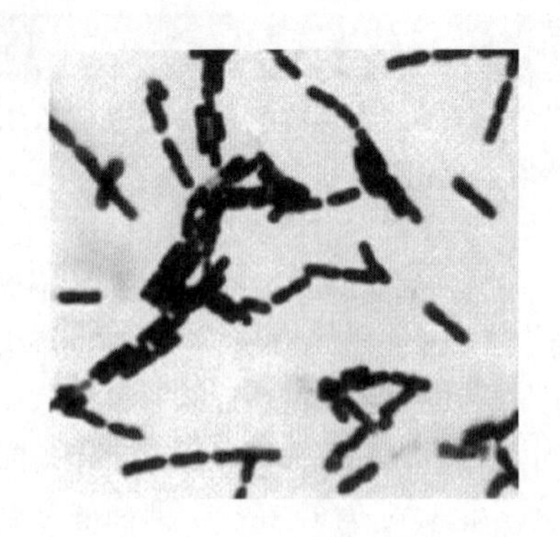

图 10-12　枯草芽孢杆菌（×1000）

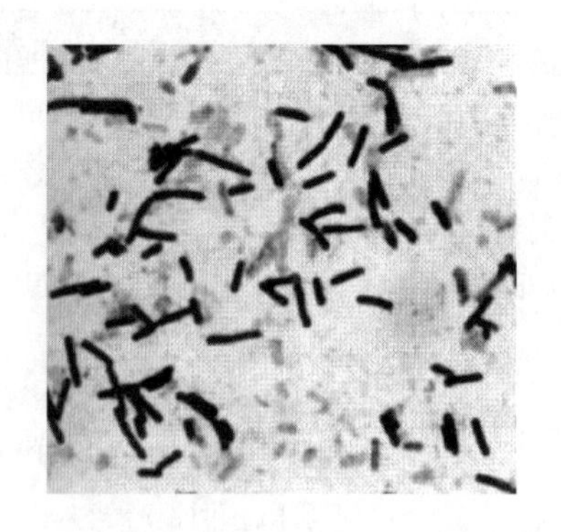

图 10-13　蜡样芽孢杆菌（×1000）

2. 梭状芽孢杆菌属（*Clostridium*）

①形态特征：细胞呈直的大杆状，单生，多数菌的芽孢直径大于菌体宽度，芽孢呈球形、卵圆或椭圆形，使菌体呈梭状（图 10-15），多数有鞭毛，通常为 G^+ 专性厌氧菌，少数种为微需氧菌。

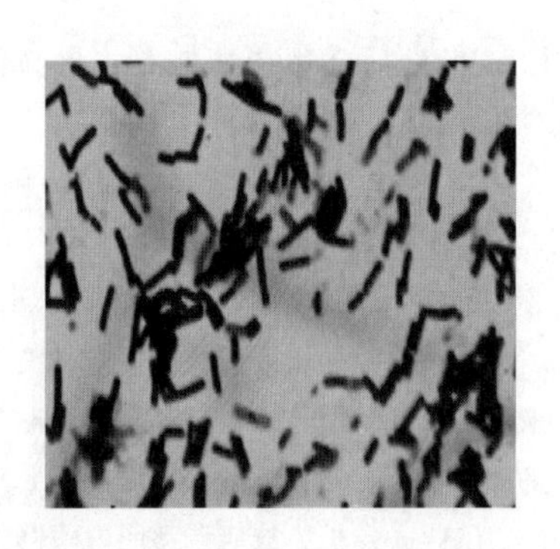

图 10-14　凝结芽孢杆菌（×1000）

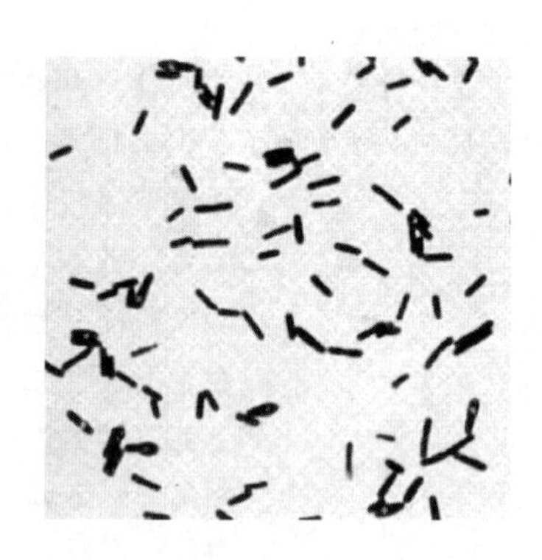

图 10-15　肉毒梭菌（×1000）

②生化特征：触酶阴性，发酵碳水化合物产生有机酸、醇、气体；分解氨基酸产生 H_2S、臭粪素、硫醇等恶臭成分。

③生理特征：对营养要求有的简单有的复杂，嗜冷型和嗜热型菌株都存在。生长温度 20~50℃，适宜 37~45℃生长，但个别种在 4℃也能生长；适宜生长 pH 5. 5~8. 0。

④抵抗能力：芽孢耐热，100℃煮沸 1h 仍能存活；多数种能耐受 25~65g/L NaCl 环境，但对亚硝酸钠敏感，5. 0~10. 0g/L 的 $NaNO_2$ 可抑制其生长。

⑤应用与危害：分布于土壤、下水污泥、海水沉淀物、腐败植物、食品、人和动物的肠道内。该属中的肉毒梭菌和产气荚膜梭菌能分别产生肉毒毒素和肠毒素，引起毒素型食物中毒；破伤风梭菌（*C. tetani*）引起人和动物的破伤风病。但可利用丙酮丁醇梭菌（*C. acetobutylicum*）分解碳水化合物产生各种有机酸（乙酸、丙酸、丁酸）和醇类（乙醇、异丙醇、丁醇），生产丙酮和丁醇。梭状芽孢杆菌属（简称梭菌属）重要种的特性列举见表 10-8。

表 10-8　　梭状芽孢杆菌属重要种的特性比较

种名	特性	分布、危害与应用
肉毒梭菌 (*C. botulinum*)	①菌体两端钝圆，芽孢位于菌体近端，芽孢为卵圆或椭圆，菌体呈勺形，周生鞭毛，无荚膜。②普通营养平板上形成灰白色，半透明，边缘不规则，呈羽毛网状，向外扩散的菌落。血琼脂平板上菌落周围有溶血环。③分解蛋白质产生 H_2S、NH_3、粪臭素等。④最适生长和产肉毒毒素条件：温度 25～37℃，pH 6～8，通风不良、密封缺氧环境	①污染发酵豆制品、乳制品、畜肉类制品、果蔬、粮食、鱼肉类制品等。②致病菌：引起神经中毒症状的食物中毒 ③腐败菌：引起家庭自制厌氧发酵豆制品、腊肠、火腿、保藏肉制品的变质，引起鱼、肉类罐头胖听（胀罐），并有恶臭味
生孢梭菌 (*C. sporogenes*)	①菌落较大、隆起、白色或淡黄色、无光泽。②分解肉中蛋白质，使肉呈黑色，并有恶臭味。③含有 6.5%（质量分数）NaCl 基质中不生长	①污染肉罐头、干酪等食品。②腐败菌：引起中酸或低酸肉罐头变质，引起干酪变质，产生膨胀和难闻臭味
腐化梭菌 (*C. putrefaciens*)	①分解蛋白质和氨基酸，产生 H_2S、硫醇、甲基吲哚（粪臭素）等恶臭味的腐败产物。②适宜 20～25℃生长，最低为 0～4℃	①污染熟肉、乳及乳制品。②腐败菌：引起熟肉变黑，乳中酪蛋白胨化，肉类、鱼类等罐头胖听
致黑梭菌 (*C. nigrificans*)	①分解蛋白质产生 H_2S，分解糖能力不强。②专性嗜热菌，适宜 55℃生长，最高 70℃生长	①污染豆类、谷类和鱼贝类等低罐藏食品 ②腐败菌：该菌为硫化物腐败菌的典型代表，引起低酸性罐藏食品的硫化物腐败，其产生的 H_2S 与罐铁质反应产生 FeS，使食品变黑并产生臭味
产气荚膜梭菌 (*C. perfringens*) 异名魏氏梭菌 (*C. welchii*)	①分解糖类产生乳酸、丁酸、大量气体。②含有 50g/L NaCl 基质中不生长。③在小肠碱性环境中产生芽孢并释放肠毒素	①污染畜禽肉类、鱼贝类和植物蛋白食品 ②致病菌：引起急性胃肠炎的食物中毒。③腐败菌：引起肉类、鱼贝类、淡炼乳等罐藏食品胖听

续表

种名	特性	分布、危害与应用
热解糖梭菌 （*C. thermosacchrolyticum*）	①分解糖类产生乙酸、丁酸及 CO_2、H_2 气体。不分解蛋白质。 ②专性嗜热菌，适宜 55℃生长，低于 32℃缓长	①污染蔬菜罐头食品、乳及乳制品。 ②腐败菌：该菌是不产生 H_2S 的嗜热厌氧菌（TA 菌）的典型代表，引起中酸或低酸性蔬菜类罐头食品产气性腐败变质、罐头胖听
巴氏梭菌 （*C. pasteurianum*） 又称巴氏固氮梭菌	①分解糖产生大量丁酸和乙酸、CO_2 和 H_2，不能分解淀粉。 ②最适生长温度 37℃，在 pH 4.0 以下能生长	①腐败菌：引起豆类、马铃薯罐藏食品胖听。 ②厌氧性非共生固氮细菌：在土壤中具有生物固氮作用
丁酸梭菌 （*C. butyricum*） 又名酪酸梭菌	①分解淀粉和糖产生丁酸、乙酸、CO_2 和 H_2。 ②适宜生长温度 37℃，最适生长 pH 6~7。 ③其活菌以芽孢形式存在，耐高温（100℃，5min 不失活）、耐酸（pH 1 仍存活）、耐碱（pH 4~12 均可生长），体内耐受胃酸、胆盐和消化液作用。 ④个别菌株能产生细菌素，抑制产气荚膜梭菌、艰难梭菌等有害梭菌生长	①为生产微生态制剂菌种，产生的丁酸和乙酸抑制猪和鸡大肠杆菌、沙门氏菌等肠道致病菌生长；丁酸有修复肠道绒毛损伤等作用。 ②该菌存在于浓香型白酒窖泥中，利用其发酵糖类产生丁酸，后者经酯化后形成丁酸乙酯，是白酒酯香物质来源之一，也是白酒酿造中重要产酸菌。 ③腐败菌：引起番茄和菠萝等罐藏食品胖听
克氏梭菌 （*C. kluyveri*）	①菌落呈不规则状、边缘呈波状、乳白色，表面光滑或突脐状。最适生长温度 30~35℃。 ②不能利用葡萄糖、乳糖等糖类。 ③能以乙醇和丙醇为电子供体，琥珀酸盐和乙酸盐为电子受体，故能以乙醇和琥珀酸为底物，产生己酸酯、乙酸酯和丁酸酯；以丙醇和乙酸为底物，产生丙酸、戊酸、己酸和庚酸	①分布白酒窖泥、淤泥沉积物及牛瘤胃中。 ②由该菌代谢产生的己酸与乙醇发生酯化反应生成己酸乙酯，构成浓香型白酒（如泸州老窖）的主体香型成分，故能产己酸的菌种是浓香型白酒酿造中一类重要功能微生物。 ③克氏梭菌是己酸菌（能产生大量己酸的细菌统称）的典型代表

第二节　食品中常见的酵母菌和霉菌

一、酵　母　菌

酵母菌在分类学上主要隶属于子囊菌亚门和半知菌亚门。子囊菌亚门的酵母菌可进行有性繁殖，产生子囊孢子；半知菌亚门的酵母菌尚未发现有性繁殖。现将与食品和发酵工业有关的重要酵母菌按属的特性分述如下。

1. 酵母属（*Saccharomyces*）

酵母属在分类学上属于子囊菌亚门—半子囊菌纲—内孢霉目—酵母科。在罗德的酵母分类系统中酵母属曾列出 41 个种，但用于酿酒的主要有两个种：即酿酒酵母和葡萄汁酵母。

（1）酿酒酵母（*S. cerevisiae*）　酿酒酵母又称啤酒酵母，它包括①用于生产酒精的拉斯 2 号、拉斯 12 号酵母（Rasse Ⅱ、Rasse Ⅻ）和台湾 396 酵母（魏氏酵母)。②用于生产葡萄酒和果酒的葡萄酒酵母。③用于生产英国 Ale 和 STout 型啤酒的上面发酵酵母。酿酒酵母种类很多，在 25℃ 麦芽汁上培养 3d，细胞呈圆形、卵圆形到腊肠形（图 10-16）。根据其细胞长与宽的比例可分三组，酿酒酵母三组细胞形态比较见表 10-9。

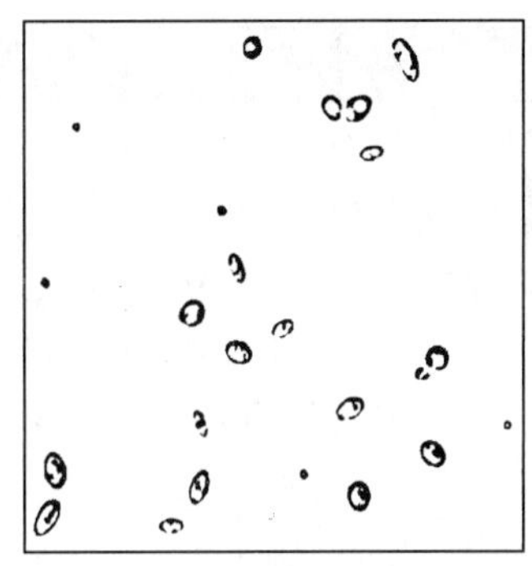

图 10-16　酿酒酵母（×400）

表 10-9　酿酒酵母三组细胞形态比较

项目	第一组	第二组	第三组
长宽比	1~2	2	>2
细胞形态	圆形、短卵形或卵形	卵形、长卵形（椭圆形）	长圆形或腊肠形
细胞大小	大型（4.5~10.5）μm×(5.0~21.0）μm 中型（3.5~8.0）μm×(5.0~17.5）μm 小型（2.5~7.0）μm×(4.5~11.0）μm	大型（3.5~9.5）μm×(6.0~14.0）μm 中型（3.0~7.5）μm×(5.0~14.0）μm 小型（2.5~6.0）μm×(3.5~13.0）μm	一型（2.2~5.5）μm×[6.0~14.0（~33.0）]μm 二型（4.0~7.0）μm×[8.0~16.0（~22.0）]μm 三型（3.0~6.5）μm×[6.5~14.0（~23.0）]μm
有无假菌丝	无假菌丝或有较发达，但不典型	形成假菌丝，但不发达也不典型	形成假菌丝，但不典型，仅是长形细胞连成的树枝状
列举酵母	拉斯 2 号、拉斯 12 号酵母	上面发酵酵母、葡萄酒酵母	台湾 396 酵母（又称魏氏酵母）

续表

项目	第一组	第二组	第三组
发酵应用	用于以淀粉质原料生产酒精和白酒，以及面包的制作	上述前者生产英国 Ale 和 STout 型啤酒，后者酿造葡萄酒和果酒	魏氏酵母耐高渗透压，用于以甘蔗糖蜜为原料生产酒精和朗姆酒

（2）葡萄汁酵母（*S. uvarum*） 罗德于 1970 年将卡尔酵母（*S. carlsbergensis Hansen*）、娄哥酵母（*S. Logos*）和葡萄汁酵母合并成一个种，称为葡萄汁酵母（*S. uvarum*），但在啤酒酿造界仍喜沿用卡尔酵母的老名称。在拉格（Lager）型啤酒酿造中，发酵结束时葡萄汁酵母沉于容器底部，故又称下面发酵酵母。酿酒酵母和葡萄汁酵母的主要特性比较见表 10-10，上面发酵酵母与下面发酵酵母的特性区别见表 10-11。

表 10-10 酿酒酵母与葡萄汁酵母主要特性比较

特性	酿酒酵母（*S. cerevisiae*）	葡萄汁酵母（*S. uvarum*）
细胞形态	圆形或卵形、短卵形、长卵形、长圆形、腊肠形	圆形、卵形、椭圆形或长圆形，长宽比为 1~1.5
培养特征	麦芽汁平板形成圆形、乳白色、平坦、不透明、光滑黏稠、有光泽的菌落，有典型酵母味；在液面上一般不形成菌膜	麦芽汁平板上形成圆形、乳白色、中心隆起、不透明、光滑黏稠、有光泽的菌落，有典型酵母味；在液面上不形成菌膜
生化特征	发酵糖类产生乙醇、CO_2，能发酵葡萄糖、麦芽糖、蔗糖、半乳糖和 1/3 棉籽糖，不发酵乳糖和蜜二糖	发酵糖类产生乙醇、CO_2，能发酵葡萄糖、麦芽糖、蔗糖、半乳糖和全部的棉籽糖，不发酵乳糖和蜜二糖
生理特征	最适生长温度为 25~26℃ 无性繁殖为芽殖，有性繁殖由营养细胞（2*n*）直接形成子囊，每个子囊产生 1~4 个子囊孢子	最适生长温度为 25~26℃ 无性繁殖为芽殖，有性繁殖于醋酸钠生孢子培养基上 18~20℃ 培养，形成 1~4 个子囊孢子
自然分布	分布于果园的土壤、各种水果表皮、发酵果汁、酒曲和食品中	分布于果园的土壤、各种水果表皮、发酵果汁、酒曲和食品中
发酵应用	用于啤酒、白酒和果酒的酿造，酒精发酵和面包制作，提取 RNA、麦角固醇、抗坏血酸、凝血质与辅酶 A，生产食用、医用和饲用 SCP	用于下面发酵法酿造啤酒，发酵生产维生素（泛酸、维生素 B_1、吡哆醇、肌醇等），生产食用、药用和饲用 SCP

表 10-11 上面发酵酵母与下面发酵酵母的特性区别

特性	上面发酵酵母（酿酒酵母第二组）	下面发酵酵母（葡萄汁酵母）
生化特性	能发酵 1/3 棉籽糖[①]	能发酵全部的棉籽糖
发酵物理状态	在啤酒酿造中酵母菌漂浮于发酵液面泡沫层中	在啤酒酿造中酵母菌悬浮于发酵液中

续表

特性	上面发酵酵母（酿酒酵母第二组）	下面发酵酵母（葡萄汁酵母）
发酵结束状态	发酵结束收集漂浮液面的菌体细胞（酵母泡盖）	发酵结束收集沉积于容器底部的菌体细胞（酵母泥）
发酵应用	用于上面发酵法酿造啤酒（英国采用）	用于下面发酵法酿造啤酒（中国等国家采用）

注：①能发酵 1/3 棉籽糖——指单位质量棉籽糖只能发酵三分之一的量。

酵母属中的脆壁酵母（*S. fragilis*）和乳酸酵母（*S. lactis*）能发酵乳糖产生乙醇和 CO_2，是制作乳酒的珍贵菌种。制作干蛋白时用酵母除掉蛋中的葡萄糖。鲁氏酵母（*S. rouxii*）能在 18%（质量分数）食盐基质中生长，发酵葡萄糖生成乙醇和甘油，参与酱醪的成熟和酱油风味的形成。该菌亦参与食醋和大曲酒的生香酿造，如产生的高级醇类物质，赋予白酒醇甜香。

2. 假丝酵母属（*Candida*）

假丝酵母属在分类学上属于半知菌亚门—芽孢菌纲—隐球酵母目—隐球酵母科。发酵工业中常用的假丝酵母主要特性见表 10-12，其形态见图 10-17、图 10-18、图 10-19。

表 10-12　　假丝酵母属重要种的特性比较

种名	特性	发酵应用
产朊假丝酵母（*C. utilis*），异名产朊圆酵母或食用圆酵母、产朊球拟酵母	①细胞呈圆形、椭圆形或圆柱形（葡萄糖-酵母汁-蛋白胨液体培养基中，25℃培养 3d）。 ②麦芽汁平板上菌落呈乳白色、有光泽或无光泽、质地软而平滑、边缘整齐或菌丝状。 ③液面无醭，管底有菌体沉淀。 ④在加盖玻片的玉米粉平板上可见不发达的假菌丝或无假菌丝，不形成真菌丝。 ⑤能利用五碳糖和六碳糖，发酵葡萄糖、蔗糖和棉籽糖。 ⑥无性繁殖为多边芽殖	①生产食用 SCP 利用原料：糖蜜、土豆淀粉废料 ②生产饲用 SCP 利用原料：亚硫酸纸浆废液、木材水解液。 ③作为产酯（生香）酵母，存在于大曲中而利于增加白酒香气
热带假丝酵母（*C. tropicalis*）	①细胞呈球形或卵圆形（葡萄糖-酵母汁-蛋白胨液体培养基中，25℃培养 3d）。 ②麦芽汁平板上菌落呈白色到乳油色，无光泽或稍有光泽，软而平滑或部分有皱纹，长时间培养菌落变硬。 ③液面有醭或无醭，管底有菌体沉淀。 ④在加盖玻片的玉米粉琼脂平板上可见大量的假菌丝和芽生孢子，也可形成真菌丝。	生产饲用 SCP 利用原料：230～290℃石油馏分、农副产品和工业废料、发酵废液（如生产味精的废液）

续表

种名	特性	发酵应用
热带假丝酵母 （*C. tropicalis*）	⑤氧化烃类能力很强，不分解脂肪，可利用的糖类较多。 ⑥无性繁殖为多边芽殖	
解脂假丝酵母解脂变种（*C. lipolytica*），又称解脂复膜孢酵母	①细胞呈卵圆形或长柱形。 ②麦芽汁平板上菌落呈乳白色、无光泽、质地黏湿而平滑、有的边缘不整齐。 ③液面有醭，管底有菌体沉淀。 ④在加盖玻片的玉米粉平板上可见假菌丝或具有隔膜的真菌丝。在菌丝顶端或中间有单个或成对的芽生孢子。 ⑤利用正烷烃 $C_{10\sim19}$（石蜡）能力强，分解脂肪和蛋白质能力强，可利用的糖类很少。 ⑥无性繁殖为多边芽殖	①生产饲用 SCP 原料：利用正烷烃使石油脱蜡的同时又生产 SCP，降低其凝固点。 ②生产柠檬酸 利用原料：正烷烃 $C_{10\sim16}$ 柠檬酸的转化率达 13%~53%。 ③生产吡哆醇和 α-酮戊二酸 利用原料：石蜡和维生素 B_1 此外，还可生产脂肪酸、谷氨酸

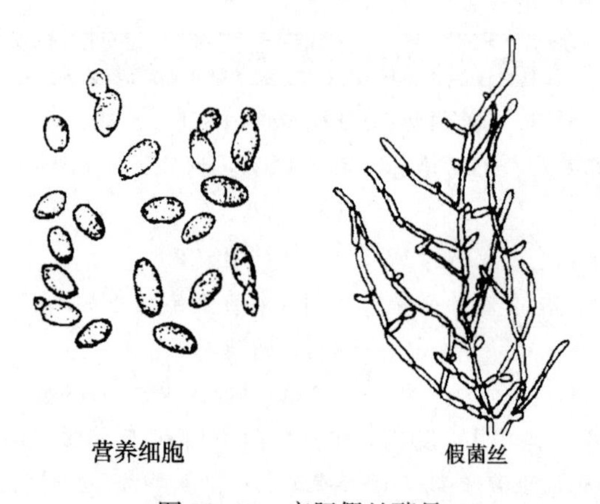

图 10-17　产朊假丝酵母

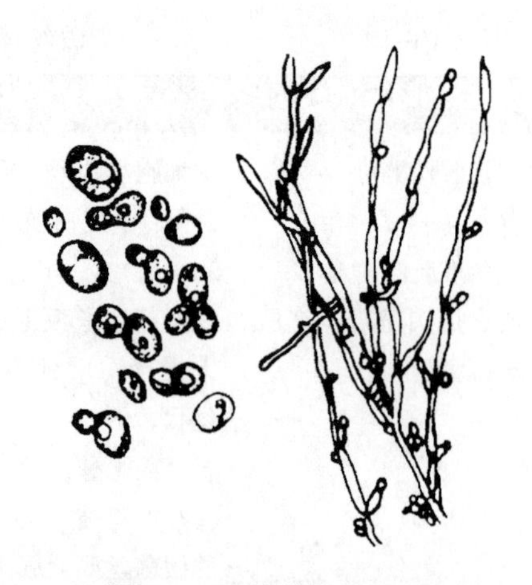

图 10-18　热带假丝酵母

该属酵母广泛分布于土壤、水、空气、植物、昆虫、污水、加工设备和各种食品中，可引起新鲜水果、蔬菜、乳制品、鲜肉、腌制肉、家禽、人造奶油和酒精饮料的变质。少数种为条件致病菌，如白假丝酵母（*C. albicans*）引起皮肤和黏膜感染。此属的乳酒假丝酵母（*C. kefir*）异名乳酒球拟酵母或乳脂圆酵母，在乳中生长产生乙醇和 CO_2，是制作乳酒的菌种，同时也与啤酒及果汁发酵有关。

3. 红酵母属（*Rhodotorula*）

红酵母属在分类学上属于半知菌亚门—芽孢菌纲—隐球酵母目—隐球酵母科。

①形态特征：细胞呈卵圆形或圆柱形（图 10-20），不形成假菌丝，多数种形成荚膜。

②菌落特征：因产生黄色至红色的类胡萝卜素，使菌落呈橘黄色和鲜肉的粉红色；又因形成荚膜而使菌落黏质，如黏红酵母。

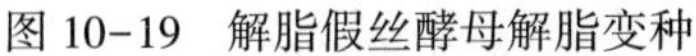

图 10-19　解脂假丝酵母解脂变种

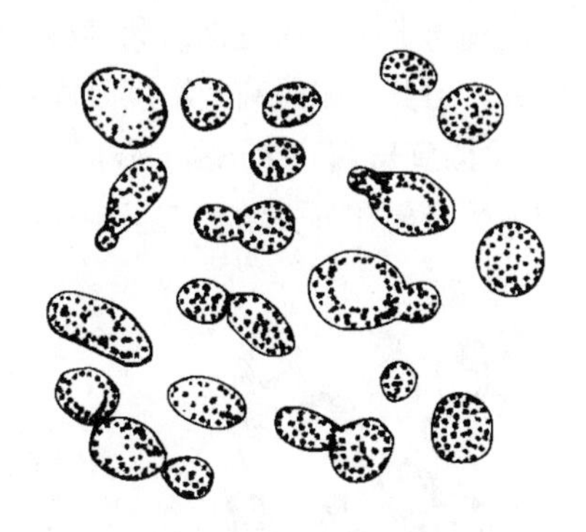

图 10-20　黏红酵母

③生化特征：不能发酵糖类产生乙醇，但能同化某些糖类，有的种能氧化烃类积蓄大量脂肪。

④生理特征：无性繁殖为多边芽殖，多数不形成子囊孢子。

⑤应用与危害：利用黏红酵母（*R. glutinis*）以烷烃为原料生产脂肪。分离自海洋泥中的海洋红酵母（又称红发夫酵母，*Phaffia rhodozyma*）是生产虾青素（类胡萝卜素）的优良菌种。虾青素具有抗氧化活性，能清除机体氧自由基、促进抗体产生、增强机体抗病力，作为生物饲料添加剂用于幼龄畜禽和水产养殖；采用高压均质和改进的超声波破壁方法制备的虾青素作为天然色素来源，能够提高商品蛋壳和蛋黄的颜色，改善鱼体色泽鲜艳度；红酵母菌体富含蛋白质、氨基酸、肝糖颗粒、不饱和脂肪酸和维生素等，用其生产饲用 SCP 可促进动物幼体生长。此外，红酵母产生的虾青素亦可用作食品着色剂。

红酵母有许多嗜冷菌株，为多种食品的变质菌。在酸乳表面上及肉和酸泡菜上形成红斑而使食品着色，在粮食上亦经常分离到。其少数种为致病菌。

4. 克鲁维酵母属（*Kluyveromyces*）

①形态特征：细胞呈圆形、卵圆形、圆柱形。

②菌落特征：有些种能产生红色素，但菌落呈灰白色、黄灰色，有时淡红色。

③生化特征：因能产生乳糖酶（别名 β-半乳糖苷酶），将乳糖水解为葡萄糖和半乳糖，故该菌能发酵乳糖产生乙醇。

④生理特征：无性繁殖为多边芽殖，有性繁殖形成子囊孢子；生长温度 5~46℃。

⑤应用与危害：利用马克斯克鲁维酵母（*K. marxianus*）以牛乳为原料发酵生产牛乳酒；利用从藏灵菇（又名开菲尔粒）中分离筛选出产胆盐水解酶的马克斯克鲁维酵母菌株以蛋乳为原料发酵生产低胆固醇蛋乳饮料；利用该菌制备的微生态制剂饲喂蛋鸡可生产低胆固醇鸡蛋。利用脆壁克鲁维酵母（*K. fragilis*）、乳酸克鲁维酵母（*K. lactis*）、保加利亚克鲁维酵母（*K. bulgaricus*）以乳清为原料生产乳糖酶和食用 SCP。

该属酵母可引起多种水果、葡萄汁、蜜饯、乳与乳制品（如干酪）等食品变质。

5. 德巴利酵母属（*Debaryomyces*）

①形态特征：细胞有不同形状，通常为圆形，有时产生假菌丝。

②生化特征：个别菌株分泌蛋白酶，并能发酵葡萄糖和乳糖（汉逊德巴利酵母）。

③生理特征：无性繁殖为多边芽殖，有性繁殖形成子囊孢子。

④应用与危害：汉逊德巴利酵母（*D. hansenii*）可用作香肠、干酪发酵剂及产3-羟基丙酸的菌种，但其能耐受高盐浓度（80~240g/L），常引起盐渍食品（如咸肉）等变质。

6. 球拟酵母属（*Torulopsis*）

球拟酵母属在分类学上属于半知菌亚门—芽孢菌纲—隐球酵母目—隐球酵母科。

图 10-21 白色球拟酵母

①形态特征：细胞为球形或卵圆形或略长形，无假菌丝（图 10-21）。

②培养特征：菌落呈白色或乳黄色、有光泽；在液体基质中有沉渣及环或有菌醭。

③生化特征：细胞能分泌胞外多糖，有酒精发酵能力；能将葡萄糖转化为多元醇，即将40%的葡萄糖转化成不同比例的甘油、赤藓醇、甘露醇等；有的种氧化烃类能力强，可进行石油发酵；有的种能生产有机酸、油脂等；有的种蛋白质含量高，用于生产饲用SCP。

④生理特征：无性繁殖为多边芽殖，不产生子囊孢子。

⑤应用与危害：是生产甘油的重要菌种。其代表菌种为白色球拟酵母（*T. candida*）。易变球拟酵母（*T. versatilis*）、埃契氏球拟酵母（*T. famata*）和沪酿214蒙奇球拟酵母（*T. mogii* SB214）是生产酱油的常用菌种，参与酱醪的成熟和酱油特殊风味的形成。该属酵母菌酯酶活性高能产生大量的乙酸乙酯，存在于大曲中有利于增加白酒香气。此属中有的菌株能耐高浓度糖和盐的特性，例如杆状球拟酵母能在含糖55%（质量分数）的蜂蜜中生存，为耐糖性酵母；球形球拟酵母耐受20~210g/L浓度的NaCl，为耐高渗酵母。它们可在高糖度基质中，如蜜饯、蜂蜜等食品上生长。在某些干酪上产生黏液。有的耐低温，可引起冷藏牛肉、稀奶油、甜炼乳和其它盐渍食品变质。

7. 裂殖酵母属（*Schizosaccharomyces*）

裂殖酵母属在分类学上属于子囊菌亚门—酵母科—裂殖酵母亚科。

①形态特征：细胞呈椭圆形或圆柱形，有时形成假菌丝。

②培养特征：八孢裂殖酵母（图 10-22）于麦芽汁平板上菌落呈乳白色，于麦芽汁中液面无菌醭，菌体沉于管底。

③生化特征：不同化硝酸盐，具有酒精发酵能力。

④生理特征：无性繁殖为裂殖，有性繁殖接合产子囊孢子。

⑤应用与危害：其代表种为粟酒裂殖酵母（*S. pombe*），最早分离自非洲粟米酒，能发酵菊芋产生酒精。在该属菌可从蜂蜜、粗制蔗糖和水果上分离到。

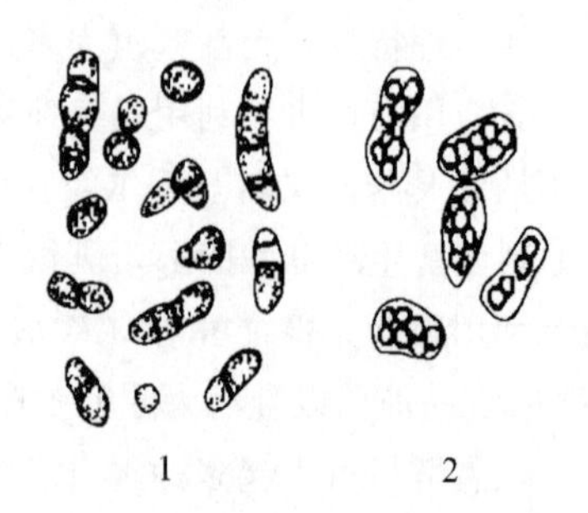

图 10-22 八孢裂殖酵母

1—营养细胞 2—子囊和子囊孢子

8. 汉逊酵母属（*Hansenula*）

汉逊酵母属在分类学上属于子囊菌亚门—半子囊菌纲—内孢霉目—酵母科。

①形态特征：细胞呈卵圆形、椭圆形（图 10-23），

形成假菌丝，有的有真菌丝。

②生化特征：同化硝酸盐，发酵或不发酵糖，利用葡萄糖产生磷酸甘露聚糖，并有降解核酸的能力。

③生理特征：无性繁殖为多边芽殖，有性繁殖接合产生子囊孢子（同宗配合或异宗配合）。

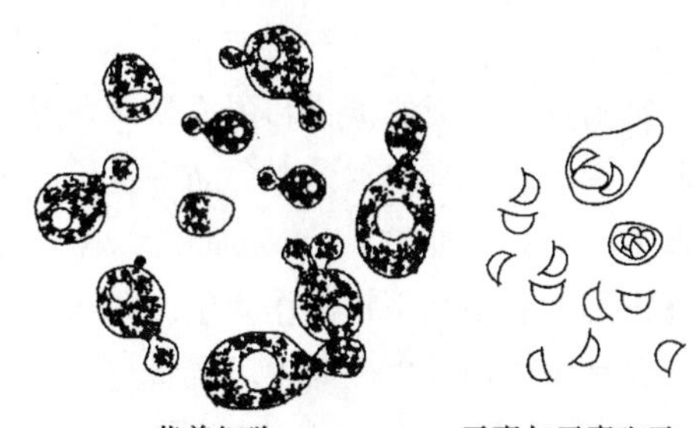

图 10-23　汉逊酵母

④应用与危害：异常汉逊酵母（*H. anomala*）存在于大曲、小曲和麸曲中能产生大量乙酸乙酯而生香，增加白酒香气，亦可用于食品的增香；但此属菌能利用酒精为碳源在液体表面形成皮膜，引起酒类变质，亦常引起高糖分食品的变质。

9. 毕赤酵母属（*Pichia*）

毕赤酵母属在分类学上属于子囊菌亚门—半子囊菌纲—内孢霉目—酵母科。

①形态特征：细胞呈椭圆形、柱形、卵圆形或腊肠形（图 10-24），多数种形成假菌丝，形成真菌丝的能力有限。

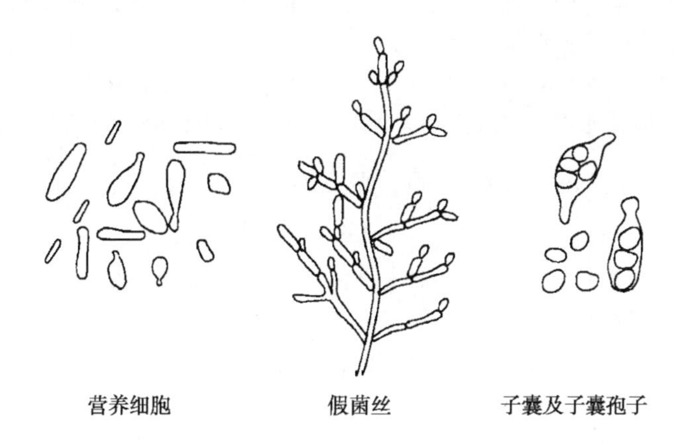

图 10-24　毕赤酵母

②生化特征：不同化硝酸盐，能氧化乙醇，对正癸烷、十六烷氧化能力亦较强。

③生理特征：无性繁殖为多边芽殖，有性繁殖形成 1~4 个子囊孢子。

④应用与危害：利用毕赤酵母以石油、农副产品或工业废料为原料生产 SCP。此外，有的种能生产麦角固醇、苹果酸、磷酸、甘露聚糖等；异常毕赤酵母（*P. anomala*）存在于大曲和小曲中能产生大量的乙酸乙酯而增加白酒香气；库德毕赤酵母（*P. kudriavzevii*）亦出现于大曲中。毕赤酵母常引起酒类、乳制品、酱油和腌渍食品的变质。例如，粉状毕赤酵母（*P. farinosa*）能耐高浓度酒精并使之氧化，常在酒类的表面生成白色干燥的菌醭，也可在酱油、泡菜、盐渍食品表面形成菌醭；膜醭毕赤酵母（*P. membranifaciens*）主要存在于酸凝乳和发酸奶油中；发酵毕赤酵母（*P. fermentans*）可在脱脂乳和个别种类干酪上发现。

二、霉　菌

霉菌具有较强的糖化和蛋白质水解能力，常污染食品、谷物，在适宜条件下生长繁殖，引起发霉变质。有些霉菌在食品中生长产生毒素，对人类健康危害很大。主要产毒菌株分属于曲霉属（如黄曲霉）、青霉属（如岛青霉）、镰刀菌属（如禾谷镰刀菌）、交链孢霉属等。但在发酵工业中利用霉菌作为生产调味品、酒类的糖化剂，以及作为有机酸、酶制剂、抗生素、食品添加剂等生产菌种。现将与食品有关的重要霉菌介绍如下。

1. 毛霉属（*Mucor*）与根霉属（*Rhizopus*）

毛霉属与根霉属在分类学上均属于接合菌亚门—接合菌纲—毛霉目—毛霉科，表 10-13 所示为两者之间的异同，其形态见图 10-25 和图 10-26。

表 10-13　　毛霉属与根霉属主要特性比较

特性	毛霉属（*Mucor*）	根霉属（*Rhizopus*）
细胞形态	菌丝无隔膜，菌丝体和孢子一般均呈白色 无假根和匍匐菌丝 由菌丝直接生出孢囊梗 顶端膨大后形成孢子囊 孢子囊内有孢囊孢子和囊轴 囊轴与孢囊梗相连处有囊领而无囊托	菌丝无隔膜，菌丝体白色或灰白色，孢子呈黑褐色 有假根和匍匐菌丝 由假根相对方向生出孢囊梗 顶端膨大后形成孢子囊 孢子囊内有孢囊孢子和囊轴 囊轴与孢囊梗相连处有囊托而无囊领
菌落特征	蔓延生长，菌落呈棉絮状、白色或灰白色	蔓延生长，菌落呈蜘蛛网状、初为灰白、老为黑褐色
繁殖方式	无性繁殖形成孢囊孢子，有性繁殖产生接合孢子 多数接合为异宗配合，也有同宗配合的种类	无性繁殖形成孢囊孢子，有性繁殖产生接合孢子 接合均为异宗配合（除有性根霉为同宗配合外）
发酵应用	毛霉产生的 α-淀粉酶和蛋白酶活力强。 ①鲁氏毛霉是小曲的主要糖化菌种，也是生产腐乳的菌种； ②五通桥毛霉 As3. 25 是制作腐乳的主要生产菌种； ③总状毛霉用于生产豆豉； ④微小毛霉产生的蛋白酶有凝乳活性； ⑤高大毛霉对类固醇化合物有转化作用； ⑥有些毛霉产生乳酸、琥珀酸、甘油、脂肪酶等	根霉产生的糖化酶（葡萄糖苷酶）活力强，作为酿酒的糖化菌种。 ①作为甜酒曲、酒药、酒曲、小曲的主要糖化菌种。 酒药和酒曲菌种：米根霉、华根霉； 小曲菌种：黑根霉（又称匍枝根霉）、华根霉、爪哇根霉、河内根霉、少根根霉、白曲根霉和日本根霉等； ②作为腐乳生产菌种：米根霉（产蛋白酶）等； ③用于类固醇激素转化、有机酸（延胡索酸、乳酸）、脂肪酶、纤维素酶、果胶酶等的生产

续表

特性	毛霉属（*Mucor*）	根霉属（*Rhizopus*）
分布与危害	腐败菌：主要存在于发酵食品、熏肉和许多蔬菜中，并参与高水分粮食的发热霉变。该属有些种污染豆制品（如豆腐）中引起蛋白质分解而发生腐败变质	腐败菌：常引起馒头、面包、米饭、甘薯等淀粉质食品和潮湿的粮食发霉变质，或引起果蔬腐烂。黑根霉等存在于豆制品（如豆腐）中引起蛋白质分解。有些菌株引起牛肉和冻羊肉产生黑色霉斑

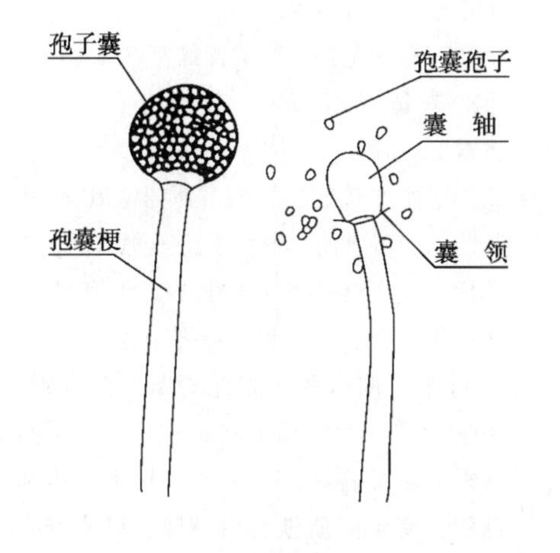

图 10-25　高大毛霉

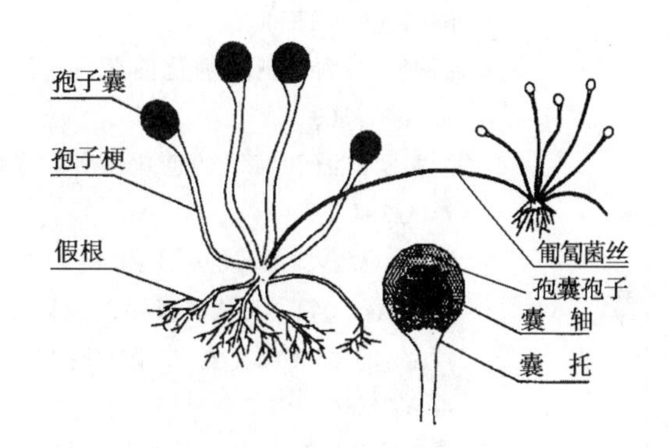

图 10-26　黑根霉

2. 曲霉属（*Aspergillus*）与青霉属（*Penicillium*）

曲霉属与青霉属在分类学上均属于半知菌亚门—丝孢纲—丝孢目—丛梗孢科，表 10-14 所示为两者之间的异同，其形态见图 10-27、图 10-28。

表 10-14　　曲霉属与青霉属主要特性比较

特性	曲霉属（*Aspergillus*）	青霉属（*Penicillium*）
细胞形态	菌丝有隔膜，菌丝体灰白色、孢子呈黄色、橙色、褐色、绿色或黑色等。 分生孢子梗顶端膨大成为顶囊 顶囊表面以辐射状长出一层或两层小梗，在小梗上着生成串的球形分生孢子，称为分生孢子链。 顶囊、小梗和分生孢子链构成“分生孢子头” 分生孢子头的顶囊呈球形或近似球形、半球形、烧瓶状等；分生孢子梗生于足细胞上	菌丝有隔膜，菌丝体灰白色，孢子呈蓝绿色、蓝色、绿色、黄绿色或灰绿色等。 分生孢子梗顶端形成帚状枝，无顶囊 帚状枝自下而上长出第一轮梗基或第二轮小梗，在小梗上着生成串的球形、卵球形或椭圆形的分生孢子链。 梗基、小梗和分生孢子链构成“分生孢子穗” 分生孢子穗分单轮、对称二轮、多轮、不对称的小梗 分生孢子梗上无足细胞

续表

特性	曲霉属（*Aspergillus*）	青霉属（*Penicillium*）
菌落特征	局限生长，菌落呈绒毛状，初为灰白色，长出孢子后具有各种颜色；有些种产生水溶性色素	局限生长，菌落呈地毯状，初为灰白色，长出孢子后具有各种颜色；有些种产生水溶性色素
繁殖方式	无性繁殖产分生孢子，极少数有性繁殖产子囊孢子	无性繁殖产分生孢子，极少数有性繁殖产子囊孢子
发酵应用	①曲霉产生的糖化酶、α-淀粉酶、蛋白酶活力强，作为制酱、制醋、酱油、酿酒的糖化菌种。 酒精、白酒、制醋糖化曲菌种：黑曲霉 As3. 4309 酒精、白酒和黄酒的糖化菌种：米曲霉 As384 酱油、豆酱、面酱的曲子菌种：米曲霉沪酿 As3. 042、甘薯曲霉 As3. 324 黄酒的纯种熟麦曲菌种：黄曲霉 As3800 ②生产各种酶制剂（淀粉酶、蛋白酶、果胶酶等） 生产蛋白酶菌种：栖土曲霉、黑曲霉 As3. 4309 生产脂肪酶、纤维素酶和果胶酶菌种：米曲霉和黑曲霉 As3. 4309 ③生产各种有机酸（柠檬酸、葡萄糖酸、苹果酸等） 生产柠檬酸菌种：黑曲霉 As3. 4309 ④个别土曲霉存在于大曲中，有的产洛伐他丁	①用于生产抗生素。 生产青霉素菌种：产黄青霉、点青霉 生产灰黄霉素菌种：荨麻青霉、扩展青霉 ②用于生产磷酸二酯酶、葡萄糖氧化酶、脂肪酶、凝乳酶、纤维素酶等酶制剂。 ③用于生产有机酸（柠檬酸、葡萄糖酸） ④用于生产抗坏血酸、5′-核苷酸 ⑤制作干酪菌种：娄地青霉、白青霉、酪生青霉、沙门柏干酪青霉、双地干酪青霉、灰绿青霉，它们能分解蛋白质和油脂，使干酪质地丝滑细腻，口味鲜香及产生浓郁的辛辣风味
分布与危害	①腐败菌：引起果蔬的黑色腐烂，引起油类的酸败引起低水分粮食的霉腐。 ②产毒菌：产真菌毒素，使粮食、饲料和食品带毒	①腐败菌：耐低温和干燥，引起冷藏肉、蛋霉变，引起柑橘、苹果、葡萄、梨上的青绿色或蓝绿色霉斑。 ②产毒菌：产真菌毒素，使粮食、饲料和食品带毒

常见的引起变质和产生毒素的曲霉主要有 10 个群。①黑曲霉群：引起高水分粮食霉变。②黄曲霉群：包括黄曲霉、寄生曲霉、米曲霉等 11 个种，引起粮食、饲料和食品变质，前两种产黄曲霉毒素。③棒曲霉群：产棒曲霉素和展青霉素。④灰绿曲霉群：引起低水分粮食和食品霉变。⑤烟曲霉群：引起粮食变质。⑥赭曲霉群：引起含水量 16%的粮食霉变，产赭

曲霉毒素 A。⑦白曲霉群：引起粮食霉变。⑧构巢曲霉：引起粮食、食品霉变，产杂色曲霉毒素。⑨杂色曲霉群：产杂色曲霉毒素。⑩局限曲霉群：引起低水分粮食霉变。

有些青霉能产生毒素。例如，岛青霉、桔青霉和黄绿青霉浸染大米后产生“黄变米”毒素；扩展青霉和草酸青霉产生展青霉毒素；圆弧青霉产生致小鼠突变的青霉酸；纯绿青霉、圆弧青霉和产黄青霉在食品上还可产生赭曲霉毒素 A 等真菌毒素。

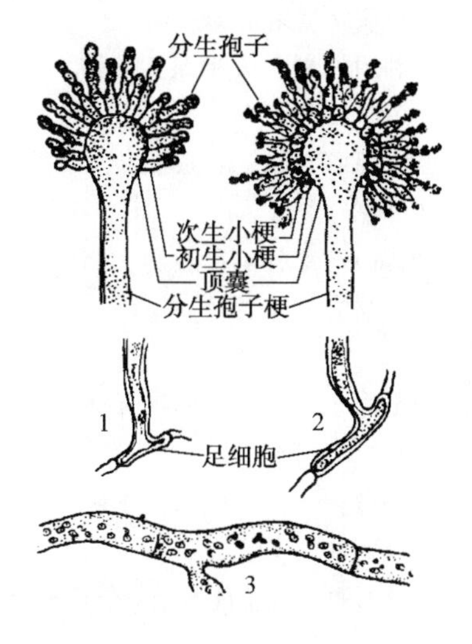

图 10-27　曲霉

1—分生孢子梗及一层小梗

2—分生孢子梗及二层小梗　3—菌丝

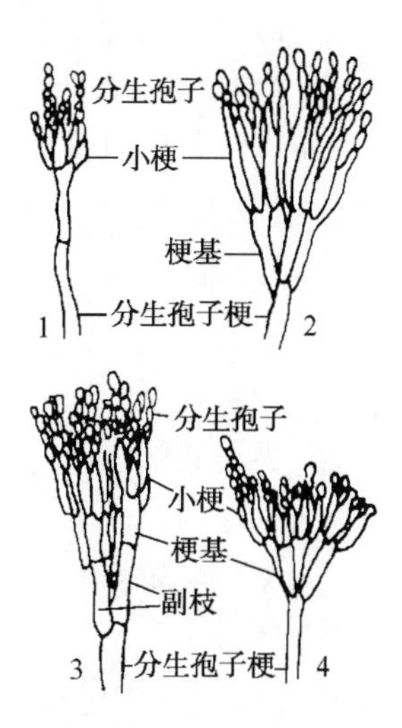

图 10-28　青霉

1—单轮组　2—对称二轮组

3—多轮组　4—不对称组

3. 木霉属（*Trichoderma*）与地霉属（*Geotrichum*）

木霉属与地霉属在分类学上均属于半知菌亚门—丝孢纲—丝孢目—丛梗孢科，表 10-15 所示为比较两者之间的异同，其形态见图 10-29、图 10-30。

表 10-15　木霉属与地霉属主要特性比较

特性	木霉属（*Trichoderma*）	地霉属（*Geotrichum*）
细胞形态	菌丝有隔膜，菌丝体白色，孢子呈绿色或蓝绿色。分生孢子梗呈对生或互生分枝，分枝顶端着生瓶状小梗，由小梗生出多个分生孢子。由黏液聚成球形孢子头	菌丝有隔膜，菌丝体白色，孢子呈白色。菌丝有的有二叉分枝
菌落特征	蔓延生长，菌落呈棉絮状或致密丛束状，初为白色，长出孢子后具有各种颜色，产孢子区有同心轮纹	蔓延生长，巨大菌落呈绒毛状或粉状、扁平、均匀，有同心环或放射线，有的中心突起
繁殖方式	无性繁殖产分生孢子、厚垣孢子，未发现有性繁殖	无性繁殖以菌丝断裂方式产节孢子，未发现有性繁殖

续表

特性	木霉属（*Trichoderma*）	地霉属（*Geotrichum*）
发酵应用	①木霉分解纤维素能力强，产纤维素酶菌种：绿色木霉、康氏木霉、木素木霉、里氏木霉。 ②有的合成维生素 B_2，并可转化类固醇。 ③有的生产抗生素。 ④有的种分泌几丁质酶	①白地霉（异名乳卵孢霉）能发酵多种糖类，水解蛋白。 ②白地霉生产食用或饲用 SCP（菌体蛋白质含量达 55%） 利用原料：废糖蜜、酒糟、豆腐渣、红薯干浸出液等。 ③提取 RNA，合成脂肪，但脂肪含量不如黏红酵母。 ④白地霉分泌蛋白酶和脂肪酶，是生产干酪的菌种
分布与危害	分布于朽木、动植物残体、有机肥料、土壤和空气 腐败菌：引起谷物、果蔬等食品霉变，木材等霉烂 寄生菌：寄生于蕈类子实体上，引起食用菌病害	分布于肉类、烂菜、有机肥料、泡菜、青贮饲料。 腐败菌：引起柑橘类水果和桃子的酸败及奶油的腐败。 在多种干酪上能产生类似干酪的芳香味

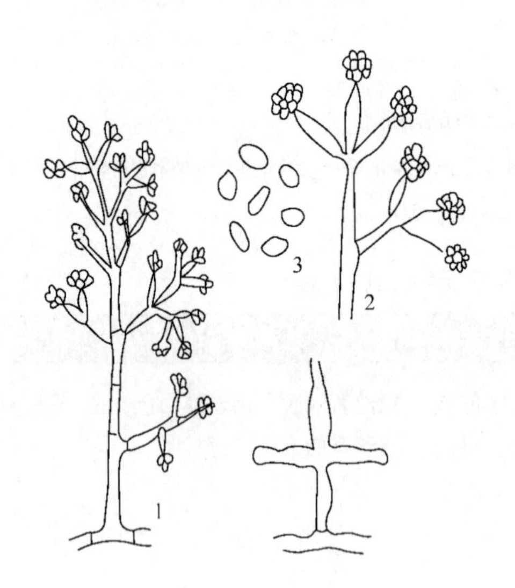

图 10-29　木霉

1—分生孢子梗　2—小梗　3—分生孢子形态

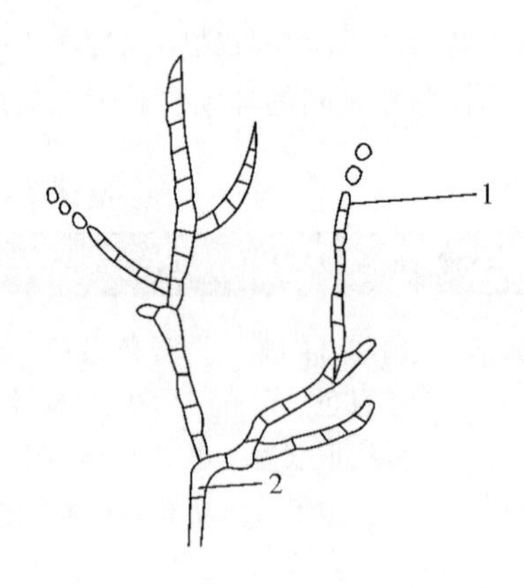

图 10-30　白地霉

1—节孢子　2—菌丝

4. 头孢霉属（*Cehalosporium*）与葡萄孢霉属（*Botrytis*）

头孢霉属与葡萄孢霉属在分类学上均属于半知菌亚门—丝孢纲—丝孢目—丛梗孢科，表 10-16 所示为比较两者之间的异同，其形态见图 10-31 和图 10-32。

表 10-16　　头孢霉属与交葡萄孢霉属主要特性比较

特性	头孢霉属（*Cehalosporium*）	葡萄孢霉属（*Botrytis*）
细胞形态	菌丝有隔膜，分枝，菌丝编结成绳状菌丝或孢梗束。 分生孢子梗基部稍膨大呈瓶状，互生、对生或轮生。 分生孢子从瓶状小梗顶端伸出后推至侧旁，靠黏液黏成假头状，遇水即散开	菌丝有隔膜，常产生外形不规则的黑色菌核，甚大。 分生孢子梗顶端树枝状分枝，分枝顶端的细胞常膨大。在短的小梗上簇生分生孢子，外观像一串葡萄。 分生孢子呈卵圆形，无色或淡灰白色，光滑透明
菌落特征	菌落呈绒状或絮状，粉红色至深红色或白灰色或黄色	蔓延生长，菌落呈絮状，灰白色（菌丝体和孢子均为灰白色）或淡褐色
繁殖方式	无性繁殖产生分生孢子，少数产生厚垣孢子	无性繁殖产生分生孢子
应用与危害	①用于生产头孢霉素 C 抗生素。 生产菌种：产黄头孢霉、顶孢头孢霉等 ②某些种可产生抗癌的抗生物质。 ③有些种可产生较强活力的淀粉酶和脂肪酶等。 ④分布于土壤、空气、植物残体及食品上	①喜低温和潮湿环境，孢子萌发的最低温度为-5℃，最低相对湿度为 92%~94%。 ②寄生菌：灰色葡萄孢霉寄生于植物上引起“灰霉病” ③腐败菌：分泌果胶酶，引起蔬菜变质。 ④常存在于玉米粒和枯死的谷粒表面

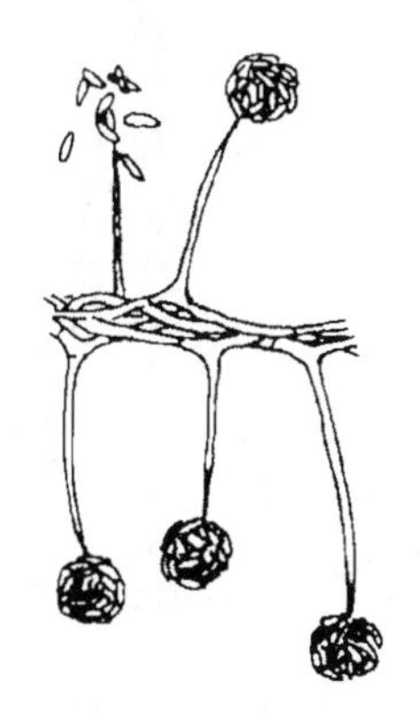

图 10-31　头孢霉

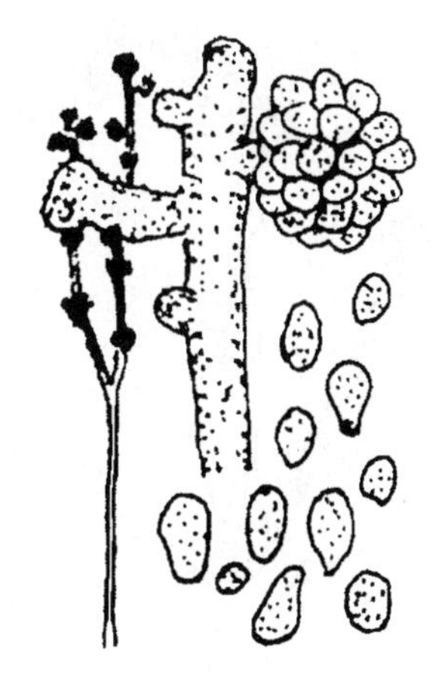

图 10-32　葡萄孢霉

5. 枝孢霉属（*Cladosporium*）与交链孢霉属（*Alternaria*）

枝孢霉属与交链孢霉属（又名链格孢霉属）在分类学上均属于半知菌亚门—丝孢纲—丝孢目—暗色孢科，表 10-17 所示为比较两者之间的异同，其形态见图 10-33 和图 10-34。

表 10-17　　枝孢霉属与交链孢霉属主要特性比较

特性	枝孢霉属（*Cladosporium*）	交链孢霉属（*Alternaria*）
细胞形态	幼龄菌丝无隔为单细胞，老龄形成隔膜为多细胞。 分生孢子梗顶端树丛状分枝，形成分生孢子链。 孢子呈椭圆形、卵圆形、柠檬形，孢子绿黑色	菌丝有隔膜，匍匐生长。 分生孢子梗单生或丛生，多数不分枝，形成孢子链。 孢子呈纺锤状，有壁砖状分隔，孢子暗褐色或橘黄色
菌落特征	局限生长，菌落呈厚绒状或絮状，结构致密，颜色由橄榄色至近黑色，背面蓝黑色或绿黑色	局限生长，菌落呈绒状或絮状，结构疏松，颜色由橘黄色至暗褐色
繁殖方式	无性繁殖产生分生孢子，未发现有性繁殖	无性繁殖产生分生孢子，未发现有性繁殖
应用与危害	①扁豆枝孢霉低温生长良好，引起冷藏肉、蛋变质。 ②多主枝孢霉引起牛肉和冷冻羊肉产生黑点霉斑。 ③主枝孢霉与芽枝状枝孢霉引起水果、蔬菜变质。 ④有些菌株还可使奶油和人造黄油变质	①用于生产蛋白酶、转化类固醇化合物。 ②寄生菌：如稻交链孢霉寄生于水稻上。 ③腐败菌：引起果蔬、粮食、乳制品变质。 ④产毒菌：有些种可产生交链孢霉毒素

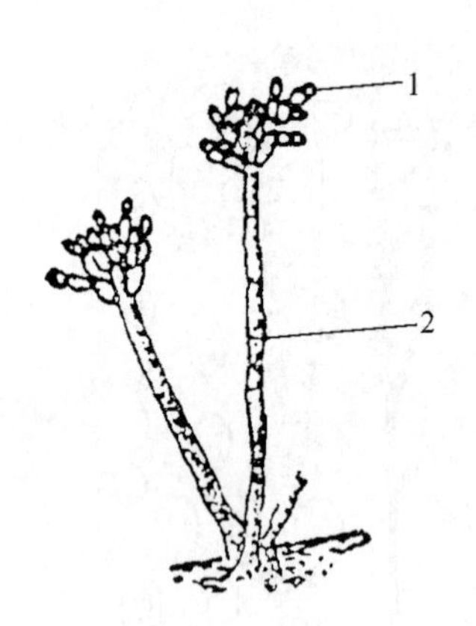

图 10-33　枝孢霉

1—分生孢子　2—分生孢子梗

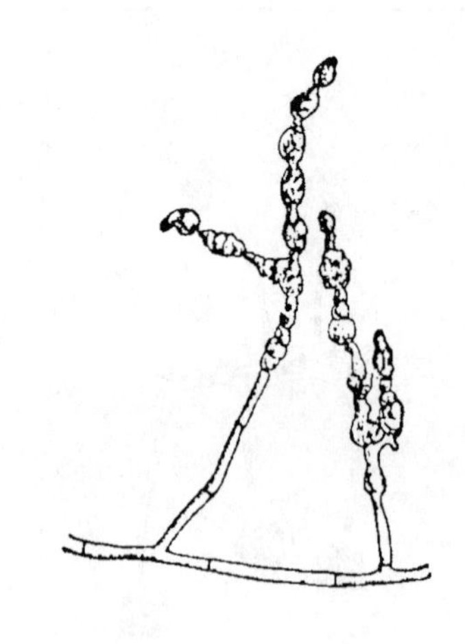

图 10-34　交链孢霉

6. 脉孢霉属（*Neurospora*）与赤霉属（*Gibberella*）

脉孢霉属又称链孢霉属，在分类学上属于子囊菌亚门—核菌纲—球壳目—粪壳科，赤霉属在分类学上属于子囊菌亚门—核菌纲—球壳目—肉座霉科，两者在科以上的分类单元相同，表 10-18 所示为比较两者之间的异同，其形态见图 10-35 和图 10-36。

表 10-18　　脉孢霉属与赤霉属主要特性比较

特性	脉孢霉属（*Neurospora*）	赤霉属（*Gibberella*）
细胞形态	菌丝有隔膜，分枝，多核。 分生孢子梗呈双叉式分枝，形成分生孢子链。 孢子呈球形或卵圆形，橘黄色或粉红色。 子囊壳簇生或散生，子囊内形成 8 个子囊孢子。 子囊孢子呈单向排列，表现出有规律的遗传组合	菌丝有隔膜，分枝，多核，无色或有色。 分生孢子梗分枝或不分枝，分生孢子有 2 种类型。 小型孢子为单细胞，有圆形、卵圆形，孢子串生。 大型孢子由多个细胞组成，有隔膜，孢子呈镰刀形。 子囊壳球状、光滑、为蓝色，子囊内含 8 个子囊孢子，子囊孢子呈 2 行不规则排列，子囊孢子直而狭长
菌落特征	蔓延生长，菌落初白色、粉粒状，很快变成淡黄色、绒毛状菌丝，成熟后上层覆盖成团的分生孢子	菌落呈棉絮状或较紧密的绒毛状，白色或其他颜色
繁殖方式	无性繁殖产生分生孢子，有性繁殖产生子囊孢子	无性繁殖产分生孢子，极少进行有性繁殖产子囊孢子
应用与危害	①粗糙脉孢霉作为研究遗传性状的分离与组合的理想材料，其某些诱变菌株生产生物素、胆碱、肌醇、维生素 B_1 及作为多种氨基酸的生物测定菌。 ②好食脉孢霉是面包生产有害菌，引起“红霉病”。 ③脉孢霉菌体富含蛋白质、维生素 B_{12} 等，用稻草培养脉孢霉可以生产稻草曲，作为猪饲料	①植物病原菌：玉米赤霉菌产生的次级代谢产物——赤霉素，可引起水稻秧苗的疯长、变黄、瘦弱。 ②生产植物生长刺激素：玉米赤霉菌（禾谷镰刀菌的有性世代）产生的赤霉素为植物生长刺激素，能促进农作物和蔬菜等的生长，还能打破种子和块茎器官的休眠，促进种子发芽

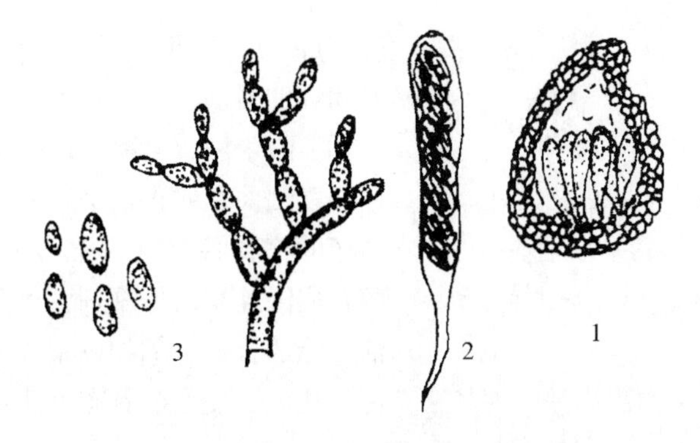

图 10-35　脉孢霉

1—子囊壳　2—子囊和子囊孢子　3—分生孢子梗与分生孢子

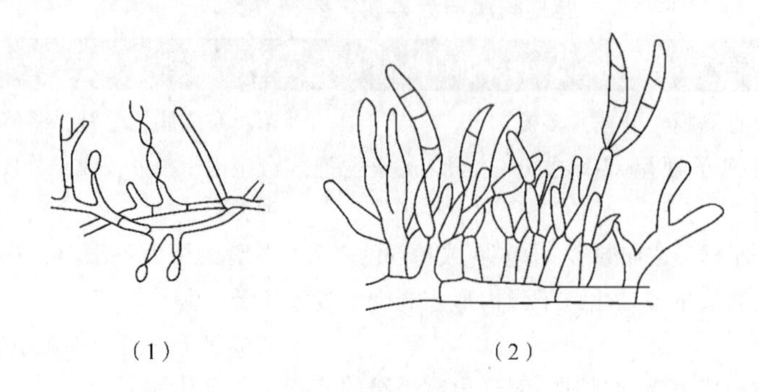

图 10-36　赤霉属

（1）分生孢子梗与小分生孢子　（2）分生孢子梗与大分生孢子

7. 红曲霉属（*Monascus*）

红曲霉属在分类学上属于子囊菌亚门—不整囊菌纲—散囊菌目—红曲科。

①细胞形态：菌丝有隔膜、多核，分枝甚繁；分生孢子着生在菌丝及其分枝的顶端，单生或成链，球形或梨形；闭襄壳呈球形为橙红色，子囊呈球形内含 8 个子囊孢子。

②菌落特征：蔓延生长，菌落初为白色，以后呈红色、红紫色，色素分泌到培养基中。

③生化特征：利用多种糖类（淀粉、麦芽糖、纤维二糖、葡萄糖等）和酸类（乳酸、苹果酸、柠檬酸等）为碳源，有机氮为氮源。同化硝酸盐、硫酸铵。

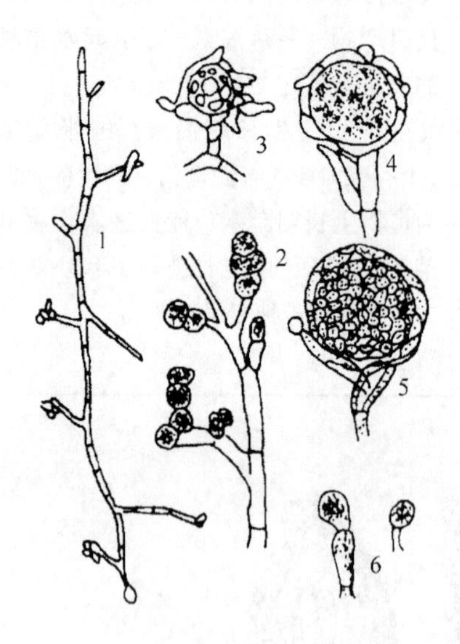

图 10-37　紫红曲霉

1、2—菌丝、分生孢子、厚垣孢子

3、4、5—闭囊壳的形成过程　6—厚垣孢子

④生理特征：最适生长温度 32~35℃，最适 pH 3.5~5.0，耐受 pH 2.5 与 100mg/L 的乙醇；无性繁殖产生分生孢子、厚垣孢子，有性繁殖产生子囊孢子（图 10-37）。

⑤发酵应用：能产生液化酶、糖化酶，麦芽糖酶、蛋白酶、脂肪酶、柠檬酸、琥珀酸、乙醇、麦角固醇等。例如，红曲霉的 α-淀粉酶活性高，糖化力较强，用于工业生产糖化酶制剂，存在于各地酿酒大曲和乌衣红曲中。

紫红曲霉（*M. purpureus*）和安卡红曲霉（*M. anka*）等固态发酵生产红曲色素（红曲霉红素和红曲霉黄素），可作为食品着色剂。用于红腐乳、红米酒、食醋、肉肠等食品加工中的红曲米即以红曲霉制得。个别紫红曲霉菌株液态发酵高产的洛伐他汀（原名 Monacolin K）作为胆固醇合成限速酶的抑制剂，可降低肝脏胆固醇及甘油三酯的合成。例如以紫红曲霉菌株固态发酵的红曲米与甜酒曲混合制作甜酒酿，因其含有洛伐他汀而使产品具有上述功效。

8. 短梗霉属（*Aureobasidium*）

短梗霉属在分类学上属于半知菌亚门—丝孢纲—丝孢目—暗色孢科。

①细胞形态：初期菌丝细而无色透明，横隔少，随后壁加厚，色转暗，变成弯曲而有分

枝的菌丝，老年菌丝可由横隔处断裂成裂生子状片段（图 10-38）。菌丝各处都可产生乳头状突起，突起上着生椭圆形分生孢子。

图 10-38　短梗霉

②菌落特征：菌落质地最初黏稠，藏白色，很快变成藏绿色至黑色，皮革状有光亮，有皱褶，颜色变化从中央开始，逐渐向菌落边缘扩展，最后全部变成黑色（生长不利的条件）。

③生化特征：同化乳糖，分解果胶。

④生理特征：适应生长 pH 1.9~10.1，适宜 27℃生长，能在高浓度糖和中性盐中生长。

⑤分布与危害：出芽短梗霉，异名出芽茁霉，俗名黑酵母，常引起水果（如梨、樱桃、柑橘、葡萄、草莓等）和蔬菜（如番茄）的霉败，亦引起高水分谷物（含水 15%以上）的霉腐。

9. 镰刀菌属（*Fusarium*）

镰刀菌属又名镰孢霉属，在分类学上属于半知菌亚门—丝孢纲—瘤座孢目—瘤座孢科。

（1）繁殖方式　镰刀菌的无性繁殖产生分生孢子、厚垣孢子，有性繁殖产生子囊孢子。①分生孢子分两种类型。大型分生孢子生于菌丝的短小爪状突起上，或产于分生孢子座上，或产于由基质菌丝直接生出的黏孢团中，有镰刀形、线形、纺锤形、柱形、腊肠形等；小型分生孢子生于分生孢子梗上，形成分生孢子链，孢子有卵形、梨形、椭圆形、圆形、纺锤形等。气生菌丝、黏孢团、孢子座、菌核可呈各种颜色，基质也被染成各种颜色。②厚垣孢子间生或顶生，单生或多个串生或成结节状，有时也生于大型分生孢子的孢室中。③有些镰刀菌具有有性世代，产生闭囊壳，其内有子囊和子囊孢子。子囊阶段属于核菌纲丛赤壳属（*Nectria*）、丽赤壳属（*Calonectria*）、赤霉属（*Gibberella*）和隐壳霉属（*Hypomyces*）。

（2）危害与应用　①植物病原菌：能引起小麦、水稻、玉米、蔬菜等病害。②人或动物的病原菌：能引起镰刀菌毒素食物中毒，免疫力低下者易患镰刀菌病。目前在谷物粮食中发现的产毒菌有：禾谷镰刀菌［有性世代称玉米赤霉菌（*G. zeae*）］、串珠镰刀菌、三线镰刀菌、雪腐镰刀菌、梨孢镰刀菌、拟枝孢镰刀菌、木贼镰刀菌、鹿草镰刀菌、茄病镰刀菌、粉红镰刀菌、无孢镰刀菌等。③腐败菌：引起粮食和食品霉变，同时又产生镰刀菌毒素。④有些镰刀菌可以产生纤维素酶、脂肪酶、果胶酶及植物生长激素等。常见引起食物中毒的两种镰刀菌特性比较见表 10-19，其形态见图 10-39 和图 10-40。

表 10-19 禾谷镰刀菌与串珠镰刀菌主要特性比较

特性	禾谷镰刀菌（*F. graminearum*）	串珠镰刀菌（*F. moniliforme*）
细胞形态	菌丝有隔膜，分枝，透明或玫瑰色。 大型分生孢子近镰刀形、纺锤形，两端稍窄细，多数 3~7 隔。单个孢子无色，聚集时呈浅粉色。 无小型分生孢子和厚垣孢子。 无性阶段是禾谷镰刀菌，有性世代为玉米赤霉菌。 子囊壳散生或聚生，卵圆形或圆形，深蓝至黑色；子囊为棍棒状，无色，内有 8 个纺锤形子囊孢子	菌丝有隔膜，分枝。 大型分生孢子生于气生菌丝体、分生孢子座和黏孢团中，呈锥形或稍呈镰刀形或纺锤形、棍棒形、线形，孢子两端逐渐窄细，一般多为 3~5 隔。 小型分生孢子生于分生孢子梗上，卵圆形、椭圆形，集结成链状。无厚垣孢子，有性世代属于赤霉属。 有些菌株可形成菌核
菌落特征	蔓延生长，菌落呈棉絮状至丝状，初期白色，以后呈白玫瑰色、白洋红色或白砖红色，中央有黄色气生菌丝区，背面深红色或淡砖红赭色。	蔓延生长，菌落呈棉絮状，白色、浅粉红色、淡紫色。某些菌株在菌落中央产生粉红色，粉红至肉桂色的黏孢团，个别菌株则为暗蓝色。
繁殖方式	无性繁殖产生分生孢子、有性繁殖产生子囊孢子	无性繁殖产生分生孢子，有性繁殖产生子囊孢子
分布与危害	①植物病原菌：引起水稻秧苗疯长，引起麦类赤霉病，引起玉米、水稻、高粱等作物发生穗腐、茎腐。 ②人和动物病原菌：产生玉米赤霉烯酮和脱氧雪腐镰刀菌烯醇毒素，人畜食用后引起中毒	①植物寄生菌：寄生于玉米、燕麦、大麦、小麦、黑麦、水稻等植物上，引起干燥不及时的谷物品质危害。 ②人和动物病原菌：产生伏马菌毒素、玉米赤霉烯酮毒素，人畜食用后引起中毒

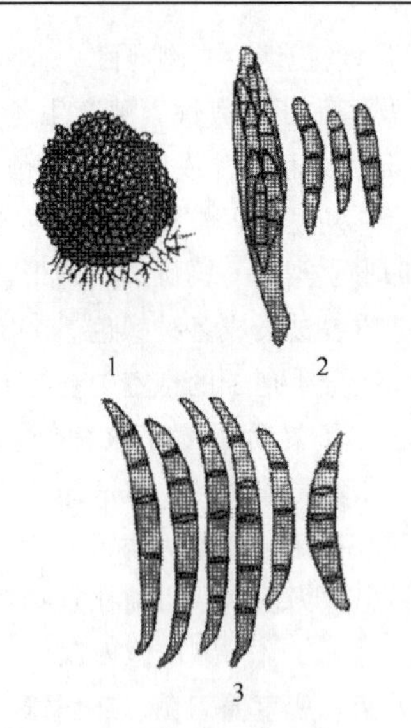

图 10-39 禾谷镰刀菌
1—闭囊壳 2—子囊与子囊孢子
3—分生孢子

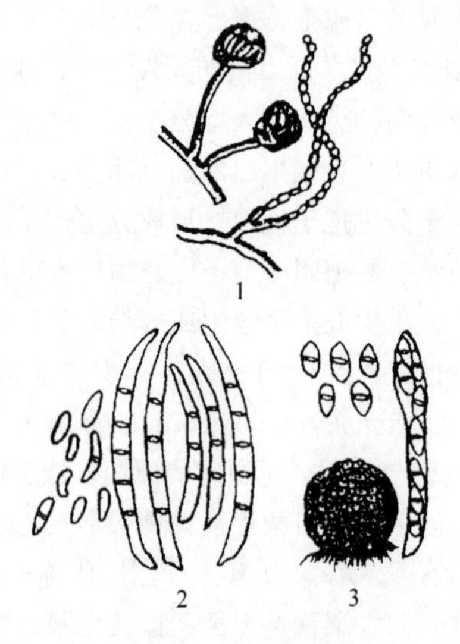

图 10-40 串珠镰刀菌
1—黏孢团、链状小型分生孢子、分生孢子
2—大型分生孢子 3—子囊与子囊孢子

10. 枝霉属（*Thamnidium*）

①细胞形态：枝霉类似毛霉，菌丝分枝甚繁，起初无隔，老后有隔，无匍匐菌丝和假根。孢子囊梗上形成两种孢子囊：大型孢子囊内有较多孢子，且有囊轴，长在孢子囊梗的侧生分枝的末端；小型孢子囊内有少数孢子，无囊轴（图 10-41）。

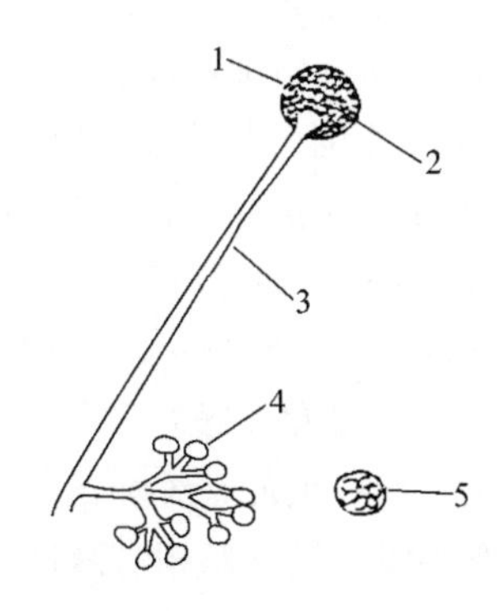

图 10-41　枝霉

1—大孢子囊　2—孢子囊孢子　3—孢囊梗　4—小孢子囊　5—放大的小孢子囊

②生理特征：美丽枝霉（*T. elegans*）于 6~7℃生长良好，32℃不生长；无性繁殖产生子囊孢子，有性繁殖产生接合孢子。

③应用与危害：美丽枝霉是冷藏肉类的变质菌。在欧洲用此菌加工牛肉，使肉变得柔软而有特殊风味。

第三节　食品中常见的乳酸菌

一、乳酸菌的定义

乳酸菌（Lactic acid bacteria）并不是微生物分类学上的名称，而是一类能利用可发酵糖类产生大量乳酸的细菌统称。由于乳酸菌的名称易被人们理解和接受，故一直被人们所沿用。这类细菌繁殖快，在自然界广泛分布于动物体表、粪便、唾液，以及乳品设备、用具上。鲜乳置常温下，乳酸菌很快使之变酸凝固。酒精和各种酒类发酵的变酸，真空包装的冷藏肉的变质也多由乳酸菌造成。但人们利用它产生乳酸的特点，发酵某些食品，以提高产品的适口性或延长保藏期。在酱油、酸菜与泡菜、酸乳与干酪等生产中，乳酸菌均起重要作用。乳酸菌在发酵食品、医药等方面与人类生活密切相关，因此受到人们极大重视。

随着 16S rRNA 序列分析、DNA 指纹技术在微生物分类、鉴定的应用，进一步明确了乳酸菌有关属的分类地位，而且陆续发现了不少新属。目前乳酸菌主要分属于厚壁菌门和放线菌门共涉及 41 个属，常见的属包括：乳杆菌属（*Lactobacillus*）、肉食杆菌属（*Carnobacterium*）、双歧杆菌属（*Bifidobacterium*）、链球菌属（*Streptococcus*）、肠球菌属（*Enterococcus*）、乳球菌属（*Lactococcus*）、明串珠菌属（*Leuconostoc*）、片球菌属（*Pediococcus*）、气球菌属（*Aerococcus*）、漫游球菌属（*Vagococcus*）、李斯特氏菌属（*Listeria*）、芽孢乳杆菌属（*Sporolactobacillus*）、芽孢杆菌属（*Bacillus*）中的少数种、环丝菌属（*Brochothim*）、丹毒丝菌属（*Erysipelothrix*）、孪生菌属（*Gemella*）、糖球菌属（*Saccharococcus*）、四联球菌属（*Tetragenococcus*）、酒球菌属（*Oenococcus*）、乳球形菌属（*Lactosphaera*）、营养缺陷菌属（*Abiotrophia*）、魏斯氏菌属（*Weissella*）和奇异菌属（*Atopobium*）等。其中乳杆菌属、双歧杆菌属、链球菌属、乳球菌属、片球菌属和明串珠菌属中的一些菌种已列入我国《可用于食品的菌种名单》；一些益生菌菌株，如动物双歧杆菌 Bb-12 和鼠李糖乳杆菌 LGG 等被列入《可用于婴幼儿食品的菌种名单》。益生菌是当摄取足够数量时对宿主（人体）健康产生有益作用的一类活的微生物的总称。它们通常是通过肠道定植作用改善宿主特定部位微生态平衡并兼有若干其他生理功能的有益微生物。乳杆菌属和双歧杆菌属中的一些种是益生菌的主要成员，其生理功能主要包括改善肠道健康、调控免疫系统和代谢系统，预防心脑血管、口腔、生殖道、皮肤和精神等方面疾病；有些益生乳杆菌还有缓解自闭症、减缓过敏性皮炎、抑制肠道疼痛和改善睡眠等功能；而这些益生乳酸菌通常以肠道为作用靶点，发挥上述生理功能，构成学术界所提出的菌-肠-（脑/肝/肺等）轴系列学说。下面介绍食品中常见重要的乳酸菌。

二、食品中常见重要的乳酸菌

1. 链球菌属（*Streptococcus*）

链球菌属成员包括口腔链球菌（即口腔链球菌群、变异链球菌群和唾液链球菌群）、医学链球菌（即发热溶血链球菌，包括肺炎链球菌、酿脓链球菌、无乳链球菌等 12 个种）和草绿色链球菌群。其中唾液链球菌群又包括唾液链球菌和嗜热链球菌等。

①形态特征：细胞呈圆形或卵（椭）圆形，成对地链状排列（图 10-42），有些种有荚膜（如肺炎链球菌等），个别种无荚膜（如嗜热链球菌），G^+兼性厌氧菌。

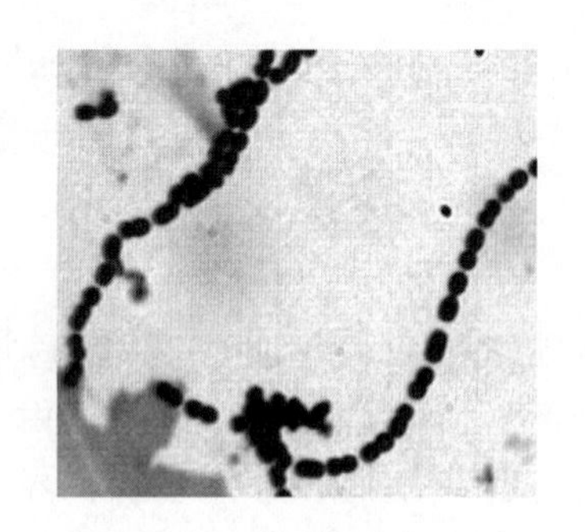

图 10-42　嗜热链球菌（×1000）

②生化特征：触酶阴性，同型乳酸发酵，发酵葡萄糖产生 L（+）-乳酸，但不产气。

③生理特征：营养要求复杂，随菌种不同而异，某些种需一定种类的维生素、氨基酸、嘌呤、嘧啶、脂肪酸等；生长温度范围 25～45℃，最适生长温度 37℃。

④危害与应用：该属中许多种为共栖菌或寄生菌，常见于人和动物的口腔、上呼吸道、肠道等处，其中有些种是致病菌，如酿脓链球菌、肺炎链球菌等通常溶血，少数为腐生菌，污染食品后引起腐败。该属仅有嗜热链球菌用于乳品发酵，其主要特性见表 10-20 所示。

表 10-20　　链球菌属与乳球菌属重要种的特性比较

种名	特性	分布与应用
嗜热链球菌 (*S. thermophilus*)	①乳清平板上菌落微小、光滑、隆起、灰白色、透明、圆形。 ②同型乳酸发酵，能发酵葡萄糖、果糖、乳糖和蔗糖产生 L（+）-乳酸；蛋白质分解能力微弱。 ③营养要求复杂，不能合成某些氨基酸、维生素、嘌呤与嘧啶，在牛乳中生长良好。 ④适宜生长温度 40~45℃，于 50℃也能生长。 ⑤比较耐热，巴氏杀菌（60℃，30min）有时不被杀死，有的菌株经 80℃加热处理 15min 仍有 1.3%以上存活率。 ⑥该菌的个别菌株产胆盐水解酶和胞外多糖	①该菌作为制备普通酸乳和干酪发酵剂的主要菌种。 ②对抗生素极敏感，用于检测牛乳中有无抗生素残留。 ③个别菌株产生的胞外多糖具有抑制结肠癌细胞活性，用于生产功能性酸乳，改善发酵乳流变学特性，防止乳清析出
乳酸乳球菌 (*L. lactis*)， 曾称乳酸链球菌	细胞形态、菌落特征、营养特性与嗜热链球菌基本相似。 ①发酵葡萄糖、麦芽糖和乳糖产生 8~10g/L（+）-乳酸，还产生少量乙酸和丙酸。 ②适宜生长温度 30℃，于 45℃不生长，乳中生长很好。 ③某些菌株产生乳酸链球菌素（Nisin），抑制多种 G^+ 菌生长。 ④对抗生素极敏感，青霉素浓度达到 0.25μg/mL 即被抑制	①分布于乳与乳制品、青贮饲料及乳品用具和设备上。 ②是制作酸乳和干酪菌种。 ③用于生产乳酸链球菌素
乳酸乳球菌乳酸亚种 (*L. lactis* subsp. *lactis*)	其特性与乳酸乳球菌基本相似，不同之处： ①不能利用柠檬酸盐，产生丁二酮和 CO_2。 ②个别菌株高产胆盐水解酶，有降低胆固醇作用。 ③个别菌株能高产胞外多糖，可增加酸乳的黏度	①分布于藏灵菇（又称开菲尔粒）、生乳与乳制品中。 ②是制作功能性酸乳菌种。 ③用于制作蛋乳发酵饮料
乳酸乳球菌丁二酮亚种 (*L. lactis* subsp. *diacetilactis*)， 曾称乳链球菌丁二酮亚种	其特性与乳酸乳球菌基本相同，不同之处：能利用柠檬酸盐，产生丁二酮和 CO_2。丁二酮在酸乳发酵中视为一种奶油的芳香物质，可以提高产品的适口性	制作酸乳时，向原料乳中添加 0.15%的柠檬酸钠，利用该菌发酵可产较多丁二酮
乳酸乳球菌乳脂亚种 (*L. lactis* subsp. *cremoris*)， 曾称乳酪（脂）链球菌	其特性与乳酸乳球菌基本相似，不同之处： ①具有较强的分解蛋白质能力。 ②有的菌株产生细菌素，称为双球菌素（Diplococcin）	①存在于生乳与乳制品中。 ②是制作干酪的主要菌种

2. 乳球菌属（*Lactococcus*）

乳球菌属成员包括乳酸乳球菌、格氏乳球菌、植物乳球菌和棉籽糖乳球菌。其中乳酸乳球菌根据表型特征又分为3个亚种，即乳酸乳球菌乳酸亚种、乳酸乳球菌丁二酮亚种和乳酸乳球菌乳脂亚种。

①形态特征：细胞呈球形或卵圆形，单生、成对或链状排列（图10-43），有时因细胞伸长似杆状，G^+兼性厌氧菌。

②菌落特征：在MRS平板上菌落大小1~2mm，表面光滑湿润、凸起、无光泽、灰白色、半透明、边缘整齐、圆形。

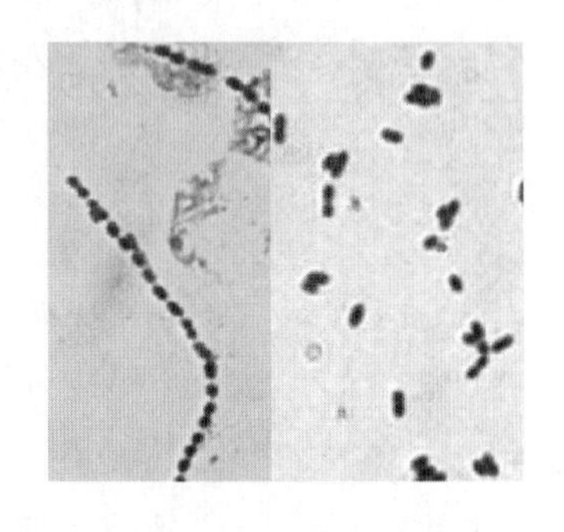

图10-43 乳酸乳球菌乳酸亚种（×1000）

③生化特征：触酶阴性，同型乳酸发酵，发酵葡萄糖产生L（+）-乳酸。

④生理特征：营养要较复杂，在合成培养基上生长，需要多种B族维生素和氨基酸；多数乳球菌能在40g/L NaCl中生长，仅乳酸乳球菌乳脂亚种耐20g/L NaCl；适宜生长温度30℃，在10℃生长，但不能在45℃生长。

⑤发酵应用：乳酸乳球菌中3个亚种的一些菌株作为单一或混合发酵剂用于生产不同类型的酸乳和乳酪，发酵黄油和生产酪蛋白。乳酸乳球菌产生的Nisin作为生物防腐剂被广泛用于食品保鲜中；乳酸乳球菌乳酸亚种代谢产生的胆盐水解酶可水解结合态胆盐转化为游离态胆盐和氨基酸，溶解度较低的游离态胆盐与胆固醇形成沉淀复合物，因而具有降低胆固醇的作用。本属模式种为乳酸乳球菌（*L. lactis*），其重要种的特性列举见表10-20。

3. 乳杆菌属（*Lactobacillus*）

乳杆菌属包括261个种（截至2020年3月），它们在表型、生态学和基因型水平上极具多样化。其种属分类和命名亦不断更新和变化，例如有学者根据全基因组序列分析建议将乳杆菌属重新分类，划分为德氏乳杆菌属、副干酪乳杆菌属等25个新属。根据葡萄糖发酵类型将这些种划分为三个类群，即专性同型发酵群、兼性同型发酵群和专性异型发酵群。①专性同型发酵群：指能发酵葡萄糖产生85%以上的乳酸，并且不发酵戊糖或葡萄糖酸盐的类群，主要的种有：德氏乳杆菌、嗜酸乳杆菌、瑞士乳杆菌、香肠乳杆菌、马乳酒样乳杆菌和高加索奶粒乳杆菌等。其中德氏乳杆菌又分为三个亚种，即德氏乳杆菌德氏亚种、德氏乳杆菌保加利亚亚种和德氏乳杆菌乳酸亚种。②兼性同型发酵群：指能发酵葡萄糖产生85%以上的乳酸，并且发酵戊糖或葡萄糖酸盐的类群，主要的种有：干酪乳杆菌、副干酪乳杆菌、鼠李糖乳杆菌、植物乳杆菌、戊糖乳杆菌、米酒乳杆菌和耐酸乳杆菌等。③专性异型发酵群：指发酵葡萄糖产生50%及以上的乳酸，发酵副产物是乙酸和/或乙醇、CO_2的类群，主要的种有：发酵乳杆菌、短乳杆菌、罗伊氏乳杆菌、布氏乳杆菌、高加索奶乳杆菌和果糖乳杆菌等。下面介绍常见乳杆菌属的特性。

①形态特征：细胞形态从球杆状、短杆状到丝状，从直形到弯曲形，有的长短不等，单生或短链状排列（图10-44），通常不运动，运动者有周生鞭毛，G^+耐氧或微好氧菌。

②菌落特征：于乳清培养基平板上菌落长势很弱，其菌落特征随种而异。

③生化特征：有专性同型乳酸发酵、兼性同型乳酸发酵或专性异型乳酸发酵。

④生理特征：营养要求复杂，需要多种氨基酸、肽、维生素、盐类、脂肪酸和可发酵糖类；在有氧和无氧条件下均可生长，但适宜在微氧或无氧条件下生长，于固体培养基上培养时厌氧或充有 5%～10%（体积分数）CO_2 可促进生长；生长温度范围 2～53℃，最适温度 30～40℃；最适 pH 5.5～6.2，一般在 pH 5 或更低情况下能生长。

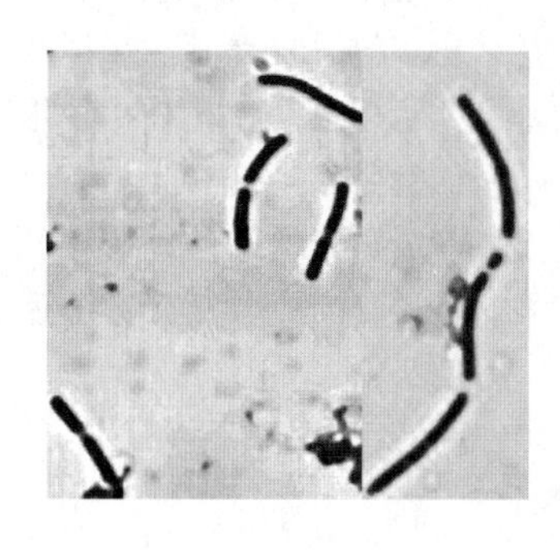
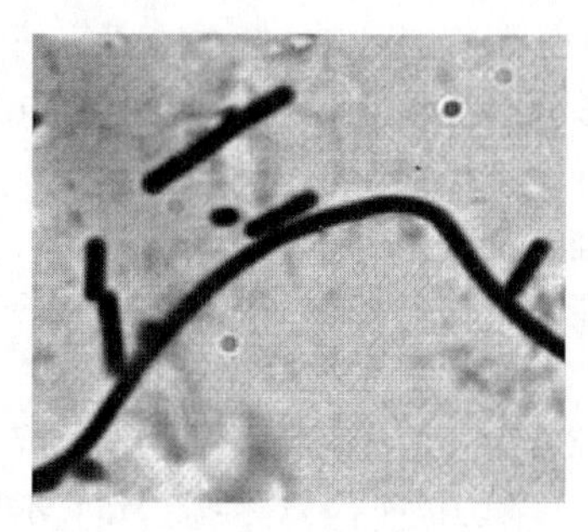
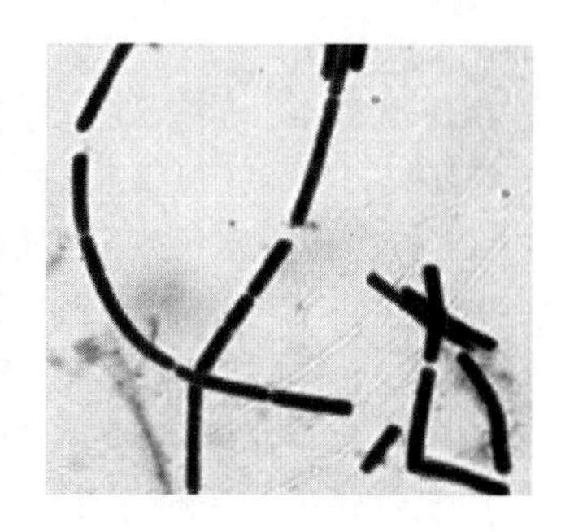

图 10-44　不同乳杆菌在光学显微镜下的形态（×1000）

⑤抵抗能力：不耐热，巴氏杀菌可被杀死，但一般产酸和耐酸能力较强。

⑥分布与应用：乳杆菌广泛存在于乳、肉、鱼、果蔬制品及动植物发酵产品中，它们是人类和许多动物的正常菌群，无致病性。该属中的许多种用于生产乳酸和发酵食品，其模式种为德氏乳杆菌（*L. delbrueckii*）。本属重要种的特性列举见表 10-21。

表 10-21　乳杆菌属重要种的特性比较

种名	特性	分布与应用
嗜酸乳杆菌（*L. acidophilus*）	①细胞呈杆状，有时呈丝状，两端钝圆，单生或短链状排列，无鞭毛，G^+耐氧或微好氧菌。亚甲蓝染色菌体无异染颗粒。 ②乳清平板上菌落微小、不规则、微隆起、有光泽、灰白色、透明 10 倍放大观察，菌落表面呈玻璃霜花样，边缘为丝状或卷发样。 ③同型乳酸发酵，能发酵葡萄糖、果糖、蔗糖和乳糖。蛋白质分解力弱。在乳中生长发酵乳糖产生 8g/L 的 DL-乳酸。有的菌株产细菌素。 ④营养需要复杂，在牛乳和乳清培养基中生长良好；适宜 37℃ 生长，多数 45℃ 也能生长，15℃ 不生长；适宜 pH 6 生长，pH 5 时也能生长。 ⑤不耐热，巴氏杀菌可被杀死；能耐胃酸和 20g/L 胆盐，肠道中可存活	①某些菌株定殖于人肠道内，为婴儿粪便中的优势菌。 ②是生产乳酸菌素片的菌种，可用之治疗胃肠功能紊乱和消化不良。 ③是制作嗜酸菌乳的菌种。 ④是生产益生菌剂的菌种。 ⑤个别菌株能分泌胆盐水解酶，有降低血清胆固醇作用

续表

种名	特性	分布与应用
德氏乳杆菌保加利亚亚种（*L. delbrueckii* subsp. *bulgaricus*），曾称保加利亚乳杆菌	①细胞呈长的细杆状，有的呈长短不等的丝状，两端钝圆，单生或短链状排列，无鞭毛，G^+耐氧或微好氧菌。亚甲蓝染色菌体有异染颗粒。 ②乳清平板上的菌落特征同上。但10倍放大观察，菌落表面呈卷发样，边缘呈假根样；老龄菌的菌落边缘整齐呈圆形，表面光滑。 ③同型乳酸发酵，能发酵葡萄糖、果糖、乳糖，但不发酵蔗糖。蛋白质分解力弱。在乳中生长发酵乳糖可产生17g/L的D（-）-乳酸。 ④营养要求严格，需外源核黄素，在牛乳和乳清培养基中生长良好；适宜44～45℃生长，15℃不长；无氧条件下长得更好。 ⑤不耐热，巴氏杀菌可被杀死，但个别菌株75℃，20min不被杀死；产酸耐酸能力强，但不耐受20g/L胆盐	①该菌是制作普通酸乳发酵剂的主要菌种。 ②该菌与嗜热链球菌以1∶1比例混合培养时，以共生关系生长，可以缩短酸乳的发酵时间。 ③个别菌株产生的胞外多糖具有抗肿瘤（抗癌）活性及免疫调节作用
德氏乳杆菌乳酸亚种（*L. delbrueckii* subsp. *lactis*），曾称乳酸乳杆菌	①细胞呈杆状，长度不定，通常呈丝状，单生或链状排列，无鞭毛，G^+耐氧或微好氧菌。一般有异染颗粒。 ②菌落表面粗糙，质地致密或绒毛样，灰白色、半透明。 ③同型乳酸发酵，于乳中生长产生17g/L的D（-）-乳酸。 ④在番茄汁培养基内生长最好；适宜37～40℃生长，48℃也能生长15℃不长；适宜pH 6生长，在微氧和含5%（体积分数）CO_2条件下生长良好； ⑤65℃，30min可被杀死；个别菌株能产细菌素，具有抑菌活性	用于检测样品中维生素B_{12}。 从样品中提取维生素B_{12}，稀释后与维生素B_{12}特异性培养基一起滴加入已覆被有德氏乳杆菌乳酸亚种的微孔板反应孔中。该菌依赖于所添加入的维生素B_{12}而生长
瑞士乳杆菌（*L. helveticus*）	①细胞呈杆状，单生或短链状排列，无异染颗粒。 ②乳清平板上形成2～3mm的菌落，灰白色、不透明，圆形或假根样。 ③在乳中生长可产生27g/L的DL-乳酸，具有较强水解蛋白质能力。 ④基质中添加乳清、番茄汁、胡萝卜汁、酵母汁等可促进生长。适宜40～42℃生长，50～53℃也能长；无氧或含5% CO_2条件下生长良好。 ⑤不耐热，巴氏杀菌可被杀死；产酸耐酸能力强	①是人体肠道益生菌。 ②是生产酸乳、干酪菌种。 ③该菌水解酪蛋白产生多种生物活性肽，其发酵乳具有抗高血压、抗肿瘤、降血脂、促进钙、铁吸收等作用

续表

种名	特性	分布与应用
鼠李糖乳杆菌（*L. rhamnosus*）	①细胞呈杆状，单生、成对或短链状排列，G^+耐氧菌。 ②MRS平板上菌落较其他乳杆菌大，表面中央凸起，边缘平滑呈不规则状、奶油白色至深黄色、不透明，且散发奶油味。 ③同型乳酸发酵，能发酵葡萄糖、果糖、半乳糖，发酵/不发酵乳糖及蔗糖，产生大量L（+）-乳酸。由该菌产生的短链脂肪酸（如乙酸）于厌氧及pH 3~5条件下对G^+菌和G^-菌有较强抑制活性。 ④适宜37℃生长，无氧或含5% CO_2条件下生长良好。 ⑤不耐热，巴氏杀菌可被杀死；抗胃酸和胆盐，于肠道中可存活。在酸乳产品保质期内活菌数保持稳定	①该菌分离自健康人肠道，能在小肠黏膜黏着并定殖2周，有效调整肠道菌群平衡。 此外，具有增强机体免疫力，抑制有害菌生长，预防和辅助治疗腹泻，预防过敏和呼吸道感染，消除毒素等作用。 ②是生产益生菌剂的菌种。 ③是工业生产L-乳酸菌种
干酪乳杆菌（*L. casei*）	①细胞呈杆状，呈长杆或短杆，单生或短链状排列，G^+兼性厌氧菌。 ②在MRS平板上菌落灰白色、不透明、凸起、表面光滑、边缘整齐的圆形菌落。 ③在牛乳中生长良好，可产生12~15g/L的L（+）-乳酸，并能水解酪蛋白产生肽类等降解物；适宜37℃生长，于15℃也能生长；最适生长pH为5.5~6.2。 ④不耐热，巴氏杀菌可被杀死；个别菌株能耐受胃酸和胆汁酸	①分布于干酪、乳与乳品中。 ②是生产酸乳、干酪菌种，也是工业生产L-乳酸菌种。 ③个别菌株产细菌素，对G^+菌和G^-菌有广谱抑菌活性。 ④能分泌胆盐水解酶，有降低血清胆固醇功效
副干酪乳杆菌（*L. paracasei*），又称类干酪乳杆菌	①细胞呈杆状，长短不等，单生及短链状排列，G^+兼性厌氧菌。 ②在MRS培养基上，菌落大小2~3mm，表面粗糙如雪花状，无光泽，扁平，灰白色，半透明，有的产胞外多糖的菌落黏性较高。 ③在牛乳中生长良好，同型乳酸发酵，能发酵葡萄糖、乳糖等主要产生L（+）-乳酸；适宜37~43℃生长，于15℃也能生长。 ④个别菌株发酵牛乳代谢产生2,3-丁二酮，赋予酸乳浓郁奶油风味。 ⑤不耐热，巴氏杀菌可被杀死；个别菌株能耐受胃酸和胆汁酸，定殖于人肠道中可存活。在酸乳产品保质期内活菌数保持稳定	①分布于干酪、乳与乳品中。 ②是生产酸乳、干酪、益生菌制剂和微生态制剂菌种。 ③个别菌株产胆盐水解酶。 ④个别菌株分泌胞外多糖，有抗脂质过氧化作用。 ⑤个别菌株产苯乳酸，对细菌和真菌有广谱抑菌活性

续表

种名	特性	分布与应用
植物乳杆菌（*L. plantarum*），又称胚芽乳杆菌	①细胞呈杆状，单生、成对或短链状排列，无鞭毛，G^+兼性厌氧菌。 ②菌落圆形、光滑、凸起、灰白或暗黄色、致密，直径为3mm左右。 ③同型乳酸发酵，在牛乳和泡菜汁中生长良好，厌氧条件下发酵葡萄糖、乳糖产生大量DL-乳酸；有氧条件下发酵葡萄糖产生乙酸，并有利于细胞生长。有的菌株分泌蛋白酶、脂肪酶、淀粉酶、磷酸酶等。 ④适宜30~37℃生长，15℃亦可生长，45℃不生长，适宜pH 6生长。 ⑤许多菌株能产生由质粒基因编码的Ⅱa类细菌素，具有抗菌活性。 ⑥个别菌株产苯乳酸，对细菌和真菌有广谱抑菌活性。 ⑦个别菌株产α-葡萄糖苷酶抑制剂，减缓肠内葡萄糖吸收而降血糖。 ⑧个别菌株能耐受胃酸和胆汁酸，可活着到达肠道而定殖	①该菌可从乳与乳制品、肉与肉制品及发酵植物产品中分离得到，通常在人的粪便中易被发现。 ②是制作泡菜、酸白菜及干酪成熟、干肠发酵的菌种。 ③该菌常与布氏乳杆菌复合，为青贮饲料发酵剂菌种。 ④是生产益生菌制剂和微生态制剂的常用菌种
罗伊氏乳杆菌（*L. reuteri*）	①细胞呈不规则弯曲杆状，单个或成簇排列，G^+兼性厌氧菌。 ②在MRS平板上菌落圆形、表面光滑、中央凸起、灰白色。 ③专性异型乳酸发酵，分解葡萄糖、乳糖等产生乳酸、乙酸和CO_2，适宜35~38℃生长、pH 6.5~7.0生长良好，pH>8.5或pH<4.5不长。 ④不耐热，巴氏杀菌可被杀死；个别菌株能耐受胃酸和胆汁酸，定殖于人肠道中可存活	①常栖息于人和动物肠道。 ②能产生罗伊氏菌素（3-羟基丙醛等），对肠道致病性细菌、真菌有广谱抗菌活性，并抑制病毒增殖。可作为天然生物防腐剂和益生菌制剂
发酵乳杆菌（*L. fermentum*）	①细胞呈杆状，通常为短杆状，有时成对或短链状排列，无鞭毛。 ②菌落为粗糙型、扁平、半透明、圆形或不规则，灰白或淡橙色。 ③专性异型乳酸发酵，分解葡萄糖产生DL-乳酸、乙酸/乙醇和CO_2。 ④于乳中生长较差，适宜41~42℃生长，15℃不生长，45℃可生长	该菌从乳与乳制品、发酵面包、发酵植物产品、果酒、青贮饲料中分离得到，通常在人的粪便中亦被发现

续表

种名	特性	分布与应用
短乳杆菌 (*L. brevis*)	①细胞呈短直杆状，两端钝圆，单生或短链状排列，无鞭毛，G^+微好氧菌。用亚甲蓝染色有两极着色或其他颗粒。 ②菌落为粗糙型、扁平、半透明、不规则如假根样，灰白或橙红色。 ③专性异型乳酸发酵，分解葡萄糖产生 DL-乳酸、乙酸/乙醇和 CO_2。 ④生长温度范围 15~40℃，适宜 30℃生长。在葡萄糖肉汤培养基中于 37℃生长可存活一周	该菌存在于发酵动植物产品、许多动物的口腔和胃肠道内，可从乳与开菲尔酸乳、干酪、酸菜、酸面团、青贮饲料中分离得到
布氏乳杆菌 (*L. buchneri*)	①细胞呈短杆状，单生、成对或短链状排列，G^+兼性厌氧菌。 ②在 MRS 平板上菌落圆形、光滑湿润、凸起、乳白色、不透明。 ③异型乳酸发酵，能发酵葡萄糖、麦芽糖产生 DL-乳酸，并可利用乳酸形成乙酸，但不能利用乳糖；在厌氧条件下以葡萄糖、果糖为碳源发酵产生甘露醇。 ④适宜 35~37℃生长，适宜生长 pH 4.5~6.5。 ⑤个别菌株能产生 γ-氨基丁酸，对畜禽具有抗热应激及促生长作用	该菌存在于青贮饲料、泡菜、发酵果蔬，以及人的肠道和口腔中。目前作为发酵剂菌种之一，主要用于生产青贮饲料，可降低青贮 pH，增加乙酸含量，抑制酵母菌和霉菌生长

4. 明串珠菌属（*Leuconostoc*）

明串珠菌属成员包括 8 个种和 3 个亚种，它们是：肠膜明串珠菌、柠檬色明串珠菌、肉明串珠菌、冷明串珠菌、乳明串珠菌、假肠膜明串珠菌、阿根廷明串珠菌和欺诈明串珠菌。肠膜明串珠菌有三个亚种：肠膜亚种、葡聚糖亚种和乳脂亚种。下面介绍该属特性。

①形态特征：细胞呈圆形或卵圆形，通常呈豆状或椭圆状（两端凸起），成对链状排列时长大于宽（图 10-45），在长链时呈具圆端的短杆状，有或无糖被，G^+兼性厌氧菌。

②培养特征：可形成光滑湿润、圆形、灰白色的菌落；培养液生长物均匀混浊，但形成长链的菌株趋向于沉淀。

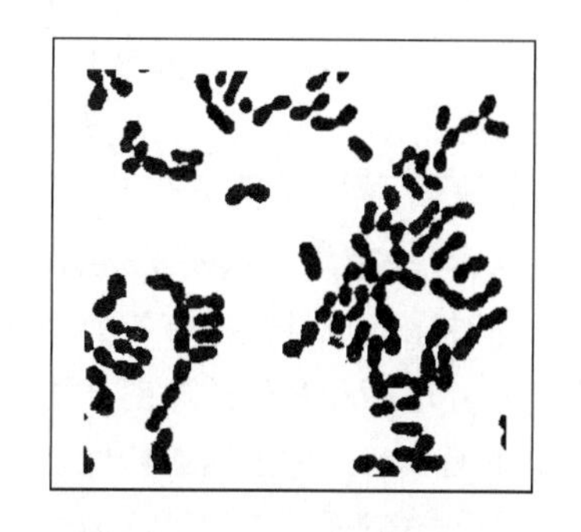

图 10-45　肠膜明串珠菌肠膜亚种相差显微照片

③生化特征：触酶阴性，异型乳酸发酵，发酵葡萄糖产生 D（-）-乳酸、乙醇和 CO_2。某些菌株可进行氧化代谢，生成乙酸而不产生乙醇。通常不发酵多糖和醇类（甘露醇除外）。

④生理特征：营养要求复杂，需要复合生长因子（烟酸+维生素 B_1+生物素）和氨基酸。在乳中生长较弱而缓慢，加入可发酵糖类和酵母汁能促进生长。最适生长温度 20~30℃。

⑤分布与应用：该属菌存在于果蔬、乳与乳制品中，能在含高浓度糖的食品中生长。对人和动物无病原

性。利用肠膜明串珠菌的糖苷转移酶将蔗糖转化成葡聚糖。葡聚糖已广泛应用于医疗、食品和生化试剂等方面，在临床上作为血浆代用品，具有抗血栓、改善微循环的作用；在食品加工方面作为稳定剂和膨松剂，并能刺激肠道益生菌的生长。本属重要种的特性列举见表 10-22。

表 10-22　　明串珠菌属重要种的特性比较

种名	特性	分布与应用
肠膜明串珠菌肠膜亚种（*L. mesenteroides* subsp. *mesenteroides*），曾称肠膜样明串珠菌	①细胞圆形或椭圆形，成对或短链状排列，G^+兼性厌氧菌。 ②能发酵蔗糖产生特征性葡聚糖黏液质物，即为糖被。 ③适宜 20~30℃生长，生长温度范围 10~37℃。 ④不耐热，55℃，30min 可被杀死，但存在于葡聚糖黏液中的菌株可耐受 80~85℃。能在高浓度的含糖食品中生长	①分布于发黏糖液、果蔬、乳与乳制品中，可使牛乳变黏，制糖工业糖液黏度增加，影响过滤而降低糖的产量。 ②是生产人造代血浆的菌种
肠膜明串珠菌葡聚糖亚种（*L. mesnteroides* subsp. *dextranicum*），曾称葡聚糖明串珠菌	①细胞形态与肠膜明串珠菌肠膜亚种相似。 ②能发酵蔗糖产生葡聚糖，但不如肠膜亚种产生量多。 ③适宜 20~30℃生长，生长温度范围 10~37℃	该菌可用于制造代血浆
肠膜明串珠菌乳脂亚种（*L. mesenteroides* subsp. *cremoris*），曾称乳脂明串珠菌	①细胞形态与肠膜明串珠菌肠膜亚种相似，但呈长链状排列。 ②不能发酵蔗糖形成葡聚糖，但在可发酵糖类存在下，利用柠檬酸盐产生丁二酮，在 pH 3.7~4.4 时产生丁二酮最多。 ③适宜 18~25℃生长，生长温度范围 10~30℃	该菌存在于乳与乳制品中
乳明串珠菌（*L. lactis*），又称酸乳酒明串珠菌	①细胞形态与肠膜明串珠菌肠膜亚种相似。 ②不能发酵蔗糖形成葡聚糖，但可产生丁二酮。 ③适宜 25~30℃生长，生长温度范围 10~40℃。 ④对热抵抗力较强，60℃，30min 可存活	该菌存在于酸乳酒、开菲尔、乳与乳制品中

5. 片球菌属（*Pediococcus*）

片球菌属成员包括有 7 个种，即耐酸的兼性厌氧的戊糖片球菌、乳酸片球菌、有害片球菌、小片球菌和意外片球菌；不耐酸的兼性厌氧的糊精片球菌和不耐酸的微好氧的马尿片球菌。下面介绍片球菌属的特性。

①形态特征：细胞呈球形，一般成对少数四联状排列（图 10-46），不运动，G^+兼性厌氧菌。

②菌落特征：菌落大小可变，生长微弱。

③生化特征：触酶阴性，同型乳酸发酵，发酵葡萄糖产生 5g/L 以上的 DL-或 L（+）-

乳酸，使 pH 下降至 4.0 以下。发酵葡萄糖、果糖和甘露糖产酸不产气。

④生理特征：营养要求复杂，生长需要复合生长因子（烟酸+泛酸+生物素）和氨基酸；适宜在 CO_2 和 O_2 含量低条件下生长；适宜 25~40℃ 生长。不耐热，60℃，30min 死亡。

⑤分布与应用：片球菌主要存在于发酵植物产品和腌渍蔬菜中，引起啤酒等含酒精饮料的变质，很少存在于乳与乳制品中。常用有害片球菌作为干肠发酵剂菌种。本属重要种的特性列举见表 10-23。

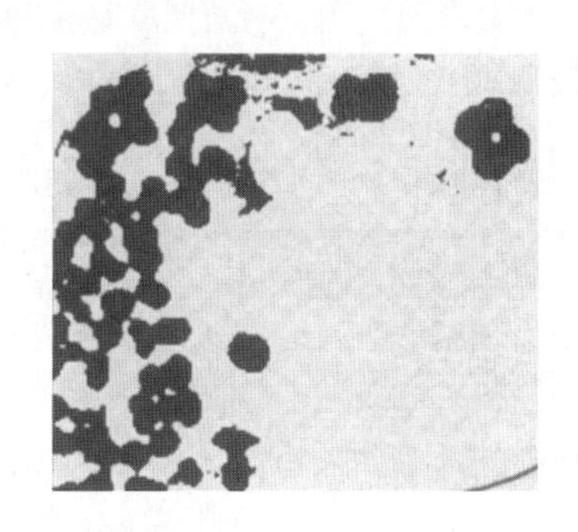

图 10-46　有害片球菌

表 10-23　片球菌属重要种的特性比较

种名	特性	分布与应用
有害片球菌（*P. damnosus*），曾称啤酒片球菌	①细胞呈球形，一般四联状排列。 ②在葡萄糖-蛋白胨-酵母膏平板上菌落由白渐变黄褐色。 ③发酵麦芽糖产酸不产气，不发酵乳糖。 ④营养要求复杂，生长需要烟酸和生物素，吡哆醇和维生素 C 可促进生长，生长需要 CO_2。适宜 25℃ 生长，35℃ 不长。适宜 pH 5.5 生长，pH 3.6~6.2 都可生长。 ⑤致死温度 60℃，10min，但高度耐啤酒花防腐剂	①该菌引起啤酒变质（变酸和混浊），产生的丁二酮（双乙酰）与腐败啤酒中特殊气味有关。 ②是制作干香肠发酵剂的菌种。 ③是制作泡菜的重要菌种
乳酸片球菌（*P. acidilactici*）	①细胞形态与有害片球菌相似，一般成对排列。 ②适宜 40℃ 生长，最高生长温度 52℃。 ③对啤酒花防腐剂敏感，在不加啤酒花的麦芽汁中生长	该菌多见于酸泡菜和发酵的麦芽汁中
戊糖片球菌（*P. pentosaceus*）	①细胞形态与有害片球菌相似，一般成对排列。 ②适宜 35℃ 生长，最高生长温度 42~45℃。 ③对啤酒花防腐剂敏感，在不加啤酒花的麦芽汁中生长	该菌存在于麦芽汁及酸腌菜、泡菜、青贮饲料等发酵植物原料中，以及大曲和小曲中

6. 四联球菌属（*Tetragenococcus*）

目前四联球菌属已报道的有 2 个种，即嗜盐四联球菌和盐水四联球菌。该属特性如下。

①形态特征：细胞呈球形，成对、四联状排列（图 10-47），无芽孢，不运动，G^+兼性厌氧菌。

②生化特征：触酶和氧化酶阴性，同型乳酸发酵，发酵葡萄糖产生 L（+）-乳酸。

③生理特征：在 18%（质量分数）的 NaCl 基质中生长良好，并耐受 20%~26%（质量分数）的 NaCl。

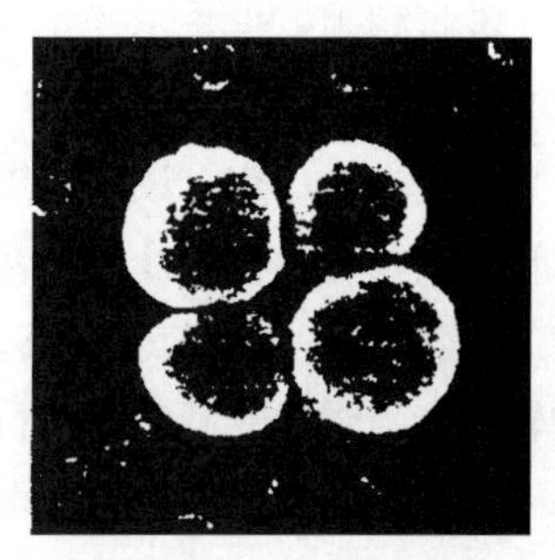

图 10-47　盐水四联球菌扫描电镜照片

④分布与应用：嗜盐四联球菌和盐水四联球菌主要用于我国酱油酿造中，两者主要特性比较见表 10-24。

表 10-24　　四联球菌属重要种的特性比较

种名	特性	分布与应用
嗜盐四联球菌（*T. halophilus*），曾称嗜盐片球菌	①能发酵 L-阿拉伯糖、蔗糖产生乳酸，不能发酵甘露醇。 ②适宜 30~35℃生长，40℃不长。不产生组胺。 ③能在 180g/L 的 NaCl 基质中生长良好，甚至在 240~260g/L NaCl 基质中也能生长产生乳酸	①该菌与鲁氏酵母共同作用生成糠醇，赋予酱油特殊香气。 ②该菌在豆酱和黄酱等产品中也很活跃
盐水四联球菌（*T. muriaticus*），又称酱油四联球菌	①能发酵甘露醇产生乳酸，不能发酵 L-阿拉伯糖、蔗糖。 ②适宜 40℃生长，45℃不长。产生组胺	该菌在酱醅发酵前期生长产生乳酸，降低酱醅的 pH，从而促使鲁氏酵母的生长繁殖

7. 酒球菌属（*Oenococcus*）

酒球菌属成员目前发现酒酒球菌（*O. oeni*）和北原酒球菌（*O. kitaharae*）两个种。

①形态特征：细胞呈球形（有时呈杆状），单生、成对或短链状排列，无芽孢，不运动，G^+兼性厌氧菌，衰老时革兰染色反应呈阴性。

②菌落形态：于 MRS 琼脂平板上好氧培养 3~5d 菌落直径 1mm（继续培养直径可达 2~3mm），呈圆形、边缘齐整、表面光滑湿润、乳白色、不透明。

③生化特征：触酶和氧化酶阴性；异型乳酸发酵，可发酵葡萄糖生成 D（-）-乳酸、乙醇/乙酸和 CO_2；在有可发酵糖条件下，将苹果酸（二元酸）脱羧转化为 L（+）-乳酸（一元酸）和 CO_2；多数种分泌 β-葡萄糖苷酶、β-木糖苷酶和 α-鼠李糖苷酶等，可赋予葡萄酒和果酒具有原料特色的花香和果香等香型，其中以 β-葡萄糖苷酶活性高对葡萄酒的增香酿造最为重要。

④生理特征：该属菌最适生长温度 25~28°C，生长温度范围为 10~33°C，故可在葡萄酒发酵温度 18~22℃下生长；最适生长 pH 5.0~6.0，能耐受较低 pH 3.2~3.5；发酵葡萄汁或果汁中的葡萄糖、戊糖等，不发酵蔗糖、乳糖、麦芽糖等，在添加葡萄汁或番茄汁的培养基中生长良好。如在番茄汁培养基配方基础上添加 $MgSO_4$、$MnSO_4$、柠檬酸二铵、盐酸半胱氨酸、苹果酸和吐温-80，制成改良番茄汁培养基，可促进其生长。

⑤抵抗力：生长不受 10%~12%（体积分数）乙醇抑制，多数种能耐受葡萄酒中游离 SO_2，故可抗葡萄酒中的不良环境而生长繁殖。不耐热，63℃加热 30min 死亡。

⑥分布与应用：该属代表种为酒酒球菌（*O. oeni*），又名酒类酒球菌，分布于传统酿造的葡萄酒及各种植物汁和植物发酵汁中。未成熟的葡萄、苹果和山楂等果实的浆汁中含有大量 L-苹果酸。当葡萄原料及葡萄酒的总酸含量偏高，尤其是苹果酸含量较高时，利用苹果酸转化能力强的酒酒球菌进行苹果酸-乳酸发酵（Malolactic Fermentation，简称 MLF），将苹果酸转化为柔和的乳酸，即可达到生物降酸的目的。目前研发活菌数量高、发酵活力强的酒酒球菌直投式葡萄酒乳酸菌发酵剂，已备受葡萄酒业学者关注。将该菌商品化的干粉（冻干）发酵剂替代扩大培养的液态发酵剂，并与葡萄酒活性干酵母复合接种使用，可实现继葡

萄汁乙醇发酵（一次发酵）之后进行苹果酸-乳酸发酵（二次发酵）。

8. 肠球菌属（*Enterococcus*）

肠球菌属成员包括粪肠球菌（*E. faecalis*）和屎肠球菌（*E. faecium*）等 21 个种。其中粪肠球菌为最常见，占 82%～87%，其次是屎肠球菌，占 8%～16%。下面介绍肠球菌属的特性。

①形态特征：细胞呈球形，单生、成双或短链状排列（图 10-48），一般不运动，兼性厌氧的 G^+菌。在 MRS 琼脂平板上一般形成灰白色、半透明、表面光滑湿润的较小圆形菌落；在血琼脂平板上形成灰白色、不透明、表面光滑湿润，有 α 或 γ 溶血环的较小圆形菌落。

②生化特征：触酶阴性，发酵葡萄糖、乳糖等主要产生 L（+）-乳酸，但不产气；水解七叶苷和甘露醇，不分解阿拉伯糖。

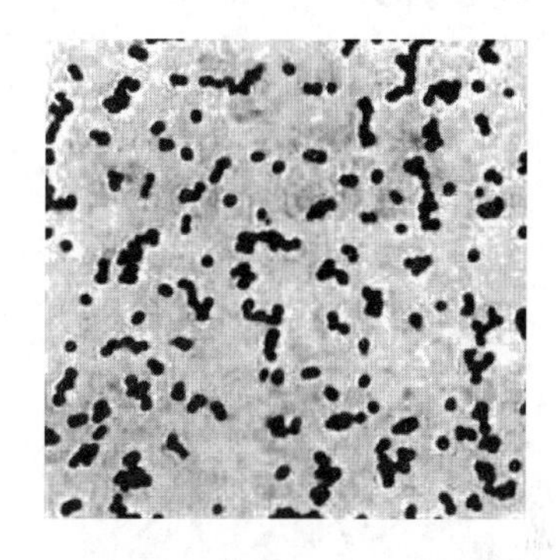

图 10-48　粪肠球菌（×1000）

③生理特征：营养要求较高，生长需要多种 B 族维生素和某些氨基酸；适宜 37℃生长，10～45℃均能生长，故该菌兼为嗜冷菌和嗜热菌。生长 pH 范围广泛，多数菌在 pH 9.6，400g/kg 胆汁及 65g/L NaCl 的肉汤中能生长。

④抵抗能力：对不良因素抵抗力较强。耐寒冷，对冰冻不敏感；耐干燥，在干燥食品内存活；耐受巴氏杀菌，60～65℃经 30min 不被杀死；对抗生素抗性范围广，对 β-内酰胺、头孢霉素、多黏菌素、四环素、氯霉素和青霉素等具有耐药性，一般对万古霉素敏感。

⑤分布与危害：肠球菌正常栖居于人和温血动物肠道内，在人的粪便中菌数高达 10^4～10^9 个/g，在受粪便直接或间接污染的水体、土壤、动植物体表、蔬菜、自然发酵乳制品及食品加工设备等上都可发现。在新鲜、冷藏、干燥的多种食品中都可检出，尤其在屠宰场、猪肉制品的腌制场所检出率较高。肉和肉制品常污染肠球菌。粪肠球菌是牛肉、猪肉切口上的优势菌，而屎肠球菌经常从加工肉制品中分离到。粪肠球菌和屎肠球菌作为医院感染的常见病原菌，可引起皮肤软组织、腹腔、骨盆和尿路感染，亦可引起脑膜炎、心内膜炎、败血症。

⑥应用：目前发现个别非致病的粪肠球菌和屎肠球菌（基因组未检测出毒力相关基因），因它们具有优异的耐受胃酸和胆汁及肠道黏膜定殖能力，且能产生多种抗菌物质，可作为益生菌而用于生产饲用微生态制剂［该两种菌是国家农业部公告第 2045 号《饲料添加剂品种目录（2013）》允许用于养殖动物的菌种］。如果检测该菌基因组携带毒力基因，则存在致病风险，食品工业使用时要全面评价其安全性。此外，由于肠球菌抵抗不良环境能力强，可潜在作为某些干燥和冷冻食品是否处于不良卫生条件的指示菌。

9. 双歧杆菌属（*Bifidobacterium*）

目前双歧杆菌属内已报道的共有 32 个种，在分类学上属于放线菌纲—放线菌目—双歧杆菌目—双歧杆菌科。下面介绍双歧杆菌属的特性。

①形态特征：细胞呈现多形态，有的呈短杆状，且长短不定，或纤细杆状具有尖细的末端，偶尔呈球杆状、球状，亦有呈长而稍弯曲状、或呈分枝或分叉状、棒锤状或勺状。单个或链状、L 形、V 形、Y 形和栅栏状排列，或聚集成星状或玫瑰花结状（图 10-49），无芽孢，不运动，G^+菌，菌体着色不均匀。同种不同菌株形态不尽相同，即使同一菌株不同菌龄或不同培养和营养条件下也呈现不同形态，如液体培养中细胞呈 V 形或 Y 形，而固体培养时

呈棒状。对一个种的同一菌株，在相同培养条件下，其形态和变化相对稳定，这有助于鉴别双歧杆菌属有关种的纯培养物的形态特征。

②菌落特征：菌落圆形、边缘整齐、光滑、凸圆、乳白色、闪光并具有柔软的质地。

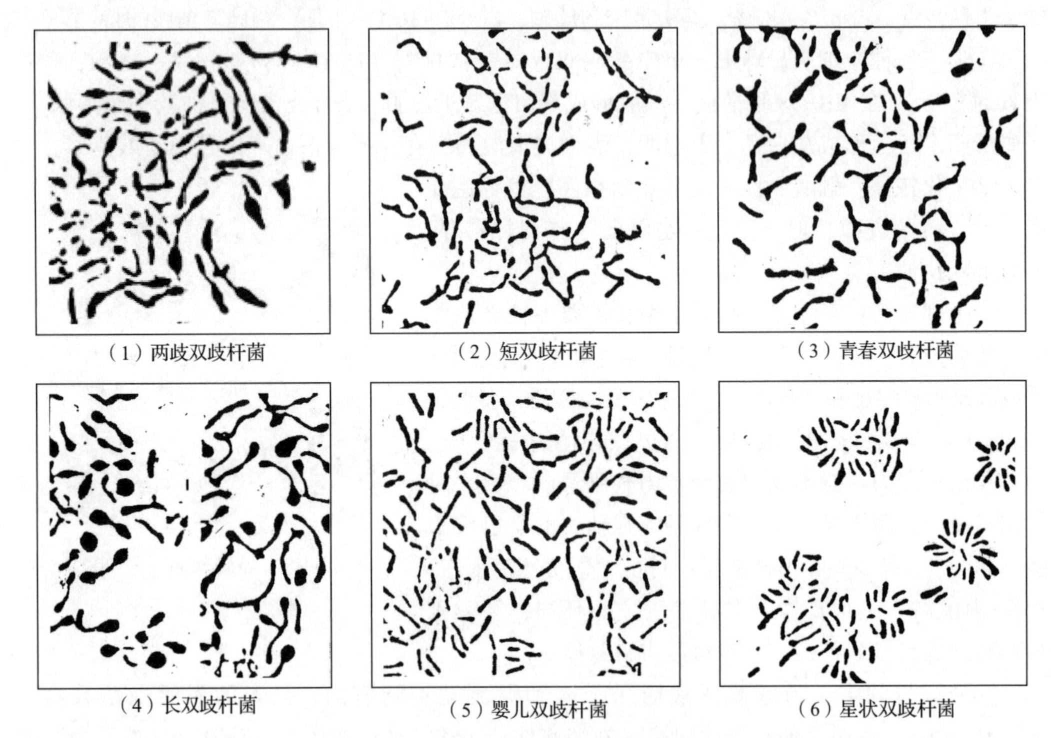

图 10-49　双歧杆菌属的细菌细胞形态

（模式菌株生长于穿刺厌氧的 TPY 培养基中，相差显微镜照片×1500）

③生化特征：能发酵葡萄糖、果糖、乳糖和半乳糖。除两歧双歧杆菌缓慢利用蔗糖外，短双歧杆菌、长双歧杆菌和婴儿双歧杆菌等均能利用蔗糖。该属菌能进行异型乳酸发酵，但与其他乳酸菌的异型发酵不同。该属菌以独特的双歧途径（参见第三章图 3-5）降解葡萄糖时，2mol 葡萄糖产生 2mol L（+）-乳酸和 3mol 乙酸，并产生少量的甲酸、琥珀酸和乙醇等，不产生丁酸、丙酸和 CO_2（葡萄糖酸盐的降解除外）。触酶阴性，氧化酶阴性，但星状双歧杆菌和蜜蜂双歧杆菌例外。这两个种可在含空气（其中 CO_2 含量为 10%）的斜面中生长。

④生理特征：专性严格厌氧菌。但目前生产菌株有不同程度耐氧性，有的可在有氧环境下培养。营养要求非常复杂，需要多种增殖因子，如鸟氨酸、瓜氨酸、谷氨酸、天冬酰胺等，培养基中添加酵母浸粉、牛肉膏、麦芽汁、番茄汁和胡萝卜汁可促进其生长。一些功能性低聚糖，如低聚果糖、低聚异麦芽糖、低聚乳果糖、低聚木糖、低聚半乳糖、大豆低聚糖（主要成分为水苏糖、棉籽糖）和菊粉等，以及功能性糖醇，如异麦芽酮糖醇、乳糖醇和木糖醇等益生元均可促进其生长。益生元是一类不被人体消化或难以消化，但可选择性刺激肠内益生双歧杆菌和乳杆菌增殖并对宿主产生健康效应的物质成分。故益生元亦是双歧杆菌的增殖因子。双歧杆菌生长时通常能以铵盐为氮源，而少数种生长需有机氮源。培养基质中加入维生素 C、胱氨酸或半胱氨酸等降低 Eh 有利于该菌生长。适宜 37~41℃生长，最低生长温度 25~28℃，最高 43~45℃。适宜 pH 6.5~7.0 生长，在 pH 4.5~5.0 或 8.0~8.5 不生长。

⑤抵抗力：不耐热，60℃，5min 即被杀死；对抗生素敏素；耐肠道胆汁酸，有的种产生的胆盐水解酶可将结合态的胆酸降解为游离态的胆酸，使之抑菌作用增强；抗酸性弱，在 pH<5.5 时极易死亡；不耐贮藏，于 1~6℃贮藏 3~4d，死亡率达 95%；20℃贮藏 7d 后，死亡率高达 99%以上，而各种含双歧杆菌的制品中只有活菌数达 10^8CFU/g（mL）以上才能发挥保健作用。

⑥分布与应用：双歧杆菌对人和动物无病原性，主要寄居在人和动物肠道内。其模式种为两歧双歧杆菌（*B. bifidum*）。该属常用的益生菌主要有两歧双歧杆菌、长双歧杆菌、短双歧杆菌、青春双歧杆菌、婴儿双歧杆菌和动物双歧杆菌（又称乳双歧杆菌）。目前我国将双歧杆菌以高活力冻干菌粉形式直接添加于酸乳、酸乳饮料、干酪等发酵乳制品中，也可作为功能因子或营养补充剂添加至乳粉、冰淇淋和固体饮料等各类食品中，以满足人们对各种益生菌类产品的需求。其活菌制剂产品主要以益生菌酸牛乳或保健饮品的形式出现。例如，在普通酸乳中添加嗜酸乳杆菌和乳双歧杆菌冻干菌粉或冷冻菌液（-80℃），使两者活菌数均 ≥1×10^8CFU/g（mL），即成为 LABS 益生菌酸牛乳（A 代表嗜酸乳杆菌、B 代表双歧杆菌、L 代表德氏乳杆菌保加利亚亚种、S 代表嗜热链球菌）。双歧杆菌正式作为药用菌株的种类和数量较少。许多临床治疗资料均来源于益生菌酸乳或保健饮品。实际上，双歧杆菌的保健、预防和治疗作用难以截然分开。双歧杆菌属重要种的特性列举见表 10-25。

表 10-25　双歧杆菌属重要种的特性比较

种名	特性	分布与应用
两歧双歧杆菌（*B. bifidum*）	①于粪便内细胞呈纤细的杆状，末端尖细，成对排列，通常两三个菌形成 Y 字形的放射状；培养基中细胞呈不规则的棒状，两端分枝，节状或水泡状，未见链状和长丝状；用亚甲蓝染色在细胞中央可见颗粒，G^+专性厌氧菌。 ②可发酵 D-葡萄糖和 D-乳糖。在葡萄糖琼脂平板上菌落为圆形，微隆起，白褐色，不透明，表面光滑，黏稠；用显微镜观察有颗粒构造，为褐色，不透明，周围半透明，边缘为锯齿状；人乳琼脂平板上菌落为瓷白色。 ③乳中生长可产生 13~14g/L 的 L（+）-乳酸。能产生双歧杆菌素（Bifidin）细菌素。 ④营养要求严格，需要发酵糖类，酪蛋白水解物，多种氨基酸、维生素。此外，添加脱脂人乳、肝、酵母和粪便浸出物可促进生长。适宜 37~38℃、pH 6.0~7.0 生长。生长需要 CO_2	①该菌可定殖在人的小肠下段与大肠的管壁上，为吃母乳婴儿粪便中的优势菌（占肠道总菌数的 90%以上），在健康的幼儿、青少年、成年人和长寿老人肠道中亦是优势菌，且随着年龄增大该菌在肠道中的数量逐渐减少。 ②用于生产益生菌制剂，将之直接添加至酸乳或保健饮品中
长双歧杆菌（*B. longum*）	①细胞多形态，呈杆状、棒锤状或勺状，不形成芽孢，G^+专性厌氧菌。 ②可发酵 L-阿拉伯糖、D-核糖、D-木糖、D-半乳糖、D-葡萄糖、D-果糖、D-甘露糖、α-甲基-D-甘露糖苷、D-麦芽糖、D-乳糖、D-蜜二糖、D-蔗糖、D-松三糖和 D-棉籽糖等产生乳酸和乙酸。个别菌株对牛乳的发酵性能比普通酸乳菌株较弱，但水解酪蛋白能力较强，并可	①该菌从健康长寿老人的粪便中分离得到，具有黏附于肠上皮细胞性能、调整肠道菌群平衡及免疫调节功能。 ②用于生产益生菌制剂，将之制备微胶囊或以保

续表

种名	特性	分布与应用
长双歧杆菌（*B. longum*）	通过柠檬酸盐代谢产生2,3-丁二酮，赋予发酵乳奶油风味。此外，发酵乳中挥发性短链脂肪酸如乙酸含量最高。 ③MRS培养基中厌氧培养生长良好，适宜37～38℃，pH 6.0～7.0生长。 ④个别菌株具有耐受胃酸和胆汁酸特性，于肠道中可存活，并对绝大多数抗生素表现敏感，但对链霉素、庆大霉素、新霉素为中度敏感	护剂制成冻干菌粉或冷冻菌液，添加于酸乳或保健饮品中
动物双歧杆菌（*B. animalis*），又称乳双歧杆菌（*B. lactis*）	①细胞多呈短棒锤状，有时呈双歧棒状，G^+专性厌氧菌（经耐氧驯化后的菌株可提高对氧气的耐受性）。 ②可发酵L-阿拉伯糖、D-核糖、D-木糖、D-葡萄糖、苦杏仁苷、D-麦芽糖、D-乳糖、D-蜜二糖、D-蔗糖、D-棉籽糖和龙胆二糖等产生乳酸和乙酸。个别菌株能产生脂肪酶和蛋白酶，可发酵肉制品产生丰富的醛类等香味物质，并具有良好的食盐及亚硝酸盐的耐受能力。 ③MRS培养基中厌氧培养生长良好，适宜37～38℃、pH 6.0～7.0生长。 ④个别菌株具有良好的胃肠道逆环境耐受能力及黏附肠道能力，可活着到达结肠，并保留24h以上。 ⑤个别菌株产生α-葡萄糖苷酶抑制剂，减慢淀粉分解为葡萄糖的速率，从而延缓葡萄糖的吸收和转运，改善胰岛素敏感性，降低餐后高血糖	①该菌来源于动物及母乳喂养的健康婴儿粪便。 ②个别菌株有增强免疫力、缓解血糖和血脂升高，控制体重增长等作用；降低婴幼儿早期呼吸道感染率及孕期妊娠糖尿病发生率。 ③用于生产益生菌制剂，作为营养补充剂添加至婴幼儿配方乳粉和辅食、发酵乳制品和乳酸菌固体饮料中

双歧杆菌的生理功能：a. 维持肠道菌群平衡，治疗肠道功能紊乱。双歧杆菌在人的肠道内定殖，与其他厌氧菌共同占据肠黏膜表面，在空间上阻止致病菌的定殖和入侵，保护宿主免受致病菌的侵害。同时双歧杆菌在微环境下保持优势，能维持肠道正常菌群平衡。此外，双歧杆菌在体内发酵糖类产生大量乙酸和乳酸，既抑制了致病菌的生长，又调节和促进肠道蠕动。双歧杆菌的某些种能分泌双歧杆菌素，可抑制致病菌的生长繁殖。如两歧双歧杆菌产生的Bifidin（成分为苯丙氨酸和谷氨酸）可抑制微球菌、金黄色葡萄球菌的生长；长双歧杆菌产生的Bifilong对致病性大肠杆菌、沙门氏菌、金黄色葡萄球菌、志贺氏菌和粪肠球菌等有明显杀灭效果。b. 抗肿瘤作用。双歧杆菌生成的代谢产物可阻断肠道内致癌物（如*N*-亚硝基胺、亚硝胺）的产生，防止肠道癌变；产生具有抗肿瘤活性的胞外多糖，提高巨噬细胞吞噬能力，抑制肿瘤细胞的增殖和致癌物质的产生，从而增强了人体对癌症的抵抗和免疫能力。c. 增强免疫系统的功能。双歧杆菌通过诱导作用产生细胞干扰素和促细胞分裂剂，活化人体NK细胞和巨噬细胞的功能，激活机体吞噬细胞的吞噬活性，促进肠道黏膜免疫球蛋白（sIgA等抗体）的产生，从而增强了免疫系统的功能。d. 营养作用。双歧杆菌代谢产生的有机酸降低肠道pH、Eh，能促进维生素D、Ca^{2+}和Fe^{2+}等的吸收。有些双歧杆菌还能合成维生素B_1、维生素B_2、维生素B_{12}、维生素K、泛酸、叶酸等多种维生素。此外，双歧杆菌具有

酪蛋白磷酸酶，可水解乳中酪蛋白，促进氨基酸的吸收。e. 控制内毒素的产生。双歧杆菌对腐败菌的拮抗作用又防止氨基酸继续分解为胺类、吲哚、粪氨、H_2S 和酚类（苯酚）等腐败内毒素，同时通过降低肠道 pH，使胺类物质不易吸收，从而降低血清毒素及氨的含量，在一定程度上减轻了肝脏解毒负担，故可用于治疗慢性肝炎和肝硬化。f. 延缓机体衰老。双歧杆菌能使机体中具有抗衰老作用的超氧化物歧化酶（SOD）的活性升高，使衰老的物质，如过氧化脂质（LPO）的浓度降低。双歧杆菌在机体中代谢产生的有机酸，抑制肠内腐败菌的生长，从而减少腐败菌产生的毒性物质和致癌物质，延缓机体衰老过程。因此，肠道内双歧杆菌水平高低是人体健康的一个标志。

乳杆菌和双歧杆菌等乳酸菌在食品发酵中的应用：乳杆菌和双歧杆菌与人类生活关系密切，无论在食品发酵，还是工业乳酸发酵，以及医疗保健领域，乳杆菌和双歧杆菌等乳酸菌均被广泛应用。①乳酸发酵：工业生产乳酸最常用的菌种是德氏乳杆菌德氏亚种、植物乳杆菌和干酪乳杆菌等。乳酸发酵食品中主要的有机酸是乳酸，还有乙酸、丙酸等，它们与产生的醇、醛共同改善食品的风味。②制作酸乳：将保加利亚乳杆菌和嗜热链球菌以 1∶1 的比例接种于牛乳中发酵而制成普通酸乳。如制作益生菌发酵乳，可在普通酸奶基础上添加 1 至多种益生乳酸菌，如植物乳杆菌、嗜酸乳杆菌、副干酪乳杆菌、乳双歧杆菌、长双歧杆菌、两歧双歧杆菌。③制作干酪：干酪是牛乳经保加利亚乳杆菌、干酪乳杆菌或瑞士乳杆菌等发酵，并在凝乳酶的作用下制成的发酵牛乳固体成品。④肉制品发酵：植物乳杆菌、嗜酸乳杆菌、干酪乳杆菌、啤酒片球菌、乳酸片球菌、戊糖片球菌等是传统制作发酵干香肠的主要菌群。用乳酸菌发酵香肠既增加了风味和营养价值，又延长了保存期。⑤制作泡菜：泡菜的制作是依赖蔬菜本身所带有的乳杆菌在人为厌氧条件下自然发酵而制成，或人工接种发酵剂制作泡菜。常用的菌株有植物乳杆菌和乳脂乳杆菌或啤酒片球菌、乳酸片球菌。⑥生产微生态制剂：微生态制剂是依据微生态学理论而制成的含有益生菌的活菌制剂，常用于畜禽生物饲料添加剂。其功能在于维持宿主的微生态平衡、调整宿主肠道的微生态失调（如滥用抗生素造成的胃肠功能失调）并兼有其他有益生理活性作用。⑦生产益生菌制剂：目前我国常用的益生乳杆菌和双歧杆菌主要有嗜酸乳杆菌、干酪乳杆菌、副干酪乳杆菌、鼠李糖乳杆菌、植物乳杆菌、瑞士乳杆菌、罗伊氏乳杆菌、乳双歧杆菌、长双歧杆菌、两歧双歧杆菌等。它们通常以高活力冻干菌粉形式直接添加至酸乳、酸乳饮料、牛乳、乳粉、干酪、果汁饮料等产品，以及固体饮料、压片糖果和胶囊中。例如，在普通酸乳中添加产胆盐水解酶的副干酪乳杆菌 KL1（*L. paracasei* KL1）冻干菌粉，使其活菌数符合中国食品科学技术学会团体标准 T/CIFST 009—2022《食品用益生菌通则》要求：益生菌活菌数量 $\geqslant 1\times10^8$ CFU/g（mL）的规定，即成为降血清胆固醇功能性酸乳。但是至今在 GB 19302—2010《食品安全国家标准　发酵乳》中规定发酵乳的乳酸菌数限量：$\geqslant 1\times10^6$ CFU/g（mL）。又如在普通酸乳中添加鼠李糖乳杆菌 LGG 冻干菌粉，即成为益生菌 LGG 酸乳。

重点与难点

（1）益生菌及其益生功能与应用；（2）乳球菌、乳杆菌的特性及应用；（3）双歧杆菌的特性及其对人体的生理功能与应用；（4）普通酸乳生产菌种的特性及应用；（5）认识与酿酒（啤酒、葡萄酒、白酒、马奶酒等）有关的参与发酵的微生物；（6）糖化酶制剂、蛋白酶制剂的生产菌种及其应用；（7）识别引起食品腐败的嗜冷菌、耐热菌和耐高渗菌；（8）识别引起食品腐败的蛋白分解菌和脂肪分解菌等；（9）认识与引起食物中毒有关的细菌和霉菌；（10）认识作为食品被粪便污染和肠道致病菌存在的指示菌，即大肠菌群的成员及其特性。

课程思政点

通过学习食品中常见微生物的生物学特性，认识各种腐败菌和致病菌的危害性，在食品生产和加工过程中控制其污染及抑制其生长繁殖，以提高食品的安全性。同时利用有益菌的优良特性生产各种发酵产品（如酒类、发酵乳品、发酵肉品、发酵调味品等）。编著者从藏灵菇中分离筛选出产丁二酮能力较高的副干酪乳杆菌 KL1，与普通酸乳菌种（德氏乳杆菌保加利亚亚种、嗜热链球菌）复配能赋予酸乳浓郁的奶油风味，提高了产品适口性。

复习思考题

1. 在有氧条件下冷藏鲜肉表面常见的嗜冷菌有哪些？其中哪一种菌占优势？其生物学特性是什么？
2. 在冷藏食品中生长并引起食物中毒，被称为冰箱菌的是哪一种菌？其生物学特性是什么？
3. 根据生物学特性找出食品中的嗜冷菌和耐热菌，并分析其对食品的危害。
4. 根据生物学特性找出产蛋白酶和/或脂肪酶的细菌，并分析其对食品的危害及应用。
5. 根据生物学特性找出食品中耐高渗（高盐）的细菌，并分析其对食品的危害。
6. 比较醋酸杆菌与葡萄糖酸杆菌生物学特性异同及其在食品发酵中的应用。
7. 简述肠杆菌科的共同特点及大肠埃希氏菌的生物学特性。
8. 从肠杆菌科中找出大肠菌群的成员，并分析沙门氏菌属、变形杆菌属、志贺氏菌属、克罗诺杆菌属、耶尔森氏菌属、欧文氏菌属、沙雷氏菌属主要危害是什么？
9. 比较微球菌属和葡萄球菌属的生物学特性异同及其危害和在食品发酵中的应用。
10. 比较芽孢杆菌和梭菌的生物学特性异同及其危害和在食品发酵（白酒）中的应用。
11. 比较酿酒酵母与葡萄汁酵母生物学特性及其在食品发酵（啤酒和葡萄酒）中应用。
12. 列举发酵生产马（牛）乳酒的酵母菌菌种。
13. 列举参与白酒、酱油酿造产香（酯）的酵母菌菌种。
14. 列举用于生产 SCP 的酵母菌，每种酵母菌生产 SCP 所用原料是什么？
15. 比较毛霉属与根霉属生物学特性及其危害和在食品发酵中的应用。
16. 比较曲霉属与青霉属生物学特性及其危害和在食品发酵中的应用。
17. 简述红曲霉属的生物学特性及其在食品发酵中的应用。

18. 列举生产糖化酶制剂、蛋白酶制剂的毛霉属、根霉属和曲霉属的菌种及其应用。
19. 根据生物学特性找出引起食物中毒的致病性细菌和霉菌。
20. 比较德氏乳杆菌保加利亚亚种和嗜热链球菌的生物学特性及其应用。
21. 简述乳球菌属的生物学特性及其在食品发酵中的应用。
22. 简述乳杆菌属的生物学特性及其在食品发酵中的应用。
23. 简述双歧杆菌属对人体的生理功能，指出在食品发酵中常用的菌种及其在食品发酵中的应用。
24. 乳杆菌属和双歧杆菌属中哪些种属于益生菌？其主要益生作用是什么？
25. 列举常用生产普通酸乳和干酪的乳酸菌菌种。
26. 列举产细菌素的乳酸菌及其应用。
27. 列举产胞外多糖和胆盐水解酶的乳酸菌及其应用。
28. 列举生产葡聚糖（右旋糖酐）的乳酸菌菌种。
29. 列举参与酱油发酵的乳酸菌菌种。
30. 列举参与肉制品发酵的乳酸菌菌种。
31. 名词解释：有益菌、变质菌、致病菌、乳酸菌、益生菌、益生元、微生态制剂。

第十一章

CHAPTER 11

微生物在食品发酵工业中的应用

在食品发酵工业中，对细菌、放线菌、真菌（酵母菌和霉菌）等微生物的应用可概括为两大方面，一是利用微生物的酶及其代谢产物，如酒精发酵与饮料酒的酿造、乳制品发酵、调味品发酵、食品添加剂和酶制剂的生产等，二是利用微生物的菌体及其内含物，如生产面包和单细胞蛋白质等。生产中利用不同菌种，选用不同原料，控制一定发酵条件，就能利用微生物产生的代谢产物和菌体成分生产所需的发酵产品。微生物发酵产品数量达1000多种，但目前只有几十种大量生产。本章重点介绍目前发酵工业上常见而重要的微生物及用其大规模生产的发酵产品。

第一节　酒精发酵与饮料酒的酿造

一、酒精发酵

由淀粉质原料生产酒精要加曲糖化。由于制曲方法不同，酒精发酵方法随之不同，常用的有液体曲糖化法、根霉糖化法（Amylo法）、麸曲糖化法（固体曲）、加酶糖化法和麦芽糖化法等。目前国内以液体曲糖化法为主，它是以黑曲霉培养的液体曲作为淀粉质原料的糖化剂，将淀粉分解为葡萄糖，再利用酵母菌将葡萄糖发酵为酒精。

（1）菌种　用于酒精发酵的菌种大多为酿酒酵母，又称啤酒酵母。在酒精发酵中根据生产原料不同，所用酿酒酵母种内菌株亦不同。酒精发酵要求菌种有较高的发酵能力、生长速率和耐酒精能力。常用的菌种如下。

①以淀粉质原料生产酒精的菌种：拉斯2号、拉斯12号酵母（Rasse Ⅱ、Rasse Ⅻ）。

②以甘蔗和甜菜糖蜜为原料生产酒精的菌种：台湾酵母396号（魏氏酵母）。

③适合于在含有单宁的原料中发酵生产酒精的菌种：南阳混合酵母（1308）。

④适合于高浓度糖分中发酵，能耐受13%（体积分数）酒精的菌种：南阳5号酵母（1300）。

⑤适合于在糖度≤19°Bx的基质中发酵生产酒精的菌种：K字酵母（从日本引进）。

此外，还有卡尔斯伯酵母、耐高温WVHY8酵母、浓醪［耐16%（体积分数）酒精］粟酒裂殖酵母等。

（2）酒精酵母菌种特性

①繁殖速率快：在麦芽汁小室载片培养 24h，一个酵母细胞可繁殖 33~55 个子细胞。

②浓醪发酵：多数酒精酵母在含 5%（体积分数）酒精发酵醪中发酵能力减弱，酒精达到 12%（体积分数）时即停止发酵，故生产上将糖化醪浓度控制为 15~18°Bx，酒精含量为 8%~9%（体积分数）。由生产实践中选育的 1300 和 1308 酵母可实现 20°Bx 外观糖度的浓醪发酵。其酒精含量可达 11%（体积分数）左右，具有较强的耐酒精能力。

③醪液温度：温度适宜，酵母繁殖速率加快，多数酒精酵母最适培养温度为 28~30℃，控制醪液酒精发酵的温度在 30~33℃。40℃酵母细胞迅速衰老死亡。

④醪液 pH：酵母菌的最适生长 pH 为 4.5~5.5，因此正常糖化醪的 pH 为 5.0~5.5 左右，但生产上为抑制杂菌生长，保证酵母正常发酵，常将醪液 pH 控制在 4.0~4.5。

（3）发酵机制　以淀粉质原料生产酒精的原理：首先利用液体糖化曲中的黑曲霉产生大量糖化酶将淀粉和糊精转为单糖，而后酒精酵母在密闭式发酵罐中利用单糖进行厌氧发酵，经过 EMP 途径生成酒精和 CO_2：

$$\text{淀粉}\xrightarrow{\text{黑曲霉糖化酶}}\text{葡萄糖}\xrightarrow{\text{酵母 EMP 途径}}\text{酒精}+CO_2$$

目前生产液体糖化曲的菌种是糖化力较高的黑曲霉 As3.4309（俗称 UV-11 号），该菌糖化酶系纯，耐高温和耐低 pH，糖化最适温度 60℃，最适 pH 4.0~4.6。

酒精酵母参与发酵的酶系统较复杂，主要有①蔗糖转化酶：蔗糖→葡萄糖+果糖；②麦芽糖酶：麦芽糖→2 葡萄糖；③酒化酶系（类）：参与催化葡萄糖→酒精+CO_2 的各种酶的总称。酒精发酵不需游离氧参加，如有氧参加则酵母菌将葡萄糖彻底分解为水和 CO_2，同时获得大量菌体和能量，故在密闭发酵罐中进行酒精发酵。

（4）工艺流程

淀粉质原料→[粉碎]→[蒸煮]→[冷却]→[液体曲糖化]→[冷却]→[酒母发酵]→[蒸馏]

①生产原料：淀粉质原料有谷类：玉米、高粱、大麦和大米；薯类：甘薯、马铃薯、木薯；农产品加工副产物：米糠、麸皮；野生植物：橡子、土茯苓。糖质原料有甘蔗和甜菜糖蜜。此外，还可用含纤维素和半纤维素的植物的茎叶为原料发酵生产酒精。

②工艺控制：原料经粉碎后，在 120~130℃蒸煮糊化，使淀粉颗粒吸水膨胀破裂，内容物流出转变成溶解状态的糊液，便于糖化曲中的淀粉酶将淀粉水解为可发酵性糖，同时高温蒸煮对原料有灭菌作用。糊化醪冷却至糖化温度，在 58~60℃糖化 30min 后，将糖化醪冷却至发酵温度，接入经酒精酵母扩大培养的酒母，于 30~33℃发酵（不超过 37℃）至达到一定酒精含量后，发酵成熟醪在蒸馏塔内蒸馏，分离除去酒糟和各种杂质（杂醇油、甲醇、酯醛类等），同时提高酒精浓度。如采用双塔蒸馏（粗馏塔→精馏塔）成品酒精质量达到医药酒精标准；采用三塔蒸馏（粗馏塔→脱醛塔→精馏塔）成品酒精质量达到精馏酒精标准；如采用粗馏塔→精馏塔→甲醇塔的三塔式流程，则可获得含甲醇少而含酯类多的 85%（体积分数）酒精浓度的白酒酒基，再将之调香或串香、勾兑，即可用之以液态法生产白酒。

二、饮料酒的酿造

饮料酒系指酒精度在 0.5%（体积分数）以上的酒精饮料，包括各种发酵酒、蒸馏酒和配制酒。发酵酒是以粮谷、薯类、水果、乳类等为主要原料，经过发酵或部分发酵制成的饮料酒，如啤酒、葡萄酒、黄酒、马（牛）奶酒等。蒸馏酒是指以粮谷、薯类、水果、乳类等为主要原料，经发酵、蒸馏，经过或不经过勾调（兑）而成的饮料酒，如白酒、白兰地等。配制酒（露酒）是指以发酵酒或蒸馏酒和食用酒精等为酒基，加入可食用的原辅料和/或食品添加剂，经过调配和/或再加工制成的饮料酒。本节主要介绍啤酒、果酒、黄酒和白酒。

（1）啤酒　啤酒是以优质麦芽和水为主要原料，酒花为香料和苦料，经麦芽糖化与酵母发酵酿制而成的含有 CO_2 和低度酒精［一般含酒精 3.4%（体积分数）］的饮料酒。在糖化过程中，麦芽中的蛋白质、淀粉被分解转化为人体不能合成的色氨酸、赖氨酸、精氨酸、缬氨酸等 8 种必需氨基酸、肽类以及葡萄糖、麦芽糖、糊精等营养物质，素有“液体面包”的美称。

①生产菌种：用于啤酒发酵的菌种为上面发酵酵母和下面发酵酵母。前者属于酿酒酵母种内菌株之一，后者曾称卡尔酵母（*S. carlsbergensis*），现称葡萄汁酵母（*S. uvarum*）。它们在分类学上的地位及主要特性详见第十章第二节。英国、新西兰等国家的啤酒及我国的白啤酒主要采用上面发酵酵母生产，而除英国外的欧洲其他国家和我国的啤酒则大多采用下面发酵酵母生产。

世界著名的啤酒企业均有独特的酿造啤酒菌株，如德国的萨士酵母、道脱蒙酵母，丹麦的卡尔斯伯酵母，荷兰的 Rasse547 酵母以及国内的青岛酿酒酵母、首都酿酒酵母和沈阳酿酒酵母、哈尔滨酿酒酵母（龙轻 12 号）等。目前国内外啤酒生产倾向于采用啤酒活性干酵母（如法国弗曼迪斯拉格干酵母、安琪啤酒活性干酵母、富乐顿太空啤酒活性干酵母等）作为直投式发酵剂替代逐级扩大培养的酒母，可以简化工艺，缩短生产周期，节约酿造成本，适于精酿啤酒生产。不同酿酒酵母菌株在形态和生理生化特性方面的差异，形成了啤酒酿造技术和风味上的差异。

②酿酒酵母菌种特性：上面发酵酵母和下面发酵酵母在生化特性和发酵物理状态等方面有所不同，详见第十章第二节表 10-11。此外，酿酒酵母还有以下特性。

a. 发酵优良菌株特性：出芽率高，降糖快，产生双乙酰峰值低，且还原双乙酰能力强。

b. 低温发酵特性：酿酒酵母适宜 25℃ 生长，但发酵温度一般控制在 8~12℃（或 12~17℃），即主发酵最高温度远低于其最适生长温度。原因：啤酒忌讳酵母味，为了防止酵母菌在 20℃ 以上自溶，形成了低温酿造啤酒工艺。低温发酵还可减少细菌污染，代谢副产物少，有利于啤酒口味纯正。

c. 发酵液 pH 特性：酿酒酵母适宜在 pH 4.5~5.5 生长。发酵过程中因产生有机酸和 CO_2 使 pH 不断下降，最后稳定于 pH 4.0 左右。正常下面发酵啤酒终点 pH 为 4.1~4.6。pH 的下降有助于促进酵母在发酵液中的凝聚作用。

d. 耐受酒花特性：酿酒酵母在发酵过程中不受麦芽汁中一定浓度啤酒花的抑制。

e. 其他特性：具有较好的凝聚力和快速沉降能力，使发酵后期菌体细胞沉积于容器底部，发酵液变得澄清。

③发酵机制：啤酒是依赖于酿酒酵母对麦芽汁中的可发酵性糖和氨基酸等组分进行一系列的代谢过程，产生酒精等各种风味物质，构成具有独特风味的饮料酒。麦芽汁中的糖类组成主要有：10%葡萄糖和果糖、5%蔗糖、45%~50%麦芽糖、10%~15%麦芽三糖等能够被酵母菌发酵的糖（即可发酵性糖），以及 20%~25%寡糖和少量的戊糖、戊聚糖、β-葡聚糖等不能被利用的糖。酵母细胞对可发酵性糖的吸收方式：a. 葡萄糖和果糖：利用磷酸转移酶系

统将其磷酸化之后，以基团转位方式将磷酸糖运输至细胞内（详见第二章第三节基团转位）；b. 蔗糖：利用细胞壁分泌的蔗糖转化酶将蔗糖转化为葡萄糖和果糖之后，以基团转位方式进入细胞内；c. 麦芽糖和麦芽三糖：利用麦芽糖渗透酶和麦芽三糖渗透酶与其结合后，以主动运输方式进入细胞内，并经麦芽糖酶等水解成葡萄糖才能进入代谢途径。

根据酵母菌的呼吸作用不同可将啤酒发酵分为两个阶段：a. 主发酵阶段：在麦芽汁溶解氧充足条件下，酵母菌以氨基酸为主要氮源，可发酵性糖类为主要碳源进行有氧呼吸，葡萄糖进入 TCA 循环，彻底分解为 H_2O 和 CO_2，并释放大量热量，使菌体细胞大量增殖。b. 后发酵阶段：当酵母菌增殖到一定程度，发酵液中的溶解氧消耗殆尽即进行厌氧发酵，葡萄糖经 EMP 途径被发酵产生乙醇、CO_2 和少量热量。

④工艺流程（以啤酒传统发酵为例）：

大麦→选麦→浸麦→发芽→绿麦芽→焙燥→除根→成品干麦芽→粉碎→糖化（加水）→过滤→煮沸（加酒花）→过滤（回旋沉淀除酒花糟）→定型麦汁→冷却→主发酵（加酒母）→嫩啤酒→后发酵→成熟发酵液→离心→过滤→灌装→杀菌→成品啤酒

麦芽经糖化后制成含可发酵性糖（葡萄糖、果糖、蔗糖、麦芽糖、麦芽三糖）和多种氨基酸的麦芽汁。为了提高麦芽汁可发酵糖的比例，需要外加糖化酶或异淀粉酶来解决。利用基因工程技术，将大麦中 α-淀粉酶基因或某一微生物的糖化酶基因导入酿酒酵母中可实现基因表达。目前已成功利用此种基因工程菌直接发酵淀粉生产淡色啤酒和干啤酒，从而简化了糖化工艺流程，降低了成本。啤酒发酵分为主发酵和后发酵两个阶段。

a. 主发酵：根据发酵外观现象及泡沫高度经历 5 个发酵阶段。ⅰ. 起泡期：冷却麦汁接种酒母一段时间后，液面形成白色泡沫；ⅱ. 低泡期：泡沫由四周向中间聚拢，形成菜花状泡沫，品温开始自然上升；ⅲ. 高泡期：泡沫继续增高，呈卷曲状隆起，此时酵母旺盛发酵，为对数增长期，当温度上升至主发酵最高品温时，应及时人工冷却降温；ⅳ. 落泡期：泡沫逐渐回缩，并逐渐呈棕褐色泡盖，酵母增殖减弱，此期应人工缓慢冷却降温至下酒后酵温度；ⅴ. 泡盖形成期：酵母菌部分沉淀，酒液比较澄清，且无明显气泡产生，泡沫消失同时形成泡盖（泡盖是 CO_2 带至发酵液表面的高分子蛋白质、酒花树脂、多酚、单宁等物质接触空气氧化聚合而成）。

b. 后发酵：后发酵又称啤酒贮酒阶段。在贮酒期内酵母菌完成残糖继续发酵，饱充 CO_2 达 4%（体积分数），消除双乙酰（0.10mg/L 以下）、醛类、H_2S 等嫩酒味，促进啤酒的成熟和澄清。

⑤啤酒发酵副产物的形成与控制：酵母菌在发酵过程中只有 95%～96%可发酵性糖生成乙醇与 CO_2，其余 2.0%～2.5%用于合成酵母新细胞，另有 1.5%～2.5%糖类转化成发酵副产物——高级醇、酯类、醛类、有机酸、双乙酰、含硫化合物等。虽然其含量较低却严重影响啤酒风味和口感。

a. 双乙酰的形成与控制：双乙酰（2,3-丁二酮）是衡量啤酒成熟和质量的重要理化指标。优级淡爽型啤酒双乙酰含量应≤0.10mg/L［GB 4927—2008《啤酒》］，当其含量超过 0.15mg/L 时有明显不愉快的馊饭味。其形成与还原机制：啤酒中双乙酰的含量取决于生成量与还原量之间的平衡。双乙酰是酵母自身合成缬氨酸的代谢途径中派生出来的副产物。在发酵前期酵母出芽繁殖时需要合成大量的缬氨酸，此时产生较多量的 α-乙酰乳酸（由丙酮酸与活性乙醛经α-乙酰乳酸合成酶缩合而成），后者既是合成缬氨酸的中间产物，也是形成双乙酰的前体物质（图11-1），故双乙酰随酵母旺盛繁殖而逐渐累积并达到峰值。经单纯扩散到细胞外的一部分α-乙酰乳酸通过非酶氧化脱羧形成双乙酰，再被吸收入细胞内经双乙酰还原酶还原为乙偶姻（3-羟基-2-丁酮），进一步被乙偶姻还原酶还原为无异味的2,3-丁二醇。

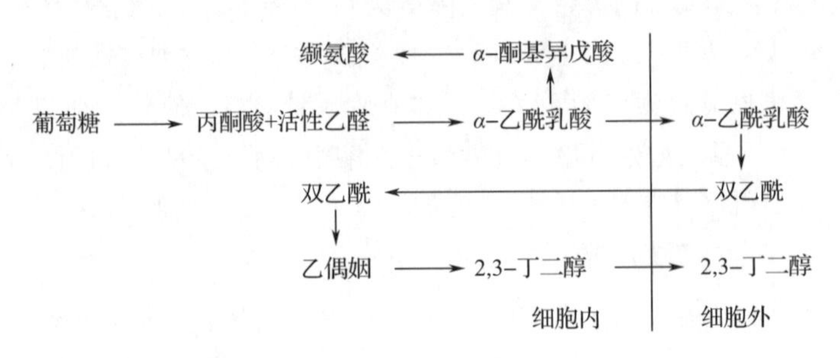

图11-1 酵母细胞合成缬氨酸代谢途径及双乙酰的生成与还原过程

控制双乙酰措施：ⅰ. 提高麦芽汁中α-氨基氮水平（要求160~200mg/L）。因为足量的氨基酸（主要是缬氨酸）能反馈抑制丙酮酸合成缬氨酸的支路代谢，从而减少α-乙酰乳酸和双乙酰的生成。ⅱ. 控制酵母菌的繁殖速率。通过适当加大酒母接种量和降低主发酵温度以控制细胞繁殖速率而降低α-乙酰乳酸的生成量。ⅲ. 加速双乙酰的还原。一是发酵液中有较高的悬浮酵母细胞数及贮酒阶段加入主发酵高泡期的酵母细胞均有助于分泌双乙酰还原酶；二是提高主发酵后期温度（如12~13℃甚至更高）及后发酵初期温度（如5~7℃），并推迟封罐升压时间（当麦芽汁糖度降至5°P以下时开始封罐），以避免酵母过早沉降，保持一定密度和活力的悬浮酵母菌细胞数而利于还原双乙酰，当双乙酰降至0.05~0.06mg/L时开始降温，使酒液逐步降温至0~1℃；三是添加α-乙酰乳酸脱羧酶制剂（5~10mg/L），该酶在发酵液中将α-乙酰乳酸氧化脱羧快速转为乙偶姻。ⅳ. 利用CO_2的洗涤作用排除双乙酰。贮酒阶段高饱和度的CO_2有助于排除异杂味，并通过增强CO_2溶解量，促进双乙酰的还原。ⅴ. 选育产双乙酰能力较低的突变株。例如，通过选育具有优良发酵特性的太空诱变酿酒酵母突变株，使发酵液中双乙酰含量比地面菌株降低了3.2倍。

b. 酯类物质的形成与控制：挥发性酯类物质是啤酒香味的主要来源，适量的乙酸乙酯、乙酸异戊酯和乙酸苯乙酯等能赋予啤酒酯香和酒香味，过量则不利于啤酒风味。其产生机制：主发酵期间酵母菌产生的酰基辅酶A与醇类物质在酯酶作用下生成相应的低分子和高分子酯。其中只有低分子酯类物质能通过细胞膜渗透到发酵液中。

$$\underset{\text{醇}}{RCH_2OH}+\underset{\text{酰基辅酶A}}{R'COSCoA}\longrightarrow\underset{\text{酯}}{RCH_2COOR'}+\underset{\text{辅酶A}}{CoASH}$$

影响酯类物质形成的主要因素：ⅰ. 上面发酵酵母比下面发酵酵母酯酶活性高，产乙酸乙酯能力较强。ⅱ. 接种量越大，酯的生成量相对减少。ⅲ. 麦芽汁浓度和主发酵温度越高，有利于酯的形成。ⅳ. 降低麦汁中的含氧量或主发酵采用加压发酵以增加酒液中的CO_2含量，均可减少或抑制酵母菌的繁殖而有利于酯的形成。ⅴ. 选育产酯能力较强的突变株。例如，太空诱变的酿酒酵母突变株与地面菌株相比，能够产生大量乙酸乙酯、乙酸异戊酯、丙酸乙酯、丁酸乙酯、己酸乙酯、己酸丁酯等酯类物质，可赋予精酿啤酒浓郁的丁香花香气。

c. 有机酸的形成与控制：酸类物质是啤酒呈味的主要来源，适量有机酸（包括丙酮酸、

α-酮戊二酸、乳酸、苹果酸、琥珀酸、脂肪酸等）能赋予啤酒细腻、爽口、柔和口感；若缺乏酸则口感黏稠、不爽口；过量酸则口感粗糙、不柔和。其产生机制：一是利用酵母菌产生的氨基酸氧化酶、氨基酸脱氢酶和氨基酸水解酶将麦汁中的氨基酸分别以氧化脱氨（有氧时）、还原脱氨和水解脱氨（厌氧时）方式去氨基后形成各种有机酸，此为酵母菌产生有机酸的主要途径；二是酵母菌在有氧呼吸阶段通过糖代谢途径形成有机酸。

影响有机酸形成的主要因素：在啤酒生产中将麦芽、麦汁和啤酒中含有的各种有机酸统称为总酸。发酵条件影响总酸含量很大。发酵温度越高则产酸越多，反之亦然；提高麦汁溶解氧含量可增加总酸；加大酒母接种量则减少总酸；发酵液中离子浓度高则产酸多。

啤酒发酵过程中还会产生高级醇（如正丙醇、异丁醇、异戊醇、β-苯乙醇等，要求发酵原液中总高级醇与总酯的含量一般控制醇酯比为 3：1）、醛类物质（乙醛、丙醛）、硫化物（H_2S、二甲基硫）等，可通过优化发酵条件调整各种副产物浓度，以改善啤酒风味。

（2）果酒　果酒是利用水果汁（葡萄、苹果、杨梅、山楂、梨、桃、樱桃、红石榴、黑加仑等）经酵母发酵酿制而成的饮料酒。酒精含量一般为 9%~16%（体积分数），17%（体积分数）以下为低度果酒，18%（体积分数）以上为高度果酒。果酒中不仅含有原有营养成分，如维生素 B_1、维生素 B_2、维生素 C 等，而且具有果品独特风味。以新鲜葡萄或葡萄汁为原料，经酵母发酵和陈酿等工序酿制而成的酒精含量为 9%~16%（体积分数）的饮料酒称葡萄酒。葡萄酒是一种国际性饮料酒，产量在世界饮料酒中居第二位。

①生产菌种：酿造葡萄酒的葡萄酒酵母（*S. ellipsoideus*）属于酿酒酵母种内菌株之一。世界各国选育各具特色的菌株有中国张裕 7318 酵母、法国香槟酵母、匈牙利多加意（Tokey）酵母等。我国优良葡萄酒酵母有：39 号酵母、1203 号酵母、1450 号酵母、8567 号酵母等。

随着生物技术的进步，葡萄酒专用酵母已经商品化，被称为葡萄酒活性干酵母。目前德国、法国、美国、荷兰、加拿大以及我国宜昌等均已有优良葡萄酒活性干酵母商品生产和出售。在使用葡萄酒活性干酵母时，须经复水活化后直接使用或活化后制成酒母使用。

②优良葡萄酒酵母菌种特性：优良菌种发酵葡萄汁能产生良好的果香和酒香。其形态特征和主要理化特性参见第十章第二节表 10-9 和表 10-10。此外，优良葡萄酒酵母还有以下特性。

a. 发酵温度特性：最适生长温度 22~30℃，发酵温度一般控制在 25~30℃，但要求优良菌种能在低温（15℃）或果酒适宜温度下发酵，以保持果香和新鲜清爽的口味。

b. 发酵液 pH 特性：耐受较低 pH，生长最适 pH 5.0~6.0，发酵最适 pH 4.0~4.5。一般调整葡萄汁 pH 3.3~3.5，以抑制细菌生长，而大部分酵母能生长繁殖和正常发酵。

c. 发酵力特性：能快速启动发酵，具有较高的发酵能力，能将糖分发酵完全，残糖在 4g/L 以下，一般酒精含量达到 16%（体积分数）以上。葡萄酒酵母比其他野生酵母（尖端酵母、巴氏酵母、圆酵母等）耐酒精能力较强，发酵过程中可利用此特点控制野生酵母生长。

d. 其他特性：具有较好的凝聚力（絮凝性）和快速沉降，能耐受高浓度酒精和 SO_2，产生 H_2S 和尿素较少。对 SO_2 抵抗力大于野生酵母，生产上利用 SO_2 控制野生酵母繁殖；当葡萄汁中加入 50~100mg/L SO_2 时对野生酵母已有明显抑制作用。

③发酵机制：首先是一次发酵，由葡萄酒酵母的酒化酶系将葡萄汁中的果糖和蔗糖经 EMP 途径发酵生成乙醇和 CO_2。其中蔗糖先被葡萄酒酵母的蔗糖转化酶分解为葡萄糖和果

糖，再进入 EMP 途径发酵；而后是二次发酵，由乳酸菌将葡萄酒中大量的苹果酸转化成乳酸。此外，葡萄酒酵母的氧化酶可促进葡萄酒的氧化作用（老熟陈化和色素沉淀等）。

优质高端红葡萄酒酿造中还需进行苹果酸-乳酸发酵，即在乳酸菌作用下将苹果酸（二元酸）转化为乳酸（一元酸）和 CO_2 的过程。其目的是使葡萄酒总酸下降，酸涩口感降低，赋予酒体细腻、柔和协调的口感及浓郁的花香和果香等，有利于提高酒质。常用的主要菌种是酒酒球菌（*Oenococcus oeni*），其生物学特性详见第十章第三节食品中常见的乳酸菌。

④工艺流程（以红葡萄酒的传统发酵为例）：

红葡萄→分选→破碎（除梗）→葡萄浆（加 SO_2）→主发酵（加酒母）→压榨（除皮糟）→调整成分→后发酵→第一次换桶（除酒脚）→干红葡萄新酒→陈酿→第二次换桶（除酒脚）→均衡调配→澄清处理（除酒脚）→包装杀菌（除菌）→干红葡萄酒

葡萄经破碎后，果汁和皮渣共同于适当温度下进行主发酵至残糖 5g/L 以下，经压榨分离皮糟，进行后发酵至残糖 2g/L 以下。

a. 主发酵：在主发酵中酵母菌进行酒精发酵、浸提色素和芳香物质。主发酵温度是影响酒中色素物质含量和色度值大小的主要因素。从红葡萄酒的口味醇和、酒质细腻、果香和酒香浓等综合质量考虑，红葡萄酒主发酵温度一般控制在 25~30℃。

b. 后发酵：在后发酵过程中，酵母菌完成残糖继续发酵，乳酸菌进行苹果酸-乳酸发酵，并促进新酒的澄清和陈酿作用。陈酿目的是新酒缓慢进行氧化还原作用和醇酸的酯化反应，促使酒的口味更加柔和与风味完善。当新酒进入后发酵容器后，若酒温高于 25℃，则不利于新酒的澄清，并为杂菌繁殖创造条件。因此，后发酵酒温一般控制在 18~25℃。

（3）黄酒　传统工艺黄酒是以糯米（或籼米、粳米、黍米、玉米）为主要原料，利用麦曲（或米曲、红曲）为糖化剂，酒药为糖化发酵剂，进行多菌种混合自然发酵酿制而成的酒精含量为 12%~18%（体积分数）的饮料酒。它包括淋饭酒、摊饭酒和喂饭酒。新工艺黄酒在传统工艺基础上利用纯种麦曲（黄曲霉或米曲霉）为糖化剂，纯种酒母为发酵剂，以纯种发酵取代自然发酵，以大型发酵设备取代小型手工操作，使生产工艺简化，原料利用率高。

黄酒营养成分主要有糖、多肽、18 种以上氨基酸、B 族维生素、矿物质等，易被人体消化吸收。在黄酒中加配中草药浸提液，可作为保健酒饮用；在医药上黄酒又是“药引子”。

①麦曲、酒药和红曲的主要微生物菌群及其作用：

a. 麦曲：麦曲是以破碎的全小麦为原料，主要培养繁殖曲霉，其次含有根霉和毛霉，作为酿造黄酒的糖化剂。其中曲霉以黄曲霉（或米曲霉）为主，还有少量的黑曲霉、灰绿曲霉、青霉、酵母等微生物。黄曲霉产生液化型淀粉酶和蛋白酶。前者分解淀粉产生糊精、麦芽糖和葡萄糖，后者分解蛋白质产生多肽、低肽和氨基酸，由这些代谢产物相互作用产生的色泽、香味等赋予黄酒独特风味并为酵母提供营养物质。传统麦曲生产采用自然培养方法，现代采用纯粹黄曲霉（如 As3. 800 和苏 16 号）生产纯种麦曲。黑曲霉主要产生糖化型淀粉酶，可将淀粉水解为葡萄糖，常用的黑曲霉有 As3. 4309（俗称 UV-11）和 As3. 758。黄酒生产中为了弥补麦曲中黄曲霉糖化力的不足，适量少许添加纯种黑曲霉麸曲或商品黑曲霉糖化酶制剂，以减少麦曲用量，提高糖化效果。

b. 酒药：酒药为小曲中的一个种类，又称药曲，是以籼米粉、米糠为原料，加入少量中草药（辣蓼草粉末）主要培养繁殖根霉、毛霉和酵母，其次还有少量细菌，作为制备淋饭酒母或以淋饭法酿制甜黄酒的糖化发酵剂。根霉产生糖化型淀粉酶，可将淀粉水解为葡萄糖，还产生乳酸、琥珀酸、延胡索酸等有机酸酶系，降低基质 pH 而抑制杂菌生长，并使酒体醇厚、口味丰满；毛霉产生液化型淀粉酶和蛋白酶，分解淀粉和蛋白质产生的葡萄糖和氨基酸，为酵母菌生长提供营养物质。传统黄酒小曲生产采用自然培养方法，现代采用纯粹根霉（As3. 851、Q303 等）和黄酒酵母（732 号、501 号、醇 2 号等）纯种制备根霉小曲，例如安琪黄酒曲。分离自传统淋饭酒醅的优良黄酒酵母，含有酒化酶系，赋予黄酒酒香和酯香，并具有繁殖快、发酵力强、产酸低而耐酸、耐高浓度酒精，对杂菌污染抵抗力强，精氨酸酶活力低等性能。但同时黄酒酵母分泌精氨酸酶将精氨酸分解为鸟氨酸和尿素，尿素再与乙醇反应将生成一种致癌物质氨基甲酸乙酯。目前国际酿酒界严格控制其含量，如日本清酒规定氨基甲酸乙酯不得超过 0. 1mg/L。

c. 乌衣红曲：乌衣红曲是以籼米为原料，主要培养繁殖红曲霉、黑曲霉和酵母菌，作为酿造黄酒的糖化发酵剂。常用的红曲霉有红曲霉 As3. 555、红曲霉 As3. 920 等菌株，具有较强的糖化力，分泌液化酶、糖化酶、蛋白酶和脂肪酶，并能产生柠檬酸、琥珀酸、乙醇。耐酸，最适 pH 3. 5~5. 0，耐受 pH 2. 5 和 10%（体积分数）酒精。于 pH 3. 5 时旺盛生长而抑制其他不耐酸的霉菌生长。

②淋饭酒母制备工艺流程（以酿造传统绍兴酒为例）：

糯米→浸米→洗米→蒸饭→淋饭冷却（加水）→落缸搭窝（加酒药）→糖化→加麦曲冲缸→发酵开耙→后发酵→酒母

淋饭酒母又称酒酿，作为酿制传统摊饭酒的糖化发酵剂。在生产淋饭酒母（或淋饭酒）时，需先用冷水淋浇蒸熟的米饭，而后进行搭窝和糖化发酵，挑选质量好的淋饭酒醅作酒母，剩余部分经压榨、煎酒成为商品淋饭酒。

a. 浸米、蒸饭和淋饭：将 100kg 料米浸泡 1~2d，捞出沥水，常压蒸煮 0. 5~1h，要求饭粒松软，熟而不糊，内无白心。并将之淋水降温至 31℃左右，同时增加米饭含水量，使饭粒光滑软化，分离松散，便于通气有利于糖化菌繁殖。

b. 落缸搭窝：将淋冷后的米饭沥去余水，置于发酵缸（事先刷净用沸水灭菌）中，拌入 2/3 酒药粉，搭成 U 字形凹圆窝。目的增加米饭与空气接触面积，有利于好气性糖化菌生长繁殖。搭窝完毕，再于米饭上面洒剩余 1/3 酒药粉。酒药总用量为原料米的 0. 15%~0. 20%。米饭落缸时的温度为 28~30℃（冬季为 32℃）。

c. 糖化、加曲冲缸：搭窝后 28℃左右保温，酒药中的糖化菌（根霉、毛霉）和酵母菌迅速生长繁殖，糖化菌分解淀粉产生葡萄糖，使窝内积聚甜液，为酵母菌的生长提供碳源。同时产生乳酸等有机酸使甜液的 pH 维持在 3. 5 左右，抑制产酸细菌的繁殖。一般经过 36~48h 后饭粒软化，甜液至饭窝的 4/5 高度时糖度为 35°Bx 左右，还原糖为 15%~25%，酒精含量为 3%以上，细胞浓度仅为 7.0×10^7 个/mL，即制得甜酒酿。此时应加入一定比例的水和麦曲进行加曲冲缸，目的是稀释甜液浓度，降低渗透压，使醪液 pH 维持在 4. 0 以下，促进酵母菌迅速繁殖，使细胞浓度升至（7. 0~10. 0）$\times10^8$ 个/mL。麦曲用量为原料米的 15%~18%。冲缸后品温下降约 10℃，应及时保温。冲缸 48h 后酒精含量可达 10%以上。

d. 发酵开耙：加曲冲缸 8~15h 之后，因酵母旺盛生长和发酵产热而使醪温升高，而且部分米饭漂浮于液面形成泡盖使温度更高，为此要用木耙搅拌降温、供氧和排出 CO_2，促进酵母繁殖。第一次开耙后，每隔 3~5h 开耙一次，使醪液品温保持在 26~30℃。

e. 后发酵：落缸后第 7d 左右即可将醪液入酒坛进行后酵。目的是减少 O_2，在较低温度下缓慢发酵，生成更多的酒精，提高酒母质量。经过 20~30d 后发酵，要求酒母的酒精含量达 14%~16%（体积分数），酸度 3.1~3.7g/L，口味老嫩适中且爽口，无异杂味。

甜酒酿的制作方法与淋饭酒母相似。不同之处：a. 甜酒酿以甜酒曲为糖化发酵剂，除了主要含有根霉、毛霉外，酵母菌数量比酒药更少，使发酵过程中只有部分葡萄糖转化为酒精，从而保持了酒酿的甜味。b. 糖化过程实际上是边糖化边发酵，因此糖化发酵时间不宜延长，一般 36~48h。适时结束发酵是保持甜酒酿口味的关键。

（4）白酒　白酒是以粮谷为主要原料，以大曲、小曲、麸曲、酶制剂复配酵母菌等作为糖化发酵剂，经蒸煮、糖化、发酵、蒸馏、陈酿和勾调而成的蒸馏酒。酒体无色或微黄，澄清透明，具有独特芳香和风味，含酒精 41%~65%（体积分数）为高度白酒，40%（体积分数）以下为低度白酒。

白酒生产使用的大曲、小曲、麸曲等糖化发酵剂均采用开放式的生产工艺，细菌、酵母和霉菌等通过自然接种方式形成了酒曲复杂的微生物群落。由于采用开放式自然发酵，来源于空气、地面、工具、设备、窖泥或发酵池缸表面的环境微生物与糖化发酵剂中的微生物共同作用，在独特的发酵工艺条件下使微生物种类和数量此消彼长，形成了独特的微生物生态系统。白酒微生物的多样性造就了白酒的香型多元化。

白酒种类繁多，并有较强的地域特色，工艺各有千秋，产品风味各具特色。依据香型的不同，可将白酒分为十二种香型：酱香型白酒、浓香型白酒、清香型白酒、米香型白酒、兼香型白酒、凤香型白酒、药香型白酒、芝麻香型白酒、特香型白酒、豉香型白酒、老白干香型白酒和馥郁香型白酒。各种香型的白酒有其典型的香气特征和代表性成分。

①生产原料：主要原料，淀粉质原料有谷类和薯类，包括高粱、玉米、大米、小麦、甘薯、马铃薯、木薯。糖质原料有甘蔗和甜菜糖蜜。辅助原料，小麦麸皮、高粱糠、小米糠；填充原料，谷糠、花生壳、玉米芯、甘薯蔓、高粱壳、稻壳、麦秆等。

②糖化发酵剂：酿造白酒所用糖化发酵剂主要为大曲、小曲和麸曲，采用分子生物学技术分析大曲、小曲和麸曲中的主要微生物菌群多样性见表 11-1。

表 11-1　　大曲、小曲和麸曲中的主要微生物菌群多样性

项目	酒曲种类		
	大曲	小曲	麸曲
原料	全小麦或小麦+大麦+豌豆	大米	麸皮
霉菌	曲霉属（米曲霉、黑曲霉、土曲霉）、根霉属（米根霉、白曲根霉）、毛霉属（总状毛霉）、红曲霉属、犁头霉属（布氏犁头霉、伞枝犁头霉）、根毛霉属（米黑根毛霉）、横梗霉属（总状横梗霉）、淀粉丝菌、疏绵状嗜热丝孢菌等	根霉属（米根霉、白曲根霉、华根霉等）、毛霉属（鲁氏毛霉）等	曲霉属（黑曲霉）、根霉属（米根霉）等

续表

项目	酒曲种类		
	大曲	小曲	麸曲
酵母菌	酵母属（酿酒酵母、鲁氏酵母、少孢酵母）、复膜酵母属（扣囊复膜酵母）、汉逊酵母属（异常汉逊酵母）、毕赤酵母属（异常毕赤酵母、库德毕赤酵母）、假丝酵母属（产朊假丝酵母）、有孢汉逊酵母属（葡萄汁有孢汉逊酵母）、伊萨酵母属（东方伊萨酵母）、球拟酵母属、酒香酵母属等	酵母属（酿酒酵母）、复膜酵母属（扣囊复膜酵母）、汉逊酵母属（异常汉逊酵母）、毕赤酵母属（异常毕赤酵母）等	酵母属（酿酒酵母）、复膜酵母属（扣囊复膜酵母）、汉逊酵母属（异常汉逊酵母）等
细菌	芽孢杆菌属（地衣芽孢杆菌、枯草芽孢杆菌、解淀粉芽孢杆菌、巨大芽孢杆菌）、乳杆菌属（植物乳杆菌、发酵乳杆菌、瑞士乳杆菌、布氏乳杆菌、面包乳杆菌、旧金山乳杆菌）、乳球菌属（乳酸乳球菌）、片球菌属（戊糖片球菌）、明串珠菌属、葡萄球菌属（木糖葡萄球菌）、魏斯氏菌属（融合魏斯氏菌、食窦魏斯氏菌）、醋酸杆菌属、砖红色微杆菌等	片球菌属（戊糖片球菌）、魏斯氏菌属（食窦魏斯氏菌）等	梭菌属（拜氏梭菌）、肠球菌属（粪肠球菌）等

a. 大曲主要微生物菌群及其作用：大曲是以全小麦或小麦和大麦中复配少量豌豆等为原料，经自然接种培养而制成的大砖块形的酒曲。由于大曲采用自然发酵，网络了产生白酒风味成分的丰富酶系和前体物质的多种微生物，故属于传统固态法生产大曲酒的“多微共酵”糖化发酵剂。

大曲微生物菌群结构复杂，含有大量的霉菌、酵母菌和细菌（表 11-1），具有糖化、发酵和生香作用。其作用机制：ⅰ. 分泌 α-淀粉酶和糖化酶活性较强的霉菌（如曲霉、根霉和红曲霉等属中一些种）被认为是白酒酿造过程中的“糖化动力”，同时曲霉、根霉、红曲霉及毛霉还分泌蛋白酶和脂肪酶，可分解淀粉、蛋白质和脂肪，促进微生物对原料成分的降解和利用；在多种酶系作用下，霉菌也能产生大量的代谢产物（如有机酸、氨基酸等），利于白酒风味物质的形成。ⅱ. 产生酒精和发酵能力较强的酵母菌（如酿酒酵母）被认为是白酒酿造过程中的“发酵动力”；能产生较多酯类物质的酵母菌（如毕赤酵母、汉逊酵母、假丝酵母、球拟酵母、酒香酵母和复膜酵母等属中个别种）被称为产酯酵母，又称生香酵母。产酯酵母能够在酯酶作用下将有机酸和醇类转化成酯类物质，并能产生醇类、酸类、醛类等多种物质共同构成白酒的发酵香气。此外，葡萄汁有孢汉逊酵母分泌 β-葡萄糖苷酶，其产生的香叶醇赋予白酒香甜的玫瑰花香气。ⅲ. 大曲中的乳杆菌和醋酸杆菌能产生大量的乳酸和乙酸分别与乙醇发生酯化反应生成乙酸乙酯（为主）和乳酸乙酯，是构成清香型白酒的主体香成分；白酒窖泥中含有的己酸菌（如克氏梭菌）和丁酸梭菌能产生大量的己酸和丁酸分别与乙醇化合后形成己酸乙酯（为主）和丁酸乙酯，是构成浓香型白酒的主体香成分；大曲中的芽孢杆菌能够分泌蛋白酶、淀粉酶，并能产生多种有机酸及风味物质，如高温大曲中的地衣芽孢杆菌产生的四甲基吡嗪，以及其他产香细菌如高温枯草芽孢杆菌、解淀粉芽孢杆菌、巨大芽孢杆菌等产生的β-苯乙醇、愈创木酚、双乙酰、乙偶姻、糠醛等均是酱香型白酒重要风味物质。酱香型白酒香气成分复杂，除了上述风味成分外，还有呋喃类和吡喃类衍生物，羰基化合物和高级醇类物质等。综上所述，大曲中含有丰富的菌系、酶系和物系。大曲中的液化酶、糖化酶、蛋白酶等分解原料中的淀粉、蛋白质产生葡萄糖、氨基酸，为酿酒酵母的生长提供碳源和氮源，同时产生有机酸、氨基酸等多种代谢产物，为大曲酒特色风味的形成提供了前体物质。大曲中复杂的微生物群落及其酶系使其具有良好的液化力、糖化力、蛋白质分解力、发酵力和产酯力，对大曲酒的香型、风格的形成具有重要作用。

b. 小曲主要微生物菌群及其作用：小曲是以大米粉为原料（有的添加少量中草药），经曲种（母曲）接种培养而制成的小方块形（圆球或饼状）的酒曲。小曲主要用于固态或半固态法生产小曲酒的糖化发酵剂，也可用于黄酒生产。其微生物菌群结构相对简单，含有霉菌（以根霉为主）、酵母菌和少量细菌（表 11-1）。根霉能产生活力较强的糖化型淀粉酶（葡萄糖苷酶），水解大米淀粉中的α-1,4 糖苷键和α-1,6 糖苷键转化成葡萄糖。因根霉含有酒化酶系，故能边糖化边发酵而提高淀粉利用率。小曲中的酵母菌除了产酒精的酿酒酵母外，还有产酯酵母（如毕赤酵母、汉逊酵母和复膜酵母等属中个别种）促进酯类等风味物质的形成。小曲中的细菌主要为少量的乳酸菌，以避免细菌过度繁殖，导致发酵糟醅生酸量过大而影响产酒率和酒质。乳酸菌和根霉产生的乳酸与乙醇形成的乳酸乙酯，是米香型白酒的主体香成分。制作传统小曲采用自然发酵，而现代采用人工选育的优良纯种根霉和酿酒酵菌制备纯种小曲。

c. 麸曲主要微生物菌群及其作用：麸曲是以麸皮为主要原料（含少量鲜酒糟和稻壳），经纯粹霉菌接种培养而制成的固态发酵法生产麸曲白酒的糖化剂。制作麸曲菌种主要包括曲霉、根霉等。黑曲霉 As3.4309 是制作麸曲常用的糖化菌种，能分泌α-淀粉酶、α-葡萄糖苷酶等，具有出酒率高，用曲量少等优点。与大曲相比，麸曲微生物组成简单，使酒香味淡薄，酒体欠丰满。近年来，根据大曲含有多菌种的原理，利用黑曲霉、根霉、红曲霉和扣囊复膜酵母（原名扣囊拟内孢霉，产糖化酶、液化酶和β-葡萄糖苷酶等）为糖化剂，配以酿酒酵母、产酯酵母（如异常汉逊酵母）和己酸菌（如拜氏梭菌，产己酸、丁酸和丁醇等）等酿造白酒，可改善麸曲白酒的风味。麸曲也可用于酒精和黄酒的生产。

我国白酒品种繁多，酿造方法有固态发酵法、半固态发酵法和液态发酵法，其生产工艺各有特点，详细内容可参阅白酒生产工艺等专著。

第二节　乳制品与调味品发酵

一、乳制品发酵

原料牛乳经有益微生物的发酵作用可以制成许多风味独特的发酵乳制品。如酸乳、酸乳饮料、干酪、酸奶油、酸乳酒等。牛乳发酵可产生满意的芳香味或使产品质地改变，不仅具有良好风味，提高产品适口性，而且具有较高的营养和保健作用。

1. 乳品发酵剂

（1）制作乳品发酵剂常用的菌种　①乳酸菌：嗜热链球菌、德氏乳杆菌保加利亚亚种（曾称保加利亚乳杆菌）、嗜酸乳杆菌、干酪乳杆菌、副干酪乳杆菌、鼠李糖乳杆菌、瑞士乳杆菌、植物乳杆菌、乳酸乳球菌乳酸亚种、乳酸乳球菌丁二酮亚种、乳酸乳球菌乳脂亚种、两歧双歧杆菌、长双歧杆菌、短双歧杆菌、青春双歧杆菌、婴儿双歧杆菌、乳双歧杆菌等。②酵母菌：乳酒假丝酵母、脆壁酵母、脆壁克鲁维酵母、马克斯克鲁维酵母、乳酸克鲁维酵母、乳酸酵母等。③霉菌：娄地青霉、沙门柏干酪青霉、酪生青霉等。④其他细菌：扩展短杆菌、费氏丙酸杆菌等。

（2）乳品发酵剂的制备　乳品发酵剂是用于乳发酵的微生物纯培养物。发酵剂最初应用的菌种称为原培养物。原培养物的菌数远不够发酵原料乳所需要的量，需将之扩大培养成为母发酵剂，再扩大培养至生产发酵剂或工作发酵剂，才可用于原料乳的发酵。仅用一株发酵乳糖能力强的乳酸菌制备的发酵剂，称为单一菌种发酵剂；而采用两种或两种以上的乳酸菌制作，称为复合菌种发酵剂。制作发酵剂应选用健康乳牛产的乳，理化指标符合要求；对牛乳灭菌要彻底，一般采用 0.07MPa（115℃）维持 20min。

①发酵剂制备流程：

$$\underset{0.6\text{mL}}{\text{菌种培养物}}\xrightarrow{1\%}\underset{60\text{mL}}{\text{母发酵剂}}\xrightarrow{1\%\sim2\%}\underset{6\text{L}}{\text{生产发酵剂}}\xrightarrow{2\%\sim3\%}\underset{300\text{L}}{\text{待发酵乳}}$$

②发酵剂的品质鉴定：品质优良的发酵剂是保证发酵乳制品质量的关键。好的发酵剂应使乳凝固均匀细腻，乳清析出较少（或无），有诱人的芳香酸味，无苦味或异常味；凝乳中无气泡（杂菌产气会使凝乳有裂纹），镜检无杂菌；其活菌数不低于 $10^8\sim10^9$CFU/mL；发酵剂的活力、酸度符合要求；最好能产生丁二酮，以提高产品芳香味。

③制备发酵剂易出现的问题：最常见的是产酸不足，乳不凝固。即 1.0mL 培养物接种于 10mL 无抗生素的灭菌乳中，经 35℃培养 4h，不能产生 7g/L 可滴定的酸度，称为慢发酵剂。原因：a. 发酵剂（或菌种）污染了噬菌体，细胞裂解死亡而停止发酵产酸。解决办法为轮换菌种或选育抗噬菌体的乳酸菌。b. 发酵菌种生产性能衰退。自发突变或培养条件长期不适而使其活力自发丧失。c. 保藏菌种活化传代次数不够，活力尚未恢复。d. 培养温度不正确。如嗜中温的乳酸菌于高温培养，因培养温度不适而生长缓慢，导致产酸不足。e. 乳中含有抗生素或白细胞。治疗乳房炎的牛乳含有抗生素，可抑制菌种生长繁殖；患乳房炎的牛乳含有大量白细胞，能吞噬乳酸菌而完全抑制产酸。f. 培养基质不适应。常用脱脂乳活化传代而降低菌种对全脂原料乳的适应性。

（3）乳品直投发酵剂的制备　直投发酵剂又称干粉发酵剂，可分为普通酸乳和益生菌发酵乳两种直投发酵剂。前者由嗜热链球菌和保加利亚乳杆菌的原料菌粉以活菌数为 1∶1 或 2∶1 的比例复配而成；后者是在普通酸乳直投发酵剂基础上添加 1 种及以上的益生菌菌株辅助发酵剂。直投发酵剂是将发酵性能优良的乳酸菌菌株，经过活化、扩大培养、高密度发酵、离心浓缩、添加冻干保护剂乳化、预冻和真空冷冻干燥等工序制成的粉状发酵剂。目前我国酸乳等发酵乳品大多采用进口直投发酵剂（如丹麦科汉森、美国杜邦、法国普尔斯等发酵剂）生产，虽然其活力强、用量少、发酵性能稳定，但是继续传代使用后出现活力下降、产酸慢、凝乳时间长等问题。因此，筛选和开发具有自主知识产权的活力较强、遗传特性稳定、品质优良的直投发酵剂具有重要意义。

生产发酵乳品对直投发酵剂的特性要求：①干粉发酵剂菌种活力强。即发酵牛乳产酸速率快（pH 或酸度变化大），达到酸度为 70°T 的凝乳时间较短或还原刃天青能力较强（35min 内还原刃天青），使得用较低的接种量即可达到满意的发酵结果。有关菌种活力测定方法参见刘慧主编《现代食品微生物学实验技术》第二版实验 53。②干粉发酵剂活菌数量高，菌数一般不低于 10^{10}～10^{11}CFU/g。科研和生产实践上，通过重点优化发酵培养基配方、保护剂配方及高密度发酵条件，可提高发酵液活菌数达到 10^{10}CFU/g 以上。但酸乳直投发酵剂更加强调发酵活力，菌数高并不等于活力强。例如，1t 原料乳投入活菌数量均为 10^{11}CFU/g 的两种发酵剂，达到同样效果用 10g 比用 30～50g 的发酵剂活力强。③干粉发酵剂中含有产黏或生香的菌种。如以高产胞外多糖的菌种作为发酵剂生产酸乳，其黏度、质构稳定性和感官品质等均有所提高，凝乳结实，乳清析出量较少（或无），口感稠厚，质地细腻和幼滑；如以产生 2,3-丁二酮（奶油香）、3-羟基-2-丁酮（微甜乳脂香）、2-甲基丁酸（干酪香）、2-甲基丁醛（可可香）等风味物质的菌种作为辅助发酵剂（接种量为 10^{6}～10^{7}CFU/g）生产发酵乳，可以提高其风味品质，赋予发酵乳浓郁奶油的酯香风味。④干粉发酵剂中含有后酸化能力较低的菌种。将酸乳（或发酵乳）于室温（如 25℃）分别贮藏 15d 和 21d，酸度分别不超过 95°T 和 100°T，或将酸乳（或发酵乳）于 37℃培养 3d，酸度低于 100°T，且产品风味无变劣，则认为生产酸乳（或发酵乳）的菌种后酸化较弱。一般情况下酸乳（或发酵乳）低温后熟之后直至饮用之前均应处于冷链状态，以防止产品酸度增大。但我国商超（或电商）在贮藏、销售酸乳（或发酵乳）过程中时常处于脱冷状态，导致乳酸菌发酵产酸快而使酸度升高。若采用后酸化较弱的菌种，则产品在常温（室温）贮藏和销售过程中可以减缓后酸化速率，避免产品口感尖酸而涩，风味变劣。防止酸乳后酸化措施：a. 选育及采用室温下后酸化能力较低的菌种。b. 将酸乳经巴氏杀菌热处理灭活乳酸菌。c. 减少保加利亚乳杆菌在普通酸乳直投发酵剂中的复配比例（如小于 10%）。因该菌种产酸速率快，且其产生的过量 D（-）-乳酸易使酸乳尖酸而涩。d. 控制益生菌辅助发酵剂的接种量为 10^{6}CFU/g 活菌数。e. 在益生菌发酵乳中添加灭活后的益生菌的菌粉。f. 4℃贮藏抑制酸乳后酸化。⑤干粉发酵剂的 A_w 越低越好，当 $A_w<0.1$ 时有利于菌体细胞处于休眠状态，延长其常温下的活菌保质期。干粉发酵剂特点：具有活菌数高、发酵活力强、接种量少、使用和贮藏方便，以及简化发酵工艺、操作简单和发酵周期较短等优点，适于以生产型或家用型直投发酵剂制作酸乳（或发酵乳）。

2. 酸乳的分类与发酵机制

酸乳是以优质生牛乳为原料，经两种或两种以上的乳酸菌发酵制成的发酵乳制品。乳酸菌的协同发酵不仅使酸乳感官品质独具风格，适口性强，而且具有改善胃肠功能，促进 Ca、P、Fe 的吸收，在增强人类体质与营养健康方面起到食疗兼收的作用。

（1）酸乳类型　根据流动状态不同分为凝固型、搅拌型和饮料型酸乳；根据酸乳产品是否经巴氏杀菌分为活菌型酸乳（低温酸乳）和杀菌型酸乳（常温酸乳）。前者是酸乳未经巴氏杀菌，保留乳酸菌的活性，产品需低温（4℃）贮藏，保质期为 21d 或 28d；后者是酸乳经过巴氏杀菌热处理，灭活乳酸菌，产品可常温贮藏，保质期为 3～6 个月。根据生产原料、辅料和菌种的不同，将酸乳分为以下 3 种类型。

①普通酸乳：由嗜热链球菌和保加利亚乳杆菌发酵牛乳而制成。因它们不能定殖于人体肠道中，故不具有调整肠道菌群平衡能力。目前我国大规模生产的酸乳属于此类。

②功能性酸乳：又称益生菌发酵乳，以普通酸乳菌种配入适量在肠道内有定殖能力的益生菌（如乳双歧杆菌、嗜酸乳杆菌、植物乳杆菌、干酪乳杆菌、副干酪乳杆菌、鼠李糖乳杆菌、瑞士乳杆菌等）发酵牛乳而制成。由于引入了益生乳酸菌，使发酵乳在原有的助消化、调整胃肠功能基础上，又具有维护肠道健康，增强机体免疫力，预防和/或治疗人体慢性疾病，抗炎、抗菌、抗肿瘤、抗氧化、降血脂、降血糖、延缓衰老等功能。

③风味酸乳：凝固型风味酸乳是在原料乳中预先调配天然风味物质（如花生乳、绿豆浆、大豆浆、松仁乳、玉米乳等），经巴氏杀菌后，以普通酸乳菌种发酵而制成；搅拌型风味酸乳是在乳酸菌发酵牛乳凝固之后，再加入风味物质（如果酱、果肉、果浆、红枣汁、胡萝卜汁、枸杞子、蜂蜜、香料等）调制而成。如果添加的天然风味物质同时具有保健功能，则此类酸乳又属于保健酸乳。

（2）发酵机制　普通酸乳中的嗜热链球菌和保加利亚乳杆菌在乳中生长时，将引起一系列生物化学变化。牛乳中的乳糖由细胞内产生的β-D-半乳糖苷酶（别称乳糖酶）分解为半乳糖和葡萄糖，后者又进一步进行乳酸发酵生成D型或L型乳酸，半乳糖则累积于酸乳中。乳酸可破坏钙-酪蛋白-磷酸复合物的稳定性，同时降低乳pH至4.5时使酪蛋白在其等电点附近发生凝集，从而导致乳凝固。由葡萄糖发酵产生的芳香物质有乙醛（23~55mg/L），丙酮（1.4~4.0mg/L）、3-羟基-2-丁酮（2.5~4.0mg/L）、2,3-丁二酮（0.4~13.0mg/L）等。乳中蛋白质有轻微降解，产生一定量的肽、氨基酸和芳香成分。乳中脂肪亦有一定程度降解，主要形成由短链脂肪酸组成的甘油三酯和与芳香味有关的成分。在发酵过程中，乳中的烟酸、叶酸有所增加，而维生素B_1、维生素B_2、维生素B_{12}和泛酸有所降低。

3. 凝固型普通酸乳

凝固型普通酸乳是指在适宜发酵条件下，通过嗜热链球菌和保加利亚乳杆菌发酵牛乳中的乳糖产生乳酸，当达到pH 4.5或酸度为70°T时使牛乳凝固的酸乳。

（1）工艺流程（以原味凝固型普通酸乳发酵为例）

原料乳→净化→标准化→预热→配料→均质→杀菌→冷却→接种→灌装→发酵→冷藏与后熟→成品

（2）操作要点

①原料乳：应选新鲜、优质生牛乳，菌数不能太高，一般低于10^4CFU/mL，不含抗生素和消毒药。不宜选用乳牛患乳房炎乳和贮存时间长而菌数高的乳。原料乳净化时，采用德国蝶式离心机除去生乳中大部分的芽孢，以及体细胞和杂质。

②标准化：乳中干物质和脂肪含量应符合要求。总干物质不低于11.5%（质量分数），否则乳凝固不结实，乳清析出过多。干物质不足时，可添加1%~3%（质量分数）的脱脂乳粉或浓缩乳清蛋白粉或浓缩牛乳蛋白粉。脂肪含量一般在1%~4%（质量分数），低脂或脱脂会使成品芳香味不足。脂肪含量不足时，可添加稀奶油调整。

③预热和配料：经标准化的牛乳预热至60~70℃之后进行配料，蔗糖添加量以5%~8%（质量分数）为宜，超过8%（质量分数）会抑制乳酸菌的生长。

④均质：于8~10MPa压力下均质，使凝乳质地更加细腻、平滑、无豆渣样出现，亦可使脂肪球变小而防止脂肪上浮。

⑤杀菌：采用90℃维持5~10min。加热不仅杀死多数微生物（包括病原菌），而且能促

使乳的某些成分降解，为乳酸菌的繁殖提供适宜的营养成分。

⑥接种发酵剂、灌装与保温发酵：杀菌乳冷却至43℃左右接种发酵剂，嗜热链球菌和保加利亚乳杆菌的生产发酵剂以1∶1比例接种，总接种量为3%（体积分数）；进口直投发酵剂按产品标签说明接种；自制干粉发酵剂（活菌数不低于10^{10}~10^{11}CFU/g）以每克发酵剂含10^7~10^8CFU活菌数量换算成质量分数添加。有时为了弥补因保加利亚乳杆菌生长产酸过快而抑制嗜热链球菌生长所造成球菌数量不足的缺点，球菌和杆菌采用2∶1的比例接种。

接种后的乳液用灌装机在无菌条件下分装于酸乳杯等容器中，压盖封口；而后置于43℃保温发酵，以保证两种菌在数量上的平衡，保持良好的互生关系，缩短发酵时间，提高生产效率。因此，两种菌在短时间内（3~4h）迅速繁殖，发酵乳糖产生乳酸。当酸乳的酸度为70°T（pH 4.5），乳凝固性状良好时，即发酵成熟。GB 19302—2010《食品安全国家标准 发酵乳》中规定发酵乳的酸度应≥70°T。

发酵剂接种量与发酵温度对两种菌在发酵时保持比例平衡有很大影响。若发酵剂总接种量为1%（体积分数），则嗜热链球菌占优势；若发酵剂总接种量为5%（体积分数）则保加利亚乳杆菌占优势。从而导致两种菌的比例失调而产酸慢。只有总接种量为3%（体积分数），才能保证它们在数量上的1∶1平衡关系。采用不同发酵温度，两者生长速率亦不同。发酵温度低（40℃），嗜热链球菌占优势；反之，发酵温度高（45℃），则保加利亚乳杆菌占优势。因此，选用43℃发酵，有利于两种菌生长速度保持一致，缩短发酵时间。发酵时间长短亦影响两种菌的比例平衡。发酵时间短，乳球菌占多数；发酵时间长，乳杆菌占多数。故发酵结束应及时降温，否则酸乳中的杆菌数量增多。笔者以实验证明，低温（37℃）比高温（43℃）发酵生产的酸乳风味、口感、乳凝固性状要好，且乳清析出少，当乳酸菌活力高时，凝乳时间为3.0~3.5h。

⑦冷藏与后熟：为防止酸乳继续发酵产酸造成pH过低，防止杂菌污染繁殖，发酵成熟后的酸乳应先冷却至10℃左右，再置于0~4℃冷藏后熟12h，而后低温贮藏，直至饮用。冷藏条件下的后熟有利于酸乳风味物质的形成，最终获得风味柔和、浓郁的成品酸乳。

（3）常见的异常现象和原因

①产酸缓慢，在预定时间内乳不凝固。原因：a. 乳中含有抗生素、清洗剂或消毒剂。乳中抗生素来自于对患病牛的治疗药物和人为添加以防止原料乳变质，为此生产前最好检测乳中是否有抗生素。化学消毒剂来自于设备清洗残留。b. 噬菌体污染。酸乳生产中应备有同一菌种多个不同菌株，定期轮换使用，以避免噬菌体污染菌株导致酸乳不凝乳。c. 菌种由于基因负突变使生产性能衰退而丧失活力，或对冻干菌种活化传代次数不够而尚未恢复活力。d. 乳中含有其他抑菌物质。如大量的白细胞有吞噬乳酸菌的作用。由于对原料乳杀菌不彻底，使乳过氧化物酶、溶菌酶等抑菌物质未被破坏。e. 乳中游离脂肪酸含量高亦会抑制乳酸菌生长。有的乳牛产的乳含脂肪酶多，或贮藏过程中乳被脂肪分解菌污染，均引起乳中游离脂肪酸含量高。

②乳凝固不坚实，乳清析出过多。原因：乳中干物质含量低，未达到11.5%（质量分数）以上标准；发酵时间太长或发酵温度过高而急剧产酸，乳清大量析出，产品尖酸、涩味重；杂菌污染，导致产酸量高使乳清析出较多。

③出现气泡和异常味。有时酸乳出现气泡（凝乳中有断层或裂纹）或异常味（苦味、涩味、酵母味、怪味等），原因是杂菌污染。

4. 其他类型的酸乳

搅拌型、饮料型和杀菌型酸乳及功能性酸乳的制作工艺流程和操作要点与凝固型普通酸乳大致相似，不同之处如下。

（1）搅拌型酸乳　是指将发酵至凝乳状态的酸乳用搅拌器破乳，使凝乳粒大小为0.01~0.04mm并呈半流动状态的酸乳。与凝固型普通酸乳不同：①配料时在牛乳中添加5%~8%（质量分数）的蔗糖和一定量的稳定剂或增稠剂，以提高破乳后产品的稳定性。常用的稳定剂或增稠剂有黄原胶、琼脂、明胶、高甲氧基果胶（又称高酯果胶，简称HM）、耐酸羧甲基纤维素钠（简称CMC-Na）、海藻酸丙二醇酯（简称PGA）等。目前市场高端酸乳产品采用功能性牛乳蛋白粉（蛋白质含量850g/kg）或乳清蛋白粉（蛋白质含量800g/kg）替代稳定剂。采用膜分离技术由天然牛乳制得的高浓缩功能性牛乳蛋白和乳清蛋白，既能够显著增加酸乳黏度和稠厚感，提升凝胶性和保水性，防止乳清析出，又能赋予产品浓郁天然乳香和奶油香风味。牛乳蛋白粉和乳清蛋白粉添加量分别为0.5%~5.0%（质量分数）和0.4%~0.5%（质量分数），在5℃下混合均匀，于50℃水合搅拌1h。②均质时采用15~20MPa压力下进行高压均质，可提高蛋白质水合力，增加搅拌型酸乳的黏稠度和稳定性。③发酵后破乳时，先将酸乳冷却至15~20℃，再加入一定量的灭菌后冷却至15~20℃的果酱、果肉、果汁等辅料，用宽叶轮搅拌器缓慢短时间搅拌。转速为1~2r/min，时间为4~8min，使凝乳粒子的直径达到0.01~0.04mm。若搅拌激烈，凝乳颗粒变小，不仅降低酸乳的黏度，而且会导致大量乳清出析。④果汁的添加会增加酸乳的酸味，接种时将嗜热链球菌与保加利亚乳杆菌的比例改为10∶1，以减少杆菌产生过多的D（-）-乳酸，避免产品酸度过高。⑤搅拌型酸乳是先发酵后破乳和分装，而凝固型酸乳是先分装后发酵。

（2）饮料型酸乳　饮料型酸乳又称活菌型乳酸菌饮料，是指将发酵至凝乳状态的酸乳补充适量稳定剂溶液，再经均质处理，使凝乳粒的直径一般在0.01mm以下呈液态的酸乳。与凝固型普通酸乳不同：①配料时在脱脂乳（由120~140g/L脱脂乳粉配制）中添加5%（质量分数）蔗糖和2%（质量分数）葡萄糖。②接种时可采用高产乳酸、生香的副干酪乳杆菌或干酪乳杆菌、植物乳杆菌等菌种的直投发酵剂。③控制发酵温度为37℃，发酵72h，当酸度为160~180°T时终止发酵。④为了防止饮料分层，在凝固后的酸乳中加入0.3%~0.7%（质量分数）复配稳定剂（HM、耐酸CMC-Na、PGA等）。使用时，将复配稳定剂、白砂糖、异麦芽酮糖醇（益生元）、柠檬酸钠等干拌混匀，加入80~90℃去离子水在高剪切条件下充分溶解，再加入适量常温无菌水，搅拌均匀后冷却至15~20℃（复配稳定剂溶液静置应不分层）；而后将复配稳定剂溶液按2∶1~4∶1比例缓慢打入到冷却至15~20℃的酸凝乳中，边加入边快速搅拌至混合均匀。⑤为了防止牛乳中酪蛋白在pH 4.5等电点附近发生絮凝，将8%~10%（质量分数）的酸液（由柠檬酸和乳酸配制）沿器壁切线方向以喷淋方式加入到产品中，调整pH控制在3.8~4.0，注意调酸时温度控制在15~20℃。⑥添加稳定剂后于18~20MPa压力下无菌均质破乳。

（3）杀菌型酸乳　杀菌型酸乳又称常温酸乳，由于乳酸菌和其他微生物被巴氏杀菌热处理灭活，使酸乳在常温下酸度不变化，故保质期被延长。目前我国品牌常温酸乳有蒙牛纯甄、伊利安慕希、光明莫斯利安、三元芭缔欧及君乐宝简醇等。与凝固型普通酸乳不同：①配料时在牛乳中加入蔗糖、乳粉和复配稳定剂溶液，以防止凝乳加热后，容易乳清析出。②酸乳发酵终止的pH宜在4.5以下，最好控制在4.0左右。因较低的pH有助于发挥稳定剂的作用。③酸乳发酵后进行巴氏杀菌热处理时，采用65℃维持5min或75℃维持30s，即可杀死乳酸菌。因乳酸菌在pH为4.0~4.5低酸性环境中对高温敏感。

（4）功能性酸乳　又称益生菌发酵乳，在接种普通酸乳发酵剂时，尚需接种益生菌菌株（如副干酪乳杆菌KL1、植物乳杆菌Zhang-LL等）辅助发酵剂，亦可添加灭活后的益生菌的菌粉。以双歧杆菌益生菌发酵乳为例介绍其与凝固型普通酸乳不同：①配料时在牛乳中添加50g/L蔗糖和20g/L葡萄糖。②采用15~20MPa较高压力均质。③原料乳杀菌温度较高，采用0.07MPa（115℃）维持8~15min。因较高温度下使牛乳中的蛋白质变性，并释放一些多肽，以促进双歧杆菌的生长。④接种时先按要求添加普通酸乳直投发酵剂，再按活菌数≥1×10^6CFU/g接种双歧杆菌（如两歧双歧杆菌、乳双歧杆菌等）辅助发酵剂，或者直接添加益生菌发酵乳直投发酵剂。长双歧杆菌冻干菌粉按活菌数≥1×10^8CFU/g添加。因其在发酵期间并无增殖，仍保持发酵初期的活菌数量，故需加大其添加量。采用产酸快的嗜热链球菌和保加利亚乳杆菌与双歧杆菌共同发酵，既可保证产品含有足够量的双歧杆菌，又可提高产酸能力，缩短凝乳时间，改善产品风味。如果以双歧杆菌作为单一发酵剂制备双歧杆菌酸乳，不仅产酸能力低，凝乳时间需18~24h，而且因其属于异型乳酸发酵，除产乳酸外，还产生大量乙酸而使产品风味欠佳。⑤控制发酵温度为37℃，当pH 4.5（酸度70°T）时，即发酵成熟。

5. 开菲尔

（1）开菲尔的定义　开菲尔（Kefir）是以牛乳、羊乳（或山羊乳）为原料，添加含有乳酸菌和酵母菌的开菲尔粒发酵剂，经发酵制成的具有爽快酸味和起泡性的酒精发酵乳饮料。

（2）开菲尔粒的结构与组成　开菲尔粒（又名藏灵菇）是由数种乳酸菌与酵母菌等微生物之间共生作用形成的特殊粒状结构。其形状多呈花椰菜状，有的为薄片状和旋涡状或纸卷样结构，表面卷曲，有一定弹性，直径为1~15mm，为白色或浅黄色粒状物（图11-2）。

开菲尔粒中约有50%为乳酸菌分泌的黏性多糖（胞外多糖），可作为微生物栖息的多糖基质。此外，还有大量的水和少量蛋白质、脂肪和其他成分。

（3）开菲尔粒中的菌相　在开菲尔粒的黏性多糖基质中微生物菌相主要以乳酸菌、酵母菌及少量醋酸菌为基础的小生态系（图11-3）。不同来源的开菲尔粒所含菌相各不相同。

图11-2　开菲尔粒

图11-3　开菲尔粒基质上栖息的微生物

①乳酸菌：乳球菌属：包括乳酸乳球菌乳酸亚种、乳酸乳球菌丁二酮亚种和乳酸乳球菌乳脂亚种等。乳杆菌属：包括嗜酸乳杆菌、德氏乳杆菌、德氏乳杆菌乳酸亚种、德氏乳杆菌保加利亚亚种、瑞士乳杆菌、干酪乳杆菌、发酵乳杆菌、短乳杆菌、高加索奶乳杆菌（*L. kefir*）、马乳酒样乳杆菌（*L. kefiranofaciens*）、布氏乳杆菌（*L. buchneri*）、嗜热乳杆菌等。明串珠菌属：包括肠膜明串珠菌肠膜亚种、肠膜明串珠菌葡聚糖亚种等。

②酵母菌：酵母属：酿酒酵母、乳酸酵母（*S. lactis*）、脆壁酵母（*S. fragilis*）、德氏酵母（*S. delbrueckii*）（异名为德氏球拟酵母）等。假丝酵母属：乳酒假丝酵母（*C. kefir*）、洪氏假丝酵母（*C. holmii*）（异名为洪氏球拟酵母）等。克鲁维酵母属（*Kluyveromyces*）：马克斯克鲁维酵母、乳酸克鲁维酵母、脆壁克鲁维酵母。酒香酵母属（*Brettanomyces*）：*B. anomalus* 等。

③醋酸菌：主要有醋酸杆菌属（*Acetobacter*）：纹膜醋酸杆菌、恶臭醋酸杆菌等。

（4）开菲尔的生产　①开菲尔粒的活化及发酵剂制备：开菲尔粒按 5%（体积分数）的比例接种至灭菌脱脂乳（115℃灭菌 20min）中，25℃培养 16～20h 至牛乳凝固后过滤，所得开菲尔粒重复以上操作，连续活化至培养液 pH 达 3.70 左右（此时开菲尔粒活力最高），滤出开菲尔粒，所得滤液即为生产发酵剂。也可不过滤，直接使用培养物作为下次的发酵剂。开菲尔粒在活化培养时，能以一定速率增殖，其重量和体积均有所增加，但其微生物菌相保持不变。②开菲尔生产工艺：将滤液发酵剂按 10%（体积分数）的比例接种至杀菌原料乳（90℃保温 5～10min）中，28℃保温发酵 24h 至牛乳凝固，即为开菲尔。开菲尔粒在牛乳中发酵，代谢产生的乳酸、乙醇、CO_2 等物质，以及 2,3-丁二酮（双乙酰）、3-羟基-2-丁酮（乙偶姻）、乙醛、丙醛等挥发性物质，赋予开菲尔饮品爽快口感和良好风味。但是，以滤液发酵剂生产开菲尔难以实现规模化生产。只有从开菲尔粒中筛选发酵性能优良的乳酸菌和酵母菌，用之制备高活力的复合直投发酵剂，才能实现商品化生产。目前我国开发研制的产品有开菲尔酸乳、酸牛奶酒、酸马奶酒等。

（5）开菲尔的营养保健作用　①开菲尔中乳蛋白和乳脂肪不同程度被降解，提高消化吸收率。②乳糖被大部分水解为对人体有益的 L（+）-乳酸，因为人体缺乏 D（-）-乳酸代谢酶，故可避免患酸性血液病。③在 L（+）-乳酸作用下改善人体对 Ca、P、Fe 的吸收。④开菲尔中 B 族维生素（维生素 B_1、维生素 B_2、维生素 B_6、维生素 B_{12}、叶酸、尼克酸等）的含量亦增高。⑤降血清胆固醇作用。产生降低血中胆固醇含量的胆盐水解酶，可预防心血管疾病的发生。⑥抗肿瘤作用。产生抑制癌细胞增殖的胞外多糖（荚膜多糖），可辅助降低癌症发病率。⑦免疫调节作用，提高机体免疫力。⑧抑制某些病原菌（如结核分枝杆菌、致病性大肠杆菌、志贺氏菌、沙门氏菌等）的生长。⑨抑制腐败菌的生长，保持胃肠道益生菌群的优势。因此，开菲尔饮品不仅具有营养价值，而且其代谢活性物质和抗菌物质对胃肠道疾病、便秘、代谢异常疾病、高血压、贫血、心脏病、过敏症、肥胖症等均有一定疗效。

二、调味品发酵

1. 味精

自从 20 世纪 60 年代以来，微生物直接以糖类发酵生产谷氨酸获得成功并投入工业化生产。我国成为世界上最大的味精生产大国。在此就目前大规模生产的谷氨酸作简要介绍。

（1）生产菌种　目前我国谷氨酸生产常用菌株有：北京棒状杆菌 As1. 299、钝齿棒状杆菌 As1. 542、天津棒状杆菌 T6-13、黄色短杆菌 As1. 582（No617）和黄色短杆菌 As1. 631 等。

（2）谷氨酸生产菌种的特性

①培养特性：生产菌种为好氧或兼性厌氧，最适于 25~37℃生长，最适生长 pH 7~8，菌体生长时必须以生物素为生长因子，在没有生物素的合成培养基上不生长。

②生化特性：谷氨酸脱氢酶和异柠檬酸脱氢酶活力强，有利于 α-酮戊二酸还原氨基化生成谷氨酸；而 α-酮戊二酸脱氢酶活力微弱或丧失，使 α-酮戊二酸不能继续氧化；脲酶活力强，能将发酵时流加的尿素分解为 NH_3 和 CO_2，产生的 NH_3 或流加的氨水可作为合成菌体蛋白质的氮源与合成谷氨酸的原料。

③生理特性：生产菌种均为生物素缺陷型。培养基质和发酵基质中生物素的浓度决定菌体生长和积累谷氨酸。当生物素足量时，菌体蛋白质合成不受影响，谷氨酸不会渗漏到细胞外，而有利于谷氨酸菌充分生长繁殖；当生物素亚适量（低于适量或限量）时，大量分泌谷氨酸，并有利于谷氨酸向细胞膜外渗漏。这是由于低浓度的生物素可引起细胞膜中的饱和脂肪酸含量增加，而油酸和磷脂含量减少，从而影响细胞膜的组成，使细胞膜对谷氨酸的通透性增加，引起谷氨酸向膜外渗漏。同时限量的生物素还可使 TCA 循环的完全氧化减少，ATP 生成量减少，蛋白质合成受阻，此时菌体生长基本停止而更有利于积累谷氨酸。因此，谷氨酸生产菌在扩大培养制备种子或发酵前期长菌阶段，培养基质应供给足量的生物素，而在发酵后期产谷氨酸阶段，发酵基质应限量提供生物素，有利于谷氨酸的积累。

（3）发酵机制　合成谷氨酸的代谢途径：葡萄糖经 EMP 途径（为主）和 HMP 途径（为辅）生成丙酮酸，丙酮酸进一步生成乙酰 CoA，而后进入 TCA 循环生成 α-酮戊二酸，后者在谷氨酸脱氢酶作用下，在 NH_4^+存在时，被还原氨基化生成谷氨酸（图 11-4）。谷氨酸是菌体异常代谢产物，只有菌体正常代谢失调时才积累谷氨酸，并在生物素限量时，因细胞膜的渗透性改变而使谷氨酸容易漏出。实际生产中通过添加玉米浆、甘蔗糖蜜和麸皮水解液等作为生长因子的来源，替代生物素加入到培养基和发酵基质中。

理论上由葡萄糖生成谷氨酸的转化率为 81. 7%，但实际为 40%~50%。因为部分葡萄糖为菌体生长提供碳源和能量，以及产生的微量副产物被部分消耗掉。

（4）工艺流程

淀粉质原料→[调浆]→[水解糖化]→[中和、脱色、过滤]→葡萄糖液（配料：玉米浆、尿素、磷、镁、钾等）→[发酵（接种生产菌二级种子）]→成熟发酵液→[提取（等电点法或离子交换法等）]→谷氨酸粗制品→[精制（中和、除铁、脱色、过滤、浓缩结晶、离心、干燥）]→成品味精（谷氨酸一钠盐）

①生产原料：碳源由谷类和薯类等淀粉质原料（大米、玉米、小麦、甘薯、木薯、山芋等）和糖质原料（甘蔗和甜菜糖蜜等）提供，氮源由尿素或氨水提供。

②发酵工艺控制：

a. 发酵培养基组成：要求含有丰富的有机氮源、碳源和无机盐，但对于菌种生长的必需生长因子——生物素要严格控制亚适量，使菌种处于半饥饿状态，以保证积累谷氨酸。

b. 最适 pH 的控制　pH 不同将引起代谢途径及其代谢产物发生改变。例如，在 pH 7. 0~8. 0 时积累谷氨酸，而在 pH 5. 0~5. 8 时容易形成谷氨酰胺和 *N*-乙酰谷氨酰胺。不同发酵阶段对 pH 的要求不同。发酵前期（0~12h）pH 控制在 7. 5~8. 0（7. 5 左右），有利于菌体生长旺盛而不产谷氨酸；而在发酵中、后期控制 pH 7.0~7.6（7.2 左右），因为谷氨酸脱氢酶的最适作用 pH 为 7.0~7.2，而氨基转移酶的最适 pH 为 7.2~7.4。谷氨酸发酵过程中，由于菌体对葡萄糖和尿素（或氨水）的利用和代谢产物的生成，使发酵液 pH 不断变化。因此，需要不断流加尿素或氨水调节 pH 和补充氮源，维持 pH 7.2 左右。目前国内味精厂普遍采用流加尿素控制 pH，而国外用液氨流加效果好，但操作较复杂。

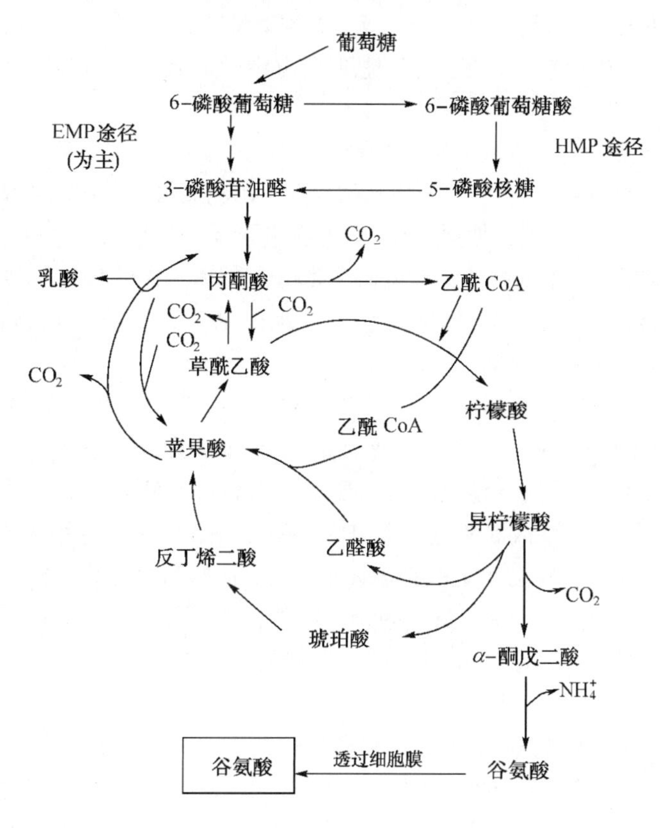

图 11-4　由葡萄糖生成谷氨酸的代谢途径

c. 发酵温度的控制　温度对菌种生长和代谢产物的形成亦有影响。谷氨酸发酵前期是菌体大量繁殖阶段，此时应满足菌体生长最适温度 30~32℃（北京棒状杆菌 As1.299）或 32~34℃（钝齿棒状杆菌 As1.542），有利于菌体利用营养物质合成蛋白质、核酸等供菌体繁殖之用。在发酵中期、后期是谷氨酸大量积累阶段，菌体生长已基本停止。而谷氨酸脱氢酶的最适温度在 32~34℃（北京棒状杆菌 As 1.299）或 34~36℃（钝齿棒状杆菌 As1.542），故发酵中、后期适当提高罐温有利于积累谷氨酸。

d. 通风与搅拌：谷氨酸生产菌是兼性厌氧菌，在发酵中通风量高低对菌体生长和谷氨酸积累有很大影响。当搅拌转速一定时，通过调节通风量来调节供氧。在发酵前期的长菌阶段，宜采用低通风量。若此时供氧过量，在生物素限量时将抑制菌体生长。而在发酵中、后期的谷氨酸积累阶段，宜采用高通风量。若此时供氧不足，发酵产物由谷氨酸转为乳酸；若供氧过量，不利于 α-酮戊二酸还原氨基化生成谷氨酸，而积累 α-酮戊二酸。

2. 酱油

中国酱油多以大豆、脱脂大豆（豆粕、豆饼）等为蛋白质原料，小麦（麸皮）等为淀粉质原料，利用曲霉、酵母菌和乳酸菌等发酵酿制而成。其酿造方法可分为天然晒露法、稀醪发酵法、分酿固稀发酵法、固态无盐发酵法和固态低盐发酵法等。成品酱油含氮量高，相对密度大，黏度高，多呈黑红色。

（1）生产原料　包括蛋白质原料、淀粉质原料、食盐和水。蛋白质原料采用脱脂大豆（豆粕、豆饼）为主料，并选用其他代用原料，如花生饼、棉籽饼、酵母泥等。淀粉质原料采用小麦粉或麦片为主料，为节约粮食，现多改用麸皮（麦皮）为主料，并选用其他代用原料，如玉米、高粱米、碎米等。食盐与氨基酸共同赋予酱油鲜味，并有调味和防腐作用。

（2）生产菌种及其作用　参与酿造酱油的微生物主要有米曲霉、酵母菌和乳酸菌，其中米曲霉直接影响成品鲜味、颜色，以及原料的发酵速率和原料蛋白质利用率，而酵母菌和乳酸菌则决定酱油的风味。它们在发酵过程中产生的各种酶，使蛋白质分解，淀粉糖化，酒精发酵，产酸和成酯等，并产生多肽、氨基酸、糖分、乙醇、有机酸（乳酸等）、乳酸乙酯、维生素等，与食盐混合，赋予酱油鲜味、甜味、酸味、香气、苦味、咸味和颜色（类黑素），构成酱油独特的色、香、味、体。

①米曲霉：目前我国常用菌株有：米曲霉 As3.863（第 1 代）、米曲霉 As3.951（沪酿 3.042，第 2 代）、米曲霉 UE328（沪酿 328，第 3 代）和米曲霉 UE336（沪酿 336，第 3 代）等。米曲霉（沪酿 3.042）具有较强的蛋白质分解力和淀粉液化力的酶系。主要有：蛋白酶和外肽酶能将蛋白质水解成氨基酸；谷氨酰胺酶使大豆蛋白质游离的谷氨酰胺分解为谷氨酸，增强酱油的鲜味；液化型淀粉酶分解淀粉生成糊精和葡萄糖。它们决定着原料利用率、酱醪发酵成熟的时间与产品鲜味、色泽。此外，米曲霉还具有生长速率快、抗杂菌能力强，不产生真菌毒素，对原料利用率高，发酵后产品具有酱油固有的香气（酱香浓）等特点。

②酵母菌：a. 鲁氏酵母（*S. rouxii*）：在酱醪中占酵母总数的45%左右，与酱油风味关系密切。适宜28~30℃生长，最适生长 pH 4.5~5.6，耐高渗，在含5%~8%（质量分数）的食盐基质中生长良好，于 18%（质量分数）食盐基质中仍能生长。发酵葡萄糖生成乙醇、甘油，进一步生成酯类和糠醇（高级醇），它们构成酱油香气成分的主体。该酵母出现于主发酵期，后期随着温度升高而自溶。b. 易变球拟酵母和埃契氏球拟酵母：为酯香型酵母，出现于发酵后期，参与酱醪的成熟，生成烷基苯酚类香味物质，如 4-乙基苯酚、4-乙基愈创木酚等，可改善酱油风味。c. 大豆结合酵母（*Zygosaccharomyces soyae*）和酱醪结合酵母（*Z. major*）：为耐高渗酵母。前者在酱醪发酵初期和中期出现，后者接近酱醪成熟时出现，都能进行酒精发酵。d. 蒙奇球拟酵母：酒精发酵力较强，产酒精达 7%（体积分数）以上。能在 18%（质量分数）食盐基质中生长，于 10%（质量分数）左右食盐酱醅中发酵旺盛，产生聚乙醇和 4-乙基愈创木酚等，对酱油风味影响较大。

③乳酸菌：目前发现与酱油风味有密切关系的乳酸菌有嗜盐四联球菌、盐水四联球菌、植物乳杆菌。乳酸菌利用乳糖生成乳酸，与乙醇作用生成乳酸乙酯，同时降低酱醪 pH 至 5 左右，又促进鲁氏酵母的繁殖。乳酸菌和酵母菌的联合作用（比例为 10∶1）能赋予酱油特殊香气。沪酿 1.08 植物乳杆菌与沪酿 214 蒙奇球拟酵母在固态低盐发酵后期协同作用，短期发酵制得的酱油风味与老法长期天然晒露酱油相媲美。

（3）工艺流程（以固态低盐发酵法为例）

原料（麦片+豆饼+麸皮）→润水（加水）→蒸煮→冷却→接入种曲→通风制曲→成曲拌盐水→入池发酵→成熟酱醅浸出淋油→生酱油→杀菌→配制→澄清→贮存→包装→成品

保温发酵温度管理：发酵时，成曲与盐水拌和入池后，前期控制品温在40~45℃，保持蛋白酶的最适分解温度，可在短时间内获得较高的蛋白质分解率。若低于40℃应适当加热升温。而后逐步降温发酵，后期控制品温30~32℃，进行酒精发酵和后熟作用，有利于香气成分的形成。为了增加酱油风味，可适当延长后熟时间（14~15d）。

传统酱油酿造一般选用混凝土砌筑的发酵池，容易滋生杂菌，酱油产量低。如改用不锈钢发酵罐酿造酱油，可解决上述问题。传统的厚层通风制曲亦改用较先进的圆盘制曲机制曲。

3. 食醋

米醋多以高粱、碎米、玉米等为淀粉质原料，麸皮、稻壳等为辅料和填充料，利用曲霉、酵母菌和醋酸菌等发酵酿制而成。食醋赋予食品以特有的酸味、香味和鲜味，按其生产原料分为米醋、糖醋、酒醋、果醋、醋酸醋。其中米醋和果醋风味好，香气浓，酸味柔和，深受大众欢迎。

（1）生产原料　包括主料、辅料、填充料和添加剂。主料有淀粉质（大米、高粱、小米等，以及碎米、高粱糠、麸皮、米糠等代用原料）、糖质、含酒精原料。辅料有麸皮、细米糠和豆粕；填充料有谷壳、稻壳（砻糠）、高粱壳等。添加剂有食盐、蔗糖、香料和炒米色。食盐有调味和抑菌作用，在成熟醋醅中，15g/L以上浓度的NaCl可抑制醋酸菌的生长。

（2）生产菌种及其作用　参与酿造米醋的微生物主要有曲霉、酵母菌和醋酸菌。它们产生的各种酶使蛋白质分解，淀粉糖化，酒精发酵，醋酸发酵，成酸和成酯等，产生氨基酸、糖分、乙醇、有机酸（乙酸等）、乙酸乙酯等，与食盐混合，赋予食醋鲜味、甜味、酸味、香气、咸味和颜色，使食醋成为色、香、味俱佳的酸性调味品。酿造糖醋的微生物有酵母菌和醋酸菌。酒醋则以乙醇为原料醋酸菌发酵制成。

①曲霉：以淀粉质为原料酿醋，须先将淀粉水解为葡萄糖，才能进行酒精发酵和醋酸发酵。目前我国常用于制作麸曲糖化剂的菌种有：分泌糖化型淀粉酶的黑曲霉As3.4309、宇佐美曲霉As3.758；分泌糖化型和液化型淀粉酶的东酒1号（宇佐美曲霉As3.758诱变株）、甘薯曲霉As3.324和泡盛曲霉；分泌液化型淀粉酶的米曲霉沪酿3.042、黄曲霉As3.800等。

②酵母菌：利用糖类进行酒精发酵的菌种是酿酒酵母（*S. cerevisiae*），其常用的菌株代号有拉斯12号、K字酵母、南阳1300、As2.109、As2.399、As2.1189、As2.1190。K字酵母适用于以高粱、大米、甘薯为原料酿制普通食醋；酿酒酵母As2.109、酿酒酵母As2.399适用于淀粉质原料；酿酒酵母As2.1189、酿酒酵母As2.1190适用于糖蜜原料。为了增加食醋香味，可添加异常汉逊酵母As2.300、异常汉逊酵母As2.338等产酯酵母菌株。

③醋酸菌：醋酸菌利用醋酸发酵，氧化酒精为醋酸。优良产酸菌种应是氧化酒精速率快，不再分解醋酸，制品风味好。我国常用菌种有沪酿1.01（巴氏醋酸杆菌）、恶臭醋酸杆菌As1.41、沪酿1.079（纹膜醋酸杆菌）等。沪酿1.01性能稳定，产醋量高；而沪酿1.079

比沪酿 1.01 产酸提高 10%，食醋风味好。目前国外使用混合醋酸菌生产食醋，除能快速完成醋酸发酵外，还能产生其他有机酸和酯类等成分。

（3）工艺流程（以酶法液化通风回流制醋为例）

碎米→浸泡→磨浆→调浆（加水、α-淀粉酶、$CaCl_2$、Na_2CO_3）→加热液化→糖化（麸曲）→冷却→液态酒精发酵（加酒母）→酒液→拌和入池（加麸皮、稻壳、醋酸菌种子）→固态醋酸发酵→加食盐后熟→淋醋→加热灭菌→包装→成品

①酒精发酵：醪液冷却至 28~30℃，加酒母，控制品温 30℃左右，发酵 3~5d，酒精含量达 7%~8%（体积分数），残糖含量 5g/L 左右，酸度 8g/L，可转入醋酸发酵。

②通风回流醋酸发酵：将酒醪、麸皮、稻壳与醋酸菌种子充分拌匀，于 35~38℃入池发酵，经 24h 左右品温升至 40℃，可松醅一次，供新鲜空气，以后每逢品温达 40℃，即采用醋汁回流法使品温降至 36~38℃。冬季回流醋汁品温低时，可预热回流醋汁至 38~40℃。当酸度达到 65~70g/L，醋醅即成熟。醋醅成熟后，立即加入 15g/L 以上浓度的食盐，以防止醋酸过度氧化成 H_2O 和 CO_2。

第三节　食品添加剂与酶制剂的生产

一、食品添加剂的生产

食品添加剂是为了改善食品的品质、组织、色泽、香气、风味及贮藏性，以及为了加工工艺的需要而添加到食品中的物质。它包括化学合成和天然的两大种类。在此介绍采用发酵法规模化生产的几种食品添加剂。

1. 柠檬酸

柠檬酸又名枸橼酸，是发酵法生产的最重要的有机酸，主要作为酸味剂加入到饮料、果汁、果酱、水果糖等食品中，以及作为调味剂加入到糖浆、片剂等医药中。我国于 1968 年以薯干为原料利用深层发酵法生产柠檬酸，至 20 世纪 70 年代中期柠檬酸工业已初步实现规模化，迄今已成为世界上仅次于美国的柠檬酸生产大国。

（1）生产原料　包括淀粉质原料（甘薯、马铃薯、木薯、山芋等）、糖质原料（甘蔗和甜菜糖蜜）和正烷烃类（石油）原料。

（2）生产菌种　包括曲霉、青霉、毛霉、木霉、解脂假丝酵母和细菌，但以曲霉为主，如黑曲霉、泡盛曲霉、文氏曲霉、宇佐美曲霉等。其中以黑曲霉和文氏曲霉产酸能力较强。目前利用黑曲霉 Co827 液体深层发酵产酸率达 14%以上，转化率 95%以上，发酵周期 64h；而利用黑曲霉 Co860 发酵产酸率达 20%，转化率 95%，发酵周期 96h。此两种菌以薯干为原料，具有糖化力高、产酸力强、能耐高浓度的柠檬酸、发酵液中产物单一等特点。近年来，又实现了以正烷烃为碳源利用解脂假丝酵母 PC71、解脂假丝酵母 B74 等连续发酵生产柠檬酸。

（3）发酵机制　黑曲霉细胞内存在三羧酸循环和乙醛酸循环。为了大量累积柠檬酸，采

取诱变改良菌种或在培养基中加入亚铁氰化钾（要加得适时适量），使顺乌头酸酶（细胞内一种铁硫蛋白酶）活力丧失或减弱，以阻断该酶（亚铁氰化钾与铁硫蛋白酶的 Fe^{2+} 生成络合物）催化异柠檬酸生成顺乌头酸的反应，这是积累柠檬酸的关键。葡萄糖经 EMP 途径生成丙酮酸，丙酮酸在有氧条件下，一方面在丙酮酸脱氢酶作用下氧化脱羧生成乙酰 CoA，另一方面在丙酮酸羧化酶作用下经 CO_2 固定反应生成草酰乙酸，乙酰 CoA 与草酰乙酸在柠檬酸合成酶作用下缩合生成柠檬酸。

（4）工艺流程（以薯干粉为原料的液体深层发酵为例）

薯干粉→调浆（加水、α-淀粉酶）→液化→冷却→发酵（加黑曲霉种子培养液、通无菌空气）→发酵液→提取（过滤、中和、酸解分离）→柠檬酸液→精制（离子交换净化、浓缩结晶、干燥）→包装→成品

薯干经粉碎，加水调浆，α-淀粉酶液化成为液化醪后，与黑曲霉种子培养液同时进入发酵罐，于 34～35℃保温发酵 90～100h，薯干粉发酵的总用糖一般为 140～160kg/m^3，柠檬酸产量为 120～155kg/m^3，对糖的转化率达 93%～97%。将成熟发酵液过滤去除菌体，所得滤液先用石灰水或碳酸钙中和制成柠檬酸钙，再用硫酸处理形成硫酸钙，从而使柠檬酸分离，经活性炭脱色、树脂净化后，真空浓缩结晶，干燥包装即为成品。

2. 维生素 C

维生素 C（L-抗坏血酸）是人类不可缺少的营养物质，也是食品重要的营养强化剂、抗氧化剂，同时亦是重要的医药制品。20 世纪 70 年代，我国科技工作者发明二步发酵法生产维生素 C，提高了产品产量，降低了成本，使我国成为维生素 C 生产和出口大国。

（1）发酵机制　以葡萄糖为原料，采用弱氧化醋酸杆菌（*A. suboxydans*）或生黑葡萄糖酸杆菌（*Gluconobacter melanogenes*）先将山梨醇氧化成 L-山梨糖，再利用氧化葡萄糖酸杆菌（*G. oxydans*）和巨大芽孢杆菌将 L-山梨糖氧化为 2-酮基-L-古龙酸，后者在碱性溶液中得到烯醇化合物，加酸后直接转化为 L-抗坏血酸。

$$\text{D-葡萄糖}\xrightarrow{+H_2\text{（加压）}}\text{D-山梨醇}\xrightarrow{\text{弱氧化醋酸杆菌}}\text{L-山梨糖}\xrightarrow{\text{氧化葡萄糖酸杆菌}}\text{2-酮基-L-古龙酸}$$

$$\text{2-酮基-L-古龙酸}\xrightarrow{\text{加碱}}\text{烯醇式 L-古龙糖酸}\xrightarrow{\text{加酸}}\text{L-抗坏血酸}$$

（2）生产工艺（以二步发酵法为例）　第一步发酵：将弱氧化醋酸杆菌的二级种子转移至含有山梨醇、玉米粉、磷酸盐、碳酸钙等组分的发酵培养基中，于 28～34℃发酵，得到的山梨糖发酵液经低温灭菌作为第二步发酵的原料。第二步发酵：将氧化葡萄糖酸杆菌和巨大芽孢杆菌的二级种子转移至含有第一步发酵液的培养基中，在 28～34℃条件下混菌发酵 60～72h，再将发酵液浓缩，经化学转化和精制获得维生素 C。在利用氧化葡萄糖酸杆菌与巨大芽孢杆菌进行第二步发酵中，前者为产酸菌，单独传代培养时存活率及产酸能力较低，后者为伴生菌，虽本身不产酸，但混菌发酵时能使前者产酸能力显著提高。

3. 微生物多糖

微生物多糖由细菌、酵母菌和霉菌产生，故又称细菌多糖和真菌多糖。依据多糖在微生物细胞上存在的位置不同，可将其分为胞内多糖、胞壁多糖和胞外多糖。根据多糖分子结构的组成不同，亦可将其分为同质多糖和异质多糖（也称杂多糖）。由细菌产生的多糖大多是

荚膜和黏液层。产生的多糖种类有20余种，其中可大量生产的是黄原胶。

（1）黄原胶　黄原胶（Xanthan gum）是由黄单胞菌发酵产生的一种高分子胞外酸性异质多糖，由2分子D-葡萄糖，2分子D-甘露糖和1分子D-葡萄糖醛酸组成的“五糖重复单元”聚合体。黄原胶作为乳化剂、增稠剂、稳定剂、悬浮剂、保湿剂等被广泛用于食品工业中，将它用作风味面包、调味料的乳化剂，用作饮料的果肉良好悬浮剂，淀粉食品的填充剂和稳定剂，牛乳、酸乳、冰淇淋、冰牛乳、冰冻食品的稳定剂或增稠剂，高温焙烤食品的保湿剂等。

①生产菌种：黄单胞菌属（*Xanthomonas*）中甘蓝黑腐病黄单胞菌（*X. campestris*），又名野油菜黄单胞菌，在甘蓝提取物和人工培养基中发酵产生具有相同化学组成的多糖。目前我国已筛选的菌株有甘蓝黑腐病黄单胞菌B-1459、甘蓝黑腐病黄单胞菌N. K-01（南开大学）、甘蓝黑腐病黄单胞菌S-152（山东大学）、甘蓝黑腐病黄单胞菌008、甘蓝黑腐病黄单胞菌NRRL、甘蓝黑腐病黄单胞菌L_4和甘蓝黑腐病黄单胞菌L_5（中科院微生物研究所）等。这些菌株为G^-杆菌，产荚膜，在琼脂培养基平板上形成黄色黏稠菌落，液体培养可形成黏稠的胶状物。

②生产原料：碳源为D-葡萄糖、蔗糖、葡萄糖浆、玉米糖浆或淀粉等，其起始浓度一般为20~50g/L。氮源为蛋白胨、鱼粉、豆粕粉等，也可用硝酸盐或铵盐。无机盐为K_2HPO_4、$MgSO_4$、$CaCO_3$，微量元素有Fe^{2+}、Mn^{2+}、Zn^{2+}。为促进菌体生长，还需提供含维生素的玉米浆和酵母膏。此外，研究表明，谷氨酸、柠檬酸、延胡索酸可促进黄原胶的生物合成。

a. 种子培养基成分及灭菌条件：蔗糖20.0g/L，酵母浸粉1.0g/L，混合氮源50g/L，K_2HPO_4 0.1g/L，$CaCO_3$ 2.0g/L，$MgSO_4 \cdot 7H_2O$ 0.5g/L，豆油2.0g/L（作消泡用）。pH 7.2，0.1MPa（121℃）灭菌30min。

b. 发酵培养基成分及灭菌条件：淀粉或蔗糖40.0g/L，酵母浸粉2.0g/L，混合氮源1.3g/L，KH_2PO_4 5.0g/L，$MgSO_4 \cdot 7H_2O$ 2.0g/L，$(NH)_2SO_4$ 2.0g/L，$CaCO_3$ 2.0g/L，柠檬酸2.0g/L，豆油2.0g/L（作消泡剂）。pH 7.0~7.2，0.1MPa（121℃）灭菌30min。

③发酵工艺控制：a. 摇瓶发酵，接种量1%~5%（体积分数），旋转式摇床转速220r/min，培养温度28℃，发酵72h左右。发酵结束，黄原胶产酸能力为20~30g/L，对碳源的转化率为60%~70%。b. 大罐发酵，由于培养基黏度高，需要高速搅拌和多级通气发酵的高通风量，一般为0.6~1.0m^3/（$m^3 \cdot min$）。接种量5%~8%（体积分数），于28~30℃发酵72~96h。又因产生大量的酸性黄原胶，使发酵液pH下降至5.0以下，导致黄原胶产量急剧下降，故须加入磷酸盐缓冲液或用KOH控制发酵液pH维持在7.2左右，有利于生产菌株将全部糖源分解殆尽。

（2）右旋糖酐　右旋糖酐又称葡聚糖（Dextranum），分子式为$(C_6H_{10}O_5)_n$，20g/L右旋糖酐溶液黏度为0.15Pa·s，与盐、酸、碱等物质具有良好相容性，在高温下有抗降解能力。右旋糖酐在食品工业中用作饮料和糕点的稳定剂、保湿剂、增稠剂和增量剂；在临床上作为血浆代用品用于降低血液黏稠度、改善微循环和抗血栓，并有增加血液容量作用。

①生产菌种：有肠膜明串珠菌肠膜亚种（*L. mesenteroides* subsp. *mesenteroides*）和肠膜明串珠菌葡聚糖亚种（*L. mesnteroides* subsp. *dextranicum*），在医药工业上用前者较多。

②生产工艺：发酵培养基组成：蔗糖100g/L，K_2HPO_4 5g/L，酵母膏2.5g/L，$MgSO_4$

0. 2g/L。发酵过程中 pH 降低，培养基黏度增高，发酵结束时 pH 为 4. 5，黏度为 0. 4～0. 7Pa · s。

4. 红曲色素

红曲色素（Monascouruarin）是由红曲霉的菌丝分泌的多种天然色素的混合物，它分为三种结晶体：橙红色针状结晶、黄色片状结晶和紫红色针状结晶，分别称为红色色素、黄色色素和紫色色素。红曲色素的特性：溶解性和着色性能好，耐热性和耐光性较强，对酸、碱、醇、氧化剂与还原剂均较稳定，食用安全性高。由于红曲色素色泽鲜红，又具有上述优良特性，因而作为着色剂用于腐乳、蛋糕、鱼、肉、饮料、食醋、黄酒、配制酒等制作中。红曲是以大米为原料，经红曲霉发酵而制成的一种红曲米。经研究发现，红曲中含有抗菌、降脂、降压、抗氧化等活性成分。有的红曲红色素可作为肉制品的防腐剂兼着色剂，既能抑制肉毒梭菌、金黄色葡萄球菌等 G^+ 菌的生长，又能替代 $NaNO_2$ 或减少 $NaNO_2$ 用量；红曲中含有的洛伐他汀能降低血清胆固醇和甘油三酯水平，产生的黄酮酚具有较强抗氧化活性。临床试验结果证实了每天服用 9g 含有 γ-氨基丁酸的红曲有较好降压效果。

（1）生产菌种　红曲色素的生产菌种有紫红曲霉（*M. purpureus*）、安卡红曲霉（*M. anka*）、烟色红曲霉（*M. fuliginosus*）、变红红曲霉（*M. serorubosecens*）、锈红红曲霉（*M. rubiginosus*）、巴克红曲霉（*M. barkeri*）、黄色红曲霉（*M. ruber*）、发白红曲霉（*M. albidus*）。其中紫红曲霉和安卡红曲霉是我国生产红曲色素和红曲米的重要菌种。

（2）生产工艺（以固态法为例）　固态法红曲色素也称红曲米或红曲。它是利用红曲霉在蒸熟的米饭上繁殖后，经浸曲、烘干等工艺而制成的紫红大米。其生产工艺流程如下：

红曲霉原种→斜面培养→三角瓶种曲

冰醋酸→↓（混合）

大米（或籼米）→淘洗、浸泡、沥水→蒸米→冷却→接种培养→浸曲→烘干→红曲米

①斜面培养：蛋白胨 50g/L，麦芽糖 30～40g/L，琼脂 20g/L，水。将红曲霉接种于斜面，28～30℃培养 10～14d 后，每管加入 15mL 3%的无菌醋酸，摇均，即试管菌液。

②三角瓶种曲：将大米浸泡 5～6h 后常压蒸 20～30min，装 20～25g 于 500mL 三角瓶中，灭菌，冷却至 28℃，每只三角瓶接入 0. 8～1. 0mL 试管菌液，摇匀，28～30℃培养 36～48h，可见米粒着生菌丝，开始早晚各摇瓶一次，至 10d 左右即成熟。将之倒出磨碎，再加入 2500mL 水与 90mL 冰醋酸，摇匀，即成种曲菌液。此菌液可接种 25kg 大米。

③曲盘法制红曲：将浸泡 4～5h 的大米沥干后常压蒸 15min，要求米粒熟而不黏，松散。米饭冷却至 40℃接入种曲菌液，拌匀后装盘堆积，盖上湿绒布于室温 33℃，相对湿度 80%以上的曲室培养，其间喷水保湿并翻曲降温，控制品温不超过 40℃，自接种至第 7d，曲已全呈红色，再自然干燥 2d，总计 9d 出曲。红曲霉具有耐酸、耐温、好气与生长缓慢等生理特性。在制曲方法上，先前已由曲盘法改为厚层通风制曲，出曲率有所提高。目前又由厚层通风制曲改用固体制曲的先进设备回转式圆盘制曲机制曲，不仅实现了红曲的自动化生产，而且提高红曲质量，减少杂菌污染。

④浸曲与干燥：浸曲工序约经 4d，浸曲 7 次，米粒外观呈均匀紫红色，即为湿的红曲米。将湿红曲米转入烘房内摊成 1cm 厚，控温 70～75℃，烘干 12～14h，即为红曲米。

二、酶制剂的应用与生产

目前已发现的微生物的酶已有2500多种，但用于食品工业的酶制剂主要有淀粉酶、蛋白酶、葡萄糖异构酶、纤维素酶、果胶酶、葡萄糖氧化酶等10多种（表11-2）。酶制剂主要由细菌、霉菌和酵母菌生产，一种酶可由多种微生物产生，而一种微生物也能产生多种酶。因此可根据不同条件利用多种微生物生产酶制剂。微生物酶制剂的生产一般分为菌种选育及其扩大培养、产酶培养、酶的分离与纯化、制剂化与稳定化几个过程。

表11-2 微生物酶制剂及其在食品工业中的应用

酶制剂	用途	来源
淀粉酶	水解淀粉制造葡萄糖、麦芽糖、糊精，供制造多种食品	细菌、霉菌
蛋白酶	软化动物肌肉纤维，干酪制造，分解小麦粉谷蛋白，改善食品风味等	细菌、霉菌
脂肪酶	用于制作干酪和奶油，增进食品香味，大豆脱腥等	酵母菌、霉菌
纤维素酶	用于大米、大豆、玉米脱皮，淀粉制造，速溶冲调饮料和方便食品等	霉菌
半纤维素酶	用于大米、大豆、玉米脱皮，提高果汁澄清度，提高速溶食品溶解度	霉菌
果胶酶	用于柑橘脱囊衣，果汁饮料澄清等	霉菌、细菌
葡萄糖氧化酶	用于蛋白质脱葡萄糖以防止食品褐变，密封包装食品除氧防腐	霉菌
葡萄糖异构酶	可使葡萄糖转化为果糖	细菌、放线菌
蔗糖酶	制造转化糖，防止高浓度糖浆中蔗糖结晶析出，防止糖果发沙	酵母菌
蔗糖异构酶	以蔗糖为原料制造异麦芽酮糖和异麦芽酮糖醇，为理想的代糖品	细菌
橙皮苷酶	防止柑橘罐头的白色沉淀	霉菌
柚柑酶	脱去果汁（蜜橘）苦味	霉菌
乳糖酶	供给乳糖酶缺乏症婴儿的乳品制造，防止乳制品中乳糖析出	酵母菌、霉菌
单宁酶	食品脱涩	霉菌
花色素酶	防止水果制品变色，白葡萄酒脱去红色	霉菌
凝乳酶	牛乳凝固剂	霉菌
胺氧化酶	胺类脱臭	酵母菌、细菌
菊糖酶	用于果糖制造	细菌、霉菌
蜜二糖酶	分解甜菜制糖中的棉籽糖	霉菌

（1）菌种选育及其扩大培养

从自然界分离的野生菌株多数产酶能力较低，可通过诱变育种筛选高产酶的突变株，而后根据其理化特性与生长要求进行扩大培养。对产酶菌种要求：遗传特性较稳定；具有较高的生长速率；目标酶制剂的产量较高，有利于酶的分离和纯化；除蛋白酶生产菌种外，其他产酶菌种产蛋白酶活力应较低，以防止目标酶被蛋白酶水解。常用产酶菌种有枯草芽孢杆菌

BF7658、枯草芽孢杆菌 As1. 398，黑曲霉 As3. 350、黑曲霉 As3. 4309，米曲霉沪酿 3. 042、米曲霉 UE328、米曲霉 UE336。此外，尚有青霉、毛霉、根霉、木霉、链霉菌及酵母菌等。随着重组 DNA 技术的发展，许多酶制剂也可通过基因工程菌来生产。

（2）产酶培养方法　产酶培养分为固体培养与液体培养。

①固体培养：本法用于霉菌培养，又称为麸曲培养。它是以麸皮或米糠为主料，谷糠、豆饼等为辅料，加水拌和成含水适度的培养基，供霉菌生长和产酶。优点：利用霉菌耐干燥和耐高渗的特点，可得到一些生物活性物质，产酶量高，具有利用原料简单、酶提取容易、操作简便、节省能源等特点。缺点：占地面积多、劳动强度大、生产周期长（1~7d）。

②液体培养：本法用于细菌、酵母菌和霉菌培养，又称液体深层培养。它是经灭菌的培养基在密闭发酵罐中进行大规模培养产酶的方法，有分批培养、补料分批培养和连续培养三种，其中前两种较常用。优点：适合连续生产、占地面积少、生产量大、条件容易控制、减轻劳动强度、生产周期短（1~5d）。缺点：在液体深层培养中要严格控制产酶条件。

（3）产酶条件的控制　包括控制培养基组成和控制培养条件。

①控制培养基组成：

a. 碳源，碳源是构成细胞组成的材料、能源和酶的组成部分，也是多种诱导酶的诱导物。不同微生物所要求的碳源各异，这由菌种自身的酶系（组成酶或诱导酶）所决定。碳源种类除了影响产酶外，有些碳源本身就是酶的诱导物。例如，淀粉酶生产时培养基中加入淀粉，果胶酶生产时加入果胶或含果胶物质的甜菜渣和水果渣，都是酶的诱导物。

b. 氮源，氮源是蛋白质的组成成分。氮源也有诱导和阻遏酶形成的作用。在蛋白酶生产中，蛋白质能诱导酶的形成。氮源对于微生物的生长与产酶的影响，既有两者协同促进，又有促进（或不促进）微生物生长，不促进（或促进）产酶的不协调情况。选定氮源种类之后，还要注意碳源浓度，即碳氮比、无机氮与有机氮的浓度比例、无机氮的种类等。

c. 无机盐，有些金属离子本身就是酶的组成部分。无机盐对产酶效应的影响比较复杂。P 对产蛋白酶有促进作用；Ca^{2+}对蛋白酶和 α-淀粉酶有明显的保护和稳定作用；Na^{+}和 Cl^{-}对提高枯草杆菌 α-淀粉酶的耐热性有显著作用。添加适量的 Mg^{2+}、Zn^{2+}、Mn^{2+}、Co^{2+}、Fe^{2+}等也能提高蛋白酶和 α-淀粉酶等的产酶量。

d. 生长因子，多种氨基酸、维生素是微生物生长与产酶的必要成分，有些维生素甚至就是酶的组成部分。麦芽根、酵母浸粉、玉米浆、米糠、米曲汁、麦芽汁、玉米废醪中均含有不同程度的微量生长因子，对促进产酶有显著效应。

②控制培养条件：

a. pH，适宜的环境 pH 可以促进酶的积累。在发酵过程中，可采用以下方法调节 pH：ⅰ. 根据酶生产中所要求的 pH 来确定培养基的碳氮比。ⅱ. 可采取在培养基中添加缓冲剂、流加氨水或尿素、补料、加大通气量等方法以维持适宜的 pH。

b. 温度，菌体产酶与菌体生长的最适温度各不相同。为提高酶的稳定性，延长菌体产酶时间，产酶温度要低于菌体最适生长温度，即进行变温生产。例如，用酱油曲霉生产蛋白酶时，于 28℃ 发酵产酶量比在 40℃ 高 2~4 倍。

c. 通气量，菌体产酶与菌体生长所要求的通气量各不相同。一般而言，通气量少对长菌有利而不利于产酶，通气量大则促进产酶而不利于长菌。但也有例外，枯草杆菌生产 α-淀粉酶时，在对数生长期的末期降低通气量能有效提高产酶量。

d. 种龄，生产菌种过老或过嫩，不仅延长发酵周期，而且会降低产酶量。一般种龄在30~45h 的酶活性最高。

（4）酶的分离与纯化　分离纯化目的就是将目的胞内酶或胞外酶提取出来，并使之达到要求的纯度，制成酶制剂。提取胞内酶时，先以离心分离得到菌体，再采用菌体自溶法、机械破碎法、冻融法或超声波破碎法等进行细胞破壁，释放胞内酶。而后将其转入液相中，加入絮凝剂或凝固剂，搅拌后，用离心沉降分离机或板框过滤机除去絮凝物或凝固物，得到澄清酶液。提取胞外酶时，可在发酵液中直接添加适量絮凝剂或凝固剂，然后用同样方法处理得到澄清酶液。由于有些微生物的细胞破壁技术难度较大，故工业上常选用胞外酶产生菌生产酶制剂，可使生产工艺简化，操作简便。

提取的粗酶液含有较多杂质，且酶液浓度较低，因此还需进一步纯化、浓缩或干燥才能达到食品酶制剂的质量标准。常用纯化方法：超滤法、盐析法、有机溶剂沉淀法、单宁沉淀法、白土或活性氧化铝吸附法等。若酶液色泽较深，还需用 5~15g/kg 活性炭脱色。为提高酶液浓度，减少酶提取过程中试剂的用量和能耗，纯化后的酶液用真空薄膜蒸发器于 40℃下浓缩至原体积的 1/4~1/3，即为液体酶制剂商品。粉状酶制剂还需进行离子交换、干燥（真空干燥、喷雾干燥、气流干燥、冷冻干燥）、磨粉等工序处理后才能制得。

（5）制剂化与稳定化　酶液经分离、纯化、浓缩后，可制成液体或固体酶制剂。商品酶制剂是以一定体积或重量的酶活力计价，故出售前要稀释至一定的标准酶活力，同时在酶制剂中加入一种以上的物质作为酶活稳定剂、抗菌剂与助滤剂，并作为粉状酶制剂的填料、稀释剂和抗结块剂。作为酶活稳定剂的物质有辅基、辅酶、金属离子、底物、螯合剂、蛋白质等，最常用的有多元醇（如甘油、乙二醇、山梨醇、聚乙二醇等）、糖类、食盐、乙醇与有机钙。有时用复合稳定剂效果明显，如明胶对细菌 α-淀粉酶与蛋白酶有稳定作用，但效果不佳，若再加入乙醇和甘油，即可提高酶活稳定性。

第四节　微生物的菌体及其内含物的应用

一、生产面包

面包是以小麦面粉为主料，以鸡蛋、食用油、食糖、食盐等为辅料，经酵母菌发酵制成的焙烤食品。其质地松软、味香可口、营养丰富，易于消化吸收。

（1）生产菌种　常用菌种是酿酒酵母，主要有压榨酵母（鲜酵母）和高活性干酵母。

①压榨酵母：压榨酵母是用酵母液经压榨而制成。其生产工艺：利用糖蜜或其他碳源，适当添加氮源物质和磷等无机盐，28℃深层通气培养至 12~15h，离心分离出酵母细胞，经水洗涤迅速冷却，压滤机压榨，使其水分含量在 70%~73%。而后在模具中压成块，包装后冷藏。其优点是发酵力强、使用方便，但不易久存，容易发生菌体自溶而死亡。

②高活性干酵母：高活性干酵母是用压榨酵母经连续流化床低温沸腾干燥而制成。其水分含量 4%~6%，固形物含量 94%~96%，活性应保持在 60%~80%。与压榨酵母相比，其最大优点：常温下活菌稳定性能良好。例如，安琪高活性干酵母，置于阴凉干燥处保质期为

2年，使用时可直接添加到面粉中或以35℃左右的适量温水溶解后添加。

（2）发酵机制　面粉中含有70%~80%的淀粉，少量的单糖和蔗糖。酵母菌在面粉中生长时首先利用少量的单糖和蔗糖，同时面粉中的β-淀粉酶将面粉中的淀粉转化成麦芽糖为酵母菌利用。酵母菌能分泌蔗糖酶和麦芽糖酶，将蔗糖、麦芽糖分解成单糖，继而利用单糖及其他营养物质先后进行有氧呼吸繁殖菌体细胞和厌氧发酵产生乙醇、CO_2、醛类、酮类和有机酸（乳酸、乙酸）。产生的CO_2被面团中的面筋包围，留于面团中，使面团胖大，烘烤面团时CO_2受热膨胀、逸出，从而使面包形成质地松软的海绵状结构。

（3）工艺流程（以二次发酵法为例）

配料 → 第一次调制面团 → 第一次发酵 → 第二次调制面团 → 第二次发酵 → 整形 → 醒发（后发酵）→ 烘烤 → 冷却 → 包装 →成品

配料时，将30%~70%面粉（占配料总质量）、0.6%~1.0%安琪高活性干酵母（占配料总质量）和适量的水混合搅拌，调制成面团。于25~30℃第一次发酵约2~4h之后，再加入剩余的原辅料搅拌揉搓，于25~30℃第二次发酵2~3h，立即分割、滚圆和整形，做成一定形状的面包坯。整形控制温度为25~28℃，相对湿度65%~70%。整形后于30~40℃醒发45~90min，起发至面包的基本形状。成坯后立即放入180~220℃高温炉烘烤成熟（时间由烘烤温度和面包的种类及大小来决定），冷却、包装，即为成品面包。有的还添加各种食用香精、果仁、果脯、乳粉（或牛乳）等辅料，生产不同的花色品种。

二、单细胞蛋白质的生产

单细胞蛋白（SCP）是指利用各种营养基质大规模培养单细胞的微生物（包括细菌、酵母菌、霉菌和单细胞藻类）所获得的菌体蛋白质。由于世界人口增长，耕地面积减少，导致动植物蛋白匮乏，因此从微生物中获得SCP是解决人类蛋白质食物资源的重要途径。

（1）SCP的优点　SCP具有多种动植物蛋白无法比拟的优点。①生长繁殖迅速。微生物在发酵罐中培养，生产能力达2~6kg/（m^3·h），可在短时间内获得大量菌体。②不受外界条件的影响。不受季节气候限制，不占耕地面积，生产容易控制，适应性强，能够工业化生产。③营养价值高。SCP含有较高的蛋白质和种类齐全的氨基酸，例如，微生物细胞内蛋白质含量（占细胞干物质）：酵母菌40%~55%，细菌60%~80%，霉菌20%~50%，小球藻和螺旋蓝细菌50%~65%。而小麦10%~12%，牛肉18%~22%，大豆35%~40%。此外，这些微生物细胞中还含有丰富的碳水化合物和维生素（B族维生素、β-胡萝卜素）、麦角固醇、矿物质（如磷、钾、镁等）、各种酶和未知生长因子。

（2）生产原料　包括碳氢化合物和碳水化合物。①碳氢化合物有石油原料：柴油、正烷烃、天然气等；石油化工产物：甲烷、甲醇、乙醇、醋酸等。②碳水化合物有淀粉质原料：马铃薯、木薯、甘薯与玉米淀粉等；糖质原料：甘蔗或甜菜糖蜜、亚硫酸盐纸浆废液等；工、农、林业的废液、废渣和废料：酿酒厂、味精厂、淀粉厂、制糖厂、食品厂等的废液和废渣，农作物的秸秆、向日葵壳、棉籽壳、稻壳等壳类，糖渣类、玉米芯、木屑、刨花、阔叶树等。由于以石油化工原料生产SCP成本高，以及出现能源危机等问题，故目前主要以高产低质、廉价的粗粮淀粉、含糖或淀粉、含纤维素废渣、废液等原料生产SCP。

（3）生产菌种　良好的SCP必须具备无毒、蛋白质含量高、必需氨基酸含量丰富、核酸含量较低、易消化吸收、适口性好、制造容易和价格低廉等基本要求。目前用于生产 SCP 的微生物有酵母菌、非致病细菌、霉菌、单细胞藻类等。

①酵母菌：酵母菌细胞中含有蛋白质、脂肪、维生素和无机盐等。其中蛋白质含量占细胞干物质的40%~55%。含有的糖类包括糖原、海藻糖、脱氧核糖、直链淀粉等。氨基酸组成齐全，尤其赖氨酸、苏氨酸、组氨酸、苯丙氨酸等含量高。维生素有 14 种以上。因此，酵母菌 SCP 具有较高的营养价值，是良好的食用和饲用蛋白质资源。

生产 SCP 的常用酵母菌有：热带假丝酵母、产朊假丝酵母、解脂假丝酵母解脂变种、酿酒酵母、扣囊复膜酵母（曾称扣囊拟内孢霉）、脆壁酵母、脆壁克鲁维酵母、保加利亚克鲁维酵母、马克斯克鲁维酵母等。热带假丝酵母和产朊假丝酵母等主要以亚硫酸盐纸浆废液、木材水解液等为原料生产饲用酵母，而酿酒酵母主要以糖蜜生产食用或医用酵母。脆壁酵母、脆壁克鲁维酵母、保加利亚克鲁维酵母和马克斯克鲁维酵母能利用乳清生产食用 SCP。酵母菌体的培养，采用液体深层通气培养法和固体通风发酵法，均得到良好效果。SCP 作为饲料可用其粗制品，如作为食品或医药需精制处理。

②细菌：常用细菌有嗜甲烷单胞菌（*Methanomonas methanica*）、甲烷假单胞菌（*Pseudomonas methanica*）、荚膜甲基球菌（*Methylococcus capsulatus*）等专性甲烷菌，可以甲烷为惟一碳源生产 SCP。此外，尚有甲醇菌和纤维素单胞菌能分别利用甲醇和纤维素生产 SCP；胶质红色假单胞菌（*Rhodopseudomonas gelatinosa*）多用于淀粉废水和豆制品废水的 SCP 生产。由于细菌菌体比酵母小，分离困难，菌体成分比较复杂（除蛋白质外），且蛋白质不如酵母菌易消化，尚有带毒性物质的危险，故目前我国大多用酵母菌生产 SCP。

③螺旋蓝细菌：该菌隶属于蓝细菌中的螺旋蓝细菌属（*Spirulina*），曾称螺旋藻。螺旋蓝细菌外观为青绿色，呈螺旋状，为由多细胞组成的螺旋状盘曲的不分支的丝状体。本菌繁殖力强，能利用阳光、CO_2 和其他矿物质合成有机物，释放 O_2，光合效率高，多数最适生长温度 25~36℃，最适 pH 9~11。

螺旋蓝细菌的蛋白质含量 50%~65%（占干物质），由 18 种氨基酸组成，含有人体 8 种必需氨基酸。此外，还含有功能性的多肽（GFL），它是一种强烈刺激人体细胞增长的拟生长因子。藻胆蛋白（藻蓝蛋白）含量达干重的 18%，不仅是良好的天然蓝色素，而且有提高机体免疫力和抗癌功效。该菌含有 B 族维生素（维生素 B_1、维生素 B_2、维生素 B_3、维生素 B_6、维生素 B_{12}）、维生素 E、维生素 PP 及 β-胡萝卜素、叶酸、泛酸等多种维生素。尤其维生素 B_{12}、β-胡萝卜素和维生素 A 含量高。β-胡萝卜素可降低肺癌、口腔癌的发病率。γ-亚麻酸（GLA）和不饱和脂肪酸含量为 1.7%，前者是人体前列腺素（PGE1）的前体，有降血脂、软化血管的功能，后者参与体内调节血压、胆固醇合成及细胞增生等生理过程。螺旋蓝细菌还含有多种人体必需的微量元素，铁、锌、铜、硒等，它们均与有机物结合而易被人体吸收，能有效调节机体平衡和酶的活性。螺旋蓝细菌产品对治疗和辅助治疗某些疾病有独特功效。例如，每天食用 4.2g 的该产品有助于降低高胆固醇、高血脂，有利于构建肠道内益生乳酸菌的菌群，提高铁的生物有效性，作为缺铁性贫血的食物辅助治疗物。螺旋蓝细菌广泛应用于食品、饲料、精细化工、医药等领域，我国现已开发出多种螺旋蓝细菌保健食品。目前用于生产“螺旋藻”产品的菌种有盘状螺旋蓝细菌（*Spirulina platensis*）和最大螺旋蓝细菌（*S. maxima*）等。

④小球藻：小球藻（*Chloellare*）中的椭圆小球藻和粉粒小球藻在 CO_2 和阳光适宜条件

下，以数倍于高等植物的速率生长。小球藻的营养价值很高，含有约 500g/kg 的蛋白质、脂类、碳水化合物、维生素 A、维生素 B_1、维生素 B_2、维生素 C 等成分。此外，还含有未知生长因子。近年来，宇宙生物学研究试验中将以小球藻作为宇宙航行中的食品。

⑤霉菌：生产饲用 SCP 常用的霉菌有白地霉、拟青霉、米曲霉、黑曲霉、康氏木霉、绿色木霉等。其中白地霉的蛋白质含量高，增殖速率快，以玉米浸泡液为原料生产饲用 SCP 可获得满意结果。此外，白地霉还可利用淀粉废水和豆制品废水生产 SCP。利用霉菌生产 SCP，具有生长快，耐酸，不易染杂菌，菌丝体大，易于筛滤收集，淀粉酶和纤维素酶活力高等特点，可直接利用淀粉和纤维素为碳源。霉菌可利用的原料有酒糟、豆制品和淀粉的废料、甘蔗和甜菜渣（含果胶、纤维素与半纤维素）、玉米淀粉渣等。

（4）工艺流程（以糖蜜为原料的液体深层通气培养为例）

糖蜜→水解（加硫酸、水）→中和（石灰乳）→澄清→流加糖液（配入硫酸铵、尿素、磷酸、碱水）→发酵（酒母、通入空气）→分离（去废液）→洗涤（加水）→压榨→压条→沸腾干燥→真空包装→活性干酵母

①培养基配方：生产 1t 压榨酵母需要糖蜜（含糖 40%）1600kg，磷酸（45%）36kg，硫酸铵（含 N 量 20%）40kg，硫酸（93%）7kg，纯碱（95%）50kg，尿素（含 N 量 46%）25kg。

②发酵条件：发酵时间为 12～15h，温度 28～30℃，糖蜜浓度 1.5～5.5°Bé，pH 4.2～4.4，发酵残糖 0.1～0.2g/dL，通风量 120～163m^3/（h · m^3 培养基）。将压榨酵母加入植物油、山梨醇酐单硬脂酸酯、维生素 C 拌和后，切块、包装即为鲜酵母；而将压榨酵母保温自溶、经离心喷雾干燥，可制成药用酵母粉。将压榨酵母加入上述添加剂拌和后，压条，经流化床沸腾干燥（又称空气悬浮干燥）、真空包装后即为活性干酵母粉。

三、食　用　菌

食用菌是指可供人类食用（或医用）的大型真菌，主要有蘑菇、银耳、香菇、木耳、羊肚菌、牛肝菌、鸡枞菌、茯苓、灵芝等。由于这类食用菌的菌体比其他真菌都大，为（3.0～18.0）cm×（4.0～20.0）cm，故称为大型真菌。

（1）食用菌的种类　在现代生物分类学上食用菌属于子囊菌亚门和担子菌亚门。其中属于担子菌的有木耳科、银耳科、口蘑科、侧耳科等 26 个科；属于子囊菌的有地菇科、马鞍菌科和盘菌科等 3 科。据估计我国食用菌约有 350 余种，常见的食用菌种类见表 11-3。

表 11-3　　我国常见的食用菌种类

属名	代表种	属名	代表种
木耳属（*Auricularia*）	黑木耳（*A. auricula*）	小苞脚菇属（*Volvariella*）	草菇（*V. volvacea*）
银耳属（*Tremella*）	银耳（*T. fuciformis*）	香菇属（*Lentinus*）	香菇（*L. edodes*）
猴头菌属（*Hericium*）	猴头（*H. erinaceum*）	侧耳属（*Pleurotus*）	平菇（*P. ostreatus*）
蘑菇属（*Agaricus*）	双孢蘑菇（*A. bisporus*）	金钱属（*Collybia*）	鸡枞菌（*C. albuminosa*）

（2）食用菌的营养与保健作用　食用菌是一类营养丰富、味道鲜美、风味独特的菌类蔬菜。它含有丰富的蛋白质（占干重10%~50%）和8种必需氨基酸齐全，还含有B族维生素（维生素B_1、维生素B_2、维生素B_3、维生素B_5、维生素B_6、维生素B_{12}）、维生素C、维生素D、维生素K、胡萝卜素、叶酸、生物素等多种维生素，以及膳食纤维和多种矿物质。食用菌除了供直接食用外，还可用于提取增鲜剂等。此外，食用菌中一些有价值的药用成分具有医疗保健作用。例如，木耳有润肺和消化纤维素的作用，因而是纺织工人的保健食品，并具有减少血中胆固醇的沉积、通便等功效。银耳有提神生津、滋补强身作用。香菇含有能降低血中胆固醇的“香菇素”。利用猴头菌丝体制成猴菇菌片，对胃及十二指肠溃疡有良好疗效。灵芝有降血脂、抗肿瘤，并对肝脏病变有防治作用。近年来，临床试验已证明，从灵芝、银耳、猴头菇、金针菇、香菇等大型真菌中提取的多糖，具有抗肿瘤、抗病毒、抗细菌感染等功效。

（3）食用菌菌体生产　目前食用菌生产采用子实体固体栽培和菌丝体液体发酵两类。前者适用于农村、城镇的大面积栽培，后者为工厂在人工控制条件下的发酵罐液体深层培养。在子实体栽培中，控制食用菌生长的环境条件主要是温度、湿度、空气、光线、pH等。关于食用菌栽培方法可以参见有关专著。发酵罐液体培养获得的食用菌的菌丝体可作为人类蛋白质食品、调味品等，并用之制备各种药物和提取多糖类等代谢产物，制成各种口服液和其他保健食品。其生产工艺流程为：

保藏菌株→斜面菌种→摇瓶种子→种子罐→繁殖罐→发酵罐→过滤→菌丝体和滤清液→提取（抽提、浓缩、透析、离心、沉淀、干燥）→深加工→成品

采用发酵法生产食用菌能节省时间、劳力、并且菌龄一致，可实现大规模工业化生产。

重点与难点

（1）酒精发酵、啤酒和葡萄酒酿造所用生产菌种及其特性；（2）啤酒发酵中双乙酰的形成与控制措施；（3）葡萄酒的苹果酸-乳酸发酵；（4）酒曲中的微生种类及其在白酒酿造中的作用；（5）直投式乳品发酵剂的特性及应用；（6）酸乳常见的异常现象和原因及控制酸乳发生后酸化措施；（7）谷氨酸、柠檬酸、维生素C的发酵机制；（8）发酵酱油、醋、谷氨酸、柠檬酸、维生素C、红曲色素、SCP等生产菌种及其特性。

课程思政点

学习酿酒酵母和葡萄汁酵母的菌种特性、双乙酰的形成与控制、苹果酸-乳酸发酵，以及酒曲中的主要微生物菌群多样性及其作用，对控制和优化酿酒工艺条件，改善啤酒、葡萄酒和白酒的品质十分重要。编著者带领弟子们攻坚奋战，首次从航天器搭载返回的太空诱变菌种中选育出产酯能力高、抗逆环境能力强、发酵性能优良的空间酿酒酵母专利菌株，应用于与某公司合作研发的一款精酿啤酒，赋予其浓郁的丁香花香气，产品投产上市后在2020CBC中国国际啤酒挑战赛中荣获“天禄奖”，由此增强了民族自信心和自豪感。希望同学们热爱科学，在食品微生物功能开发和应用研究领域中勇于探索与创新。

复习思考题

1. 列表比较酒精发酵、啤酒和葡萄酒酿造所用生产菌种及其特性。
2. 分析酿酒母菌在啤酒发酵中形成双乙酰的原因，如何控制和消除双乙酰？
3. 葡萄酒酿造中为何需要进行苹果酸-乳酸发酵？哪种乳酸菌完成此种发酵？
4. 简述淋饭酒母制备工艺。甜酒酿的制作方法与淋饭酒母有何不同？
5. 简述麦曲、酒药和乌衣红曲的主要微生物菌群及其作用。
6. 比较大曲、小曲和麸曲的微生物菌群异同。它们在白酒酿造中有何作用？
7. 简述乳品发酵剂的制备方法。制作乳品发酵剂常出现的问题及其原因是什么？
8. 生产发酵乳品时对直投发酵剂有哪些特性要求？
9. 在制作普通酸乳时如何控制乳杆菌与乳球菌保持比例平衡的互生关系？
10. 简述制作普通酸乳的工艺要点，分析制作酸乳常见的异常现象和原因。
11. 普通酸乳在常温贮藏和销售过程中如何控制发生后酸化现象？
12. 常用哪些益生乳酸菌制作功能性酸乳？列举其制作工艺。
13. 试述谷氨酸生产菌的特性及其发酵机制。如何控制其发酵条件？
14. 简述酿造酱油和食醋的生产菌种及其作用。
15. 简述柠檬酸的生产菌种及其发酵机制。
16. 简述维生素 C 的生产菌种及其发酵机制。
17. 简述生产红曲色素和洛伐他丁的菌种及其作用与应用。
18. 现代酶制剂工业常用哪些产酶微生物？如何控制产酶的培养条件？
19. 简述常用生产 SCP 的酵母菌及其生产工艺。
20. 螺旋蓝细菌具有哪些营养与保健功能？
21. 食用菌具有哪些营养与保健作用？
22. 开菲尔具有哪些营养与保健作用？
23. 名词解释：麦曲、酒药、乌衣红曲、大曲、小曲、麸曲、普通酸乳、开菲尔粒、开菲尔、单细胞蛋白（SCP）。

CHAPTER 12

第十二章 食品中微生物数量的检测技术与指示菌

第一节　食品中的菌数检测方法

检测食品中的微生物数量的卫生学意义：第一，作为食品被微生物污染程度的标志（或食品清洁状态的标志）。如果食品中的总菌数较高，说明食品被微生物污染较严重，反映食品加工卫生状况差，检出病原菌的概率大；反之，则说明食品卫生质量好。因此，菌数高低也是评定食品质量等级的重要标准。在我国食品卫生标准中，针对各类不同食品分别制定了最高允许限量值，借以控制食品被污染的程度。第二，预测食品贮存期限（保质期）。食品中的菌数越少，贮存期就越长；反之，则加速食品变质，缩短贮存期。第三，反映食品的新鲜程度、是否发生变质。诚然，检测总菌数指标还要配合其他微生物学指标，如大肠菌群等才能正确判断食品卫生质量。

测定食品中的菌数方法主要有直接法和间接法。直接法有显微镜直接计数法、平板菌落总数测定法、最可能数测定法、还原试验法、浊度测量法和粒子计数法等。间接法由 ATP 生物发光法、鲎试验测定法、电阻抗测量法、放射测量法、接触酶测量法和微量量热法等。尽管检测菌数的方法较多，但至今尚无一种常用的方法能准确测定食品中的活菌数，均有一定误差、适用范围和优缺点。而理想的检测方法是对所有食品都适用，并在短时间内获得准确结果。目前，虽然国内外有一些检测菌数的新技术，但均有一定局限性。

一、显微镜直接计数法

1. 细菌的直接涂片计数法

（1）操作方法　用微量加样器将 0.005mL 经适当稀释的样品均匀涂布于载玻片上的 $1cm^2$ 面积的方格内，经干燥、固定、革兰染色后，用油镜观察计数每个视野的菌数，计算数 10~15 个视野的细菌总数，求出每个视野的平均菌数。将视野的半径 r 值（用物镜测微尺测定其直径 d，$r=d/2$）和每个视野的平均菌数 X 代入公式（12-1），即可算出每克（毫升）样品中的菌数。

$$菌数[个/g(mL)] = (X/3.14 \times r^2) \times 200 \times 100 \times B \qquad (12-1)$$

式中　r——显微镜油镜视野的半径，mm；

B——稀释倍数；

100——将 $1cm^2$ 的涂抹面积换算成 $100mm^2$；

200——将 0.005mL 的样品量换算成 1mL。

（2）特点　①优点：操作简便、快速，可在数十分钟内得到结果。②缺点：不能区分样品中的活菌与死菌，计数结果比 SPC 法偏高，只适用于菌数较高的样品，若样品菌数低时误差较大。此外，用此法检查多个样品时，长时间观察显微镜容易肉眼疲劳，引起人为误差。某些食品颗粒易与菌体混淆，亦引起误差。③此法适用于计数单细胞的细菌，例如检测鲜乳、乳制品发酵剂中的菌数。测定时，还可观察牛乳内有无体细胞（白细胞）和杂菌污染。

2. 酵母菌的血球计数板计数法

（1）操作方法　将适当稀释的样品注入 25×16 规格（有 25 个中方格，每个中方格内有 16 个小格）血球计数板的 $0.1mm^3$ 计数室内，以低倍镜和高倍镜观察并计数 5 个中方格内（即 80 个小格）的细胞数，代入公式（12-2）计算出每克（毫升）样品中的菌数。

$$菌数[个/g(mL)] = 80个小格内细胞数/80 \times 400 \times 10^4 \times B \qquad (12-2)$$

式中　B——稀释倍数；

400——计数室内 400 个小格；

10^4——$0.1mm^3$ 计数室体积换算成 $1cm^3$，相当于 1mL 样品。

（2）特点　①优点：操作简便、快速，可在数十分钟内得到结果。②此法适用于计数单细胞的酵母菌，例如检测酿酒发酵剂（酒母）中的酵母细胞数。③鉴别样品中的死活酵母菌计数方法：一是常用亚甲蓝染色法。以亚甲蓝染色液（亚甲蓝 0.025g，NaCl 0.9g，KI 0.042g，$CaCl_2 \cdot 6H_2O$ 0.048g，$NaHCO_3$ 0.02g，葡萄糖 1g，蒸馏水加至 100mL）染色后，活细胞为无色，死细胞则为蓝色；二是用吖啶橙染色法。以特殊滤膜过滤含菌样品，经吖啶橙（0.1g/L）染色后，在紫外（荧光）显微镜下观察，活细胞发橙色荧光，死细胞则发绿色荧光。

3. 霉菌的郝氏计测玻片计数法

（1）操作方法　取适量样品，用蒸馏水稀释至折光指数为 1.3447~1.3460（即浓度为 79~88g/L），滴入郝氏计测玻片的标准计数室内，在显微镜规定的标准视野（直径为 1.382mm）内观察有无霉菌菌丝，如发现一根菌丝长度或三根菌丝总长度超过标准视野的 1/6（即测微器的一格）时即为阳性。按 100 个视野计算，其中发现有霉菌菌丝体的视野数，即为霉菌的视野百分数，报告每 100 个视野中全部阳性视野数即为霉菌的视野百分数（视野%）。

（2）特点　操作简便，可快速获得结果。此法适用于番茄酱罐头、番茄汁中的霉菌计数。其检出数值高低，可反映番茄酱的卫生质量。由于细菌和酵母菌等也会引起番茄酱变质，因此当霉菌检出数值低于标准时，不能绝对说明该食品卫生质量较好。

二、平皿菌落总数测定法

平皿菌落总数测定法是我国食品安全国家标准规定的公认可行的活菌计数方法，因此又称标准平皿活菌计数法（Standard Plate Count，SPC 法）。

（1）基本原理　菌落总数是指食品检样经过处理，在一定条件下（如培养基成分、培养温度与时间、pH、需氧性质等）培养后，所得每克（毫升）检样中形成的微生物菌落总数。

一般认为，一个菌落是由一个活菌细胞形成，计数平皿中的菌落数就可推算检样中的活菌总数。选择菌落数在30~300CFU的平皿进行计数，乘以稀释倍数，即为每克或每毫升食品中的活菌数量，结果以CFU/g（mL）表示。CFU（Colony Forming Unit）为菌落形成单位。

标准平皿活菌计数法规定的培养条件下所测结果，只包括一群在平板计数琼脂（PCA）上生长嗜中温的好氧或兼性厌氧细菌的菌落总数。对于食品中的嗜冷菌、嗜热菌、耐热菌、厌氧菌、酵母菌、霉菌及乳酸菌数量，只有在标准平皿活菌计数法基础上改变培养基配方、培养条件和计数方法，才能获得较准确的检测结果。有关这些特殊菌类的检测方法在本章第三节介绍。

（2）操作方法　将样品经适当10倍递增稀释后，取1~3个适宜稀释度的样品稀释液1mL（液体样品可包括原液1mL），以倾注法分别注入灭菌平皿内，每个稀释度做两个平皿，加入溶化并冷却至46~50℃的平板计数琼脂培养基15~20mL，迅速充分混匀，或以涂布法取0.1mL样品稀释液涂布接种于平板计数琼脂平皿上。待琼脂凝固后，翻转平皿进行培养。培养温度与时间决定于食品种类，一般食品采用（36±1）℃培养（48±2）h，水产品（30±1）℃培养（72±3）h。注意所用培养基不应含有抑菌物质，常用的培养基有平板计数琼脂（PCA）、普通营养琼脂、葡萄糖蛋白胨琼脂、水解乳蛋白葡萄糖琼脂等。此外，为使平皿菌落计数准确还要注意以下几点：①全程无菌操作，任何杂菌污染将导致不准确结果；②样品在无菌均质袋中以拍击式均质器充分拍打，同时稀释样品要充分振荡混匀以打散菌团，否则一个菌落不代表一个菌体细胞；③稀释过程中每递增稀释一次，更换一支1mL吸管或吸头，以免造成稀释误差；④倒平皿时培养基与样品应充分混匀，否则出现菌苔，且培养基温度不宜过高，否则烫死菌体；⑤选择适宜的1~3个稀释度，最好使培养后的平皿菌落数在30~300CFU。

（3）特点　①优点：a. 所测结果是活菌数，更能真实反映食品的卫生状况。b. 重复性好，样品内的菌数高或低均适用。②缺点：a. 操作较繁琐，需要操作者有熟练技术。b. 所得结果为滞后性。一般需要2d时间（个别需10d）。c. 所得结果小于实际数值。食品中的细菌通常以团块状或链状排列存在，有时稀释操作不能完全散开细胞，致使有的菌落可能由多个细菌形成。d. 培养环境（培养基的成分、pH、培养温度、氧气条件等）只适合于多数细菌生长，而总有一小部分嗜冷菌不能在37℃生长，厌氧菌不能在有氧条件下生长，故检出率为实际数值的10%~90%。③此法不适用于产甲烷菌等严格厌氧菌的计数。

三、活菌计数的快速检测方法

上述标准平皿活菌计数法检测工作量较大，手工操作较繁琐，获得结果颇费时间，且不能有效检测处于“存活而不可培养”状态的微生物。目前在微生物菌群分析及其数量检测方面，为了提高活菌细胞的检测效率，普遍采用分子生物学技术及新方法，包括叠氮溴化丙锭-实时定量PCR（PMA-RT-QPCR）技术、环介导等温扩增（LAMP）技术和荧光原位杂交（FISH）技术等。其中LAMP技术具有极高的特异性，适合单一菌种检测；FISH技术不需要核酸提取或扩增过程，但样品染色体含量低或杂交探针特异性不高时，会导致假阴性或假阳性检测结果。下面重点介绍目前较常用的叠氮溴化丙锭-实时定量PCR技术。

（1）基本原理　实时定量PCR是在常规PCR体系中加入荧光染料或荧光探针，通过对PCR扩增过程的实时监测和累加荧光信号的同步分析，完成对微生物细胞数量的量化分析。

由于在 PCR 指数扩增期间，每个模板的 Ct 值（循环阈值，即每个反应体系管内的荧光信号到达设定荧光阈值时所经历的扩增循环次数）与该体系中模板的起始拷贝数（拷贝数指某基因在某一生物细胞基因组中的个数）存在线性关系，故可成为定量 DNA 的依据。以标准样品的起始拷贝数的对数为纵坐标，Ct 值为横坐标，绘制标准曲线，即可根据 Ct 值的变化，检出待测样品中微生物的数量（起始拷贝数=细胞数量）。叠氮溴化丙锭（PMA）是一种与 DNA 高亲和力结合的光敏反应染料，对菌体活细胞无毒害作用。它与 dsDNA 结合后，在强光照射下结合部位上的 PMA 叠氮基团生成高反应性的氮烯基，后者易与碳氢化合物结合生成牢固的共价碳-氮键，从而形成稳定的修饰 DNA。由于 PMA 不能进入完整的细胞壁和细胞膜，故只能选择性修饰已破损的死细胞“暴露”的 DNA。利用 PMA 修饰的 DNA 不被扩增的特性，再与 RT-QPCR 联用，即可选择性扩增活细胞 DNA，不扩增死细胞 DNA，进而实现对活菌细胞的定量计数。

（2）特点　叠氮溴化丙锭-实时定量 PCR 技术操作简便，快速、准确，重复性好，在单一反应中能进行复合 PCR 扩增，可实现样品中多种优势菌群的同步活菌计数，并能克服实时定量 PCR 技术无法区分死活菌体的不足，样品检测限与标准平皿活菌计数法相近。目前该技术已广泛用于双歧杆菌、乳杆菌、沙门氏菌、沙雷氏菌、微球菌、葡萄球菌、李斯特氏菌、大肠杆菌和产气肠杆菌，以及嗜冷菌（如假单胞菌等）、嗜热菌和耐热菌等多种菌体活细胞数量的快速检测。

四、最可能数测定法

（1）基本原理　最可能数（Most Probable Number，MPN）是基于泊松分布的一种计数方法。根据估计样品污染状况，对样品做连续的 10 倍稀释（稀释过程同标准平皿活菌计数法），选择 3 个适宜的连续稀释度的样品匀液，每个稀释度接种 3 管液体培养基，每管接种 1mL，经适宜温度培养一定时间后，大肠菌群（或细菌）在培养基中生长引起产酸产气（或混浊）变化。根据每个稀释度的产气（或混浊）阳性管数检索 MPN 表，报告每克（毫升）样品中大肠菌群（或细菌）的 MPN 值。

（2）特点　①优点：a. 操作简便；b. 与标准平皿活菌计数法相比相似率较高；c. 若采用选择性培养基（如月桂基硫酸盐胰蛋白胨肉汤、煌绿乳糖胆盐肉汤）可检测食品中大肠菌群的数量；d. 特别适用于检测食品中含菌数少的样品，例如，常用该法检测食品中厌氧菌的芽孢数量。②缺点：a. 所得结果不如标准平皿活菌计数法准确；b. 须严格无菌操作，任何杂菌污染都会造成错误结果。

五、还原试验法

（1）基本原理　微生物细胞在进行能量代谢过程中，有的成分被氧化，有的被还原，测定细胞的还原能力即可推测样品内的菌数。用电位计可以测定氧化还原电位（Eh）发生的变化，某些指示剂（如刃天青和红四氮唑等）与色素（如亚甲蓝等）也可反映这个变化。还原试验法常用的有亚甲蓝还原试验、刃天青还原试验和红四氮唑还原试验。

①亚甲蓝还原试验：亚甲蓝在氧化态时为蓝色，可被细菌还原酶褪成无色。其颜色改变的快慢决定于样品内的菌数多少，亚甲蓝褪色时间与样品中细菌数量成反比。常用此法测定生乳及乳制品中的菌数，亦可用于检查食品的灭菌效果。

将亚甲蓝配成1∶30000的溶液，按1∶10的比例加入样品（如生乳）液内，混合均匀，置37℃水浴中，每30min观察一次，记录亚甲蓝由蓝色还原成无色所需要的时间。根据亚甲蓝褪色时间与生乳的细菌总数对应表（表12-1），即可得到每毫升生乳中细菌的菌落总数。

表12-1　亚甲蓝褪色时间与生乳的细菌总数对应表

亚甲蓝褪色时间	细菌的菌落总数/（万CFU/mL）
≥4h	≤50
≥2.5h	≤100
≥1.5h	≤200
≥40min	≤400

②刃天青还原试验：其原理同亚甲蓝还原试验。不同之处：刃天青还原过程中有褪色程度的变化，即由蓝→红紫→粉红→无色。还原时间与样品中的微生物浓度成反比，可根据变色程度和变到一定颜色所需的时间推断样品中细菌数。常用此法测定原料乳、乳制品中的菌数，以及乳酸菌发酵剂的活力。

③红四氮唑还原试验：红四氮唑，学名为2,3,5-氯化三苯基四氮唑，简称TTC。TTC在氧化态时为无色，还原态时为红色或粉色。微生物在生长繁殖过程中产生还原酶及其他还原型物质（如呼吸链中产生的$FADH_2$），使TTC还原成红色的2,3,5-三苯基甲臜。常用此法检测原料乳与稀奶油巴氏杀菌的效果，还可用嗜热链球菌抑制法检测原料乳中有无抗生素残留。如果原料乳中含有抗生素等抑菌剂，则会抑制乳酸菌的生长，从而影响发酵乳的正常生产。具体检测方法：将9mL经80℃加热5min的原料乳冷却至37℃后接种1mL嗜热链球菌脱脂乳培养物（事先以灭菌脱脂乳按1∶1比例稀释），37℃水浴培养2h，加入40g/L的TTC指示剂0.3mL，混匀后于37℃水浴避光培养30~60min。若原料乳中含有抗生素等抑菌剂，则TTC不变色；若无抗生素残留，则TTC变为红色。

（2）特点　①优点：快速、简便、费用低，并且只有活细胞对染料有还原能力。②缺点：a. 所得结果不够准确，只是估算样品中的活菌数量。b. 亚甲蓝和TTC对某些细胞代谢有抑制作用，可降低氧化还原电位。c. 某些食品自身存在还原酶类，也能改变指示剂的颜色。

六、浊度测量法

（1）基本原理　利用浊度计或分光光度计测定培养液中微生物的生长量。当某一波长的光线通过混浊的液体后，光的强度被减弱。因为菌体不透光，在一定浓度范围内，悬液中单细胞的数量与光密度（OD值）成正比。通过测定OD值反映微生物生长量的变化（测定细菌OD值的波长为600nm，酵母菌OD值的波长为560nm），同时用标准平皿活菌计数法测定每毫升活菌数量，以OD值为横坐标，以每毫升活菌数的对数值为纵坐标，绘制标准曲线并建立相关线性回归方程，根据所测样品的OD值计算出每毫升的含菌数量。

（2）特点　①优点：样品数量较多时，此法与标准平皿活菌计数法相比省时省力。②缺点：若样品颜色较深或含有固体颗粒时，则不宜采用。该法不适用于多细胞微生物的生长测定。

七、 ATP 生物发光技术

（1）基本原理　该法又称萤火虫-荧光素酶法，细菌在代谢过程中形成的高能磷酸键贮存于三磷酸腺苷（ATP）中，每个细胞中的ATP含量恒定，平均值为4.7×10^{-10}μgATP，典型细菌细胞的ATP含量为每克细胞干重含有1mgATP。因为细胞死亡后几分钟内ATP被水解消失，故以ATP为测定指标即可快速检测活菌数量。利用虫荧光素酶催化的生物发光反应检测ATP含量。在萤火虫（来自北美、日本和东欧）的浸出液中含有虫荧光素和虫荧光素酶，在镁离子存在条件下，浸出液与ATP发生反应，产生发光现象，其反应式如下：

$$\text{萤火虫荧光素}+O_2+\text{ATP}\xrightarrow{\text{萤火虫荧光素酶}（Mg^{2+}）}\text{氧化虫荧光素}+\text{AMP}+\text{光量子}$$

在O_2和ATP参与下，萤火虫荧光素被氧化脱羧，将化学能转化为光能，释放出光量子。1个分子ATP产生1个光量子，产生光的强度与ATP含量成正比，可借助发光光度计或液体闪烁计数仪测定ATP含量。据此，可间接计算出样品中细菌的总活菌数量。

基于上述原理，由美国Charm公司研制的ATP生物发光快速检测仪（LUM-T），用于食品、饮料、药品和化妆品等的菌数快速检测，也可用于食品加工HACCP程序和食品安全程序的卫生监测，如检测杀菌后设备（放料口和接种口等）上的细菌残留，其最低检测限量为10^3CFU/g（mL）。检测肉类中的菌数下限为5×10^4CFU/g（mL）。

（2）特点　①优点：快速、简便、灵敏，ATP检测最低浓度为10^{-12}g/L。②缺点：食品本身含有ATP，在测定时应先去除食品中的非微生物细胞ATP，否则误差较大。

八、鲎试剂测定法

（1）基本原理　该法又称鲎变形细胞溶解物试验，鲎是栖身于海洋的古老而珍奇的大型节肢动物，其蓝色血液中99%为变形细胞（含血蓝色素）。鲎试剂（鲎血变形细胞溶解物）如遇细菌内毒素（脂多糖）时即可发生凝固。其原理：内毒素在碱性金属离子（Ca^{2+}、Mg^{2+}）存在下激活鲎试剂中凝固酶原，使其转变为凝固酶，凝固酶使存在于鲎试剂中的凝固蛋白原生成凝固蛋白，产生凝胶，凝胶的形成速度及其坚固程度与内毒素浓度相关。G^-菌内毒素在极微量情况下使鲎试剂凝固，可根据凝固时间推测食品中的菌数。由于G^-菌是冷藏食品的主要变质菌类，故该法对测定食品中嗜冷菌数量有实际意义。

（2）特点　①快速。当样品菌数在5×10^2CFU/g（mL）时，1h内即可检出。②灵敏。能检测样品中10^{-12}g/mL的G^-菌内毒素。③采用鲎试剂盒可同时检测多种食品。主要检测冷藏和冻藏食品中G^-菌的数量，亦可用于肉类微生物学品质的快速检测。方法是先用蒸馏水将牛肉中细菌内毒素摇动浸出（勿加热），浸出液作10倍梯度的稀释，取出0.1mL稀释液，加入鲎试剂标准液，37℃保温1h后观察。品质好的牛肉千倍稀释液0.1mL不能凝固鲎试剂。

九、电阻抗测量法

（1）基本原理　该法是以电阻抗为媒介，监测微生物代谢活性的一种快速方法。电阻抗是指交流电通过一种传导材料（如生长培养基）时的阻力。微生物在生长代谢过程中，可使培养基中电惰性底物——大分子糖类、蛋白质和脂肪等营养物质，分解成为电活性产物——小分子带电荷较多的有机酸、氨基酸、脂肪酸和乳酸盐或氨等，从而使培养基的电阻抗降低。以 M 表示培养基电阻抗降低的百分数，则有公式（12-3）如下：

$$M = (R_0 - R_T)/R_0 \times 100\% \quad (12-3)$$

式中

R_0——测量开始时培养基的阻抗值；

R_T——测量开始后某时刻培养基的阻抗值。

单位时间内培养基电阻抗降低的百分数（M）与样品中的初始含菌数量成正比，以微生物计数仪测定 M 为横坐标，以 SPC 法测定样品含菌数量为纵坐标，绘制标准曲线，即可根据 M 的变化，检出样品中微生物的数量。

基于上述原理，由法国生物梅里埃公司研制的 Bactometer 全自动微生物计数仪，广泛用于乳类、肉类、禽类、海鲜类、果蔬、饮料、糖果、糕点、干燥食品与冷冻食品、化妆品与洗涤用品、药品等的菌数快速检测，以及新鲜食品保质期预测，亦可测定无菌包装和环境样本的含菌数量。

（2）特点　方法简便、快速，一般 2~6h 即可测出电阻抗的变化，并可同时检测上百个样品。与 SPC 法比较，其准确率在 93%以上。该法已被美国分析化学家协会（AOAC）认可。检测项目有细菌总数与大肠菌群计数，大肠杆菌、酵母菌、霉菌、乳酸菌及嗜冷菌、嗜热菌和耐热菌的计数，以及金黄色葡萄球菌、沙门氏菌、单增李斯特氏菌、空肠弯曲菌等致病菌的计数。

十、放射测量法

（1）基本原理　用具有放射性的 ^{14}C 标记培养基内葡萄糖或其他糖类和盐类物质，细菌在培养过程中利用这些营养物质，代谢产生放射性的 $^{14}CO_2$，将生成的放射性标记 CO_2 从培养装置中导出或用化学法吸收后，利用专用的放射测量仪测定放射性 $^{14}CO_2$。检出 $^{14}CO_2$ 所需时间与样品中的初始菌数成反比。

基于上述原理，由美国研制的放射测量仪（Bactec 301 或 Bactec 225、Bactec 460）用于测定 $^{14}CO_2$ 含量是否增加，样品内微生物数量多，检出 $^{14}CO_2$ 时间则短或放射性强。检测时间随接种量、繁殖速率和代谢类型而变化。

（2）特点　方法简便、快速，如样品内菌数高，短时间即可得到结果，一般需 6~18h。用该法不仅可检测食品中的细菌数量，也可检验病原菌。有人用之检验食品中的金黄色葡萄球菌和伤寒沙门氏菌，当培养基中细胞浓度为 10^4CFU/mL 时，在 3~4h 内即可得到结果。

十一、接触酶测量法

（1）基本原理　利用微生物体内接触酶（H_2O_2 酶）与 H_2O_2 反应来估计食品中的菌数。根据这一原理设计接触酶测定仪。将一个含有接触酶的纸盘（如含有细菌的样品）置于盛有 3%（体积分数）浓度 H_2O_2 的试管中，接触酶与 H_2O_2 进行生化反应放出 O_2，使纸盘由管底部浮到表面，根据漂浮时间估计菌数。当样品中接触酶含量高时（表明接触酶阳性细菌含量高），纸盘上浮时间短（以 100s 以内计）；反之，接触酶浓度低，则纸盘上浮时间长（以 100~1000s 计）；如果无接触酶，则纸盘不上浮。多数嗜冷菌为接触酶阳性，可用此法测定好氧条件下冷藏食品的嗜冷菌，亦可通过漂浮时间确定食品中的菌数高低，从而快速判定食品的品质优劣。

（2）特点　简便、快速，所测样品细菌数的下限为10^5CFU/mL。利用该法还可判断食品的热杀菌效果。例如，将牛肉于71℃煮30min，以杀死所有繁殖体。判定牛肉煮透方法：将牛肉块置入3%（体积分数）H_2O_2溶液中，如有气泡产生，说明牛肉未煮透；反之，表明杀菌彻底。

十二、微量量热法

微量量热法是利用细菌生长时产生热量的原理设计而成。微生物在生长代谢过程中产生大量的代谢热。由于各种微生物的代谢产物热效应不同，因此可显示出特异性的热效应曲线图。由于培养基含有多种成分，微生物则产生多种不同的代谢产物，因此表现出的热效应曲线图为多个曲线峰，如为单一营养成分，则只能出现一个峰。用微量量热计测量产热量等数据，经计算机处理后，绘制温度-时间热效应曲线图，以此推断细菌存在的数量。目前已有能测定微小温度变化的仪器，它是测定菌落的有效工具。有人用微量量热法测定碎肉样品中的细菌总数为10^5~10^8CFU/g。

第二节　指　示　菌

人类消费的食品应有良好的卫生品质，不应含有病原菌。污染病原菌的食品除可引起食物中毒外，还引起传染病的发生。一般情况下，若要直接检查食品中的病原菌困难较大，生产实践中，用检查某些指示菌的方法评定食品的卫生质量。表明食品被粪便污染和肠道病原菌存在的理想指示菌应具备以下特征：①指示菌必须与肠道病原菌密切相关，二者都来自于人与动物的肠道，而且指示菌在肠道中占有极高的数量。②指示菌对不良因素的抵抗力与病原菌大致相同。在肠道以外的环境中，能生存一定时间，生存时间应与肠道致病菌大致相同或稍长。如果指示菌抵抗力差，则消失在病原菌之前；反之则消失在病原菌之后，使所测结果会低于或高于实际数值。③指示菌的繁殖速率与病原菌大致相同。在贮藏食品条件下，指示菌不应繁殖很快，否则无法推测食品实际污染病原菌和粪便污染的程度。④培养、分离、鉴定方法简便，容易检验。指示菌应对营养要求不高，于普通营养培养基上生长良好，而且用简单操作方法即能快速而准确测出其数量。

肠道内的细菌有大肠杆菌、产气肠杆菌、肠球菌、拟杆菌、乳杆菌、双歧杆菌、梭菌等。用理想指示菌的特征来衡量，第一个被建议的指示菌是大肠菌群。

一、大肠菌群

（1）大肠菌群定义及其成员　大肠菌群系指一群在36℃条件下培养48h能发酵乳糖、产酸产气的需氧和兼性厌氧G^-无芽孢杆菌。它主要包括肠杆菌科的埃希氏菌属（如大肠杆菌）、肠杆菌属（如产气肠杆菌、阴沟肠杆菌）、柠檬酸杆菌属（如弗氏柠檬酸杆菌）和克雷伯氏菌属（如肺炎克雷伯氏菌）等。大肠菌群成员中以埃希氏菌属为主，称为典型大肠杆菌。其他三属习惯上称为非典型大肠杆菌。目前，大肠菌群已被许多国家（包括我国）作为评价食品卫生质量的指标菌。一般认为，大肠菌群均直接或间接来自于人和温血动物的粪便，食品中检出大肠菌群，表示食品受到粪便污染，其中典型大肠杆菌为粪便近期污染的标志，其他菌属则为粪便陈旧污染的标志。这主要由于典型大肠杆菌常存在于排出不久的粪便中；非典型大肠杆菌主要存在于陈旧粪便中。

（2）大肠菌群的特性　大肠菌群对营养要求不高，在普通营养琼脂上37℃培养24h，即可见菌落。该菌群能在含有乳糖的月桂基硫酸盐胰蛋白胨肉汤（LST）、煌绿乳糖胆盐肉汤（BGLB）中生长，并能发酵乳糖产酸产气。虽然LST中的月桂基硫酸盐能够选择性抑制多数非大肠菌群类细菌（包括G^+菌和G^-菌）的生长，但有些产芽孢细菌、肠球菌仍能生长，故LST初发酵的产气管不能确定就是大肠菌群；BGLB中的煌绿能抑制产芽孢细菌生长，胆盐亦有抑制G^+菌的作用，故经BGLB复发酵验证试验才能证实大肠菌群的存在。此外，如果样品中含有乳糖之外的其他糖类，如葡萄糖、蔗糖等，则LST初发酵中未被抑制的少数非大肠菌群类细菌亦能发酵样品中的其他糖类而产酸产气，因而要进一步做复发酵证实试验。此外，结晶紫和胆盐能够抑制G^+菌的生长，使G^-的大肠菌群能在结晶紫中性红胆盐琼脂（VRBA）选择性平板上生长，典型大肠菌群菌落为紫红色，菌落周围有红色的胆盐沉淀环，菌落直径为0.5mm或更大；可疑大肠菌群菌落直径较典型菌落小。大肠菌群在30~37℃生长良好，不耐热，巴氏杀菌可被杀死，但对寒冷抵抗力弱，特别易在冻藏食品中死亡，对干燥耐受性相对较弱，自然条件下于水、土壤、食品内可生存较长时间。

（3）检测大肠菌群的食品卫生意义　主要体现以下两方面。

①作为食品被粪便污染的指示菌：大肠菌群均直接或间接来自于人和温血动物的粪便，如果食品中检出大肠菌群（食品中粪便含量只要达到10^{-3}mg/kg即可检出大肠菌群），表明食品受到粪便污染，说明食品不卫生或食品厂卫生条件差，故用大肠菌群作为食品被粪便污染指示菌，来评价食品的卫生质量

②作为食品被肠道致病菌污染的指示菌：如果食品中检出大肠菌群，说明食品中可能含有肠道致病菌的存在，预示食品已不安全。食品安全性的主要威胁是肠道致病菌，如沙门氏菌、致病性大肠杆菌、志贺氏菌等。若对食品逐批逐件或经常检验肠道致病菌有一定困难，特别是致病菌的数量极少时，更不易检测。由于大肠菌群在粪便中的数量较大（约占2%），容易检测，且与肠道致病菌来源相同，在外界环境中生存时间、繁殖速率以及对不良因素的抵抗力与主要肠道致病菌相近，故常作为肠道致病菌污染食品的指示菌，可避免直接检查食品中的致病菌所造成的人力、物力与时间的浪费。

食品中检出大肠菌群数量愈多，肠道致病菌存在的可能性就愈大。当然，在食品内发现大肠菌群不等于食品内一定有致病菌，有时即使食品内未发现大肠菌群，亦不能认为食品中绝对无致病菌。但只要食品中检出大肠菌群，说明有粪便污染，即使无致病菌，该食品仍被认为不卫生。所以实践上要求某些食品对特定的致病菌进行检验。

（4）大肠菌群数与大肠菌群检测方法　食品中大肠菌群数系以每克（毫升）检样中发现大肠菌群的最可能数来表示，简称大肠菌群的MPN值。在GB 4789.3—2016《食品安全国家标准　食品微生物学检验　大肠菌群计数》大肠菌群MPN计数法（第一法）中，采用样品3个稀释度各3管的“LST初发酵和BGLB复发酵的两步法”，即将在LST发酵管中经（36±1）℃培养（24±2）h和（48±2）h的产气者取1环接种于BGLB发酵管中，于（36±1）℃培养（48±2）h，产气者计为大肠菌群阳性管。根据证实为大肠菌群的BGLB阳性管数，检索大肠菌群MPN表，报告每克（毫升）样品中大肠菌群的MPN值。在GB 4789.3—2016

《食品安全国家标准　食品微生物学检验　大肠菌群计数》大肠菌群平板计数法（第二法）中，采用 SPC 平板计数和 BGLB 复发酵证实试验的两步方法，即将在结晶紫中性红胆盐琼脂（VRBA）平板上经（36±1）℃培养 18~24h 长出的典型和可疑大肠菌群菌落挑取 10 个（少于 10 个菌落的挑取全部典型和可疑菌落）分别接种于 BGLB 发酵管中，于（36±1）℃培养 24~48h，产气者计为大肠菌群阳性管。选取菌落数在 15~150CFU 的平板，计数典型和可疑大肠菌群菌落数乘以证实为大肠菌群阳性的试管比例，再乘以稀释倍数，即为每克（毫升）样品中大肠菌群数。例如，10^{-4} 样品稀释液 1mL，在 VRBA 平板上有 100 个典型和可疑菌落，挑取其中 10 个接种 BGLB 管，证实有 6 个阳性管，则该样品的大肠菌群数为 $100\times6/10\times10^4=6.0\times10^5$CFU/g（mL）。

二、粪大肠菌群

（1）粪大肠菌群定义及其成员　粪大肠菌群又称耐热大肠菌群，系指一群在 44.5℃培养 24~48h 能发酵乳糖、产酸产气的需氧和兼性厌氧 G^- 无芽孢杆菌。它主要包括埃希氏菌属，其次包括肠杆菌属和克雷伯氏菌属等的少数细菌。

（2）检测意义　粪大肠菌群主要来自人和温血动物的粪便，如果食品中检出粪大肠菌群，说明食品加工更不清洁，食品中存在肠道致病菌和毒素的可能性更大，故它能真实反映食品被粪便污染程度，以及食品存在肠道致病菌的可能性。与大肠菌群相比，粪大肠菌群在人和动物粪便中所占比例较大，约占粪便干重的 1/3 以上。受粪便污染的水体、土壤、动植物体表、食品、化妆品等均含有大量的这类菌群。由于粪大肠菌群在自然界容易死亡等原因，该类菌群的存在可认为食品直接或间接地受到较近期的粪便污染。

（3）检测方法　在 GB 4789.39—2013《食品安全国家标准　食品微生物学检验　粪大肠菌群计数》中，粪大肠菌群的检测方法与大肠菌群相似，只是复发酵试验改为 EC 肉汤发酵，于（44.5±0.2）℃培养（24±2）h。根据证实为粪大肠菌群的 EC 肉汤阳性管数，检索粪大肠菌群 MPN 表，报告每克（毫升）样品中粪大肠菌群的 MPN 值。

第三节　其他菌类数量的检测方法

细菌的菌落总数测定与大肠菌群的检验不能完全反映食品的微生物学品质，实践上为了全面评价食品的卫生质量，常对某些食品还要测定嗜冷菌、嗜热菌、耐热菌、厌氧菌、酵母菌、霉菌和乳酸菌等特殊菌群的数量。对这些特殊菌群的检验，只有在 SPC 法基础上改变不同培养基配方、培养条件和计数方法，才能获得较准确的检测结果。

1. 嗜冷菌数量的测定

食品中的嗜冷菌是指在 0~7℃下生长良好，于此温度下用固体培养基上培养 7~10d 内，出现可见菌落的微生物。它主要包括假单胞菌、产碱杆菌、黄杆菌、不动杆菌、莫拉氏菌、肠杆菌、变形杆菌、节杆菌、微球菌、肠球菌、芽孢杆菌、梭菌等属的一部分细菌，它们在冷藏条件下生长引起乳、肉、蛋等食品的变质。尤其一部分嗜冷菌（如荧光假单胞菌）可产生耐热的蛋白酶和脂肪酶，在消毒乳中保持一定活性，可降解营养成分引起腐败。一般嗜冷

菌数达到 10^6~10^7CFU/mL 即可明显观察到蛋白质和脂肪分解导致的腐败现象。

（1）常规检验方法　在标准平皿活菌计数法基础上，采用非选择性培养基和选择性培养基检测。用非选择性培养基（如普通营养琼脂或酪蛋白大豆蛋白胨琼脂）于 7℃培养 10d（或 21℃培养 2d，或 15℃培养 3d，或 15℃培养 1d 再于 7℃培养 2d）出现肉眼可见的菌落。如用结晶紫红四氮唑选择性培养基（结晶紫可抑制 G^+菌生长）于 30℃培养 2d（或 22℃培养 5d）计数平板上红色菌落即为 G^-嗜冷菌检验结果，然而当食品中的嗜冷菌主要为 G^+菌时，此法即不适用。如用假单胞菌 CFC 选择性培养基（CFC 抗菌剂能抑制除假单胞菌之外的其他杂菌生长）于 25℃培养 1~2d，紫外灯下计数平板上产荧光色素的菌落即为假单胞菌检验结果。选取菌落数在 30~300CFU 的培养皿进行计数，根据稀释倍数换算出每克（毫升）样品中嗜冷菌的数量（CFU）。此法适于检测鱼类、贝类等冷冻食品及低温冷藏的乳、肉、蛋、果蔬等食品中的嗜冷菌。

（2）快速检验方法　采用鲎试剂测定法、电阻抗测量法和接触酶测量法，以及叠氮溴化丙锭-实时定量 PCR 法，可以快速检验食品中嗜冷菌的数量，其基本原理及特点见本章第一节。此外，还有以下几种检测方法。①氨肽酶法：根据 G^-嗜冷菌细胞壁中含有可与特定底物反应的高活性氨肽酶特性，通过建立样品中氨肽酶的活力与菌落数之间的关系，可以确定嗜冷菌的数量。特点：操作简单，检测限为 10^4CFU/g（mL），但不能检测 G^+嗜冷菌，故实测结果偏低。②细胞色素 C 氧化酶法：根据多数嗜冷菌含有细胞色素 C 氧化酶，在 20~25℃培养 3~5d 之后，在平板菌落上滴加氧化酶试剂，计数氧化酶阳性菌落，亦可快速检出嗜冷菌，但误差较大。③脂肪酶法：根据多数 G^-嗜冷菌（如假单胞菌、黄杆菌等）分泌脂肪酶特性，且酶活力增长与菌落数的增加趋势大致相同，通过测定脂肪酶的活力并与嗜冷菌数量建立一定的关系，可以预测原料乳中嗜冷菌数量。

2. 耐热菌数量的测定

凡是在巴氏杀菌的温度下（63℃，30min）尚能残存，但不能在此温度下正常生长的微生物，称为耐热菌。食品中的耐热菌主要有芽孢杆菌、梭菌、链球菌、肠球菌、微球菌、葡萄球菌、微杆菌、节杆菌等属的一些种，它们在巴氏杀菌后的食品中残留并生长繁殖会导致缩短贮藏期。为了及时采取栅栏技术控制耐热菌的生长，有必要检测食品原料、半成品及成品中的耐热菌数量。

（1）常规检验方法　采用标准平皿活菌计数法。计数前先将少量样品经巴氏杀菌处理（63℃处理 30min 或 72℃处理 15min）后，迅速于冰水浴中冷却，用平板计数琼脂（PCA）或酪蛋白大豆蛋白胨琼脂培养基于 30~32℃培养 2d 计数。选取菌落数在 30~300CFU 的培养皿进行计数，根据稀释倍数换算出每克（毫升）样品中耐热菌的数量（CFU）。

（2）快速检验方法　采用电阻抗测量法和叠氮溴化丙锭-实时定量 PCR 法，可以快速检验食品中耐热菌的数量，其基本原理及特点见本章第一节。此外，还可采用酶联免疫吸附法（ELISA）。常采用双抗体夹心法。其原理：将特异性抗体吸附于固相载体表面，用之捕获抗原（如待检耐热菌）后，形成抗原抗体的复合物，再加酶标抗体，形成酶标抗体-抗原-抗体复合物，加入酶反应底物后，酶催化底物成为有色产物，以酶标仪测定反应产物的 OD 值，后者与标本中待检耐热菌的数量存在一定关系，建立 OD 值与菌落数量相关线性回归方程，可以快速检测食品中耐热菌数量。其特点：灵敏度高、特异性强、准确性高、快速便捷，检测限为 10^4CFU/g（mL）。

3. 芽孢数量的测定

在特定的时间内，凡是经100℃或106℃热处理杀死营养细胞后，能在指定的环境和非选择性培养基中，经55℃培养生长形成的菌落，称为嗜热菌芽孢；而经上述热处理后30℃培养生长形成的菌落，称为嗜温菌芽孢。它又分为好氧菌的芽孢和厌氧菌的芽孢。

（1）好氧菌的芽孢检验方法　不同样品热处理方法各有差异，将不同样品与同种培养基混合后再加热，目的使热处理基质条件一致。①谷物、淀粉和面粉样品：取稀释后的混悬液样品与55~60℃葡萄糖胰蛋白胨琼脂混合，100℃水浴处理15min，迅速冷却至46℃后倾注平板；②糖样品：取定量固态糖溶于蒸馏水中，加热至沸腾并维持5min，立即用水冷却后加入平皿，倾注上述培养基；③乳粉和干酪样品：取1：10稀释后的样品于106℃处理30min，立即用15~25℃水冷却，加入培养皿内，倾注46℃含0.2%可溶性淀粉的BCP脱脂乳粉平板计数培养基。检验嗜温菌芽孢于30℃培养3d计数；检验嗜热菌芽孢于55℃培养2d计数。具体检验方法参见SN/T 0178—2011《出口食品嗜热菌芽孢（需氧芽孢总数、平酸芽孢和厌氧芽孢）计数方法》。

（2）厌氧菌的芽孢检验方法　由于样品中芽孢数量较少，故常用MPN法测定。为了造成厌氧环境，在液体培养基表面加入含0.5g/L巯基乙酸钠的琼脂厚度为2.5cm。检验嗜温菌芽孢于30℃培养15d计数；检验嗜热菌芽孢于55℃培养5d计数。逐日观察记录产气管数，并根据产气阳性管数检索MPN表。

4. 嗜热菌数量的测定

（1）常规检验方法　食品加热处理后置于高温或加热处理后冷却缓慢，嗜热菌则引起食品变质。嗜热菌主要是形成芽孢的细菌，检验方法与SPC法相同。不同之处：培养温度采用45~55℃培养2~3d后计数。如果样品中嗜热菌的数量很少，可用最可能数法测定。

（2）快速检验方法　采用电阻抗测量法和叠氮溴化丙锭-实时定量PCR法可快速检测食品中嗜热菌（如凝结芽孢杆菌、嗜热脂肪芽孢杆菌、枯草芽孢杆菌等）的数量。

5. 酵母菌与霉菌数量的测定

食品主要因接触空气和不洁的器具而被酵母菌和霉菌污染，它们能利用食品中的一些糖类、果胶、有机酸、蛋白质和脂类，引起某些食品腐败。有些霉菌产生毒素，一些酸度高、含水分低或含有高盐或高糖的食品发生变质，亦因酵母菌或霉菌引起。即使这些食品于冷藏环境中，也同样发生变质。因此，属于上述状况的食品，只能以酵母菌或霉菌作为指示菌，才能较真实反映食品卫生质量。

在GB 4789.15—2016《食品安全国家标准　食品微生物学检验　霉菌和酵母计数》中，检测霉菌和酵母菌的菌落计数方法与细菌SPC法相似。不同之处：①计数所用培养基必须是抑制细菌生长的选择性培养基，即所用培养基是马铃薯-葡萄糖琼脂培养基（加氯霉素）和孟加拉红琼脂培养基。此两种培养基均含有100μg/mL的氯霉素，可抑制细菌的生长，此外孟加拉红（又称虎红，学名四氯四碘荧光素）亦具有抑制细菌作用，通常用于检测各类食品和饮料中的霉菌和酵母菌数量。②培养温度一般为（28±1）℃，培养时间为5d后观察菌落。③计算方法通常选择菌落数为10~150CFU的平皿进行计数，以同一稀释度的2个平皿的菌落平均数乘以稀释倍数，即为每克（毫升）检样中所含霉菌和酵母菌的数量（CFU）。

6. 乳酸菌数量的测定

乳酸菌的定义详见第十章第三节。

食品中的益生乳酸菌能否发挥功效主要取决于其活菌数量。目前在 GB 19302—2020《食品安全国家标准　发酵乳》中规定发酵乳中乳酸菌数限量≥1×10^6CFU/g（mL）；中国食品科学技术学会团体标准 T/CIFST 009—2022《食品用益生菌通则》要求：益生菌活菌数量≥1×10^8CFU/g（mL）。

在 GB 4789.35—2016《食品安全国家标准　食品微生物学检验　乳酸菌检验》中，采用 SPC 平板计数法可检测含活性乳酸菌的食品中的乳酸菌总数［CFU/g（mL）］，以及双歧杆菌、嗜热链球菌和乳杆菌的数量［CFU/g（mL）］。计数乳杆菌和双歧杆菌分别采用 MRS 培养基及含有莫匹罗星锂盐和半胱氨酸盐酸盐的改良 MRS 培养基，于（36±1）℃厌氧培养（72±2）h；计数嗜热链球菌采用 MC 琼脂培养基，于（36±1）℃需氧培养（72±2）h。从样品稀释到平板倾注要求在 15min 内完成。通常选择菌落数在 30~300CFU 的平皿进行计数，同稀释度的 2 个平皿的菌落平均数乘以稀释倍数，即为每克（毫升）检样中所含乳酸菌的数量（CFU）。

7. 致病菌的检验

致病菌系指能引起人和动物各种疾病的细菌，如肠道致病菌、致病性球菌与杆菌等。从对食品的安全要求而言，食品中不应有致病菌存在，否则会发生食物中毒及其他食源性疾病。故食品安全标准规定，所有食品均不得检出致病菌。

由于致病菌的种类繁多，而污染食品的致病菌数量相对不多，因而无法对所有致病菌逐一进行检验。此外，对某些致病菌的检验方法尚存在一定的误差和局限性，因此很难准确判断某种食品中有无致病菌存在。在实际检验中，一般根据不同食品特点，选定较有代表性的致病菌作为检验对象，并以此判断某种食品中有无致病菌存在。例如：蛋粉、禽肉制品等规定以沙门氏菌作为致病菌检验代表；酸牛乳、灌肠类等规定以肠道致病菌和致病性球菌为检验对象。有关致病菌的常规和快速检验方法详见第十四章第四节。

如果将致病菌的检验结果与细菌的菌落总数、大肠菌群计数等其他有关指标做全面综合分析，就能对食品卫生质量作出更准确的结论。故在我国规定的食品安全标准中，食品安全微生物学检验指标包括以下三项内容：菌落总数［CFU/g（mL）］、大肠菌群［MPN/g（mL）或 CFU/g（mL）］和致病菌。

重点与难点

（1）平皿菌落总数测定方法及操作注意的环节；（2）大肠菌群测定方法及做复发酵验证试验的原因；（3）叠氮溴化丙锭-实时定量 PCR 技术检测活菌数的原理；（4）ATP 生物发光法、鲎试验测定法、电阻抗测量法的原理；（5）检测大肠菌群意义；（6）区别霉菌、酵母菌与细菌检测方法；（7）嗜冷菌与耐热菌快速检测方法；（8）乳酸菌的检测方法。

课程思政点

作为食品安全检验工作者，掌握食品微生物常规检验和快速检测技术十分必要。同学们应通过提高理论知识和综合检验技能，参加理论和技能考核，获得国家高级食品检验员资格证书（终身有效），为持证上岗从事食品检验工作打下良好基础。作为品质管理与控制工作者，凭借理论知识与检验技能，应确保实施现场快速监测管道和设备的清洗杀菌效果，分析食品微生物的污染来源，预测食品的保质期，以保障食品质量与安全。

复习思考题

1. 列表比较直接法中5种微生物数量检测方法的优缺点、适用范围。

2. 如何进行菌落总数测定（用操作流程表示）？为使平板菌落总数计数准确注意掌握哪几个关键步骤？并说明理由。

3. 简述叠氮溴化丙锭-实时定量PCR技术检测活菌数的原理。

4. 简述ATP生物发光技术和电阻抗测量法检测活菌数的原理。

5. 食品检测微生物的数量和大肠菌群有何意义？

6. 为什么以大肠菌群作为食品被肠道致病菌污染的指示菌？其成员包括哪些属？

7. 某食品厂的产品（如肉制品等）经检验大肠菌群数超标，说明什么问题？

8. 如何进行大肠菌群测定（用操作流程表示）？经过初发酵试验之后为何要做复发酵验证试验？说明理由。

9. 试比较粪大肠菌群与大肠菌群检验方法的异同。

10. 试比较检测细菌与霉菌和酵母菌的SPC法的异同点。

11. 用SPC法检测霉菌与酵母菌数量时，如何抑制细菌的生长？

12. 如何对食品中的嗜冷菌、嗜热菌、耐热菌和乳酸菌等特殊菌类进行检验？

13. 嗜冷菌的快速检验方法有哪些？

14. 名词解释：菌落总数、大肠菌群、大肠菌群数、粪大肠菌群、循环阈值（Ct值）、拷贝数。

CHAPTER 13

第十三章 微生物与食品的腐败变质

第一节 微生物引起食品变质的原因

食品发生变质的因素主要包括物理因素（高温、高压和放射性污染等）、化学因素（化学反应和污染）、生物因素（微生物、昆虫、寄生虫污染）及动物或植物食品组织内的酶的作用。其中微生物引起食品变质最普遍，故本章只讨论由微生物引起的食品变质问题。在此意义上，食品变质是指在一定环境条件下，由微生物的作用而引起食品的化学组成成分和感官性状发生变化，使食品降低或失去营养价值和食用价值的过程。如肉类的腐败，油脂的酸败，果蔬的发酵、腐烂，谷物的霉变等均是微生物引起的有害变化。

食品从原料生产加工到成品出厂销售要受到不同来源微生物的污染，但引起食品变质还与食品内、外环境因素，以及污染微生物的种类和数量等有密切关系。在此重点讨论微生物引起食品变质的原因，即微生物引起食品变质的基本条件。

一、食品内环境因素

食品内环境因素包括食品的营养成分、食品的 pH、水分含量和渗透压等。

1. 食品的营养成分

食品含有丰富的营养物质，如蛋白质、糖类、脂肪、无机盐、维生素和水分等成分。不仅可供人类食用，而且也是微生物的天然良好培养基。微生物在适宜环境条件下分解和利用食品中的营养物质生长而引起食品变质。其发生变质的机制如下。

（1）食品中蛋白质的分解　蛋白质食物+分解蛋白质的微生物→多肽→氨基酸→胺+氨+硫化氢等。由于微生物产生的蛋白酶和肽链内切酶的水解作用，首先使蛋白质水解成多肽，进而水解形成氨基酸。氨基酸通过脱羧基、脱氨基、脱巯基等作用，进一步分解成相应的胺类（如甲胺、腐胺、色胺等）、吲哚、氨、硫化氢、乙硫醇、有机酸类等，食品即表现出腐败特征。此种由微生物引起蛋白质食品发生的变质称为腐败。如肉、鱼、禽蛋和豆制品等富含蛋白质的食品，主要以蛋白质分解为其腐败变质特征。

不同氨基酸分解产生的胺类和其他物质各不相同。氨基酸脱羧基生成的胺类是碱性含氮化合物，如甘氨酸产生甲胺、鸟氨酸产生腐胺、赖氨酸产生尸胺、色氨酸产生色胺、组氨酸产生组胺、精氨酸产生精胺、酪氨酸产生酪胺等；含硫氨基酸（如甲硫氨酸）经脱巯基作用，分解产生硫化氢、氨、乙硫醇等；季胺类含氮物被细菌的三甲胺还原酶还原生成三甲胺。这些物质都是蛋白质腐败产生的主要臭味物质。在氨基酸脱氨反应中，通过氧化脱氨生成α-酮酸和氨，还原脱氨生成短链脂肪酸和氨，水解脱氨生成羟酸（乳酸）、氨、吲哚等，分解脱氨生成不饱和脂肪酸和氨。

（2）食品中碳水化合物的分解　碳水化合物食物+分解糖类的微生物→有机酸+乙醇+气体等。食品中的碳水化合物包括纤维素、半纤维素、淀粉、糖原、双糖和单糖等。含这些成分较多的食品主要是谷物、蔬菜、水果和糖类及其制品。在微生物产生的淀粉酶、糖化酶、纤维素酶等各种酶作用下，碳水化合物被分解成单糖、醇、醛、酮、有机酸、CO_2和水等低级产物。由微生物引起糖类物质发生的变质称为发酵或酵解。碳水化合物含量高的食品变质的主要特征为酸度增加、产气和稍带有甜味、醇类气味等。不同种类的食品也表现为糖、醇、醛、酮含量升高或产气（CO_2），有时常带有这些产物特有的气味。

（3）食品中脂肪的分解　脂肪食物+分解脂肪微生物→脂肪酸+甘油+其他产物。它主要由微生物产生的脂肪酶将脂肪水解产生游离脂肪酸、甘油及其不完全分解的产物，如甘油一酯、甘油二酯。不饱和脂肪酸的不饱和键可形成过氧化物。脂肪酸可继续氧化分解、断链形成具有不愉快哈喇（或油哈）气味的醛类（或醛酸）和酮类（或酮酸），这就是食用油脂和含脂肪丰富的食品发生酸败后感官性状改变的原因。肉类、鱼类食品脂肪的超期氧化变黄，以及鱼类的“油烧”现象等也常被作为油脂酸败鉴定中较为实用的指标。脂肪发生变质的特征是产生酸和刺激的哈喇气味。人们将脂肪变质称为酸败。

2. 食品的pH

根据pH范围特点将食品分为酸性和低酸性两大类。pH>4.6者（如肉类、鱼类、乳类、蛋类、豆类、谷类、蔬菜等）一般属于低酸性食品；pH≤4.6者（如水果、果汁等）一般属于酸性食品。多数细菌适宜在低酸性食品中生长，而酵母菌和霉菌适宜在酸性食品中生长，但耐酸的乳杆菌也能生长。由此可见，由于食品酸度不同，引起食品变质的微生物类群也呈现一定适应性。此外，食品的pH也会因微生物的生长而发生变化。在含糖与蛋白质的食品中，微生物首先分解糖产酸，使食品的pH下降；当糖不足时，蛋白质被分解，pH又回升。

3. 食品的水分活度（A_w）

食品中的含水量决定了生长的微生物种类。含水分较多的食品，细菌易繁殖；反之，霉菌和酵母菌则易繁殖。多数细菌、酵母菌和霉菌的最低生长A_w分别为0.90，0.87和0.80，但嗜盐性细菌的最低生长A_w为0.75，耐旱霉菌（如双孢旱霉）和耐高渗酵母（如鲁氏酵母）的最低生长A_w分别为0.65和0.60。由此可见，食品的A_w在0.65以下时多数微生物不易生长。新鲜鱼、肉、果蔬等的A_w一般为0.98~0.99，适合多数微生物生长，如果不及时降低食品的A_w至0.65以下，则很容易变质。据研究，A_w为0.80~0.85的干制食品，仅能保存几天；A_w在0.72左右时可保存2~3个月；A_w在0.65以下，则可保存1~3年。

在实际生产中，食品中的水分常用含水量的百分率表示，以此作为控制微生物生长的指标。例如为了达到保藏目的，乳粉含水量应在5%以下，大米含水量为13%；豆类含水量为12%以下，脱水蔬菜含水量为14%~20%。虽然这些物质含水百分率不同，但A_w均约在0.70以下。

4. 食品的渗透压

在高渗食品中多数微生物因脱水而死亡，只有少数种能在其中生长。如盐杆菌属中的一些种能在食盐浓度为200~300g/kg的食品中生长，引起盐腌的肉、鱼、菜的变质；又如肠膜明串珠菌能在含糖高的食品中生长。酵母菌和霉菌一般耐受较高的渗透压，如异常汉逊酵母、鲁氏酵母、膜醭毕赤酵母等常引起糖浆、果浆、浓缩果汁等高糖分食品的变质；灰绿曲霉（*Aspergillus glaucus*）、青霉属、枝孢霉属（*Cladosporium*）等霉菌常引起腌制品、干果类、低水分的谷物霉变。食盐或糖浓度越高，食品的 A_w 越小，如食盐含量为 231g/kg 时，A_w 为 0.8，而食盐含量为 8.7g/kg 时，A_w 为 0.995。因此，为了防止食品腐败变质，常用盐腌和糖渍方法较长时间保存食品。

二、微生物的种类

微生物的污染是导致食品发生腐败变质的根源。如果某一食品彻底灭菌，并不再受微生物污染，即使有微生物适宜生长的条件，也不会发生变质。引起食品变质的微生物种类主要有细菌、酵母菌和霉菌。它们有病原菌和非病原菌，有芽孢和非芽孢菌，有嗜热、嗜温和嗜冷菌，有好气或厌气菌。这些菌类都是由于分泌胞外蛋白酶、淀粉酶、纤维素酶、脂肪酶和果胶酶，相应地分解食品中的蛋白质、淀粉、纤维素、脂肪和果胶等营养物质而引起变质。一般对蛋白质分解能力强的好氧性细菌，同时大多也能分解脂肪。故可根据食品组分的特点大致推测引起食品变质的主要微生物种类。不同种类微生物分解食品营养成分见表 13-1。

表 13-1　不同种类微生物分解食品营养成分一览表

营养成分	细菌	霉菌	酵母菌
蛋白质	分解力较强的有：芽孢杆菌属（枯草芽孢杆菌、地衣芽孢杆菌、凝结芽孢杆菌等）、梭菌属（肉毒梭菌等）、假单胞菌属（荧光假单胞菌）、莫拉氏菌属、不动杆菌属、变形杆菌属、黄杆菌属、产碱杆菌属、无色杆菌属、沙雷氏菌属（黏质沙雷氏菌）、沙门氏菌属、微球菌属、葡萄球菌属、乳杆菌属（植物乳杆菌）等	分解力较强的有：毛霉属（总状毛霉、微小毛霉、五通桥毛霉、雅致放射毛霉）、根霉属（米根霉、华根霉）、曲霉属（黑曲霉、米曲霉、黄曲霉等）、青霉属（娄地青霉、白青霉、酪生青霉、双地干酪青霉等）、红曲霉属、木霉属等	多数酵母菌对蛋白质的分解能力极弱。但酵母属、毕赤酵母属、汉逊酵母属、红酵母属、假丝酵母属、球拟酵母属等能使凝固的蛋白质缓慢分解。扣囊复膜酵母和汉逊德巴利酵母分泌蛋白酶
淀粉	分解力较强的有：芽孢杆菌属（枯草芽孢杆菌、地衣芽孢杆菌、凝结芽孢杆菌、解淀粉芽孢杆菌、巨大芽孢杆菌、马铃薯芽孢杆菌、蜡样芽孢杆菌、多黏芽孢杆菌等）、梭菌属（解淀粉梭菌）、假单胞菌属、肠杆菌属（产气肠杆菌）、乳杆菌属（植物乳杆菌）等	分解力较强的有：毛霉属（鲁氏毛霉）、根霉属（米根霉、白曲根霉、华根霉、黑根霉、中国根霉、河内根霉、代氏根霉等）、曲霉属（黑曲霉、米曲霉、黄曲米、宇佐美曲霉、甘薯曲霉等）、红曲霉属等	多数酵母不能利用淀粉，只有复膜酵母属中的扣囊复膜酵母（曾称扣囊拟内孢霉）能分泌α-淀粉酶和糖化酶而水解淀粉能力较强
脂肪	分解力较强的有：芽孢杆菌属（枯草芽孢杆菌、地衣芽孢杆菌、凝结芽孢杆菌等）、假单胞菌属（荧光假单胞菌）、莫拉氏菌属、不动杆菌属、	分解力较强的有：毛霉属、根霉属（米根霉、华根霉、代氏根霉）、曲霉属（黑曲霉、米曲霉、黄曲霉）、青	只有少数种，如解脂假丝酵母解脂变种分解脂肪能力较强

续表

营养成分	细菌	霉菌	酵母菌
脂肪	变形杆菌属、黄杆菌属、产碱杆菌属、无色杆菌属、沙雷氏菌属（黏质沙雷氏菌）、微球菌属、葡萄球菌属、乳杆菌属（植物乳杆菌）、双歧杆菌属（动物双歧杆菌）等	霉属（娄地青霉、白青霉、酪生青霉、沙门柏干酪青霉、灰绿青霉等）、红曲霉属、地霉属（白地霉）、枝孢霉属等	
纤维素	分解力较强的有：芽孢杆菌属（枯草芽孢杆菌、地衣芽孢杆菌、解淀粉芽孢杆菌等）、梭菌属（热纤梭菌）、纤维黏菌属、生孢嗜纤维菌属、纤维弧菌属、纤维单胞菌属等	分解力较强的有：根霉属（米根霉）、曲霉属（黑曲霉、米曲霉）、青霉属、木霉属（绿色木霉、康氏木霉、木素木霉、里氏木霉）、葡萄穗霉属、镰刀菌属等	极少数酵母，如扣囊复膜酵母和葡萄汁有孢汉逊酵母分泌β-葡萄糖苷酶，水解纤维二糖
果胶	分解力较强的有：芽孢杆菌属（浸麻芽孢杆菌）、梭菌属（费新尼亚梭菌、蚀果胶梭菌）、欧文氏菌属（胡萝卜软腐病欧文氏菌）、假单胞菌属（边缘假单胞菌）等	分解力较强的有：毛霉属、根霉属（米根霉）、曲霉属（黑曲霉、米曲霉）、葡萄孢霉属、枝孢霉属（蜡叶枝孢霉、主枝孢霉）和镰刀菌属	极少数酵母，如脆壁酵母能分解果胶
其他	细菌均有较强分解单糖能力，某些细菌还能利用有机酸或醇类	利用有机酸和醇类的霉菌：曲霉属、毛霉属和镰刀菌属等	多数酵母菌能利用单糖或双糖、有机酸

三、食品外环境因素

影响食品变质的环境因素和影响微生物生长的环境因素一样是多方面的。其中有些内容已在第四章第二节“环境因素对微生物生长的影响”中讨论，在此不再赘述。下面仅对温度、气体和湿度几个重要环境因素加以讨论。

1. 温度

自然界多数引起食品变质的嗜温菌（细菌、酵母菌和霉菌）在20~40℃生长良好，在此温度下由于生长繁殖迅速，很易引起食品变质。而当食品处于低温或高温条件下亦有嗜冷菌和嗜热菌生长，引起食品变质。

（1）低温　低温不利于多数微生物生长，但在5℃左右或更低的-10℃左右（甚至-20℃以下）仍有少数嗜冷菌生长。据报道，微生物生长的最低温度为-34℃。引起冷藏、冷冻食品变质的嗜冷菌主要有：①G^-菌：假单胞菌属、莫拉氏菌属、不动杆菌属、产碱杆菌属、黄杆菌属、变形杆菌属、肠杆菌属（产气肠杆菌）、柠檬酸杆菌属（弗氏柠檬酸杆菌）克雷伯氏菌属（肺炎克雷伯氏菌）等；②G^+菌：微球菌属、肠球菌属、乳杆菌属、乳球菌属、明串珠菌属、李斯特氏菌属、节杆菌属、芽孢杆菌属、梭菌属等。③酵母菌：酵母属、隐球酵母属、假丝酵母属、丝孢酵母属（*Trichosporon*）、毕赤酵母属、红酵母属、圆酵母属等。④霉菌：毛霉属、青霉属、葡萄孢霉属、枝孢霉属、枝霉属等霉菌。食品中不同微生物生长的最低温度见表13-2。这些嗜冷菌虽然在低温条件下生长，但其分解蛋白质、糖类和脂肪等的酶活力较低，代谢活动缓慢，因而缓慢引起冷藏食品变质。一般认为，-10℃可抑制所有细菌生长，-12℃可抑制多数霉菌生长，-15℃可抑制多数酵母菌生长，-18℃可抑制所有霉菌与酵母菌的生长。因此，为了防止微生物的生长，建议食品冻藏温度应≤-18℃。

表13-2　食品中微生物生长的最低温度

食品种类	微生物类型	最低生长温度/℃
肉类	霉菌、酵母菌、细菌	-5~-1
鱼贝类	细菌	-7~-4
牛乳	细菌	-1~0
冰淇淋	嗜冷细菌	-20~-10
浓缩橘子汁	耐高渗酵母	-10
豆类	霉菌、酵母菌	-6.7~-4
苹果	霉菌	0

（2）高温　多数微生物对高温较敏感，当温度超过最高生长温度界限时，细胞内的蛋白质、核酸、酶等物质变性失活而导致微生物死亡。只有少数耐热菌在较高温度下尚能存活。有些嗜热菌在45℃或更高的温度下能够生长。据报道，微生物生长的最高温度有时超过105~110℃，极端为150℃。引起食品变质的嗜热菌主要有：芽孢杆菌属和梭菌属，如枯草芽孢杆菌、凝结芽孢杆菌、巨大芽孢杆菌、嗜热脂肪芽孢杆菌、热解糖梭菌、致黑梭菌，以及乳酸菌中的嗜热链球菌、嗜热乳杆菌、德氏乳杆菌等。它们常给罐藏食品杀菌带来麻烦，因分解糖类产酸而引起食品酸败。引起食品变质的耐热菌主要有：乳微杆菌、嗜热链球菌、粪肠球菌，以及微球菌属、葡萄球菌属、节杆菌属、芽孢杆菌属、梭菌属等一些种。丝衣霉属（*Byssochlamys*）中的纯黄丝衣霉（*B. fulva*）和雪白丝衣霉（*B. nivea*）的耐热能力也很强。

嗜热菌在高温条件下，由于新陈代谢活动加快，所产生的酶对蛋白质、糖类和脂肪等物质的分解速率加快，因而使食品发生变质的时间缩短。由于它们在食品中经过旺盛的生长繁殖后很易死亡，所以在进行食品检验时要及时分离培养，否则就会失去检出的机会。

2. 气体

微生物生长与O_2含量的多少有密切关系。一般来讲，在有氧环境中，多数好氧和兼性厌氧的细菌、兼性厌氧的酵母菌、好氧的霉菌进行有氧呼吸，生长、代谢速率快，食品变质速率也快；缺氧条件下，由厌氧菌引起的食品变质速度较慢。多数兼性厌氧菌于食品中的繁殖速率，在有氧时比缺氧时要快得多。例如，无氧情况下A_w为0.86时，金黄色葡萄球菌不能生长或生长极其缓慢，而在有氧情况下则能良好生长。有些好氧菌在含氧量少的环境中也能生长，但速率缓慢。新鲜的食品原料中含有还原性物质，例如，植物原料组织内含有维生素C和还原糖，动物原料组织内含有巯基化合物（半胱氨酸、谷胱甘肽等），因而具有抗氧化能力。此外，组织细胞呼吸的耗氧使动植物组织内部一直保持少氧状态。因此，在食品内部生长的只能是厌氧菌，而在其表面生长的是好氧菌。食品经过加工，物质结构改变，破坏了还原性物质，好氧菌能进入组织内部，使食品更易发生变质。

3. 湿度

空气中的相对湿度（Relative Humidity，RH）高低对微生物生长和食品变质有较大影响，尤其是未经包装的食品。例如，将含水量低的脱水食品置于湿度大的地方，食品则易吸潮，表面水分迅速增加。长江流域霉雨季节，谷物、物品容易发霉，就是因为空气湿度太大（相对湿度 70%以上）的缘故。A_w 反映了溶液和作用物的水分状态，而 RH 则表示溶液和作用物周围的空气状态。当两者处于平衡状态时，$A_w \times 100$ 才是大气和作用物平衡中的 RH。贮藏环境的 RH 对食品的 A_w 和食品表面的微生物的生长有较大影响。若将低 A_w 的食品置于高 RH 的环境中时，食品将吸收水分直至达到平衡，因而当食品的 A_w 较低时，贮藏环境的 RH 不能太高，否则会增加食品的 A_w，将导致微生物的生长。故那些易被某些细菌、霉菌和酵母菌引起变质的食品应在较低 RH 条件下贮藏。

第二节　微生物引起的动物性食品变质

一、乳与乳制品的腐败变质

牛乳是营养成分丰富而完全的食品。其主要成分占牛乳总质量的百分比为：水 87.5%，蛋白质 3.3%～3.5%，脂肪 3.4%～3.8%，乳糖 4.6%～4.7%（乳糖占乳中总糖质量的 99.8%），灰分 0.70%～0.75%。正常 pH 6.4～6.8，Eh0.30V。由此可见，牛乳是微生物生长的良好培养基。乳及其制品一旦被微生物（包括病原菌）污染，在适宜条件下迅速繁殖，引起腐败变质，甚至发生食物中毒或其他传染病的传播。牛乳中的微生物以能分解利用乳糖、蛋白质和脂肪的为主要类群，并最终以乳糖发酵、蛋白质腐败和脂肪酸败为牛乳变质的基本特征。

1. 生乳中的微生物及其腐败变质

（1）生乳中微生物的污染来源

①来自乳房内的微生物：健康牛乳房内是无菌的，但乳头前端容易被外界细菌侵入，使榨出的最初少量乳液中每毫升至少有数百个的细菌。若将榨出的最初乳弃掉，则乳中菌数明显减少。乳房中的正常菌群主要是微球菌属和链球菌属，其次是棒状杆菌属和乳杆菌属等细菌。由于这些细菌能适应乳房的环境而生存，称为乳房细菌。但患乳房炎或人畜共患病的乳牛产的乳液中可检出乳房炎病原菌或人畜共患病原菌。

②来自环境中的微生物：a. 榨乳过程中的污染，牛乳中微生物主要来源于榨乳过程中的污染。在榨乳过程中，污染的微生物有细菌、霉菌和酵母菌。污染微生物的种类、数量直接受牛体表面卫生状况、牛舍的空气、水源、挤奶杯（器）、贮奶罐、冷罐车以及工作人员个人卫生情况的影响。牛舍内的饲料、粪便、土壤均可直接或通过空气间接污染生乳。在注意环境卫生的良好条件下以挤奶器榨乳，将获得细菌总数$<10^4$CFU/mL 的生乳；卫生状况一般

的牧场，生乳中含细菌总数为10^4～10^5CFU/mL。卫生条件差的牧场，生乳中含细菌总数达10^6～10^7CFU/mL。b. 榨乳后的污染，榨乳后的生乳如不及时冷藏或加工，不仅增加新的污染机会，而且会使鲜乳内的微生物数量增多，故要尽快冷却降温至6℃以下。在冷藏过程中乳液所接触的设备、用具及空气，也可能再次污染环境中的微生物。

（2）生乳中微生物的种类　主要有细菌、霉菌和酵母菌，但以细菌为主（表13-3）。

表13-3　生乳中污染微生物的种类

种类	主要菌类
细菌	微球菌：约占鲜乳总菌数的30%～90%，主要有藤黄微球菌、变异微球菌等耐热菌
	乳酸菌：约占鲜乳总菌数的80%，主要有嗜热链球菌、液化链球菌、乳酸乳球菌、乳酸乳球菌乳脂亚种、粪肠球菌、嗜酸乳杆菌、嗜热乳杆菌、德氏乳杆菌保加利亚亚种、干酪乳杆菌、柠檬明串珠菌等
	G^+不形成芽孢杆菌：数量低于10%，主要有丙酸杆菌属、棒状杆菌属、微杆菌属、节杆菌属等属内一些种的细菌
	G^-杆菌：数量低于10%，包括假单孢菌属（荧光假单胞菌、腐败假单胞菌）、产碱杆菌属（粪产碱杆菌、黏乳产碱杆菌）；不动杆菌属、无色杆菌属、黄杆菌属、气杆菌属、变形杆菌属内一些种的细菌；大肠菌群中的大肠杆菌、产气肠杆菌等
	G^+形成芽孢杆菌：包括芽孢杆菌属（枯草芽孢杆菌、地衣芽孢杆菌、蜡样芽孢杆菌等），梭菌属（丁酸梭菌、生孢梭菌、产气荚膜梭菌等）
	耐热菌：微球菌属、链球菌属、肠球菌属、微杆菌属、节杆菌属、芽孢杆菌属和梭菌属等的细菌
	嗜冷菌：以G^-杆菌为主，其中假单胞菌属占50%左右。此外，尚有黄杆菌属、节杆菌属、不动杆菌属、无色杆菌属、产碱杆菌属、微球菌属、肠球菌属、变形杆菌属等的一些种和大肠菌群，以及嗜冷性芽孢杆菌属和梭菌属的细菌
	病原菌：来自牛体：金黄色葡萄球菌、无乳链球菌、化脓性链球菌、致泻大肠艾希氏菌、化脓棒状杆菌等 来自人体：主要有伤寒和副伤寒沙门氏菌、痢疾志贺氏菌、猩红热链球菌、白喉棒状杆菌等 来自牛、人体：主要有牛型结核分枝杆菌、流产布鲁氏杆菌、炭疽芽孢杆菌、溶血链球菌、克罗诺杆菌属（阪崎肠杆菌）等
霉菌	主要有白地霉、双地干酪青霉、灰绿青霉、灰绿曲霉、黑曲霉、多主枝孢霉、变异丛梗孢霉等
酵母菌	主要有脆壁酵母、红酵母、热带假丝酵母、高加索乳酒球拟酵母、马克斯克鲁维酵母、乳酸克鲁维酵母等，以及红酵母属中的一些种

（3）生乳中微生物的活动规律与变质过程　将生乳放置于室温中，微生物引起的生乳变质可观察到有抑制期、乳球菌期、乳杆菌期、真菌期和腐败期5个阶段。

①抑制期：生乳含有溶菌酶、过氧化物酶、乳铁蛋白等多种抑菌物质，使乳汁本身具有

抗菌性，但其持续时间长短，随乳汁温度高低和细菌的污染程度而不同。新榨的含菌数少的生乳，13~14℃可保持36h，若含菌数较多的生乳可保持18h左右；如果温度升高，则杀菌或抑菌作用增强，但抑菌物质持续时间会缩短。由于乳中存在抑菌物质，新榨的生乳迅速冷却至0℃可保持48h，5℃保持36h，10℃保持24h，25℃保持6h，30℃仅保持2h。

②乳酸乳球菌期（曾称乳链球菌期）：生乳中的抗菌物质减少或消失后，乳酸乳球菌、乳杆菌、大肠杆菌和一些蛋白质分解菌等迅速繁殖，其中以乳酸乳球菌生长占据优势，分解乳糖产生乳酸。由于酸度的增高，抑制了其他腐败菌的生长，当pH下降至4.5以下时，乳酸乳球菌的生长被抑制，数量开始减少（此期已出现酸凝固）。

③乳杆菌期：由于乳杆菌耐酸能力较强，尚能继续繁殖并产乳酸，使pH继续下降。此期出现大量乳凝块，并有大量乳清析出。

④真菌期：当pH下降至3.0~3.5时，多数细菌生长受到抑制，而霉菌和酵母菌尚能适应低pH环境，并利用乳酸和其他有机酸大量繁殖，因而使乳的pH回升至接近中性。

⑤腐败期（胨化期）：经过以上几个阶段，乳糖已基本消耗殆尽，而蛋白质和脂肪含量相对较高，此时分解蛋白质和脂肪的假单胞菌、芽孢杆菌、变形杆菌、产碱杆菌、黄杆菌、微球菌等开始繁殖，于是凝乳块被消化，乳的pH上升至碱性，并有腐败的臭味产生。

在菌群交替现象结束时，生乳产生各种异色、苦味、恶臭味及有毒物质，外观呈现黏滞的液体或清液。生乳变质过程中微生物的菌群交替如图13-1所示。

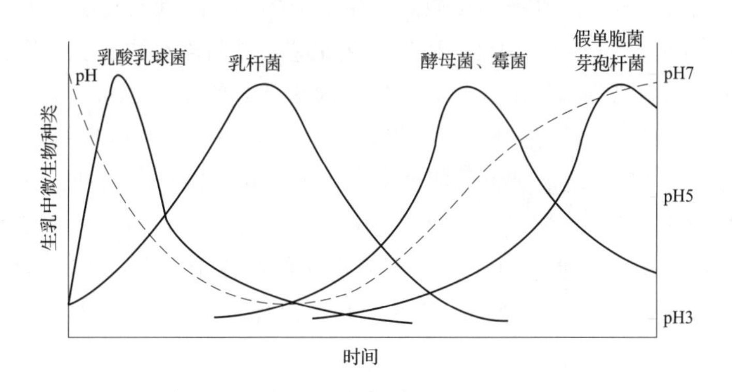

图13-1 生乳中微生物活动曲线

在冷藏温度下，乳中嗜中温菌和嗜热菌生命活动受到抑制，但嗜冷菌能生长和代谢活动，从而引起冷藏乳的变质，出现脂肪酸败、蛋白质腐败现象，有时还产生异味、苦味、变色现象和形成黏稠乳。多数假单胞菌能产生脂肪酶和蛋白酶，而且在低温时两种酶的活性很强。例如，荧光假单胞菌的蛋白酶产量在0℃时最大，其脂肪酶在0℃时活性也最大，而且温度愈低产酶量愈多。其他几种嗜冷菌，如黄杆菌属、无色杆菌属、产碱杆菌属中的许多种也有分解蛋白质和脂肪特性，其中黄杆菌产生黄色色素，黏乳产碱杆菌形成黏稠乳。低温下嗜冷菌生长和引起变质的速率较慢。一般生乳在10℃以下贮藏2~3d不变质。含菌数4×10^6CFU/mL的生乳于2℃冷藏5~7d后出现变质；0℃贮藏的生乳10d后即发生变质。

（4）生乳的巴氏杀菌、灭菌和防腐

①生乳的巴氏杀菌：巴氏杀菌乳是以生牛乳为原料，经生乳验收、离心净乳、标准化、均质、巴氏杀菌、冷却、无菌灌装等工艺加工制成的低温鲜牛乳。在GB 19301—2010《食品

安全国家标准　生乳》中对生乳的微生物限量要求：细菌的菌落总数≤2×10^6CFU/mL。在中国奶业协会团体标准 T/DAC 003—2017《学生饮用奶　生牛乳》中对学生饮用奶的生牛乳微生物限量要求：细菌的菌落总数≤1×10^5CFU/mL，嗜冷菌≤1×10^4CFU/mL，耐热芽孢菌≤1×10^2CFU/mL。目前某大型乳品企业自建集约化养殖的生态牧场，通过采用现代“EDTM”（意为乳牛环境控制技术、数字化管理、全混日粮饲养工艺、标准化管理体系）乳牛管理体系及改进挤乳工艺，从乳源上保证牛乳的高品质，使生乳中细菌的菌落总数低于1×10^5CFU/mL，体细胞（白细胞）数低于 30 万个/mL。某乳业集团自建现代化标准牧场，生乳中细菌的菌落总数低于2×10^4CFU/mL。而欧盟生乳标准中细菌总数低于1×10^5CFU/mL，体细胞数低于 40 万个/mL。

最好选用榨乳后 30min 内迅速降温至 6℃以下不超过 12h 的生乳加工巴氏杀菌乳。若生乳细菌总数超过2×10^6CFU/mL，即使用相同的杀菌条件也会残留一些活菌。对生乳的杀菌，既要考虑杀死病原菌，还要尽量减少因高温导致巴氏杀菌乳的色、香、味和营养成分［如免疫球蛋白 G（IgG）、乳铁蛋白、α-乳白蛋白、β-乳球蛋白等活性成分］的破坏。

巴氏杀菌方法有以下 2 种。a. 低温长时杀菌法（LTLT）：杀菌条件为 63~65℃，维持 30min，此法因间歇杀菌时间较长，且巴氏杀菌乳卫生质量较差，目前已不采用。b. 高温短时杀菌法（HTST）：杀菌条件为 72~75℃维持 15~30s 或 80~85℃维持 10~15s，或 72~85℃维持 15~20s 或 85~95℃维持 2~3s。此法适于采用板式换热器的连续杀菌，但生乳中菌数相当高时，不易达到杀菌效果。其产品保质期较短，于 2~6℃冷藏保质期为 7d。

巴氏杀菌方法改进。a. 膜过滤结合巴氏杀菌工艺：原料乳经离心脱脂后，以陶瓷膜过滤除菌机，利用陶瓷膜微滤除菌技术（1.4μm 陶瓷膜物理截留 0.1~10μm 的菌体）去除生乳中 99.99%的杂菌和体细胞；将陶瓷膜过滤脱脂乳与杀菌稀奶油混合后进行均质，再以 72℃维持 15s 进行低温巴氏杀菌，既能完整保留鲜牛乳中 IgG 和乳铁蛋白活性，又能使产品保质期延长至 8~9d（2~6℃冷藏）。b. 蒸汽浸入式杀菌工艺：采用蒸汽浸入式杀菌机，通过蒸汽与原料乳的直接换热（生乳匀速通过小孔分配板进入蒸汽罐中，在自由下落时与蒸汽融合），于 147℃，0.09s 极短时间内有效杀灭微生物，使产品保质期延长至 45d（15℃以下），且能最大限度保留牛乳的营养成分。

②生乳的灭菌：灭菌乳是以生牛乳为原料，经生乳验收、离心净乳、标准化、均质、超高温灭菌、冷却、无菌灌装等工艺加工制成的常温纯牛乳。采用超高温瞬时灭菌（UHT）条件为 130~140℃（一般为 132℃）维持 2~3s。此法可杀死某些耐热的芽孢，微生物要求符合商业灭菌标准（GB 25190—2010《食品安全国家标准　灭菌乳》），如此在常温下产品保质期可达 6 个月。生产实践上通过检测灭菌乳中的芽孢数量以预测和确定产品的保质期。此法虽然灭菌效果好，保质期较长，但 IgG 和乳铁蛋白活性及维生素被破坏，且糠氨酸含量升高。NY/T 939—2016《巴氏杀菌乳和 UHT 灭菌乳中复原乳的鉴定》将糠氨酸作为鉴别 UHT 灭菌乳和巴氏杀菌乳是否为复原乳的定量指标，同时亦可判断牛乳热处理强度（温度和处理时间）。糠氨酸（又称呋喃素）是由牛乳中的乳糖与赖氨酸，在热处理过程中发生美拉德反应生成中间产物乳果糖基赖氨酸，后者经酸水解后生成糠氨酸。当每 100g 蛋白质中糠氨酸含量检测为 60~80mg 时，表明牛乳被过度热处理。

③生乳的防腐：有时在生乳中加入适量防腐剂，以加强杀菌效果，或降低杀菌温度，防止因超高温灭菌产生的不良影响。如在灭菌乳中加入 30~50mg/L 的乳酸链球菌素（Nisin），

以阻止芽孢杆菌和梭菌的芽孢萌发，于35℃条件下，产品货架期可延长1倍。

（5）巴氏杀菌乳中微生物的种类与数量

①巴氏杀菌乳中微生物的种类：主要有耐热菌、嗜热菌、嗜冷菌及大肠菌群（表13-4）。

表13-4　巴氏杀菌乳中污染微生物的种类

种类	主要菌类	主要来源
耐热菌	巴氏杀菌后的存活率为1%或更高。主要有微球菌属（变异微球菌、藤黄微球菌等）、链球菌属（嗜热链球菌、牛链球菌）、微杆菌属（乳微杆菌）、肠球菌属（粪肠球菌）、芽孢杆菌属（枯草芽孢杆菌、地衣芽孢杆菌、蜡样芽孢杆菌、嗜热脂肪芽孢杆菌）、梭菌属和节杆菌属的细菌	①来自不卫生的加工设备：设备清洗杀菌不彻底，有些耐热菌在设备残留的奶垢中生长繁殖。 ②生乳中耐热菌数量高。 ③环境温度（夏季温高）影响巴氏杀菌乳中的耐热菌的数量。 残留了耐热菌的巴氏杀菌乳，久置于20~25℃室温中，则可出现乳黏稠、凝固、胨化而有大量乳清析出的变质现象
嗜热菌	芽孢杆菌属和梭菌属（LTLT有此类菌）	数量不多，来源于土壤、牛床铺垫物、饲料，有时来自水
嗜冷菌	主要有假单胞菌属、黄杆菌属和产碱杆菌属的细菌，以及微球菌属、肠球菌属、节杆菌属、嗜冷性芽孢杆菌属和梭菌属的细菌	①杀菌后污染：假单胞菌、黄杆菌和产碱杆菌等细菌不耐热，它们主要来自杀菌后污染。 ②来自生乳：嗜冷性芽孢杆菌、微球菌、肠球菌等既是嗜冷菌，又是耐热菌。嗜冷菌引起长期冷藏的巴氏杀菌乳变质
大肠菌群	由于大肠菌群不耐热，正常情况下，消毒乳中不应检出该菌群	若检出大肠菌群说明由巴氏杀菌后污染造成。该菌群的过度生长可引起巴氏杀菌乳产酸、产气、黏稠等变质现象

②巴氏杀菌乳中微生物的数量：巴氏杀菌乳的菌数高低与生乳中的微生物种类及数量、加工方法、杀菌温度与时间、防止后污染措施等因素有关。由于巴氏杀菌乳残留的活菌数量不高，对其菌数的测定宜采用平板菌落计数法。GB 19645—2010《食品安全国家标准　巴氏杀菌乳》中对巴氏杀菌乳的微生物限量要求：细菌的菌落总数低于5×10^4CFU/mL，大肠菌群低于1CFU/mL；GB 29921—2021《食品安全国家标准　预包装食品中致病菌限量》中对巴氏杀菌乳的致病菌限量要求：金黄色葡萄球菌和沙门氏菌均为25mL巴氏杀菌乳中不得含有。

目前大型乳品企业在严格遵守国家标准和行业标准基础上，制定企业标准，在生产过程中执行更为严格的内控标准，以确保产品安全。例如，某乳业公司制定的企业标准对高温杀菌乳（90~120℃，0.05~30s）的微生物限量要求：细菌的菌落总数低于2×10^3CFU/mL，大肠菌群低于1CFU/mL，致病菌限量符合GB 29921—2021《食品安全国家标准　预包装食品中致病菌限量》的规定。由此可见，为了生产高质量产品，企业标准的内控指标限量要求比国家标准严格。

2. 乳粉中的微生物及其腐败变质

乳粉是以生牛乳为原料，经生乳验收、离心净乳、配料、均质、巴氏杀菌、浓缩、喷雾干燥、密封包装而制成的粉状产品。正常情况下，乳粉中菌数不高，也不含病原菌。若生乳质量差，杀菌不按规定操作，以及加工过程被污染与杀菌后被污染，则产品菌数超标。

（1）乳粉中微生物的污染来源及其菌数超标的原因　在乳粉生产过程中，生乳虽然经过巴氏杀菌（85℃）、浓缩（48~60℃）和离心喷雾干燥（150~200℃）等热处理使多数细菌包括形成芽孢的耐热菌被杀菌，但有时乳粉中的细菌总数仍超过国家标准微生物限量要求，其原因如下。

①生乳质量差：乳粉中的微生物主要污染来源是生乳。净乳和杀菌只能降低生乳中的菌数，而且降低的程度直接受生乳污染程度的影响。如果生乳污染严重（菌数高达 10^6 ~ 10^7CFU/mL），采用相同的温度和时间进行巴氏杀菌，则残留于乳粉中的细菌总数和耐热菌的数量仍较高。因此，应采用细菌总数低于 5×10^5CFU/mL（有些国家细菌总数低于 3×10^5CFU/mL）的生乳加工乳粉。如果采用德国蝶式离心机除菌（或陶瓷膜微滤除菌技术），可去除生乳中 90%以上细菌芽孢，从而降低婴儿配方乳粉中的细菌总数。

②杀菌不按规程操作：如果未达到巴氏杀菌温度或杀菌时间不足，会造成杀菌不彻底。

③杀菌后污染：这是导致菌数超标的主要原因。a. 设备和管道清洗杀菌不彻底，有残留奶垢而积聚大量微生物，或管道泄漏使外界微生物进入。b. 多效浓缩罐和保温罐卫生差。由于多效浓缩罐构造复杂，需要认真清洗和蒸汽杀菌，以彻底清除残留物。c. 乳粉喷雾干燥后污染。喷粉塔用前清洁不彻底，有乳垢死角残留，为此喷粉塔用后应及时清理塔壁上的乳粉，防止残留的乳粉吸潮导致细菌繁殖。干燥用的热空气过滤不完全，管道灭菌不彻底，也会造成二次污染。d. 包装没有无菌操作。如果包装车间的空间、容器、包装材料等卫生条件差，未达到无菌要求，则乳粉还会受微生物的污染，造成乳粉菌数超标。

（2）乳粉中微生物的种类与数量

①乳粉中主要微生物的种类：刚出厂的乳粉中含有的微生物种类与消毒乳大致相同，主要是耐热菌，包括链球菌属、微球菌属、肠球菌属、微杆菌属、节杆菌属、芽孢杆菌属和梭菌属等属内一些细菌。

②乳粉中的病原菌：如生乳质量差，加工处理不当，乳粉中可能存在病原菌，最常见的是金黄色葡萄球菌和沙门氏菌。如果生乳中有金黄色葡萄球菌旺盛生长并产生大量毒素，而乳的理化性质又无异常变化，用这样的生乳加工乳粉，即使经过加热处理，仍有部分金黄色葡萄球菌耐受杀菌温度，况且该菌产生的肠毒素对热非常稳定（100℃，2h 才破坏），因而存留于乳粉中。有的沙门氏菌能耐过乳粉制作过程的杀菌和干燥工序而存活下来，这主要与乳粉颗粒密度及其脂肪含量以及加工温度有关。乳粉脂肪含量高有利于该菌的存活。此外，克罗诺杆菌属（曾称阪崎肠杆菌）对热抵抗力较强，巴氏杀菌不被杀死，能耐过生乳的杀菌和干燥温度而存活下来，使婴儿（0~6 月龄）配方乳粉在干燥和罐装环节易被该菌污染。

③乳粉中的微生物数量：为了保证产品质量，应对乳粉生产过程各环节经常抽样检验，包括原料乳、杀菌后的乳、浓缩乳、塔内的乳粉、包装乳粉。乳粉的微生物检验项目包括：细菌的菌落总数、大肠菌群、金黄色葡萄球菌和沙门氏菌。婴儿配方乳粉在上述检验项目基

础上增加对克罗诺杆菌属的检测。GB 19644—2010《食品安全国家标准　乳粉》中对乳粉的微生物限量要求：细菌的菌落总数低于 5×10^4CFU/g，大肠菌群低于 10CFU/g；GB 29921—2021《食品安全国家标准　预包装食品中致病菌限量》中对乳粉的致病菌限量要求：金黄色葡萄球菌低于 10CFU/g，沙门氏菌为 25g 食品中不得含有。GB 10765—2021《食品安全国家标准　婴儿配方食品》中对婴儿配方食品（包括婴儿配方乳粉等）的微生物限量要求：细菌的菌落总数低于 1×10^3CFU/g，大肠菌群低于 10CFU/g；GB 29921—2021《食品安全国家标准　预包装食品中致病菌限量》中对婴儿配方食品（包括婴儿配方乳粉等）的致病菌限量要求：金黄色葡萄球菌低于 10CFU/g，沙门氏菌为 25g 食品中不得含有，克罗诺杆菌属（阪崎肠杆菌）为 100g 食品中不得含有。有关上述微生物学指标的检验方法详见刘慧主编的《现代食品微生物学实验技术（第二版）》。

④乳粉的变质：由于乳粉含水量为 2%～3%，而且密封包装时抽去空气或充以氮气，故乳粉中的微生物一般不能繁殖。若在包装密封良好不受潮条件下，室温贮存几个月，细菌的平均死亡率在 50%以上，一年后的死亡率达 90%以上。只有在包装不完善或散装或包装打开后久置，受潮的乳粉水分达到 5%以上时，残留的耐热菌繁殖，即引起乳粉变质。

二、肉与肉制品的腐败变质

1. 鲜肉中的微生物及其腐败变质

肉类富含蛋白质和脂肪，水分含量高，pH 近中性，是微生物生长的良好培养基。肉类中的微生物以能分解利用蛋白质、脂肪的为主要类群，并最终以蛋白质腐败、脂肪酸败为肉类变质的基本特征。减少和控制微生物对肉类的污染和生长，防止食物中毒、某些传染病、寄生虫病，以及肉类变质的发生，是保证肉类食品的卫生质量的工作重点。

（1）鲜肉中微生物的污染来源　可分为内源性污染和外源性污染两个方面。

①内源性污染：内源性污染是指微生物来自动物体内。动物在宰杀之后，原来存在于消化道、呼吸道或其他部位的微生物有可能进入组织内部，造成污染。某些老弱、饥渴、过度疲劳和拥挤的动物，由于其防御机能减弱，外界微生物也会侵入某些肌肉组织内部。此外，被病原菌感染的动物，有时在它们的组织内部也有病原菌存在。

②外源性污染：外源性污染是指在牲畜宰杀时和宰杀后由环境污染。牲畜屠宰时，在放血、脱毛、剥皮、去内脏、分割等过程中，造成多次污染微生物的机会，它们通过屠刀等用具、用水、泥土、空气、动物毛皮和粪便、人的手等途径污染肉类表面，成为肉类的主要污染源。例如，放血使用的刀被污染，则微生物可进入血液，经由大静脉管而侵入胴体深处，国外的“酸味火腿”即由此种原因造成。宰后的加工、运输、贮存、销售等过程中的不清洁的因素也是肉类污染源。

（2）鲜肉中微生物的种类　主要有细菌、霉菌和酵母菌，但以细菌为主（表 13-5）。

在冷藏鲜肉表面上常见的嗜冷菌：假单胞菌属、莫拉氏菌属、不动杆菌属、乳杆菌属、和肠杆菌科的某些属的细菌，它们是冷藏鲜肉的重要变质菌。在冷藏肉表面微生物菌群中占优势的菌类随贮存条件的不同而有变化。例如，冷藏鲜肉在有氧条件下贮存，由于假单胞菌旺盛生长耗氧会抑制其他菌类的繁殖，故表现为假单胞菌占优势；在鲜肉表面干燥部分表现为乳杆菌占优势；于 pH 高的冷藏鲜肉上不动杆菌占优势。

表 13-5　　鲜肉中污染微生物的种类

种类	主要菌类
细菌	假单胞菌属、莫拉氏菌属、不动杆菌属、乳杆菌属、埃希氏菌属、变形杆菌属、产碱杆菌属、无色杆菌属、黄杆菌属、微杆菌属、节杆菌属、气单胞菌属、葡萄球菌属、微球菌属、链球菌属、肠球菌属、弧菌属等属内一些种的细菌，以及芽孢杆菌属中的蜡样芽孢杆菌、枯草芽孢杆菌、巨大芽孢杆菌与梭菌属中的腐化梭菌、溶组织梭菌、产气荚膜梭菌等 嗜冷菌：假单胞菌属、莫拉氏菌属、不动杆菌属、乳杆菌属、肠杆菌科的某些属的细菌 病原体：沙门氏菌属中一些种的细菌、金黄色葡萄球菌、单增李斯特氏菌、致泻大肠杆菌、肉毒梭菌、产气荚膜梭菌、溶血性链球菌、小肠结肠炎耶尔森氏菌、结核分枝杆菌、布鲁氏杆菌、炭疽芽孢杆菌、猪丹毒丝菌、猪瘟病毒、口蹄疫病毒、猪水泡病病毒、鸡新城疫病毒等，其中沙门氏菌属中一些种的细菌、金黄色葡萄球菌、单增李斯特氏菌最为常见，而对人类的安全威胁最大的是炭疽芽孢杆菌
霉菌	主要有青霉属、曲霉属、毛霉属、根霉属、枝霉属、枝孢霉属、交链孢霉属、丛梗孢霉属、侧孢霉属等一些种
酵母菌	主要有假丝酵母属、红酵母属、球拟酵母属、隐球拟酵母属和丝孢酵母属等一些种

（3）鲜肉的腐败变质　影响微生物在肉类上生长的因素主要有：营养成分、A_w、pH、Eh、缓冲能力、组织结构、肉类加工和贮存温度，环境相对湿度等条件。

①鲜肉变质的基本条件：一是污染状况，肉类加工卫生条件越差，污染的微生物越多，越容易变质。二是 A_w，肉的表面湿度越大，越容易变质。三是 pH，动物生活时，肌肉 pH 为 7.1~7.2，放血后 1h，pH 下降至 6.2~6.4，24h 后 pH 为 5.5~6.0。pH 的降低是由于肌肉组织中存在的酶将肌糖原分解为 6-磷酸葡萄糖，后者进入 EMP 途径生成丙酮酸，再由丙酮酸产生乳酸，使肌肉 pH 下降，可在一定程度上抑制细菌的生长。若牲畜宰前处于应激状态，则消耗体内的糖原，使宰后的肉的 pH 接近 7.0，此种肉容易变质。四是温度。温度越高越容易变质。低温可抑制微生物的生长，但鲜肉在 0℃ 和通风干燥条件下，只能保存 10d 左右，10d 过后也会变质。

②鲜肉腐败变质过程：鲜肉变质实际就是蛋白质的腐败或腐化，脂肪的酸败和糖类的发酵作用。蛋白质的腐败主要是由于腐败菌（指产蛋白酶的细菌和霉菌）的分解，通过氨基酸的脱氨基和脱羧基作用，产生氨、胺类、吲哚、甲基吲哚（粪臭素）、乙硫醇、硫化氢等物质，其结果不仅破坏了肉的营养成分，而且产生恶臭味，同时产生的尸胺、腐胺、组胺还具有毒性。脂肪经酸败分解成脂肪酸和甘油等产物，例如卵磷脂被酶解，形成脂肪酸、甘油、磷酸和胆碱，胆碱可被进一步转化为三甲胺、二甲胺、甲胺、蕈毒碱和神经碱，三甲胺可再被氧化成带有鱼腥味的三甲胺氧化物。肉中含有的少量肌糖原则被乳酸菌和某些酵母菌分解为挥发性有机酸。

鲜肉的腐败变质（或鲜度）标志可用挥发性盐基氮指标衡量。挥发性盐基氮（TVBN）是指动物性食品由于酶和腐败菌的作用，在腐败过程中使蛋白质分解而产生氨、胺类等碱性含氮物质。此类物质具有挥发性，其含量越多，表明水解氨基酸程度越高。在 GB 2707—2016《食品安全国家标准　鲜（冻）畜、禽产品》中，对鲜（冻）畜、禽产品的理化指标要求：挥发性盐基氮含量≤150mg/kg。若检测挥发性盐基氮指标超过该标准，即认为产品已经变质或不新鲜。

随着贮藏条件的变化与鲜肉自然变质过程的发展，细菌由鲜肉的表面逐渐向深部侵入，同时其种类也发生变化，呈现菌群交替现象。这种菌群交替现象一般分为3个时期。

a. 好氧菌繁殖期：细菌分解前3~4d，主要有假单胞菌、微球菌、芽孢杆菌等好氧的细菌在肉表层蔓延生长。

b. 兼性厌氧菌期：腐败分解3~4d后，细菌已在肉的浅层和近深层出现，主要是枯草芽孢杆菌、粪肠球菌、大肠杆菌、变形杆菌、产气荚膜梭菌等兼性厌氧和不太严格厌氧的细菌。

c. 厌氧菌期：腐败分解7~8d后，深层肉中已有细菌生长，主要是溶组织梭菌、腐化梭菌、水肿梭菌、生孢梭菌等厌氧的细菌。

值得注意的是这种菌群交替现象与肉的贮藏温度有关。当肉的贮藏温度较高时，杆菌的繁殖速率较球菌快。除有细菌活动引起变质外，还可能有霉菌和酵母菌的活动。

③鲜肉的变质现象

a. 发黏：肉表面有黏液状物质产生，这是微生物大量繁殖后所形成的菌落，以及微生物分解蛋白质的产物。主要由假单胞菌、产碱杆菌、埃希氏菌、无色杆菌、乳杆菌、链球菌、明串珠菌、微球菌、芽孢杆菌和酵母菌所产生。当肉的表面有发黏、拉丝现象时，其表面含菌数量一般为10^7CFU/cm^2。

b. 变色：肉的变色最常见的是绿色。这是因为蛋白质分解产生的H_2S与肉中的血红蛋白结合后形成的硫化氢血红蛋白（H_2S-Hb），积聚在肌肉表面呈现暗绿色斑点。有些细菌能产生色素而引起肉的变色。例如，黏质沙雷氏菌产生红色色素，类蓝假单胞菌和类黄假单胞菌分别产生蓝色和黄色，藤黄微球菌和黄杆菌属的细菌产生黄色色素等。有些酵母菌产生乳白色、粉红色、红色等斑点。

c. 霉斑：肉表面有霉菌生长时常形成霉斑，特别是干腌肉制品更为多见。多主枝孢霉和芽枝状枝孢霉可产生黑色霉斑，顶青霉、扩展青霉、草酸青霉（*P. oxalicum*）、糙落青霉（*P. asperulum*）产生蓝绿鳞片状斑点，肉色侧孢霉（*Sporotrichum carnis*）产生白斑，总状毛霉、美丽枝霉和刺枝霉在肉的表面产生茸毛状菌丝，蜡叶枝孢霉在冷冻肉上产生黑斑。

d. 变味：鲜肉变质往往伴随着变味现象，最明显的是肉类蛋白质被分解产生恶臭味，还有脂肪氧化分解产生的挥发性有机酸，如甲酸、乙酸、丙酸和丁酸等酸败味，乳酸菌和酵母菌分解糖类产生挥发性有机酸的酸味，霉菌生长产生的霉味等。

2. 低温肉制品中的微生物及其腐败变质

低温肉制品是以经检疫、检验合格的畜禽肉等为主要原料，经前处理（包括解冻、修整等）、机械加工（包括绞碎、斩拌、滚揉、乳化）、充填或成型、热加工（产品中心温度不低于68℃且不高于100℃、含淀粉类产品中心温度不低于72℃）、冷却、包装、二次杀菌等工艺制成的肉制品。它主要包括熏煮火腿、熏煮香肠、酱卤制品和熏烧烤肉（按低温肉制品工艺生产的发酵类产品或按特殊要求加工的产品除外）。低温肉制品的贮运和销售环境温度应控制在0~4℃。根据SB/T 10481—2008《低温肉制品质量安全要求》，微生物指标应符合GB 2726—2016《食品安全国家标准　熟肉制品》中细菌的菌落总数低于10^4CFU/g，大肠菌群低于10CFU/g的规定。

（1）低温肉制品中微生物的种类　主要有细菌、霉菌和酵母菌（表13-6）。

表 13-6　　低温肉制品中微生物的种类

种类	主要菌类
细菌	乳杆菌属、肠球菌属、链球菌属等乳酸菌占优势，其次是芽孢杆菌属和梭菌属等的细菌，以及葡萄球菌属、微球菌属、假单胞菌属、无色杆菌属、产碱杆菌属、变形杆菌属、埃希氏菌属等的细菌 嗜冷菌：假单胞菌属、无色杆菌属、产碱杆菌属、变形杆菌属、微球菌属、乳杆菌属、肠球菌属、嗜冷性芽孢杆菌属和梭菌属等的细菌 大肠菌群：由于大肠菌群不耐热，正常情况下不应检出；如检出，说明是热加工处理后污染 病原体：单增李斯特氏菌、小肠结肠炎耶尔森氏菌等嗜冷菌，以及沙门氏菌属中一些种的细菌、金黄色葡萄球菌等
霉菌	主要有嗜冷性青霉属、毛霉属、枝霉属等的霉菌，以及交链孢霉属、芽枝霉属、卵孢霉属等的霉菌
酵母菌	主要有嗜冷性假丝酵母属、丝孢酵母属（如贝雷丝孢酵母）等的酵母菌

（2）低温肉制品的腐败变质　引起低温肉制品腐败变质的微生物主要是嗜冷微生物（表13-6）。它们有的本身就是耐热菌（如微球菌、肠球菌、芽孢杆菌、梭菌等），残留于巴氏杀菌后的产品中，而有的是不耐热菌（如假单胞菌、产碱杆菌、变形杆菌、大肠杆菌、单增李斯特氏菌等）却出现于产品中，说明是热加工处理后污染。由于低温肉制品的贮存温度为2~8℃，而嗜冷菌适宜生长的温度为0~15℃，因此低温肉制品在冷藏过程中嗜冷微生物仍可大量繁殖而引起蛋白质腐败和脂肪酸败。一些来自原料肉宰前污染的嗜冷性致病菌，例如产生溶血素O的单增李斯特氏菌和产生耐热性肠毒素的小肠结肠炎耶尔森氏菌等常引起食物中毒。据此，低温肉制品的致病菌限量要求应符合GB 29921—2021《食品安全国家标准　预包装食品中致病菌限量》中金黄色葡萄球菌低于100CFU/g的规定，沙门氏菌和单增李斯特氏菌为25g食品中不得含有。

（3）控制低温肉制品中腐败菌生长的措施　综合控制低温肉制品中微生物生长的栅栏因子主要有：热处理、控制A_w、降低pH和Eh、控制低温以及添加防腐剂等。①热处理：采用78~82℃杀菌温度（中心温度达到72℃以上），以杀灭多数不耐热的腐败菌，并迅速冷却温度，以避免菌体修复和繁殖。②控制A_w：根据肉制品自身特性，通过加入食盐和食糖，控制适宜的A_w一般为0.95~0.96。③降低pH：通过添加乳酸、柠檬酸和苹果酸及其钠盐等酸度调节剂降低至pH 5.3下，以抑制残留的耐热菌及热处理后污染的嗜冷菌生长。④降低Eh：采用真空包装阻隔氧气，以及添加抗氧化剂如（异）抗坏血酸钠、茶多酚、植酸、迷迭香提取物、甘草和竹叶抗氧化物等降低Eh，以抑制微球菌、假单胞菌、产碱杆菌、芽孢杆菌、霉菌等好氧菌的生长，但不能抑制酵母菌、大肠杆菌、变形杆菌等兼性厌氧菌以及厌氧的梭菌生长。⑤控制低温：贮运和销售环境温度应控制在0~4℃，以抑制真空包装之后仍能生长的微生物。⑥添加防腐剂：GB 2760—2014《食品安全国家标准　食品添加剂使用标准》中允许添加抑制梭菌的亚硝酸钠，抑制真菌的山梨酸钾、脱氢乙酸钠和纳他霉素等，抑制芽孢杆菌和梭菌的乳酸链球菌素，抑制部分细菌和酵母菌的ε-聚赖氨酸盐酸盐，以及广谱抑制细菌和真菌的单辛酸甘油酯。⑦非热加工技术：采用低温等离子体等消杀腐败菌。

3. 发酵肉制品中的微生物及其腐败变质

发酵肉制品是畜禽肉在自然或人工条件下经特定微生物发酵或酶的作用而加工制成的一类肉制品。它包括发酵灌肠制品和发酵火腿制品。前者是以鲜（冻）畜禽肉为主要原料，配以其他辅料，经修整、切丁、绞制或斩拌、灌装、发酵、熟制或不熟制、烟熏或不烟熏、晾挂等工艺加工制成的肉制品（如萨拉米发酵香肠等）；后者是以鲜（冻）畜禽肉为主要原料，配以其他辅料，经修整、腌制、发酵、熟制或不熟制、烟熏或不烟熏、晾挂等工艺加工制成的肉制品（如风干发酵火腿等）。此外，按是否熟制工艺，可分为发酵熟肉制品和发酵生肉制品。其中发酵熟肉制品指示菌限量应符合 GB 2726—2016《食品安全国家标准　熟肉制品》中大肠菌群低于 10CFU/g 的规定；发酵生肉制品指示菌限量应符合 DB 31/2004—2012《食品安全地方标准　发酵肉制品》中大肠艾希氏菌低于 100CFU/g 的规定。下面以发酵香肠为例，介绍其发酵剂常用的微生物种类及其作用，控制致病菌生长及腐败变质的措施。

（1）香肠发酵剂常用的微生物种类及其作用　在发酵香肠的现代加工工艺中，采用人工发酵替代了自然发酵，其发酵剂常用的微生物种类主要有细菌、霉菌和酵母菌（表 13-7），通常为发酵产酸及分泌蛋白酶或/和脂肪酶能力较强的微生物。①乳杆菌和片球菌：发酵糖类产生大量乳酸（香肠 pH 降至 4.8~5.3）及分泌抗菌物质（如细菌素等），能抑制单增李斯特氏菌、金黄色葡萄球菌、致泻大肠艾希氏菌和沙门氏菌等有害菌的生长，且在酸性条件下肌肉蛋白呈胶状体，可改善肉品弹性质构。此外，乳杆菌（如植物乳杆菌等）还具有水解蛋白质和降解亚硝酸盐的作用（GB 2760—2014《食品安全国家标准　食品添加剂使用标准》中规定发酵肉制品中亚硝酸钠的最终残留量≤30mg/kg）。②葡萄球菌和微球菌：分泌蛋白酶和脂肪酶，水解肌肉蛋白和脂肪为肽、游离氨基酸和脂肪酸，并产生醛、酮、酸、酯和萜类及乙偶姻等风味物质，可嫩化肉质，改善风味。③霉菌：分泌蛋白酶和脂肪酶，增加芳香风味，改善肉品品质。④酵母菌：分泌蛋白酶，发酵糖类产生醇、酯和有机酸，改善肉品风味。此外，酿酒酵母的个别菌株能水解肌肉蛋白，并将加入香肠中的蔗糖发酵产生乙醇，后者与乳酸反应产生乳酸乙酯。

表 13-7　香肠发酵剂常用的微生物种类

种类	主要菌类
细菌	乳酸菌：乳杆菌属：植物乳杆菌、嗜酸乳杆菌、干酪乳杆菌、清酒乳杆菌、乳酸乳杆菌、弯曲乳杆菌等；片球菌属：乳酸片球菌、戊糖片球菌、啤酒片球菌等 G^+球菌：葡萄球菌属：血浆凝固酶阴性的木糖葡萄球菌、肉葡萄球菌、小牛葡萄球菌等；微球菌属：非致病性的变异微球菌、藤黄微球菌、玫瑰色微球菌等
霉菌	青霉属：不产生真菌毒素的产黄青霉、扩展青霉、纳地青霉、娄地青霉、白青霉等
酵母菌	德巴利酵母属：产蛋白酶的汉逊德巴利酵母等；酵母属：产蛋白酶的酿酒酵母（新发现） 假丝酵母属：法马塔假丝酵母（*Candida famata*）等

（2）发酵香肠中的致病菌　①金黄色葡萄球菌：该菌具有较高的耐受食盐和亚硝酸盐的能力，当香肠肉馅中乳酸菌发酵产酸未能迅速启动时，就会快速生长并产生肠毒素，在随后的加工过程中虽然数量减少，但因其肠毒素耐热而仍具有活性，遂引起食物中毒。由于产肠毒素的金黄色葡萄球菌一定能分泌耐热核酸酶，故可通过耐热核酸酶试验确定香肠中是否含

有肠毒素。②其他致病菌：未经过高温热处理的发酵香肠，一般情况下致病菌虽不能大量繁殖，但可能存活很长时间。有报道，在澳大利亚和意大利都曾发生因食用萨拉米香肠导致的沙门氏菌食物中毒。此外，从发酵香肠中亦分离到单增李斯特氏菌。据此，在 GB 29921—2021《食品安全国家标准　预包装食品中致病菌限量》中对发酵肉制品的致病菌限量要求：金黄色葡萄球菌低于 100CFU/g，沙门氏菌、单增李斯特氏菌和致泻大肠艾希氏菌为 25g 食品中不得含有。

（3）控制发酵香肠中致病菌生长的措施　主要采用降低 pH 和 A_w 方法抑制致病菌的生长。通常在发酵香肠 pH 低于 5.3 和 A_w 低于 0.9 的条件下，多数致病菌（包括单增李斯特氏菌、沙门氏菌、大肠杆菌 O157∶H7、志贺氏菌、空肠弯曲菌、肉毒梭菌、产气荚膜梭菌等）的生长被抑制，只有金黄色葡萄球菌在 pH 4.2 和 A_w 为 0.85 的条件下仍然存活并在成品中检出。控制措施：在香肠发酵剂中添加产细菌素的乳酸菌（如植物乳杆菌 Zhang-LL 等），在发酵过程中生物拮抗该菌的生长。

（4）控制发酵香肠腐败变质的措施　微生物酶对蛋白质和脂肪的水解氧化体现两面性：适度水解则呈现特殊发酵风味，营养物质更易消化吸收；过度水解则发生腐败变质，产生醛酮类、生物胺等有毒物质，且过度氧化亦影响色泽和风味。控制措施：①添加益生乳酸菌和益生元：益生元能促进益生乳酸菌的生长，进而通过乳酸菌的大量繁殖抑制腐败菌的生长，减少脂肪和蛋白质氧化，从而减少生物胺的生成，提高肉品氧化稳定性。②添加霉菌：利用霉菌夺氧机制有效抑制脂肪氧化产生的自由基对蛋白质的氧化，减少酸败和腐败。③添加酵母菌：利用酵母菌对氧气的消耗及产生的过氧化氢酶，抑制肉品的氧化变色和酸败。

三、蛋与蛋制品的腐败变质

1. 鲜蛋中的微生物及其腐败变质

鲜禽蛋是营养成分丰富而完全的食品，其蛋白质和脂肪含量较高，含有少量的糖、维生素和矿物质。禽蛋中虽有抵抗微生物侵入和生长的因素，但还是容易被微生物污染并发生腐败变质。禽蛋中的微生物以能分解利用蛋白质的为主要类群，并最终以蛋白质腐败为禽蛋变质的基本特征，有时还出现脂肪酸败和糖类发酵现象。

（1）鲜蛋的天然防御机能　鲜蛋先天对微生物具有机械性和化学性的防御能力。鲜蛋从外向内是由蛋壳、蛋壳内膜（即蛋白膜）、清蛋白（蛋清或蛋白）、蛋黄膜和蛋黄等构成。蛋壳作为蛋的机械屏障，具有保持形状，使蛋免受损伤的作用；在蛋壳表面还有一层胶状膜（由黏蛋白构成的半透明的黏液胶质层），具有防止水分蒸发，阻碍微生物由气孔进入蛋壳内的作用；蛋壳内膜结构致密，是防止细菌侵入的天然屏障。在这些防御因素中蛋壳内膜对阻止微生物侵入具有重要作用。蛋清中含有溶菌酶、伴清蛋白、抗生物素蛋白、卵类黏蛋白、维生素 B_2 等溶菌、杀菌和抑菌等物质，统称为抑菌系统，其中溶菌酶起主要溶菌和杀菌作用。它们的作用机制分述如下：①溶菌酶：它能溶解多种 G^+ 菌和 G^- 菌的细胞壁，主要作用于肽聚糖产生溶解效应而杀死细菌。溶菌酶杀菌作用于 37℃ 可保持 4～6h，在温度较低时，保持时间更长，即使稀释蛋清 5000 万倍，仍能杀死某些敏感的细菌。②伴清蛋白：它能螯合蛋清中 Fe^{3+}、Cu^{2+}、Zn^{2+} 等，特别是 pH 高时作用更明显。因细菌不能利用这些离子而受到抑制。③抗生物素蛋白：它能与维生素中的生物素结合形成稳定的复合物，使细菌不能利用生物素而受到抑制。此外，它还能干扰微生物的代谢活动。④卵类黏蛋白：它能抑制某些 G^+

菌蛋白酶的活性，而使细菌丧失分解蛋白质的能力。它还能抑制猪、牛和羊的胰蛋白酶的活性，但对人的胰蛋白酶活性无影响。⑤维生素 B_2：它能螯合某些阳离子，从而限制微生物对无机盐离子及生物素的利用，因而能限制某些微生物的生长繁殖。⑥卵抑制素、脱辅基蛋白、木瓜蛋白酶：这些物质均有抑制微生物生长的作用。⑦蛋清 pH：新产蛋的蛋清 pH 为 7.4~7.8，含有 10%（体积分数）的 CO_2，贮存一段时间后，由于 CO_2 逸出，使蛋清 pH 升至 9.3~9.6，如此碱性环境极不适宜一般微生物生长。由此可见，蛋清中的复杂抑菌系统能有效抑制微生物的生长繁殖，包括对一些病原菌，如金黄色葡萄球菌、链球菌、炭疽芽孢杆菌、伤寒沙门氏菌等均有一定的杀菌或抑菌作用。蛋黄包含于蛋清之中，因而蛋清对微生物侵入蛋黄具有屏蔽作用。蛋黄对微生物的抵抗力较弱，其丰富的营养素和 pH（约 6.8）适宜于多数微生物的生长。综上所述，鲜蛋天然具有的机械性和化学性的防御能力，使其在低温、干燥的环境下可保持较长时间不变质。一方面低温环境有利于溶菌酶杀菌作用保持较长时间；另一方面在干燥环境下蛋壳表面的胶状膜不易脱落，从而阻碍了微生物进入蛋壳内。

（2）鲜蛋中微生物的污染来源　可分为内源性污染和外源性污染两个方面。

①内源性污染：来自家禽本身的卵巢。家禽食入了含有结核分枝杆菌、沙门氏菌等病原菌的饲料，而感染了传染病，病原菌通过血液循环侵入输卵管和卵巢，在形成蛋黄时，鸡白痢沙门氏菌、鸡伤寒沙门氏菌等病原菌可混入其中，从而引起内源性污染。

②外源性污染：来自外界环境。蛋产下后，蛋壳受到禽粪、巢内铺垫物、不清洁的包装材料、空气的污染，还会在收购、运输和不适当的贮藏过程中，污染环境中的微生物。如果将鲜蛋置于潮湿环境或水洗、磨擦，蛋壳表面的胶状膜脱落，则污染蛋壳表面的微生物更易经气孔（7000~17000 个，孔径平均大小 20~40μm）侵入蛋内。如果在高温下贮存时间过长，使抑菌系统防御能力消失，则入侵的微生物就容易生长。如果贮存环境的温度和湿度较高，蛋壳表面的微生物［整蛋表面有（4.0~5.0）$\times 10^6$ 个细菌，污染严重时可达数亿个］就会大量繁殖，并容易侵入蛋内。如果冷藏时温度突然降低，蛋黄和蛋清亦随之收缩，蛋壳上的微生物，就容易随空气经气孔进入蛋内。此外，蛋壳损伤的鲜蛋更易被微生物污染。

（3）鲜蛋中微生物的种类　主要有细菌和霉菌，酵母菌则较少见（表 13-8）。

表 13-8　鲜蛋中污染微生物的种类

种类	主要菌类
细菌	假单胞菌属、变形杆菌属、产碱杆菌属、埃希氏菌属、不动杆菌属、黄杆菌属、无色杆菌属、肠杆菌属、沙雷氏菌属（黏质沙雷氏菌）、芽孢杆菌属（枯草芽孢杆菌、马铃薯芽孢杆菌）等一些种的细菌，前 4 属最为常见 嗜冷菌：假单胞菌属（荧光假单胞菌）、变形杆菌属、产碱杆菌属、不动杆菌属、黄杆菌属等一些种的细菌 病原菌：主要有沙门氏菌、金黄色葡萄球菌、溶血性链球菌、变形杆菌等
霉菌	枝孢霉属、侧孢霉属、青霉属、曲霉属、毛霉属、交链孢霉属、枝霉属、葡萄孢霉属等霉菌，前 3 属最为常见 嗜冷菌：枝孢霉属、青霉属等一些种的霉菌
酵母菌	偶尔能检出球拟酵母属中个别种的酵母菌

（4）鲜蛋的腐败变质　鲜蛋变质主要类型包括由细菌引起的腐败和由霉菌引起的霉变。

①腐败：侵入到蛋中的细菌不断生长繁殖，并形成各种适应酶，然后分解蛋内的各组成成分。先将蛋白带分解断裂，使蛋黄不能固定而发生移位。其后蛋黄膜被分解，蛋黄散乱，与蛋白逐渐相混在一起，这种蛋称为散黄蛋，是变质的初期现象。散黄蛋（核蛋白、卵磷脂和白蛋白）进一步被细菌分解，产生有恶臭气味的硫化氢和其他有机物，整个内容物变为灰色或暗黑色，称黑腐蛋（光照射时不透光线），同时蛋液可呈现不同的颜色。绿色腐败蛋和散黄蛋主要由荧光假单胞菌引起；红色腐败蛋由黏质沙雷氏菌、假单胞菌等引起；无色腐败蛋主要由假单胞菌、产碱杆菌、无色杆菌引起；黑腐蛋由产碱杆菌、变形杆菌、假单胞菌、埃希氏菌等引起，其中产碱杆菌和变形杆菌使鲜蛋变质的速度较快而且常见。有时蛋液变质不产生硫化氢等恶臭气味而产生酸臭，蛋液变稠成浆状或有凝块出现，这是微生物分解糖或脂肪而形成的酸败现象，称为酸败蛋。

②霉变：霉菌引起的腐败易发生于高温潮湿的环境。菌丝经过蛋壳气孔侵入后，首先在蛋壳膜上生长蔓延，靠近气室部分因有较多氧气，繁殖最快，使菌丝充满整个气室，形成大小不同的深色斑点菌落，造成蛋液粘壳，称为粘壳蛋。以后可逐渐蔓延扩散，蛋内成分被分解，并产生不愉快的霉变气味，蛋液产生各种颜色的霉斑。不同霉菌产生的霉斑点不同，如青霉产生蓝绿斑，枝孢霉产生黑斑。

在冷藏条件下鲜蛋有时也会变质。这是因为某些嗜冷菌，如荧光假单胞菌、变形杆菌、产碱杆菌、不动杆菌、黄杆菌等细菌以及枝孢霉、青霉等霉菌在低温下仍能生长之缘故。

（5）控制微生物引起鲜蛋腐败变质措施　首先是在高度清洁前提下防止微生物的污染；其次是采用物理或化学方法抑制蛋壳表面及蛋内微生物的生长繁殖。①鲜蛋贮藏于低温（-2.5~-2.0℃）、干燥（相对湿度低于65%）的环境或于4℃含有3%（体积分数）的CO_2环境，注意冷藏时温度不宜突然降低，保持冷藏温度稳定，并使鲜蛋的大头朝上；②水洗清洁蛋壳后应采用涂膜技术封闭气孔，如利用壳聚糖涂膜保鲜剂或涂抹石蜡油防止蛋壳气孔暴露所造成的二次污染；③防止鲜蛋受潮或水洗、磨擦损伤，保持蛋壳表面胶状膜的完整性，阻止微生物侵入蛋内；④采用新型非热加工技术——大气滑动弧放电低温等离子体杀菌技术用于禽蛋保鲜。空气通过一定电压和功率的大气滑动弧放电设备被电离，滑动弧放电形成的大气等离子体射流中产生具有氧化、分解、轰击作用的活性粒子（如活性自由基、带电离子、高能电子和高能紫外光量子等），对鸡蛋壳表面细菌的细胞壁产生刻蚀作用，对膜蛋白和脂质等组分造成氧化降解损伤，导致细胞膜的完整性被破坏，使胞内蛋白质等内容物泄漏而失活。等离子体作为一种新型环保、绿色杀菌技术，为快速消杀禽蛋表面腐败菌和致病菌（如沙门氏菌、金黄色葡萄球菌、大肠杆菌和枯草芽孢杆菌等）提供一种新方法。

2. 蛋制品中的微生物及其腐败变质

蛋制品包括液蛋、干蛋、冰蛋和再制蛋。液蛋是鲜蛋去壳、加工处理后制成的蛋制品；干蛋和冰蛋是鲜蛋去壳、加工处理后，前者经脱糖、干燥，后者经冷冻等工艺制成的蛋制品；再制蛋是以鲜蛋为原料，添加或不添加辅料，经盐、碱、卤、糟等不同工艺加工成的蛋制品（如皮蛋、咸蛋、咸蛋黄、卤蛋、糟蛋等）。GB 2749—2015《食品安全国家标准　蛋与蛋制品》中对液蛋、干蛋、冰蛋制品的微生物限量要求：细菌的菌落总数低于$5×10^4$CFU/g，大肠菌群低于10CFU/g。蛋制品中常见的致病菌是沙门氏菌，GB 29921—2021《食品安全国家标准　预包装食品中致病菌限量》中对即食蛋制品的致病菌限量要求：沙门氏菌为

25g（mL）食品中不得含有。下面介绍液蛋、干蛋、冰蛋制品的腐败变质。

（1）液蛋制品　鲜蛋去壳后微生物的防御系统即受到破坏，使全蛋液很易变质。如果分离蛋白和蛋黄，蛋白对某些细菌尚有抑制作用，而蛋黄营养素丰富很适合细菌生长。未经过巴氏杀菌的全蛋液在4℃贮藏8~10d，嗜冷菌的菌数可达3.0×10^6CFU/g，故冷藏时间不宜太长，应尽快杀菌处理。杀菌液蛋于4℃冷藏保质期可达5~7d。蛋白液变质时不产生腐败味和H_2S，多数产生三甲胺；而蛋黄液变质时有鱼腥味、霉味或氨味，产生H_2S、三甲胺和挥发性碱性成分。为了防止液蛋变质，加工设备和用具每天应清洗和杀菌1次，最好每4h杀菌1次，并将液蛋冷藏保存。

（2）干蛋制品　将蛋液经过巴氏杀菌后，再用喷雾干燥或真空冷冻干燥的蛋粉A_w较低，一般为0.2~0.4，含水量为5%以下，可以抑制微生物的生长，但一些耐低A_w的腐败菌和致病菌，如沙门氏菌、大肠埃希氏菌O157：H7、阪崎肠杆菌等，有时在低A_w贮存的蛋粉中存活一段时间，一旦条件适宜即会生长繁殖而引起腐败变质或食物中毒发生。

（3）冰蛋制品　将经过巴氏杀菌的蛋液装听（桶）后，应于-20℃以下速冻至听内中心温度达到-18~-15℃，而后于-18℃冷库冻存。速冻温度越低（如-30℃以下）越能更好地抑制微生物的繁殖。采用流水解冻冰蛋时，将盛冰蛋的容器置入15~20℃的流水中，可在短时间内解冻，以防止微生物的生长。亦有将冰蛋于5℃或10℃以下冷库中48h或24h内解冻。

第三节　微生物引起的植物性食品变质

一、果蔬及其制品的腐败变质

水果和蔬菜的主要成分是碳水化合物和水，特别是水的含量比较高，适于微生物的生长和引起腐败变质。水果和蔬菜中的微生物以能分解利用碳水化合物的为主要类群，并最终以碳水化合发酵为果蔬变质的基本特征，伴随着颜色、组织状态等外观变化及风味丧失，因此也常用“腐烂”形容微生物引起的果蔬变质。

1. 水果和蔬菜中的微生物及其腐败变质

（1）新鲜果蔬中微生物的污染来源　新鲜果蔬为初级农产品，在生长、采收、运输、贮存过程中，不可避免地受到来自于土壤、水、空气中灰尘等外界环境的污染，使其表面可附着大量腐生微生物。由于果蔬表面覆盖一层蜡质状物质，可阻止微生物的侵入，只有在收获、包装、运输、贮存等过程中果蔬皮表组织被人为机械损伤或昆虫刺伤，微生物就会从此处侵入并进行繁殖，从而促进果蔬的变质，尤其是成熟度高的果蔬更易损伤。

一般情况下，正常果蔬内部组织是无菌的，但有时在水果内部组织中也有微生物。例如一些苹果、樱桃的组织内部可分离出酵母菌，番茄中分离出球拟酵母、红酵母和假单胞菌。这些微生物在开花期即已侵入，并生存在植物体内，但这种情况仅属少数。此外，有些植物病原菌在果蔬收获前从根、茎、叶、花、果实等处侵入其内，或者在收获后的包装、运输、贮藏、销售等过程中侵入果蔬。此种病变的果蔬，即带有大量的植物病原菌。

（2）水果和蔬菜中微生物的种类

①蔬菜中微生物的种类：蔬菜各成分占总质量的百分比平均为：水分88.0%、糖8.6%、蛋白质1.9%、脂肪0.3%、灰分0.84%，维生素、核酸与其他一些化学成分总含量<1%，pH为5~7。由此可见，蔬菜很适合霉菌、细菌和酵母菌生长，其中细菌和霉菌较常见。

a. 细菌：常见的有欧文氏菌属、假单胞菌属、黄单胞菌属、棒状杆菌属、芽孢杆菌属、梭菌属等，但以欧文氏菌属、假单胞菌属最为重要。其中有的分泌果胶酶，分解果胶使蔬菜组织软化，导致细菌性软化腐烂，以欧文氏菌最为常见，边缘假单胞菌、芽孢杆菌和梭菌也能引起软腐。有的使蔬菜发生细菌性枯萎、溃疡、斑点、坏腐病等，以假单胞菌最为常见。例如，芹假单胞菌、栖菜豆假单胞菌等。疱病黄单胞菌、菜豆黄单胞菌、豇豆黄单胞菌、密执安棒状杆菌、坏腐棒状杆菌等也可引起斑点、溃疡、坏腐病。

b. 霉菌：常见的有灰色葡萄孢霉、白地霉、黑根霉、疫霉属（*Phytophthora*）、毛（刺）盘孢霉属（*Colletotrichum*）、核盘孢霉属（*Sclerotinia*）、交链孢霉属、镰刀菌属、白绢薄膜革菌（*Pelliculariarolfsii*）、盘梗霉属（*Bremia*）、长喙壳菌属（*Ceratostomella*）、囊孢壳菌属（*Physalospora*）等。疫霉属中常见的有茄棉疫霉、马铃薯疫霉、蓖麻疫霉。

②水果中微生物的种类：水果中水分、蛋白质、脂肪和灰分的平均含量占水果总质量分别为85.0%，0.9%，0.5%和0.5%，含较多的糖分与极少量的维生素和其他有机物，pH<4.5。由此可见，水果很适合细菌、酵母菌和霉菌生长，但水果的pH低于细菌的最适生长pH，而霉菌和酵母菌具有宽范围生长pH，它们即成为引起水果变质的主要微生物。

引起水果变质的霉菌常见的有青霉属、灰色葡萄孢霉、黑根霉、黑曲霉、枝孢霉属、木霉属、交链孢霉属、疫霉属、苹果褐腐病核盘孢霉（*S. fructigena*）、镰刀菌属、小丛壳属、豆刺毛盘孢霉（*C. lindemuthianum*）、盘长孢霉属、色二孢霉属（*Diplodia*）、拟茎点青霉属（*Phomopsis*）、毛缘长喙壳菌（*C. fimbriata*）、囊孢壳菌属、粉红单端孢霉等。其中以青霉属最为重要。

青霉属可感染多种水果，如意大利青霉（*P. italicum*）、绿青霉（*P. digitatum*）、白边青霉（*P. italicum*）等可分别使柑橘发生青霉病和绿霉病。发病时，果皮软化，呈现水渍状，病斑为青色或绿色霉斑，病果表面被青色或绿色粉状物（分生孢子梗及分生孢子）所覆盖，最后全果腐烂。扩展青霉（*P. expansum*）也可使苹果发生青霉病。

（3）果蔬的腐败变质现象　首先霉菌在果蔬表皮损伤处繁殖或在果蔬表面有污染物黏附的区域繁殖，侵入果蔬组织后，组织壁的纤维素先被破坏，进而果胶、蛋白质、淀粉、有机酸、糖类被分解，继而酵母菌和细菌开始繁殖，从而导致果蔬外观有深色的斑点（棕黄和暗色），组织变得松软、发绵、凹陷、变形，逐渐变成浆液状甚至水液状，并产生各种味道和气味，如酸味、芳香味、酒味等。此外，果蔬本身酶的活动及外界环境因素对果蔬变质都具有协同作用。引起果蔬变质的微生物种类中，有一部分为病原菌，它们最易感染果蔬而导致在贮藏过程中变质。常见微生物引起的果蔬病害（变质）见表13-9和表13-10。

表13-9　常见微生物引起的蔬菜病害

微生物种类	感染的蔬菜	病害
欧文氏菌属	甘蓝、白菜、萝卜、菜花、番茄、茄子、辣椒、黄瓜、西瓜、豆类、洋葱、大蒜、芹菜、胡萝卜、莴苣、马铃薯等	细菌性软化腐烂

续表

微生物种类	感染的蔬菜	病害
假单胞菌属	甘蓝、白菜、菜花、番茄、茄子、辣椒、黄瓜、西瓜、甜瓜、豆类、芹菜、莴苣、马铃薯、洋葱、生姜、大蒜、马蹄莲块茎、百合等	细菌性软化腐烂、枯萎、斑点
黄单胞菌属	甘蓝、白菜、菜花、番茄、辣椒、莴苣、生姜等	枯萎、斑点、溃疡
灰色葡萄孢霉	甘蓝、白菜、萝卜、菜花、番茄、茄子、辣椒、黄瓜、南瓜、西瓜、豆类、洋葱、大蒜、芹菜、胡萝卜、莴苣等	灰霉腐烂
白地霉	甘蓝、萝卜、菜花、番茄、豆类、洋葱、大蒜、胡萝卜、莴苣等	酸腐烂或出水性软化腐烂
黑根霉	甘蓝、萝卜、菜花、番茄、黄瓜、西瓜、南瓜、豆类、胡萝卜、红薯、马铃薯等	根霉软化腐烂
疫霉属	番茄、茄子、辣椒、瓜类、洋葱、大蒜、南瓜、马铃薯等	疫霉腐烂
刺盘孢霉属	甘蓝、白菜、萝卜、芜菁、芥菜、番茄、辣椒、瓜类、豆类、葱类、莴苣、菠菜等	黑腐烂或炭疽病
核盘孢霉属	甘蓝、白菜、萝卜、菜花、番茄、辣椒、豆类、葱类、芹菜、胡萝卜、莴苣、马铃薯等	菌核性软化腐烂或菌核病
交链孢霉属	甘蓝、白菜、萝卜、芹菜、芜菁、菜花、番茄、茄子、红薯、马铃薯等	交链孢霉腐烂或黑腐烂
镰刀菌属	番茄、洋葱、黄花菜、马铃薯等	镰刀菌腐烂
白绢薄膜革菌	甘蓝、白菜、萝卜、菜花、番茄、茄子、辣椒、瓜类、豆类、葱类、芹菜、胡萝卜等	白绢病

表 13-10　　常见微生物引起的水果病害

微生物种类	感染的水果	病害
青霉属	柑橘①、梨、苹果、桃、樱桃、李、梅、杏、葡萄、黑草莓、无花果、柠檬等	青霉病、绿霉病
灰色葡萄孢霉	柑橘①、梨、苹果、桃、樱桃、李、梅、杏、葡萄、黑莓、草莓等	灰霉腐烂
黑根霉	梨、苹果、桃、樱桃、李、梅、杏、葡萄、黑莓、草莓等	根霉软化腐烂
黑曲霉	柑橘、苹果、桃、樱桃、李、梅、杏、葡萄等	黑霉腐烂或黑粉病
枝孢霉属、木霉属	桃、樱桃、李、梅、杏、葡萄、无花果等	绿霉腐烂
交链孢霉属	柑橘①、苹果	交链孢霉腐烂
疫霉属	柑橘①	棕褐色腐烂
核盘孢霉属	桃、樱桃、杏、李子、苹果、梨	棕褐色腐烂

续表

微生物种类	感染的水果	病害
镰刀菌属	苹果、香蕉	镰刀菌腐烂
小丛壳属、长喙壳菌属	梨、苹果、葡萄、草莓	炭疽病或黑腐烂
刺盘孢霉属	柑橘[①]、梨、苹果、葡萄、香蕉	炭疽病或黑腐烂
盘长孢霉属	柑橘[①]、梨、苹果、葡萄、香蕉	炭疽病或黑腐烂
粉红单端孢霉	苹果　硬皮甜瓜	粉红腐烂

注：①柑橘：包括橘子、柠檬、橙、柚。

（4）果蔬冷藏中的微生物　低温（0~10℃）抑制微生物的活动和各种酶的作用，从而延长果蔬保藏期。果蔬冷藏中，只有少数嗜冷微生物能生长，如荧光假单胞菌、边缘假单胞菌等，并且其繁殖速率已减缓，因此，低温在一定时间内可有效防止果蔬变质。保藏期长短除了与温度有关外，还与果蔬原有的微生物数量，果蔬表皮的损伤情况，果蔬的 pH、成熟度、环境湿度和卫生状况等均有关系。

（5）控制微生物引起果蔬腐败变质措施　最重要的方法是将新鲜果蔬在适宜的温度下冷藏。冷藏温度过低时易发生冷害，温度过高时容易腐败。因此，水果常用的冷藏温度为 0~6℃（有的为 10℃以上）；蔬菜常用的冷藏温度为 3~7℃（有的为 8~13℃）。冷藏水果时，结合气调包装（适宜的低浓度 O_2 和高浓度 CO_2）或表面涂挂（涂膜）抑霉防腐剂效果更好。

对于冷链（1~5℃）贮存、运输和销售的即食鲜切果蔬，原料经预处理、清洗、去皮（或不去皮）、切分（或不切分）后，采用符合 GB 14930.2—2012《食品安全国家标准　消毒剂》要求的消毒剂杀灭金黄色葡萄球菌、沙门氏菌、单增李斯特氏菌和致泻大肠埃希氏菌等致病菌，以及杀死大肠菌群，减少果蔬表面微生物的数量。在 GB 29921—2021《食品安全国家标准　预包装食品中致病菌限量》中对去皮或预切的即食果蔬制品的致病菌限量要求：金黄色葡萄球菌低于 100CFU/g，沙门氏菌、单增李斯特氏菌和致泻大肠埃希氏菌均为 25g 食品中不得含有。目前果蔬消毒剂常用的有次氯酸钠溶液、臭氧水、食品级过氧化氢溶液、食品级过氧化氢-胶质银离子消毒剂等。果蔬消毒后，再用净化后的流水喷淋，漂洗干净，通过脱水、沥干等工艺去除表面水分，立即装入包装盒（或单一包装袋），以覆保鲜膜等形式包装。包装后的鲜切果蔬于 1~5℃贮藏。目前针对鲜切蔬菜贮藏期短、易腐烂等问题，通过采用新开发的不同鲜切蔬菜专用包装材料及气调包装保鲜技术，可实现鲜切蔬菜产品 4℃下保鲜期由 3~6d 再延长 2~4d，同时降低产品的损耗率。

2. 果汁的腐败变质

（1）引起果汁变质的微生物种类　果汁是以新鲜水果为原料，经压榨提取的汁液加工制成。由于水果常带微生物，因而果汁不可避免地被微生物污染。微生物在果汁中能否生长，取决于果汁的酸度和糖度。果汁中含有不等量的有机酸，因而其 pH 较低，一般在 2.4（如柠檬汁）至 4.2（如番茄汁）。果汁中含有较高的糖分，甚至有的浓缩果汁糖度高达 60~70°Bx，因而在果汁中生长的微生物主要是酵母菌、霉菌和极少数的细菌。

①果汁中的细菌：主要是乳杆菌属、明串珠菌属和链球菌属中的乳酸菌，它们能在 pH 3.5 以上的果汁中生长，并利用糖类和有机酸（柠檬酸、苹果酸、酒石酸等）产生乳酸、乙酸和 CO_2 等及少量丁二酮等香味物质。明串珠菌等乳酸菌利用蔗糖、葡萄糖、果糖可产生黏

性多糖等而使果汁变质。当果汁的 pH>4.0 时丁酸梭菌容易生长而进行丁酸发酵。常见的乳酸菌有巴氏乳杆菌（*L. pastorianus*）、短乳杆菌、阿拉伯糖乳杆菌（*L. arabinosus*）、莱氏乳杆菌、植物乳杆菌、肠膜明串珠菌、嗜热链球菌等。

②果汁中的酵母菌：酵母菌是果汁中种类和数量最多的微生物。它们来源于鲜果或在压榨过程中由环境污染。酵母菌能在 pH>3.5 的果汁中生长引起酒精发酵。苹果汁中主要有假丝酵母属、圆酵母属、隐球酵母属、红酵母属和汉逊酵母属。柑橘汁中常有葡萄酒酵母、越南酵母（*S. anamensis*）及圆酵母属和醭酵母属的一些种。葡萄汁中主要有柠檬形克勒克氏酵母（*Kloeckeria apiculata*）、葡萄酒酵母、卵形酵母（*S. oviformis*）和路氏酵母（*S. ludwigii*）等。浓缩果汁中生长的是一些耐高渗透压（A_w 为 0.65~0.70）的酵母菌，如鲁氏酵母、蜂蜜酵母（*S. mellis*）等。许多产膜酵母在果汁表面生长，引起果汁变质。浓缩果汁置于低温（4℃左右）贮藏时，酵母发酵作用减弱，甚至停止，如此可防止浓缩果汁的变质。

③果汁中的霉菌：引起果汁变质产生难闻气味的霉菌主要是青霉属，如扩展青霉、皮壳青霉（*P. crostosum*），其次是曲霉属，如构巢曲霉、烟曲霉等，其他还有丝衣霉属、拟青霉属（*Paecilomyces*）等霉菌。原因是霉菌的孢子能耐受果汁的低温杀菌，一般较少引起果汁变质，但只要稍有生长便带来异味。霉菌对 CO_2 敏感，将果汁充入 CO_2 可以防霉。

（2）微生物引起果汁变质现象

①浑浊：除了非生物不稳定因素引起浑浊外，主要因圆酵母的酒精发酵和产膜酵母的生长使果汁浑浊。其次，耐热性的雪白丝衣霉和纯黄衣丝霉、宛氏拟青霉在果汁中生长产生霉味和臭味。由于它们能产生果胶酶，对果汁有澄清作用，只有大量生长时才发生浑浊。

②产生酒精：酿酒酵母和葡萄汁酵母等引起酒精发酵。此外，还有少数霉菌和细菌也可引起酒精发酵，如毛霉属、曲霉属、镰刀菌属的部分霉菌，甘露醇杆菌（*Bacterium mannitopoeum*）可使 40%的果糖转化为酒精，明串珠菌属的细菌可发酵葡萄糖转化为酒精。

③有机酸变化：果汁中主要含有柠檬酸、苹果酸和酒石酸等有机酸，它们以一定含量存在于果汁中，构成果汁特有风味和酸味。当微生物在果汁中生长时，原有的有机酸不断被分解，醋酸含量增多，从而改变原有的有机酸含量的比例，导致风味被破坏，甚至产生不愉快的异味。如解酒石杆菌、黑根霉、葡萄孢霉属、青霉属、毛霉属、曲霉属和镰刀菌属等可引起此类变质。

④黏稠：由于肠膜明串珠菌、植物乳杆菌和嗜热链球菌等乳酸菌在果汁中发酵，分泌黏液性的多糖，因而增加了果汁的黏稠度。

二、谷物及其制品的腐败变质

谷物及谷物制品是人类膳食组成中重要的营养来源，谷物中含有丰富的碳水化合物、蛋白质、脂肪及无机盐等营养物质，亦是微生物生长良好的天然培养基，一旦条件适宜，谷物中污染的微生物就会繁殖，不仅影响其安全贮藏，导致谷物品质的劣变，而且还可能产生毒素污染，严重影响人类食用的安全性。

1. 谷物中的微生物及其腐败变质

（1）谷物中微生物的污染来源　微生物侵染谷物的途径很广，它们可以从谷物作物的田间生长期、收获期、贮藏期，以及运输和加工各个环节侵染谷物。谷物中微生物的主要来源是土壤。土壤中的微生物可以通过气流、风力、雨水、昆虫的活动，以及人的操作等方式，带到正在成熟的谷物籽粒或已经收获的谷物上。当谷物收获入库后，仓库中害虫和螨类的活动也影响谷物中微生物的种类和数量。各种害虫常带有大量的霉菌孢子，借助它们的活动，孢子可以到处传播。有些害虫以霉菌孢子为食料，在这些害虫排泄物中有大量的活孢子，同时害虫咬损粮粒造成伤口，有利于微生物的侵染。害虫大量繁殖，使谷物水分增加，粮温升高，也有利于微生物的活动。在谷物仓库和加工厂的各种设备、用具、容器、包装材料和运输工具上沾有大量的微生物，尤其在缝隙中尘埃杂质和谷物碎屑粉末积聚，可导致微生物大量滋生，从而使谷物在加工和运输过程中受到污染。

（2）谷物中污染微生物的种类　谷物上存在的微生物包括细菌、放线菌、酵母菌、霉菌等（表 13-11），从数量上看以细菌和霉菌为最多，放线菌和酵母菌较少；从对谷物的危害来看霉菌最重要。谷物上的微生物数量和种类还随谷物的种类、品种、等级、贮藏条件、贮藏时间的不同而有所差异。

表 13-11　谷物中污染微生物的种类

种类	主要菌类	危害
细菌	细菌占总带菌量的 90% 以上。主要有欧文氏菌属（草生欧文氏菌）、假单孢菌属（荧光假单胞菌）、芽孢杆菌属（马铃薯芽孢杆菌、枯草芽孢杆菌、蜡样芽孢杆菌）、艾希氏菌属（大肠杆菌）、变形杆菌属（普通变形杆菌），以及黄杆菌属、乳杆菌属、黄单孢菌属、链球菌属等属中一些种的细菌	由于谷物水分含量较低，不适于多数细菌生长，并且细菌对大分子物质分解力相对较弱以及谷物有外壳包裹细菌难以侵入，其危害一般是在谷物受到霉菌破坏、变质、发热的后期才表现出来
放线菌	放线菌数量远少于细菌，以链霉菌属的放线菌为主，如白色链霉菌、灰色链霉菌等	放线菌对储粮危害与细菌类似，一般在霉菌霉变的后期才表现出来
霉菌	霉菌是引起谷物变质的主要种类。 寄生菌：植物病原菌。 腐生菌：数量最多，包括曲霉属（局限曲霉）及青霉属等的霉菌。 兼性寄生霉菌：交链孢霉属、枝孢霉属、蠕孢霉属、弯孢霉属、黑孢子霉属、镰刀菌属（大刀镰刀菌、禾谷镰刀菌）等	寄生菌引起谷物作物的病害，如，赤霉病麦、稻瘟病、小麦矮腥黑穗病等。 兼性寄生霉菌为条件危害菌，当谷物贮藏温度和水分较高时，即能繁殖危害谷物品质
酵母菌	酵母菌数量一般较少，以耐干燥的酵母菌为主，常见的有假丝酵母属、红酵母属等属中一些种的酵母菌	酵母菌对大分子物质分解力较弱，很少引起谷物变质。但在粮堆密闭缺氧时，酵母菌繁殖而产生酒精味

（3）谷物的腐败变质现象　如果谷物污染微生物的数量不多，在谷物含水量低，贮藏条件良好情况下，一般对谷物影响不大。如果微生物数量过多或谷物含水量高，或贮存条件差，温度、湿度过高等，都适宜于微生物的生长，则导致谷物营养品质的劣变。

①变色：由于霉菌孢子颜色和代谢产生的色素以及谷物坏死组织的颜色，使谷物原有色泽消失，而呈现出黑、褐、黄、绿、污白等颜色，出现斑点。

②异味：谷物被微生物严重分解，产生霉味、酸味、酒味、臭味等难闻的异味，同时谷

物变形，成团结块，A_w 上升，温度升高，霉烂和腐败，失去食用价值。霉变谷物的出粉率、出米率、黏度等加工工艺品质也降低。

③种子萌发率下降：由于种子胚部的有机质被分解，生命力明显减弱或完全丧失，有的微生物还可产生对种子有毒害的物质。

④大量霉菌毒素产生，影响人畜安全：为防止霉菌及其毒素的污染，谷物贮藏的 A_w 必须降低至安全数值，环境相对湿度降至防霉湿度 70%~75%，温度降至 10℃以下。

2. 谷物制品中的微生物及其腐败变质

（1）面粉中的微生物及其腐败变质　面粉（包括其他米粉、玉米粉等）是由谷物粉碎加工制成。由于谷物变成面粉后，物理性质发生变化，对空气中水分的吸湿性增强，透气性降低，更有利于微生物的生长。如果面粉中含水量为 13%以下时，即能避免微生物繁殖；当含水量达 15%时，霉菌就能繁殖；当含水量高达 17%时，霉菌和细菌均能繁殖。引起面粉变质的微生物主要是霉菌、酵母菌、细菌，其种类与引起谷物变质的微生物种类大致相同。引起的变质现象：①有机酸发酵：面粉被乳酸菌、大肠杆菌等细菌污染，生长过程伴随有机酸发酵，使粉团酸化。②酒精发酵：面粉先被霉菌污染，使面粉水解，继而酵母菌进行酒精发酵，又被醋酸杆菌侵入引起醋酸发酵。

防止面粉在贮藏过程中的变质，最主要的是控制面粉中含水量和控制贮藏库的温度。

（2）糕点中的微生物及其腐败变质　谷物制品除成品粮，如面粉、面条、米等外，还有糕点、面包、馒头，以及各种以米和面粉制成的各种方便熟食品等。下面重点介绍糕点的腐败变质。

①糕点中微生物的种类和变质现象：引起糕点变质的微生物主要是细菌和霉菌，如沙门氏菌、金黄色葡萄球菌、粪肠球菌、大肠杆菌、变形杆菌、黄曲霉，以及毛霉属、青霉属、镰刀菌属等属内一些种。其中沙门氏菌和金黄色葡萄球菌是糕点中常见致病菌。GB 7099—2015《食品安全国家标准　糕点、面包》中对非现制现售的糕点和面包的微生物限量要求：细菌的菌落总数低于 1×10^4CFU/g，大肠菌群低于 10CFU/g，霉菌≤150CFU/g；致病菌限量符合 GB 29921—2021《食品安全国家标准　预包装食品中致病菌限量》中金黄色葡萄球菌低于 100CFU/g、沙门氏菌为 25g 食品中不得含有的规定。糕点类食品由于含水量较高，糖、油脂含量较多，在阳光、空气和较高温度等因素作用下，易引起霉变和酸败。

②糕点中微生物的污染来源及其变质的原因：糕点中微生物的污染来源主要是原料，其次是加工、包装、贮运、销售中的不卫生的环境条件造成的污染。引起糕点变质的原因是生产原料不符合卫生质量标准，制作过程中灭菌不彻底和糕点包装与贮藏不当。

a. 生产原料不符合卫生质量标准：糕点原料有糖、乳、蛋、油脂、面粉、食用色素、水果汁（果酱）、香料等。由于市售糕点为即食食品，故对糕点原料选择、加工、贮藏、运输、销售等环节都应有严格的卫生要求。糕点发生变质的重要原因之一是原料的卫生质量问题，如作为糕点原料的乳和奶油未经严格的巴氏消毒，其中残留有较高数量的细菌及其毒素；蛋类在打蛋前未洗涤蛋壳，不能有效去除微生物。为了防止糕点的霉变以及油脂和糖的酸败，应对生产糕点的原料进行消毒和灭菌。对所使用的花生仁、芝麻、核桃仁和果仁等已有霉变和酸败迹象的不能采用。

b. 制作过程中灭菌不彻底：生产各种糕点时，都要经过高温处理，既是食品熟制过程，又是杀菌过程，其中大部分的微生物被杀死，但抵抗力较强的细菌芽孢和霉菌孢子常残留于食品中，它们在条件适宜时生长引起糕点变质。

c. 糕点包装与贮藏不当：糕点包装与贮藏不当会造成灭菌操作后的二次污染。烘烤后的糕点，必须冷却后才能包装。所使用的包装材料应无毒、无味，并经消毒或灭菌处理。生产和销售部门应具备冷藏设备低温贮藏糕点。

综上所述，若要保证糕点质量，首先要选用符合卫生标准的原料；其次制作过程中灭菌要彻底，以及糕点包装与贮藏要适当，防止二次污染。此外，糕点易被霉菌及其毒素污染，可采用在糕点中加入抑霉防腐剂，或在包装袋（或容器）中加入除氧剂以保持其低氧含量，同时降低贮藏温度、湿度和 A_w，以控制和减少霉菌生长，防止糕点的酸败和霉变。

三、豆类及其制品的腐败变质

大豆富含多种营养物质，各成分占大豆总质量的百分比约为：蛋白质 40%、脂肪 20%、碳水化合物 20%、纤维素 5%、水分 10%和灰分 5%。其蛋白质和脂肪含量高于谷物，且多数蛋白质对热稳定，可高温加工成豆浆、豆腐和豆粉等大豆类制品。干大豆 A_w 较低，可以抑制微生物的生长繁殖。但豆浆、豆腐等非发酵豆制品 A_w 较高，以及保留原料中的营养成分和生理活性物质，极易使微生物繁殖而缩短保质期，由此制约了传统非发酵豆制品的规模化生产。

1. 豆类中的微生物及其腐败变质

（1）豆类中微生物的污染来源　豆类从生产、收获、干燥、贮藏和流通过程中受到来自于土壤、空气和其他环境（如包装袋、干燥设备、贮藏设施和运输卡车等）微生物的污染。干燥的豆类含水量较低，安全水分≤13%（一般市售豆类含水量为 10%～11%），当其含水量超过 13.5%时，不仅游离脂肪酸含量迅速增加，还会促进微生物的繁殖，致使豆类霉变、变色和产生毒素。

（2）豆类中污染微生物的种类　能在干豆类中生长的微生物主要是一些耐旱性霉菌和酵母菌，常见的有散囊菌（*Eurotium* spp.）、米曲霉和局限曲霉等。豆类在加热或通风干燥过程中，由于水分的蒸发，其内部温度一般不高于 35～49℃，如此微生物即可能在水分充足的内部组织中生长。此外，后续的湿法加工亦会导致病原菌（如沙门氏菌）的污染和生长。

（3）豆类的腐败变质与防腐　籽粒完整、饱满的豆类在贮藏过程中不断进行生理呼吸（吸收 O_2、排出 CO_2 和 H_2O），同时产生热量，如果贮藏条件不当，极易导致霉变。发热通常是微生物引起豆类变质的先兆，霉味和变色表明霉菌的侵害程度较大，应采取措施防腐。

豆类在收获、贮藏、运输过程中，控制水分、贮藏条件和呼吸作用是防止变质的关键。①采用日光暴晒或者热风干燥、空气悬浮干燥等方法，控制长期贮藏的豆类水分含量在 12%以下，A_w 低于 0.65，以防止霉变；②贮存过程中若环境空气湿度较大，豆类易吸湿生霉，故要控制低于 65%的相对湿度，并保持良好的通风，防止局部变热和霉变。

2. 豆浆中的微生物及其腐败变质

（1）豆浆中微生物的污染来源　豆浆是以精选大豆为原料，经浸泡、磨浆、滤渣、煮浆（生豆浆杀菌）而制成。豆浆制作过程从原料浸泡到制浆为非封闭化操作，不可避免受到来自原料、生产过程（水、空气、用具和设备、操作人员等）、贮存和运输过程等方面的微生物污染。由于大豆表皮的微生物附着力较强，难以用水洗除去，在 25℃，8～12h 的浸泡过程中微生物繁殖迅速（活菌数从 10^5CFU/mL 增长至 10^8CFU/mL，泡豆水变浑浊，产生大量气泡），导致生豆浆放置几小时出现发黏、发臭、pH 下降，表面形成黄膜等腐败现象，致使豆浆的理化性质和品质不稳定。目前市售豆浆杀菌工艺一般为 100℃煮沸 10~30min，能够杀死病原菌和多数腐败菌，但芽孢杆菌（通常是存在于大豆作物中的一种内生菌）的耐热芽孢残存下来，以及豆浆杀菌之后受到再次污染，使豆浆在夏季常温下保质期一般不超过 1d，低温冷藏保质期也只有 2~3d。

（2）豆浆中污染微生物的种类及腐败变质现象　引起豆浆腐败变质的微生物主要是细菌，如地衣芽孢杆菌、短小芽孢杆菌（*Bacillus pumilus*）、波茨坦短芽孢杆菌（*Brevibacillus borstelensis*）、短稳杆菌（曾称短黄杆菌）、产气肠杆菌和乳酸乳球菌等。地衣芽孢杆菌、短小芽孢杆菌等分解豆浆中的蛋白质产生严重腐臭味，继而分解产生的二元氨基酸（如赖氨酸和鸟氨酸等）脱羧形成尸胺和腐胺等肉毒胺，可引起食物中毒，带来潜在的食品安全问题；短稳杆菌产生脂溶性黄色素，引起豆浆表面发黄，产生腐臭味；产气肠杆菌产酸产气，导致豆浆黏度增大，形成蜂窝状凝乳，有腐臭味，亦产生肉毒胺；乳酸乳球菌的生长使脂肪分解成脂肪酸，碳水化合物分解生成乳酸，使豆浆 pH 下降，引起蛋白质凝聚，凝乳或变稠。

豆浆品质不稳定是目前我国豆制品企业实现自动化生产的行业瓶颈。在控制微生物污染和防腐方面，除了要规范豆浆生产操作流程，加强企业生产卫生管理之外，关键还要有能灭活芽孢的杀菌方法。目前常用的杀菌方法主要有：巴氏杀菌、煮沸杀菌、紫外线杀菌、高静压杀菌等，可以杀死常见微生物的营养体，但不能灭活豆浆中芽孢杆菌的芽孢，故有待开发切实有效的豆浆杀菌方法。

3. 豆腐中的微生物及其腐败变质

豆腐是以精选大豆为原料，经浸泡、磨浆、滤渣、煮浆、点浆、蹲脑和压榨成型而制成的传统豆制品。其富含优质蛋白质（蛋白质含量为 90~120g/kg），有“植物肉”之美称。由于豆腐营养价值和水分（含水量为 75%~85%）较高，即成为微生物生长的良好基质，故豆腐的保质期较短。

（1）豆腐中微生物的污染来源　大豆在浸泡过程中，来自土壤、附着于大豆表面的微生物会大量繁殖，数量增加；磨浆前后加入大量生产用水，微生物数量略有下降，但磨浆时操作人员双手、辅料及不洁用具和清洗不彻底的磨浆机等接触豆浆，会带入大量细菌；煮浆过程中采用 100℃煮沸 5~10min，可以杀死多数微生物，但点浆过程中来源于盐卤（主要成分为氯化镁、硫酸钙等）凝固剂中的耐盐菌或者豆清发酵液凝固剂中的乳酸菌、醋酸菌等造成再次污染；成型和包装过程中豆腐通常暴露于空气环境，操作人员、用具、设备、包装材料和容器等接触其表面亦引起再次污染。因此，豆腐在加工、运输、贮存和销售过程中会污染大量腐败菌而缩短货架期，若污染了病原菌，则可能引起食物中毒。

（2）豆腐中污染微生物的种类　来自于原料和环境中的微生物，如大肠杆菌、乳杆菌、假单胞菌、金黄色葡萄球菌等在煮浆过程中被杀死，但是芽孢杆菌的耐热芽孢残存下来。豆腐中主要腐败菌类：①真菌：如根霉、毛霉、青霉、交链孢霉、镰刀菌和酵母菌等；②细菌：主要为芽孢杆菌，如枯草芽孢杆菌和凝结芽孢杆菌等。如果豆腐检出假单胞菌和大肠菌群，说明是杀菌后污染。真空包装豆腐中主要腐败菌为乳酸菌和肠杆菌科的细菌。豆腐中常见致病菌有沙门氏菌、金黄色葡萄球菌和蜡样芽孢杆菌。在 GB 29921—2021《食品安全国家标准　预包装食品中致病菌限量》中对即食豆制品的致病菌限量要求：金黄色葡萄球菌低于 100CFU/g，沙门氏菌为 25g 食品中不得含有。

（3）豆腐的腐败变质现象　在水分充足、温度适宜条件下，豆腐表面微生物迅速繁殖，随着贮存时间的延长，出现表面发黏，馊味或酸腐味。豆腐的腐败变质以蛋白质分解为主要特征。芽孢杆菌、假单胞菌、毛霉、根霉等属中的一些种能分泌蛋白酶，将豆腐中的蛋白质分解为胺类、酮酸、不饱和脂肪酸、有机酸、氨等，丧失其食用价值。

四、坚果的腐败变质

1. 坚果中微生物的污染来源

坚果营养丰富，尤其脂肪含量比较高，为 300~780g/kg，蛋白质含量为 180~350g/kg，碳水化合物为 100~500g/kg。此外，坚果中还含有多种维生素和矿物质等。坚果是农副产品，其原料质量优劣直接影响成品的品质。附着于坚果原料表面的微生物污染来源主要是田间土壤和收获环境。季节性采收的原料，经贮藏后用于常年加工，受气候环境影响因素较大。如果收获坚果不当，脱壳后干燥不及时或不充分，贮存和运输条件不适宜（如仓库温度和相对湿度较高）、加工车间控温不严格或使用贮存时间过长的原料，均易导致产品中微生物大量繁殖。此外，果实开裂或虫蛀之后的坚果（如开心果、杏仁、榛子等树坚果）容易被微生物污染，而且随虫害程度越大污染也愈严重。

2. 坚果中污染微生物的种类

坚果（包括花生、开心果、杏仁、榛子等）中有害微生物主要是产生黄曲霉毒素的霉菌，如产毒量较大的黄曲霉和寄生曲霉及产毒量较少的特曲霉。黄曲霉和寄生曲霉能够生长的最低 A_w 为 0.8，但产生毒素的最低 A_w 在 0.85 以下。尽管如此，一些耐旱性霉菌亦能在低水分活度的坚果中繁殖。由于杏仁中黄曲霉毒素的含量取决于坚果的虫害程度，故要控制减少脐橙虫对杏仁的损害。目前国际食品法典委员会（CAC）颁布了一项操作规范，应用于花生种植、处理、贮存和加工中，以控制和降低黄曲霉毒素的污染。

坚果及其制品中常见致病菌是沙门氏菌，如杏仁、花生及花生酱都曾被沙门氏菌污染，通常来源于烘烤及杀菌后污染，故在坚果烘烤加工过程中采用关键控制点（CCP）控制沙门氏菌和其他致病菌的污染。在 GB 29921—2021《食品安全国家标准　预包装食品中致病菌限量》中对坚果与籽类食品的致病菌限量要求：沙门氏菌为 25g 食品中不得含有。有关 CCP 详见本教材第十六章第四节 HACCP 体系。

3. 控制微生物引起坚果及其制品腐败变质措施

（1）收获环节　及时将坚果原料干燥至 A_w 在 0.65 以下（即安全水分 10%以下）。

（2）贮存和运输环节　保持低温（13℃以下）、通风、干燥的环境（相对湿度不超过 65%）。

（3）加工环节　对原料要严格筛选和检测，应选用新鲜、不霉变、未开裂或虫蛀的坚果原料生产，对加工设备和用具应及时清洗和杀菌，控制加工车间温度，搞好生产环境卫生。

（4）包装环节　对于坚果产品，采用真空包装或气调包装技术（降低 O_2 浓度并增加 CO_2 或 N_2 浓度），同时选用能够抽真空，并具有防潮、隔氧、遮光和屏蔽性能的高阻隔薄膜材料（如铝塑复合膜、纳米复合膜、氧化硅复合膜等）进行包装，防止坚果氧化变质和增湿霉变，避免香味和 CO_2 外逸，防止变味和变质。例如，在装有干坚果的高阻隔薄膜包装袋中，内置干燥剂、脱氧剂或多效吸氧剂，因氧含量<1%（体积分数），常温下可延长保质期至 8 个月。此外，在坚果表面喷裹一层天然抗氧化剂（如茶多酚、竹叶抗氧化物、迷迭香提

取物等)，可有效减缓坚果的氧化变质。对于坚果制品，除了合理使用抑霉防腐剂（如山梨酸及其钾盐、丙酸及其钙盐、纳他霉素等）之外，其他的防止腐败变质措施同上所述。

重点与难点

(1) 微生物引起食品变质的原因；(2) 生乳的巴氏杀菌方法，分析污染微生物的种类和来源；(3) 乳粉中的菌数超标的原因；(4) 低温肉制品、发酵香肠腐败变质的控制；(5) 禽蛋腐败变质的控制；(6) 鲜禽蛋的天然防御机能；(7) 新鲜果蔬、坚果腐败变质的控制。

课程思政点

作为食品生产者和品质控制技术人员，学习微生物引起动物性、植物性食品变质的原因，认知食品微生物的污染来源和种类，应用新技术控制各类食品的腐败变质，延长货架期十分必要。例如，低温等离子体杀菌是一种新型非热加工技术，能广谱消杀细菌、真菌和病毒，目前已用于禽蛋类、肉类、水产品类、水果类等食品的防腐保藏（保鲜)。而气调包装保鲜技术联合低温贮藏，可延长新鲜果蔬及鲜切菜的保鲜期，降低损耗率，从而可降低生产成本。

复习思考题

1. 简述微生物引起食品变质的原因（基本条件)。
2. 分解淀粉、蛋白质、脂肪等并引起食品变质的主要微生物种类和具体属、种有哪些?
3. 简述生乳发生自然腐败变质时，微生物菌群的变化规律。
4. 简述巴氏杀菌乳中污染微生物的种类和来源。如何进行生乳的巴氏杀菌?
5. 生乳经超高温瞬时灭菌后，残留某些耐热的芽孢，分析原因，并说明芽孢为何耐热。
6. 生乳、鲜肉、鲜禽蛋中微生物的主要污染来源有哪些?
7. 分析乳粉中的菌数超标的原因。如何防止超标?
8. 简述冷藏鲜肉的微生物种类。在有氧条件下冷藏鲜肉表面哪种菌占优势?
9. 简述鲜肉腐败变质时，微生物菌群的变化规律。
10. 低温肉制品腐败变质的原因是什么？如何控制其腐败变质?
11. 发酵香肠腐败变质的原因是什么？如何控制其腐败变质?
12. 禽蛋腐败变质的原因是什么？如何控制其腐败变质?
13. 为什么鲜禽蛋在低温、干燥的环境下可保持较长时间不变质?
14. 简述新鲜果蔬中微生物的污染来源和种类。如何控制其腐败变质?
15. 引起谷物在贮藏过程中发生腐败变质的微生物主要有哪些?
16. 引起糕点变质的微生物有哪些？分析制作糕点卫生质量不合格的原因。
17. 豆类腐败变质的原因是什么？如何控制其腐败变质?
18. 简述坚果中污染微生物的来源和种类。如何控制其腐败变质?

第十四章 微生物性食物中毒

CHAPTER 14

第一节 食物中毒概述

一、食物中毒与有毒食物

食物中毒是指摄入了含有生物性、化学性有毒有害物质的食品或者将有毒有害物质当作食品摄入后，引起的非传染性的急性、亚急性疾病的总称。食源性疾病一词是由传统的“食物中毒”逐渐发展变化而来，近年来，一些发达国家和国际组织经常使用的是“食源性疾病”的概念。根据 WHO 的定义，食源性疾病是指由摄食进入人体内的各种致病因子（包括生物性、化学性）引起的、通常具有中毒性质或感染性质的一类疾病。它主要包括食物中毒性疾病、肠道传染性疾病、人畜共患性疾病、寄生虫病、营养性疾病、变态反应性疾病以及由食物中有害污染物所致的慢性疾病。根据这一定义，食源性疾病不仅包括传统意义上的食物中毒，而且包括经食物传播的各种感染性疾病。

有毒食物是指在正常数量和可食状态下，经口摄入而使健康人发病的食物。对于摄入非可食状态的食物（未成熟的水果、蔬菜），非正常数量的食物（暴饮暴食），以及某些食物虽可引起疾病，临床症状与食物中毒类似，但不属于食物中毒的范围，可有以下几种情况：①经食品而感染的肠道传染病（如痢疾、伤寒病、霍乱等）、寄生虫病（如旋毛虫病等）、人畜共患性疾病等；②特异体质者食入某种食品（如鱼、虾、牛乳、花生等）所发生的变态反应（食物过敏）；③因暴饮暴食而引起的急性胃肠炎；④因长期摄入少量被有毒物质污染的食物而造成的慢性中毒，包括致畸、致突变和致癌等对人体的危害；⑤因食用刺激性食品所引起局部刺激症状；⑥营养缺乏病或过多症，如维生素缺乏引起的胃肠障碍。

二、食物中毒的特点

有毒食物进入人体内发病与否、潜伏期、病程、病情轻重和愈后的效果主要取决于摄入有毒食物的种类、毒性和数量，同时也与食者胃肠空盈度、年龄、体重、抵抗力、健康与营养状况等有关。食物中毒常集体性爆发，其种类很多，病因也很复杂，一般具有下列共同特点：①潜伏期短，来势急剧，在短时间内有很多人同时发病。②发病和食入某种共同的有毒食品有关。凡进食此种有毒食品的人大都发病，未进食者不发病，或者停止食用此种食品后，发病很快控制。③病人都有大致相同的临床症状，多见于急性胃肠炎。④发病率高而且集中，人与人之间不直接传染。一般无传染病流行时的余波。

三、常见食物中毒的分类

食物中毒按病原物质分类，可以分为5类。①细菌性食物中毒：包括的病原菌有沙门氏菌、致泻大肠埃希氏菌、金黄色葡萄球菌及其肠毒素、肉毒梭菌及其肉毒毒素、副溶血性弧菌、蜡样芽孢杆菌、单增李斯特氏菌、变形杆菌、志贺氏菌、产气荚膜梭菌、空肠弯曲菌、小肠结肠炎耶尔森氏菌、唐菖蒲伯克霍尔德氏菌（椰毒假单胞菌酵米面亚种）等。其中前6种为引起细菌性食物中毒人数最多的主要致病因子。②真菌性食物中毒：包括由黄曲霉毒素、镰刀菌毒素、黄变米毒素、赭曲霉毒素、展青霉毒素、桔青霉毒素、杂色曲霉毒素、交链孢霉毒素等引起的食物中毒，以及霉变甘蔗和甘薯中毒、麦角中毒、毒蘑菇中毒等。其中毒蘑菇引起的食物中毒死亡人数最多。③化学性食物中毒：包括亚硝酸盐、甲醇、砷、铅、毒鼠强、克百威、氟乙酰胺、农药中毒等。其中亚硝酸盐引起的食物中毒事件最多，其次是毒鼠强。④动物性食物中毒：包括河豚鱼（河豚毒素）、有毒贝类（贝类毒素）、鱼类组胺、某些动物的肝脏等引起的食物中毒。⑤植物性食物中毒：包括未煮熟四季豆、木薯、苦杏仁、发芽马铃薯、鲜黄花菜等的中毒。本章重点介绍由细菌、真菌及其毒素引起的食物中毒。

四、食物中毒的调查处理

1. 食物中毒现场的调查

对于食物中毒应首先急救，在急救的同时做现场调查。

（1）调查目的　①确定是否为食物中毒，是哪种食物中毒。②为病人的救治提供可靠根据，并对已采取的急救措施进行纠正。③查明食物中毒发生、发展的原因，以便控制其继续发展，并提出今后预防食物中毒的措施。

（2）调查步骤和方法　①了解食物中毒的发生和发展趋势，进食何种食物，中毒人数，已采取的急救措施等。②了解中毒症状及治疗效果，确定潜伏期、中毒特点、中毒场所、中毒餐次，确定中毒食物后进行封存。③调查中毒发生的原因，向食物加工和管理人员了解原料来源、卫生状况、存放容器、烹调方法、加热时间和温度、熟食污染状况、贮存熟食的温度、时间和条件等，并对加工人员及其场所的卫生状况进行调查。

2. 样品的采取和检验

（1）采样方法　采样应及时、准确、有代表性。样品不同所用采样方法各异。①剩余食物：用灭菌镊子采取餐桌剩余食物，置于灭菌容器内。如无剩余食物，可采取容器的灭菌盐水洗液，或用消毒棉拭子涂擦盛可疑食物的容器，置于装有少量灭菌生理盐水的试管内。对于体积较大的鱼类及肉食，表面消毒后取内部样品，置于灭菌容器内。必要时也可取半成品及原料。②炊具与容器：与进食食物有关的所有容器用棉拭子蘸无菌生理盐水反复涂擦，置于灭菌容器内。③患者呕吐物、粪便及咽喉涂抹标本：采取病人的新鲜呕吐物和排泄物。④血液：可疑为沙门氏菌、变形杆菌、致病性大肠杆菌等食物中毒时，在中毒患者急性期（3d以内）和恢复期（两周左右），从肘静脉取血2~3mL，分离血清，送检。⑤尸体解剖：

采取死亡患者胃肠内容物、脏器、肠系膜淋巴结及血液，送检。

（2）采样数量　肉及其制品500g、鱼类500g（大鱼可采2~3个不同部位）、流体及半流体食物200g、呕吐物50~100g、粪便50~100g、容器洗涤水100~200g、血液5~10mL、尸体标本10~20g（每种脏器）。

（3）送检样品注意事项　采集的样品最好立即送检，一般应不超4h；夏季送检时应注意冷藏，但不得加入防腐剂；应附详细送检单，包括样品名称、件数、质量（m）、来源、送检时间、中毒症状、送检要求、采样的条件；样品必须标明名称、编号、采样日期，严密封闭包装；各种样品的采取，要注意无菌操作，防止污染，以免影响检验结果。

（4）检验项目　除了检验理化指标、微生物学指标外，对于尚不明确毒性的有毒食物，可进行简易动物试验判定其毒性。

3. 食物中毒现场的最后处理

采样后，应将引起中毒的食物煮沸15min之后掩埋或焚烧；液体食品可与漂白粉混合消毒；容器、炊具等用2%碱水或肥皂水煮沸消毒；患者排泄物可用20%石灰乳或漂白粉溶液消毒。对初步救治方案进行必要纠正，最后整理资料与总结。

第二节　细菌性食物中毒

细菌性食物中毒是指因摄入含有细菌毒素或致病细菌的食品而引起的急性或亚急性疾病。引起细菌性食物中毒的原因：①食品被病原菌污染，贮存不当，在适宜温度、A_w、pH和营养素条件下，病原菌大量繁殖，食品在食用之前未经加热或加热不彻底；②熟食品受病原菌严重污染或生熟食品交叉污染，在较高室温下存放，病原菌大量繁殖并产生毒素；③食品从业人员患肠道传染病、化脓性疾病或无症状带菌者，将病原菌污染到食品上；④食品生产设备清洗杀菌不彻底，原料巴氏杀菌不彻底，加工不当，导致食品被病原菌污染；⑤鼠、蝇、蟑螂等将病原菌传播到食品原料、半成品或成品中。

根据致病原因将细菌性食物中毒分为感染型、毒素型和混合型3种类型。所谓感染型食物中毒是指食品污染并繁殖了大量病原菌和条件病原菌（如沙门氏菌、致泻大肠埃希氏菌、变形杆菌、副溶血性弧菌等），人体摄入这种含有大量活菌的食物后，引起消化道感染而导致的中毒。毒素型食物中毒是病原菌污染食品后，在适宜条件下大量繁殖并产生毒素，食用后而引起的中毒性疾病。例如金黄色葡萄球菌、肉毒梭菌、产气荚膜梭菌、唐菖蒲伯克霍尔德氏菌、蜡样芽孢杆菌等产生的毒素引起的食物中毒。混合型食物中毒是由毒素型和感染型两种协调作用所致的食物中毒。一般细菌性食物中毒（如沙门氏菌、致泻大肠埃希氏菌、金黄色葡萄球菌、蜡样芽孢杆菌等）的治疗措施是以补充体液和维持电解质平衡等支持疗法为主，必要时辅以抗生素治疗。下面介绍几种常见而重要的细菌性食物中毒。

一、沙门氏菌食物中毒

2003—2017年全国共报告899起与沙门氏菌有关的食品安全事件，最终导致21881人患病，4人死亡。故沙门氏菌是一种重要的食源性致病菌，对人体健康构成严重威胁。

1. 病原体

沙门氏菌属的细菌引起中毒的比例为细菌性食物中毒的42.6%~60.0%，根据抗原构造分类，至今已发现沙门氏菌属有2610个血清型菌株，分为6个亚属。不同血清型菌株的致病力和感染对象均不相同。根据沙门氏菌的致病范围，可将其分为三大类群。第一类群专门引起人伤寒和副伤寒病，如伤寒沙门氏菌，甲、乙、丙型副伤寒沙门氏菌；第二类群专门对动物致病，很少感染人，如马流产沙门氏菌、鸡白痢沙门氏菌；第三类群能引起人类食物中毒，如鼠伤寒沙门氏菌、猪霍乱沙门氏菌、肠炎沙门氏菌、纽波特沙门氏菌、都柏林沙门氏菌、德尔比沙门氏菌、山夫顿堡沙门氏菌、汤普逊沙门氏菌等十几个血清型菌株。其中前三种引起食物中毒次数最多。

（1）生物学特性　详见第十章第一节中相关内容。

（2）抗原构造　沙门氏菌具有复杂的抗原结构，主要由菌体抗原（即O抗原）和鞭毛抗原（即H抗原）组成。部分菌株还产生表面抗原（如Vi抗原等）。至今已发现O抗原有67种，并根据O抗原不同将沙门氏菌属分成A、B、C_1、C_2、C_3、D、E_1、E_4、F等群。引起人类疾病的沙门氏菌多属于A~F群。H抗原由第1相和第2相组成。第1相为特异抗原，用a、b、c…表示；第2相为非特异抗原即共同抗原，用1、2、3…表示。同一群沙门氏菌根据H抗原不同，可将群内细菌分为不同的型。Vi抗原是一种不耐热的酸性多糖复合物，加热60℃或石炭酸处理易被破坏，人工传代培养易消失。Vi抗原存在于菌体表面，它可阻止O抗原与相应抗体发生凝集反应，故需事先加热煮沸破坏Vi抗原后才有凝集现象。

沙门氏菌的分类鉴定原则是以菌体（O）抗原不同分成A~F群，每群中再以鞭毛（H）抗原的双相抗原的不同，分成不同型。各种沙门氏菌分别具有1~2种或更多种菌体抗原和特定鞭毛抗原，可分别列出抗原结构式，这在本属细菌种的鉴别具有重要意义。例如：鼠伤寒沙门氏菌的抗原结构式为1、4、5、12∶i∶1、2，表示该菌含有O抗原1、4、5、12四种，H抗原第1相是i，第2相是1和2。采用玻片凝集反应试验进行沙门氏菌血清型的鉴定，根据列出的某一未知沙门氏菌血清型的抗原结构式，从已知沙门氏菌血清型的抗原结构式列表中分析比对，查出抗原结构式所对应的某一沙门氏菌，即可鉴定到种。具体方法详见刘慧主编《现代食品微生物学实验技术（第二版）》实验33食品中沙门氏菌的检验中血清学分型试验。

（3）致病因素　有3种：①侵袭力：沙门氏菌有菌毛，因而对肠黏膜细胞有侵袭力。有Vi抗原的沙门氏菌也具有侵袭力，能穿过小肠上皮细胞到达黏膜固有层。②内毒素：该属菌种均有较强毒性的内毒素（即脂多糖），由类脂A、核心多糖和O-特异性多糖的复合物组成，释放的内毒素引起发热，中毒性休克等。③肠毒素：鼠伤寒沙门氏菌、肠炎沙门氏菌在适宜条件下代谢分泌肠毒素。此种肠毒素为蛋白质，在50~70℃时可耐受8h，不被胰蛋白酶和其他水解酶所破坏，并对酸碱有抵抗力。

2. 中毒的原因、机制与症状

（1）中毒原因　在沙门氏菌感染过程中病畜和带菌者是沙门氏菌病的主要传染源。鸡蛋、家禽和肉类产品是其主要传播媒介。由于沙门氏菌对营养要求较低，在粪便、泥土、食物（肉、蛋、乳和面包等）和水中的生存时间长达5个月甚至2年以上，在冰冻土壤中可越冬，在20~30℃条件下可迅速繁殖，污染食品后食品无明显的感官变化，若食用前未加热或杀菌不彻底，一般当食物中含菌量为10^5~10^8CFU/g，极易引起鼠伤寒沙门氏菌、猪霍乱沙门氏菌、肠炎沙门氏菌等食物中毒。

（2）中毒机制　沙门氏菌致病的主要因素是侵袭力、内毒素和肠毒素。侵袭力是以菌毛黏附于小肠黏膜上皮细胞表面，并到达上皮组织，可被吞噬细胞吞噬，但不被杀灭（此种抗吞噬作用与其 O 抗原和 Vi 抗原有关），能继续生长繁殖，菌体随吞噬细胞从黏膜下层移至肠腔，迁移进入肠系膜淋巴结再扩散至其他部位，入侵肝脏、脾脏等不同器官或组织，从而引起人体各种临床症状。因此，沙门氏菌的菌毛在细菌生物膜形成、肠道定殖和入侵中起重要作用。该菌在黏附和入侵肠上皮细胞直至最终扩散到其他器官的过程中，有很多毒力因子发挥作用。沙门氏菌的毒力岛 SPI-1 主要在入侵肠上皮细胞过程中起主要作用，而 SPI-2、SPI-3、SPI-4 则负责该菌在宿主细胞内的生存和繁殖。脂多糖在沙门氏菌感染宿主的过程中会释放出内毒素，导致宿主白细胞数量先减少后增加，引起肠道炎症，内毒素被吸收入血后引起全身中毒，如发热、中毒性休克等。某些沙门氏菌，如鼠伤寒沙门氏菌能产生肠毒素，引起水样性腹泻。

（3）中毒症状　潜伏期 4~48h，主要症状为急性胃肠炎，中毒初期多表现为头痛、恶心、冷汗、全身无力、食欲不振，之后出现呕吐、腹痛和腹泻、发热，重者可引起痉挛、脱水、休克等。急性腹泻以黄色或黄绿色水样便为主，有恶臭。以上症状可因病情轻重而反应不同。病程短，通常 2~7d 可完全恢复，愈后良好，病死率低于 1%。

3. 引起中毒的食品与污染途径

引起中毒的食品多是动物性食品，特别是肉类（如病死牲畜肉、酱或卤肉、腌制肉、熟内脏等），也可由鱼类、禽肉类、乳类、蛋类及其制品引起。沙门氏菌主要来源是患病人和动物（牛、猪、羊、家禽等）的肠道、血液、粪便、尿液，一般情况下肠道带菌率较高。通过污染食品和水源经口感染，在人和动物肠道中繁殖。

沙门氏菌污染肉类有两种途径：一是内源性污染，是指家畜、家禽宰前已感染沙门氏菌；二是外源性污染，是指家畜、家禽在屠宰、加工、运输、贮藏、销售的各环节被含该菌的粪便、容器、污水等污染，尤其是熟肉制品常受生肉内沙门氏菌的交叉污染。蛋类及其制品感染或污染沙门氏菌的机会较多，尤其是鸭、鹅等水禽及其蛋类带菌率比鸡高，除原发和继发感染使卵巢、卵黄、全身带菌外，禽蛋在经泄殖腔排出时，蛋壳表面可在肛门腔内被沙门氏菌污染，并经蛋壳气孔侵入蛋内。带菌乳牛产的乳中有时含沙门氏菌，即使健康乳牛榨的乳亦可被带菌乳牛的粪便或其他污物的污染。水产品通过水源被污染，使淡水鱼、虾有时带菌。此外，带菌人的手、鼠类、苍蝇、蟑螂等接触食品，也可成为污染源。

4. 预防中毒措施

（1）防止食品原料和成品被污染　家畜和家禽屠宰时，要防止肉尸受胃肠内容物、皮毛、容器等污染；禁止家畜家禽进入厨房和食品加工室，彻底消灭厨房、操作间、食品贮藏室和食堂、餐厅等处的老鼠、苍蝇和蟑螂及其他昆虫，并严禁食用病死和死因不明的家畜、家禽；食品从业人员应遵守有关卫生制度，防止生熟食品交叉污染，并对食品从业人员定期进行健康和带菌检查，如有肠道传染病患者及带菌者应及时调换工作。

（2）控制生长繁殖　由于沙门氏菌于 20℃ 以上能大量繁殖，于 4~5℃ 低温贮藏食品是预防中毒的重要措施。此外，肉、鱼等加入适当浓度的食盐也可控制沙门氏菌的繁殖。

（3）食前彻底加热杀菌　杀菌是预防食物中毒的关键措施。为彻底杀死肉类中可能存在的各种沙门氏菌、灭活毒素，应使肉块（1kg 以下）深部温度达到 80℃ 持续 12min；鸡蛋、鸭蛋应煮沸 8~10min；剩菜饭食前应充分加热，以彻底杀死沙门氏菌。

二、致泻大肠埃希氏菌食物中毒

致泻大肠埃希氏菌是一类能引起人体以腹泻症状为主的疾病的大肠埃希氏菌，主要包括肠道侵袭性大肠埃希氏菌（EIEC）、肠道致病性大肠埃希氏菌（EPEC）、肠道毒素性大肠埃希氏菌（ETEC）、肠道出血性大肠埃希氏菌（EHEC）和肠道集聚性大肠埃希氏菌（EAEC）。

1. 病原体

非致病性 *E. coli* 是人和动物肠道正常菌群，致泻 *E. coli* 可引起食物中毒。

（1）生物学特性　详见第十章第一节。

（2）抗原构造　致病性与非致病性 *E. coli* 在形态、培养特性和理化特性上不易区分，只能以不同的抗原结构来鉴别。其抗原结构由菌体（O）抗原、鞭毛（H）抗原和表面（K）抗原三部分组成。O 抗原是细胞壁上脂多糖最外层的 O-特异性多糖，H 抗原由蛋白质组成，K 抗原是一种对热稳定的荚膜多糖，它能阻止 O 抗原与相应抗体发生凝集反应。K 抗原又分为 A、B、L 三类，致病性菌株多数带有 K 抗原，主要为 B 抗原，少数为 L 抗原。目前已知 O 抗原有 200 种以上；H 抗原 50~60 种，均为单相菌株；K 抗原 103 种，但不是每个菌株都有 K 抗原。各种抗原均以阿拉伯数字表示。根据 O 抗原的不同区分 *E. coli* 的血清群，再以 H、K 抗原进一步区分血清型或亚型。根据对 *E. coli* 的 O、H、K（B）抗原的鉴定，可确定 *E. coli* 的抗原结构式，例如，O111：K58：H2 和 O157：H7 等。

（3）致病因素　目前已知的致泻 *E. coli* 有 5 种类型。

①肠道侵袭性大肠埃希氏菌（EIEC）：该菌通常为新生儿和 2 岁以内的婴幼儿引起腹泻的病原菌，所致疾病类似细菌性痢疾，较少见，不产肠毒素。其特定的 O 抗原血清型有 O18、O29、O112、O136、O143、O144、O152、O159、O164、O167。

②肠道致病性大肠埃希氏菌（EPEC）：该菌为婴幼儿、儿童引起腹泻或胃肠炎的主要病原菌，不产生肠毒素。经 PCR 试验确认其特定的 O 抗原血清型有 O26、O55、O86、O111ab、O114、O119、O125ac、O127、O128ab、O142、O146、O158 等。

③肠道毒素性大肠埃希氏菌（ETEC）：该菌为 5 岁以上婴幼儿、旅游者引起腹泻的常见病原菌，能产生两种肠毒素。一种是耐热性肠毒素（ST），经 100℃，30min 才被破坏；另一种是不耐热肠毒素（LT），经 65℃，30min 即被破坏。其肠毒素的产生由质粒控制，通过菌株间的质粒传递作用，可使不产毒的菌株获得产毒能力。能产生肠毒素的菌株，经 PCR 试验确认其特定的 O 抗原血清型有 O6、O11、O15、O20、O25、O26、O63、O78、O85、O114、O128ac、O148、O149、O166 等。

④肠道出血性大肠埃希氏菌（EHEC）：该菌为 5 岁以下儿童引起出血性结肠炎或急性肾衰竭及肾溶血性尿毒综合征（HUS）的主要病原菌，能产生毒力较强的志贺毒素，因该毒素能使非洲绿猴肾细胞（Vero）细胞发生病变，故亦称 Vero 毒素。其特定血清型菌株是 *E. coli* O157：H7。

⑤肠道集聚性大肠埃希氏菌（EAEC）：该菌又称肠道黏附性大肠埃希氏菌，是引起婴儿持续性腹泻的病原菌，因能集聚黏附于小肠 Hep-2 细胞上，故而得名。经 PCR 试验确认其特定 O 抗原血清型有 O9、O62、O73、O101、O134。

2. 中毒的原因、机制与症状

（1）中毒原因　只有食品中致泻 *E. coli* 活菌数在 10^7CFU/g 以上，才可使人致病。但只要食品中有 10CFU/g 强致病力 *E. coli*O157：H7，即可引起中毒。其中毒原因同沙门氏菌。

（2）中毒机制　当致泻 *E. coli* 进入人体消化道后，EIEC 可侵入结肠黏膜上皮细胞，并在上皮细胞内大量繁殖，引起上皮细胞死亡，再扩散到邻近细胞，进而引起肠壁溃疡，影响水和电解质的吸收，从而导致腹泻，其病理变化与志贺氏菌相似。EPEC 可黏附于小肠黏膜，破坏肠黏膜的微绒毛和上皮细胞刷状缘。ETEC 可在小肠内继续繁殖并产生肠毒素。不耐热肠毒素被吸附于小肠上皮细胞的细胞膜上，激活上皮细胞膜中腺苷酸环化酶的活性，在该酶作用下，将 ATP（三磷酸腺苷）环化产生过量的 cAMP（环磷酸腺苷），cAMP 是刺激分泌的第二信使，cAMP 浓度的升高导致细胞分泌功能改变，使细胞抑制吸收 H_2O 和 Na^+ 而亢进分泌 Cl^-，从而导致 H_2O、Na^+、$C1^-$ 在肠管潴留而引起腹泻；耐热肠毒素通过激活肠黏膜上皮细胞膜中的鸟苷酸环化酶的活性，使细胞内 cGMP 浓度升高而导致腹泻。其病理变化与霍乱相似。EHEC 能黏附于肠黏膜上皮细胞表面的微绒毛上，破坏抹平微绒毛。黏附是该菌发病的重要环节，其黏附作用包括黏附因子、菌毛、脂多糖和外膜蛋白 A。该菌的主要致病因子是产生毒力极强的志贺毒素（Stx），分为 StxⅠ和 StxⅡ两种类型，只有 StxⅡ与人肾上皮细胞的受体结合，选择性破坏肾小球上皮细胞，损伤肾小球、肾小管，导致肾功能衰竭。此外，破坏人体红细胞和血小板，并引起血栓性血小板减少性紫癜和肠出血。

（3）中毒症状　5 种类型的致泻 *E. coli* 引起的中毒症状分述如下。

①EIEC：引起菌痢。潜伏期 48~72h，腹泻、腹痛、脓黏液血便、里急后重、发热 38~40℃，部分病人有呕吐。病程 1~2 周。

②EPEC：引起腹泻或胃肠炎。潜伏期 17~72h，水样腹泻、腹痛、发烧，病程 6h~3d。

③ETEC：引起急性胃肠炎。潜伏期 10~15h，短者 6h，长者 72h，呕吐、腹泻、上腹痛，伴有发热 38~40℃、头痛等症状，部分患者腹部绞痛。粪便呈水样或米汤样，每日 4~5 次。呕吐、腹泻严重者可出现脱水，甚至循环衰竭。病程 3~5d。

④EHEC：引起出血性结肠炎或肾溶血性尿毒综合征。潜伏期 1~14d，前期症状表现为腹部痉挛性疼痛和短时间的自限性发热、呕吐，1~2d 内出现非血性腹泻，后导致出血性结肠炎、突发性严重腹痛和便血。5 岁以下儿童和老年人约有 2%~7%发展为肾出血，引起急性肾衰竭，在小儿中常导致肾溶血性尿毒综合征，感染者尚有癫痫、卒中等并发症，病死率高达 30%。1996 年 7 月，日本大阪有 62 所小学，9000 多人发生 *E. coli*O157：H7 食物中毒，导致 12 人死亡。

⑤EAEC：引起婴儿急性或慢性腹泻伴有脱水。此菌黏附在细胞表面后，菌体凝集呈砖块状排列，通常不引起肠黏膜细胞的组织学改变，但可阻止液体的吸收。

3. 引起中毒的食品与污染途径

引起中毒的食品基本与沙门氏菌相同，主要是肉类、乳与乳制品、水产品、豆制品、蔬菜，尤其是肉类和凉拌菜。4 种致泻 *E. coli* 涉及食品有所差别。①EIEC：水、干酪、土豆色拉、罐装鲑鱼。②EPEC：水、猪肉、肉馅饼。③ETEC：水、干酪、水产品。④EHEC：生的或半生的牛肉和牛肉糜（馅）、发酵香肠、生牛乳、酸乳、苹果酒、苹果汁、色拉油拌凉菜、水、生蔬菜（豆芽、白萝卜芽）、汉堡包、三明治等。致病性 *E. coli* 主要寄居于人和动物肠道中，随粪便污染水源、土壤成为次级污染源。通过受污染的土壤、水、带菌者的手、蝇和不洁的器具等途径污染食品。

4. 预防中毒措施

（1）防止食品原料和成品被污染　防止动物性食品被带菌的人和动物以及污水、不洁的容器和用具等的污染。凡是接触过生肉、生内脏的容器和用具等要及时洗刷、消毒，应特别防止生熟食品直接或间接的交叉污染和加工好的食品后污染。注意熟食存放环境的卫生，并注意防蝇。在屠宰和加工食用动物时，避免粪便污染。

（2）低温冷藏　生肉、熟食品和其他动物性食品应置于4~5℃低温贮藏。无冷藏设备时，尽量将食品置于阴凉通风处，但存放时间不宜过长。

（3）食前彻底加热杀菌　由于致泻 *E. coli* 对热较敏感，故正常的烹调温度即被杀死。对于酱肉等熟肉类食品食用前应回锅充分加热；生肉类在加工烹调中亦应充分加热，烧熟煮透，避免吃生的或半生的肉类、禽类制品。消费者应避免食用未经回锅加热的凉拌菜、剩菜饭等和饮用未经巴氏消毒的牛乳或果汁。为了预防 *E. coli* O157：H7 产志贺毒素引起的食物中毒，在用牛肉泥制作馅饼时，推荐馅饼的中心加热温度至少达到68.3℃维持15s；汉堡包中心温度要达到68.3~71.1℃才可安全食用。烹调之后，汉堡包和其他肉类食品（肉类、禽类和海产品）在44~60℃下不能存放3~4h以上。目前志贺毒素引起的食物中毒尚无有效措施，主要靠不吃生食，并在产毒前将其杀死。

三、金黄色葡萄球菌食物中毒

金黄色葡萄球菌是引起人与动物感染和细菌性食物中毒的一种人畜共患病原菌。由它引起的食物中毒发生频率极高，在美国由此菌引起的食物中毒高居第二位，占整个细菌性食物中毒的33%，加拿大占45%，我国每年发生的此类中毒事件亦非常多见。

1. 病原体

葡萄球菌属中有31个种，其中与食品相关的有18个种和亚种，与食品关系最密切的是金黄色葡萄球菌引起的食物中毒。

（1）生物学特性　详见第十章第一节。

（2）致病因素　金黄色葡萄球菌的致病力（毒力因子）比较复杂。①结构成分与自身分泌的多种因子：包括黏液、磷壁酸、胶原、纤维蛋白原等，其作用是黏附于皮肤、鼻腔等身体表面，以及抵抗宿主的免疫反应，实现成功定殖。②酶：包括血浆凝固酶、耐热核酸酶、溶纤维蛋白酶、脂肪酶、磷脂酶、透明质酸酶等，其作用是有助于菌体获取营养，利于菌体存活和繁殖。③毒素：包括超抗原外毒素（肠毒素、类肠毒素、中毒性休克综合征毒素等20余种）、细胞毒素（造孔毒素、β毒素、ε毒素）、杀白细胞毒素、溶血毒素等。超抗原外毒素能杀死感染部位的免疫细胞，而细胞毒素是破坏和裂解宿主细胞膜，使细胞溶解。这些毒力因子有助于该菌黏附、营养获取和宿主免疫逃逸，在渗入细胞膜和细胞内生存过程中发挥关键作用。此外，该菌能够在表面附着形成生物（被）膜（生物膜是细菌群体细胞与细胞外基质的复合体，对抗生素和宿主免疫防御抗性强，大约85%的感染与生物膜有关），并持续存在于宿主体内，导致危及生命的感染。据研究报道，金黄色葡萄球菌已进化出能控制毒力因子产生的复杂调控系统（双组分信号转导系统和转录因子），通过感知环境变化，相应改变其在宿主内生存所需的毒力因子。在此重点介绍金黄色葡萄球菌的肠毒素。

①肠毒素：50%以上的金黄色葡萄球菌的菌株能产生肠毒素，并且一个菌株能产生两种或两种以上肠毒素。根据毒素的抗原特异性不同，可将肠毒素分为A、B、C、D、E共5个

血清型，其中A型肠毒素毒力最强，一般摄入1μg即能引起中毒，故A型肠毒素引起的食物中毒最常见。D型毒力较弱，摄入25μg才引起中毒。肠毒素是结构相似的一组可溶性蛋白质，由单个无分枝的多肽链组成，*N*端肽链具有催吐活性，可引起人呕吐甚至食物中毒。其抗原成分是耐热的蛋白质和多糖。肠毒素的性质：a. 抗酶解。在活性状态下不受蛋白水解酶的影响，如对胃蛋白酶、胰蛋白酶、胰凝乳蛋白酶、凝乳酶和木瓜蛋白酶具有抗性。b. 对胃酸有一定抵抗力。c. 耐热。经100℃，2h才完全破坏，这是葡萄球菌肠毒素的最大特点。其他如溶血素、杀白血球素等100℃，10min或80℃，20min即可丧失毒性。故食品煮沸、巴氏杀菌、烹调和其他一般热杀菌不易破坏肠毒素。

②肠毒素与酶的关系：肠毒素与血浆凝固酶和耐热核酸酶有密切关系。能产生肠毒素的金黄色葡萄球菌在厌氧条件下，发酵葡萄糖可产生耐热核酸酶。耐热核酸酶是一种能降解DNA的胞外酶，对热有较强抵抗力，100℃，15min仍保持活性。而其他来源的核酸酶不具这种耐热性质。一般情况下，多数产血浆凝固酶（能使兔血浆呈凝块或凝胶状态）的葡萄球菌都能产生肠毒素，但也有例外；而产肠毒素的葡萄球菌一定分泌耐热核酸酶。据此检测耐热核酸酶是鉴别金黄色葡萄球菌是否产生肠毒素的重要指标，血浆凝固酶也是鉴别葡萄球菌有无致病性的重要指标。血浆凝固酶阳性的葡萄球菌具有致病性。

2. 中毒原因、机制与症状

（1）中毒原因　产生肠毒素的葡萄球菌污染食品，开始活菌数量一般不多，只有在适宜生长和产毒条件下（20~37℃、适宜pH、食品中的水分、蛋白质和淀粉充足）长时间放置，大量繁殖使菌数达到10^5~10^6CFU/mL时，才能产生足够数量的肠毒素引起食物中毒。

肠毒素的产生与食品受污染程度、存放温度、食品的种类和性质等有密切关系。一般食品污染越严重，适宜生长的温度越高，繁殖速率越快，越易产生肠毒素，而且产生肠毒素的时间越短。例如薯类、谷类和乳类食品中污染的葡萄球菌在20~37℃下经4~8h就产生肠毒素，而在5~6℃时，则需18d才能产生肠毒素。一般而言，含淀粉、蛋白质丰富、A_w较高的食品，如含乳点心、冰淇淋、熟肉及下水、蛋类、鱼类、含油脂较多的罐头类食品等受葡萄球菌污染后易产生肠毒素。

（2）中毒机制　因摄入肠毒素引起，单纯摄食菌体一般不会引起中毒。当肠毒素随食物进入人体消化道吸收后进入血液，通过刺激腹部脏器中的迷走神经，将信号传递到大脑的呕吐中枢神经系统导致呕吐，相关腹泻症状与抑制小肠对水和电解质的再吸收有关。

（3）中毒症状　发病急，潜伏期0.5~6h，表现为急性胃肠炎症状，主要是呕吐和腹泻。摄入含肠毒素的食物30min后即可出现喷射性呕吐或伴腹泻等典型症状，严重者因大量失水而出现外周循环衰竭和虚脱休克。一般1~3d内康复，愈后良好，少有死亡病例。

3. 引起中毒的食品与污染途径

引起中毒的食品主要有牛乳、肉类（腌制肉、猪牛羊的熟肉制品）、蛋类、鱼类及其制品等动物性食品。此外，凉糕、凉粉、剩米饭、米酒等也有发生中毒。国内以乳和乳制品及用牛乳制作的冷饮和奶油糕点等最常见。近年来，由熟鸡、鸭制品污染引起的中毒增多。

葡萄球菌分布于空气、土壤、水和食具上，其主要污染源是人和动物。多数金黄色葡萄球菌食物中毒是由该菌引起的患局部化脓性感染（疮疖、手指化脓）、急性上呼吸道感染（鼻窦炎、化脓性咽炎、口腔疾病等）的食品从业人员，在加工过程中污染了加热处理后的食品所致；少数是加热处理之前污染引起，或食入了患有金黄色葡萄球菌性乳腺炎乳牛的生乳或乳制品所致。一般健康人的咽喉、鼻腔、皮肤、手指甲、肠道内带菌率为 20%~30%，也可经手污染食品。

4. 预防中毒措施

（1）防止食品原料和成品被污染　①防止带菌人群对食物的污染。定期对食品从业人员进行健康检查，患局部化脓性感染、上呼吸道感染者应暂时调换工作。②防止葡萄球菌污染原料乳。定期对健康乳牛的乳房进行检查，患乳房炎乳不能用于加工乳与乳制品。③患局部化脓性感染的畜、禽肉尸应按病畜、病禽肉处理，将病变部位除去后，再经高温处理才可加工熟肉制品。④食品加工的设备、用具，使用后应彻底清洗杀菌。⑤严格防止肉类、含乳糕点、冷饮食品和剩菜剩饭等受到致病性葡萄球菌的污染。

（2）防止葡萄球菌的生长与产毒　①控制食品贮藏温度。防止该菌生长和产毒的重要条件是低温和通风良好。建议 4℃以下冷藏食品或置阴凉通风处，但不应超过 6h（尤其是夏秋季）。挤好的牛乳应迅速冷却至 10℃以下。②控制食品 A_w。由于食品 A_w<0.83 时该菌不生长，A_w<0.90 时不产毒素，可用干燥、加盐和糖以降低食品 A_w 在 0.83 以下防止产毒。

（3）食品的杀菌处理　在肠毒素产生之前及时加热杀死已污染食品的葡萄球菌。剩菜剩饭最好采取双重加热法，即加热后置低温通风处存放，食前再次加热。加热虽可杀死葡萄球菌，但难以破坏肠毒素，因此，在实践上防止该菌食物中毒的措施主要靠（1）（2）两种方法。

四、肉毒梭菌食物中毒

1. 病原体

肉毒梭菌隶属于梭状芽孢杆菌属，在厌氧环境中分泌极强列的肉毒毒素，能引起特殊的神经中毒症状，病死率极高。

（1）生物学特性　详见第十章第一节。

（2）致病因素　肉毒梭菌能产生强烈的肉毒毒素。根据毒素的抗原特异性不同，目前可将肉毒毒素分为 A、B、C、D、E、F、G 共 7 个型，其中 A、B、E、F 四型毒素引起人的食物中毒，在我国，肉毒梭菌食物中毒大多由 A 型引起，B 和 E 型较少。各型毒素的毒性只能被同型的抗毒素中和，且各型毒素的药理作用均相同。肉毒毒素对人的致死量为 0.1~1μg。

肉毒毒素为高分子可溶性单纯蛋白质。①不耐热。80℃，20~30min 或 90℃，15min 或 100℃，4~10min 可破坏毒性。②对胃酸有抵抗力。③对碱较敏感，pH 8.5 易失去毒性。④抗酶解，对胃和胰蛋白酶很稳定。⑤需经蛋白酶（胰蛋白酶、细菌蛋白酶等）激活才呈现较强毒性。⑥具有良好的抗原性，经 0.3%~0.4%甲醛脱毒变成类毒素后，仍保持良好的抗原性。可用类毒素制备特异性抗血清（即肉毒抗毒素），用于早期治疗，降低死亡率。

2. 中毒原因、机制与症状

（1）中毒原因　引起中毒主要原因是食入了含有肉毒毒素的食品。食品被肉毒梭菌的芽孢污染，在适宜条件下芽孢发芽、生长时产生了肉毒毒素。多数食物中毒发生于家庭自制的低盐、厌氧的发酵食品、厌氧加工的罐头食品、真空包装食品、厌氧保存的肉类制品。例如，家庭自制的发酵食品的原料（粮食和豆类）污染了肉毒梭菌，因原料蒸煮温度不够高或时间较短，未能杀死芽孢，又在密闭容器内 20~30℃下发酵，从而为芽孢萌发成繁殖体和产毒创造了条件。如果食前不经加热或杀菌不彻底，即可引起中毒。又如，牧民们将冬季屠宰的牛肉密封越冬至开春，气温升高为芽孢萌发成繁殖体和产生毒素提供了条件。

（2）中毒机制　肉毒毒素是一种强烈的神经毒素，随食物进入肠道吸收后，再进入血液循环，作用于神经末梢和肌肉的接触点，与神经传导介质乙酰胆碱结合，从而抑制神经末梢释放乙酰胆碱，导致肌肉松弛型麻痹和神经功能不全。

（3）中毒症状　潜伏期12~48h，潜伏期越短，病死率越高，表现为对称性颅神经损害症状，首先颅神经麻痹，出现头晕、头痛、视力模糊、瞳孔散大，继而语言障碍、吞咽困难、呼吸困难、心肌麻痹、呼吸肌麻痹，最终因呼吸衰竭而死亡。死亡率为30%~65%。

3. 引起中毒的食品与污染途径

引起中毒的食品，因饮食习惯、膳食组成和制作工艺的不同而有差别。我国91.48%由植物性食品引起，8.52%由动物性食品引起。以家庭自制的豆酱、臭豆腐、豆豉、豆瓣酱、面酱等发酵食品引起中毒的最多，因肉类制品（腊肉、熟肉）或罐头食品引起中毒的较少，主要为越冬密封保存的肉制品。日本以家庭自制鱼类罐头引起中毒者居多，美国多见于家庭自制的罐头（蘑菇、蔬菜、水果）、乳制品、肉制品（肝酱、鹿肉干）；欧洲各国多见于腊肠、火腿和保藏的肉类。此外，婴儿摄入含有肉毒梭菌芽孢的糖浆和蜂蜜（芽孢检出率为25%），当芽孢到达肠道中萌发（发芽）时产生神经毒素，吸收后可因骤发呼吸麻痹而猝死，建议1岁以内的婴儿勿食用罐装蜂蜜食品。1岁以上儿童肠道内已建立了正常微生态菌群，不利于肉毒梭菌芽孢的萌发，因而不易引起中毒。

肉毒梭菌存在于土壤、江河湖海的淤泥沉积物、霉干草、尘土和动物粪便中。其中土壤为重要污染源。带菌土壤可污染各类食品原料，直接或间接污染食品，包括粮食、蔬菜、水果、肉、鱼等，使其可能带有肉毒梭菌或其芽孢。据调查，我国肉毒毒素中毒多发地区的原料粮食、土壤和发酵制品中的肉毒梭菌检出率分别为12.6%，22.2%和14.9%。

4. 预防中毒措施

（1）防止原料被污染　在食品加工过程中，应选用新鲜原料，防止泥土和粪便对原料的污染。对食品加工的原料应充分清洗，高温灭菌或充分蒸煮，以杀死芽孢。

（2）控制肉毒梭菌的生长和产毒　加工后的食品应避免再污染和缺氧保存及高温堆放，应置于通风、凉爽的地方保存。尤其对加工的肉、鱼类制品，应防止加热后污染并低温保藏。此外，于肉肠中加入亚硝酸钠防腐剂抑制该菌的芽孢萌发和生长，其最高允许用量为0.15g/kg。

（3）食前彻底加热杀菌　肉毒毒素不耐热，食前对可疑食物加热可将各型毒素破坏。80℃加热30~60min，或使食品内部达到100℃，10~20min，是预防中毒的可靠措施。生产罐头食品等真空食品时，装罐后要彻底灭菌。在贮藏过程中胖听的罐头食品不能食用。

五、副溶血性弧菌食物中毒

1. 病原体

副溶血性弧菌隶属于弧菌属，是分布极广的海洋性细菌，大量存在于海产品中。沿海地区夏、秋季节（6月~10月），常因食用大量被此菌污染的海产品，引起爆发性食物中毒。

（1）生物学特性　详见第十章第一节。

（2）抗原构造　副溶血性弧菌的抗原结构由菌体（O）抗原、鞭毛（H）抗原和表面（K）抗原三部分组成。O抗原100℃经2h处理仍保持抗原性。采用玻片凝集反应试验将该菌分为13种O抗原，是分群的依据。H抗原为不耐热的蛋白抗原，它是该菌共同具有的抗原。K抗原存在于菌体表面，不耐热，100℃经1~2h失去抗原性，能阻止O抗原发生凝集，共有68种K抗原。以13种O诊断血清和68种K诊断血清用玻片凝集法将该菌分为5个群（A、B、C、D、E群）和845种以上的血清型。

（3）致病因素　副溶血性弧菌的致病因子有溶血毒素、尿素酶、黏附因子和侵袭力，主要致病因子是其产生的三种溶血毒素：不耐热溶血毒素（TLH）、耐热直接溶血毒素（TDH）和相对耐热直接溶血毒素（TRH）。其中TDH由2个亚单位组成毒素蛋白，可破坏细胞膜和溶酶体，具有直接溶血（红细胞发生溶血）、细胞毒、心脏毒、肝脏毒及腹泻作用。该溶血毒素100℃，10min不被破坏。神奈川（Kanagawa）试验用于检测副溶血性弧菌是否存在特定的溶血毒素。多数副溶血性弧菌的毒性菌株为阳性（K^+），阳性结果为菌落周围呈半透明的β溶血环。而多数非毒性菌株微呈阴性（K^-）。

2. 中毒原因、机制与症状

（1）中毒原因　中毒原因是食入了含有10^6CFU/g以上的致病性活菌和一定量溶血毒素的食品。受该菌污染的海鲜产品在较高温度下存放，可在几小时内达到引起中毒的活菌数。例如，刚捕捞的鲜墨鱼的菌数为10~10^2CFU/g，经30℃，2h或37℃，1.5h贮存，其菌数高达10^4CFU/g。如果人食入100g含菌数10^4CFU/g的墨鱼即可引起中毒。如果在食用前不加热（生吃），或加热不彻底（如海蜇、海蟹、黄泥螺、毛蚶等），或熟制品受到带菌者、带菌生食品、带菌容器及工具等的污染，即可引起爆发性食物中毒。

（2）中毒机制　活菌进入肠道侵入黏膜引起肠黏膜的炎症反应，同时产生TDH，作用于小肠壁的上皮细胞，使肠道充血、水肿，肠黏膜溃烂，导致黏液便、脓血便等消化道症状，毒素进一步由肠黏膜受损部位侵入体内，与心肌细胞表面受体结合，毒害心脏。由于该菌食物中毒是病原菌对肠道的侵入和溶血毒素的协同作用，故为混合型食物中毒。

（3）中毒症状　潜伏期11~18h，表现为急性胃肠炎症状，如剧烈阵发性上腹部绞痛、恶心、呕吐、腹泻（频繁的黄水样便或脓血便），发烧，一般愈后良好，死亡率很低。少数重症者出现严重腹泻脱水而虚脱，呼吸困难、血压下降而休克。如抢救不及时可死亡。

3. 引起中毒的食品与污染途径

引起中毒的食物主要是海产品，其中以墨鱼、竹荚鱼、带鱼、黄花鱼、螃蟹、海虾、贝蛤类、海蜇等居多；其次是咸菜、咸蛋、腌鱼、腌肉、熟肉类、禽肉及禽蛋、蔬菜等。在肉类、禽类食品中，腌制品约占半数。据报道，海产品中，以墨鱼带菌率最高为93.0%，梭子蟹为79.8%，竹荚鱼为65.0%，带鱼、大黄鱼、海虾分别为41.2%，27.3%，47%左右。熟盐水虾带菌率为35%，咸菜带菌率为15.8%。

该菌存在于海洋和海产品及海底沉淀物中。海水、海产品、海盐、带菌者是污染源。凡是带菌食品再接触其他食品，便使之受到该菌污染。接触过海产鱼、虾的带菌厨具（砧板、切菜刀等）、容器等，如果不经洗刷消毒也可污染到肉类、蛋类、禽类及其他食品。如果处理食物的工具生熟不分亦可污染熟食物或凉拌菜。人和动物被该菌感染后也可成为病菌传播者。沿海地区饮食从业人员、健康人群及渔民带菌率为0%~11.7%，有肠道病史者带菌率为31.6%~88.8%。沿海地区炊具带菌率为61.9%。

4. 预防中毒措施

（1）防止食品被污染　在加工、运输等各环节严禁生熟海鱼类混杂。夏季食用的其他生冷食品应避免接触海产品。接触过生鱼虾的炊具和容器应及时洗刷、消毒，并且生、熟炊具要分开，防止生、熟食物交叉污染。带菌者未治疗痊愈前，不应直接从事食品加工。

（2）控制细菌繁殖　海产品或熟食品应置于10℃以下冰箱或冷库中，做到冷链贮藏。

（3）食前彻底加热杀菌　对海产品、肉类食品烹调时要充分煮熟、烧透，防止里生外熟。煮海虾和蟹时，一般在100℃，30min。隔餐或过夜饭菜，食用前要回锅热透。

（4）最好不食用生或半熟的海产品　不食凉拌海产品。如生食某些凉拌海产品或蔬菜时，应充分洗净，并用食醋拌渍10~30min，再加其他调料拌后食用；或经沸水焯烫3~5min，以杀灭食品中的病原菌。此外，为防止伤口被该菌感染，肢体有伤者应避免下海。

六、唐菖蒲伯克霍尔德氏菌（椰毒假单胞菌酵米面亚种）食物中毒

1. 病原体

唐菖蒲伯克霍尔德氏菌（*Burkholderia gladioli*）隶属于伯克霍尔德氏菌属，原称为椰毒假单胞菌酵米面亚种（*Pseudomonas cocovenenans* subsp. *farimofermentans*），简称椰酵假单胞菌，是引起酵米面、变质的银耳和黑木耳等食物中毒的病原菌。2010年至今，我国已发生14起此类食物中毒事件，导致84人中毒，37人死亡，平均死亡率达44%。

（1）生物学特性　①形态特征：菌体呈短杆状，两端钝圆，单生或成对排列，能运动，为G^-专性好氧菌。②菌落特征：在LB平板上菌落呈圆形、表面光滑湿润、浅黄色、稍凸起、有黏性，老菌落呈草帽状凸起，周围有黄绿色素扩散；在含有龙胆紫和氯霉素的PDA（mPDA）平板上菌落呈紫色，光滑湿润，部分老菌落呈草帽状凸起。③生化特征：氧化酶阴性，卵磷脂酶阳性；能发酵葡萄糖、果糖、木糖和半乳糖，不分解蔗糖。④生理特征：营养要求简单，26~37℃能生长，适宜30~37℃生长，产毒适宜温度26~28℃。

（2）抗原构造　该菌具有O、K、H三种抗原，被研究最多的是O抗原。GB 4789.29—2020《食品安全国家标准　食品微生物学检验　菖蒲伯克霍尔德氏菌（椰毒假单胞菌酵米面亚种）检验》中规定了菌体抗原的鉴定方法：采用多价血清做玻片凝集试验，与多价血清凝集者，依次用O-Ⅲ、O-Ⅳ、O-Ⅴ、O-Ⅵ、O-Ⅶ、O-Ⅷ因子血清做试管凝集试验，以此确定该菌的O抗原血清型。

（3）致病因素　该菌能产生米酵菌酸（BA）和毒黄素（TF），均为小分子的脂肪酸类外毒素。米酵菌酸耐热性强，即使油炸、蒸煮不能失去毒性，对人和动物细胞有强烈毒性作用，是导致酵米面等食物中毒和致死的主要毒素。在GB 5009.189—2016《食品安全国家标准　食品中米酵菌酸的测定》中规定了银耳及其制品、酵米面及其制品等食品中的米酵菌酸测定方法，米酵菌酸检出限为0.005μg/g，定量限为0.015μg/g。

2. 中毒原因与症状

（1）中毒原因　发酵的玉米、高粱或小米面（统称酵米面）、银耳、黑木耳等食品受唐菖蒲伯克霍尔德氏菌污染，生产毒性强烈的毒素。其米酵菌酸的产生量远大于毒黄素。

（2）中毒机制　BA作用于细胞线粒体内膜，与腺嘌呤核苷酸转运体（ANT）结合后发生构型改变，抑制线粒体通透性转换孔（MPTP）的开放，进而阻碍了ADP与ATP在线粒体内膜的交换，使ATP生成量减少或消失，进而破坏线粒体的功能，导致细胞无法正常获得能量而死亡。此外，BA还作用于巯基酶类，使其部分失去活性。TF作用于细胞呼吸链，将从还原型辅酶Ⅰ接受的氢传递给分子氧而产生大量过氧化氢，表现为细胞毒性。

（3）中毒症状　发病急，潜伏期0.5~12h，发病初期表现胃区不适，恶心、呕吐、轻微

腹泻、头晕、全身无力和心悸等症状，以后严重者表现肝、肾、脑、心等实质脏器同时受损害的症状，出现昏迷、惊厥、抽搐、休克、肾衰竭、肝肾或肝脑综合征等症状。

3. 引起中毒的食品与污染途径

引起中毒的主要食品是发酵玉米面、变质银耳及其他变质淀粉类食品（糯米、小米、高粱米和马铃薯粉等）。酵米面是我国东北、华北、西南等地区的传统食品。它是将玉米或高粱、小黄米等粗粮用水浸泡自然发酵一个月左右，经水洗后磨成湿浆、纱布袋过滤后滤浆沉淀，晾晒成粉，再用之制作各种润滑爽口的面食品。液体深层自然发酵米面时因氧气不足而抑制好氧的唐菖蒲伯克霍尔德氏菌的生长。湿粉贮存或阴湿天气晾晒数日的酵米面常可引起食物中毒。因为食品 A_w 和空气湿度较大，以及充足的氧气均为该菌的生长和产毒创造有利条件。我国曾多次发生酵米面（酸汤子、米粉等）、变质的银耳和黑木耳、醋凉粉、糯米团、玉米淀粉等食物中毒事件。

4. 预防中毒措施

不制作、不食用酵米面，即使制作也要现做现吃，不宜湿粉贮存。家庭自制酵米面要保持良好卫生条件，防止自然发酵时被该菌污染。被该菌污染的食品不可作为食物或饲料，应深埋或烧毁。对变质银耳有发黏、变黑、腐烂等现象时，不宜食用。对黑木耳浸泡时间不宜过长，要现泡现吃。目前对米酵菌酸和毒黄素无针对性抗毒素，尚无有效治疗方法。

七、单核细胞增生李斯特氏菌食物中毒

1. 病原体

单核细胞增生李斯特氏菌（*L. monocytogenes*）简称单增李斯特氏菌（LM），隶属于李斯特氏菌属（*Listeria*），是一种人畜共患病的病原菌。该属目前已知有 6 个种，其中仅单增李斯特氏菌引起食物中毒。

（1）生物学特性　详见本书第十章第一节。

（2）抗原构造　根据该菌的菌体（O）抗原和鞭毛（H）抗原的不同，将 LM 分为 16 种血清型，一般致病菌株的血清型为 1/2a、1/2b、1/2c、3a、3b、3c、4a、4b 和 5。

（3）致病因素　单增李斯特氏菌的致病因素有溶血素 O、P60 蛋白、ActA 蛋白、磷脂酶 C 和 PrfA 蛋白等。①溶血素 O：LM 致病菌株在血琼脂平板上产生溶血素 O（LLO），导致红细胞 β-溶血（菌落周围有狭窄、清晰、明亮的溶血圈），并能破坏人体吞噬细胞。LLO 为一种简单蛋白质，由 *hly* 基因编码，能被巯基化合物（如半胱氨酸）激活，在 pH 5.5 时有活性，于 pH 7.0 时无活性。②P60 蛋白：具有溶解吞噬细胞作用。③ActA 蛋白：通过介导纤维状肌动蛋白分子的聚集作用，促使细菌在细胞间的扩散，同时也与内化进入宿主细胞定殖有关。④磷脂酶 C：包括磷脂酰肌醇磷脂酶 C 和磷脂酰胆碱磷脂酶，辅助细菌逃逸出初级吞噬体（细胞吞噬作用所产生的吞噬体）或溶解初级吞噬体，促进细菌在细胞间的扩散作用。⑤PrfA 蛋白：由 *PrfA* 基因编码，是一种转录因子，为 LM 唯一的毒力调节蛋白，在感染宿主细胞过程中调控许多毒力因子的等位基因表达。

2. 中毒原因、机制与症状

（1）中毒原因　中毒原因是食入了含有溶血素 O 的食品，如饮用未彻底杀死该菌的消毒乳，未经加热杀菌而直接食用了污染该菌的冷藏熟食品、乳与乳制品等。由于该菌能在 4℃ 贮存的食品中繁殖，因而可通过未加热或加热杀菌不彻底的冷藏食品引起中毒。

（2）中毒机制 LM 致病菌株的感染过程包括四个阶段：内化、逃避细胞吞噬、肌动蛋白纤维聚集和细胞间扩散。LM 经口摄入，耐受胃酸环境而进入小肠，并借助胞外蛋白 60 和表面蛋白 104 吸附到宿主细胞上，而后发生内化进入宿主细胞，并借助溶血素 O 及两种磷脂酶的作用（分解细胞膜磷脂分子的头部极性基团）从吞噬体（泡）中逃逸。LM 在宿主细胞质内，通过 ActA 蛋白介导肌动蛋白纤维围绕 LM 聚集，以推动 LM 在细胞质内运动，而后进入邻近的宿主细胞，并在细胞间转移。LM 进入血液系统，引起败血症和脑膜炎。

由于该菌在人体内受 T 淋巴细胞的激活和巨噬细胞的抑制，故人体清除该菌主要靠细胞免疫功能。无免疫缺陷或未怀孕的健康人对该菌感染有较强抵抗力，但是已知下列身体状况容易诱发成人较高死亡率的李斯特氏菌病：恶性肿瘤、肝硬化、酒精中毒、免疫缺陷症（艾滋病）、糖尿病、心血管疾病、肾脏移植者和可的松皮质激素治疗者。

（3）中毒症状 以脑膜炎、败血症最常见。潜伏期 3~70d，健康成人感染可出现轻微类似流感症状；易感者突然发热，剧烈头疼、恶心、呕吐、脑膜炎、败血症，血常规检验多见单核细胞显著增多；孕妇感染常有流产、早产或死胎；新生儿（出生后的 1~4 周内）感染后患脑膜炎，先天感染的新生儿多死于肺炎和呼吸衰竭。病死率高达 20%~50%。

3. 引起中毒的食品与污染途径

引起中毒的食品主要是乳与乳制品（消毒乳、软干酪等）、新鲜和冷冻的肉类及其制品、家禽和海产品、水果和蔬菜。其中尤以乳制品中的软干酪、冰淇淋最为多见。

该菌存在于带菌的人和动物的粪便、腐烂的植物、发霉的青贮饲料、土壤、污泥和污水中，以及在牛乳、蔬菜（叶菜）、禽类、鱼类和贝类等多种食品中分离出该菌。带菌人和哺乳动物的粪便是主要污染源。其主要传播途径是粪便→食品→入口，还可通过胎盘和产道感染新生儿。胎儿或婴儿的感染多半来自母体中的细菌或带菌的乳制品。

消毒乳的该菌污染率为 21%，它主要来自粪便和被污染的青贮饲料。由于在屠宰过程中肉尸受该菌污染，使鲜肉和即食肉制品（香肠）的污染率高达 30%。冰糕、雪糕中该菌的检出率为 4.35%。在销售过程中，食品从业人员的手也可对食品造成污染。

引起李斯特氏菌病暴发的食品主要有乳及乳制品、肉类制品、水产品以及蔬菜水果，其中乳及乳制品最为常见。

4. 预防中毒措施

（1）防止原料和熟食品被污染 从原料到餐桌切断该菌污染食品的传播途径。生食蔬菜食用前要彻底清洗、焯烫。生鲜肉类和蔬菜要与加工好的食品或即食食品分开。不食用未经巴氏消毒的生乳或用生乳加工的食品。加工生食品后的手、刀和砧板要清洗、消毒。

（2）利用加热杀灭病原菌 多数食品经适当烹调（煮沸即可）均能杀灭活菌。生鲜动物性食品，如牛肉、猪肉和家禽要彻底加热，吃剩食品、即食食品和冰箱食品在食用前应彻底加热，要求加热中心温度必须达到 70℃且持续 2min 以上才能杀灭活菌，并避免二次污染。

（3）严格制定有关食品法规 美国政府制定 50g 熟食制品不得检出该菌；欧盟认为干酪中应为零含量，即 25g 样品检测不出该菌，而其他乳制品 1g 样品检不出该菌。

八、空肠弯曲菌食物中毒

1. 病原体

空肠弯曲菌（*C. jejuni*）隶属于弯曲菌属（*Campylobacter*），是一种人畜共患病的病原菌。

目前该属已有18个种和亚种，其中空肠弯曲菌可引起动物与动物、动物与人之间传播的多种感染性疾病和导致食物中毒。

（1）生物学特性　详见第十章第一节。

（2）抗原构造　本属细菌有菌体（O）抗原、鞭毛（H）抗原和表面（K）抗原。根据O抗原不同，可将空肠弯曲菌分为48种以上血清型，其中O11、O12和O18血清型最常见。

（3）致病因素　空肠弯曲菌具有复杂的致病体系：鞭毛系统、趋化系统、黏附蛋白、外毒素（肠毒素）和内毒素。该菌经口摄入后，通过胃防御屏障到达小肠，并借助具有运动功能的鞭毛系统和趋化系统，以及黏附蛋白黏附定居于肠黏膜上皮细胞进行繁殖。黏附蛋白负责其侵袭力和定殖能力，而外毒素和内毒素作为其感染人和动物的关键毒力因子。

2. 中毒原因、机制和症状

（1）中毒原因　中毒原因是食入了含有空肠弯曲菌的活菌及其肠毒素和细胞毒素的食品。受该菌污染的用具、容器，未经彻底洗刷、消毒，食用交叉污染的熟食品；食用未煮透或灭菌不充分的食品；食入受该菌污染的牛乳、水源及不洁食物（尤其是家禽类）等均可引起此种中毒。

（2）中毒机制　该菌侵入机体肠黏膜，有时也进入血液中，在繁殖过程中分泌肠毒素，细胞裂解释放内毒素。肠毒素病理变化与霍乱相似。肠毒素激活肠黏膜上皮细胞内腺苷酸环化酶，进而cAMP浓度增加，促使黏膜细胞抑制吸收H_2O和Na^+而亢进分泌Cl^-，从而导致腹泻。肠毒素可导致家兔空肠弯曲部位的液体积累。该菌的某些特殊血清型（O19）与人的神经组织有共同抗原，可引起交叉免疫反应而导致急性感染性多发性神经炎。

（3）中毒症状　潜伏期3~5d，人被感染的典型临床症状为急性胃肠炎、腹泻等，其中腹泻包括有痢疾、水样便腹泻、间歇性大便不成形三种临床形式。多数可以自愈，少数会伴有并发症。大约有1/3的患者在患空肠弯曲菌肠炎后1~3周内出现急性感染性多发性神经炎症状，即格林巴利综合征（GBS）。感染引起的并发症还有胆囊炎、胰腺炎、腹膜炎等。免疫功能低下者、幼儿、老年人还可出现菌血症，有些病例会进一步发展并导致心内膜炎、关节炎、骨髓炎、脑炎、败血症等全身性疾病。孕妇感染后还可引起流产、早产等。感染的产妇可在分娩时传染给胎儿。5岁以下儿童的发病率最高，夏秋季多见。

3. 引起中毒的食品与传播途径

引起中毒的食品主要是生的或未煮熟的家禽、家畜肉（猪、牛、羊）、原料乳、蛋等。

该菌存在于温血动物（禽鸟和家畜）的粪便中，以家禽粪便含量最高。鸡感染该菌后，患鸡弯曲菌性肝炎，致使雏鸡发育迟缓，青年鸡开始产蛋期延迟，成年鸡产蛋率下降，其生产的蛋壳也会携带空肠弯曲菌而成为传播途径之一。此外，牛粪成为原料乳污染该菌的主要来源，其污染程度与挤乳操作有关。该菌可通过多种方式从动物宿主传播给人，如接触污染的动物胴体，或摄入污染的食物和水等，苍蝇亦有重要的媒介作用。

4. 预防中毒措施

（1）加强食品各环节的卫生管理　选用新鲜原料加工；在加工过程中，食品加工人员有良好的卫生操作规范，防止二次污染。在实践中，控制和杀灭该菌的有效措施：用5g/L的醋酸或3.3g/L的乳酸进行漂洗，可降低鸡肉中90%的空肠弯曲菌；用25g/L的过氧乙酸、3%（体积分数）的过氧化氢杀菌。加工后的肉制品于1.6℃下2.5Gy的中等剂量辐射处理，产品可基本无菌。在销售之前，对产品要加强检测，杜绝含该菌的不合格产品流入市场。

（2）加强消费者的健康卫生意识和自我保护能力　不购买和不食用变质食物。在食用前，对肉类食品只要经过科学烹调、蒸煮（鸡肉中的空肠弯曲菌在57℃的 *D* 值为0.76min），牛乳经严格巴氏消毒（牛乳中空肠弯曲菌在55℃的 *D* 值为0.74~1.0min）就可杀灭病原菌。避免食用未煮透或灭菌不充分的食品，尤其是乳制品和饮用水要加热杀菌充分。

九、其他细菌性食物中毒

1. 小肠结肠炎耶尔森氏菌食物中毒

（1）病原体　引起食物中毒的小肠结肠炎耶尔森氏菌（*Y. enterocolitica*）隶属于肠杆菌科的耶尔森氏菌属（*Yersinia*）。该属目前已有11个种。

①生物学特性：详见第十章第一节。

②抗原构造：根据菌体（O）抗原可将该属菌分为70多种血清型，但只有几种血清型与致病性有关。目前已知我国感染于人的血清型主要为O3、O5、O8、O9、O27等菌株。

③致病因素：某些血清型（O3、O8、O9）菌株能产生耐热性肠毒素，100℃，20min不被破坏，且不受蛋白酶和脂肪酶的影响，与 *E. coli* 的ST肠毒素具有相似性质。对家兔回肠结扎试验呈阳性反应（回肠结扎部位出现液体潴留）。某些菌株的菌体抗原与人机体组织有共同抗原，可刺激产生自身抗体而引起自身免疫性疾病。

（2）中毒原因与症状　引起中毒的主要原因是食入了具有侵袭力的活菌及其肠毒素的食品，尤其是冷藏食品食用前未彻底加热杀菌，引起食物中毒。由于该菌的部分菌株为嗜冷菌，使低污染水平的预包装猪肉产品于6℃贮藏12d后，活菌数可达10^4CFU/g。这给冷链储运的食品带来安全隐患。潜伏期3~5d，主要症状是胃肠炎，以小肠、结肠炎为多见，腹痛，腹泻多为黏液或水样便，头痛，体温38.0~39.5℃。此外，还引起腹膜炎、结节性红斑、反应性关节炎、肠系膜淋巴结炎和败血症等。

（3）引起中毒的食品与传播途径　引起中毒的食品主要是乳与乳制品、蛋制品、肉与肉制品、豆腐及其制品、海产品和蔬菜等。生鲜肉品中应重点关注整鸡、调理肉品中污染该菌的风险。据检测，低温贮藏的鸡肉、牛肉和猪肉样品的阳性检出率分别为22.5%，18.8%和7.0%，因此鸡是此菌的主要宿主。该菌为人畜共患病原菌，在自然情况下，可感染多种动物和人类。主要通过污染食物（鸡肉、猪肉、牛肉、牛乳等）和水源经消化道感染或因接触带菌动物而感染。

（4）预防中毒措施　①防止食品被污染：由于污染源是带菌的人或患病动物，因此肉类、乳类等动物性食品应防止在加工过程中受该菌污染。加工好的食品防止再被带菌原料污染。②食前加热杀菌：由于该菌不耐热，在食用前对肉类食品只要经科学烹调、蒸煮，以及鲜乳应及时进行严格的巴氏消毒，饮用水要加热充分，就可杀灭病原菌。③加强卫生宣传：注意避免饮用生水或杀菌不充分的乳品。特别注意冷藏食品的存放卫生和温度。因该菌在冷藏温度下也能缓慢生长，故不宜长久冷藏生乳。

2. 志贺氏菌食物中毒

（1）病原体　志贺氏菌属（*Shigella*）隶属于肠杆菌科。该菌属分为4个血清群（种）：A群为痢疾志贺氏菌（*S. dysenteriae*），B群为福氏志贺氏菌（*S. flexneri*），C群为鲍氏志贺氏菌（*S. boydii*），D群为宋内志贺氏菌（*S. sonnei*）。其中痢疾志贺氏菌是导致典型细菌性痢疾的病原菌，而其他3种菌是导致食物中毒的病原菌。

①生物学特性：详见第十章第一节。

②抗原构造：由菌体（O）抗原和表面（K）抗原两部分组成。O 抗原是分群和分型的依据，根据生化反应和 O 抗原的不同，分为 4 个血清群（A、B、C、D 群）和 48 个血清型（包括 1 个亚型）。O 抗原是脂多糖最外层的 O-特异性多糖，耐热，100℃，60min 不被破坏。K 抗原在血清学分型上无意义，但可阻断 O 抗原与相应抗血清的凝集反应，100℃，60min 可消除 K 抗原对 O 抗原的阻断作用。

③致病因素：主要毒力因素有 3 种，一是侵袭力。菌毛使细菌黏附于肠黏膜，并依靠位于大质粒上的基因，编码侵袭上皮细胞的蛋白质，使细菌具有侵入肠上皮细胞的能力，并在细胞间扩散，引起炎症反应。二是内毒素。由于内毒素的释放而造成肠壁上皮细胞死亡和黏膜发炎与溃疡。三是志贺毒素（又称 Vero 毒素）。志贺毒素至少有以下 3 种生物活性。a. 致死毒：志贺毒素对小鼠有强烈的致死毒性，其 LD_{50} 为 1～30ng。b. 细胞毒：志贺毒素对培养 Vero 细胞仅 lpg（$TCID_{50}$）即发挥毒性作用。c. 肠毒素：志贺毒素约 1μg 即可使家兔回肠结扎试验出现液体潴留。

（2）中毒原因、机制与症状

①中毒原因：引起中毒的原因是食入了具有侵袭力的大量活菌及其内毒素和志贺毒素的食品，熟食品被污染后，较高温度下菌体大量繁殖并产毒，故属于混合型食物中毒。

②中毒机制与症状：该菌随食物进入胃肠后侵入肠黏膜组织，生长繁殖。当菌体破坏后，释放内毒素，作用于肠壁、肠黏膜和肠壁植物性神经，引起一系列症状。有的菌株产生志贺毒素，具有肠毒素的作用。潜伏期 6～24h。主要症状为剧烈腹痛、呕吐、频繁水样腹泻、脓血和黏液便。还可引起毒血症，发热达 40℃以上，意识出现障碍，严重者休克。

（3）引起中毒的食品与传播途径　引起中毒的食品主要是水果、果汁、蔬菜、沙拉、凉拌菜，畜禽肉、乳制品、面包及熟食品。这些食品的污染是通过粪便→食品→入口途径传播志贺氏菌。病人和带菌者的粪便是污染源，特别是从事餐饮业的人员中志贺氏菌携带者具有更大危害性。带菌的手、苍蝇、用具等，以及沾有污水的食品容易污染志贺氏菌。

（4）预防中毒措施　预防措施与小肠结肠炎耶尔森氏菌食物中毒相同，加强食品从业人员肠道带菌检查。但由于滥用抗生素，其耐药菌株不断增加，给防治工作带来了困难。

3. 变形杆菌食物中毒

（1）病原体　变形杆菌属（*Proteus*）隶属于肠杆菌科，能引起食物中毒的一些种是普通变形杆菌（*P. vulgaris*）、奇异变形杆菌（*P. mirabilis*）、摩根变形杆菌（*P. morganiis*）［又称摩氏摩根菌（*Morganella morganiis*）］，以及产碱普罗威登斯菌（*Providencid alcalifaciens*）。

①生物学特性：详见第十章第一节。

②抗原构造：一般由菌体（O）抗原和鞭毛（H）抗原两部分组成。O 抗原有 49 个，为分群的主要依据，H 抗原有 19 个，是分型的依据。

③致病因素：变形杆菌的毒力因子呈多样化。主要毒力因素有菌毛、鞭毛、内毒素、荚膜多糖、溶血毒素、肠毒素、尿素酶、组氨酸脱羧酶等。普通变形杆菌和奇异变形杆菌的某些菌株随食物进入人的肠胃中，在繁殖过程中产生肠毒素，可引起急性胃肠炎；摩根变形杆菌能产生活性强的组氨酸脱羧酶，可将组氨酸脱羧产生组胺，引起过敏型组胺中毒。

（2）中毒原因与症状　中毒原因是食入了具有侵袭力的大量活菌及肠毒素或/和组胺的食品。中毒症状分为三种。①急性胃肠炎：潜伏期 1～48h。主要症状为头痛、发热（38～

40℃）、恶心、呕吐、腹痛、腹泻，大便为黏稠状或水样、气味恶臭。3d 内可自愈。②过敏型组胺中毒：潜伏期 5min 至数小时。主要症状为面部潮红、眼部充血，头疼、头昏、心跳加快、胸闷。通常 12h 内自愈。③混合中毒：两种临床症状混合出现。此外，三种变形杆菌和产碱普罗威登斯菌亦是尿道、创伤、烧伤感染的主要病原菌，可引起败血症。

（3）引起中毒的食品与传播途径　引起中毒的食品主要是动物性食品，如熟肉类、熟内脏、熟蛋品、水产品等。各种凉拌菜、剩饭及豆制品等也容易引起中毒。由于熟食被变形杆菌污染后不会改变其味道、气味、颜色，故不易被人发觉，导致误食。该菌存在于土壤、粪便、污水，以及正常寄居人和动物肠道中，是导致人和动物各种感染的重要条件致病菌。健康人肠道带菌率 1.3%~10.4%，肠道病患者带菌率高达 13.3%~52.0%。生肉类和内脏带菌率较高，成为主要污染源。

（4）预防中毒措施　预防措施与沙门氏菌食物中毒基本相同。在此基础上，特别注意控制人类带菌者对熟食品的污染及食品加工烹调中带菌生食物、容器、用具等对熟食品的交叉污染。此外，食品企业应建立严格的卫生管理制度。

4. 蜡样芽孢杆菌食物中毒

据 2008~2010 年、2015 年我国突发公共卫生事件管理信息系统的统计，在细菌性食物中毒中由蜡样芽孢杆菌引起的食物中毒事件数和发病人数均居前三位。

（1）病原体　引起食物中毒的蜡样芽孢杆菌（*B. cereus*）隶属于芽孢杆菌属（*Bacillus*）。

①生物学特性：详见第十章第一节。

②致病因素：蜡样芽孢杆菌的致病因子是产生多种肠毒素。a. 呕吐肠毒素（又称耐热性肠毒素）：是一种相对分子质量为 1.15×10^3 的环形肽，121℃维持 30min 不失活，一般加工和烹调食品温度下不被破坏，对酸碱（pH 2~12）、胃蛋白酶、胰蛋白酶均不敏感。该毒素不仅能与 5-羟色胺受体结合，刺激胃肠道迷走神经的传输而导致呕吐，而且还可在各器官中聚集，导致线粒体毒性，并伴有肝毒性、脑病和胰岛 β 细胞（分泌胰岛素）功能异常等并发症。b. 腹泻肠毒素（又称不耐热肠毒素）：是一种相对分子质量为（3.8~4.6）$\times10^4$ 的蛋白质，60℃加热 5min 失活，对胃蛋白酶、胰蛋白酶和链霉蛋白酶敏感。它包括肠毒素溶血素Ⅱ、非溶血性肠毒素、细胞毒素 K、溶血性肠毒素 BL、肠毒素 FM 和肠毒素 T。其中前 3 种是引起腹泻型食物中毒的主要毒素，其致病机制目前尚不完全清楚。

（2）中毒原因与症状　中毒原因是食入了大量的活菌和肠毒素的食品。该菌在食物中呈指数生长时才会产生肠毒素。当食物中的含菌量超过 10^5CFU/g 时，即可导致呕吐和腹泻。污染该菌的剩饭、剩菜等贮存于较高温度久置，菌体大量繁殖产毒，或食品加热不彻底，残存芽孢萌发后大量繁殖，进食前又未充分加热而引起中毒。由于该菌繁殖和产毒一般不会导致食品腐败现象，感官检查除米饭有时稍有发黏、口味不爽或稍带异味外，多数其他食品都无异常，故夏季人们很易因误食此类食品而引起中毒。中毒症状分呕吐型和腹泻型两类。①呕吐型：发病急，潜伏期 0.5~6h，主要表现恶心、呕吐，伴有腹泻，发热者少见，病程 8~10h。国内报道的该菌食物中毒多为此型。②腹泻型：潜伏期 10~12h，主要表现为腹部痉挛疼痛、腹泻水样便，轻度恶心，呕吐少见，病程 16~36h，愈后良好。此外，该菌产生的呕吐型肠毒素还引发胃肠炎、脑膜炎、骨髓炎、肝炎等炎症性疾病。

（3）引起中毒的食品与污染途径　容易污染该菌的食品有粮食制品类（如米面制品、凉拌米粉、熟制米线、零售米饭、婴幼儿辅助食品）、乳制品类（如原料乳、巴氏杀菌乳、冰激凌和乳粉）和豆制品类（如豆浆、黄豆酱、腐乳和豆豉），以及海产干品和螺旋藻等。在我国污染的主要食品是巴氏杀菌乳和婴儿配方乳粉。引起呕吐型中毒的食品一般限于富含淀粉质的食物（如米饭、凉皮等），尤其是米饭容易产生呕吐肠毒素。此外，肉与肉制品、即食蔬菜等其他食品中亦有被此菌污染。该菌主要污染源是土壤、灰尘、污水，也可经苍蝇、蟑螂、鼠类及不洁容器和用具传播。

（4）预防中毒措施　食堂、食品企业必须严格执行食品卫生操作规范，做好防蝇、防鼠、防尘等卫生工作。因该菌在15~50℃均能生长繁殖并产生毒素，乳类、肉类和米饭等食品只能在低温下短期存放，剩饭及其他熟食品在食用前须经100℃，20min彻底加热。

5. 产气荚膜梭菌食物中毒

（1）病原体　引起食物中毒的产气荚膜梭菌隶属于梭状芽孢杆菌属（*Clostridium*）。

①生物学特性：详见第十章第一节。

②致病因素：产气荚膜梭菌的致病因子是产生多种外毒素、降解酶（或侵袭酶），以及具有侵袭力的荚膜。降解酶有微生物胶原酶、神经氨酸酶、透明质酸酶、卵磷脂酶和DNA酶等。分泌的外毒素主要有VαV毒素、β毒素、ε毒素、ι毒素、肠毒素等。根据主要毒素分布的差异性，将该菌分为A、B、C、D、E、F、G共7种类型，其中A型菌引起人和动物气性坏疽和人类食物中毒。A型菌主要产生的α毒素是一种依赖于锌离子的金属酶，具有磷脂酶和鞘磷脂酶的活性，能水解细胞膜主要成分而导致细胞破裂，故α毒素具有细胞毒、溶血、致死和皮肤坏死等毒性。少部分A型菌在小肠内形成芽孢的后期还能产生肠毒素，并随芽孢释放到细胞外，经胰蛋白酶活化后与小肠黏膜上皮细胞膜上的受体结合，导致细胞膜通透性改变，使肠黏膜上皮细胞内的电解质和大分子流失而导致腹泻。肠毒素不耐热，60℃加热10min即失活。

（2）中毒原因与症状　中毒原因是食入了大量活菌和肠毒素的畜禽肉类等动物性食品。肉类食品未煮熟或虽经烹调煮熟，但仍有芽孢残存，在冷却降温至50℃以下，以及加热驱走氧气造成缺氧环境，芽孢就会萌发，在几小时内繁殖达到引起食用者中毒的含菌量。当摄入菌含量高于10^5CFU/g的食品时可引起食物中毒。潜伏期10~12h，主要症状为急性胃肠炎，腹痛和腹泻水样便，并有大量气体产生。恶心、呕吐，发热者少见。除体弱者外，大多在1~2d内恢复，愈后良好。

（3）引起中毒的食品与传播途径　引起中毒的食品主要是畜禽肉类、鱼贝类和植物蛋白食品。该菌分布于土壤、尘埃、污水、空气、动物的肠道或粪便中而成为污染源。在屠宰动物和加工过程中被污染该菌的概率可达80%左右。

（4）预防中毒措施　①防止食品原料和成品被污染。加强对肉类等动物性食品的卫生管理，控制污染源。对食品从业人员定期进行肠道带菌检查，肠道带菌者不得从事接触食品工作。严格执行家畜和家禽在屠宰、加工、运输、贮藏、销售各个环节的卫生管理，防止受该菌的污染。②控制细菌繁殖。烹调或加工、处理后的熟肉类制品应快速降温，低温贮存，存放时间应尽量缩短。③食前加热杀菌。食用前肉类等动物性食品需充分加热，烧熟煮透，冷食品应充分煮透后再食用。

6. 克罗诺杆菌属（阪崎肠杆菌）食物中毒

克罗诺杆菌属（*Cronobacter* spp.）原名阪崎肠杆菌（*Enterobacter sakazakii*），包括阪崎克罗诺杆菌（*C. sakazakii*）、丙二酸盐克罗诺杆菌、都柏林克罗诺杆菌等7个种，目前已被国际食品微生物标准委员会列为严重危害特定人群、导致慢性实质性后遗症甚至威胁生命的细菌。国内外相关食品安全标准均明确规定：婴儿配方食品中不得检出克罗诺杆菌属。

（1）病原体　引起食物中毒的克罗诺杆菌属（阪崎肠杆菌）隶属于肠杆菌科。

①生物学特性：详见第十章第一节。

②致病因素：目前已知克罗诺杆菌毒力因子包括外膜蛋白（参与肠黏膜上皮细胞基底外侧的侵入）、唾液酸的利用（增强细菌适应能力和致病力）、外膜蛋白（有激活纤溶酶原作用等）、外排系统（促进细菌侵入脑微血管内皮细胞）、铁离子吸收系统（参与铁的运转和调节作用）、蛋白水解酶（导致细胞变形）等，此外还有菌毛、鞭毛、内毒素（脂多糖）等。阪崎克罗诺杆菌借助这些毒力因子附着于肠黏膜上皮细胞表面，从上皮细胞的顶端和基底外侧侵入，破坏肠黏膜紧密连接蛋白的屏障功能，穿过肠黏膜后随血液循环到全身各处。

（2）中毒原因、机制与症状

①中毒原因：中毒原因是食入了含有克罗诺杆菌的婴儿配方乳粉。该菌在 A_w 为 0.2 的婴儿配方乳粉中可存活 2 年，即使有少量（3CFU/100g）存活也能威胁婴儿健康。

②中毒机制：由于新生儿的免疫系统不成熟，正常肠道菌群浓度较低，婴幼儿食用了含有该菌的婴幼儿配方乳粉后，能够侵入小肠黏膜上皮细胞并在巨噬细胞中生存，之后随血液循环至全身各处，越过血脑屏障，导致坏死性小肠结肠炎、菌血症和脑膜炎。

③中毒症状：该菌为条件致病菌，对多数人不致病，但对婴儿，特别是早产儿、出生体重偏低、免疫力低下的婴幼儿感染引发败血症、脑膜炎、坏死性小肠结肠炎（NEC）等疾病。体弱成年人和老年人感染主要引起菌血症、尿脓毒症和伤口感染。虽然该菌的感染率较低，但是 NEC 的死亡率为 15%~25%，脑膜炎死亡率为 40%~80%，幸存者常患有神经系统后遗症。

（3）引起中毒的食品与污染途径　污染该菌的食品有乳制品、肉类、蔬菜、香料等，尤其是婴幼儿配方乳粉。由于该菌能在多种介质上形成生物膜，使其抗清洁剂和杀菌剂，以及耐受干燥和渗透压能力极强，因而在乳粉喷雾干燥过程中难以灭活，故该菌能在婴儿配方乳粉的生产环境、设备、原辅料中长期存活而成为主要污染来源和污染途径。此外，厩螯蝇幼虫是克罗诺杆菌的宿主之一，与厩螯蝇密切相关的老鼠、苍蝇、蟑螂都可能是其污染来源；无症状带菌的食品加工人员，在口腔、皮肤和粪便中都可分离到此菌。

（4）预防中毒措施　①原料乳的巴氏杀菌要充分。通过优化巴氏杀菌工艺和优选受热均匀的杀菌设备，以完全杀灭克罗诺杆菌，并对其加工环境进行全方位杀菌。②冲调乳粉（或米粉）及贮存温度要适宜。世界卫生组织（WHO）建议：a. 冲调婴幼儿配方乳粉、米粉等最好用高于 70℃的热水，以降低细菌数量。b. 贮存温度低于 5℃，并尽可能缩短贮存时间，以抑制细菌繁殖。此外，准备冲调新生儿食物的器具要注意消毒并适当存放。

第三节　真菌性食物中毒

一、概　　述

1. 真菌性食物中毒与真菌毒素

真菌性食物中毒是指人食入了含有真菌毒素的食物而引起的中毒现象。由真菌毒素引起的人的疾病统称为真菌毒素中毒症。真菌毒素（Mycotoxin）是某些产毒霉菌在适宜条件下产生的能引起人或动物病理变化的次生代谢产物。它是真菌主要在含碳水化合物的食品原料上繁殖而分泌的细胞外毒素。真菌产生的毒素包括：由霉菌产生的引起食物中毒的细胞外毒素、由麦角菌产生的毒素、由毒蘑菇产生的毒素。本节将重点介绍由霉菌分泌的细胞外毒素引起的人类食物中毒。

2. 主要产毒霉菌及其产生毒素的种类

自从20世纪60年代发现强致癌物黄曲霉毒素以来，霉菌及其毒素对食品的污染日益引起重视。霉菌毒素通常具有耐高温、无抗原性、主要侵害实质器官的特性，而且多数还有致癌作用。因此，粮食和食品由于霉变不仅造成经济损失，误食还会造成人畜急性或慢性中毒，甚至导致癌症。据统计，目前已知有200多种真菌能产生100余种化学结构不同的真菌毒素，其中引起人类食物中毒的霉菌毒素则较少。根据霉菌毒素作用于人体的靶器官的不同，将之分为心脏毒、肝脏毒、肾脏毒、胃肠毒、神经毒、造血器官毒、变态反应毒和其他毒素8种类型。目前已知在食品和饲料中较普遍存在的真菌毒素见表14-1。其中使实验动物致癌的有：黄曲霉毒素（黄曲霉毒素B、黄曲霉毒素G）、杂色曲霉素、赭曲霉毒素、岛青霉素、黄天精、环氯素和展青霉素等14种毒素。目前已发现具有产生毒素的霉菌主要有曲霉属（*Aspergillus*）、青霉属（*Penicillium*）、镰刀菌属（*Fusarium*）、交链孢霉属（*Alternaria*）中的一些霉菌（表14-1），以及其他菌属，如粉红单端孢霉、木霉属、黑色葡萄穗霉等。

表14-1　主要产毒霉菌及其毒素类别

主要产毒霉菌	毒素名称	毒性类别
黄曲霉（*A. flavus*）	黄曲霉毒素	肝脏毒（癌）、免疫毒
寄生曲霉（*A. parasiticus*）	黄曲霉毒素	肝脏毒（癌）、免疫毒
特曲霉（*A. nomius*）	黄曲霉毒素	肝脏毒（癌）、免疫毒
假溜曲霉（*A. pseudotamarii*）	黄曲霉毒素	肝脏毒（癌）、免疫毒
杂色曲霉（*A. versicolor*）	杂色曲霉素	肝脏毒（癌）、肾脏毒（癌）
构巢曲霉（*A. nidulans*）	杂色曲霉素	肝脏毒（癌）、肾脏毒（癌）
赭曲霉（*A. ochraceus*）	赭曲霉毒素	肝脏毒、肾脏毒（癌）
棒曲霉（*A. clavatus*）	展青霉素	肠毒、肝脏毒（癌）、肾脏毒等
岛青霉（*P. islandicum*）	岛青霉素、环氯素、黄天精等	肝脏毒（癌）
扩展青霉（*P. expansum*）	展青霉素	肠毒、肝脏毒（癌）、肾脏毒等
黄绿青霉（*P. citreoviride*）	黄绿青霉素、桔青霉素	心脏、肾脏、肝脏、血管毒等
橘青霉（*P. citrinum*）	橘青霉素	肾脏毒、肝脏毒、遗传毒
圆弧青霉（*P. cyclopium*）	展青霉素、赭曲霉毒素	肠毒、肝脏毒、肾脏毒（癌）
纯绿青霉（*P. viridicatum*）	橘青霉素、赭曲霉毒素	肝脏毒、肾脏毒（癌）
禾谷镰刀菌（*Fusarium graminearum*）	玉米赤霉烯酮	生殖毒、肝脏毒（癌）、免疫毒
玉米赤霉菌（*Gibberella zeae*）	脱氧雪腐镰刀菌烯醇	神经毒、肝脏毒、遗传毒
串珠镰刀菌（*Fusarium moniliforme*）	伏马菌素	神经毒、肝脏毒(癌)、食管毒(癌)等
三线镰刀菌（*Fusarium tricinctum*）	T-2毒素	血液毒、免疫毒、肝脏毒等
交链孢霉（*Alternaria*）	交链孢霉毒素	食管毒（癌）、遗传毒

3. 霉菌产生真菌毒素的条件

影响霉菌产毒因素很多，关键因素是菌种本身的遗传特性，其次是霉菌产毒的条件。

（1）菌种本身的遗传特性　霉菌产毒仅限于少数霉菌，而产毒菌种只有一部分菌株产毒。同一菌种不同菌株，可能不产毒或大量产毒。产毒菌株经多代培养可失去产毒能力，而非产毒菌株在一定条件下也会出现产毒能力。一种菌种或菌株可产生几种不同的毒素，如岛青霉可产生岛青霉素、环氯素、黄天精、红天精4种不同的毒素，而同一种霉菌毒素也会由几种霉菌产生，如黄曲霉和寄生曲霉都能产生黄曲霉毒素等。

（2）霉菌产毒特性受环境条件的影响　即使产毒菌株，如缺乏适宜的环境条件也不产毒。有时，同一菌株由于培养条件的变化、培养基的不同，其产毒能力亦差别很大。新分离的菌株产毒能力强，但经传代培养，常因对培养基不适应而丧失产毒能力。霉菌产毒条件主要与基质（食品）种类、水分、温度、相对湿度和通风条件等因素有关。

①基质种类：霉菌能否在食品上繁殖与食品种类和环境因素影响有关。霉菌生长的营养素来源主要是碳源、少量氮源、无机盐，故易被霉菌污染并产毒的基质主要有大米、小麦面粉、玉米、花生、大豆、坚果等及其副产品。此外，不同基质对霉菌的生长和产毒也有影响。在天然食品上比人工合成培养基上更易繁殖和产毒。如花生、玉米的黄曲霉及其毒素的检出率就很高，小麦、玉米以镰刀菌及其毒素污染为主，青霉及其毒素主要在大米中出现。

②基质水分：食品 A_w 越小，越不利于霉菌繁殖（A_w 降至0.7以下一般不能生长）。水分越多，产毒机会越大。当粮食和饲料水分为17%~19%，花生10%或更高时，最适合霉菌生长并产毒。而粮食安全水分达到13%~14%，花生达到8%~9%，大豆达到11%则不产毒。

③环境温度：温度影响霉菌生长和产毒量。多数霉菌在20~30℃生长，小于10℃和大于30℃时生长显著减弱，一般在0℃以下或30℃以上不生长和不产毒。但有的镰刀菌，如拟枝孢镰刀菌能耐受低温到-20℃，三线镰刀菌可在低温下产毒。一般霉菌产毒的温度略低于生长最适温度，如黄曲霉生长最适温度30~33℃，而产毒则以24~30℃为宜。

④相对湿度：曲霉、青霉和镰刀菌适于繁殖和产毒的环境相对湿度为80%~90%，而在相对湿度降至70%~75%则不产毒。

⑤通风条件：通风条件对霉菌生长和产毒有较大影响。由于霉菌为专性好氧微生物，在粮食或油料作物贮藏期，氧气与 CO_2 浓度对霉菌产毒影响很大。多数霉菌在有氧情况下产毒，无氧时不产毒。

二、主要霉菌毒素及其中毒症

1. 黄曲霉毒素

黄曲霉毒素（Aflatoxin，AF）是由黄曲霉、寄生曲霉、特曲霉和假溜曲霉的某些菌株产生的一类化学结构相似、强毒性的次生代谢产物。该毒素自1960年被发现以来，与其他真菌毒素相比，在产毒微生物、产毒条件、毒性、毒理、预防中毒措施及去毒方法等被研究得较透彻。

（1）黄曲霉毒素的种类和结构　AF是一类结构相似的二呋喃氧杂萘邻酮的衍生化合物。其基本结构都有1个二呋喃环和1个氧杂萘邻酮（香豆素）。目前已分离出的AF有 AFB_1、AFB_2、AFG_1、AFG_2、AFM_1、AFM_2、AFB_2a、AFG_2a、AFP_1 等20余种。其相对分子质量范围是312~346。根据AF在紫外线（365nm）照射下发出的荧光颜色可将其分为两大类：即发蓝紫色荧光的为B族，发黄绿色荧光的为G族。食品中常见且危害性较大的AF有AFB_1、AFB_2、AFG_1、AFG_2、AFM_1、AFM_2等，其化学结构如图14-1所示。其中AFM_1和AFM_2不是由产毒真菌直接产生，而是由动物摄食含AFB_1和AFB_2的食物后经过体内代谢产生的羟基化衍生物。例如，乳牛饲料中含有AFB_1就会在牛乳及其乳制品中检出AFM_1。

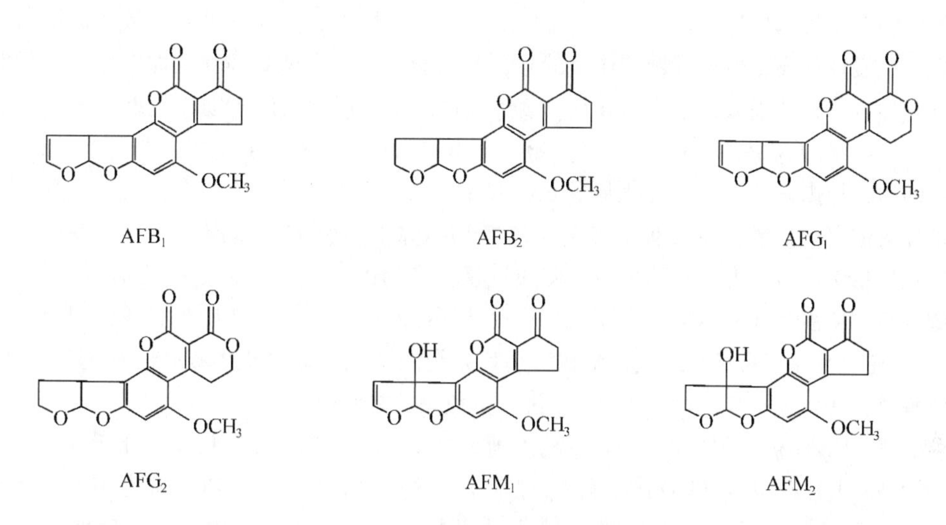

图14-1　几种黄曲霉毒素的化学结构

（2）黄曲霉毒素的理化性质　①对热非常稳定。裂解温度200~300℃，AFB_1于268~269℃（熔点）才分解；100℃，20h不全部破坏；于高压锅中0.1MPa，2h才部分降解。因此，一般烹调加工温度难以破坏。毒素纯品在高浓度下稳定，低浓度的纯毒素易被紫外线分解破坏。②难溶于水而易溶于有机溶剂。水中最大溶解度为10mg/L，易溶于氯仿、甲醇、乙醇和丙酮等多种有机溶剂中，但不溶于乙醚、石油醚和正己烷中。③在中性和酸性溶液中稳定而对碱不稳定。AFB_1在中性和弱酸性溶液中稳定，于pH 1~3强酸性溶液中稍有分解；pH 9~10强碱性溶液中迅速分解AFB_1的内酯环，形成邻位香豆素钠，其荧光和毒性随即消失。由于在强碱作用下形成的钠盐改变AFB_1的溶解特性，故可利用此特性从食品中去毒。50g/L的次氯酸钠溶液、Cl_2、NH_3、H_2O_2、SO_2等均可与AF发生化学反应，破坏其毒性。

（3）黄曲霉毒素的毒性　结构中凡是二呋喃环末端有双键的毒素，毒性较强，并有致癌性，如AFB_1、AFG_1和AFM_1。例如，在AFB_1结构中有3个毒性位点：①位于二呋喃环末端的8，9位双键，它是AFB_1与蛋白质和核酸形成加合物的作用位点，也是致畸、致癌和基因突变的功能基团。②位于香豆素的内酯环部分的10，11，15位点，它在氨化时被水解，形成仍保留8,9-二呋喃环双键的AFD_1。③位于环戊烯酮环上，通过取代基团的一些加成、酮羰基还原反应而影响AFB_1的毒性。故破坏AFB_1毒性位点即可达到脱毒目的。根据AF种类或结构不同其毒性大小顺序如下：$AFB_1>AFM_1>AFG_1>AFB_2>AFG_2>AFM_2$。其中$AFB_1$的毒性最强，其次是$AFM_1$。因此，在食品安全国家标准中对天然污染的食品以$AFB_1$作为重点检查目标，而对乳与乳制品以$AFM_1$为检查目标。例如，在GB 2761—2017《食品安全国家标准　食品中真菌毒素限量》中对花生及其制品、玉米及其制品的AFB_1限量指标为20μg/kg；

对乳及乳制品与含乳类的婴幼儿配方食品的 AFM_1 限量指标为 0.5μg/kg。

AF 可使鸭、火鸡、猪、牛、狗、猫、大白鼠等多种动物发生急性中毒。其中最敏感的动物是鸭雏，一日龄鸭雏 AFB_1 的 LD_{50}（半数致死剂量）为 0.240~0.364mg/kg，而小白鼠的 LD_{50} 为 5.0~7.0mg/kg。AF 对动物毒害作用的靶器官主要是肝脏，其中毒症状分为三种类型：①急性和亚急性中毒。短时间内摄入大剂量的 AF，迅速造成肝细胞变性、坏死、出血以及肝胆管上皮细胞增生，在几天或几十天死亡。②慢性中毒。持续摄入亚致死剂量的 AF，使肝脏出现慢性损伤，生长缓慢、体重减轻，肝功能降低，出现肝细胞变性、坏死、纤维化等肝硬化症状。在几周或几十周后死亡。③致癌性。实验证明，许多动物长期摄入小剂量或一次摄入大剂量的 AF 皆能诱发实验性肝癌。AFB_1 的毒性机制：当动物机体受到 AFB_1 刺激一段时间后，体内被活化的巨噬细胞释放大量的活性氧（ROS），使机体氧化水平升高，这不仅诱导机体氧化应激，导致氧化损伤（包括 DNA 氧化损伤有致基因突变和致癌作用，蛋白质氧化损伤引起蛋白变性和酶失活，脂质过氧化产物丙二醛引起细胞膜的损伤等），而且还导致内质网应激及线粒体损伤和凋亡，进而诱导细胞凋亡，以及炎症和脂质代谢紊乱。此外，AFB_1 还具有免疫毒性，通过影响机体免疫系统的功能而造成机体损伤。低剂量的 AFB_1 有刺激免疫作用，而长期高剂量的 AFB_1 则产生免疫抑制作用。

（4）黄曲霉毒素的致癌性　AF 可诱发所有实验动物肝癌，其中 AFB_1 的致癌性最强。1993 年世界卫生组织（WHO）国际癌症研究机构（IARC）将 AFB_1 列为 Ⅰ 类致癌物。AFB_1 的致癌机制：AF 并非直接致癌，而是在动物体内经代谢活化后才有致癌性。当动物摄入 AFB_1 后，其二呋喃环末端双键的 8，9 位碳原子在肝细胞微粒体中的细胞色素 P450 酶系的氧化作用下，生成亲电子活性的代谢产物 AFB_1-8,9-环氧化合物，后者与 DNA、RNA 和蛋白质的亲核基团共价结合形成加合物，引起生物大分子结构和功能的改变而诱导肝细胞癌变。AF 对人的致癌作用目前尚无直接证据。从肝癌的流行病调查中发现，凡食物中黄曲霉毒素污染严重和人体实际摄入量较高的地区，肝癌发病率也高。AF 引发肝癌的比例占肝癌总数 28.2%。AFB_1 的致癌性存在个体差异，乙型肝炎病毒携带者摄入 AFB_1 的致癌性增加近 30 倍；丙型肝炎病毒携带者、酗酒和吸烟者膳食摄入 AF 后，致癌风险也较常人高。

（5）黄曲霉毒素的产生条件　在食品中 AF 的产生与多种因素有关。有时在食品中存在产毒菌株，但检测不到毒素；有时在含有 AF 的食品中却分离不到可产生毒素的菌株。

①产毒微生物：AF 已被证明是由黄曲霉、寄生曲霉、特曲霉和假溜曲霉产生。黄曲霉的产毒菌株为 60%~94%，在气候温暖、湿润地区的花生、玉米上分离的黄曲霉产毒菌株比例要高些。寄生曲霉产毒菌株可达 100%。特曲霉的产毒菌株较少，且 AF 产量较低。

②产毒的基质：黄曲霉毒素主要污染粮食（玉米、小麦、大米等）、油料作物的种子（花生、棉籽、豆类、坚果等）、饲料及其制品，以及啤酒、蔬菜、水果及其制品（葡萄干、苹果汁等）、调味品、乳制品。其中玉米和花生等粮油产品最易被黄曲霉污染并产毒，其次是大米。如将污染有 AF 的玉米喂饲乳牛、猪、蛋鸡，由于 AF 积蓄在动物的肝脏、肾脏和肌肉组织中，则可在相应的乳、肉、蛋产品中检出 AF，人类长期食入此类畜产品，即可引起慢性中毒。

③产毒的环境条件：影响 AF 产生的两个重要条件是环境温度和基质 A_w（表 14-2）。

表 14-2　　产生黄曲霉毒素的环境条件

种名	环境温度	基质 A_w
黄曲霉	生长温度：适宜 30~33℃，最低 6~8℃，最高 44~47℃ 产毒温度：适宜 24~30℃，低于 7.5℃或高于 40℃不产毒 AFB_1 于 24℃产毒量最高，AFG_1 于 30℃产毒量最高	生长 A_w：适宜 0.93~0.98，最低 0.80 产毒 A_w：适宜 0.93~0.98，最低<0.85 生长相对湿度：最适 80%~90%
寄生曲霉	生长温度：适宜 35℃ 产毒温度：25℃产毒量最高	生长 A_w：适宜 0.93~0.98，最低 0.80 产毒 A_w：适宜 0.93~0.98，最低<0.85

温度与 A_w 对黄曲霉生长有综合影响。当温度为 15℃时，A_w 为 0.90 时尚不能生长，达到 0.95 才能生长。在玉米基质上于 24℃产生 AFB_1 和 AFB_2 毒素的极限水分含量为 17.5%。因此，黄曲霉和寄生曲霉易侵害含水分为 18%~19%的粮食。如在 2d 内将粮食水分降至 13%以下（安全水分），即使粮食污染有产毒的黄曲霉也不会产生 AF。

（6）黄曲霉毒素食物中毒的预防措施　在自然条件下，不可能完全杜绝霉菌的污染，关键要控制霉菌的生长和产毒。在贮藏过程中采取防霉措施是：①降低水分和湿度。农产品收获后，在入库前应迅速干燥至安全水分（如粮食 13%以下，花生 10%以下），控制环境相对湿度不超过 65%。此外，选择透气性好的包装材料，并保持仓库通风良好。贮存期间粮食和食品经常晾晒、风干、烘干或加吸湿剂、密封。②低温防霉。建造低温（13℃以下）仓库，并控制减少温差，防止结露；冷藏食品的温度界限应在 4℃以下。③化学防霉。采用熏蒸剂如溴甲烷、二氯乙烷、环氧乙烷等进行化学防霉，其中环氧乙烷熏蒸粮食防霉效果好。在食品中加入 1g/kg 的山梨酸、纳他霉素防霉效果亦很好。④气调或真空包装防霉。低温贮藏联用气调包装技术，控制气体成分，降低 O_2 浓度并增加 CO_2 或/和 N_2 浓度，以防霉菌生长和产毒。例如，用聚乙烯薄膜袋贮藏粮食，降低 O_2 浓度，9 个月基本抑制霉菌生长；将花生或谷物置于密闭含 CO_2 的铝塑复合膜包装袋中，花生至少保鲜 8 个月。

（7）黄曲霉毒素的去除　目前主要有物理、化学和生物去毒法。

①物理去毒法：

a. 挑选法，手工或机械拣出霉粒，适用于花生或颗粒大者。如拣出霉烂、变色（表皮颜色变暗，严重者呈黄绿色、黄褐色或黑色）、破损、皱皮、虫蛀的油料作物的种子、花生、玉米、豆类，必要时用低倍显微镜检查。根据形态学特征拣出霉粒后，AFB_1 可达允许量标准以下。

b. 搓洗法，可采用搓洗法去除大米中的 AF。因毒素主要分布于米糠层内，为米仁的数倍，因此大米食用前用水反复搓洗至清水为止，可除去大部分毒素。

c. 吸附法，吸附剂主要有活性炭、铝硅酸盐类（蒙脱石、沸石粉、膨润土、硅藻土等）和有机物类（酵母细胞壁多糖等），通过吸附剂中致密的孔状结构、巨大的比表面积，借由静电作用、范德华力和电荷转移的相互作用力选择性吸附 AF。此外，吸附剂表面含有芳香环，对含芳香环的 AF 有特异吸附作用，可有效降低食用油中的毒素含量。磁性炭（由活性炭、200 目的纯度为 90%磁铁矿及黏合剂组成）为除去食品中 AF 的理想吸附剂，可以克服活性炭的不足。蒙脱石为畜禽饲粮常用的脱毒吸附剂，因其与 AF 结合形成稳定复合物，从而减少动物肠道对 AF 的吸收。目前，从酵母细胞壁中提取葡甘露聚糖，已经产业化应用于动物饲料中，吸附 AF 效果显著。热灭活的乳酸菌比其活菌吸附 AFB_1 能力强。有些乳酸菌在体内能吸附 AFB_1 形成较稳定的复合物而排出体外，而一些特定益生乳酸菌能吸附牛乳中的 AFM_1，既能赋予发酵乳品功能特性，又能提升酸乳和干酪的安全性。

d. 加热法，干热或湿热均可去除大部分毒素。花生于 150℃ 炒 30min 可除去约 70% 的 AF；开心果于 150℃ 下烘烤 120min 降解 95% 以上的 AFB_1，于 0.1MPa 高压蒸煮 2h 可除去大部分 AF。高温处理使 AFB_1 结构中二呋喃环末端的 8，9 位碳-碳键氧化电位受到破坏，降解为毒性较小或无毒的衍生物，如 AFD_1、AFD_2 等。挤压蒸煮是目前食品与饲料生产常用脱除 AF 的方法，在高温和高压下添加过氧化氢、石灰等物质可以提高脱除效率。

e. 射线处理，主要有 γ 射线（^{60}Co）和紫外线辐照法。紫外线照射花生油可使 AF 降低 95% 以上，日光暴晒也可降低粮食的 AF 含量；10kGy 的 γ 射线辐照大豆，极大降低 AFB_1。辐照处理使 AFB_1 发生加成、消去反应等，分子结构被破坏而转化为毒素较低的中间产物。

②化学去毒法：

a. 碱处理，主要有氨化脱毒与碱液脱毒。前者是在氨水作用下 AFB_1 氨化时被水解，产生毒性较低的 AFD_1 产物。后者是 NaOH 与 AF 反应形成钠盐而降低毒性。碱液处理花生对脱除花生油中 AFB_1 效果良好。劣质花生先用 NaOH 溶液处理 30min 后，压榨得到的花生油中 AFB_1 脱除率为 90.7%。

b. 溶剂提取，利用酒精、丙酮等有机溶剂溶解、抽提可有效去除毒素。如 80% 的异丙醇和 90% 的丙酮将花生中的 AF 全部抽提。

c. 氧化剂处理，用 5% 次氯酸钠处理几秒钟可破坏花生中的 AF，经 1~3d 可去毒。臭氧可以氧化破坏 AFB_1 结构中的二呋喃环末端双键而脱去毒性。以 100mg/L 的臭氧处理花生粕粉 10min，其 AFB_1 含量降低了 78.3%

d. 有机酸脱毒，柠檬酸和乳酸可以有效降解 AF。研究表明，柠檬酸可使玉米中的 AF 降解率达到 96.7%。

③生物去毒法：目前生物脱毒方法主要有微生物降解法和酶降解法，两种方法的联合使用可提高 AFB_1 的降解率。通常利用微生物或其产生的酶（如蛋白酶、漆酶、超氧化物歧化酶等），降解并破坏毒素的结构而脱毒。目前报道较多的脱毒菌种有：芽孢杆菌、假单胞菌、乳酸菌、非产毒曲霉等。研究表明，优化枯草芽孢杆菌 Q125 降解 AFB_1 的发酵条件（温度、时间）后，降解率为 100%。将枯草芽孢杆菌与纤维素酶和木聚糖酶联合处理花生粕中的 AF，去除率达到 94.3%。优化铜绿假单胞菌的培养条件后，对 AFB_1 的降解率为 91.86%。将产毒的寄生曲霉培养至 24h 后接种植物乳杆菌，因后者大量繁殖抑制了寄生曲霉的生长和产毒，故未检测到 AFB_1。在非产毒曲霉脱毒方面，有研究发现米曲霉滤液可以抑制 AF 生物合成基因的表达。此外，绿色木霉、康氏木霉等也具有较高的脱毒潜力。虽然生物降解 AF 的专一性和脱毒率高，但是其脱毒技术不够完善，需要较苛刻的反应条件，且成本高，故目前难以规模化应用。

总之，预防真菌性食物中毒主要是预防霉菌及其毒素对食品的污染，其根本措施是防霉，去毒只是污染后为防止人类受危害的补救方法。

2. 镰刀菌毒素

镰刀菌毒素是镰刀菌属的某些种产生的多种有毒次生代谢产物。镰刀菌毒素同黄曲霉毒素一样被认为是自然发生的最危险的食品污染物，对人畜健康威胁极大。镰刀菌属产生的毒素种类很多，主要有伏马菌素、单端孢霉烯族化合物毒素、玉米赤霉烯酮等。

（1）伏马菌素（Fumonisin）　伏马毒素是由串珠镰刀菌、层出镰刀菌、轮状镰刀菌等真菌产生的有毒次生代谢产物。串珠镰刀菌被最早（1989）发现产生此种毒素，它是引起马属动物（马、骡、驴）霉玉米中毒的病原菌。该毒素大多存在于玉米及其制品中，在大米、面条、调味品、高粱、啤酒中亦有检出。

①伏马菌素的理化性质：伏马菌素是一类由不同的多氢醇和丙三羧酸组成的结构类似的双酯型化合物。目前已确定的伏马菌素有伏马菌素 FA_1、伏马菌素 FA_2、伏马菌素 FB_1、伏马菌素 FB_2、伏马菌素 FB_3、伏马菌素 FB_4、伏马菌素 FC_1、伏马菌素 FC_2、伏马菌素 FC_3、伏马菌素 FC_4、伏马菌素 FP 共 11 种。其中 FB_1 毒性最强，是天然污染的玉米及其制品的主要毒素。伏马菌素易溶于水，对热较稳定，煮沸 30min 不易破坏。

②伏马菌素的毒性：伏马菌素作用于多种靶器官，为神经毒、肝脏毒、肾脏毒、肺脏毒、肠毒、免疫毒、生殖毒、食管毒等，其毒性作用机制比较复杂，目前尚未完全阐明，主要认为与神经鞘脂质的代谢、氧化应激、细胞凋亡、炎症等有关。伏马菌素与马脑白质软化症（神经性中毒而呈现意识障碍、失明和运动失调，甚至死亡）、猪肺水肿症、羊肝肾病变密切相关，高剂量或长期食用含毒饲料可诱发实验鼠原发性肝癌。流行病学研究显示，某些地区食管癌高发病率与玉米中高含伏马菌素有关，1993 年国际癌症研究机构（IARC）将伏马菌素列为 2B 类致癌物（即人类可能致癌物）。欧盟规定供人类直接食用的玉米制品中伏马菌素 FB_1 和伏马菌素 FB_2 的总和应低于 400μg/kg，玉米（未加工）中 FB_1 和 FB_2 的总和应低于 2mg/kg；我国仅在 GB 13078—2017《饲料卫生标准》中规定：饲料原料中玉米及其加工产品、玉米酒糟类产品、玉米青贮饲料和玉米秸秆中伏马菌素 FB_1 和伏马菌素 FB_2 的总和的限量为 60mg/kg。

③伏马菌素的产毒条件：串珠镰刀菌可感染未成熟的谷物，是玉米和以玉米为主料制备的各种饲料中占优势的菌群之一，其数量超过 10^6CFU/g。当玉米等谷物收获后如不及时干燥，在贮存期间水分为 18%～23%时，串珠镰刀菌继续生长繁殖而增加伏马菌素含量。串珠镰刀菌在 25～30℃，pH 3.0～9.5 的培养条件下生长良好，产毒最适温度 25℃，产毒最适 A_w ≥0.925，产毒量最高的时间 7 周。

（2）单端孢霉烯族化合物毒素（Trichothecenes）　该毒素简称单端孢霉毒素，是由禾谷镰刀菌、雪腐镰刀菌、三线镰刀菌、梨孢镰刀菌、拟枝孢镰刀菌等产生的一组生物活性和化学结构相似的有毒次生代谢产物。引起人畜中毒的主要有脱氧雪腐镰刀菌烯醇、T-2 毒素、雪腐镰刀菌烯醇、HT-2 毒素、新茄病镰刀菌烯醇等。此类化合物化学性质稳定，可溶于中性有机溶剂，难溶于水，对热非常稳定，超过 200℃才被破坏，一般烹调、烘烤温度不易被破坏。

①脱氧雪腐镰刀菌烯醇（Deoxvnivalenol，DON）　DON 是一类由禾谷镰刀菌的有性阶段玉米赤霉菌（*G. zeae*）和黄色镰刀菌等代谢产生具有致吐作用的赤霉病麦毒素，主要存在于麦类（大麦、小麦、黑麦、燕麦）患赤霉病的麦粒中，玉米、水稻、蚕豆、甘薯、甜菜叶等作物也能感染赤霉病而含有 DON。玉米赤霉菌在谷物上最适生长温度 16～24℃，相对湿度

85%，适合于阴雨连绵、湿度高、气温低的气候条件下生长和产毒。DON 为神经毒、肝脏毒和遗传毒。人误食含有 DON 的面粉制成的食品，引起以呕吐为主要症状的赤霉病麦中毒。由于 DON 与脑干后区的呕吐中枢的 5-羟色胺受体和多巴胺受体相互作用，产生催吐作用，故被称为呕吐毒素，感染者多在 1h 内出现呕吐、腹泻、全身乏力、步伐紊乱等症状，主要因毒素侵害中枢神经系统所致。肝脏是 DON 毒性作用的靶器官，可引起肝脏氧化应激和损伤，进而引起肝细胞凋亡。此外，DON 还具有遗传毒性，有致畸、致突变作用，被国际癌症研究机构（IARC）列为Ⅲ类可疑致癌物。GB 2761—2017《食品安全国家标准　食品中真菌毒素限量》规定：大麦、小麦、麦片、小麦粉、玉米、玉米面（渣、片）中 DON 限量指标为 1000μg/kg。

②T-2 毒素（T-2 toxin）：T-2 毒素是一类由三线镰刀菌和拟枝孢镰刀菌等代谢产生的单端孢霉烯族毒素。该毒素难溶于水，易溶于有机溶剂，非常耐热，210℃处理 40min 才灭活，以次氯酸钠或氢氧化钠溶液浸泡至少 4h 才被破坏。T-2 毒素是一种倍半萜烯类化合物，化学结构中含有的环氧键和双键被认为是其毒性位点，作用于多种靶器官，为免疫毒、血液毒、脾脏毒、肝脏毒、神经毒、心脏毒、生殖毒和肠毒等，并具有致畸、致癌、致突变作用。该毒素主要损伤细胞分裂旺盛的器官组织，尤其极大损伤骨髓、胸腺、脾及外周血淋巴细胞等造血和免疫等器官组织，引起淋巴组织（细胞）坏死、溶解而造成免疫损伤。人食入 T-2 毒素后导致食物中毒性白细胞缺乏症，表现为血液系统毒性症状，引起血细胞凋亡、骨髓坏死（再生障碍）、血小板减少（导致皮肤出血）、进行性白细胞减少，严重者导致败血症，死亡率高达 50%~60%。此外，该毒素还诱导中枢神经细胞和肝细胞凋亡及软骨细胞损伤，抑制肝、软骨等细胞 DNA、RNA 和蛋白质的合成等。污染 T-2 毒素的基质主要是小麦、玉米、大麦、水稻、大豆、燕麦等粮谷及其制品，可随食物链传播给人类，引起全身毒性。欧盟规定了部分谷物及其制品中 T-2 毒素的限量，尤其规定了含有谷物的婴幼儿食品中 T-2 毒素限量为 15μg/kg。我国仅在 GB 13078—2017《饲料卫生标准》中规定：植物性饲料原料和猪、禽配合饲料中 T-2 毒素的限量为 500μg/kg。

（3）玉米赤霉烯酮（Zearelenone，ZEA）　ZEA 是一类由禾谷镰刀菌、串珠镰刀菌、三线镰刀菌、茄病镰刀菌、木贼镰刀菌、尖孢镰刀菌等多种镰刀菌代谢产生具有雌激素作用的赤霉病麦毒素。在自然状态下这些镰刀菌主要侵染玉米，在收获季节遇阴雨天时更易感染产毒，适宜产毒温度为 25~28℃，在麦类（小麦、大麦、燕麦）、水稻、高粱等作物中也能感染产毒。ZEA 为动物的生殖毒、肝脏毒、免疫毒。猪摄入含有 ZEA 的饲料后，ZEA 和雌激素竞争性地与雌激素受体结合而影响动物发情，引发雌激素综合征，主要表现为卵巢或睾丸萎缩、发情间隔延长、性欲下降等。ZEA 影响肝脏功能酶的活性，诱发肝脏损伤和肝癌，被国际癌症研究机构（IARC）列为Ⅲ类可疑类致癌物。ZEA 还降低 T 淋巴细胞和 B 淋巴细胞的活性，抑制细胞免疫和体液免疫。含赤霉病麦面粉制成的各种面食，如毒素未被破坏，食入后表现为中枢神经系统的中毒症状，如恶心、发冷、头痛、神智抑郁和共济失调等。GB 2761—2017《食品安全国家标准　食品中真菌毒素限量》规定：小麦、小麦粉、玉米、玉米面（渣、片）中玉米赤霉烯酮限量指标为 60μg/kg。

3. 黄变米毒素

由于稻谷贮存时含水量过高（14.6%），被青霉属中的一些种污染，发生霉变而使米粒变黄，这类变质的大米称为“黄变米”。黄变米中毒是指人们因食用“黄变米”而引起的食物中毒。黄变米分为三种：黄绿青霉黄变米、桔青霉黄变米和岛青霉黄变米。这些菌株侵染大米后产生有毒的次生代谢产物，统称黄变米毒素。其毒素可分为以下三大类：

（1）黄绿青霉素（Citreoviridin，CIT）　主要由黄绿青霉产生的具有生物活性的有毒次生代谢产物。该毒素为心脏毒，血管毒、神经毒、肝脏毒等，引发动物心肌变性和坏死，血管内皮炎性损伤，中枢神经麻痹，进而心脏及全身麻痹而死亡；慢性毒性主要表现为肝细胞萎缩和多形性及贫血。我国学者已证实霉变食物中所含的 CIT 是导致克山病（一种地方性心肌病，缺乏硒元素而导致）的病因之一。黄绿青霉污染含水量 14.6%的大米后，于 10~30℃、相对湿度 70%以上即可形成淡黄色病斑的黄变米，同时产生 CIT。

（2）桔青霉素　简称桔霉素（Citrinin），是由青霉属（桔青霉、黄绿青霉、纯绿青霉、暗蓝青霉、点青霉、扩展青霉等）、曲霉属（土曲霉、白曲霉等）、红曲霉属（紫红曲霉等）的某些种产生的有毒次生代谢产物。桔霉素对热稳定，一般烹调温度难以破坏，微溶于水，易溶于稀碱液和多种有机溶剂，在冷乙醇或 pH 1.5 的水溶液中可结晶或沉淀析出。该毒素主要为肾脏毒、肝脏毒、遗传毒，引起动物肝肾实质性病变，并具有致畸、致突变和致癌作用，被国际癌症研究机构（IARC）列为Ⅲ类可疑致癌物。桔青霉是桔霉素的主要产生菌，污染基质是大米、玉米、大麦、小麦、燕麦、辣椒粉、苹果、梨、果蔬汁（番茄汁、樱桃汁、黑加仑汁等）、干酪等农产品和食品。

桔青霉污染精白大米后，于 20~30℃即可形成带黄绿色的黄变米，同时产生桔霉素。某些红曲霉菌株也能产生桔霉素，这不仅影响或限制红曲、红曲米（色素）及其相关产品的生产和出口，而且也威胁人类健康，故近年来我国学者致力于筛选低产或不产桔霉素的红曲霉菌株。例如，筛选得到高产洛伐他汀的紫红曲霉 ZX26 菌株，其发酵产物中合成桔霉素量极低（1.43μg/L）。GB 5009.222—2016《食品安全国家标准　食品中桔青霉素的测定》规定：红曲及其制品中桔霉素检出限和定量限分别为 25μg/kg 和 80μg/kg；大米、玉米、辣椒粉产品中桔霉素检出限和定量限分别为 8μg/kg 和 25μg/kg。

（3）岛青霉素（Islanditoxin）　岛青霉污染大米后形成黄褐色溃疡性病斑的黄变米，同时产生岛青霉素、环氯素、黄天精、红天精等多种毒素。其中前三种毒素为肝脏毒，急性中毒导致动物肝萎缩，慢性中毒发生肝纤维化、肝硬化及诱发肝癌。流行病学调查发现，肝癌发病率高与居民过多食用黄变米有关。

4. 赭曲霉毒素

赭曲霉毒素（Ochratoxin，OT）是由曲霉属（赭曲霉、洋葱曲霉等 7 种）和青霉属（纯绿青霉、圆弧青霉、产黄青霉、变幻青霉等 6 种）的一些种产生的一组有毒次生代谢产物。赭曲霉毒素包括 OTA、OTB、OTC 等 7 种结构类似的化合物。其中 OTA 毒性最强，主要侵害动物肝脏与肾脏，表现为肝细胞坏死和肾小球变性等，对动物有致畸、致突变、致肾癌作用，被国际癌症研究机构（IARC）列为 2B 类致癌物。OTA 毒性机制：主要引起氧化应激、破坏转录调控、抑制蛋白质合成、干扰代谢酶、诱导细胞凋亡等。OTA 对热稳定，一般烹调温度不被破坏，微溶于水，易溶于乙醇。产生 OTA 的基质主要有谷物粮食（玉米、小麦、大麦、燕麦、黑麦、大米和黍类等）、花生、豆类（大豆）、咖啡豆、可可豆等。赭曲霉产生 OTA 条件：于 28~30℃，最适 A_w 为 0.95，最低 A_w 为 0.85；在 24℃，最适 A_w 为 0.99；圆弧青霉最适产毒条件为 12~37℃，A_w 为 0.95~0.99；纯绿青霉在 5~10℃就能产毒。GB 2761—2017《食品安全国家标准　食品中真菌毒素限量》规定：谷物及其制品、豆类及其制品、坚果及籽类、研磨咖啡（烘焙咖啡）中 OTA 限量指标为 5μg/kg。

5. 展青霉素

展青霉素，又称棒曲霉素（Patulin，PAT），是由青霉属［扩展青霉、圆弧青霉、产黄青霉、娄地青霉、展开青霉（又名荨麻青霉）等 10 种］、曲霉属（棒曲霉、土曲霉、巨大曲霉）、丝衣霉属（雪白丝衣霉）等一些种产生的有毒次生代谢产物。动物短时间内摄入大量 PAT，引起肝脏、脾脏、肾脏、生殖和免疫系统等损害，以及诱发肠毒（破坏肠道黏膜屏障的完整性和产生肠道炎症等），引起急性中毒症状，如肠胃充血、扩张、出血和溃疡。对哺乳动物有致突变、致肝癌作用，被国际癌症研究机构（IARC）列为Ⅲ类可疑致癌物。人摄入大量 PAT 引起急性中毒症状表现为恶心、呕吐、胃肠道不适。PAT 对热稳定，一般烹调温度不被破坏，易溶于水、乙醇、氯仿、丙酮等，在酸性环境中稳定而在碱性溶液中易被破坏。此种性质致使 PAT 在水果制品中残留量较大，果蔬加工中难以清除。易产 PAT 的基质主要有水果（苹果、山楂、梨、桃、葡萄、香蕉等）、蔬菜（番茄、辣椒等）、谷物及其制品，尤其苹果及其制品检出率较高。扩展青霉最适产毒温度 20~25℃，最适产毒 pH 3.0~6.5，A_w 在 0.81 以上。当腐烂果实进入加工环节，会将 PAT 带入果汁、果酒等制品中。例如，用腐烂达 50%的烂苹果制成苹果汁，PAT 可达 20~40μg/L，在苹果酒中 PAT 含量最高达 45mg/L。GB 2761—2017《食品安全国家标准　食品中真菌毒素限量》规定：以苹果、山楂为原料制成的产品（包括水果制品、果蔬汁类及其饮料、果酒）中 PAT 的限量指标为 50μg/kg。

6. 杂色曲霉毒素

杂色曲霉毒素（Sterigmatocystin，ST）是由曲霉属（杂色曲霉、构巢曲霉、黄曲霉、寄生曲霉等 10 多个种）的某些种产生的一组化学结构相似的有毒次生代谢产物（ST 也是黄曲霉、寄生曲霉在合成 AF 过程后期的合成前体物）。ST 目前已确定结构的有 10 多种，基本结构为 1 个二呋喃环和 1 个氧杂蒽酮。其中毒性最强的是杂色曲霉毒素Ⅳa，致癌性仅次于 FA，为肝脏毒、肾脏毒、免疫毒和遗传毒，可诱发动物肝癌和肾癌，被国际癌症研究机构（IARC）列为 2B 类致癌物质。在肝癌高发区所食用的食物中，ST 污染较为严重，可导致人类食物中毒（又称“黄肝病”）。ST 对热稳定，一般烹调温度难以破坏，不溶于水和极性溶剂，可溶于多种非极性溶剂（如氯仿、乙酸乙酯等）。杂色曲霉和构巢曲霉有 80%以上为产毒菌株，主要污染贮藏的谷类粮食（大米、小麦粉中 ST 的检出率比 AF 高 11%~31%）、饲料和乳制品。目前我国对粮食中 ST 限量标准尚未建立，仅斯洛伐克和捷克制定了大米、面粉中 ST 限量指标为 5μg/kg。

7. 交链孢霉毒素

交链孢霉毒素（Alternaria toxin）是由交链孢霉属（互隔交链孢霉等）的某些种产生的一类有毒次生代谢产物。目前已发现交链孢霉毒素主要有：交链孢酚（AOH）、交链孢酚单甲醚（AME）、交链孢烯（ALT）、细交链孢菌酮酸（TeA）等 40 多种毒素及其衍生物。其中 AOH、AME 和 TeA 具有较强毒性，对动物有致畸、致突变作用，并可诱发食管癌。我国食管癌高发区可能与食入被交链孢毒素污染的食品有关。AOH、AME 对热稳定，100℃，90min 不被破坏，121℃，60min 部分破坏，在 pH 5.0 的磷酸盐缓冲液中稳定，而于 KOH 稀碱溶液及 pH 7.0 磷酸盐/柠檬酸盐缓冲液中可被降解。交链孢霉是谷物粮食、果蔬中最常见的腐败菌之一，在果蔬及其制品如苹果（汁）、葡萄酒（汁）、番茄酱（汁）、柑橘（汁）、樱桃（酱）等及粮食及其制品如玉米（面）、小麦（粉）、大麦、燕麦、干面条、面包等食品中检出率最高的是AOH、AME和TeA。互隔交链孢霉产生AOH、AME适宜温度15~25℃，产毒适宜pH 4.0~4.5。AOH和AME因在自然界产生水平低，一般不会导致人或动物急性中毒，但长期摄入引起慢性中毒，而长期摄入TeA可致人和动物急性或亚急性中毒。目前我国尚未建立限量标准。

第四节　食物中毒病原菌的检测技术

一、细菌性食物中毒病原菌的检测技术

随着人类知识和检测水平的提高，发现了越来越多的病原菌，因而使细菌鉴定范围愈加扩大，难度提高。而传统的细菌鉴定方法操作复杂，速度慢，结果准确性难以控制。因此需要有一种国际公认、自动化、系统化的细菌鉴定仪器和技术，在短时间内准确鉴定食品可能存在的全部病原菌，并且随着检测技术的不断提高，不断鉴定食品中新出现的病原菌。本节重点介绍目前国内外对细菌性食物中毒病原菌的快速检测技术。

1. 常规检测方法

（1）一般检验流程

食品标本（或临床标本）→ 选择性增菌（37℃，24h） → 选择性平板分离培养（37℃，18~24h） → 挑单个可疑菌落 → 分纯培养（37℃，18~24h） → 常规生化鉴定试验（37℃，2~3d）/血清学分型试验/噬菌体分型试验/毒素鉴定 →检验报告

（2）影响病原菌检测速度和准确性的因素及其改进措施　选择性增菌、选择性平板分离培养、生化鉴定和毒素鉴定是影响病原菌检测速度的主要步骤，检验时间共需5~6d。

①选择性增菌：增菌为检验中不可缺少的步骤。因为食品中肠道病原菌的数量较少，而且在食品加工过程中使其受到损伤及处于濒死状态。为了分离样品中目的病原菌，并使之大量繁殖，则必须采用能抑制多数非病原菌生长的选择性增菌培养基进行培养。

②分离培养：于选择性平板分离培养基上挑选可疑病原菌的菌落要凭检验者的经验，有可能识别有误而易造成漏检，准确性较低。而且在众多样品的标本中筛检出可疑病原菌，工作量大、检验周期长、操作繁琐、灵敏度低。如果增菌后采用一种国际公认的快速筛检病原菌的自动化仪器——miniVIDAS全自动酶联荧光免疫分析仪，即可尽快发现在哪些标本中可能存在哪些病原菌，从而缩小检验范围，以便集中人力与物力快速灵敏地筛检出可疑标本和可疑病原菌。

③生化鉴定：常规生化鉴定试验需时较长、操作繁琐、试剂质量无法保证、准确性较低，严重影响了病原菌的确认工作。如果采用快速细菌生化鉴定方法——API细菌数值鉴定系统、ATB自动生化鉴定仪、Biolog自动鉴定系统可以完成600多种乃至2000多种微生物的鉴定工作，对致泻大肠埃希氏菌、沙门氏菌、志贺氏菌、金黄色葡萄球菌、副溶血性弧菌、变形杆菌、空肠弯曲菌等常见肠道病原菌的生化鉴定时间缩短至数小时。

④毒素鉴定：有些病原菌产生的毒素对热稳定性较高，虽然一般加工后的食品检不出病原菌的活细胞，但毒素仍然存在。而检验毒素的常规方法需做动物实验，难度大、周期长。如采用全自动荧光免疫分析仪利用毒素抗原与其抗血清反应即可快速得出结果。

综上所述，应用常规病原菌检测方法，存在检验周期长，操作繁琐，准确性较低，工作量十分浩大等缺点，而且对技术熟练度的要求也很高。为此，一般微生物工作者常视菌种鉴定工作为畏途。如何使微生物鉴定方法快速、准确、简易和自动化，一直是微生物学工作者研究的热点。如果采用全自动荧光免疫分析仪+API 细菌数值鉴定系统/ATB 细菌自动生化鉴定仪，可以克服上述不足，达到快速准确地检验病原菌的目的。

2. 快速检测方法

（1）快速检验流程

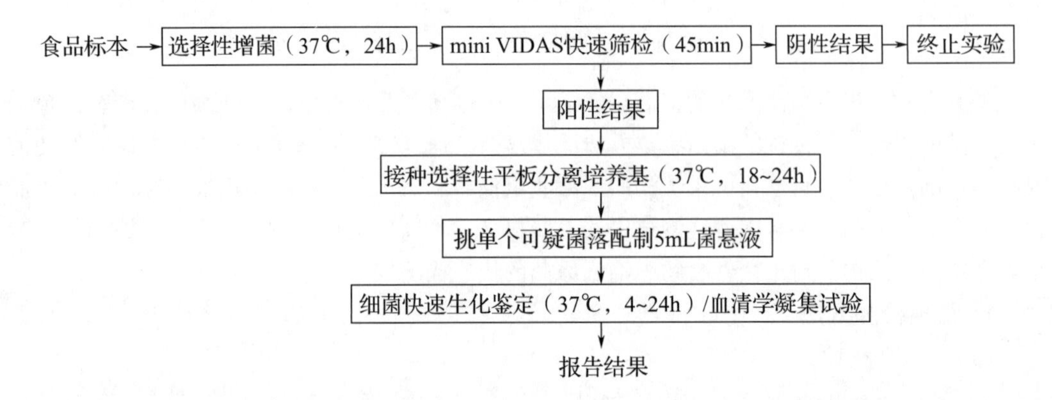

（2）检验关键步骤　包括快速筛检病原菌、细菌快速生化鉴定和血清学鉴定。

①快速筛检病原菌方法：miniVIDAS 全自动酶联荧光免疫分析仪可以快速筛检食品中的病原菌。金黄色葡萄球菌肠毒素从样品制备到上机，检测时间只需 1h；大肠埃希氏菌 O157：H7、沙门氏菌、单增李斯特氏菌、空肠弯曲菌等病原菌的检验，从增菌后 1h 内即可完成筛检工作，从而缩小检验范围，明确检验对象，提高总体检验速度。

采用酶联免疫吸附试验和荧光免疫相结合的技术——酶联荧光免疫技术（ELFA），具有灵敏度高、特异性强的特性。筛检原理：应用双抗体夹心法。首先利用已知具有高度特异性的单克隆抗体捕获样品中的目的抗原（细菌、毒素蛋白），再以标记有酶的相同抗体与抗原结合，如图 14-2 和图 14-3 所示。在检测中固相容器（SPR）包被有高度特异的单克隆抗体

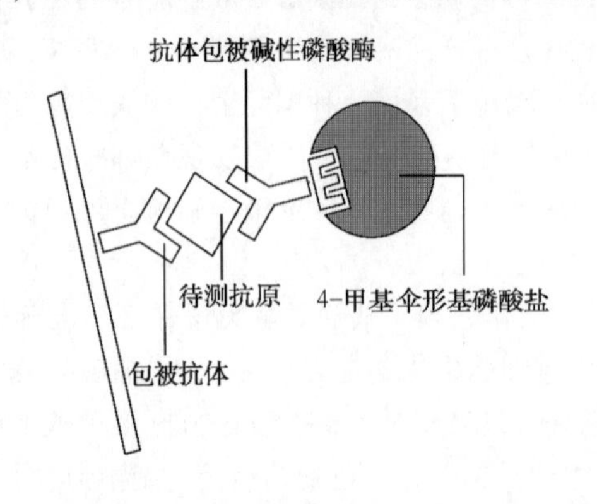

图 14-2　酶联荧光免疫原理示意图

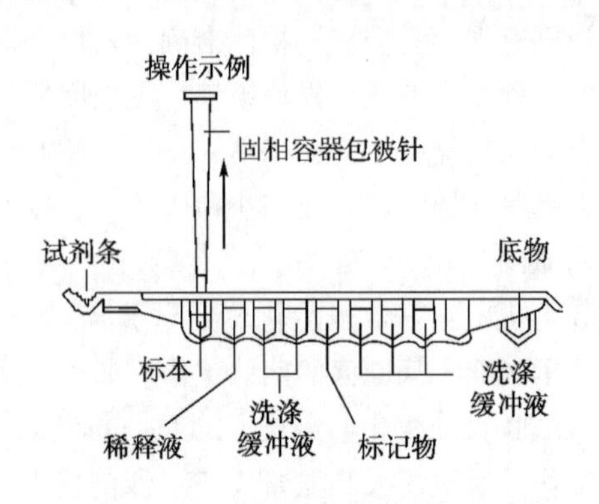

图 14-3　酶联荧光免疫操作示意图

混合物，它既可作为吸附抗体用的包被针，又可作为吸液器。以固相容器包被针吸取待检样品，并利用固定于固相容器包被针上的单克隆抗体捕获目的抗原，标记有碱性磷酸酶的抗体与目的抗原结合，酶与底物（4-甲基伞形基磷酸盐）反应产生蓝色荧光，荧光强度与样品中目的抗原的含量成正比。于 370nm，450nm 检测反应荧光强度，所测荧光强度与抗原含量成正比。根据荧光有无和强弱判定样品中有无目的病原菌及其在样品中的含量。

下面以筛检沙门氏菌为例介绍其操作过程。

沙门氏菌经过预增菌、选择性增菌和部分试验的后增菌后，取一定量的增菌肉汤煮沸 15min，加入试剂条的测试孔中，在特定时间内样品在固相容器内外反复循环，使沙门氏菌抗原与包被在固相容器内部的沙门氏菌抗体结合，洗涤除去未结合的其他成分，接着标记有碱性磷酸酶的抗体与固定在固相容器内壁上的沙门氏菌抗原相结合，洗去未结合的抗体标记物。结合在固相容器壁上的碱性磷酸酶将催化底物 4-甲基伞形磷酸盐转变成有荧光的产物 4-甲基伞形酮。采用 VIDAS 光学扫描器测定其荧光强度，计算机自动分析得出检测值（即样品的相对荧光值与标准溶液的相对荧光值的比值）。若检测值<0.10，则检测结果为阴性；若检测值≥0.10，则检测结果为阳性。最后打印每份样品的阳性或阴性检测结果。

优点：a. 不需分纯样品中目的病原菌即可检测。b. 快速。多数样品于 50min 内得到检验结果。c. 操作简便。只需按“START”一个键，测试即开始进行，系统控制所有操作，直至打印报告。d. 采用双抗体夹心法使结果准确可靠。e. 方法标准化。本试验不必另加试剂也无需定量标本，只需要含全部所需试剂的条形码标记试剂条，并且每种 SPR 包被针和试剂条只检测一种病原菌。f. 灵敏度高。该仪器以紫外光检测，比可见光的灵敏度高 1000 倍。此法已获得国际分析化学家协会（AOAC）认可。

②细菌快速生化鉴定和自动化分析技术：目前国内外研制有系列化、标准化和商品化的细菌快速生化鉴定系统，如 API 细菌数值鉴定系统/ATB 自动生化鉴定仪，以及 Biolog 自动微生物鉴定系统等，现作一简介。

a. API 细菌数值鉴定系统：API 系统包括 15 个鉴定系列，能鉴定 550 多种细菌。API-20E 为肠杆菌科细菌生化鉴定系统，API-20A 为厌氧菌鉴定系统，API STAPH 为葡萄球菌和微球菌鉴定系统，API LIS 为李斯特氏菌鉴定系统，API CAMPY 为弯曲菌鉴定系统。API 系统采用数值鉴定法，配有计算机 API-LABPlus 软件，能够判断许多非典型鉴定模式，键入生化反应结果或输入数值编码，可立刻获得鉴定结果报告。目前 API 鉴定系统已被我国食品安全国家标准食品微生物学检验采纳并使用。下面以 API-20E 鉴定肠杆菌科细菌为例介绍数值鉴定系统的原理和方法。

法国生物梅里埃公司生产的 API-20E 是第一个由生化鉴定试剂盒与细菌鉴定数据库组合而成的鉴定系统。它是一种鉴定肠杆菌科和其他 G^- 菌的标准鉴定系统，包括 23 个微型生化测定资料，于 18~24h 内可鉴定 104 种 G^- 菌。

鉴定原理：API-20E 数值鉴定系统（又称微量生化鉴定系统）在传统生化试验的基础上加以改进，将原先用试管进行的系列生化反应，压缩整合为一组由 20 个供不同生化试验用的测定管组成的鉴定系统（卡）（图 14-4），管内加有适量糖类等生化反应底物的干粉（有标签标明）和反应产物的显色剂。试验时，先打开附带的一小瓶无菌液体基本培养基，用于稀释待鉴定病原菌的纯菌落。将可疑病原菌的菌落配制成菌悬液，分别接种于各个测定管内，并在指定的小管中加入矿物油。然后，以适宜温度培养一定时间，通过微生物菌体内酶的代谢作用，产生颜色变化，或是培养后加入生化试剂的变色来观察试验结果。再根据API-20E生化反应判定表，判读“+”或“-”反应，列出数值编码。参照鉴定表、分析图形检索表或API-LAB Plus数值编码系统软件得到鉴定结果。

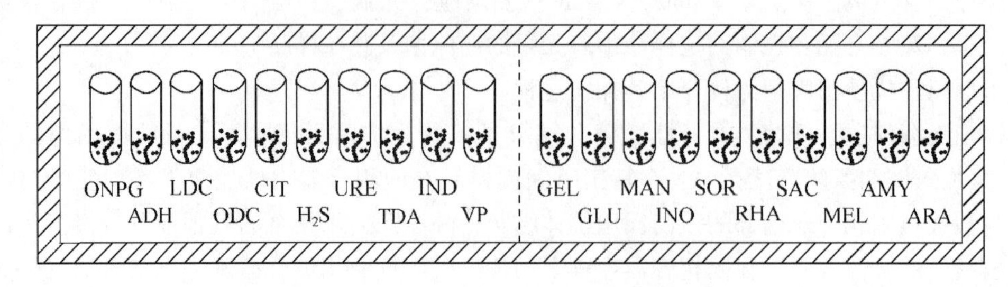

图 14-4　API-20E 型肠道菌数值鉴定系统（卡）

操作流程：

样品→选择性增菌→快速筛检→选择性平板分离培养→挑单个可疑菌落配制5mL菌悬液→沿壁接种约0.1mL于测定管中→37℃培养18~24h→加入生化试剂判别颜色变化→得出数值编码→输入数值编码ATB系统软件→鉴定结果

API生化反应结果必须以数字化的形式记录并报告。一般经18~24h保温培养后，有的测定管需要添加试剂，观察20个测定管中的反应变色情况，根据反应判定表，判定各项反应是阳性还是阴性反应；按鉴定卡上反应项目从左到右的顺序，每3个反应项目编为一组，共编为7组，每组中每个反应项目定为一个数值，依次是1，2，4；反应阳性者记“+”，写下其所定的数值，反应阴性者记“-”，则写为0；将每组中的阳性结果以相应的数字相加，即可得到一个7位数。例如在表14-3大肠埃希氏菌的API-20E生化反应数值编码中，其20个测定项目得到的7位数是5，1，4，4，5，5，2。再加上若干补充指标，包括细胞形态、大小、运动性、产色素、溶血性，过氧化氢酶、芽孢有无和革兰染色反应，就可按规定对结果进行编码、查检索表，或输入计算机检索，最后获得该菌种的鉴定结果。

表 14-3　　大肠埃希氏菌的API-20E生化反应数值编码

1	2	3	4	5	6	7	8	9	10	11	12	13	14	15	16	17	18	19	20
半乳糖苷	精氨酸	赖氨酸	鸟氨酸	柠檬酸钠	硫代硫酸钠	脲素	色氨酸	色氨酸	丙酮酸钠	明胶	葡萄糖	甘露醇	肌醇	山梨醇	鼠李糖	蔗糖	蜜二糖	苦杏仁苷	阿拉伯糖
+	-	+	+	-	-	-	-	+	-	-	+	+	-	+	+	-	+	-	+
1	2	4	1	2	4	1	2	4	1	2	4	1	2	4	1	2	4	1	2
	5			1			4			4			5			5		2	

注：1—β-半乳糖苷酶试验　2—精氨酸双水解酶试验　3—赖氨酸脱羧酶试验　4—鸟氨酸脱羧酶试验　5—柠檬酸盐利用试验　6—H_2S试验　7—尿素分解试验　8—色氨酸脱氨酶试验　9—吲哚试验　10—VP试验　11—蛋白分解试验　12~20—糖发酵试验

优点：ⅰ. 快速：可在4~24h内鉴定分纯的常见肠道病原菌。ⅱ. 简便：只需一个菌落即可配成菌悬液加入到生化试剂条中。ⅲ. 鉴定结果准确：由API-LAB plus数值编码系统软件解释鉴定结果，使反应结果更加容易鉴定和可靠。ⅳ. 标准化和微量化：API生化鉴定试剂盒可作为其他鉴定系统的参考标准。

b. ATB细菌自动生化鉴定仪：ATB系统是由API细菌数值鉴定系统改良而成。

ATB系统由比浊器、读数仪、电脑及软件（包括API和ATB的鉴定数据库等）、打印机等组成（图14-5），并配有一次性生化试验反应板（生化鉴定试剂条）、移液器等。

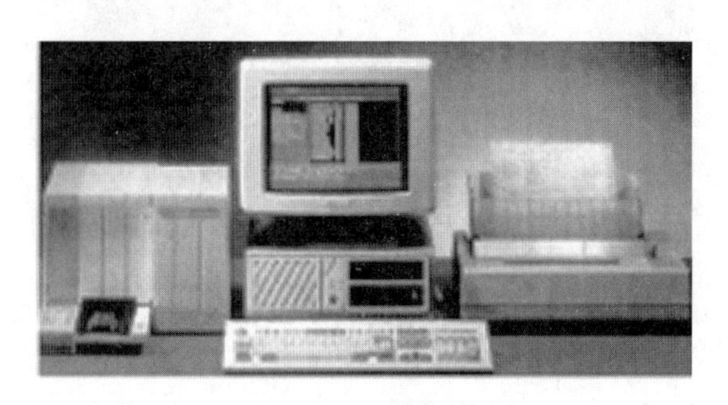

图14-5　ATB系统

检测原理：应用微生物快速生化反应技术与反应结果的自动检测查询技术，以及微生物数值编码鉴定技术，并以终点法判断反应结果。ATB系统还可分析手工API细菌数值鉴定系统的目测结果，输入数值编码，打印鉴定结果。

操作流程：

挑单个可疑菌落→5mL生理盐水→菌悬液→比浊器计菌数10^6~10^7个/mL→微量进样器加样→培养箱（额外配制）37℃培养4~24h→置于ATB读数仪中→自动阅读判断结果→自动打印报告

优点：ⅰ. 结果准确可靠；ATB系统拥有庞大的细菌资料库及能进行严格的质量控制，并利用32个生化试验项目使鉴定结果准确。ⅱ. 鉴定菌谱广；可鉴定包括空肠弯曲菌、单增李斯特氏菌、棒状杆菌、芽孢杆菌等600多种常见细菌，涵盖了厌氧菌、酵母菌、乳酸菌、苛性菌（奈瑟氏菌、嗜血杆菌）、常见G^+球菌和G^-杆菌。ⅲ. 快速：培养基的准备和结果判读的费时工序已成为自动化操作，减少了操作时间；在检测速度方面，最快可在4h得到结果。ⅳ. 操作简便：特殊设计了生化鉴定试剂条和加样器，使操作程序方便容易。

c. MicroStation自动快速微生物鉴定系统：美国Biolog公司生产的MicroStation系统，由浊度仪、读数仪、电脑及软件、打印机等组成（图14-6），并备有专用培养基，一次性96孔微生物培养板和8孔道移液器。该系统因独特的微生物鉴定方法（与API生化鉴定不同），现已获得美国FDA认可。

鉴定原理：Biolog鉴定系统中的关键部件是一块有96孔的Biolog微生物鉴定板。微生物利用不同碳源产生的酶类可以还原四唑类物质［如四唑紫（TV）］而发生颜色变化，其中酵母菌和细菌的显色物质是四唑紫，其氧化态为无色，还原态为紫色；霉菌的显色物质是碘硝基四唑紫（INT），其氧化态为无色，还原态为红色。将含有不同碳源、营养物质、生化试剂、胶质和四唑类物质制成干粉培养基，分别固定于96孔板上，即每一个孔代表一种生化反应，能够进行91种碳源生化反应和23种化学灵敏性测试。将菌悬液接种至鉴定板培养4~6h和/或16~24h后，使微生物充分利用碳源，形成稳定的碳源代谢指纹，软件自动将鉴定板的数据与数据库比对，即得出与数据库中最相似的菌种名称。

图14-6 MicroStation系统

鉴定步骤：

样品 → 分离、分纯培养 → 挑单个可疑菌落 → 纯种扩大培养（用Biolog专用培养基）→ 按要求配制一定浊度（细胞浓度）的菌悬液 → 将菌悬液接种至微孔鉴定板 → 37℃培养4~24h → 读数仪扫描鉴定板并读取鉴定结果 → 打印报告

特点：ⅰ. 自动化程度高，效率高。ⅱ. 快速。鉴定好氧细菌只需4~24h。ⅲ. 鉴定菌谱广。目前可鉴定包括细菌、酵母和霉菌在内的2000多种微生物，几乎涵盖了所有的人类、动物和植物病原菌，以及食品和环境微生物。ⅳ. 对菌株预分析简单，无需做细菌的革兰染色。ⅴ. 应用范围广，适用于食品微生物检验，动植物检疫，临床和兽医检验，药物生产，发酵产品质量控制，生物工程研究，以及土壤学、生态学、环境保护等许多方面。

③血清学鉴定方法　常用的血清学鉴定方法有凝集试验、沉淀试验、琼脂扩散试验和酶标抗体技术等。由于常规生化鉴定试验周期长、操作繁琐、试剂质量无法保证，严重影响了对病原菌的确认工作。利用抗原与抗体反应原理，用已知病原菌的抗血清检测未知目的病原菌，可以快速得到鉴定结果。

a. 琼脂扩散1-2实验：以检测肉制品中沙门氏菌为例。

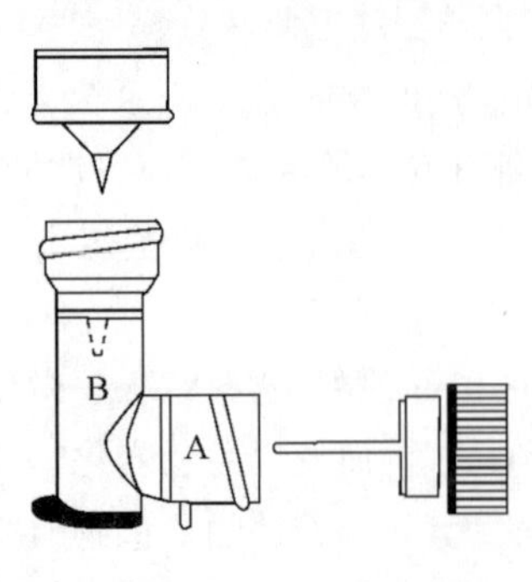

图14-7 1-2实验接种装置

原理：如图14-7所示，此实验是在由A和B两个特殊小室构成的L型透明塑料管内进行。A室装有液体选择性培养基（四硫磺酸钠煌绿增菌液），B室装有半固体非选择性培养基（肉汤培养基，琼脂0.4%）。在A、B室的两端塞有漏斗形状的塞子，并各以黑白盖封口。分别向A室（黑盖端）、B室（白盖端）加入样品稀释液和沙门氏菌A~F群多价O血清（抗血清以生理盐水稀释）进行保温培养。样品中的沙门氏菌先于A室选择性增菌培养，利用其运动性（90%~95%的沙门氏菌有周身鞭毛）进入B室的抗体区域，与相应的抗血清相遇产生V型或U型

的白色沉淀带，表明抗原与抗体发生反应。以沉淀带的有无，鉴定样品中是否含有沙门氏菌。该法已被 AOAC 认可，适用于食品厂同时检测 10~20 个样品。

操作流程：

称量 25g 样品 → 研磨 → 225mL 生理盐水 → 样品稀释液 → 加样 → 37℃培养 16~18h → 观察有无白色沉淀带

操作方法：ⅰ. 拧开黑盖，用镊子拔出塞子，先加入 1 滴碘液（活化沙门氏菌），再以无菌吸管加入 4~5 滴样品稀释液，轻轻摇动混合后，拧上黑盖；ⅱ. 拧开白盖，拔出塞子，用剪子剪去其尖端使之成漏孔后再塞好，向漏孔内加入几滴沙门氏菌 A~F 群多价 O 血清（勿摇动），而后拧上白盖。ⅲ. 将接种装置的白盖端（B 室）向上放置，置于 37℃培养 16~18h 后，观察出现沉淀带情况。

b. 酶标抗体窗口技术：以检测肉制品中沙门氏菌为例。样品中的沙门氏菌先经四硫磺酸钠煌绿增菌液于 37℃富集培养 20~24h 后，加热煮沸 15min 以杀死活菌（抗原仍存在），以毛吸管将样品菌液（10^6~10^7CFU/mL）加入 5 滴（120μL）于圆形窗口内（图 14-8），5~15min 后，观察出现紫红色沉淀带的情况。判定结果：ⅰ. 出现两条色带为阳性；ⅱ. 只出现第二条色带为阴性；ⅲ. 如不出现第二条色带说明试验用品已过期。

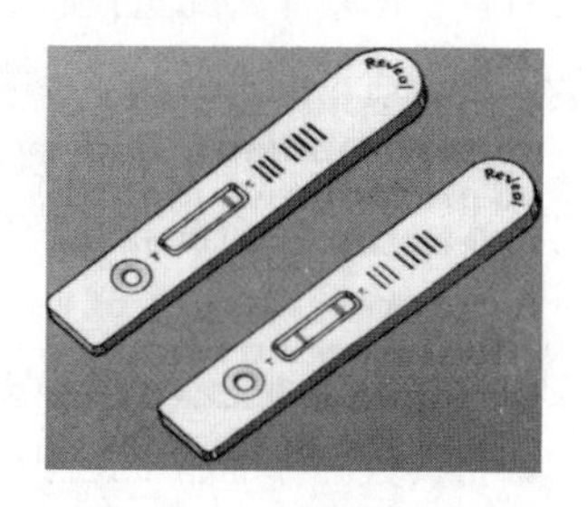

图 14-8　酶标抗体试验卡

3. 基因检测法

基因检测法的原理是针对细菌基因组上高特异性、高保守性基因序列，设计扩增引物并进行基因扩增，对扩增产物进行序列分析，通过对比基因序列或特异性扩增曲线对细菌进行分类和鉴定。主要有聚合酶链式反应（Polymeras Chain Reaction，PCR）技术、实时荧光定量 PCR 技术、核酸等温扩增技术和基因芯片技术等。下面重点介绍前三种基因检测技术。

（1）细菌 16S rDNA 的 PCR 鉴定　rRNA（核糖体 RNA）为一类单链 RNA，约占 RNA 总量的 80%，相对分子质量较大，其中包含不等量的 A、U、C 与 G。rRNA 单链按照碱基互补原则依靠氢键形成发夹式二级结构，此种结构既具有保守性又具有高变异性，是生物进化的计时器。原核生物有三种 rRNA，依照它们的沉降系数可分为 5S rRNA、16S rRNA 和 23S rRNA。其中 16S rRNA 的编码基因是长度为 1542 个核苷酸的 16S rDNA。

鉴定原理：在 16S rDNA 分子中既有高变序列区（V 区，物种之间有差异）也有保守序列区（物种之间高度相似），且呈交替排列。如图 14-9 所示，16S rDNA 序列包含有 9 个高变序列区（V1~V9），其中 V4~V5 区特异性高，数据库信息全，是细菌多样性分析注释的

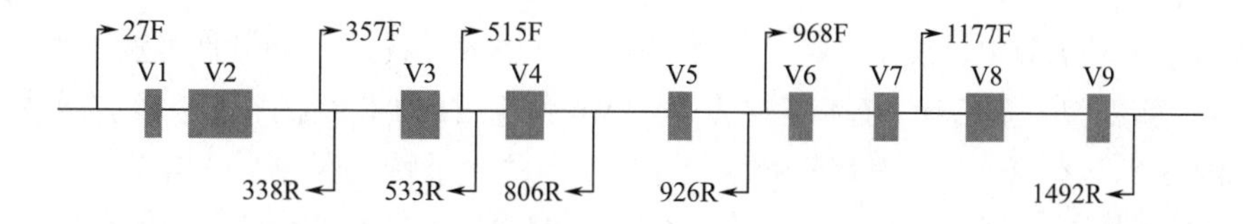

图 14-9　细菌 16S rDNA 基因序列组成及引物选择

最佳选择。由于16S rDNA的保守序列区反映了生物物种之间的亲缘关系，而可变序列区则能体现物种之间的差异，故16S rDNA最常作为细菌分类鉴定的分子钟。

鉴定步骤：

待鉴定菌株纯种培养液→4℃离心→菌泥（弃上清液）→破细胞壁（G^+菌用溶菌酶）→以细菌基因组DNA快速抽提试剂盒提取基因组DNA→细菌总DNA→用细菌16S rDNA通用特异性引物进行PCR扩增→16S rDNA的PCR产物DNA测序→在NCBI数据库中进行BLAST同源性序列比对分析→与已知标准菌株序列比对相似性（同一性）为大于99%→鉴定未知菌株即为已知标准菌株的种

其中通常选用27F和1492R特异性引物扩增细菌16S rDNA序列，PCR扩增产物大小约为1465个核苷酸。

特点：①检测时间短，通常在6~8h内完成检测。②适用范围广，所有细菌均可采用该方法。③高通量，可以同时检测多种细菌。传统微生物检测方法不具备以上优点。

（2）实时荧光定量PCR技术　该技术由美国Applied Biosystems公司于1996年建立。

基本原理：在PCR指数扩增期间通过连续监测荧光信号出现的先后顺序及信号强弱的变化，即时分析目的基因的拷贝数目，再通过与加入已知量的标准样品比对，实现对未知样品的实时定量的检测技术。即根据Ct值（循环阈值）计算待测微生物的起始拷贝数，利用已知起始拷贝数的标准品可绘制标准曲线，其中横坐标代表起始拷贝数的对数，纵坐标代表Ct值。因此，只要获得未知样品的Ct值，即可从标准曲线上计算出该样品的起始拷贝数。该技术主要包括SYBRGreen Ⅰ法和TaqMan探针法。

①SYBRGreen Ⅰ法：在实时荧光定量PCR反应体系中，加入过量SYBR荧光染料，SYBR荧光染料特异性地掺入PCR扩增的DNA双链后，发射荧光信号。而不掺入链中的SYBR染料分子不会发射任何荧光信号，从而保证荧光信号的增加与PCR产物的增加完全同步。

②TaqMan探针法：在实时荧光定量PCR反应体系中，除了一对PCR引物之外，加入一条与扩增产物完全碱基互补的短单链DNA探针，同时探针标记有报告基团和淬灭基团。当未发生PCR扩增时探针完整，报告基团发射的荧光信号被淬灭基团吸收，反应体系中无荧光信号；当有PCR扩增时，探针与PCR产物结合，在Taq DNA聚合酶的5′→3′外切酶活性作用下将探针酶切降解，使报告荧光基团与淬灭荧光基团分离，从而荧光监测系统可接收到荧光信号，即每扩增一条DNA链，就有一个荧光分子形成，实现了荧光信号的累积与PCR产物的形成完全同步。

③特点：a. 检测灵敏度高，通常比普通PCR检测方法高100倍。b. 同时实现对病原菌的定性和定量检测，而普通PCR检测方法只能实现定性检测。c. 检测结果实时可视化，而普通PCR检测方法只能依靠终点结果检测。

（3）核酸等温扩增技术　该技术是在恒温下实现DNA分子的扩增检测。目前常用的有环介导等温扩增（LAMP）技术、链替代等温扩增（SDA）技术、单引物等温扩增（SPIA）技术、滚环等温扩增（RCA）技术等，其中LAMP为应用最为广泛的新型基因扩增技术。

LAMP技术基本原理：针对待测微生物保守基因的六个特定区域，分别设计两对特异引物（一对外引物和一对内引物），并采用具有链置换活性的DNA聚合酶在60~65℃恒温条件下实现DNA快速扩增。LAMP技术能在恒温条件下于15~60min内将目的DNA从几个拷贝扩

增到 10^9 个拷贝。该技术扩增和检测目的基因片断一般为 200~300bp，反应结果可直接通过离心沉淀扩增的副产物焦磷酸镁来观察，或利用浊度仪检测混浊度，还可通过添加荧光染料 SYBR Green I、钙黄绿素等进行染色观察。

LAMP 技术特点：①恒定温度，无需高温促使 DNA 双链解链变性。②高特异性，针对靶基因的六个区段，设计四条引物，经内外引物的不断扩增，形成独特的茎环结构。③特异性高。④快速、高效扩增，LAMP 扩增在 1h 内完成。若加入环引物，扩增效率更高。⑤灵敏度高，对用于扩增的模板在低拷贝数情况下亦可进行反应。⑥设备简单，LAMP 反应只需一个恒温水浴锅，不需昂贵的核酸扩增仪，易于基层实验室推广应用。目前 LAMP 技术已广泛应用于多种病原菌（如单增李斯特氏菌、沙门氏菌、副溶血性弧菌等）的检测。

二、真菌性毒素的检测技术

本节仅简要介绍黄曲霉毒素的检测技术。

1. 黄曲霉毒素的常规检测方法

在我国 GB 5009.22—2016《食品安全国家标准　食品中黄曲霉毒素 B 族和 G 族的测定》中常规的黄曲霉毒素（AF）检测方法包括：同位素稀释液相色谱-串联质谱法、高效液相色谱法（HPLC）-柱前衍生法、高效液相色谱法（HPLC）-柱后衍生法、酶联免疫吸附筛查法（ELISA）和薄层色谱法（TLC）等。液相色谱-串联质谱法和 HPLC 虽然灵敏度高，但样品处理繁琐，操作复杂，仪器昂贵，不适用于现场快速检测；ELISA 重复性差、试剂寿命短，需要低温保存；TLC 虽然分析成本较低，但操作步骤多，灵敏度差。此外，这些方法还存在以下缺点：①检测时需要剧毒的 AF 作为标准物，有毒害操作人员的潜在危险；②在对样品进行预处理时，需要使用多种有毒、异味的有机溶剂，不仅毒害操作人员，而且污染环境；③操作过程繁琐、时间长、劳动强度大；④仪器设备复杂，难以实现现场快速分析。因此，开发 AF 快检技术势在必行。

2. 黄曲霉毒素的快速检测技术

目前我国不断开发出一些快速、准确、高灵敏度及具有一定特异性的新型检测技术，如胶体金免疫层析法、荧光免疫层析法、表面增强拉曼光谱（SERS）生物传感器、表面等离子体共振（SPR）生物传感器、电化学生物传感器、荧光生物传感器和微流控传感器等具有检测灵敏度高、分析速度快、成本低和操作简便的优势，已广泛应用于食品中黄曲霉毒素的检测。下面重点介绍采用胶体金免疫层析试纸条快速检测黄曲霉毒素 B_1 的方法。

黄曲霉毒素 B_1 胶体金免疫层析试纸条应用了竞争性抑制免疫层析原理，如图 14-10 所

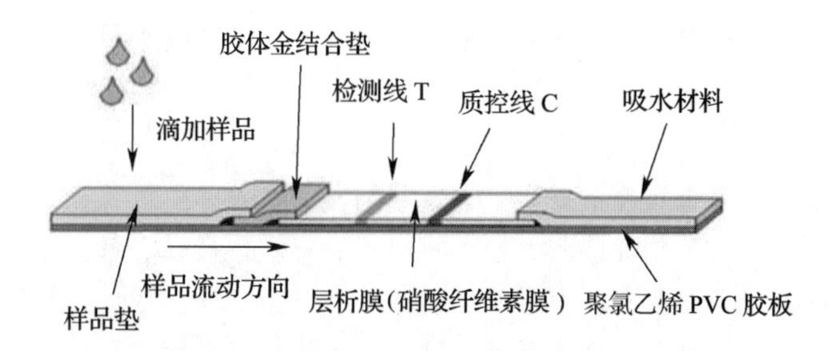

图 14-10　免疫胶体金试纸条结构示意图

示，用胶体金标记特异性单克隆抗体并固化于NC硝酸纤维素膜上，样品中的AFB_1在泳动过程中与特异性抗体结合，从而抑制了固化于免疫层析膜T检测线上的AFB_1-牛血清白蛋白（BSA）偶联物与抗体的结合。如果样品中AFB_1含量大于5ng/mL，则固化AFB_1抗原的检测线T不显色，结果为阳性；反之，检测线T显红色，结果为阴性。本法适用于现场定性或半定量快速筛查饲料、粮食和食品中的AFB_1。

重点与难点

（1）细菌性食物中毒发生的原因；（2）沙门氏菌的抗原构造与血清学分型；（3）致泻*E. coli*、副溶血性弧菌、蜡样芽孢杆菌、单增李斯特氏菌、唐菖蒲伯克霍尔德氏菌、克罗诺杆菌属的食物中毒原因和预防措施；（4）金黄色葡萄球菌肠毒素和肉毒梭菌神经毒素的性质、食物中毒原因和预防措施；（5）霉菌产生毒素的条件；（6）黄曲霉毒素的结构、理化性质、毒性和致癌性、去除食品中的黄曲霉毒素方法；（7）脱氧雪腐镰刀菌烯醇、T-2毒素、玉米赤霉烯酮、桔青霉素、展青霉素、赭曲霉素的理化性质、毒性和致癌性；（8）细菌16S rDNA的PCR鉴定原理与步骤。

课程思政点

作为食品从业人员，应秉承“民以食为天，食以安为先”的理念，为保护人民饮食安全，恪守职业道德，努力掌握专业技能。通过分析细菌性和真菌性食物中毒的原因，明确中毒的食品及污染途径。在食品原料、加工生产、贮运至入口过程中，一要防止食品原料和成品被病原菌污染；二要控制病原性细菌的生长和产毒，通常降低食品A_w和低温贮藏（单增李斯特氏菌和小肠结肠炎耶尔森氏菌低温下仍生长）；三要食前彻底加热杀菌（耐热的毒素除外）。若要控制霉菌生长和产毒，在上述措施基础上，应同时降低环境相对湿度和氧气浓度。此外，加入防腐剂抑制细菌和霉菌的生长和中毒也是避免食物中毒的有效方法。

复习思考题

1. 发生细菌性食物中毒的原因是什么？
2. 简述沙门氏菌的抗原构造与血清分型、食物中毒原因、症状、污染途径。如何预防？
3. 简述致泻*E. coli*食物中毒原因、中毒机制、症状、污染途径。如何预防？
4. 简述金黄色葡萄球菌肠毒素的性质，中毒原因、症状。如何预防？
5. 简述肉毒梭菌神经毒素的性质，中毒原因、症状。如何预防？
6. 简述副溶血性弧菌食物中毒原因、症状、污染途径。如何预防？
7. 简述唐菖蒲伯克霍尔德氏菌食物中毒原因、中毒机制、污染途径。如何预防？
8. 简述单增李斯特氏菌食物中毒原因、症状、污染途径。如何预防？
9. 简述蜡样芽孢杆菌食物中毒原因、症状、污染途径。如何预防？
10. 简述克罗诺杆菌属（阪崎肠杆菌）食物中毒原因、污染途径。如何预防？

11. 为什么霉菌产生真菌毒素是有条件的？

12. 简述黄曲霉毒素的结构、理化性质、毒性和致癌性，如何预防？

13. 哪些霉菌能产生黄曲霉毒素？如何去除食品中的黄曲霉毒素？

14. 列表比较脱氧雪腐镰刀菌烯醇、T-2毒素、玉米赤霉烯酮、桔青霉素、展青霉素、赭曲霉素的理化性质、毒性、致癌性、症状，容易产毒的食品（基质）。

15. 黄变米毒素有几种？它们的毒性及其中毒症状是什么？

16. 如何防止食品从原料、加工生产到入口过程中的微生物性食物中毒的发生？

17. 如何建立病原菌的快速检验方案？

18. 简述利用酶联荧光免疫技术（ELFA）快速筛检病原菌的原理。

19. 简述利用API细菌数值鉴定系统快速鉴定病原菌的原理。

20. 简述细菌16S rDNA的PCR鉴定原理。

21. 采用基因检测技术如何快速鉴定细菌？

22. 简述实时荧光定量PCR技术与环介导等温扩增（LAMP）技术的基本原理。

23. 名词解释：食源性疾病、食物中毒、有毒食物、感染型食物中毒与毒素型食物中毒、细菌性食物中毒与真菌性食物中毒、真菌毒素、黄变米中毒。

第十五章

CHAPTER 15

食品传播的病原微生物

第一节　人畜共患传染病的病原菌

食品企业卫生管理差，特别是对原料的卫生检验检疫不严格时，销售和食用了严重污染病原菌的畜禽肉，或由于加工、贮藏、运输等卫生条件差，致使食品再次污染病原菌，可能造成人畜共患病的大流行。畜禽患疾病种类很多，现已发现有百余种。有些畜禽的疾病可通过不同传播途径传染给人，这类疾病称人畜共患传染病。其传染性病原菌有：结核分枝杆菌、布鲁氏杆菌、炭疽芽孢杆菌、红斑丹毒丝菌、钩端螺旋体、链球菌、口蹄疫病毒等。本节将重点介绍通过畜产品及其加工的动物性食品传染给人的重要病原性细菌。

一、结核分枝杆菌

(1) 生物学特性　结核分枝杆菌属于分枝杆菌属（*Mycobacterium*），是一种慢性引起人畜共患结核病（以肺结核为最多见）的病原菌。

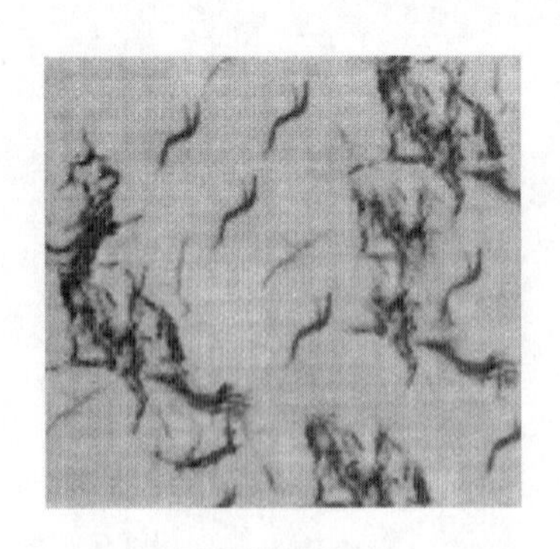

图 15-1　结核分枝杆菌（×1000）

①形态特征：由于菌株和环境条件的不同，该菌在人工培养基上形态各异。有的近似球形、棒状；有的菌体细长呈丝状或微弯曲，末端有不同的 V、Y、人字形的分枝（图 15-1），有的两端钝圆。为无鞭毛、无芽孢及无荚膜的 G^+ 专性好氧菌。其染色特点：因该菌细胞壁肽聚糖的外层含有大量分枝菌酸（一类含 60~90 个碳原子的分支长链 β-羟基脂肪酸）等蜡质，导致染料难以透入而使革兰染色不易着色。分枝菌酸与石炭酸复红染料经加热结合后，就很难被酸性脱色剂脱色，用亚甲蓝染料在不加热情况下难以着色，故名抗酸染色。本菌抗酸染色阳性（呈红色），而非抗酸性细菌呈蓝色。据此原理，用抗酸染色法加以鉴别。

染色流程：

涂片 → 固定 → 干燥 → 石炭酸复红加热 3~5min → 水洗 → 30g/L 盐酸酒精脱色

0.5~1min → 水洗 → 碱性亚甲蓝复染 1min → 水洗 → 滤纸吸干水分 → 油镜观察

②菌落特征：表面粗糙、干燥颗粒状、形似菜花，乳白或米黄色、不透明、高隆起。

③生化特征：触酶阴性，不发酵糖类，尿素酶、中性红试验为阳性。

④生理特征：对营养要求极高，必须在含有血清、鸡蛋、甘油、马铃薯及某些无机盐的特殊培养基上生长良好。最适生长温度 37.0~37.5℃，最适生长 pH 6.5~6.8，生长缓慢，繁殖一代需 16~24h，于固体培养基上数周才能长成微小菌落，这与其细胞壁外有一层厚实蜡质使营养物质难以透入细胞有关。

⑤抵抗能力：本菌细胞壁因含有 60%的类脂（包括分枝菌酸等），抵抗力较强。耐干燥，在干燥的痰内生存 6~8 个月，土壤中存活 1 年。耐低温，-190℃仍保持活力。对一般消毒药不敏感，如 20g/L 来苏儿、50g/L 石炭酸需经 12~14h 才杀死，3g/L 新洁尔灭 5min 不被杀死，但 70%（体积分数）酒精 15~30s 即刻杀死。耐酸碱，30g/L HCl 或 40g/L NaOH 处理 15~30min 不被杀死。不耐巴氏杀菌，60℃经 30min 失活，煮沸 1~4min 死亡。对紫外线敏感，直射阳光 2h 可杀死纯培养物，可用于消毒结核患者的衣物等。30W 紫外灯，距离 1m、照射 20min 能净化空气和杀死物体表面的结核分枝杆菌。

（2）传播途径　约有 50 种哺乳动物和近 25 种禽类为该菌的易感动物。人类对该菌最易感染，发病率为 90%。①呼吸道感染：病菌随痰、粪尿及其他排出体外的分泌物→呼吸道→感染人。②消化道感染：带病菌动物性食品（如患结核病乳牛的乳汁）和饮水→入口→消化道→感染人。要阻断这一传播途径，必须搞好乳牛结核病防疫工作，定期检查牛体疫病。此外，乳品企业对生乳巴氏杀菌要彻底，以保证市售消毒乳的安全质量。

（3）防治措施　在该病免疫防治方面，我国对初生儿或幼儿推广接种卡介苗，免疫期 4~5 年，使结核病的发生率和死亡率显著降低。

二、布鲁氏杆菌

（1）生物学特性　布鲁氏杆菌隶属于布鲁氏菌属（*Brucella*），是一种慢性引起人畜共患布鲁氏病（简称布氏病，又称波浪热）的病原菌。

①形态特征：本菌在动物材料和初代分离时形态为球杆状（图 15-2），两端钝圆，次代培养猪与牛布鲁氏杆菌变成短杆状，多单生或成对，短链排列。为无鞭毛、无芽孢及有荚膜的 G^-专性好氧菌。革兰染色着色不佳，应延长着色时间至 3min。

②菌落特征：于血琼脂平板上形成微小、无色、透明、圆形、隆起、有光泽、不溶血的光滑湿润的菌落。

③生化特征：触酶阳性，氧化酶阳性（羊和木鼠布鲁氏菌除外），分解葡萄糖（羊布鲁氏菌除外），分解阿拉伯糖（山羊和狗布鲁氏菌除外）。

④生理特征：对营养要求较高，需在含有血液、血清、肝汤、马铃薯浸汁和葡萄糖的培养基上生长良好。初代分离时需有 5%~10%（体积分数）CO_2 才能生长，初代培养时生长缓慢，一般需 7~14d 才可见

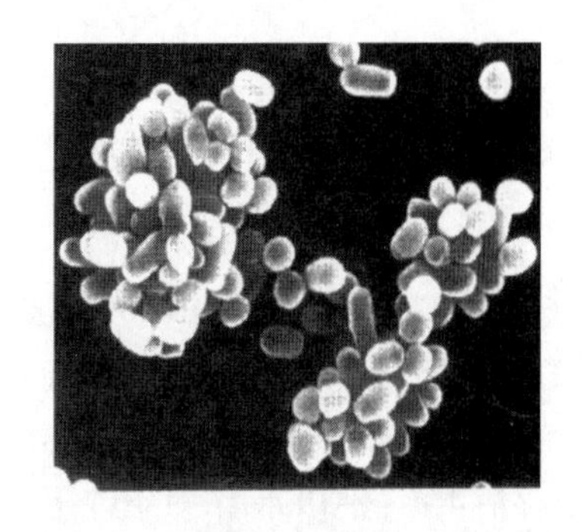

图 15-2　布鲁氏菌电镜图（×29650）

菌落。最适生长温度35~37℃，最适pH 7.2~7.4。

⑤抵抗能力：对外界因素抵抗力较强。土壤和水中存活1~4个月，粪尿中存活一个半月。耐干燥，羊毛上存活80~120d。耐低温，在冷藏乳与乳制品中存活30~60d。不耐巴氏杀菌，60℃，30min失活，煮沸立即死亡。对一般消毒药较敏感。

（2）传播途径　布鲁氏杆菌无外毒素，内毒素位于细胞壁的脂多糖，其中山羊布鲁氏杆菌（*B. melitensis*，又称马耳他布鲁氏杆菌）的内毒素毒力最强，猪布鲁氏杆菌（*B. suis*）次之，牛布鲁氏杆菌（*B. abortus*，又称流产布鲁氏杆菌）毒力最弱。人对山羊布鲁氏杆菌最敏感。①接触性感染：病畜或流产材料→接触完整皮肤或正常黏膜→感染人。②消化道感染：处理不当带菌病畜的肉、内脏或未经消毒的被病原菌污染的饮水或巴氏杀菌不彻底的含病菌的乳汁→入口→消化道→感染人。临床症状表现为波浪热（体温间断升高和下降），受累器官包括肝、脾、骨髓和全身肌肉关节疼痛，无力，严重者降低或丧失劳动能力。慢性病程可持续数年，反复发作。对家畜主要表现流产。

（3）防治措施　由于该病传染途径主要为非人间传播，患病的家畜是主要传染源，故预防人的感染，依赖于对家畜布氏病的防治和消灭。在对畜群定期彻底检查、清除病畜的基础上，每年定期接种疫苗，以控制该病发生与流行，切断对人的传染源。

三、炭疽芽孢杆菌

（1）生物学特性　炭疽芽孢杆菌（*B. anthracis*）属于芽孢杆菌属（*Bacillus*），是引起人畜共患烈性炭疽传染病的病原菌。

①形态特征：细胞呈直的大杆状，为无鞭毛、有芽孢及有荚膜的G^+专性好氧菌。在动物体内菌体形成荚膜，无芽孢，常单生或短链排列。在体外培养基上菌体形成芽孢，无荚膜，常呈竹节状长链排列，菌体两端平截（图15-3）。

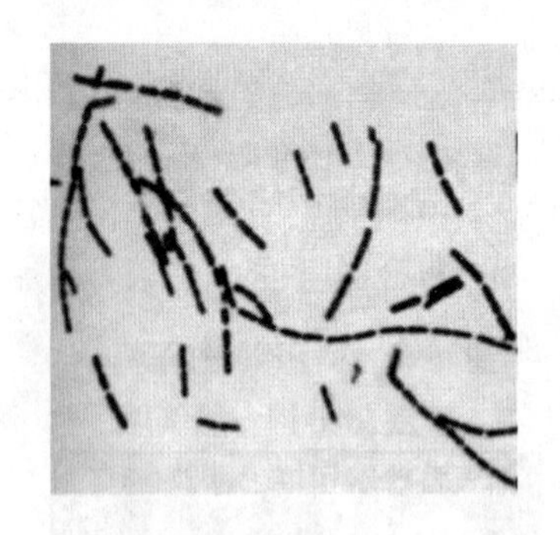

图15-3　炭疽芽孢杆菌（×1000）

②菌落特征：于普通营养平板上形成灰白色、不透明、扁平、干燥而无光泽、边缘不整齐的火焰状菌落。用低倍镜观察，菌落呈卷发状。

③生化特征：触酶阳性，分解葡萄糖、麦芽糖、蔗糖、海藻糖。“串珠试验”为本菌特有反应。即于固体或液体培养基中每毫升加入0.05~0.50单位青霉素G，菌体受低浓度青霉素作用，可肿大形成圆珠状，称此为“串珠反应”。

④生理特征：对营养要求不高，最适生长温度37℃，最适pH为7.2~7.6。

⑤抵抗能力：该菌繁殖体的抵抗力较弱，60℃经30~60min，或75℃经5~15min即被杀死，一般浓度的消毒药短时间内即死亡。但其芽孢对干燥和高热抵抗力较强。抗干燥，土壤或皮毛中芽孢存活性与传染性持续数10年。抗热性强，140℃干热灭菌3h，0.1MPa蒸汽灭菌5~10min才可杀死芽孢。耐低温，-10~-5℃冰冻状态存活4年，-190℃液氧条件下，芽孢仍有活力。对各种消毒药抵抗力不同，3%（体积分数）H_2O_2 1h，5g/L过氧乙酸10min，40g/L高锰酸钾15min，0.5g/L升汞40min均可杀死芽孢；环氧乙烷对炭疽芽孢有很好杀灭作用，可作为疑似污染炭疽芽孢的兽皮与毛皮及其制

品的消毒剂。对青霉素、链霉素、卡那霉素、红霉素、氯霉素、磺胺类等均敏感。

（2）传播途径　人感染本病一般表现为局限型，分为皮肤炭疽、肺炭疽和肠炭疽。①皮肤炭疽：病畜或死畜→接触完整皮肤和外表黏膜接触→感染屠宰工人。②肺炭疽：病畜的皮张、鬃毛→吸入含炭疽芽孢的尘埃→皮革加工人员。③急性肠炭疽：处理不当带炭疽芽孢的病死畜肉或其加工制品→入口→消化道→感染人，临床症状表现为剧烈腹痛、呕吐、脓血样便，患者一旦形成败血症很易死亡。此三型炭疽均可并发败血症和炭疽性脑膜炎，如治疗不及时很快死亡。草食动物，如绵羊、牛和马最易感染，导致急性和亚急性败血症，故牛羊肉上市要经兽医严格检疫。人对炭疽的易感性仅次于牛、羊。炭疽杆菌的致病因素主要是荚膜与毒素。荚膜由D-谷氨酸多肽组成，能抑制抗体和抵抗吞噬细胞的吞噬作用，促进该菌入侵后扩散繁殖。其毒素可增加微血管的通透性，改变血液正常循环，损害肝脏功能，干扰糖代谢，最后导致动物死亡。

（3）防治措施　预防人类炭疽首先应防止家畜炭疽的发生。目前我国对各种家畜接种炭疽芽孢疫苗，获得免疫防治。在发生炭疽的疫区，可用抗炭疽免疫血清治疗或紧急预防注射。对患该病的畜尸应彻底焚烧深埋，严格消毒污染场地，严禁尸体剖检诊断，与病畜或畜肉接触过的工作人员，必须受到卫生的护理。

四、红斑丹毒丝菌

（1）生物学特性　红斑丹毒丝菌（*E. rhusiopathiae*）又称猪丹毒丝菌，是丹毒丝菌属（*Erysipelothrix*）中的代表种。它是一种引起人畜共患急性红斑丹毒病的病原菌。

①形态特征：细胞呈杆状，菌体长短不一，有时呈长丝状（图15-4），单生，有时呈短链或V字形排列。为无芽孢、无鞭毛及无荚膜的G^+兼性厌氧或微需氧菌。

②菌落特征：于血琼脂平板上形成两种菌落：光滑型菌落细小，呈圆形、灰白色、半透明、凸起、有光泽；粗糙型菌落较大，表面呈颗粒状，菌落周围有绿色溶血环（α-型溶血）。在亚碲酸钾血琼脂平板上出现黑色菌落。

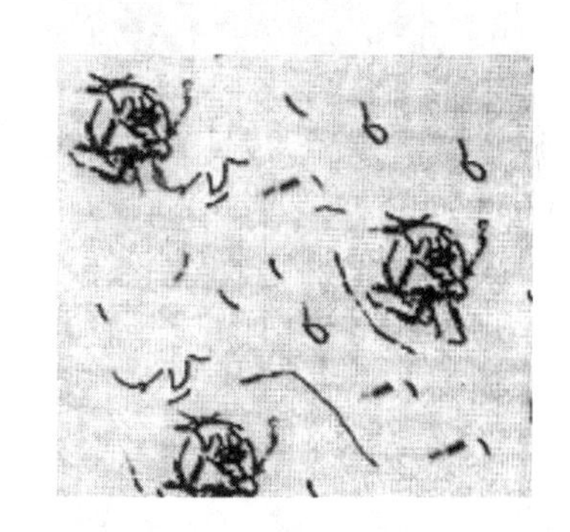

图15-4　红斑丹毒丝菌（×1000）

③生化特征：触酶阴性，发酵葡萄糖、乳糖、阿拉伯糖产酸不产气；三糖铁试验（TSI）中产H_2S是该菌主要特点。

④生理特征：对营养要求严格，于普通培养基上生长较弱，最适生长温度35～37℃，最适生长pH 7.2~7.4。

⑤抵抗能力：该菌密封于液体菌种管内活力可达35年，腐尸一个月，河水100d，土壤250d。熏肉中存活3个月，腌肉中存活170d。干燥条件下经3个月死亡。对一般消毒药敏感，20～30g/L NaOH溶液、200g/L生石灰水均能将其快速杀死。

（2）传播途径　本菌主要使猪发病，羊、牛和家禽也偶有传染。临床症状表现为败血症（急性）、皮肤疹块（亚急性）、疣性心内膜炎与多发性关节炎（慢性）。本菌亦传染人发病。接触性感染：病鱼（海鱼常是此种菌的携带者）、病畜或其皮革→接触破损皮肤→感染屠宰工人、鱼肉加工人员、兽医、渔民，最常见的症状是患类丹毒，引起皮肤红肿有水泡，局部淋巴肿大，有时伴有关节炎。也有发生急性败血症而死亡。

（3）防治措施　由于人的类丹毒是接触动物或其产品经皮肤损伤而引起，故在处理病猪及其产品、废物、加工野味及鱼类时，必须注意防护和消毒。未经消毒处理的病猪肉要红焖食用。我国用猪丹毒弱毒活菌苗和甲醛菌苗大规模免疫预防接种，收到良好效果。此外还有抗猪丹毒免疫血清，用于紧急预防和治疗。

五、钩端螺旋体

（1）生物学特性　螺旋体（Spirochetes）是一群菌体细长而柔软、弯曲呈螺旋状、运动活泼的单细胞原核微生物。钩端螺旋体隶属于钩端螺旋体属（*Leptospira*），它是引起人畜共患钩端螺旋体病的病原体，简称钩体。钩端螺旋体属有 2 个种，即问号形钩端螺旋体（*L. interrogans*）和双曲钩端螺旋体（*L. biflexa*），前者可引起人或动物钩端螺旋体病，后者是腐生性钩端螺旋体。

①形态特征：菌体细长如丝，螺旋细密、规则，无鞭毛，运动活泼（借体内轴丝收缩而运动），沿长轴旋转或扭转伸屈。菌体一端或两端弯曲呈钩状，常呈 C 形、S 形，为 G^-好氧菌。钩体不易被碱性染料着色，常用镀银染色法染色，菌体呈棕褐色。于暗视野显微镜下可见钩体像一串发亮的微细珠链（图 15-5）。

②菌落特征：在半固体培养基上，经 28℃ 培养 1~3 周，可形成扁平、透明、圆形、直径小于 2mm 的菌落。

图 15-5　钩端螺旋体（暗视野）

③生化特征：触酶和氧化酶试验阳性，脂肪酶阳性。

④生理特征：对营养要求较高，但易人工培养。在含有 100g/L 兔血清的柯氏（Korthof）培养基中培养 1~2 周，可见培养液呈半透明，如云雾状混浊。适宜 28~30℃ 生长，最适 pH 7.2~7.5。

⑤抵抗能力：对理化因素抵抗力较强。耐低温，于-70℃速冻培养物，保持毒力 1 年以上。在湿土或水中存活数周至数月。病畜肉经盐渍（50g/L NaCl）需 10d 以上才可杀死。对热、干燥、日光直射抵抗力较弱，60℃，1min 即被杀死。对常用消毒剂如 5g/L 来苏儿、0.5g/L 升汞、10g/L 苯酚等敏感，处理 10~30min 可被杀死。对青霉素、金霉素等较敏感。

（2）传播途径　鼠类是钩端螺旋体的最主要寄主，且大多呈健康带菌。家畜、家禽均可感染，并长期健康带菌。由于猪饲养量较大，且病原体感染率为 25%~80%或以上，故成为最危险的传染源。①消化道感染：鼠类尿液→污染食品（包括动物性食品）→入口→消化道→感染人。②接触性感染：病家畜（如猪）、家禽尿液或肢解畜体和剖检病畜或污染水源→接触皮肤→感染屠宰加工人员、饲养员。人患钩体病后，钩体在血内繁殖达一定数量时，进入败血症期，病人有头痛、全身无力、肌肉酸痛，体温达 39~40℃，腹股沟淋巴结肿痛，发病 4~10d 后进入损害期，以心、肝、肾、肺、胃肠等损害多见，引起肾功能不全、肺和胃肠出血和脑膜炎，有不同程度的蛋白尿液及黄疸症状。

（3）防治措施　痊愈后可获长期高度免疫。疫苗注射有良好预防效果。此外还有抗钩体免疫血清，用于紧急预防和治疗。

第二节　消化道传染病的病原菌

食品中的某些致病菌，如沙门氏菌属和志贺氏菌属中的一些菌除了引起食物中毒外，另有伤寒和副伤寒沙门氏菌、痢疾志贺氏菌等还可通过消化道引起传染病。消化道传染病是人摄入被致病菌污染的食品，经口侵入消化道内所引起的疾病。该种传染病的病原菌具有较强的致病力，仅少量即可引起疾病的发生，并且人与人之间能直接传染；而食物中毒虽然也是由致病菌侵入消化道引起，但所需致病菌数量较大，而且人与人之间不直接传染。下面介绍几种常见的引起消化道传染病的致病性细菌。

一、伤寒和副伤寒沙门氏菌

沙门氏菌属（*Salmonella*）中的致病菌除引起食物中毒外，另有伤寒沙门氏菌（*S. typhi*）和甲、乙、丙型副伤寒沙门氏菌（*S. paratyphi*）还可引起伤寒和副伤寒病。

（1）生物学特性　详见第十章第一节。

（2）传播途径　伤寒和副伤寒沙门氏菌主要通过粪便→食品→入口途径传播，传染源多为病人和无症状带菌者。病人的粪、尿中可排出大量病原菌，1g粪便含病原菌数亿个。带菌者有恢复期带菌和健康带菌两种，伤寒病的患者在恢复期持续排菌达3个月以上，康复后长期带菌可达数年甚至更长时间。带菌者因流动频繁而引起伤寒病的扩散流行。被粪便污染的用具和水以及苍蝇，再污染食品继续繁殖，可造成细菌大量积聚。带菌的食品从业人员接触消毒后的食品亦成为病原菌重要传播者。临床症状：伤寒发病迟缓，潜伏期为3~10d，长达35d，表现出头痛、持续高热、食欲不振、腹胀、腹泻等症状。自然病程平均为4周，经治疗病程可缩短。副伤寒症状与伤寒相似，但症状较轻，病程也短。

（3）防治措施　加强饮食、饮水卫生和粪便管理，断绝病原菌的传播途径。病人和带菌者按肠道传染病隔离，直至停药后一周，每周作粪便培养，连续两次阴性为止。早期发现病人应及时治疗，对疾病流行地区可通过注射伤寒三联疫苗预防。伤寒病后有牢固的免疫，很少再感染，伤寒的恢复主要靠细胞免疫。

二、痢疾志贺氏菌

志贺氏菌属（*Shigella*）中的一些致病菌除引起食物中毒外，另有痢疾志贺氏菌（*S. dysenteriae*）是导致典型细菌性痢疾的病原菌。

（1）生物学特性　详见第十章第一节。

（2）传播途径　痢疾志贺氏菌通过被粪便污染的苍蝇、用具和水，再污染食品，经口侵入消化道是其主要传播途径。传染源为病人和无症状带菌者的粪便。人感染该菌后潜伏期1~2d，长达7d，出现畏寒、发热、腹痛、腹泻、黏液浓血便等症状。该菌经口入胃后，不被胃酸杀灭而进入小肠上部黏膜繁殖，毒液经血液由结肠排出，并损害结肠黏膜。该菌具有内毒素并产生神经外毒素。病人吸收大量毒素引起全身中毒症状。

（3）防治措施　避免患细菌性痢疾的病人或带菌者从事接触食品的工作，消灭苍蝇，做好餐具消毒和卫生工作。特异性预防主要采用口服减毒活菌苗，但免疫力弱，维持时间短。

三、霍乱和副霍乱弧菌

弧菌属（*Vibrio*）有近 40 个种，其中霍乱弧菌（*V. cholerae*）、副霍乱弧菌（*V. cholerae biotypeeltor*）、副溶血性弧菌（*V. parahaemolyticus*）等 12 个种与人类感染有关。霍乱弧菌根据菌体抗原（O 抗原）又可分为 155 个血清群，其中 O1 和 O139 血清群是霍乱的病原菌。

（1）生物学特性　详见第十章第一节。

（2）传播途径　病原菌通过水、苍蝇、食品等传播，传染源主要是病人和带菌者，尤其水体被污染后造成爆发性大流行。发病突然，潜伏期 2~3d，最短为数小时，表现为剧烈无痛性呕吐和腹泻，粪便为米泔状。霍乱肠毒素为强烈的致泻毒素，作用于肠壁促使肠黏膜细胞极度分泌从而使水和盐过量排出，导致严重脱水虚脱，进而引起代谢性酸中毒和急性肾功能衰竭，同时因水和电解质的平衡紊乱引起肌肉疼痛痉挛，重症者休克、死亡。

（3）防治措施　做好海关入口的检疫工作，严防本菌传入境内；加强饮水、粪便管理，注意饮食卫生。对病人要严格隔离，必要时实行疫区封锁，以免疾病扩散蔓延。对疾病流行地区可通过人群的皮下接种霍乱菌苗（经加热或化学药物杀死）预防，能降低发病率。脱水严重者及时补充液体和电解质，口服或静脉给补液盐剂。

此外，引起肠道传染病的致病性细菌还有结核分枝杆菌、布鲁氏杆菌和炭疽芽孢杆菌等，它们是人畜共患传染病的病原菌（见本章第一节）。

第三节　食品传播的病毒

病毒是一类专性活细胞寄生的非细胞型生物。虽然它们不能在食品中增殖，但食品可作为病毒传播的载体。由于食品为病毒提供了良好的保存条件，因而病毒在食品中存活较长时间，一旦被人们食用，即可在体内增殖，引起小儿麻痹症、甲型肝炎、胃肠炎等。

目前可能发现于食品中的病毒有：①人类肠道病毒，包括脊髓灰质炎病毒 1~3 型（血清型）、柯萨奇病毒 A 组 1~24 型（缺 23 型）和 B 组 1~6 型、埃可（ECHO）病毒 1~34 型（缺 10，22，23 或 28 型）、新型肠道病毒 68~71 型。②肝炎病毒，甲型肝炎病毒、戊型肝炎病毒。③引起腹泻或胃肠炎病毒，诺如病毒、轮状病毒、肠道腺病毒等。④人畜共患病毒，口蹄疫病毒、新城疫病毒、疯牛病朊病毒等。此外，还有呼肠孤病毒 1~3 型和人腺病毒 1~33 型等。

发病机制：存在于食品中的病毒经口进入肠道后，聚集于有亲和性的组织中，并在黏膜上皮细胞和固有层淋巴样组织中复制增殖。病毒在黏膜下淋巴组织中增殖后，进入颈部和肠系膜淋巴结。少量病毒由此处再进入血液，并扩散至肝、脾、骨髓等的网状内皮细胞上。在此阶段一般并不表现临床症状，多数情况下因机体防御机制的抑制而不能继续发展。仅在极少数被病毒感染者中病毒能在网状内皮组织内复制，并持续向血流中排入大量病毒。由于持续性病毒血症，可能使病毒扩散至靶器官。病毒在神经系统中虽可沿神经通道传播，但进入中枢神经系统的主要途径仍是通过血流直接侵入毛细血管壁。

在食品安全方面，与细菌和真菌相比，目前对食品中的病毒了解相对甚少，而且尚无直接检测食品中病毒数量的方法，这有以下几方面原因。①从发现的大规模食品介导感染的情况或食物中毒频率方面而言，病毒不如细菌或真菌等重要，因此，人们对其重视不够。②病毒不能在培养基上增殖，而只能以动物组织细胞和鸡胚胎中培养。③病毒不能在食品中增殖（但在食品中生存），检出数量较低，且检验方法复杂、费时，一般食品检验室难以有效检测。④医学实验室中的病毒学检验技术还难以应用于食品的病毒检测。⑤有些食品介导的病毒感染用现有技术难以分离培养。但利用一种反转录聚合酶链式扩增（RT-PCR）技术，能直接检测一些食品（如牡蛎和蛤类组织）中的病毒。

一、肠道病毒

肠道病毒（Enterovirus）属于小 RNA 病毒科（Picornaviridae）。人类肠道病毒包括脊髓灰质炎病毒（Poliovirus）、柯萨奇病毒（Coxsackie virus，Cox virus）、埃可病毒（Enteric Cytopathogenic Human Orphan Virus，ECHO virus）和新型肠道病毒。

（1）形态与结构　肠道病毒由简单的衣壳蛋白与单股正链 RNA 组成，呈球形颗粒（图 15-6）。病毒衣壳呈 20 面体对称，无包膜。病毒衣壳由 60 个蛋白质亚单位或壳粒构成，每个亚单位（或壳粒）由 Vp_1、Vp_2、Vp_3 和 Vp_4 四条多肽组成，其中 $Vp_1 \sim Vp_3$ 多肽为抗体结合部位，此部分多肽的变异与肠道病毒中抗原的多样性有关；Vp_4 不出现在病毒表面，与病毒 RNA 核心密切相关，当 Vp_4 失去稳定性后可导致病毒脱掉衣壳。人类肠道病毒的基因组为正链 RNA，具有 mRNA 的功能，属感染性核酸。正链 RNA 既充当病毒蛋白质翻译的模板，又充当 RNA 复制模板。其衣壳蛋白约占病毒体的 70%，核酸约占病毒体的 30%。

（2）抵抗能力　肠道病毒对外界环境抵抗力较强，在污水和粪便中生存 4~6 个月。①对酸稳定，pH 3.0 时仍稳定，不易被胃酸和胆汁灭活。②耐乙醚、氯仿等脂溶剂。③耐低温，低温下可较长期存活。④对去污剂等化学试剂耐受性较强。⑤对紫外线、干燥、热均敏感，50~56℃，30min 可被灭活。Mg^{2+} 能增强病毒对热的耐受性。据研究发现，螃蟹煮熟后足以杀死 99.9% 的 1 型脊髓灰质炎病毒，ECHO 病毒也能在 8min 内被杀死。

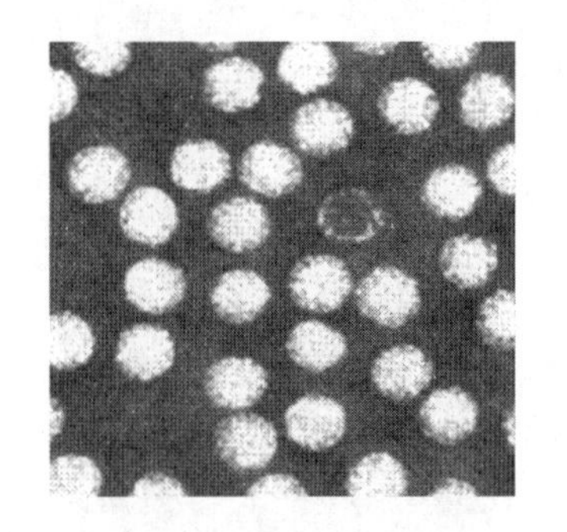

图 15-6　脊髓灰质炎病毒（×290000）

（3）传播途径　肠道病毒主要经粪便→食品→入口途径传播。病毒感染后，多数人不出现任何症状，或仅有轻度不适。不同肠道病毒感染可引起相同的临床症状，同一病毒可导致多种疾病。肠道病毒能从消化道的入口一直到下消化道中增殖。由于肠道病毒耐酸，故可通过胃进入肠道内增殖，但大多不引起胃肠症状。病毒亦可入血液而定位于各器官系统，如神经系统、呼吸系统、心肌、胰腺等，引起不同类型的疾病。

①脊髓灰质炎病毒：通过病儿和无症状带病毒者的粪便、污水等途径污染果蔬食品，小儿生食这些果蔬就可能致病。脊髓灰质炎病毒是小儿麻痹症的病原体，它损害脊髓前角运动神经细胞，引起肢体的迟缓麻痹，即为脊髓灰质炎。轻者引起暂时性四肢肌肉麻痹，重者可

造成麻痹性后遗症，多发生于儿童，故名为小儿麻痹症。

②柯萨奇病毒：通过粪便→水、食品→入口途径侵入体内，多数人呈隐性感染，只有极少数人因严重感染而发病。由于病毒的细胞受体分布范围相对较广，病毒的组织嗜性和所致疾病范围也较脊髓灰质炎病毒广泛。病毒感染可引起人类无菌性脑膜炎、肢体麻痹、幼儿腹泻、流行性胸壁痛、疱疹性咽峡炎、手足口病、心肌炎等疾病。其致病机制除与脊髓灰质炎病毒类似外，有的与免疫病理参与有关。

③埃可病毒：通过粪便污染手指、餐具、食物（牡蛎、毛蚶等）经口侵入体内，多数人呈隐性感染，少数人有临床症状。轻者引起呼吸道感染，重者引起无菌性脑膜炎，少数病人引起麻痹、脑炎、心肌炎等疾病。其致病机制与脊髓灰质炎病毒和柯萨奇病毒相似。

④新型肠道病毒：通过粪便→食品→入口途径侵入体内，多数人呈无症状感染，只有极少数人引起无菌性脑膜炎、脑炎、疱疹性咽峡炎、肢体麻痹、急性出血性结膜炎、肺炎等疾病。其易感人群与脊髓灰质炎病毒感染相似，以幼年儿童为最常见。

（4）防治措施　脊髓灰质炎的防治主要用口服减毒活疫苗，对易感者（5 岁以下）进行人工主动免疫。对症治疗使用退热镇痛剂、镇静剂缓解全身肌肉痉挛不适和疼痛；药物治疗采用促进神经传导功能和增进肌肉张力的药物，一般在急性期后使用。

二、甲型肝炎病毒与戊型肝炎病毒

甲型肝炎病毒（Hepatitis A virus，HAV）属于小 RNA 病毒科中的肝病毒属（*Hepatovims*）或肝 RNA 病毒属。戊型肝炎病毒（Hepatitis E virus，HEV）属于嵌杯病毒科（Caliciviridae）。

（1）形态与结构　HAV 由简单的衣壳蛋白与单股正链 RNA 组成，呈球形颗粒（图 15-7）。病毒衣壳呈 20 面体对称，无包膜，由 Vp_1 ~ Vp_4 四种多肽构成 HAV 的衣壳蛋白，有保护病毒 RNA 作用，并具有抗原性。HEV 由简单的衣壳蛋白与单链 RNA 组成，呈球形颗粒。病毒衣壳呈 20 面体对称，无包膜，表面有突起。国际上将 HEV 分为 8 个基因型，在中国流行的主要是Ⅰ型和Ⅵ型。

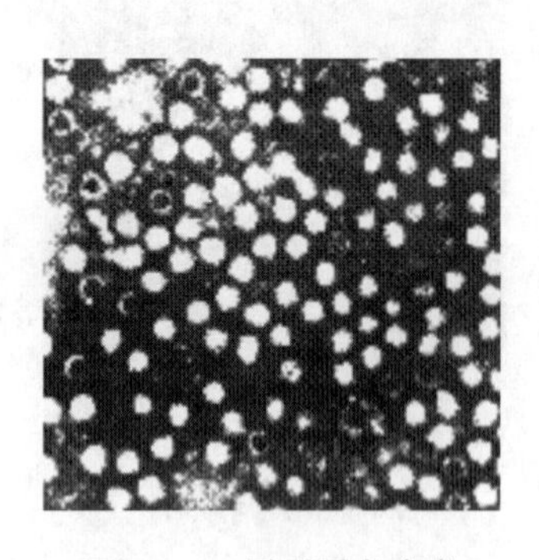

图 15-7　甲型肝炎病毒

（2）抵抗能力　HAV 的抵抗力较强，60℃，1h 仍具有感染性，但在 85 ~ 100℃，5min 即可灭活。对乙醚和酸处理（pH 3）均稳定。-20℃和-70℃不改变形态，不失去传染性。而 HEV 在-70 ~ 8℃下保存易裂解。

（3）传播途径　①HAV：通过病人的粪便→水、食品、餐具→入口途径传播。HAV 涉及食品包括凉拌菜、水果及水果汁、乳及乳制品、冰淇淋、饮料、水生贝壳类（如毛蚶、牡蛎、贻贝、蛤贝）等食品。生的或未煮透的来源于污染水域的贝类是最常见的载毒食品。毛蚶等贝类软体动物主要靠吸入海水过滤进行呼吸和摄食，一只毛蚶滤水速率达 5 ~ 6L/h，牡蛎甚至可达 40L/h。当海水被甲肝病人的排泄物污染后，毛蚶的大量滤水作用就会富集并蓄积海水中的 HAV。沿海地区人们食用贝类时，在沸水中汆一下的温度不足以杀灭病毒，人食用带毒的贝类就可能致病。HAV 多感染儿童和青少年，历经黄疸前期、黄疸期和恢复期，愈后良好，不转为慢性肝炎。②HEV：被污染的水和食品是 HEV 的主要传播途径。水生贝壳类是其主要累及食品。其临床表现类似于甲型肝炎，黄疸性肝炎是该病主要特征。

（4）防治措施　搞好饮食卫生，保护水源，加强粪便管理，强化消毒隔离制度，杜绝交叉感染，加强免疫预防。被动免疫注射人血丙种免疫球蛋白及胎盘球蛋白，有一定预防效果；主动免疫一次注射甲肝减毒活（或灭活）疫苗，可获得持久免疫力。

三、诺如病毒

诺如病毒（Norovirus，NoV）又称诺瓦克病毒（Norwalk virus）属于杯状病毒科诺如病毒属，是引起婴幼儿、儿童和成人病毒性急性胃肠炎的主要病原之一，兼有食物中毒和传染性的特点。近50年来，随着诺如病毒基因组的不断变异，使其具有高度感染性，且感染剂量低，传播迅速，爆发流行或散发范围广泛，被称为“胃肠性流感”。全球约50%的胃肠炎暴发与诺如病毒有关。在我国冬春为高发季节，全年均可发生。

（1）形态与结构　NoV由衣壳蛋白与单股正链RNA组成，呈球形颗粒，直径27~40nm。病毒衣壳呈20面体对称，无包膜。目前，NoV分为至少10个不同基因组（GⅠ~GⅩ），其中GⅠ、GⅡ（主要是GⅡ.4型）和GⅣ主要感染人类，感染频率为GⅡ>GⅠ>GⅣ。GⅡ.4型毒株占世界流行诺如病毒的70%~80%。NoV可通过不同基因型之间的基因重组和基因组的点突变，快速变异而产生新毒株（如GⅡ.4型变异株等），从而表现出基因/抗原多样性。

（2）抵抗能力　NoV对外界因素抵抗力较强，能耐受较低pH、脂溶剂和较高温度，pH 2.7酸性环境3h，4℃，20%（体积分数）乙醚处理18~24h，60℃处理30min仍具有感染性。在冰冻食品中存活很长时间。NoV对Cl_2抵抗力亦较强，在水中使用有效Cl_2浓度为3~6mg/L仍具有感染性，而使用有效Cl_2浓度为10mg/L超过30min才被灭活。

（3）传播途径　NoV的传染源主要为感染的患者、隐性感染者及健康携带者。传播途径：①人-人直接接触传染。②因感染者口腔飞沫或气溶胶污染物体表面后间接感染。③通过感染者粪便、呕吐物、被污染物→水、食品→入口途径传播。生牡蛎、生蛤类等贝类、鱼类是其主要载毒食品，其次是凉拌菜、水果、蔬菜、面点等亦为载毒食品。它们可能来自于患病毒性胃肠炎的厨师不洁的手和海产品的交叉污染。主要引起人的急性胃肠炎，表现为腹泻和/或呕吐、腹痛、水样便等症状，一般1~3d自愈。但儿童严重者导致死亡。

（4）防治措施　由于NoV的高度变异性，使得疫苗无法交叉保护，抗体免疫保护时间短，故限制了NoV疫苗，尤其是GⅡ.4型毒株疫苗的研制。目前尚无有效治疗措施，若患者脱水严重，可通过静脉输液或口服补液盐剂，以防止水、电解质紊乱、酸碱平衡失调而导致酸中毒。预防措施：①用清洁的食材和水制作食物；②制作食物环境保持清洁；③生熟食物要分开，以防止交叉污染；④食物烧熟煮透，剩余食物食前要彻底加热；⑤做好的食物要尽快食用，否则需冷藏存放；⑥生食瓜果要洗净，饭前便后勤洗手。

四、轮状病毒

轮状病毒分为A、B、C、D、E、F六个组，人类轮状病毒（Heman rotavirus，HRV）属于其中的A、B、C三组，隶属于呼肠孤病毒科（Reoviridae）。

（1）形态与结构　轮状病毒由衣壳蛋白与双股RNA组成，呈球形光滑型颗粒，具有感染性。衣壳有双层，由内向外衣壳呈放射状排列，形如车轮辐条，电镜下如同车轮状（图15-8），故而得名。病毒基因组由11个双股RNA节段构成，每一节段编码具有不同功能及作用的蛋白质。

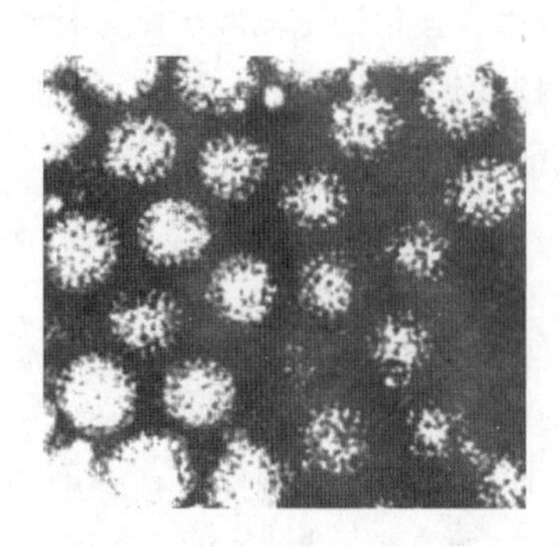
图 15-8　轮状病毒（×15000）

（2）抵抗能力　对理化因素抵抗力较强，在粪便中存活数日或数周。耐酸和耐碱，在 pH 3.0~10.0 仍保持感染性。耐乙醚、氯仿，甚至反复冻融也难以灭活病毒。但 55℃加热 30min 可被灭活，对 Cl_2 的致死作用的抵抗力较诺如病毒弱。胰蛋白酶能增强其感染性。

（3）传播途径　人类轮状病毒通过病人或带菌者的粪便→水、食品→入口途径传播。A、B、C 组人类轮状病毒均能引起人的急性胃肠炎。A 组是最常见的感染婴幼儿的病毒，医院中 5 岁以下婴幼儿腹泻有 1/3 由轮状病毒引起，发病突然，呕吐、腹泻、发热、偶有腹绞痛，甚至出现呼吸症状，严重者因脱水、酸中毒而导致死亡。B 组导致成年人腹泻。C 组在个别人或动物粪便中发现或有个别病例报道。

（4）防治措施　口服接种轮状病毒疫苗免疫预防，以降低儿童患该病的死亡率。目前杀灭轮状病毒尚无特效药，对儿童脱水、酸中毒的疗法是静脉输液或口服补液盐剂。

五、口蹄疫病毒

口蹄疫病毒（Foot-and-mouth disease virus）隶属于小 RNA 病毒科（Picornaviridae），口疮病毒属（Aphthovirus），是一种人畜共患口蹄疫的病原体。

（1）形态与结构　口蹄疫病毒由衣壳蛋白与单股正链 RNA 组成，呈球形颗粒。病毒衣壳呈 20 面体对称（图 15-9），它决定了病毒的抗原性、免疫性和血清学反应能力；病毒 RNA 由大约 8000 个碱基组成，是感染和遗传的物质基础。病毒在宿主细胞质中形成晶格状排列，其化学组成是 69%蛋白质与 31% RNA。

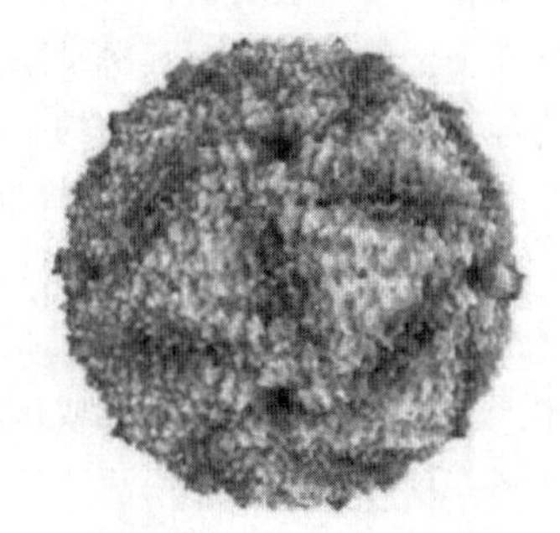
图 15-9　口蹄疫病毒

（2）抵抗能力　对外界环境抵抗力较强，其生存时间与含毒材料、病毒浓度及环境状态密切相关。①含病毒的组织和污染的饲料、饲具、皮毛及土壤等可保持传染性数周至数月。②低温和有蛋白质保护（如冻肉）更能长期存活。③对干燥抵抗力强，牛毛上存活 4 周，于白蛋白中迅速干燥可长期保存毒力。④对化学消毒剂抵抗力较强，1g/L 升汞，30g/L 来苏儿 6h 不能杀死，在 50%（体积分数）甘油盐水中于 5℃能存活 1 年以上，常用此法保存病毒。⑤对热抵抗力较弱，65℃，15min 或 70℃，10min 或 85℃，1min 即被灭活。但在食品和组织中对热抵抗力较强。⑥对酸、碱敏感。pH 3.0 时瞬间灭活，10g/L NaOH 处理 1min 即灭活。由于口蹄疫病毒对酸极敏感，在酸化处理病畜肉品时，可利用肌肉成熟产生的微量乳酸杀死病毒。

（3）传播途径　饮食病乳牛产的鲜乳，经消化道感染；挤奶、处理病畜肉尸及其产品，或屠宰加工病畜时，通过损伤或完整的黏膜及皮肤引起接触感染；病毒能随风散布，通过空气传播引起呼吸道感染。其重要传播媒介是被病畜和带毒畜的分泌物、排泄物和畜产品（如毛皮、肉及肉制品）污染的水源、牧地、饲料、饲养工具、运输工具等。口蹄疫是偶蹄兽

（牛、猪、羊、骆驼、鹿等）的一种急性热性高度接触性传染病，临床症状为口腔黏膜、蹄部和乳房皮肤处形成水疱，继而破溃，严重时蹄甲脱落，导致动物难以行走觅食而死。人一旦受到口蹄疫病毒传染后突然发热，口腔、咽部、手掌、脚趾等部位出现水疱。

（4）防治措施　在进行畜牧生产与畜产品加工时，必须注意个人防护，严格消毒。因口蹄疫传染性极强，如不及时预防给畜牧业造成严重经济损失。该病以注射接种灭活疫苗或弱毒疫苗免疫防治为主，利用痊愈动物的血清、血液防治口蹄疫效果良好。目前我国已研制出抗口蹄疫基因工程疫苗——“抗猪O型口蹄疫基因工程疫苗”。治疗人的该病症无特效药物，患者在数天后痊愈，愈后良好。

重点与难点

（1）结核分枝杆菌的染色特点、抗酸染色法、抵抗力与传播途径；（2）布鲁氏杆菌对人致病的临床症状、抵抗力与传播途径；（3）炭疽芽孢杆菌的生物学特性（注意：体内、体外的形态特征不同、形成荚膜和芽孢条件不同）、抵抗力与传播途径；（4）甲型肝炎病毒和诺如病毒的防治措施、抵抗力与传播途径；（5）区分消化道传染病与食物中毒。

课程思政点

强化食品安全责任意识，做好疫情个人防护。通过学习食品传播的病原微生物，明确其抵抗力和传播途径，掌握相关疾病预防措施。预防消化道感染：对生乳和饮用水进行巴氏杀菌，主要杀灭结核分枝杆菌、布鲁氏杆菌等人畜共患传染病的病原菌，不食病（死）畜肉及其制品。预防接触性感染：皮肤和黏膜不直接接触病（死）畜肉/其皮革/其流产材料、患者、带菌者。预防消化道传染病和食品传播的病毒：主要切断患者的粪便、呕吐物、被污染物→水、食品→入口传播途径。预防病毒的呼吸道感染：戴好口罩，切断人与人之间的口腔飞沫和气溶胶污染。

复习思考题

1. 引起人畜共患传染病的病原菌有哪些？发生人畜共患病大流行的原因是什么？
2. 简述结核分枝杆菌的形态和染色特点、抗酸染色法、抵抗力与传播途径。
3. 简述布鲁氏杆菌对人致病的临床症状，及其抵抗力与传播途径。
4. 简述炭疽芽孢杆菌的生物学特性、抵抗力与传播途径。
5. 比较消化道传染病与食物中毒的异同。常见引起消化道传染病的病原菌有哪些？
6. 简述伤寒、痢疾、霍乱传染病的病原菌的主要传播途径。
7. 简述脊髓灰质炎病毒、轮状病毒的主要传播途径。
8. 简述甲型肝炎病毒和诺如病毒的防治措施、抵抗力与传播途径。
9. 简述口蹄疫病毒的抵抗力与传播途径。如何利用对酸的敏感性杀死该病毒？
10. 名词解释：人畜共患传染病、消化道传染病、结核分枝杆菌、布鲁氏杆菌、炭疽芽孢杆菌。

第十六章 食品微生物质量与管理控制体系

CHAPTER 16

第一节　食品微生物质量

质量是衡量产品达到其使用价值时的“好坏程度”的指标。食品的微生物质量主要包括三个方面：①安全性：一种食品不能含有病原菌和/或毒素，否则食用后导致疾病。②货架寿命：一种食品不能含有数量较多的微生物，否则短时间内导致食品腐败。③稳定性：一种食品必须有稳定的质量，即同时具有可靠的安全性和规定的货架寿命。

一、食品微生物质量指标

食品微生物质量指标是微生物及其代谢产物在某一食品中的存在情况，包括某一特定微生物的生长数量、与食品微生物质量相关的代谢产物和食品中的总活菌数，可用来预测食品的货架寿命和评价食品的微生物质量。作为食品微生物质量指标应满足以下条件。

（1）在食物中能够检测到微生物，并通过检测微生物来评价食品微生物质量。

（2）微生物的生长和数量应与食品微生物质量有某种相互对应的关系。

（3）易于检测和计数，并且能从纷杂的微生物群落中明确区分出来。

（4）在较短时间内（最好在 1d 内）可以计数。

（5）微生物的生长不应受到食品微生物群落中其他成员的影响。

1. 应用特定微生物的数量作为食品微生物质量指标

由于食品的腐败与特定微生物的数量有关，故衡量食品微生物质量的最可靠指标是针对食品中某一特定微生物的数量检测。当单一微生物引起食品腐败时，可利用选择性培养基抑制其他微生物生长的方法，以监控特定微生物的数量。这些微生物的数量可影响食品的微生物质量，同时通过控制微生物的数量可以有效延长食品的货架寿命。在评价食品微生物质量时，如果检测到腐败微生物的数量增加，则说明被检食品的微生物质量下降。

2. 应用微生物的代谢产物作为食品微生物质量指标

微生物在食品中的生长和代谢会引起食品化学组成的变化。因此，除了腐败微生物的数量可作为食品微生物质量指标外，腐败微生物的代谢产物也可用来评价和预测食品的微生物质量，成为判定食品微生物质量的依据。表 16-1 所示为与食品微生物质量相关的部分微生物代谢产物。这些代谢产物可应用于某些特定食品的微生物质量评价中，以判别由微生物引起的食品腐败变质情况。当微生物的某一代谢产物的存在和含量多少显著影响到食品微生物质量时，它们也可作为评价食品微生物的指标。

表 16-1　　与食品卫生质量相关的微生物代谢产物

代谢物	应用的食品	代谢物	应用的食品
戊二胺和丁二胺	真空包装的牛肉	乳酸	罐装蔬菜
丁二酮	冷冻浓缩汁	三甲胺	鱼
乙醇	苹果汁、水产品	总挥发碱、总挥发氮	海产品
组胺	罐装金枪鱼	挥发性脂肪酸	黄油、奶油

3. 应用微生物的总活菌数量作为食品微生物质量指标

食品中微生物的总活菌数也可作为评价食品微生物质量的依据。由于很难确定食品中最终腐败产物中特定微生物的数量，故测定总活菌数作为食品微生物质量指标更有价值。图 16-1 显示了食品中总活菌数与食品腐败的关系，可供分析相关食品腐败时参考使用。

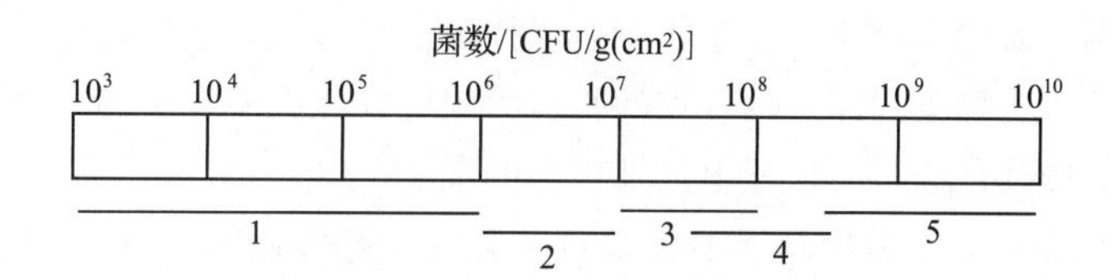

图 16-1　食品中总活菌数与腐败的关系

1—菌数≤10^6CFU/g（cm^2）时，除生牛乳外一般不出现食品腐败

2—部分食品表现为初期腐败，如真空包装的肉通常释放有害气体并可能腐败

3—有氧保存的肉和一些蔬菜会发生腐败　4—所有食品均出现明显腐败，有氧保存的肉表面出现黏性物质

5—食品的结构出现特定变化，食品腐败

二、食品微生物学指标

食品微生物学指标可以反映食品的微生物质量，与食品的货架寿命有关，同时也与食品的安全性（食品传播的病原微生物可能引起食物中毒或传染病）密切相关。食品微生物学指标作为食品安全性综合评价的一部分，也常用于评价食品及其加工场所的环境卫生状况。不同国家对食品及其加工环境中的微生物学指标要求不同。例如，发达国家对生牛乳的卫生质量要求比较严格，部分欧洲国家生牛乳的细菌总数指标如下：丹麦≤3×10^4CFU/mL；芬兰、法国、奥地利、爱尔兰、英国≤5×10^4CFU/mL；荷兰、德国、比利时、葡萄牙≤1×10^5CFU/mL；瑞士≤2×10^5CFU/mL。而我国作为发展中国家，现行的国家标准中生牛乳的细菌总数指标为≤2×10^6CFU/mL。

在我国规定的食品安全标准中，食品微生物学指标包括：①菌落总数［CFU/g（mL）］；②大肠菌群［MPN/g（mL）或 CFU/g（mL）］；③致病菌。在上述指标中，菌落总数是测定食品中好氧、兼性厌氧微生物的活菌数量，大肠菌群和致病菌则是测定特定微生物的数量。这些指标的检测意义与检测方法详见第十二章第一节、第二节及第十四章第四节。

第二节　食品微生物学检验

食品微生物学检验是应用微生物学的理论和实验方法，根据安全与卫生学的观点来研究食品中有无微生物，微生物的种类、性质、活动规律以及对人类健康的影响，通过检验可以基本判断食品的微生物质量。

一、国内食品微生物学检验程序与采样方法

在 GB 4789.1—2016《食品安全国家标准　食品微生物学检验　总则》中规定了食品微生物学检验基本原则和要求。食品微生物学检验程序一般包括实验室基本要求、样品的采集、检验、生物安全与质量控制、记录与报告和检验后样品的处理这六个步骤。

1. 实验室基本要求

（1）检验人员　①应具有相应的微生物专业教育或培训经历，具备相应的资质，能够理解并正确实施检验。②应掌握实验室生物安全操作和消毒知识。③应在检验过程中保持个人整洁与卫生，防止人为污染样品。④应在检验过程中遵守相关安全措施的规定，确保自身安全。⑤有颜色视觉障碍的人员不能从事涉及辨色的实验。

（2）环境与设施　①实验室环境不应影响检验结果的准确性。②实验区域应与办公区域明显分开。③实验室工作面积和总体布局应能满足从事检验工作的需要，实验室布局宜采用单方向工作流程，避免交叉污染。④实验室内环境的温度、湿度、洁净度及光照度、噪声等应符合工作要求。⑤食品样品检验应在洁净区域进行，洁净区域应有明显标示。⑥病原微生物分离鉴定工作应在二级或以上生物安全实验室进行。

（3）实验设备　①实验设备应满足检验工作的需要。②实验设备应放置于适宜的环境条件下，便于维护、清洁、消毒与校准，并保持整洁与良好的工作状态。③实验设备应定期进行检查和/或检定（加贴标识）、维护和保养，以确保工作性能和操作安全。④实验设备应有日常监控记录或使用记录。

（4）检验用品　①检验用品应满足微生物检验工作的需求。②检验用品在使用前应保持清洁和/或无菌。③需要灭菌的检验用品应放置在特定容器内或用合适的材料（如专用包装纸、铝箔纸等）包裹或加塞，应保证灭菌效果。④检验用品的储存环境应保持干燥和清洁，已灭菌与未灭菌的用品应分开存放并明确标识。⑤灭菌检验用品应记录灭菌的温度与持续时间及有效使用期限。

（5）培养基和试剂　培养基和试剂的制备和质量要求按照 GB 4789.28《食品安全国家标准　食品微生物学检验　培养基和试剂的质量要求》的规定执行。

（6）质控菌株　①实验室应保存能满足实验需要的标准菌株。②应使用微生物菌种保藏专门机构或专业权威机构保存的、可溯源的标准菌株。③标准菌株的保存、传代按照 GB 4789.28《食品安全国家标准　食品微生物学检验　培养基和试剂的质量要求》的规定执行。④对实验室分离菌株（野生菌株），经过鉴定后，可作为实验室内部质量控制的菌株。

（7）检验前的准备　①准备好所需实验仪器，如冰箱、恒温培养箱、恒温水浴箱、显微

镜、高压蒸汽灭菌锅、干热灭菌箱、均质器、旋涡振荡器、菌落计数器、无菌超净工作台、电子天平等。②准备好所需玻璃仪器，如吸管、平皿、广口瓶、试管、三角瓶等均需刷洗干净，包装，湿热法（0.1MPa，20min）或干热法（160~170℃，2h）灭菌，冷却后送无菌室备用。③准备好所需试剂、药品，做好平板计数琼脂（PCA）培养基或其他选择性培养基，根据需要分装试管或灭菌后倾注平板，于46℃的水浴中待用或于4℃的冰箱中备用。④无菌室灭菌：如用紫外灯法灭菌，时间不少于45min，关灯30min后方可进入工作；如用超净工作台，需提前开机，用紫外灯杀菌30min。必要时进行无菌室的空气检验，将PCA培养基暴露于空气中15min，培养后每个平板上不得超过15个菌落。⑤检验人员的工作衣、帽、鞋、口罩等灭菌后备用。工作人员进入无菌室后，在实验未完成前不得随意出入无菌室。

2. 样品的采集

（1）采样原则　①样品的采集应遵循随机性、代表性的原则。②采样过程遵循无菌操作程序，防止一切可能的外来污染。

（2）采样方案　根据检验目的、食品特点、批量、检验方法、微生物的危害程度等确定采样方案。采样方案分为二级和三级采样方案。

二级采样方案设有 n、c 和 m 值，三级采样方案设有 n、c、m 和 M 值。

n：同一批次产品应采集的样品件（个）数；

c：最大可允许超出 m 值的样品数；

m：微生物指标可接受水平限量值（三级采样方案）或最高安全限量值（二级采样方案）；

M：微生物指标的最高安全限量值（三级采样方案）。

①二级采样方案：按照二级采样方案设定的指标，在 n 个样品中，允许有 $\leqslant c$ 个样品其相应微生物指标检验值大于 m 值。根据检验结果是否有超出 m 值，以判定该批产品是否合格。例如：$n=5$，$c=0$，$m=100$CFU/g。$n=5$ 即采集5个样品，$c=0$ 即意味着该批5个样品检验结果均未超出 m 值（$\leqslant$100CFU/g），此批产品才为合格品。

②三级采样方案：按照三级采样方案设定的指标，在 n 个样品中，允许全部样品中相应微生物指标检验值小于或等于 m 值；允许有 $\leqslant c$ 个样品其相应微生物指标检验值在 m 值和 M 值之间；不允许有样品相应微生物指标检验值大于 M 值。图16-2所示为三级采样方案的判断流程。例如：$n=5$，$c=2$，$m=100$CFU/g，$M=1000$CFU/g。含义是从一批产品中采集5个样品，若5个样品的检验结果均未超出 m 值（$\leqslant$100CFU/g），则此种情况是允许（合格）的；若 $\leqslant$2个样品的结果（X）位于 m 值和 M 值之间（100CFU/g$<X\leqslant$1000CFU/g），则此种情况也是允许（附加条件合格）的；若有3个及以上样品的检验结果位于 m 值和 M 值之间，则此种情况是不允许（不合格）的；若有任一样品的检验结果大于 M 值（$>$1000CFU/g），则此种情况也是不允许（不合格）的。表16-2为GB 29921—2021《食品安全国家标准　预包装食品中致病菌限量》部分预包装食品中致病菌检验的采样方案、限量标准及检验方法。该表中 m =0/25g（mL）致病菌，表示每25g（mL）样品中不得检出。

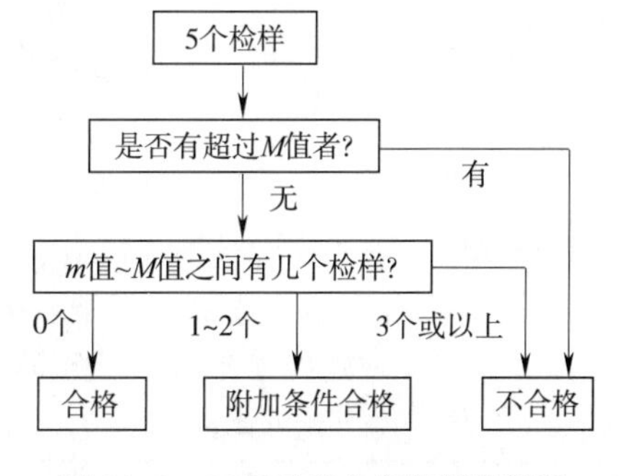

图16-2　三级采样方案的判断流程

表 16-2　部分预包装食品中致病菌检验的采样方案、限量标准及检验方法

食品类别		致病菌指标	采样方案及限量标准				检验方法
			n	c	m	M	
乳制品	—	沙门氏菌	5	0	0/25g（mL）	—	GB 4789.4
	巴氏杀菌乳 发酵乳、调制乳	金黄色葡萄球菌	5	0	0/25g（mL）	—	GB 4789.10
	干酪及其制品		5	2	100CFU/g	1000CFU/g	
	乳粉、调制乳粉		5	2	10CFU/g	100CFU/g	
	干酪及其制品	单增李斯特氏菌	5	0	0/25g（mL）	—	GB 4789.30
肉制品	—	沙门氏菌	5	0	0/25g（mL）	—	GB 4789.4
		单增李斯特菌	5	0	0/25g（mL）	—	GB 4789.30
		金黄色葡萄球菌	5	1	100CFU/g	1000CFU/g	GB 4789.10
	牛肉制品、即食生肉制品、发酵肉制品	致泻大肠艾希氏菌	5	0	0/25g（mL）	—	GB 4789.6
水产制品	—	沙门氏菌	5	0	0/25g（mL）	—	GB 4789.4
	即食生制动物性水产制品	副溶血性弧菌	5	1	100CFU/g	1000CFU/g	GB 4789.7
		单增李斯特氏菌	5	0	100CFU/g	—	GB 4789.30
即食蛋制品	—	沙门氏菌	5	0	0/25g（mL）	—	GB 4789.4
粮食制品	—	沙门氏菌	5	0	0/25g（mL）	—	GB 4789.4
		金黄色葡萄球菌	5	1	100CFU/g	1000CFU/g	GB 4789.10
即食豆制品	—	沙门氏菌	5	0	0/25g（mL）	—	GB 4789.4
		金黄色葡萄球菌	5	1	100CFU/g	1000CFU/g	GB 4789.10
即食果蔬制品	—	沙门氏菌	5	0	0/25g（mL）	—	GB 4789.4
		金黄色葡萄球菌	5	1	100CFU/g	1000CFU/g	GB 4789.10
	去皮或预切的水果和蔬菜	单增李斯特氏菌	5	0	0/25g（mL）	—	GB 4789.30
		致泻大肠艾希氏菌	5	0	0/25g（mL）	—	GB 4789.6
饮料	—	沙门氏菌	5	0	0/25g（mL）	—	GB 4789.4
坚果与籽类食品	—	沙门氏菌	5	0	0/25g（mL）	—	GB 4789.4
特殊膳食用食品	—	沙门氏菌	5	0	0/25g（mL）	—	GB 4789.4
		金黄色葡萄球菌	5	2	10CFU/g	100CFU/g	GB 4789.10
	婴儿（0~6 月龄）配方食品、特殊医学用途婴儿配方食品	克罗诺杆菌属（阪崎肠杆菌）	3	0	0/100g	—	GB 4789.40

③各类食品的采样方案按食品安全相关标准的规定执行。

④食品安全事故中食品样品的采集：a. 由批量生产加工的食品污染导致的食品安全事故，食品样品的采集和判定原则按上述采样原则和采样方案执行。重点采集同批次食品样品。b. 由餐饮单位或家庭烹调加工的食品导致的食品安全事故，重点采集现场剩余食品样品，以满足食品安全事故病因判定和病原确证的要求。

（3）各类食品的采样方法

①预包装食品：a. 应采集相同批次、独立包装、适量件数的食品样品，每件样品的采样量应满足微生物指标检验的要求。b. 独立包装小于、等于 1000g 的固态食品或小于、等于 1000mL 的液态食品，取相同批次的包装。c. 独立包装大于 1000mL 的液态食品，应在采样前摇动或用无菌棒搅拌液体，使其达到均质后采集适量样品，放入同一个无菌采样容器内作为一件食品样品；大于 1000g 的固态食品，应用无菌采样器从同一包装的不同部位分别采取适量样品，放入同一个无菌采样容器内作为一件食品样品。

②散装食品或现场制作食品：用无菌采样工具从 n 个不同部位现场采集样品，放入 n 个无菌采样容器内作为 n 件食品样品。每件样品的采样量应满足微生物指标检验单位的要求。注意：采样时严格进行无菌操作，采集的样品不得加防腐剂。

（4）采集样品的标记　应对采集的样品进行及时、准确的记录和标记，内容包括采样人、采样地点、时间、样品名称、来源、批号、数量、保存条件等信息。

（5）采集样品的贮存和运输　①应尽快将样品送往实验室检验。②应在运输过程中保持样品完整。③应在接近原有贮存温度条件下贮存样品，或采取必要措施防止样品中微生物数量的变化。如对不需冷冻的样品应保持在 1～5℃ 的环境中（如冰壶）；如需保持冷冻状态，则需保存在泡沫塑料隔热箱内（箱内有干冰或冰袋时可维持在 0℃ 以下）。

3. 检验

（1）样品处理　①实验室接到送检样品后应认真核对登记，确保样品的相关信息完整并符合检验要求。②实验室应按要求尽快检验。若不能及时检验，应采取必要的措施（如放于冰箱或冰盒中），防止样品中原有微生物因客观条件的干扰而发生变化。③各类食品样品处理应按相关食品安全标准检验方法的规定执行。

（2）样品检验　按食品安全相关标准的规定进行检验。即检验方法按现行有效的 GB 4789《食品安全国家标准　食品微生物学检验》标准执行（表 16-2）。此外，国内尚有行业标准（如出口食品微生物检验方法）、地方标准和企业标准。国外尚有国际标准［如联合国粮食及农业组织（FAO）标准、世界卫生组织（WHO）标准等］和各个食品进出口国家的标准［如美国食品药品监督管理局（FDA）标准、日本厚生省标准、欧盟标准等］。总之，应根据食品的消费去向选择相应的检验方法。

4. 生物安全与质量控制

（1）实验室生物安全要求　应符合 GB 19489《实验室　生物安全通用要求》的规定。

（2）质量控制　①实验室应根据需要设置阳性对照、阴性对照和空白对照，定期对检验过程进行质量控制。②实验室应定期对实验人员进行技术考核。

5. 记录与报告

（1）记录　检验过程中应即时、客观地记录观察到的现象、结果和数据等信息。

（2）报告　实验室应按照检验方法中规定的要求，准确、客观地报告检验结果。填写报告单，签名后，送主管人员核实签字，加盖单位印章，以示生效。

6. 检验后样品的处理

（1）检验结果报告后，被检样品方能处理。

（2）检出致病菌的样品要经过无害化处理。

（3）检验结果报告后，剩余样品和同批产品不进行微生物项目的复检。

二、国际食品微生物检验的采样方案与卫生标准

进出口食品的微生物学指标除接受国家进出口商品检验部门监督、检验外，还必须符合有关进口国家的食品法规和标准。目前国内外使用的采样方案多种多样，如同一批次产品采若干个样，混合后一起检验；按百分比采样；按食品的危害程度不同采样；按数理统计的方法决定采样个数等。不管采取何种采样方案，对采样代表性的要求是一致的。最好对整批产品的单位包装进行编号，随机采样。这里介绍国际上较为常见的几种采样方案。

1. ICMSF 推荐的采样方案

国际食品微生物标准委员会（ICMSF）提出采样的基本原则，根据各种微生物本身对人的危害程度各有不同，以及食品经不同条件处理后的危害度变化情况（降低危害度、危害度未变和增加危害度），设定抽样方案并规定其不同采样数。

（1）ICMSF 方法分为二级和三级采样方案　ICMSF 方法从统计学原理考虑，根据同一批次产品检查多少检样才能具有代表性，才能客观反映该产品的质量而设定的采样方案。目前，中国、美国、澳大利亚、加拿大、新加坡、以色列等很多国家已将此采样方案纳入标准。其具体内容已在国内食品微生物检验的采样方法中介绍，在此不再赘述。

（2）ICMSF 对食品中微生物的危害度分类与采样方案说明　为了强调采样与检样之间的关系，ICMSF 已经阐述了将严格的采样计划与食品危害程度相联系。ICMSF 根据食品中微生物的危害程度，分为 1~5 级，并按食品的加工处理条件不同，将食品分为 a、b、c 三类（表 16-3）。根据微生物的危害度和食品类别的组合，将食品微生物危害度分为 15 级。其中 1~9 级为危害度较低的微生物或污染指标菌，10~15 级为危害度较高的微生物。对危害度较低的微生物，可容许其在食品中存在，但有菌数的限制，并用三级法进行评价；对危害度较高的微生物，则不容许在食品中存在，用二级法进行评价。

表 16-3　ICMSF 的食品微生物危害分类及采样方案

分级	危害程度	危害微生物	食品加工处理条件引起的危害变化		
			a. 危害减少（加热等）	b. 危害无变化（冻结、干燥等）	c. 危害增加（保存期过长的食品）
	1. 无、间接	细菌数	1. $n=5$，$c=3$	2. $n=5$，$c=2$	3. $n=5$，$c=1$
三级法	2. 轻度、间接	大肠菌群 大肠杆菌 金黄色葡萄球菌	4. $n=5$，$c=3$	5. $n=5$，$c=2$	6. $n=5$，$c=2$
	3. 中度、局限传播	蜡样芽孢杆菌 产气荚膜梭菌	7. $n=5$，$c=2$	8. $n=5$，$c=1$	9. $n=10$，$c=1$

续表

分级	危害程度	危害微生物	食品加工处理条件引起的危害变化		
			a. 危害减少（加热等）	b. 危害无变化（冻结、干燥等）	c. 危害增加（保存期过长的食品）
二级法	4. 中度、广泛传播	沙门氏菌 副溶血性弧菌 致泻大肠杆菌	10. $n=5$，$c=0$	11. $n=10$，$c=0$	12. $n=20$，$c=0$
	5. 重度危害	肉毒梭菌 霍乱弧菌 伤寒沙门氏菌	13. $n=15$，$c=0$	14. $n=30$，$c=0$	15. $n=60$，$c=0$

对不同加工处理的食品应酌情考虑其危害度。例如，生肉火腿中的金黄色葡萄球菌被腐败菌所抑制，不易发生食物中毒，适用 7 和 8。烹调加工后的熟肉对腐败菌没有抵抗力，则易发生食物中毒，适用 9。加热盐腌的火腿 $A_w \leq 0.86$，金黄色葡萄球菌有增殖的可能性，因此适用 9。沙门氏菌 $A_w \leq 0.94$ 不能繁殖，适用 11。为了安全性，冷冻生虾加热后食用，减少了危害度，适用 1，4，10。为了不加热进食，冷冻加工虾在解冻中有增加危害的可能性，适用 3，6，9，12。综上所述，应根据各种食品的危害度设定相应的危害度级别。

2. 国际食品微生物检验的采样方案与微生物标准

表 16-4 列举了国际上现行的部分食品微生物检验的 ICMSF 采样方案与微生物标准。其中 n 数不得小于 5，每个样品取样量不得低于 200g，标准中对于不允许检出的项目，可将几个样品混合均匀后检验。

表 16-4　　部分食品微生物检验的 ICMSF 采样方案与微生物标准

标准	食品	检验项目	采样数(n)	污染样品数(c)	标准下限(m)	标准上限(M)
FAO/WHO 标准（除进口国家另有明确规定外，均适用）	鲜鱼、冻鱼、生冻虾（仁）、生冻龙虾（仁）	平板计数	5	3	10^6CFU/g	10^7CFU/g
		粪大肠菌群	5	3	4MPN/g	4×10^2MPN/g
		沙门氏菌	5	3	10^3CFU/g	5×10^3CFU/g
		副溶血弧菌（日本、中国等）	5	0	0	—
欧盟标准	贝类及软体动物	平板计数	5	2	5×10^4CFU/g	5×10^5CFU/g
		大肠菌群	5	2	10MPN/g	10^2MPN/g
		大肠杆菌	5	1	10MPN/g	10^2MPN/g
		金黄色葡萄球菌	5	2	10^2MPN/g	10^3MPN/g
		沙门氏菌	5	0	0	—

续表

标准	食品	检验项目	采样数(n)	污染样品数(c)	标准下限(m)	标准上限(M)
ICMSF 推荐水产品微生物标准	冻对虾	细菌总数	5	3	10^6CFU/g	10^7CFU/g
		粪大肠菌群	5	3	4MPN/g	10^2MPN/g
		副溶血弧菌	5	0	10^2CFU/g	—
		金黄色葡萄球菌	5	3	10^3MPN/g	10^3MPN/g
美国 FDA 标准	冻对虾	细菌总数	5	1	10^6CFU/g	10^7CFU/g
		粪大肠菌群	5	1	4MPN/g	4×10^2MPN/g
		沙门氏菌	5	1	10^3CFU/g	5×10^3CFU/g
		金黄色葡萄球菌	5	0	0	—
澳大利亚标准	冻熟虾(仁)	细菌总数	5	2	10^5CFU/g	10^6CFU/g
		粪大肠菌群	5	1	9MPN/g	70MPN/g
		金黄色葡萄球菌	5	1	5×10^2CFU/g	5×10^3CFU/g
		沙门氏菌	5	0	0	—
新加坡标准	冷藏的分割肉/副产品	细菌总数（35℃，48h）	5	3	10^6CFU/g	10^7CFU/g
		粪大肠菌群	5	2	100MPN/g	500MPN/g
		金黄色葡萄球菌	5	2	100MPN/g	500MPN/g
		沙门氏菌（25g 样品）	5	0	0	—
	冷冻的分割肉/副产品	细菌总数（35℃，48h）	3	1	5×10^5CFU/g	10^7CFU/g
		粪大肠菌群	3	1	100MPN/g	500MPN/g
		金黄色葡萄球菌	3	1	100MPN/g	500MPN/g
		沙门氏菌（25g 样品）	3	0	0	—
	中式香肠、板鸭、生火腿、金华火腿	细菌总数（35℃，48h）	5	2	5×10^5	10^7
		粪大肠菌群	5	2	20MPN/g	100MPN/g
		金黄色葡萄球菌	5	2	100MPN/g	250MPN/g
		沙门氏菌（25g 样品）	5	0	0	—
		金黄色葡萄球菌毒素	5	0	不得检出	—

第三节　预测食品微生物学

食品的微生物质量是所处环境中各种因素综合作用的结果。了解食品本身的特性对微生物的影响，是预测食品货架期和安全性的重要前提条件。食品中微生物的生长、繁殖会使其所处环境的某些物理、化学参数发生变化，如果能预先了解微生物的生长、繁殖与物理、化学参数之间的关系，就可通过检测物理和化学参数的变化了解微生物的生长、繁殖情况，间接监控微生物的生长与繁殖，从而不通过培养微生物而直接得到有关微生物生长、繁殖或死亡的信息。

预测食品微生物学（Predictive food microbiology）是建立在计算机基础上的、对食品中微生物的生长、残存、毒素产生进行量化的预测方法，它将食品微生物学、统计学等学科相结合，建立环境因素（温度、pH、A_w、防腐剂等）与食品微生物之间关系的数学模型。

预测食品微生物学基于微生物的数量对环境的响应是可以重现的，通过有关环境因素的信息就可以从过去的观测中预测目前食品中微生物的数量。预测食品微生物学的目的是通过计算机和配套软件，在不进行微生物检测的条件下快速对食品货架期和安全性进行预测。即通过测定微生物在特定控制条件下对环境因素的反应，将反应结果量化并以数学方程式表达，最终根据方程式利用插值法预测微生物在新设定条件下的反应。因此，可以通过已建立的方程模型计算获得相关数据，而不需要繁殖微生物来获得相关数据。

尽管许多食品体系具有一定的复杂性，但预测食品微生物学的模型能够简化问题，从而做出有用的预测分析。

一、预测食品微生物学的发展

预测食品微生物学是在研究外界条件与食品微生物的关系时逐渐建立起来的数学模型。食品中微生物的生长、存活与毒素产生和食品的质量、安全性密切相关。

现代预测食品微生物学起始于20世纪60年代。1964年英国奥利（Olley）等人在研究控制鱼的腐败时建立了温度对鱼腐败速率的影响模型。1983年食品微生物学家小组用计算机预测了食品货架期，开发了腐败菌生长的数据库。同年斯顿普（Stumb）等人建立了食品微生物受热破坏模型。1991年美国农业部的微生物食品安全研究机构（USDA's Microbial Food Safety Research Unit）开发并发行了利用自动响应面模型评价常用防腐剂的应用软件“Pathogen Modeling Program”。1992年英国农业、渔业和食品署开发了建立在数据库和数学模型基础上的食品微生物咨询服务器“Food Micromodel”，描述食品中致病菌的生长与环境因素之间的关系。1995年欧洲制定了“食品中微生物生长和残存的预测模型”的研究计划，希望建立更广泛的包括腐败菌、酵母菌、霉菌等与食品有关的微生物模型，其主要目标包括：在主要的欧洲食品中确定微生物的预测模型；开发仪器采集数据的方法；评估杂菌总数的重要性；在可靠的生物学基础上研究微生物残存模型。

目前，国内外对预测食品微生物学的研究工作十分重视，不断有新的预测模型和相关数据库产生，用以控制不同食品中的微生物。

二、预测食品微生物学的模型与预测

食品中微生物的生长、存活与毒素产生受各种因素的综合作用，因而预测十分困难。目前使用的方法主要有以下三种：

（1）专家的判断　基于食品微生物学家的个人经验或他们出版的论著。这种方法可能相当有效，但提供的定量数据极少。

（2）采用模拟试验　模拟试验中研究的微生物培养在食品材料上，食品材料经过同样的加工、贮存、运输及灭菌等所需的条件后观察微生物的存活情况。通过模拟试验可以提供可信的数据，但试验费用大、耗时多，试验能够提供的预测价值有限。因为其预测只适于特定的试验条件。任何条件（如加工、储存条件）的改变都会使预测无效而需重新试验。

（3）使用数学模型　这种方法使用越来越普遍。数学模型是一种用数学概念如自变量、因变量、函数、方程等建立起来的模型。

微生物的生长、存活与毒素产生是影响食品质量与安全的重要因素，因此建立相应的预测模型十分必要。关于食品中微生物失活/存活的预测模型和食品中微生物生长的预测模型等内容可参考相关专著。

三、预测食品微生物学与食品质量管理

预测食品微生物学在探索控制食品质量与安全的过程中逐步发展，已经在食品的危害分析与关键控制点（HACCP）体系等中得到应用，对食品的质量管理具有重要作用。

（1）预测食品微生物学的主要作用　①预测食品的货架期和安全性。②将食品中有关微生物的选择实验准确地局限于较小范围，大大减少了产品开发的时间和资金消耗。③对食品加工工序和贮藏控制中的失误引起的结果进行客观评估。④对新工艺和新产品的设计提供帮助，确保产品的微生物安全。

（2）预测食品微生物学在食品质量管理中的作用　利用微生物的生长模型能准确预测微生物生长速率与温度的关系，进而预测食品在流通环节中温度变化时微生物的增殖情况和数量。图 16-3 所示是预测食品在生产、贮藏、运输及超市等环节不同温度对微生物数量的影响。虽然食品经过的环节相同，但由于温度不同导致食品中腐败微生物的数量相差极大。

如果知道一批产品在生产、流通及销售过程中的不同温度及时间，那么就可以得到时间-温度的函数积分。如果温度波动，则温度变化会加速或减慢微生物的生长。实际使用温度和微生物生长速率的关系与实验温度对微生物生长的影响是相同的，因此根据温度变化情况，不需进行微生物检测也能知道微生物造成的产品损失。

在食品微生物学中，预测微生物学的数学模型在以计算机为基础的专家系统中具有重要作用。专家系统提供由数学模型计算出的意见和建议，这些意见和建议与食品微生物学家的判断相同，只不过是将他们的实践经验由计算机综合后给出结论。例如，正在使用的由英国 Flour Milling 和 Baking Rearch Association 公司设计的专家系统，可以预测面包产品的无霉货架寿命。以前的贮存实验已证明温度和 A_w 是主要的影响因素，结果表明在一定温度下面包产品的无霉货架寿命 T_L 的对数与 A_w（这里用平均相对湿度表示，简写为 ERH）呈线性关系，如在 27℃时，如式（16-1）所示：

$$\lg T_L = 6.42 - 0.0647 \times \mathrm{ERH} \tag{16-1}$$

使用者据此可以有一系列的屏幕菜单，选择产品型号、配料成分及相对数量、加工的质量损失和贮存温度等，按程序接着计算产品的 ERH，并给出产品的无霉货架寿命。

预测食品微生物学将会促使食品安全与卫生研究产生一个更加完善的方法，将对食品生产的各个环节产生影响，即影响从原材料的收获、处理到加工、贮藏、分配、零售以及消费等各个环节。

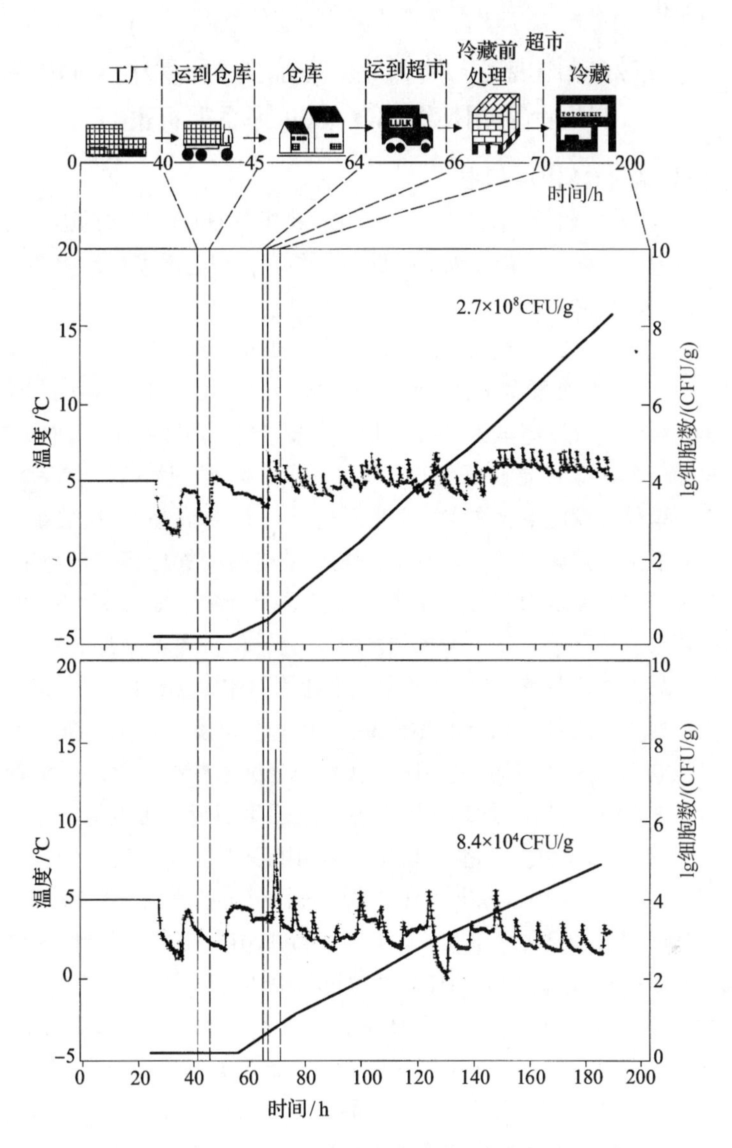

图 16-3　冷冻食品分配链中腐败微生物的生长预测

第四节　食品质量管理与控制体系

为了系统保障食品的微生物质量，就必须有严格的质量管理与控制体系。目前在食品加工过程中采用了多种食品质量管理与控制体系，包括良好操作规范（Good Manufacturing Practice，GMP）、卫生标准操作程序（Sanitation Standard Operating Procedures，SSOP）、质量管理体系 ISO 9000、危害分析与关键控制点（Hazard Analysis and Critical Control Point，HACCP）体系等。食品质量控制体系采用一系列的规定、措施和方法，从标准上加以完善，从而全面保证食品的质量。

一、良好操作规范 GMP、卫生标准操作程序 SSOP 和质量管理体系 ISO 9000 等系列标准

1. 良好操作规范（GMP）标准

GMP（良好操作规范或良好生产规范）标准，是指政府制定颁布的强制性的有关食品原料、生产加工、包装、贮存、运输、人员等的卫生要求，它规定了食品生产必须满足的卫生条件，因此可以说它是食品生产组织所必须满足的卫生标准。

1963 年美国 FDA 首次发布药品的 GMP 法规，1996 年又发布了食品 GMP 基本法规（21CFR Part 110），之后相继发布了各类食品的 GMP 法规。继美国之后，日本、加拿大、新加坡、德国、澳大利亚、台湾等国家和我国地区积极推行食品的 GMP。1994 年我国卫生部颁布了 GB 14881—1994《食品企业通用卫生规范》国家标准。该标准对食品原材料采购与运输卫生要求、工厂设计与设施卫生要求、工厂卫生管理、生产过程卫生要求、成品贮存与运输卫生要求、个人卫生与健康要求，以及卫生与质量检验的管理等做了规定。自 1988 年起我国卫生行政管理部门先后颁布了数十项卫生规范国家标准，如罐头、啤酒、白酒、酱油、食醋、植物油、蜜饯、糕点、乳品、肉类、膨化食品、保健食品、即食鲜切果蔬等卫生规范，现行有效的食品卫生规范有 29 个，其中 3 个通用 GMP（GB 14881—2013《食品安全国家标准　食品生产通用卫生规范》、GB 31603—2015《食品安全国家标准　食品接触材料及制品生产通用卫生规范》、GB 31647—2018《食品安全国家标准　食品添加剂生产通用卫生规范》），26 个专用 GMP，专用 GMP 除了企业生产卫生规范，还包括了冷链物流卫生规范（GB 31605—2020《食品安全国家标准　食品冷链物流卫生规范》）和经营过程的卫生规范（GB 31621—2014《食品安全国家标准　食品经营过程卫生规范》、GB 20799—2016《食品安全国家标准　肉和肉制品经营卫生规范》、GB 22508—2016《食品安全国家标准　原粮储运卫生规范》），有效保证了冷链物流和食品经营过程中的食品安全要求。

GMP 是一种具有专业特性的质量保证体系和制造业管理体系，要求食品企业在制造、包装、贮运食品等过程中，有关人员、建筑、设施、设备等的设置与卫生，以及制造过程、产品质量等管理均能符合良好生产条件，防止食品在不卫生条件或可能引起污染或品质变坏的环境下操作，确保食品安全卫生和品质稳定。可以说，GMP 在确保食品安全性方面是一种重要的保证措施。GMP 强调食品生产过程（包括生产环境）和贮运过程的品质控制，尽量将可能发生的危害从规章制度上加以严格控制，与 HACCP 计划的执行有共同的基础和目标，确保终产品的质量符合标准要求。

2. 卫生标准操作程序（SSOP）标准

卫生标准操作程序（SSOP）是指食品企业为了保证达到 GMP 所规定的要求，确保加工过程中消除不良的人为因素，使其所加工的食品符合卫生要求而制定的食品生产加工过程中如何实施清洗、消毒和卫生保持的作业指导文件。SSOP 实际上是 GMP 中最关键的、食品工厂必须遵守的基本卫生条件，也是在食品生产中实现 GMP 全面目标的卫生操作规范。SSOP 是食品生产和加工企业建立和实施 HACCP（危害分析与关键控制点）的重要前提条件。即 HACCP 计划是建立在 GMP 和 SSOP 基础上的食品质量管理体系。

SSOP 强调食品生产车间、环境、人员及与食品有接触的器具、设备中可能存在的危害

的预防，以及清洗（洁）的措施。SSOP 至少包括以下 8 项关键内容：①用于接触食品或食品接触面的水（冰）的安全；②与食品接触的表面（包括器具、设备、手套、工作服）的清洁；③防止交叉污染，包括食品与不洁物、食品与包装材料、人流与物流、高清洁度区域食品与低清洁度区域食品、生食与熟食之间的交叉污染；④操作人员手的清洗、消毒设施以及卫生间设施的维护与卫生保持；⑤防止食品被外来污染物（掺杂物）污染；⑥有毒化合物的正确标记、贮存和使用；⑦员工健康状况的控制；⑧虫害与鼠害的扑灭及控制。

3. 质量管理体系 ISO 9000 等系列标准

ISO 9000 族标准是国际标准化组织（International Organization for Standardization，ISO）1987 年发布的国际通用的质量管理与保证体系，规定了质量体系中各个环节（各个要素）的标准化实施规程与合格评定实施规程，实行产品质量认证或质量体系认证。这些质量管理和质量认证都是确保最终产品质量为目标。1992 年，经 ISO、国际贸易委员会（ITU）和关税和贸易总协定（GATT）讨论，制定《标准化实施规程》和《合格评定实施规程》，以求在全世界经济贸易中保证标准化与合格评定的开放性和透明度。质量认证，包括产品质量认证和质量体系认证，是合格评定的主要内容，实行质量认证制度已成为产品进入国际市场的通行证。而取得认证资格都必须具备的一个重要条件是企业要按照国际通行的质量管理和质量保证系列标准，即 ISO 9000（或 GB/T 19000），建立适合本企业具体情况的质量体系，并有效执行。

GB/T 19000 族标准是我国发布的等同 ISO 9000 族标准，主要包括 ISO 9000 族标准的总说明（GB/T 19000《质量管理体系　基础和术语》）、质量管理类型标准（GB/T 19004《质量管理　组织的质量　实现持续成功指南》）和质量保证类型标准（GB/T 19001《质量管理体系　要求》，GB/T 19002《质量管理体系　GB/T 19001—2016 应用指南》）。质量保证的两个标准主要目的是提供给贸易（供需）双方在签订质量保证协议时选择和使用，为质量管理体系的应用指南；质量管理标准 GB/T 19004—2020《质量管理　组织的质量　实现持续成功指南》是对企业进行质量管理、建立质量体系的指导，确保质量体系行之有效，以减少、消除，特别是对预防质量缺陷的产生起关键作用，为组织增强其实现持续成功的能力提供指南。

ISO 14000 环境管理体系系列管理标准是国际标准化组织继 ISO 9000 标准之后推出的又一个管理标准，由环境管理体系标准和产品环境标志标准两部分组成，其主要目的是规范企业的环境行为，使之与社会发展相适应，减少环境污染，改进生态环境质量，促进经济的可持续发展。

ISO 22000 食品安全管理体系采用了 ISO 9000 标准体系结构，突出了体系管理概念，将组织、资源、过程和程序等融合至体系中，既可单独使用，也可结合 ISO 9001 使用。ISO 22000 提出的是基本原则与执行方法，带有普遍性指导原则。它既是描述食品安全管理体系要求的使用指导标准，也是可供食品生产、操作和供应的组织认证和注册的依据。我国也等同采用了此标准，即 GB/T 22000—2006《食品安全管理体系　食品链中各类组织的要求》和 GB/T 22004—2007《食品安全管理体系 GB/T 22000—2006 的应用指南》。

ISO 22000 食品安全管理体系的要素基本包括了 HACCP 所要求的从食品加工原材料、食品加工过程到产品的贮运、销售等环节。基本操作步骤有：①质量环节的分析，找出可能影响产品质量的各个环节，并确定每个质量环节的质量职能（类似 HACCP 的危害分析）；②依据质量环节分析结果，确定质量体系中应包括的具体要素和对每个要素进行控制的要求和措施；③质量体系文件的确立与实施；④领导对质量体系的审核等。这些都与 HACCP 互有共同性。可以说，HACCP 原理中关于危害分析，CCP 的确定及其监控、纠偏、审核等都与 ISO 22000 中各要素相对应。

二、危害分析与关键控制点（HACCP）体系

1. HACCP 体系的产生与发展

HACCP 体系最早是 1959 年美国 Pillsbury 公司与美国航空和航天局 Natick 实验室在联合开发航天食品时形成的食品质量管理体系。1989 年美国食品微生物咨询委员会（NACMCF）起草了《用于食品生产的 HACCP 原理的基本准则》，并用之作为法规及工业部门培训和执行 HACCP 的原理。1992 年以来历经修改完善，形成 HACCP 七个基本原理。日本、澳大利亚、新西兰、泰国等国家相继发布及实施 HACCP 原理的法规、命令。HACCP 体系已成为世界公认的有效保证食品安全的质量保证系统。1990 年中国进出口商品检验局制定了“在出口食品生产中建立 HACCP 质量管理体系”导则及一些在食品加工方面的 HACCP 体系的具体实施方案。2001 年 11 月国际标准化组织将 HACCP 原理引入到 ISO 9000 中形成了 ISO 15161：2001《ISO 9001：2000 在食品和饮料工业的应用指南》；2005 年 9 月国际标准化组织发布了以 HACCP 为基础的 ISO 22000：2005《食品安全管理体系——食品链中各类组织的要求》标准；2006 年我国将 ISO 22000：2005 标准等同转化为国家标准 GB/T 22000—2006《食品安全管理体系　食品链中各类组织的要求》，并于 2006 年 7 月开始实施。

食品生产组织按照 GMP 及 SSOP 控制食品生产的安全卫生，可以解决部分食品加工过程中可能带来的危害，但是可能不能解决一些与食品本身及其相关加工工艺带来的危害，因此实施 HACCP 计划是一种简便、合理而先进的食品安全管理手段，通过对生产过程的危害分析及确定关键控制点，旨在预防食品本身及其相关加工工艺产生的危害，从而最大限度地消除和减少影响消费者健康的食品安全危害。

HACCP 体系的建立是 ISO 22000 的核心，在此重点介绍 HACCP 体系的基本原理。

2. HACCP 体系的基本原理

HACCP 是一个确认、分析、控制生产过程中可能发生的生物、化学、物理危害的系统方法，是一种新的质量保证系统。它不同于传统的质量检查（即终产品检验），HACCP 是一种生产过程各环节的控制，由 HACCP 名称明确可见，它主要包括 HA，即危害分析（Hazard Analysis），以及 CCP，即关键控制点（Critical Control Point）。HACCP 原理经过实际应用与修改，已被联合国食品法典委员会（CAC）确认，现已成为世界公认的有效保证食品安全的质量保证体系。

HACCP 的七个基本原理：

（1）进行危害分析（HA）和制定控制措施　确定与食品生产各阶段有关的潜在危害性。危害分析包括原材料生产、加工工艺步骤以及销售和消费等每个环节可能出现多种危害，既要分析其可能发生的危害及危害程度，也要涉及到有防护措施来控制这种危害。危害分析应确定引起危害发生的环节包括原辅料可能带有相关微生物或其代谢物、食品生产的不同阶段潜在的污染源、中间品或产品的理化特性允许微生物生长或存活。HACCP 小组针对可能产生的显著危害制定相应的控制措施，明确显著危害与控制措施之间的对应关系，并考虑一项

控制措施控制多种显著危害或多项控制措施控制一种显著危害的情况。

（2）确定关键控制点（CCP）　CCP是可以被控制的某一点、步骤或方法，经过确定CCP，可以确保所有显著危害得到有效控制，使食品潜在危害得以防止、排除或降至可接受的水平。每个步骤可以是食品生产制造的任一步骤，包括原材料及其收购或其生产、收获、运输，以及产品配方、加工、贮运各步骤。CCP的确定可以使用CCP判断树来确定。

（3）确定关键限值（CL）　CL是所有与CCP有关的预防措施都必须满足的标准，为保证CCP受控制，需对每个CCP点确定一个标准值，即是确保食品安全的界限。CL通常是保藏技术参数，如基质水分、A_w、pH、食盐浓度等，以及杀菌温度与时间、环境温度、湿度和气体浓度等。

（4）确定监控CCP的措施　监控是有计划、有顺序地观察或测定关键限值（如温度、时间、水分、pH等），以判断CCP是否在可控制的范围内，并有准确的记录，进一步用于审核程序的评价。应尽可能通过各种理化方法对CCP进行连续监控，若无法连续监控关键限值，应有足够的间歇频率观察测定CCP的变化特征，以确保CCP是在控制之中。

（5）确立纠偏措施　当监控显示出现偏离关键限值时，要采取纠偏措施。虽然HACCP系统已有计划防止偏差，但从总的保护措施来说，应在每一个CCP上有合适的纠偏计划，以防万一发生偏差时能有适当的手段恢复或纠正出现的问题，并有维持纠偏行动的记录。

（6）确立有效的记录保持程序　要求将列有确定的危害性质、CCP、关键限值的书面HACCP计划的准备、执行、监控、记录保持和其它措施等与执行HACCP计划有关的信息、数据记录文件完整地保存下来。

（7）建立验证程序　用验证程序证实HACCP计划的完整性和所有要素的有效性，包括验证的依据和方法、验证的频次、验证人员、内容、结果，以及采取的措施、验证记录等。验证的重点：检查HACCP计划，以确定建立的CCP和CL是否正确，CL是否能够控制确定的危害，是否在进行有效的控制和监控；出现偏差时，采取哪些纠偏措施；检查员工是否保持良好的HACCP记录。当验证结果不符合要求时，应采取纠正措施并进行再验证。

HACCP体系最大特点之一在于对生产设施的特殊性的要求。生产同样产品的工厂，若产量、设备或原料不同则意味着确定的CCP不同；同样，相同的生产过程的细微变化可能导致确定新的CCP或发现现用的指标或监测程序的缺陷。因此，使用HACCP体系必须因地制宜，结合生产、管理等具体情况进行设计、实施，否则难以发挥应有作用。

重点与难点

（1）食品微生物学检验程序；（2）三级采样方案的内容；（3）SSOP至少包括的8项关键内容；（4）HACCP的七个基本原理。

课程思政点

作为食品检验和食品质量管理工作者，学习食品微生物质量与管理控制体系对掌握食品微生物学检验程序与采样方案，理解危害分析与关键控制点（HACCP）体系的原理十分必要，后续可以通过培训与考核获得食品质量管理体系内/外审员资格证书，努力提高保障人民饮食安全的专业水平和管理能力。

复习思考题

1. 食品微生物质量包括哪几方面？食品微生物质量指标包括哪几项？

2. 食品微生物学检验程序一般包括哪些内容？如何进行样品的采集？三级采样方案的内容是什么？举例说明。

3. 什么是预测食品微生物学？预测食品微生物学有哪些作用？

4. 什么是GMP和SSOP？SSOP至少包括的8项关键内容是什么？

5. ISO 22000食品安全管理体系的基本要素包括哪些内容？

6. 什么是危害分析与关键控制点？HACCP的七个基本原理是什么？

APPENDIX

附录

常用微生物的中文-拉丁文学名对照表

中文名	拉丁文学名
阿舒囊霉属	***Ashbya***
棉阿舒囊霉（又名棉病囊霉）	*Ashbya gossypii*
埃希氏菌属	***Escherichia***
大肠埃希氏菌	*Escherichia coli*
弗格森埃希氏菌	*Escherichia fergusonii*
蟑螂埃希氏菌	*Escherichia blattae*
爱德华氏菌属	***Edwardsiella***
迟钝爱德华氏菌	*Edwardsiella tarda*
八叠球菌属	***Sarcina***
尿素八叠球菌	*Sarcina ureae*
藤黄八叠球菌	*Sarcina lutea*
胃八叠球菌	*Sarcina ventriculi*
最大八叠球菌	*Sarcina maxima*
巴氏杆菌属	***Pasturella***
副溶血性巴斯德氏菌	*Pasturella parahaemolytica*
棒状杆菌属	***Corynebacterium***
白喉棒状杆菌	*Corynebacterium diphtheriae*
北京棒状杆菌	*Corynebacterium Pekinense*
产氨棒状杆菌（异名类短杆菌）	*Corynebacterium ammoniagenes*（*Bre. like*）
钝齿棒状杆菌	*Corynebacterium crenatum*
干燥棒状杆菌	*Corynebacterium xerosis*
谷氨酸棒状杆菌	*Corynebacterium glutamicum*
化脓棒状杆菌	*Corynebacterium pyogenes*
嗜醋酸棒状杆菌	*Corynebacterium acedophilum*
天津棒状杆菌	*Corynebacterium Tianjianense*
毕赤酵母属	***Pichia***
发酵毕赤酵母	*Pichia fermentans*
粉状毕赤酵母	*Pichia farinosa*
季氏毕赤酵母	*Pichia guilliermondii*
库德毕赤酵母	*Pichia kudriavzevii*

膜醭毕赤酵母	*Pichia membranifaciens*
异常毕赤酵母	*Pichia anomala*
变形杆菌属	***Proteus***
产黏变形杆菌	*Proteus myxofaciens*
摩根变形杆菌（又名摩氏摩根菌）	*Proteus morganiis* (*Morganella morganiis*)
潘氏变形杆菌（又名彭氏变形菌）	*Proteus penneri*
普通变形杆菌	*Proteus vulgaris*
奇异变形杆菌	*Proteus mirabilis*
丙酸杆菌属	***Propionibacterium***
产丙酸丙酸杆菌	*Propionibacterium acidipropionici*
傅氏丙酸杆菌（又名费氏丙酸杆菌）	*Propionibacterium freudenreichii*
薛氏丙酸杆菌	*Propionibacterium shermanii*
不动杆菌属	***Acinetobacter***
鲍曼不动杆菌	*Acinetobacter baumannii*
布鲁氏杆菌属（简称布氏杆菌属）	***Brucella***
牛布鲁氏杆菌（又名流产布鲁氏杆菌）	*Brucella abortus*
羊布鲁氏杆菌（又名马耳他布鲁氏杆菌）	*Brucella melitensis*
猪布鲁氏杆菌	*Brucella suis*
侧孢霉属（曾称分枝孢霉属）	***Sporotrichum***
嗜热侧孢霉	*Sporotrichum thermophile*
肉色侧孢霉（曾称肉色分枝霉孢）	*Sporotrichum carnis*
产碱杆菌属	***Alcaligenes***
粪产碱杆菌	*Alcaligenes faecalis*
黏乳产碱杆菌（又名稠乳产碱杆菌）	*Alcaligenes viscolactis*
长喙壳菌属	***Ceratostomella***
毛缘长喙壳菌	*Ceratostomella fimbriata*
肠杆菌属	***Enterobacter***
阪崎肠杆菌	*Enterobacter sakazakii*
产气肠杆菌	*Enterobacter aerogenes*
阴沟肠杆菌	*Enterobacter cloacae*
中间肠杆菌	*Enterobacter intermedius*
肠球菌属	***Enterococcus***
病臭肠球菌（又名恶臭肠球菌）	*Enterococcus malodoratus*
鹑鸡肠球菌（又名鸡肠球菌、鸽肠球菌）	*Enterococcus gallinarum*
粪肠球菌（曾称粪链球菌）	*Enterococcus faecalis*
海氏肠球菌（又名肠道肠球菌，小肠肠球菌）	*Enterococcus hirae*
黄色肠球菌	*Enterococcus flavescens*
解糖肠球菌	*Enterococcus saccharolyticus*
盲肠肠球菌	*Enterococcus cecorum*
蒙氏肠球菌（芒特肠球菌）	*Enterococcus mundtii*
棉籽糖肠球菌	*Enterococcus raffinosus*
耐久肠球菌（又名坚韧肠球菌或坚强肠球菌）	*Enterococcus durans*

鸟肠球菌	*Enterococcus avium*
铅黄肠球菌	*Enterococcus casseliflavus*
屎肠球菌（曾称屎链球菌）	*Enterococcus faecium*
赤霉属	***Gibberella***
小麦赤霉菌	*Gibberella saubinetii*
玉米赤霉菌（为禾谷镰刀菌的有性阶段）	*Gibberella zeae*
串孢霉属	***Catenularia***
咖啡色串孢霉（又名烟煤色串孢霉）	*Catenularia fuliginea*
刺盘孢霉属（又名毛盘孢霉属）	***Colletotrichum***
菜豆刺盘孢霉	*Colletotrichum lindenuthianum*
咖啡刺盘孢霉	*Colletotrichum coffeanum*
可可刺盘孢霉	*Colletotrichum coccodes*
盘长孢状刺盘孢霉	*Colletotrichum gloeosporiodes*
洋葱炭疽病刺盘孢霉	*Colletotrichum circinans*
丛梗孢霉属（又名念珠霉属）	***Monilia***
变异丛梗孢霉	*Monilia variabilis*
好食丛梗孢霉（有性阶段为好食脉孢霉）	*Monilia sitophila*
黑丛梗孢霉	*Monilia nigra*
丛霉属	***Dematium***
醋酸杆菌属	***Acetobacter***
奥尔兰醋酸杆菌	*Acetobacter orleanense*
巴氏醋酸杆菌	*Acetobacter pasteurianus*
白膜醋酸杆菌	*Acetobacter acetosum*
恶臭醋酸杆菌	*Acetobacter rancens*
黑醋酸杆菌	*Acetobacter melanogenum*
红醋酸杆菌	*Acetobacter roseum*
木醋酸杆菌（又名胶醋酸杆菌、胶膜醋酸杆菌）	*Acetobacter xylinum*
攀膜醋酸杆菌	*Acetobacter scendens*
弱氧化醋酸杆菌	*Acetobacter suboxydans*
纹膜醋酸杆菌（又名醋化醋杆菌）	*Acetobacter aceti*
许氏醋酸杆菌	*Acetobacter schutzenbachii*
氧化醋酸杆菌	*Acetobacter oxydans*
丹毒丝菌属	***Erysipelothrix***
红斑丹毒丝菌（又名猪丹毒丝菌）	*Erysipelothrix rhusiopathiae*（*Ery. porci*）
单端孢霉属	***Trichothecium***
粉红单端孢霉（又名玫瑰单端孢霉）	*Trichothecium roseum*
德巴利酵母属	***Debaryomyces***
汉逊德巴利酵母	*Debaryomyces hansenii*
地霉属	***Geotrichum***
白地霉（又名乳卵孢霉，俗称酵母状霉菌）	*Geotrichum candidum*（*Oospora lactis*）
淀粉丝菌属	***Amylomyces***
鲁氏淀粉丝菌	*Amylomyces rouxii*

丁酸杆菌属	***Eubacterium***
雷氏丁酸杆菌	*Eubacterium limosum*
动胶菌属	***Zoogloea***
短杆菌属	***Brevibacterium***
产氨短杆菌	*Brevibacterium ammoniagens*
二歧短杆菌（又名扩展短杆菌）	*Brevibacterium divaricatum*（*Bre. linens*）
黄色短杆菌	*Brevibacterium flavum*
乳酪短杆菌	*Brevibacterium casei*
乳糖发酵短杆菌	*Brevibacterium lactofermentum*
嗜氨短杆菌	*Brevibacterium ammoniaphium*
微黄短杆菌	*Brevibacterium helvolum*
液化短杆菌	*Brevibacterium liquifaciens*
短梗霉属	***Aureobasidium***
出芽短梗霉（又名出芽茁霉，俗名黑酵母）	*Aureobasidium pullulans*
短芽孢杆菌属	***Brevibacillus***
波茨坦短芽孢杆菌	*Brevibacillus borstelensis*
发酵单胞菌属	***Zymomonas***
厌氧发酵单胞菌	*Zymomonas anaerobia*
运动发酵单胞菌	*Zymomonas mobilis*
放射毛霉属	***Actinomucor***
雅致放射毛霉	*Actinomucor elegans*
放线菌属	***Actinomyces***
牛型放线菌	*Actinomyces bovis*
嗜热放线菌	*Actinomyces thermophilus*
衣氏放线菌	*Actinomyces israelii*
分枝杆菌属	***Mycobacterium***
草分枝杆菌	*Mycobacterium phlei*
结核分枝杆菌	*Mycobacterium tuberculosis*
麻风分枝杆菌	*Mycobacterium leprae*
腐皮壳菌属	***Diaporthe***
柑橘褐色蒂腐皮壳菌	*Diaporthe citri*
复端孢霉属	***Cephlothecium***
粉红复端孢霉	*Cephlothecium roseum*
复膜酵母属	***Saccharomycopsis***
扣囊复膜酵母（又名扣囊拟内孢霉）	*Saccharomycopsis fibuligera*（*Endomycopsis fibuligera*）
杆菌属	***Bacterium***
甘露醇杆菌	*Bacterium mannitopoem*
琥珀酸杆菌	*Bacterium succinicum*
解酒石杆菌	*Bacterium tartarophorum*
灵杆菌（又名黏质沙雷氏菌）	*Bacterium prodigiosum*（*Serratia marcescens*）
高温放线菌属	***Thermoactinomyces***

根毛霉属 ***Rhizomucor***

米黑根毛霉 *Rhizomucor miehei*

根霉属 ***Rhizopus***

白曲根霉 *Rhizopus peka*

代氏根霉 *Rhizopus delemar*

河内根霉 *Rhizopus tonkinensis*

黑根霉（又名匍枝根霉，俗称面包霉） *Rhizopus nigricans*（*Rhizopus stolonifer*）

华根霉（又名中国根霉） *Rhizopus chinensis*

米根霉 *Rhizopus oryzae*

少孢根霉 *Rhizopus oligosporus*

少根根霉（又名无根根霉） *Rhizopus arrhizus*

有性根霉（又名性殖根霉） *Rhizopus sexualis*

爪哇根霉 *Rhizopus javanicus*

固氮菌属 ***Azotobacter***

褐色球形固氮菌（又名圆褐固氮菌） *Azotobacter chroococcum*

棕色固氮菌 *Azotabacter vinelandii*

哈佛尼亚菌属 ***Hafnia***

蜂房哈佛尼亚菌 *Hafnia alvei*

汉逊酵母属 ***Hansenula***

碎囊汉逊酵母 *Hansenula capsulata*

土星汉逊酵母 *Hansenula saturnus*

西弗汉逊酵母 *Hansenula ciferrii*

亚膜汉逊酵母 *Hansenula subpelliculosa*

异常汉逊酵母 *Hansenula anomala*

核盘孢霉属（核盘菌属） ***Sclerotinia***

大豆核盘孢霉 *Sclerotinia libertiana*

苹果褐腐病核盘孢霉 *Sclerotinia fructigena*

横梗霉属 ***Lichtheimia***

总状横梗霉 *Lichtheimia ramose*

红假单胞菌属 ***Rhodopseudomonas***

胶质红假单胞菌 *Rhodopseudomonas gelatinosa*

红酵母属 ***Rhodotorula***

胶红酵母 *Rhodotorula mucilaginosa*

美丽红酵母 *Rhodotorula gracilis*

黏红酵母 *Rhodotorula glutinis*

深红酵母 *Rhodotorula rubra*

小红酵母 *Rhodotorula minuta*

红螺菌属 ***Rhodospirillum***

红曲霉属 ***Monascus***

安卡红曲霉 *Monascus anka*

巴克红曲霉 *Monascus barkeri*

变红红曲霉 *Monascus serorubosecens*

发白红曲霉	*Monascus albidus*
黄色红曲霉	*Monascus ruber*
锈红色红曲霉	*Monascus rubiginosus*
烟色红曲霉	*Monascus fulginosus*
紫色红曲霉	*Monascus purpureus*
红微菌属	***Rhodomicrobium***
弧菌属	***Vibrio***
副霍乱弧菌	*Vibrio biotypeeltor*
副溶血性弧菌	*Vibrio parahaemolyticus*
霍乱弧菌	*Vibrio cholerae*
腌肉弧菌	*Vibrio costicolus*
黄单胞菌属	***Xanthomonas***
菜豆黄单胞菌	*Xanthomonas phaseoli*
常春藤叶斑黄单胞菌	*Xanthomonas hederac*
大豆斑疹黄单胞菌	*Xanthomonas phascoil*
甘蓝黑腐病黄单胞菌（又名野油菜黄单胞菌）	*Xanthomonas campestris*
胡萝卜黄单胞菌	*Xanthomonas carotae*
锦葵黄单胞菌	*Xanthomonas malvacearum*
棉花角斑黄单胞菌	*Xanthomonas malvaclarum*
透明黄单胞菌	*Xanthomonas transleucons*
黄杆菌属	***Flavobacterium***
变形黄杆菌	*Flavobacterium proteus*
橙色黄杆菌	*Flavobacterium aurantiacum*
短黄杆菌（异名短稳杆菌）	*Flavobacterium brevis*（*Empedobacter brevis*）
甲基球菌属	***Methylococcus***
荚膜甲基球菌	*Methylococcus capsulatus*
甲烷单胞菌属	***Methanomonas***
嗜甲烷单胞菌	*Methanomonas methanica*
甲烷杆菌属	***Methanobacterium***
甲酸甲烷杆菌	*Methanobacterium formicicum*
假单胞菌属	***Pseudomonas***
边缘假单胞菌	*Pseudomonas marginalis*
菠萝软腐病假单胞菌	*Pseudomonas ananas*
草莓假单胞菌（又名莓实假单胞菌）	*Pseudomonas fragi*
产碱假单胞菌	*Pseudomonas alcaligenes*
肠炎假单胞菌	*Pseudomonas enterritidis*
臭味假单胞菌	*Pseudomonas mephitica*
稻草假单胞菌	*Pseudomonas straminea*
丁香假单胞菌	*Pseudomonas syringae*
恶臭假单胞菌	*Pseudomonas putida*
腐败假单胞菌（又名生红色腐败假单胞菌）	*Pseudomonas putrefaciens*
腐臭假单胞菌	*Pseudomonas taetrolens*

红皮假单胞菌	*Pseudomonas cutirubra*
黄褐假单胞菌	*Pseudomonas fulva*
甲烷假单胞菌	*Pseudomonas methanica*
类黄假单胞菌	*Pseudomonas synxantha*
类蓝假单胞菌（又名深蓝色假单胞菌）	*Pseudomonas syncyanea*
林氏假单胞菌	*Pseudomonas lindneri*
霉味假单胞菌	*Pseudomonas mucidolens*
黏假单胞菌	*Pseudomonas myxogenes*
浓味假单胞菌	*Pseudomonas graveolens*
栖菜豆假单胞菌	*Pseudomonas phaseoilcola*
芹假单胞菌	*Pseudomonas apii*
萨氏假单胞菌	*Pseudomonas savastanoi*
生黑色腐败假单胞菌（简称黑腐假单胞菌）	*Pseudomonas nigrifaciens*
生孔假单胞菌	*Pseudomonas lacunogenes*
嗜糖假单胞菌	*Pseudomonas saccharophila*
斯氏假单胞菌	*Pseudomonas stutzeri*
条纹假单胞菌	*Pseudomonas striata*
铜绿假单胞菌（又名绿脓假单胞菌）	*Pseudomonas aeruginosa*
盐地假单胞菌	*Pseudomonas salinaria*
洋葱假单胞菌	*Pseudomonas cepacia*
椰毒假单胞菌酵米面亚种（曾称酵米面黄杆菌）	*Pseudomonas cocovenenans* subsp. *farimofermentans*
荧光假单胞菌	*Pseudomonas fluorescens*
玉米假单胞菌	*Pseudomonas maidis*
假囊酵母属	***Eremothecium***
阿舒假囊酵母（又名阿氏假囊酵母）	*Eremothecium ashbyii*
假丝酵母属（曾称念珠菌属）	***Candida***
白假丝酵母（又名涎沫假丝酵母，曾称白念珠菌）	*Candida albicans*
产朊假丝酵母（又名产朊球拟酵母、产朊圆酵母）	*Candida utilis*（*Torulopsis utilis*）
恶臭假丝酵母	*Candida rancens*
法马塔假丝酵母	*Candida famata*
浮膜假丝酵母	*Candida mycoderma*
副热带假丝酵母	*Candida paratropicalis*
洪氏假丝酵母（又名洪氏球拟酵母）	*Candida holmii*（*Torulopsis holmii*）
解脂假丝酵母解脂变种（简称解脂假丝酵母）	*Candida lipolytica*
克鲁斯假丝酵母	*Candida krusei*
拟热带假丝酵母（又名类热带假丝酵母）	*Candida pseudotropicalis*
柠檬假丝酵母	*Candida citrica*
清酒假丝酵母	*Candida sake*
热带假丝酵母（曾称热带念珠菌）	*Candida tropicalis*
乳酒假丝酵母（又名高加索假丝酵母；异名乳酒球拟酵母或乳脂圆酵母）	*Candida kefir*（*Torulopsis kefir*）

纤细假丝酵母 *Candida tenuis*

交链孢霉属（又名链格孢霉属） ***Alternaria***

稻交链孢霉 *Alternaria oryzae*

番茄交链孢霉 *Alternaria tomato*

互隔交链孢霉 *Alternaria alternata*

芸苔交链孢霉 *Alternaria brassicae*

酵母属 ***Saccharomyces***

巴氏酵母 *Saccharomyces pastorianus*

产酸酵母 *Saccharomyces acidifaciens*

脆壁酵母 *Saccharomyces fragilis*

德氏酵母（又名戴氏酵母，异名德氏球拟酵母） *Saccharomyces delbrueckii*

发酵酵母 *Saccharomyces fermentati*

蜂蜜酵母 *Saccharomyces mellis*

活跃酵母 *Saccharomyces festinans*

开菲尔酵母 *Saccharomyces kefir*

鲁氏酵母 *Saccharomyces rouxii*

路氏酵母（又名路德类酵母菌） *Saccharomyces ludwigii*

卵形酵母 *Saccharomyces oviformis*

罗氏酵母 *Saccharomyces rosei*

酿酒酵母（又名啤酒酵母，为上面发酵酵母） *Saccharomyces cerevisiae*

葡萄酒酵母 *Saccharomyces ellipsoideus*

葡萄汁酵母（曾称卡尔斯伯酵母，为下面发酵酵母） *Saccharomyces uvarum*（*Sac. carlsbergensis*）

乳酸酵母 *Saccharomyces lactis*

少孢酵母 *Saccharomyces exiguous*

绍兴酵母 *Saccharomyces shaoshing*

小椭圆酵母 *Saccharomyces microellipsoideus*

意大利酵母 *Saccharomyces italicus*

越南酵母 *Saccharomyces anamensis*

接合酵母属 ***Zygosaccharomyces***

产酸接合酵母 *Zygosaccharomyces acidifaciens*

大豆接合酵母 *Zygosaccharomyces soyae*

酱醪接合酵母 *Zygosaccharomyces major*

鲁氏接合酵母 *Zygosaccharomyces rouxii*

小椭圆接合酵母 *Zygosaccharomyces microellipsoides*

节杆菌属（曾称节细菌属） ***Arthrobacter***

氨基酸节杆菌 *Arthrobacter aminofvrmis*

活泼节杆菌（曾称活泼微球菌或活跃微球菌） *Arthrobacter vividus*（*Micrococcus vividus*）

酒球菌属 ***Oenococcus***

北原酒球菌 *Oenococcus kitaharae*

酒酒球菌（又名酒类酒球菌） *Oenococcus oeni*

酒香酵母属 ***Brettanomyces***

克罗诺杆菌属（原名阪崎肠杆菌） ***Cronobacter*（*Enterobacter sakazakii*）**

阪崎克罗诺杆菌	*Cronobacter sakazakii*
丙二酸盐克罗诺杆菌	*Cronobacter malonaticus*
都柏林克罗诺杆菌	*Cronobacter dubinensis*
康帝蒙提克罗诺杆菌	*Cronobacter condimenti*
莫金斯克罗诺杆菌	*Cronobacter muytjensii*
苏黎世克罗诺杆菌	*Cronobacter turicensis*
尤尼沃斯克罗诺杆菌	*Cronobacter universalis*
克勒克氏酵母属	***Kloeckeria***
柠檬形克勒克氏酵母	*Kloeckeria apiculata*
克雷伯氏菌属（曾称克氏杆菌属）	***Klebsiella***
肺炎克雷伯氏菌	*Klebsiella pneumoniae*
克鲁维酵母属	***Kluyveromyces***
保加利亚克鲁维酵母	*Kluyveromyces bulgaricus*
脆壁克鲁维酵母（又名易脆克鲁维酵母）	*Kluyveromyces fragilis*
马克斯克鲁维酵母	*Kluyveromyces marxianus*
乳酸克鲁维酵母	*Kluyveromyces lactis*
犁头霉属	***Absidia***
布氏犁头霉	*Absidia blakesleeana*
蓝色犁头霉	*Absidia coerulea*
伞枝犁头霉	*Absidia corymbifera*
李斯特菌氏属	***Listeria***
单核细胞增生李斯特氏菌（简称单增李斯特氏菌）	*Listeria monocytogenes*
镰刀霉属（又名镰孢菌属）	***Fusarium***
半裸镰刀菌	*Fusarium selnitectum*
层出镰刀菌（又名层生镰刀菌、多育镰刀菌）	*Fusarium proliferatum*
串珠镰刀菌	*Fusarium moniliforme*
大刀镰刀菌（又名黄色镰刀菌）	*Fusarium culmorum*（*Fusarium culmnim*）
禾谷镰刀菌（曾称粉红镰刀菌，玫瑰色镰刀菌）	*Fusarium graminearum*（*Fusarium roseum*）
尖孢镰刀菌	*Fusarium oxysporum*
梨孢镰刀菌	*Fusarium poae*
轮状镰刀菌	*Fusarium nematophilum*
木贼镰刀菌	*Fusarium equiseti*
拟枝孢镰刀菌（又名拟顶镰刀菌）	*Fusarium sporotrichioides*
茄病镰刀菌	*Fusarium solani*
乳酸镰刀菌	*Fusarium lactis*
三线镰刀菌（又名三隔镰刀菌）	*Fusarium tricinctum*
雪腐镰刀菌	*Fusarium nivale*
亚麻镰刀菌	*Fusarium lini*
燕麦镰刀菌	*Fusarium avenaceum*
链孢囊菌属	***Streptosporangium***
粉红链孢囊菌	*Streptosporangium roseum*
绿灰链孢囊菌	*Streptosporangium viridogriseum*

链霉菌属	***Streptomyces***
淡紫灰链霉菌	*Streptomyces lavendulae*
弗氏链霉菌	*Streptomyces fradiae*
龟裂链霉菌	*Streptomyces rimosus*
红色链霉菌（又名红霉素链霉菌）	*Streptomyces erythreus*
灰色链霉菌	*Streptomyces griseus*
金色链霉菌	*Streptomyces aureus*
纳他链霉菌	*Streptomyces natalensis*
青色链霉菌	*Streptomyces glauca*
细黄链霉菌（又名泾阳链霉菌 5406）	*Streptomyces microflavus*（*Str. jingyangensis* 5406）
链球菌属	***Streptococcus***
变异链球菌（又名变型链球菌）	*Streptococcus mutans*
肺炎链球菌（曾称肺炎双球菌）	*Streptococcus pneumoniae*
口腔链球菌	*Streptococcus oralis*
马链球菌	*Streptococcus equi*
酿脓链球菌（又名化脓性链球菌）	*Streptococcus pyogenes*
牛链球菌	*Streptococcus bovis*
溶血链球菌	*Streptococcus haemolyticus*
乳房链球菌	*Streptococcus uberis*
嗜热链球菌	*Streptococcus thermophilus*
停乳链球菌	*Streptococcus dysgalactiae*
唾液链球菌	*Streptococcus salivarius*
无乳链球菌（又名猩红热链球菌）	*Streptococcus agalactiae*
液化链球菌	*Streptococcus liquefaciens*
裂殖酵母属	***Schizosaccharomyces***
八孢裂殖酵母	*Schizosaccharomyces octosporus*
粟酒裂殖酵母	*Schizosaccharomyces pombe*
瘤胃球菌属	***Ruminococcus***
白色瘤胃球菌	*Ruminococcus albus*
生黄瘤胃球菌	*Ruminococcus flavefaciens*
卵孢霉属	***Oospora***
乳酪卵孢霉	*Oospora casei*
乳卵孢霉（又名白地霉）	*Oospora lactis*
螺菌属	***Spirillum***
红色螺菌	*Spirillum rubrum*
迂回旋螺菌	*Spirillum volutans*
螺旋蓝细菌属（曾称螺旋藻）	***Spirulina***
盘状螺旋蓝细菌	*Spirulina platensis*
最大螺旋蓝细菌	*Spirulina maxima*
麦角属	***Claviceps***
麦角菌	*Claviceps purpurea*

脉孢霉属（又名链孢霉属） ***Neurospora***

粗糙脉孢霉 *Neurospora crassa*

好食脉孢霉（为好食丛梗孢霉的有性阶段） *Neurospora sitophilia*

毛壳菌属 ***Chaetomium***

高大毛壳菌 *Chaetomium elatum*

球毛壳菌 *Chaetomium globosun*

溶纤维毛壳菌 *Chaetomium cellulolyticum*

毛霉属 ***Mucor***

刺囊毛霉 *Mucor spinosus*

腐乳毛属 *Mucor sufu*

高大毛霉 *Mucor mucedo*

解脂毛霉 *Mucor lipolyticus*

梨形毛霉 *Mucor piriformis*

鲁氏毛霉 *Mucor rouxianus*

凝乳毛霉 *Mucor reninus*

微小毛霉 *Mucor pusillus*

五通桥毛霉 *Mucor wutungkiao*

爪哇毛霉 *Mucor javanicus*

总状毛霉 *Mucor racemosus*

明串珠菌属 ***Leuconostoc***

阿根廷明串珠菌 *Leuconostoc argentinum*

肠膜明串珠菌肠膜亚种（曾称肠膜样明串珠菌） *Leuconostc mesenteroides* subsp. *mesenteroides*

肠膜明串珠菌葡聚糖亚种（曾称葡聚糖明串珠菌） *Leuconostoc mesnteroides* subsp. *dextranicum*

肠膜明串珠菌乳脂亚种（曾称乳脂明串珠菌；又名蚀橙明串珠菌或蚀柠檬明串珠菌） *Leuconostoc mesenteroides* subsp. *cremoris*（*Leu. cremoris*；*Leu. citrovorum*）

假肠膜明串珠菌 *Leuconostoc pseudomesenteroides*

冷明串珠菌 *Leuconostoc gelidum*

柠檬色明串珠菌 *Leuconostoc citreum*

欺诈明串珠菌 *Leuconostoc fallax*

肉明串珠菌 *Leuconostoc carnosum*

乳明串珠菌（又名酸乳酒明串珠菌） *Leuconostoc lactis*（*Leuconostoc kefir*）

莫拉氏菌属（曾称摩氏杆菌属） ***Moraxella***

奥斯陆莫拉氏菌 *Moraxella osloensis*

卡他莫拉氏菌（又名黏膜炎莫拉氏菌） *Moraxella catarrhalis*

木霉属 ***Trichoderma***

康氏木霉 *Trichoderma koningii*

里氏木霉 *Trichoderma reesei*

绿色木霉 *Trichoderma viride*

木素木霉 *Trichoderma lignorum*

拿逊酵母属 ***Nadsonia***

长形拿逊酵母 *Nadsonia elonagata*

红棕色拿逊酵母 *Nadsonia fulvescens*

奈瑟菌属 ***Neisseria***
淋病奈瑟菌 *Neisseria gonorrhoeae*
脑膜炎奈瑟菌（曾称脑膜炎双球菌） *Neisseria meningitidis*
囊孢壳菌属 ***Physalospora***
内孢霉属 ***Endomyces***
产脂内孢霉 *Endomyces vernalis*
扣囊内孢霉 *Endomyces fibuliger*
拟杆菌属 ***Bacteroides***
产黑素拟杆菌 *Bacteroides melaninogenicus*
脆弱拟杆菌 *Bacteroides fragilis*
粪便拟杆菌 *Bacteroides stercoris*
屎拟杆菌 *Bacteroides merdae*
嗜果胶拟杆菌 *Bacteroides pectinophilus*
拟内孢霉属 ***Endomycopsella***
扣囊拟内孢霉 *Endomycopsella fibuliger*
葡萄酒拟内孢霉 *Endomycopsella vivi*
拟青霉属 ***Paecilomyces***
二歧拟青霉 *Paecilomyces divaricatum*
肉色拟青霉 *Paecilomyces carneus*
宛氏拟青霉 *Paecilomyces variotii*
柠檬酸杆菌属 ***Citrobacter***
弗氏柠檬酸杆菌 *Citrobacter freundii*
柠檬酸霉属（又名桔霉属） ***Citromyces***
诺卡氏菌属（又名原放线菌属） ***Norcardia*（*Proactinomyces*）**
欧文氏菌属（曾称欧氏植病杆菌属） ***Erwinia***
草生欧文氏菌 *Erwinia herbicola*
胡萝卜软腐病欧文氏菌 *Erwinia carotovora*
解淀粉欧文氏菌 *Erwinia amylovora*
软腐病欧文氏菌 *Erwinia aroideae*
盘梗孢霉属 ***Bremia***
片球菌属（曾称足球菌属） ***Pediococcus***
乳酸片球菌 *Pediococcus acidilactici*
戊糖片球菌 *Pediococcus pentosaceus*
小片球菌 *Pediococcus parvulus*
有害片球菌（曾称啤酒片球菌） *Pediococcus damnosus*（*Ped. cerevisiae*）
瓶霉属 ***Phialophora***
尖顶瓶霉 *Phialophora fastigiata*
葡萄孢霉属 ***Botrytis***
灰色葡萄孢霉 *Botrytis cinerea*
葡萄球菌属 ***Staphylococcus***
白色葡萄球菌 *Staphylococcus albus*
表皮葡萄球菌 *Staphylococcus epidermidis*

腐生葡萄球菌 *Staphylococcus saprophyticus*
金黄色葡萄球菌 *Staphylococcus aureus*
木糖葡萄球菌 *Staphylococcus xylosus*
柠檬色葡萄球菌 *Staphylococcus citreus*
肉葡萄球菌 *Staphylococcus carnosus*
松鼠葡萄球菌 *Staphylococcus sciuri*
松鼠葡萄球菌啮齿类亚种 *Staphylococcus sciuri* subsp. *rodentium*
小牛葡萄球菌 *Staphylococcus vitulinus*

葡萄穗霉属 ***Stachybotrys***
黑色葡萄穗霉 *Stachybotrys atra*

葡萄糖酸杆菌属 ***Gluconobacter***
生黑葡萄糖酸杆菌 *Gluconobacter melanogenes*
氧化葡萄糖酸杆菌 *Gluconobacter oxydans*

普罗威登斯菌属 ***Providencia***
产碱普罗威登斯菌 *Providencia alcalifaciens*

气单胞菌属 ***Aeromonas***
嗜水气单胞菌 *Aeromonas hydrophila*

气杆菌属 ***Aerobacter***
产气气杆菌 *Aerobacter aerogenes*

气球菌属 ***Aerococcus***
脲气球菌 *Aerococcus urinae*
浅绿气球菌 *Aerococcus viridans*

青霉属 ***Penicillium***
爱氏青霉 *Penicillium erhichii*
暗蓝青霉 *Penicillium lividum*
白边青霉（又名意大利青霉） *Penicillium italicum*
白青霉 *Penicillium candidum*
变幻青霉（又名变异青霉） *Penicillium variabile*
糙落青霉 *Penicillium asperulum*
草酸青霉 *Penicillium oxalicum*
产黄青霉 *Penicillium chrysogenum*
常现青霉 *Penicillium frequenrans*
纯绿青霉（又名鲜绿青霉） *Penicillium viridicatum*
淡黄青霉 *Penicillium luteum*
岛青霉 *Penicillium islandicum*
点青霉 *Penicillium notatum*
顶青霉 *Penicillium corylophilus*
毒青霉 *Penicillium toxicarium*
杜邦青霉 *Penicillium duponti*
多毛青霉 *Penicillium hirsutum*
黑青霉 *Penicillium nigricans*
红色青霉 *Penicillium rubrum*

黄绿青霉（又名异青霉）	*Penicillium citreo-viride*（*Pen. toxicarum*）
灰绿青霉	*Penicillium glaucum*
灰棕黄青霉	*Penicillium griseofuvum*
局限青霉	*Penicillium restrictum*
桔青霉	*Penicillium citrinum*
扩展青霉（又名扩张青霉）	*Penicillium expansum*
酪生青霉	*Penicillium caseicolum*
娄地青霉	*Penicillium roqueforti*
绿青霉（又名指状青霉）	*Penicillium digitatum*
纳地青霉	*Penicillium nalgiovense*
柠檬酸青霉	*Penicillium citromyces*
柠檬酸严密青霉	*Penicillium citromyces strictum*
皮壳青霉（简称壳青霉）	*Penicillium crostosum*
乳酪青霉	*Penicillium casei*
软毛青霉	*Penicillium puberulum*
沙门柏干酪青霉（又名卡门培尔青霉）	*Penicillium camemberti*
斜卧青霉	*Penicillium decumbens*
圆弧青霉	*Penicillium cyclopium*
展开青霉（又名荨麻青霉）	*Penicillium patulum*（*Pen. urticae*）
爪哇青霉	*Penicillium javanicum*
紫青霉	*Penicillium purpurogenum*
氢单胞菌属	***Hydrogenomonas***
球拟酵母属	***Torulopsis***
埃契氏球拟酵母（俗称球形酒香酵母）	*Torulopsis etchellsii*
白色球拟酵母	*Torulopsis candida*
杆状球拟酵母（俗称耐糖性酵母）	*Torulopsis bacillaris*
高加索乳酒球拟酵母（异名乳酒假丝酵母）	*Torulopsis kefir*
含脂球拟酵母	*Torulopsis lipofera*
洪氏球拟酵母（异名洪氏假丝酵母）	*Torulopsis holmii*
炼乳球拟酵母	*Torulopsis lactis-condensi*
蒙奇球拟酵母	*Torulopsis mogii*
木兰球拟酵母	*Torulopsis magnoliae*
易变球拟酵母（俗称易变酒香酵母）	*Torulopsis versatilis*
曲霉属	***Aspergillus***
白曲霉	*Aspergillus candidus*
棒曲霉	*Aspergillus clavatus*
赤曲霉	*Aspergillus ruber*
甘薯曲霉	*Aspergillus batatae*
构巢曲霉	*Aspergillus nidulans*
黑曲霉	*Aspergillus niger*
黄曲霉	*Aspergillus flavus*
灰绿曲霉	*Aspergillus glaucus*

寄生曲霉	*Aspergillus parasiticus*
假溜曲霉	*Aspergillus pseudotamarii*
酱油曲霉	*Aspergillus soyae*
局限曲霉	*Aspergillus restrictus*
巨大曲霉	*Aspergillus giganteus*
溜曲霉	*Aspergillus tamarii*
米曲霉	*Aspergillus oryzae*
泡盛曲霉	*Aspergillus awamoti*
葡萄曲霉	*Aspergillus repens*
栖土曲霉	*Aspergillus terricola*
特曲霉	*Aspergillus nomius*
土曲霉	*Aspergillus terreus*
文氏曲霉（又名温特曲霉）	*Aspergillus wentii*
薛氏曲霉	*Aspergillus chaevalieri*
雅致曲霉	*Aspergillus elegans*
烟曲霉	*Aspergillus fumigatus*
洋葱曲霉	*Aspergillus onion*
宇佐美曲霉	*Aspergillus usamii*
杂色曲霉	*Aspergillus versicolor*
赭曲霉（又名棕曲霉）	*Aspergillus ochraceus*
热网菌属	***Pyrodictium***
蠕孢霉属	***Helminthosporium***
乳杆菌属	***Lactobacillus***
阿拉伯糖乳杆菌	*Lactobacillus arabinosus*
巴氏乳杆菌	*Lactobacillus pastorianus*
棒状乳杆菌棒状亚种	*Lactobacillus coryniformis* subsp. *coryniformis*
棒状乳杆菌扭曲亚种	*Lactobacillus coryniformis* subsp. *torquens*
布氏乳杆菌	*Lactobacillus buchneri*
德氏乳杆菌	*Lactobacillus delbrueckii*
德氏乳杆菌保加利亚亚种（曾称保加利亚乳杆菌）	*Lactobacillus delbrueckii* subsp. *bulgaricus*
德氏乳杆菌德氏亚种	*Lactobacillus delbrueckii* subsp. *delbrueckii*
德氏乳杆菌乳酸亚种（曾称乳酸乳杆菌）	*Lactobacillus. delbrueckii* subsp. *lactis*
短乳杆菌	*Lactobacillus brevis*
发酵乳杆菌	*Lactobacillus fermentum*
番茄乳杆菌	*Lactobacillus lycopersici*
副干酪乳杆菌	*Lactobacillus paracasei*
副干酪乳杆菌副干酪亚种	*Lactobacillus paracasei* subsp. *paracasei*
甘露乳杆菌	*Lactobacillus manitopoeum*
干酪乳杆菌	*Lactobacillus casei*
干酪乳杆菌干酪亚种	*Lactobacillus casei* subsp. *casei*
干酪乳杆菌假植物亚种	*Lactobacillus casei* subsp. *pseudoplantarum*
干酪乳杆菌鼠李糖亚种	*Lactobacillus casei* subsp. *rhamnosus*

高加索奶粒乳杆菌	*Lactobacillus kefirgranum*
高加索奶乳杆菌	*Lactobacillus kefin*
格氏乳杆菌	*Lactobacillus gasseri*
果糖乳杆菌	*Lactobacillus fructosus*
哈氏乳杆菌	*Lactobacillus hamsteri*
海格乳杆菌	*Lactobacillus hilgardii*
旧金山乳杆菌	*Lactobacillus sanfranciscensis*
卷曲乳杆菌	*Lactobacillus crispatus*
莱氏乳杆菌	*Lactobacillus leichmanii*
类布氏乳杆菌	*Lactobacillus parabuchneri*
类高加索奶乳杆菌	*Lactobacillus parakefin*
链状乳杆菌	*Lactobacillus catenaformis*
罗伊氏乳杆菌	*Lactobacillus reuteri*
马乳酒样乳杆菌	*Lactobacillus kefiranofaciens*
面包乳杆菌	*Lactobacillus panis*
耐酸乳杆菌	*Lactobacillus acetotolerans*
清酒乳杆菌（又名米酒乳杆菌）	*Lactobacillus sake*
瑞士乳杆菌	*Lactobacillus helveticus*
食淀粉乳杆菌	*Lactobacillus amylovorus*
食果糖乳杆菌	*Lactobacillus fructivorans*
嗜淀粉乳杆菌	*Lactobacillus amylophilus*
嗜热乳杆菌	*Lactobacillus thermophilus*
嗜酸乳杆菌	*Lactobacillus acidophilus*
鼠李糖乳杆菌	*Lactobacillus rhamnosus*
双发酵乳杆菌	*Lactobacillus bifermentans*
唾液乳杆菌	*Lactobacillus salivarius*
唾液乳杆菌水杨苷（素）亚种	*Lactobacillus salivarius* subsp. *salicinius*
唾液乳杆菌唾液亚种	*Lactobacillus salivarius* subsp. *salivarius*
弯曲乳杆菌	*Lactobacillus curvatus*
微小乳杆菌	*Lactobacillus minor*
戊糖乳杆菌	*Lactobacillus pentosus*
香肠乳杆菌	*Lactobacillus farciminis*
消化乳杆菌	*Lactobacillus alimentarius*
小鼠乳杆菌	*Lactobacillus murinus*
玉米乳杆菌	*Lactobacillus zeae*
约氏乳杆菌	*Lactobacillus johnsonii*
詹氏乳杆菌	*Lactobacillus jensenii*
植物乳杆菌（又名胚芽乳杆菌）	*Lactobacillus plantarum*
乳球菌属	***Lactococcus***
格氏乳球菌	*Lactococcus garvieae*
棉籽糖乳球菌	*Lactococcus raffinolactis*
乳酸乳球菌（曾称乳链球菌）	*Lactococcus lactis*（*Streptococcu lactis*）

乳酸乳球菌丁二酮乳酸亚种（曾称丁二酮乳链球菌）	*Lactococcus lactis* subsp. *diacetilactis*
乳酸乳球菌乳酸亚种	*Lactococcus lactis* subsp. *lactis*
乳酸乳球菌乳脂亚种［曾称乳酪（脂）链球菌］	*Lactococcus lactis* subsp. *cremoris*
乳酸乳球菌叶蝉亚种	*Lactococcus lactis* subsp. *hordniae*
植物乳球菌	*Lactococcus plantarum*
散囊菌属	***Eurotium***
冠突散囊菌（俗称茶砖上的“金花”）	*Eurotium cristatum*
色二孢霉属	***Diplodia***
色杆菌属	***Chromobacterium***
蓝黑色色杆菌	*Chromobacterium lividum*
紫色色杆菌	*Chromobacterium violaceum*
沙雷氏菌属（曾称赛氏杆菌属）	***Serratia***
黏质沙雷氏菌（曾称黏质赛氏杆菌，又名灵杆菌）	*Serratia marcescens*（*Bacterium prodigiosum*）
深红沙雷氏菌	*Serratia rubidaea*
盐地沙雷氏菌（曾称盐地赛氏杆菌）	*Serratia salinaria*
液化沙雷氏菌	*Serratia liquefaciens*
沙门氏菌属	***Salmonella***
丙型副伤寒沙门氏菌	*Salmonella paratyphi-C*
肠炎沙门氏菌	*Salmonella enteritidis*
雏白痢沙门氏菌	*Salmonella pullorum*
德尔比沙门氏菌	*Salmonella derby*
都柏林沙门氏菌	*Salmonella dublin*
寒沙门氏菌	*Salmonella typhi*
鸡-雏沙门氏菌	*Salmonella gallinarum*
甲型副伤寒沙门氏菌	*Salmonella paratyphi-A*
马流产沙门氏菌	*Salmonella abortus-equi*
纽波特沙门氏菌	*Salmonella newport*
山夫顿堡沙门氏菌	*Salmonella senftenberg*
鼠伤寒沙门氏菌	*Salmonella typhimurium*
汤普逊沙门氏菌	*Salmonella thompson*
鸭沙门氏菌	*Salmonella anatum*
乙型副伤寒沙门氏菌	*Salmonella paratyphi-B*
猪霍乱沙门氏菌	*Salmonella cholerae-suis*
猪伤寒沙门氏菌	*Salmonella typhi-suis*
生孢嗜纤维菌属	***Sporocytophaga***
嗜热丝孢菌属	***Thermomyces***
疏绵状嗜热丝孢菌	*Thermomyces lanuginosus*
嗜血杆菌属	***Haemophilus***
流感嗜血杆菌（简称嗜血杆菌，曾称费佛氏杆菌）	*Haemophilus influenzae*
双歧杆菌属	***Bifidobacterium***
棒状双歧杆菌	*Bifidobacterium coryneforme*
长双歧杆菌	*Bifidobacterium longum*

齿双歧杆菌	*Bifidobacterium dentium*
大双歧杆菌	*Bifidobacterium magnum*
短双歧杆菌	*Bifidobacterium breve*
假小链双歧杆菌	*Bifidobacterium pseudocatenulatum*
角双歧杆菌	*Bifidobacterium angulatum*
链状双歧杆菌（又名小链状双歧杆菌）	*Bifidobacterium catenulatum*
两歧双歧杆菌	*Bifidobacterium bifidum*
蜜蜂双歧杆菌	*Bifidobacterium indicum*
青春双歧杆菌	*Bifidobacterium adolescentis*
乳双歧杆菌（又名动物双歧杆菌）	*Bifidobacterium lacti*（*Bifidobacterium animalis*）
嗜热双歧杆菌	*Bifidobacterium thermophilum*
纤细双歧杆菌	*Bifidobacterium subtile*
星状双歧杆菌	*Bifidobacterium asteroides*
婴儿双歧杆菌	*Bifidobacterium infantis*
最小双歧杆菌	*Bifidobacterium minimum*
水生螺菌属	***Aquaspirillum***
磁性水生螺菌	*Aquaspirillum magnetotacticum*
丝孢酵母属	***Trichosporon***
贝雷丝孢酵母	*Trichosporon behrendii*
发酵性丝孢酵母	*Trichosporon fermentans*
丝光丝孢酵母	*Trichosporon sericeum*
帚状丝孢酵母	*Trichosporon penicillatum*
茁芽丝孢酵母	*Trichosporon pullulans*
丝衣霉属	***Byssochlamys***
纯黄丝衣霉	*Byssochlamys fulva*
雪白丝衣霉（又名纯白丝衣霉）	*Byssochlamys nivea*
四联球菌属	***Tetragenococcus***
嗜盐四联球菌（曾称嗜盐片球菌）	*Tetragenococcus halophilus*（*Ped. halophilus*）
盐水四联球菌（又名酱油四联球菌）	*Tetragenococcus muriaticus*（*Tet. soyae*）
梭状芽孢杆菌属（简称梭菌）	***Clostridium***
巴氏固氮梭状芽孢杆菌（简称巴氏梭菌）	*Clostridium pasteurianum*
拜氏梭状芽孢杆菌（简称拜氏梭菌）	*Clostridium beijerinckii*
丙酸梭状芽孢杆菌	*Clostridium propionicum*
丙酮丁醇梭状芽孢杆菌	*Clostridium acetobutylicum*
产气荚膜梭菌（又名魏氏梭菌）	*Clostridium perfringens*（*Clo. welchii*）
淀粉梭状芽孢杆菌	*Clostridium amylobacter*
丁醇梭状芽孢杆菌	*Clostridium butylicum*
丁酸梭状芽孢杆菌（又名酪酸梭菌）	*Clostridium butyricum*
多酶梭状芽孢杆菌	*Clostridium multifermentans*
费地浸麻梭状芽孢杆菌（又名费新尼亚梭菌）	*Clostridium felsineum*
腐化梭状芽孢杆菌（简称腐化梭菌）	*Clostridium putrefaciens*
缓腐梭状芽孢杆菌	*Clostridium lentoputrescens*

己酸梭状芽孢杆菌（简称己酸菌） *Clostridium caproicum*
解纤维梭状芽孢杆菌 *Clostridium cellulolyticum*
克氏梭状芽孢杆菌（简称克氏梭菌） *Clostridium kluyveri*
破伤风梭状芽孢杆菌（简称破伤风梭菌） *Clostridium tetani*
热解糖梭状芽孢杆菌（简称热解糖梭菌） *Clostridium thermosacchrolyticum*
溶组织梭状芽孢杆菌 *Clostridium histolyticum*
肉毒梭状芽孢杆菌（简称肉毒梭菌） *Clostridium botulinum*
生孢梭状芽孢杆菌（简称生孢梭菌） *Clostridium sporogenes*
蚀果胶梭状芽孢杆菌（简称蚀果胶梭菌） *Clostridium pectmovorum*
嗜热纤维梭状芽孢杆菌（简称热纤梭菌） *Clostridium thermocellum*
双酶梭状芽孢杆菌 *Clostridium bifermentans*
水肿梭状芽孢杆菌 *Clostridium oedematiens*
致黑梭状芽孢杆菌（简称致黑梭菌） *Clostridium nigrificans*

索丝菌属 ***Brochothrix***
热杀索丝菌 *Brochothrix thermosphacta*
野油菜索丝菌 *Brochothrix campestris*

伯克霍尔德氏菌属 ***Burkholderia***
唐菖蒲伯克霍尔德氏菌种（原称椰毒假单胞菌酵米面亚种，简称椰酵假单胞菌） *Burkholderia gladioli*（*Pseudomonas cocovenenans* subsp. *farimofermentans*）

头孢霉属 ***Cehalosporium***
产黄头孢霉 *Cehalosporium chrysogenum*
顶孢头孢霉 *Cehalosporium acremonium*

土壤杆菌属 ***Agrobacterium***
发根土壤杆菌（现归属于鞘氨醇单胞菌属，命名为玫瑰鞘氨醇单胞菌） *Agrobacterium rhizogenes*
放射土壤杆菌（曾称根癌土壤杆菌） *Agrobacterium tumefaciens*

脱硫弧菌属 ***Desulfovibrio***
硫酸盐脱硫弧菌 *Desulfovibrio desulfuricans*

弯曲菌属 ***Campylobacter***
空肠弯曲菌 *Campylobacter jejuni*
空肠弯曲菌空肠亚种 *Campylobacter jejuni* subsp. *jejuni*

微杆菌属 ***Microbacterium***
产碱乳微杆菌 *Microbacterium alkaliscens*
乳微杆菌 *Microbacterium lacticum*
嗜氨乳微杆菌 *Microbacterium ammoniaphilum*
液化微杆菌 *Microbacterium liquefaciens*
砖红色微杆菌 *Microbacterium testaceum*

微球菌属 ***Micrococcus***
变异微球菌（又名易变微球菌） *Micrococcus varians*
弗氏微球菌 *Micrococcus freudenreichii*
谷氨酸微球菌 *Micrococcus glutamicum*
红色微球菌 *Micrococcus rubens*

黄色微球菌 *Micrococcus flavus*
玫瑰色微球菌 *Micrococcus roseus*
尿素微球菌 *Micrococcus ureae*
凝聚微球菌 *Micrococcus conglomeratus*
四联微球菌 *Micrococcus tetragenus*
藤黄微球菌 *Micrococcus luteus*
盐脱氮微球菌 *Micrococcus halodenitricans*
韦荣氏球菌属 ***Veillonella***
魏斯氏菌属 ***Weissella***
融合魏斯氏菌属 *Weissella confusa*
食窦魏斯氏菌 *Weissella cibaria*
无色杆菌属 ***Achromobacter***
鱼皮无色杆菌 *Achromobacter ichthyodermis*
纤维单胞菌属 ***Cellulomonas***
产黄纤维单胞菌 *Cellulomonas flavigena*
粪肥纤维单胞菌 *Cellulomonas fimi*
细胞纤维单胞菌 *Cellulomonas cellasea*
纤维杆菌属 ***Cellulobacillus***
纤维弧菌属 ***Cellvibrio***
纤维黏菌属 ***Cytophaga***
发酵嗜纤维黏菌 *Cytophaga fermentans*
消化球菌属 ***Peptococcus***
小丛壳属 ***Glomerella***
小单孢菌属 ***Micromonospora***
棘孢小单孢菌 *Micromonospora echinospora*
绛红小单孢菌 *Micromonospora purpurea*
芽孢杆菌属 ***Bacillus***
单纯芽孢杆菌 *Bacillus simplex*
地衣芽孢杆菌 *Bacillus licheniformis*
短小芽孢杆菌 *Bacillus pumilus*
短芽孢杆菌 *Bacillus brevis*
多黏芽孢杆菌 *Bacillus polymyxa*
环状芽孢杆菌 *Bacillus circulans*
几丁质芽孢杆菌 *Bacillus chitinovorus*
胶冻样芽孢杆菌（又名胶质芽孢杆菌，钾细菌） *Bacillus mucilaginosus*
解淀粉芽孢杆菌 *Bacillus amyloliquefaciens*
浸麻芽孢杆菌 *Bacillus macerans*
巨大芽孢杆菌 *Bacillus megaterium*
枯草芽孢杆菌 *Bacillus subtilis*
枯草芽孢杆菌纳豆亚种（又名纳豆枯草芽孢杆菌） *Bacillus subtilis* subsp. *natto*（*Bacillus subtilis natto*）
苦味芽孢杆菌 *Bacillus amarus*

蜡样芽孢杆菌（又名蜡状芽孢杆菌） *Bacillus cereus*
马铃薯芽孢杆菌（又名肠膜芽孢杆菌） *Bacillus mesentericus*
面包芽孢杆菌 *Bacillus panis*
黏稠芽孢杆菌 *Bacillus viscosus*
凝结芽孢杆菌（异名嗜酸热芽孢杆菌） *Bacillus coagulans*（*Bac. thermoacidophilus*）
潜水芽孢杆菌 *Bacillus submsrinus*
球形芽孢杆菌 *Bacillus sphaericus*
嗜碱芽孢杆菌 *Bacillus alcalophilus*
嗜热糖化芽孢杆菌 *Bacillus thermodiastaticus*
嗜热脂肪芽孢杆菌 *Bacillus stearothermophilus*
嗜乳芽孢杆菌 *Bacillus calidolactis*
苏云金芽孢杆菌 *Bacillus thruingiensis*
炭疽芽孢杆菌 *Bacillus anthracis*
消旋乳酸芽孢杆菌 *Bacillu racemilacticus*
蕈状芽孢杆菌 *Bacillus mycoides*
左旋乳酸芽孢杆菌 *Bacillus laevolacticus*

盐杆菌属 ***Halobacterium***
盐生盐杆菌 *Halobacterium halobium*
盐沼盐杆菌 *Halobacterium salinarium*

盐球菌属 ***Halococcus***
玫瑰色盐球菌（曾称玫瑰色微球菌） *Halococcus roseus*（*Micrococcus roseus*）
鲟鱼盐球菌 *Halococcus morrhuae*

耶尔森氏菌属 ***Yersinia***
鼠疫耶尔森氏菌（又名鼠疫杆菌） *Yersinia pestis*
小肠结肠炎耶尔森氏菌 *Yersinia enterocolitica*

伊萨酵母属 ***Issatchenkia***
东方伊萨酵母 *Issatchenkia orientalis*

疫霉属 ***Phytophthora***
蓖麻疫霉 *Phytophthora parasitica*
辣椒疫霉 *Phytophthora capsici*
马铃薯疫霉（又名致病疫霉） *Phytophthora infestans*
茄棉疫霉 *Phytophthora melongenae*

隐球酵母属（曾称隐球菌属） ***Cryptococcus***
地生隐球酵母（又名土生隐球酵母） *Cryptococcus terreus*
浅白隐球酵母 *Cryptococcus albidus*
新型隐球酵母（又名新生隐球酵母） *Cryptococcus neoformans*

有孢汉逊酵母属 ***Hanseniaspora***
葡萄汁有孢汉逊酵母 *Hanseniaspora uvarum*

圆酵母属 ***Torula***
开菲尔圆酵母 *Torula kefir*
乳脂圆酵母 *Torula cremoris*

枝孢霉属（又名芽枝霉属） ***Cladosporium***

蜡叶枝孢霉	*Cladosporium herbarum*
枝霉属	***Thamnidium***
刺枝霉 侧孢霉属	*Thamnidium chaetocladiodes*
美丽枝霉（又名雅致枝霉）	*Thamnidium elegans*
志贺氏菌属	***Shigella***
鲍氏志贺氏菌	*Shigella boydii*
福氏志贺氏菌	*Shigella flexneri*
痢疾志贺氏菌	*Shigella dysenteriae*
宋内志贺氏菌	*Shigella sonnei*
掷孢酵母属	***Sporobolomyces***
玫瑰色掷孢酵母	*Sporobolomyces roseus*

参考文献

1. 周德庆．微生物学教程［M］.4 版．北京：高等教育出版社，2020.
2. 沈萍，陈向东．微生物学［M］.8 版．北京：高等教育出版社，2016.
3. 刘慧．现代食品微生物学实验技术［M］.2 版．北京：中国轻工业出版社，2017.
4. 桑亚新，李秀婷．食品微生物学［M］. 北京：中国轻工业出版社，2019.
5. 袁嘉丽，刘永琦．微生物学与免疫学［M］. 北京：中国中医药出版社，2017.
6. ［美］Bibek Ray，Arum Bhunia. 基础食品微生物学［M］.4 版．江汉湖，等译．北京：中国轻工业出版社，2014.
7. 何国庆，贾英民，等．食品微生物学［M］.3 版．北京：中国农业大学出版社，2016.
8. 许晖．新编食品微生物学［M］. 北京：中国纺织出版社，2021.
9. 贺稚非，霍乃蕊．食品微生物学［M］. 北京：科学出版社，2019.
10. 刘绍军，岳晓禹．食品微生物学［M］. 北京：中国农业大学出版社，2020.
11. 杨玉红．食品微生物学［M］.2 版．北京：中国轻工业出版社，2018.
12. 关统伟．微生物学［M］. 北京：中国轻工业出版社，2021.
13. 路福平，李玉．微生物学［M］. 北京：中国轻工业出版社，2020.
14. 高旭，高德富，刘寅．微生物学［M］. 北京：冶金工业出版社，2021.
15. 樊明涛，赵春燕，雷晓凌．食品微生物学［M］. 郑州：郑州大学出版社，2018.
16. 邓子新，陈峰．微生物学［M］. 北京：高等教育出版社，2021.
17. 张晶，孙红岩，张传利．微生物学［M］. 成都：电子科技大学出版社，2019.
18. 邢来君，李明春，喻其林．普通真菌学［M］. 北京：高等教育出版社，2020.
19. 徐岩等．现代白酒酿造微生物学［M］. 北京：科学出版社，2019.
20. 陈卫．乳酸菌科学与技术［M］. 北京：科学出版社，2018.
21. 孟令波．应用微生物学原理与技术［M］. 重庆：重庆大学出版社，2021.
22. 国际食品微生物标准委员会．微生物检验与食品安全控制［M］. 刘秀梅，陆苏彪，田静，等译．北京：中国轻工业出版社，2012.
23. 国际食品微生物标准委员会．食品加工过程的微生物控制：原理与实践［M］. 刘秀梅，曹敏，毛雪丹，等译．北京：中国轻工业出版社，2017.
24. 籍保平，李博．豆制品安全生产与品质控制［M］. 北京：化学工业出版社，2005.
25. 蒋爱民，张兰威，周佺．畜产食品工艺学［M］.3 版．北京：中国农业出版社，2019.
26. 周光宏．畜产品加工学［M］.2 版．北京：中国农业出版社，2019.
27. 余晓斌．发酵食品工艺学［M］. 北京：中国轻工业出版社，2022.
28. 郭元新．食品安全与质量管理［M］. 北京：中国纺织出版社，2020.

29. 马翔．简明临床细菌-真菌鉴定图谱［M］. 广州：广东科技出版社，2020.
30. 周宜开，姚平．真菌毒素污染与健康［M］. 武汉：湖北科学技术出版社，2021.
31. 刘云国．食品卫生微生物学标准鉴定图谱［M］. 北京：科学出版社，2010.
32. 刘长庭，常德．空间微生物学基础与应用研究［M］. 北京：北京大学出版社，2016.